전기전자의 개념 주워담기

이용훈 저

Ohm사
http://www.ohm.co.kr

서문

퓨리에 변환이나 라플라스 변환에 관한 두툼한 책에 시간을 들이고, 열심히 노력해서 일일이 풀었다고 하자. 그런데 라플라스 연산자 S가 뭔지, 퓨리에 급수와 계수가 공학적으로 어떤 의미를 갖고 있는지 책을 풀고 나서도 여전히 의문에 싸여 있다면 진정으로 퓨리에와 라플라스를 이해했다고 할 수 있을까?

사물을 이해하는 데에는 피상적인 이해와 심층적 이해가 있을 것 같다. 라플라스나 퓨리에 문제를 열심히 풀어도 그 의미들이 아직까지 어두움에 갇혀 있다면 우리가 가진 지식이란 피상적인 이해의 수준에 머물고 있는 것은 아닐까? 생각해 본다.

우리는 너무나도 결과에 매몰되어 왔다. 그 결과물이 어떻게 해서 나왔는지에 대한 마땅한 이유는 어느덧 잊혀지고, 이유와 과정을 젖혀 둔 채 문제를 푸는 데에만 골몰을 해 왔다. 문제를 푸는 것도 물론 중요하다. 그러나 그에 앞서 개념을 이해하는 것은 더욱 더 중요할 것 같다. 이 책은, 혹시 잊혀진 이유와 과정들에 대한 이해를 위해 쓰여진 작은 노력이라고 말하고 싶다.

뉴톤과 함께 미적분의 시조라고 경쟁한 독일의 라이프니쯔는 '우리는 왜 이렇게 되고 다르게 되지 않았는가라는 충분한 이유가 없다면, 어떠한 사실도 참이라는 것 혹은 존재한다는 것이 있을 수 없고, 어떠한 명제도 진리라는 것이 가능하지 않다고 생각한다' 는 충족이유율의 원리를 주장했다.

충족이유율이라는 이성적 원리는 전기전자에서 아주 충실하게 나타나는 것은 아닌가 생각을 한 적이 있다. 반도체 장비를 보고, 그 안에 수 많은 보드들이 잡다한 소자들로 꽉 차 있는 것을 보았을 때, 저항 하나라도 그저 아무렇게나 삽입한 것이 아니라는 측면에서 충족이유율의 미를 곱씹어 본 적이 있다. 반드시 이유에 이유가 꼬리를 물고 존재하기 때문이다.

시야에서 멀어진 원인들에 대한 이해를 위해 쓰여진 작은 소고라는 말에 필자가 담고 싶어 했던 의미가 바로 전기 전자적 충족이유율이다. 깊고 깊은 이유들을 근원적으로 파헤친 것은 아니지만, 그런 방향으로 노력한 흔적들을 발견하시길 기대한다.

이년 전 둘째 딸아이가 컴퓨터로 블로그하는 모습을 우연찮게 보았다. 세상과 소통하는 방법이 재미있다고 여겨 졌다. 그래서 딸아이의 도움을 받아 블로그라는 것을 시작했다. 처음에는 읽었던 책의 서평이나 올려 보자고 했다. 그러나 이미 시작한 것 숨을 길게 가져 가자고 마음을 먹고, 경험했던 전기전자에 관해 실무중심으로 블로그를 하나 둘 올리기 시작했다. 올리다 보니 분량이 많아졌고, 분량이 늘어나다 보니 욕심이 생겼다. 괜찮은 호응도 받았다. 책으로 발간하면 읽는 분들에게 작은 도움이 될 것 같아 출판을 타진 했고, 결국 출간하게 되었다.

학문에는 체계라는 것이 있다. 철학이 대표적으로 체계가 세워진 학문이라고 보여진다. 그러나 공학은 체계적이라기 보다는 분산적으로 주제가 흐트러져 있는 경우가 대부분이다. 공학하는 사람의 어려움은 분산된 주제를 논리적으로 연결시키는 작업이 여간 힘든 것이 아니다.

연산증폭기를 보면 반전 증폭기가, 비반전 증폭기가 그리고 차동증폭기, 적분기, 비교기 등이 어떤 뚜렷한 주제 하에 체계를 갖지 않는다. 그렇다고 체계를 아예 세울 수 없는 것은 아니다.

블로그라는 것이 단편의 주제로 흘러가기 쉽지만, 필자는 주제의 목표를 정해 놓고 점층적으로 내용을 꾸려 왔다. 모든 것이 체계적이라고 말할 수는 없지만, 체계적이기를 지향했다. 연산증폭기를 해석할 때 가상단락을 중심으로, 분산되는 주제를 갖는 연산증폭기 개별자들을 반도체 장비의 V/I SOURCE에 적용하기 위한 디딤돌 지식으로 쌓아 나갔다. 또한 라플라스 연산자 S의 의미를 캐어 내려 기반부터 찾아 논리적 구색을 맞추려 하였다. 물론 이 책이 단일한 주제 하에 처음부터 끝까지 꼼꼼한 체계를 갖추었다고 자랑삼아 내세울 수는 없겠지만 체계의 외양은 갖추려 했다.

이 책은 문제집 위주의 교재 와는 달리, 그 문제에 접근하기 위한 근본적인 개념을 따져 묻고, 칼럼의 형식을 갖추어 개념을 집중적으로 이해의 차원으로 퍼 올리려 했기 때문에 연습문제가 없다. 혹시 미진하다고 생각하시는 분은 문제집을 꼭 사서 숙성과정을 가지시라 권하고 싶다.

바람이 있다면 전기전자를 공부하면서 이해의 차원이 열리지 않아 숙제로 남겨 두었던 화두가 확 열리는 계기가 되는 책이었으면 하고 바란다. 그리고 한 문장이라도 감격이 있는 글이라면 더할 나위 없겠다. 책을 내는데 그것 만한 보람은 찾기가 어려울 것 같다.

원고를 출판사에 넘기고 나니 아쉬움이 많이 남는다. 그 아쉬움은 질타와 지도편달의 영역으로 남긴다.

졸고를 읽고 출판을 결심해 주신 오옴사 곽종학 사장님, 이상호 상무님, 미처 준비가 덜 된 원고를 편집해 주신 혜원씨에게 감사를 드리고, 소중한 세딸 사랑, 소망, 믿음이 그리고 사랑했고, 사랑하며, 사랑할 아내 지민에게 책을 바친다.

2014년 3월 20일

저자 씀

1 기초 이론편

연산 증폭기와 DAC의 기초 이야기

2 실전편

V/I SOURCE의 기초 이야기

3 심화 이론편

연산증폭기 활용 교류이론

4 제어편

실용 디지털

1부 기초 이론편

연산 증폭기(operational amplifier)와 DAC(Digital to Analog Converter)의 기초 이야기

1-1. 연산 증폭기 들어가기 전 두루 둘러 보기

OP-AMP(연산 증폭기)는 연산을 수행하는 증폭기로서 전기전자에서는 아주 중요한 소자 중 하나이다. 교실에서 배우는 연산증폭기의 내용은 분량이 많지 않겠지만, 실무에서는 그야말로 양념의 소금처럼 꼭 끼어 있는 소자가 바로 OP-AMP, 연산 증폭기다!! 교실과 실무의 이런 괴리 때문에 많은 사람들이 실무 시작부터 난관에 봉착한다. 이 주제를 설명하면서 우리 머릿속에 간직하고 있는 내용이라고는 연산 증폭기의 이상적 조건과 반전증폭기 출력식, 그리고 기호뿐이라고 가정하고 시작하기로 한다. 아니 백치 아다다 상태라고 가정하고 출발하자.

어떤 학문분야이던지 용어부터 치고 들어가는 것이 순서일 터, operational amplifier라는 이름이 붙은 내력부터 시작하자.

1+1=2라고 할 때 '+'라는 표식은 1과 1을 더하라는 기능을 작동시키는 지시 기호로서 인간끼리 약속한 일종의 수학적 기호이다. 이 작동기호들을 묶어 '연산자'라고 통칭한다.

우리가 초등학교 때부터 익혀 너무 잘 아는 기본적인 연산자에는 4칙 연산이라 해서 +, −, ×, ÷가 있다. 연산증폭기는 입력신호에 대해 마치 수학의 연산자 같은 기능을 하기 때문에 붙여진 이름이다.

머릿속에만 있는 수학의 연산자가 현실적 사물로 강림했다고나 할까? 연산 증폭기가 기본적인 연산자의 현실적 구현이라면, 초등학교 수학만 알아도 웬만한 형태는 해석해 낼 수 있어야 한다. 이는 허황된 말이 아니다. 그 지긋지긋하게 어려움을 안겨 주던 연산 증폭기를? 정말? 초장부터 연산 증폭기에 대해 너무 겁먹지 말기를...

먼저 연산증폭기의 관상을 살피자. 생김새는 아래와 같은 상징(symbol, 象徵)회로를 사용한다.

연산 증폭기의 생긴 대로 노는 본질적 기능은 두 입력의 차를 증폭해 주는 것이 진짜배기 정체성이다. 연산 증폭기 내부회로를 해부 해 본 사람이 있다면 처음단이 차동회로로(Vp − Vn), 즉 수학적으로는 쉽게 말해 빼기회로로 구성 되어 있다고 하는 것을 발견할 수 있을 것이다.

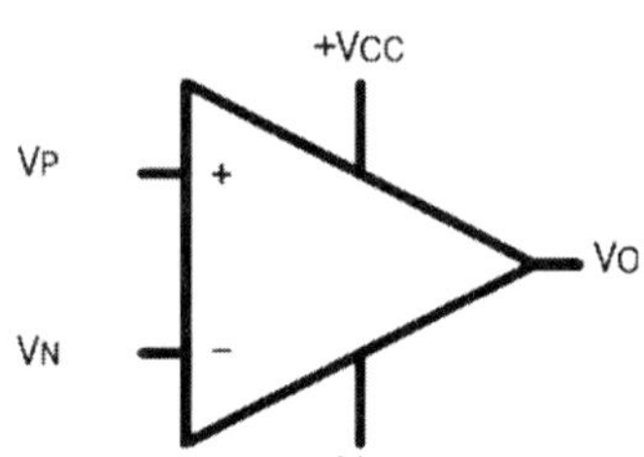

속된 말로 오징어 대가리라고 부르기도 하는데 생김새가 꼭 오징어 대가리처럼 생기기도 했거니와, 전기전자를 공부하는 사람치고 이 오징어 대가리 때문에 번뇌에 몸부림 쳐 보지 않은 사람은 거의 없을 듯하다. 그래서 싫은 감정을 얹혀 오징어 대가리라고 얄궂게 부르는지도 모르겠다. 하긴 오징어 머리라고 하면 언어의 맛은 현저히 떨어진다.접미사로 '대가리' 정도를 붙여 줘야 말이 쫀득쫀득 해진다.

연산 증폭기의 실제 모습은 다양해서 깡통(can-type) 모양도 있고, 주위에서 자주 접하는 플라스틱 팩케지로 된 IC 모양도 있다. 깡통은 금속으로 되어 있어 발열에는 유리하다는 것을 단박에 눈치 챌 수 있다. 열은 전기전자에서는 어찌 보면 악?이다. 이 놈 처리를 위해 팬도 돌리고, 방열판도 부착하는 것이다. 컴퓨터의 CPU를 보면 열 때문에 팬을 달아 놓은 것을 상기하시라. 열이 과하면 값이 변하는 것은 고사하고 CPU처럼 퍼 질러 버리는 문제가 발생한다. 계산대로 값이 안 나오고 변하는 것을 엔지니어들은 아주 증오한다. 전기전자에서는 열이 그런 오차(誤差)를 유발하는 놈들 중의 우두머리쯤 된다. 한마디로 애물단지다. 열이 우려스럽게 발생하는 데에는 아무래도 열 전도성이 좋아 발열에 탁월한 깡통 스타일이 제격일 것 같다. 사용자가 입맛에 맞게 고르면 된다.

연산 증폭기 한 개는 보통 8개 다리(8 PIN)를 가진다. 다른 곁다리는 잘 몰라도 크게 문제는 없으나, 꼭 알아야 할 중요 다리는 입력단과 출력단이다. 입력단은 두 개이고, 출력단은 한 개로 구성된다. 당연히 두 개의 입력은 뭔가 서로 다른 기능을 가지고 있기 때문에 두 개 이름으로 갈렸을 것이다. 동일한 기능을 수행하는 것이라면 입력단이 두 개일 필요가 없는 것이다. 그렇지 아니한가.

입력과 출력단 각각에는 이름이 붙여져 있다. 위의 연산 증폭기 상징에서 보면 Vp, Vn, Vo의 3개의 단자가 보인다. 각각의 명칭은 아래와 같다.

① Vp : 비반전입력단자(非反轉 入力端子, 보통 V+라고 쓰기도 한다.)

② Vn : 반전입력단자(反轉 入力端子, 대개 V-라고 쓰기도 한다.)

③ Vo : 출력단자(出力端子)

먼저 Vp를 왜 '비반전입력단자'라고 했는가 하면

이쪽으로 들어가는 입력신호가 있다면 연산 증폭기 내부에서 무슨 일이 벌어지는지 알 필요없이, 그냥 출력 쪽에 나올 때는 극성이 입력과 반대로 뒤집히지 않는다는 의미에서 '아닐 비(非)' 자를 붙여 '비반전 입력단자' 라고 한다.

반전된다는 것은 전기전자에서 두 가지 밖에 없는 (+)양극과, (−)음극에서 서로 반대로 변한다는 의미를 갖는다. 양극(+)→음극(−)으로 반전, 음극(−)→양극(+)으로 두 가지 경우를 반전(反轉)이라 한다.

따라서 비반전(非反轉)이란 극성이 반대로 되지 않는다는 의미가 된다. 입력극성이(+)극성이면 출력도 (+)극성을 가지고, 입력극성이(−)이면 출력도(−)가 되는 아주 지조 있는 입력단자이다.

간단히 실 예를 들어 보기로 하자.

Vp = 10㎷라고 하고, Vn = 0V라 하면(GAIN = 200이라 가정) 연산 증폭기의 식에 의해 다음과 같은 출력전압을 얻는다.

Vo = 200 × (10㎷ − 0V) = 2000㎷ = 2V로 대폭 증폭이 되었고, 극성이 반대로 되지 않았다.

그 반면에

Vn 입력단은 입력값에 대해 출력값의 극성이 반대로 변질? 된다는 의미에서 반전입력단자가 된다. (−) 입력이면 (+)가 되고,(+) 입력이면 (−)가 된다.

위에서 언급했듯이 전기전자에서는 복잡하게 생각 할 것 없이 극성(polarity)이 나오면 무조건(+) 아니면 (−)라고 생각하자.

☞ 영어manual을 들쳐 보면 Unipolar(단극)나 Bipolar(쌍극)이라는 용어가 자주 등장한다. Unipolar는 (+)극성이나 (−)극성 중 오직 하나만 출현할 때, 즉 단극만 나타난다고 해서 Unipolar라고 하고, (+) 또는 (−)극성이 나타난다고 하면 양극이라고 해서 Bipolar라고 한다. 예를 들어 DAC에서 출력값이 줄창 + 극성값만 나오면 Unipolar 값만 나온다고 하는 것이다.

Vp = 0V라고 하고, Vn = 10㎷라 하면(GAIN = 200) 연산 증폭기의 식에 의해 다음과 같은 출력을 얻는다.

Vo = 200 × (0V − 10㎷) = −2000㎷ = −2V로 증폭이 되었고, 극성이 부침개 뒤집어 지듯이 반대로 뒤집혔다.

그래서 입력단의 이름을 출력과 관련해서 극성이 바뀌고, 바뀌지 않는 것에 착안하여 명칭을 정한 것이다. 입력단의 비반전단자와 반전단자를 설명하면서 하나의 식을 느닷없이 등장 시켰는데, 이 식은 아무렇게나 나온 식이 아니다.

연산 증폭기에는 고유의 식이 있다. 이 식은 나중에 연산 증폭기를 해석하는데 유용하게 사용 되기 때문에 꼭 대뇌피질에 각인 시켜야 한다. 사족을 빼고 식을 가만히 들여다 보면 서두에서 말한 것 같이 '비반전입력단자 – 반전입력단자' 즉, 입력을 서로 빼 주는 행위가 연산 증폭기 동작의 비밀이며, 본질이다.

Vo = A(Vp – Vn)

위의 식이 연산 증폭기의 기본동작식이 되겠다.

'A' 라고 하는 기호는 증폭도를 말한다. 보통 입력에 대해 출력이 몇 배 뻥 튀겨졌냐를 말할 때 증폭도를 들먹인다. 연산 증폭기는 기본적으로 성깔이 증폭기(增幅器)이기 때문에 입력신호를 무지하게 키워 출력으로 내 보내는 역할이 자기본연의 임무이다.

보통 되먹임(FEEDBACK)이 없는 연산 증폭기는 증폭도가 상당히 크다. 각각의 연산 증폭기의 증폭도를 알려면 부품규격표(DATASHEET)를 일일이 찾아 확인 해 보아야 한다. 예를 들어 LF156 같은 연산 증폭기는 A가 200,000배 정도 된다. 연산 증폭기에서 개루프 이득(OPEN LOOP GAIN)이라는 말을 자주 듣는데, 이는 되먹임(FEEDBACK) 선이 없을 때의 증폭도를 말한다.

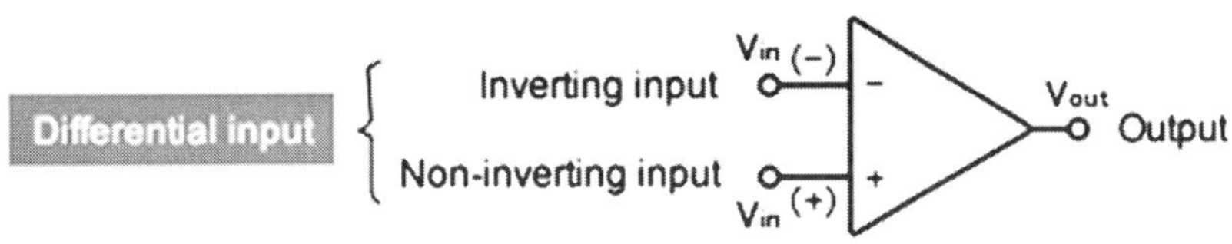

달랑 이렇게만 회로가 그려 있으면 개루프(OPEN LOOP), 즉 유식한 말로 '궤환(LOOP, 饋還)이 없다' 라고 한다.

참고로 궤환에는 정궤환이 있고, 부궤환이 있다. 전기전자를 공부하면서 이런 용어를 소홀히 하면 책 뒤쪽의 페이지는 몰이해의 검은 숲(슈바르쯔발트) 영역이 되어 버린다.

연산 증폭기에서

정궤환이란? 출력단을 뒤로 되먹이면서(입력단 쪽에 연결하면서) 비반전입력단자로 연결할 때를 지칭하고, 부궤환이란 출력단을 입력단의 반전입력단자에 연결할 때를 일컫는다.

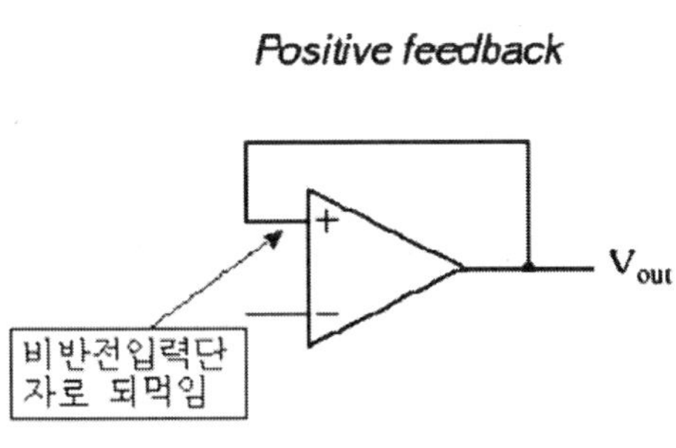

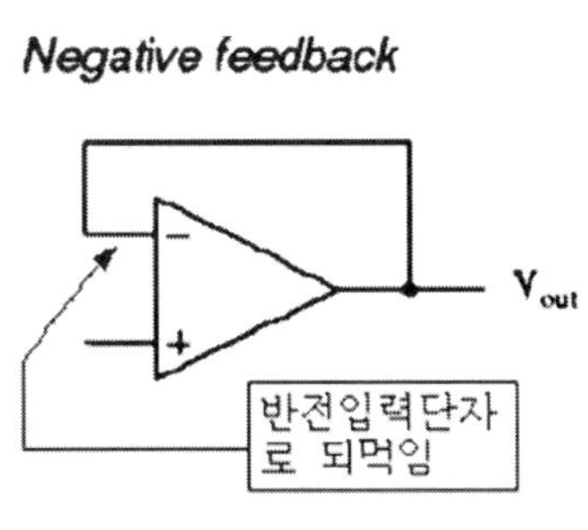

이러한 전설에 따라,

좀 아래 쪽에 그려져 있는 BUFFER(또는 볼테지 팔로워, 나중에 자세히 분해하여 해석한다.) 회로의 궤환은? 부궤환이 된다. 연산 증폭기의 정, 부궤환에서 꼭 알아야 할 사실은 정궤환일 때는 값이 한쪽 방향으로 계속 폭주 되기만 하여, +VCC나 −VEE로 세츄레이션(뒤에 설명이 나온다) 되지만, 부궤환은 어느 일정한 값으로 수렴하게 된다는 점이다. 그래서 연산 증폭기의 궤환 회로를 보면 대부분!! 부궤환으로 이루어진 것을 볼 수 있다.

머릿속에 연산 증폭기 궤환 회로가 잘 그려지지 않을 때, 예를 들면 반전증폭기를 그려야 할 때 어느 쪽으로 궤환을 그려야 할지 헷갈린다면 과감하게 출력을 반전단자(연산 증폭기의 −가 그려진 입력쪽)쪽으로 돌리는 부궤환을 그리면 거의 틀림이 없이 맞게 된다. 정궤환과 부궤환의 개념을 부여잡기 위해 밥사발을 하나 빌려 오기로 하자.

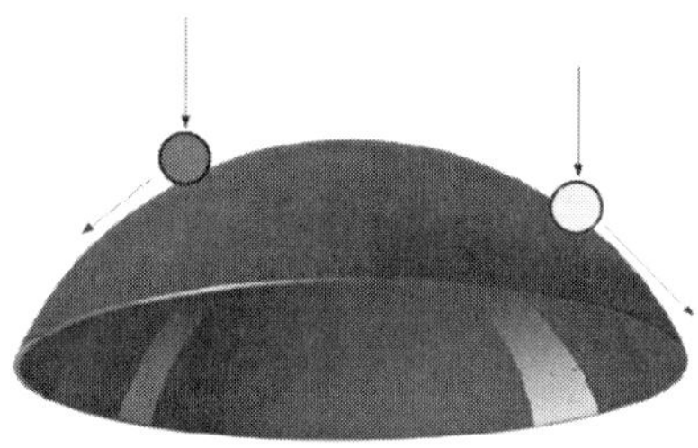

정궤환 일 때

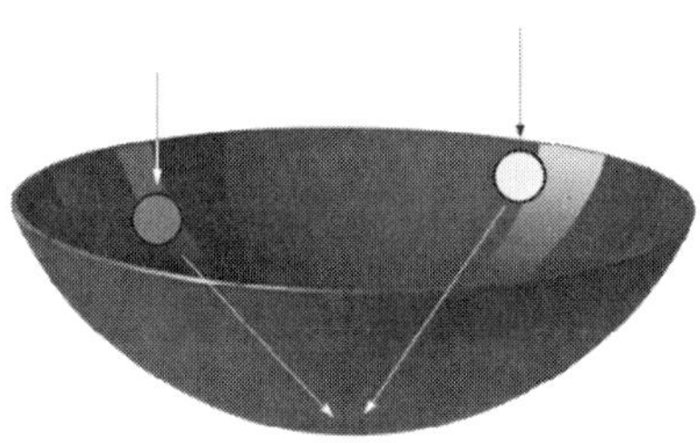

부궤환 일 때

정궤환일 때는 엎어 놓은 사발에 공을 떨어뜨리는 것과 동일하게 유비적으로 설명할 수 있다. 사발의 어느 쪽에 공을 떨어 뜨려도 공은 양쪽 어느 쪽이든 쳐 박히게 마련이다(출력값이 세츄레이션 된다). 이에 반해 부궤환일 때는 사발을 똑바로 세워 놓은 곳에 공을 떨어뜨리는 것과 유사하다고 할 수 있다. 공을 사발의 어느 면에 떨구어도 반드시 한 곳에 수렴하게 되어 있다.

그래서 연산 증폭기를 실전에서 사용할 때는 부궤환을 사용하는 것이다. 증폭기로서는 수렴하는 부궤환이 아주 딱이다. 그렇다고 세츄레이션 된다고 아주 써먹을 곳이 없는 것은 아니다. 이런 동작은 매우 유용하게 써 먹을 구석이 있다. 비교기(COMPARATOR)로 사용하면 될 것도 같다. 이것은 나중에 따져 보기로 하자.

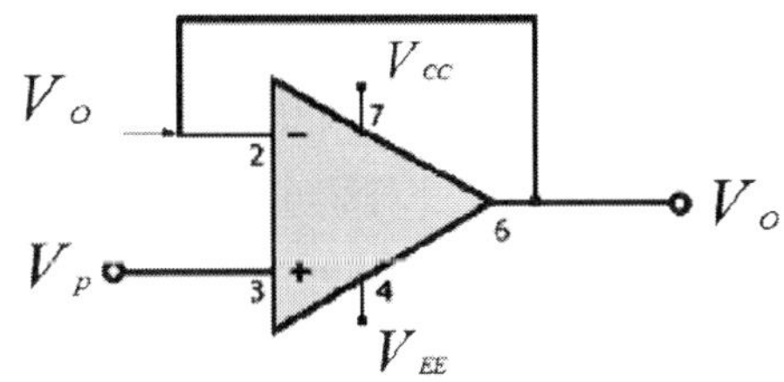

이런 식으로 출력단에서 입력단으로 되먹임(FEEDBACK)선이 있으면 궤환 회로가 형성이 되는 것이다. 위의 형태는 부궤환이라고 했다.

이상적으로 연산 증폭기를 궤환 없이 개루프 상태로 사용하면 이득(GAIN)이 ∞이기 때문에 궤환을 구성하여 이득(GAIN)을 맘대로? 조정할 수 있도록 통제 가능한 형태로 사용한다. 경제학자들이 제일 싫어 하는 것이 불확실성이다. 이는 공학자들도 마찬가지다.통제되지 않고 불확실한 것을 공학자들은 아주 미워한다.하여튼 연산 증폭기의 이상적 조건에서 다시 나온다.

연산 증폭기의 이상적 조건은 우리를 연산 증폭기로 입문하는데 두 번째로 좌절을 안겨 주는 조건이 되겠다. 시험에는 꼭 나오니까 외우기는 외우는데 그 아리까리한 내용은 가르치는 사람도 잘 모른다는 혐의가 짙을 때가 있다. 이득(GAIN)이란 위에서 이미 설명한 증폭도나 기호 A 라고 언급한 바 있다. 같은 대상을 동어 반복한 것이다. 우리말로 이득 정도를 가리킨다.입력에 대해 출력의 값이 몇 배 튀겨져서 나왔느냐의 정도를 나타낸다. 뻥 튀겨서 몇 배로 튀겨 나올 수도 있겠지만, 퍽 쫄아서 쪼그라 들 때도 있다.(대개 이득은 dB로 표시한다. 지금 dB가 무엇인지 몰라도 된다. 초장부터 내용이 너무 어렵거나, 이것저것 가리는 것 없이 모조리 설명하면 초 칠 수 있다. 적당한 선에서 자제한다.

나중에 보게 되겠지만 특히 증폭기를 다룰 때, 궤환이 있는 형태로 사용하면 주변에 붙이는 저항의 값을 변경 함으로 이득을 손쉽게 조정할 수 있게 된다. 우리가 회로를 꾸미는 데로 이득이 통제가 된다.우리 손아귀에서 이득이 통제 된다니 이 얼마나 뜻 깊은 일인가? 이는 나중에 궤환의 일반적 모델을 이용해 확인해 보도록 하겠다. 그러나 우선은 개루프(OPEN LOOP)일 때를 일단 살펴 보기로 하자.

Vp = 1V 라고 하고, Vn = 0.5V라 하면(GAIN = 200) 연산 증폭기의 식에 의해 다음과 같은 출력을 얻는다.

$$Vo = 200 \times (1V - 0.5V) = 100V$$

큰 값 100V 얻게 되었다. 대부분의 연산 증폭기의 전원단자에 인가되는 V_{CC}, V_{EE}는 ±15이기 때문에 죽었다 깨도 이 전압값 이상으로 출력값이 나오지는 않게 된다(출력의 최대값은 그 소자에 인가되는 전원의 전압값이다!!!!). 따라서 출력은 +15V로 쳐 박힌 값이 출현한다.

보통 있어 보이는 말로 '세츄레이션' 되었다고 한다. saturation 의 뜻은 포화 되었다는 뜻이다. 더 이상 치고 올라 갈 데나, 혹은 치고 내려갈 데가 없다는 뜻이다(바로 그 소자에 인가 되었던 전원의 최대, 최소값이다!!!! 전원은 바로 소자들의 활력에너지 원이 된다). 배가 고파 음식을 먹으면 먹을수록 만족감이 오게 되나 배 터지게 먹게 되면 그 이상은 포만감으로 미각을 잃고,더 먹고 싶은 욕구가 소멸 되듯이 포만이나 포화가 셈셈인 뜻을 갖는다.

이제 입력값을 바꾸어 보자 Vp = 0.5V라고 하고, Vn = 1V라 하면(GAIN = 200) 연산 증폭기의 식에 의해 다음과 같은 출력을 얻는다.

$$V_o = 200 \times (0.5V - 1V) = -100V$$

으악~ −100V. 정말 이 큰 전압값이 곧이 곧대로 출력에 나오게 될까? VCC, VEE를 ±15 사용하는 연산 증폭기 에서는 그런 일은 절대 일어 나지 않는다. 정한수를 사발에 담아 백일 기도해도 불가능하다. 연산 증폭기의 전원단에 공급되는 전압은 ±15이기 때문에 당연히 출력값은 −15V 이상 나오지 못한다. 이런 경우에는 −15V로 세츄레이션 되었다고 한다.

물론 연산 증폭기가 전원으로 쓸 수 있는 전압이 항상 ±15V 뿐이라고 생각하면 오산이다. BURR BROWN 社의 3581J 같은 경우는 전원을 ±75V까지 사용할 수 있게 만들었다. 전압폭은 −75V에서 +75V까지 이므로 150V의 전압을 견딜 수 있는 구조로 제조된 것이다. 내압의 폭이 150V이면 가격이 상당히 높게 된다. 일반적으로 내압이 큰 연산 증폭기 일수록 가격이 높다. 만약 ±15정도의 전원을 사용해도 되는 회로에 BB3581J와 같은 고가의 연산 증폭기를 줄줄이 사용하면 고용주에게 당장 쫓겨나도 싸다 .

그러나 내압이 30V(±15 전원공급)라고 해도 +30V나 −30V를 출력해 낼 수 있는 방법이 없는 것은 아니다. 이럴 때는 약삭 빠르게 '단전원'을 사용하면 되는데 예를 들면 그림과 같이 회로를 구성해 주면 된다.

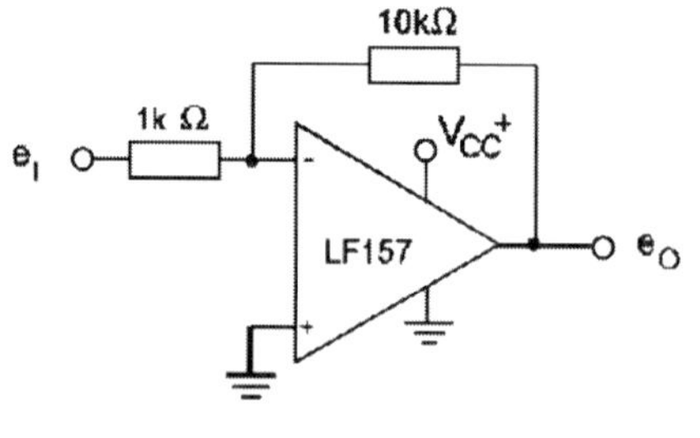

위의 반전증폭기 회로에서는 $-V_{EE}$ 단을 GROUND에 묶고, $+V_{CC}$ 단을 30V 전원에 연결하면 최대 30V까지 출력할 수는 있다. 반면에(−)전압이 출력으로 나올 수는 없다는 점이 아쉬운 점이라 하겠다(최소 전압값은 GROUND 레벨인 0V가 된다).

반대로 +Vcc 단을 GROUND에 묶고, −VEE 단을 −30V에 연결하면 출력은 최소 −30V까지 나오게 할 수 있으나 최대는 0V 이상이 나올 수는 없게 된다(일반적으로 연산 증폭기의 +Vcc, −VEE를 +15V, −15V로 사용할 수 있으므로, 연산 증폭기가 견딜 수 있는 전위차는 보통은 30V가 된다. 그래서 단전압에 +Vcc, −VEE에 +30V나 −30V를 사용하고 다른 한쪽에 그라운드로 묶을 수 있는 것이다).

해서

연산 증폭기는 +Vcc와 −VEE 양전원을 사용하는 것이 일반적이지만, 필요에 의해서 전원(POWER SUPPLY)을 +30V나 −30V에만 연결했다고 해서 단전원(單電源, SINGLE POWER) 라고 부르는 것이다.

명칭문제에 있어 이런 의구심이 들 수 있다.

연산 증폭기의 전원을 왜 +Vcc나 −VEE로 정했느냐 하는 점이다. 이유 없이 이름을 정하는 법은 없다. 연산 증폭기내부를 보면 트랜지스터(TRANSISTOR)나 저항, 콘덴서로 이루어진 복잡한 회로가 구성이 되어 있다. 이들 회로가 동작하기 위해서는 전원이 필요한데 대부분 전원은 트랜지스터의 컬렉터(COLLECTOR) 단이나 에미터(EMITTER)단에 연결되어 있게 마련이다. 해서(+)전원은 트랜지스터의 컬렉터(COLLECTOR)단에 주로 연결 된다고 해서 +Vcc라고 이름지은 것이다. 'C'가 하나 더 붙은 것은 신경 쓸 필요가 없다. 그저 혼동 방지를 위해 하나 더 붙인 것일 뿐이다. −VEE는 같은 이유로 트랜지스터의 에미터(EMITTER)단에 연결되기 때문에 −VEE라고 명칭을 정한 것이다.

전원전압이 Vdd, Vss를 사용하는 경우도 가끔 찾아 볼 수 있다. 감으로 때려 잡으면 이 소자의 내부 내용물들이 FET 소자로 되어 있구나 하고 팍 느껴 주면 된다. 예상하시는 대로 Vdd는 FET의 드레인(drain)에 연결된 전원이 되겠고, Vss는 FET의 소스(source)에 연결된 전원이 되겠다.

대개는 장비에서 ±15V 전원(POWER SUPPLY)이 있으면 이는 장비보드에 있는 연산 증폭기의 전원으로 사용된다고 보면 된다.

☞ 5V 전원(POWER SUPPLY)은 TTL을 구동시키고, 12V 전원은 Ralay를 구동시킨다. 구동시킨다는 말은 입력으로 들어간다는 것이 아니고, 해당 소자의 동작을 일으키는 에너지원이라고 생각하면 된다.

혹시 전기전자를 공부하지 않은 사람은 전원(POWER SUPPLY)이라는 이름이 생소할 것이다. 왜 꼭 회로에 갖다 붙여야 하는지도 모를 수 있다.

장비에는 반드시 전원이 필요하게 되는데 연산 증폭기에서 보는 바와 같이 대개의 경우 연산 증폭기는 전원으로 ±15V가 사용된다. 보드에는 수 많은 연산 증폭기로 구성된 회로가 있을 수 있고, 이런 보드들이 장비에는 여러 장 들어갈 수 있으므로 연산 증폭기를 동작시키기 위해서는 ±15가 이 모든 회로의 연산 증폭기로 연결이 되어야 동작을 시킬 수 있게 된다. 마치 우리몸에서 심장의 운동이 전신에 피를 공급하여 신체를 움직이게 하듯이. 바로 장비에서는 전원이 인간의 심장 역할을 수행한다. 쉽게 생각하면 용량이 매우 큰 건전지 또는 밧데리 라고 보면 된다.

전원을 영어로 POWER SUPPLY로 배웠다가 RAIL-TO-RAIL(철로?)이라는 용어가 나오면 뭐 또 다른 것인 줄 알고 고민하는 분들을 위해 한마디 한다. 영어권에서는 상상력이 풍부해서 보드에 기찻길처럼 전원단이 뻗어 있다고 해서 RAIL-TO-RAIL이라고 지칭하기도 한다. 그냥 우리가 늘 전원이라고 부르는 장치라고 이해하면 된다. 이런 용어를 설명해 주지 않으면 한참 헤매기 마련이다.

상식적으로 생각해보면

회로가 많으면 많을수록 힘을 많이 소비하게 되는 것은 일반사물의 이치이다. 마찬가지로 장비에서 연산 증폭기가 많으면 많을 수록 전력소비가 많아 지는데, 중학교과정에서 배웠듯이 전력(POWER), 즉 P는 전압을 전류와 곱한 값으로 정의된다(P = V×I). 전압은 ±15V로 고정 되어 있으므로 힘이 많이 소모된다는 것은, 전류의 양이 크게 늘어 난다고 하는 말이 된다. 그래서 전원(POWER SUPPLY)의 정격 중에 전류가 몇 A(암페어)인가가 매우 중요하다.

가끔 현장에서는 +15V 몇 암페어냐고? 물어 보는 경우가 있다.

어떤 장비에서는 +15V 30A가 사용되는 것도 있고, +15V 100A 짜리 전원이 들어가는 것도 있다. 이것은 딱히 표준으로 정해진 것이 아니라 장비의 사용 전력에 따라 다르며, 거기에 맞게 사용하면 되는 것이다.

만약 장비에서 요구하는 것이 +15V ,60A인데 전원(POWER SUPPLY)이 죽어 교체한다고 +15V 40A 짜리를 쓰면 전원은 과부하로 자기가 공급할 수 있는 전류양이 능력초과 되어 금방 퍼 질러지고 만다. 그 때는 +15V, 60A 이상의 전원을 사용하면 된다.

위의 사진은 전원(POWER SUPPLY)계에서는 꽤 이름값 하는 LAMBDA사의 5V POWER SUPPLY LUS-11-5이다. 글씨를 자세히 보면 전류가 20A 짜리라는 것을 확인할 수 있다. 이런 식으로 생긴 것이 장비에 있다면 전원이 분명하다.

가만 생각해보면 전원은 참 신기한 동작을 보인다. 장비에 부하가(연산 증폭기가 다닥다닥 붙었다고 생각해 보시라. 부하가 많이 달렸다는 것은 저항이 병렬로 달렸다는 것을 의미한다. 부하 저항이 병렬로 다닥다닥 붙었다면 부하 저항은 당연히 작아지게 된다. 이런 말을 듣고 수습이 안 되는 사람이 있다면 자기머리에 아직 실망하지 마시라. 좀 더 차근차근 설명을 듣다 보면 자연스럽게 해독이 되는 때가 이르를 것이다) 개미 떼처럼 붙어 있어도 일정한 전압을 유지해 주는 역활을 한다.

예를 들어 연산 증폭기에 공급되는 전원은 ±15V인데, 부하가 많이 달렸다고 해서 전압이 10V로 쳐 박히고 난리 부르스를 친다면 연산 증폭기가 제대로 동작 되겠는가? 햐~ 어떻게 해서 일정한 전압이 유지되는 것일까? 이런 화두를 머리에 넣고 입,출력 임피던스(또는 저항)를 보시게 되면 답이 보이실 듯도 하다. 답은 전원의 출력저항이 엄청 작기 때문에 부하 저항이 좀 작더라도 일정한 전압이 유지가 되는 것이다. 또한 이 말을 지금 아예 이해하지 못하셔도 된다. 조금 더 전개될 내용을 읽어 나가시면 동전 넣자마자 캔 커피 나오는 자판기처럼 자동이해가 될 것이다.

1-2. 비교기, 증폭기 두 가지 성격의 연산 증폭기

연산 증폭기는 지킬박사와 하이드처럼 두 가지 성격을 가지고 있다. 한 면은 누구도 막을 수 없는 폭주하는 기관차처럼 값이 $+V_{CC}$나 $-V_{EE}$에 쳐 박혀 통제 불가능한 값을 가지는 동시에, 설계자의 요구에 선선히 응해? 증폭도를 섬세하게 가져가는 제어된 면을 가지고 있다. 이 두 가지 성격을 이용하여 연산 증폭기는 비교기(COMPARATOR)와 증폭기(AMPLIFIER)로 간택받게 되는 것이다.

연산 증폭기를 해설하는 책에 보면 여지없이 등장하는 그래프가 하나 있다.

연산 증폭기를 공부하는데 있어 첫 번째 난관이 바로 이 그래프다. 이 기회를 계기로 우리를 괴롭혔던 그래프를 이성의 위대한 힘으로 아예 아작 내 보기로 하자.

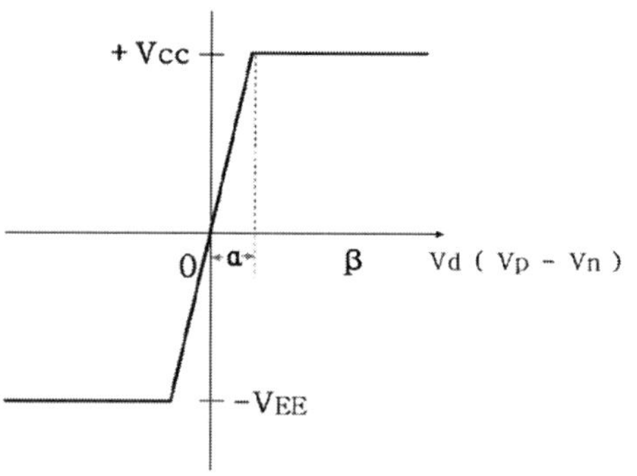

우리가 수학에서 흔히 볼 수 있는 그래프 형태로 되어 있는데, 주의 깊게 보아야 하는 것은 X축 이다. X축은 연산 증폭기의 두 입력 차이값을 나타낸다. 그 차이값을 Vd라고 칭한 것은 영문에서 '차이'라는 의미를 가진 difference를 차용하여 차이전압을 나타낸 것이다.

물론 그래프의 Y 값은 두 입력차 값에 종속되는 출력값이 되겠다. 왜 이런 요상한 그래프가 그려지는가?

바로 연산 증폭기의 두 가지 성질머리 때문에 그렇다고 했다. 연산 증폭기는 비교기와 증폭기의 이중성격을 가진 소자라고 서두에서 말했다. 진짜 그런가 한번 초등학생 수준의 사유만으로 밀도? 있게 사고해 보기로 하자.

☞ 연산 증폭기의 개 루프이득(OPEN LOOP GAIN)은 너무 커서 보통 ×20,000~×200,000이다.

Open−loop voltage gain,이라 부르고 표시는 A로 표시한다. 보통 특성표에는 단위로 V/mV를 사용하는데, 만약 200으로 되어 있다면 1mV에 200V가 출력되는 것이란 의미로 GAIN = 200V/0.001V = 200,000이 되는 것이다.

Symbol	Parameter	Conditions	LF155/156			LF256/7 LF356B			LF355/6/7			Units
			Min	Typ	Max	Min	Typ	Max	Min	Typ	Max	
A_{VOL}	Large Signal Voltage Gain	V_S=±15V. T_A=25°C V_O=±10V. R_L=2K	50	200		50	200		25	200		Vm/V
			25			25			15			Vm/V

연산 증폭기의 동작식을 다시 상기해 보기로 한다. 대뇌피질에 각인 시켜야 한다고 역설했던 식... Vo = A(Vp − Vn). 보통의 ±15V 전원공급을 한다고 사실적으로 생각한다. 그러나 판단하기 쉽게 이득은, GAIN →200배로 가정한다.

− Vp = 10㎷ , Vn = 10㎷ , A =200배 일 때 , Vo = 200×(10㎷ − 10㎷) = 0V
− Vp = 20㎷ , Vn = 10㎷ , A =200배 일 때 , Vo = 200×(20㎷ − 10㎷) = 2V
− Vp = 30㎷ , Vn = 10㎷ , A =200배 일 때 , Vo = 200×(30㎷ − 10㎷) = 4V
....
− Vp = 60㎷ , Vn = 10㎷ , A =200배 일 때 , Vo = 200×(60㎷ − 10㎷) = 10V
− Vp = 70㎷ , Vn = 10㎷ , A =200배 일 때 , Vo = 200×(70㎷ − 10㎷) = 12V
− Vp = 80㎷ , Vn = 10㎷ , A =200배 일 때 , Vo = 200×(80㎷ − 10㎷) = 14V

− Vp = 85㎷ , Vn = 10㎷ , A =200배 일 때 , Vo = 200×(85㎷ − 10㎷) = 15V
− Vp = 90㎷ , Vn = 10㎷ , A =200배 일 때 , Vo = 200×(90㎷ − 10㎷) = 15V
− Vp = 190㎷ , Vn = 10㎷ , A =200배 일 때 , Vo = 200×(190㎷ − 10㎷) = 15V

알기 쉽게 하기 위해 Vp 만을 변화시켜 보았다. 한번 따져 보기로 하자.

Vd(Vp − Vn 인 값)가 75㎷ 이하가 되면 입력신호가 200배 증폭된 결과를 얻는다. 입력 신호가 음성이라고 하면 음성 신호가 200배 증폭이 되는 것이다. 그래프에서 X 값이 변하는 것에 따라 Y 값이 변하는 사선이 있는 영역부분이다.

그런데 Vd가 75㎷ 이상 차이가 나게 되면 출력값은 15V로 쳐 박히고 만다. 그래프상에 평탄하게 수평 그림이 있는 곳이다. 더 이상의 변화는 존재하지 않는 평탄하고, 요지부동 같은 곳이다. 그 이상의 값이 나올 수 없다는 것은 진작에 설명 하였다.

그래도 한번 더 상기하자면, 연산 증폭기에 공급되는 전원이 ±15이기 때문에 이 범위를 벗어난 값이 나올 수는 없다. 그래서 그래프에는 +V_{CC}와 −V_{EE}가 최대, 최소 출력이 되는 것이다. 출력값이 여기에 이르면 포화 되었다고 표현해 준다.

반대로 Vn 만을 변화시켜 보기로 하자.

사실 인간은 이성적 동물이라서 한 예를 가지고 다른 예측이 가능하지만 혹시 이런 범주에 들지 않은 사람이 분명히 존재하기 때문에 번거롭지만 기초 시뮬레이션을 한번 더 돌려 보기로 하자.

- Vp = 10㎷ , Vn = 10㎷ , A = 200배 일 때 , Vo = 200 × (10㎷ − 10㎷) = 0V
- Vp = 10㎷ , Vn = 20㎷ , A = 200배 일 때 , Vo = 200 × (10㎷ − 20㎷) = −2V
- Vp = 10㎷ , Vn = 30㎷ , A = 200배 일 때 , Vo = 200 × (10㎷ − 30㎷) = −4V

....

- Vp = 10㎷ , Vn = 60㎷ , A = 200배 일 때 , Vo = 200 × (10㎷ − 60㎷) = −10V
- Vp = 10㎷ , Vn = 70㎷ , A = 200배 일 때 , Vo = 200 × (10㎷ − 70㎷) = −12V
- Vp = 10㎷ , Vn = 80㎷ , A = 200배 일 때 , Vo = 200 × (10㎷ − 80㎷) = −14V

- Vp = 10㎷ , Vn = 85㎷ , A = 200배 일 때 , Vo = 200 × (10㎷ − 85㎷) = −15V
- Vp = 10㎷ , Vn = 90㎷ , A = 200배 일 때 , Vo = 200 × (10㎷ − 90㎷) = −15V
- Vp = 10㎷ , Vn = 190㎷ , A = 200배 일 때 , Vo = 200 × (10㎷ − 190㎷) = −15V

역시 Vd가 75㎷ 이상 차이가 나면 −15V에 쳐 박히고 그 다음에는 X값이 변하든 상관없이나 몰라라 변화가 없다. 이로서 우리는 연산 증폭기의 두 가지 기능, 비교기와 증폭기로서의 특질을 한 그래프 안에 때려 넣어 표현할 수 있게 되는 것이다.

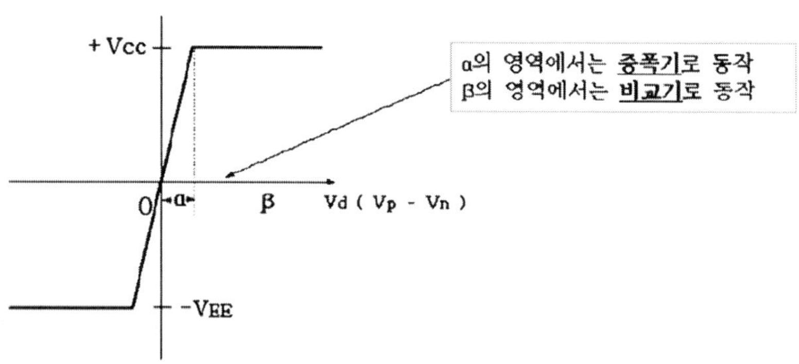

결론적으로

연산 증폭기의 두 입력 차이값, Vd가 그래프의 X축에서 α 영역에 있게 되면 증폭기로서의 역할을 수행하고, β 영역에 들어가게 되면 값이 쳐 박히는 포화(세츄레이션)가 되어 비교기로서 동작하는 것을 확인 할 수 있다. 알기 쉽게 번역하면 두 입력의 차이값이 작으면 증폭기 같이 동작하고, 두 입력의 차이값이 크면 비교기처럼 농작한다고 요약할 수 있다.

헌데

연산 증폭기를 증폭기로 사용할 때는 달팽이 촉수처럼 작은 값에도 민감하게 반응하는 개루프(OPEN LOOP) 형태로는 좀처럼 사용하지 않는다. 이건 뭐 팍팍 변하기 때문에 개떡? 같은 경우다.그래서 개 루프라고 한 것은 아닐 테지만...[개루프 이득이 200,000배 라고 생각해 보시라. 위의 그래프에서 개루프 상태에서 증폭기로서의 동작폭(α 영역)은 굉장히 좁을 것이란 상상을 하시면 되겠다.]

궤환을 사용하면 증폭도를 우리 손아귀에 쥘 수 있는 형태로 사용한다고 이미 역설했다. 반면 비교기는 개루프(OPEN LOOP) 형태로 사용한다. 이거 아니면 저것으로 앗쌀하기 때문이다. 연산 증폭기의 증폭기로서 기능은 징글맞을 정도로 부딪혀야 되기 때문에 추후에 충분히 거론하기로 하고, 비교기로서 연산 증폭기가 어떤 작동체계(Mechanism, 메카니즘)로 움직이는지 잠깐 맛만 보고 가기로 하자.

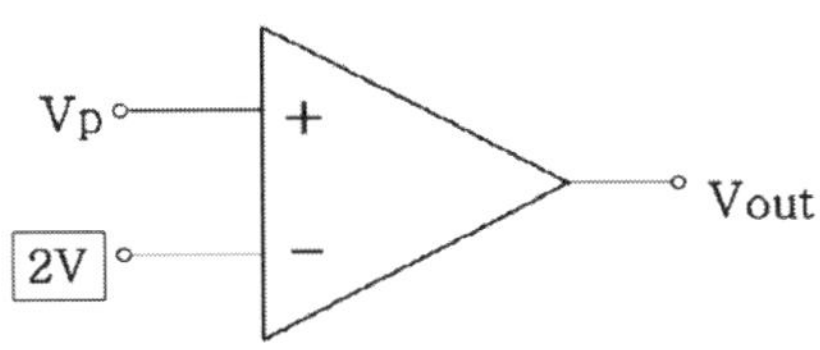

위의 회로에서 보면 반전단자에는 2V를 떡 허니 걸어 놓았다. 보통 비교기로 사용할 때는 비교하기 위한 기준 전압을 설정하는데 이 경우에는 반전단자에 걸려 있는 2V가 기준전압이 된다.

전문적인? 용어로는 'THRESHOLD VOLTAGE' 라고도 한다. 쓰레쉬홀드 전압이라는 말은 아마도 현장에서 근무 한 사람이라면 가끔 들어본 용어일 것이다. 직역하면 '문턱전압' 이 된다. 공학하는 사람들은 언어학자가 아니기 때문에 작명하는데 대단히 서투르다. 여하튼 문턱전압 이란 명칭도 잘 된 이름은 아닌 것 같다.어떤 값이면 연산 증폭기를 지나가고, 어느 값이면 못 지나가기라도 한단 말인가? 작명이 맘에 들지 않는다고 엎어 버릴 수도 없고...

어쨌든 문턱이란 하나의 턱이기 때문에 개념적으로 그 턱을 넘어 가야 방이든 집이든 들어갈 수가 있게 된다. 위의 예에서 두가지를 생각해 보자 Vp가 기준전압보다 클 때와 작을 때.

– Vp가 Vn 보다 클 때(Vp > Vn),

Vp = 3V , Vn = 2V, A = 200배 일 때, Vo = 200 × (3V − 2V) = 15V가 나왔다.

- Vp가 Vn 보다 작을 때(Vp < Vn),
  Vp = 1V , Vn = 2V, A = 200배 일 때, Vo = 200 × (1V − 2V) = −15V가 나왔다.

회로를 설계하는 사람은 출력값이 어떤지에 따라 입력으로 들어 오는 전압이 정확히 얼마인지는 몰라도, 적어도 기준으로 설정한 값보다는 큰지, 또는 작은지 판별해 낼 수는 있게 된다. 위와 같은 경우는

+15V가 나오면 기준 값보다 입력되는 값이 크다는 것을 인지할 수 있고,

−15V가 나오면 기준값보다 입력값이 적다는 것을 알아 낼 수가 있게 된다.

그런데 한가지 좀 더 고려해 주어야 할 사항이 있다.

실제 회로에서는 비교기의 출력값이 ±15V로 동작되면 신호처리가 용이하지 않은 측면이 있게 된다. 예를 들어 TTL(HIGH = 5V, LOW = 0V로 동작)만 잔뜩 있는 회로에 비교를 위해 연산 증폭기 비교기(COMPARATOR)를 썼다고 상상해 보라. 5V 또는 0V로 동작 하고 있는데, 난데없이 +15V나 −15V가 나와 봐라. 얼마나 느닷없는 것이 되겠는가? 전혀 디지탈 세계에 도저히 발 붙일 수 없는, 경우가 없는 놈이 되어 버린다.

만약 그 결과 값을 CPU로 읽어 와서 크던지, 작던지를 판별하려면 TTL 레벨인 5V로 동작시키는 것이 설계학상 꽤 수월해 진다.

아래는 장비의 보드에 들어가는 실제 비교기를 그린 것이다[CBIT BOARD,또는 SDB BOARD라고 하는데 이 보드가 하는 역할은 JIG의 Relay를 제어해 준다. 해서 Relay가 동작 되었는지 아닌지를 검출하여 CPU로 읽어 오기 위해 되 읽기(READBACK)회로를 구성해 준다. 장비사용에 있어서 현재 장비가 어떤 상태인지를 읽어 오는 과정은 매우 중요하다. CPU에서 제어신호를 보내고, 그 상태가 정확하게 전달 되었는지를 알기 위해 장비에서 제어신호를 되 읽어 오는 과정, 즉 READBACK 과정이 있게 설계해 준다].

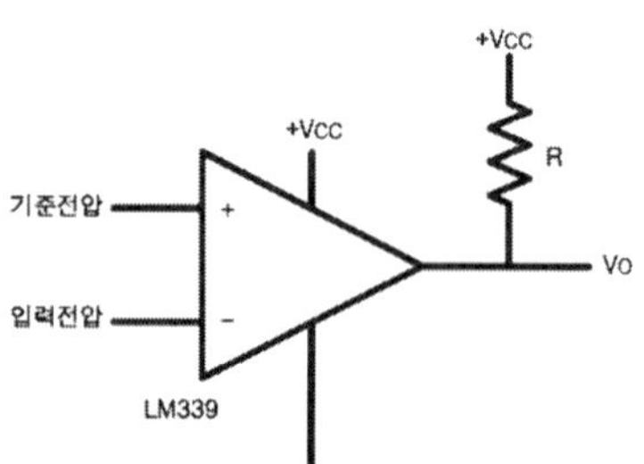

LM339 비교기를 사용한 회로이다. 몇 가지 특징적인 것이 눈에 띈다. 연산 증폭기 출력단 앞에 왠 PULL−UP 저항이 뜬금 없이 붙어 있는 것인가? 왜 단전원으로 사용하고 있는 것인가? 등 TTL 회로를 좀 만지작거려 본 사람들은 PULL−UP 저항에 대해서는 개념을 쫌 가지고 있을 듯하다.

연산 증폭기 출력단에 정체 모를 저항이 곁다리로 붙어 있다면 무조건 비교기로 생각하시라!! 연산 증폭기를 증폭기로 사용하는데 전압을 제한하는 PULL-UP 저항이 달릴 이유가 없지 않은가! 그러나 잠깐! PULL-UP 저항에 전원이 연결 되어 있을 때에만 비교기다. 만약 저항은 달려 있는데 연결된 전원이 없고 개방된 단자라면? 그것은!!! 점검단자이기 때문에 구별을 요한다.이때는 증폭기의 출력을 사용자가 확인하기 위한 단자가 되겠다.

저항 한쪽이 열려 있다는 것은 들여다 볼 때의 저항이 무한대라고 하는 것과 같다. 따라서 점검단자 한쪽은 오픈되어 있어 전압이 다 걸려 있게 되므로 전압을 확인할 수가 있는 것이다. 예를 들면 아래와 같이 회로가 되어 있을 때 화살표 표시가 된 곳이 점검단자가 되겠다.

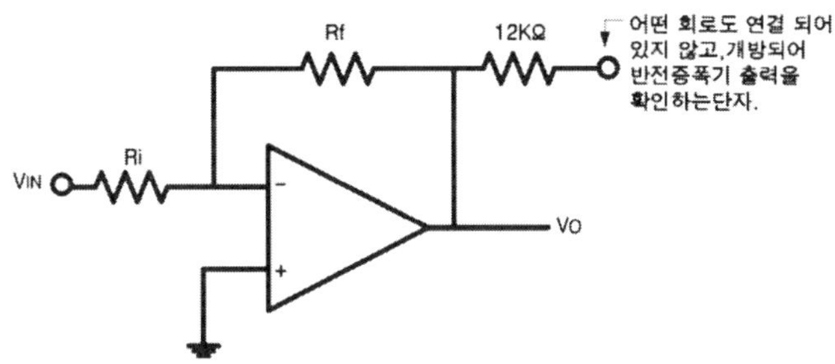

이야기가 삼천포로 빠지게 되는데 PULL-UP 저항에 대해서 넌즈시 짚고 넘어가기로 하자. 네이버 지식백과 사전에는 '상승 저항'이라고 써 있다. 이도 별로 잘 된 번역이 아닌 듯 보인다. 상승하는 저항이라? 이름이 영 맘에 들지 않는다.여하튼 우리에게는 개념이 필요한 것이기 때문에 용어작명 잘잘못은 2순위로 밀어내고 개념만 훔쳐보자.

잔가지는 빼 버리고 골자만 추리기로 한다. 보통의 TTL GATE들은 아래와 그림과 같이 최종출력 콜렉터 단에 VCC 5V가 연결 되어 있다.

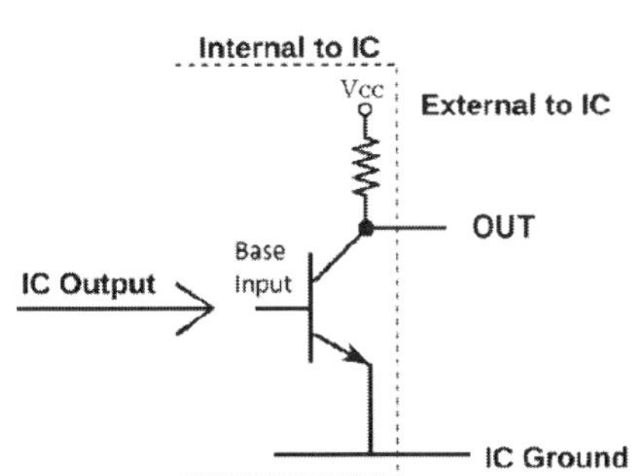

동작을 보면 트랜지스터(TRANSISTOR)가 도통 되면 출력이 0V가 되고, 트랜지스터가 불통 되면 트랜지스터가 개방회로가 되어 Vcc 5V가 출력이 된다. 개방회로가 되면 트랜지스터는 없다고 보시라.

혹시 노파심에서 말하는데 컬렉터 단에 저항이 있고, 5V가 연결 되어 있는데 어찌해서 트랜지스터가 개방 되었다고 5V 전체가 출력 되게 되는가? 저항에는 전압이 걸리지 않겠는가? 그렇게 전원에서 공급되는 전압 5V가 분압 되면 5V가 걸릴 것 같지 않다고 의심하는 사람이 있을지 모르겠다. 그렇게 의심하는 사람이 있다면 공부할 때 계속 그런 의구심을 갖는 태도는 매우 바람직스럽다는 것을 먼저 밝혀 둔다...그 이유는 연산 증폭기의 '이상적 조건'을 설명할 때 말끔히 해소하도록 하겠다. 지금은 화두로서 가지고만 있는 것이 좋겠다. 왜 그럴까? 하고..의심이 커야 해소될 때 희열도 두 배가 된다.

그런데 'OPEN COLLECTOR GATE' 들은 내부에 Vcc 전원단에 연결된 회로를 갖지 않는다. 그래서 컬렉터 단이 개방되었다고 해서 회로설계된 상태처럼 이름이 붙여진 것이다. 아래는 OPEN COLLECTOR GATE 출력단을 보여 주고 있다. 아무 것도 붙어 있는 것이 없다.

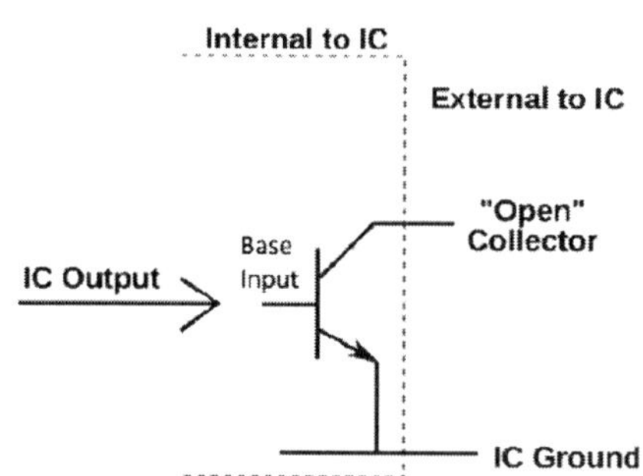

트랜지스터(TRANSISTOR)가 동작 되면 출력이 마찬가지로 0V가 되지만, 트랜지스터가 동작되지 않으면 트랜지스터는 개방 회로가 되어 버린다는 것은 똑 같은데, 출력으로 내보내는 5V 공급책이 없다.

왜 이렇게 번거롭게 했을까? 핑계 없는 무덤이 없듯이 이유없는 소자는 없다. 이런 경우를 생각해 보기로 하자. 회로를 디자인 하는데 TTL 신호를 멀리까지 보내야 하는 불가피한 상황이 발생하였다고 하자.

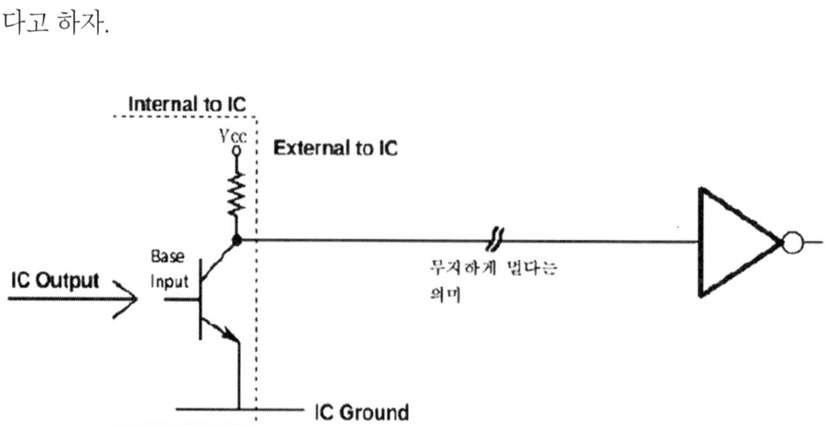

이런 경우에 출력단에 연결된 선이 길어지면 저항성분(선저항)이 크게 되어 제대로 된 레벨이 다음단에 아니 갈 수도 있거니와(그런 경우는 아주 드물다) 잡음이 끼어 들어 지저분해질 염려가 있게 된다(이런 경우는 좀 있다. 5V 출력이 되어야 하는데 찌직하고 노이즈가 끼어 들면 5V에서 1V 아래로 떨어지는 부분이 있어 논리적으로 HIGH가 검출 되지 않을 수 있다).

한마디로 TTL(TRANSISTOR TRANSISTOR LOGIC) 레벨인 5V가 배달사고가 날 수도 있다는 것이다. 이런 불상사를 방지하기 위해서는 어떤 방법이 최선일까? 아래 방식을 보기로 하자. 이 때 등장하는 것이 OPEN COLLECTOR다.

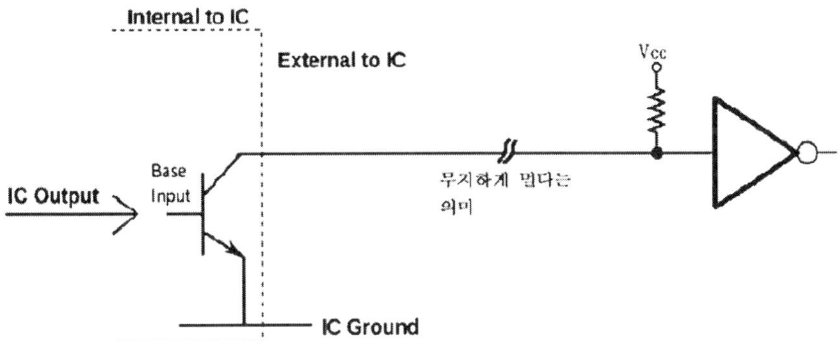

그림을 보면 너절하게 설명할 것도 없이 그 이유가 번개처럼 머리를 때린다.

트랜지스터가 동작되면 출력은 0V다(트랜지스터를 스위치로 생각해 ON/OFF 된다고 생각하라. 상식적으로 따져서 5V 아니면 0V 두 가지 상태만 있으면 되는 디지털 세계, TTL 에서 증폭을 위해 트랜지스터를 사용하지는 않을 것이 아닌가?).

그라운드 수준이야 멀리서 온다고 해도 뭐 별문제가 있겠는가? 자 이제 트랜지스터가 동작되지 않는다고 치자. 이때 부하저항 쪽에서 바라다 보면 트랜지스터는 아예 없는 개방 회로가 되어 버린다. 주는 쪽이 개방상태이면 받는 쪽에서는 주는 쪽의 상황을 고려해 주지 않아도 된다. 없는 회로가 된다.또는 다른 말로 저항이 무자게 커서 거의 ∞가 된다. 따라서 저항이 ∞이면 그 쪽에는 전류 흐름이 없기 때문에 회로 구성상 없는 셈 쳐도 전혀 무방하다. 손바닥으로 왼쪽그림을 가려도 상관없다.

위 그림에서 신호를 받는 쪽 74LS04는 입력단 바로 앞에 PULL-UP 저항이 있기 때문에 5V 전압을 바로 곁에서 공급받게 됨으로, 5V 수준의 전압이 멀리 오는 데서 파생되는 피로감이 전혀 없게 된다. 자양강장제를 듬뿍 먹었기 때문에 흐트러진 자세를 염려하지 않아도 된다. 이런 점이 OPEN COLLECTOR와 이에 따른 PULL-UP 저항 사용의 묘미가 된다.

물론 PULL-DOWN 저항도 아주 드물게 등장 하곤 한다. TTL GATE를 사용하는 것이 아니라 ECL(EMITTER COPULE LOGIC)를 적용할 때 주로 사용하는 방법이다. ECL은 HIGH =

−0.8V, LOW = −1.8V이기 때문에 PULL−DOWN에 연결되는 전원이 보통은 −2V 전원을 사용한다(TTL PULL−UP은 위에서 보는 바와 같이 5V 전원). ECL은 HIGH와 LOW의 레벨차가 적기 때문에 고속동작에 매우 적합하다. TTL의 HIGH, LOW 전위차는 5V인데 ECL은 1V 밖에 되지 않아, TTL의 1/5 수준이다. 재빨리 계산해도 5배는 빠르다. 대신 열이 많이 나서 세라믹 팩케이지로 만들어지는 것이 보통이다.

LM339는 출력단이 OPEN COLLECTOR 형태로 되어 있기 때문에 출력단에 FULL−UP 저항을 달아 주어야 정확한 동작을 하게 된다.

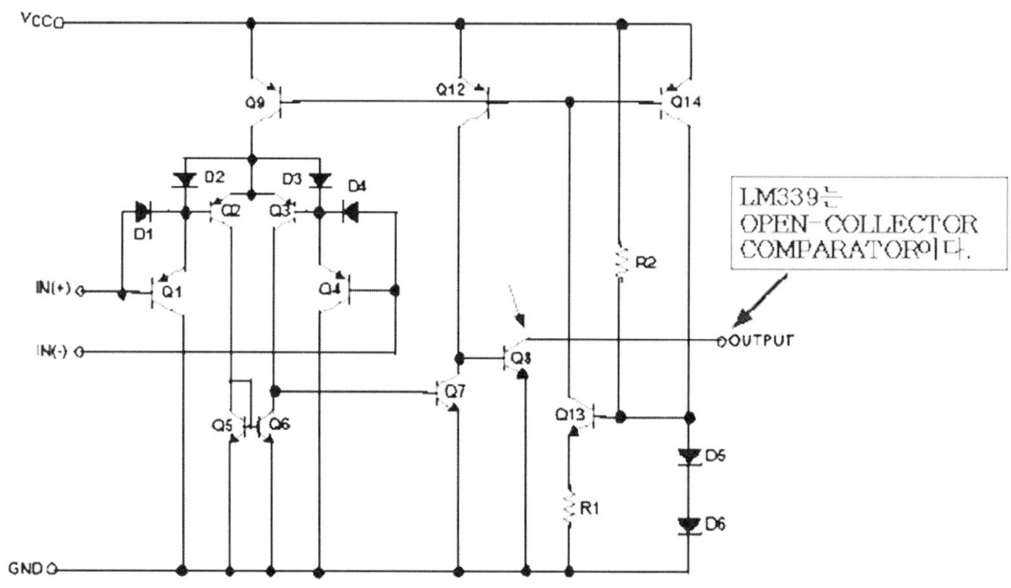

아래는 LM339로 디자인한 비교기이다. 회로를 보기로 하자. LM339출력단에 PULL−UP저항이 달린 것에 유의하기로 하자.

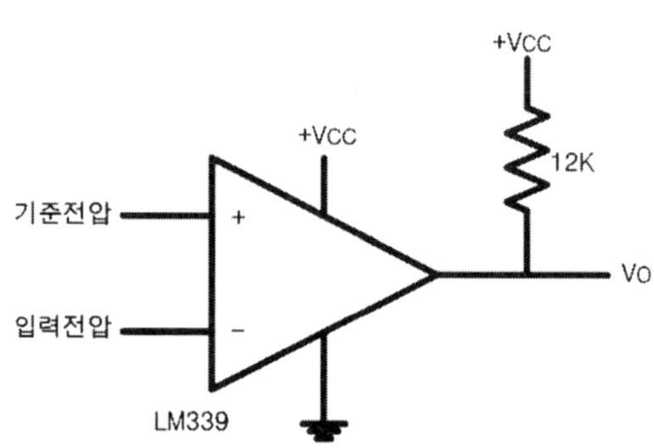

다시 본론으로 돌아와서

위의 비교기의 동작을 보면

- 입력전압보다 기준전압(문턱전압, 쓰레쉬 홀드전압)이 크면 LM339 출력단이 개방 되어 PULL-UP저항에 의해 5V가 다음단으로 가고,
- 입력전압보다 기준전압(문턱전압, 쓰레쉬 홀드전압)이 작으면 그라운드 전위인 0V 가 출력된다.

비교기를 보면 단전원으로 사용 되었다. 그 이유는 TTL 레벨을 맞추기 위한 회로적 조치이기 때문이라는 것을 알 수 있다. 요새 회자되는 말로 TTL과 연산 증폭기 비교기가 서로 소통 하기 위해 수준을 맞춘 것이다. 레벨 인터페이싱이 맞아 떨어졌다고 해야 하나?

실제 회로에서는 입력전압 쪽을 Relay단에 연결하여 Relay가 연결되었는지를 검출하는데 사용됐다. 물론 응용범위는 아주 넓다.그 동작설명은 여기에서는 별 의미가 없기 때문에 넘어가기로 한다.

1-3. 연산 증폭기의 이상적 조건과 특성들

♬ 아아 잊으랴 어찌 우리 그 날을~ ♩ 그 놈의 웬수같은 '연산 증폭기의 이상적 조건' 을 이해하지도 못하고 외웠던 울분?에 찬 날을...

연산 증폭기를 처음 배울 때 매우 중요하다고 밑줄 쫙 그으면서 외우라고 강요 받았던 기억들이 있을 것이다.강요 받지 않아도 시험에 꼭 출제 된다고 반협박 받아 외우지 않을 도리도 없었을 것이다. 현실에는 없는 그 이념적 실체들을..그래서 '이상적 조건' 아니던가!!

몸서리쳐지는 심정으로 연산 증폭기의 이상적 조건을 나열해 보자. 인터넷을 두드려 보니 먼저 눈에 띄는 내용이 있어 옮겨 본다.

1. 입력임피던스 무한대
2. 출력임피던스 0Ω
3. Open loop gain 무한대
4. 주파수 대역폭 무한대
5. Offset 전압 0
6. Offset 전류 0
7. Noise 0(또는 S/N 비 무한대)
8. CMRR 무한대(동상신호 제거비)
9. PSRR 무한대(전원리플제거비)
10. 입력 bias 전류 0...등등

S/N비나 동상신호제거비(CMRR), 전원리플제거비(PSRR)같은 항목들은 반도체라인 현장에서 디바이스 테스트 엔지니어(DEVICE TEST ENGINEER)라고 부르는 사람들이 흔하게 듣고, 측정 검사(TEST)를 하기 위해 측정 프로그램을 짜야 하는 'TEST 항목'들 중 하나이다. EDS(반도체 라인에서 전 공정)나 FINAL(반도체 공정에서 후 공정)라인에는 소자의 특성을 점검하는 장비들이 수다하다.이런 현장에는 크게 장비의 간단한 수리(죽은 보드 교체 같은)를 위해 메인터넌스(MAINTANCE)라고 부르는 직원들이 있고, 소자를 측정검사하는 장비(TESTER)의 TEST 프로그램을 짜는 TEST 엔지니어라고 부르는 직원들이 있다.

뒤에 가서 이런 항목이 무슨 의미를 갖는지 설명하기로 하자.

철학에서 플라톤의 '이데아론' 을 배우는 것이 아니라, 매우 실용적이며, 현실적인 학문인 전기전자를 배우면서 이런 이데아 영역이 있을 줄은 꿈에도 몰랐을 것이다. 위에는 잡다하게 10가지 정도가 나열 되어 있는데, 중요한 것은 4가지 정도 이다.

① 무한대의 전압 이득(개방루프 이득, 보통 몇 배로 쓴다.)

② 무한대의 입력 임피던스

③ 0Ω의 출력 임피던스

④ 무한대의 대역폭

말로만 이해하려고 할 때 사실 이해하지 못할 내용은 없다.

예를 들면

'주파수 대역폭이 무한대' 라고 하는 조건이 있다. '주파수 대역폭' 이라는 말은 어느 일정한 범위의 주파수대를 의미한다. 10㎑ ~100㎑ 사이의 주파수들 뭉치가 있다면, 그 구간 안에 들어있는 주파수들이 '주파수 대역폭' 이라는 말로 지칭된다.

영어 좋아하는 사람들은 주파수밴드라고 해서 꼭 영어 한마디를 집어 넣어야 직성이 풀린다. 밴드라는 말은 대일밴드나 고무줄이 아니라 주파수의 대역폭 정도를 의미한다고 정리하자.따라서 어떤 연산 증폭기가 무한대의 대역폭을 갖는다는 썰은, 단서를 붙여 이상적인 경우에만 0Hz에서 ∞Hz까지의 주파수를 입력으로 넣으면 온전하게 0Hz에서 ∞Hz까지 출력으로 나타난다는 함의를 갖는다.

이상적인 조건이 그렇다는 것이지 실제로는 주파수가 높으면 어떤 높은 주파수 이상은 전부 함흥차사처럼 출력측에선 사라지고 만다. 마치 필터가 불순물을 걸러 내듯이 높은 주파수들은 전기전자 내부 소자에 전부 걸러 버리게 되어 출력으로는 나오지 않게 되는 것이다.

하나 더 보자.

'Open loop gain은 무한대' 가 된다는 것은 입력으로 1㎶만 넣어도 ∞V가 나온다는 것이다. 말인즉슨 그렇다는 것이다. 이런 터무니 없는 경우가 어디 있는가? 현실세계에는 없고, 이상세계에는 존재한다. 이상적으로 존재 한다는 데에 시비 걸 일은 아니다. 터무니 없는 것은 맞다.

이제 현실적으로 생각하자.

현실에 존재하는 연산 증폭기는 어떤 특정값이 ∞가 되거나, 0이 되는 일은 절대로 없다. 현실적으로는 매우 크고, 매우 작은 것이 있을 뿐이다. 그래서 연산 증폭기의 현실적 조건은 다음과 같이 번역이 된다. ' Open loop gain가 무한대' 이 이념적 수사라면, 현실적 수사는 'Open loop gain은 무쟈게 크다' 로 대체 된다. 왜 싱겁게 이상적 조건을 내걸었는지는 아리송하지만 여하튼 '코끼리 보다 크다', '또는 쥐뿔 만큼 작다' 로 이해의 수준을 현실 감각 있게 낮추기로 하자.

이렇듯~연산 증폭기의 이상적 조건에서 그 밖의 것은 그나마 그럭저럭 의미가 통하는데 도통 그 숨겨진 뜻을 짐작하기 어려운 것이 둘이 있다. 바로...

– 입력임피던스는 무한대

– 출력임피던스는 0Ω

뭐 이상적인 조건이니까 쓰이는 기호는 ∞ 아니면 0인 것은 납득이 된다.

그런데 도대체 납득이 되지 않는 것은, 왜 이상적인 조건에 '입력임피던스가 무한대'가 되어야 하고, '출력임피던스는 0Ω'이 되어야 하는 가이다.

이걸 도무지 잘 설명해 주지 않는다. 이걸 설명한 선생이 있었다면 추측해서 확신하고 힘주어 단언컨대 그 분은 학생들을 가르치려고 고민에 고민으로 퇴근 후에 한밤을 머리 쥐어짜며 몸부림 쳤던 선생이었을 것이다. 간단한 것을 왜 설명해 주지 않지? 해석씩이나 할 필요도 없다. 아마도 들으면 피식 웃음이 입가에서 새어 나올 정도로 너무나 단순한 개념이기 때문이다. 그런데 의미 설명을 좀처럼 해주지 않는다. 왜 일까?

어떤 사람은 아마도 임피던스라는 말에서 걸려 실족하고 있을지도 모르겠다. 도대체 임피던스(impedance)도 뭐가 뭔지 모르겠는데 '입력임피던스가 ∞'라는 말은 엎친 데 덮친 격이 아니던가? 거의 언어가 주술적 수준이다. 이런 것을 알아야 하는 전자공학도는 참 불쌍한 존재들이다. 불쌍한 자여, 그대 이름은 전자공학도!

먼저 Impedance부터 대충 개념 땜빵 하기로 하자. 임피던스를 알기 위해 지식백과 사전을 찾아 보니 거의 외계어 수준이다.

"교류회로에서 전류가 흐르기 어려운 정도를 나타낸다. 복소수로서 실수부분은 저항, 허수부분은 리액턴스를 의미하며, 크기뿐 아니라 위상도 함께 표현할 수 있는 벡터량이다. 단위는 SI 단위계로 옴(Ω)을 사용하며, 보통 기호 Z로 표시한다. 임피던스의 역수는 어드미턴스라고 한다."

알아 먹으라는 말인가? 알아서 모르라고 하는 말인가?

Impedance라는 말도 헷갈리는데, 이것을 설명이라고 풀어 놓은 말이 더 한층 가관이다. 꼭 이렇게 딱딱하고, 기계음만 요란하게 설명해야만 할까? 그럼 너는 뭐 쫌 아냐? 고 대들면... 간단하게 대답할 수 밖에 없다. 복잡하게 알 만큼 유식하지도 않기 때문에 너저분한 말 보다는 단순명쾌한 말들이 좋다.

"임피던스는 저항이라고" 그러나 단서가 하나 붙는다. "주파수에 의해 변하는 저항 "이다 라고...이렇게 쉽게 말하면 납득이 좀 되는데, 지식백과 사전의 처음을 보라 "교류회로에서 전류가 흐르기 어려운 정도를 나타낸다"...바로 주파수에 따라 변하는 저항이라는 설명과 다른 것이 하나 없다. 이해를 돕기 위한 설명이 아니라 이해를 방해하는 말인 것 같다. 지식백과의 나머지 뒷말은 사족이다. 무시하고 넘어가도 된다.

예를 들어 보자.

콘덴서의 임피던스는 약자로 Zc라고 쓴다. C의 임피던스라는 말이다. 교류회로이론에서 배우는 내용이 바로 이런 것들이다. $Zc = 1/\omega c$이라고 들어 보았을 것이다. 분모를 눈 여겨 보기로 하자. 콘덴서의 C 값은 정해져 있다.변하지 않는다는 의미에서 상수다. 누가 뭐라 해도 꿈쩍하지 않는 수이다. 변하지 않는 상록수의 상?자가 붙어 있다. 그런데 C의 임피던스 Zc는 주파수에 따라 값이 오락가락, 변덕이 죽 끓듯 해대는 놈이다. 어떻게 변하는가 하면 ωc 만큼 변한다. 이건 뭔 귀신 씨나락 까먹는 소리인가?

ω는 각속도를 의미하는 기호이다.

$$\omega = 2\Pi f$$

라고 정의된다. 정의는 그냥 그렇게 정했다는 말이니까 왜 그렇게 되었는지 멱살 잡고 시비 걸 일은 아니다. 2π는 몰라도 된다.그냥 값이 얼마라고 딱 부러지게 정해진 상수라고 치부하자. 2π는 몰라도 된다? 뭔 꿍꿍이 속이지?...2π면 2×3.14로 대략 6.28 아니런가? 하고 고개를 갸우뚱 거리는 분들이 있을 것 같다. 뒤에 보게 되겠지만 단순한 상수 6.28이라면 이야기를 꺼내지도 않는다. 여기에는 심오한? 뜻이 담겨 있음을..들을 귀 있는 자는 들을 지어다~. 뒤에 가서 상술하자.

여하튼 지금 이 시점에서 주목해야 하는 부분은 변하는 숫자(변수) f다.

어느 학문이고 간에 변하는 실체를 해석해내는 것이 가장 어렵다. 어쨌든 f는 주파수(frequency)를 의미하니까 결국 Capacitor의 임피던스 Zc는 주파수에 따라 값이 변하게 된다. 콘덴서의 임피던스를 풀어쓰면

$$Z_C = \frac{1}{\omega C} = \frac{1}{2\Pi \times f \times C}$$

가 되니까 변수는 딱 하나 주파수 f만 존재한다. 주파수에 따라 임피던스,즉 저항이 변하는 것이 맞는 설명이 된다. 사실 이 정의만 제대로 알아도 Capacitor는 80% 이해했다고 해도 광언?이 아니다. 분명 정의(定義)라고 했다. 정의는 사물을 꿰뚫어 그 본질을 드러내는 규정이 된다. 간단하게 말해서 콘덴서의 임피던스는 사람들이 정했다 해서 정의(定義)된 것이다.

따라서

콘덴서의 임피던스는 [아주 중요, f에다 1000(Hz)을 넣어 보기도 하고, 그 보다 훨씬 작은 10을 넣어 보기도 하시라. 그러면 분모의 변수값이 어떻게 변하는지에 따라 임피던스 추이가 큰지 작은지를 바로 알 수 있다.]

– 주파수 f가 높으면

$$Z_C = \frac{1}{\omega C} = \frac{1}{2\Pi \times f \times C}$$

에 의해 분모가 커지니까 임피던스 값, 즉 저항 값이 작아진다.

– 주파수 f가 낮으면

$$Z_C = \frac{1}{\omega C} = \frac{1}{2\Pi \times f \times C}$$

에 의해 분모가 작아지니까 저항 값이 커진다.

여기까지 이해하지 않으려고 발버둥쳐도 좋다. 이 말만 기억하면 된다. 임피던스란 주파수에 따라 변하는 저항이라는 사실. 저항!! 탄소피막저항 같은 성질을 가진 저항이 이 놈의 정체이다.!! 라는 것을 대뇌피질에 문신처럼 깊숙이 새겨 넣자. 레이져로 후벼파도 까딱 않는 문신같이...

이제 각속도를 아래와 같이 정의 했다는 것을 알았다.

$$\omega = 2\Pi f$$

왜 각속도라는 값이 저렇게 표현 되는지 전기전자를 하는 사람에게는 무척 중요한데, 가능한 한 개념에 개념을 고리를 이어 가며 설명하기로 해 본다. 규정이 규정을 부르고, 개념이 개념을 더한다.

각속도(角速度)의 사전적 정의는 너무 쉽다. “원운동에서 단위 시간 동안에 회전한 각도”를 말한다.

원래 물리에서 말하는 속도란 거리를 시간으로 나눈 것으로 정의하기 때문에, 각도도 시간으로 나누면 각의 속도, 각속도가 된다는 것은 어려운 개념이 결코 아니다. 초등학교에서 이미 충분히 가르친 개념이다.또한 원의 각도는 360도가 된다는 것은 누구나 알고 있다.

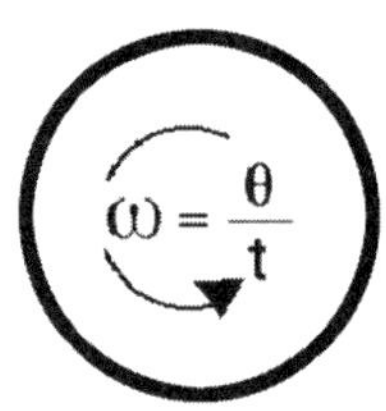

한 때는 왜 원의 각도가 360도 일까를 고민한 적도 있었지만 태양이 처음 자리에서 다시 그 자리로 돌아오는데 걸리는 시간을 고대 사람(바빌로니아 인)들은 360일 동안이라고 측량 했고, 하루를 1도로 환산하면 360도가 된다. 그리고 우주가 원으로 되어 있다고 믿은 고대인들이 태양이 원운동을 하고 있다고 생각 했으니, 원의 각도는 360도로 정해졌다는 것을 알게 되었다.

그건 그렇다 쳐도

$$\omega = \frac{\theta}{t}$$

와

$$\omega = 2\Pi f$$

와는 형태상 아직 거리가 너무 멀게 느껴진다.

어쨌든 주기라는 개념이 이쯤해서 도입이 된다.

예를 들어

태양이 출발점을 지나 다시 출발점으로 돌아오는 것은 명백하게 하나의 주기를 이룬다. 원래 주기라는 개념이 사전적으로는 "진동현상에서 진동 중심 주위로 왕복운동이 한 번 이루어지거나 물리적인 값의 요동이 한 번 일어날 때까지 걸리는 시간을 말한다." 정의된다.

우리는 교류 즉 주파수를 가지고 있는 신호를 대상으로 하니까 아래와 같은 신호의 주기를 생각해 주면 된다. 정현파 신호는 결국 원운동을 하는 놈을 시간축에서 길게 펼친 것이라는 설명은 주구장창 들어 왔다.

예를 들어

연을 날릴 때 실이 감긴 얼레로 생각해 보자. 얼레만 돌아가면 그건 단순한 원운동에 불과 하다.이제 실을 신호라고 생각해 보자. 얼레의 특정 지점을 0점으로 잡아 이를 기준으로 실이 얼레가 돌아가는 대로 풀린다고 하면, 실(絲)은 0점을 기준으로 위, 아래의 정현파 파동을 그리면서 풀려 나가 연과 함께 하늘높이 날아갈 것이다. 회전운동만을 분석하는 것으로 파동을 해석할 수 있는 실마리가 된다. 이런 파동을 잘 해석한 사람이 공학하는 사람에게 퓨리에 급수로 꽤 알려진 퓨리에라는 사람이다.

아래 정현파가 물리적 현실이라고 해도 해석할 때는 원안에서 도는 놈을 생각하면 쉽게 해석이 된다. 그래서 도는 것을 해석할 때 수학이 요청되는데 이때 회전하는 것에 적절하게 응용되는 것이 복소수기호 j(또는 i)다. 전기전자 공학에서는 회전연산자라고 들은 기억이 있을지 모르겠다. 여하튼...

주파수에 따라 저항이 바뀌는 놈이 둘이 있다. 콘덴서와 코일 그래서 이 놈들의 정의식을 보면 복소수로 표현 된다. 이리하야...여기에서부터 각과 주파수와의 관계가 맺어 지게 되는 것이다.

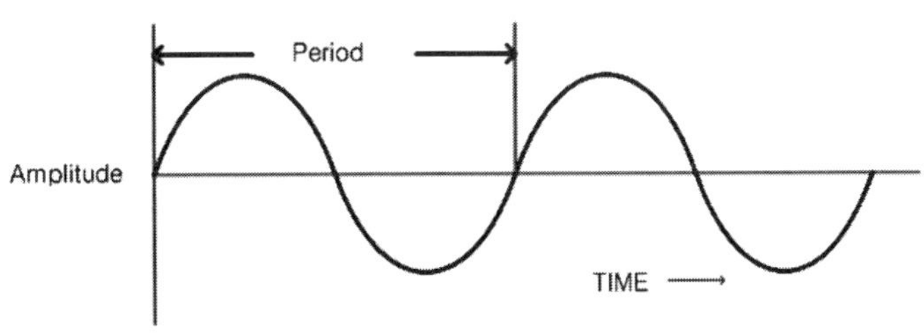

1주기는 기호로 시간 비스드리 하니까 T 로 표시된다. 시간의 개념 안에 들어 있는 녀석이다.

세상의 물리적 현상에는 위와 같은 파동이 충분히 존재한다. 그러나 우리가 생각하는 각속도, 주기 등은 우리의 사고 속에 있는 개념의 조각들에 불과한 것들이다. 사물의 본질들을 파헤치기 위해서 도구적이며, 분석적 개념들을 확장하고 있다는 것이다. 개념을 좀더 확장해 보기로 한다.

또 하나의 사고개념을 불러 오기로 하자.

우리가 너무도 잘 아는 주파수라는 개념이다. 1초 동안에 진동하는 횟수, 즉 주기가 얼마만큼 나타나느냐로 정의한다. 기호로는 Frequency의 첫 글자를 따서 소문자 f로 사용한다.

잘 알다시피

주파수는 전자파의 존재를 실험적으로 증명한 독일의 과학자 헤르쯔(H.R.Hertz)의 이름을 따서 Hz라는 단위를 사용한다.

1초 동안에 10주기를 갖는 놈이 나타나면 10Hz 라고 정하기로 했다는 것이다. 우리는 지금 정의를 가지고 장난하고 있는 것이다. 계속 그럴 것이다. 결국 주파수와 주기와의 관계는

$$T = \frac{1}{f}$$

라는 것이 정의에 의해 수식이 성립하게 된다.

주파수가 2Hz라면 1초에 파동이 두 번 그려지니까 주기는 1/2 = 0.5초가 되고,

주파수가 10Hz라면 1초에 파동이 열 번 그려지니까 주기는 1/10 = 0.1초가 된다.

다른 말로 하면

1초 동안에 파동이 100번 나타나면 100Hz가 되는 것이고, 주기는 1/100 = 0.01초, 즉 10ms가 된다. 따라서 각속도를 다음과 같이 바꾸어 쓸 수가 있게 된다.

$$\omega = \frac{\theta}{t} = 360 \times \frac{1}{T} = 360 \times f \; --- (1)$$

한편, 아주 중요한 개념을 정의해서 가져 오기로 한다(보다시피 각속도 ω를 이해하기 위해 필요한 개념이 한 둘이 아니다....).

바로 라디안(radian)이다. 들여다 볼 수록 재미 있는 것이 라디안이다. 아마도 고등학교 수학 시간에 라디안을 배웠지만 그 정체가 뭔지 모르게 그냥 지나친 사람들이 대부분일 것이다. 전기전자를 전공하여 교류를 배웠지만 라디안에 대해서는 잘 익숙하지 않을 것 같다. 각속도의 핵심은 라디안에 있다.!!!!

라디안도 정의(定義)한 개념이다. 각과 비스드리한 놈이라고 생각하면 된다. 라디안의 정의를 보자.

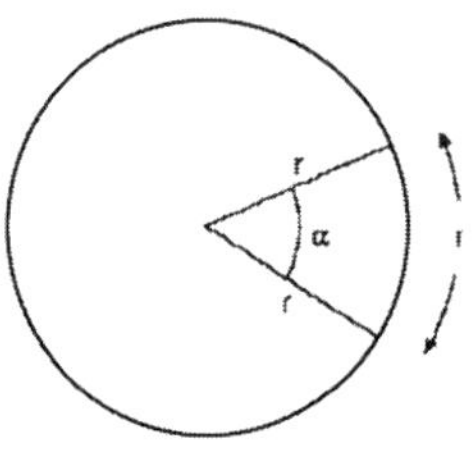

α = 1 radian

원이 나오면 반지름 r은 아주 귀가 닿도록 들었을 것이다. 반지름 r은 원의 면적이나 원의 둘레길이를 구하는데 있어 핵심수이다. 그런데 원주(圓周 : 원둘레. 원주해서 원기둥처럼 편견이 들지만 기둥 柱자가 아니라, 주위를 뜻하는 두루 주周를 썼다)를 반지름 만큼의 호(弧 : 원둘레 또는 기타 곡선 위의 두 점에 의하여 한정된 부분)로 길이를 가져 갔을 때!!!!!!!!!!!!!!!!!의 각도를 라디안으로 정의를 하였다. 반지름이 영어로 radius이니, Radian은 이미 자신의 명칭 속에 반지름과 연관이 있다는 것을 충분하게 드러낸 셈이다.

그래서 엄밀하게 말하면 라디안은 본질이 각도이다. 호의 길이를 반지름으로 규정해 각도로 환산 했다고 해서 이를 호도법(弧度法)이라고도 한다.

윗 그림에서 화살표로 표시된 반지름의 길이 r 만큼 호를 가져갔기 때문에 호 길이를 반지름 r로 표시한 것이다. 반지름 r 만큼의 호(弧), 따라서 r 만큼의 호(弧)가 이루는 각도(角度)가 1 라디안(radian)이다. 1 radian = α°

1라디안이 몇도 인지는 나중에 생각하기로 하고,

원주(원둘레)의 길이를 알 수 있는 공식을 가져오기로 하자. 원주, 즉 원둘레의 길이를 L이라고 하면,

$$L = 2 \times \Pi \times r$$

이 된다는 것은 초등학교 때 배웠다.

자 그러면 원둘레는 반지름이 몇 개나 들어 갈까?

아주 쉽다 원둘레의 길이를 반지름으로 나누면 된다.

즉 원이라는 각도에는 라디안의 갯수가 얼마나 들어 갈까?의 문제가 된다.다른 말로 하면 원의 각도는 총 몇 라디안이 될까? 하는 문제로 환원할 수가 있다.

여하튼 원주(원둘레)에 몇 라디안이 들어갈까? 몇 개의 반지름이 들어갈까?

$$?radian = \frac{2\Pi r}{r} = 2\Pi$$

원둘레는 2π(2×3.14개 ≒ 6.28, 즉 일반적으로 모든 원의 원둘레는 그 원의 반지름이 6개 +0.28개 있어야 원둘레가 된다고 정리하고, 추론할 수 있다)만큼 반지름이 들어 가는 것을 알 수 있다. 물론 정의식이긴 하지만 뭔가 아구가 딱딱 들어 맞는다는 생각이 스멀스멀 든다.

따라서 각도로 따지면 360°는 2Π 라디안이 된다. 결론에 다가섰다.

위의 (1)식을 생각해 보자.

$$\omega = \frac{\theta}{t} = 360 \times \frac{1}{T} = 360 \times f = 2 \times \Pi \times f = 2\Pi f$$

가 되었다.

우리는 π(그리스어 파이 = 3.14)를 곧잘 180°라고 생각 했다. 3.141592....(줄여서 3.14)을 대표하는 무리수 π(파이)를 180°로 생각해 왔다. 무슨 연유에서 그랬었나? 우리는 사용 내역도 모른 채 공학에서 2π를 마음껏 여기저기 적용해 왔던 것이다. 나중에 보게 되겠지만 π라고 할 때, 무리수 3.141592...인지 라디안인지를 구분하지 못하는 불상사가 생긴다.

왜 그랬을까?

바로 180°는 π(그리스어 파이 = 3.14) 라디안 이기 때문에 당연하다는 듯이 썼던 것이다. 즉 라디안으로 하면 3.14 라디안이 180°가 되는 것이다.

그렇다면 1라디안은 얼마의 각도가 되는가? '360° = 2π 라디안' 이라고 했으니까

$$1radian = \frac{360}{2 \times 3.14} \cong 57.3248°$$

정도가 된다. 모든 것이 정의식 이었던 것이다!!!!

현장성은 간결함을 추구한다. 위와 같이 복잡하게 구구절절 설명하지 않아도 식을 보면 간단하게 이해하려고 들면 된다. 현장성은 직관을 매우 귀족처럼 대우한다.

$$\omega = 2\Pi f$$

이 식이 정의에 정의를 부가하여 복잡하게 얻어진 식이라 해도 각속도는 주파수에 따라 속도의 빠름과 느림이 정해진다는 것은 척 보면 알게 된다. 주파수 성분과는 비례관계에 있다.내가 크면 너도 크다라는 것이 비례관계이다. 상수는 상관없이 변수만 고려해 주면 된다. 사실 그것만 뽑아 오면 된다. 단지 왜 π = 3.14가 주책 맞게 각속도에 들어가는지 확인만 했으면, 그것만으로도 지식의 담벼락은 충분히 견고한 셈이다. 라디안(Radian)이라는 것만 기억하기로 하자.

연산증폭기의 나머지 이상적인 조건들에 대해서는 차차 해명해 나가기로 하고 증폭기 진도를 본격적으로 나가기 전에 먼저 꼭 알아야 하는 개념이 있다. 이득 대역폭 곱(gain-bandwidth product)이라고 하는 내용이다. 줄여서 GB 곱이라고 한다.

이득이란 무엇을 말함인지 개념을 주워 담기로 한다.

이득은 증폭도(amplification degree)라고도 하는데, 입력과 출력의 비를 대수로 나타낸 것을 의미한다. 식으로 나타내면 아래와 같다. 입력과 출력전압에 대한 단순한 비이다. 따지자면 입력이 몇 배 커졌는지 또는 작아졌는지를 알아 보는 척도가 되겠다.

$$G = 20\log_{10}\frac{V_0}{V_i}$$

만약 이득이 20dB라고 하면 입력에 대한 출력의 비는 10배가 된다.

$$G = 20\log_{10}\frac{10}{1} = 20dB \qquad (\because \quad \log_{10}10 = 1)$$

이러한 맥락에 따라 이득이 100dB 라면 입력에 대한 출력의 비는 100,000배 가 된다.

그렇다면 대역폭이라는 무엇을 가리키는 것인가?

대역폭은 어떤 주파수에서 어떤 주파수까지 주파수의 범위를 지칭한다고 했다. 예를 들면 10Hz~100㎑ 사이를 주파수 대역폭이라고 부른다. 사정이 이러하다면 이득대역폭 곱이란 이득과 대역폭을 곱한다는 의미를 갖는 것인가? 사실은 그렇지 않다. 이득과 특정주파수를 곱한 것을 의미하는데, 놀랍게도 이 값이 항상 일정한 값을 갖는다는 데에 흥미로운 점이 있다. 도대체 주파수와 이득을 곱하는 것이 뭐가 어떻다는 말인가? 무엇을 얻어 낼 수 있는지 면밀하게 캐내어 주자.

먼저 연산증폭기의 주파수 응답특성을 고려한다. 주파수 응답특성이란 작은 주파수에서부터 큰 주파수에 이르기까지를 입력으로 넣어 주었더니 출력이 어떻게 나오는지 그래프로 그린 것이다.

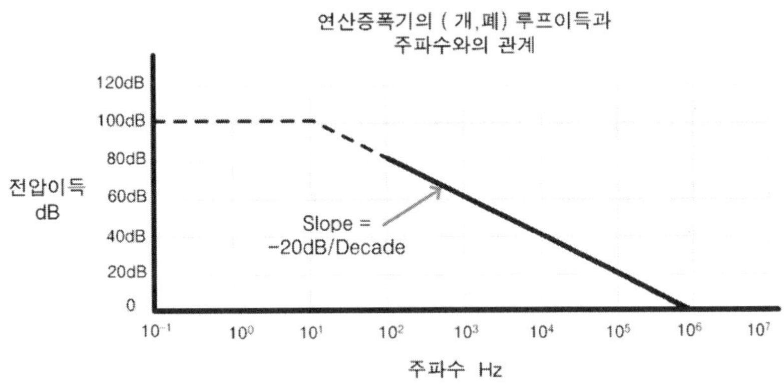

그래프에서 점선은 연산증폭기의 개 루프이득(open loop gain)이다.

기울어진 곳을 보면 Slope = −20dB/Decade라고 되어 있다. Decade는 10을 의미하니 주파수가 10배 증가하는 것에 따라 −20dB씩 감쇄 한다는 것을 표시한다.

이 그래프는 연산증폭기의 전형적인 그래프로 연산증폭기의 이상적인 조건처럼 개루프이득이 ∞가 아니라는 것을 뚜렷이 밝혀 주고, 대역폭 또한 ∞가 아님을 확인시켜 준다. 머릿속에 각인할 만한 그래프임을 알려 드린다. 이 그래프는 쓰임새가 많아 자주 나타나기 때문이다.

단지 연산증폭기의 이상적 조건이 결코 현실적이 아니라는 것을 보여 주고만 있는 것은 아니다. 그래프를 기준으로 해서 이득과 주파수를 곱하기 해주어 보자.

1000Hz(1㎑) 일 때 개루프 이득은 60dB다. 이를 곱해 보자. 1000×1000 = 1,000,000
100000Hz(100㎑) 일 때 개루프 이득은 20dB다. 이를 곱해 보자. 100000×10 = 1,000,000

위에서 60dB는

$$20\log\frac{10^3}{1} = 60dB$$

이므로 증폭은 1000배가 된다. 그래서 GB곱에서 1000을 곱해준 것이다.

다른 것은 해 보나 마나 결과는 동일하게 나온다. 결과가 어떻다는 말인가? 주파수와 이득을 곱하니 특정한 수가 나온다는 것을 알 수 있다. 이 때 나오는 특정한 수는 크게 의미를 두지 않아도 된다.

$$frequency \times gain = constant$$

결론은

주파수가 커지게 되면 이득이 감소 한다는 것이고, 이득을 높이려면 적용되는 주파수는 대역폭이 작아진다는 것을 뚜렷하게 보인다. 이에 따라 궤환이 있는 증폭기도 이 한계를 태생적으로 가질 수 밖에 없다.

GB곱을 사용하는 때는 보통 이득을 알고 있기 때문에, 어떤 범위까지 주파수를 입력으로 넣을 수 있는가 하는 문제에 답을 준다. 무턱대고 높은 주파수를 쓰자니 이득이 제한되고 있으니 잘 판단해야 한다.

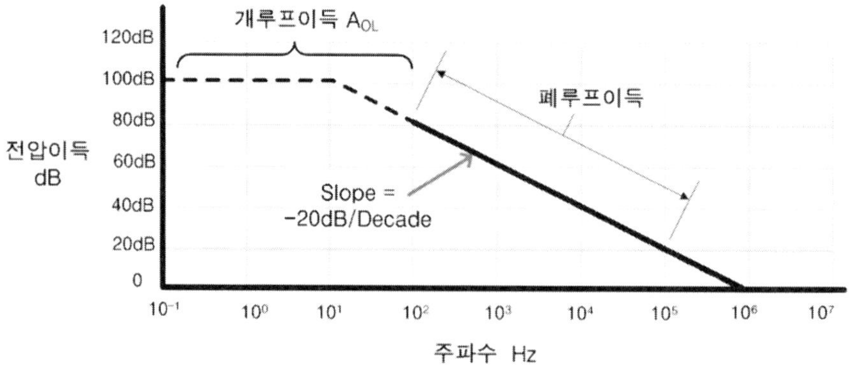

궤환이 있는 증폭기(Close-loop)를 설계할 때 주파수와 이득과의 관계를 알아 두면 또한 편

리하다. 위의 그래프에서 알 수 있듯이 주파수를 100㎑(10^5Hz)를 다루고 싶은데, 이득을 40dB로 할 수 없음을 간편하게 확인시켜 준다. 100㎑를 다루고 싶을 때는 20dB 정도 밖에 이득을 얻지 못함을 확연히 알 수 있다. 따라서 GB 곱 연산증폭기를 설계할 때 이득과 사용할 수 있는 주파수 범위를 어디까지 할 수 있나를 보여 주는 중요한 지표가 된다.

본격적으로 연산증폭기를 분석하기 전에 짚고 넘어가야 하는 연산증폭기 특성들이 있다.다른 특성들은 주제가 나올 때 마다 상론하기로 하고,설계상 꽤 중요한 특성들을 보기로 한다.

동상입력전압범위(common mode input voltage range)와 최대출력전압(Maximum Output Voltage Swing). 칸트가 [순수이성비판]에서 우리의 사고 능력인 이성이 어떤 한계를 가졌느냐를 규명했듯이, 동상입력전압범위와 최대출력전압은 연산증폭기의 입 · 출력 능력의 한계가 어디까지 인가를 제한해 주는 특성들이다.

동상입력전압범위라고 하는 것은 부품 규격표에 나와 있는 값 이상으로 사용할 때 출력이 포화되어 버리므로 설계자는 반드시 알아야 하는 항목이 된다. 또한 허용입력 전압값 보다 높은 전압이 들입다 들어 오게 되면 연산증폭기 내부의 소자들에게 악영향을 미치는 것 뿐 아니라 심지어는 객사해 버리고 마는 사태까지 벌어질 수 있으므로 반드시 검토 하고, 염두에 두어야 하는 항목이 된다.

처음 이 특성을 이해하고자 할 때 무엇을 가리키는지 혼동이 온다. 뭐 입력 전압이 제한 된다는 것은 용어를 보고 알겠는데, 뭐 어쨌다는 말인지 도무지 헷갈리기만 한다.

이 특성의 개념을 모르고서 그래프만 냅다 보기만 한다고 해서 될 일이 아니다.

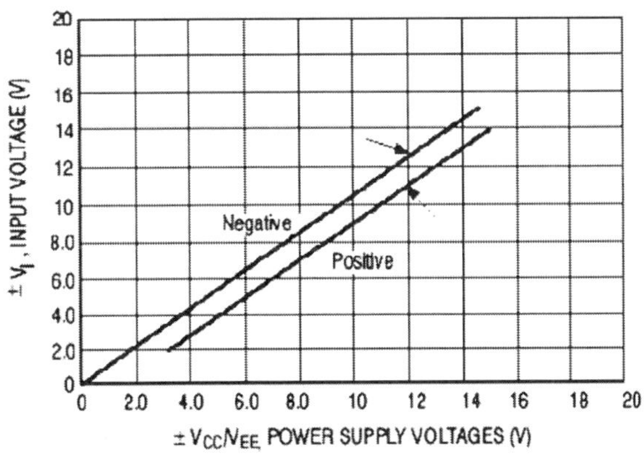

Input Voltage Range

레인지라는 말이 나올 때는 항상 최대값으로 생각해 주어야 한다. V/I SOURCE 분석 때 자세히 다룬다. 따라서 이 항목을 이해 할 때 입력되는 전압의 최대값을 명시한다고 하는 것은 알 수 있다.

우리가 주목해야 하는 용어는 동상이라는 부분이다. 동상은 극성이 같다는 것을 의미하므로, 아항~(+)이든(−)이든 반전이나 비반전입력단자에 극성이 같은 값이 들어 올 때라는 단서임도 눈치 챌 수 있다. 자, 그렇다면 그런 동상전압값이 들어 올 때 어떻게 제한이 된다는 말일까?

위의 LM324 그래프를 살펴보면 그래프 안에 NEGATIVE(음극, −), 과 POSITIVE(양극, +)이 보인다 각기 달리 그려졌다.

먼저 음극일 때를 분석해 보자. LM324는 양(兩)전압 +V_{CC}와 −V_{EE}를 16V까지 인가 할 수 있는 소자이다. 그래프의 X축은 연산증폭기의 전원전압을 인가할 때의 경우를 보여 주고 있다. 만약 ±V_{CC}/V_{EE} POWER SUPPLY VOLTAGES(V)라는 전원전압을 12V인가한다고 가정 하기로 한다. 그렇다면 +V_{CC}는 +12V를, −V_{EE}는 −12V를 양전원으로 인가하는 것이 된다.

그때 Y축의 입력전압이 어떻게 제한 되는지를 살펴보자는 말이다. 전압 값으로는 얼마인가? 극성이 음극성일 때를 본다.

대략 −12.3V가 읽힌다. 그 말인즉슨 두 입력단자(반전입력단자, 비반전입력단자)가 음극성의 전압이 동시에 들어 올 때 평균해서 −12.3V 이상이 들어 오면 안 된다는 것을 의미한다.

동상입력전압(common mode input voltage)이 아래 식과 같이 규정이 되므로

$$V_{ICM} = \frac{V_{IN+} + V_{IN-}}{2}$$

우리가 위에서 계산한 동상입력전압범위(common mode input voltage range)는 두 입력의 전압을 더해서 평균한 것이 −12.3V가 넘어서는 안 된다고 하는 것을 규정하고 있는 것이다. 아래의 두 경우를 보기로 한다.

- 동상입력전압범위(common mode input voltage range)를 넘어서는 경우
  반전입력단자→ −13V, 비반전입력단자→ −15V 동상입력전압→ −14V 회로 오동작
- 동상입력전압범위(common mode input voltage range)를 넘어서지 않는 경우
  반전입력단자→ −10V, 비반전입력단자→ −12V 동상입력전압→ −11V 회로 정상동작

그래프에서 보면 알다시피 양극은 음극에 비해 낮다. +V_{CC}는 +12V를, −V_{EE}는 −12V일 때 대략 +11V가 되어, 범위로 따지자면 폭이 음극에 비하여 적다는 것을 알 수 있다. 대부분의 연산증폭기가 공통입력전압제한폭이 양극 보다는 음극이 좀 넓다는 것을 확인할 수 있다.

그러면 이런 고민이 있을 수 있다. 연산증폭기가 개루프 회로일 때 반전입력단자→ −24V, 비반전입력단자→ −0.1V가 들어 오게 되면 동상입력전압은 −12.05V로 회로는 오동작을 일으키지 않을 것이란 판단이다. 좀 이상하다. +V_{CC}는 +12V를, −V_{EE}는 −12V인데 한쪽 입력이 −24V라~??? 그런데 두 입력을 평균하는 동상입력전압은 −12.05V로 만족 시킨다. 어찌 된 것인가?

negative 그래프를 잘 보시라. 그래프가 −15V 이상을 지나고 있지 않기 때문에 특성곡선상 한쪽이 +든, −든 24V까지 절대로 허용 되지는 않는다.

개념을 더 명료하게 하기 위해 아래 전압 팔로워 회로를 보는 편이 간편하다.

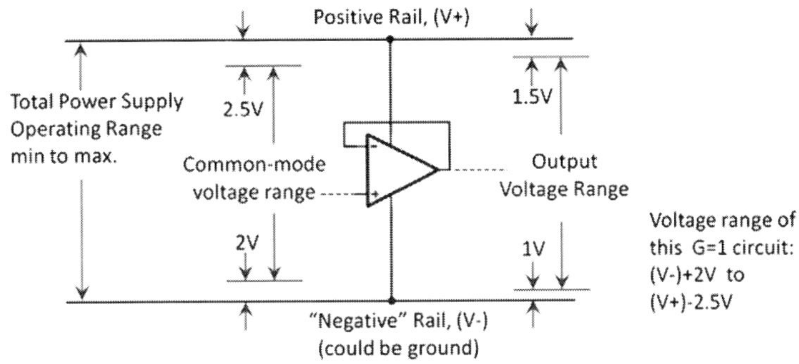

지나가는 말이지만, 외국서적을 보면 흔히들 전원전압을 철도 길처럼 RAIL이라는 표현을 종종 사용하는 것을 찾을 수 있다. 그런 명칭을 붙이는 이유는 연산증폭기가 여러 개가 존재할 때 전원은 공통으로 공급되어야 하기 때문에, $+V_{CC}$와 $-V_{EE}$가 평행으로 늘어져 전원을 공급하는 형태로 되어 있어 보기에 철도 길같이 생겼다 하여 붙인 명칭에 불과 하다. 우리가 알고 있는 것과 절대로 다른 전원을 의미하는 것은 아니다.

위의 그림과 같은 경우는 POSITIVE(양극)일 때는 입력으로 들어 올 수 있는 최대의 값은 $+V_{CC}$ 보다 2.5V 낮아야 연산증폭기가 오동작을 일으키지 않으며, NEGATIVE(음극)의 입력일 때 최대로 들어 올 수 있는 값은 $-V_{EE}$ 보다 2V 높은 값이어야 한다는 것이다. 정리하면 예로 든 연산증폭기 같은 경우는 입력으로 들어 올 수 있는 제한 범위가 각각

- $+V_{CC} - 2.5V$이며
- $-V_{EE} + 2V$라는 것이다.

예를 들어 연산증폭기가 양전원을 사용해 $+V_{CC}$는 +15V를, $-V_{EE}$는 −15V를 인가하는 형태라면 입력의 최대값과 최소값은 각각 +15−2.5V= +12.5V이며, −15V−2V= −13V라는 말이다.

또 그림에서 보면 한가지 특성이 더 출현하는 것을 볼 수 있다. 우리는 개념적으로 $+V_{CC}$는 +15V를, $-V_{EE}$는 −15V가 전원으로 인가 되기 때문에 당연히 출력도 ±15V까지 나올 것이라고 지레짐작 했었다.

그러나 출력도 범위가 제한 되어 있다. 이를 최대출력전압(Maximum Output Voltage Swing)이라고 하며 부품 규격표에 표시되어 있다. 아래 표는 TI(Texas Instruments) 社의 LF155, LF156, LF355, LF356, LF357 의 최대출력전압을 보여 주고 있다.

Symbol	Parameter	Conditions	LF155/156			LF256/7 LF356B			LF355/6/7			Units
			Min	Typ	Max	Min	Typ	Max	Min	Typ	Max	
A_O	Output Voltage Swing	V_S=±15V. R_L=10K	±12	±13		±12	±13		±12	±13		V
		V_S=±15V. R_L=2K	±10	±12		±10	±12		±10	±12		V

LF156 같은 경우는 +13V~-13V로 우리가 기대하는 ±15V는 아님을 알 수 있다. 그 이유는 무언인가 잠깐 살핀다.

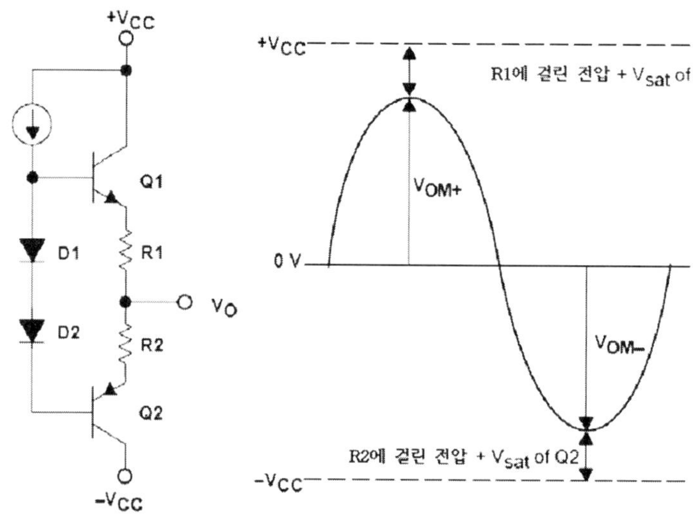

출력이 충분히 나오지 못하는 원인이 연산증폭기의 출력단 구조에 기인함을 확인할 수 있다. 트랜지스터의 포화전압 과 에미터 단자에 붙은 저항에 걸린 전압이 합해진 것 만큼 연산증폭기의 출력전압이 제한 된다. 그래서 이를 개선한 회로가 RAIL-TO-RAIL이라고 해서 거진 $+V_{CC}$와 $-V_{EE}$에 가깝도록 제조한 것이 등장하는 것이다. 말한 데로 RAIL이란 $+V_{CC}$와 $-V_{EE}$를 의미한다.

다시 본론으로 돌아 가서

우리가 이해를 하기 위한 목표는 두 놈이었다. '입력임피던스는 무한대', '출력임피던스는 0Ω'. 이제 임피던스라는 말은 대충 개념 때려 잡았으니까 두 놈의 속살들을 파헤쳐 보아야 된다. 하나 사족을 붙인다면 연산 증폭기의 입력에 직류만 왔다리 갔다리 하면 저항만으로 개념 설명하여 '입력저항이 무한대'라고 간단히 기술하면 되는데, 어디 사물의 이치가 그리 간단하던가? 일반성을 추구하는 학문은 보편적인 언어와 개념을 사용해야 하므로, 직류뿐만 아니라 교류(주파수가 있는 신호)도 염두에 두어야 하고, 직류와 교류 양자(兩者)가 연산 증폭기에 왔다 갔다

해야 하기 때문에 '입력임피던스가 무한대' 라고 포괄적 개념확대를 감행한 것이다. 주파수가 있는 곳에는 임피던스 개념이 와야 한다. 그런데 임피던스의 본질은 저항이라는 것을 다시 한번 기억하기로 하자.

이 두 놈을 좀더 심화학습?하기 위해 전기전자의 가장 기본이 되는 법칙, 오옴의 법칙과 키르히호프의 전류의 법칙(KCL)을 가다듬고 가야 할 것 같다. 사실 이 두 법칙만 알면 좀 뻥쳐서 연산 증폭기는 80% 아는 것과 진배가 없다. 연산 증폭기를 알아야 DAC(DIGITAL-ANALOG CONVERTER)도 해석이 되기 때문에 전기전자의 생 기초로 돌아가야 한다. 전기전자에 관련된 서적의 항상 첫 페이지를 열자마자 장식처럼 나오는 두 가지 법칙. 정말 유용한 법칙들이다.

1-4. 다른 각도로 본 오옴의 법칙

연산 증폭기를 분석하는데 갑자기 오옴의 법칙이나 키르히호프 법칙, 특별히 키르히 호프의 전류의 법칙(KCL)이라는 전기전자의 생기초로 돌아가는 이유가 뭔가?(아니 돌아가 이유도 없지 않은가?) 왜냐하면 전기전자의 기본법칙이기 때문에... 이 두 법칙은 회로해석에 있어서 약방의 감초같이 암암리에 전기전자의 구석구석에 찰싹 달라 붙어 있다. 우리는 아주 당연한 듯이 무시하고 있었을 뿐이다. 이걸 다시 조명하자는 말이다.

회로해석에 있어서 어떤 접근 방식이 최선이냐는 없다. 다만 자기 구미에 맞게 해석하면 되는데 경험상 지내다 보니, 전류로 접근 하는 것이 아주 손쉬워 보인다. 그래서 이 두 가지 법칙도 전류를 주어로 놓고 생각해 볼 작정이다.

오옴의 법칙은 전기, 전자 공학도에게는 말로 설명하는 것보다 기호로 쓰는 편이 한결 마음 편하다. 어떤 책에 보면, 오옴의 법칙을 처음 외울 때 편하게 'VICTORY' 로 외우라고 권유하기도 한다. 좋은 아이디어이다.

$$V = R \times I \text{ ---(1)}$$

너무도 잘 알 듯이 V는 전압이고, R은 저항이고, I는 전류를 대표하는 기호다. 이런 형태의 공식 보다는 전류를 중심으로 식을 변경하는 것이 앞으로 회로해석에 매우 유리하다(정말 그런지는 나중에 보면 알게 된다).

(1)식에서 양변을 똑 같이 R 로 나누어 주면 공식은 아래와 같이 환골탈태 한다.

$$\mathrm{I} = \frac{V}{R} \text{ ---(2)}$$

사물의 이치를 따질 때도 두 번째 공식이 더 마음에 든다. 처음 오옴의 법칙을 설명할 때 선명한 이미지를 위해 물과 관련해서 해석했다는 것은 잘 알려진 일화다. 전압 V는 수압으로, 전류 I는 수류, 즉 물의 흐름으로, 저항 R은 수도물을 공급하는데 방해가 되는지, 잘 흐르게 하는지에 대한 파이프의 굵기로 생각하면 이치적으로 오옴의 법칙을 잘 납득하게 만든다.

또 한가지 공식을 기억하는 좋은 방법이 있다. VICTORY는 그대로 쓰는데, 배치를 바꾸어 보기로 한다.

아래 그림처럼 V, R, I를 그려 놓고 손가락으로 가려 보는 방법이다. 소위 오옴의 법칙 삼각형으로 알려진 방법이다.

구하는 값을 가려 보기로 한다. 예를 들면 저항 R를 구하고 싶다고 할 때 아래 그림과 같이 살짝 가려주면 남는 놈으로 수식을 구성할 수 있다.

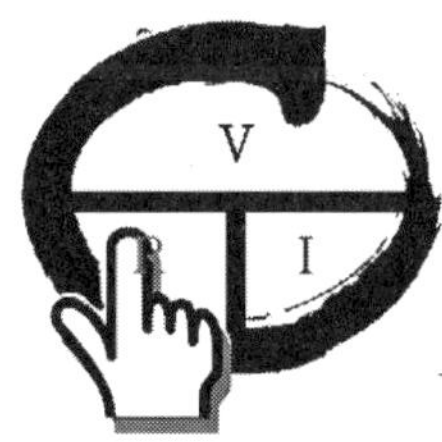

$$R = \frac{V}{I}$$

그림 그대로 수식으로 표현할 수 있게 된다.

위의 식(2) 두번째 공식을 풀어서 설명해 보기로 하자.

물의 흐름은 방해가 많으면 많을 수록 작게 흐른다. 즉 전류는 저항이 커지면 작아진다. 그러나 물의 흐름은 수압차가 높으면 커지듯이 전류도 양단!!!!!의 전압차가 크면 아주 커진다. 오옴의 법칙은 자연의 현상을 아주 잘 설명해 낸다.괜히 법칙이겠는가?

간단하게 연습 한번 해보기로 하자. 저항 양단에 전압이 아래와 같이 걸려 있다면 흐르는 전류는 얼마인가? 너무 식은 죽 먹기 인가?(단순화시켜 따로 떼어 논 회로이다. 이런 회로가 어디 있냐고 따지지도 묻지도 마시라)

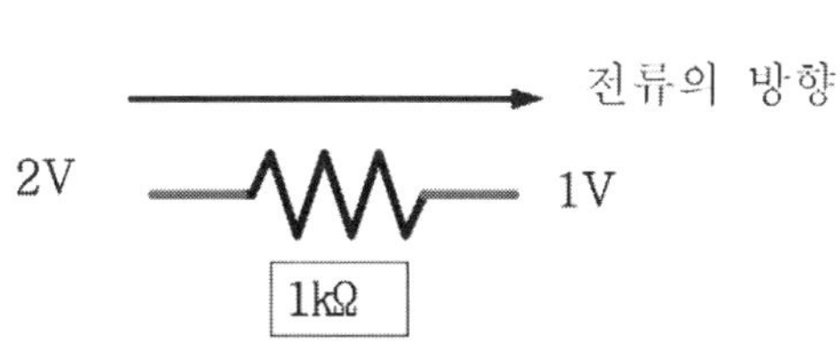

꼭 이런 사람이 있다. 오옴의 법칙에서는 전압이 하나 인데, 왜 여기에서는 전압이 둘이 나오는가? 어떻게 풀란 말인가? 우리는 너무 회로의 그라운드에 익숙해져서 양단의 전압이라는 형태가 좀 어색해질 때도 있고, 한쪽이 그라운드가 아니면 잘 적응하지 못하는 부적응자도 가끔 만날 수 있다. 그런 사람이 자기 자신일 수도 있다.

그럼 오옴의 법칙 공식(2)를 적용해 보자. 전압, 저항 값이 주어져 있기 때문에 간단히 풀어 낼 수 있다. 이 저항에 흐르는 전류는?

$$I = \frac{2V - 1V}{1K\Omega} = \frac{1V}{1K\Omega} = 1mA$$

(단위 $K = 10^3 = 1000$, $m = 10^{-3} = 0.001$) 또는
(단위 K = 10^3 = 1000, m = 10^-3 = 0.001)

너무도 당연한 말이지만 하나의 저항에 흐르는 전류는 양단!!!!의 전압차를 바로 그 저항으로 나눈 것이 된다. 그러면 전류의 방향이 그 다음 사고해야 할 숙제이다. 전류의 방향은 어디에서 어떻게 흐르는가? 물이 높은 데에서 낮은 데에로 흐르듯이 전류도 전압이 높은 데서 낮은 데로 흐른다.

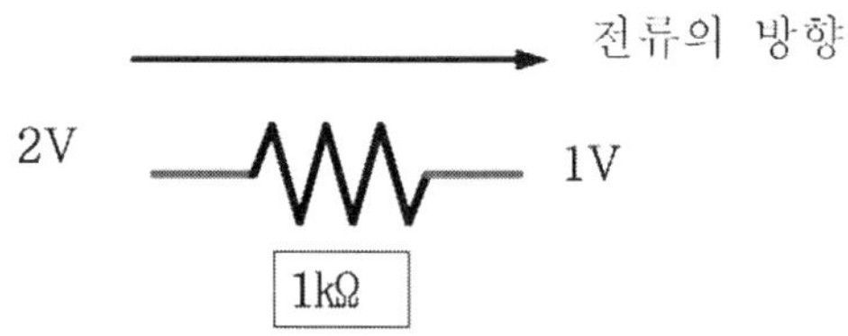

여기까지 진행 했으니 하나 더 생각해 보기로 하자.회로가 아래와 같이 되었을 때 저항에 흐르는 전류와 그 전류의 방향은 어떻게 되는가?

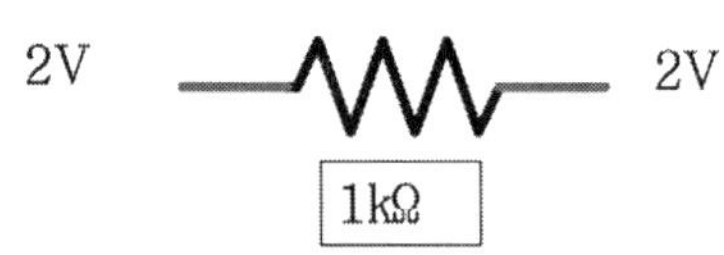

마찬가지로 오옴의 법칙 공식(2)를 적용해 보자

$$I = \frac{2V - 2V}{1K\Omega} = \frac{0V}{1K\Omega} = 0A$$

전류가 흐르지 않는다. 흐르는 전류가 없는데 전류방향은 있을 수 없다. 다음부터 회로를 보실 때 저항의 양단에 걸린 전압들!을 꼭 생각하시도록 하라. 저항에는 반드시 양단에 전압이 걸리게 되어 있다. 우리는 한쪽이 그라운드에 푹 빠져 있는 저항들을 너무도 많이 봐 와서 다른 한쪽의 전위를 생각하지 않는 경향들이 너무 강하다. 이제부터는 그런 생각은 버려야 한다. 저항 하나가 있으면 양단에는 전압이 반드시 걸린다!!!! 그 양단 전압을 바로 그 저항으로 나눈 것이 그 저항에 흐르는 전류라는 것은 오옴의 법칙에 의해 명확하다. 이런 욧점이 전기전자공학도라면 모르는 사람이 없는 법칙, 오옴의 법칙을 설명한 이유가 되기도 한다.

고압선에 유유자적하게 앉아 있는 까치가 바베큐가 되지 않는 이유는 바로 위에서 설명한대

로 양단에 전압차가 생기지 않고, 그래서 전류가 흐르지 않아 죽지 않는다는 것은 상식으로 잘 알려져 있다. 그렇지 않다면 고압선 밑에는 적당히 익은 까치들의 살코기가 널려 있게 될 것이다. 특별히 까치류를 좋아하는 사람들에게는 별식이 될 기회인데....

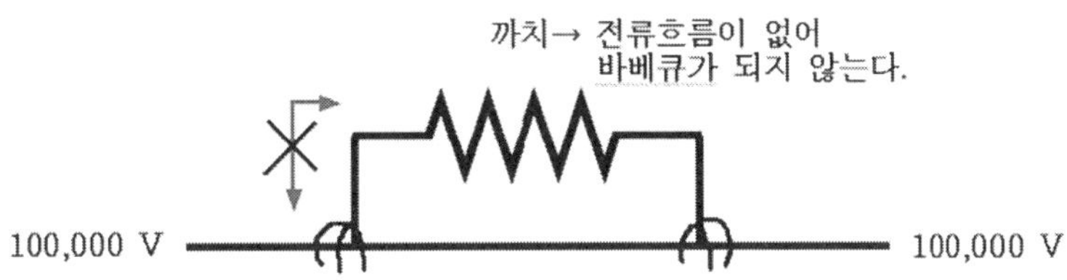

그리고 오옴의 법칙은 금융의 파생상품처럼, 가지를 잡다하게 가지고 있다. 일 예를 들어 보면 오옴의 법칙이 얼마나 파생적인 공식을 많이 생산해 내고 있는지는 오옴의 법칙에 대한 동전을 보면 알 수 있다. 아래는 실물사진이 되겠다.

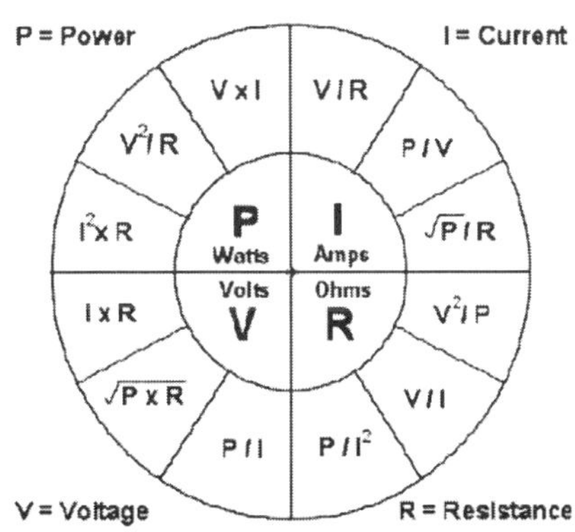

시시껄렁 하다고 생각하는 사람은 그냥 넘어 가도 좋다.유튜브처럼 몇 초간 광고를 꼭 봐야 시청 하고픈 비디오를 보여 주는 곳이 아니기에 보지 않고 책장 넘길 자유가 충분히 있다. 이 정도면 오옴의 법칙은 도대체 뭔지 감이 잡혔을 것이다. 너무 너무 중요한 법칙이기 때문에 이것은 암기 정도가 아니라 체득이 되어 있어야 한다.

1-5. 키르히 호프의 전류법칙만 이해하자

연산 증폭기를 해석하는데 중요한 열쇠 중 하나는 이번에 숙고할 키르히호프의 전류 법칙(KCL : Kirchhoff' s Current Law, 이하 KCL로 통칭하기로 한다)이다. 에너지 보존법칙의 아류쯤 된다. 에너지 보존의 법칙이 보편적이라면, 키르히호프의 법칙은 전기전자에서만 통용되는 특수자에 해당한다. KCL하면 빠지지 않는 그림이 있다. 아래를 보시기 바란다.

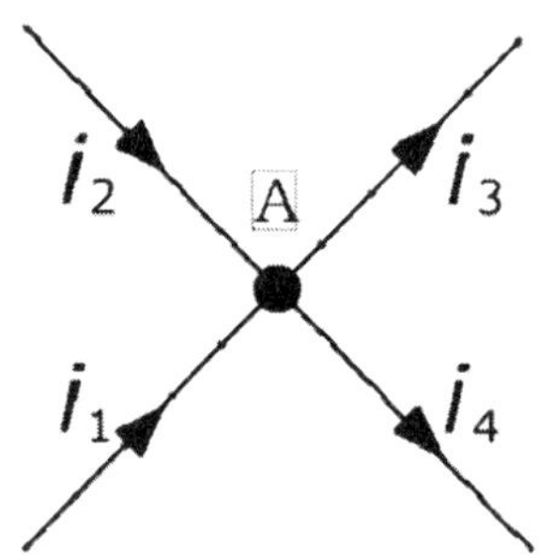

KCL은 "여러 잔 가지를 갖는 하나의 절점을 기준으로 볼 때 이 곳으로 흘러 들어 오는 전류와 흘러 나가는 전류가 같다"는 법칙이다. 위의 그림에서 'A' 점을 기준으로 보면 흘러 들어오는 전류는 i1와 i2이고, 흘러 나가는 전류는 i3와 i4이다. 이리하야 등식을 간단하게 성립시킬 수 있게 된다.

i1 + i1 = i3 + i4

좀 더 리얼한 그림은 아래와 같은 것을 찾아 볼 수 있겠다.

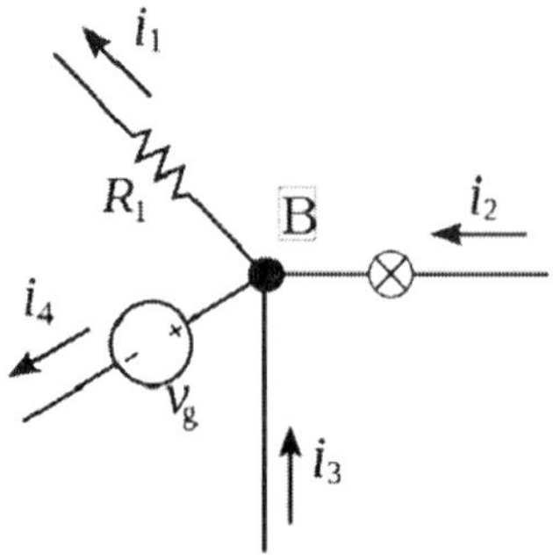

'B' 점을 기준으로 보면 i2, i3 전류는 흘러 들어오고, i1, i4는 흘러 나가는 방향이 된다. 따라서 식은 i2 + i3 = i1 + i4가 된다(전기전자 영역에서는 보통 대문자 I로 쓰면 직류전류를 의미하고, 소문자 i를 쓰면 교류전류를 의미한다고 묵시적으로 약속한다. 마찬가지로 전압도 대문자 V이면 직류전압, 소문자 v이면 교류전압이 되겠다).

이제 오옴의 법칙과 KCL을 적용할 수 있는 예를 하나 들어 보아야 겠다.

이 회로는 비록 간단하지만 매우 우아한? 아름다움을 가진 회로이다. 또는 너무 낯익은 회로이기도 하다. 마찬가지로 대뇌피질에 조각칼로 꼭 아로새겨 놓아야 할 회로이다. 결국 이 회로를 분석?하기 위해 오옴의 법칙과 KCL을 주절거린 것쯤 된다.

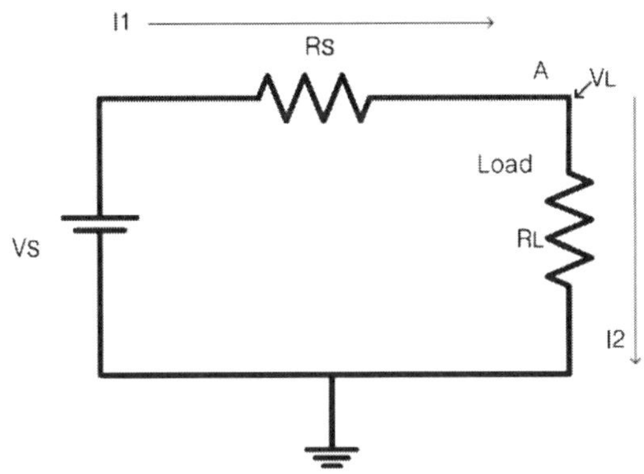

이것저것 덕지덕지 붙여 놔서 복잡하게 보여지지만, 건전지 하나에 저항이 둘인 심플한 회로이다. 지금까지 우리는 회로를 해석하기 위해 두 가지 기본적 무기를 획득하게 되었다. 오옴의 법칙과 KCL.

이것으로 이 간단한 회로를 분석? 하는 데에는 별 어려움이 없을 것으로 보인다. 유도 될 결과식은 별거 아니라고 판단 되더라도 거듭 당부 드리지만 꼭 암기해 두어야 한다.이와 비스드리한 형태의 회로가 나오면 자동 반사적으로 부하 전압값이 머릿속에서 불꽃처럼 튕겨져 나올 정도로 말이다.

☞ 회로라고 하는 것을 접하면서 혹시 혹자는 이르기를 전류는 어디로 사라지냐고 물어 볼 수도 있겠다. 웬 뜬금없는 생각이냐고? 앞으로 그라운드를 전류의 하수도라고 생각하시라. 전류는 제 할 일 다하고 그라운드로 빠져 나간다. 예를 들어 상수인 수도물로 설거지를 하고 나면 하수도로 빠져 나가듯이, 전류도 부하에서 뭔가 일을 하고 그라운드로 빠져 나간다. 사람의 몸에 수십 밀리암페어만 흘러도 치명적이라는 전류인데 장비에서 한 순간에 50A정도가 그라운드로 빠져 나간다면 그라운드에 연결된 장비기구를 만질 때 왜 사람은 다치지 않는가? 하고 확대 질문을 마음속에 가지는 사람이 있을 수 있다. 그라운드는 저항

이 무쟈게 적고, 사람은 저항이 무쟈게 커서 전류는 사람을 통과하지 않고 바로 그라운드로 빠져 나가 버린다. 그래서 라인에서는 그라운드가 매우 중요한 것이다. 엄청난 전류가 하수도로 빠져 나가야 하기 때문에. 1종접지니 2종 접지니 땅파고 동판 심는 짓이 다 그런 이유에서 나온 것이다.

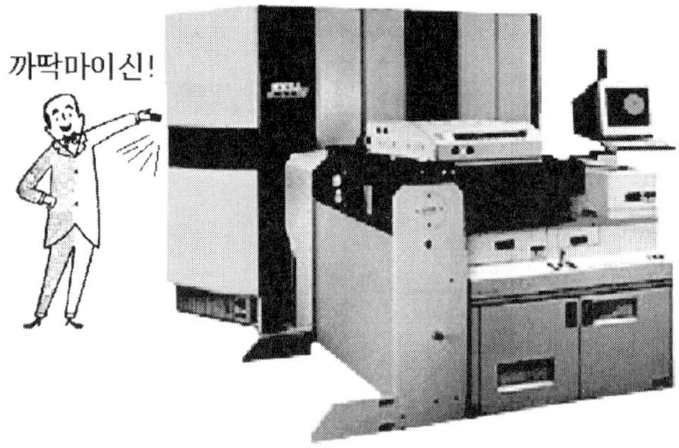

위에서 그린 회로에서 목표는 부하(load)에 걸리는 전압 V_L를 일반식으로 성립시키는 것이다.

그림에서 절점 A를 기준!!!!으로 보면 직류전류 I1은 흘러 들어 오는 방향이 되고, I2 전류는 흘러 나가는 방향이 된다. 이때 필요한 것은 무슨 법칙? 그렇다 KCL이다. 우리가 애시당초 작심했던 것이 초등학생 사고와, 초등학교 수학으로 연산 증폭기를 풀어 보자는 것이었다. 이 회로를 분석하는데 심오한 수학은 장롱 속에 넣어 두어도 좋다.

이제 이미 익힌 KCL로 전류에 관한 식을 세울 수가 있다. 들어가는 놈과 나가는 놈은 같다는 법칙...

$$I_1 = I_2 \text{---(1)}$$

전류에 관계된 식은 저항이나 전압에 관계된 식으로 변환시킬 수 있다는 것은 오옴의 법칙에서 지켜본 바다. I1은 저항 Rs에 흐르는 전류이고, I2는 저항 R_L에 흐르는 전류이다. 따라서 위의 (1)식은 아래와 같이 트랜스폼 시킬 수 있게 된다.

$$\frac{V_S - V_L}{R_S} = \frac{V_L - 0}{R_L} \text{---(2)}$$

나머지는 정리하기만 하면 된다. 양변에(Rs×R_L)을 똑 같이 곱해주면 식은 다음과 같이 전개 된다.

$$R_L \times (V_S - V_L) = R_S \times V_L \text{---(3)}$$

우리의 당면 목표는 V_L을 구하는 것이니 V_L로 묶어보자.

$$R_L \times V_S - R_L \times V_L = R_S \times V_L \text{---(4)}$$
$$R_L \times V_S = R_L \times V_L + R_S \times V_L$$
$$R_L \times V_S = R_L \times V_L + R_S \times V_L = V_L(R_L + R_S)$$

따라서 최종적으로 얻어지는 식은 아래와 같다.

$$V_L = \frac{R_L}{R_L + R_S} V_S \text{---(5)}$$

결론으로 얻어낸 이식은 앞으로 주구장창 나오게 되므로 꼭 외워 두어야 한다. 벌써 세번째 드리는 부탁 이렷다.

이 식이 중요한 또 하나의 이유는 이렇다. 부하측에 붙어 있는 저항은 위에서는 달랑 하나의 저항으로만 그려졌지만 이제부터는 개념을 확장하여 아래의 그림들 까지도 위의 단순한 회로로 바꾸어서 생각해야 한다는 것이다. 재미있는 그림이지만 편견을 깨는 의미에서 한번 만들어 보았다. 까치도 저항으로 등가시켰듯이 젖소도 등가적으로는 저항이다.

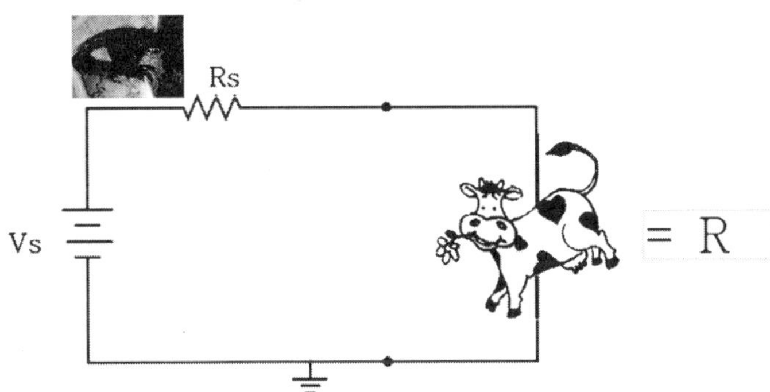

코미디 같은가? 맞았다 이 회로는 마치 코미디 같다. 앞으로는 시간과 공간 안에 있는 모든 잡다한 사물을 하나의 저항으로 놓고 보라는 의미로 극단적인 예를 들어 본 것이다. 부하(load, 負荷)에 수 만가지 회로를 다 들러 붙인다 해도 딱!! 하나의 저항으로 볼 수 있다는 것이다.

전기전자를 공부하다 보면 "입력쪽을 바라 본다", "출력쪽을 바라다 보니"라는 말을 자주 듣는다. 내가 회로 안에 들어가 있는 것도 아니고 뭘 본다는 말인지 원....위의 그림에서 그윽하면서도 이쁘장한 눈이 하나 보인다. 저 깊은 눈은 건전지의 입장에서 출력단을 바라 보는 전지안?이다(미국 지폐 1달러 짜리를 보면 피라미드에 전지안이 그려져 있는 것을 볼 수 있다. 기독교 국가라는 미국이 이교도인 이집트의 신화와 상징들을 가져다 쓴 것은 정말 아이러니하지 않는가? 뒤를 캐내고, 파헤치면 재미 있는 구석들이 가지 치며 쏟아져 나올 것이다. 프리 메이슨, 일루미나티, 300인 위원회, 세계단일정부, 로스챠일드....정말 미스터리하다...).

젖소를 하나의 저항으로 볼 수 있다는 점이 핵심중의 핵심이 되겠다. 젖소도 분명 하나의 저항체 이므로.

이렇게 강조해도 아마 다음 문제를 보면 머리 벅벅 긁는 사람들이 분명히 반은 될 것이다. 문제적 문제를 내겠다. 맞혀 보시라.

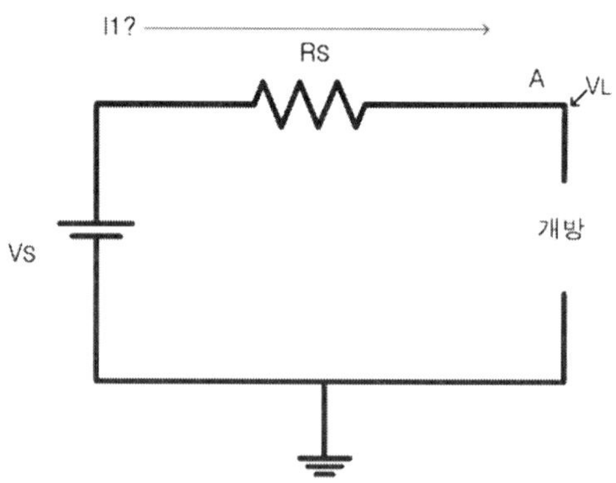

회로가 위와 같이 구성 되었을 때 과연 부하저항에 걸리는 전압 V_L은 과연 얼마가 될까?

..............................??

(30초 안에 풀어 보시라. 그래도 답이 안 나오는 사람은 위의 젖소 윗 부분을 다시 붙잡고 씨름 하시기를)

답은......

V_L은 건전지 V_S의 전압과 정확히 일치 한다가 되겠다.

정말?

아마 모르긴 몰라도 경험상 깜짝 놀라는 사람이 분명 한 두명은 있을 것이다.

소스(건전지)쪽에서 출력쪽을 바라다 보았을 때 개방 회로가 된다.그런데 이 세상에 존재하는 것을 모두 저항으로 봐 달라고 부탁 한 바 있다. 회로를 볼 때만...일상생활에서 사물을 저항으로만 보는 사람이 있다면 주변에서 돌 봐주어야 할 사람이 된다. 그렇다면 개방 되었다는 것은 어떻게 생겨 먹은 저항이 된다는 말일까?? ...!!! 맞았다. 바로 ∞의 저항이 된다는 의미다.

$$V_L = \frac{R_L}{R_L + R_S} V_S ----(5)$$

우리가 얻은 최종식 (5)에 문제에 부하저항이 무한대일 때의 값을 대입, 적용시켜보자

$$V_L = \frac{\infty}{\infty + R_S} V_S = \frac{\infty}{\infty} V_S = V_S$$

RL이 ∞Ω이라면 이에 비해 Rs는 존재감이 거의 무(無)인 것과 진배없다. Rs는 식에서 지워 버리시길. 지구에서 바라 볼 때 달 위에 달 착륙선 같이 Rs는 없다고 봐도 지장이 전혀 없다. Rs가 쫌 큰 값이어서 100MΩ이나 1000GΩ이라고 해도 사정은 일점일획도 변하지 않는다. 그렇게 이야기가 흘러가므로 ∞/∞=1이 되어 VL=Vs가 된다

무한대의 개념을 리얼하게 듣고 싶은가?

지구만한 다이아 몬드가 있다고 하자 호랑나비가 100만년 마다 한번씩 살랑살랑 날아 와서 지구만한 다이아몬드를 혀로 핥아 없애 버리는 시간을 상상해 보시라.어쨌든 물리적 충돌? 이기 때문에 지구만한 다이아몬드는 언젠가는 없어질 것이다. 그러나 지구만한 다이아몬드가 닳아 없어지는 시간은 무한대의 시간에 비하면 아직!!! 시작도 아닌 것이 바로 무한대라는 크기 이다.

지옥,불못이 무한대의 시간 동안 고통 받는 곳이라는데 지각있는 분들이라면 한번 곰곰히 사후세계를 사유해 보시라. 라이프니쯔가 확률론으로 해석했다나? 죽음 후에 뭔가 있다는 것은 확률 50%다. 뭔가 있는데 지옥과 천국이 있다는 것은 확률 25%가 된다. 확률적으로 얼마나 높은 수치인가.로또당첨 몇 백만분의 일이 자기에게 해당 될까 오늘도 로또 판매소를 기웃거리는 사람들 염두에 두시면, 25%는 거기에 비하면 초파리를 밑에 깔고 앉은 코뿔소 같은 확률이다.

...왜 우리는 '입력 임피던스는 ∞Ω'라는 연산 증폭기의 이상적 조건을 말하다가 여기까지 왔는가? 한번 곰곰히 생각해 보시라. 답은 이것 저것 설명하는 가운데 이미 나왔다. 우리는 이미 알고 있는데 다만 깨닫지 못했을 뿐이다. 플라톤의 지식은 상기설이라는 의미가 이런 것인가? 응애 하고 세상 나오기 전에 순수 이성적으로 알 것 다 아는데 삶이란 다만 깨달아 가는 과정일 뿐이라고 하는 것... 물론 플라톤 이라는 권위를 불문곡직 옳다고만 볼 수 없는 것이 순수이성적인 비판정신이다.

1-6. 테브닌의 등가회로

- 입력임피던스 무한대
- 출력임피던스 0Ω

연산 증폭기의 이상적 조건들에서 특히 눈에 거슬리는 두 가지 조건이 어떤 속사정이 있는지 파악하기 위해서 오옴의 법칙과 KCL을 더듬어 보았다. 이 두 가지 조건이 얼마나 싱거운 내용을 담고 있는지 더 잘 파악하기 위해 사고를 좀더 진전 시켜보기로 하겠다. 우리는 앞에서 아래와 같은 회로의 부하전압(VL)의 값을 구해 보았다. 그 결과식은 회로 아래에 있는 식이었다. 대뇌피질에 새기라고 조언을 이미 드렸다.어마? 이게 무슨 식이지 하는 분들은 이전 글을 대충 훑고 오시라.

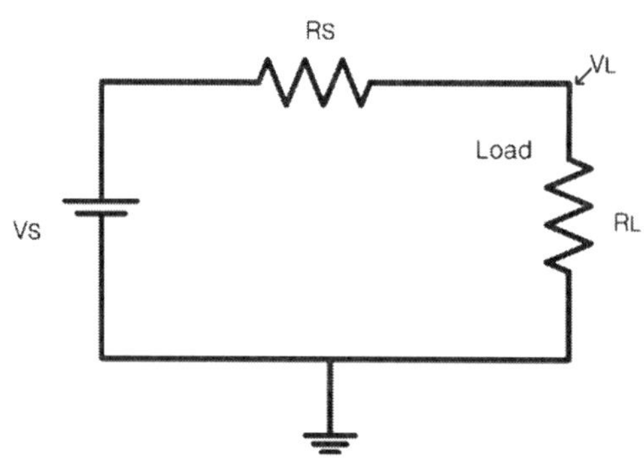

$$V_L = \frac{R_L}{R_L + R_S} V_S$$

VL = Vs가 되는 경우는 RL의 저항이 무한대 일 때 그렇게 되지 않을 수가 없음을 확인 했다. 관점을 달리해서 RL의 저항이 ∞Ω이 되지 않고도 VL = Vs가 되는 경우가 또 하나 존재한다. 위의 식을 뚫어지게 한번 쳐다 보시라. 그리고 생각 해 보시라 어떤 경우가 그런 경우인가? 그렇다 Rs = 0Ω 일 때 반드시 VL = Vs가 된다. 윗식에 Rs = 0Ω을 대입해 보기로 하자.

$$V_L = \frac{R_L}{R_L + 0\Omega} V_S = \frac{R_L}{R_L} V_S = V_S$$

식 보다는 회로 그림이 우리에게 직관적으로 $V_L = V_S$가 됨을 보여 준다. $R_S = 0\Omega$인 회로를 보기로 하자.

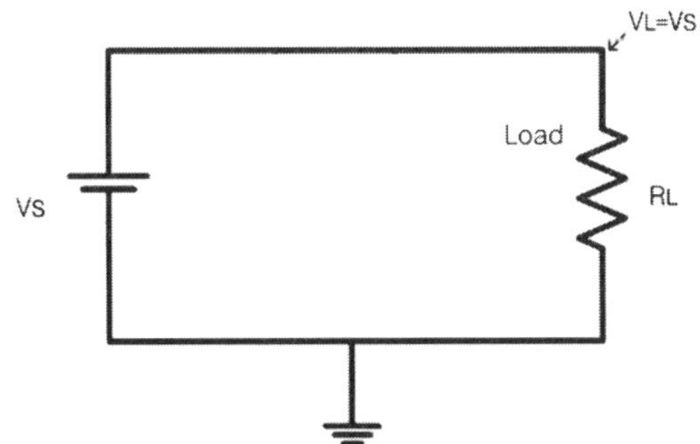

회로를 보면 $V_L=V_S$가 되는 것은 아주 당연지사다. 중간 결론을 내려보자 $V_L = V_S$가 되는 경우는 두 가지 경우가 존재한다.

① $R_S = 0\Omega$

② $R_L = \infty\Omega$ 일 때

뭔가 생각이 어디론가 수렴해 가는 것이 느껴지지 않는가? Rs --> 소스 출력 임피던스(저항), RL --> 부하 입력 임피던스(저항)이라고 생각하면 우리 문제의 화두 '입력임피던스는 무한대', '출력임피던스는 0Ω' 와 모종의 상관 관계를 형성할 것 같은 느낌에 왕창 사로잡힐 것만 같다.

우리는 알게 모르게 두 가지 정리를 해 온 셈이다.

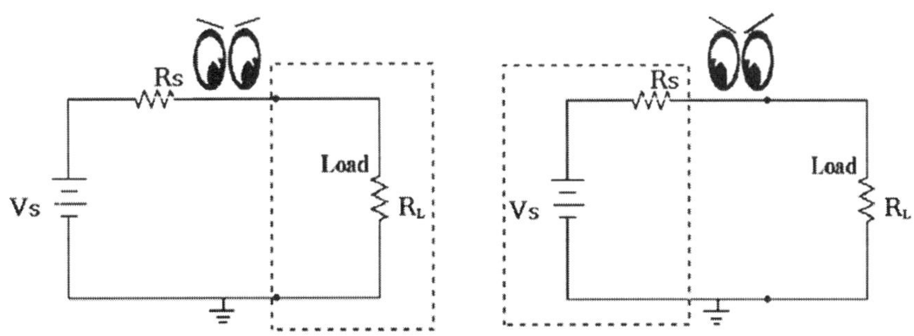

세상의 있는 모든 사물을 하나의 부하 저항, RL로 대체할 수 있다고 하는 것. 이제 정리를 다른 방향에서 보기로 하자. 어떤 SOURCE 든지 간에, 또는 소스를 포함한 잡다한 저항성분이 있다 손 치더라도, 결국은 SOURCE 하나와 출력저항 Rs로 대체할 수 있다는 것. 이런 것을 테브닌이라는 사람이 정리했다고 해서 테브닌의 정리라고 한다.

SOURCE에서 부하 쪽을 바라다 보았을 때, 어떤 회로든 하나의 저항으로 등가적으로 대체할 수 있고, 부하 쪽에서 SOURCE원 쪽을 바라다 보았을 때, 어떤 회로든 하나의 SOURCE와 출력 저항으로 등가적으로 바꿔 치기 할 수 있다는 것이 테브닌의 등가회로가 되겠다. SOURCE와 부하의 관점에서 서로 역지사지(易地思之)해 보라는 말이다.

이제 이런 정리와 설명을 종합해서 인격이 없는 소자 증폭기(Amplifier)의 미덕을 한번 깨달아 보기로 하자. 증폭기의 미덕이란 무엇일까? 증폭기의 미덕이란? 아마도.. 줄 때 제대로 주고, 받을 때 확실하게 받는 것이 아닐까 한다. 다시 말머리를 연산 증폭기로 돌려 보기로 하자.

PARAMETER NAME	PARAMETER SYMBOL	VALUE
Input current	I_{IN}	0
Input offset voltage	V_{OS}	0
Input impedance	Z_{IN}	∞
Output impedance	Z_{OUT}	0
Gain	a	∞

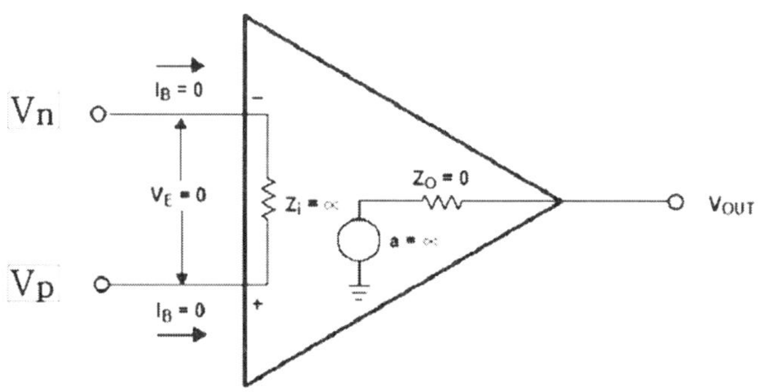

연산 증폭기의 실제 내부 회로는 로마의 뒷골목처럼 굉장히 복잡하게 되어 있다. 관심있는 사람은 한번 보고, 전투의욕이 생기면 전압, 전류로 풀어 보는 것도 괜찮을 듯 싶다. 그러나 우리는 철저히 거시적?사용자의 입장에서만 연산 증폭기에 접근하기로 하자.

위의 그림은 연산 증폭기 내부를 등가적(等價的)으로 그린 것에 불과하다. 입력쪽에는 입력저항 Zi가 있을 것이고, 출력에는 출력저항 Zo가 있을 것이다(Z라고 표기한 것은 임피던스의 기호를 대표한다.기억하시는가 콘덴서의 임피던스를 표시할 때 Zc로 표기 했던 것을? 저항 R의 개정확장판이 임피던스 Z이다).

연산 증폭기는 직류뿐만 아니고, 교류신호도 처리하기 때문에 저항이라는 말보다는 더 일반적인 용법으로 주파수에 따라 값이 춤을 추는 임피던스라고 한 것 뿐이다. 그냥 저항으로 생각해도 무방하다고 언질을 이미 주었다.

연산 증폭기 의 덕목을 잘 이해하기 위해 두 개를 직렬로 연결해 보기로 하자.

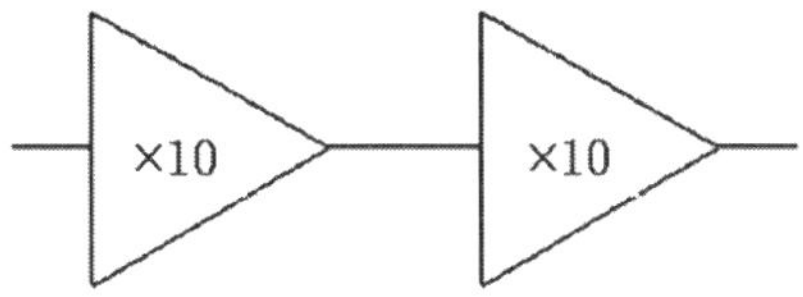

장비설명서(MANUAL)에는 증폭기를 블록선도 상 누워 있는 삼각형에 증폭도를 삼각형 안쪽에 기입한, 위와 같은 기호를 많이 선호한다. 삼각형 안에 증폭도가 표시 되어 있지 않으면 DRIVER 기호 표시가 된다. 이런 기호가 나오면 연산 증폭기라고 간주하면 된다. 100이면 99는 연산 증폭기다. 위와 같은 경우 증폭도는 10×10＝100배가 된다.

입력과 출력의 임피던스를 고려했으며 좀더 실상에 가깝게 아래와 같이 등가적으로 그려 보기로 하자. 순전히 연산증폭기를 임피던스의 관점에서 본 등가회로이다.

여지껏 테브닌의 등가회로 안에서 사고했던 것을 여기에 적용시켜보자. 연산 증폭기의 덕목과 더블어. 결론에 다다를 시점이 임박 했다. 너무 싱겁다고 생각이 들 것이다. 물론 위의 회로를 SOURCE 하나와 출력저항과, 부하저항 하나로 이루어지는 테브닌의 등가회로로 등치시킬 수 있다. 다시 그리자면 번거로우니 머릿속에서 상상하기로 한다.

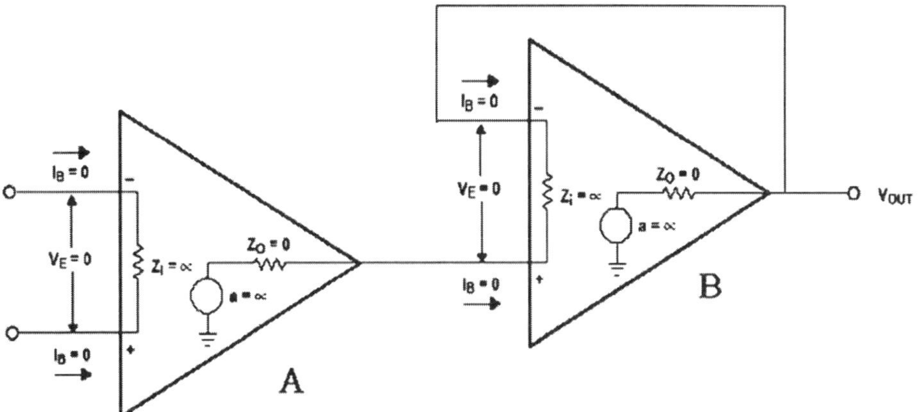

(1) 연산증폭기 직렬연결

연산 증폭기 두 개를 위와 같이 연결 했을 때 주는 것을 제대로 주고, 받는 것을 확실히 받는 방법은 어떤 것인가? 받는 쪽의 입력 임피던스(저항)이 무한대 이면 주는 쪽의 출력저항이 얼마가 되던지 간에 전부, 온전히 받을 수 있다. 이것은 이미 설명 했다. 아래 식을 보자 기억 나시는가?

$$V_L = \frac{\infty}{\infty + R_S} V_S = \frac{\infty}{\infty} V_S = V_S$$

단지 부하가 그림(1)에서 ‘B’ 연산 증폭기로 바뀌었을 뿐이다. ‘A’ 연산 증폭기에서 바라다

본 'B' 연산 증폭기는 단지 하나의 부하 저항일 뿐이다. 그런 방식으로 볼 수 있다고 누누이 강조 했더랬다. 부하저항이 ∞Ω이면 SOURCE의 전압이 부하에 걸린 전압과 같다고 이미 설명한 바 있다(∞/∞=1).

다른 한가지 'A' 연산 증폭기(SOURCE가 된다)의 출력 임피던스 Zo=0Ω이면 부하저항이 얼마인지 상관없이 SOURCE의 전압이 부하단에 그대로, 아낌없이 걸려 버리게 된다는 것도 이미 설명하였다. 아래 식을 보자 기억 나는가?

결론은 이것이다.

– 입력임피던스는 무한대

– 출력임피던스는 0Ω ………는 '제대로 주고, 온전하게 받자~주의' 에 입각한 연산 증폭기의 이상적 조건인 것이다. 이상적이 아니더라도 현실적으로 입력임피던스가 엄청나게 크고, 출력임피던스가 지극히 작으면 전달하고자 하는 신호를 배달사고 없이 다음단으로 바통 넘겨 주게 될 것이다. 이상적인 조건에 매우 근접한 상태가 된다.

LF156 WIDE BANDWIDTH SINGLE J-FET OPERATIONAL AMPLIFIERS의 예를 보자. 부품규격표(DATASHEET)를 보면 입력저항에 대한 정보를 파악할 수 있다.

N
DIP8
(Plastic Package)

Symbol	Parameter	Conditions	LF155/156			LF256/7 LF356B			LF355/6/7			Units
			Min	Typ	Max	Min	Typ	Max	Min	Typ	Max	
R_i	Input Resistance	T_j=25°C		10^{12}			10^{12}			10^{12}		Ω

LF156은 입력단이 FET로 구성이 되어 있다. 거개가 FET로 구성 되어 있다는 것은 저항이 엄청 크다고 생각하시라. FET가 특히 전압이 걸리는 바이어스에 의해 채널(길)이 생겨 드레인과 소스사이에 전류가 흐르게 되므로,게이트에는 전류가 거의 흐르지 않는다고 생각하는 것이 편하다. 전류가 잘 흐르지 않는다는 의미는 저항이 무지막지하게 크다는 문장의 주석이 된다.

입력저항이 10Giga Ω단위다. 1,000,000,000,000Ω. 단위를 돈으로 따지면 1조원. 돈으로 따져도 어마어마하게 큰 숫자다. 왜 연산 증폭기의 입력단 저항이 이렇게 커야 하는지 이제는 이유를 아실 것이다. LF156의 출력 저항은 너무 작아 의미가 없기 때문에 부품규격표에는 표시되지도 않는다.

앞으로 해석방향에 대해 한가지 덧 붙인다면 저항이 크면 전류가 매우 작다는 사실은 실무적으로 매우 유용한 감각을 부여해 준다는 사실이다. 예를 들면 저항이 크다. 따라서 거기에 흐르는 전류는 매우 작다. 그렇다면 그 쪽 방향 회로는 아예 무시!!!!! 그러나 학문적으로는 무시하면 안 된다. 값을 꼬치꼬치 따져야 한다. 그래서 어려운 수학이 등장하는 것이다. 이런 면이 현장과 강단의 차이라면 차이일 수 있겠다.

여기서 추구하는 최선은 현장성이다.무시할 것은 가감히 지워 버리고 사고하면 해석은 의외로 간편해진다. 연산 증폭기를 해석하는 데에도 이런 현장성은 여지없이 적용 될 것이다.

과정은 난리법석 요란을 떨었지만, 의외로 결론은 피식 웃음이 나올 정도로 초 간단하다.

그러나 이런 숨은 의미를 모르고 지나친 사람을 수도 없이? 보았다. 그것이 현실이다. 연산 증폭기를 해석하고, 어떤 회로에 적용시키는가를 설명하기 전에 라인 현장에서 많이 보게 되는 DC V/I SOURCE 보드를 주마간산(走馬看山)격으로 보기로 하자. 다음으로 넘어가기 전에 잠깐 한숨 돌리자는 차원에서. DC V/I SOURCE에서 연산 증폭기가 얼마나 중요한 비중을 차지하는가 확인하고 넘어가는 것도 괜찮을 듯 싶다. 아마도 최종적인 목표는 DC V/I SOURCE를 분석하는 것이 되지 않을까? 반도체 장비의 ABC... DC V/I SOURCE

1-7. 직류 V/I SOURCE 주마간산 둘러 보기

위 사진은 L-IC TESTER로 TESTER의 고전으로 손꼽히는 미국 TERADYNE사 A360 모델에 들어 있는 DC V/I SOURCE 보드이다. 대략난감 하게 생겨 먹었다. 보드를 보면 체질적으로 경끼를 일으키는 사람은 지금 저 사진을 보고 구토증이 유발 될지도 모르겠다. 허나 낙심하기에는 이르다. 시작도 안 했는데 설명을 조금씩 따라오다 보면 어느새 벽 같은 저 회로들을 알아버리는 지경에 이르르고야 만다. 기쁘지 아니한가!

장비를 다루는 사람이면 이런 보드에서 색다른 미(美)를 찾을 수 있을 것이다. 전기 전자적 아름다움이라고 할까? 가끔가다 장비의 보드를 보면서 상상을 하게 된다.

사람이 만약 진드기 만큼 작은 몸을 갖고, 작은 눈으로 이 보드의 여기저기를 돌아 다닌다고 한다면 마치 잘 계획된 도시를 보는 즐거움이 있지 않을까 하고 말이다. 이 보드를 설계한 사람들은 건축, 사회 공학자들이고, 이 보드를 제작하는 사람들은 건축업자들이고, 이 보드를 수리하는 사람들은 원도심 개발자들이고...

이 보드는 설계된 지 무척 오래 되었다. 보통 80년대 초반에 설계되었으니까 설비가 출하 된 지는 30년 가까이 된 것이다. 현재 이 보다는 비교가 안 될 정도의 빼어난 성능을 갖춘 장비들이 많이 개발 되었다. 그렇지만 이 DC V/I SOURCE는 어떤 장비의 어떤 V/I SOURCE라고 해도 여기에 적용, 설계된 회로 이상을 많이 벗어나지는 않는다. 그래서 이 보드를 알면 모든 장비의 V/I

SOURCE를 다 섭렵 했다고 해도 과언은 아니다.

상세한 설계도를 블럭 단위로 나누어 그린 블록선도를 보면 고개가 끄덕여질 것이다.이를 기초로 전류도 더 크게 키울 수 있는 설계가 이루어 지는 것이다. 또는 출력 CHANNEL을 늘려 나갈 수도 있고 말이다. 기본을 알면 적용은 식은 죽 먹기다.

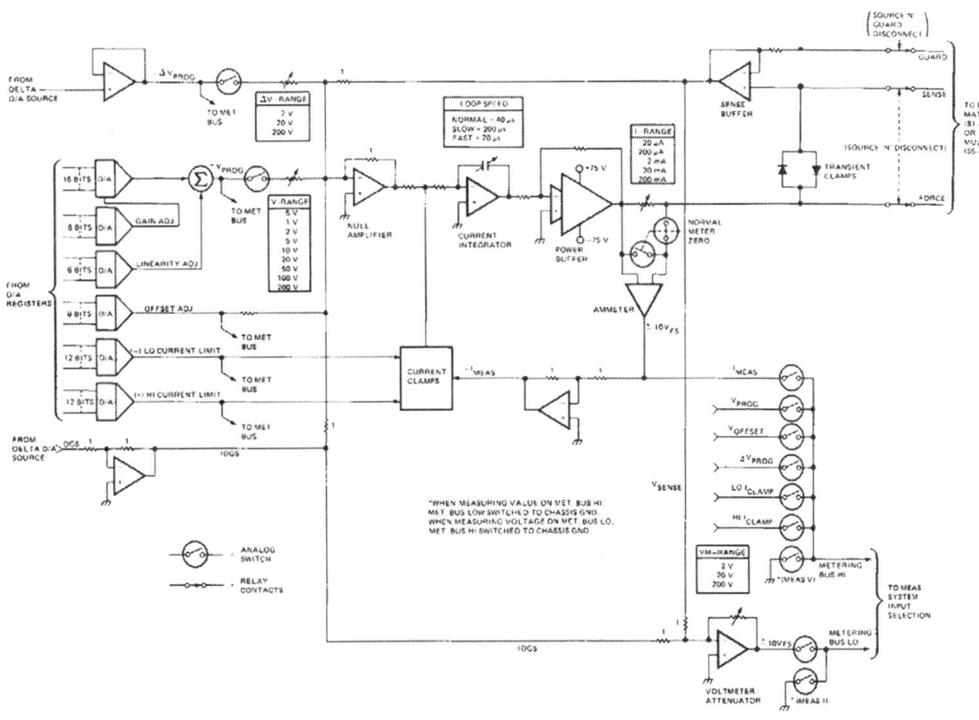

혹시 현장에서 근무하는 사람들이라면 라인에 있는 장비 설명서를 뒤적거려 보시라.이와 비슷한 블록선도를 손쉽게 찾아 볼 수 있을 것이다.반도체 TESTER 라인에는 어떤 소자를 시험측정하는 장비냐에 따라 장비를 구별하기도 한다. 알기 쉽게 일별하면, TRANSISTOR, FET, DIODE를 성능 검사할 수 있는 DISCRESTE TESTER가 있고, TV나 RADIO, CDP 등에 들어가는 IC를 성능 검사할 수 있는 L−IC TESTER가 있다. ANALOG TESTER라고도 한다. TTL이나 DIGITAL 관련소자를 성능 TEST 하는 MOS TESTER, MEMORY 소자를 성능검사하는 MEMORY TESTER가 있다. 이들 명칭은 라인에서 관용적으로 사용하는 것도 있다. 그래서 반도체용어 사전에는 나오지 않을 수도 있음을....

V/I SOURCE 라고 할 때, 전압과 전류를 인가할 수 있는 SOURCE를 말하지 않는다. 그렇게만 말한다면 100점 만점에 60점이다. 정확한 V/I SOURCE의 개념은 아래와 같다.

- VFIM(Voltage Forcing Current Measurement) : 전압을 인가하면서 그때 LOAD로 흘러가는 전류를 실 시간적으로 읽을 수 있고,
- IFVM(Current Forcing Voltage Measurement) : 전류를 인가 하면서 동시에 그때 걸리는 LOAD 전압을 실 시간적으로 읽을 수 있어야 엄밀한 의미에서 V/I SOURCE라고 할 수가 있다.

블록선도(BLOCKDIAGRAM)를 보면 연산 증폭기가 여기저기에 보인다. 적용된 설계는 종류가 그리 많아 보이지 않는다. 저 정도만 익혀도 신입이 장비에 접근하는데 두려움은 사라지리라.

V/I SOURCE를 구획을 나누어 어떤 소자가 사용 되었는지 잠깐 보기로 한다.

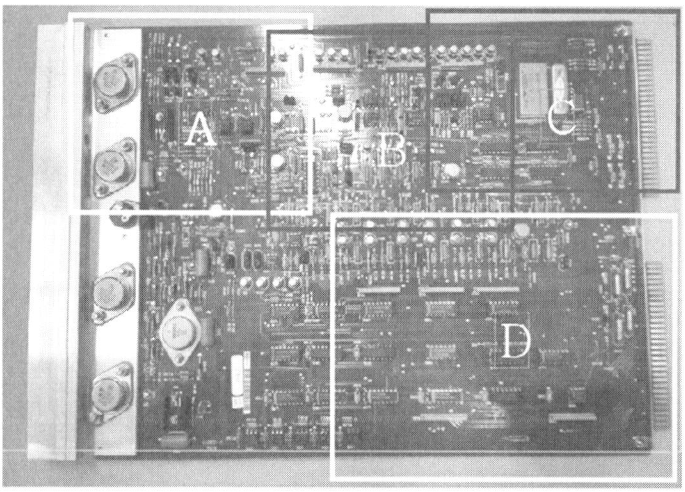

A 부분의 확대사진

① 보드에서 왼쪽에 무지막지한 쇠판이 부착되어 있는데 이는 방열판이다. 여기에 POWER TR(MJ15011, MJ15012)이 보인다. 전류를 이빠이 끌어 내야 하므로 열이 펄썩펄썩 나게 된다. 이 전력트랜지스터의 열을 다스리기 위해 부착해 준다. 실제로 장비가 동작 될 때 뜨거워서 못 만질 정도는 아니고 미적지근하게 된다. 만지지 못할 정도로 뜨거워지면 회로에 이상이 있는 것이다. 무언가 죽었거나...

② 너무나도 잘 알려진 탄소피막저항 이다. 저항 하나에 몇 십원하는 보잘 것 없는 소자.판가가 몇십원인데 원가는 얼마나 할까? 그러나 없으면 회로구성이 안 되는 소자. 잘난 것 없지만 궂은데서 선을 이루는구나!

③ 캔 타입의 연산 증폭기 LF156 과 플라스틱 팩케이지의 연산 증폭기 LF441이다.

④ 같은 값의 저항이 여럿 필요한데 저항 하나 하나 쓰기 번거로우니까 묶여진 어레이저항을 사용했다.

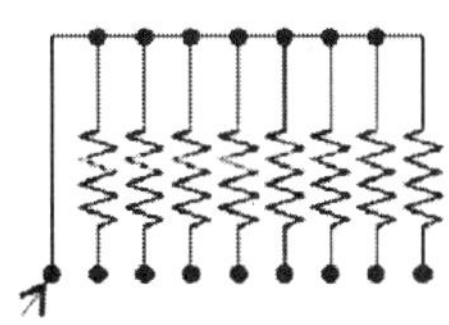

⑤ 스위치로 사용된 FET 2N4391이다. 보통 이런 스위치를 미국쪽 장비해설서를 보면 거추장스럽게 'ANALOG SWITCH' 나 'SOLID STATE' 라는 용어를 사용하기도 한다. SOLID의 뜻이 '딱딱한' 이란 원의가 있으니, 아마도 반도체 소자 스위치가 돌 성분으로 만들어 졌다는 의미에서 FET 등의 스위치 이름을 통칭하여 사용하는 것 같다. 반도체 소자로 만들어진 스위치는 기계적 스위치에 비해 매우 빠르다는 장점이 있다.

RELAY는 접점이 붙는데 안정화시간까지 3ms가 요구된다. TEST하는데 3ms면 결코 작지 않은 시간이다. 한 DEVICE를 TEST 하는데 만약 100번의 연결이 필요하게 되면 3ms × 100 = 0.3S가 걸린다. 이렇게 되어서는 장비로 소자를 측정하는데 세월아 네월아 시간만 잡아 먹고 하루에 측정검사할 수 소자가 적어 생산성이 현저히 저하된다. 그래서 FET를 스위치로 사용한다.

Symbol	Parameter	Conditions	2N4391			Units
			Min	Typ	Max	
T_{ON}	Turn-On Time	$I_{D(ON)}$=12mA			15	ns
T_{OFF}	Turn-Off Time	$V_{GS(ON)}$=12V			20	

2N4391의 SWITCHING 속도는 보통 2ns~15ns이다. 물론 단점이 있다. Relay는 접점에

ON 저항 성분이 없는데 비해, 2N4391는 20Ω 정도 된다. 빠른 대신 원하지 않은 저항 성분이 있기 때문에이런 에러를 잡아 주는 것이 회로설계의 또 다른 기술이 된다.

Symbol	Parameter	Conditions	2N4391			Units
			Min	Typ	Max	
$r_{DS(ON)}$	Drain-Source "ON" Resistance	V_{GS}=0V, I_D=0 f=1.0㎑			30	Ω

FET의 DRAIN과 SOURCE간 연결되는 것이므로 r_{DS}로 표기한 것이다.

V/I SOURCE에서 FET를 이용하여 어떻게 스위치로 사용 되었는지 여기서 분석해 보고 싶은 욕구가 왕창 밀려 오지만,아직 연산 증폭기의 기본을 더 치고 들어가야만 FET가 스위치로서 어떻게 동작 되는지 해석이 가능할 것 같아 연산 증폭기의 가상단락(IMAGINARY SHORT)를 설명한 다음에 해석하기로 기약 하자. 실전에서 써먹을 수 있는 회로의 예를 들어 보기로 하겠다. 이름하야 J-FET SWITCH DRIVE...

⑥ 시뻘겋게 생겨 먹은 이 놈도 저항이다. 꼭 색이 빨간 것 만은 아니다. 제조회사에 따라서는 파란색도 사용한다.여하튼 피복의 색이 탄소피막저항과는 디자인이 다르다. 탄소피막저항은 외부에 두른 띠 색깔로 저항값을 알아먹게 표시해 놓았는데, 이 저항은 표면에 저항값이 써 있다. 탄소피막저항은 오차가 5% ~20% 로 허용오차가 큰데 비해 이 저항은 허용오차가 0.1%로 정밀저항급에 속한다. 값은 기천원 단위이다.

⑦ 제너 다이오드와 일반 다이오드이다. 보통 회로에서 다이오드를 사용하는 이유는 회로 보호용으로 사용을 많이 한다.

⑧ 여러 가지 콘덴서들이다. 회로 해석할 때는 종류에 상관없이 콘덴서 값만 사용하면 된다. 보통 콘덴서는 회로 안정화용으로 많이 쓰인다. 예를 들면 BYPASS CAP이라고 들어들 보셨을 것이다. 측로(側路) 축전기(BYPASS CAPACITOR)은 리플 제거용으로 사용된 콘덴서이다. 노랗게 보이는 콘덴서는 탄탈콘덴서로 측로(側路) 축전기로는 왔따로 사용된다. 어떻게 리플을 제거하냐고? 다른 사진에 TTL회로에 덕지덕지 달라 붙어 있는 콘덴서를 볼 때 리플제거 메카니즘을 간단히 설명하겠다.

⑨ 스위치가 아니라 뭔가 제구실을 하고 있을 트랜지스터일 것 같다. 트랜지스터가 홀로 저렇게 머리에 방열판으로 치장하고 청승 맞게 고독을 씹고 있을 때에는 스위치로 사용되기보다는 전류를 많이 필요로 하는데 사용된다고 보면 된다. 여하튼 뭔가 증폭한다. 뭔 짓을 해도 입력보다 출력이 같거나 작아지면 수동소자라고 하고, 입력보다 커지고, 세지게 만들면 능동소자라고 구별하기도 한다. 한 낱 무생물에 능동이라는 심리적 용어를 사용하다니...별 영양가 없는 구분이기도 하다. 수동소자에는 저항(R), 코일(L), 축전기(C), 다이오

드(DIODE)가 있고, 능동소자에는 연산 증폭기, 트랜지스터 등이 있다.

트랜지스터가 나왔으니 곁길로 한번 새보자. 트랜지스터에 관련된 책을 보면 항상 대신호 해석과 소신호 해석으로 나누어서 설명들을 한다(전자공학도에게는 유명한 '밀만'의 책에도 여지 없이 나온다). 배울 때는 대신호, 소신호로 왜 나누어서 설명하는지 이해하는데 어림 반푼어치도 못하게 된다. 대신호 해석을 보면 대개 직류 전압이 등장한다. 이를 바이어스(bias) 를 건다고 한다.

바이어스란 0V 대해서 어느정도 전압이 떠 있는 직류를 가리킨다.

예를 들어 반송파(Carrier)에 실려 변조된 우리음성(AC 신호이다)이 라디오에 걸려들 때 아주 작은 값에 불과하다. 이를 스피커를 통해 들으려면 증폭의 과정이 필요하게 된다.힘이 있어야 스피커를 휘두를 것이 아닌가? 예전에 트랜지스터 라디오에는 증폭기로 트랜지스터을 사용했다(문방구에서 1석 라디오, 2석 라디오라고 팔었는데 여기서 말하는 석이 반도체 돌로 만들어 졌다고 해서 돌 석(石)자를 사용한 것이다. 트랜지스터를 말하는 것이다. 1석이면 트랜지스터가 한 개, 2석이면 트랜지스터 두 개를 사용했다는 의미이다. 아마도 일본의 영향으로 그런 용어를 사용했다고 보여진다). 따라서 교류신호는 직류신호에 비해 수십만 배 작기 때문에 트랜지스터의 교류신호 해석을 소신호해석이라고 정의하고, 직류 바이어스분을 대신호라고 정의한 것이다.

바이어스가 없으면 증폭도 못하게 된다. 바이어스를 개념잡기 위해서는 양동이에 물을 생각 하면 된다. 양동이에 있는 물의 표면이 살랑살랑 움직이는 것이 교류신호라고 하면 쉽게 이해가 된다. 바이어스가 없다고 생각해 보자 양동이에 물이 없으면 파장도 없다. 그러나 양동이에 물을 넣고 손으로 툭 치면 파장이 인다. 그래서 트랜지스터에 바이어스, 직류전압이 필요하게 되는 것이다. 트랜지스터에 직류전압을 걸어 웬만큼 값이 떠있는 상태에서 교류신호가 들어 오게 되는 것이다. 소신호 해석인 교류신호 해석할 때 주파수라는 아이가 끼어들기 때문에 해석이 어렵고, 요동을 치는 것이다. 주파수가 들어가면 저항값이 일정하지 않고 주파수에 따라 변하기 때문에 해석이 대신호 해석보다는 무척 어렵다. 철학에서 화이트헤드(백두)선생의 '유기체 철학'이 한국사람에게는 거의 히브리어가 되는 이유는 변하는 세계에 대한 철학을 구현하려고 발버둥 쳤기 때문에 극히 어려운 것이다. 역시 인간에게는 정적인 것이 쉽다.

B 부분의 확대사진

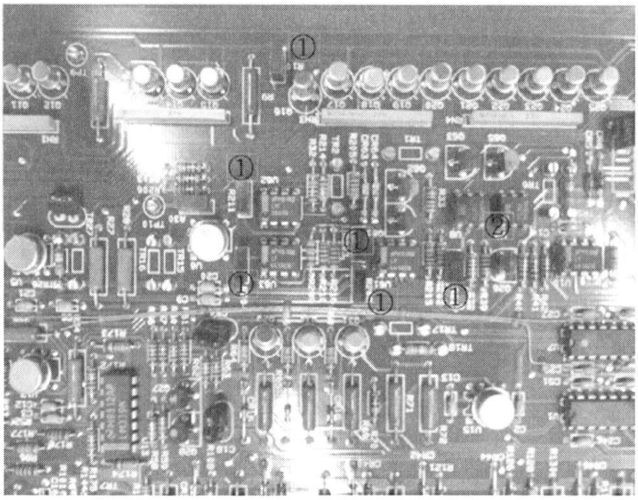

A부분에서 보이지 않던 소자들이 몇몇 보인다.

① 얘도 저항이다. 아주 정밀한 저항이다. 오차(보통 Tolerance라고 한다)는 0.05%~0.01%. 예를들어 1kΩ 정밀이면 이 저항의 저항값 분포는 1.001kΩ~0.999kΩ로 오차범위는 1Ω 안쪽이다. 정밀한 만큼 고가이다. 보통 탄소피막저항이 몇 십원인데 비해 1~2만원한다. 온도에 따라서 저항값이 많이 변하지도 않은 우수한 저항이다. 온도에 따른 저항값 변화를 TCR(Temperature coefficient of resistance)이라고 하는데 0.2ppm/℃이 전형적이다. 'VISHEY' 나 'KELVIN' 이 유명하다. 저항계에도 신분계층이 있다면 탄소피막 저항은 평민이고, 이 놈은 귀족이라 할 수 있겠다. 그러나 많이 사용하면 원가를 잡아 먹는 하마가 된다.

이런 것을 생각하면 사회나 전자 나 일맥상통하는 면이 있다. 프랑스 대혁명때 귀족의 특권이 너무 강하고, 사회의 부를 귀족이 독점하는 사회체계인 앙샹레짐이 기승을 부리니 부르주아를 중심으로 하는 평민계층이 프랑스 사회를 뒤집어 엎은 혁명이 일어 났듯이, 이런 귀족저항으로 온통 도배가 되면 원가를 많이 해쳐 먹음으로 공학자는 작심하고 보드의 회로 설계를 뒤집어 엎어 버리게 되는 것이다. 이 때야 말로 공학자는 보드사회에 대해 절대정신이 되는 것이다. 비단 18세기가 아니라도 현대에도 부의 편중화는 사회를 불안하게 만드는 요인이므로 정치공학자들은 정치적으로 이런 면을 완하시키는 정책을 펴야 하는 것이다. 월스트리트에서 사회전체의 상위 1%가 부를 독점하는 것에 데모를 한 것이 신문기사에 났었는데, 이는 미국만의 이야기가 아니라 오늘의 우리에게도 해당되는 말일 것이다.보드도 마찬가지다. 이런 비싼 놈만 보드에 판을 친다면 보드사회는 제 기능을 수행하지 못할 것이다. 말이 되나? 지금 무슨 말을 하고 있는 거지?

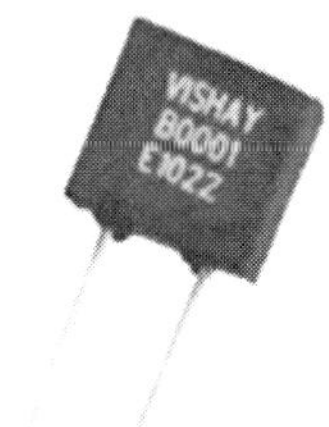

② TIL111 'GENERAL PURPOSE 6-PIN PHOTOTRANSISTOR OPTOCOUPLERS'이다. 내부를 보면 어떤 기능을 하는지 알 수 있다.

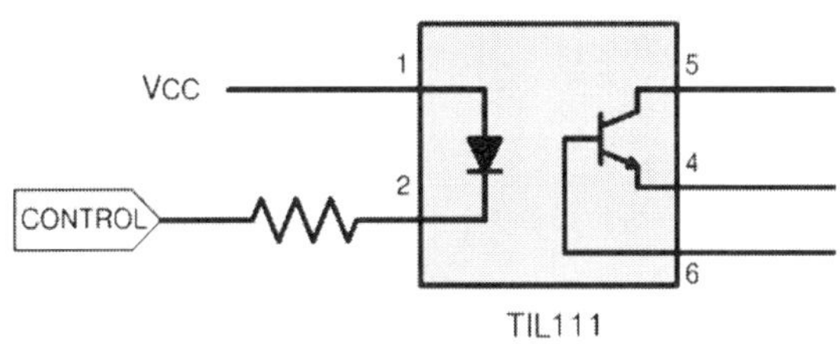

회로에서 'CONTROL'이 LOW=0V가 되면 내부 다이오드는 도통되고(다이오드 캐소우드 단에 붙은 1.2K 저항 때문에 다이오드 양단은 0.7V로 도통 된다), 트랜지스터 베이스 단에 전류가 흘러 트랜지스터는 동작된다. 보통 트랜지스터가 저런 방식으로 내부에 있으면 마치 스위치처럼 동작된다고 보면 확실하다.

C부분의 확대사진

① Relay이다. 폭이 넓은 것이 두 개 접점을 가진 Relay이고 , 폭이 작은 것이 한 개 접점을 가진 Relay이다. Relay는 단지 선을 연결 해주는 역할만 한다. 이 V/I SOURCE는 최대 ±200㎃까지 전류를 출력으로 내 보낼 수 있는 능력이 있다. 따라서 최종적으로 출력을 내 보내는 데에는 1A이상을 견디는 RELAY를 사용한다.

회로도는 아주 심플하다. 닫히느냐 열리느냐 두 가지 중하나.

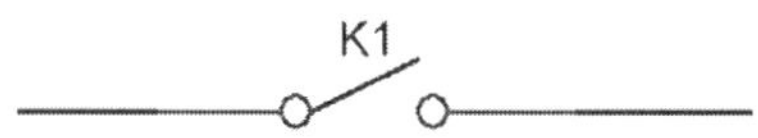

전류원에 대해서는 FORCE 와 SINK 라는 용어를 잘 사용한다. FORCE와 SINK의 개념을 정리해 보기로 하자.

SOURCE의 전류표시에서 ±극을 사용하는 것은 FORCE와 SINKING을 의미한다고 머릿속에 넣어 두자.

SOURCE와 LOAD라는 양단이 있을 때 SOURCE를 중심!!! 으로 봐서...

- 전류가 흘러 나가게 되면 +전류,즉 FORCE(인가)가 되고,
- SOURCE로 잡아 당기게 되면 -전류, 즉 SINKING(잡아끄는)전류가 된다.

부하(負荷)를 기준으로 할 때는 이와 반대가 된다. SOURCE 입장에서 FORCE가 되면 LOAD입장에서는 SINK가 된다.

D부분의 확대사진

① BYPASS CAP들이다. 보통 TTL로 구성되어 있는 회로에는 각 DEVICE 마다 5V 전원라

인에 하나씩 연결되어 있다. 왜 이렇게 촘촘하게 구성해 주고 있는가? 문제는 5V 직류전압이 연결되는 곳에 원하지 않게 리플이나 서지가 들어와 5V가 출렁거리면 TTL동작을 해괴하게 변하게 할 수 있기 때문이다.

보통 TTL DEVICE에 BYPASS CAPACITOR 연결은 아래와 같이 한다.

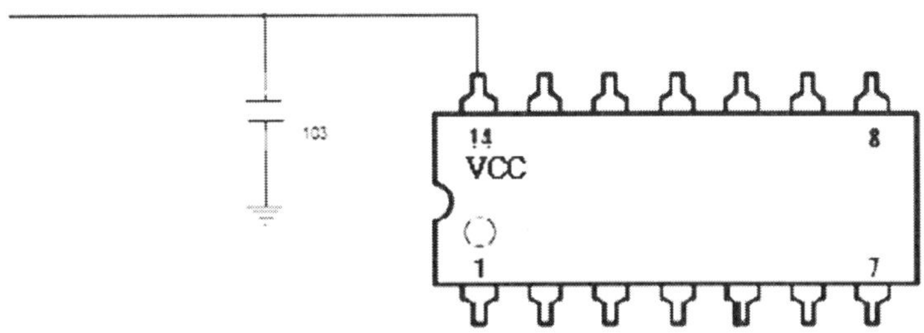

만약 최악의 상황으로 5V DC 라인에 아래와 같이 RIPPLE이 타고 들어 온다고 가정 하자. DC 5V + RIPPLE 성분으로 쪼갤 수 있다. 즉 DC 5V와 + NOISE AC인 주파수 성분. 요는 5V는 다치지 않고, 주파수 성분인 NOISE를 제거만 하면 콘덴서의 역할은 훌륭하게 수행한 것이 된다.

여기서 하나 상기할 점은 콘덴서의 임피던스이다. 콘덴서의 임피던스는

- 주파수가 높으면 Zc = 1/ωc = 1/ 2Πf*C에 의해 분모가 커지니까 저항 값이 작아진다.
- 주파수가 낮으면 Zc = 1/ωc = 1/ 2Πf*C에 의해 분모가 작아지니까 저항 값이 커진다.

  고 했다.

아래 오실로스코프의 리플이 5V 전원라인을 타고 들어 오다고 하자.

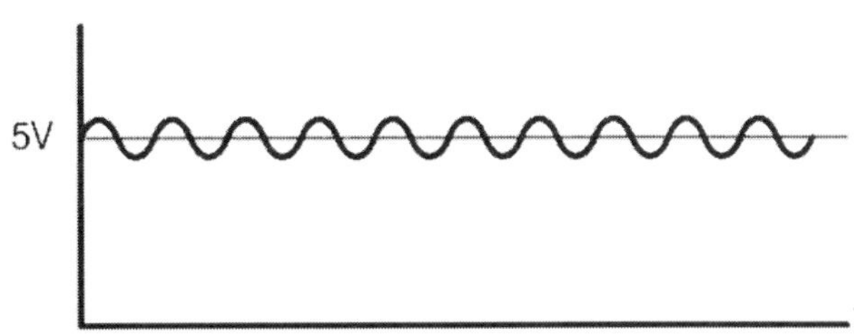

주파수 스펙트럼상으로 보면 확실하게 DC 성분과 그 외 잡다한 주파수 성분으로 나누어지는 것을 볼 수 있다. 주파수 스펙트럼이란 용어가 헷갈려서 그렇지 아주 간단한 개념이다.

빛이 프리즘을 통하면 벽에 선명한 일곱 색깔 무지개띠!!로 나누어 보여지듯이 임의 합성된 파형이 있다고 할 때 이를 개개의 주파수 성분으로 잘게 쪼갤 수 있다(~는 수학적 사실은 퓨리

에 선생이 오래 전에 이를 밝혀 놓았다). 이를 한 그래프에 위로 뻗은 막대기 모양으로 그려 넣으면 무척 편리할 것이란 생각이 든다. 이렇게 보여 주는 계측기를 스펙트럼 아날라이저 (SPECTRUM ANALYZER)라고 한다. 아래는 고가의 스펙트럼 아날라이저 사진이다. 우라질 수천만원대이다.

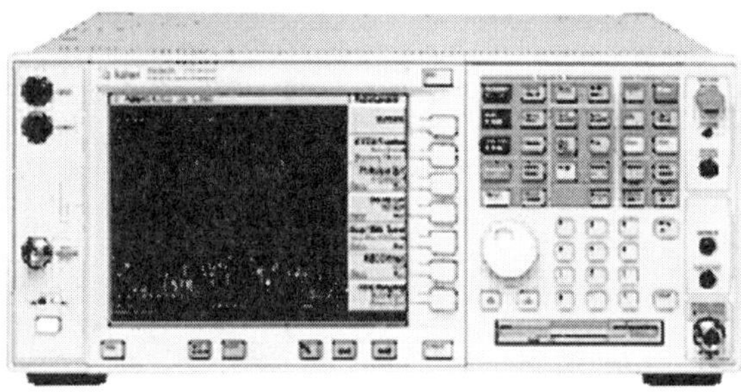

위의 사진에서 화면에 보여지는 것이 합성된 주파수 성분들을 개개의 주파수별로 나누어서 출력해 보여준다(Y축 AMPLITUDE, X축 주파수).

간단하게 하나의 주파수를 주파수 스펙트럼상으로 나타내 보기로 하자. 아래는 그 예가 나왔다.

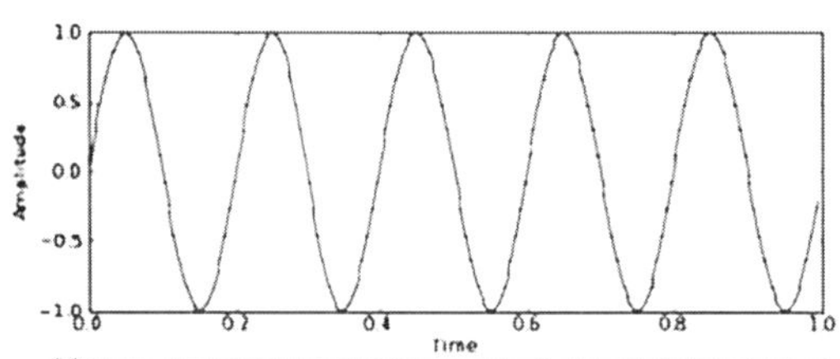

그림 (1) 5Hz 정현파

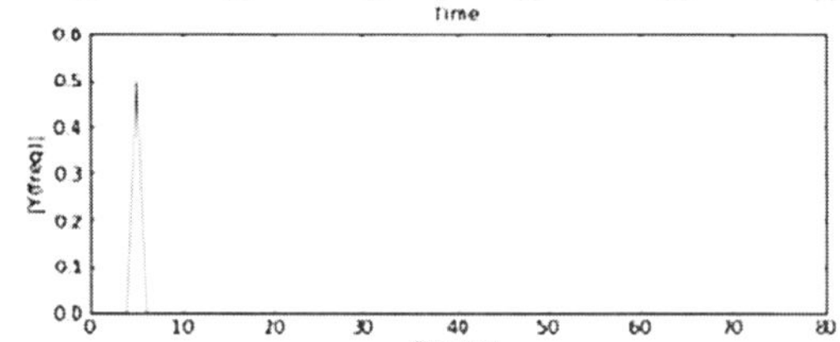

그림 (2) 정현파를 스펙트럼 아날라이저로 출력한 모양

얼마나 편리한 세상인가? 주파수 스펙트럼상에 위로 일자막대로만 나타내기만 하면 된다.여기에는 진폭(AMPLITUDE. 그래프에서 0.5V)과 주파수 5Hz의 정보가 눈에 띈다. 스펙트럼 아날라이저 상에 위로 뻗은 직선으로 표시되어 있지만 두 가지 정보를 동시에 보여 줌으로 어떤 교류성분이 있는지 바로 확인할 수 있다. 여기에 DC 성분이 함께 합성 되었다고 하면, 주파수 0HZ에 전압크기만을 가진 그림으로 나타내었을 것이다.

다시 본론으로 돌아와서

DC 입장에서 이 콘덴서를 보기로 하자. DC는 f = 0Hz인 성분이다. 그렇다면 콘덴서의 임피던스 값은 아래와 같이 될 것이다.

$$Z_C = \frac{1}{2\Pi fC} = \frac{1}{2\Pi \times 0 \times C} = \infty\Omega$$

DC적으로는 콘덴서가 무지막지한 저항 값을 가진다. 따라서 전류는 흐르지 않는다. 전류가 흐르지 않으면 생각할 필요가 없는 회로라고 먼젓 번에 주장했다. 과감히 지우시라. 그러므로 회로는 아래와 같이 된다.

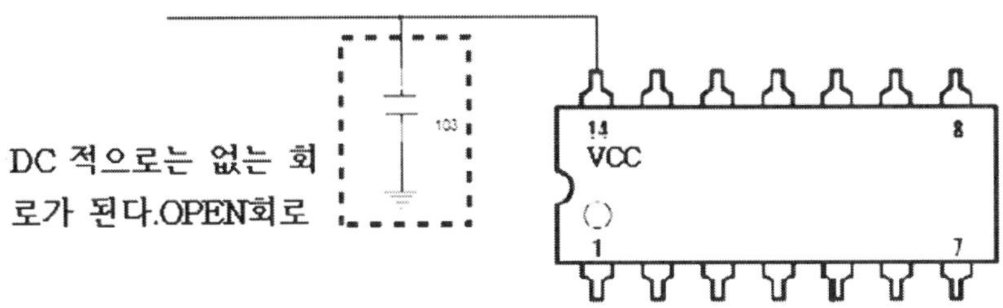

RIPPLE인 AC의 입장에서 콘덴서를 보기로 하자. 주파수 값을 임의로 잡아도 개념 잡는 데는 상관없다. 크다고 가정하자.

$$Z_C = \frac{1}{2\Pi fC} = \frac{1}{2\Pi \times f \times C} =$$ **얼마인지 모르겠지만 어떤 저항값을 갖되 아주 적다고 가정한다**

극단적으로 거의 저항이 없는 단락회로(캐패시터의 값이 크고, 들어 오는 RIPPLE의 주파수가 아주 높다면)라고 하면 RIPPLE성분은 저항이 거의 없는 콘덴서쪽으로 다 빨려 들어 간다. 따라서 TTL 소자에는 5V DC 성분만 인가 된다. 회로를 전류의 입장에서 분석하면 아주 쉽게 사고할 수 있다고 말한 바 있다.

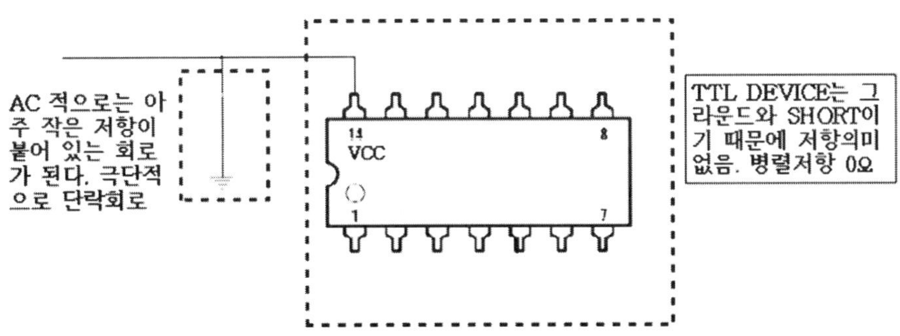

따라서 RIPPLE이나 서지는 전기전자의 하수구인 그라운드로 직행하기 때문에 살상 완료!! 감히 TTL DEVICE에는 가까이 하지 못함.!!

혹시 병렬저항 구하는 방법을 잊은 강휘발성 두뇌를 위한 언질(기계적으로 병렬저항 구하는 식을 외운 사람도 드물지 않다. 이쯤에서 상기하고 넘어가기로 하자).

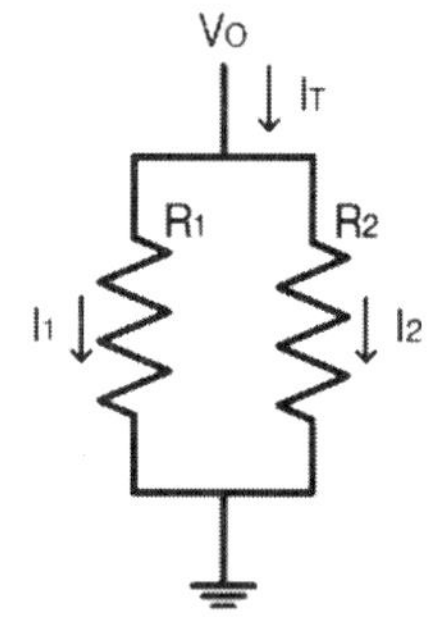

KCL에 의해

$$I_T = I_1 + I_2$$

위의 식은 오옴의 법칙에 의거하여 전압과 저항만의 식으로 변환시킬 수 있다.

$$I_T = \frac{V_O}{R_1} + \frac{V_O}{R_2}$$

$$I_T = \left(\frac{1}{R_1} + \frac{1}{R_2}\right)V_O = \left(\frac{R_1 + R_2}{R_1 \times R_2}\right)V_O$$

오옴의 법칙에 의거 R=V/I 이므로, 저항 성분이 반대편으로 이항 되면 분자, 분모가 뒤집어 진다.

위 식에서 양편에

$$\left(\frac{R_1 \times R_2}{R_1 + R_2}\right)$$

을 곱해 주기로 하자.

$$I_T\left(\frac{R_1 \times R_2}{R_1 + R_2}\right) = \left(\frac{R_1 \times R_2}{R_1 + R_2}\right) \times \left(\frac{R_1 + R_2}{R_1 \times R_2}\right)V_O = V_O$$

로 되고, 식은 아래와 같이 정리 된다.

$$\frac{V_O}{I_T}=\frac{R_1\times R_2}{R_1+R_2}$$

위의 그라운드에 붙은 저항(R1이라고 하자)과 TTL 14 PIN에서 바라다본 TTL 저항(R2라고 하자)과 병렬구성 하면, AC의 입장에서는 아래와 같은 식이 된다. 너무 당연하다.

$$R_T=\frac{V_O}{I_T}=\left(\frac{0\times R_2}{0+R_2}\right)=0\Omega$$

② 를 보면 큼직막한 전해콘덴서를 달아 놓았다. 보드의 전원단이 처음 입력되는 곳이다.마찬가지로 서지를 살해하거나 RIPPLE을 측로로 빠지게(BYPASS)시킬 목적으로 구성되었다. 주로 미국장비는 보드의 전원 입력단에 RIPPLE 제거용으로 콘덴서를 달아 놓는데, 일본쪽 장비는 어떤 것은 칭칭감은 코일로 RIPPLE을 제거하기도 한다. RIPPLE제거 원리는 똑 같다.
사진을 잘 보면 전해콘덴서와 다이오드가 함께 있는 것을 볼 수 있다. 보통 다이오드는 보호회로로 곧 잘 쓰인다고 했다. 실제 V/I SOURCE에서 전해 콘덴서와 다이오드의 조합 회로를 보기로 하자.
아래와 같이 설계된다.

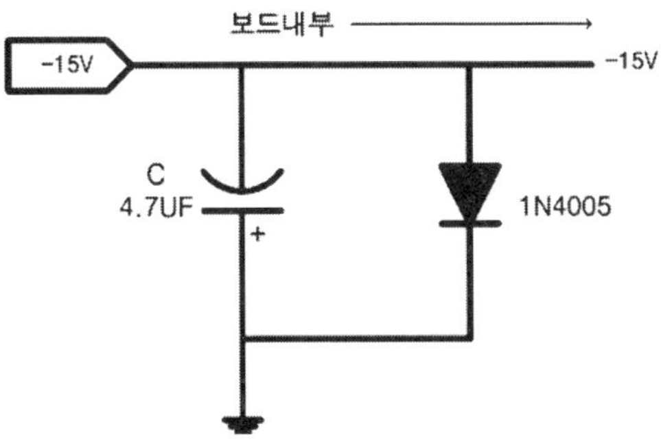

−15V 전원단에 들어가는 전원이 보드에 갓 들어 왔을 때 이와 같은 회로를 처음 만난다. 전해콘덴서가 있는 것은 서지, RIPPLE 제거용 임은 위에서 명명백백하게 밝혔다.

그렇다면 다이오드는 왜 저딴 식으로 달려 있는 것인가?

그것은 전해 콘덴서를 보호하기 위한 조치로 볼 수 있다. 전해 콘덴서는 극성이 있다. 현재 −15V가 입력 되기 때문에 콘덴서의 −극성을 위로 연결하고, +극성을 그라운드에 묶어 놓는다. 아주 잘 구성해 놓았다.그런데 만약 전해콘덴서를 저렇게 설계해 놓았는데, 전원을 킬 때 갑자기 강한 임팩트!!!가 들어와 −15V 전원라인에 순간적!!으로 +전압으로 바뀐다고 하면 전해 콘덴서는 펑! 하고 강한 폭발음과 함께 기분 나쁜 냄새를 풍기며 장렬하게 산화해 버릴 것이다.

이때 필요한 것이 무엇? 그렇다 독수리 5형제, 보호회로 소자 다이오드다. 전해콘덴서가 맛이 가기 전에 재빨리 다이오드가 도통이 되어 전류를 콘덴서에서 자기 쪽으로 유도하여 그라운드에 버려? 버린다. 즉 전류를 분기시켜 버린다. 순간적으로 −15V 전원선이 0.7V 넘어가서 쭉 올라가려고 하기 전에 다이오드가 0.7V로 꽉 잡아 주어 전해콘덴서는 철저히 보호가 되는 것이다. 그런 과정을 거쳐 회로는 비로소 안정을 찾게 된다.

+15V 전원 라인에는 어떻게 다이오드를 회로에 어떻게 구성해 줄까? 반대로 달아 주면 된다.

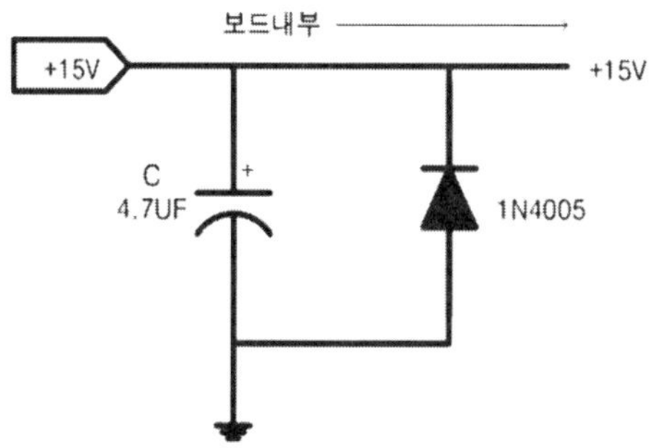

+15V라인이 파워를 켰을 때나 어떤 원인에 의해 찌직 − 전압으로 곤두박질 치려고 하면 역시 보호회로 소자 다이오드가 도통되어 −0.7V 이하로는 내려가지 않게 꽉 붙들어 매워 준다. 그 전까지는 다이오드는 있으나 마나 한 회로지만 긴급사태 발생시 제 역활이 드러난다. 이런것이 회로설계의 기본이다. 전원단에 콘덴서를 달지 않았다가 서지가 발생해 전원단에 물려 있는 회로가 왕창 죽은 것을 여러번 목격 했다. 비싸지 않은 콘덴서를 달아 주기만 해도 고가의 DEVICE를 죽이지 않아도 되는데 안타까운 일이 아닐 수 없다.

다이오드의 동작을 이해하기 위해 너무나도 잘아는 다이오드의 특성 그래프를 먼저 보기로 하자.

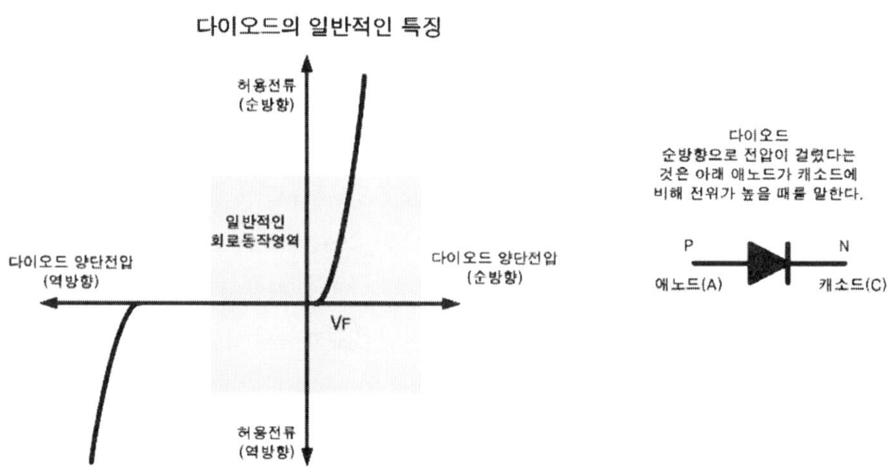

일반 다이오드 동작은 오른쪽 1,2사 분면을 보면 된다. 다이오드 양단의 전위차가 0.7V 정도면 다이오드가 스위치 ON된다. 도통된다고 한다. 쉬운 말로 JUMPER 선으로 연결된 것처럼 변한다는 것이다(개념상 그렇다는 것이지 선으로 연결 됐다고 생각하면 안 된다. 그리고 순방향이란 말은 애노드가 캐소드보다 전압이 높은 상태를 말한다. 전류도 애노드에서 캐소드를 흐를 때 순방향이라고 한다. 역방향전류라고 하면 캐소드에서 애노드로 전류가 거꾸로 흐를 때를 의미한다).

일 예를 들어 캐소드에 7V 전압이 걸려 있다고 할 때, 다이오드가 도통되기 위해서는 캐소드 전압보다 0.7V 높은 7.7.V가 걸려야 애노드,캐소드 양단이 소통이 된다. 꼭 0.7V인가 의문을 가질 수 있다. 대부분의 DIODE가 도통되는데 0.7V라는 것이지 순방향 전압이 모두 0.7V이라야 하는 것은 아니다. 어떤 DIODE는 경우에 따라서 순방향전압이 0.6V로도 도통 되는 것이 있다.

제너 다이오드는 3, 4분면을 보면 된다. 애노드와 캐소드에 역 전위를 걸어 주어 전압을 점점 높여가면 어느 순간에 다이오드가 항복하고 도통되어 버리게 된다. 전압은 물론 일정하게 유지된다. 이런 특성을 이용하고, 항복전압을 제조과정에서 적절하게 조정하여 5V ZENER니, 10V ZENER를 만드는 것이다. 사람이나 전기전자 소자나 어느 일정한 역치에서는 인내하다가 한계선을 넘어 버리면 아마 확 돌듯이 소자들도 마찬가지인 듯하다. 사물의 이치는 두루두루 통하는 걸까?

아래 그림이 만약 15V ZENER 다이오드라고 하자, 애노드에 그라운드를 연결하고, 캐소드에 1V부터 점점 전압을 높여 간다고 했을 때 +15V가 캐소드에 걸리기 전까지는 OPEN회로가 된다는 것이다.

특성 그래프를 보시라 항복 전압에 도달하기 전에는 전류가 흐르지 않는다는 것을 볼 수 있지 않는가? 앞으로 그래프를 볼 때 전류흐름이 없다면 OPEN 회로로 보라!! 즉 나는 존재가치가 전혀 없다!! 가 되겠다.

그림 (3) 제너 다이오드의 심볼

그러다가 +15가 걸리면 갑자기 사태가 돌변한다. 역방향으로 전압이 걸리면 도대체 끝까지 도통되지 않을 것 같은 이 다이오드가 주책을 부려 역방향으로 전류가 확 흘러 버리게 되고, 전압은 +15V가 유지 되는 것이다. 천번 찍어 안 넘어 가는 나무 없듯이 다이오드도 역방향으로 전압을 높여 가다 보면 어느 지점에 다다를 때 고유의 특성이 홱가닥 변한다.(역방향 전압이 걸리면 도통이 되지 않을 것 같은 특성이...)이런 특성을 이용하여 정전압회로,즉 전압을 안정적으로 일정하게 유지, 공급해 주는 회로를 설계할 수 있을 것이다.

제너 다이오드를 이용하면 평탄성이 끝내 주게 좋아진다. 리플없는 세상을 구현하려면 제너 다이오드 애용하시기를...연산 증폭기로도 제너 다이오드(ZENER DIODE)를 적용해 정전압회로를 간단하게 꾸밀 수도 있다. 마치 시위가 일어 났을 때 전투경찰이 시위를 진압하듯이.정권잡은 측 입장에서는 시위는 사회의 혼란이 확산되어 국가의 질서도를 떨어뜨리는 엔트로피 증가를 의미하므로 이를 아주 두려워하게 된다. 설계자가 순수 유의미한 신호외에 모든 요소를 유해한 것으로 여기 듯이. 이때 정권잡은 측에서는 국가폭력수단을 동원하여 사회 엔트로피가 증가 되는 것을 안간힘 써서 막으려고 시도한다.

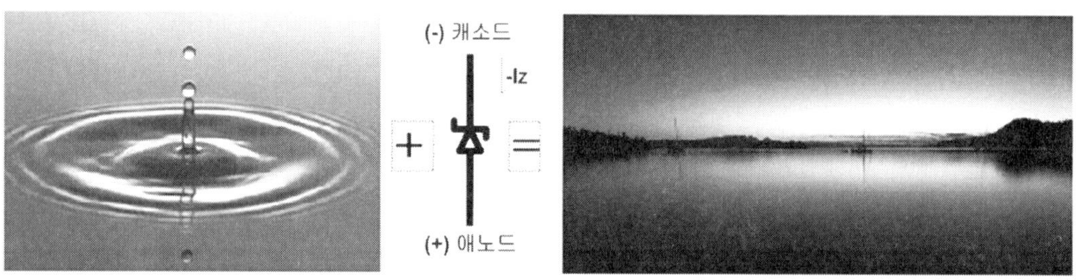

1-8. 전압 팔로워

연산 증폭기 적용에 대해서 본격적으로다가 조망해 보기로 하자.

대개 연산 증폭기 책을 보면 반전 증폭기에 대한 해석부터 성급하게 들어가는 것을 볼 수 있다. 반전 증폭기는 중요하다고 아무리 지나치게 강조해도 모자람이 없을 정도로 연산 증폭기 회로에서는 약방의 감초처럼 사용된다.그러나 전압 팔로워(BUFFER)도 기초적이면서 중요한 회로임에도 불구하고 이상하게 증폭기 해설 순서상 제일 먼저 설명되고 있지 않다. 임피던스변환기라는 알듯 모를 듯한 설명이 있기도 하다.

전압 팔로워(BUFFER)가 무엇 인지부터 설명하기로 한다.

실제 V/I SOURCE에서뿐만 아니라, METER에서도 자주 볼 수 있는 회로이다. 전압 팔로워(BUFFER)라고 명칭을 붙여 준 이유는 입력전압을 출력전압에 그대로 배달해 주기 때문이다. 그래서 입력전압을 출력전압이 그대로 따라 간다고 해서 전압 팔로워라고 이름하는 것이다.

또한 GAIN = 1이므로 책에 따라서는 유니티 게인 버퍼(Unity GAIN Buffer. 보통 전기전자에서 유니트, 또는 단위 라고 하면 1을 지시한다. 그러니 유니티 게인 버퍼란 이득이 1이라는 의미를 내포한다)라고도 불린다.

버퍼(BUFFER)는 마치 고갯마루에 있는 주막집과 같은 역할을 한다. 보부상이 먼데서 장사하고, 힘들게 다른 장터 가는 길목에 막걸리도 한잔 걸치고, 국밥도 먹으면서 쉬어 가라는 곳이다. 버퍼(BUFFER)도 마찬가지로 먼데서 신호가 오면 아무래도 초기의 펄펄했던 모습 보다는 먼 길에 지쳐 오는 수가 있다(먼데서 오기 때문에 선간 저항 때문에 전압레벨이 흔 줄 날 수도 있다). 이때 보내 준 신호 모습을 그대로 재현해 주면서 힘도 북 돋아 주는 것이 바로 버퍼(BUFFER)다. 양단을 격리시키는 역할도 할 수 있다.

이러한 이유로 해서 버퍼(BUFFER), 즉 전압 팔로워 회로는 멀리서 오는 신호가 들어오는 입구 입력쪽에 주로 달아 주게 된다.

연산 증폭기의 전압 팔로워를 무엇으로 해석할까?

해석하기 위해서는 몇 가지 무기가 필요하다. 지금까지 우리는 오옴의 법칙, 키르히호프의 전류의 법칙(KCL)이라는 기본 샐러드를 뇌로 먹었고, 연산 증폭기 기본 동작식 Vo = A(Vp − Vn)과 연산 증폭기의 이상적 조건까지 곁들였다. 이런 단순한 법칙과 공식들이 머릿속에 켜켜이 쌓여야 해석이라는 이해과정이 머리 속에 싹트는 것이다.

연산 증폭기에서 해석한다고 하는 것은 한마디로 입력과 출력이 어떤 관계를 갖고, 등식이 성립하는 가를 풀어내는 과정이기도 하다. 증폭도를 연산 증폭기 주변에 붙은 소자들로 계산해 낼 수 있다!!!!!!!는 것이다. 먼저 전압 팔로워를 출력과 입력의 관계로 식을 세워 보기로 하자.

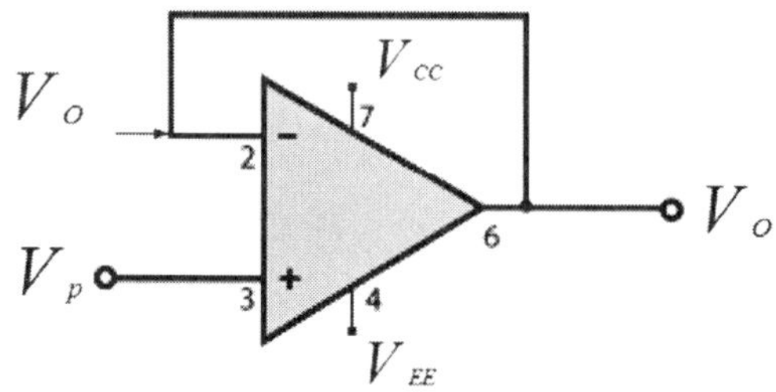

그림 (1) 전압 팔로워

전압 팔로워의 심벌을 보면 출력이 곧바로 연산 증폭기의 반전입력단자 측으로 되먹임(Negative FEEDBACK, 부궤환)된 간단한 형태를 가진다. Vn이 Vo가 되는 것이다. 이를 원래의 연산 증폭기 동작식에 넣어 보기로 하자. 그러면 아래와 같이 식이 만들어질 것이다(식에 진절머리 내는 사람들이 많이 있겠지만, 연산 증폭기를 해석할 때 초등학교 산수식이 주로 쓰이므로 1% 뇌만 가동해도 이해하는데 문제없다).

Vo＝A(Vp－Vn)의 동작식이 바뀐다.

Vn 대신 Vo로 대치하면

$$V_o = A(V_P - V_o) --- (1)$$

윗 식을 전개하기로 한다.

$$V_o = AV_P - AV_0 --- (2)$$

가 된다.

(2)식에서 Vo로 묶기 위해 식을 이항시킨다. 그러면 아래식이 출현 된다.

$$V_o + AV_0 = AV_P --- (3)$$

Vo로 식을 묶기 위해 이항 시켰으므로 (3)은 아래와 같이 정리 될 것이다.

$$(1+A)V_0 = AV_P$$

따라서 결과식은

$$Vo = \left(\frac{A}{1+A}\right)Vp---(4)$$

우리는 이 식에서 사고를 좀 더 전진 시켜야 한다.

그냥 윗 식 만으로도 사용 가능하지만 번거로워 보인다. GAIN 'A'를 생각해 보자. 연산 증폭기의 이상적 조건에서 이득은 ∞ 라고 했다. 뭐 ∞라고 까지 할 필요가 없다. 그냥 아주 떡대 같이 크다고 해도 생각의 결말은 같아진다.

1과 크기를 비교해서 증폭도 A가 크다면 등호관계는 당연히 A>>>>>>>>>>>>>>>>1가 될 것이다. (4)식을 그대로 사용하면 뭔가 공학적인 복잡함을 가질 수는 있어 보이긴 한다. 베베꼬는 수식의 아름다움이 있다. 그러나 말짱 의미 없이 식만 번잡하게 만든다. 어떤 책들을 보면 간지 있어 보이라고 이 식을 그대로 사용한다. 인쇄 잉크값이 좀 더 나오는 짓을 왜 하는지 모르겠지만...

그렇다면 상수 1은 이득(GAIN) 'A'에 비해서는 턱없이 작기 때문에 군화 위에 개미가 되어 1은 전혀 무시해도 상관이 없는 수가 된다. 현장성은 아주 큰 것과 아주 작은 것이 복잡하게 얽혀 있을 때 상대적으로 작은 것을 삭제 함으로 간결성을 추구한다.이런 논리를 대입하면 위의 (4)식은 썩 간단하게 바뀐다.

$$Vo = \left(\frac{A}{A}\right)Vp = Vp$$

$$\boxed{Vo = Vp}$$

결과식을 보면 입력이 그대로 출력으로 나와 버리게 되는 것을 확인할 수 있다.

출력을 되먹임 시켰더니 정말 재미 있는 결과가 나왔다.여기서 또 한 가지 유출해 낼 수 있는 사실은 되먹임 되었을 때, 반전입력단자와 비반전입력단자의 값이 같아지는 결과를 뜻하지 않게 얻어 버렸다는 것이다.

앞으로 계속 보게 되겠지만 연산 증폭기의 되먹임이 있게 되면 비반전단자와 반전단자의 전위가 같아지는 현상을 자주 목격하게 될 것이다. 연산 증폭기를 되먹임 시킬 때 나타나는 이런 현상은 길길이 뛰며 강조해도 지나치지 않은 중요한 성깔이다.

이런 현상을 IMAGINARY SHORT(가상단락)라고 부르기로 한다.

[가상접지(virtual ground)라는 용어로 흔히 쓰이는데, 보통 비반전단자를 그라운드(GROUND)로 묶어 쓰기 때문에 이런 용어를 생각없이 남발한다. 그런데 정확히 말하면 비반전

단자가 그라운드에 묶여 쓰일 때에만 타당한 말이다. 간혹 비반전단자가 그라운드에 묶여지지 않을 때가 있다. 이때는 가상접지라고 하면 틀린 말이다.]

IMAGINARY SHORT도 가슴팍에 아로새겨 넣어야 한다. 이 개념을 놓쳤을 때 연산 증폭기는 물론이고, DAC(DIGITAL ANALOG CONVERTER)해석을 전혀 할 수가 없게 된다.

해석과정을 통해 전압 팔로워를 일단 입출력 관계식을 풀어 보았다.

그런데 위 결과식이 어쨌단 말인가?

회로는 이름만 안다고 내게 의미 있게 다가 오지를 않는다. 이 회로가 어떤 의미를 가지는지 출력을 얻는 결과 값에만 만족하게 되면 죽도 밥도 아니게 된다. 그래서 시간이 지나면 뇌가 뒤죽박죽, 백팔번뇌에 시달리게 되기 일쑤다. 배우고 나서 입술에서 나오는 대부분의 자탄은 아~ 정녕 모르겠다.....연산 증폭기 포기!!!!

약초꾼이 약초를 발견하고 이름을 지어 줬지만 약효를 모르면 공허한 지식이 듯이, 어떻게 이 회로가 쓰이는 지가 매우 중요하다. 어디에 쓰였는지 보고 나서 이 회로의 특성을 결론 맺기로 한다.

V/I SOURCE와 METER의 블록선도에서 어드메 쯤에 쓰였나 숨은 그림 찾기 해보자.

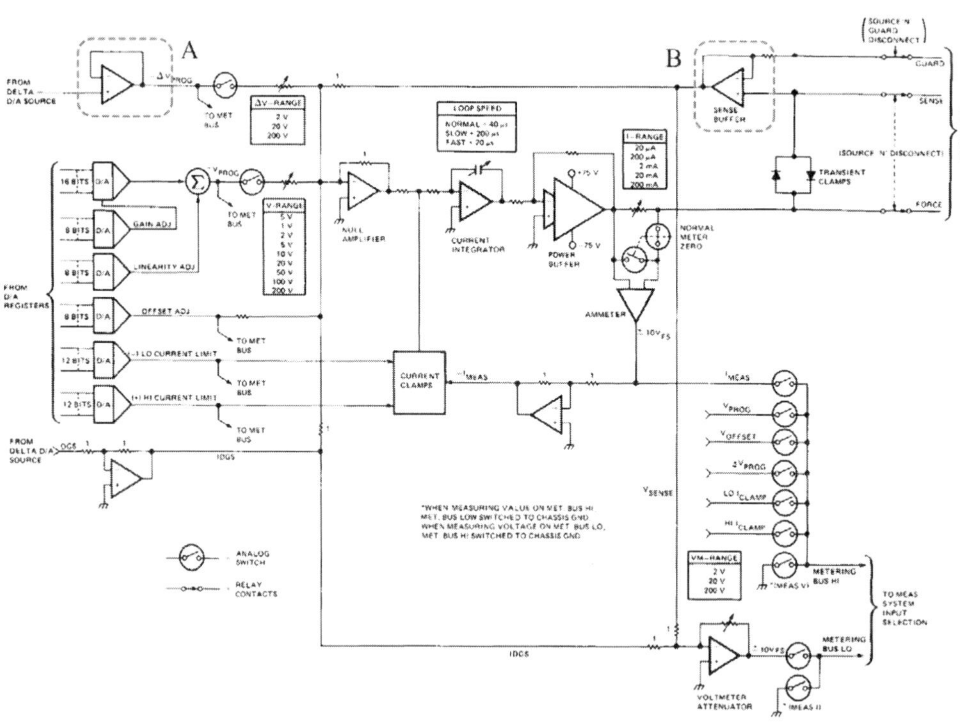

그림 (2) V/I SOURCE 블록선도

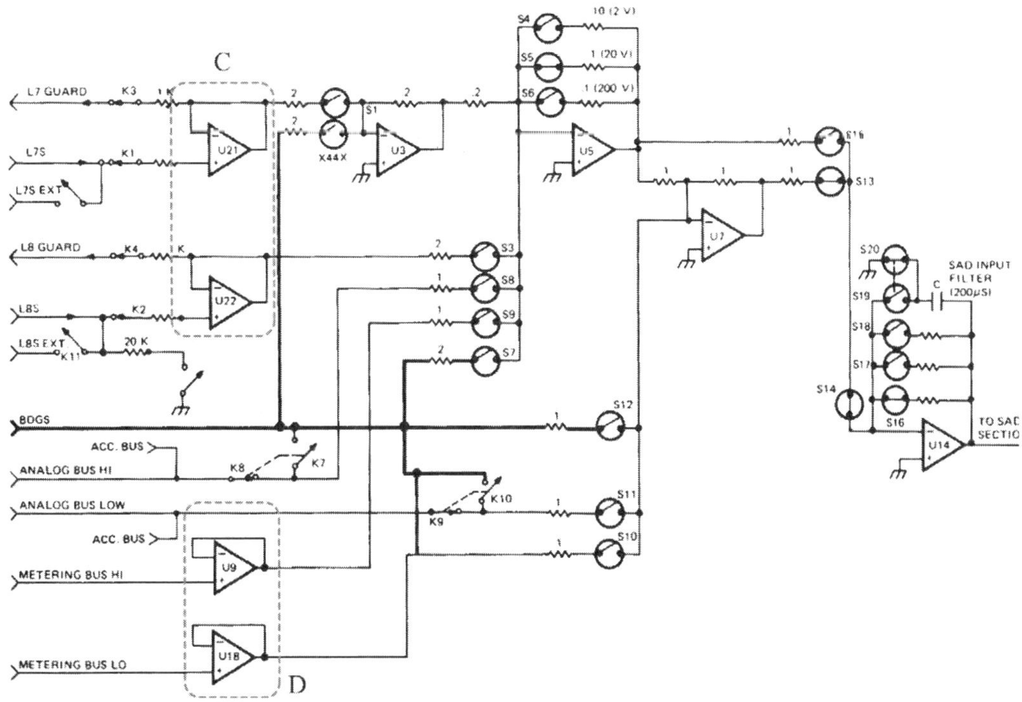

그림 (3) METER 블록선도

정신 사납게 V/I SOURCE와 METER의 블록선도를 불러 올렸는데, 정신 혼란해지라고 올린 것이 절대아니다. 다른 것 보지 말고 점선 영역 안에 전압 팔로워만을 주목해서 보시라고 올린 것이다.

이들의 공통점이 눈에 들어 오는가?

눈치밥 9단인 사람은 무릎을 쳤을 것이고, 아직도 뭐가 뭔지 모르는 사람은 뒷머리만 긁적일 것이다. 잘보면 뭔가...신호의 출처는 모르겠지만 어딘 가에서 신호가 입력되는 쪽에 전압 팔로워가 수문장처럼 떡하니 버티고 있는, 동일한 패턴을 눈치 채 주었을 것이다.

궁금증은 왜 저렇게 회로를 배치 했나?가 되겠다. "왜?"...라는 말을 써보니, 대기업 S전자에서는 한 때 품질문제에 시달리다 못해 최고경영자가 사장단 회의에서 문제가 있는 곳에 왜? 왜? 왜? 세 번의 질문 메스를 대보라고 강조한 적도 있었던 기억이 되살아 난다.우리도 왜???? 전압 팔로워가 바로 신호 입력이 있는 쪽에만 배치 했는지를 세번 "왜?"를 질러 두고 접근해 보자.

입력은 전압팔로워의 비반전입력단자에 직바로 연결된다. 전압 팔로워 형태상 그렇게 될 수 밖에 없다. 점선 영역 안에 있는 것 중에 SENSE BUFFER라고 이름 붙인 'B' 를 뜯어 와 입력 쪽에서만 전압 팔로워 쪽을 쳐다 보기로 하자.

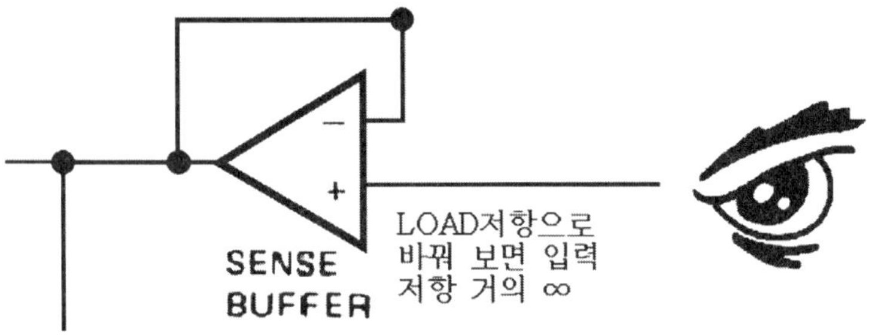

저항이 대체 얼마일까?

LF156이라고 하면 입력저항은 $10^{12}\Omega$이라고 했다. 위의 그림에서 눈 쪽이 신호가 입력 되는 SOURCE 단이고, SENSE BUFFER라고 쓴 입력단 전압팔로워가 부하 저항이라고 하면, 부하 저항이 엄청 크기 때문에, 보내 온 전압은 라인에 저항 성분이 좀 있다 손 치더라도 별문제 없이 온전히 받을 수 있게 된다.

기억 하시는가?

연산 증폭기의 이상적 조건에서 입력임피던스가 ∞인 이유를 설명한 것...바로 그렇다 METER이든, SOURCE이든 감지한 전압이나,측정할 신호는 보내 온 전압을 아주 정확하게 획득하여야만 한다. 약간 만이라도 값이 손상되면 측정이 별 의미가 없게 된다. 그래서 주는 놈 온전히 받기 위해 입력임피던스가 아주 큰 전압 팔로워를 사용한 것이다.

이러구저러구 해서 입력임피던스가 무한대라는 심화학습이 얼마나 회로 해석에 있어 커다란 영향을 미치는지 깨닫게 됨과 아울러 왜 입력임피던스가 크다는 그간의 많은 사람들의 외침이 의미 있게 다가 올 것 같다.

만약 설계자가 멀리서 오는 신호(전압)을 온전하게 받는 회로를 설계할 때에는, 과감하게 전압 팔로워를 써주면 최고선택이 된다.

그래서 다음과 같은 결론이 도출 되는 것이다.

① 전압 팔로워는 양단을 분리하고,입력전압을 출력으로 그대로 내보내는 BUFFER 역할에 충실하기도 하면서,

② 특히 입력저항을 무지막지하게 크게 하고 싶을 때,출력저항을 아주 작게 하고 싶을 때(이런 맥락에서 전압 팔로워 회로를 임피던스 변환기라고 지칭하는 것이다)..그 말은, 다른 말로 보내 온 전압을 손상없이 온전히 받고 싶을 때 적용하는 회로가 된다는 것이다. 입력은 AC던 DC든 상관없다.

1-9. 가상단락(Imaginary Short)의 근거는 뭐지?

전압팔로워를 분석하면서 가상단락(Imaginary Short)의 중요성을 어느 정도 감지했을 것이다.넌지시 복선으로 깔아 주기도 했다. 앞으로도 계속 보게 되겠지만, 가상단락이 적용되지 않으면 연산 증폭기해석은 물 건너 가게 된다. 가상단락은 연산 증폭기를 해석하는데 잊어서는 안 될 강력한 무기 중의 하나이다. 이후에 모든 연산증폭기의 해석은 가상단락이라는 핵심에 주석을 다는 것과 다를 바가 없다.

그렇기 때문에 가상단락이 왜 현상적으로 생기는지에 대해서 이론적 근거를 세우지 못하면 앞으로 연산 증폭기를 해석하는데 있어 한쪽 구석에는 계속 찜찜한 찌꺼기 같은 게 남게 될 것이기 때문에, 먼저 가상단락의 근거를 마련하는 것이 최우선이 될 것 같다.

헌데 가상단락이라고 하는 것은 단지 실험적 사실인가? 아님 억지로 꿰어 맞춘 어거지 이론인가? 증명하기 너무 어려운 개념이라 설명들이 온데 간데 없었던 것일까? 가상단락을 요긴하게 쓰긴 쓰는데 논리적 기반은 매우 약하다.

가상접지에 대해서 다음과 같은 그럴듯한 설명이 있다.

그럴듯하다는 말은 비스드리 하지만 무언가 사이비 구석이 있을 때 쓰는 말이다. 먼저 하자가 있는 논리를 보기로 한다. 아래와 같은 개 루프(OPEN LOOP) 연산 증폭기가 있다고 하자.

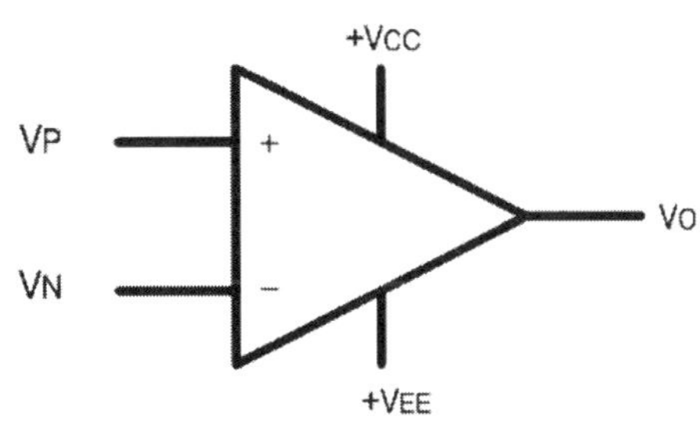

연산 증폭기의 기본동작식은 아래와 같다고 하였다.

$$V_O = A(V_p - V_n)$$

연산 증폭기의 +Vcc −Vee는 보통 ±15V이므로 출력은 이 전원 전압이상으로 절대 나올 수 없다고 했다. 따라서 출력값의 대소관계를 부등호로 표현하면 아래와 같이 표현할 수 있을 것 같다.

$$-15V \le A(V_p - V_n) \le +15V \text{ --- (1)}$$

그런데 A는 보통 개 루프이득(OPEN LOOP GAIN)이라고 해서 300,000배 정도 한다고 가정해 보기로하자. 위의 (1)식에서 각 부등식의 항에 개루프 이득인 A를 나누어 주면,

$$\frac{-15V}{A} \le (V_p - V_n) \le \frac{+15V}{A}$$

A=300,000배를 수식에 대치해 보면,

$$-50uV \le (V_p - V_n) \le 50uV$$

이 되고,

Vp－Vn의 값은 ±50uV 사이에 있게 되어 일반적인 측정기로는 측정하기 어려운 극히 작은 값이기 때문에 Vp－Vn＝0이라고 값을 간주할 수 있으며 결과적으로는

$$V_p \cong V_n$$

된다는 것이다.

두 입력의 차가 체감적으로 전혀 없는 것으로 볼 수 있다는 것이며, 두 입력 차는 거의 무시할 수 있는 수준이라고 넉넉히 설득할 수 있으므로, 두 입력은 같다고 추론할 수 있다는 입장이다. 이것이 가상단락(Imaginary Short)의 근거라고 볼 수 있다는 논리를 편다.

매우 그럴 싸 하다.

그러나 웬지 논리의 비약이 있어 보인다. 어떤 점이 비약 일까? 논리의 약점을 찾아 내실 수 있겠는가?

위의 논리의 맹점은 연산 증폭기의 개 루프(OPEN LOOP)상태에서 가상단락을 설명하고 있다는 점에서 틀린 것이다. 개 루프(OPEN LOOP)상태는 가상단락이 발생하지 않는다. 그런데도 가상단락의 근거를 억지로 이끌어 내고 있다.그래서 언듯 그럴 싸 하지만 명백히 사이비인 것이다.

논리에 하자가 있긴 하지만 우리는 가상단락이라는 현상의 착상을 이 논리에서 찾을 수 있다. 연산 증폭기의 증폭기로서의 동작에서 두 입력의 차는 너무 적어 유관상으로는 차이를 감지할 수 없을 정도라는 점이 사이비 가상단락에서 취할 수 있는 그나마의 수확이다.

가상단락에 대해 쉽게 접근해 보기로 하고, 이미 숙지한 아래와 같이 증폭기의 간단한 형태인 전압 팔로워를 놓고 사유해 본다.

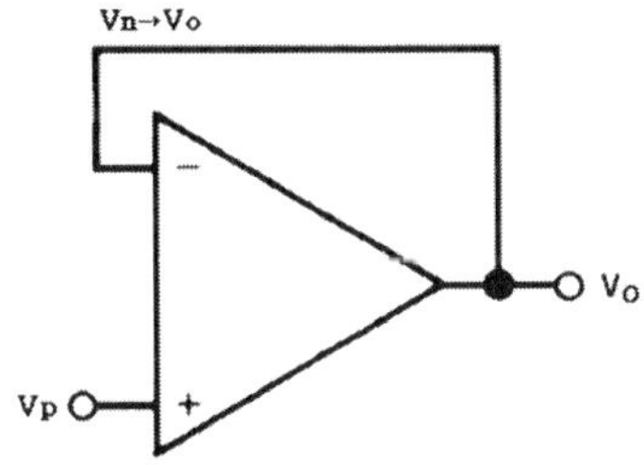

연산 증폭기의 기본동작식은 두 입력의 차를 증폭하는 것이라고 했다.

$$V_O = A(V_p - V_n)$$

그런데 전압 팔로워에서는 기본식에서 Vn --> Vo로 바뀐다. 따라서 전압팔로워를 적용한 연산 증폭기의 기본 동작식은 아래와 바꿔 써도 무방하다.

$$V_O = A(V_p - V_o)$$

확인이 되셨는가? 이는 전압 팔로워를 해석할 때 세웠던 식이다. 위의 식을 전개시켜 보기로 하자.

$$V_O = AV_p - AV_o$$

로 되고, 식을 좌변으로 모조리 이항하면

$$V_O - AV_p + AV_o = 0$$

같은 항끼리 묶어 주자.

$$V_O(1 + A) - AV_p = 0$$

A는 기본적으로 300,000배 라고 했으므로 A >>>>>>> 1 이므로 식은 아래와 같이 간략하게 쨔그러 든다.

$$AV_O - AV_p = 0$$

다시 개 루프 이득 A로 묶어 내면

$$A(V_O - V_p) = 0$$

A는 상수로서 0이 결코 될 수 없으므로 괄호 안의 값이 0이 되어야 한다.

괄호안의 값이 0이 될 수 있는 조건은 딱 한가지 Vo = Vn이므로 궤환이 형성 되어 있을 때, 반전입력단자와 비반전입력단자가 전위가 같아지는 가상단락현상이 일어 나는 것이다.

1-10. Sample & difference회로(SAD)란

전압팔로워를 해석해 보았으니 이제 전압팔로워를 적용한 SAD(SAMPLE & DIFFERENCE) 회로를 개념 잡고 넘어가기로 한다.

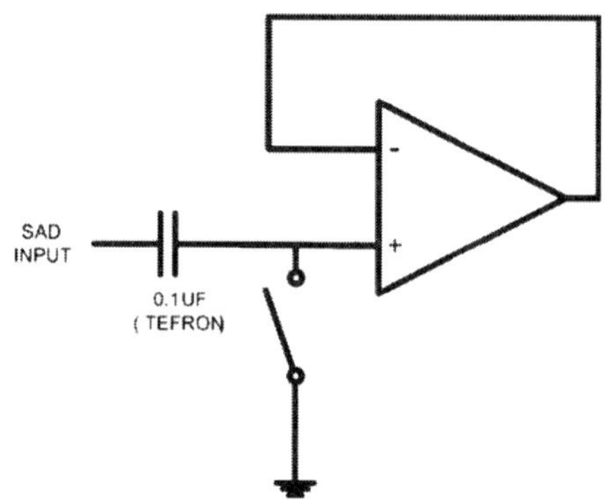

실제의 SAD회로는 무척 복잡하다. 원래 SAD는 두 전압의 미소한 차이를 추출해 내는 회로이기 때문에 주변에 증폭기도 달리고 SAD를 제어하는 스위치도 달리는데 굳이 관념으로 굳히는 데에 전체 회로를 가져와서 해석할 필요는 없어 보인다.

윗 그림이 제어, 보호, 증폭 부분을 포함한 SAD 회로이다. 이 회로도가 현실세계로 강생한 모습은 아래와 같다.

콘덴서가 유난히 두드러져 보인다. 회로도에서 점선으로 구역표시 된 사각형 안쪽에 큼지막하게 보이는 콘덴서가 바로 이 놈이다. 이 SAD에 사용되는 콘덴서는 방전이 아주 느려야 한다. 촉새처럼 충전 했다 빨리 방전 해 버리면 SAD 기능을 제대로 수행 할 수가 없게 된다. 요실금 같은 LEAKAGE도 거의 없어야 한다. 가격이 좀 세다고 들었다.

사실 원래의 회로는 매우 복잡하게 생겨 먹었다. 차근차근 회로를 짚어 보고, 해석하기 위해 애를 좀 쓴다면 원래의 복잡한 회로도 남산 오르듯이 봉우리에 깃발 꽂을 날이 올 것이다. 게다가 케이블카 타면 봉우리로 곧장 올라 간다. 이 아래에 케이블카를 한 대 준비 했다. 같이 타고 가시기를.

회로 해석할 때 중요한 점은 덕지덕지 붙어 있는 화장발을 지워 버려야 한다는 점이다.생 얼굴을 찾아 내야만 한다. 예를 들면 보호회로는 실무에서는 중요하지만 해석할 때는 과감히 벗겨 버려도 된다. 다이오드 부분을 빼 버리라...등등. SAD의 생 얼굴은 어떻게 생겨 먹은 모습일까? 아래를 보자. 가지 바싹 쳐주니까 모습은 의외로 단촐 해졌다. 우리가 납득하기 어렵지 않은 형태가 되어 버렸다.

생 얼굴은 방전에 느려 터진 콘덴서가 전압 팔로워 입력에 직렬로 연결된 형태로 되어 있다.

① 그럼 이 회로는 어디에 사용하는 것인가? 두 전압 차이가 아주 적을 때 빼기 회로로 사용된다.

② 얼마나 적은 것 까지 다룰 수 있을까? 장비 설명서에 보면 몇 μV 단위라고 되어 있다.

③ 연산 증폭기 오프셋(OFFSET) 보다 작은 전압인데 어떻게 그 차이를 읽어 낼 수 있다는 것인가?

그러기에 "어떻게 읽어 내는가?"가 기술이 되는 것이다.

작은 전압차이를 읽어 내는 것은 두 가지 과정을 거친다.

첫번째 과정은 값을 추출하는 과정이고(SAMPLE)

두번째 과정은 값의 차이를 읽어 내는 과정(DIFFERENCE)이다.

그 회로적 기능과정들을 통칭하여 이름을 붙여 SAMPLE & DIFFERENCE 회로라고 이름 붙인 것이다.

두 전압차이를 읽을 때 조건은 차이를 읽을 전압을 각각 시간 순서적으로 하나 하나 보내야 한다는 조건이 따른다. 동시에 두 입력을 받으면 그 차이 값을 읽지 못하게 된다. 이제 두 과정을 나누어 어떤 동작이 일어 나는지 살펴보자.

- SAMPLE(추출과정) : GROUND에 연결된 릴레이를 닫고, 하나의 전압을 입력으로 받는다. 간편회로는 아래와 같이 된다.

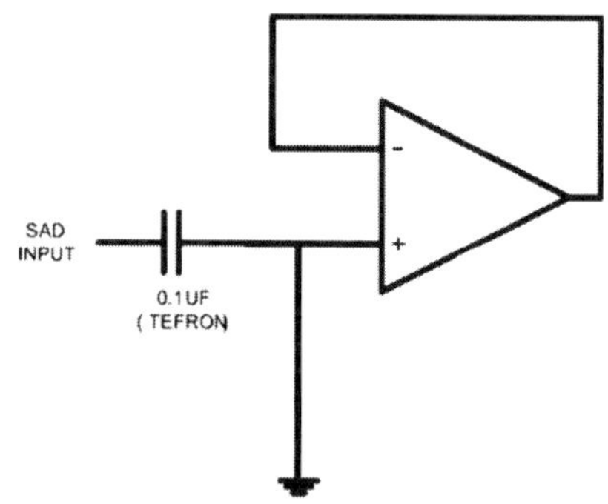

SAMPLE MODE :
처음 SAD 입력이 콘덴서에 충전된다.

SAMPLE 과정에서 첫번째 들어 오는 전압을 2.3㎷(V1)라고 가정한다. 이 과정에서 2.3㎷는 방전이 느려 터지고, LEAKAGE가 거의 없는 콘덴서에 충전 된다. 그 충전 값은 2.3㎷가 된다. 전압 팔로워 비반전 입력단자쪽만을 보라. 저항값이 어떻다고 했던가? 저항값이 무지막지 하게 커서 이때는 개방회로라고 여겨도 무방하다. 비반전단자가 Relay에 의해 그라운드에 붙어 있다. 따라서 그라운드에 대하여 콘덴서에 충전 된다.

– DIFFERENCE(빼기과정) : 두 번째 입력된 전압에서 첫 번째 전압을 빼 준다.

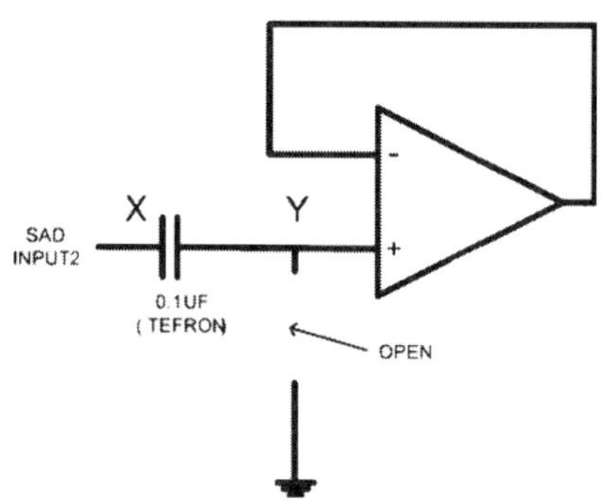

① RELAY를 끊는다. 그렇다면 전압팔로워의 비반전 입력단은 그라운드(GROUND)에 붙어 있다가 개방된 상태가 된다. 전압팔로워의 비반전입력단자는 FLOATING 된다. 즉 어떤 값이 고정되지 않고, 어떤 값이 될지 그 때 그때 마다 다르다고 할 때 전기전자에서는 플로팅 된다는 용어를 사용한다. 영어 원의대로 떠다닌다는 말이다.

② 콘덴서에 충전된 전압은 2.3㎷가 계속 유지된다. 즉 콘덴서 양단의 전압차는 2.3㎷가 되는 것이다(방전과 LEAKAGE, 즉 질질 세는 것이 없다고 했다).

③ 이 때 차이 전압의 대상이 대는 두 번째 전압을 입장 시킨다. 2.5㎷라고 가정하자(V2).

④ 이런 상태가 되면 콘덴서는 어떻게 될까? 콘덴서는 처음 값의 충전을 계속 유지하려고 한다. 콘덴서 한쪽이 그라운드에서 분리되어 FLOATING 되어 있기 때문에 두 번째 들어온

전압 2.5㎷ 전압은 콘덴서에 충전 되지 않는다.

⑤ 그림에서 'X' 부분을 보자. 전압은 지금 두 번째로 막 들어 온 2.5㎷가 될 것이다.

⑥ 그렇다면 'Y' 값은 어떻게 될까? 이 문제가 핵심이 되겠다. 얼마나 될까? 콘덴서는 처음 전압값을 충전한 상태로 계속 유지 된다고 했다. 그렇다면 콘덴서 양단의 전위차는 반드시!!!! 필히!!!! 2.3㎷가 되어야 만 한다.

????? 이걸 어떻게 이해해야 하나?

그렇다

답은 'X' 전위가 2.5㎷이고, 콘덴서는 양단 전위가 2.3㎷가 되어야 하므로, 'Y' 점은 FLOATING된 값이 강제적으로 0.2㎷로 정착되어 버린다.

이해가 되는가?

따라서 결론적으로 V2 − V1 = 2.5㎷ − 2.3㎷ = 200㎶가 읽혀지게 된다.

이 값은 너무 작기 때문에 다른 것에 영향 받을 수 있다. 그래서 SAD회로에서는 증폭을 해서 읽어 올 수 있게 한다. 증폭하는 회로가 추가 되는데 증폭도는 ×1, ×10, ×100를 갖는다.

약간 번잡스럽지만 SAD의 동작 메카니즘을 해석했다.

음~ 모르겠으면 그냥 넘어가시라. 전압 팔로워가 저렇게도 사용되는구나 하고 느끼면 족하다. 다만 SAD는 빼기회로라는 것을 기억 하시기를...

이제 약간 변형된 회로를 생각해 보기로 하자. 아래 그림을 보고 전압 팔로워 인지 아닌지를 한번 구별해 보시라.

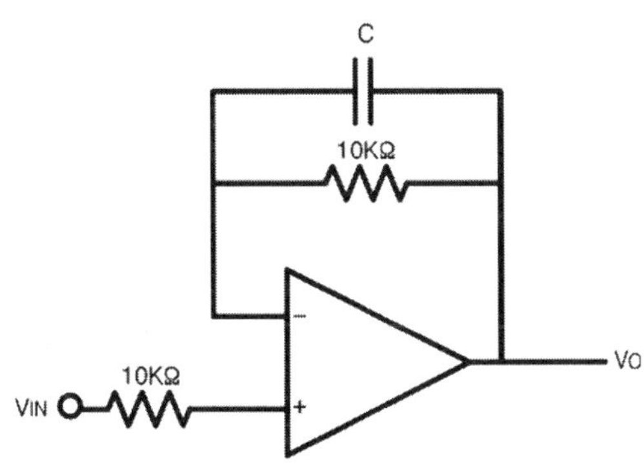

위 회로에서 콘덴서가 붙었다 것는 주파수에 관계된 것이고, 주파수에 관계된 것이기 때문에 어떤 보상이나 안정화를 위해 들어가 있다고 판단하면 된다. 전압 팔로워의 본질적 측면에서 보기 위해 직류적으로만 생각하면 회로 해석상 콘덴서는 제거 해도 괜찮다(실무적으로는 저런 위상보상회로가 무척 중요하긴 하지만...).

콘덴서를 본질적 개념의 세계에서 추방해 버리면 회로는 아래와 같이 좀더 알아먹기 쉬운 방향으로 탈피된다.

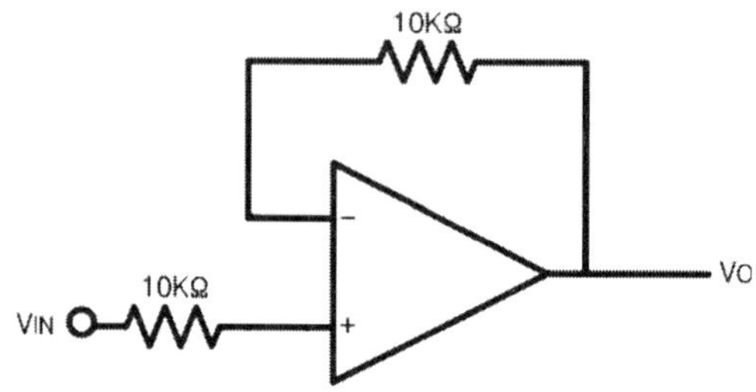

그러나 아쉽게도 콘덴서를 제거한다 해도 우리가 바라는 원색적인 전압 팔로워 형태가 보이지 않는다. 과연 저놈도 전압 팔로워 회로인지 의심이 들기 시작한다.

반전입력단자가 여하튼 궤환이 형성이 되었는데, 반전입력으로 Vo가 입력 된다고 확신이 서지 않는다.

과연 Vo가 궤환에 거머리처럼 직렬로 달라 붙어 있는 10kΩ(FEEDBACK 저항)의 저항이 있음에도 불구하고 반전단자의 입력으로 들어갈까? 들어가면 여하튼 형태는 전압 팔로워에 가까워 질 것도 같다. 훨씬 연산 증폭기 에 가까운 형태로 다시 그려 보면

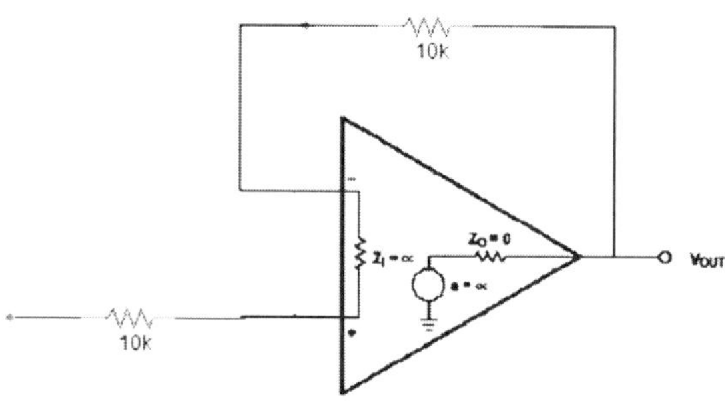

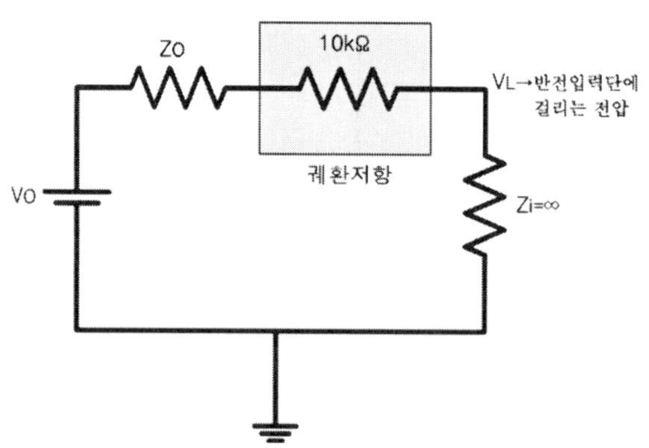

$$V_L = \frac{Z_i}{Z_0 + 10K\Omega + Z_i} \times V_0$$

가 된다. 식이 난리법석이라도 정신 줄 놓으면 안 된다. 외양만 거칠 뿐이니 너무 걱정 마시라.

Zi는 연산 증폭기의 입력임피던스이고, 이상적으로는 ∞Ω이다. 따라서 Zo + 10KΩ은 ∞의 저항에 비해서는 의미 없는 숫자가 되므로 위의 식은 아래와 같이 된다.

$$V_L = \frac{Z_i}{Z_0 + 10K\Omega + Z_i} \times V_0 = \frac{Z_i}{Z_i} \times V_0 = V_0$$

역시 연산 증폭기의 입력임피던스가 엄청 크다는 것이 회로 해석하는 데 적잖이 도움을 준다. 비반전단자에 붙어 있는 10kΩ 짜리도 마찬가지로 비반전단자의 입력임피던스 ∞Ω에 비하면 조족지혈(鳥足之血)이므로 없는 것으로 쳐도 전혀 상관이 없다. 따라서 전압 팔로워에 있는 궤환저항과 비반전입력단에 있는 저항을 빼면? 동작에 아무런 이상도 생기지 않는다. 결론은 역시 전압 팔로워 회로가 된다가 되겠다.

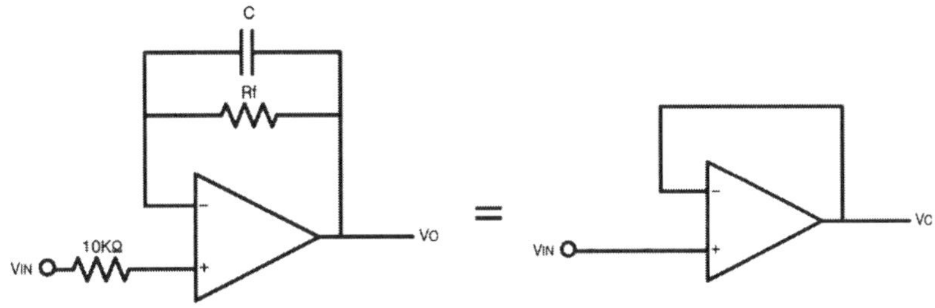

너무 당연한 것을 구질 맞게 설명한 것인가?

좀 더 구체적으로 생각해 보자는 의미에서 세론(細論)했다.사실 입문자는 저런 간단한 회로 번역도 어려운 것이다. 콘덴서를 같이 생각해도 위의 과정은 동일하다.왜냐하면 전압팔로워의 입력임피던스(주파수에 관계된 저항)이 ∞Ω이기 때문에 결과는 똑같다. 다음부터는 도깨비 방망이 처럼 입력 임피던스가 ∞Ω라고 하면 여지껏 말한 내용들이 납득이 된 것으로 여기고 주변 이야기들을 생략하기로 하겠다.

연산 증폭기의 두 입력임피던스가 ∞Ω이라는 사실은 실무적으로 너무 편리한 개념이다. 꼭 기억하시기 바라마지 않는다.

반도체 설계자 중에 어떤 사람이 왕초의 법칙이라고 말했던 것이 솔솔 기억이 난다.공학에서는 어떤 놈이 어떤 놈보다 10배 작으면 무시!! 10배 큰 놈만 생각 하고, 그 놈이 왕이 된다는 것이 왕초의 법칙이라는 것이다. 이름은 약간 고약한 법칙이지만 실제 회로를 다룰 때 복잡한 것을 단순화시켜 회로해석을 용이하게 해주는 유용한 원칙이랄 수는 있다. 그러나 선무당이 사람 잡는다고 회로해석에 경지에 오르지 않은 상태에서 전가의 보도(傳家寶刀)처럼 이 꼼수를, 원칙없이 써 먹으면 탈이 날 수 있으니 조심하시길....

1-11. CAP CHARGE란?

라인에서 가끔 듣는 용어 중에 'CAP CHARGE' 라는 말이 있다. 주로 측정 프로그램을 짜는 TEST 엔지니어들이 쓰는 말인데 장비 METER에 사용되는 전압 팔로워 적용 회로에 CAP CHARGE 개념을 설명 할 수 있는 회로가 있어 소개 하기로 한다. 원래는 사전에 미리 충전한다는 의미에서 'PRECHARGE' 라고 한다. CAP CHARGE = PRECHARGE. 원리는 간단한 것이다. 잡음을 제거하기 위해서는 저역통과필터(RC FILTER를 사용하게 되는데, 여기에는 경우에 따라 값이 큰 콘덴서를 사용하게 된다. 만약에 콘덴서에 미리 충전시키지 않고 저역통과필터를 사용하게 되면, 필터의 특성상 콘덴서에 충전하는 시간이 걸린다. 충전시간을 줄이기 위해서 최선의 방법은 저역통과필터를 잡기 전에 콘덴서에 충전을 하게 되면 충전시간을 아낄 수 있다는 것이 이 기술의 요점이다.

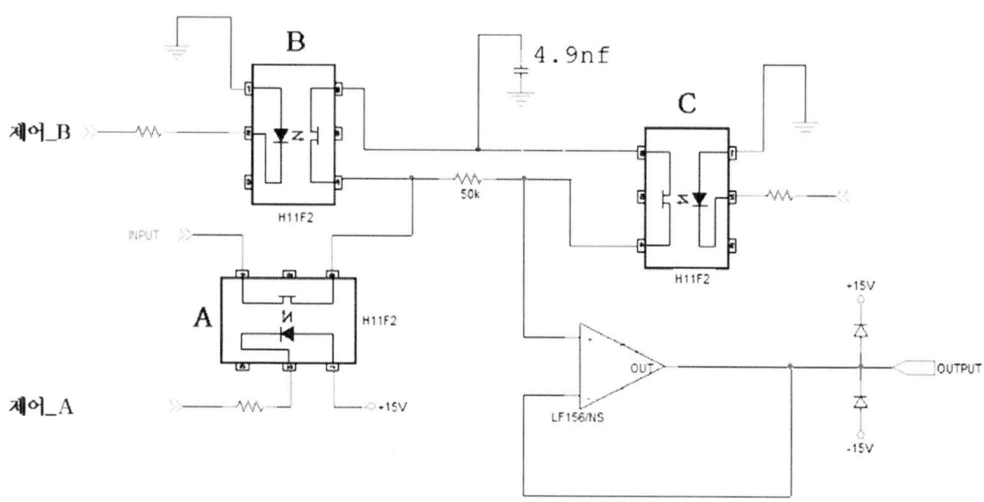

그림 (1) LPF가 있는 전압 팔로워

위의 회로는 연산 증폭기 전압 팔로워에 몇 개의 소자가 주변에 붙어 있는 간단한 회로이다. 실제 사용되는 회로를 올린 이유는 인터넷상에는 적당한 회로를 찾아 볼 수 없는 이유도 있지만, 실전의 회로를 보는 훈련을 함으로써 실무적이며, 현장성에 대한 감을 파삭하는 느낌으로 갖기 위해서 이기도 하다.

회로를 많이 접해 보지 않은 사람은 저건 뭐냐?고 짜증나고, 급 당황할 수 있으나, 전혀 그럴 필요가 없다. 이미 설명한 전압팔로워만 알면 회로 해석은 끝이기 때문이다. 그래서 전압팔로워를 설명 끝내자 마자 바로 뒤에 붙였다. 회로 해석이라고 할 것 까지 없다. 천리길도 한 걸음부터...

먼저 눈에 익지 않은 'H11F2' 라는 소자가 보인다. 이 소자는 단순한 스위치 소자이다. 명칭은 'PHOTO FET OPTOCOUPLERS' 라고 부른다. 내부구조를 보면 어떻게 스위칭동작이 일어나는지 알 수 있다.

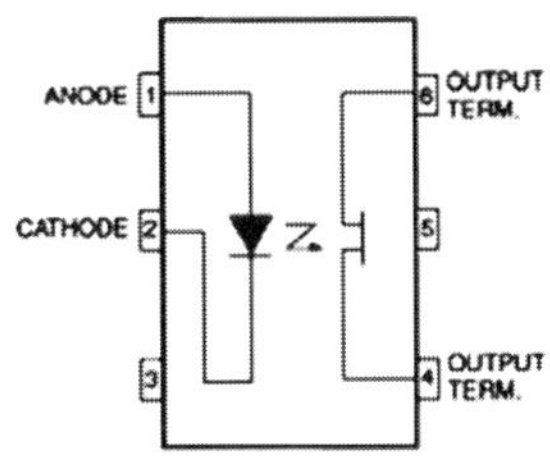

그림 (2) H11F2의 내부구조

Symbol	Parameter	Conditions	H11F2			Units
			Min	Typ	Max	
R_{4-6}	On-State Resistance	I_F=16mA. I_{4-6}=100μA			330	Ω
t_{ON}	Turn-On Time	R_L=50Ω ,I_F=16mA V_{4-6}=5V.			25	μs

내부 다이오드가 순방향으로 도통되면 빛이 발광하고, 이 빛에 의해 FET가 도통되는 구조이다. 그림(1) 회로를 볼 때 H11F2는 개념상으로, 또는 머릿속으로는 개방이냐, 연결된 것이냐의 두 가지 상태만 생각하면 된다. 스위치가 원래 그런 것 아닌가?(도통 저항은 330Ω, 도통시간은 25μs로서 다른 FET스위치 보다 특성이 그리 좋은 것은 아니다. 2N4391 스위치를 상기하시라.)

그림(1)은 METER에 있는 회로이다. LPF(LOW PASS FILTER : 저역통과필터, 낮은 주파수대는 통과되고, 높은 주파수는 없어진다.기준되는 주파수를 차단주파수 Fc 라고 해서 입력에 비해 출력이 −3dB로 전력이 떨어진 주파수를 기준으로 삼는다. 왠 정수기 용어냐고 할지 모르겠으나 전기전자에서도 필터는 애용된다. 자기가 원하는 신호외에는 모두 불순물 또는 악!이라고 취급하는 것이 이 바닥의 생리이다)를 가진 것으로 이 필터가 있는 이유는 직류전압을 읽을 때 껴 있을 수 있는 잡음을 제거 하기 위하여 있는 것이다. METER로 직류전압을 읽어 오는데 AC성분의 잡음이 끼면 제대로 직류전압을 읽어 오지 못하기 때문에 설계에 포함 시킨 것이다. 대부분의 METER는 전류도 전압으로 환산하여 ADC(ANALOG DIGITAL CONVERTER)로 읽게 된다는 점만 기억하고 있으면 된다.

그러나 촛점은 왜 저렇게 복잡하게 설계를 해 놓았는가? 이다. 그 이유는 METER로 전압을 읽을 때 FILTER를 사용하면 교류성분은 걸러져 직류전압 만이 읽히는데, 문제는 FILTER의 콘덴서가 충전되는 시간이 좀 걸린다는 것이다. 소자를 측정시험 하는데 무엇보다도 중요한 것은 측정시간을 단축하는 싸움이다. 몇 백 μs도 아끼면 최선인 것이다. 그래서 CAP CHARGE라는 기술이 필요한 것이다.기술이라기 보다는 요령에 가깝다.

먼저 그림(1)을 보기로 하자.

평상시(NORMAL) 상태라고 한다. 경우에 따라서는 초기 상태 즉 디폴트(DEFAULT) 상태라고 하기도 한다. 예를 들면 회로에 DAC가 있다고 하자 처음에 제어 비트를 모두 0으로 하지 않으면 어떤 DC 값이 나오기 때문에 골치 아픈 경우가 생길 수 있다. 그래서 장비 O/S에서는 처음 상태 값을 장비에 기입해 주게 되는데 이를 가리킨다]에는 H11F2 스위치 'A'와 'B'만이 스위치 도통된다[H11F2 'B'와 'C'의 제어단자 제어_B와 제어_C는 토글(TOGGLE)로 동작한다고 하자. 토글은 디지털공학에서 곧 잘 나오는 용어인데, 예를 들어 두 개의 출력이 있는 소자라고 하자. 하나가 HIGH이면 나머지 하나는 반드시 LOW가 되어 서로의 상태가 항상,꼭 반대로 되는 것을 말한다. 잘 아는 대로 D F-F 출력이 그런 동작을 한다. 그리고 H11F2의 PIN 4와 6이 FET 스위치 양단이다. 기본상태에서 H11F2 A, B 두 스위치만 4, 6 PIN이 연결 되었다고 보고 회로를 생각해 보시라].

그 때 회로를 보기로 하자. 아주 단순해 진다.

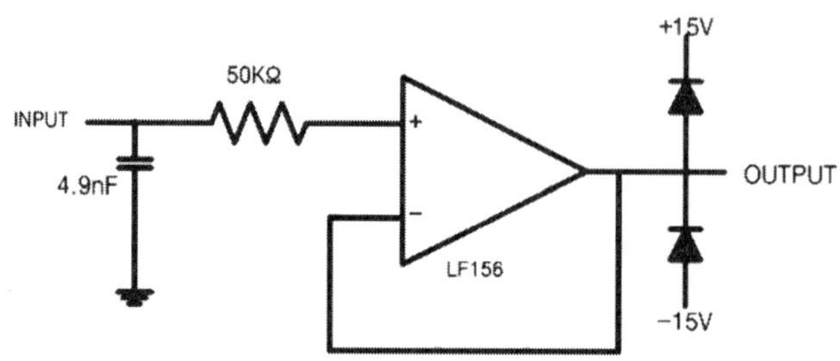

그림 (3) 저역통과 필터는 잡히지 않고, 콘덴서는 충전상태가 된다.

전압 팔로워 비반전 입력단에 있는 50kΩ은 아무 의미 없는 회로가 되고, 콘덴서는 충전 상태가 된다. 이때 전압 읽는 값이 노이즈(AC 성분)가 실려서 흔들린다고 하자. 그렇다면 TEST 엔지니어는 저역통과필터(LPF : LOW PASS FILTER)를 사용해야만 한다. 엔지니어가 명령어를 써서 LPF를 잡게 되면 H11F2 스위치 'A'와 'C'만이 스위치 ON된다.

이 때 회로가 어떻게 바뀌나 살펴보자. 앞 회로에서는 콘덴서가 저항 50kΩ 앞에 붙여 있었으나, 이 회로에서는 뒤에 붙음으로해서 회로의 성격자체 바뀌지게 된다.

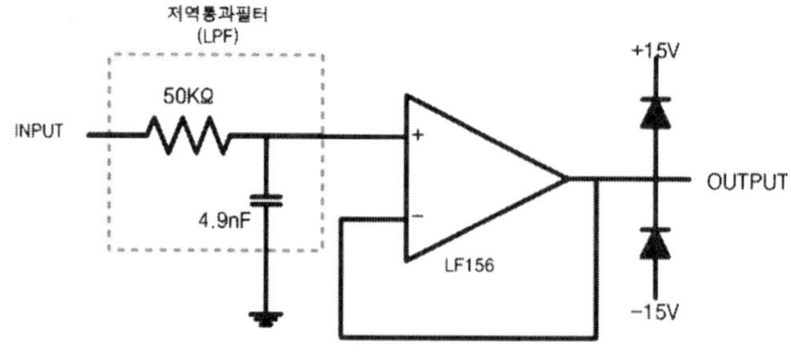

그림 (4) 저역 통과필터가 잡힌다.

전압 팔로워 입력단에 LPF가 형성되었다. 그래서 노이즈는 제거 되고, 순전한 직류전압만 다음단으로 넘어가 METERING되게 되는 것이다.

만약 4.9nF에 평상시에 콘덴서 충전을 시키지 않았다면, LPF 연결 후에 콘덴서가 비로써 그 때로 부터 충전 되고 ,그렇게 되면 측정시험에서 귀중한 몇 백 μs의 안정시간이 필요함으로 시간을 쓸데없이 허비하게 된다. 그럼 언제 콘덴서가 충전 되는가? LPF를 사용하기 전 일반적인 측정시에 미리 충전해 둔다.

몇백 μs의 시간이 아무 것도 아닌 것처럼 하찮게 여겨지겠지만 하루,한 달,일 년의 시간을 곱하면 그 만큼 생산성이 떨어지게 된다는 것이다. 이런 개념을 적용해 JIG에서 어떠한 형태의 콘덴서가 들어가는 필터를 사용할 때 CAP CHARGE를 시키면 충전시간을 현저히 줄일 수 있게 되는 것이다.

RC로 구성된 LPF도 직관적으로 생각하면 동작을 바로 알 수 있다. ??

식은 다음과 같이 된다. 우리가 익히 아는 테브닌의 등가회로에 관련된 식에 대입하기로 한다.

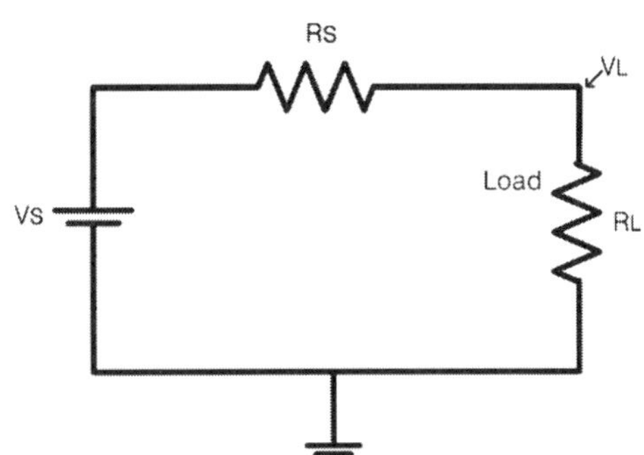

$$V_L = \frac{R_L}{R_L + R_S} V_S$$

콘덴서에 걸리는 전압이 VL이라고 하고, Zc = 1/2Πfc, R = 50kΩ 라 하면

$$V_L = \frac{\frac{1}{2\Pi fC}}{\frac{1}{2\Pi fC} + R} V_{INPUT} = \frac{\frac{1}{2\Pi fC}}{\frac{1 + 2\Pi fCR}{2\Pi fC}} V_{INPUT} = \frac{1}{1 + 2\Pi fCR} V_{INPUT}$$

$$V_L = \frac{1}{1 + 2 \times 3.14 \times f \times 4.9nF \times 50K\Omega} V_{INPUT}$$

이 식에서 주파수 f 만을 변화시켜 보기로 하자. f --> 커지면, VL은 작아진다(전압이 잘 안

걸린다.). f--> 작아지면, V_L은 커진다(전압이 많이 걸린다). 어림잡아 아래와 같은 LPF의 특성 그래프가 머리 속에 그려진다.

LPF라는 것은 높은 주파수를 가진 성분은 출력단에 출현되지 못하고, 낮은 주파수를 가진 성분은(직류를 포함하여) 출력단에 나타난다는 점에서 낮은 대역의 주파수만 통과시킨다고 LPF가 된다(테브닌의 등가회로로 생각하면 콘덴서를 LOAD저항이라고 생각하고, 50kΩ을 SOURCE 저항이라고 생각하시라).

상상(테브닌의 등가회로로 번역하여 상상하기)으로 그림(4)의 점선 영역에 있는 RC로 구성된 회로에 낮은 주파수부터 높은 주파수를 하나씩 통과시키는 상상을 해 보자(어려운 말?로 주파수를 SWIFT 시킨다고 한다. 0Hz서부터 1, 2, 3, ...10.101Hz...10kHz..를 일일이 입력단에 넣는다고 생각하는 것). 이 때 콘덴서에 전압이 얼마나 걸리나 보기.

- 주파수가 낮으면 낮을 수록 콘덴서의 저항은 ∞Ω쪽으로(DC 성분입장에서는 ∞ 이므로) 점점 가깝게 될 것이므로, 전류가 막혀 개방회로. 전압이 왕창 걸리게 된다.
- 주파수가 높으면 높을 수록 콘덴서의 저항은 0Ω쪽으로 수렴 될 것이다. 저항이 낮을 사록 전류가 다 빠져 나가므로 거의 SHORT회로. 전압이 점점 쇠퇴하는 방향으로 된다.

주파수 스펙트럼 상으로 보면 대충 아래 그림이 될 것이다. 저역통과필터의 전형적인 그래프다.

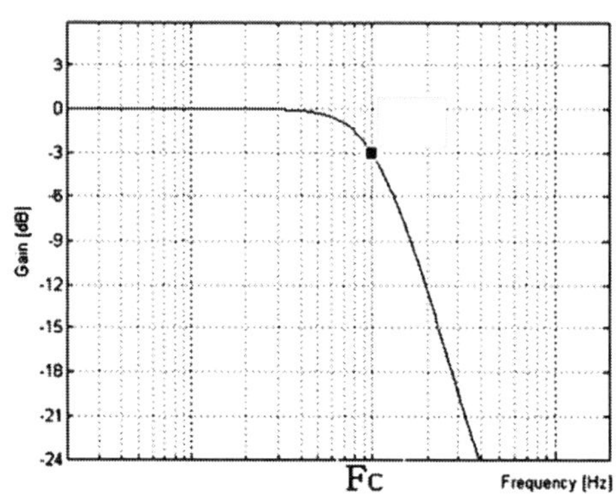

그림 (5) LPF 특성 그래프

출력이 -3dB 떨어진 주파수를 CUT-OFF FREQUENCY(차단 주파수)라고 한다. 이쯤 되면 입력이 출력단에 제대로 나오지 않는다고 판단한다.

계산해 보면, -3dB 점은 LOAD에 걸리는 전압(여기서는 콘덴서에 걸리는 전압)이 입력전압에 비해 0.707배 작아지는 값이 되므로 차단주파수가 간단히 계산 된다.

$$f_C = \frac{1}{2\times\pi\times R\times C} = \frac{1}{2\times 3.14\times 50K\Omega\times 4.9nF} = \frac{1000000}{1538.6} = 649.9Hz$$

이므로 f = 649.9㎐ 정도 나온다. 즉 fc = 650㎐이 보다 높은 주파수의 AC성분은 모두 제거된다고 생각하면 된다. 계산을 제대로 했나???

전압 팔로워 출력단에 보면 다이오드가 두 개 쌍으로 보인다. 다이오드는 보호회로용 이라고 보면 된다고 했다. 저렇게 달려 있으면 절대로 출력이 ±15V 이상 다음 단으로 가지 못하게 된다. +15V 이상 되면 위(上)에 다이오드가 도통되고, −15V 이하로 되면 아래(下) 다이오드가 도통되어 버린다. ±15V 이상 써지가 발생해도 우환이 없다.

하나 더 생각해야 할 점은 왜 여기에서는 다른 증폭기도 아닌 바로 그 전압팔로워 회로를 사용했냐고 하는 점이다.

전압 팔로워 회로는 분명히 멀리서 신호입력이 들어 올 때 온전히 받기 위해서 사용한다고 했었다. 그런데 여기서는 느닷없이 왜 사용 되었을까? 내부에서 돌아가는 신호를 온전히 받기 위해서 사용했다? 그럴 필요가 있는가? 그렇다면 당신!! 이랬다 저랬다 말바꾸는 신뢰 못할 사람 아닌가? ......

만약 이 LPF 뒷 단에 입력임피던스가 ∞Ω이 아닌 회로를 사용했다고 가정 해보자. 위에서 계산식은 LPF 뒷 단에 있는 저항성분을 고려하지 않을 수 없게 된다. 좀 더 번뇌의 깊이가 깊어진다는 말이다. 이리되면 LPF로 사용된 50㏀과 4.9nF만으로는 차단 주파수 등이 쉽게 계산이 되지 않는다. 예를 들어 GAIN = 1인 반전증폭기를 썼다면 이 반전증폭기를 입력쪽에서 바라다본 저항을 고려해야 하기 때문에 LPF는 단순해 지지 않는다(저항이 큰 놈과 작은 놈이 병렬로 있을 때, 지배적인 것은 작은 놈이다. 큰 놈은 맥을 잘 못춘다. 100Ω과 10㏀이 병렬로 있으면 합성저항값은 거의 99Ω이 된다. 작은 놈이 지배적이란 의미를 아시겠는가?).

역시 입력임피던스가 ∞Ω인 전압팔로워를 사용하면 개방회로로 생각하면 되기 때문에 번거롭게 다른 증폭기를 사용할 이유가 없어진다. 전압팔로워의 미덕은 이런 면에서도 뛰어난 활약을 하게 된다.

연산 증폭기의 입력임피던스가 ∞Ω, 출력임피던스가 0Ω이 된다는 이상적 조건은 이런면에서 활용가치 엄청나게 많은 장점이 될 것 같다. 하나 하나 따로 떨어진 회로를 분석하는 것과 전체적인 회로를 조망하는 것과는 이런 차이가 분명히 존재한다. 이런 점이 실무,현장과 강단이 동떨어진 내용이 될 수도 있을 것이다.

교류회로 교과서에서는 따로 떨어진 'RC' LPF를 분석할 때 뒷 단 생각할 이유가 전혀 없었지 않았는가? 당연히 뒷 단이 영향을 미치지 않는다는 가정 하에서 우리는 분석해 온 것이다. 줄줄이 연결된 회로들에서 어떻게 처리를 하면 서로 영향을 미치지 못하게 한다는 것은 과감하게 생략한 채....

1-12. 보드선도(Bode diagram)는 도대체 어떻게 그리는 거야

필터를 언급한 김에 우리를 상심하게 만들었던 보드선도(Bode diagram)를 작성하는 요령에 대해서 감을 잡고 진도 나가기로 하자.사실은 S영역의 임피던스($S = \delta + j\omega$)가 어떤 근거를 갖는지 지평을 열고 설명해 나가야 하지만, 연산증폭기 기본에 있어 중요한 부분을 차지하기 때문에 때 이르지만 간단히 설명하도록 하겠다.

보드선도 하면 뭔 PCB 보드와 연관이 되는 것으로 착각하는데, 사실은 보데(H,W BODE)라는 사람이 1942년에 개발한 기법이다.

Hendrik Wade Bode(1905~1982)
미국 과학자이자 저술가이며 발명가

보드선도란 주파수응답을 이득과 위상의 그래프로 나타내어 시스템의 안정도까지 판별할 수 있도록 해준다. 그런데 문제는 보드선도를 그리는데 방법들이 다양하여 도무지 헷갈리는데 이해의 난점이 있다. 보드선도를 그리는데 있어 우리를 몰 이해로 빠뜨렸던 함정들을 하나하나 짚어내면 반대로 이해 하는데 걸림돌이 제거 되는 것이 아닌가!!

1차 전달함수에 대한 보드선도는 대략 아래 그림과 같이 전형적으로 그려진다. 1차라는 것은 S영역의 임피던스 S의 차수를 말하는 것으로 예를 들어 콘덴서가 1개 있으면 1차, 2개 있으면 2차로 전달함수가 구해진다. 따라서 차수 하면 콘덴서 개수라고 생각하면 쉽다. 물론 코일도 마찬가지로 생각해 주면 된다.

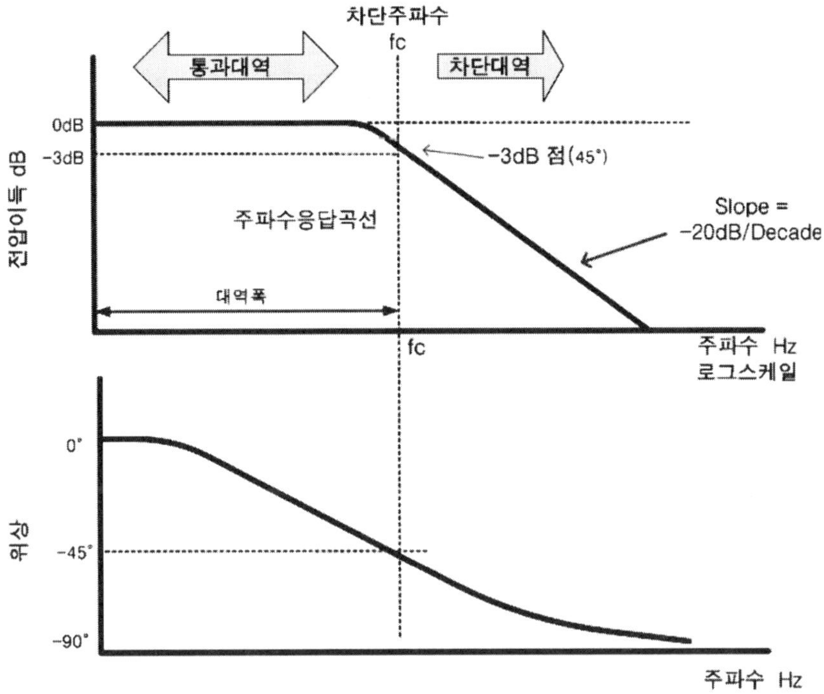

우리가 많이 보아 왔던 주파수응답 그래프로 보드선도라고 불리어 지는 그래프들이다. 자~ 그럼 어떻게 저런 그래프들이 불쑥 튀어 나오는지 실 예를 들어 설명한다. 전달함수는 1차이기 때문에 콘덴서가 하나 들어가는 저역통과필터(Low Pass Filter)가 적격일 듯 싶다(아래 회로는 적분기로도 사용된다).

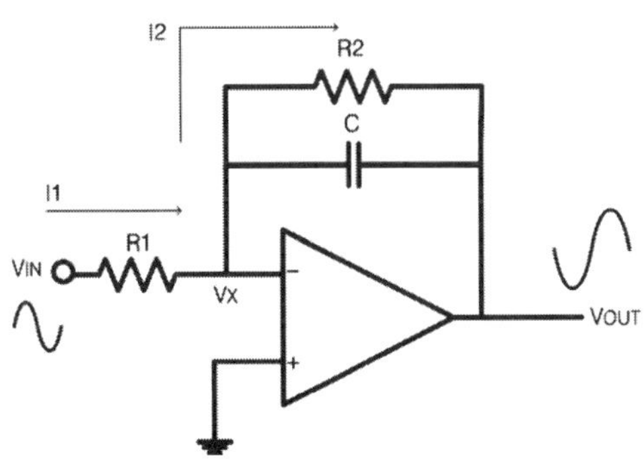

일단 저런 형태가 나오면 직감으로 회로를 해석하는 것이 좋다. R2와 C가 병렬이기 때문에 저항은 낮을 수록 우월한 놈이 된다. R2와 C의 합성저항을 부하저항이라고 생각하시라.

먼저 주파수가 낮은 것을 입력으로 넣는다고 가정하자. 그렇다면 C의 임피던스가 높아 R2와 C의 병렬 저항 값은 커져 아무래도 입력이 많이 걸릴 듯하다.

다음으로 주파수가 높은 것을 입력으로 넣는다고 가정하자. 그렇다면 C의 임피던스가 낮아 R2와 C의 병렬 저항 값은 작아져 아무래도 입력이 조금 걸릴 듯하다.

그렇다면 동작상 낮은 주파수는 출력단에 나타나고, 높은 주파수는 나타나지 않는 저역통과 필터가 된다.

여기서 잘 파악해야 하는 것은 가상단락에 의해 Vx = 0V가 되고, R2와 C의 병렬 저항이 부하 저항이 된다는 것을 확인할 수 있다. 그렇다면 수식으로 풀었을 때 우리가 원하는 저역통과 필터 특성이 나타나는지 살펴 볼 차례다.

가상단락에 의해 Vx = 0V가 되고, I1 = I2이므로

$$\frac{V_{in} - 0V}{R_1} = \frac{0V - V_{out}}{R_2 // \frac{1}{sC}}$$

$$\frac{V_{out}}{V_{in1}} = -\frac{R_2 // \frac{1}{sC}}{R_1} = -\frac{\frac{R_2 \frac{1}{sC}}{R_2 + \frac{1}{sC}}}{R_1} = -\frac{R_2}{R_1}\left(\frac{1}{1 + sCR_2}\right)$$

식을 잘 보면 반전증폭기 출력관계식 형태도 보인다. 식을 간단히 주파수 응답특성만 고려하기 위해 R1 = R2라고 놓는다. 그러면 전달 함수는 간단히 표기 된다. 부호(−)는 빼도 상관이 없다. 무시하고 진행하자.

$$\frac{V_{out}}{V_{in1}} = \left(\frac{1}{1 + sCR_2}\right)$$

여기서부터 보드선도는 시작된다. CR2라는 항목을 주의 깊게 보시라. 위의 수동소자 R과 C 만의 회로에서 우리는 차단주파수를 구했었다. 차단주파수가 어떻게 묘사 되었는지 보기로 한다.

$$f_c = \frac{1}{2\pi RC}$$

차단주파수가 저런 형태로 나온다면, 식을 약간 비틀어 보면 다른 차원이 열려질 것이다.

$$f_c = \frac{1}{2\pi RC}$$

$$2\pi f_c = \frac{1}{RC}$$

RC를 역으로 취해 주었더니 2πfc가 나온다.!!!!!!!!!!!!!!!!!!!!!!!! 정말 중요한 사실이 발견 되었다. 2πfc는 결국 차단주파수를 함의 하고 있는 각속도라는 말이 된다.!!!!!!!!!!!!

$$2\pi f_c = \frac{1}{RC} = \omega_c \quad or \quad \omega_0$$

책에 따라서는 차단주파수를 가지고 있는 각속도를 ωc 또는 ω0 또는 ω1으로 대치하기 때문에 전혀 헷갈릴 필요가 없다. 여기서는 ωc라고 대치 하기로 한다.

☞ RC가 각속도와 연관이 있는 것을 생소하게 생각 할 수 있다. 그러나 RC는 시정수라고 정의하여 시간과 밀접한 관계를 갖는다. 그러므로 그 역수를 취하면 주파수성분으로 탈바꿈되고, 보시는 바와 같이 각속도로 표현할 수 있는 길이 열리는 것이다(주기를 역수로 취하면 주파수가 된다는 점을 착안하시라).

여기서 우리가 구한 전달함수를 변태시켜보자.

S = δ + jω 인데, δ는 시스템의 안정성에 관한 수가 되기 때문에 보통은 S = jω라고 대치한다. 그 자세한 내용은 라플라스를 설명할 때 논하도록 하겠다. 단지 여기서는 시스템의 안정상태를 기정사실로 가정하고 고려해 주는 것이기 때문에 S = jω 라고 하면 전달함수는 싹 변신을 감행하게 된다.

$$\frac{V_{out}}{V_{in}} = \left(\frac{1}{1 + sCR_2}\right) = \frac{1}{1 + j\omega CR_2} = \frac{1}{1 + j\dfrac{\omega}{\omega_c}} \qquad \left(\because CR_2 = \frac{1}{\omega_C}\right)$$

난제는 여기에서 또 나타난다. 분모가 복소수로 되어 있기 때문에 유리화를 시켜 주어야 한다. 그렇지만 대부분 유리화 과정은 생략하고 직바로 복소수의 크기를 끌어다 쓴다.

$$\frac{V_{out}}{V_{in}} = \frac{1}{\sqrt{1 + \left(\dfrac{\omega}{\omega_C}\right)^2}}$$

어떻게 저런 식이 출현하게 되었을까? 차근차근 다시 유리화 과정을 살펴본 다음에 다음부터는 저런형태로 탈바꿈한다는 것을 기정 사실화해서 직바로 식을 써버리면 된다. 그런데 지금은 모른다고 가정하고 일일이 계산과정을 더듬어 본다. 위 아래식에 각각 [1 − j(ω/ωc)]를 곱해 준다. 복소수를 유리화 하는 일반적인 방법이다.

$$\frac{V_{out}}{V_{in}} = \frac{\left(1-j\frac{\omega}{\omega_c}\right)}{\left(1+j\frac{\omega}{\omega_c}\right)\left(1-j\frac{\omega}{\omega_c}\right)} = \frac{\left(1-j\frac{\omega}{\omega_c}\right)}{\left(1^2+\left(\frac{\omega}{\omega_c}\right)^2\right)} = \frac{1}{\left(1^2+\left(\frac{\omega}{\omega_c}\right)^2\right)} - j\frac{\frac{\omega}{\omega_c}}{\left(1^2+\left(\frac{\omega}{\omega_c}\right)^2\right)} \text{---(1)}$$

복소수의 크기 구하는 방법은 피타고라스의 정리를 사용하면 된다. 실수부와 허수부를 각각 제곱하여 루트를 씌우면 된다.

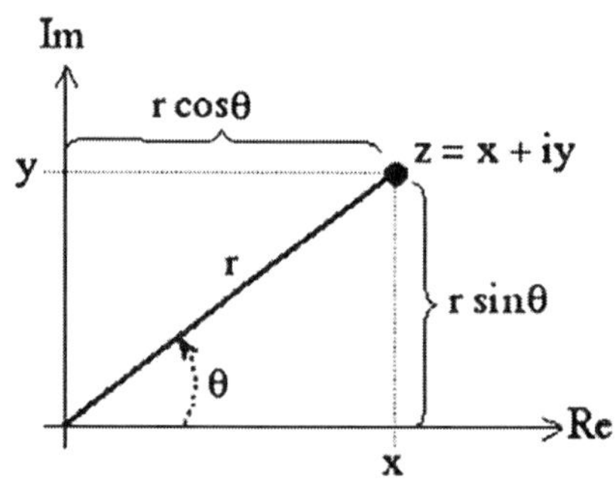

$r^2 = x^2 + y^2$이 되고, 크기는 피타고라스의 정리에 의해

$$r = \sqrt{x^2 + y^2}$$

더 나아가 편각은

$$\tan\theta = \frac{y}{x} \qquad \therefore \theta = \tan^{-1}\frac{y}{x}$$

로 구해진다.

따라서 우리가 구한 전달함수의 크기를 구하면

$$\frac{V_{out}}{V_{in}} = \sqrt{\left(\frac{1}{1+\left(\frac{\omega}{\omega_c}\right)^2}\right)^2 + \left(\frac{\frac{\omega}{\omega_c}}{1+\left(\frac{\omega}{\omega_c}\right)^2}\right)^2} = \sqrt{\frac{1+\left(\frac{\omega}{\omega_c}\right)^2}{\left(1+\left(\frac{\omega}{\omega_c}\right)^2\right)^2}} = \frac{1}{\sqrt{1+\left(\frac{\omega}{\omega_c}\right)^2}} = \frac{1}{\sqrt{1+\left(\frac{\omega}{\omega_c}\right)^2}}$$

가 된다. 다음에는 이런 과정을 생략하고 바로 유리화 되어 있지 않은 분모의 복소수를 실수와 허수를 제곱해서 바로 루트 씌워 주면 된다.

여기서 이득을 구해 보기로 하자. 이득 구하는 방법은 이미 설명을 필하였으므로 결과만 바로 쓰기로 한다.

$$G = 20\log_{10}\frac{V_0}{V_i}dB$$

이므로

$$20\log\frac{V_{out}}{V_{in}} = 20\log 1 - 20\log\left(\sqrt{1+\left(\frac{\omega}{\omega_c}\right)^2}\right) = -20\log\left(\sqrt{1+\left(\frac{\omega}{\omega_c}\right)^2}\right) \quad (\because \log 1 = 0)$$

대략의 이득특성을 보기 위해 극단적으로 3가지를 생각한다.

① $\omega c >>>>>> \omega$

② $\omega = \omega c$

③ $\omega c <<<<<< \omega$

첫 번째로 $\omega c >>>>>> \omega$를 생각해 본다.

$$20\log\frac{V_{out}}{V_{in}} = -20\log\left(\sqrt{1+\left(\frac{\omega}{\omega_c}\right)^2}\right) \cong -20\log\sqrt{1} \cong 0dB$$

편각은

$$\tan\theta = \frac{y}{x} \qquad \therefore \theta = \tan^{-1}\frac{y}{x}$$

(1)식에서 생각해 주면

$$\theta = \tan^{-1}\left(\frac{\mathrm{Im}}{\mathrm{Re}}\right) = \tan^{-1}\left(\frac{\dfrac{-\frac{\omega}{\omega_c}}{1+\left(\frac{\omega}{\omega_c}\right)^2}}{\dfrac{1}{1+\left(\frac{\omega}{\omega_c}\right)^2}}\right) = \tan^{-1}\frac{-\omega}{\omega_c} = -\tan^{-1}\frac{\omega}{\omega_c} \quad \left(\because \tan^{-1}(-\theta) = -\tan^{-1}(\theta)\right)$$

따라서

$$\theta = -\tan^{-1}\frac{\omega}{\omega_c} = 0^{\circ}$$

두 번째로 $\omega c = \omega$를 생각해 본다.

$$20\log\frac{V_{out}}{V_{in}} = -20\log\left(\sqrt{1+1^2}\right) \cong -20\log\sqrt{2} \cong -3.14dB$$

편각은

$$\theta = -\tan^{-1}\frac{\omega}{\omega_c} = -45^{\circ}$$

세 번째로 ωc <<<<<ω를 생각해 본다. 100배정도로 생각을 해준다.

$$20\log\frac{V_{out}}{V_{in}} = -20\log\left(\sqrt{1+\left(\frac{\omega}{\omega_c}\right)^2}\right) \cong -20\log\sqrt{10000} \cong -40dB$$

편각은

$$\theta = -\tan^{-1}\frac{\omega}{\omega_c} = -90^{\circ}$$

가 되어, 드디어 보드선도가 그려지게 되는 것이다. 1차 전달함수의 보드선도는 많이 나오기 때문에 괴롭지 않으려면 과정과 결과를 같이 외워 두면 이(e)~편한 세상이 된다.

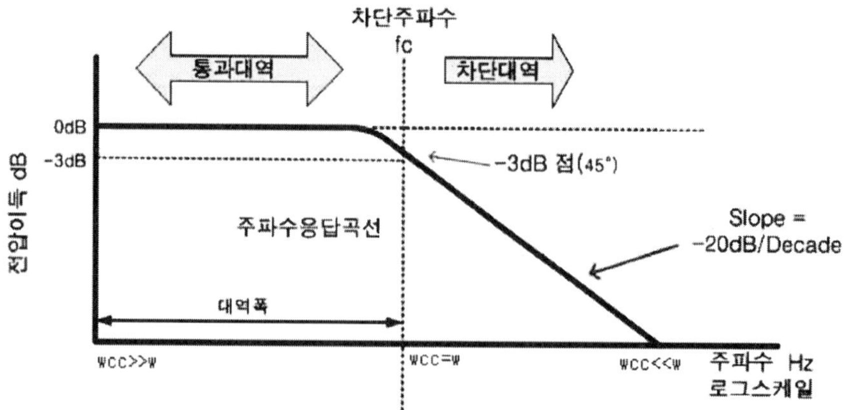

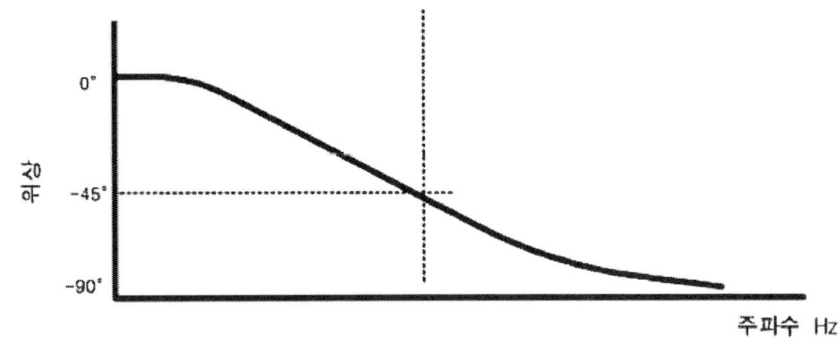

보드선도는 회로가 주파수에 따라 어떻게 응답하는가를 한눈으로 명백하게 확인할 수 있게도 하지만 회로가 난리를 떠는지 안 떠는지를 판별하는 가늠자 역할도 한다.

연산증폭기의 안전성을 판별할 때 위상여유(phase margin) 또는 이득여유(gain margin)라는 용어를 접하게 된다. 이는 무엇을 의미하는 것일까? 보드선도를 봐야 이해할 수 있는 용어들이다.

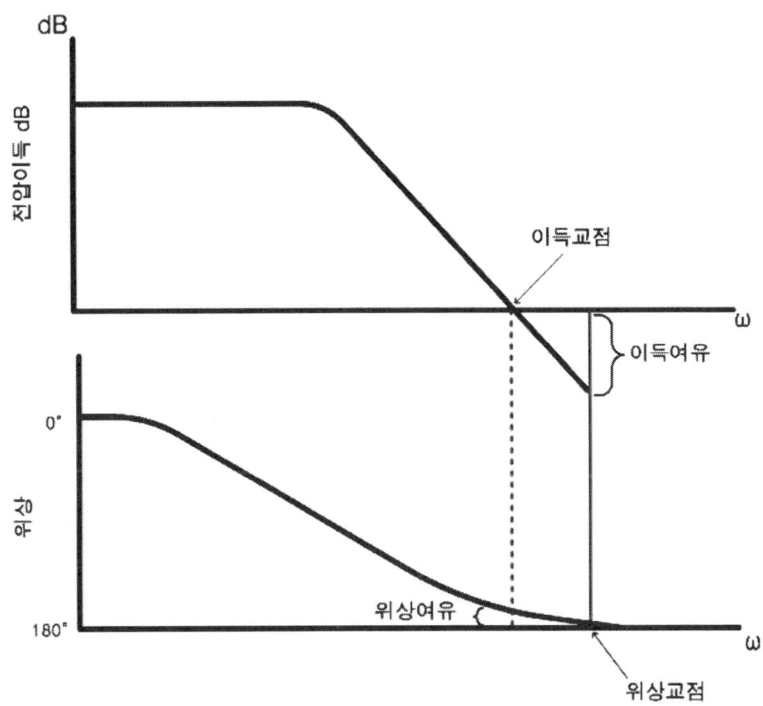

위상곡선이 −180° 와 교차하는 점을 위상교점이라고 부르는데, 위상교점은 어떤 특정의 주파수를 가리킨다. 이를 이득곡선의 주파수와 연결하여 그 주파수에서의 이득이 더 작은 쪽에 있으면 회로가 안정하다고 판단하고, 그 차이를 이득여유(gain margin)라고 불러준다.

이득곡선이 0dB와 조우하는 점을 이득교점이라고 부른다. 이득교점은 마찬가지로 어떤 특정의 주파수(이득교점주파수 gain crossover frequency)를 가리키는데, 위상곡선의 주파수와 연결해서 그 주파수대의 위상이 −180°를 기준으로 해서 작으면 안정하다고 판단하고, 크면 불안정하다고 판단해 준다. 또한 그 차이를 위상여유(phase margin)라고 칭한다.

위상을 생각해 보면 안정성판별의 위상을 왜 180°도로 정했는지 감을 잡을 수 있다. 예를 들어 부궤환으로 들어 오는 입력이 180°를 넘어 버리면 상이 반대로 입력 되는 것이 아니라 같은 상으로 들어와 버려 정궤환 상태가 되어 회로가 불안정하게 된다는 것을 쉽게 납득할 수 있을 것이다. 반전증폭기에서 위상이 왕창 어긋났을 때의 휴유증을 진찰한다. 이런 참담한 일이.....눈으로 확인하는 것이 왔따다.

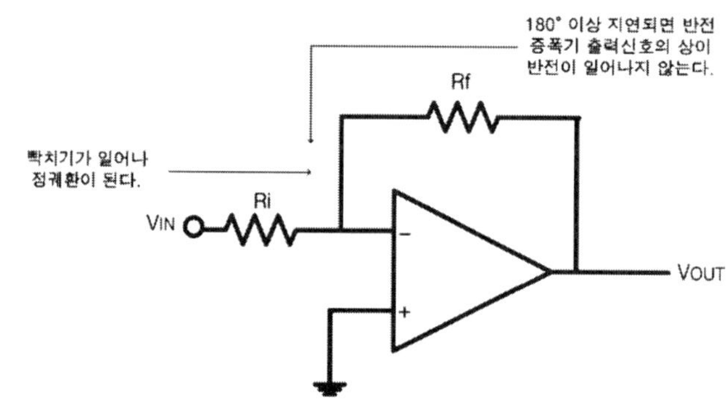

그래서 궤환단에 콘덴서를 달아주고 어쩌고 하는 위상보상 행위가 일어 나는 것이다.

1-13. 반전증폭기

본격적으로 증폭기로 진입하기 전에 부궤환에 대해서 하나만 알고 넘어가기로 하자. 우리가 흔히 보는 궤환이 있는 증폭기의 모델로 어떤 책이든 빠짐없이 나오는 감초 같은 내용이다. 아마 제어쪽에서는 대놓고 첫 장을 장식하는 그림일 것이다.

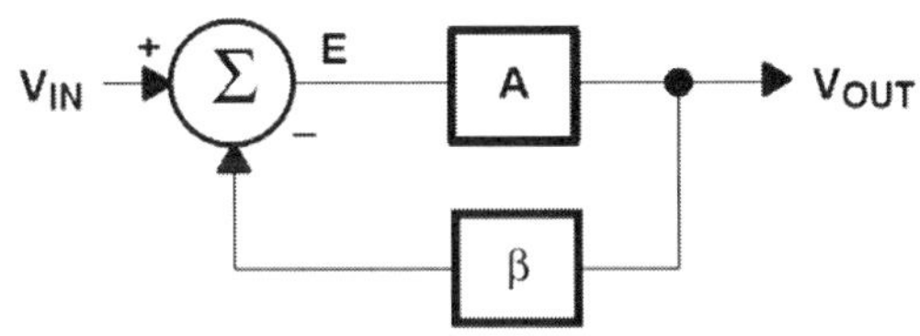

어떤가 눈에 낯익고 정감 어리지 않은가! 살 떨린다고???

이 모델에서 우리가 얻을 수 있는 내용은 무엇인가? 물론 화자에 따라 여러 가지 해석이 곁가지 칠 수 있으나, 우리는 어째서 부궤환이 있는 증폭기가 자체 이득은 무지하게 크게 가지고 있으면서도, 무엇 때문에 자기 외에 붙어 있는 저항 성분들로만 이득이 결정 되는지를 보이고자 할 참이다. 딴에는 복잡하게 보이지만 실상은 매우 간단하다. A는 증폭기의 자체이득이며, β는 궤환율로 불린다.

이득은 입력전압에 대해 출력전압의 비가 본질적인 모습이라고 했다. 그럼 위의 모델에서 이득을 구해 보기로 하자. 뭐 미분을 적용하고 난리치는 어려운 내용을 말하려고 하는 것이 아니기 때문에 긴장할 필요는 없다.

$$V_{OUT} = E \times A \; ---(1)$$

그렇다면 E는 어떻게 구해질까?

$$E = V_{IN} - V_{OUT}\beta \; ---(2)$$

E를 삭제하려면 식(1)을 E에 관한 방정식으로 변경할 필요가 있다.

$$V_{OUT} = E \times A$$

$$E = \frac{V_{OUT}}{A}$$

이렇게 나온 결과를 식(2)에 대입해 주면 정리가 끝난다.

$$\frac{V_{OUT}}{A} = V_{IN} - V_{OUT}\beta$$

$$V_{OUT} = A\,V_{IN} - V_{OUT}\beta$$

$$V_{OUT} + V_{OUT}A\beta = A\,V_{IN}$$

$$V_{OUT}\left(1 + A\beta\right) = A\,V_{IN}$$

따라서 이득은

$$\frac{V_{OUT}}{V_{IN}} = \frac{A}{1 + A\,\beta}$$

우리는 현장성을 강조한다고 했다. 현장성은 여러 요소 중에 상대적으로 작은 것이 있으면 과감하게 무시하는 것이라 했다. 위의 식은 궤환 모델의 일반적인 이득식이지만 더 다듬어 나갈 필요가 있어 보인다.

증폭기 자체의 이득(개루프이득)은 이전에 살펴 보았듯이 거의 수십 만배에 달한다.따라서 1은 거기에 비하면 비교자체가 안 된다. 사정이 그러하다면 1을 지우고 결과식을 좀더 줄여 나갈 수 있을 것 같다.

$$\frac{V_{OUT}}{V_{IN}} = \frac{A}{A\,\beta}$$

앗~ 이득이 분모,분자에 있으니 수학의 법칙상 그냥 놔두면 예의가 아니다. 지워 줄건 지워 주어야 한다. 그리하야~

$$\frac{V_{OUT}}{V_{IN}} = \frac{1}{\beta}$$

무슨 결과를 얻어 내었는가? 그렇다 자체 증폭도를 가진 증폭기라고 해도 주변의 저항의 요소로 이득을 가져갈 수 있다는 간단한 진실을 파헤쳐 본 것이다. 이후에 연산증폭기의 다양한 형태를 분석해 나가겠지만, 골자는 주변의 잡다한 저항요소로 이득이 결정 난다고 하는 점을 거듭해서 목격하게 될 것이다. 그 점이 증폭기를 다룰 때 얼마나 편리한 요소가 되는지는 점점 밝혀진다. 우리 손아귀에 증폭도가 놀아난다는 엄청난 이득을 위의 모델 설명으로 추론해 낼 수 있다.

아무래도 연산 증폭기하면 대표적인 회로로 떠오르는 것이 반전증폭기가 아닌가 한다. 연산 증폭기를 공부해 본 사람이면 적어도 반전증폭기의 출력식 정도는 다 외우고 있을 것이다(그렇지 않다고 해도 낙담할 필요는 전혀 없다).

반전증폭기(INVERTING AMPLIFIER) 회로는 아래와 같이 그린다.

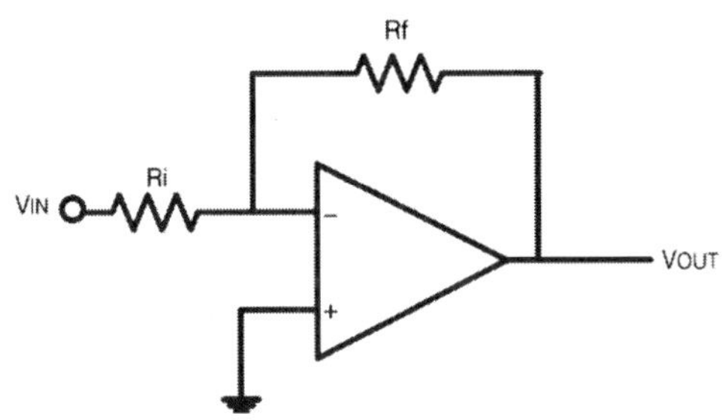

반전 증폭기에서 반전 되는 것은 극성이다. 위의 회로를 보면 비반전단자는 그라운드에 묶여 있고, 반전단자에 입력신호가 들어 오는 형태로 되어 있다. 연산 증폭기의 기본식에서 설명한 것처럼 이렇게 되었을 때 주변회로와 상관 없이 극성이 반전 된다고 하는 것은 이미 설명 하였다.

전기전자에서는 극성이 두 가지 밖에 없다고 하였다. +와 –. 따라서

– 반전증폭기 입력으로 +극성이 들어 오면 출력은 무조건 –값이 된다.

– 반대로 입력으로 –가 들어 오게 되면 무조건 출력은 + 극성을 갖는다.

증폭되는 전압값에 전혀 상관없이 출력극성이 입력극성에 무조건 반대로 된다고 해서 반전 증폭기라고 명칭을 갖는 것이다.

반전증폭기를 해석 하기 위해서 가상단락(IMAGINARY SHORT)라는 개념이 필요하다. 연산 증폭기가 궤환을 가질 때는 거의 반전단자 쪽으로 되먹임 된다고 하였다.그래서 연산 증폭기를 그릴 때 궤환을 어느 입력 쪽에 그려야 할지 헷갈린다면 무조건 반전단자 쪽으로 돌려 그리라고 하였다. 그럴 때 나타나는 현상이 바로 가상단락(IMAGINARY SHORT)이다. 이른바 반전단자 입력의 전위와 비반전 단자 전위가 같아 진다고 하는 현상이다.

마치 가상적으로 반전단자와 비반전 단자의 두 입력이 단락 된 것처럼, 신기하게도 Jumper 선으로 이어진 것처럼 전위가 같게 된다는 것이다. 이 개념이 없다면 반전증폭기의 해석은 요원해 진다.

한가지 반드시 명심하고, 주의 해야 할 것이 있다.

두 입력 전위가 같다고 해서 실제 단락 된 것이 아님은 이미 설명 하였다. 그런데 우리 머릿속에는 0 전위하면 그라운드라는 인식이 못 박혀 있어, 마치 전위가 0V라고 하면 그라운드로 생각

해 버리는 경향이 있다는 것이다. 전위가 0V라는 것은 그라운드 전위와 같기는 하지만 그라운드는 아닌 것이다.!!!! 꼭 명심해야 할 명심보감이다.

위의 반전증폭기 회로에서 가상단락(IMAGINARY SHORT)이 되었다고 해서 반전단자가 그라운드에 붙어 버리는 것이 아니라는 것은 역설했다.

그 다음에 유의해야 하는 것은 전류의 흐름을 어떻게 설정하는가가 매우 중요한 촛점이 된다. 아래 반전 증폭기를 보고 전류의 흐름을 밝혀 보기로 하자.

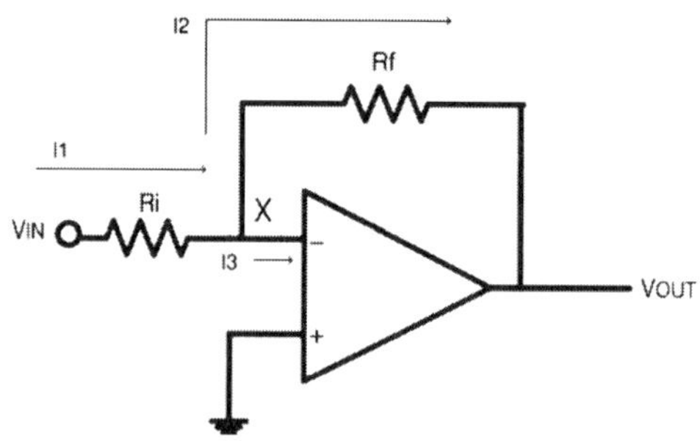

X 절점을 기준으로 전류의 흐름은 위의 그림과 같다.

KCL에 의해 전류로 이루어 지는 식을 세울 수가 있음을 물론이다. 전류 방향은 임의로 정해도 상관이 없다. 교류일 때도 동작은 동일 해야 하기 때문이다. 그 때는 전류를 잡아 당기고,밀고 하기 때문에 전류방향을 임의로 정해도 일반식을 세우는데 전혀 지장이 없어야 한다.

$$I_1 = I_2 + I_3 - - - (1)$$

이를 저항과 전압으로 된 식으로 바꾸면 Vo와 Vi의 관계식이 얻어질 것이다. 그러나 너무 복잡해 진다. I3을 구하기 위해서 연산 증폭기별로 일일이 부품규격표를 찾아야 되는 번거로움도 있지만 값이 쿨하게 나오지 않게 된다.

단순성을 지향하는 실무와 현장에 맞지 않는다. 그렇다면 식을 줄일 필요가 있어 보인다. 우리의 눈을 반전 증폭기의 입력과 연산 증폭기의 반전 입력단자 두 곳으로 위치 시키고 연산 증폭기가 있는 쪽을 바라다 본다고 상정하기로 하자.

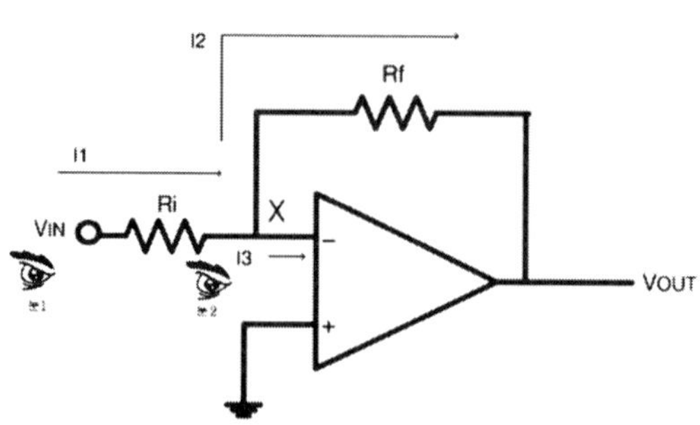

우리가 누누이 강조한 대로 '눈 2' 에서 연산 증폭기의 반전단자 쪽만을 바라다 본 저항은 거의 ∞Ω이라고 강조 해 왔다. 그러나 '눈 1' 에서 바라다 본 저항은 ∞Ω이 절대 아니다. 궤환저항을 따라 연산 증폭기출력측과 연결된 형태이기 때문에 무시할 수 없는 어떤 저항 값을 가진다.

어떤 사람이 손바짝 들고 질문한다. 이보슈! 눈2에서 보면 궤환단도 연결이 되어 있는데 어떻게 저항이 ∞Ω 될 수 있는가? 그렇다 궤환단 쪽을 보지 말고, 반전입력단자 쪽만을 쳐다보라고 강조했다. 반전단자로 흘러 들어가는 전류가 있느냐만 판단해 주면 회로해석이 간단하게 수행될 수 있기 때문이다.

'눈2' 에서 반전단자쪽을 바라다 본 저항이 ∞Ω 이기 때문에, 따라서 반전 입력단에 흘러 들어가는 전류는 전혀 무시해도 괜찮다. I3는 무시!!!!!!. LF156의 입력 바이어스전류는 MAX 20 pA 밖에 되지 않는다. 따라서 처음 식은 아래와 같이 항이 하나 제거된 상태로 거듭나게 된다.

$$I_1 = I_2 \text{ - - - (2)}$$

이렇게 해서 불투명한 두 가지 사항이 제거 되었다.해석할 때는 변수가 적어 질수록 유리해진다.

하나는 절점 'X' 의 전위가 가상단락(IMAGINARY SHORT)에 의해 비반전단자의 전위가 같다는 점을 알아 내었고(0V), I3는 없는 셈 쳐도 된다고 하는 것을 밝히었다.

이제 간편하게 (2)식을 풀어 낼 수 있음은 물론이다. (2)식은 저항과 전압으로만 된 식으로 변개시켜 보기로 하자(오옴의 법칙 적용).

$$I_1 = \frac{V_i - V_x}{R_i} = \frac{V_i}{R_i} \text{ - - - (3)} \quad (\because Vx = 0V)$$

$$I_2 = \frac{V_x - V_o}{R_f} = \frac{-V_o}{R_f} \text{ - - - (4)} \quad (\because Vx = 0V)$$

식(2)에 식(3), (4)를 대입하면 아래와 같이 전개 된다.

$$\frac{V_i}{R_i} = \frac{-V_o}{R_f} \text{ - - - (5)}$$

−Rf를 양변에 곱해 주면....식은 요렇게 변한다.

$$V_O = -\frac{R_f}{R_i} V_i$$

결과로 출현한 식은 우리가 너무나도 자주 접하던 식이다. 이렇게 해서 반전증폭기의 일반식을 얻어 낼 수 있었다. 놀랍지 않은가? 주변에 붙은 두 개의 저항으로 증폭도를 마음대로 가져갈 수 있게 된 것이다. 우리가 빅브라더(big brother)가 되서 저 증폭기의 증폭도를 마음대로 통제, 조정할 수 있는 권력을 쥐게 되었다.

간단한 연습게임으로 증폭도가 두 배인 회로를 설계하려면 아래와 같이 Ri, Rf를 적당히 정해 주기만 하면 만사 OK가 된다(Vi = 1V라고 가정한다).

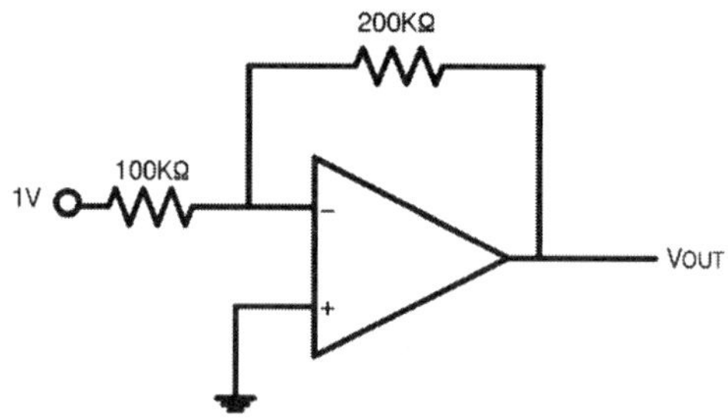

$$V_o = -\frac{200K\Omega}{100K\Omega} = -2V$$

그런데 회로 설계자 홍길동이 증폭도가 두 배인 회로를 설계하려고 아래와 같이 Ri, Rf를 막 정해 주었다. 어떤 문제가 일어날까?

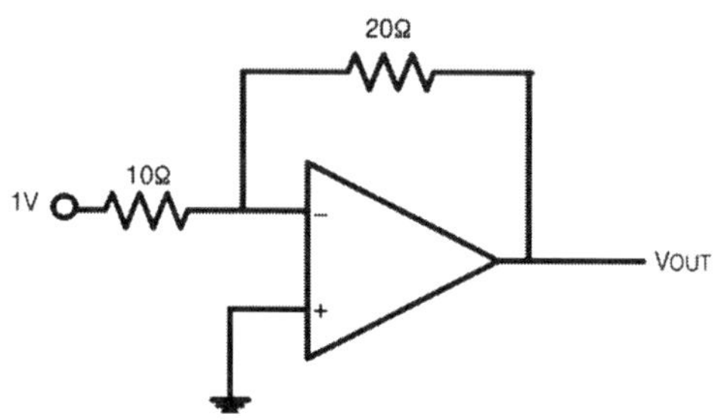

이론적으로는 증폭도가 두 배가 되는 것은 아주 자명하다.

$$V_o = -\frac{20\Omega}{10\Omega} = -2V$$

허나 문제가 자꾸 발생한다.연산 증폭기가 자꾸 자살하거나. 동작이 해괴해 진다.짜증이 치밀어 오른다. 원인이 뭘까? 홍길동이 이론으로 무장 되어 있다고 해도 실전에는 약했던 것이다. 각각 두 경우의 전류 I1을 구해 보기로 하자.

첫번째 경우는

$$I_1 = \frac{1V - 0V}{100K\Omega} = 10uA$$

홍길동이 설계한 회로는?

$$I_1 = \frac{1V - 0V}{10\Omega} = 100mA$$

증폭도는 그런 대로 2배는 맞게 설계 했는데, 문제는 전류가 서로 10000배 차이가 난다. 왜 이것이 문제가 되는가?

보통의 연산 증폭기는 출력으로 끌어 낼 수 있는 전류가 매우 약하다 많이 잡아 10㎃ 안팎이 될려나?(고가의 연산 증폭기는 출력전류가 순간적으로 1A까지 내 보낼 수 있는 소자도 있다. 역시 돈이면 웬만한 것은 죄다 해결되는 자본주의 사회에는 소자 사이에도 등급이 다르다. 입 맛에 맞게 골라 쓰면 된다) 그런데 회로를 동작 시키기 위해 100㎃를 끌어다 주어야 한다는 것은 회로동작이 제대로 이루어 질 수 없다는 것을 의미한다. 가계수입이 한 달 10만원 인데, 매달 200만원씩 지출해 보라. 가정경제는 파탄을 면하지 못한다. 연산 증폭기도 이때는 손들어 버리고 에라이~자폭해 버리고 만다. 따라서 홍길동은 재설계를 하지 않는 한 죽은 연산 증폭기를 부단히 갈아 대야 할 것이다. 사용자의 눈총이 따가워 질 것이다.

이쯤해서 연산 증폭기의 이상적 조건이 얼마나 고마운 특성인지 우리의 심금을 울릴 차례다.

이상적으로 출력임피던스＝0Ω이라는 사실!!!! 기억 나시는가? 아래와 같은 회로가 있다고 하자.

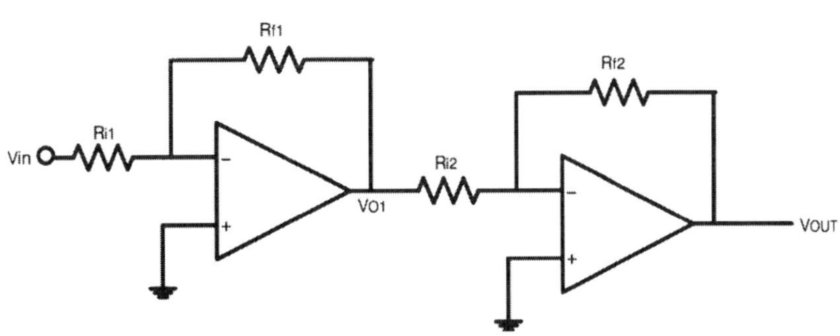

만약 첫 번째 반전증폭기의 출력 임피던스(또는 저항)가 0Ω에 가깝지 않다고 생각해 보면 사태는 끔찍해 진다. 만약 사정이 그렇다고 가정한다면 두 번째 반전 증폭기의 출력이.....

$$V_O = -\frac{R_{f2}}{R_{i2}} V_{01}$$

이라고 쓸 수 있을까?

만약 첫 번째 반전증폭기의 출력 임피던스가 어떤 값을 가질 때(예를 들면 무시하지 못할 Zo1이라고 하면) 우리가 증폭도를 설계한 대로 출력이 나오지 못할 것이다.

$$V_O = -\frac{R_{f2}}{R_{i2} + Z_{01}} V_{01}$$

따라서 연산 증폭기의 이상적인 조건 중 하나인 출력임피던스가 0Ω이 아니게 되면 설계 하는데 골치를 썩힐 것이다. 고려할 것이 많아지면 짜증나는 법이다. 그런 조건이라면 두개골 뚜껑이 확 열려 버리게 될 것 같다. 연산 증폭기의 특성에 감사를 표한다. 짝! 짝! 짝!.누가 만들었는지 연산 증폭기를 만든 이에게 복이 있기를...

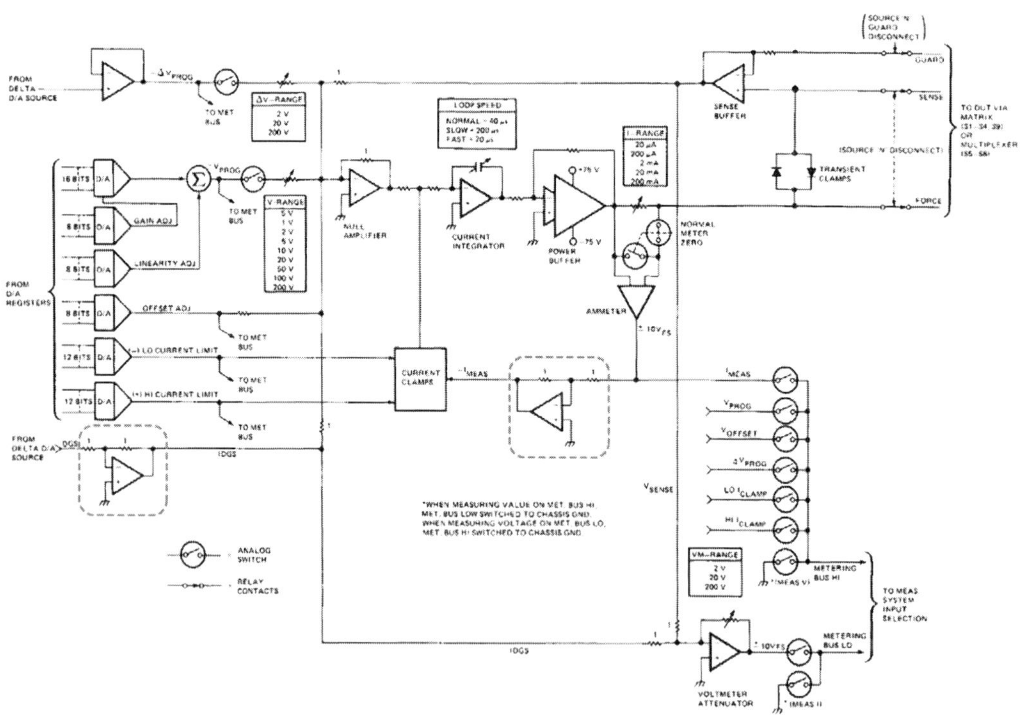

V/I SOURCE에서 보면 어떤 이유에 선지 증폭도는 1이 되고, 극만 반전 시키고 싶을 때 반전 증폭기를 사용했다. 위의 블록선도(BLOAKDIAGRAM)에서 보면 Ri, Rf가 1로 기입되어 있다.

앗 1Ω이? 저기도 홍길동이 설계한 회로가 버젓이 있네? 회로 동작이 과연 될까?

그런 염려는, 저 그림이 실제 회로가 아니라 요약판 블록선도임을 잊으신 거다. 증폭도가 1임을 나타내기 위해 편의상 Ri, Rf에 1을 썼지, 1Ω으로 설계 했다는 의미가 절대 아니다. 만약 여러분이 갖고 계시는 블록선도에 약식으로 기입되어 있으면 증폭도가 1임을 강조하기 위한 임시 방편이라고 생각하시라. 블록선도는 자세한 회로도가 아님을 잊지 말자. 자기가 블록선도의 치명적 오류를 발견 했다고 침 튀기면서 흥분했다가 쪽 팔리는 경우가 이런 경우가 되겠다.

실제 중요한 회로는 반전 증폭기 보다는 가산기(SUMMING AMPLIFIER)라 불리는 회로이다. 가산기는 반전증폭기의 아류쯤 된다. 반전 증폭기를 알면 가산기는 그래서 거저 먹기가 된다.

1-14. 가산기

가산기(SUMMING AMPLIFIER)는 연산 증폭기라는 증폭기의 연산 특성을 잘 보여 주는 회로 중 하나이다. 말 그대로 '+'연산을 수행하는 증폭기로 ADDER(더하기 회로)라고 불리기도 한다.

가산기는 근본 출신 성분이 반전증폭기이고, 반전증폭기의 단순 확장판이기 때문에 반전증폭기를 대충 알아도 가산기를 이해하는데 그닥 어려울 게 없는 증폭기다. 회로 그림은 아래와 같다. 반전증폭기 하나에 입력단이 갯바위 거북손처럼 다닥다닥 여러 개 붙어 있는 형태이다.

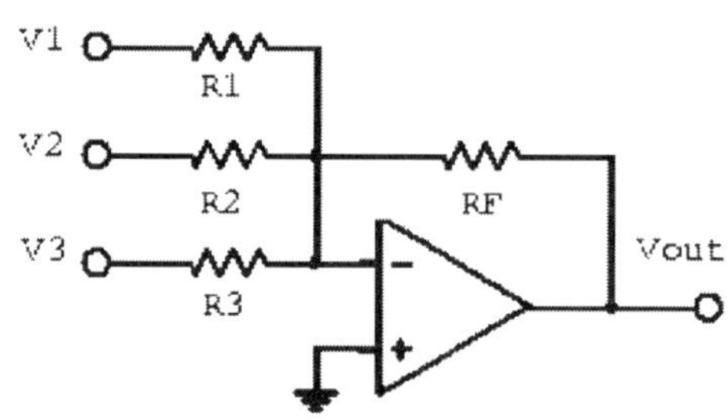

일단 위의 회로에서는 3개의 입력이 있는 형태로 그려 보았다. 사실 입력이 N개라고 해도 패턴은 동일하기 때문에 3개를 먼저 해석해 보고, 일반식으로 넘어가는 것이 간편하다.

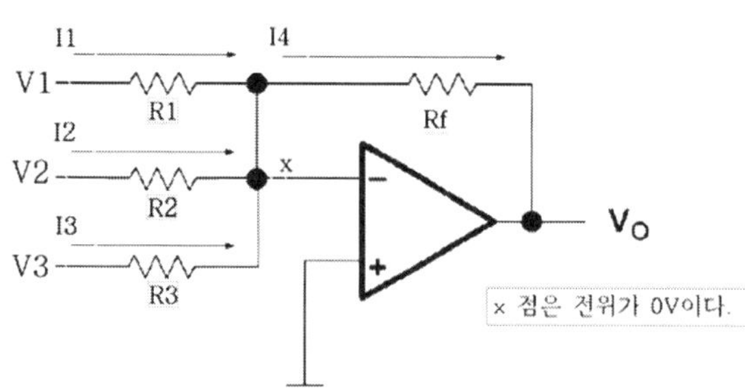

회로해석의 출발은 KCL(키르히 호프의 전류법칙)이다. 연산 증폭기해석에 있어서 전류의 흐름을 정하는 것은 우선순위가 된다. 절점 X의 전위는 가상단락(IMAGINARY SHORT)에 의해 0V가 되고, 연산 증폭기의 반전입력단자에 흐르는 전류는 무시할 수 있으므로, 전류에 관한 식을 먼저 세우면 아래와 같이 된다.

$$I_1 + I_2 + I_3 = I_4 - - - (1)$$

오옴의 법칙을 적용해 전류를 저항과 전압식으로 핵 가닥 변환시켜 보자.

$$I_1 = \frac{V_1 - 0V}{R_1},\quad I_2 = \frac{V_2 - 0V}{R_2},\quad I_3 = \frac{V_3 - 0V}{R_3},\quad I_4 = \frac{0V - V_O}{R_f}$$

이를 각각 식(1)에 대입하면 아래와 같이 전개된다.

$$\frac{V_1}{R_1} + \frac{V_2}{R_2} + \frac{V_3}{R_3} = -\frac{V_O}{R_f} - - - (2)$$

이 다음부터는 귀찮지만 식을 푸는 과정이 뒤따라온다. 인내심을 갖고 전개해 보자. 양변의 각항에 R1*R2*R3*Rf 를 전부 곱해 주기로 하자. 그래도 어차피 식은 변하지 않는다.

$$(R_1 R_2 R_3 R_f)\frac{V_1}{R_1} + (R_1 R_2 R_3 R_f)\frac{V_2}{R_2} + (R_1 R_2 R_3 R_4)\frac{V_3}{R_3} = -(R_1 R_2 R_3 \cancel{R_f})\frac{V_O}{\cancel{R_f}}$$

$$(R_2 R_3 R_f)V_1 + (R_1 R_3 R_f)V_2 + (R_1 R_2 R_4)V_3 = -(R_1 R_2 R_3)V_0$$

다시 양변의 각각을 −(R1*R2*R3)로 나누어 보기로 하자.

$$-\left(\frac{R_f}{R_1}V_1 + \frac{R_f}{R_2}V_2 + \frac{R_f}{R_3}V_3\right) = V_0$$

$$V_0 = -\left(\frac{R_f}{R_1}V_1 + \frac{R_f}{R_2}V_2 + \frac{R_f}{R_3}V_3\right) - - - (3)$$

결과식은(3)이 된다. 이 식을 가만히 들여다 보면 어떤 패턴이 보이기 시작한다. 알아차렸는가? 마치 3개의 입력은 각각이 3개의 반전 입력기가 중첩된 것처럼 동작을 한다는 사실이다. 3개의 입력이 더해 졌으므로 가산기가 된다는 것은 알 수 있었다.

괄호 앞에 붙은 (−)부호는 신경 거스를 필요가 전혀 없다. 회로 뒷 단에 이득이 1인 반전증폭기를 하나 더해 주면 없어질 놈이다. 그렇다면 일반적으로는 다음과 같이 그림으로 정리할 수 있지 않을까?

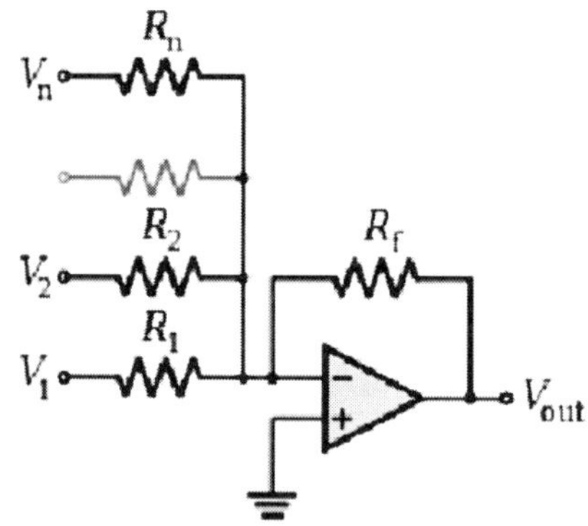

$$V_0 = -\left(\frac{R_f}{R_1}V_1 + \frac{R_f}{R_2}V_2 + \frac{R_f}{R_3}V_3 + ... + \frac{R_f}{R_N}V_N\right) - - - (3)$$

외관상 복잡하게 보일 뿐이지만 개념은 단순하다. 개개의 반전증폭기를 더한 것에 지나지 않는다. 아래 그림은 가산기 개념을 어떻게 축약시켰는지를 잘 보여 주는 그림이 되겠다.

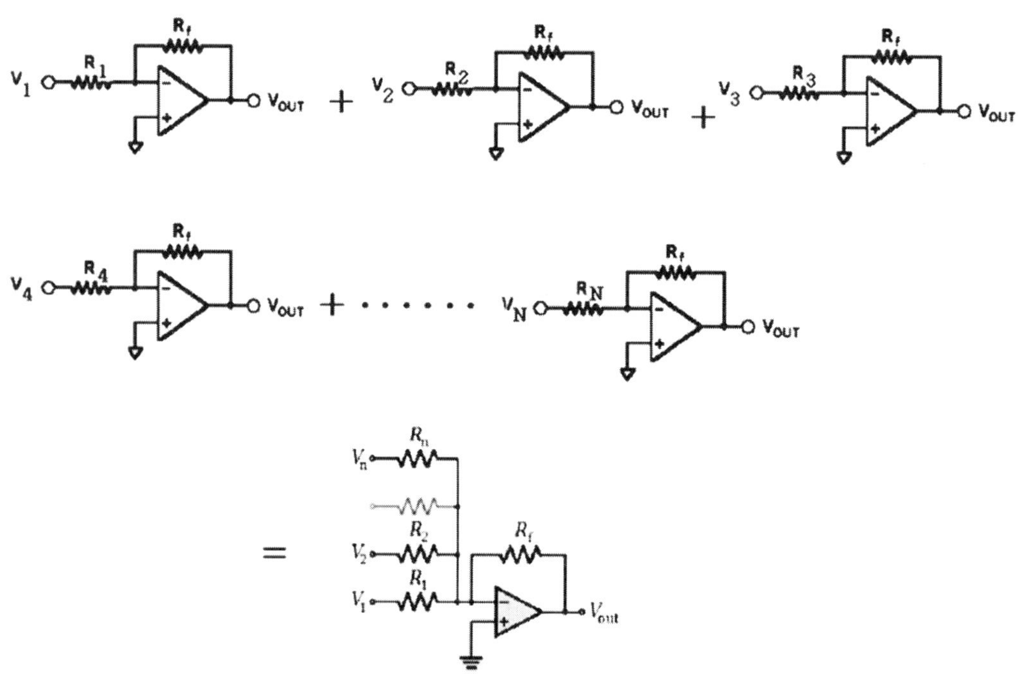

조기 한 두릅처럼, 어린아이들이 좋아하는 줄줄이 사탕 묶음처럼 반전증폭기를 줄줄이 엮이은 것처럼 보인다. 이 얼마나 편리한가?

가산기의 의미를 더 확실히 파악하기 위해 저항 값을 임의로 정해서(3)식에 넣어 보기로 하자. 식을 요모조모로 조작해 보자는 것이다.

R1 = R2 = R3 = R4....= RN = R이라고 할 때 식(3)은 가산기가 더하기 회로라는 것을 여실히 보여 주는 식으로 탈바꿈 된다.

$$V_0 = -\frac{R_f}{R}(V_1 + V_2 + V_3 + \ldots\ldots + V_N) - - - (4)$$

게다가 (4)식에서 R = Rf 로 대치하면 증폭도가 1인 더하기 회로, 즉 가산기의 원형적 모습에 더욱 다가선다. 아주 명료한 가산기 형태가 되었다.

$$V_0 = -(V_1 + V_2 + V_3 + \ldots\ldots + V_N) - - - (5)$$

이런 저런 조작을 해 보니 결과는 입력을 모두 더한 것이 출력으로 나타난 다는 것을 보여 줄 뿐이다. 말마따나 가산기(더하기 연산 증폭기)임에 틀림이 없다. 실제회로에서는 가산기 형태가 많이 사용된다. V/I SOURCE와 METER를 보면 비중을 확인하실 수 있을 것이다.

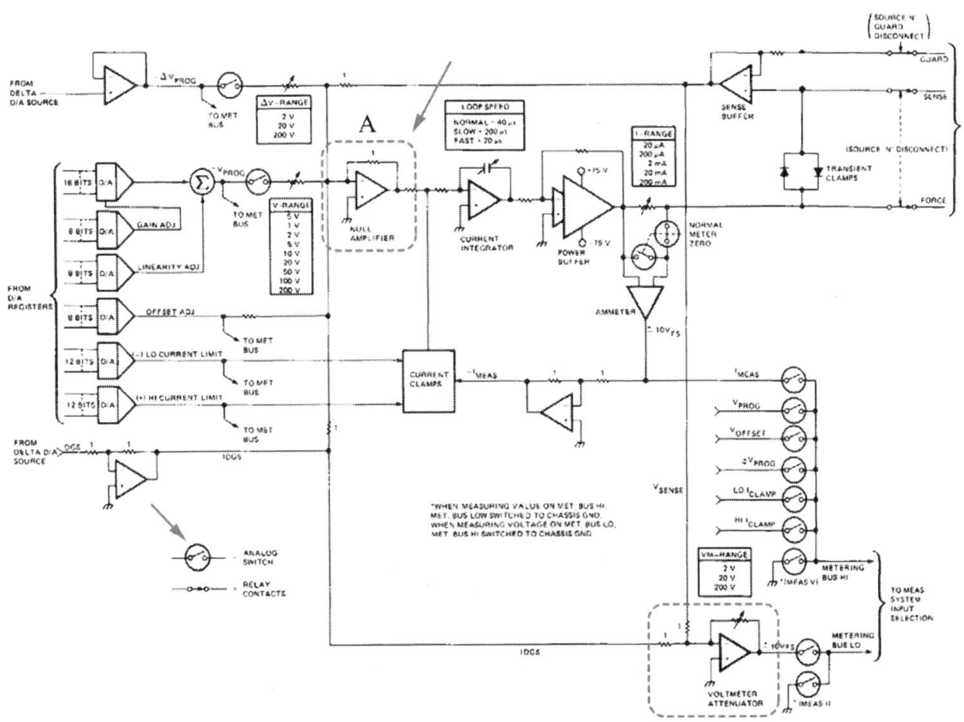

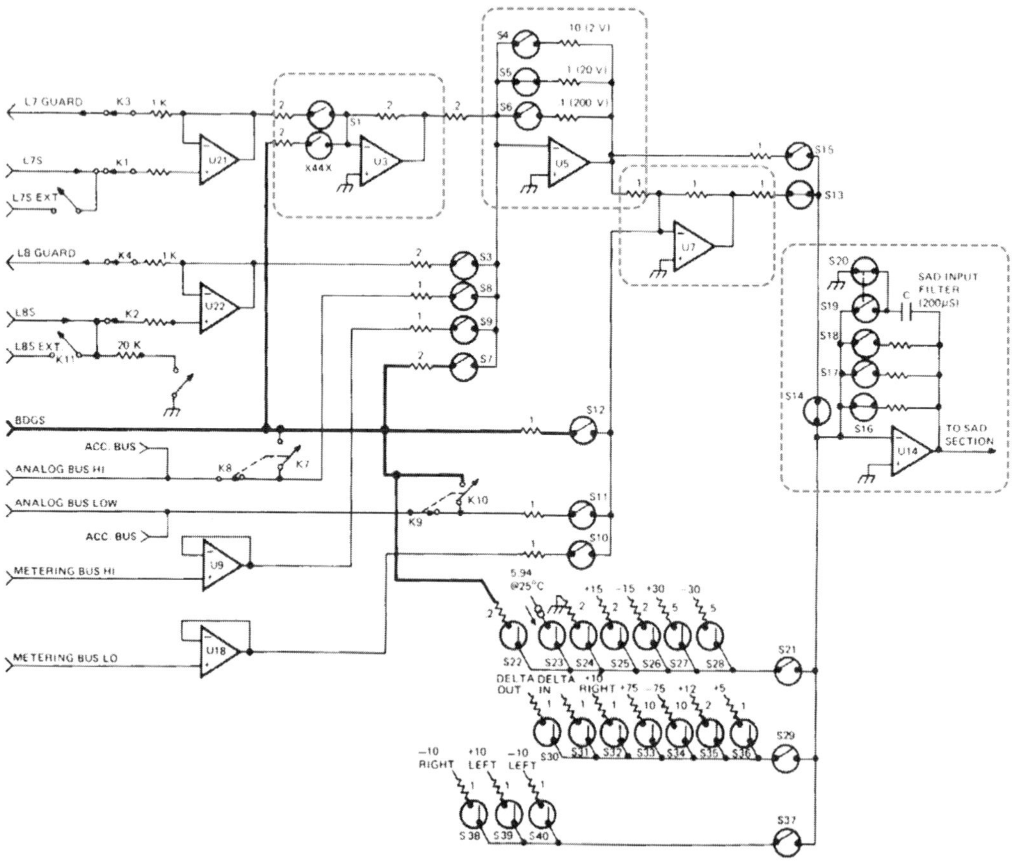

아주 일반적인 가산기를 분석해 보았는데, 여기서 끝나면 좀 섭섭하다. 너무 흔한 형태라서 흥미가 반감된다. 좀 특이한 형태의 가산기를 건드려 보고 연산증폭기를 분석하는 방법을 좀더 터득한다. 아래 회로는 부품 규격표에 나오는 회로형태이다.

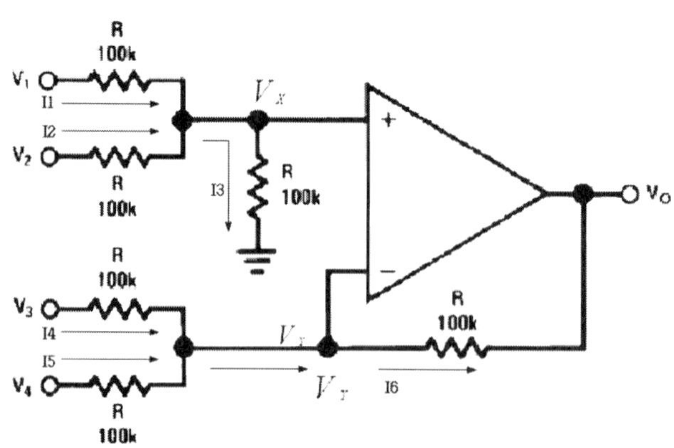

저항이 전부 같으므로 식은 간결하게 나올 것이란 예측이 든다. 먼저 부궤환이 있으니 가상 단락에 의해 Vx = Vy라는 것을 담박에 알아 차릴 수 있고, 키르히 호프의 전류의 법칙을 적용해 식을 풀어 나가면 된다.

$$I_1 + I_2 = I_3$$

오옴의 법칙으로 전류관계식을 저항과 전압의 관계식으로 변환한다.

$$\frac{V_1 - V_X}{R} + \frac{V_2 - V_X}{R} = \frac{V_X - 0}{R}$$

$$V_1 - V_X + V_2 - V_X = V_X$$
$$\therefore 3V_X = V_1 + V_2 --- (6)$$

마찬가지로 부궤환쪽의 전류방정식을 세우면

$$I_4 + I_5 = I_6$$

오옴의 법칙으로 전류관계식을 저항과 전압의 관계식으로 변환한다.

$$\frac{V_3 - V_Y}{R} + \frac{V_4 - V_Y}{R} = \frac{V_Y - V_O}{R}$$

$$V_3 - V_Y + V_4 - V_Y = V_Y - V_O$$
$$\therefore 3V_Y - V_O = V_3 + V_4 --- (7)$$

Vx = Vy였으므로 식은 대 통합이 이루어 진다. (7)식에 (6)식을 대입한다. 그러면 결과는

$$3V_Y - V_O = V_3 + V_4$$
$$V_1 + V_2 - V_O = V_3 + V_4$$

$$\therefore V_O = V_1 + V_2 - V_3 - V_4$$

가 되어, 입력의 합과 차로 구성된 회로가 완성된다. 직감적으로는 비반전단자의 입력은 모두 양극, 반전 단자의 입력은 모두 음극이라 하면 위의 회로에 자기가 넣고 싶은 입력을 줄줄이 넣어도 기본동작으로 간단히 해결하게 된다.

이쯤해서 기약 했던 아날로그 스위치(ANALOG SWITCH)의 동작에 대해 살펴보기로 하자.

위의 블록선도에서 무수하게 그려져 있는 기호  가 보일 것이다. 블록선도에서는 이 심벌을 아날로그 스위치(ANALOG SWITCH)라고 범례에서 밝히고 있다(V/I SOURCE의 화살표 표시 참조). 아날로그 스위치는 전에도 말했듯이 반도체소자로 만든 스위치이다. 대표적인 것이 FET로 구성한 스위치가 대표적이다.

먼저 일반적인 J-FET SWITCH DRIVE를 생각해 보기로 하고, 이를 응용한 V/I SOURCE의 J-FET SWITCH 의 동작을 차례대로 살펴보기로 하자.

1-15. FET 스위치

먼저 일반적인 J-FET SWITCH DRIVE를 생각해 보기로 하자. 전기전자에서는 드라이버(DRIVE)라는 용어를 아주 애용한다. J-FET SWITCH에서도 이 용어가 접미사처럼 뒤에 붙어 나오는데, 이 때는 그저 동작시키는 주변회로 또는 스위치 구동회로쯤으로 여겨 주어도 된다. 이 동작을 충분히 숙지 하게 되면 V/I SOURCE의 FET 스위치 동작은 뇌 속으로 직 바로 흡수되는 현상이 발생할 것이다.

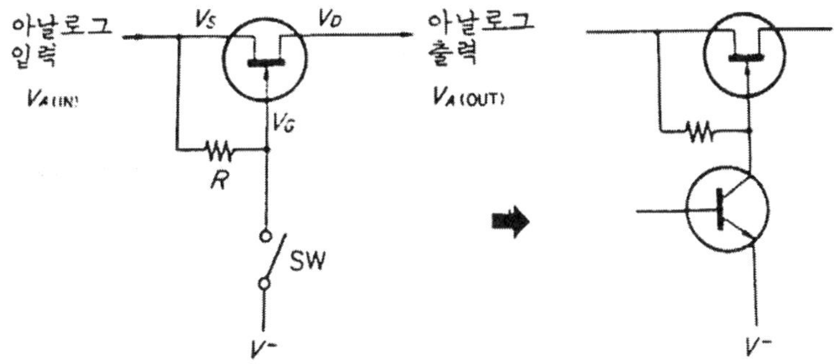

위의 그림에서 스위치소자로 사용된 것이 n 채널 J-FET이다. n 채널 J-FET이라는 말이 이왕 나왔으니 FET소자에 대해 쬐끔 알아 보고 진행하면 금상첨화(錦上添花)일 것 같다.

N 채널이니, P 채널이니 하는 것은 FET소자의 DRAIN과 SOURCE 사이에 형성된 길이 아스팔트 도로냐, 아니면 콘크리트 길이냐의 차이와 비스드리하다.

N CHANNEL J-FET 이면 드레인-소스간 길은 'N' 형 반도체가, P CHANNEL J-FET 이면 드레인-소스간 길은 'P' 형 반도체가 길을 형성한다. 길을 따라 움직이는 자동차가 전자나, 전공이냐의 차이는 N과 P형 반도체에 따라 달라진다. 따라서 N CHANNEL J-FET 동작만 살펴보면 P CHANNEL J-FET 동작은 그 연장선상에서 이해하는데 어려움을 겪지 않을 것이다. 먼저 N CHANNEL J-FET 의 동작을 메커니즘을 궁구해 보기로 한다.

먼저 용어 이해를 잠깐하고 넘어가자. 반도체를 공부하다 보면 N TYPE 이니 P TYPE 이니 하는 용어들이 처음부터 꽈리를 틀고 있다. 반도체공학의 ABC이니 그냥 넘길 수는 없는 노릇이다.

실리콘이니 게르마늄이니 하는 돌들은 다른 것이 섞이지 않을 때 진성반도체라고 불리는 것들이다. 공교롭게도 이 돌멩이들의 원자를 하나하나 들여다 보면 최 외각에 전자가 4개씩 동일하게 위치하고 있다. 화학에서 배웠듯이 최 외각의 전자가 8개가 되어야 안정하다는 말을 들었을 것이다.

여기에 다른 물질들을 섞어 본다.

먼저 최 외각의 전자가 5개인 인, 비소, 안티몬 같은 것을 진성반도체에 섞으면 둘이 결합해서 외각 전자8개가 되고 싶은 나머지 전자 1개는 내쫓겨 버린다. 전자 1개는 일본의 낭인과 같이 어디에도 속하지 못하고 자유의 몸이 되어 자유전자가 된다. 이렇게 형성된 물질을 N형 불순물 반도체(N형 반도체)라고 한다. 자유전자의 전하는 (−)이기 때문에 전기적으로 NEGATIVE 여서 N이라는 명칭을 부여한 것이다. 이 때 첨가되는 불순물?을 자유전자를 결과적으로 주게 되므로 도우너(doner)이라고 한다.

N형 불순물 반도체가 있으면 P형 불순물 반도체(P형 반도체)가 있을 것 같은 예감이 든다. 그 예감은 맞았다. 알루미늄, 갈룸, 인듐은 최 외각 전자들이 3개씩인 불순물들이다. 이 물질들을 진성반도체에 섞으면 전자 8개가 되지 못하여 7개가 되므로 전자 1개를 간절히 바라게 된다. 이 때 전자가 빠진 구멍을 전공이라고 하고 전기적으로는 (+)성격을 가지게 되므로, 전기적으로 POSITIVE라서 P형이라고 불리게 되는 것이다. 이 때 첨가되는 불순물을 전자가 하나 비어 받아들일 수 있는 여지를 주는 놈들이라고 해서 억셉터(acceptor)라고 불러 준다.

따라서 위에서 말하는 N 채널이면 전기가 통하는 길을 N형 불순물 반도체가 형성시키는 것이고, P 채널이면 P형 불순물 반도체가 형성시키는 것이라고 생각하면 된다. 이러한 기초를 머리에 간직하고 계속 진도를 나가기로 하자.

N CHANNEL J−FET의 회로기호와 구조는 아래와 같다.

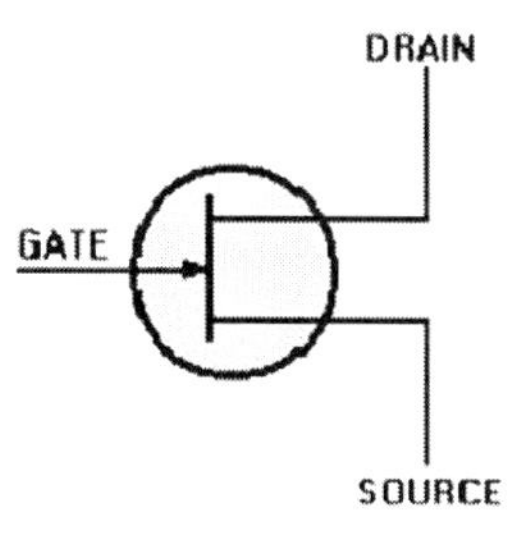

회로심벌

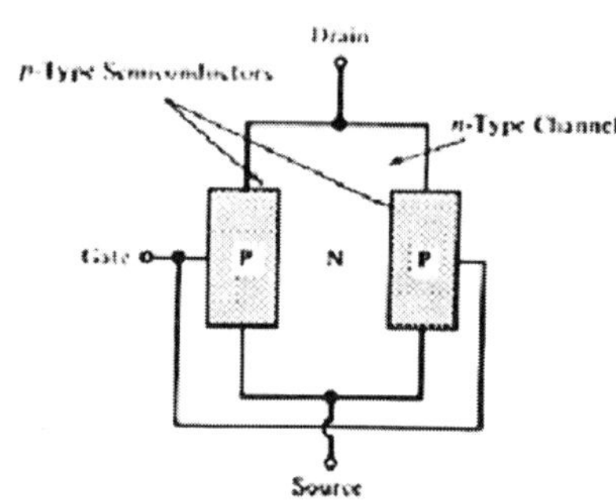

구조

먼저 단자 이름부터 해체해 보기로 하자.

트랜지스터(TRANSISTOR)에서는 전자가 방출 되는 곳을 영어에서 방출을 의미하는 에미터(EMITTER)를 차용하여 EMITTER 단자라고 하였듯이, FET에서는 전자나 전공이 튀어나오는 곳을 트래지스터와 구별하여 SOURCE라고 이름 붙였다. SOURCE의 원 뜻이 샘터 정도이니 샘물이 용 솟아 나듯이 유비적으로 연관이 되었을 것이다.

드레인(DRAIN)은 영어로 배수관 정도를 의미하니까, 전자나 전공이 SOURCE단에서 튀어나와 흘러 들어가는 곳이라는 의미에서 이름을 붙인 것 같다. 트랜지스터에서는 이와 비슷한 단자로 연상시킬 수 있는 것이 콜렉터(COLLECTOR)단자이다. 마치 전자가 에미터에서 방출되어 집적되는 것처럼 보이는 부분이 바로 이 단자이다.

FET의 게이트(GATE)단자는 말 그대로 여닫이 문 역할을 해서 이름을 붙인 것이고, 트랜지스터의 베이스(BASE)는 야구의 베이스 같은 기지 또는 안착하는 곳을 의미할 수도 있으나 베이스라는 영어단어는 토대, 기초, 기반 이라는 의미를 가지고 있다. 그러나 요즘 제조되는 트랜지스터를 보면 베이스층은 매우 얇아 토대, 기초, 기반이라는 뜻이 무색해 진다. 어찌 된 일일까? 트랜지스터는 원래 벨연구소에서 탄생 되었다는 것은 아는 사람은 다 안다. 처음 연구소에서 트랜지스터가 개발 될 때에는 구조가 아래와 같았다고 한다.

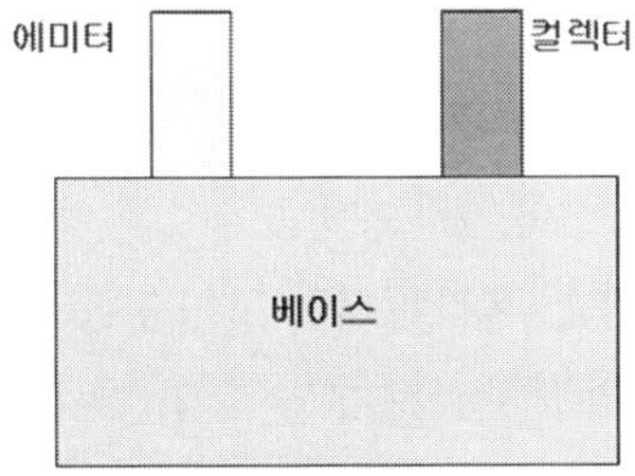

개발 당시의 트랜지스터의 모양을 보면 아~ 베이스가 정말로 토대나 기초,기반의 의미를 갖게 되는 이유를 알 것도 같다. FET나 TRANSISTOR는 단자 이름과 원의(原意)만 새겨도 동작의 50%은 먹고 들어간다고 볼 수 있다.

다시 FET이야기로 돌아가 보자.

N CHANNEL J-FET를 보면 길(채널)에 해당하는 DRAIN-SOURCE간에는 N 형 반도체가 꽉차게 들어가 있고, 양편에 여닫이 문처럼 GATE단자에는 P 형반도체가 곤충 눈알 처럼 박혀 있다. 구조가 혀를 빼꼼 내밀고 안경 쓴 만화 케릭터 닮아 보인다.

N CHANNEL J-FET 기호를 보면 화살표가 소자쪽으로 향한 것을 볼 수 있다(P CHANNEL J-FET 기호는 화살표가 반대로 향한다). 어떤 사람은 SWITCH동작을 이해할 때 N CHANNEL J-FET는 GATE에 +전압이 걸리면 그 반대편에 - 길이 생겨 도통된다고 간편하게 생각하기도 한다. 왜냐하면 N형의 N은 NEGATIVE의 약자 같고, 마이너스(-)길이 형성될 것 같으니까! 뭐 꼭 나쁜 생각만은 아니다. 그렇게 생각할 수도 있겠다 싶다. 그러나 N CHANNEL J-FET의 동작은 약간 더 복잡하다. 그걸 좀 더 세밀히 요리해 보자.

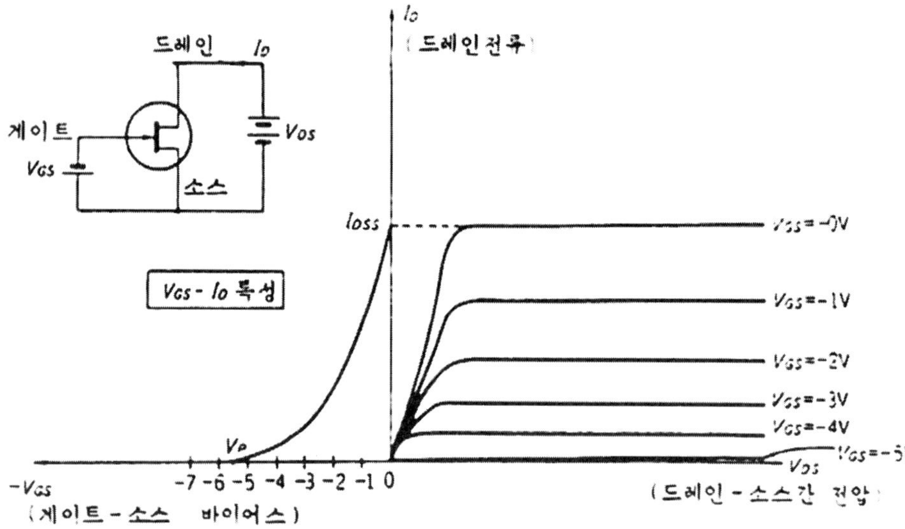

N 채널형 J-FET의 특성

J-FET의 스위치 동작을 이해하기 위해서는 위 특성그래프의 2사분면(Y축 중심으로 왼편) $V_{GS}-I_D$ 특성을 이해하는 것이 우선이다. 2사분면 그래프를 잘 보면 $V_{GS}=0V$(-V_{GS}라고 표시되어 있다. 역방향 전압이 걸린다고 생각하니까 -기호를 붙인 것이다. 그리고 GATE-SOURCE 간 0V가 두 단자에 걸린다고 생각하지 말고, $V_{GS}=0V$를 이해 하실 때 게이트-소스간 전위차가 없다고 생각하시라.)이면 전류가 왕창 흐르고(도통되고), $V_{GS}=-5V$ 이하가 되면 전류가 전혀 흐르지 않는다는 사실을 보여주고 있다. 이때의 전압을 핀치오프전압(PINCH-OFF VOLTAGE)이라고 한다.

순전히 자의적 생각이지만, PINCH 라는 말이 두 물체사이를 죄는 것이라는 의미도 있기에 PINCH-OFF라는 영어 표현은 꽉 죄어 뭔가가 사라져 버린다는 말이 된다. 사라지는 것은? 그렇다 전류가 흐르지 않는 것을 의미한다. 다른 말로 CUT-OFF 전압이라고 하기도 한다.마찬가지로 전류를 차단해 버려 나오지 않는다는 동일한 의미를 갖는다(FET에서 PINCH-OFF라는 말이 꼭 전류가 흐르지 않는다는 것만을 뜻하는 말이 아니라 양단이 꽉 조여진다는 원래 의미를 갖기 때문에 엄밀하게 말하면 'CUT-OFF 전압'과 동일한 것은 아니다. 1사 분면의 드레인-소스간 특성 그래프에서 그래프들이 올라가다가 어느 순간에 평탄해 지는 SATURATION 단계 변곡지점을 핀치오프 전압이라고 하기 때문이다. 드레인 소스간 전압을 높여 주면 이 때도 뭔가 조여지긴 조여지는 현상이 FET구조상 일어난다. 이때는 꽉 조여 주어도 흐를 건 흐른다. 참 희한한 현상이 생긴다. 그러나 지금 거기까지 나아갈 필요는 없다).

그러면 FET에서 왜 전류가 채널에 흐르지 않는 현상이 일어 나는 것인가? 그 이유는 FET

구조로 다시 돌아가 생각해야 알게 된다.

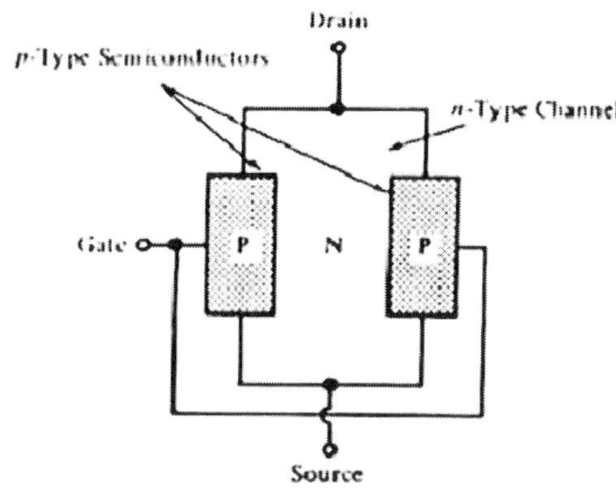

재론하지만 GATE-SOURCE간 -전압이 걸린다는 것은 역방향전압이 걸린다는 것을 의미한다고 했다. 즉 SOURCE를 0V 라고 하면 GATE에는 -전압이 걸린다라고 생각하면 쉽게 상상이 간다.

기억나는가? 다이오드 PN 접합에서 역방향전압을 걸어 주면 도통되지 않는다는 사실을... 왜 도통되지 않았을까? 역방향전압이 걸리면 공핍층(P형 반도체와 N형 반도체를 붙여 놓으면 전자나 전공이 없는 층이 형성이 된다. 마치 태평양에서 바람이 없는 무풍지대처럼 전기적 흐름이 억제되는 곳이다)이 늘어나 전자가 자유롭게 이동할 수가 없어, 전자의 운동 없이는 전류가 흐르는 현상이 결코 일어나지 않았었기 때문이었다. 이런 현상 설명은 전기전자 책의 첫 부분을 장식하는 내용들이다.

위의 N CHANNEL J-FET를 보면 게이트는 P형반도체로 되어 있고, SOURCE는 N형 반도체로 되어 있다. 역방향이 걸리면 양쪽 문(GATE)의 공핍층이 점점 늘어나서 이윽고는 서로의 공핍층끼리 붙어 먹고 사는 지경에 이르고 만다. 견우와 직녀가 오작교에서 만나듯이. 그러면 소스와 드레인 간의 길(채널)은 꽉 조여져 막혀 버리고 말 것이다. 고속도로에 사고가 나서 도로가 꽉 막힌 상황과 비슷하다. 자동차는 진행하지 못하듯 전자는 지나가지 못하게 된다.

그림으로 그리면 아래와 같이 두 여닫이 문이 닫혀진 상태, 또는 조여진 상태가 물성적으로 일어난다.

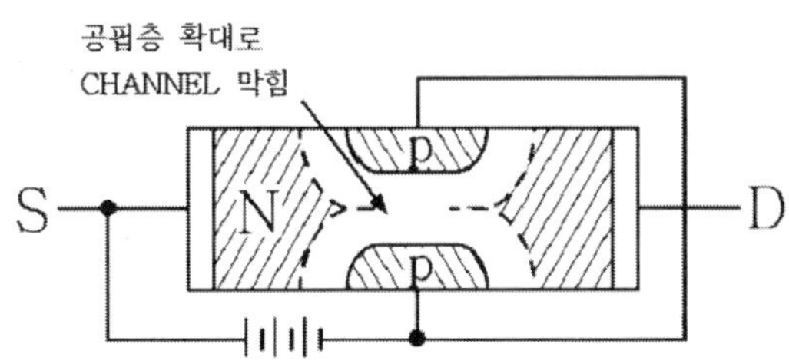

길이 없어져 버렸다. 드레인과 소스간의 아스팔트 길이던, 콘크리트 길이던 말이다. 이것이 핀치오프 된 상태가 된 것이다. 꽉 조여진 상태.

저 코뿔소 숨이 통할려나? 아항~ 숨은 통하지만 피가 흐르지 않을 것이다.!!

이제 원래의 J-FET 스위치 드라이브 회로를 보기로 하자.

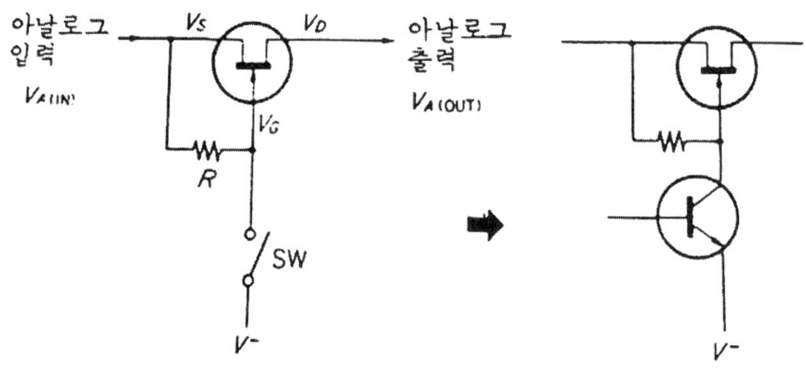

회로의 스위치 SW가 개방되면 V_S와 V_G가 전위가 같게 된다. 왜냐하면 FET의 게이트(GATE)단자는 저항이 엄청나게 높고, SW는 개방상태이기 때문에 우리가 잘 아는 대로 저항이 무지막지하게 큰 곳에 전압이 다 걸리게 되므로 V_S는 FET의 게이트(GATE)단에 전압 V_G와 같게 된다(여기 부분이 이해가 잘 안되시면 테브닌의 등가회로로 귀환하시라).

게이트와 소스간에 저항 R이 있다고 해도 여기서는 영향 없음. 그러나 반면에 R이 없다면 SW가 개방일 때 V_S의 전압이 V_G에 걸리지 않게 된다. 그렇게 되면 V_G의 전압이 FLOATING 된다. 방랑벽이 심해 어디에 정착할 지 모르는 상태를 FLOATING 상태라고 이미 말하였다.

이제 R 의 존재 때문에 $V_{GS} = 0V$, 즉 게이트와 소스간의 전압이 동 전위가 되어, 또는 전위차가 없게 되어 드레인-소스간 채널이 형성되게 된다. 그러므로 도통된다(SW가 닫혀 V_S와 V_G 전압이 달라지면 저항 R은 차단 벽처럼 행동한다).

이제 SW를 도통시켜 FET의 게이트(GATE)에 V− 전압이 인가되었다고 생각해 보자. 만약 V− = −6V라면 핀치오프전압 −5V 보다 작아 FET 스위치는 개방될 것이다.

그러나 저 회로에는 한가지 문제가 도사리고 있다.

아날로그 입력 $V_{A(IN)}$가 −7V가 입력되게 되면 V_{GS}간 전압이 1V가 되어 약간? 도통 되어 버리고 말 것이다. 우리가 원하는 것은 V− = −6V라는 핀치오프 전압 이하를 걸어 FET에 인가하고 FET를 스위치를 불통시키는 것이었으나 뜻이 좌절 되어 버렸다.

원인이 무엇일까? 문제가 있다면 무엇이 문제였을까?

V_S와 V_G 전위를 같게 하여 FET스위치를 도통시키는 것은 $V_{A(IN)}$가 어떤 입력이 들어 오던지 문제가 되지 않는다. 왜냐하면 SW가 개방되면 V_S와 V_G 전위가 같아지게 되므로 채널이 형성된다.

허나 문제는 SW가 도통되어 V− = −6V가 되면 위에서 살펴본 바대로 $V_{A(IN)}$에 따라 V_{GS} 값이 요동 친다는 점이다. 그러면 FET 스위치가 불통되지 않는 불상사가 일어나게 된다.

어떻게 해결하면 될까?

$V_{A(IN)}$ 최대 입력이 ±10V라고 가정하면 V− 전압은 핀치오프전압인 −5V와 $V_{A(IN)}$ 입력 −10V를 감안하여 −15V로 정해 주면 적정한 스위치 동작을 얻어 낼 수가 있다.

만약 VA(IN) 입력이 −10V라면 V− 전압이 −15V이므로 핀치오프전압 −5V 역방향전압이 형성 되는 것이다. $V_{A(IN)}$ 입력이 −10V이상의 전압(−9V, −8V...1V...)이라면 핀치오프전압 이하가 되므로 FET 스위치 동작은 아주 무난하게 된다.

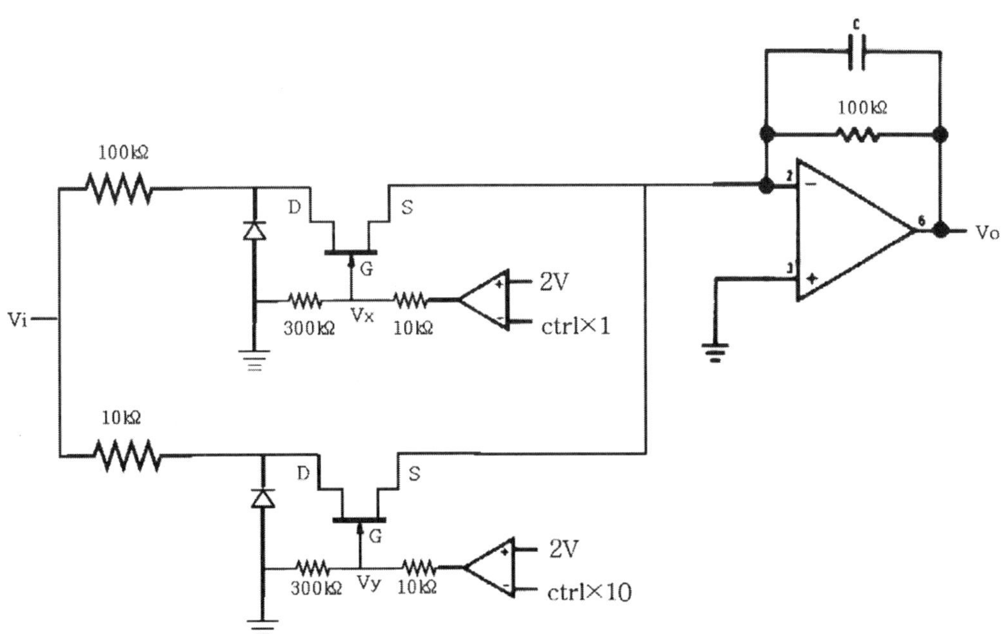

위의 회로는 증폭도를 ×1배로 할 것이냐, ×10배로 할 것이냐 제어해주는 회로가 되겠다. 제어 신호 ctrl×1과 ctrl×10는 비교기로 입력 되는 것을 확인할 수 있다. 비교기로는 LM339가 보통 사용된다. 문턱전압은 위 회로에서 2V로 설정되어 있다. LM339는 오픈 콜렉터로 되어 있어

문턱전압(2V) > 입력전압 → OPEN

문턱전압(2V) < 입력전압 → −14V

ctrl×1 = LOW(0V), ctrl×10 = HIGH(5V)가 초기상태라고 하자. 이를 다른 말로 시스템의 처음 원래의 상태라는 의미로 Default 상태라고도 말해 준다.

이때 FET의 게이트단에 걸리는 전압은 각각 Vx = 0V, Vy = −14V가 걸린다. Vx가 0V가 되는 이유는 LM339가 개방회로가 되면 300kΩ 저항 앞에 그라운드가 묶여 있어 0가 된다. Vy = −14V가 되는 이유는 볼 것없이 300kΩ 저항에 LM339 출력 −14V가 다 걸리기 때문이다.

그래서 저 회로의 초기 원래상태는 ×1배 증폭도를 갖는 회로가 되는 것이다. ×10로 제어한다고 하자. 그러면 ctrl×1 = HIGH(5V), ctrl×10 = LOW(0V)로 바뀌어 Vx = −14V, Vy = 0V가 되어 아래 보이는 FET 스위가 도통이 된다.

그러면 스위치가 어떤 방식으로 도통이 되는 것일까? 게이트에 0V가 입력되면 스위치가 도통 된다고 했다. 이는 FET 특성 그래프에 의해 V_{GS} 간 전위차가 0V가 될 때 도통된다고 이미 설명 하였다.

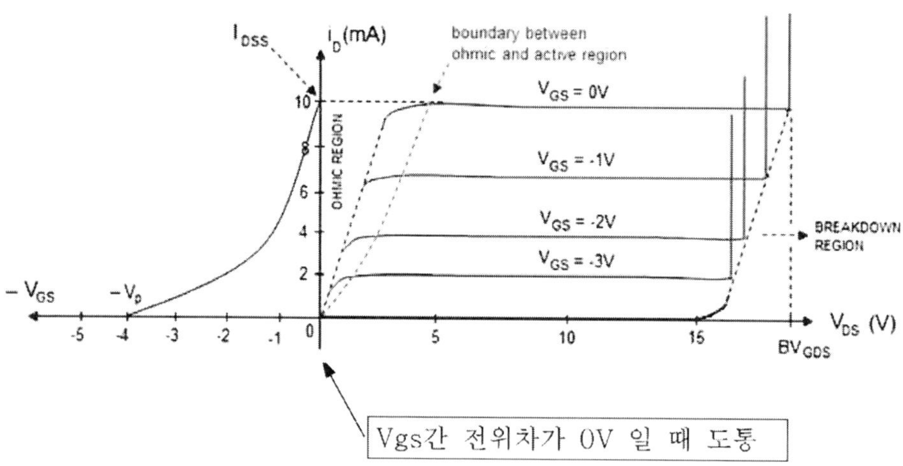

V_{GS} 간 전위차가 0V 일 때 도통

그러면 어떻게 SOURCE 단도 0V가 되어야 V_{GS} 간 전압이 0V가 되는데, 어떻게 해서 소스단은 0V가 되는 것일까??????

이 점이 FET스위치 동작의 열쇠이다.

여기서 요구되는 개념이 바로.......가상단락(IMAGINARY SHORT)이다.

연산 증폭기의 반전단자가 가상단락(IMAGINARY SHORT) 때문에 0V가 되면 V_{GS} 간 전압은 자연스럽게 0V가 되어 FET스위치가 도통 되는 조건이 활짝 열린다.

반대로

스위치를 개방시키는 것은 FET의 핀치오프(PINCH-OFF)전압 이상만 되면 개방시킬 수 있다. 사용된 FET 소자가 2N4391이다. 이 소자의 핀치오프전압을 보면 아래와 같다(아래에서는 CUT-OFF 전압. 전류를 잘라 버리는 전압이 되겠다).

Symbol	Parameter	Conditions	2N4391		Units
			Min	Max	
$V_{GS(OFF)}$	Gate-Source Cutoff Voltage	V_{DS}=20V. I_D=1nA	-4	-10	V
		V_{DS}=15V. I_D=10nA	-4	-10	

핀치오프를 위한 최소전압과 최대전압이 −4와 −10V이므로 위의 증폭기제어 회로의 FET 스위치가 개방되는 조건은 −14V가 GATE에 걸리게 되므로 V_{GS} 간, 전위차가 핀치오프전압 이하로 떨어져 전류가 한치도 흐르지 않는 불통 상태가 된다. 물 샐 틈없이 지긋하게 밟아 주는 것이다. 왕창 (−)전압을 걸어서 역바이어스가 걸리면 제까짓게 어떻게 전류를 흐를 수 있을 것인가!!!

1-16. METER RANGE란?

이제 시스템의 METER에서 쓰였던 가산기가 어떤 역할을 하는지 살펴 보아야 한다. 회로를 이해 하는데 첩경중의 하나는 적용 부분을 충분히 경험해 보는 것이다. 그래서 바로 적용 들어 가겠다. 적용부분으로 들어 갈 때는 회로를 전체적으로 조망해 보는 연습이 좀 필요하다.

넓은 관점을 갖는 것도 능력이라면 자꾸 경험을 늘려 개발을 해야 하는 영역이 될 것이다. 작은 피로와 수고로움이 뒤따른다. 그러나 정 이해하기 어려우면 책장을 그냥 넘겨도 된다. 다음에 이어질 회로 해석에 있어서 이번 챕터가 꼭 디딤돌이 되는 것이 아니기 때문이다.

그러나 레인지라는 것을 기필코 점령해 보겠다는 불타는 의지가 있다면 자근자근 내용을 씹어 보시기 바란다. 씹다 보면 칡뿌리처럼 단맛도 느끼게 될 것이다. 들어가기 전에 한마디로 METER RANGE를 규정하면 연산증폭기의 이득을 가지고 조작, 또는 짓궂은 말로 장난을 한 것이라 할 수 있다. 따라서 각 단에 있는 반전증폭기의 이득만 잘 계산해 주면 된다. 이는 일도 아니다.

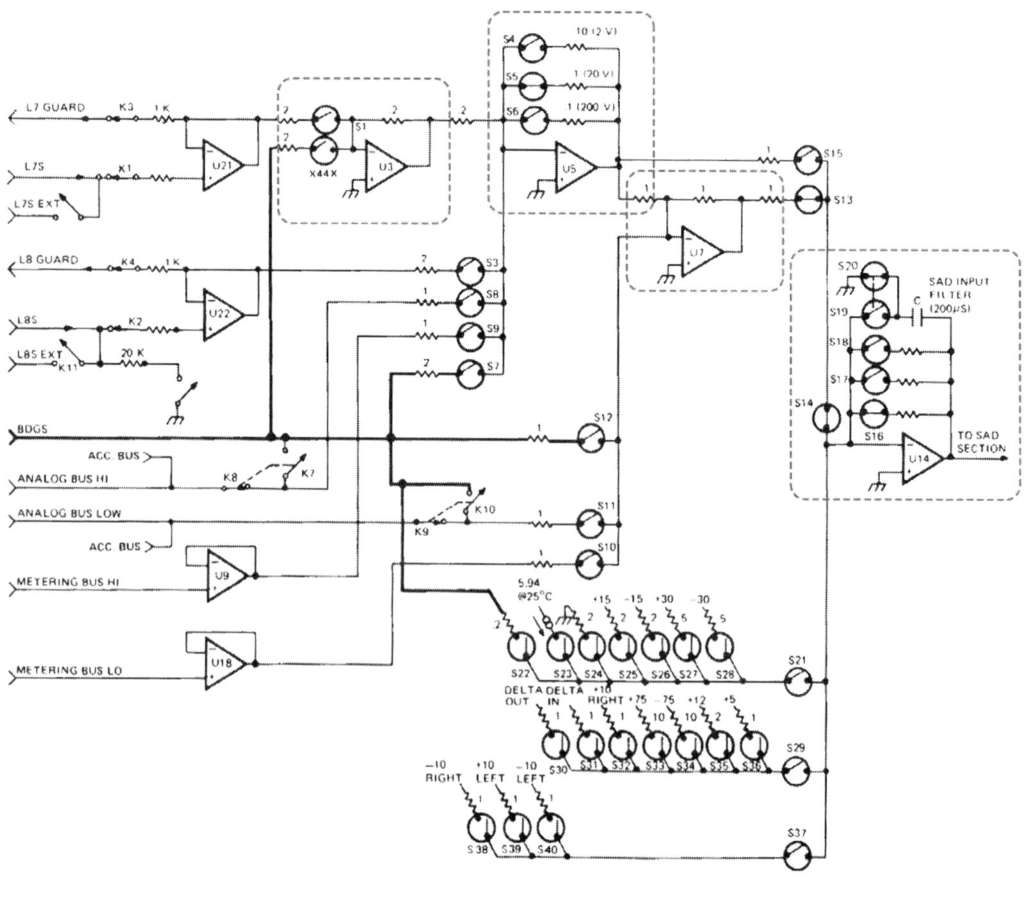

형태는 가산기로 되어 있지만 여러 입력 중에 하나를 아날로그(ANALOG)스위치를 사용해 하나씩 선택함으로써 반전 증폭기의 형태로 계산을 해도 된다.

그런데 왜 METER에 가산기들을 연달아서 직렬 연결되게 사용 하였을까?

이유는 레인지(RANGE) 때문이다. 우리는 장비나 계측기에서 RANGE라는 말을 흔하게 듣는다.그러나 레인지가 뭐냐고 물어 보면 딱히 쪽집게처럼 대답을 해 주는 사람을 별로 찾아 보지 못한다.알기는 어슴푸레 아는 것 같지만 입에서 뱀 돈다. 전 방위 적으로 사용되는 레인지는 과연 어떤 숨은 뜻을 켜켜이 가지고 있을까? 그것이 궁금 하기만 하다.

그래서 레인지에 대해서 먼저 정리하고 나가는 것이 좋을 듯하다. 이것은 나름대로의 정리이기 때문에 받아 들이고, 아니고는 본인들에게 달려 있다. 신뢰할 수 없는 정리라면 버리면 된다.

레인지는 SOURCE와 METER에서 흔하게 사용된다. 예를 들면 주파수 발생기라는 계측기가 있다고 하자. 이는 주파수를 프로그램적으로 발생시키는 계측기로 분류상 SOURCE로 묶을 수 있을 것 같다. 반면에 주파수 카운터라는 계측기가 있다. 이는 주파수를 측정하는 것이기 때문에 METER로 정리할 수 있을 것 같다. 어떤 계측기든지 우리는 크게 두 가지 'SOURCE' 와 'METER' 라는 범주로 묶어 분류할 수가 있다.

그렇다면 SOURCE에서의 RANGE는 뭐고,

METER에서의 RANGE는 뭐를 말하는 것일까? 여기서부터 정리 들어간다.

- SOURCE에서의 RANGE란 출력할 수 있는 최대값(최대범위)이고,
- METER에서의 RANGE란 입력으로 받을 수 있는 최대값(최대범위)을 말한다.

예를 들어 DC V/I SOURCE에서 5V RANGE를 잡았다고 했을 때, DC V/I SOURCE에서 내보낼 수 있는 전압 최대값을 의미한다. 따라서 5V RANGE를 잡았다는 말은 죽었다 깨도 전압을 5V 이상 내 보낼 수 없다는 의미가 되겠다.

또 METER에서 20V RANGE를 잡았다고 했을 때, METER는 죽었다 깨도 20V 이상은 받을 수 없다.배 째라 하는 말이 되는 것이다.

왜 이렇게 번거롭게 레인지를 설정하게 하여 우리로 하여금 와인두통처럼 시달리게 만드는 것일까?? 체질에 따라 민감도가 다를 것이지만 와인두통을 겪어 본 사람들이 더러 있을 것이다. 얼마나 아플까? 더럽게 아프다. 어떤 때는 두통이 이틀 가는 와인도 있다. 와인잔 폼 잡고 마시다가 쌩 고생고생하는 수가 있다. 와인을 신의 물방울이라고도 하는데 고통으로 눈~물방울이 될 수도 있으니 개인차를 고려해 가려 마시라. 와인을 좀 마신다 싶으면 혀가 저주 받게 된다. 일반인이 볼 때는 그 맛이 그맛 같은데 맛의 편차를 크게, 예민하게 길들여 버려 비싼 와인을 찾게 되

는 날에는 가계수입과 지출에 구멍이 날 수가 있다.

레인지를 설정해 번거롭게 하는 이유가 있다.

SOURCE의 입장에서 한번 생각해 보자. DAC(DIGITAL ANALOG CONVERTER)에서 최초의 전압값이 나오게 된다. 물론 제어 DIGITAL 비트를 보내어 그에 해당하는 DC전압을 만들어 내게 된다(DC 만 생각하기로 한다. DAC는 비록 계단파이기는 하지만 AC를 발생시키기도 한다. 이에 대해서는 나중에 DAC를 거론 할 때 후술한다).

그런데 문제는 DAC에서 잘 만들어 보아야 ±10V가 기껏이다.누누이 말했지만 전압이 무지 큰 것을 발생시키는 DAC이 없다는 것이 아니다. 문제는 값이 비싸지고 비용증가가 무섭게 된다. 또 그렇게 아주 큰 전압을 만들어 낼 필요가 없다. 왜냐고요? 대용으로 레인지(RANGE)가 있으니까!!!!

DAC에서 만들어 낼 수 있는 최대한도의 전압을 ±10V라고 하자. 그런데 V/I SOURCE를 설계하는데 60V까지 출력시키고 싶을 때는 DAC로 만으로는 태 부족하다. 이때 짜잔~하고 필요한 것이 증폭도를 마음대로 정해줄 수 있는 연산 증폭기가 되겠다.

우리가 이미 설명한 연산 증폭기들로 회로를 꾸며 SOURCE의 레인지를 결정하는 회로를 설계하면 금상첨화일 것 같다. 지금은 METER를 설명 하기로 했으니까 METER에 주의를 기울여 보자. 그럼 SOURCE는 그렇다 치고, METER는 무슨 꿀리는 것이 있어 레인지를 설정해야 하는가?

그렇다 꿀리는 것이 있다.

DC를 측정하는 METER라고 할 때 DC전압을 DIGITAL로 전환하여 CPU로 하여금 전압이 얼마인지를 알려 주는 변환기가 ADC(ANALOG DIGITAL CONVERTER)이다. 이 소자도 일반적인 것은 보통 DC입력으로 ±10V이상을 입력시키면 경고음?이 켜지게 된다. FULL DIGITAL 값을 훌쩍 넘겨 버리는 오버플로(OVERFLOW)가 생겨 버린다. 여하튼 ADC를 쌩으로 사용하면 ±10V 이상으로 입력을 측정하기는 매우 곤란해 진다. 그런데 같은 시스템 안에서 SOURCE가 60V를 출력하는 것이면 METER도 60V 정도는 읽어 줘야 죽이 서로 맞는다.

방법은 무엇인가? 이때도 필요한 것이 레인지다.

본론은 이 METER의 RANGE 동작을 한번 살펴보자는 것이다. 이걸 이해하고 나면 나중에 레인지라는 말을 들을 때, 우리 머릿속에 박힌 어떤 개념들이 작용하여 레인지라는 용어가 전혀 낯선 언어가 되지는 않을 것이다. 그렇다면 레인지 회로는 무엇으로 구성할 수 있을까?

..맞다. 역시 우리가 이미 머리 속에 구겨 넣은 몇 가지 연산 증폭기회로들로 간단히..정말 간단히 구성할 수 있다.

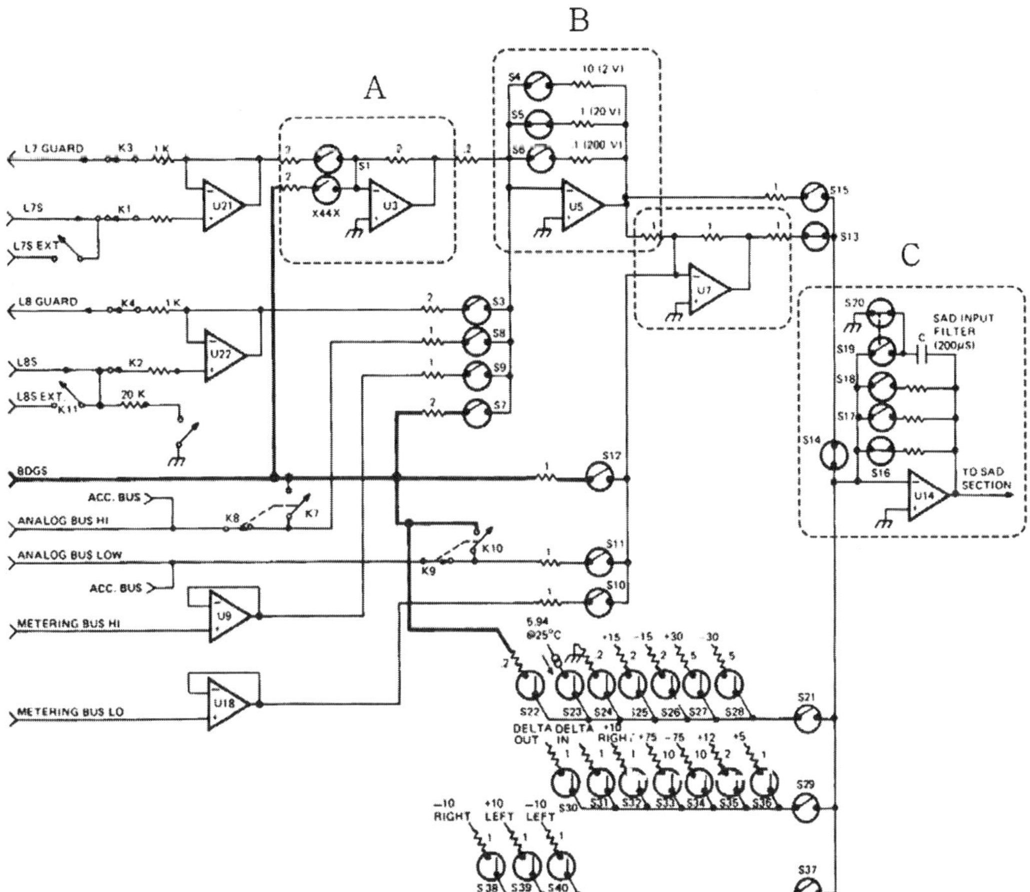

다른 회로는 젖혀 두고 점선으로 영역 표시된 가산기만을 주목하기로 한다. 이런 데서 실무에 쓰인 회로도 별 것 아니라는 것을 새삼 느낀다. 우리가 이미 알고 있는 반전증폭기와 가산기 그리고 FET 스위치만으로 METER의 레인지를 설계도 할 수 있고, 해석도 해 낼 수 있으니, 이 아니 기쁘지 아니한가?

허나 개념과 회로는 무척 간단한데 설명이 번잡스러울 것 같다. 조금만 인내하면 잡힐 듯 잡히지 않았던 레인지의 개념을 내 것으로 소유 가능하다.

먼저 METER 입력쪽을 보자.

이 METER의 입력으로 들어 올 수 있는 최대의 전압은 ±60V이다. 그래서 입력의 제일 첫 번째 단에는 전압 팔로워 회로를 달아 입력저항을 무한대로 하여 멀리서 오는 직류전압을 잘 받을 수 있게 회로를 구성 했다. 실제로 사용된 연산 증폭기는 BURR-BROWN 社의 BB3581J이다. 이 연산 증폭기에 걸수 있는 전원(POWER SUPPLY)은 아래 표와 같다.

MODELS	3580J	3581J	3582J
POWER SUPPLY			
Voltage, ±VCC Quiescent Current, max	±15VDC to ±35VDC ±10mA	±32VDC to ±75VDC ±8mA	±70VDC to ±150VDC ±6.5mA

±75V까지 ±VCC를 걸 수 있으므로 입력은 ±75V까지 받을 수 있다[실제의 METER는 ±60V까지 입력으로 받는 것으로 사양(SPEC)에서 규정한다. 위의 3581J의 표에 QUIESCENT CURRENT 라는 항목이 보인다. 참고로 이런 것도 알고 넘어가면 나중에 도움이 된다. 이 전류는 3581J가 동작하지 않고 놀고 먹고 있을 때도 8mA 전류를 소비하고 있다는 말이다.그 때의 전류를 의미한다.영어로 Quiescent 의 뜻이 '조용한'이란 의미를 가지고 있다].

만약 다룰 수 있는 최대 값 ±60V를 METER의 회로에서 제어 하려면 고통이 이만 저만이 아니게 된다. BB3581J 이후에 있는 연산 증폭기 소자 모두 ±60V를 다룰 수 있는 것으로 사용한다면 문제는 비용뿐만이 아니게 된다. 설계가 복잡해 진다. 그러나 그렇게 할 필요가 없다!!!!!. 그 이유는 차차 설명하면 밝혀진다. ±VCC가 15V인 값싼 연산 증폭기를 사용해도 우리는 충분히 이 전압을 다룰 수 있게 된다.

비용과 수고를 덜려면 BB3581J 이후에 사용하는 연산 증폭기는 통상적으로 사용하는 ±15 VCC를 걸수 있는 평범한 연산 증폭기들이어야 한다. BB3581J가 최대 걸릴 수 있는 전원이 ±75V이기 때문에 전압을 낮추어 주어야 할 필요가 그래서 생긴다.

블록선도의 증폭기 'A' 영역을 보시라.

입력저항이 100kΩ이고, 궤환 저항이 20kΩ인 가산기이다. 이득이 얼마인가? 그렇다 입력에 대해 GAIN=1/5이 된다. 이 METER에 최대 들어 올 수 있는 전압은 ±75V라고 했다(왜냐하면 BB3581J가 ±VCC를 ±75V까지 사용할 수 있기 때문에 사양에서는 안정하게 ±60V로 정한 것이다). 증폭기 'A'로 다짜고짜 1/5로 감쇄 되면 암만 최대 전압 ±75V가 들어온다 해도

$$\frac{\pm 75V}{5} = \pm 15$$

가 된다. 증폭기 'A'를 BB3581J 다음 단에 바로 썼기 때문에 이후에 전압은 ±15V 안에서 동작 될 것이다. 이런 질문이 있을 수 있다. 그렇게 되면 ±60V는 어떻게 읽게 되는 것이냐고? 조금만 더 참으시라. 나중에 통채로 구워 삶아 드리겠다고 약속 드린다.

일단 왜 저딴 식으로 회로 구성이 되었는지를 살피는 것이 급선무이다. 다음으로 넘어 가기로 하자.

블록선도의 증폭기 'B'를 보시라.

입력저항이 20kΩ 이고, 궤환 저항이 3개중 하나 만을 선택할 수 있게 되어 있다. 각각의 궤환 저항은 5kΩ, 50kΩ, 500kΩ 3개이다. ....반전증폭기 이득계산법 [출력전압은 = -(궤환저항/입력저항) * 입력전압]

$$V_o = -\frac{R_f}{R_I} \times V_i$$

이므로

따라서 5kΩ이 잡히면 GAIN = 1/4(0.25배), 50kΩ이 잡히면 GAIN = 2.5배, 500kΩ이 잡히면 GAIN = 25배가 된다.

여기서 증폭기 'A'를 거친 입력이 증폭기 'B'를 거칠 때는 3개 중 하나를 선택하여 출력되므로 경우의 수는 3개가 나온다. 이를 간단히 그림으로 정리하고 넘어간다. 훨씬 눈에 잘 밟힌다.

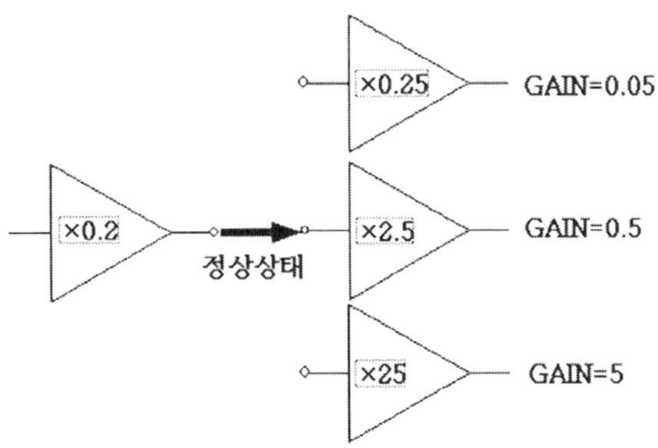

여기까지는 전체 GAIN은 3가지 중의 하나였다. ×0.05, ×0.5, ×5.

번거롭겠지만 하나 더 고려 해야 한다.

증폭기 'C'를 보기로 하자

입력저항이 50kΩ이고, 증폭기 'B'에서 처럼 궤환 저항 3개중 하나만을 선택할 수 있게 되어 있다. 각각의 궤환 저항은 50kΩ, 100kΩ, 200kΩ 3개이다. 따라서 50kΩ이 잡히면 GAIN = 1배, 100kΩ이 잡히면 GAIN = 2배, 200kΩ이 잡히면 GAIN = 4배가 된다. 증폭기 'A'와 증폭기 'B'를 거친 입력은 증폭기 'C'를 거침으로 해서 경우의 수는 9가지로 늘어 나게 된다. 이 말은 METER의 레인지의 가짓수가 9개라는 말과 같다. 레인지 선택폭이 넓어 졌다.

이를 보기 좋게 표로 만들어 보기로 하자.

증폭기 'C' / 증폭기 'A' × 증폭기 'B'	× 1	× 2	× 4
	전체 GAIN	전체 GAIN	전체 GAIN
× 5	5	10	20
× 0.5	0.5	1	2
× 0.05	0.05	0.1	0.2

METER 전체 GAIN

표에서 보는 바와 같이 METER를 통과 하는 DC 전압입력은 9개 중 하나는 반드시 통과 해야 한다. 이를 RANGE와 대응시켜 표로 다시 만들어 보기로 하자.

증폭기 'C' / 증폭기 'A' × 증폭기 'B'	× 1		× 2		× 4	
	전체 GAIN	RANGE	전체 GAIN	RANGE	전체 GAIN	RANGE
× 5	5	2V	10	1V	20	0.5V
× 0.5	0.5	20V	1	10V	2	5V
× 0.05	0.05	200V	0.1	100V	0.2	50V

METER RANGE 표

이 표를 보면 개개의 이득은 하나의 레인지에 대응하고 있다. 이제 좀더 논의를 진전 시켜 보기로 하자. METER 에서의 이득이란 어떻게 동작하는 것을 말 함인가? 아래 그림을 보고 설명하기로 한다(200V 레인지는 폼만 있는 것이다. 실제로는 60V 전압이 입력으로 들어 오므로 레인지는 100V 까지만 사용된다).

METER 레인지 표에서 부가해야할 사항이 하나 더 있다. 표를 가만히 보시라. 전체 이득과 옆에 있는 레인지를 곱하면 하나라도 빠짐없이 모두 10이 나온다. 몇 개만 샘플을 취해 보기로 하자.

1. 0.5V RANGE 일 때 METER의 전체 GAIN = 20이 된다. 이를 곱해 보자. 0.5V * 20 = 10...
2. 5V RANGE 일 때 METER의 전체 GAIN = 2가 된다. 이를 곱해 보자. 5V * 2 = 10...
3. 100V RANGE 일 때 METER의 전체 GAIN = 0.1이 된다. 이를 곱해 보자. 100V * 0.1 = 10...

다른 것도 한번 계산해 보시라 전부 GAIN * RANGE = 10이 된다.

왜일까?

결국 METER 레인지 다음에는 ADC가 전압을 디지탈신호로 변환하여 CPU로 보내게 되는데 ADC가 받을 수 있는 최대 전압이 ±10V이기 때문에 여기에 맞게 규준화시킨 것이다. 이런 것이 회로 설계의 별미 같은 것이다.

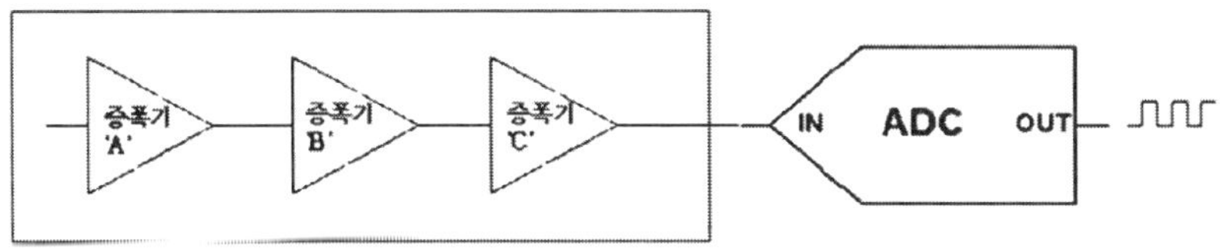

METER RANGE회로

METER 레인지를 납득하기 위해 하나의 예를 들어 보자.

지금 METER 입력으로 22V가 들어 온다고 하자. 레인지는 METER가 입력될 수 있는 최대값으로 정의 되어 있으니, 이때는 50V RANGE가 잡힌다. 위의 레인지 표를 보시라. 20V RANGE 위에 50V RANGE가 있다. 입력이 22V이기 때문에 50V 레인지가 잡힌다.

그러면 증폭기 'A'와 증폭기 'B', 증폭기 'C'의 전체 이득은 표에서 보는 바와 같이 ×0.2가 된다. 요는 CPU로 하여금 지금 METER에 입력으로 들어 오는 직류전압이 22V인 것을 아는 것이 METER의 목표이다. 레인지가 50V로 잡히면 장비 O/S는 METER의 총 GAIN=0.2인 것을 안다. 왜냐하면 설계 했으니까!!! 이때 DAC로 읽히는 값을 보기로 하자.

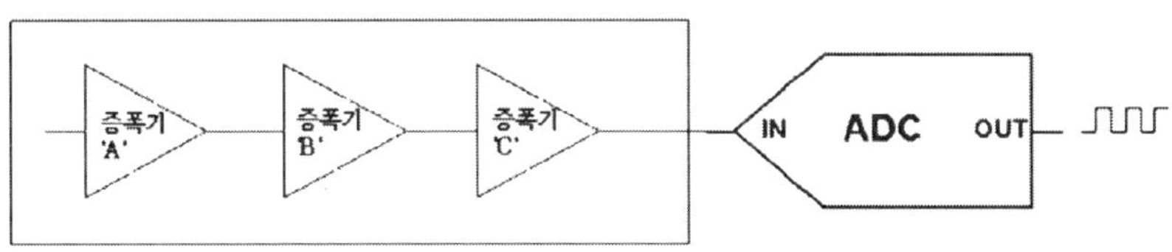

TOTAL GAIN=0.2

입력이 22V들어 왔는데 METER의 GAIN = 0.2이니까 ADC로 읽히는 값은 22V×0.2 = 4.4V가 된다. 어라? 입력이 22V이면 읽히는 값이 22V이어야 하는데 4.4V가 되었다. 어떻게 된 영문일까??

그렇다

장비 O/S는 말 그대로 시스템 운영자이다. METER가 50V 레인지라는 것을 안다. 따라서 METER 입력값에 ×0.2 한 것을 알고 있다.

CPU는 4.4V로 읽었지만 METER에서의 GAIN = 0.2(1/5배) 한 것을 계산하여 보상 해주게 된다. 0.2 = 1/5이니까 CPU는 나누었던 1/5을 보상하여 읽은 값 4.4.V에 5배를 다시 곱해준다. 그렇게 되면 화면에 표시하는 값은 4.4V*5 = 22V가 되어 우리가 읽고자 하는 값이 정확하게 모니터 화면에 표시된다.

만약 입력으로 22V를 읽는데 METER 레인지를 10V라고 잘못 설정한 경우를 보자. 무슨 일이 벌어 질까?

위의 레인지표를 참조하시기 바란다. 10V 레인지일 때 METER의 전체 이득은 GAIN = 1 이다.

이때는 METER에 있는 레인지에 관여하는 연산 증폭기들이 포화(SATURATION)되어 +15V에 처박히게 될 것이다. 이득이 1이라는 말은 증폭도가 1이기 때문에 22V 입력이 입력으로 들어 오면 증폭기 출력단에서는 값이 쳐 박힌다. ADC에서 읽히는 값은 ±10V 이상을 읽지는 못한다. 그렇게 되면 METER ALARM이 발생하여 쓰레기 값(최대 또는 최소값..ALARM 값)이 읽힌다.

이제 정리를 해보자. 레인지를 쓰는 절대 이유는

1) 입력 전압이 보통 연산 증폭기의 ±VCC 보다 크면 신호를 조작하기가 매우 불편해 진다. 아무래도 연산 증폭기는 ±15내에서 노는 것이 즐겁다.
2) 또 한가지 레인지를 사용하는 이유는 ADC가 입력으로 받아 들일 수 있는 값이 보통 ±10V이기 때문에 RANGE를 사용하지 않으면 곤란에 부닥칠 수 밖에 없다.

비싼 소자로 도배하지 않는 이상. 자기는 ±60V를 견디는 연산 증폭기를 사용하겠다면 굳이 레인지회로를 들먹이지 않아도 된다. 또 ±60를 입력으로 사용할 수 있는 ADC를 사용하겠다면 그렇게 하시라. 그렇게 하면 그대 이름은? 바보뭉테기가 된다.

여기까지 설명한 것을 잘 몰라도 전혀 상관없다. 바로 휘발 되셔도 문제 없다. 다만 이것 하나만은 기억하시라.

- SOURCE에서의 레인지(RANGE)란 출력할 수 있는 최대값(최대범위)이고,
- METER에서의 레인지(RANGE)란 입력으로 받을 수 있는 최대값(최대범위)을 말한다.

고 하는 것을 기억하시라. 그래서 혹시 현장에서 레인지를 잡는다는 말을 할 때, 이 두 가지 사항을 염두에 두시면 실무에 지장이 없으리라. 레인지라는 용어가 실무 최전선 주변에서 유령처럼 맴 돌고 있다는 것을 유념하면 아니 기억하지 않을 수 없다.

이 정도 쯤 되면 SAD와 함께 레인지가 METER의 주요골자이기 때문에 반도체장비의 METER는 대충 섭렵하는 것이 되겠다. 나머지 회로는 모니터회로라든지 기타 회로에 불과하다.

후다닥 다음 연산 증폭기로 넘어가기로 하자. CMRR에 특효약인 차동증폭기로..CMRR이 당최 뭐지?..어쨌든 레츠 고!

1-17. 차동증폭기

전번에는 가산기를 생각해 보았다. 가산기는 연산증폭기라는 이름에 걸 맞는 더하기 연산(+)을 아주 잘 수행 했다. 여기에 또 연산증폭기에 빼기 연산 (−)에 딱 들어 맞게 동작 하는 증폭기 형태가 있다. 이름하여 차동증폭기(DIFFERENTIAL AMPLIFIER).

회로는 아래와 같다. 저항 한 두 개면 몰라도 4개씩이나 붙어 있으면 골 때리기 시작한다.전개식이 가관이 될 것이라는 불길한 예감도 팍 온다. 그렇다고 말로 때울 수는 없는 노릇. 적어도 소설이 아닌 이상 산수식 정도로 해석을 해 보아야 할 것 아닌가? 상황은 어느 누구에게나 동일하게 주어져 있다. 그러나 엉덩이가 의자에 얼마나 붙어 있느냐에 따라 연산 증폭기에 대해 감을 잡는 정도는 현저히 달라진다. 엉덩이를 의자에 본드로 붙여 놓으시기를...여기서 맥이 풀리면 안되는 이유는 아직까지 기초이기 때문이다.

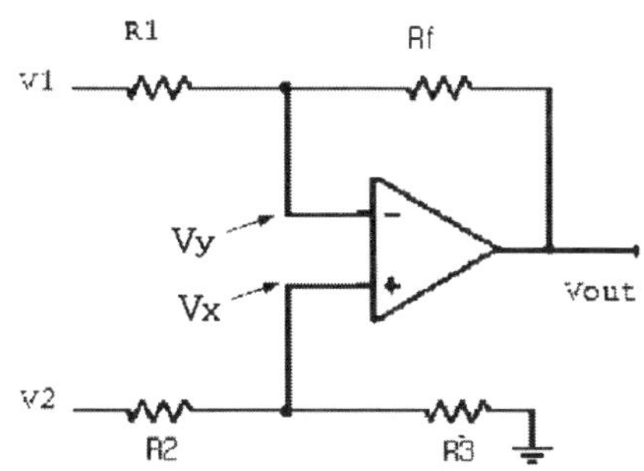

차동증폭기를 해석하는 방법은 반전 증폭기와 동일하다. 하긴 모든 변형된 연산 증폭기 회로는 반전증폭기와 같은 방식으로 해석하면 만사형통 하다. 그런데 대부분 차동증폭기 출력을 구하는 것을 매우 어렵게 생각하는 것 같다. 어렵다기보다는 수식 정리가 복잡해서 까다롭게 여긴다는 것이 정확한 진단이다. 그러나 고등?수학이 아닐 뿐더러, 집중력만 조금 쏟는다면 하등 어려울 것이 없는 회로이다.

반전증폭기와 차동증폭기가 외관상 다른 것은 일단 비반전단자가 그라운드에 묶였느냐 아니냐가 첫 번째 구별되는 차이이다. 이런 경우에는 가상접지라는 말을 붙이면 틀리게 된다. 그냥 가상단락이라고 구별해서 불러야 한다.

반전단자에 출력으로부터 궤환이 형성 되어 있으므로 가상단락(IMAGINARY SHORT)이 나타날 것이다. 그렇다면 Vx와 Vy는 전위가 같게 된다는 것은 불문가지다(Vx = Vy).

따라서 Vx만 구하면 전개식은 어질어질하게 복잡하게 되겠지만, 푸는 방식은 간결해진다. 먼저 Vx 부터 구해 보자.

비반전단자는 입력 입력임피던스가 무한대라고 생각 되기 때문에 흘러 들어 가는 전류가 없다고 깡그리 무시한다. 그러면 테브닌의 등가 회로 챕터에서 VL 구하는 식을 응용하여 Vx를 구하면 된다. 보이시는가?

$$V_X = \frac{R_3}{R_2+R_3} \times V_2 = V_Y$$

$$V_X = \frac{R_3}{R_2+R_3} \times V_2$$

이제 차동 증폭기는 아래와 같은 형태로 변환 시킬 수 있게 되었다.

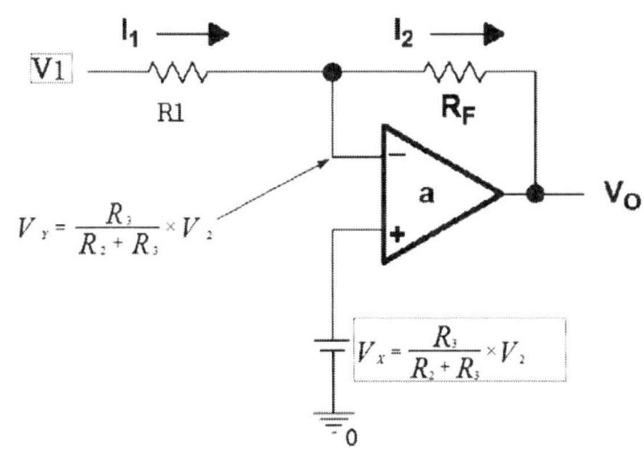

Vx를 구했으니, 가상단락에 의해 Vy를 아는 것은 식은 죽 먹기다. Vy를 구했으니 나머지는 반전증폭기의 출력을 구했던 방식을 적용하고 식을 전개 시키면 해석이 일단락 된다. 먼저 KCL을 적용하여 전류에 관한 식을 세워보기로 하자.

$$I_1 = I_2 --- (1)$$

이를 다시 오옴의 법칙을 이용하여 전압과 저항만의 식으로 화학적 변화를 시도해 보자.

$$I_1 = \frac{V_1 - V_y}{R_1} = \frac{V_1 - \left(\frac{R_3}{R_2+R_3} \times V_2\right)}{R_1} --- (2)$$

$$I_2 = \frac{V_y - V_O}{R_f} = \frac{\left(\frac{R_3}{R_2 + R_3} \times V_2\right) - V_o}{R_f} \quad ---(3)$$

(2), (3)식은 (1)식에 넣어 보자.

$$\frac{V_1 - \left(\frac{R_3}{R_2 + R_3} \times V_2\right)}{R_1} = \frac{\left(\frac{R_3}{R_2 + R_3} \times V_2\right) - V_0}{R_f} \quad ---(4)$$

여기서부터 식이 복잡해 지기 때문에 대부분 방기해 버린다. 그러나 인내심을 갖고 한 번 풀어 보시는 것이 좋을 것 같다. 어차피 이런 형태는 식이 복잡하기는 하지만 어려운 수학은 결단코 아니다. 누구라도 충분해 전개시킬 수 있다. 복잡해서 식을 하나라도 빼먹으면 삐딱하게 전개되어 삼천포로 빠지는 경향이 종종 있지만...조금만 풀어 보고 결과식을 보도록 하겠다.

$$\frac{V_1 - \left(\frac{R_3}{R_2 + R_3} \times V_2\right)}{R_1} = \frac{\left(\frac{R_3}{R_2 + R_3} \times V_2\right) - V_0}{R_f} \quad ---(4)$$

$$\frac{\frac{(R_2 + R_3)V_1 - R_3 V_2}{R_2 + R_3}}{R_1} = \frac{\frac{R_3 V_2 - (R_2 + R_3)V_o}{R_2 + R_3}}{R_f}$$

$$\frac{(R_2 + R_3)V_1 - R_3 V_2}{R_1(R_2 + R_3)} = \frac{R_3 V_2 - (R_2 + R_3)V_o}{R_f(R_2 + R_3)}$$

이러구 저러구 해서 (4)식을 풀면 아래와 같은 결과식이 얻어진다. 짜잔~

$$V_0 = \frac{R_1 R_3 + R_f R_3}{R_1 R_2 + R_1 R_3} \times V_2 - \frac{R_f R_2 + R_f R_3}{R_1 R_2 + R_1 R_3} \times V_1 = \frac{R_1 R_3 + R_f R_3}{R_1 R_2 + R_1 R_3} \times V_2 - \frac{R_f \cancel{(R_2 + R_3)}}{R_1 \cancel{(R_2 + R_3)}} \times V_1$$
$$= \frac{R_1 R_3 + R_f R_3}{R_1 R_2 + R_1 R_3} \times V_2 - \frac{R_f}{R_1} \times V_1 \quad ---(5)$$

결과식이 정신 사납게 만든다. 뭐 이딴 식이 있나 싶다. 그러나 한편으로 보면 군대가 절도 있게 잘 정렬된 것처럼 질서가 잡혀 있게도 보인다. 각자 풀어 헤친 식이 꼭 (5) 식과 같이 나오라는 법은 없다. 개인별로 식을 전개하는 취향이 달라, 달리 나올 수도 있겠다. 혹시 저 식도 틀린 구석이 있을 지 모른다고 불신하자. 그래서 책에 있는 결과식을 맹신하지 말고 자기가 한번 풀어 보시기를..반면에 자기가 전개한 식이 맞는지,틀리는지 반드시 검산 해 보아야 할 것 같다. 검산 방법은 의외로 무척 간단하다.

저항의 값을 R1 = R2 = R3 = Rf 이라 하고 아래와 같은 식이 되면 OK이다...두둥~ 비반전-반전입력의 차동식....

$$V_0 = V_2 - V_1 \text{---}(6)$$

이렇게 우수사리가 떨어진 초 간단 형태로 바뀌는지 보아야 한다. 이 식을 보라! 떠오르는 식이 하나 있을 것 같다. 연산 증폭기의 기본 동작식..생각 나시는가?

$$V_0 = A(V_P - V_N)$$

우리가 전개한 차동증폭기 주변의 저항이 모두 같다고 놓으면 증폭도가 1인 차동증폭기 형태로 우화(羽化)한다. 원래 연산 증폭기의 본질이란 두 입력의 차이 값을 증폭하는 것이라 했으니, 차동증폭기는 연산 증폭기의 본질에 가까운 회로형태가 된다.

그럼 차동증폭기의 쓸모는 어디에 있는가? 어떤 회로에 적용해야 잘 써먹을 수 있는 회로가 되겠는가? 차동증폭기의 정체성을 규명 했으니 사용가치를 뒤져 볼 차례다. 차동 증폭기의 사용가치를 저울질하는 부분에서 CMRR이 반드시 등장 해야 하나 아직은 한가지 더 고려 해야 할 것이 남아 있다.

식(5)를 보시라.

만약 증폭도를 마음 먹은대로 정하려고 시도 하려는 순간 먹먹해지고 만다. 아싸리 R1 = R2 = R3 = Rf로 설정해 차동증폭기의 본질적 형태를 구현하는데 만족 해야 할 것 만 같은 생각이 사록사록 든다.

설계자 홍길동이 등장할 차례다.

직장상사 임꺽정이 회로설계를 좀 과신하는 홍길동에게 CMRR이 높은 회로를 구현하는데 증폭도를 2배로 해서 설계하라고 지시를 했다 하자. 역시 홍길동은 회로 설계에 일가견이 있어 CMRR하면 차동증폭기가 바로 생각나서 차동증폭기 회로를 적용하기로 마음먹는다. 입력신호가 들어 오는 입구이기 때문에 고입력 임피던스를 가진 전압 팔로워를 차동증폭기 입력단 앞에 각각 넣어 두는 것도 세심하게 배려 했다. 그 런 다음에 증폭도를 2배로 하는 것은 역시 자기가 배운 반전증폭기를 써서 2배로 올리기로 작정하고 아래와 같이 멋 들어지게 설계했다. 간지나 보인다.

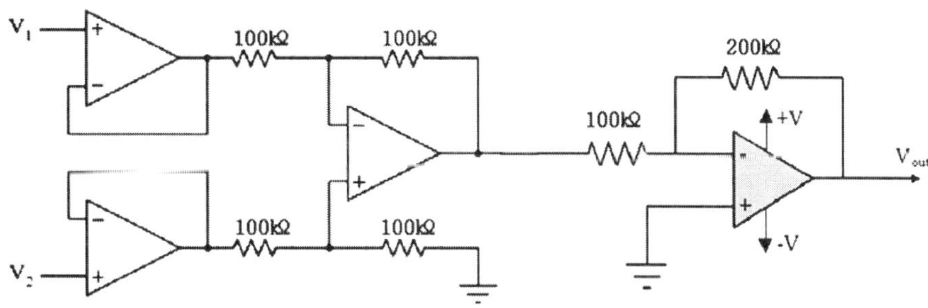

언듯 보기에는 매우 그럴싸하다.

흠을 찾을 수 없을 정도로 설계를 잘한 듯 보인다. 뭐 쫌 있어 보이기까지 한다. 여기까지 차근차근 읽어 왔던 사람은 이 회로를 해석하거나 이해 하는데 전혀 지장이 없는 회로다. 이 회로가 어렵지 않고, 낯 익으면 그 만큼 회로를 보는 눈이 한 차원 높아 졌다는 반증이다.

초보자라면 이 정도로 CMRR를 제거하면서 증폭도를 2배 가지게 설계한다는 것은 쉽지 않은 일이다.그래서 칭찬 받아야 마땅하다.

그런데 아쉬운 점은 홍길동이 연륜이 있는 엔지니어라는 점이다. 회로설계에 있어서는 남에게 뒤지지 않는다고 자신하는 홍길동이 하나 놓친 것이 있다 무엇일까?

이 회로가 들어 가는 보드를 수 천장 제작해야 한다고 할 때, 원가를 생각해야 함에도 홍길동씨는 회로의 기능을 제대로 구현 하는 데에만 촛점을 맞추어 비용절감이라는 측면을 깡그리 무시하였다. 어떻게 하면 원가를 좀 더 줄일 수 있을까?

방법은 없을까?

생각해 보시길. 홍길동의 설계에 대한 평가를 넉넉히 한 후에 CMRR을 기초적으로 생각해 보기로 하자.

차동증폭기 관련해서는 너무 무미건조해서 사막을 걷는 느낌이 들 정도로 식이 복잡하고, 짜증이 나는 것이 사실이다. 그래서 많은 사람들이 회피한다. 책을 보더라도 친절하게 중간 계산과정을 보여 주는 책이 드물다. 그 나머지 몫은 각자에게 달렸다. 한번은 연습장 놓고 꼭 풀어 보시기를 바란다. 그래야 나중에 중간과정 잃어 버린다 해도 개념은 탱탱하게 살아서 남들이 차동증폭기를 운운할 때 무슨 말을 하는지는 알아 먹을 수 있는 정도는 된다.

너무 사설이 길어 졌으니 홍길동의 설계를 한번 감상하고 문제가 있다면 무엇이 문제인지를 한번 지적해 보시길....

반도체 라인에서는 앞 단의 공정을 FRONT END(맨 앞 단)라고 하고, 뒷부분의 공정을 BACK END(맨 뒷 단)라고 자주 말한다. 알아두면 나쁘지 않다.

보드 또는 PCB 회로에 있어서도 FRONT END, BACK END라는 말을 가끔 사용한다. 설계자 홍길동은 말하자면, 회로의 맨 앞단(FRONT END)쪽 회로를 설계하되 CMRR에 매우 좋고, 증폭도가 2배인 회로를 지시 받았었다. 잠깐 홍길동이 설계한 회로의 각 단 출력을 보기로 하자.

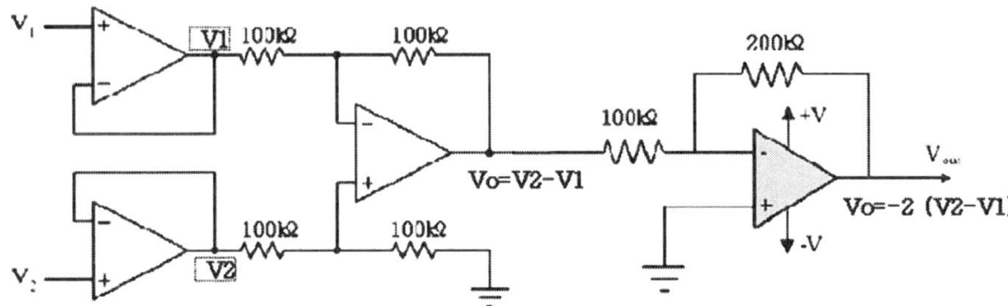

- 처음 입력단은 고입력 임피던스를 가진 전압 팔로워 회로를 아주 잘 활용했다. 출력은 입력대로 나오는 것은 이미 설명한 대로 당연지사다.
- 이 출력이 R1 = R2 = R3 = R4 = 100kΩ인 차동 증폭기를 거치면 입력의 차 전압이 간단하게 얻어진다. Vo = V2 − V1가 된다.
- 또한 이 출력이 반전증폭기를 거치면 궤환 저항 200kΩ과 입력저항 100kΩ에 의해 증폭도가 2배 된다. 따라서 홍길동이 설계한 회로의 최종출력은 Vo = −2(V2 − V1)

회로는 기능대로 아주 잘 돌아갈 것이나 홍길동이 간과한 것은 원가절감에 매우 둔감했다. 그 차원에서 수정해야할 회로는 무엇인가가 우리가 보는 관점이어야 한다.

이제 '이득조절이 가능한 고입력임피던스 차동증폭기'인 아래 회로를 보기로 하자.

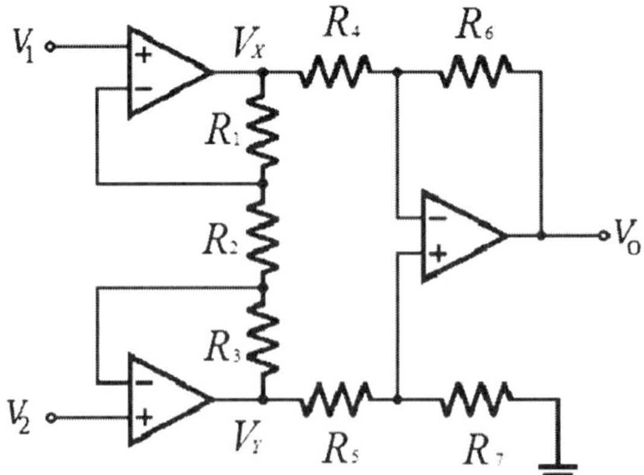

굉장히 복잡하다. 과연 해석해서 풀어 낼 수 있을까? 이런 회로를 CMRR과 관련해서 설명은 하고 있으나 상세하게 결과식을 풀어서 보여 주는 책은 매우 드물고, 찾기도 어렵다고 했다. 어떻게 손질하면 만족할 만한 결과물을 얻을 수 있을까?

주변에 잡다한 저항이 다닥다닥 붙어 있기 때문에 식이 복잡해 지는 것은 감수 해야 한다.그렇다고 고등수학을 적용하는 것은 아니기 때문에 아직까지는 우리가 당초 생각 했던 초등학생 차원의 사고를 기지고, 초등학교 수학난으로 연산 증폭기를 해석한다는 입장에서는 벗어나지 않을 듯 싶다.

여하튼

이런 회로를 접하면 기가 죽게 마련이다. 깜깜해진다. 어떻게 헤쳐 나가야 하나? 사실 발상을 전환하면 회로해석은 간단해 진다.

목표해야 하는 것은 최종 출력 Vo와 V1, V2의 관계식이 될 것이다. 그리고 붙어 있는 저항으로 이득을 손쉽게 얻을 수 있다는 것을 밝혀야 한다.

그러나 고입력임피던스 부분만을 떼어 내어 다음과 같이 해석한다고 하면 머리 뚜껑이 열려 버릴 것이다.

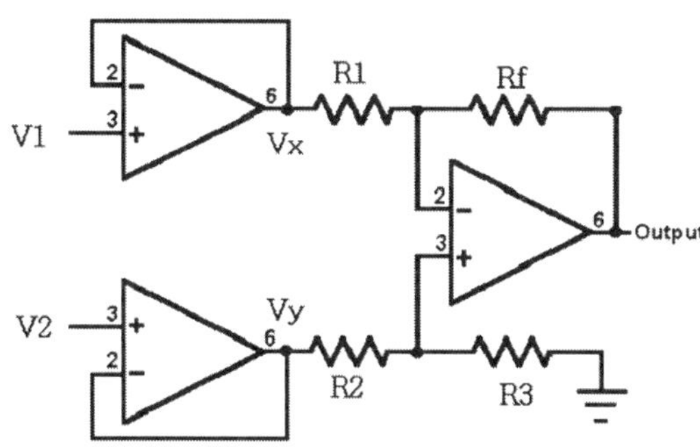

위에서 살펴 보았듯이 이런 형태로는 이득을 조정하기가 쉽지가 않을 뿐더러 '이득조절이 가능한 고입력임피던스 차동증폭기' 를 해석하는 디딤돌로 사용하기도 벅차 보인다. 결과식 (5)를 다시 살펴보자.

$$V_0 = \frac{R_1R_3 + R_fR_3}{R_1R_2 + R_1R_3} \times V_2 - \frac{R_f}{R_1}V_1 - - - (5)$$

난감해 진다. 이렇게 해서는 작업 효율이 무척 떨어진다. 여기서 필요한 것은 센스다.차동증폭기의 저항을 저리 두어서는 풀다가 지쳐 진저리 쳐질 것이다.

이제 '이득조절이 가능한 고입력임피던스 차동증폭기' 회로에서 R1 = R2 = R3 = Rf라고 놓으면 Vo = Vy − Vx가 된다. 이렇게 규정한 연후에 회로를 살펴야 징글맞지 않게 될 것이다.

그렇다면 '이득조절이 가능한 고입력임피던스 차동증폭기' 해석에서 중요한 것은 전류의 흐름이다. 여지껏 연산 증폭기를 해석하면 처음 식을 세울 때 항상 KCL을 적용해 왔다. 어떻게 전류 흐름을 세울 수 있을까? 이것이 회로 해석의 관건이 되겠다.

아래를 보자.

가상단락(IMAGINARY SHORT)에 의해 V1과 V2가 윗 회로와 같이 정해질 것이다. 그러면 전류 관계식이 훨씬 수월하게 풀어지게 될 것만 같다. 어디 보기로 하자.

R4 = R5 = R6 = R7 이라면 당연히 최종출력은 이미 풀었던 대로

$$V_O = V_y - V_X ---(7)$$

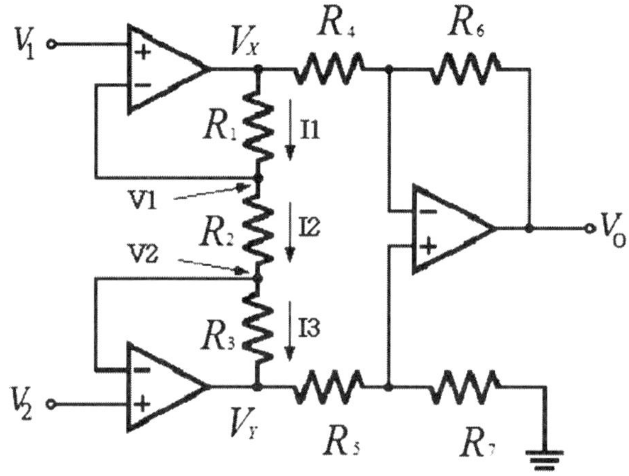

이 될 것이다. [식 (6)을 보라]...좀 반복되는 경향이 있지만 재삼 확인하기 위한 조치로 봐 달라.

다음으로 착수 해야 할 작업은 Vx와 Vy값을 구하는 방법을 궁구해야 할 것 같다. 어떻게 찾아 낼까? 그렇다 위 회로에서 보듯이 I1 = I2 = I3를 이용하면 뭔가 나올 것 같다.

$$I_1 = I_2 = I_3 ---(8)$$

마찬가지로 전류를 전압과 저항만의 식으로 변환할 수 있는 오옴의 법칙을 이용해 보기로 하자.

$$I_1 = \frac{V_x - V_1}{R_1} ---(9)$$

$$I_2 = \frac{V_1 - V_2}{R_2} ---(10)$$

$$I_3 = \frac{V_2 - V_y}{R_3} ---(11)$$

(8)식에 의해 I1 = I2이므로 (9), (10)식을 대입하면 아래와 같이 된다.

$$\frac{V_x - V_1}{R_1} = \frac{V_1 - V_2}{R_2} \text{---}(12)$$

(12)식을 Vx에 대하여 풀어 보기로 하자. 양변에 R1 * R2를 곱해 주면 등식은 계속 성립한다.

$$R_2 \times V_x - R_2 \times V_1 = R_1 \times V_1 - R_1 \times V_2$$

$$R_2 \times V_x = R_1 \times V_1 - R_1 \times V_2 + R_2 \times V_1$$

$$V_x = \frac{R_1 \times V_1 - R_1 \times V_2 + R_2 \times V_1}{R_2} = \frac{(R_1 + R_2)V_1 - R_1 \times V_2}{R_2} \text{---}(13)$$

Vx를 구했으므로 Vy를 구해보도록 하자. 방법은 Vx를 구하는 방식과 동일하다. 각자 풀어 보시라 결과식만 여기에 기입하기로 한다. 식만 디리 나오니 겨울날씨 같이 건조할 것이라고 미리 단도리 해 두었었다. 하지만 어쩔 수 없는 노릇이다. 그래야 적당한 습도의 즐거움을 맛볼 수 있는 것이 아니겠는가?

$$V_y = \frac{(R_2 + R_3)V_2 - R_3 \times V_1}{R_2} \text{---}(14)$$

Vx와 Vy를 구했으니 (13), (14)를 (7)식에 대입하기로 하자 그러면 식은 다음과 같이 세워진다.

$$V_o = \frac{(R_2 + R_3)V_2 - R_3 \times V_1}{R_2} - \frac{(R_1 + R_2)V_1 - R_1 \times V_2}{R_2} \text{---}(15)$$

이제 이식을 세웠으니 8부 능선을 넘은 것이다. 나머지는 식을 정리하는 것 밖에 남지 않았다. (15)식을 정리하면 분모가 같으니 매우 수월하게 정리 될 것 같다.

$$V_o = \frac{(R_1 + R_2 + R_3)V_2 - (R_1 + R_2 + R_3) \times V_1}{R_2} \text{---}(16)$$

으로 되고 다음식과 같이 뭔가 보이는 식으로 점차 탈바꿈 된다.

$$V_o = \frac{(R_1 + R_2 + R_3)}{R_2}(V_2 - V_1) = \left(1 + \frac{R_1 + R_3}{R_2}\right)(V_2 - V_1) \text{---}(17)$$

식이 완성 되었다. 보이시는가? 두 입력의 차가 하나로 묶여진 것을!!! (V2 – V1)!!! 휴~ 이제 오아시스에 다 왔다. 갈증나는 목을 축이고 사막 모래로 건조해지고,텁텁한 목을 시원하게 할 차례만 남았다. 타는 목마름이 만족감으로 휴식을 취할 때가 되었다.

(17)식을 감상해 보라. 입력쪽에 전압 팔로워만 있는 차동증폭기의 결과식과 매우 흡사하다. 단지 증폭도가 저항으로만 조정하게끔 되어 버렸다. 이런~ 해낸 것이다.!!!!

이제 GAIN = 2인 차동증폭기를 설계해 보자 R1 = 100kΩ, R2 = 200kΩ, R3 = 100kΩ으로 설정해 주면............

$$V_o = 2(V_2 - V_1)$$

드디어 간단하게 이득을 조정할 수도 있고, 고입력임피던스를 가진 차동증폭기를 구현내 낸 것이다. 기쁘지 아니한가? 홍길동의 회로 설계와 비교해서 다음 회로를 보라.

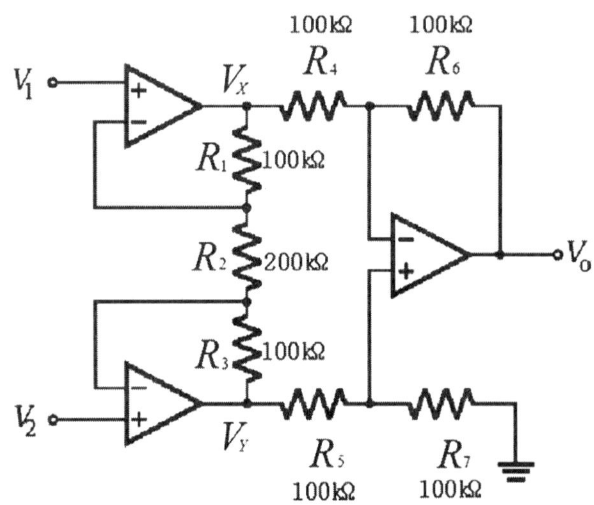

고 입력임피던스 차동증폭기에 저항 3개만을 더 추가해서 2배 이득까지 간단하게 조정할 수 있는 회로를 만들었다. 홍길동의 회로와 무엇이 다른가? 홍길동의 회로에는 2배의 증폭도를 얻기 위해 반전증폭기를 하나 더 추가 했었다. 연산 증폭기와 저항 두 개를 더 추가한 셈이다.

연산 증폭기는 저렴하면 수천원이고 비싸면 만원대이다 그러나 저항은 수십원에 불과하다. 홍길동식의 설계는 원가경쟁력에서 낙오될 수 있는 요인이다. 어느 것을 선택할 것인가는 자명하다. 그렇지 아니한가?

(17)식을 보고 5배 증폭도를 갖게 저항을 한번 조정해 보시라 R1 = 200kΩ, R2 = 100kΩ, R3 = 200kΩ 하면 5배 증폭도를 갖는 고입력 임피던스 차동증폭기를 설계할 수 있게 된 것이다. 저항 3개 추가만으로!!!!

여기서 한가지 전해 내려오는 비기(秘記)를 전수토록 하겠다.

비법이라~ 너무나 잘 알려진 비법이라 비법이랄 수도 없다. 차동증폭기 하면 더불어 이야기되는 상식에 가깝다. CMRR를 높이면서 증폭도 2 이상을 가져가는데 저항도 3개까지를 덧 붙일 필요가 없는 방법이다. 앞에서 우리는 차동증폭기의 출력을 계산하고 식이 복잡해서 요모조모 따져 보질 못했다. 먼저 우리가 구한 출력식을 가만히 보기로 하자.

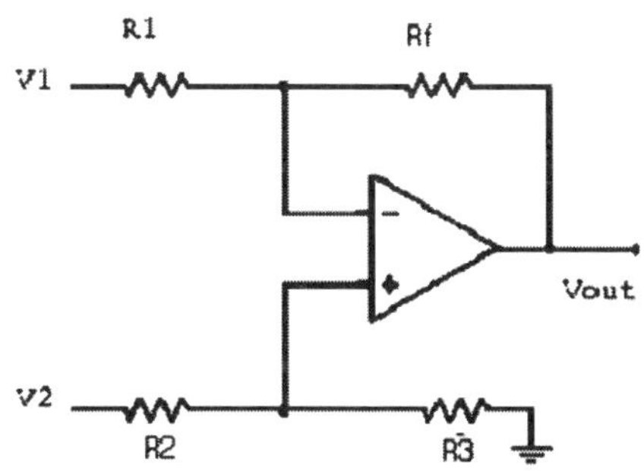

$$V_0 = \frac{R_1R_3 + R_fR_3}{R_1R_2 + R_1R_3} \times V_2 - \frac{R_fR_2 + R_fR_3}{R_1R_2 + R_1R_3} \times V_1 = \frac{R_1R_3 + R_fR_3}{R_1R_2 + R_1R_3} \times V_2 - \frac{R_f(R_2 + R_3)}{R_1(R_2 + R_3)} \times V_1$$
$$= \frac{R_1R_3 + R_fR_3}{R_1R_2 + R_1R_3} \times V_2 - \frac{R_f}{R_1} \times V_1$$

위의 회로에서 R1 = R2라고 하고, Rf = R3라고 할 때, 위의 식이 어떻게 변하는지 관찰해 보기로 한다.

$$V_0 = \frac{R_1R_3 + R_fR_3}{R_1R_2 + R_1R_3} \times V_2 - \frac{R_f}{R_1} \times V_1 = \frac{R_f(R_1 + R_f)}{R_1(R_1 + R_f)} \times V_2 - \frac{R_f}{R_1} \times V_1 = \frac{R_f}{R_1} \times V_2 - \frac{R_f}{R_1} \times V_1$$

이 되어 식은 아주 간단하게 정리가 될 것 같다.

$$\boxed{V_0 = \frac{R_f}{R_1}(V_2 - V_1)}$$

따라서 두 배의 이득을 가지는 차동증폭기를 설계 한다면 R1 = R2, Rf = R3의 값을 같게 하고, Rf = 2×R1 같이 저항값을 정해 주면 간단하게 처리할 수 있게 된다. 만약 R1 = 100㏀, Rf = 200㏀ 이라 하면,

$$V_o = 2(V_2 - V_1)$$

외관상 복잡하게 보였던 차동 증폭기의 출력식도 저항값의 조작에 의해 간단하게 결과식을 만들어 줄 수 있게 되었다. 이 식도 현장에서 자주 목격하는 식이 되겠으므로 눈에 인 박아 놓으면 두고두고 유익할 것이다. 노파심에서 다시 강조하지만 고 임피던스입력을 원하면 반드시 전압 팔로워를 달아 주어야 한다는 점을 다시 한번 강조한다.

차동증폭기는 그럼 어디에 적용 되었는지 잠깐 짚어 보고 진행하기로 한다. 아래는 가끔 보아 눈에 낯설지 않은 V/I SOURCE의 블록선도이다.

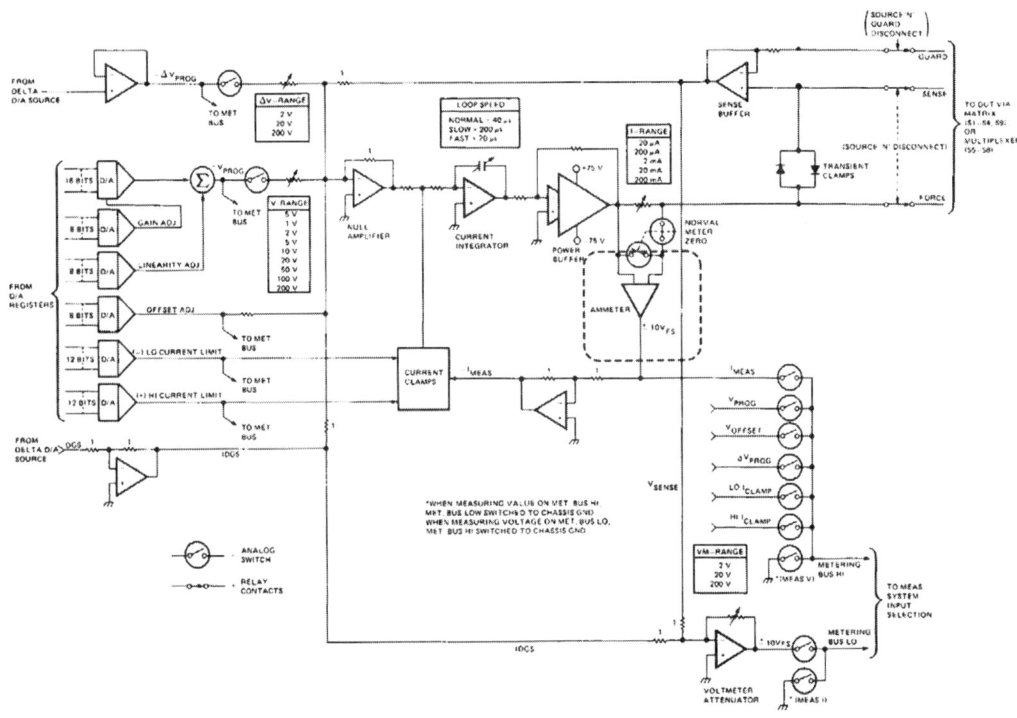

위의 V/I SOURCE의 점선영역 부분에 이득조절이 가능한 고입력임피던스 차동증폭기가 들어간다. 이를 AMMETER라고 부르는데 출력으로 흘러 나가는 저항 양단의 전류를 전압값으로 환산할 때 없어서는 안 될 회로가 된다. 물론 다양한 형태의 AMMETER가 있겠지만 이득조절이 가능한 고입력임피던스 차동증폭기를 AMMETER로 사용했다.

AMMETER(전류계, 電流計)에서는 저항 양단에 걸린 전압이 최대 1V로 한정 되어 있고, 이를 10배 증폭 시켜 CURRENT CLAMP 회로에 입력 시키는데, 왜 이런 구조를 갖아야만 되는지는 나중에 V/I SOURCE의 동작을 분석할 때 설명하기로 하고, 우선은 '이득조절이 가능한 고입력임피던스 차동증폭기' 를 전류계에도 사용하는구나 하고 감만 잡으면 된다.

이제는 이득조절이 가능한 고 입력임피던스 차동증폭기의 결과식에서 증폭도를 10배로 하

는 것은 일도 아니게 된다. 결과식 (17)에서

$$V_O = \left(\frac{R_1 + R_2 + R_3}{R_2}\right)(V_2 - V_1) = \left(1 + \frac{R_1 + R_3}{R_2}\right)(V_2 - V_1) --- (17)$$

R1 = 450kΩ, R2 = 100kΩ, R3 = 450kΩ 이면 출력은 10배가 되게 된다.

$$V_0 = \left(1 + \frac{450K\Omega + 450K\Omega}{100K\Omega}\right)(V_2 - V_1) = 10(V_2 - V_1)$$

가 된다.

전류계는 입력 양단의 저항에 의한 흘러 나가는 전류 값을 전압으로 환산한다고 했다. 전류계 동작의 대충 밑그림만 그려 보기로 한다. 아래 그림을 보자.

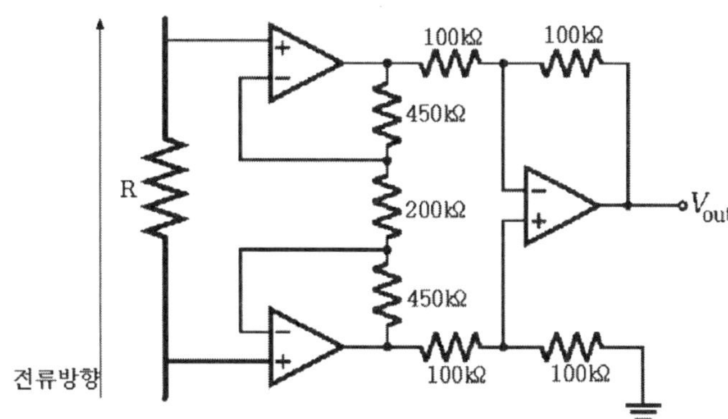

저항양단에 전류가 흐를 때 유발된 전압을 어떻게 처리할지를 놓고 고민 할 때 이득조절이 가능한 고입력임피던스 차동증폭기를 사용하면 된다는 것을 개념 잡으면 된다. 입력 임피던스가 무지막지 하게 커서 전류가 차동증폭기로 인해 손실 되지도 않겠다, 증폭도도 마음대로 조정할 수 있겠다...이런 회로가 딱이다.

예를 들어

위의 회로에서 저항 R은 100kΩ이고 여기에 전류가 윗 쪽 방향으로 10㎂가 흐른다고 가정하기로 해 보자.

저항양단에 걸린 전압은 V = 100kΩ × 1㎂ = 0.1V 가 되고, 이득조절이 가능한 고입력임피던스 차동증폭기를 거치면 ×10가 되므로 출력은 1V가 된다. 이를 CPU로 읽는다고 하자. CPU에서는 어떻게 저항 R 에 흐르는 전류가 10㎂인지를 알게 되는가?

장비 O/S는 저항 R이 100kΩ이라는 것을 알고 있다. 왜냐하면 설계를 했으니까 당연히 안다.

따라서 이득조절이 가능한 고입력임피던스 차동증폭기 출력이 1V이므로 이 값이 전류계를 거쳐 10배가 된 것을 알고 있으므로 ÷10, ÷100kΩ으로 나누어 화면에 뿌려 주기만 하면 된다. 그래서 10μA인지를 알게 된다.

결과식은 (1V ÷ 10) ÷ 100kΩ = 10μA

실제로 장비 운용은 대충 이런 식으로 사용한다는 것을 개념적으로만 알아 두자.

고 입력임피던스 차동증폭기는 쓰임새가 있는 만큼 한 개의 소자형태로 나온 것들이 꽤 있다. 영문으로 이 소자를 찾을 때는 'Instrumentation amplifier'로 찾으면 된다. Texas Instruments 社의 INA128, INA129의 블록선도를 가져와 보자.

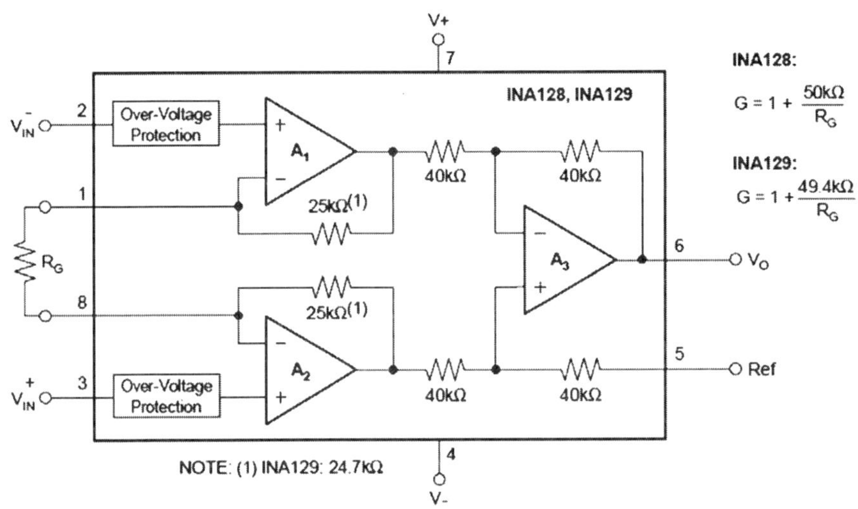

이득은 우리가 식으로 구한대로 옆에 기입이 되어 있다. 저항 값이 정해져 있으므로 외부에 달려 이득을 통제할 수 있도록 한 RG 저항에 의해 이득을 사용자가 편의대로 가져갈 수 있도록 구성된다.

analog device 社의 AD8428도 하나의 소자로 구성된 고 입력임피던스 차동증폭기이다.

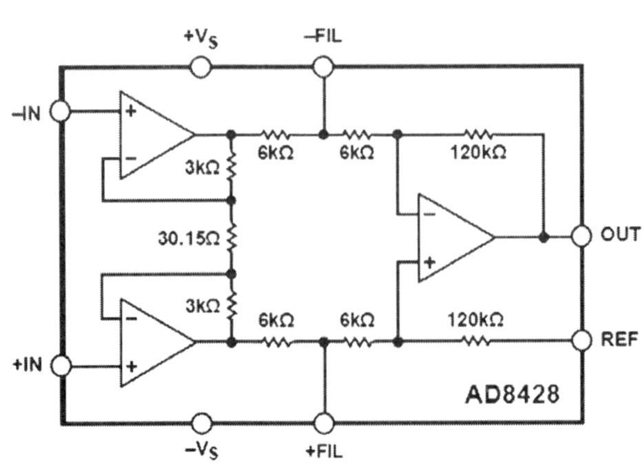

이득을 얼추 계산하면

$$G = \left(1 + \frac{3K\Omega + 3K\Omega}{30.15K\Omega}\right)\left(\frac{120K\Omega}{12K\Omega}\right) = 12$$

고 입력임피던스 차동증폭기가 어떠한 방식으로 전류계로서 기능하는지 대략적인 동작 메카니즘만 파악하면 성공이다. 저항에 흐르는 전류에 의해 유기되는 전압을 손실없이 알뜰살뜰 읽어 주기가 전류계의 핵심 이랄수 있다.

다음에는

거북이 등딱지처럼 차동증폭기와는 뗄래야 뗄 수 없는 CMRR을 높이는 귀재로서의 차동증폭기를 조명한다.

연산 증폭기에 관련된 책을 보면 차동증폭기는 CMRR이 무척 좋다고 열이면 열, 하나 같이 소리 높여 합창을 한다. 그럼 우리 귀에 자주 들리는 CMRR 이란 무엇인가? CMRR은 common-mode rejection ratio 를 줄인 약자로 우리언어로는 '동상제거비' 라고 한다.

제거비율이니까 높으면 좋을 것이란 예상은 당연하고, 그렇다면 대체 동상이란 무엇을 말하는 것인가?

동상(同相)이 많이 제거 되면 좋다? 뭐가 뭔말인지 아리송해진다. 겨울철에 손과 발 얼굴의 피부가 찬바람에 꽁꽁 얼어 괴사하는 병명인 동상(凍傷)이 아니다. CMRR을 모르면 차동증폭기 이해는 어려워 진다. CMRR을 이해해야 차동증폭기 전모가 비로써 그려진다. 그저 단순히 연산증폭기회로 중 하나라고 치부하고 넘어가다가 영영 기억 속에서 지워지고 만다.

동상이란 간단히 말하면

그라운드노이즈 정도에 해당한다. 만약 그라운드를 기준으로 하는 신호선에 그라운드에 타고 들어오는 노이즈가 실린다고 생각해 보자. 그러면 원하는 신호가 왜곡되는 현상이 발생할 것인데 잡음의 상(동일 시점의 Phase. 극성과 크기와 모양이 같다)이 같다고 해서 동상인 것이다.

그라운드 노이즈는 동상일 수 밖에 없다. 왜냐하면 기준선이니까. 또한 동상이라는 말로 미루어 신호선이 하나라고 생각이 들지 않는다. 뭔가 한 개 이상 공통이니까 같을 동(同)자를 쓴 것이라는 것은 눈치 밥만 먹고 살아 오지 않았더라도 척~하면 낌새를 알아 차린다.

이런 하나 이상의 신호선에서 잡 신호를 제거하는 것이 전기전자회로의 중요한 목표들이 되는 것이다.

다시 원점으로 돌아와서 CMRR이 좋다는 것은 그라운드에서 뜨는 잡음신호를 제거하는데 무척 탁월하다는 뜻이 될 터이고, 이를 위해 차동증폭기가 적격이라는 말이 된다.

그러면 어떻게 차동 증폭기에서 그라운드 노이즈가 삼빡하게 제거 되는지 꼼꼼히 사유해 주

자. CMRR제거 메커니즘을 알기 위해 평형계와 비평형계를 알아야 한다. 짧게 말해서 비평형시스템은 신호원에서 신호를 보내 줄 때 그라운드 기준으로 한 선으로만 신호를 보내 것을 말하고, 평형시스템에서는 동일한 그라운드를 기준으로 두 선으로 신호를 보내는 것을 말한다. 아래 그림은 평형/비평형 시스템의 구조를 잘 보여 주고 있다. 첫번째 그림을 보시라. 노이즈가 있을 때 비평형시스템에서는 잡음의 독행을 뒤집어 쓴다.

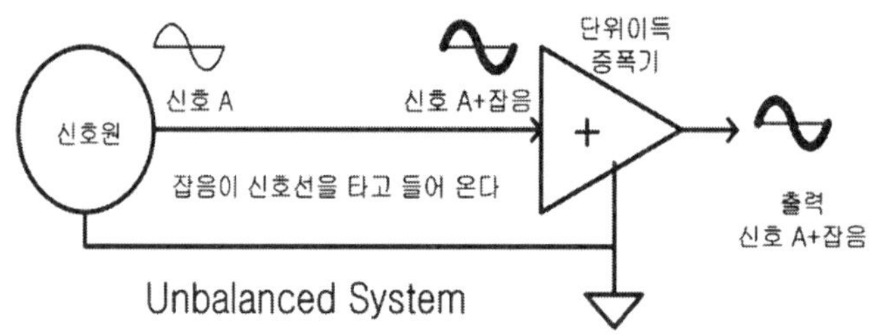

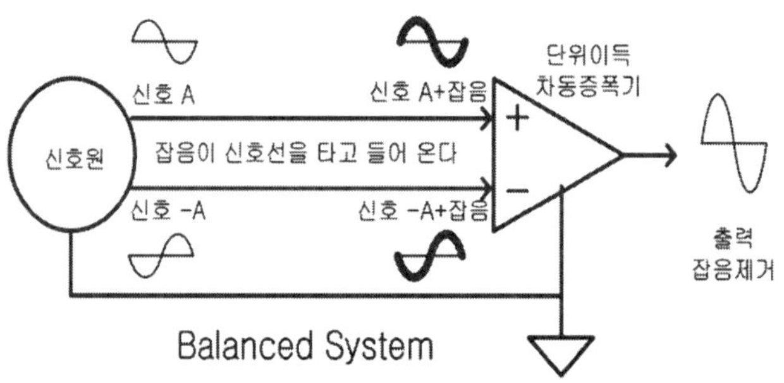

보시다 시피 비평형시스템(Unbalanced system : 신호선이 하나 인 것, 불평형형, 편선접지형)에서는 그라운드 노이즈가 뜨면 받는 곳에서는 대책없이 노이즈가 그대로 나타나게 되어 있다. 그러나 평형시스템(Balanced system : 그라운드를 기준선으로 하는 두 개의 신호선을 가진 시스템)처럼 신호를 두 군데로 나누어서 보내는 방식을 택하게 되면 그라운드 노이즈를 탁월하게 살상해 버리는 방법이 존재하게 된다. 이 때 사용하는 것이 바로 차동 증폭기!!!다.

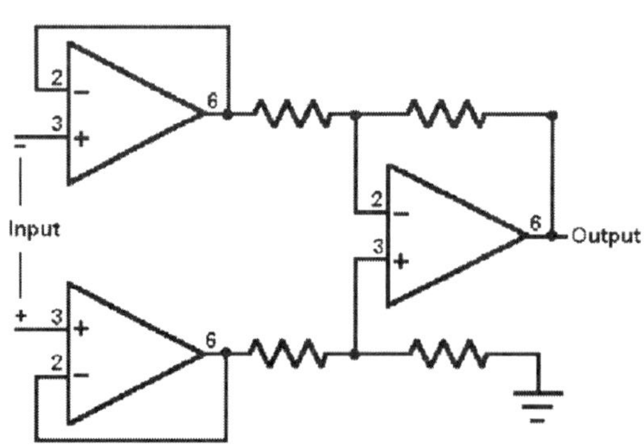

보통은 차동증폭기만을 입력쪽에 곧장 배치시키는 것이 아니라 위의 회로와 같이 각각의 입력에 전압 팔로워를 달고 사용한다. 전압 팔로워는 입력쪽에 달면 입력임피던스가 무지하게 커져서 입력되는 직류, 교류 신호를 깔끔하게 받는다는 것은 혀가 아프도록 누누이 강조해 왔다. 머리 속에서 회로를 해석할 때 전압 팔로워는 신호를 잘 받기 위해서 있는 것이구나 하고 감지만 하고 삼겹살 기름기 빼듯 살짝 빼 버리면 된다.왜냐하면 이득이 1이니까. 허나 실전에서는 꼭 더 불어 사유해 주어야 한다. 해석상 빼자는 말이다.

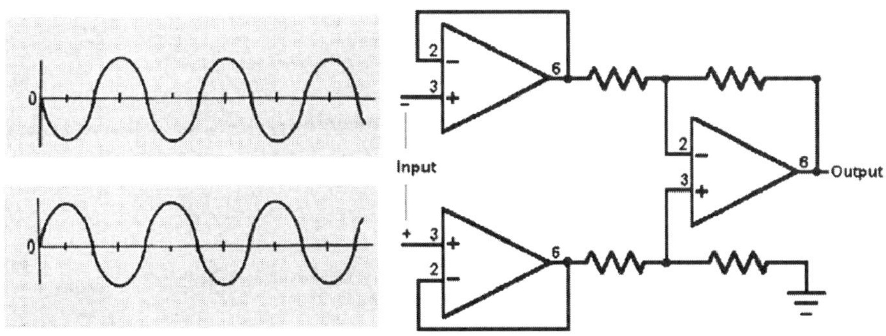

위와 같이 신호가 평형모드로 입력 된다고 하자. 아차~ 그런데 기준이 되는 그라운드에서 잡음이 실려 파형이 아래와 같이 심각하게 왜곡 되었다고 극단적으로 밀고가자.

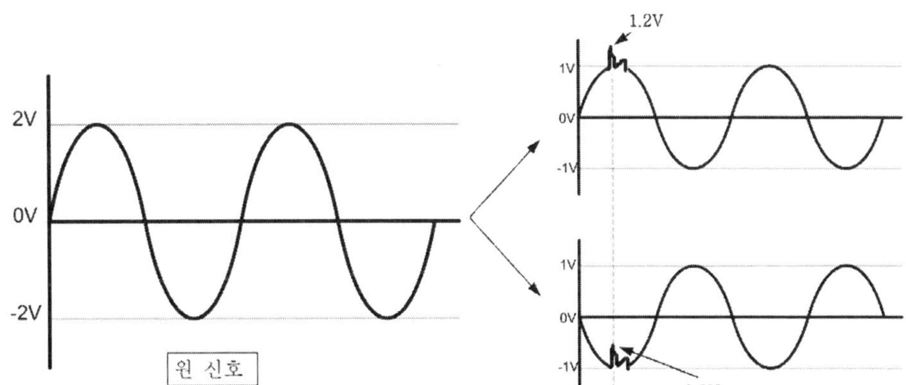

평형시스템에서는 신호가 둘로 쪼개지고,서로 상이 반대가 되며, 원 신호의 진폭 보다 1/2 작다 잡음이 A시점에 동시에 들어 왔다 하자

원 신호는 진폭이 각각 반씩이고, 서로 상이 반대 되는 신호를 보내게 되어 있다. 물론 평형계를 말한다. 그런데 기준이 되는 그라운드 잡음은 동상이기 때문에 위와 같이 +방향으로 빠직~ 하고 들어 왔다고 가정한다(물론 그라운드 잡음이 저런 식으로도 들어 올 수 있으나 전송로에

연속적으로 타고 들어 오는 것이 일반적이다).

이때 들어온 노이즈 레벨이 0.2.V라고 또 가정 하기로 하자. 'A' 점의 시간에서 원 신호는 상이 반대 되기 때문에 각각 1V와 −1V가 되지만 잡음이 실려 각각 1.2V와 −0.8V가 된다(예는 하나를 들지만 노이즈 구간을 연속적으로 사고해 주시라).

이 노이즈 탄 레벨을 차동증폭기 단에 집어 넣어 보자. 입력이 'A' 시점이 되었을 때 출력은 얼마가 될까? 식(6)을 가져와서 여기에 잡음이 빠직 하고 들어온 시점인 'A' 점의 값을 집어 넣어 보기로 한다. 결과가 어떻게 나올까?

$$V_0 = V_2 - V_1$$

이 식에 잡음이탄 1.2V와 0.8V를 넣으면(차동증폭단의 비반전입력으로 1.2V가, 반전입력으로 −0.8V가 들어간다. 위 그림 자세히 참조)

$$V_0 = 1.2V - (-0.8V) = 2V$$

어라? 잡음성분은 어디 갔지? ...잡음은 제거 되고 그 시점에서의 원 신호가 복원 되었다!!!! 별로 놀라운 사실이 아니다. 차동증폭기가 원래 그런 놈이니까. 생겨 먹은 대로 논 것 뿐이다. 생겨 먹은 대로 마음껏 사용하는 것은 빅브라더인 바로 설계자 자신이다.

동상잡음이 연속적으로 입력 된다고 해도 모든 시점에서 동상들은 완벽히 제거 될 것이며, 원 신호는 무사히 원형을 유지할 것이다. 말하자면 디지털 공학의 해밍 코드(Hamming Code)를 이용하여 디지털의 전송에러를 수정하듯이, 굳이 비교하자면 아날로그의 해밍 코드는 차동증폭기라고 비교하여 교차 생각할 수도 있을 것 같다.

중요한 것은 신호의 기준이 되는 그라운드의 잡음이 두 신호선에 입력 되었을 때, 이 잡음을 어떻게 효과적으로 처단 했냐?가 욧점이다. 두 선의 공통 기준선인 그라운드에서의 잡음은 동일하게 혼입되므로 동상이 된다는 것은 앞에서 이미 주절 댔다. 동상은 차동증폭기 앞에서는 뱀 앞의 쥐처럼 맥을 추지 못한다.

그래서 모든 책에 차동증폭기를 기술할 때 빼 놓지 않는 것이 CMRR이 매우 좋다는 것을 기술 했으나 다들 어렵게만 써서 읽는 사람으로 하여금 무슨 말을 중얼거리고 있는지 모르게 만든다. 수식으로 이해하려고 해 보라. 한마디로 머리 빠개진다.

실제로 CMRR을 설명한 책을 보라 거의 헬라어수준이다.이해하라는 말인지, 원래 전기전자공학은 이렇게 어려워 라고 독자에게 각인시키기 위해 쓴 말인지 대체 헷갈린다. 정말 수수께끼 같은 사실은 쉬운 말도 난해하게 말해야 직성이 풀리는 어떤 일군의 군상들 작태다. 너무 실랄하게 까고 있는 것 처럼 보이는가? 대학 강단에서나 강의한다면 학적으로 현상적 사실에 원형적으로 최근접하기 위해 들이는 가상한 노력이라고 생각은 들지만, 그게 아니고 핸드북 수준이면 알기 쉽게들 써라~ 젠장 ...너도 어렵다고?...긁적 긁적(머리긁는 소리. 유구무언...)

CMRR의 값은 비율이기 때문에 아래와 같이 개념 규정한다.

$$\text{동상제거비 (CMRR)} = \frac{\text{차동전압이득}}{\text{동상이득전압}}$$

연산 증폭기의 이상적 조건에서 'CMRR이 무한대' 라는 말을 들어 보았을 것이다.

유치하게 설명한 대로 연산 증폭기는 동상이득을 제거하는데 탁월한 기능을 가지고 있다. 원래 생겨 먹은 것이 두 입력 차이를 증폭시키는 것이 연산 증폭기가 아니었던가? 이상적인 측면이 아니더라도 동상이 말끔히 제거 되면 동상은 거의 0이라고 볼 수 있다. 물론 값은 dB로 표시하지만 여하튼 분모가 0에 가까우면 동상제거비 CMRR은 ∞가 된다는 것은 자명해 진다. 실제 회로에서는 CMRR이 무척 높아진다, 또는 좋아진다라고 말할 수 있게 된다.

연산 증폭기는 차동전압이득(= GAIN)이 ∞였으므로, 이래저래 아무래도 CMRR은 이상적으로 ∞ 값이 될 것 같다.

동상의 특효약 차동증폭기를 애용, 복용하시라!

차동증폭기와 관련된 것은 아니지만 ~제거비로 CMRR과 더불어 연산증폭기의 성능을 판단하는 인자로서 PSRR이 제시된다. PSRR(supply voltage rejection ratio, 電源電壓除去比)은 연산증폭기에 인가되는 플러스전원이나, 마이너스 전원이 춤을 추는 데에 따라 출력이 어떻게 동조해서 얼마만큼 춤 동작을 따라 하느냐의 정도를 나타낸다고 보면 된다. 만약 전원이 크게 요동칠 때 출력도 같이 크게 요동 친다면 좋은 연산증폭기라고 볼 수가 없다고 판정이 되는 것이다. PSRR는 아래와 같이 정의 된다.

$$PSRR = 20\log\frac{RIPPLE_{INPUT}}{RIPPLE_{OUTPUT}}$$

예를 들어 부품규격표를 보면 PSRR이 100dB라고 방방거릴 때, 어떤 의미를 갖는지 계산해 보자.

$$PSRR = 20\log\frac{RIPPLE_{INPUT}}{RIPPLE_{OUTPUT}} = 100dB$$

계산해 주면 아래와 같이 정리 될 수 있다.

$$\frac{RIPPLE_{INPUT}}{RIPPLE_{OUTPUT}} = 10^{5} = 100,000$$

$$\frac{RIPPLE_{INPUT}}{100,000} = RIPPLE_{OUTPUT}$$

만약 전원단에서 리플이 들어와 전원 변동폭이 1V라고 극단적으로 가정 해 보자, 그렇다면 PSRR이 100dB인 연산증폭기에서의 출력에 미치는 영향은 얼마나 될까? 위의 결과식에 넣어 계산해 본다.

$$\frac{1V}{100,000} = RIPPLE_{OUTPUT} = 0.00001V = 10uV$$

10uV 정도 춤을 춰 준다고 계산된다. 따라서 PSRR이 높을 수록 전원의 변동에 따라 출력이 영향을 덜 받는다고 결론을 맺을 수 있다.

차동증폭기를 분석 했으니 발전된 형태의 차동증폭기인 FDA를 알고 넘어가는 것도 도움이 될 듯 싶다.

먼저 우리가 흔히 듣는 single-ended라는 말을 정리 하자. 단일 또는 차동에 대해서 단동이라는 말로번역이 되는 이 말을 그림으로 이해하는 것이 왔따다.

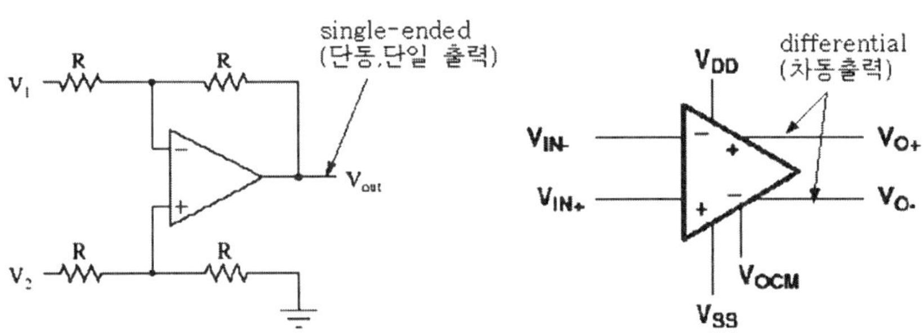

출력으로 따지자면 위의 그림과 같이 하나일 때를 single-ended(단일,단동) 이라 하고, 두 개일 때는 double-ended(양동)이라고 불러준다. 미국의 서부 영화를 보면 싸나이들이 결투를 벌일 때 권총을 들고 마초답게 결판 짓는 것을 볼 수있다. single-ended와 double-ended는 마치 권총 한 자루와 쌍권총에 비유할 수 있다. 다루기로 따지자면 쌍권총이 훨씬 힘들다.

첫번째 형태는 우리가 이미 숙지한 회로가 되겠으나, 두 번째 형태는 접해 보지 못한 생소한 형태이다. 척 보기에 차동증폭기이긴 한데 명칭이 FDA라고 불리는 소자이다. FDA는 식품에 관련해서는 자주 귀로 듣는 미국 식품의약국(Food and Drug Administration)이 아니라, fully differential op amp의 약자로 우리말로는 완전 차동 증폭기라고 불리는 이 증폭기는 겉보기에는 여간 깐깐하게 생기지 않았다.

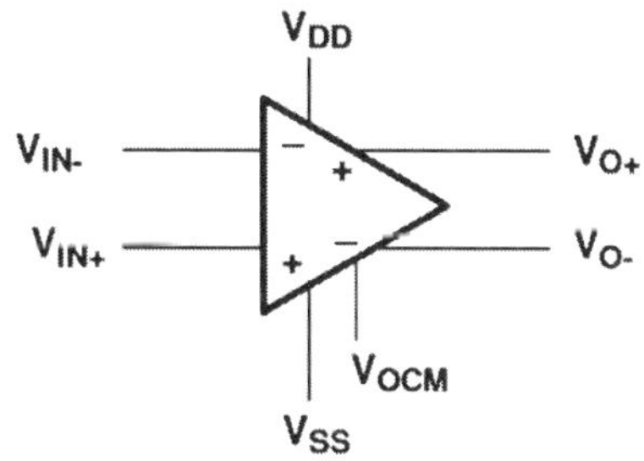

그러나 각 핀의 역할을 조금만 뜯어 보면 나중에 식으로 정리할 때 전혀 문제가 없는 형태가 되겠다.

다른 핀들은 연산증폭기와 다른 것이 없으나 V_{0-}와 V_{OCM}이 덧 붙여져 있다. 기능은 간단하다. V_{0-}는 우리가 익히 아는 단독출력의 반전 된 형태로 나오며, V_{OCM}은 직류 오프셋을 인가하여 주는 단자가 되겠다.

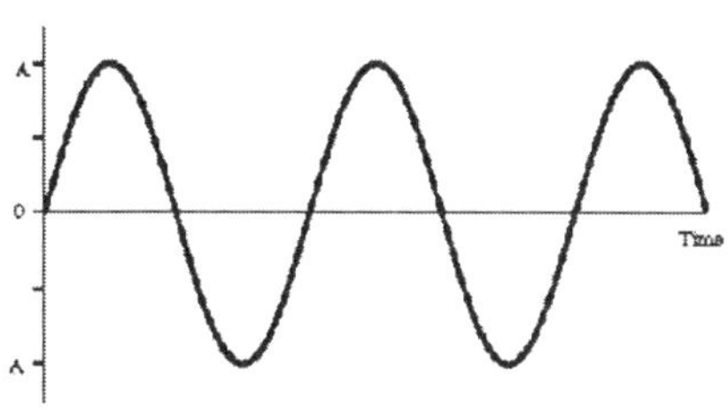

V_{0-} 출력

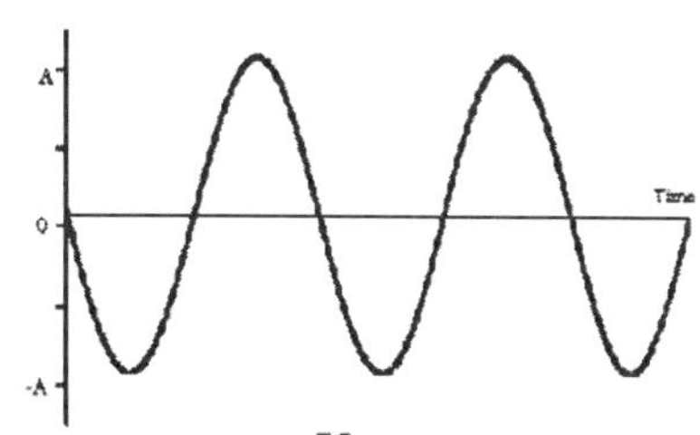

V_{0-} 출력

위 그래프에서 보는 바와 같이 일반 출력과 상이 반대되는 출력이 나타난다. 여기서 한가지 짚고 넘어가야 하는 사실은 V_{0-}에 -1을 곱하면 정상출력과 똑 같다는 것은 기억할 만하다.나중에 보게 되겠지만 이 사실은 식을 간략히 이해 하는데 요긴하게 사용이 된다. $-V_{0-} = V_{0+}$이라는 사실을 기억해 둔다.

이러한 출력파형에 직류 오프셋을 싣고 싶다고 하자. 만약 1V 직류 오프셋을 넣고자 한다면 $V_{OCM} = 1V$를 입력시켜주면 된다.

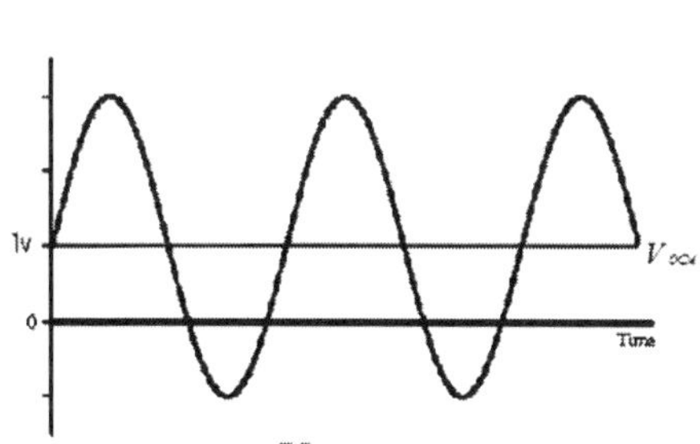

V_{0-} 출력

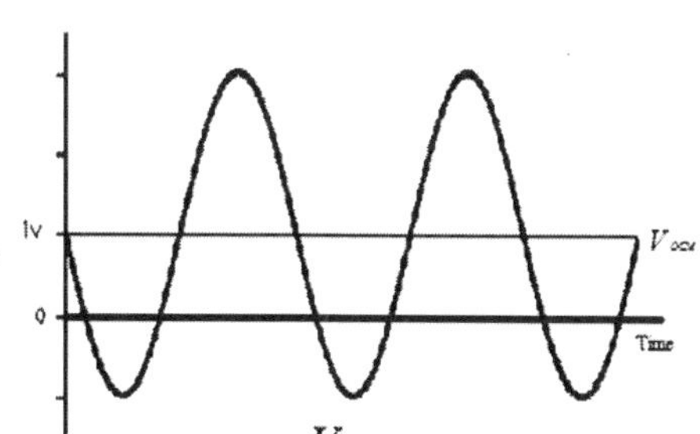

V_{0-} 출력

출력 양쪽 다 V_{OCM} 만큼 오프셋이 올라간 것을 볼 수 있다. 그렇다면 이제 출력을 어떤 방식으로 구하는지 고려해 본다. 방법은 일반 연산증폭기 출력을 구하는 방법과 동일하다.

위 회로를 분석할 때 반전 궤환과 비반전 궤환이 있어 어디에서부터 손을 대야 할지 모르겠지만, 여하튼 비반전 궤환이 틀림없이 존재하기 때문에 가상단락이 존재한다고 우기면서 접근한다.

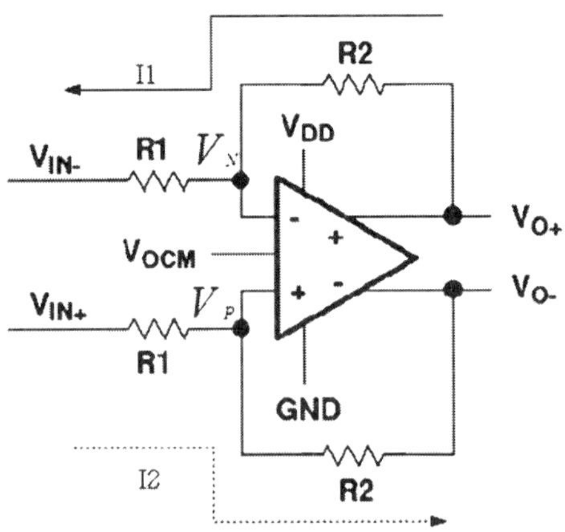

$$V_P = V_N$$

이 된다는 것은 궤환이 형성되어 있고, 가상단락이 나타나면 아니라고 부인할 여지가 없다.
양변의 전압 V_P와 V_N을 구하기 위해 전류의 방향을 위 회로의 그림과 같이 설정한다.
전류 I1을 식으로 표현한다(전류방향은 엿장수 내키는 대로 하듯 해도 된다).

$$\frac{V_{O+} - V_N}{R_2} = \frac{V_N - V_{IN-}}{R_1}$$

이 식을 Vn식에 대하여 전개 하면

$$R_1 V_{O+} - R_1 V_N = R_2 V_N - R_2 V_{IN-}$$

$$R_2 V_N + R_1 V_N = R_1 V_{O+} + R_2 V_{IN-}$$

$$(R_2 + R_1) V_N = R_1 V_{O+} + R_2 V_{IN-}$$

$$\therefore V_N = \frac{R_1}{R_1 + R_2} V_{O+} + \frac{R_2}{R_1 + R_2} V_{IN-} \quad ---(18)$$

Vp를 구하기 위해 전류 I2 관계식을 엮어 본다. 방법은 위의 식 전개와 동일하다.

$$\frac{V_{IN+}-V_P}{R_1}=\frac{V_P-V_{O-}}{R_2}$$

이 식을 V_P 식에 대하여 전개 하면

$$R_2V_{IN+}-R_2V_P=R_1V_P-R_1V_{O-}$$

$$R_2V_P+R_1V_P=R_1V_{O-}+R_2V_{IN+}$$

$$(R_2+R_1)V_P=R_1V_{O-}+R_2V_{IN+}$$

$$\therefore V_P=\frac{R_1}{R_1+R_2}V_{O-}+\frac{R_2}{R_1+R_2}V_{IN+}---(19)$$

$V_P=V_N$는 같다고 하였으므로 식(18)과 식(19)를 등치 시킨다.

$$V_N=\frac{R_1}{R_1+R_2}V_{O+}+\frac{R_2}{R_1+R_2}V_{IN-}---(18)$$

$$V_P=\frac{R_1}{R_1+R_2}V_{O-}+\frac{R_2}{R_1+R_2}V_{IN+}---(19)$$

$$\frac{R_1}{R_1+R_2}V_{O+}+\frac{R_2}{R_1+R_2}V_{IN-}=\frac{R_1}{R_1+R_2}V_{O-}+\frac{R_2}{R_1+R_2}V_{IN+}$$

$$\frac{R_1}{R_1+R_2}V_{O+}-\frac{R_1}{R_1+R_2}V_{O-}=\frac{R_2}{R_1+R_2}V_{IN+}-\frac{R_2}{R_1+R_2}V_{IN-}$$

$$\left(\frac{R_1}{R_1+R_2}\right)(V_{O+}-V_{O-})=\left(\frac{R_2}{R_1+R_2}\right)(V_{IN+}-V_{IN-})$$

$$\therefore V_{O+}-V_{O-}=\left(\frac{R_2}{R_1}\right)(V_{IN+}-V_{IN-})---(20)$$

최종 (20)식이 나왔다. 앗~ 놀랍게도 차동증폭기와 같이 주변에 붙은 저항의 비로 이득이 나오고, 두 입력 전압이 차동으로,즉 빼기 형태로 되어 있는 것이 똑 같다. 따라서 FDA도 별 볼일 없이 차동증폭기와 같다는 것을 결론으로 맺을 수 있을 것 같다~하고 분석 정지하면 애석해진다.

반드시~

식(20)에서부터 논리적 사고를 더 진행해 줘야 한다. 두 출력식의 빼기를 구하는 것이 아니고, 각각의 한쪽 출력에 대해서 풀어 내야만 완성을 본다. 저 식만 가지고 마무리하면 지금까지 용쓰고 이해하려던 노력만 가상하게 된다. 실제로 노력만 가상한 경우가 허다하다. 누구 말대로 실로 눈뜨고 볼 수 없을 지경이다.???

기억 나는가?

두 출력이 똑 같은 값에 상만 반전이라는 것을 강조 했던 것을!!!! 이 말을 뒤집으면 한쪽에 −1을 곱해주면 두 출력이 같아 진다는 것을 강조하지 않았는가!!!!

(20)식을 가만히 뚫어지게 보시라.

$$\therefore V_{O+} - V_{O-} = \left(\frac{R_2}{R_1}\right)\left(V_{IN+} - V_{IN-}\right) --- (20)$$

뭐가 보이는가?

V_{0-}는 V_{0+}와 상이 반대라고 했다. 그런데 (20)식을 보면 $-V_{0-}$ 항이 보인다 이는 무엇으로 대체 할 수 있을 까? 그렇다!!!바로 $-V_{0-} = V_{0+}$라는 것을 알아 차리셨는가? 이 점은 특히 중요하다. 이 핵심을 몰라 식을 (20)식까지 잘 유도 하고서는 나머지는 에라 모르겠다 방기하는 사태가 벌어진다. 이런 논리라면 (20)식은 간단하게 다음과 같이 정리 될 수 있다.

$$2V_{O+} = \left(\frac{R_2}{R_1}\right)\left(V_{IN+} - V_{IN-}\right)$$

$$\therefore V_{O+} = \left(\frac{R_2}{2R_1}\right)\left(V_{IN+} - V_{IN-}\right)$$

한쪽 출력을 구했다.

그러면 남은 다른 한쪽 출력은 어떻게 구할 수 있을까? (20)식의 양변에 −1을 각각 곱해 주어 보라.

$$-V_{O+} + V_{O-} = -\left(\frac{R_2}{R_1}\right)\left(V_{IN+} - V_{IN-}\right)$$

이제 보이는가? 마찬가지로 $-V_{0+} = V_{0-}$가 된다는 것을 눈치 챌 수 있다.

따라서

$$2V_{O-} = -\left(\frac{R_2}{R_1}\right)(V_{IN+} - V_{IN-})$$

$$\therefore V_{O-} = -\left(\frac{R_2}{2R_1}\right)(V_{IN+} - V_{IN-})$$

이 된다.

다 나왔다. 두 개의 출력을 입력과 이득으로 나타내는 식을 구한 것이다. 출력식을 구했기 때문에 어떤 FDA회로가 나와도 바로 출력이 어떤지를 알 수가 있게 되었다. 물론 완전한 식은 아래식과 같이 오프셋을 더한 공식이 될 것이다.

$$V_{O+} = \left(\frac{R_2}{2R_1}\right)(V_{IN+} - V_{IN-}) + V_{OCM}$$

$$V_{O-} = -\left(\frac{R_2}{2R_1}\right)(V_{IN+} - V_{IN-}) + V_{OCM}$$

물론 오프셋은 경우에 따라 넣어 주는 항이기 때문에 굳이 꼭 집어 넣을 필요는 없다. 실제 간단한 문제를 풀어 보자. 각각의 출력은 얼마가 될까?

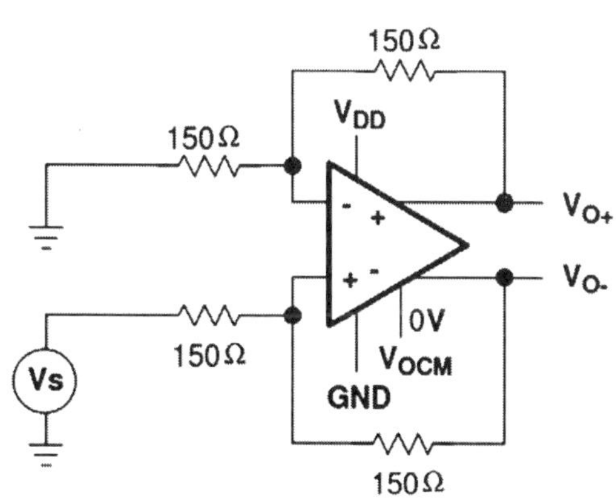

$$V_{O+} = \left(\frac{150\Omega}{2\times150\Omega}\right)(V_S - 0) + 0 = \frac{1}{2}V_S$$

$$V_{O-} = -\left(\frac{150\Omega}{2\times150\Omega}\right)(V_{IS} - 0) + 0 = -\frac{1}{2}V_S$$

이제 출력 핀이 쌍권총처럼 나와도 당황하지 말고 차근하게 즈려 밟아 주기로 하자.

FDA는 완전차동증폭기라는 이름이 붙었지만 출력이 두 군데로 나오는 것에 불과한 차동증폭기일 따름이다. '완전' 하다는 접두사를 붙인 것이 고개를 갸우뚱하게 만들지만, 여하튼 공학자들은 작명에는 소질이 없는 사람들이라고 여겨 주자. 전적으로 차동출력을 갖는 증폭기에 불과한데 짐짓 우리는 용어에 약간 당황하게 되었던 것이다. 완전?....좀 우습지 아니한가! 입력도 차동이고, 출력도 차동? 이라서 완전이라고 이름 붙인 것인가? 그것이 궁금하다.

1-18. 비반전증폭기

우리는 이미 전압 팔로워를 설명 했기 때문에 입력임피던스를 무지막지 하게 크게 하면, 보내 오는 전압을 온전히 받을 수 있다는 것을 알았다. GAIN = 1이고, 극성도 바뀌지 않았다. 그런데 전압 팔로워는 다 좋은데 아쉬운 점이 하나 따른다. 증폭도를 사용자 마음대로 조정하지 못한다는 것이 결정적 흠결이다.

입력임피던스가 엄청 크고, 보낸 신호(직류든 교류든 간에 무차별적으로)를 받는 것은 아주 제격인데, 증폭을 위해 하나의 연산 증폭기를 추가 하는 것은 비용에 민감한 우리들에게는 걸림돌이 될 수 있다. 입력임피던스가 엄청 크고, 이득도 자기 마음대로 조절할 수 있는 양수겸장(兩手兼將)의 증폭기는 과연 있을까?

없으면 묻지도 않는다. 눈치 채셨겠지만 그런 회로가 존재하고 있기 때문에 실실 개기고 있는 것이다.

설계하는 회로가 고 입력 임피던스를 갖는 전압 팔로워 같은 특성을 띄면서도 증폭도를 설계자 마음대로 휘두룰 수 있으면 으아~ 좋겠는데...이때 제대로인 것이 비반전증폭(NON INVERTING)라는 회로이다.

이쯤 되면 연산 증폭기 회로가 생긴 형태가 거기서 거기처럼 생겨 먹어 놔서 뇌가 중심을 못 잡는 것이 사실이다. 비반전증폭기도 생긴 것이 반전증폭기인지, 전압 팔로워인지 뭐 비슷비슷하게 생겨 놔서 점점 아노미 상태로 진입하기 시작한다.

답답할 땐 명칭을 생각하면 쉬워진다.

비반전증폭기이기 때문에 비반전단자로 입력이 있을 것이라고 생각하면 정답이다. 그리고 비반전증폭기가 전압 팔로워처럼 입력 입피던스가 무쟈게 쎄려면 입력에 돌아가거나, 돌아오는 지저분한 궤환 회로 연결이 없어야 한다.

증폭기로 사용하려면 궤환은 있어야 하니, 궤환만은 반전단자 쪽에 있을 것이란 예상은 연산 증폭기 궤환회로 연결의 기본이다. 그런데 증폭도를 갖기 때문에 주변에 잡다한 저항이 있을 것이란 상상을 하면 그 상상은 헛된 망상은 아니다. 그 추측이 맞다.

그럼 비반전 증폭기의 상징으로 생겨 먹은 모양을 보기로 한다. 아래는 자주 접하는 비반전 증폭기의 회로이다.

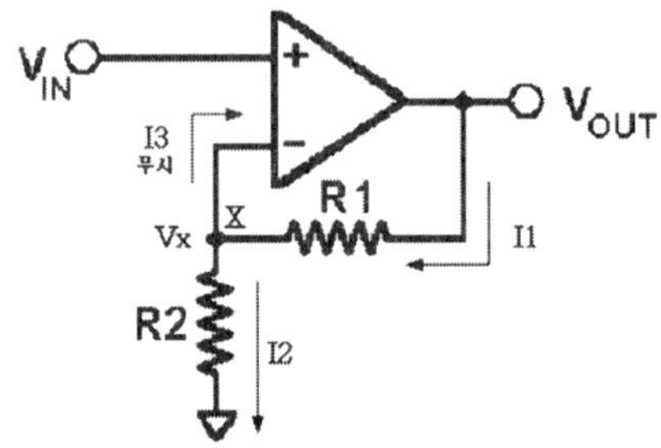

이제는 모양만 쳐다 봐도 비반전단자의 임피던스는 무지 세겠다는 생각이 우뢰처럼 뇌를 내리친다. 그런 현상은 우리가 폭풍 흡입한 지식이 운동을 시작하는 조짐으로 볼 수 있으므로 매우 긍정적인 현상이 되겠다.

출력식을 구하는 문제도 어려움이 없어 보인다.

여하튼 부궤환이 형성되어 있으면 예외 없이 가상단락(IMAGINARY SHORT) 현상이 나타난다는 것도 이미 숙지하고 있다. 반전증폭기에서 가상단락과 KCL(키르히 호프의 전류법칙)을 통해 간단하게 출력식을 유도 했듯이 비반전증폭기도 같은 방법을 투입하여 구하면 쉽게 출력식(또는 GAIN)을 얻을 수 있을 것 같다.

고로 입력임피던스를 강하게 하고, 증폭도 또한 내 마음대로 늘었다 놨다 할 수 있으며, 극성도 반전 되지 않는 비반전증폭기는 매력이 철철 넘쳐 흐르는 연산 증폭기 중 하나가 되겠다.

전류흐름도 척 보면 금방 안다. I3는 무시하는 법도 알았다. 사족을 붙인다면 입력임피던스가 거의 무한대 이니까! 저항이 무한대인 곳으로 전류가 흐를 수는 도저히 없다!!!.

그러면 KCL에 의해(전류는 임의로 잡아도 전혀 상관 없다고 했다. AC적으로는 전류흐름을 끊었다 놓아주었다 하는 전류 흐름의 반대방향이 순간적으로 나타난다. 따라서 전류흐름을 위의 회로에서 그림 그려 놓은 반대방향으로 설정해도 결과식에는 하등 상관이 없다) 절점 X에 흘러 들어오는 전류와 빠져 나가는 전류는 같으므로,

$$I_1 = I_2 \text{---(1)}$$

가 될 것이다. 그러면 지겹도록 읊었던 전류를 전압과 저항으로 바꾸는 작업을 수행케 하는 오옴의 법칙을 적용하면 아래와 같이 식이 홱가닥 화학변화를 일으킨다.

$$I_1 = \frac{V_0 - V_x}{R_1} \text{---(2)}$$

$$I_2 = \frac{V_x - 0V}{R_2} = \frac{V_x}{R_2} \text{---(3)}$$

(2), (3)식을 식(1)에 대입하면,

$$\frac{V_0 - V_x}{R_1} = \frac{V_x}{R_2} --- (4)$$

그런데 Vx는 가상단락 (IMAGINARY SHORT)에 의해 입력 전압 Vi와 같다. 그렇다면 (4) 식은 다음과 같이 쓸 수 있게 된다.

$$\frac{V_0 - V_i}{R_1} = \frac{V_i}{R_2} --- (5)$$

양편을 R1*R2로 곱해 주자.

$$R_2 \times (V_O - V_i) = R_1 \times V_i --- (6)$$

Vi로 묶기 위해 식을 이항하면,

$$R_2 \times V_O = (R_1 \times V_i) + (R_2 \times V_i) = (R_1 + R_2) \times V_i --- (7)$$

따라서 결과식은,

$$V_O = \frac{(R_1 + R_2)}{R_2} \times V_i = \left(\frac{R_1}{R_2} + 1\right) \times V_i --- (8)$$

으로 얻어진다.

주변에 있는 저항만으로 증폭도를 마음대로 가져갈 수 있는 형태가 되었다. 고것 참 신기하다. 주변에 있는 몇 십원 짜리 저항으로 증폭도를 가지고 놀 수 있다는 사실..기쁘지 아니한가? 물론 정밀한 것을 요구하는 데에는 연산 증폭기도 성능 좋은 것으로 써야 하고, 저항도 허용오차가 적은 값비싼 것을 써야 할 때도 있지만 말이다.

연산 증폭기를 해석할 때 식이 나오는 것은 운명이다. 피할 수 있는 부분이 아니다.그러나 식은 무척 간단하다. 다만 정리가 번거로울 뿐이다.

우리는 흔히들 "피할 수 없으면 즐겨라!!"라고 스스로 최면 거는 말을 아무 생각 없이 옳게 받아 들인다. 혓바닥을 잘 굴리는 일군의 멘토들로부터 권면 받았었다. 허나 어떤 얼빠진 인간이 신난간고(辛難艱苦)의 고행(苦行)을 즐길 수 있을까? 화려한 수사일 뿐이다. 즐길 수 없는 것이 인간이다. 호구지책에 연결되어 있으니 해야 하는 것이다. 전기전자 전공하고 은행이나 증권사에 취직하려 한다면 별문제이지만...

요사이 멘토라는 말을 즐겨 쓰는 것 같다. 원래는 오딧세이가 전쟁으로 출정가기 전 아들 텔

레마코스의 교육을 그의 친구인 멘토에게 맡겼다. 그래서 스승이라는 말의 동의어로 멘토라는 용어를 사용하는 듯하다..

한번 2배의 증폭도를 갖는 비반전증폭기를 설계해 보자..... R1 = 100kΩ, R2 = 100kΩ으로 넣으면 (8)식에 의해

$$V_o = 2V_i$$

가 얻어진다.

고로 결론은 비반전증폭기는 특성이 전압 팔로워와 거의 엇비슷하지만 전압 팔로워에 비해 장점이랄 수 있는 점이 한가지 첨가 된다. 바로 증폭도를 자유자재로 가질 수 있게 설계할 수 있다는 점이다. 비반전증폭기 식(8)을 보면 GAIN = 1을 갖게 설계하기는 도무지 어렵다. 그럴 때는 전압 팔로워를 사용하고 기타 이득>1인 회로는 비반전증폭기를 사용하면 되시겠다.

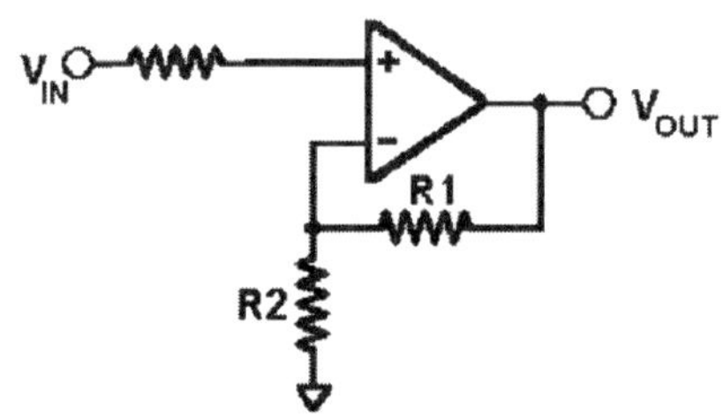

가끔 실전에서는 위에서 보는 증폭기가 출현하기도 한다.

뭘까?

저렇게 자주 DNA 돌연변이를 일으키는 저 연산 증폭기란 놈의 정체는 과연? 저것도 '비반전증폭기' 일까? 확신이 서지 않는다. 멘토링 받지 않으면 속으로 끙끙 앓을 수 밖에 없다.

저번에도 언급(言及) 했듯이 연산 증폭기회로가 주변회로를 가지고 난장을 한바탕 쳤다면 화장발은 모두 지워 버려야 상큼하게 알아 먹을 수 있는 원형적 형태가 드러난다고 설명 했다.

근데요...화장발이 아니고 성형수술 했으면요? 할 말이 없다. 성형 전 사진 봐라 할 수 밖에.저 형태가 성형전의 온전한 상태는 비반전증폭기였을 것 같다.

근데 왜 비반전 입력단에 저항을 덜컥 달아 버린 것일까?

뭘 좀 아는 것은 있어서 저항은 전류를 제한 한다고 했으니까...오라~ 입력단을 과전류로부터 보호 하려고 입력단에 저항을 달았다! 하면 땡이다.

이미 연산 증폭기의 쌩 입력은 저항이 무지막지해서 좀 과장하여 ∞Ω이라고 하지 않았나. 그 정도면 충분히 전류는 제한이 된다.그렇다고 완전한 것은 절대 아니다. 그럼 저 저항의 진짜 정체는 당최 뭘까? 이것이 궁금하지 않을 수 없다.

입력바이어스전류(Input bias current)를 생각해 줘야 할 시점이 온 것 같다.

1-19. 입력 바이어스전류 이해하기

입력바이어스전류 (Input bias current) 라는 말을 가끔 들어 보았을 것이다. 비반전증폭기의 비반전단자에 달린 저항을 이해 하려면 먼저 입력바이어스전류를 쬐께 개념 잡아야 한다(어떤 책에서는 연산 증폭기의 전원단에서 공급되는 전류를 Bias 전류라고도 한다. 연산 증폭기를 동작시키기 위한 에너지를 주는 것이기 때문에...).

바이어스는 이전에 이미 양동이에 담긴 물로 설명을 했다. 이두 저두 이해하기 다 귀찮다 하면 바이어스는 직류성분처럼 떠있는 전압인데 뭔가를 동작시키기 위해서 미리 준비 해야 할 전압수준이라고 생각해 두면 편하다.

바이어스는 소자를 동작시키기 위해 필요한 요소이다. 트랜지스터 같은 경우는 직류전압을 걸어 두어야 비로써 신호 AC가 증폭이 된다. 양동이에 물이 왠 만큼 있어야 찰랑거리는 맛이 있게 되듯이. 그것이 바이어스(Bias)다. 떠 있는 놈을 말한다.

그런데 어쩌자고 연산 증폭기에서는 뭔 놈의 바이어스가 또 나온다냐?

그렇다 연산 증폭기도 내부 창자가 트랜지스터로 만들어 졌거나 FET로 제작되어 있어 바이어스를 걸어 두어야 한다. 전압이면 전압, 전류면 전류가 걸려야 하거나, 흘러야 동작 된다. 연산 증폭기가 동작하기 위한 전류라고 생각해도 이~편한 생각이다.

연산 증폭기의 부품규격(DATASHEET)을 보면 입력바이어스전류(Input bias current) 항목이 나온다. 아래는 LF156과 LM143, LM343의 부품규격(DATASHEET)에 나온 입력바이어스전류 (Input bias current)이다. 비교해 보시라.

Parameter	Conditions	LM143			LM343			Units
		Min	Typ	Max	Min	Typ	Max	
Input Bias Current	T_A=25°C		8.0	20		8.0	40	nA

LM143, LM343 입력바이어스전류 Input Bias Current

Symbol	Parameter	Conditions	LF155/156			LF256/7 LF356B			LF355/6/7			Units
			Min	Typ	Max	Min	Typ	Max	Min	Typ	Max	
I_B	Input Bias Current	T_J=25°C		30	100		30	100		30	200	pA
		$T_J \le T_{HIGH}$			50			5			8	nA

LF156 입력바이어스전류 Input Bias Current

LM143,LM343은 단위가 nA이고 LF156은 pA 단위(25℃에서. 온도가 올라가면 nA 단위로 된다.위의 LF156 표에서 nA 단위로 나온 것은 온도가 높을 때의 입력바이어스전류를 나타내는 것이다)이다. LF156이 더 좋은 소자라는 것을 알 수 있다. 왜 그런가? 아래 회로를 보면 연산 증폭기가 이상적일 때 아래 회로의 출력은 전압이 정확히 0V가 되어야 한다(실제로는 그렇지 않다는 것을 잘 아시리라).

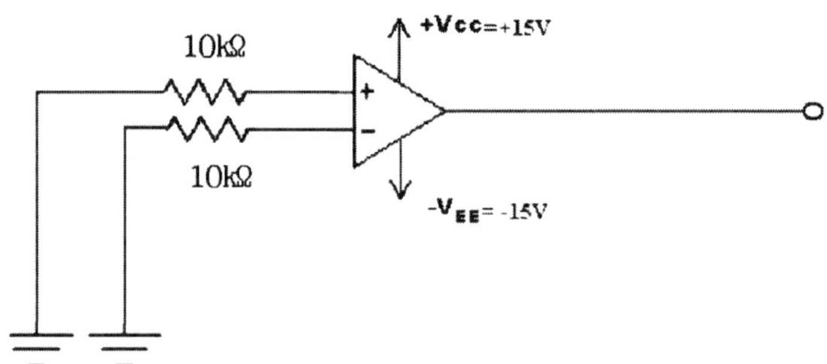

이 회로를 이렇게 바꾸어 보고 LM343과 LF156의 입력바이어스전류(Input bias current)의 결과를 감상해 보기로 한다. 개루프(OPEN LOOP)로 생각하면 극단적이어서 생각이 꽉 박힌다. 이게 실례로 좋다.

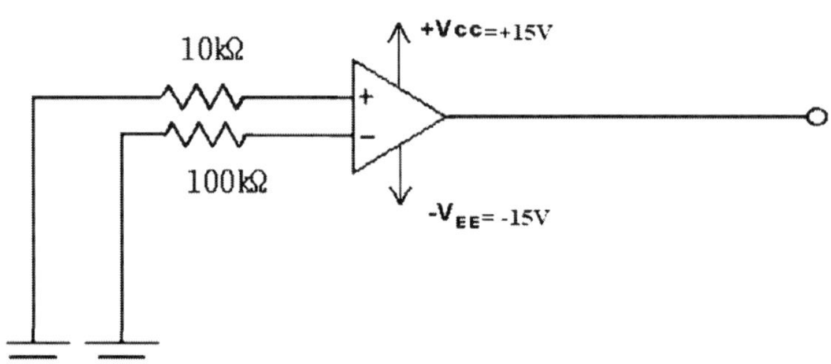

이렇게 저항이 바뀌면 어떤 일이 벌어질까? LF156의 입력바이어스전류(Input bias current)는 최대(MAX) 100pA라고 했다. 그렇게 되면 10kΩ에 걸리는 전압과 100kΩ에 걸리는 전압이 달라져 두 입력간에 전압차가 발생한다.

- 비반전단자 : 10kΩ(입력단 저항)×100pA(입력바이어스전류) = 1μV
- 반전단자 : 100kΩ(입력단 저항)×100pA(입력바이어스전류) = 10μV

전압차가 $10\mu V - 1\mu V = 9\mu V$가 되고, 루프가 형성이 안되어 있으므로 OPEN LOOP 이득을 100000으로 잡고 출력을 보면 0.9V의 오프셋이 뜬다. 전기전자에서 오프셋이 나오면 무조건,어떤 값이던, 어떤 단위던 0이 나와야 하는데 0에서 벗어난 불필요한 성분이라고 판단해도 99% 맞다. Bias는 필요한 조건성분, 오프셋은 원하지 않는 불필요한 성분으로 정리하면 된다. 여하튼 0.9V가 나왔다. 신호도 없고, 0V를 기대 했는데 결과가 실망스럽다.

한편 LM343은 입력바이어스전류(Input bias current)가 최대(MAX) 40nA라고 했다. 위와 같이 연결하면 결과는 참담하게 VCC, −VEE로 쳐 박힌다. 뭔가 조치가 필요해 보인다.

궤환을 형성하면 개루프이득(OPEN LOOP GAIN) 보다는 이득이 현저하게 달라지지만 원하지 않는 오프셋은 막을 길이 없다. 어떻게 하면 될까?

답은 간단하다. 연산 증폭기의 각 단에서 바깥쪽을 바라본 저항을 같게 해 버리는 것이다.

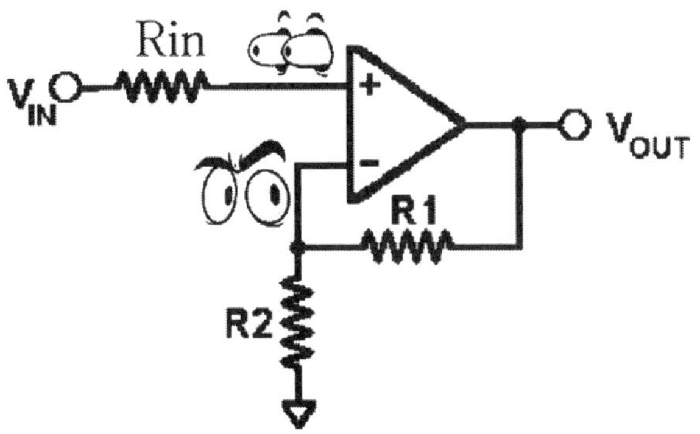

비반전증폭기이기 때문에 증폭도를 정해주기 위해서는 비반전 단자와 출력단자 사이에 저항회로가 반드시 존재해야 한다. 그렇다면 비반전단자에 직결 되어 있는 Rin을 어떻게 정하면 될까?가 결국은 문제가 된다. 반전입력단에서 바깥을 바라다 본 저항과 같아야 하므로 결국 아래와 같은 조건을 만족 시켜줘야 한다.

$$R_{in} = R_1 // R_2$$

'//' 표시는 R1과 R2 병렬저항이라는 의미로 약속한 기호이다.

한가지 의문이 든다.

위의 회로에서는 빠져 있지만 연산 증폭기의 출력쪽 다음 단에 저항이 주렁주렁 달리면 그것도 고려해 주어야 하지 않느냐고? 염려 마시라. 왜 간단히 R1//R2가 되는가? 사실 이런 점이 중요하지만 주의를 기울이지 않으면 그러니라 하고 그냥 넘어가고 나중에 회로 볼 때 헷갈리는 원인이 되는 것이다.

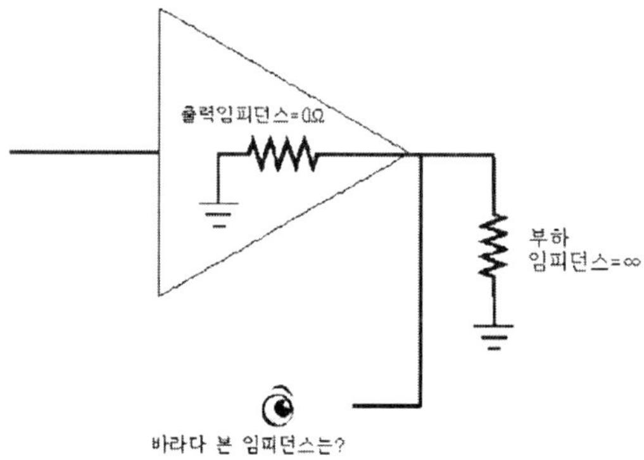

출력 임피던스 와 부하 임피던스가 궤환단에서 볼 때 위 그림과 같이 병렬로 연결되어 있으므로 작은 임피던스가 우세승, 따라서 합성 임피던스(또는 저항)는 0Ω

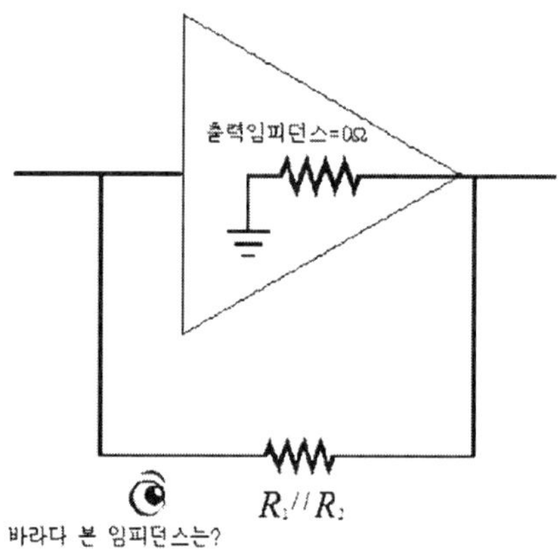

궤환 저항과 와 출력 임피던스가 연산증폭기의 반전 입력단에서 바라 볼 때 위 그림과 같이 직렬로 연결 되어 있으므로 큰 임피던스(또는 저항)가 우세승, 따라서 합성 임피던스는 R1//R2 Ω

두 저항이 직렬연결되어 있으면 저항 큰 놈이 왕초, 병렬 연결되어 있으면 저항 작은놈이 왕초라는 사실을 꼭 가슴 깊이 새겨 넣으시라. 빨랑빨랑 회로 볼 때는 이런 사소한 직감이 매우 중요하다.

그래서 원래문제로 돌아오면...

$$R_{in} = R_1 // R_2 = \frac{R_1 \times R_2}{R_1 + R_2}$$

가 된다.

따라서 저런 회로는 뭔가 보상이나 실전에 문제가 있어서 달아 논 저항이지, 회로가 비반전

증폭기에서 아예 다른 증폭기로 확 분신시켜 버리는 요소들이 아닌 것이다. 유전자적으로 따지면 열성유전자에 해당한다. 콘덴서가 달려도 사정은 마찬가지다. 그래서 회로 해석할 때는 과감히 지우고 해석 해도 된다.그러면 거품 빠져 비반전증폭기 형태가 고스란히 드러나게 되는 것이다. 싱형 선 얼굴이 비로써 보인다.

그러나 해석할 때는(출력식을 저항으로 나타낼 때는) 비반전증폭기 비반전입력단자에 연결되어 있는 직렬 저항은 연산 증폭기의 비반전입력단자를 외부에서 바라다 보았을 때, 입력임피던스가 엄청 크므로 무시!!!!!!. 저항직렬 연결에서는 큰 놈이 작은 놈보다는 훨씬 대빵이다.

그래서 저항의 주도권들을 다시 정리하면,

병렬이면 저항이 아주 작은 것이 주도적이 되고,

직렬이면 저항이 아주 큰 것이 주도적인 역활을 갖는다.

바이어스와 오프셋을 이제는 혼동하지 말고 정확히 구별하기로 하자.

- 바이어스(Bias) : 소자가 기능을 하기 위해 필요한 전압이나 전류 성분 (보통 바이어스를 건다. 띄운다고 표현)
- 오프셋(Offset) : 소자가 이상적 기능을 하기 위해서는 전혀 불필요한 성분. 0이 나와야 하는 곳에 0이 아닌 레벨.

1-20. 입력 오프셋전류는 뭐지?

입력 바이어스전류를 설명할 때 지나쳐 온 그림이 있다. 아래 그림을 보자. 개념을 이해할 때는 사고를 극단적으로 하는 것이 편할 때가 있다. 개루프이득(OPEN LOOP GAIN)이 적지 않게 크지만 개념을 훔쳐 오기에는 딱이다.

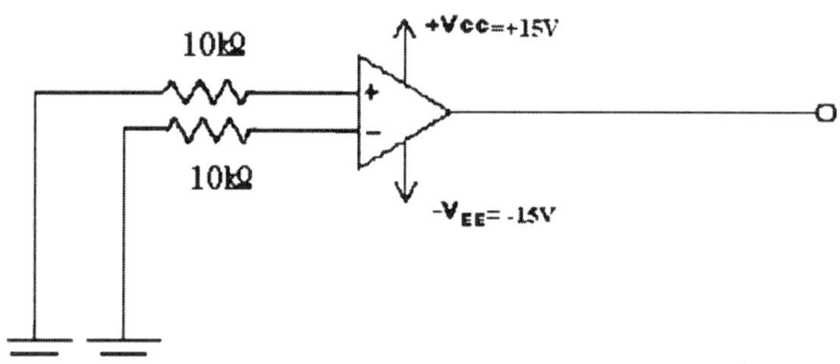

위 그림같이 회로가 연결되어 있을 경우 출력쪽에 오프셋은 발생 할까? LF156의 입력바이어스전류는 100pA 였다고 했다.

– 비반전단자 : 10kΩ(입력단 저항)×100pA(입력바이어스전류) = 1μV

– 반전단자 : 10kΩ(입력단 저항)×100pA(입력바이어스전류) = 1μV

따라서 비반전단자와 반전단자사이의 전압차는 1μV(비반저단자) – 1μV(반전단자) = 0V이므로 아무리 개루프이득(OPEN LOOP GAIN)이 100000 이라도 출력에서는 0V가 되어 오프셋전압(OFFSET VOLTAGE)은 없어진 것으로 보인다. 이론적으로는 그렇게 보인다(그러나 연산 증폭기회로의 입력단에 저항의 짝을 맞추어 준 이유는 순전히 입력바이어스전류의 차이로 발생하는 오프셋을 잡기 위한 조치에 불과 하다. 고려해야할 점은 또 있다).

정말 그럴까?

사람의 얼굴을 보기로 하자.

좌우대칭이 정확한가? 미술 데칼코마니 기법으로 좌우를 찍어 낸 듯 보인다.하지만 자세히 보면 점이라든가 눈 주름, 하다 못해 눈 크기 등등이 엇 비슷하기는 하지만 정확히 일치하지는 않는다. 연산 증폭기도 마찬가지다. 내부를 해석할 필요는 없지만 잠깐 어떻게 생겨 먹었는지 눈요기만 하기로 하자. 훔쳐봐도 입력단의 회로가 그림상으로는 정확히 일치한다. 아주 동일하다.

Simplified Schematic

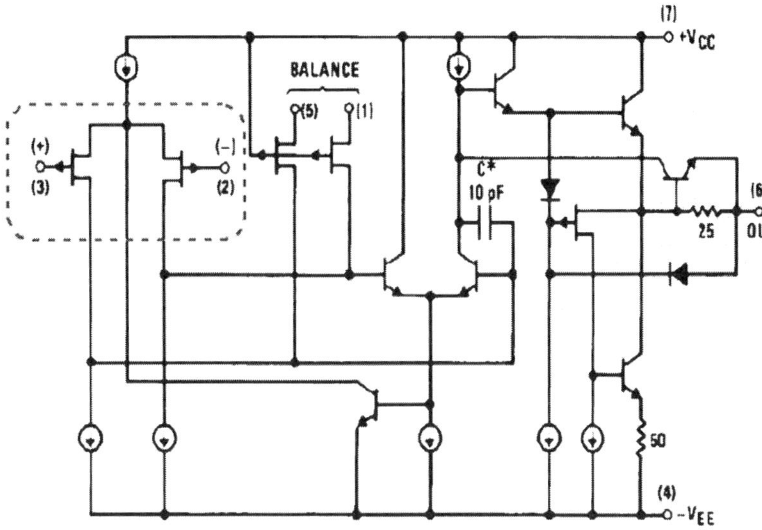

LF156 내부를 간략하게 나타낸 회로이다. 점선안에 표시된 부분이 반전입력단자(−)와 비반전입력단자(+)를 나타내고 있다. 물성적으로 정확하게 똑 같으면 더할 나위 없이 좋다. 하지만 현실세계에서 일점일획 동일하게 제조하는 것은 불가능 하다. 이런 내부의 회로적 차이 때문에 발생하는 것이 입력오프셋전류(Input Offset current)이다.

연산 증폭기 내부회로를 보면서 또 하나 확인해야 할 것은 FET로 차동회로를 구성한 입력단이 임피던스가 무자게 클 것이라는 것을 직감해야 한다. 이리하야 '연산 증폭기 입력임피던스가 무한대' 라는 이상적 썰 또는 구라가 생겨 나오게 된 것이다.

입력오프셋전류(Input Offset current)는 연산 증폭기의 중요 평가요소이기 때문에 부품규격(DATASHEET)에 빠짐없이 나온다. LF156의 입력오프셋전류를 보기로 하자.

Symbol	Parameter	Conditions	LF155/156			LF256/7 LF356B			LF355/6/7			Units
			Min	Typ	Max	Min	Typ	Max	Min	Typ	Max	
I_{OS}	Input Offset Current	T_A=25°C		3	20		3	20		3	50	pA
		$T_{MIN} \leq T_J \leq T_{MAX}$			20			1				nA

LF156 입력오프셋전류 Input Offset Current

값이 3개가 나온다. 그러나 머리를 갸웃거릴 이유는 없다. 25℃에서는 전형적으로 3pA이고, 최대(MAX) 20pA라는 말이다. 나머지 두 값은 표기는 안되어 있지만 온도가 상승하면 입력오프셋전류가 상승한다는 것을 의미한다. 노파심에서 한마디 하지만 최적의 값에 혹하면 안 된다. 원래 사양서(SPEC)라는 것이 최선의 조건에서 제시하는 것이기 때문에 반드시 다 믿을 필요는 없다. 실제로는 최적의 값보다 꽤 나쁘겠구나 의심하면 정답이다. 우리도 실생활에서 그런 면이 없지 않아 있지 않는가? 하다 못해 주민등록증 사진도 거의 5~6년전 사진으로 슬쩍 제시하지 않던가? 보기 좋게 하기 위해. 소자스펙이나 우리스펙이나 약간의 허영은 삐까삐까 하다.

여하튼...LF156같은 경우는 온도가 높을 경우 20pA에서 20nA로 1000배가 높아진다. 어느 소자나 마찬가지겠지만 반도체 소자들은 온도에 매우 취약하다. LF156도 그 점을 아주 적나라하게 보여 주고 있다. 1000배....

다른 하나, 규격표에 보면 거개가 Ta = 25℃라는 값이 표시 되어 있다. 이는 주위온도 섭씨 25 도를 기준으로 측정을 했다는 것이며 주위온도(ambient temperature, 周圍溫度)의 약어표시이다. 반도체소자들은 25℃가 기준이다.

다시 처음의 회로로 돌아가 보자.

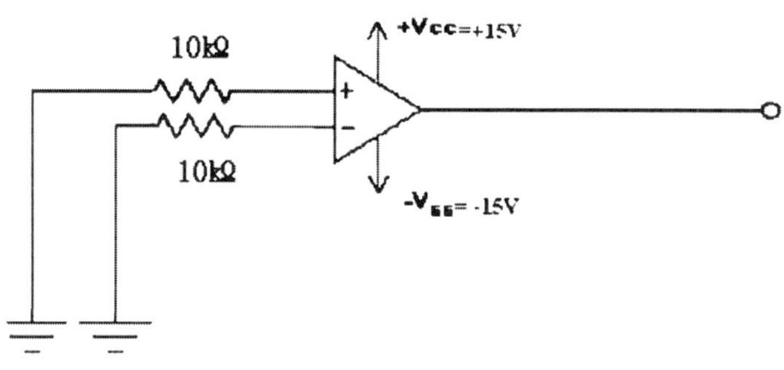

연산 증폭기의 입력단에 입력바이어스전류를 맞추어 주기 위해 저항을 동일한 값으로 맞추어 주었다고 해도 내부의 회로적 차이 때문에 입력오프셋전류가 있다고 설명하였다. 그 차이는 LF156인 경우 25℃에서 20pA라고 했다. 따라서 출력에 나타나는 오프셋은 아래와 같이 계산된다.

출력에 나타나는 오프셋 : 20pA × 10kΩ × 100000(OPEN LOOP GAIN) = 20mV

20mV는 결코 작지 않은 값이다. 뭔가 조치가 필요해 진다.

오프셋을 조정하기 위해 연산 증폭기에서는 오프셋 조정단자를 제공해 주고 있다. 보통 8핀을 가진 연산 증폭기의 PIN중 1번과 5번이 오프셋(OFFSET) 조정단이다. 명칭은 오프셋 널(OFFSET NULL)이라고 부른다. NULL이 0의 뜻이니까 오프셋을 0으로 맞춘다는 의미를 가진 것이다. 아래 그림은 오프셋을 맞추는 방법을 보여 주고 있다. 25k 가변저항(potentiometer)을 사용하고 있다.

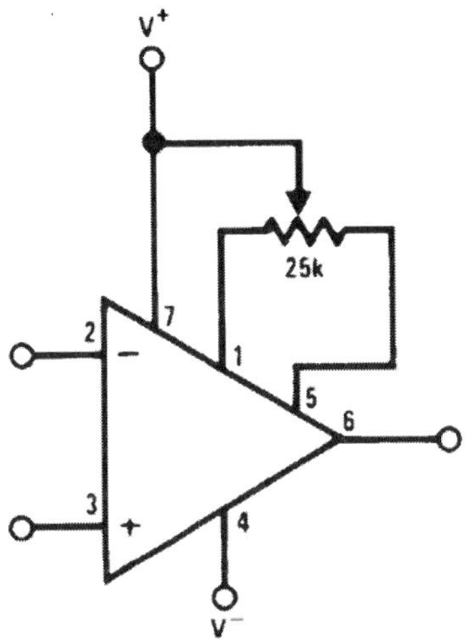

가변저항들

LF156같이 입력오프셋전류(Input Offset current)가 적은 소자가 이 정도의 기본 오프셋이 뜨는데 반면 LM343 같은 경우는...

Parameter	Conditions	LM143			LM343			Units
		Min	Typ	Max	Min	Typ	Max	
Input Offset Current	T_A=25°C		1.0	3.0		1.0	10	nA

LM143, LLM343 입력오프셋전류 Input Offset Current

입력오프셋전류(Input Offset current)가 최대 10nA이다.계산하면

10nA×10kΩ×100000(OPEN LOOP GAIN) = $+V_{CC}$나 $-V_{EE}$로 쳐 박힌다.. 보통 문제가 아니다. 그래서 정밀계측기에서는 LF156같은 좋은 소자를 사용해야 이런 오프셋을 줄이게 되는 것이다. 연산 증폭기가 궤환이 형성되어 GAIN이 현저하게 줄어도 오프셋에 자유로울 수는 없다. 단지 크기가 작아질 뿐이지...

1-21. 제너 다이오드 철저해부

계속 잡다한 수식으로 달려 왔으니 좀 쉬어 보자는 의미에서 전기전자의 생 기초 소자인 제너 다이오드를 점검해 보는 시간을 가져 보기로 한다. 너무 쉽다고? 그럴지라도 재점검은 필요하다. 정전압회로에 있어서 꼭 필요한 소자가 제너 다이오드이기 때문이다. 완전 정복하고, 절대로 체득하고 넘어가자.

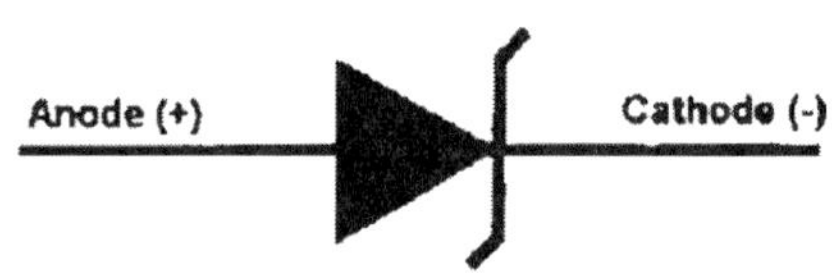

제너 다이오드 소자의 심벌 표시는 아래와 같이 약속했다.

애노드(Anode)는 보통 양극(陽極)이라고 지칭하고 있으나, 양극보다는 두 전극 사이에 전류흐름이 있을 때, 전위가 상대적으로 높은 쪽이라고 여겨 주어야 한다. 이 용어는 그 이름도 유명한 마이클 페러데이에 의해 작명 되었다. 화학 분야를 다루다 나온 용어라는 것이다. 페러데이가 전자기학에서 유명세를 떨쳤지만, 젊었을 때 H, 데이비라는 유명한 화학자의 유능한 조수로도 일할 때도 있었음을 상기하자.

다이오드는 애노드의 전위가 캐소드에 비해 높을 때(0.7V 이상)비로써 전류가 흐르게 되므로 그러한 명칭이 붙은 것으로 여겨진다.

다이오드와 단자의 명칭은 똑 같다. 그러나 동작특성이 일반 다이오드와는 확연히 다르다고 설명 했다. 그러나 제까짓 것이 뛰어야 벼룩이듯이, 본질은 다이오드임을 잊지 말아야 한다.

먼저 제너 다이오드의 특성을 파악하려면 특성 그래프를 보아야 한다. 사실 특성 그래프를 처음 보면 선뜻 이해하기 어려운 면은 있다. 그러나 차근차근 생각해 보면 특성이 일리 있어 보이기 시작한다. 먼저 특성 그래프를 보자.

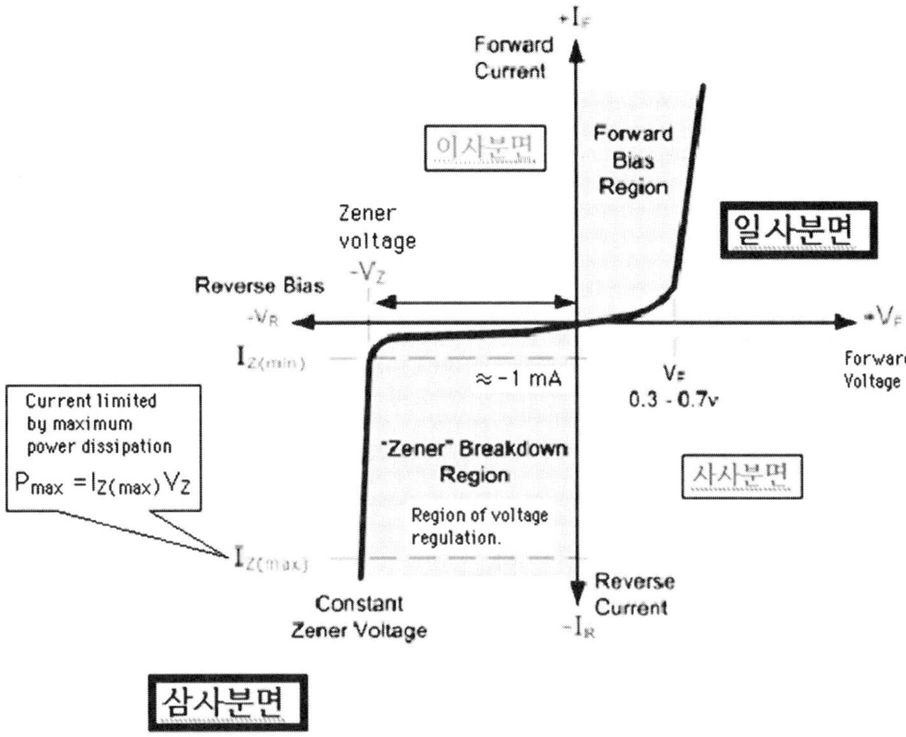

그래프의 일사분면에서

일반 다이오드의 순방향(Forward) 전압이 대략 0.6~0.7V 정도이면 다이오드가 도통(ON)되는 것을 알 수 있다. 전류가 급격하게 상승하는 부분이 바로 그 부분이다. 간단하게 그려보면 아래와 같은 양단 전위차가 될 때 도통(ON)된다. 도통(ON) 된다고 하는 의미는 스위치로 생각하면 스위치가 붙은 상태이고, 회로로 따지자면 단락회로(SHORT)가 된다는 것과 일통한다. 제너 다이오드도 일반 다이오드와 순방향 특성이 같다.

특성그래프에서 보면 1사분면에 전류가 무한정 일직선으로 뻗어 있으나 약간의 기울기가 있음을 놓쳐서는 안 된다. 그리고 제너의 사용범위는 위 그래프와 아래 규격에서 보듯이 MAXIMUM REGULATOR CURRENT 이상을 벗어나지 않는다. 생각해 보라 전압은 제너전압으로 일정한데 전류가 끝없이 흐르면 그 파워를 견뎌 내는 소자가 있겠는가? 여하튼 파워만 견뎌 내면 시스템에 내리치는 번개로부터도 안전을 기대할 수 있을 것도 같다.

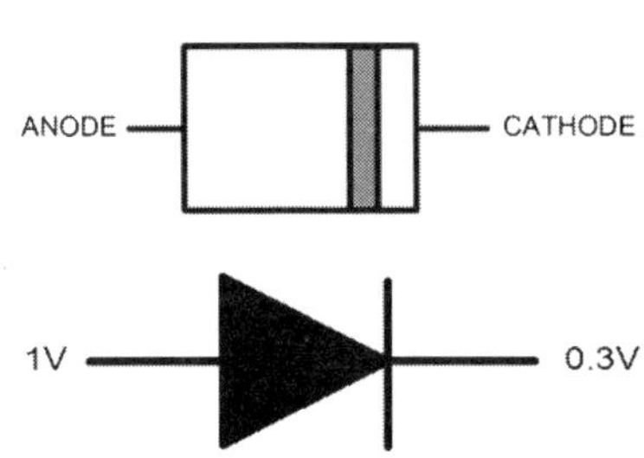

다이오드의 양단전압이 0.7V 이하에서는 도통(ON)이 되지 않다가, 양단 전압이 0.7V가 되면 으랏차차 도통이 되게 된다. 다이오드 특성 그래프에서는 '일사분면'에서 이런 현상을 단지 그래프로 그려 주고 있는 것 뿐이다. 어려울 것이 없다. 이 순방향전압과 이 양단에 걸린 전압에 의한 전위차 때문에 흐르는 순방향 전류를 특성그래프 그리는데 있어 (+)와 (−)의 기준, 순방향과 역방향의 기준으로 삼는다.!!!

노파심에서 하나 짚고 넘어갈 것은 100V든 1000V 든, 큰 전압이 걸린다고 해도 다이오드 양단 전압차가 0.7V 이상이 되지 않으면 도무지 도통되지 않는다는 것을 주의해 주자.

애노드에 100V 걸리고, 캐소드에 99.7V 걸렸다고 극단적으로 생각해 보자. 전위차는 0.3V 이기 때문에 다이오드는 도통 되지 않는다.

순방향 전압이 걸려 순방향 전류가 흐르게 되는 다이오드의 동작은 마치 동물의 혈관판막과 같은 기능을 연상하면 아주 잘 들어 맞는다. 아래는 판막이 순방향?으로 걸려 전기전자의 전류에 해당하는 혈액이 잘 흐르고 있는 그림이다.

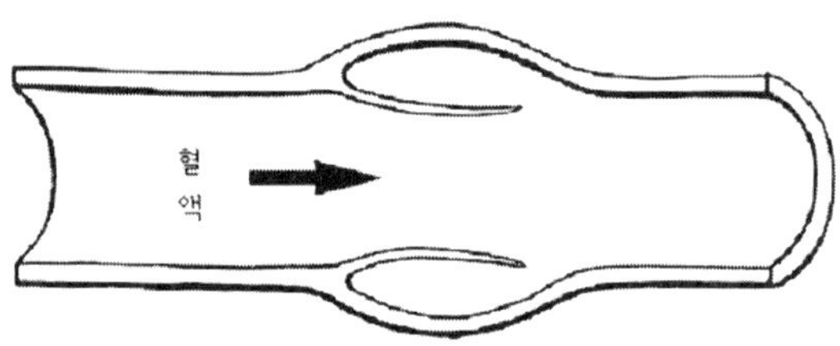

이제 특성 그래프에서 '삼사분면'을 보자 뭔가 잡다하게 그려져 있고, 알 수 없는 표기가 되어 있고, 설명이 곁들여져 있다. 특성 그래프의 X축은 DIODE의 양단에 걸리는 전압을 의미한다고 했다.

그런데 삼사분면을 보면 음전압으로 표시되어 있다. 이것은 무엇을 의미하는가?

음전압 즉, 마이너스 전압이 걸려 있다는 의미인가? 경우에 따라서는 마이너스 전압이 걸릴 수 있지만 초점을 맞추어야 하는 포인트는 순방향 전압 이냐 역방향 전압이냐를 나타내는 것이다.

순방향 전압이 걸린 것이 아니라 역방향(Reverse)전압이 걸린 것을 그래프에서 음전압으로 표시한 것이다. 예를 들면 아래와 같이 전압이 걸렸을 때 마치 음전압이 걸린 것처럼 특성그래프에서 그린 것이다. 음전압, 다른 말로 마이너스 전압이 걸린 것만을 나타내는 그림이 절대!!!! 아니다 주의 해야 한다.

한번 생각해 보자.

소자 양단에 어떤 전압이 걸렸다고 하자. 이 소자가 특별한 의미?를 가지고 있지 않는 일반 저항이라고 한다면 양단의 전압 걸린 것에 전압표기가 특별할 필요가 전혀 없다.한쪽이 −2V 걸렸으면 −2V 걸렸다고 하면 되고, 10V가 걸렸으면 10V가 걸렸다고 하면 된다. 단순 명쾌하다.

그런데 전기전자에는 특별한 소자들이 눈에 띈다.

그 중에 하나가 제너 다이오드다. 이 놈은 양단에 어떤 전압이 걸렸는지가 매우 중요한 소자이다. 우리가 익히 아는 순방향전압은 그렇다 치고, 역방향 전압이 걸렸을 때 기호로 표현 할 방법이 마땅하지 않다. 양단에 걸린 전압관계를 표현해야 하기 때문이다.

혹여나 좋은 방법이 있으면 의견을 개진(開陳)하시기 바란다. 기껏 생각하고 통용한 방법이 (−)기호를 붙여 −Vz이라고 표기 하기로 한 것이다. 아~ 그러면 역방향 바이어스가 걸린 것이라고 약속해 버린 것이다.

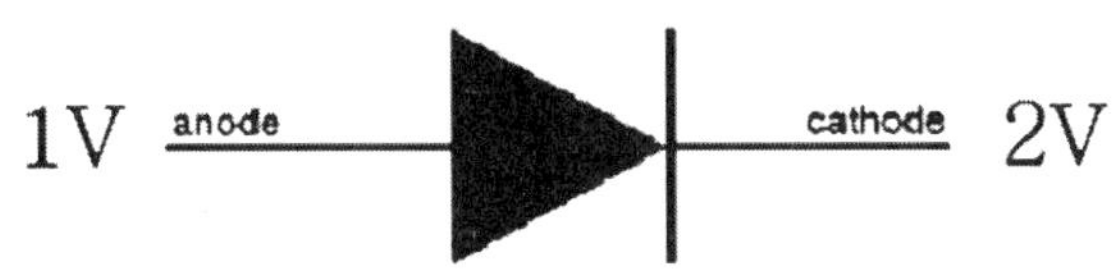

위 그림과 같이 다이오드 양단에 전압이 걸렸을 때 순방향과는 반대로 걸렸다고 해서 역방향 전압이 걸렸다고 하는 것이다. 바로 이런 식으로 전압이 걸린 것을 그래프에서는 −1V의 음전압, 마이너스전압으로 표시한 것 뿐이다. 또 혈관의 판막과 비교를 하는 그림을 보기로 하자. 혈액이 역류되지 않는다.

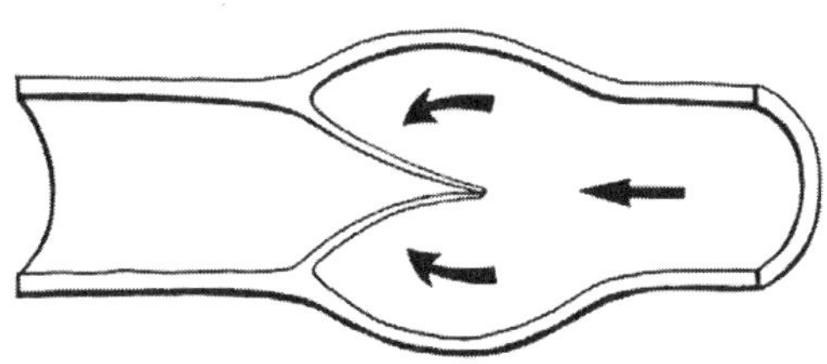

그런데 재미있는 현상이 다이오드에게서 나타난다.이제 서서히 역방향 전위차를 점점 늘려 간다고 해보자.

다이오드는 죽었다 깨도 도통되지 않을 것 같다. 이론적으로는 그렇다. 그러나 물성적으로 어느 선까지 역방향전압이 걸리면 다이오드가 죽을 지경이라고 비명을 지르는 지점에 이르고 만다. 끝까지 도통되지 않고 버틸 것 같아 보이던 놈이 갑자기 홱 돌아 버려 전류가 확 흘러 버리는 어이없는 지점이 발생하게 된다. 마치 버티다 버티다 못해 항복하는 것처럼 말이다. 이런 해괴한 현상을 이용하여 제조과정 상에 적당한 조작을 가해 이 전압들을 다양하게 만드는데, 이것이 바로 제너전압(Zener voltage)이라고 부른다. 4V에서 돌아 버리면 4V 제너라고 하고, 12V에서 돌아 버리면 12V 제너라고 한다. 기타등등

이 돌아 버리는 지점에서 다이오드가 저항하고,저항하다 항복한 것처럼 보여 제너 항복(Zener breakdown, 降伏)이라 한다. 이 전압을 보통 항복전압(breakdown voltage)이라고도 한다. 참 용어 한번 재미있다. 마치 혈관의 판막이 역방향으로 압력을 너무 세게 받으면 판막의 거스르는 힘을 제압하고 거꾸로 혈액이 흐르는 것과 같다 할 것이다. 이로 미루어 봐서 역시 물리(物理)는 분야가 달라도 일맥상통하는 접촉점이 있는 것 같다.

계속 강조하지만,

특성그래프에서 다이오드 역방향전압이 음전압으로 표시된 것을 보고 음전압이 걸린 것으로 착각하면 제너 다이오드 이해는 달아나 버리고 만다. 순방향 전압을 기준으로 역방향 전압이 걸린 것을 굳이 그래프에 (−)전압으로 그린 것이다.

정리하고 넘어가자.

다이오드는...캐소드 보다 애노드에 높은 전압이 걸릴 때 '순방향 전압' 이라고 하고,

역으로 캐소드가 애노드 보다는 높은 전압이 걸리면 '역방향 전압' 이 걸렸다고 판단해 주셔야 한다.

특성 그래프의 삼사분면을 다시 살펴보자.

더 얻을 것이 있다. 그렇다. 다이오드에 역방향전압을 걸어 주면 어느 일정한 전압에서 전류만 흐르고 전압은 기가 막히게 동일하게 유지 된다는 특징을 보여 준다. 물론 이때도 전류가 수직으로 일직선으로 뻗어 있게 그려 있지만 실은 약간의 기울기를 가진 것이다. 결코 JUMPER선이 연결된 것처럼 큰 전압이 걸려 무지막지한 전류가 흐르는 것처럼 되지는 않는다..제너전압을 사용할 범위가 한정 되어 있다는 점이 옺점이 되겠다.

이런 성깔을 이용하여 정전압회로를 만들게 된 것이다. 보라!! 찰랑거리는 리플도 없고, 전압이 일정하지 않은가? 사용가치가 존재할 것 같은 예감이 팍팍 온다. 전기전자에서는 이런 특징들을 회로 곳곳에 아주 잘 이용한다.

그래프의 Y축은 전류를 의미한다. 그렇다면 그래프상에서 마이너스 전류는 무엇을 의미하는가?

마이너스 전류라는 것은 없다. 편의 표기상 있을 뿐이다. 어떤 것을 기준으로 해서 그 방향을 순방향, 즉 (+)전류방향으로 잡으면 전류가 그 반대로 흐를 때 마이너스 전류가 되는 것이다. 다

시 다이오드 순방향으로 되돌아가 보자. 순방향이 기준이다.

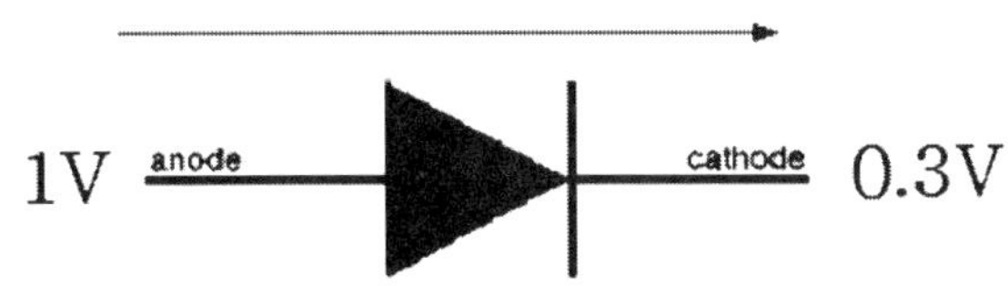

다이오드에 순방향전압이 걸려 전류가 애노드(ANODE)에서 캐소드(CATHODE)로 흐를 때, 순방향 전류라 하고, 이와 반대로 흐를 때 역방향 전류라고 하는 것이다. 즉 특성그래프에서 마이너스 전류로 표시한다. 전류에는 음이라는 것은 없다 단지 높은 전위에서 낮은 전위로의 흐름만 있을 뿐이다. 따라서(+)기준을 잡아 주면 반대는 마이너스 전류가 된다는 것을 명심하자.

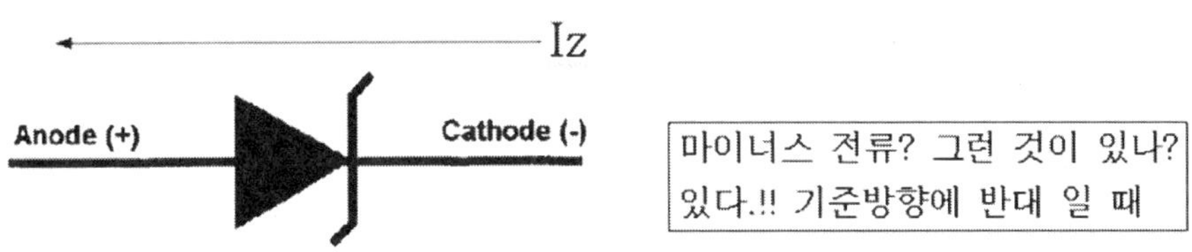

제너 특성에서 알 수 있듯이 5.1V 제너 전압이면 아래와 같이 전압이 일정하게 유지되는 것을 말한다.

Zener Diode Voltage Regulator Circuit

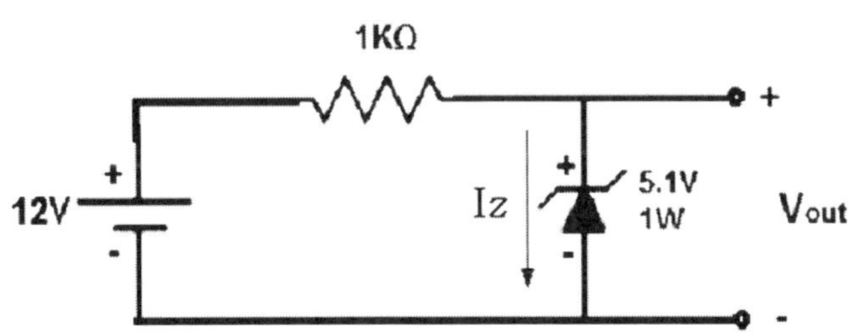

특성 그래프에서 하나 더 고려 해야 하는 것은 일정한 전압을 유지하는데 최소전류와 최대 전류가 있다는 점이다(특성 그래프의 삼사분면에 보면 REGION OF VOLTAGE REGULATION 이라 표시된 영역. 제너전압이 일정하게 유지될 수 있는 영역). 이 점은 실제의 제너다이오드를 설명할 때 실례를 들어 설명하기로 한다.

그리고 제너다이오드는 수동소자이다 제아무리 깝쭉 댄다 해도 외부에서 에너지를 공급하지 않으면 동작 되지 않는다. 전원이 꼭 인가 되어야 동작이 되는 것이다. 당연한 말인데 할 필요가 있는가? 너무나 당연하지만 실제 연산 증폭기 회로에 적용할 때 이런 문제는 다른 회로와 엮어져 결코 판단하기 쉽지 않게 된다. 그런지 아닌지는 나중에 보시기로 하자.

회로에서 ZENER 옆에 5.1V, 1W라고 표기 되어 있다. 이 파워 이상은 쓰기 어렵다는 말이다. 아래 규격표를 보자. 5.1V ZENER는 제너전압이 당연히 5.1V가 될 것이고, MAXIMUM REGULATOR CURRENT 항목(규격표에 오른쪽에 점선 표시)을 보면 178mA가 사용최대 전류이다. 따라서 POWER는 전압*전류이기 때문에 5.1V*178ma=0.9w가 되어 대략 1W 정도까지만 사용가능하다는 것을 나타낸 것이다(이회로에 사용된 5.1V 제너가 1N4733이 아니라 다른 것일 것 같다. 최대전류가 조금 더 큰 것. 여하튼 비스드리하다. 개념만 파악하기로 하자). 아래 규격표에서 제너전압과 최대전류를 곱하면 모두 0.9W가 나온다. 확인요망. 제너전압이 클수록 최대전류는 점점 줄어 든다.

아래 각종 제너 다이오드의 부품 규격표다. 점선영역 안을 주목하면 보면 제너전압(ZENER VOLTAGE. 보통 우리가 4.3V 제너, 8.2V 제너라고 할 때의 그 전압값 표기)과 이 전압이 일정하게 유지되기 위한 전류(표에서는 TEST CURRENT)가 표기 되어 있다. 그리고 제너전압이 일정하게 유지되는데 최대전류가 표시 되어 있다(MAXIMUM REGULATOR CURRENT). 이 이상 전류가 커지면 소자가 맛이 가거나, 전압이 일정하게 유지되는지 보증 못하겠다는 말이 되겠다. 규격표에서 MAXIMUM이란 말이 표기 되어 있으면 그 이상은 나도 모르니까 너희가 알아서 사용하라는 말이다. 되도록 그 안쪽으로 쓰면 족하다. 이 근처에 값을 설정해서 쓰면 바보가 된다. 이런 최대전류가 흐르는 곳 까지만 제너를 사용하라는 경고이기도 하다. MAXIMUM은 그런 속 뜻이 있다.

Type	Normal Zener voltage at I_{ZT} V_Z V	Test current I_{ZT} mA	Maximum Zener Impedance			Maximum reverse leakage current		Surge current at T_A=25°C I_R mA	Maximum regulator current I_{ZM} mA
			Z_{ZT} at I_{ZT} Ω	Z_{ZK} Ω	at I_{ZK} mA	I_R μA	at V_R V		
1N4728	3.3	76	10	400	1.0	100	1	1380	276
1N4729	3.6	69	10	400	1.0	100	1	1260	252
1N4730	3.9	64	9	400	1.0	50	1	1190	234
1N4731	4.3	58	9	400	1.0	10	1	1070	217
1N4732	4.7	53	8	500	1.0	10	1	970	193
1N4733	5.1	49	7	550	1.0	10	1	890	178
1N4734	5.6	45	5	600	1.0	10	2	810	162

1-22. 정전압회로

정전압에서 정 자(字)는 한자로 고요할 정(靜)자를 써서 정전압(靜電壓)인줄 알았는데, 정해질 정(定)를 써서 정전압(定電壓)으로 쓰여진 것을 보고 좀 의아했었다. 찰랑거리는 리플도 없고, 고요한 전압을 유지하는 것이 정전압이라면 靜자(字)를 쓰는 것이 언듯 맞는 것처럼 보였기 때문이다. 그러나 찾아보니 定 자(字)에도 정하다 외에 평정하다, 안정하다라는 의미도 있음을 보고 일리있는 한자명이라고 생각 했다.

여하튼 정전압회로는 일정한 전압을 유지시켜주는 회로이다. 이때 필요한 소자는 뭐니 뭐니 해도 제너 다이오드가 적격일 것은 자명하다. 그러면 이 제너 다이오드를 연산 증폭기와 결합하여 정전압회로를 어떻게 구성하면 좋을까?

나중에 밝혀지게 되겠지만 일정한 전압을 유지하기 위해 제너 다이오드를 사용하는 것은 회로안정을 위해서도 매우 필요한 요소가 된다.물론 비슷한 역할이지만 일정한 전압을 유지하는 것과 회로를 안정화 시키는 것은 약간 어의(語義)차 뿐만 아니라 실제적인 차이가 존재한다. 뒤에 가서 의미를 밝혀 보기로 한다.

비반전증폭기를 설명했으니, 비반전증폭기를 이용한 정전압회로를 보는 것이 설명의 연속성면에서 유리하지 않을까 생각하여 비반전증폭기와 형태가 아주 흡사한 정전압회로를 먼저 해석하기로 한다.

비반전증폭기와 이를 변형한 정전압회로를 비교해 보시기 바란다.

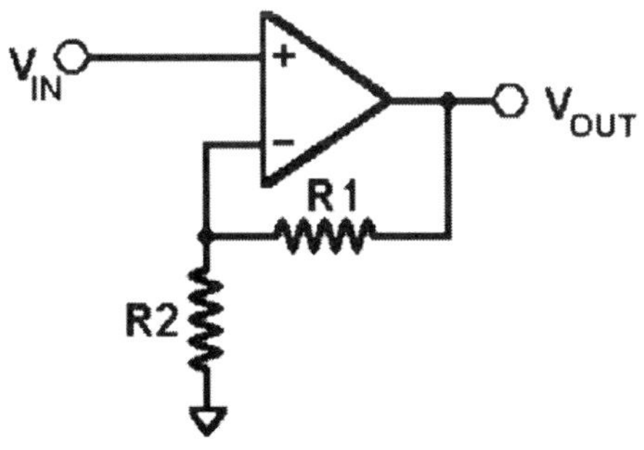

비반전증폭기

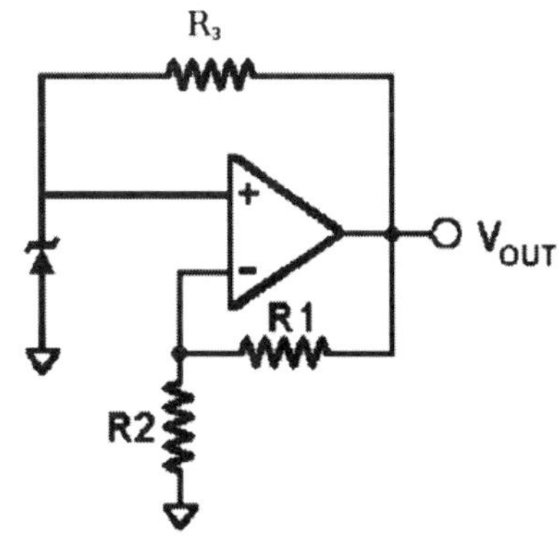

정전압회로

위의 정전압회로와 비반전증폭기를 비교해 보면

① 입력전압이 ZENER 전압으로 바뀌어 있고,

② 비반전단자에 저항(R3)이 하나 궤환단에 직렬 연결 되어 있다는 점 외에는 모두 똑같다.

직관적으로 출력전압이 비반전증폭기와 비슷할 것이라는 감이 팍 온다.

한가지 흥미로운 질문을 가진다면, 저런 비반전증폭기와 비슷한 정전압회로는 출력이 ZENER 전압으로만 일정할까? 아니면 사용자가 ZENER전압 외에 증폭을 갖게 할 수 있는가? 라는 점이다. 만약 증폭도를 갖게 된다면 꼭 ZENER 전압에만 의존할 필요는 없이, 빅브라더(big brother)가 된 사용자 마음대로 전압을 정해 줄 수 있기 때문에 흥미로운 것이다.

또 궤환이 부궤환 뿐만 아니라 정궤환도 있는데 저런 형태로 가져가는 이유는 무엇 인가도 궁금해 진다. 정전압 회로에 정궤환도 존재 하는데, 우리는 정궤환일 때 폭주 하는 기관차처럼 포화 된다고 하는 개념을 갖고 있었는데, 정전압이라는 이름에 걸맞게 안정화가 이루어질까? 이런 질문을 품고 회로를 보다가 마침 풀릴 때 작은 희열 또한 샘솟게 된다. 뭐~ 그러니라 하고 사소하게 생각하여 넘어가면 작은 기쁨도 없겠지만...

위의 정전압 회로를 다음과 같이 값을 정해 출력과 기타 필요한 요소를 풀어 보기로 하자.

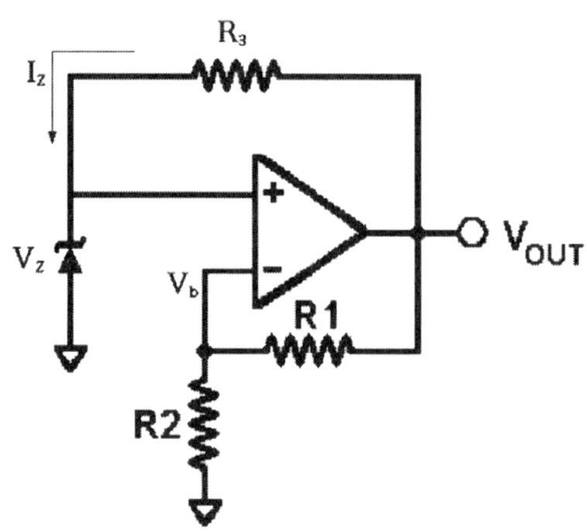

위의 회로에서 부궤환이 있기 때문에 가상단락(IMAGINARY SHORT)현상은 여지없이 일어난다. 그렇게 되면 아래와 같은 식이 성립할 수 있다.

$$V_b = V_Z$$

Vb는 비반전증폭기에서 풀어낸 식 그대로를 적용하면 된다.

$$V_b = \frac{R_2}{R_1 + R_2} \times V_O = V_Z$$

따라서 출력전압은 아래와 같이 간단하게 구해진다. 어려울 게 전혀 없다.

$$V_O = \left(\frac{R_1}{R_2} + 1\right) \times V_Z \text{---}(1)$$

비반전증폭기와 똑같이 출력식이 얻어졌다. 단지 입력 전압이 일반적으로 Vi에서 Vz로 바뀐 것 밖에는 없다. 이로서 우리는 정전압회로를 증폭도를 갖는 회로로 갖게 되었다.

계산하기 쉽게, 예를 들어 Vz = 5.1V 짜리를 쓰고, 10.2V 정전압을 원한다고 할 때, 단지 R1과 R2를 적정한 값으로 정해 주기만 하면 된다.

$$10.2V = \left(\frac{R_1}{R_2} + 1\right) \times 5.1V$$

R1 = 100㏀으로 정해 주면, R2는 100㏀로 정해주기만 하면 된다. 이렇게 회로를 구성하면 10.2V 정전압회로를 꾸밀 수 있게 된 것이다. 그러나 뒤에서 보게 되겠지만 저항을 아무렇게나 정할 수는 없다.

적정한 동작을 위해서는 필요한 전류가 흘러야 하기 때문이고, 또 반대로 너무 큰 전류를 흐르게 하는 저항 값은 쓰기에 적당하지 않게 된다.만약 용감하게 경고를 무릅쓰고 최대이상을 한번 사용해 보겠다고 하면 소자에서 피어오르는 매케한 유독가스만을 맡게 될 공산이 크다. 수명 채촉하는 길이다. 피하자.

그러면 다음으로 주목해야 하는 것은 정궤환에 직렬연결 되어있는 저항 R3의 정체다(제너다이오드에 정궤환이 연결 되어 있어야 하는 이유와 밀접하게 연관되어 있다).

대체 왜 저항을 정궤환의 모습으로 연결시켜 주는 걸까? R3를 달아 주면 정궤환이 형성되어 폭주되고 연산 증폭기의 전원 −Vcc로 포화(SATURATION)되지 않을까?

도대체 저런 회로를 전압이 일정한 정전압회로라고 부를 수 있을까?

수식으로 풀어 논 출력식은 안정하게 나오는 것처럼 보이는데 실제는 과연 그럴까?

다음은 R3의 의미를 규명해 보기로 하자. 이런 요소들을 해명 해 내는 것이 회로를 보는 눈을 광시야로 넓혀 줄 것 같다.

R3이유를 알려면 ZENER특성을 먼저 알아야 한다. 제너는 역방향 전류가 흘러야 제너전압을 유지할 수가 있다. 만약 R3가 없다면 ZENER는 전류를 공급받을 수 있는 방법이 전혀 없게 된다. 비반전단자에 제너만 달려 있고 R3는 없다고 가정 해 보자. 회로는 아래와 같이 허전하게 될 것이고 뭔가 빠진 느낌이 들게 된다. 경국지색 중국 4대 미인 중 하나인 서시(西施) 얼굴에 앞니 빠진 모습이랄까?

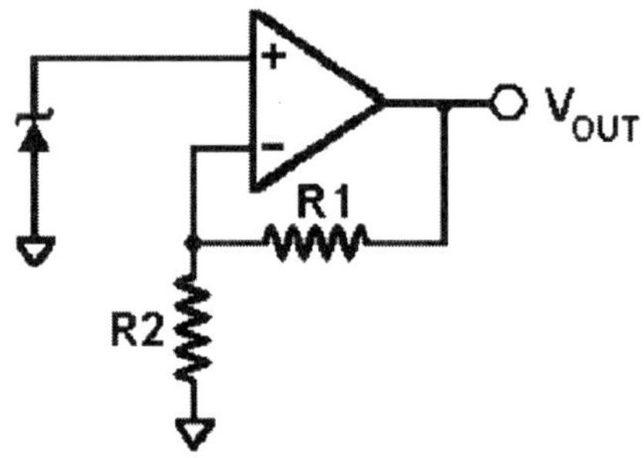

회로가 위와 같이 되면 도대체 어떤 현상이 일어날까? 비판적인 시각없이 보면 비반전증폭기와 같이 동작 될 것 같이 보인다.입력이 단지 Vz로 변한 것 외에는 비반전증폭기와 변한 것이 없다. 입력만 제너 전압으로 들어와 준다면 회로는 비반전증폭기 동작하는데 아무런 문제가 없다. 그래서 식도 정전압회로 같이 구해질 것 같다. 그래서 풀어 보니 아래식이 될 것 같다..같다...같다...같다...

$$V_O = \left(\frac{R_1}{R_2} + 1\right) \times V_Z$$

제너 다이오드만 있고 R3는 없는 위의 회로의 출력을 풀어 놓은 결과식이 과연 이렇게 나올까?

비반전단자에 붙어 있는 ZENER는 개회로(OPEN CIRCUIT)에 불과해진다. 연산 증폭기의 비반전입력단자는 입력 임피던스가 ∞Ω인 것을 상기하자. 그러면 그저 개회로(OPEN CIRCUIT)가 된다. 값이 플로팅(FLOATING)된다. 제멋대로 무슨 값인지도 모르게 된다. 아무 의미가 없는 회로가 된다.

아무 의미 없는 이 회로에 생명을 불어 넣어 주는 백기사가 바로 정궤환 과 정궤환에 직렬연결 된 저항 R3 이다!!!!. 단지 제너다이오드의 역방향 전류를 흘려 주기 위한 역할로서 필요 불가결한 존재가 된다.제너에게 활동할 수 있는 힘을 주기만 하면 R3의 역할은 끝이다. 알고 나면 뭐 별거 아니다.

이제 이런 내용을 파악(把握)하고 다시 정전압회로를 보면 비로소 고개가 위 아래로 끄덕여진다. 의미 없이 보이던 R3가 제자리를 찾아 가는 느낌이다.

그러나 한편

아무래도 정궤환은 폭주하는 성질을 가진 연결이기 때문에 한쪽 구석이 석연치 않다. 정궤환은 폭주하는 폭주족의 휑 뚫린 도로와 같다. 궤환선을 통해 출력이 계속 커지는 방향으로 되돌아온다. 그런데 이 정전압회로에서는 절대 그런 일이 벌어지지 않는다?

그럴까? 왜 그럴까?

ZENER 다이오드가 제너전압 이상 정궤환으로 들어오는 전압을 가만 놔두지 않는다는 안전망 체계가 움직임을 보인다. 제너 전압이상으로 궤환 값이 미쳐 날 뛰게 될 때, 제너는 날 뛰는 전압을 평정해 준다. 이것이 제너 다이오드의 힘이다. 폭주하는 전압이 제너의 평정기능을 이길 수는 없다. 세너선압으로 기(氣)를 팍팍 눌러 준다....그래서 정궤환이지만 폭주하지 않고 회로의 안정화가 이루어지는 것이다. 두 마리 토끼를 다 잡았다. 일정한 전압과 회로의 안정화. 바로 제너 다이오드로 만이 가능한 일이다. 어쨌든 전압을 안정화 시킨다 할 때, 퍼뜩 머릿속을 채워야 하는 소자는 제너 다이오드여야 한다.

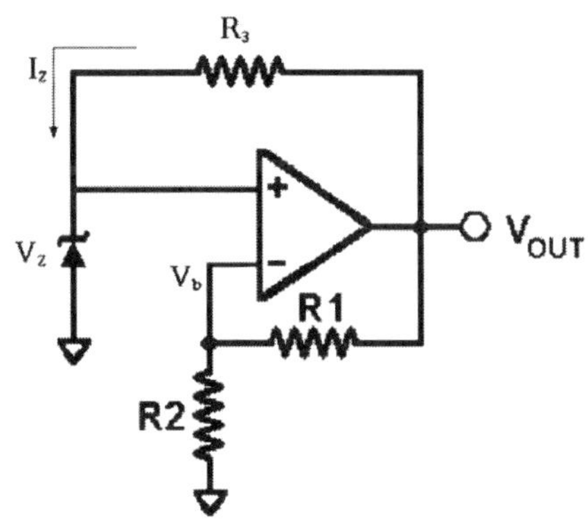

이제 다시 보니 이 정전압 회로가 달라 보인다. 아무 의미 없을 것 같은 소자들이 생생하게 의미를 찾아 가기 시작 했다. 그렇지 아니한가?

그렇다면 ZENER에 흐르는 전류는 얼마가 될까?가 매우 궁금해 진다.

이를 Iz라고 하자.

$$I_z = \frac{V_0 - V_z}{R_3} - - - (2)$$

가 된다. Vo는(1)식에 의해

$$V_O = \left(\frac{R_1}{R_2} + 1\right) \times V_Z - - - (1)$$

이므로 (1)식을(2)식에 대입하면 아래와 같이 전개 된다.

$$I_z = \frac{\left(\frac{R_1 + R_2}{R_2}\right) \times V_Z - V_Z}{R_3}$$

$$I_z = \frac{\frac{R_1 V_Z + R_2 V_Z - R_2 V_Z}{R_2}}{R_3} = \frac{\frac{R_1 V_Z}{R_2}}{R_3}$$

이 식은 아래와 같이 간출하게 바뀐다.

$$I_z = \frac{R_1}{R_2 \times R_3} \times V_Z - - - (3)$$

그렇다면 R3는 어떻게 정해 주면 좋을까? 이것이 남아 있는 숙제이다.

위의 계산을 쉽게 하기 위한 예에서 R1 = 100kΩ, R2 = 100kΩ이면 10.2V 정전압 회로를 꾸밀 수 있다고 했다.

그러면 R3는?

이때는 제너 다이오드 부품규격표(DATASHEET)를 보고 적당히? 정해 주면 된다. 상기의 예에서 ZENER 전압을 5.1V로 썼다. 5.1V 제너 다이오드에는 1N4733이 있다. 아래는 1N4733 규격이다 .

Type	Normal Zener voltage at I_{ZT} V_Z V	Test current I_{ZT} mA	Maximum Zener Impedance			Maximum reverse leakage current		Surge current at T_A=25°C I_R mA	Maximum regulator current I_{ZM} mA
			Z_{ZT} at I_{ZT} Ω	Z_{ZK} Ω	at I_{ZK} mA	I_R μA	at V_R V		
1N4733	5.1	49	7	550	1.0	10	1	890	178

위의 표에서 점선으로 표시된 곳을 보면 전류가 49㎃일 때 제너 전압이 5.1V라고 되어 있다(전압을 일정하게 유지하는데 필요한 최대전류는 178㎃이다. I_{ZM}).

따라서 식(3)을 이용하면

$$49mA = \frac{100\text{K}\Omega}{100\text{K}\Omega \times R_3} \times 5.1V$$

$$R_3 \cong 104.1\text{K}\Omega$$

정도 된다.

R3가 약 104kΩ 일 때 49㎃ 전류가 흐르고, 28.6kΩ 정도일 때 178㎃가 흐르므로 따라서 R3

는 28.6kΩ~104kΩ 사이에서 정하여야 한다.

R3가 28.6kΩ 보다 작으면 제너다이오드가 열화되어 수명이 얼마나 될지 모른다. WATTAGE가 높은 커다란 제너를 쓰면 부담스럽다. 그럴 이유도 없고. R3가 104kΩ 보다 크면 제너 전압이 제대로 나오기 어렵다. 뭐는지 중용이 덕이 될 때가 많은 법이다. 지나치지도 않고 모자라지도 않고. 윤리적 중용(中庸)의 도(道)를 알고 싶은 분들은 아리스토텔레스가 쓴 [니코마코스 윤리학]을 읽어 보시면 된다. 물론 4서중 하나인 중용(中庸)도 빼놓을 수 없을 것이다.

정전압 회로를 다음과 같이 꾸며 보기로 한다. 그러면 형태가 바뀐 것도 정전압회로가 되는 것일까?

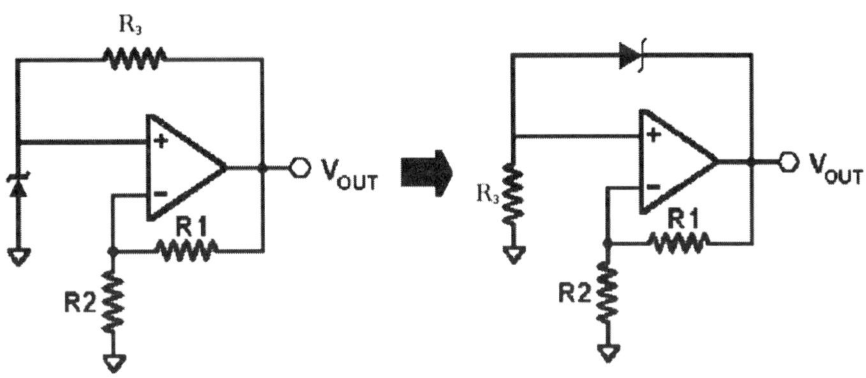

R3와 제너 다이오드가 자리 바꿈을 했다. 어떻게 출력식을 풀어 갈까?

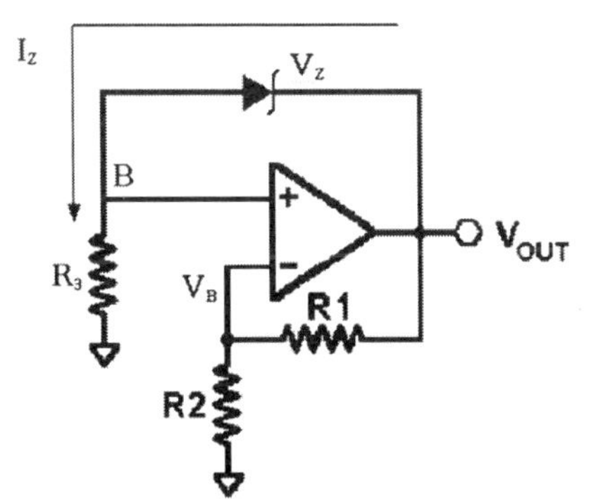

궤환이 형성 되어 있으면 우리가 알아차리지 못할 정도의 빠른 시간 안에 자기가 알아서 뺑뺑이를 열심히 돌아 안정 상태를 찾아가게 된다. 나중에 보면 알게 되겠지만 V/I SOURCE도 거대한 궤환이 형성되어 안정화 될 때까지 열심히 뺑뺑이 돌게 된다. 안정화 될 때 까지 궤환속도(LOOP SPEED)를 조정할 수 있도록 제어 장치를 마련해 주기도 한다.

여하튼...따라서 부궤환이 형성되어 있으므로 가상단락(IMAGINARY SHORT)현상은 여지없이 일어나고. 그렇게 되면 V_B는 B점과 전압이 같아 진다.

$$V_B = \frac{R_2}{R_1+R_2} \times V_O --- (4)$$

정궤환 쪽을 보기로 하자.

R3에 걸린 전압 V_B와 ZENER 전압 V_Z를 더한 전압값이 출력전압이 되므로.(....??? 출력전압 Vo는 부궤환의 제너전압과 R3에 걸린 전압값 분압할 수 있으므로, 분압되는 것을 더하면? 원래 값 Vo가 되는 것은 아주 당연하다. 혹 아리까리 하시다면 머리 속에 궤환회로를 형성시켜 처음 글들을 씹어 먹고 오시도록...!!!)

$$V_B + V_Z = V_O --- (5)$$

(4) 식을 (5) 식에 넣으면 아래와 같이 전개 된다.

$$\left(\frac{R_2}{R_1+R_2}\right) \times V_O + V_Z = V_O$$

윗 식은

$$V_Z = V_O - \left(\frac{R_2}{R_1+R_2}\right) \times V_O$$

$$V_Z = \frac{R_1V_O + R_2V_O - V_OR_2}{R_1+R_2}$$

이식은 아래와 같이 정리 되고,

$$V_Z = \frac{R_1V_O}{R_1+R_2} = \left(\frac{R_1}{R_1+R_2}\right)V_0$$

최종적으로 출력식은

$$V_O = \left(1 + \frac{R_2}{R_1}\right)V_Z$$

첫번째 형태의 정전압 회로 결과식과는 약간 다르게 나온다.

첫번째 형태의 정전압 회로 결과식은 아래와 같았다.

$$V_O = \left(1 + \frac{R_1}{R_2}\right) V_Z$$

근 차이는 아니지만 정전압의 두번째 형태의 출력값을 계산 하였다.

첫번째 정전압 회로 처럼 Iz를 구해 보기로 하자.

$$I_z = \frac{V_B - 0}{R_3} = \frac{\left(\frac{R_2}{R_1 + R_2}\right) V_O}{R_3} = \frac{\left(\frac{R_2}{R_1 + R_2}\right)\left(\frac{R_1 + R_2}{R_1}\right)}{R_3}$$

$$= \left(\frac{R_2}{R_1 \times R_3}\right) V_Z$$

으로 정해진다.

아래 회로를 보자. 실제회로이다. 제너 다이오드를 궤환단에 써서 정전압회로 같이 보인다. 저 회로는 어떻게 이해 해야 하나? 과연 정전압회로 일까 아니면 다른 회로 일까? 혼동 된다.

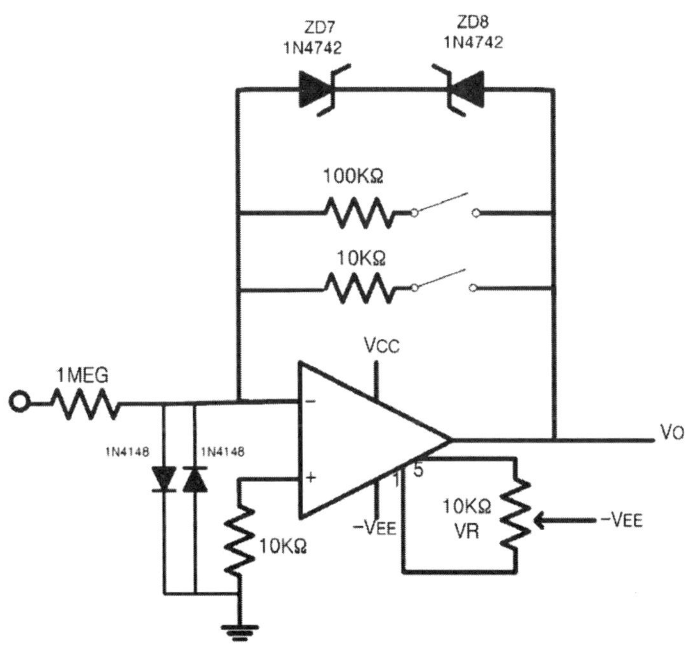

일단 우리가 파악해 온 정전압회로와는 구성이 다른 것을 볼 수 있다. 입력이 엄연히 존재하고 있다. 따라서 정전압회로로 보기 어렵다. 그러면 왜 저렇게 구성 했는가? 정전압회로가 아니면 거의 99%는 보호회로로 사용된 것이다.

1N4742는 ZENER 전압이 12V 짜리이다. ZENER를 저렇게 구성하면 출력이 12V 이상 될 때 저 1N4247 때문에 출력전압이 12V 이상 나가는 경우가 없게 된다(제너 다이오드의 특성상). 따라서 출력전압이 12V로 묶여진 상태가 된다. 갑작스런 써지(surge)가 출력에 나타날 때 연산 증폭기가 사망할 가능성이 높기 때문에, 또는 전압을 12V이내로 한정하고 싶을 때 저런 형태로 사용한다.

1N4742의 순방향 전압을 보기로 하자.

Symbol	Parameter	Conditions	1N4742			Units
			Min	Typ	Max	
V_F	Forward Voltage	I_F=200㎃			1.2	V

1N4742 순방향 전압

1N4742의 순방향 전압은 1.2V가 된다. 따라서 위의 회로의 동작을 나누어서 살펴보자[위의 회로를 보면 제너 다이오드가 마주 보고 직렬연결 되어 있다. 이 회로는 ±(ZENER 전압+1.2V) 이상 출력되는 일은 아마도 없을 것 같다].

- 만약 연산 증폭기 반전증폭기 출력이 14V이상 나오려고 한다고 가정하자.
  회로에서 ZD8은 순방향이기 때문에 일반 다이오드 ON전압과 같이 1.2V가 되고, ZD7이 역방향 12V ZENER전압을 가지고 있기 때문에 출력전압은 브레이크가 걸려 12V+1.2V=>13.2V로 묶여 버린다[ZD7 애노드(ANODE)는 가상단락에 의해 0전위이기 때문].
- 만약 연산 증폭기 반전증폭기 출력이 −14V이상 나오려고 한다고 가정하자.
  회로에서 ZD7은 순방향이기 때문에 일반 다이오드 도통전압과 같이 양단에 1.2V 전압이 걸리고, ZD8이 역방향 −12V ZENER 전압을 가지고 있기 때문에 출력전압은 브레이크가 걸려 −12V − 1.2V => −13.2V로 묶여 버린다.

따라서 제너 다이오드는 보호회로 역할을 하게 되는 것이다.

이런 회로를 전압을 제한한다 해서 리미터 회로(LIMITER)라고 한다.보호회로는 해석할 때 전연 고려하지 않아도 되는 회로가 된다고 이미 역설했다. 예를 들어 집안에 가스 경보기 감지장치가 천장에 붙어 있다고 생각해 보자. 평상시에는 전혀 쓸모 없는 장치가 되겠지만, 가스가 누출 되어 위험한 상황이 되면 여지 없이 작동하여 경보를 울리게 된다. 바로 이런 것이 회로에서 보호회로의 역활이 되겠다.

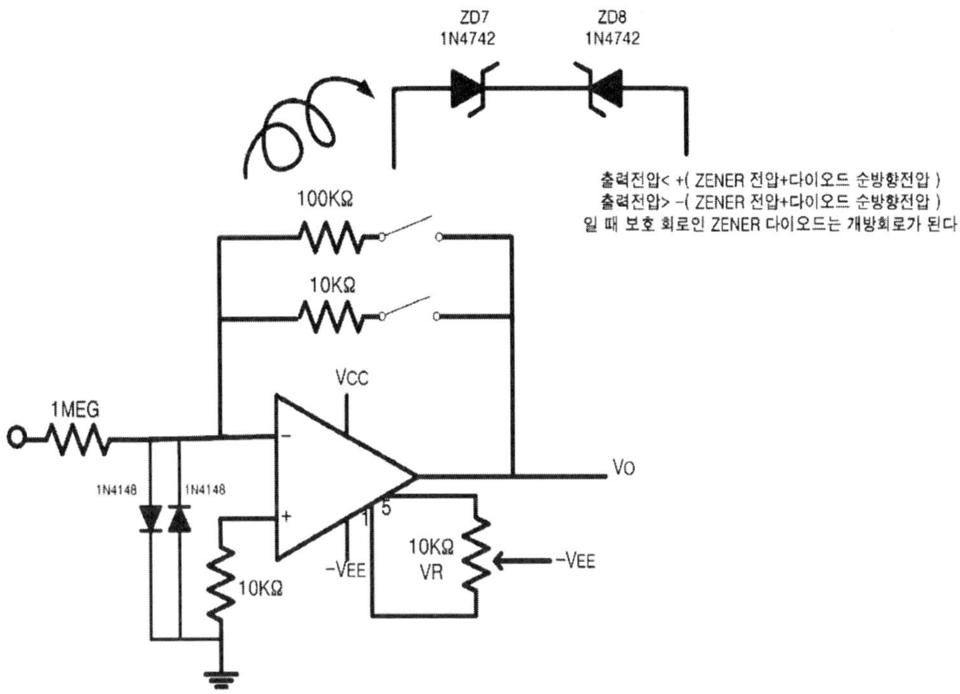

위의 회로를 잠깐 해체해 보자.

반전증폭기의 두 입력에 붙어 있는 1N4148두개도 두 입력 차가 ±0.7V이상 되지 않게 보호해 주는 회로가 되겠다.(가상단락에 의해 두 전위가 0V 가까우므로)

비반전 입력단에 붙은 10K 저항은 입력 바이어스전류에 의해 유발되는 오프셋을 줄이기 위하여 계산해 붙인 저항이라는 것은 이미 설명 하였다.

연산 증폭기의 핀 1,5번은 오프셋을 조정하기 위해 가변저항을 사용한 것이다. 이로써 우리가 이미 익혀 온 내용을 벗어난 것은 한치도 보이지 않는다. 실제회로도 그리 어려운 것은 절대 아니라는 것을 또 새삼 느끼게 되지 않는가?

기초 개념만 든든히 쌓아 가면 실전의 회로도 기를 질리게 하지는 못할 것이다.

1-23. 반파정류회로

피크검출기(PEAK DETECTOR)회로를 이해하기 위해서는 먼저 정류회로(rectifier circuit, 整流回路)부터 초석을 다져 주어야 한다.

어설프게 정류를 이해하면 자칫 필터가 아닌가 생각 하기 쉽다. 그러나 전기전자에서 말하는 정류는 이와는 좀 다른 의미를 갖는다. 사전을 찾아 보면 정류에 대해서 '한 방향으로만 전류를 흐르게 하는 기능' 이라고 정의하고 있다. 한자어로 보면 흐름을 정리하는 것이라는 뜻으로 整流라고 썼기 때문에 사전적 정의와 용어가 한가지로 통한다.

아래 간단한 회로를 보고 전기전자에서 전원회로에 주로 많이 애용하는 정류작용을 개념 때려 잡기로 하자.

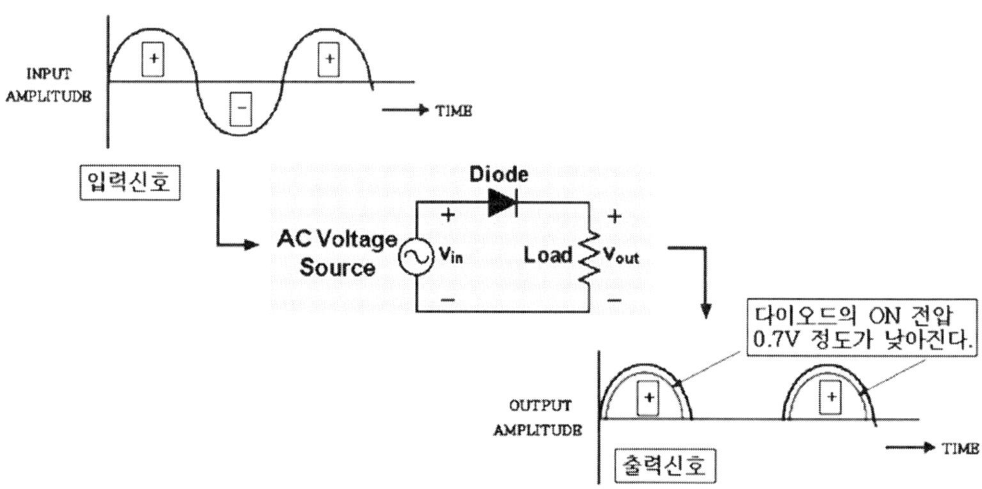

위에 간단한 회로에 다이오드가 들어 가면 어떤 작동을 시작한다. 저런 것을 미루어 보면 일반 다이오드나 제너 다이오드는 쓰임새가 꽤 있는 소자라는 생각이 든다. 잘라 주고, 끊어 주고, 정리하고, 두더지게임에서 두더지가 못 나오게 방망이로 가차 없이 치듯 전압을 차분하게 두두려 주고...

위에 그려 놓은 회로에서 입력 정현파(교류)가 정류회로에 들어 가면 출력은 음극(부 방향전압)은 나타나지 않고 양극(정방향 전압)만 나타난다. 이런 출력이 나타난 이유는 오로지 다이오드의 정류작용 때문이다.

- (+)방향의 전압이 입력되면 다이오드는 순방향전압이 걸려 도통되고 전압이 부하(Load)저항에 나타난다.
- (−)방향의 전압이 입력되면 다이오드는 역방향 전압이 걸려 불통되고 전압이 부하(Load)서항에 나타나지 않는다.

☞ 삿대질 해서 미안하다... 아주 사소한 것이지만 나름 중요하다는 판단 하에 삿대질을 해댔다. 부하저항이 한쪽은 다이오드와 직결 되어 있지만, 한쪽은 그라운드에 연결 되어 있다는 것을 눈치채 주기로 하자. 뭐가 중요하냐고 따지지 말라. 그냥 회로 보는 시야각(視野角)을 늘리겠다는 뜻이니까. 다이오드의 애노드단(AC VOLTAGE SOURCE 가 연결 된 곳)에 부 방향전압(마이너스전압)이 들어 와서 막연히 다이오드가 역방향이 되어 불통 될 것 같다고 생각하기 보다는, 부하 저항의 전위가 그라운드 수준, 즉 0V라고 생각하는 것이 훨씬 폭넓은 시야가 된다. 부하저항의 한쪽이 접지에 연결되어 있으므로, 신호가 없을 때는 부하에 걸려 있는 전압은 0V가 된다. SOURCE 전압이 다이오드가 도통 되기 위해 전위차가 0.7V 이상 필요한데, 0.7V 이상 크지 않을 때 다이오드는 불통되어 버린다.

다이오드를 이미 익혔기 때문에 정류회로의 동작을 이해 하는데 별 문제 없다. 이때 다이오드는 정류소자(rectifier element, 整流素子)로 사용 된다. 다이오드 때문에 전류방향이 순방향으로 정류(整流)되었다. 역성혁명?을 일으키는 역방향 전류 성분은 가차 없이 제거 되었다. 이런 것을 이름하여 전류를 정리정돈 했다고 해야 하나?

다이오드와 부하저항을 직결한 회로에서 한가지 주목 해야 할 것은 다이오드가 도통 되는 전압이 형성 되었다고 할 때, 부하저항에 걸린 출력이 다이오드의 순방향전압(약 0.7) 정도 만큼 낮아 진다는 것이다. 출력에서 전압수준이 낮게 그려진 그림이 실제 출력신호가 되겠다. 입력신호가 다이오드(0.7V)와 부하저항(0.7V를 제외한 나머지전압)에 각각 분압이 되기 때문에 당연한 결과다.

입력교류신호 전부가 출력에 나타나지 않고 (+)극성 부분만 나타났으므로 이런 경우를 반파정류(Half Wave Rectification, 半波整流)라고 한다. 부와 정의 입력이 모두 나타나면 전파정류회로(Full wave rectifier, 全波整流回路) 또는 절대값 회로라고 부른다.

뜬금 없이 전파정류회로를 절대값회로라는 용어로 부르는 것은 다분히 수학적인 내용을 내포한다. 수학에서 절대값을 취하면 (−) 값이든, (+) 값이든 모두 (+) 값으로 홱가닥 변질 된다. 예를들면 −9의 절대값은? ...이때는 부호를 의미 없다고 보고 오로지 값만, 절대로 값만 취한다는 발상으로 ｜−9 ｜= 9가 된다. 전파정류회로도 부방향의 전압은 모두 홱가닥 뒤집어 져서 정

방향으로 변질되어 버리기 때문에 마치 수학적인 기호로 절대값을 취하는 부호처럼 동작하는 것이다. | X | → X 빼고 수학적인 절대값 기호 ' | | '는 회로에서는 전파정류회로이다.

수학의 '절대값' 이라는 이념적 형태,즉 뇌 안에서만 뒹굴던 기호가 현실적 옷을 입고 강림한 형태가 바로 전파정류회로가 되겠다. 절대값 회로는 좀 더 뒤에서 살펴보기로 하자. 이래서 공학을 하려면 수학적인 지식이 필요한 것인가 보다. 수학이 순수 이성적 개념이라면, 그리고 보편타당하다면 현실에서 그 적용처가 꼭 나타나야 한다. 전기전자공학이 그 중에 한 분야가 되는 것이다. 보편자(수학)와 특수자(전기전자공학)와의 관계. 아마도 아리스토텔레스의 '형이상학'이 이런 생각들을 주절거린 것일 것이다.그는 철학을 보편자라고 보겠지만 말이다.

헛튼 말 제껴 놓고 다시 제정신 차리고 본론으로 돌아와서..연산 증폭기를 이용해서 반파 정류회로를 제작하면 어떻게 하면 될까?

아래 회로는 연산 증폭기를 이용한 반파 정류회로이다. 이름하여 비반전형 반파정류회로 이다. 전압 팔로워 출력단에 다이오드를 달아 놓은 형태다. 위에서 분석해 본 다이오드와 저항만으로 이루어진 회로와 연산증폭기가 첨가된 회로는 어떤 점이 다를까? 비교해 보자.

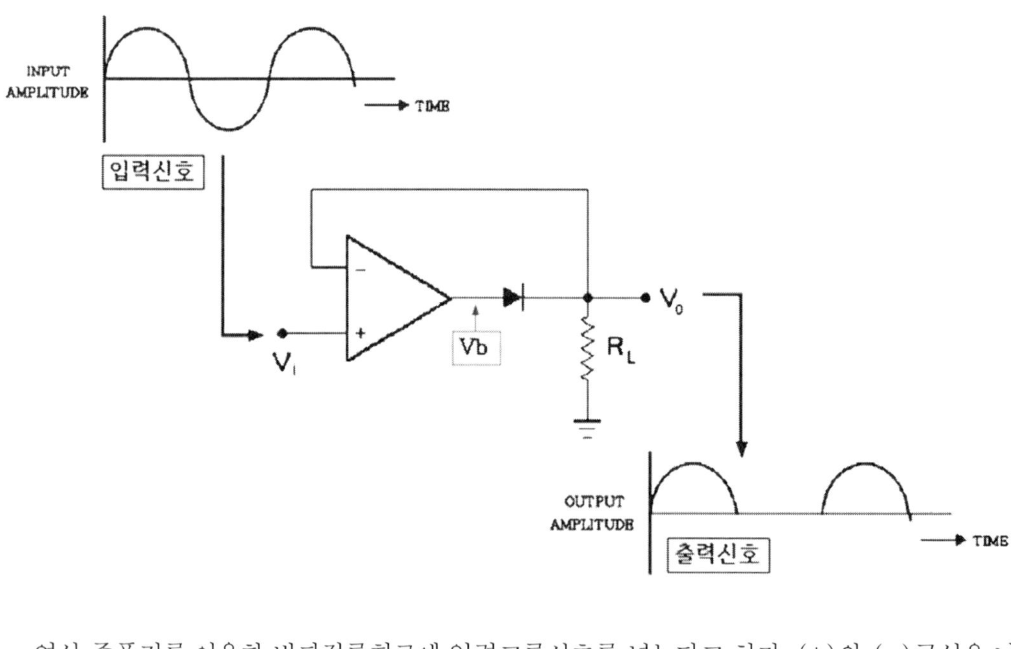

연산 증폭기를 이용한 반파정류회로에 입력교류신호를 넣는다고 하자. (+)와 (−)극성을 나누어 생각하기로 한다.

- (+)방향의 전압이 입력되면 다이오드는 순방향전압이 걸려 도통되고 전압이 부하(Load)저항에 걸려 나타난다.

- (−)방향의 전압이 입력되면 다이오드는 역방향 전압이 걸려 불통되고 전압이 부하(Load)저항에 결코 나타나지 않는다.

동작은 연산 증폭기를 사용하지 않은 반파정류회로와 마찬가지로 비교적 간단하다.

그러나 생각해 보아야 할 것이 더 있다.

연산 증폭기를 사용하지 않은 반파정류회로에서는 출력이 다이오드가 순방향전압이 걸려 도통(ON) 될 때 양단에 걸리는 순방향전압 0.7V 정도가 낮아졌다. 연산 증폭기를 사용한 반파정류회로에서는 어떤 일이 일어 날까?

(+)극성의 교류신호가 들어가면

다이오드가 순방향이 걸려 도통(ON)된다. 이때 부궤환이 형성이 되어 연산 증폭기는 가상단락(IMAGINARY SHORT)현상이 일어나고야 만다. 가상단락 현상이 발생하면 궤환되는 신호는 입력신호와 수준이 같아 질려고 부던히 빵빵이 돌아 값을 맞춘다. 따라서 출력은 (+)입력이 손상되지 않은 (+)입력 그대로 (+)출력으로 나타난다. 이 점이 연산 증폭기를 사용하지 않은 반파정류회로와 확연히 다른 점이다.

(−)극성의 입력일 때는 다이오드가 불통된다.

전압 팔로워이기 때문에 출력은 입력 그대로 나오는 것을 알고 있다. 따라서 연산 증폭기가 (−)전압이 나오면 Vo가 현재적으로는 0V이기 때문에 다이오드는 역방향전압이 걸려 버린다. 따라서 연산 증폭기는 부궤환이 형성되지 못한다.

궤환이 형성 되지 못하면...

우리가 잘 아는 연산 증폭기는 궤환이 형성되지 못해 개루프(OPEN LOOP, 여기서 '개'는 멍멍이 개字, 狗가 아니라 열 개 開 字이다) 회로가 형성되어 버린다. 이 때 동작은 연산 증폭기의 기본동작식 Vo = A(Vp − Vn)에 의거한다. 그리고 개루프이득(OPEN LOOP GAIN)이 무척 큰, 궤환이 없는 차동증폭기 형태가 된다.

비반전입력단으로 Vi가 (−)전압이 들어 오므로 연산 증폭기출력단은 −VEE로 쳐 박히고, 부하저항에는 0V가 되는 것이다(부하저항이 연산 증폭기의 반전단자에 연결 되었지만 반전단자를 볼 때 입력 임피던스가 무한대가 되고 개회로가 되어 버린다. 이 때 저항은 한 쪽이 그라운드에 연결 되어 있으므로 그대로 0V가 된다).

(−)입력신호가 들어 올 때의 현상을 좀 더 자세히 들여다 보기로 하자.

책에 따라서는 각부의 출력을 그려 놓아 이해하기 난감하기 때문에 혹시 그런 그림을 보신 분을 위해서 설명하기로 한다. 왜 그런 출력이 출현하게 되는지...

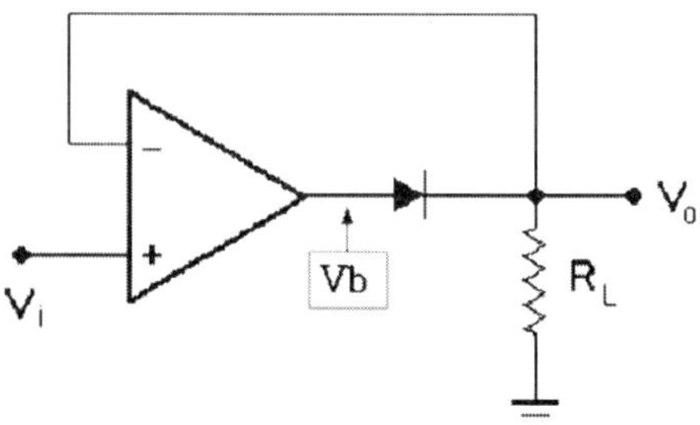

다이오드를 중심으로, 애노드(ANODE) 단, 즉 연산 증폭기의 출력단 Vb는 아래 그림과 같이 그려진다.

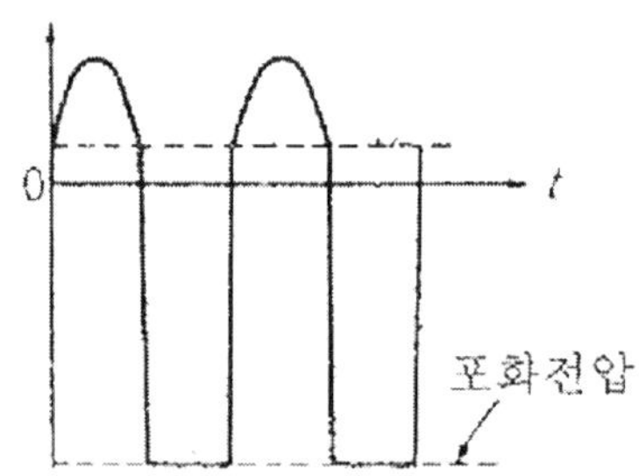

Vb 출력

이 그림을 이해 하는데 좀 어려움이 따른다.

그림을 보면 부하저항에 걸린 최종 출력과는 너무 다르다. 값이 $-V_{EE}$로 포화 된 것도 그렇지만 뭔가 오프셋(OFFSET)이 떠 있는 모습이다. 왜 저런 그림이 되는지 고찰해 보기로 하자.

교류입력신호가 (−)가 되는 지점이 입력으로 들어 온다고 생각해 보자.

다이오드가 불통된다는 것은 이미 설명 하였다. 그 때 연산 증폭기 출력 Vb는 개루프이득(OPEN LOOP GAIN)이 무척 크기 때문에 순간적으로 $-V_{EE}$로 쳐 박히게 될 것이다.

이제 입력이(+)로 된다고 생각해 보자.

바로 (+)로 바뀌는 찰라까지는 개루프(OPEN LOOP)가 형성되어 있어 개루프이득(OPEN LOOP GAIN)이 무척 큰 궤환이 없는 차동증폭기 형태가 된다. 그러면 연산 증폭기 출력 Vb는 순간적으로 $-V_{EE}$에서 반대로 $+V_{CC}$로 포화 되려고 순간적인 값이 올라가는데 0V를 지나 0.7V가 되는 지점에 이르르면 다이오드가 도통되어 $+V_{CC}$로 올라가지 못하고, 전압팔로워 회로가 되어 입력이 그대로 출력에 나타난다. 그래서 Vb 출력 그래프를 보면 마치 다이오드의 순방향전압이 걸려 도통되어 양단에 걸린 전압 OFFSET 처럼 떠 있는 모습이 되는 것이다.

따라서 그래프에서 0V를 기준으로 약간 떠 있는 오프셋(OFFSET)은 바로 다이오드의 양단에 걸리는 순방향전압 성분(약 0.7V. 다이오드를 설명하면서 아무 설명 없이, 무턱대고 다이오드 순방향전압이 0.7V라고 우겼는데 대충 이 정도 값이 표준이라서 설정한 값이다. 물론 0.6V라고 우겨도 상관없다. 대세에 지장을 주지 않는다. 그런 사항은 지엽말단에 불과한 것이다. 좀 더 정밀한 사고?를 가진 사람은 부품 규격표를 보고 일일이 찾아 보시면 되겠다)이 되겠다.

그리곤 아래의 입출력 특성 그래프가 곁들여 진다.

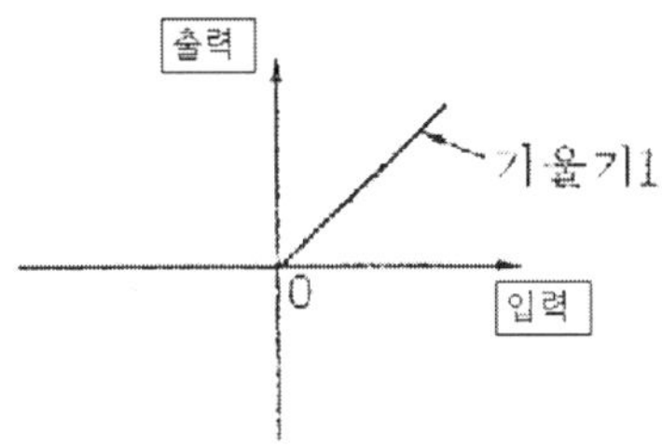

이는 매우 간단하다. (−)극 입력일 때는 0V이고, (+)극 입력일 때는 입력에 대해 출력이 그대로 따라가기 때문에 기울기가 1인 상승 그래프로 그려질 것이다. 그것을 나타낸 그림일 뿐이다.

여러 종류의 반파정류회로 중 첫 번째로 비반전형태를 잠깐 고찰해 보았다.

아래 회로는 반전형 반파정류회로라고 하는 것이다. 느낌적으로는 궤환이 형성되어 있어 입력신호가 온전히 출력으로 나올 것만 같다. 그러나 다이오드가 호락호락하게 놔두질 않는다.

비반전형은 입력의 (+)극성의 반파만 정류되는데 비해 반전형은 다이오드의 방향에 따라 입력의 (+) 또는 (−)극성의 반파를 정반대의 극성으로 정류 시킨다. 이 회로를 이해 함으로 전파정류회로와 피크검출기(PEAK DETECTOR) 회로를 직관으로 알아 버릴 수 있다. 따라서 머리에 숙지하는 것이 우리에게 매우 유리함을 제공해 줄 것이다.

일단 반전형 반파정류회로에 (+)극성과 (−)극성의 입력이 들어 왔을 때의 동작을 보기로 하자.

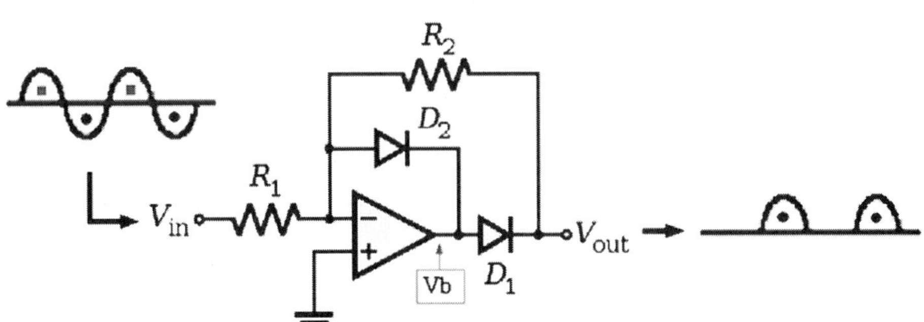

기본적인 동작은 궤환이 형성될 때 반전증폭기다. 입력저항 R1과 궤환저항 R2에 의해 GAIN

이 정해지는 것은 불문가지다. 다이오드가 있던 말던 여하튼 궤환이 형성되면 반전증폭기로 동작한다. 그냥 반전증폭기로 생각해도 무방하다. 단 입력이 (−)극성일 때만....

$$V_0 = -\frac{R_2}{R_1}V_i$$

그러나 다이오드 D1과 D2에 의해 약간의 변화무쌍이 출현하게 된다(사소한 노파심에서 말씀드리지만, 출력단에 그라운드에 연결된 로드저항이 있다고 상정해야 한다. 저 회로 그대로 개회로이면 D1의 역방향전압이 어떻게 걸릴 수 있겠는가? 양단의 전위가 있어야 판단할 수 있는 것이 아니겠는가).

- (+)방향의 전압이 입력되면 Vb는 (−)출력이 되어 D1 다이오드는 역방향전압이 걸리고 불통되어 출력전압이 부하(Load)저항에 나타나지 않는다. 0V(이때 Vb 출력 그래프를 아래에서 보고 어떻게 동작 되는지 확인하시라)
- (−)방향의 전압이 입력되면 Vb는 (+)출력이 되어 D1 다이오드는 순방향 전압이 걸려 도통되고 출력전압이 부하(Load)저항에 나타난다. 상은 (−)극성부분이 반전된 반파 성분이다.

동작은 연산 증폭기의 반전 증폭기와 다이오드의 특성을 알고 있으면 어렵지 않게 이해 할 수 있다. 입력과 출력신호를 각각 보기로 하자.

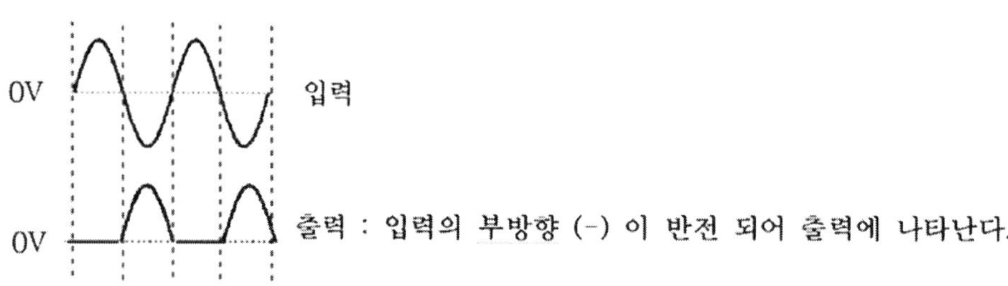

위에서 보는 바와 같이 반전형이니까 비반전형과는 반대로 정류작용을 할 것이다.

Vb출력을 보기로 하자. 재미 있는 현상이 생긴다. 비반전형에서는 D1 다이오드가 도통 되지 않을 때 −VEE로 포화 되었었다. 반전형에서는 −VEE로 포화 될까? 아래는 Vb출력 신호 그래프다. 포화되지 않는다. 요런 부분이 아주 재미있다.

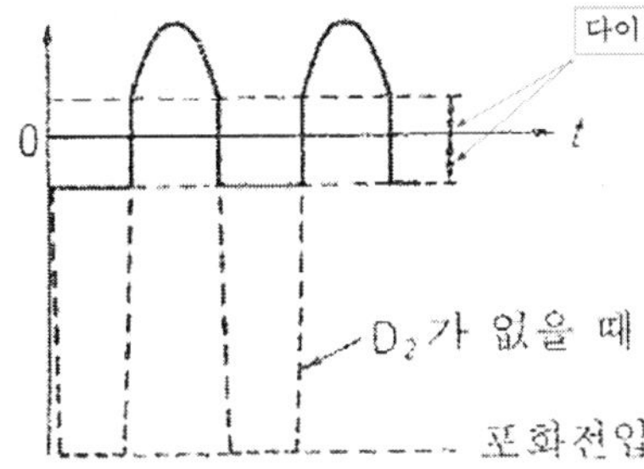

(+)극 입력이 들어 온다고 하자.

Vb는 (−) 값이 되어 D1은 불통된다고 했었다. 이 때 궤환이 형성 되지 않으면 개루프(OPEN LOOP)회로가 되겠지만 포화되려고 폼을 잡게 되면, 이 때 D2 다이오드가 가만히 있지 않게 된다. 하긴 그 때 까지는 빈둥빈둥 가만히 사태를 지켜 보던 놈이었다. Vb가 −VEE로 포화되려고 폼 잡고 쭉 내려 가다가 −0.7V 되려는 찰라 그 때까지는 침묵하고 있던 D2가 설설 움직임을 시작한다. 기회를 잘 타는 D2 다이오드는 도통되어 궤환이 형성 되므로 −VEE로 쳐 박히지 않게 막아준다. 다시 D2 때문에 부궤환은 유효해진다. 궤환이 형성되면 가상단락(IMAGIANEY SHORT)은 정상 작동 되게 된다.

사회에서도 저런 D2 소자 같은 인물들이 다수를 점유하면 평안해진다. 극단으로 갈리는 좌, 우에 마치 중도처럼 극단을 토닥이고, 극단적으로 사고를 끌고 가지 못하도록 막는 방패막이 구실을 할 수 있기 때문이다. 중용의 덕이 없는 사회일수록 계층간, 계급간, 이념간,지역간의 소통은 요원해 진다. 아마도 지금 우리사회가 D2 같은 인물들이 보신을 위해 숨죽이고 있을 때 인 것 같다. 나서면 죽도록 비난 받으니까. 우익에겐 회색분자로, 좌익에겐 우익으로..양극단의 기운이 셀 수록 갈등의 골은 깊어지는 것이다. 우리사회에도 D2같은 역할을 하는 인물들이 좀 나서야 하지 않을까? 한낱 회로에도 저런 역할을 하는 소자가 있는데 인간세계에서야 없을라고?... 요새 정부 조각(組閣)에 관심이 집중되어 있다고 하는데 개발독재 시대의 불도저식 경영자는 0순위에서 밀어내야 할 것 같다. 시대의 추이를 읽지 못하는 인사는 국민에게 아픔만 준다.경제적으로나 정신적으로나. 인사가 만사라는 말은 여전히 진리다. 인간이 경영하는 세계에 적합한 인사를 들어 앉히는 것이 성공의 열쇠인데...정부 조각(組閣)은 아니지만... 업무추진비를 자기통장에 거리낌없이 넣는 썩어빠진 좀팽이를 헌법재판소장에 앉히려 하니 하~ 세상이 어수선해지려나~

어쨌든 그런 사태가 일어나려 기미만 보이면 D2 다이오드의 애노드는 IMAGINARY SHORT에 의해 0V가 되고, Vb는 −0.7로 매여 있어 절대로 −VEE로 폭락하지는 않을 것이다...폭락하면 왜 증권이 생각 나는 것일까?(오늘 따라 왜 이러냐? 날씨 탓인가?)기관투자가는 공매도로 폭락 장에도 돈을 너끈이 끌어 모으는데 개미는 공매도 하면 죽어라 반토막 나는 현실...이것이 공정한 룰이라고 할 수 있을까? 주식에서 돈벌라고 권하고 싶지 않다. 돈을 벌어도 누군가의 피맺힌 돈이며

(증권 게시판을 한번 보시라 돈잃고 한강에 가겠다는 사람들이 왜 그렇게 많나? 단지 레토릭인가?), 반면 돈을 잃으면 패가 망신하는 것이 주식판이다. 돈을 잃으나 왕창 따나 찝찝한 것은 매한가지다. 더듬이가 달팽이 촉수처럼 너무 예민한 우려일까? 회사와 개인 투자가가 동반 성장하는 긍정부분도 있지만, 대개는 제로섬 게임이라 누군가의 아픈 돈이 흘러흘러 여기저기 들쑤시고 다니는 것이 주식시장이다. 루머, 협잡, 공작, 조작... 인간 욕망의 더러운 면들이 규칙을 가장하고 시장에 나온 괴물이라고 하면 너무 자본비판적인 사고인가? 없어지는 것 보다는 규칙을 공정하게 세우는 것이 바람직스러울 것 같다. 건강한 손으로 노동하고 그 잉여가치를 누리는 것이 현명한 짓이다. 당장 내일 판돈의 15~20%씩 등락하는 주식은 아무래도 건강한 자본주의라고 만 볼 수 없을 것 같다. 노골적으로 말해 투전판과 다를게 없다. 전세계의 노동자들이여 단결!하여 기업을 아작 내지 말고 손으로 일한 돈만을 추구하라. 타(他)가 있어야 아(我)가 있는 것이고, 아가 있어야 타가 존재하는 것이다.노동자가 있어야 기업이 있고, 기업이 살아야 노동자도 생계유지를 할 수 있도록 긴밀하게 관계 엮어진 것이 현대산업자본주의 시대다. 두 진영 모두 타(他)를 부정하려고만 하려 들면 사회가 온전히 돌아갈까?? 기업이든 노동자든 너무 제 밥그릇에만 매달려 이익을 극대화 하려 요란 법썩을 떨지들 말아야 할 것 같다....지금도 선진국 연금투자 기관들은 노후의 느긋한 삶을 원하는 유한계급(有閑階級)의 선진국형 인간들을 위해 제 3세계의 피묻은 돈을 핥으려 혈안이 되어 있을 것이다. 주식시장이든 론스타 같은 깡패금융이든. 이런 옘병할~돈이 돈을 낳는 거꾸로된 세상. 최신의 금융을 모르면 현대인이 아니라고? 분명하고, 소박한 사실은 인간의 거친 손으로 행한 노동에서 돈, 잉여가치가 나와야 하는 것이 진실이다. 현대 돈 장난으로 돈 굴려 돈을 만드는 세상이 건강한 세상일까 홱가닥 돈 세상일까? 조폐공사에서 찍기만 하면 돈이 되는 줄 아는가? 허울 좋게 금융이라는 말로 현혹하려는 탐욕의 화신들이 득시글거린다. 그런 세상은...세상 어디 엔가는 죽을 힘을 다해도 먹구살기 힘든 초췌한 인간들을 양산해 낸다는 것이며, 반면에 그 잉여가치를 공짜로 가져 가는 인간 군상들이 또 한켠에 버젓이 있다는 말에 다름 아니다. 런던, 월스트리트, 홍콩. 탐욕의 빌딩이 높이 솟은 금융 중심가. 변변한 공장하나 없는데 금융에 관여된 모든 자들이 누구보다 더 잘 사는 시스템은 왠지 어색하며, 어딘가 충분히 모순되어 보이지 않는가?..그들에게 절제의 빛이 던져지길...자본주의의 첨병을 자처 하면서 자본주의를 무너뜨리는 자기 파괴적이며 매조사디즘적 인간 욕망의 뭉텅이들. 자유를 지키고, 자본주의의 소중한 계약정신을 유지하려면 좀 절제해야 하지 않을까? 탐욕을 시스템적으로 제어 해야하지 않을까? 그렇다고 체제를 바꿔 공산주의를 꿈꾸는 한심한 인간들일랑 되지 마시기를. 종북주의자들은 시대착오적인 오발탄 인간들이지.소설가 박완서의 날카로운 풍자대로 먹고 살기 힘들어 굶어 죽는 판에 선전을 위한 공연을 쫄쫄 굶으며 보라는 강제적 체제가 어디 인간 살만한 데인가? 인간 말종들의 극히 소수만족 '동물농장' 을 그리워 한다 고라고라? 공산주의는 박물관 석고상으로 안치 되어 곰팡이 핀지 오래 되었는데, 왜 이리 이 사회는 죽은 자식 불알 만지듯 공산주의를 동경하는 인간들이 스

스럼 없이 컴잉 아웃 하는 분위기까지 조성해 주었는지 알다가도 모를 일이다. 그런 행태가 의식 있고, 아방가르드?적 지식 인양 자기를 치장한다고 생각하는지 모르겠지만 까마귀 목에 까치 깃털 꽂기 식 아닌가? 하여튼 그들 대갈빡 속에 든 사유가 궁금하지 않을 수 없다. 시궁창일까? 쓰레기 일까? 둘 중 하나 인 것은 분명한데...

신이 세상을 저주받을 곳으로 창조 했다고? 전 세계 사람들이 먹고도 남을 곡식이 생산되는데 인류 절반이 굶주림에 시달리는 것은 신이 잘못한 것인가? 인간의 탐욕이 기승을 부리는 탓인가?(장 지글러가 쓴 [왜 세계의 절반은 굶주리는가?]를 보시라)..인간탐욕..왜 폭락이라는 단어가 나와 가지고...

...따라서 D2 다이오드의 역활은 포화되는 회로를 막아주는 방패막이가 되어 준다. 회로가 포화되면 회복하는 시간이 길어지고,쓸데 없이 에너지 낭비도 되며,소자에 나쁜 자극을 줄 수 밖에 없으므로 포화되지 않게 막아 주는 D2의 삽입은 회로적으로 좋은 착상이라 할 것 같다.

비반전형 반파정류회로를 이미 분석 하였기 때문에 반전형 반파정류회로는 그리 어려울 것이 없다. 기본형을 알면 파생형은 약간의 요령만 덧붙였기 때문에 쉽게 장악할 수 있는 수준 안에 있게 되는 것이다.

반전형 반파정류회로에는 다이오드 방향을 둘 다 거꾸로 바꾼 아래와 같은 형태도 종종 눈에 많이 띈다.

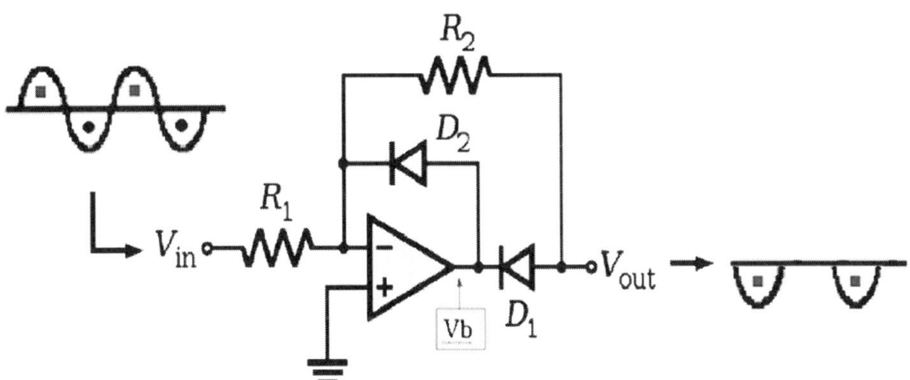

- (+)방향의 전압이 입력 되면 Vb는 (-)출력이 되어 D1 다이오드는 순방향전압이 걸리고 도통 되어 출력전압이 부하(Load)저항에 나타난다. 상은 반전된 반파 성분이다. (+)양극에서 (-)음극으로. 이때 D2는 애노드 부분이 - 전압, 캐소드가 가상단락에 의해 0V이므로 역방향 전압이 걸려 불통된다. R2에 의해 부궤환이 형성된다. 가상단락 유효함
- (-)방향의 전압이 입력 되면 Vb는(+)출력이 되어 D1 다이오드는 역방향 전압이 걸려 불통되고 출력전압이 부하(Load)저항에 나타나지 않는다. 이 때 D2는 애노드가 + 전압, 캐

소드가 가상단락 의해 0V이므로 순방향 전압이 걸려 도통되고. Vb는 +Vcc로 포화 되지 않는다. D1이 불통하므로 R2에 의한 부궤환은 의미가 없으나, D2에 의해 부궤환은 살아 있게 된다. 역시 가상단락 유효.

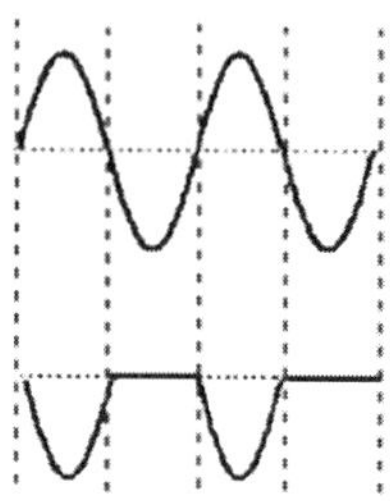

이제 반전형 반파정류회로를 응용한 실제 피크 검출기(PEAK DETECTOR)를 보기로 한다. 아래 회로는 실제 부성 피크검출기(NEGATIVE PEAK DETECTOR)를 보여 주고 있다. 회로는 실전회로가 아니라 작동체계의 개념을 뽑기 위하여 축약한 형태이다.

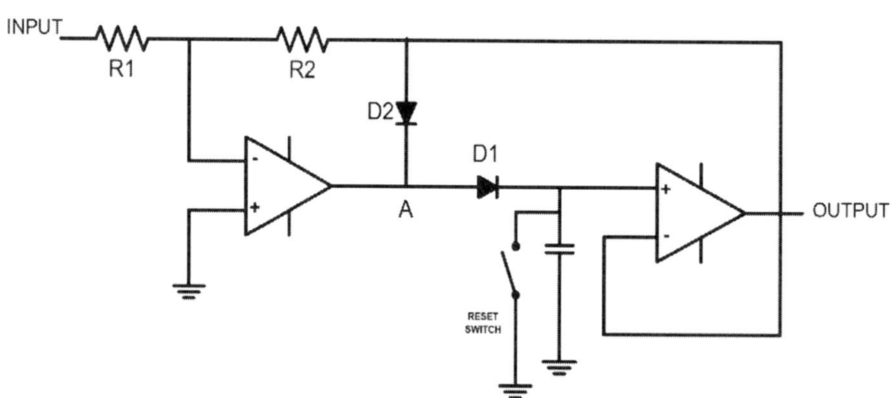

이미 반파정류회로에서 동작들은 규명했기 때문에 이 회로의 동작은 문제 되지 않는다(CAP RESET 회로등을 제외했다).

- (+)극성 입력이 들어 오면 D1은 불통되고, D2는 도통되어 출력은 0V가 된다.
- (−)극성 입력이 들어 오면 D1은 도통되고, D2는 불통되어 출력은 콘덴서에 의해 첨두 전압(신호에서 제일 높은 전압)이 검출 된다.

첨두 전압이 콘덴서에 충전 되고, 바로 뒤에 입력되는 신호의 (+)극성이라도 내려가는 경사면이 되면(+극성의 NEGATIVE SLOPE, 아래 그림참조) D1은 불통된다. 왜냐하면 D1을 중심으로 캐소드 단에 붙은 피크검출 콘덴서에는 신호의 제일 높은 전압이 충전되어 있지만, 실시간적으로 들어 오는 입력은 (+)극성일지라도 내려가는 전압이기 때문에, D1다이오드는 역방향 전압이 걸리게 되므로 불통된다. D1다이오드가 이때 불통된다는 것은 회로적으로 아주 중요하다. 만약 실시간적으로 계속 들어 오는 신호전압 대로 D1다이오드가 도통되면, 피크검출 콘덴서에서는 첨두전압이 걸리지 못하기 때문이다.

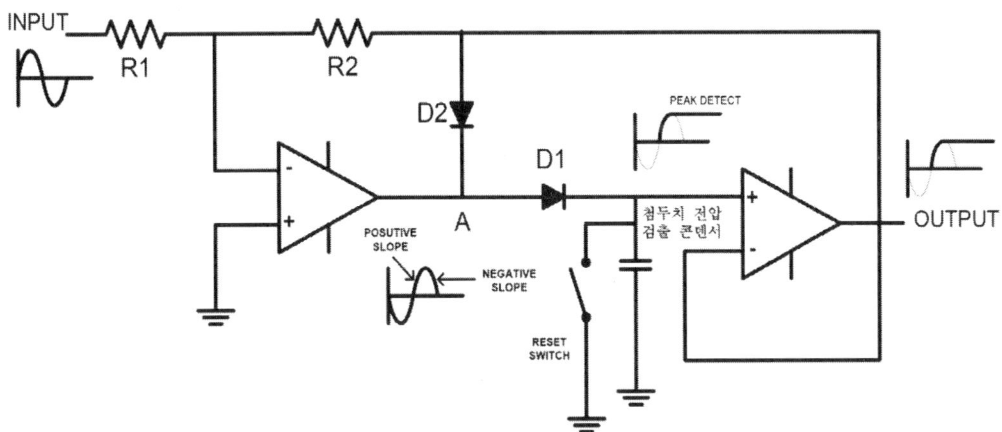

A점의 신호가 +극성의 NEGATIVE SLOPE 이때 D2다이오드는 다시 도통된다.

왜냐 하면 피크검출 콘덴서에 첨두전압(전압팔로워의 출력전압이 된다)이 충전 되어있으므로 D1애노드쪽 전압(A점)이 전압팔로워의 출력전압 보다 낮게 되기 때문이다.

출력전압(OUTPUT)이 첨두전압(PEAK VOLTAGE)으로 유지되면 다이오드 D2가 도통되어 반전증폭기의 궤환은 계속 유지 된다(가상단락 유효). 방전이 잘 되지 않는 콘덴서를 사용한다는 것은 두말하면 잔소리다. 충방전이 쉽게 쉽게 이루어 지면 교류신호의 첨두전압을 유지하는 것은 요원해진다. 이렇게 방전이 어려운 놈일 수록 방전을 위한 RESET 회로는 필요 요소다.

RESET하면 모두 0, 디지탈 회로이면 레지스터(플립플롭의 묶음, 4개 또는 8개)의 모든 값이 0이라고 생각하기 쉬운데 꼭 그런 것만은 아니라는 것을 말해둔다. 최초의 DEFAULT 상태(처음상태)가 예를들어 어떤 RELAY는 연결 되어 있어야 할 때도 있다.

그렇게 되면 레지스터의 경우에 릴레이드라이버를 촉발시키기 위해 0이 아닌 HIGH 상태의 값이 되어야 할 때도 있기 때문에, RESET(움직이던 동작을 모두 그만두고 원래상태로 재설정?)이 꼭 모든 디지털 데이터가 0이 될 필요는 없다.

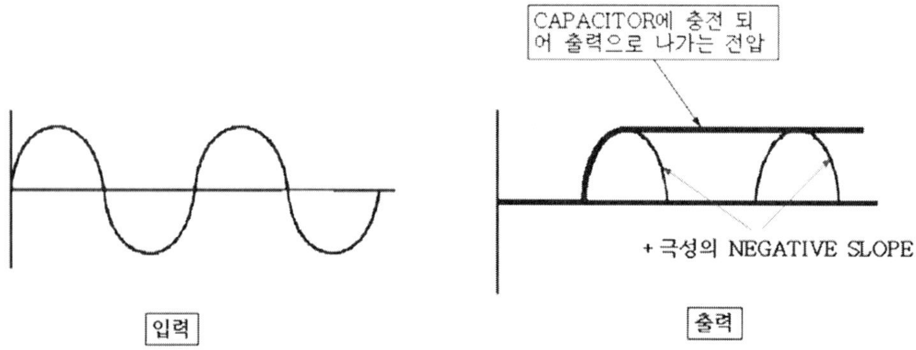

POSITIVE SLOPE와 NEGATIVE SLOPE라는 용어도 알아 두면 편리하다.

가끔 신호구간을 나누어서 생각할 때 이런 용어들을 사용하기 때문이다. 스키장의 slope를 떠올리시면 된다(장비에서 시간을 측정하는 TIMER OPTION 같은 곳에서 사용한다).

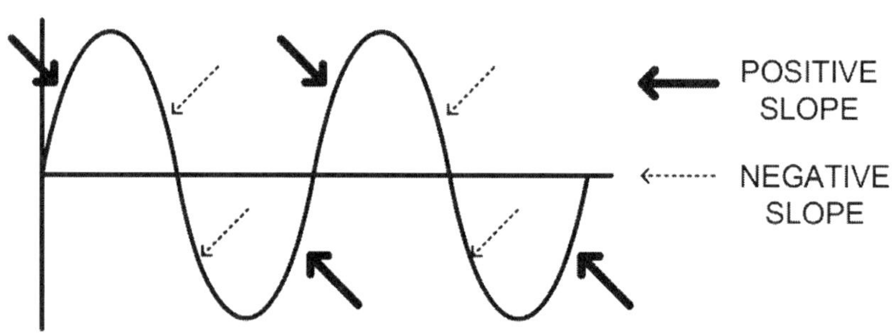

연산 증폭기를 사용한 반파정류회로의 두 가지 형태를 분석해 보았고 이의 파생형태로 된 PEAK 검출기를 간단하게 살펴 보았다..

또한 반전형, 비반전형 반파정류회로를 이해하면 전파정류회로 수학적 견지에서 이름 붙인 절대값 회로는 바로 우리 시야에 이해 할 수 있는 형태로 팍 와 닿을 것이다. 그러나 비반전형이든, 반전형이든 반파정류회로를 묶어 주는 방식에 대해 까다로운 구석이 몇가지 있다.

전파정류회로의 몇 가지 형태에 대해 다음에 알아 보기로 하자.

어떻게 잘 묶어 줄까?가 전파정류회로를 이해하는 열쇠이다. 다음번에는 이런 반파정류회로들을 묶는 요령들을 보게 될 것이다.

1-24. 전파정류회로

반파정류회로에서 비반전형과 반전형 동작을 이미 숙지 하였기 때문에, 전파정류회로(full wave rectifier, 全波整流回路)를 이해하는 데에는 약간의 확장 직관만 작동 시키면 문제없다.

아래에 나올 전파정류회로는 두 가지 형태의 반파정류회로(반전형 + 비반전형)의 조합으로 간단하게 구성되었다. 구성은 간단하게 되어 있지만 반파정류회로를 분석하지 않고 이 회로를 보게 되면 대부분 멍 때리게 된다. 헌데 우리는 멍 때릴 필요가 전혀 없다. 이런 회로들을 익히기 위해 단계를 밟아 왔기 때문이다.

천리길도 한 걸음부터. 자잘한 사물에 대해 분석판단을 꾸준히 해야 선천적 종합판단이 되는 것처럼, 회로도 소자로부터 하나 하나 분석해 나가야 종합적인 회로구성의 선물세트 맛을 알게 되는 것이다. 그러나 너무 겁먹지 마시라. 실제로 우리가 지금까지 익힌 것만으로도 장담하건대 웬만한 반도체 장비 50%는 거저 먹기로 분석해 낼 수 있을 정도는 된다.

요즘은 회로분석 툴 프로그램들이 기막히게 좋은 것들이 많다. 예전에 유명했던 멘토 그래픽스를 비롯해서 알레그로, PC 수준의 P-SPICE 등등이 더 빨라지고, 기능들이 정확해 졌다.

한가지 권면하자면 이런 툴을 아주 잘 이용하는 것은 사회생활에서 인정 받는 능력 중 하나가 될 것임에 분명 하다.그러나 아날로그 회로에 대한 직관 같은 것들을 가지고 툴에 달려 들면 훨씬 쉽게 접근할 뿐더러, 실력이 더욱 향상될 것 같다. 그래서 연습장을 앞에 두고 엉덩이로 공부하는 습관을 먼저 들이는 태도는 감을 위해 절실히 요구 된다.

직관, 직관해서 천재적 영감으로만 생각해서는 안될 것 같다. 최고의 지식은 직관적 지식이라고 칸트가 읊었었다. 그것은 거저 얻어지거나 타고나는 것이 아니라, 지식이 중첩될 때, 시간을 지식에 투자할 때, 거기에 경험이 부가 될 때, 문제의식을 가지고 회로에 접근할 때...시너지 효과로 나타나는 현상이라 할 것이다.

바로 아래 회로를 보고 직각적으로다가 결과를 머릿속으로 빚어 내는 것이 직관적 지식이라 부를 수 있을 것 같다. 아르키메데스가 목욕탕 안에서 유레카를 외치면서 발가벗고 나온 것이 선행지식이 없이 거져 얻어진 것이라 보기 힘들다. 지식이 적분되고 이성적 능력으로 말미암아 종합되어야 얻어지는 짭짭한 소득이랄 수 있다.

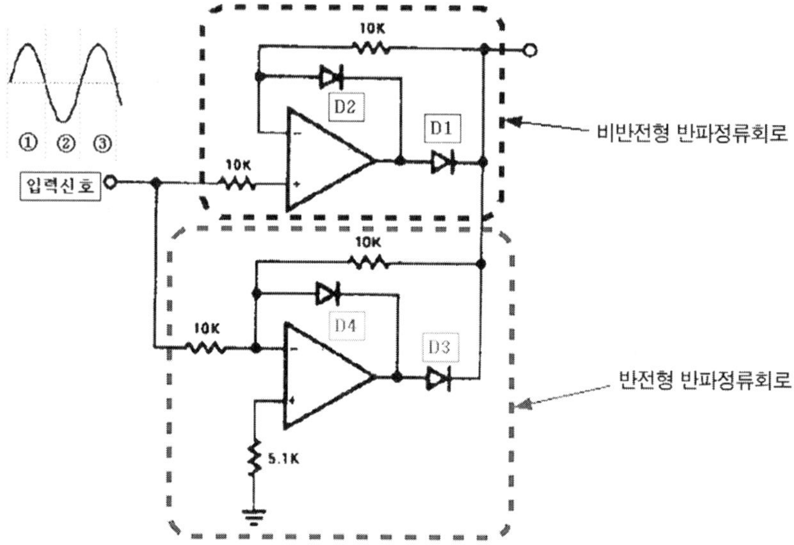

비반전형과 반전형이 결합된 전파정류회로

로보트 합체마냥 비반전형 반파정류회로와 반전형 반파정류회로를 그냥 합성해 놓은 형태가 일단 눈에 들어 온다. 전혀 낯설지는 않다. 각각의 회로 입출력을 직결한 형태인데도 용하게 전파정류작동에 문제가 없다.

전파정류회로는 마치 여지껏 분석 했던 연산 증폭기를 복습할 기회를 다시 주는 것 같아 적절한 타이밍이라 생각이 든다.

기본동작은

비반전형 반파정류회로는 궤환이 형성 되면 버퍼, 즉 전압 팔로워가 된다.

$$V_o = V_i$$

가 되고,

반전형 반파정류회로의 기존 동작은 궤환이 형성되면 반전증폭기가 된다는 것은 이미 설명하였다. GAIN = 1이 된다.

$$V_o = -\frac{R_f}{R_i} V_i = -\frac{10k\Omega}{10k\Omega} V_i = -V_i$$

회로 아랫쪽의 반전형 반파정류회로의 비반전단자에 5.1kΩ이 달린 것과, 비반전형 반파정류회로 비반전단자에 달린 10kΩ은 각각의 연산 증폭기 입력 바이어스전류에 의해 야기되는 출력단 오프셋을 깡그리 살상하기 위한 회로적 배려이다(반전단자의 10kΩ//10kΩ).

- 입력단자에 (+)극성 교류신호가 입력될 때 : 회로 왼쪽에 그려진 입력신호의 ①구간 동안. 비반전형의 D1이 도통되고 출력이 출현하고, 반전형의 D3는 불통되어 출력이 전혀 출현 하지 않으므로 출력은(+)극성이 그대로 나오게 된다.

다음과 같은 원초적 질문이 충분히 있을 수 있다.

우리는 반전형 반파정류회로에서 출력이 나오지 않을 때는 0V라고 설명 들었다. 그런데 지금 출력을 보면 반전형과 비반전형이 빡치기 하고 있는 형상인데 출력이 0V×비반전 반파정류회로 출력＝0V가 되지 않겠나?

날카롭고, 일리 있는 질문이 되겠다. 질문은 생길수록 좋다. 왜냐하면 해결하면 쾌변 후의 후련함 같은 것이 느껴지기 때문이다.

(그림에는 나와 있지 않지만 부하저항이 걸려 있다고 상정하시라 했다.)

입력으로 (+)정 방향 반파가 입력이 된다고 했을 때 위의 회로가 어떻게 동작하는지 회로를 보기로 하자. 순전히 움직임상 아래와 같이 회로가 그려질 것 같다. 등가회로는 아니다.

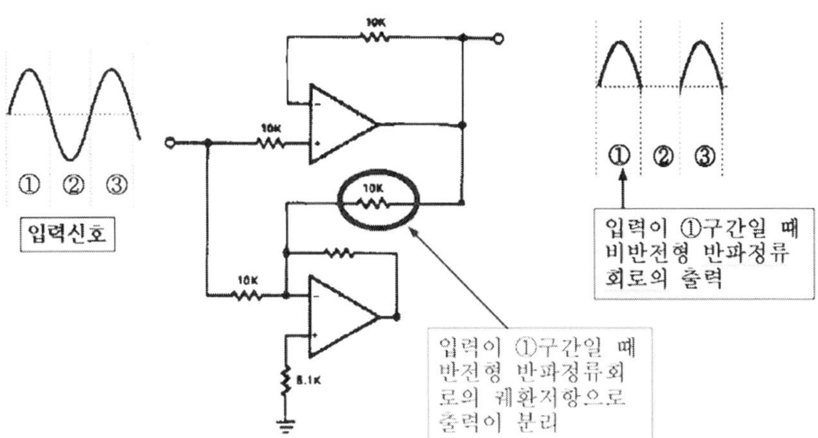

개념상으로는 각각의 두 회로 출력이 빡치기 하지만 실제 회로에서 보면 반전형 반파정류회로의 궤환저항이 두 개의 회로를 분리시키는 역할을 하므로 최종출력은 그림에서 보는 바와 같이(+)정방향의 반파정류전압이 나타나게 된다. 그리고 반전형의 다이오드 D4가 도통되어 궤환이 형성되고, 가상단락현상이 일어나는 것을 파악하시라. 그러면 비반전형의 반전입력단자는 가상단락으로 비반전입력단자의 0V와 같은 전위로 된다.

- 입력단자에 (−)극성 교류신호가 입력될 때 : 회로 왼쪽에 그려진 입력신호의 ② 구간 동안. 거꾸로 비반전형의 D1이 불통되고 출력이 나타나지 않고, 반전형의 D3는 도통되어 출

력의 상이 반전되어 출현한다.

구간 ①에서 반전형 반파정류회로의 궤환저항에 의해 분리 되었듯이 이제는 비반전형의 궤환저항 10kΩ에 의해 양쪽 출력이 분리가 된다.

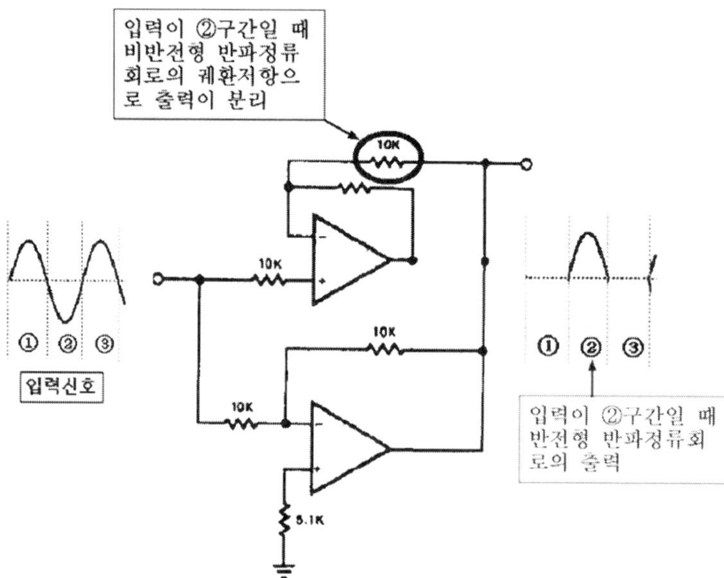

또 한가지 원초적인 질문이 있을 수 있다. 비반전형의 다이오드 D2가 도통되면 이쪽으로 흘러 들어 오는 전류는 어디로 빠져 나가는 것인가 하는 점이다. 물론 D1은 불통이라서 전류의 길이 막혀 버린다. 결국 비반전형 연산증폭기의 출력 쪽으로 전류가 빨려 들어 가게 된다.

아래 신호들은 입력과 비반전형, 반전형 반파정류회로의 출력과 최종 출력신호간 비교를 위해 그린 것이다.

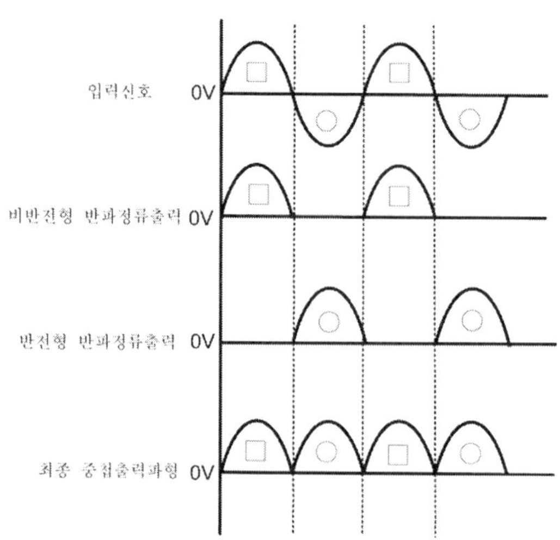

이렇게 되어 절대값 회로 하나가 완성 되었다. 두 번째 형태를 보기로 한다.

다음에 나오는 전파정류회로도 차동증폭기를 이미 숙지 했으면 문제 되지 않는 회로가 되겠다. 기본형태는 반전증폭기 2개 + GAIN을 1로 맞춘 차동증폭기로 설계 되었다.

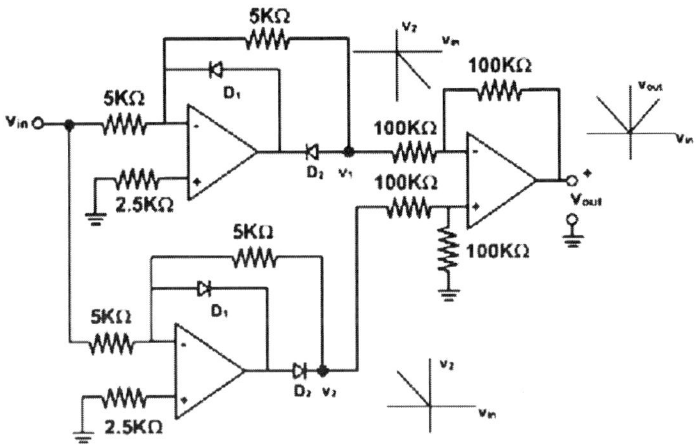

역시 반전형 반파정류회로의 비반전단자 각각에는 입력바이어스전류를 맞추어 주기 위해 2.5 kΩ이 붙어 있다(반전 단자에 있는 저항성분 5kΩ//5kΩ 합성저항으로 동일하게 맞추어 주었다). 입력바이어스전류를 맞추어 주기 위한 저항 회로는 다음부터는 회로에 그려 있어도 거론 하지 말기로 하자. 자꾸 반복하면 짜증이 치밀 수 있다. 실제회로에는 꼭 적용이 되어야 하는 회로이기 때문에 해석할 때에만 떨구어야 한다. 시도 때도 없이 떨구면 톡톡히 댓가?를 치루게 된다.

증폭도는 모두 1로 맞추어져 있다. 저런 형태는 비용부분에 있어서 좀 고려해야할 회로이기도 한다. 번잡하기도 하지만 연산 증폭기사용 갯수도 첫번째 전파정류회로보다 많다.

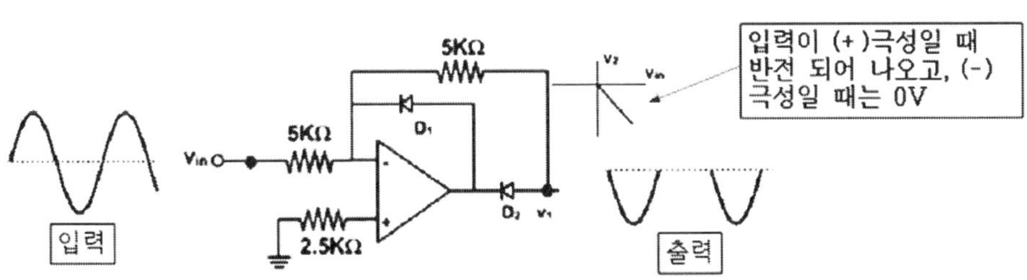

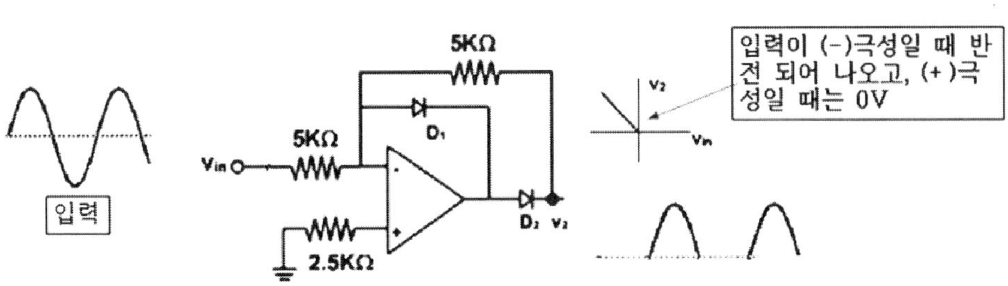

두 개의 반정형 반파정류 회로를 묶어 주는 것이 차동 증폭기로 구성되었다. 차동증폭기의 결과식은 복잡하지만 4개의 저항, R1 = R2 = R3 = Rf라고 하면 결과식은 간단하게 된다고 하였다. 해석을 했던 결과만을 재생해 보자.

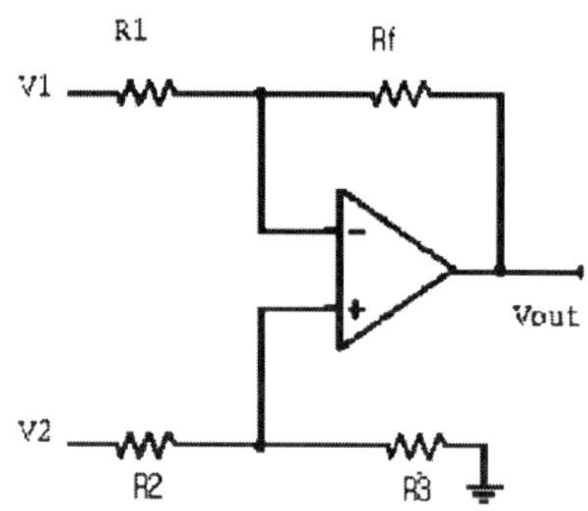

$V_0 = V_2 - V_1$
$(R_1 = R_2 = R_3 = R_{1f})$

차동증폭기 결과식을 보면 비반전단자에서 반전단자를 빼주게 되니까 아래와 같이 동작을 하게 될 것이다.

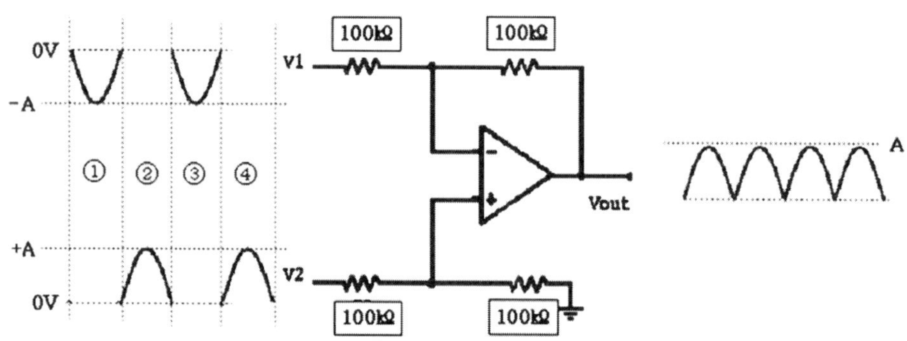

입력과 출력을 보면

- ① 구간에서 : Vo = 0V − (−A) = 0 − 반전입력(음의 반파값) = 양의 반파 값 --> +A
- ② 구간에서 : Vo = +A − 0V = 비반전입력(양의 반파 값) − 0V = 양의 반파 값 --> +A
- ③ 구간에서 : Vo = 0V − (−A) = 0 − 반전입력(음의 반파값) = 양의 반파 값 --> +A
- ④ 구간에서 : Vo = +A − 0V = 비반전입력(양의 반파 값) − 0V = 양의 반파 값 --> +A

결과는 양의 반파 값이 계속 파동을 치며 연이어 나타난다. 차동증폭기를 이용한 전파정류회로가 완성 되었다.

지금까지 분석하고, 해석하고,설명한 것들을 중간결산쯤 내면 전압 팔로워, 반전증폭기, 비반전증폭기, 가산기, 차동 증폭기등의 변형된 연산 증폭기 회로들이 기본형, 즉 건물로 따지자면 벽돌과 같은 기본 요소와 같다는 것을 어렴풋이 눈치 채었을 것이다.

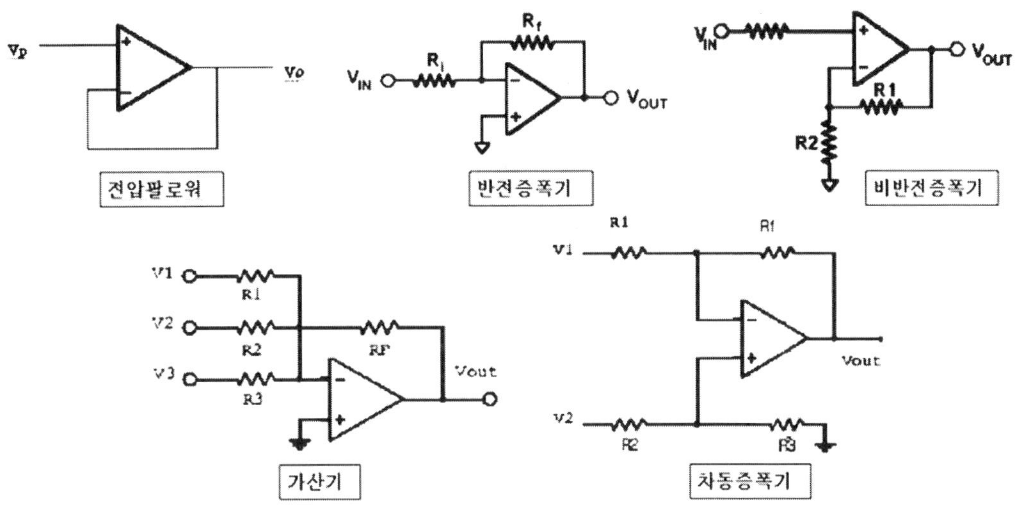

실제 실무에서도 이것 정도만 알면 거의 50% 정도의 회로를 해석할 수 있다고 생각이 든다. 따라서 기본형에 충실한 것이 매우 중요하고, 사실 그 정도면 어려울 게 하나도 없다고 자신감이 생기게 될 성 싶다.

그러면 다시 진도를 나가기로 하자.

아래 회로는 반전 반파정류회로+가산기로 이루어진 재미 있는 형태를 가지고 있다. 정말 전파정류가 될까?

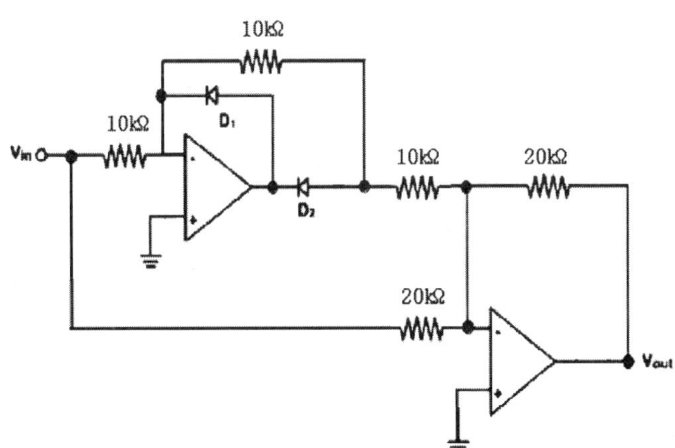

위의 형태와 같은 반전형 반파정류회로는 이미 출력을 살펴 본 적이 있다. 한번 상기하기로 하겠다.

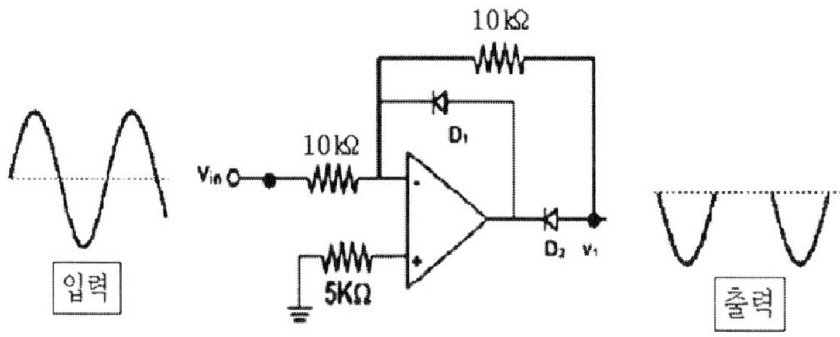

그림과 같이(+)정방향 입력이 들어 올 때, 출력이 (−)부방향으로 반파 그대로 출력되고 나머지는 0V가 나온다고 분석 했다. 문제는 그 다음단에 달려 있는 가산기에서 어떻게 신호가 묶여지느냐가 관건이 되겠다.

먼저 가산기를 척 보면 출력식이 직바로 나온다. 순수 이성적 종합판단이 발동 하기 시작하는 것이다. 우리가 이미 분석을 했던 내용이다. 각각의 반전증폭기로 나누어서 생각하시라고 했다. 두 개의 반전증폭기 형태가 눈에 띈다.

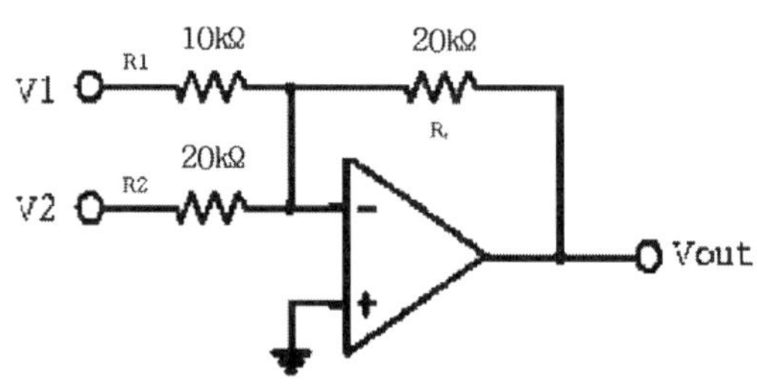

이런 형태는 이미 가산기에서 충분히 연습한 회로가 되겠다. 해서 결과식만 쓰도록 하겠다. 두 입력이 각각 반전 증폭기에 들어 가는 꼴을 취한다고 이미 설명 하였다.

$$V_0 = -\left(\frac{R_f}{R_1}V_1 + \frac{R_f}{R_2}V_2\right)$$

위의 저항 값을 그대로 대입해 보면 아래와 같이 된다.

$$V_0 = -\left(\frac{20\text{K}\Omega}{10\text{K}\Omega}V_1 + \frac{20\text{K}\Omega}{20\text{K}\Omega}V_2\right) = -(2V_1 + V_2)$$

가산기 안에서 반전형 반파정류회로 출력은 2배로 되고(이것이 바로 전파정류하게 만드는 요령이 되겠다), 직결된 입력은 1배(입력 파형 그대로)로 되어 가산이 된다. 그러나 여기서 반전형 반파정류회로 출력은 부방향으로 출력 됨을 잊지 말아야 한다.

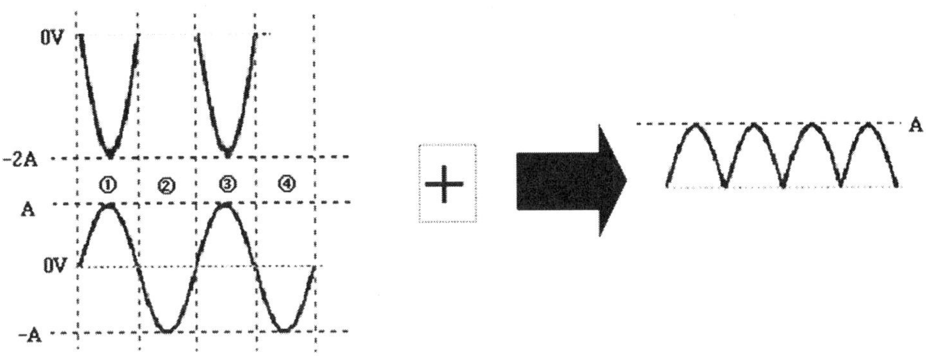

아래의 신호 그래프를 보자.

출력을 보면

- ① 구간에서 : Vo = −(−2A + A) = 양의 반파 값. -----> +A
- ② 구간에서 : Vo = −[0V + (−A))] = 양의 반파 값. --> +A
- ③ 구간에서 : Vo = −(−2A + A) = 양의 반파 값. -----> +A
- ④ 구간에서 : Vo = −[0V + (−A))] = 양의 반파 값. --> +A

또 다른 형태의 전파정류가 완성 되었다.

뒷 단에 콘덴서(평활 회로) 하나 달아 놓으면 첨두치 전압만 걸려져 직류성분을 얻을 수 있을 것이다. 해석 하기 나름이지만 콘덴서 하나가 달렸다는 것은 연산 증폭기 출력단 저항과 합해져 LOW PASS FILTER가 형성이 된다는 뜻이다.

전파정류회로의 출력은 주파수 스펙트럼을 보자면 ‘ DC성분+잡다한 주파수 성분’이 합성된 신호이기 때문에 DC를 제외한 주파수 성분을 제거 하기 위하여 적당한 크기의 콘덴서를 달게 되면 출력단에서는 직류만 나타나게 된다.이런 식의 과정을 거치면 직류전원(DC POWER SUPPLY)가 되는 것이다. 전원회로에서 전파정류회로 다음에는 꼭 평활회로(콘덴서)가 달려있음을 어렵지 않게 찾는다.

또 다른 이해 방법은

뒷 단에 콘덴서가 연결 되면 콘덴서 자체가 충전과 방전 하는데 시간이 걸리기 때문에 전파정류 된 신호의 첫 번째 첨두 전압일 때 완전 충전 되었다가 NAGATIVE SLOPE때 약간 방전하려는 찰라! 다시 POSITIVE SLPOE로 첨두 전압으로 기어 오르기 때문에 아차~ 방전할 기회를 상실하고 계속 첨두로 이어진 직류성분만 얻게 되는 것이다. 직관적으로 정전용량값이 클 것이라는 것이 예상 된다. 반응속도가 늦는 놈을 써야 하니까(콘덴서 값을 정전용량이라고도 한다). 이런 해석은 이미 첨두피크치 회로에서 언급했던 바이다.

다리로 설악산 대청봉에 오르나 케이블카로 설악산 대청봉에 오르나 그것이 그것이다. 오르는 것은 똑 같다.역시 회로를 이해하는 방식은 다르지만 결과는 동일하다.

3가지 형태의 전파정류회로를 분석해 보았는데 여기까지는 애교 섞인 회로라고 볼 수 있다. 다음에 등장하는 전파정류회로는 직관적으로 전파정류회로가 금방 나올 것 같지만, 두뇌를 회전해 사고를 많이 해야 하는 까다로운 형태가 되겠다. 각 절점의 전압을 반드시 넣어 검산해 보아야 한다. 일단 반전증폭기, 비반전 증폭기의 기본적 연산 증폭기형태가 보일락 말락 한다. 전파정류회로가 되는지 사유해보시는 것이 좋을 것 같다.

정말 전파정류회로가 되겠는가?

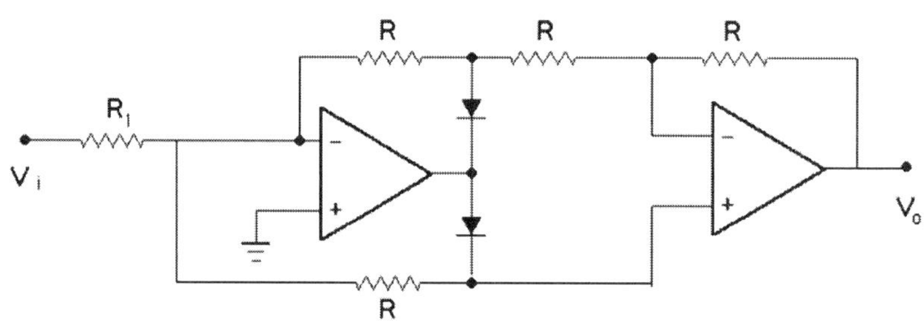

위의 회로는 여느 연산 증폭기 관련된 책에 자주 보이는 전파정류회로이다.

이 전파정류회로는 단지 반전증폭기 형태 두 개를 붙여 놓은 것처럼 보이나, 실제의 회로 동작은 두번째 출력단 연산 증폭기가 반전증폭기가 되었다가 비반전증폭기도 되는 아수라백작 같은 전파정류회로 같이 동작 한다. 뭔 말인지?.....

전파정류회로 분석에서 취했던 방식처럼 (+)정방향 입력과 (−)부방향 입력 각각에 대해서 출력이 어떻게 나오는지 검토해 보도록 하자.

아래 입력신호에서 ①번 구간, (+)정방향 입력 일 때 회로의 동작을 먼저 살펴보기로 한다.

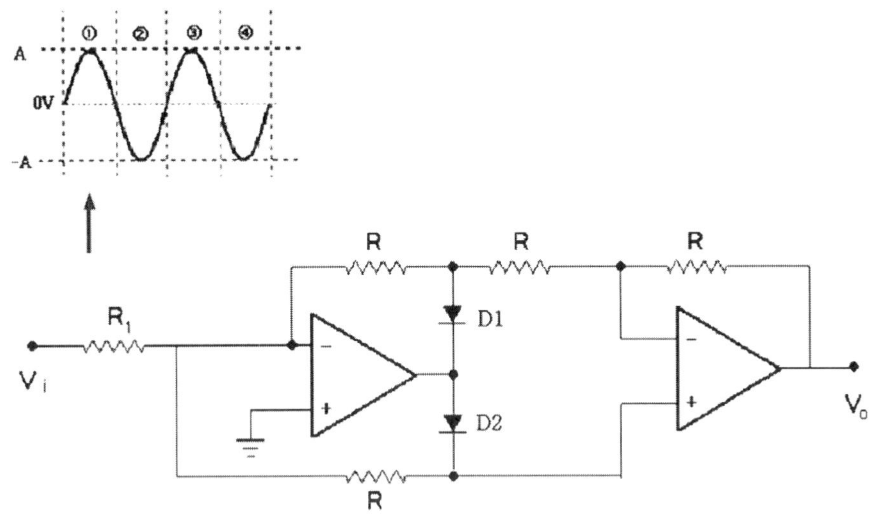

첫번째 연산증폭기 출력단이 − 전압으로 직감적으로 판단하면, D2는 불통되고, D1은 도통된다는 것쯤은 식은 죽 먹기다. 이것은 반파정류회로에서 이미 숙지하였던 내용이다.

술술 풀릴 것 같은 예감이 든다. 이리 되면 최종 출력단의 회로가 반전 증폭기가 되어 입력신호는 다시 한번 반전 되므로 최종 출력은 입력 그대로 극성을 가진 출력이 나오게 된다. 아래 회로는 동작이 어떻게 되는지 각 부분의 동작을 보여주고 있다. 회로도 아래와 같이 간단하게 변환시킬 수 있게 된다.

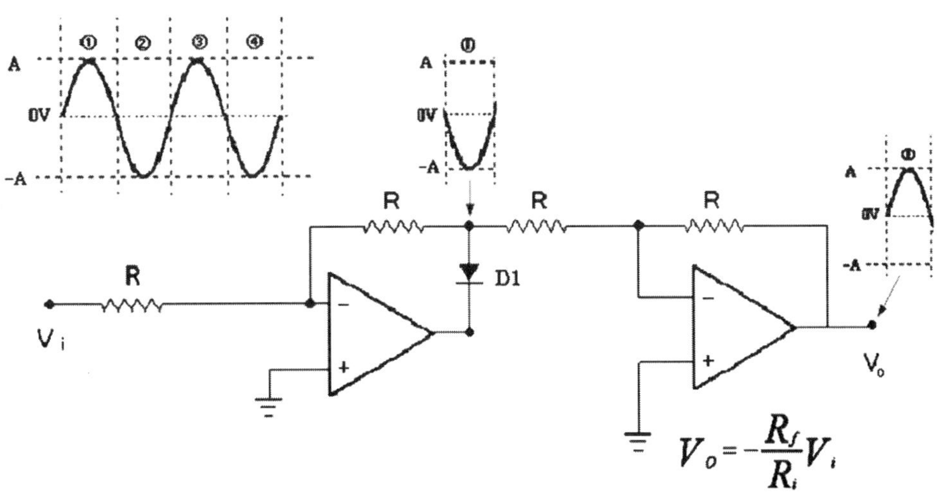

(+)정방향 입력이 들어 오면 동작은 이해하기 쉬운 형태가 된다.

두번째로 입력신호의 ②번째 구간인 (−)부방향이 입력으로 들어 온다고 하자 회로는 어떻게 동작 되겠는가?

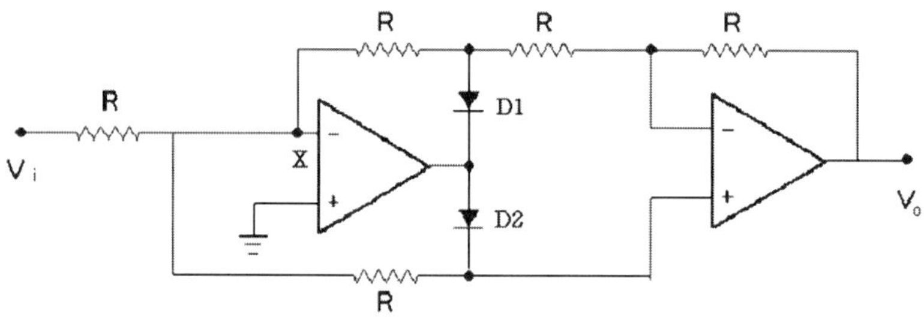

(+) 정방향 입력과는 반대로 D2는 도통되고, D1은 불통 된다.

이런 동작도 이미 반파정류회로에서 숙지하였던 내용이다. 위 회로에서 X점은 다이오드 D2가 도통되는 바람에 가상단락 현상이 나타나게 되서 X = 0V가 된다는 것은 이제는 너무나 잘 알고 있는 사실이다. 그 때의 회로가 어떻게 구성되는지 보기로 하자.

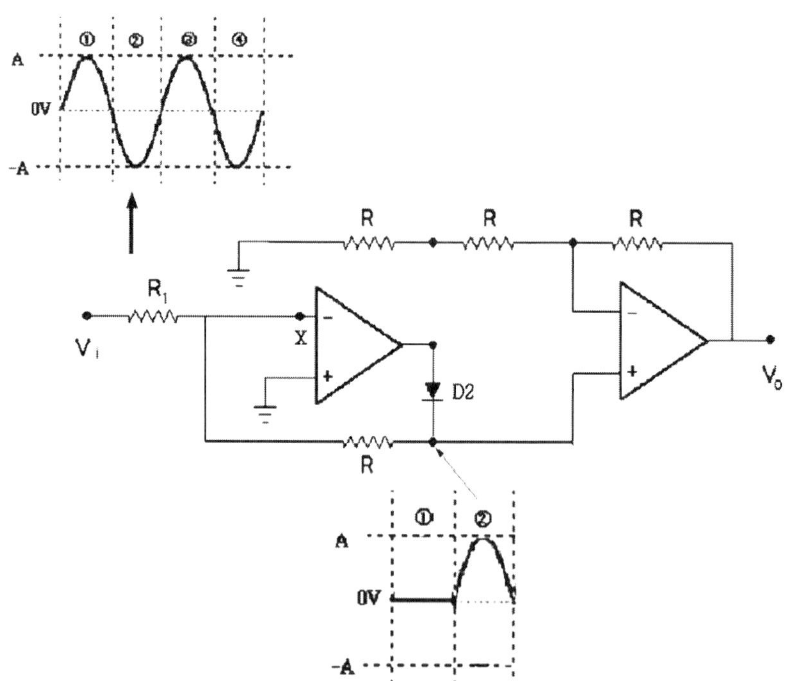

회로 연결이 위와 같이 바뀌고, 출력이 반전되어 그림의 그래프와 같이 나오는 것은 이해 하였다. 그리고 출력단의 연산 증폭기가 이번에는 얼굴색 변해서 비반전 증폭기로 변화는 것이 아

주 재미 있는 형상이 되었다.

비반전 증폭기의 출력식은 이미 숙지 하였다. 갑자기 생각이 나지 않는 분들은 비반전증폭기를 참고하시기를. 이와 같이 주변 저항이 되었을 때의 출력식을 한번 써보기로 하겠다.

$$V_O = \left(\frac{R}{2R}+1\right)\times V_i = \left(\frac{1}{2}+1\right)\times V_i = 1.5\,V_i$$

따라서 입력신호의 진폭이 A가 되기 때문에 1.5A(V)가 되었다. 앗! (−)부방향 입력이 들어올 때는 진폭이 1.5배가 늘어나게 되어 우리가 원하는 전파정류회로가 될 것 같진 않아 보인다. 마치 지리산을 동양화로 그린 것처럼 산 봉우리가 들쭉날쭉 해졌다.

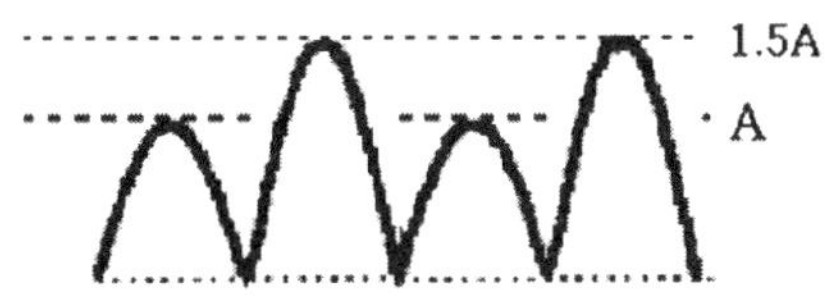

뭔가 좀 잘못된 것 아닌가? 아리까리하다.

그러면 당초 우리가 해석한 것이 정확했는지 실제의 회로를 가지고 검산을 해 보기로 해야겠다. 입력 전압값을 임의로 정해 계산한다.

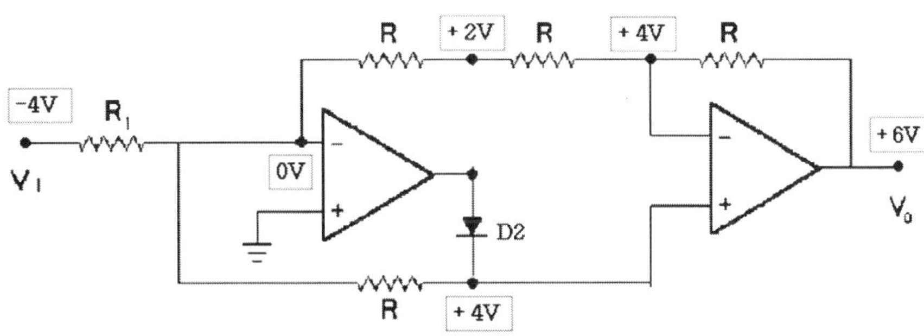

우리가 생각한 대로의 회로 각 부분 동작으로 인해 유기된 전압들을 나타내 보았다

−4V가 들어 오면 첫번째 반전증폭기 출력은(D2 다이오드의 캐소드) 입력이 반전 되어 +4V가 된다. 맞다.

출력단의 연산 증폭기는 비반전증폭기가 되어 버린다. 궤환이 형성 되므로 여지없이 가상단락은 작동 될 터이고,가상단락에 의해 두 번째 연산증폭기의 두 입력은 +4V로 같아지게 된다.

최종출력은 비반전증폭기의 출력식에 의해

$$V_O = \left(\frac{R}{2R}+1\right) \times 4V = \left(\frac{1}{2}+1\right) \times 4V = 6V$$

가 된다.

이렇게 계산한 것을 가지고 검산하자는 것이 아니라, 이제 이렇게 각단의 전압이 계산되었으므로 우리가 잘아는 키르히호프의 전류의 법칙(KCL)에 들어 맞는지를 검산 해야한다.

여지껏 연산 증폭기를 분석할 때 처음에 적용하여 풀어낸 법칙이 KCL이었다. 그렇다면

사정이 그러하다면, KCL을 만족 시키지 못한다는 말인즉슨 해석한 회로동작에 뭔가 잘못 된 것이 있다는 말이 된다. 전압이 계산 되었기 때문에 전류를 계산할 수 있게 되었다. 저항은 전부 동일하므로 계산하기 쉽게 모두 1kΩ 으로 등치시켜 보기로 하겠다.

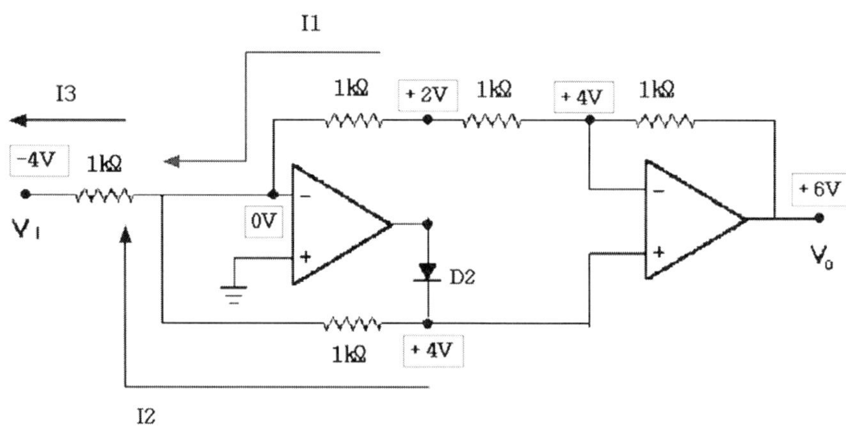

만약 회로분석이 제대로 되었으면 KCL에 의해 다음과 같은 등식이 성립해야만 한다. 두말하면 잔소리가 된다.

$$I_3 = I_1 + I_2 - - - (1)$$

실제 값을 넣어 오옴의 법칙으로 전류를 계산하기로 하자.

$$I_3 = \frac{0V-(-4V)}{1K\Omega} = 4mA$$

$$I_1 = \frac{2V-0V}{1K\Omega} = 2mA$$

$$I_2 = \frac{4V - 0V}{1K\Omega} = 4mA$$

(1)식에 의하여 흘러 들어오는 전류와 흘러 나가는 전류가 같아야 하는데 같지 않은 상황이 발생이 되었다. 따라서 우리가 자신 만만하게 수행했던 회로 분석은 검산에 의해 잘못된 것이 명약관화 해졌다.

$$I_3 = I_1 + I_2 ---> 4mA \neq 2mA + 4mA$$

우째 이런 일이 발생 한다냐?

우리가 기존에 생각했던 방식으로 회로를 분석하면 꽉 막힌 막다른 골목에 다다른 것 같이 되어 버린다. 그럼 도대체 이 회로는 어떻게 동작이 되는 것일까? 우리가 분석할 때 놓친 부분은 어디인가?

이쯤해서 마술적? 상황이 발생 된다.

우리가 잠시 전자 슈퍼맨이 되어 회로 내부적으로 순식간에 일어 나는 상황들을 확인할 수 있는 빠르기를 가졌다고 상상해 보자. 애초에 회로가 어떤 안정상태가 될 것이라고 가정하고 분석을 시도 했었다. 그러나 우리가 상정 했던 회로의 안정 상태가, 처음 생각했던 방식대로는 정답이 되지 않는다는 것이 명백해진 이상, 이 회로에 입력이 들어 오고 나서 언제가 될 지 모르지만 안정 되기 전까지 과도적 상태를 상정 해야만 되는 상황에 직면? 하게 되었다. 과도상태에 있어서 회로가 어떻게 돌아가게 될까?

(−)방향의 입력이 들어 온다는 가정 하에 분석해 보기로 하겠다. −4V 입력이 들어 온다고 생각하고 나머지 회로의 각 절 점의 전압을 싹 지우고 다시 검토 해 본다.

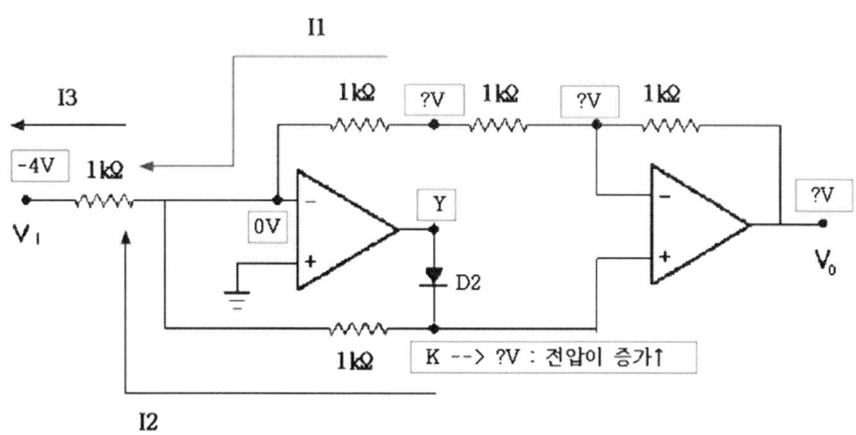

입력이 −4V가 들어오게 되면 Y점의 전압이 (+)방향으로 서서히 증가 하게 될 것이다. (+)로 증가하면 D1 다이오드는 역방향바이어스가 걸려 불통 된다. 그 쪽은 개회로가 된다. 여기까지 분석은 흠결 하나없이 정확하다.

Y점의 전압이 계속 (+)방향으로 증가하다가 0.7V가 넘게 되는 순간에 D2다이오드가 순방향전압이 걸려 도통되는 사태가 일어난다.

이쯤 되면 우리가 임의로 K점이라고 잡은 첫번째 반전증폭기 반파정류회로의 출력은 서서히 증가하게 될 것이다.

K점의 전압이 증가하게 되면 최종 두번째 연산 증폭기, 비반전증폭기의 반전입력단자의 전압은 가상단락(IMAGINARY SHORT)에 의해 K점과 같은 전압으로 증가 하게 될 것이다.

초점은 처음 입력이 −4V이기 때문에 K점이 +4V까지 증가하는가? 이다.

물론 우리는 아니라고 하는 것을 검증을 통해 확인 했다. 그런 착상은 KCL을 만족시키지 못했다.

그렇다면!!!!! K점은 +4V 까지 계속 전압이 올라가는 것이 아니라 KCL을 만족 하는 전압까지만 오를 것이라고 강하게 예측해야 한다. 그 전압이 얼마 인가?

이제 K점이 2V까지 올라 왔다고 가정 해 보기로 하자. 그러면 회로의 각 절점 전압은 아래와 같이 될 것이다.

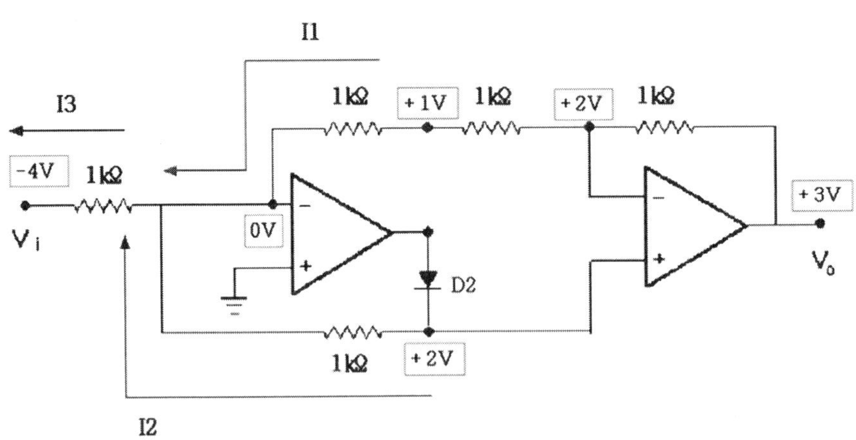

KCL을 만족하는지 또 검산 해 보기로 하자.

$$I_3 = \frac{0V-(-4V)}{1K\Omega} = 4mA$$

$$I_1 = \frac{1V-0V}{1K\Omega} = 1mA$$

$$I_2 = \frac{2V - 0V}{1K\Omega} = 2mA$$

가 되어 KCL을 만족하지 못하게 된다.

$$I_3 = I_1 + I_2 ---> 4mA \neq 1mA + 2mA$$

이렇게 되면 빠져나가는 전류는 아직 들어 오는 전류에 비해 크다. 그러면 회로는 다시 열심히 동작하게 될 것이다. 인간 처럼 쉬었다 움직이는 것이 아니라 매우 빠르며, 연속적이라는 것을 잊지 말자. 이리하야 K점의 전압은 다시 증가하게 될 것이다. 그런데 어느 선까지 올라가게 될까?

관점을 바꾸어, 두번째 달려 있는 연산 증폭기 비반전 증폭기의 출력을 일단 4V로 상정해 보기로 하겠다. 보자 그러면 K 점의 전압이 역산 될 것이다.

$$4 = \left(\frac{R}{2R} + 1\right) \times KV = \left(\frac{1}{2} + 1\right) \times KV$$

따라서 K점의 전압은 반올림해서

$$K = \frac{4}{1.5}V \approx 2.667V$$

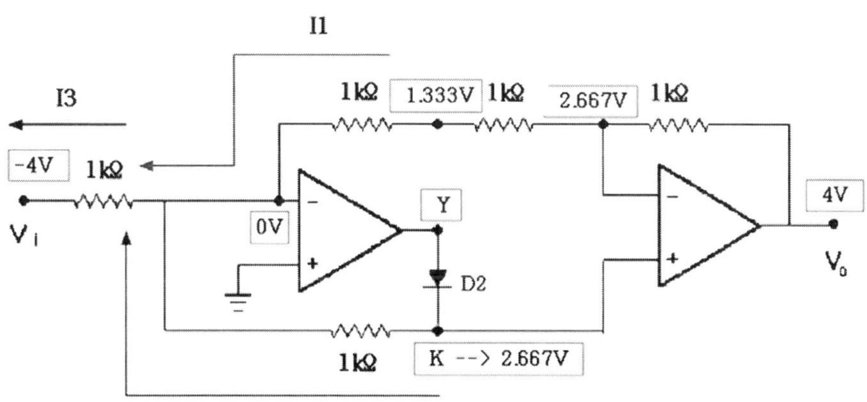

(1) 식을 가져 오기로 한다.

$$I_3 = I_1 + I_2 --- (1)$$

만족되는가 보자.

$$I_3 = \frac{0V - (-4V)}{1\text{K}\Omega} = 4mA$$

$$I_1 = \frac{1.333V - 0V}{1\text{K}\Omega} \cong 1.333mA$$

$$I_2 = \frac{2.667V - 0V}{1\text{K}\Omega} = 2.667mA$$

이 값들을 (1)식에 넣어 보기로 하자. 만족되는가?

$$I_3 = I_1 + I_2 ---> 4mA = 1.333mA + 2.667mA$$

만족되었다.

K점이 2.667V가 될 때 회로의 KCL이 만족 되므로 K점의 전압은 2.667V까지 증가하다가 그 이상으로 올라가지 못하게 된다. 마치 잡아 당기는 힘이 생겨 전압이 증가하려면 꼭 붙잡아 당기는 돌쩌귀 같이 그 이상 증가하지 않는다.

당연한 말이 되겠지만 K점이 2.667V가 되면 두번째 단의 비반전증폭기의 출력은 4V가 되는 것은 마땅해 진다. 이런 상태로 안정모드로 돌입하는 것이다. 우리는 연산 증폭기를 해석할 때 제일 먼저 들이댄 법칙이 키르히호프의 전류의 법칙(KCL)이었음을 상기하자. 역시 회로가 KCL을 만족하면 안정한 상태가 되었다고 번역할 수 있는 것이 된다. 법칙은 예외가 없이 적용되는 원리이기 때문에 그렇지 아니한가?

$$V_o = \left(\frac{R}{2R} + 1\right) \times 2.667V = \left(\frac{1}{2} + 1\right) \times 2.667V \cong 4V$$

그러면 최종적으로 회로가 어떻게 되는지 종합해 보기로 하자.

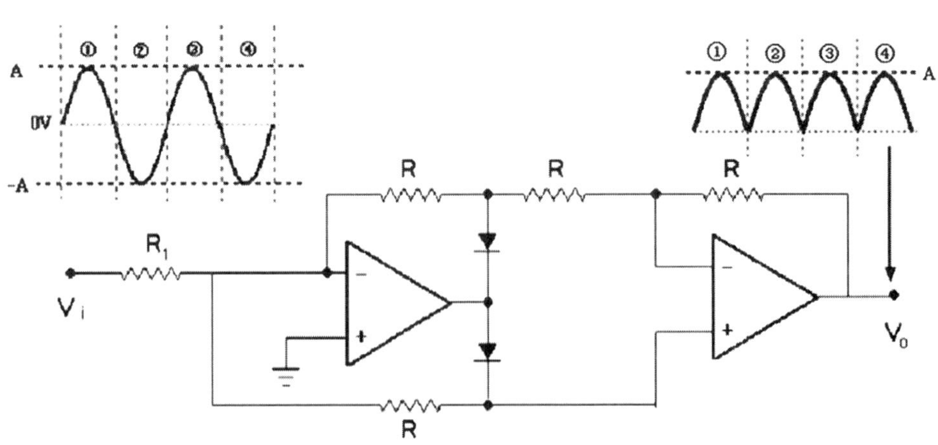

지난한 과정을 겪었지만 전파정류회로가 완성 되었다.

1-25. 정전류회로

이제는 정전류회로에서 부터 전류부스터까지를 정복해 가기로 하겠다.

전류 부스터는 우리가 당면목표로 하고 있는 DC V/I SOURCE에 반드시 들어 가는 회로이고, 구성은 매우 복잡하나 동작은 의외로 간단한 회로이다. 끌어 쓰는 대로 전류를 무제한?으로 공급하는 한국은행과 같은 회로이다. 물론 한국 은행이라고 화폐를 무제한으로 찍어 낼 수는 없다.인플레이션을 감안하여 적정한 수준까지 발행 하기 때문이다. 전류도 마냥 끌어다 쓰면 전류를 공급하는 회로에 이상이 생기는 것은 마찬가지다. 설계자 마음대로 전류 제한폭을 설정할 수 있는 것은 물론이다. 이 전류 제한값이 사양(SPEC)이 된다.

예를 들어 ±200㎃라고 장비사양에 기입되어 있으면 전류인가(FORCE)는 +200㎃, 전류 끌어당김(SINK)은 −200㎃의 능력을 갖는 것임을 사용자에게 주지 시키는 것이다. 만약 어떤 소자를 측정검사 할 때 전류 1A가 필요한 고전력 파워소자라면 기껏해야 ±200㎃가 한계인 장비는 사용할 수가 없는 것이다. 따라서 DEVICE TEST 엔지니어들은 장비의 사양(SPEC)을 보는 눈, 능력을 길러야 한다.

전류능력을 나타내는 사양(SPEC)에서(+)는 전류인가를 나타내고,(−)는 전류 싱크를 의미한다. 전에도 말했지만 절대값으로의(−)전류는 존재하지 않는다. 전압은 절대값으로서(−) 전압이 있다.이를 잘 구별해야 한다. 대부분은(−)전압이 걸리면 전류를 SINK 하게 되어 있어(−)전압과(−)전류를 혼동하는 경향이 아주 짖다. 예를 들어(+)전압이 인가 되더라도 인가된 전압이 상대적으로 작으면 전류는 SINK되기 때문에(−)전압만이(−)전류를 유발한다고 헷 깔리면 안 된다.

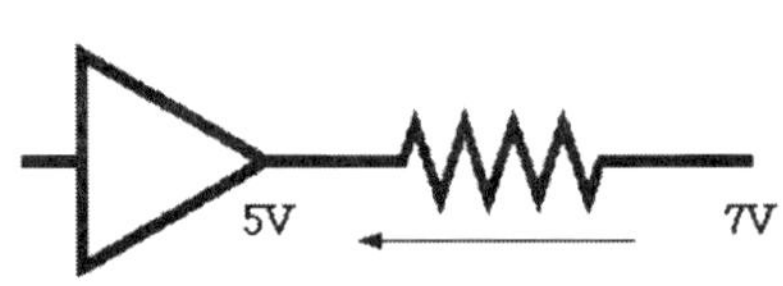

SOURCE의 입장에서 볼 때, SOURCE의 전압이 낮으면 전류는 SINK 된다.

여하튼 전류부스터 회로는 다른 기능은 없고 필요한 대로, 땡기는 대로 전류를 그저 대주는 회로일 뿐이다.

정전류는 우리가 기호로 자주 접하던 것인데 실제의 모습이 어떤지는 구체적으로 살펴보지 못해서가 아니라, 그것이 정전류 회로라고는 상상도 하지 못해서 간과한 것이다. 접해 보면 너무 쉬워서 아~ 그것이 정전류회로 였구나 하고 새삼스러워하게 될 것 같다.

정전뉴회로(constant-current circuit, 定電流回路)란 전압을 일정하게 유지시켜 주는 정전압회로와 같이 전류를 일정하게 유지시켜주는 회로를 의미한다.

흔하게는 트랜지스터로 만든 정전류 회로가 대표적으로 잘 알려져 있다. 아래는 아주 간단한 트랜지스터 정전류회로이다.

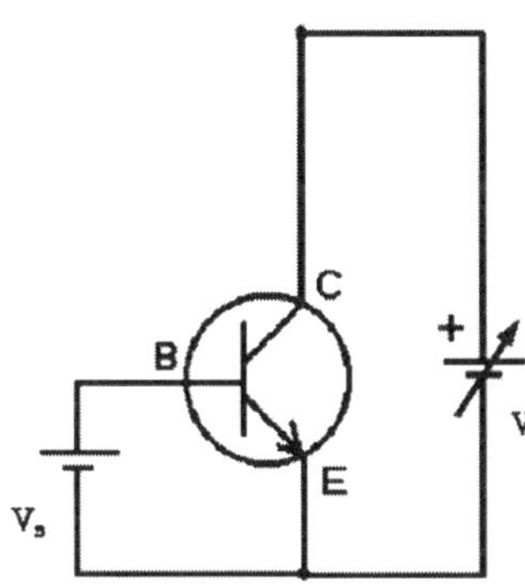

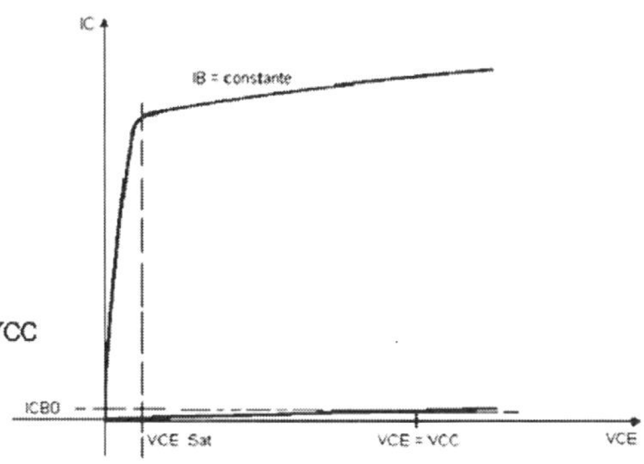

회로에서 V_B를 일정하게 설정한 후에, V_{CC}를 증가시키면 증가된 전압 만큼 I_C가 증가하다가 어떤 순간이 되면 아무리 V_{CC} 전압을 증가 시키더라도 컬렉터 전류 I_C가 일정하게 포화영역으로 진입하게 된다(위의 회로에서 $V_{CE}=0.2V$ 이상이면 I_C 일정). 트랜지스터의 컬렉터 전류인 I_C 포화전류를 이용하여 정전류회로를 만든다.

따라서 전압을 아무리 높게 인가하더라도 정해진 전류 밖에 흐르지 않게 만드는 것을 정전류라고 할 수 있다.

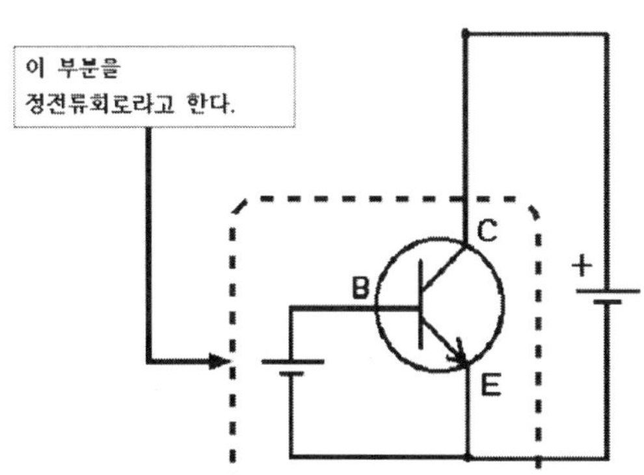

저 회로의 건전지 부분에 제너 다이오드를 쓰던 어쨌든 회로는 다양하게 변할 수 있다. 정전류회로는 다양하지만 일정한 전류가 흐른다는 동작은 동일 하므로 하나의 회로단위로 볼 수 있다. 하나의 회로단위로 볼 수 있다는 말은 다른 것과 구별 되는 회로의 상징기호가 존재한다는 것을 의미한다.

그래서 이를 간단하게 약식으로 기호화하여 정전류를 상징하는 표로 삼는데, 아래 그림은 우리가 흔하게 보아 왔던 정전류의 기호들이다. 두 종류 모두 같은 정전류회로를 대표하는 기호들이다. 아무거나 골라쓰면 된다. 전류의 방향은 화살표로 표시하고, 대개 전류값들은 기호 옆에 나란히 기입한다.

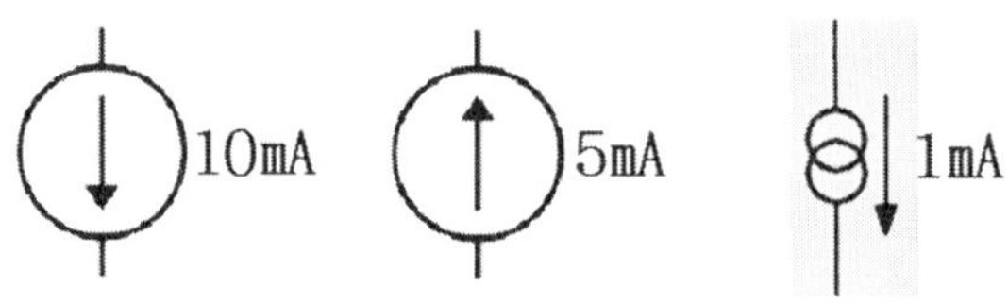

화살표 방향을 보고 이것으로 인가(FORCE)인지, 끌어당김(SINK)인지 판별할 수가 있는 것이다. 노파심에서 말하지만 인가나 끌어당김은 기준방향을 정하고 난 후에 표현할 수 있는 어휘들이다.

예를 들어 반도체 장비의 경우 DC V/I SOURCE가 장비 안에 있으므로 장비기구(CHASSISS)를 그라운드로 묶고(기준전압 0V), 이를 기준으로 전압을 인가하게 되는데, (+)전압을 인가하여 전류가 장비에서 바깥(JIG)으로 흐르면 전류 인가(FORCE)라고 하고,

만약(−)전압을 인가하여 전류가 장비 바깥 쪽(JIG)에서 DC V/I SOURCE 쪽으로 흘러 들어오게 되면 전류 끌어당김(SINK)가 되는 것이다(JIG를 부하저항이라고 본다). JIG를 중심으로 보면 인가와 끌어당김이 거꾸로 되는 것이지만 SOURCE 원을 중심으로 보는 것이 일반적이다. JIG라고 하면 소자를 측정할 때 기구물이나 보드가 있는 부분을 말한다.

연산 증폭기로 구성된 정전류회로를 보기로 하자. 사실 연산 증폭기로 구성된 정전류 회로라고 해서 색다를 것이 하나 없다. 일단 하나만 보기로 하겠다. 아마도.... 앵? 저렇게 간단해? 라고 하는 반응이 주류를 이룰 것 같다.

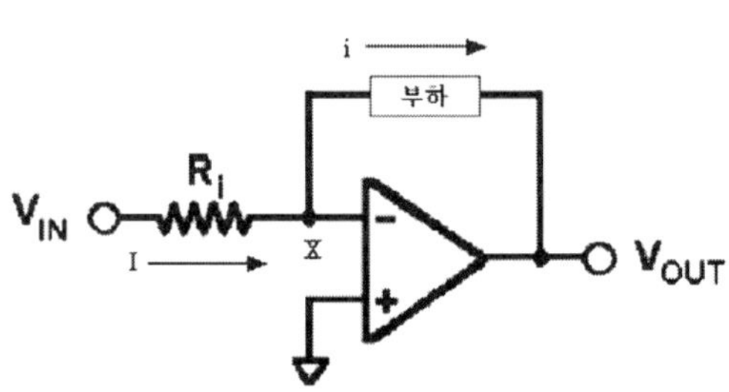

형태는 반전증폭기이고 부하를 출력단에 달아 놓은 것이 아니라 궤환저항단에 부하를 걸어 놓은 형태다. 저런 형태가 정전류원이 될 수 있으리라고는 생각지 못했을 것이다. 그러나 저 놈도 정전류원이다. 물론 다루는 전류가 연산 증폭기가 헤매지 않을 수준의 전류가 되겠지만 엄연히 정전류원이다. 재미있지 아니한가?

우리가 너무도 잘아는 반전증폭기가 정전류원이었다니!!!

부하에 흐르는 전류는 어떻게 구할 수 있겠는가? 우리가 너무 많이 풀어 봐서 또 풀기 귀찮을 정도지만 그래도 확인하고는 넘어가야 되지 않겠는가?

궤환이 형성 되어 있으니 가상단락이 나타날 것이고, X점은 따라서 그라운드 전위 0V가 될 것이다. 절점 X를 중심으로 들어오는 전류와 나가는 전류가 같으니까 식은 아래와 같이 세워진다.

$$i = I$$

i를 구하는 것이니까 I를 오옴의 법칙을 적용하여 전압과 저항만의 식으로 바꾸면

$$i = I = \frac{V_{in} - 0V}{R_i} = \frac{V_{in}}{R_i}$$

이 된다. 전류는 입력저항과 입력전압으로 정해진다는 아주 간단한 정전류원이다. 하나 맛보기로 더 보기로 하자.

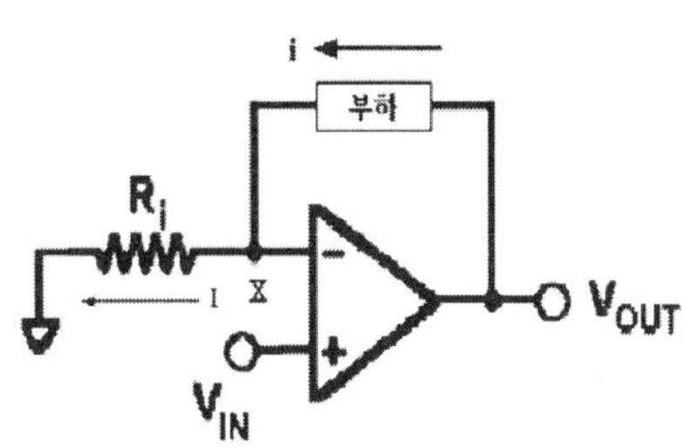

응~ 비반전증폭기도 정전류원이 될 수 있었네!

비반전증폭기 형태로 되었고, 궤환저항 대신 역시 부하가 걸린 형태이다. 이것도 풀고 자시고 할 것이 없어 보인다. 척보니까

$$i = I$$

이고, X점은 궤환이 형성되어 마찬가지로 IMAGINARY SHORT 현상이 발생하니 전위는 Vin이 된다.

$$i = I = \frac{V_{in} - 0V}{R_i} = \frac{V_{in}}{R_i}$$

부하에 반전증폭기 형태와 마찬가지의 전류가 흐름을 볼 수 있다.

이러고 보니까 정전류회로라는 것이 별거 아니라는 생각이 든다. 맞다 별거 아니다. 다음에는 좀더 복잡한 회로를 보기로 하겠다. 수식이 좀 밋밋하게 나오는 감이 있겠지만 한번 보고는 넘어가기로 하겠다.

다음에 나오는 연산 증폭기 정전류원이 만만치 않아 보인다. 이 형태는 책에는 결과식만 나와 있어 일부러 풀어 보려고 가져왔다. 헌데 풀기 좀 까다롭다. 형태를 한번 보기로 하자. 아래에 나오는 풀이 과정을 가리고 한번 각자 정전류 i를 풀어 보시라고 권하고 싶다.

수식으로 푼다는 말은 다른 말로 하면 기존의 아는 값들과 내가 정할 수 있는 값들로 출력 결과식을 얻어 낸다는 말과도 같다.

이렇게 KCL과 오옴의 법칙, 가상접지를 적용하는 방법을 연습하다 보면 무척 까다로운 형태도 해석할 수 있는 능력이 어느덧 자신도 모르게 키워진다.

정전류회로를 끝낼 즈음에 중간결산? 하는 셈으로 복잡한 회로를 하나 제시하려고 벼르고 있다. 말하자면 연산 증폭기를 지금까지 생각해 왔는데 그래도 마음판에 새긴 것이 쫌 있으면 뇌를 작동시켜 충분히 풀어 낼 수 있는 정도의 수준이 될 것이다. ANALOG DEVICE 社의 AD8276과 AD8603을 이용한 정전류회로이다. 실무적으로 매우 유용한 회로가 될 것 같다. 두루두루 여러 효과가 있으니 한번 해 볼만 하다.

그 전에 아래 나온 회로를 한번 자신의 힘으로 풀어 보는 것도 좋을 것 같다.그래서 자기가 풀어낸 결과식과 아래 설명된 것을 비교하면 좋지 않을까? 수식만 나온다고 짜증을 내기 전에...

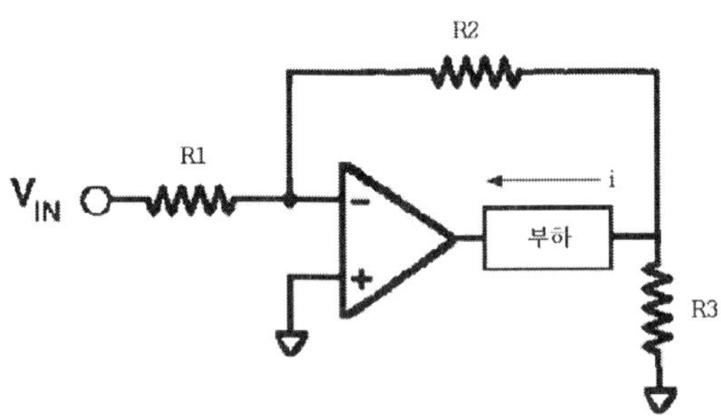

정전류 i를 어떻게 구할까?

첫번째 접근방법은 여태껏 연산 증폭기를 결과식을 풀어낼 때 처럼 KLC을 적용해 전류관계식을 세우는 것이다. 두번째는 오옴의 법칙적용이다. 그러므로 위의 회로를 풀 때 KCL이 첫번째 관건이 되겠다.

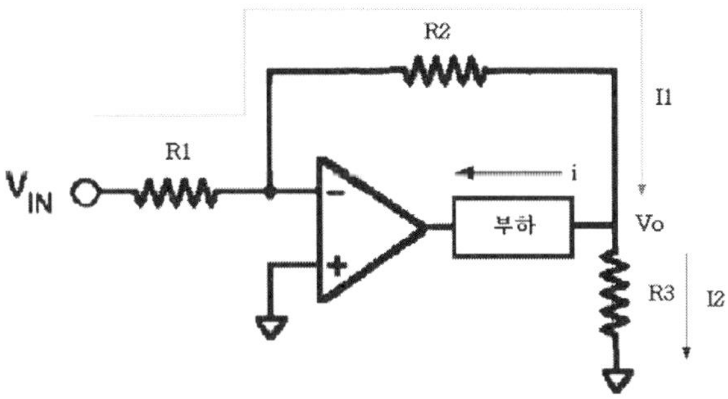

반전증폭기 형태이기 때문에 Vo는 자명하게 아래와 같이 구해질 것이다. 두말하면 잔소리다.

$$V_O = -\frac{R_2}{R_1}V_i --- (1)$$

그러면 KCL을 어떻게 세워야 하는가??가 문제라고 했다. 방향을 정했으니 식은 바로 튀어나올 것이다.

$$I_1 = i + I_2 --- (2)$$

이 되고,

$$I_1 = \frac{0V - V_O}{R_2} = \frac{-V_O}{R_2} --- (3)$$

$$I_2 = \frac{V_O - 0V}{R_3} = \frac{V_O}{R_3} --- (4)$$

식(3), (4)를 식(2)에 대입해 보자.

$$\frac{-V_O}{R_2} = i + \frac{V_O}{R_3} --- (5)$$

이식을 이항하면

$$i = -\left(\frac{V_O}{R_3} + \frac{V_O}{R_2}\right) = -\left(\frac{1}{R_3} + \frac{1}{R_2}\right)V_0 --- (6)$$

식(6)에 식(1)을 대입하면(Vo 를 없애고 i와 Vi와의 관계식으로 만들기 위해)

$$i = -\left(\frac{1}{R_3} + \frac{1}{R_2}\right)\left(-\frac{R_2}{R_1}V_i\right) --- (7)$$

(7)식을 전개하면

$$i = \left(\frac{1}{R_3} \times \frac{R_2}{R_1}V_i\right) + \left(\frac{1}{R_2} \times \frac{R_2}{R_1}V_i\right) = \left(\frac{R_2}{R_1 R_3}V_i\right) + \left(\frac{1}{R_1}V_i\right) --- (8)$$

따라서 최종적인 정전류 i는

$$i = \frac{R_2}{R_1 R_3}V_i + \frac{1}{R_1}V_i = \frac{V_i}{R_1}\left(1 + \frac{R_2}{R_3}\right) --- (9)$$

의 결과식이 나온다. 다 끝났다. 정전류 i는 의외로 R1, R2, R3, Vi와 다 관계가 된다. 의외로 까다롭다. 정전류가 부하의 저항과 상관없다는 것이 확인 되었다. 이런 결과는 아주 중요하다. 왜냐하면 부하에 상관없이 전류가 일정하게 흐른다고 하는 것을 증명했으니까!! 부하에 영향 받으면 정전류가 될 수가 없다. 부하에 따라 전류가 춤을 추게 되어 정전류의 이름에 걸맞지 않게 된다.

식만 줄창 나오니 저번에도 토로 했듯이 사막을 물 없이 걷는 기분이다. 그러나 가치가 없다고 말할 수 없다. 수고한 만큼 우리는 저 회로에서 정전류 i가 얼마만큼 흐르는지를 기존의 아는 값으로 정할 수 있게 되었기 때문이다. 조금더 고비사막을 걷기로 해보자.

노파심에서 다시 말씀드리지만 이렇게 자세하게 결과식을 유도하는 이유는 단지 책에 과정이 나와 있지 않기 때문에 혹시 책을 보고 고개를 갸우뚱 하시는 분들을 위한 배려?차원이다.

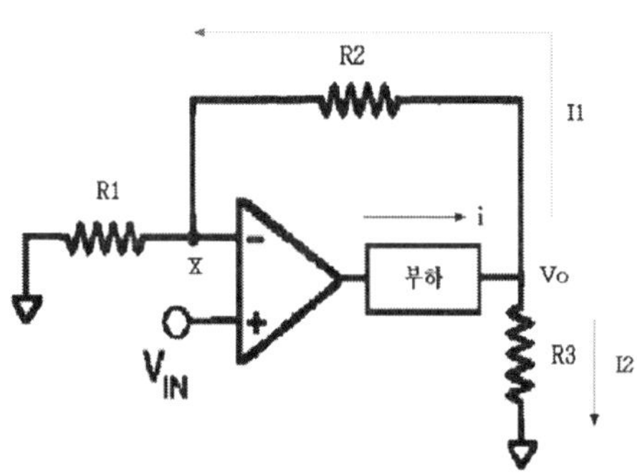

기본 형태는 비반전증폭기 이기 때문에 Vo는 아래와 같이 된다는 것은 이미 알고 있다.

$$V_O = \left(\frac{R_2}{R_1} + 1\right) \times V_i --- (10)$$

전류방향은 정전류가 나오는 방향이니 그림과 같이 정해질 것이다.

$$i = I_1 + I_2 - - - (11)$$

I1과 I2는 각각 다음과 같이 전개식을 쓸 수 있겠다. X점의 전위가 Vi과 같기 때문에 I1은 아래와 같이 고쳐 쓸 수 있다.

$$I_1 = \frac{V_o - V_i}{R_2} = \frac{V_i - OV}{R_1} = \frac{V_i}{R_1} - - - (12)$$

$$I_2 = \frac{V_o - OV}{R_3} = \frac{V_o}{R_3} - - - (13)$$

(11)은 이제 저항과 전압의 식으로 변환시킬 수있게 되었다.

$$i = \frac{V_i}{R_1} + \frac{V_o}{R_3} - - - (14)$$

(10)식을 (14)식에 넣어 정리해 보도록 하자.

$$i = \frac{V_i}{R_1} + \frac{1}{R_3}\left(1 + \frac{R_2}{R_1}\right)V_i$$

$$i = \frac{V_i}{R_1} + \frac{V_i}{R_3} + \frac{R_2 V_i}{R_1 R_3} = \left(\frac{1}{R_1} + \frac{1}{R_3} + \frac{R_2}{R_1 R_3}\right)V_i - - - (15)$$

KCL만 세워지면 결과식은 역시 연산 증폭기해석과 마찬가지로 정리의 문제가 되어 버렸다. 이 역시 부하에 상관없이 정전류가 흐른다는 것이 증명된 것이다. 부하에 상관 없이라는 말이 매우 중요하다. 정전류 회로는 부하에 매여 있는 종속변수가 아니라 자기 스스로 독립변수임을 선언하고 있으니까!

여기까지는 부하의 양단이 그라운드에서 떠있는 상태의 정전류회로들이었다.

다음은 접지가 붙은 부하로 할 때의 정전류회로를 살펴보기로 하겠다. 좀더 안정된 정전류를 위하여 제너다이오드를 써야 겠다는 생각이 들지 않는가?

이참에 정전류와 정전압회로를 다시 한번 정리하고 넘어가기로 하자.

– 출력전류에 관계없이(크던 작던)출력전압이 일정한 회로를 정전압 회로라고 하고,

– 출력전압에 관계없이(크던 작던)출력전류가 일정한 회로를 정전류 회로라고 한다.

이것을 직류안정화회로라고 부르기도 한다.

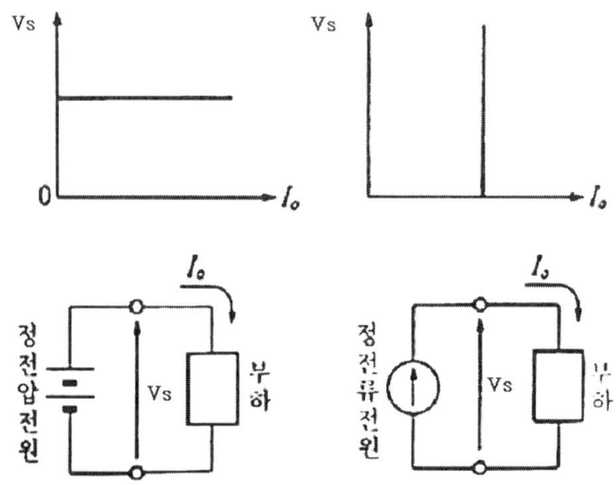

(a) 정전압 전원　　(b) 정전류 전원

안정화 전원

정전압회로의 그래프를 보면 출력전류 Io(X축)가 변해도 전압 Vs는 일정하고, 정전류회로의 그래프를 보면 출력전압 Vs(Y축)가 변해도 전압 Io는 일정하다. 일정하고 안정하다는 의미가 바로 한자로 정(定)자가 정전압,정전류의 접두사로 붙는 것이다.

정전압 회로이면

연산 증폭기에 제너 다이오드를 사용하는 것이 꽤 적절한 선택이었듯이, 정전류도 마찬가지로 제너다이오드를 사용하면 좀 더 안정적인 정전류를 얻게 되리라고 예상이 든다. 아래는 제너 다이오드와 연산 증폭기를 조합한 정전류 회로이다.

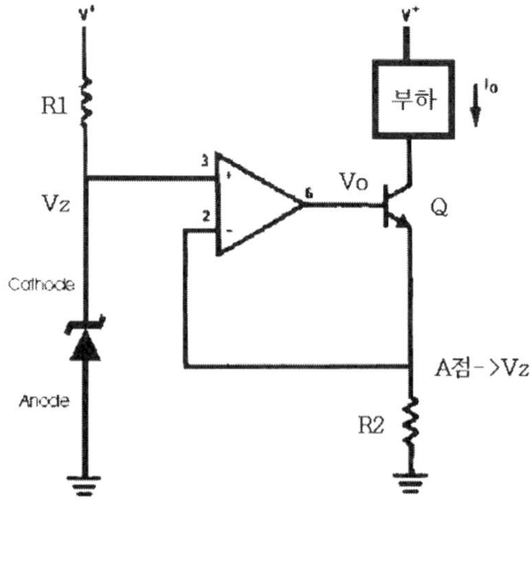

이 회로를 처음 접한 사람들은 어떻게 해서 트랜지스터가 자연스럽게 도통(TURN ON)되는지 의문을 가질 수 있다. 잘 나가다가 연산증폭기와 트랜지스터가 조합되는 회로를 접하면 흠짓 놀라는 경향이 대부분이다. 트랜지스터가 어떻게 해서 도통되는지?...자기통제라도 되는 트랜지스터인가? 자기통제가 아니라 아예 강제적으로 동작하게 만들어 준다. 일단 베이스-에미터 사이에 0.7V만 걸려 준다면 트랜지스터가 동작하는데 아무런 문제는 없다. 그 전압을 어떻게 발생시켜주는가를 이해 하는 것이 매우 중요하다.

전류가 일정하게 흐르는 정전류동작이 어떻게 작동되는지는 후술하기로 하고, 어떤 방식으로 트랜지스터에 적정한 바이어스(BIAS)가 걸리는 지부터 살펴보기로 한다.

전원이 공급되면

연산 증폭기의 비반전단자에 Vz 제너전압이 입력으로 걸리게 되리라는 것은 뻔하다. 그런데 그것이 어떻게 트랜지스터의 도통 동작을 유발하는 것인가? 시간을 잘게 쪼개서 회로의 동작을 부분적으로 접근해 보기로 한다.

처음에 정상상태에 이르지 않아 트랜지스터가 도통(TURN-ON)되지 않았다고 가정하기로 하자.

그러면 트랜지스터는 없다고 간주해도 되는 회로가 된다. 이때 회로를 그리면 아래와 같이 연산 증폭기출력단이 뻥 뚫린 것처럼 여겨 줘야 한다.

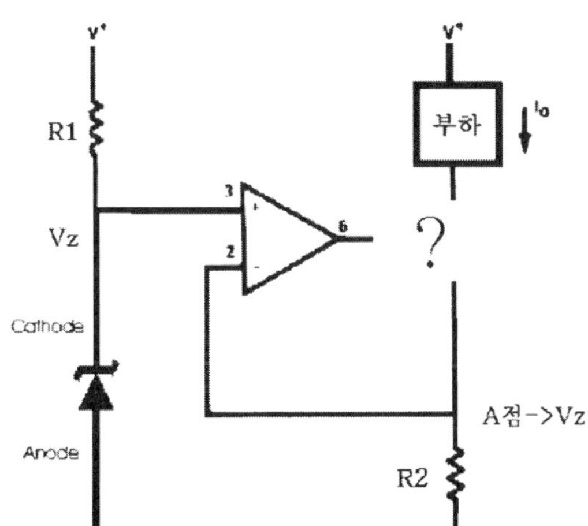

이런 상황에서 연산 증폭기는 개루프(OPEN LOOP)가 되어, 아주 큰 개루프이득(OPEN LOOP GAIN)을 가진 회로로 일단 동작 될 것이다. 출력식은 잘아는 대로 Vo = A(Vp – Vn)로 추출할 수 있다.

반전입력단자는 그라운드전위 0V가 들어 올 것이며, 비반전단자에는 제너전압 Vz가 입력

될 것이다. 왜냐하면 현재 상황에서는 트랜지스터 없다고 간주하는 개방 상태이므로 저항 R2는 0V 전압이 걸릴 것이다.

예를들어

제너전압이 5.1V라고 가정하기로 하자. 그리고 개루프이득 = 100000을 잡아보기로 하자. 그러면 연산 증폭기출력은 아래와 같이 된다.

$$V_o = 100000(5.1V - 0V) = ? ---> +VCC$$

그냥 놔두면 +VCC로 포화되게 될 것이나, 물론 회로는 주책없이 포화동작으로 곧장 성질뿌러지지는 않을 것이다. 트랜지스터가 떡 허니 버티고 있어 절대로 포화동작을 방치 하지 않는다. 포화되기 전에 잽싸게 트랜지스터가 동작되기 시작한다.

연산 증폭기의 출력단, 즉 트랜지스터의 베이스단 전압 Vo가 점점 올라가면(아주 순간적으로 빠르게 동작하지만 우리는 전자 슈퍼맨의 눈을 가지고 볼 수 있다고 가정하기로 하면) A점의 전압보다 트랜지스터의 베이스에 걸리는 전압이 A점보다 Vbe 만큼 올라가는 바로 그 때에 TRANSISTOR의 성질 머리상 도통(TURN-ON)되게 될 것이다. 대략 R2에 걸린 전압이 0V이므로 Vbe = 0.7V이면 도통 되리라.

사정이 이러하다면

회로는 비로써 궤환이 형성 되어 연산 증폭기의 반전단자는 가상단락에 의해 Vz가 될 것임이 명백해 진다. 안정을 위한 발걸음이 시작 된 것이다. 이후로 정전류회로는 안정을 찾고 자기의 본래 임무인 정전류동작을 시작하게 될 것이 틀림없다. 하여튼 회로에 전원을 공급하자마자 아주 찰라에 정전류 메카니즘이 작동되는 것이다.

따라서

앞으로 연산 증폭기 앞단에 트랜지스터가 덕지덕지 붙은 형태의 회로가 주어졌다고 할지라도 지대로 동작이 될까? 하고 의구심을 가질 이유가 없다. 그런 과도 동작은 아주 빠른 시간 안에 되먹임 회로를 통해 뺑뺑이 돌면서, 자기가 안정을 찾아 가므로 다음부터는 트랜지스터를 빼고 자시고 요란을 떨면서 동작을 규명할 필요가 없어진다.

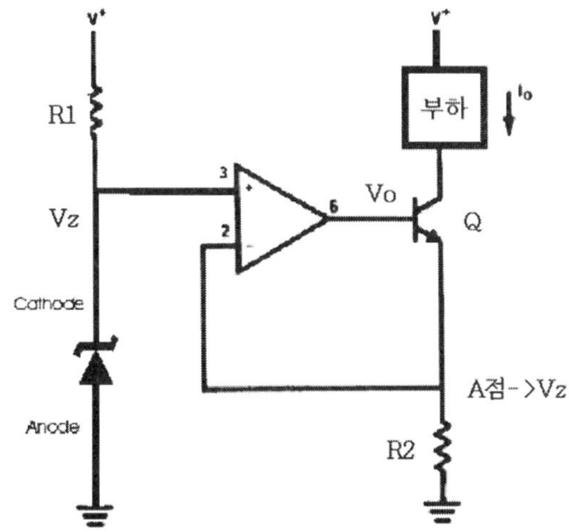

위의 예에서

$V_0 = V_Z + V_{BE} = 5.1V + 0.7V = 5.8V$

또한, BASE단에 흐르는 전류 Ib를 무시할 수 있으므로

$I_E \cong I_C$

가 된다. 혹시 트랜지스터의 대신호 해석(직류 바이어스해석, 교류는 상대적으로 값이 적으므로 소신호 해석이라 한다)을 까맣게 잊어 버리신 분들을 위해... Ic = Ie가 어떤 과정을 거쳐 등식이 성립하는지 보게 되면

$$I_E = I_B + I_C$$
$$I_C = \beta \times I_B = h_{fe} I_B \text{---(16)}$$
$$I_E = I_B + h_{fe} I_B$$
$$I_E = (1 + h_{fe}) \times I_B = h_{fe} \times I_B \text{---(17)} \quad (\because h_{fe} >>>> 1)$$
$$\therefore I_E \cong I_C$$

식(16)과 식(17)가 같으므로 Ic = Ie가 된다. 1이라는 숫자는 전류증폭도 β(=50~100) 보다 훨씬 적다. 무시해도 괜찮다. 또한 베이스전류는 컬렉터 전류에 비해 β(=50~100)배 작기 때문에 수식을 쓸 것도 없이 바로 무시하고 들어가면 된다.

따라서 load에 흐르는 전류는

$$I_E = I_C = \frac{V_Z}{R_2}$$

가 일정하게 부하에 흐르게 된다.

다음부터 연산 증폭기에 트랜지스터 같은 소자가 연산 증폭기 앞단에 주렁주렁 붙거나 하나 붙거나 상관하지 말고 무조건 도통(TURN-ON)되어 동작한다고 보고 해석하시라고 조언을 드렸다. 이점은 매우 중요하다. 왜냐하면 위의 정전류회로에서 관점을 바꾸면 그냥 정전류회로에서 그치지 않고, 연산 증폭기출력단에서 끌어 낼 수 없는 큰 전류를 캐낼 수 있다는 다른 회로적 발상이 시작되기 때문이다.

예를들어

트랜지스터 'Q'를 1A 까지 에미터 전류를 꺼낼 수 있는 전력트랜지스터(POWER TR)를 사용한다고 하자, 그러면 Vz를 R2로 나누어준 값이 에미터 전류가 되기 때문에 R2 = 25.5Ω 정도로 설정하게 되면

$$I_E = \frac{5.1V}{25.5\Omega} = 200mA$$

가 되어 연산 증폭기출력전류보다 훨씬 큰 전류를 이끌어 낼 수 있는 회로가 된다. 트랜지스터를 하나 사용함으로 전류사용범위가 대폭 증가하게 되는 것이다.

여기서 개념을 가지쳐서 전류 BOOSTER회로로 확장 시킬 수 있는 여지가 마련된다.

전류 부스터와 정전류회로를 같다고 생각하면 안 된다.

정전류회로는 일정한 전류가 흐르도록 출력되지만, 전류부스터는 전압이 바뀌는 것에 따라 부하저항에 흐르는 전류가 변동된다. 정전류회로와는 달리 출력전류의 값이 바뀌지만, 큰 전류를 뽑아 낼 수 있다는 것이 전류 부스터이다.

전에 이미 언급했지만,

연산 증폭기출력단은 거개가 10㎃ 내외 정도가 출력으로 끌어 낼 수 있는 전류의 한계치이다. 나중에 부품규격표가 나올 때 보시기로 하자. 물론 비싼 연산 증폭기 중에는 몇 100㎃ 전류를 끌어 낼 수 있으나 비용은 엄청나게 증가하고 만다. 값싼 범용의 연산 증폭기를 채용하면서도 연산 증폭기 출력단에서 직접적으로 끌어 낼 수 없는 큰 전류를 얻을 수 있는 방법이 있다면, 연산 증폭기출력단에 전력트랜지스터(POWER TRANSISTOR)를 붙여 쓰는 것 만큼 비용대비 효과가 만점인 것은 없다.

이제 예고 했던 대로 그럴듯하게 쓸 만한 정전류회로 하나를 가져오도록 하겠다. 부하에 흐르는 전류 Io를 구하는데 우리가 알고 있는 값(저항이든, 입력신호이든)으로 수식을 세워 보시

도록 하시라. 이미 우리가 설명한 몇몇 지식들이 전부 이 속에 녹아? 있고, 우리가 이미 설명한 것으로 부하에 흐르는 전류 Io를 너끈히 얻어 가질 수 있다.

우리가 획득한 지식이란 무엇인가? 되돌아 본다.

키르히호프 전류의 법칙(KCL), 오옴의 법칙,가상단락.. 여지껏 우리는 대체로 이런 지식에서 맴돌았을 뿐이다. 그럼 그 별거 없는 꾀죄죄한? 몇 가지 잘나 빠진 지식으로 제법 그럴싸해 보이는 이 회로를 풀어 낼 수 있다고? 그렇다!! 풀어 낼 수 있다. 중요한 것은 몇몇 지식이 아니라 사고하는 방식이었던 것이라고 한다면 너무 내게는 먼~ 선문답 같은 말인가? 우리가 지겨워 하는 수학도 공식은 별거 없지만 문제거리들로 북적북적 요란을 떨어 프렉탈 무늬처럼 오만가지를 만들어 내지 않던가!

정전류회로의 휘날레를 아날로그 디바이스 社의 AD8276과 AD8603으로 구성한 정전류 회로 분석으로 장식해 본다. 정전류회로를 먼저 눈으로 감상하자.

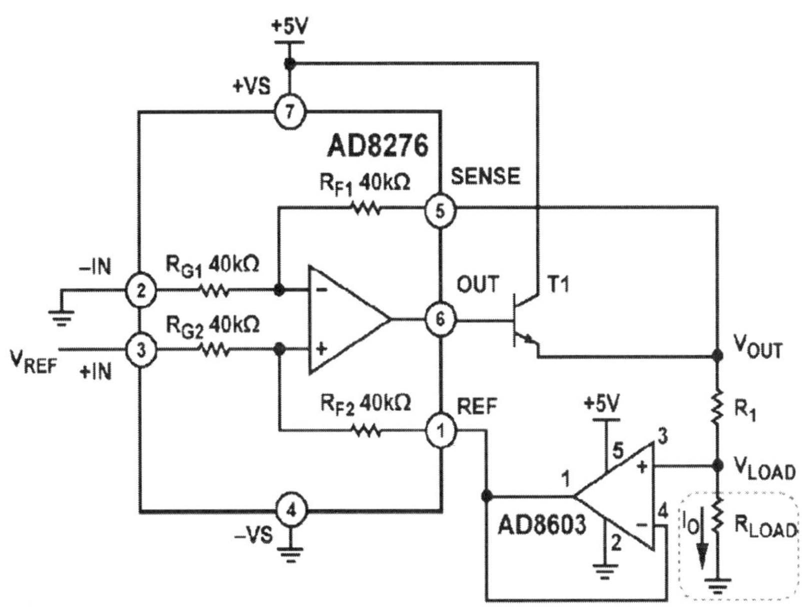

정전류회로에 곧장 진입하기 전에 먼저 AD8276과 AD8603이 어떤 소자인지 거들 떠보면 재미있는 점들이 눈에 뜨일 것이다.

AD8276은 Low Power, Wide Supply Range, Low Cost Unity-Gain Difference Amplifiers 로 간단히 차동증폭기가 되겠다. 내부구조를 보자. 차동증폭기다!

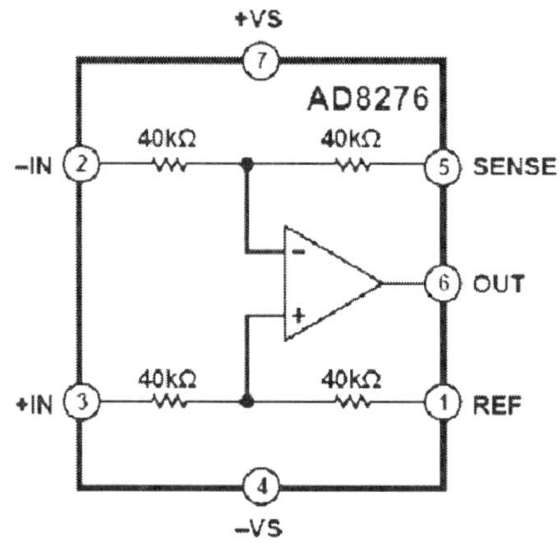

AD8276

차동증폭기는 이미 설명 드렸고, 더군다나 연산 증폭기주변에 붙은 저항 네 개가 R1 = R2 = R3 = Rf 이면 이득이 1이라는 것을 분석하기도 했다.

차동증폭기는 많이 사용하는 소자이기 때문에 아예 ANALOG DEVICE 社에서 소자로 만들어 나온 것이다. 명칭 그대로 파워 소비가 무척 작고(50μA max), 폭이 넓은 전원을 사용할 수 있으며(Single supply : 2V to 36V Dual supplies: ±2V to ±18V), 값이 저렴하다(1000개 미만 $1.14)는 것이 장점이기 때문에 아예 명칭에서 줄줄이 사탕처럼 늘어 놓았다.

지나가는 김에 AD8276의 회로적용 예를 보기로 하자. 과거를 회상하면서 종합 감상하는 기분으로....

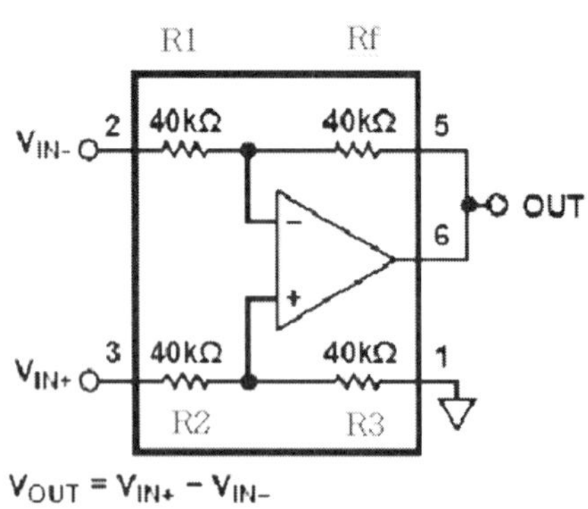

Difference Amplifier, Gain = 1

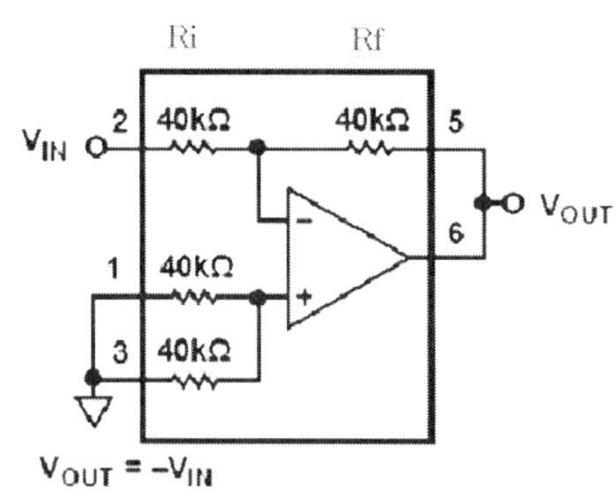

Inverting Amplifier, Gain = –1

먼저 왼쪽의 차동증폭기는 몇 번이고 설명했기 때문에 특별히 어려울 것이 없다. 고맙게도 가볍게 식을 세울 수 있도록 한 모양으로 주어져 있다. 그렇다면 결과식은

$$V_0 = \frac{R_1R_3 + R_fR_3}{R_1R_2 + R_1R_3} \times V_2 - \frac{R_fR_2 + R_fR_3}{R_1R_2 + R_1R_3} \times V_1$$

$$= \frac{40k\Omega \times 40k\Omega + 40k\Omega \times 40k\Omega}{40k\Omega \times 40k\Omega + 40k\Omega \times 40k\Omega} \times V_2 - \frac{40k\Omega \times 40k\Omega + 40k\Omega \times 40k\Omega}{40k\Omega \times 40k\Omega + 40k\Omega \times 40k\Omega} \times V_1$$

$$= V_2 - V_1$$

오른쪽은 반전증폭기로 결과식이 간단해 진다.

$$V_O = -\frac{R_f}{R_I} \times V_i = -\frac{40k\Omega_f}{40k\Omega_I} \times V_i = -V_i$$

반전증폭기로 구성했을 때 입력바이어스전류를 맞추기 위해 40kΩ을 병렬로 묶어 준 것이 눈에 뜨인다.

다음에 나오는 회로의 연결관계를 보기로 하자

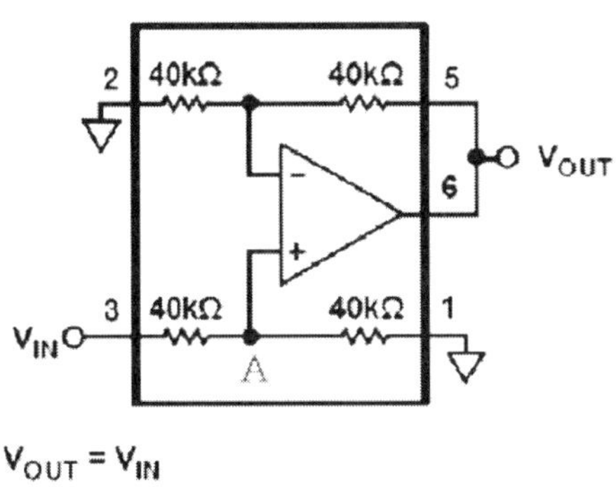

Noninverting Amplifier, Gain = 1

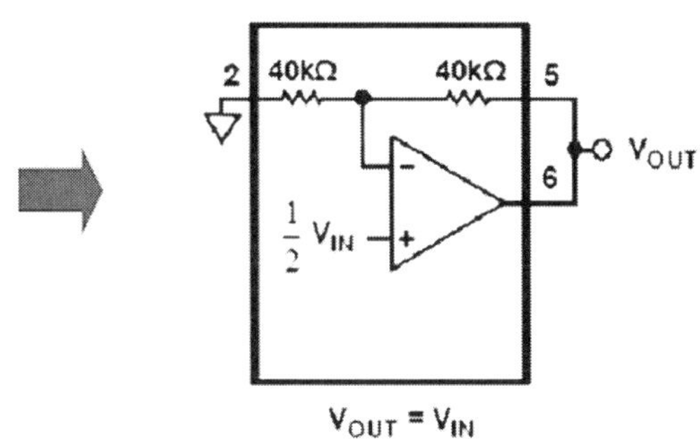

Noninverting Amplifier, Gain = 1

결과가 암산으로 계산 되시는가? 그렇다면 이미 회로 보는 눈이 한 단계 업그레이드 된 증거가 되시겠다. 'A' 점의 전압만 구하면 나머지 회로는 비반전 증폭기가 되는 것이 눈에 보인다.

비반전증폭기의 결과식에서

$$V_O = \left(\frac{R_1}{R_2} + 1\right) \times V_{IN} = \left(\frac{40K\Omega}{40K\Omega} + 1\right) \times \frac{1}{2} V_{IN} = V_{IN}$$

간단하다. 다음 회로를 보자. 이것도 암산으로 바로 나올 수 있다.

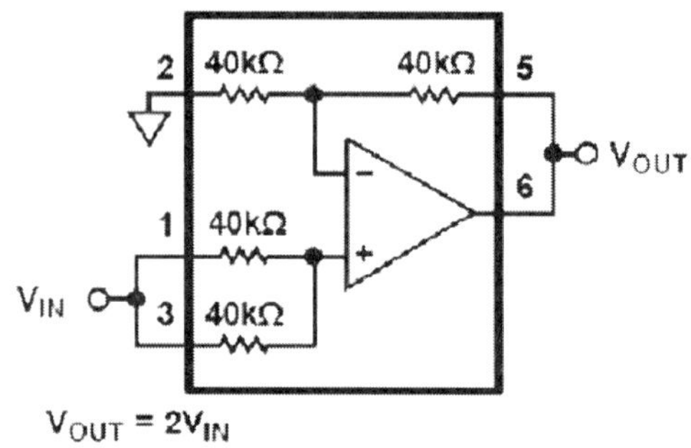

Noninverting Amplifier, Gain = 2

비반전입력단자의 저항 40kΩ이 병렬로 연결 된 것은 무시해도 된다. 입력바이어스전류를 맞추어 주기 위한 회로로 변신한 것 뿐이다. 따라서 결과식은 비반전증폭기로 된다.

$$V_O = \left(\frac{R_1}{R_2} + 1\right) \times V_{IN} = \left(\frac{40K\Omega}{40K\Omega} + 1\right) \times V_{IN} = 2\,V_{IN}$$

AD8276소자는 구성상 차동증폭기였는데 주변의 회로를 바꿔 줌으로 해서 성격이 다른 증폭기로 구성할 수 있다는 것을 보여 주고 있다. 특성도 좋고, 값도 싸니 쓸만한 소자라고 볼 수 있겠다. 차동증폭기 형태가 이렇게 다양한 증폭기로 구성할 수 있다는 것을 미처 생각지 못했는데 색 달랐다고 할까? 우리의 편견을 좀 깨는 듯해서 올려 보았다.

헉~ 지금쯤 우리는 왠만한 연산 증폭기는 눈감고도 암산으로 척척해낼 수 있게 되었다. 기적인가?

AD8603은 Precision Micropower, Low Noise CMOS, Rail-to-Rail Input/Output Operational Amplifiers로 연산 증폭기하나로 구성되어 있다. 명칭 그대로 파워 소비가 AD8276과 마찬가지로 매우 작고(50μA max), 노이즈가 적다고 하니 그러니라 하는데 Rail-to-Rail Input/Output라는 생소한 용어가 나왔다.

보통 Rail-to-Rail Input/Output는 첫 글자만 따와 RRIO라고 한다. RRIO라는 것은 직역하면 기차길 처럼 입력과 출력을 가져갈 수 있다는 말이 되는데....? 뭔 뜻이지?

먼저 Rail-to-Rail이라는 말 뜻을 파헤쳐 보기로 하자. 아래 그림을 보면 Rail-to-Rail이라는 의미가 뭔지를 바로 알아 차리실 것이다.

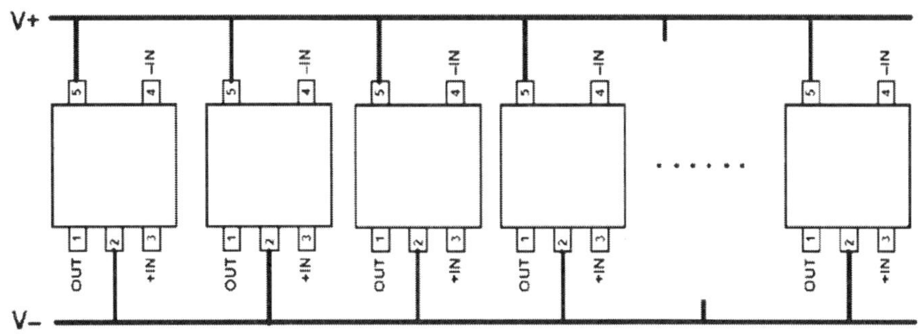

위에 보이는 그림에서 회로기판에 전원단이 위와 같이 그려진다고 하면, 어떤 모습이 연상되는가? 맞다 기차와 기차길이다. 그래서 언어학자와 달리 작명에 소질이 없는 공학자들이 단순 명쾌하게 연상되는 대로 전원단의 명칭을 Rail-to-Rail로 붙인 것이다. 작명 철학의 빈곤...

그런데 입력과 출력이 Rail-to-Rail 라는 말은 무슨 뜻일까? 좋은 뜻일 거 같은 생각이 퍼뜩 들지 않는가?

보통의 연산 증폭기는 출력단의 PUSH-PULL 모양 때문에 전원단에 ±15V에 인가 하더라도 1V나 소자에 따라 2V 적게 출력이 나오게 된다. 즉 ±15V전원을 인가해도 입 · 출력으로는 ±14V~±13V까지 밖에 동작되지 못한다고 하는 태생적 한계를 갖는다. 여지껏 예로 사용하였던 LF156의 부품규격표를 보기로 하자.

Symbol	Parameter	Conditions	LF155/156			Units
			Min	Typ	Max	
$\pm V_{OPP}$	Output Voltage Swing	$V_{CC}=\pm15V$, $R_L=10k\Omega$	±12	±13		V
		$V_{CC}=\pm15V$, $R_L=2k\Omega$	±10	±12		

LF156 출력전압범위 Output Voltage Swing

출력전압의 SWING(전기전자에서 SWING이라는 용어가 나오면 야구선수가 방망이로 FULL SWING 하듯이 최소와 최저까지의 값을 생각하시면 된다)을 보면 전형적으로는 공급되는 전원 ±15V에 비하여 ±13V 밖에? 되지 않는다. Vcc가 얼마 일때? Vcc = ±15V일 때라고 적시되어 있다. 기억나시는지 모르겠지만 제너 다이오드로 출력을 제한하는 보호회로에서 약 ±13V 정도로 출력을 제한 해서 이상하게 생각하신 분들도 있을 것이다. 그 이유는 바로 이 때문이다.

그런데 AD8276는 RRIO가 된다는 말이니까 공급되는 전원 크기 만큼이나 입출력을 사용할 수 있다는 말이다. 5V 단전원으로 사용할 때(Single-supply operation) 전원전압까지, 즉 5V 사용하니까 공급전원만큼 입출력을 다룰 수 있다는 말이다.

서론이 길어 졌으니 본론으로 돌아가기로 하자.

AD8276과 AD8603가 어떤 소자인지 먼저 살펴 보았다. 그럼 AD8276과 AD8603으로 구성한 정전류 회로를 분석할 차례다.

회로는 아래와 같이 구성이 된다고 말씀드렸다.

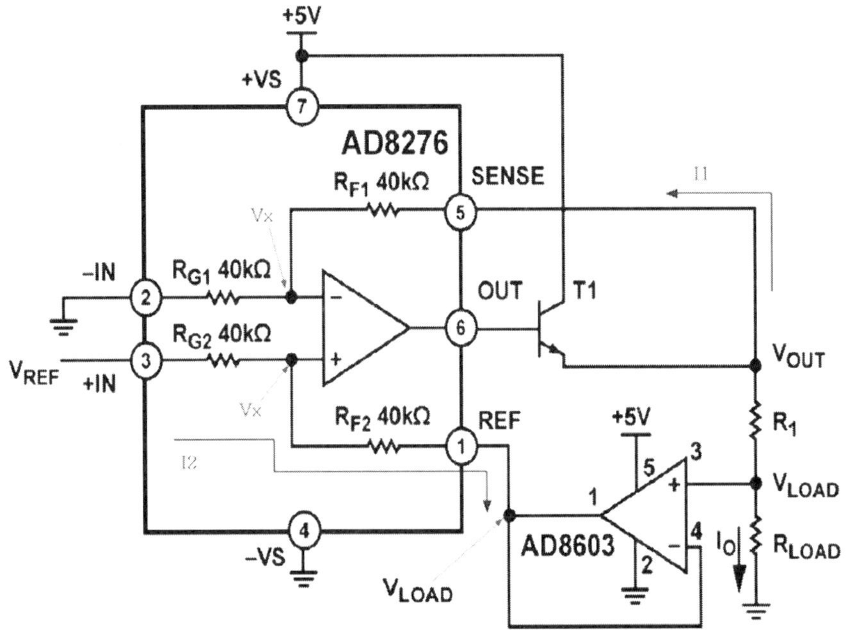

차동증폭기를 분석할 때,또는 식을 세울 때 네 개의 저항을 변수로 놓고 풀면 질겁하는 상황이 올 수 있다고 이미 언질을 주었다. 그럼에도 불구하고 끝까지 저항을 각각의 변수로 놓고 풀면 그 때는 팔자소관이다.

다행히 AD8276은 네 개의 저항이 모두 똑 같이 40kΩ으로 주어졌다. 변수로 나오지 않아 안도의 숨이 나온다. 각자 풀어 본 과정이 있으면 지금부터 전개할 식과 비교해서 보시기 바란다.

우리는 트랜지스터(TRANSISTOR) T1이 저 회로에서는 파워를 공급하자 마자 순식간에 도통이 된다는 것을 이미 알고 있다. 제너다이오드를 이용한 정전류회로에서 충분히 납득했다. 저 트랜지스터의 역할은 스위치작용을 하는 것이 아니라 부하저항에 공급되는 전류가 연산 증폭기 출력으로부터 나가는 전류이상이 되기 때문에 충분한 전류를 공급하기 위해서 달아 놓은 것이다. 전혀 헷깔릴 필요가 없다. 저런 회로가 붙으면 질겁부터 하시는 분이 있는데 그렇게 위축 되실 이유가 없어졌다.

그러나 해석할 때는 간단하게 스위치로 생각하고, 아항~ 전류를 끌어다 쓰려고 달아 놓은 것이 구나 하고 넘어가면 된다.트랜지스터(TRANSISTOR) T1이 동작하면 AD8276 안의 연산 증폭기는 동작을 하고 궤환이 형성이 되어 지긋지긋하게 적용해 온 가상단락이 나타나는구나 판단해 줘야 한다. 물론 전압 팔로워로 구성된 AD8603도 동작 되는 것은 물론이다.

그러면 이제 남은 것은 부하저항에 흐르는 전류 Io를 우리가 아는 값으로 결과를 추출해 내는 것만 남았다. 왜냐하면 저 회로는 정전류회로이니까!!

수학에서도 식을 푼다고 하는 과정은 아는 값으로 결과를 도출 했을 때를 말한다. 공학의 식도 마찬가지다. 식을 세우는 것도 중요하지만 이미 아는 값으로 식을 추려 가는 과정이 푸는 과정이 될 터이다.

먼저 Io의 식을 구해보자

$$I_O = \frac{V_{LOAD}}{R_{LOAD}} --- (18)$$

이 된다. 이렇게 되면 다 구한 것인가? 물론 아니다. 왜냐하면 VLOAD를 우리는 지금으로서는 알 수 없기 때문이다. 그렇다면 VLOAD를 구하기 위해서 다른 방편을 써야 할 것 같다.

$$V_{LOAD} = \frac{R_{LOAD}}{R_1 + R_{LOAD}} \times V_{OUT} --- (19)$$

(19)식을 (18)식에 넣어 전개해 보기로 하자.

$$I_O = \frac{\frac{R_{LOAD}}{R_1 + R_{LOAD}} \times V_{OUT}}{R_{LOAD}} = \frac{V_{OUT}}{R_1 + R_{LOAD}} --- (20)$$

(20)식을 보아도 아직 모르는 것이 계속 있다. VOUT를 알지 못하기 때문에 역시 VOUT을 알기 위해 또 다른 방편을 알아 보아야 할 것 같다. 위의 회로에서 전류의 흐름을 보시라. 전류의 흐름이 있기 때문에 KCL을 세울 수가 있고, X점의 전위가 쉽게 구해 질 수 있을 것 같다.

먼저 I1을 보고 KCL을 직바로 오옴의 법칙을 이용하여 세워 보기로 하자.

$$\frac{V_{OUT} - V_X}{40\text{K}\Omega} = \frac{V_X - 0V}{40\text{K}\Omega} --- (21)$$

이식에 의해

$$V_{OUT} = 2V_X$$

$$V_X = \frac{1}{2} V_{OUT} --- (22)$$

이 도출 된다.

이제 I2를 보고 KCL을 직바로 오옴의 법칙을 이용하여 세워 보기로 하자.

$$\frac{V_{REF}-V_X}{40K\Omega}=\frac{V_X-V_{LOAD}}{40K\Omega}---(23)$$

이를 전개 시키면

$$V_{REF}=2V_X-V_{LOAD}---(24)$$

(22)식을 (24)식에 대입한다.

$$V_{REF}=V_{OUT}-V_{LOAD}---(25)$$

양상이 복잡하다. 하지만 조금만 더 인내심을 가지면 곧 결과가 나올 것이다. (25)식에 위의 (19)식을 대입하기만 하면 나머지는 전개하기만 하면 된다[사실은 (25)식에서 바로 Io를 도출해 낼 수 있다. 한번 생각해 보시길. 뒤에 따르는 수식은 사족에 불과한 것인데 이해를 돕기 위해 상세하게 전개하겠다].

$$V_{REF}=V_{OUT}-\left(\frac{R_{LOAD}}{R_1+R_{LOAD}}\times V_{OUT}\right)$$

$$V_{REF}=\left(1-\frac{R_{LOAD}}{R_1+R_{LOAD}}\right)V_{OUT}=\left(\frac{R_1+R_{LOAD}-R_{LOAD}}{R_1+R_{LOAD}}\right)V_{OUT}=\left(\frac{R_1}{R_1+R_{LOAD}}\right)V_{OUT}$$

위의 식에서

$$V_{OUT}=\left(\frac{R_1+R_{LOAD}}{R_1}\right)V_{REF}---(26)$$

이쯤해서(20)식을 가져와 보기로 한다. 거의 다 완성 되어 간다.

$$I_O=\frac{V_{OUT}}{R_1+R_{LOAD}}---(20)$$

VOUT을 (26)식에서 이미 풀었으므로 이식을 (20)식에 대입하면 이제야 결과가 손에 잡히게 된다. 드디어 신기루가 아닌 오아시스가 멀쩡하게 눈에 꽉 들여다 보인다.

$$I_O = \frac{V_{OUT}}{R_1 + R_{LOAD}} = \left(\frac{1}{R_1 + R_{LOAD}}\right) \times \left(\frac{R_1 + R_{LOAD}}{R_1}\right) V_{REF} = \frac{V_{REF}}{R_1}$$

$$I_O = \frac{V_{REF}}{R_1} \text{ - - - (27)}$$

얼마나 간단해 졌는지 보시라!!! 이 식과 같이 결과가 나온 분들은 하산하셔도 된다. 사고방식이 전혀 개선된 결과이기 때문이다.

(25)식에서 Io가 도출 된다고 하였다. R1양단의 전압이 Vout－Vload이고 이것이 Vref이기 때문에[(25)식에 의거해] Vref를 R1으로 나누어 주면 Io가 된다. 이 전류는 키르히호프 법칙에 의해 Vload를 Rload로 나눈 전류와 똑 같아야 한다. 그렇지 아니한가? 그래서 뒤에 나오는 수식은 사족이 되는 것이다.

정전류 Io는 우리가 잘 아는 저항 R1과 우리가 들이대는 입력 Vref 로 간단하게 계산할 수 있게 되었다. 그렇다면 중요한 것은 Vref를 잘 정하는 것이 되겠다. 아마도 아날로그디바이스사에서는 자기네 정전압소자를 쓰라고 하겠지만 제너가 들어간 회로를 구성해 주면 안정한 정전류를 얻을 수 있을 것 같다.

이로서 우리는 실무에 적용해도 무방한 고?성능의 정전류를 얻게 되었다. 기회가 되시면 한번 애용해 보시기를...

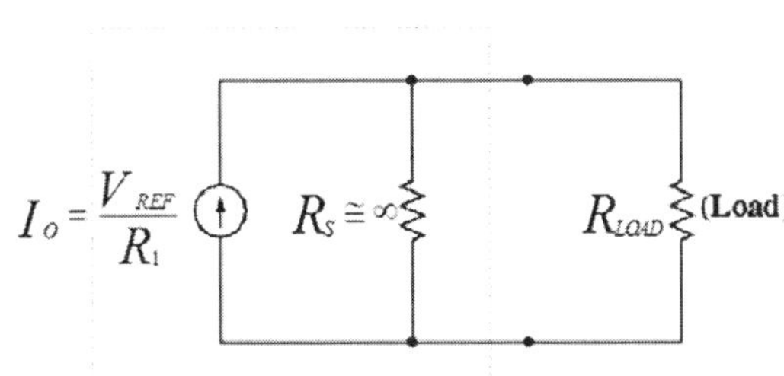

위의 회로는 아래와 같이 단순하게 그릴 수 있게 되었다. 동글뱅이 안에 화살표!!!! 정전류 회로를 기호로 간단히 그리니 일단 눈이 시원하다. 이런 맛이 바로 블록선도의 맛이렸다.

1-26. 전류부스터

연산 증폭기를 이용한 반파정류회로에서 우리는 중요한 점을 하나 추출 해 낼 수 있다. 이 점은 아주 중요하다. 일반적으로 연산 증폭기 앞에 여러 회로가 달려 있을 때 해석하기가 매우 끔찍해 진다. 그러나 연산 증폭기를 이용한 반파정류회로에서 볼 수 있듯이 다이오드가 도통되면 보통의 전압팔로워 처럼 기능하는 것에서 유추 할 수 있듯이 회로를 아주 단순하게 처리해 버릴 수 있는 강력한 무기를 갖게 된 것이다. 해석할 때 꼭 수치나 식으로 나열하지 않고 대충 동작을 가늠해도 문제될 것이 없을 때가 있다. 전류부스터가 그러한 경우다.

말보다는 그림을 보고 직관적 상상력을 기르기로 하자.

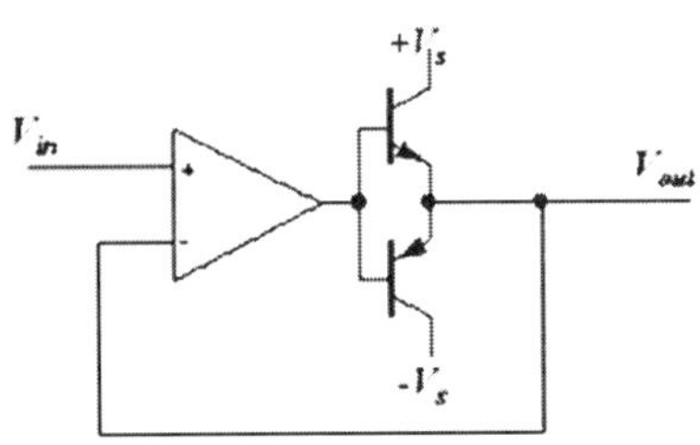

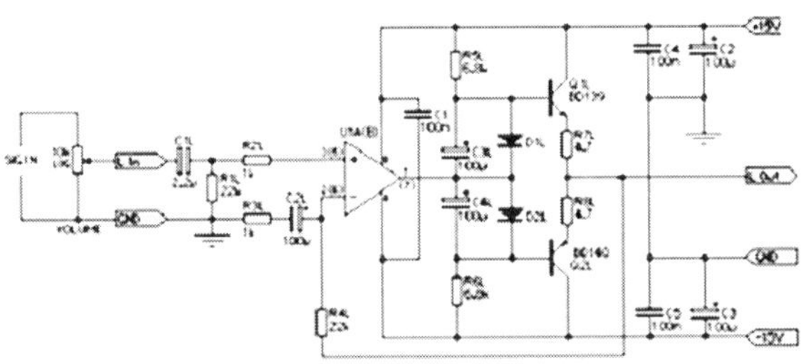

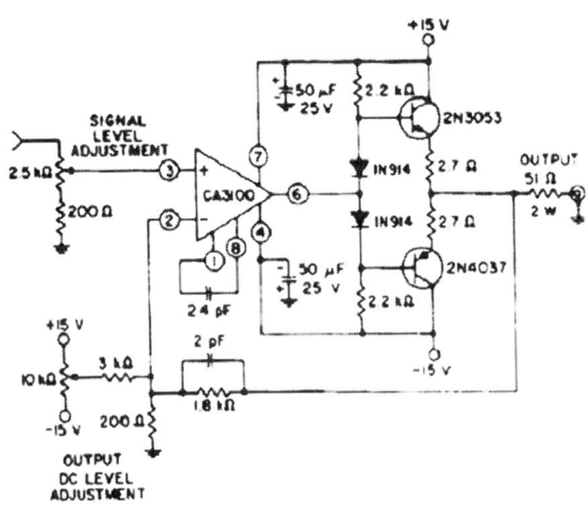

회로들이 복잡해 보이는가? 무언가 말 못할 엄두가 나지 않는 것은 아주 당연한 심리적 상태다. 나 전자공학 괜히 선택 했나 봐~ 하면서 자책하시는 분들은 용기를 가지시라.

우리의 적은 바로 우리 안에 있는 공포가 적이다. 이렇게 멋지게 말하면 좀 나아지지 않는다. 어려운 것은 어려운 것이다. 사실 어렵다. 그러나 다행스러운 것은 나도 어려우면 다른 사람도 어려운 것이다. 멘사에 등록되는 소수를 빼고서 저런 회로를 처음 보고 어렵다고 망막해 하는 것이 일반적이고, 매우 보편적이며, 상식적인 지성이다.

회로를 찬찬히 보시기 바란다.

전압팔로워 형태가 눈에 보이시는가?

비반전증폭기가 눈에 보이시는가?

화장발을 전부 지워 버리면 남는 원형적 형태는 전압 팔로워나 비반전증폭기에 불과?한 회로들이다.

지금은 저런 회로들이 매우 낯설게만 느껴질 것이고, 이맛살을 지푸리게 만들 것 임에 틀림없다. 그러나 몇 가지 설명을 들으면 저 회로도 아무 것도 아님을 알게 될 것이다.오히려 저런 회로들은 전류부스터 회로로서는 간에 기별도 안가는 간단한 회로들이다. 저렇게 복잡한데 간단한 회로라고? ♪ 지금 장난하나~♬♩ 그렇다 장난하는 것이다. 좀 시니컬 하게 말해서 연산 증폭기 기본형 가지고 장난치고 있는 것이다. 회로를 하나의 놀이라고 보면 세상 힘들지 않고 밥 벌어 먹기 참 쉬울 것 같은데...

연산 증폭기 앞에 잔뜩 붙어 있는 회로는 연산증폭기 자체적으로 다룰 수 있는 전류이상이 필요할 때 고안해 낸 회로적 장치들이다. 트랜지스터로 출력단에 PUSH-PULL(밀고 당김)형태를 가져가서 부하(負荷)에서 필요한 전류를 밀어 주고(FORCE), 당겨 주는(SINK)회로일 따름이다.

위에서 말했지만 동작은? 아래 그림과 같이 그냥 전압 팔로워, 즉 BUFFER나 비반전증폭기 때로는 반전증폭기가 기본형이 되겠다. 저 회로들이 가진 기본적 성격이다.

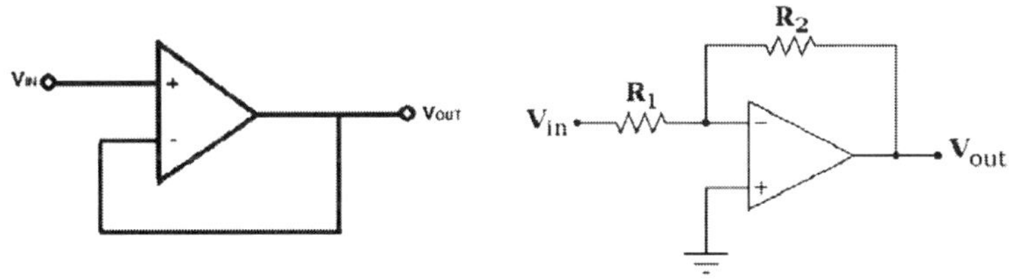

이렇게 연산 증폭기의 출력전류가 딸려 보강해 준 회로를 전류 부스터(BOOSTER)회로라고도 한다(보통은 전압이득이 1이고 큰 출력전류가 얻어질 때를 한정해서 전류 부스터라고 하기도 한다).

여하튼 저런 형태가 나오면 기본적 회로는 반전증폭기나, 전압 팔로워 형태를 찾기만 하면 된다. 왜냐하면 전압관계식인 출력 결과식이 우리가 분석한 것과 동일하게 작동하기 때문이다.

전압팔로워면...?

$$V_{OUT} = V_{IN}$$

반전증폭기이면...?

$$V_{OUT} = -\frac{R_2}{R_1} \times V_{IN}$$

비반전증폭기 이면...?

$$V_{OUT} = \left(1 + \frac{R_2}{R_1}\right) \times V_{IN} \ldots\ldots page\ 172$$

전압은 그대로 출력식에 따른다고 말했다. 노파심에서 부연하지만 어떤 회로가 연산 증폭기 앞에 달렸다고 해도 전압출력식은 변함이 없다!!! 이 사실을 꼭 염두에 두시기 바란다.

그 다음은 전류를 부하(負荷)에서 필요한 만큼 공급해 주고, 끌어 주는 것이구나 하고 감을 잡으시면 된다. 계속 반복하는 감이 있지만 이런 감은 회로를 볼 때 아주 중요하다.

아래 부품규격은 우리 귀에 너무 낯익은 UA741 GENERAL PURPOSE SINGLE OPERATIONAL AMPLIFIER의 출력전류를 보여 주고 있다.

Symbol	Parameter	Conditions	UA741			Units
			Min	Typ	Max	
I_{OS}	Output Short-circuit Current		10	25	40	mA

UA741 출력단자전류

Output Short-circuit Current란 무슨 의미일까?

출력단에 저항을 달지 않고 그냥 그라운드에 붙여 버리면? 이 연산 증폭기가 누에고치 뽑듯 내보낼 수 있는 한계치까지 출력할 수 있는 전류를 의미한다. 집에서도 전선이 쇼트 나면 전류가 너무 많이 빨려 나가 감당이 안되기 때문에 일명 두꺼비집에서 전류 제한하는 퓨즈를 달아 놓아 일정 이상의 전류가 딸려 나가면 아예 끊어 버리지 않는가? 그렇게까지 하여 얼마나 전류가 빨려 나가나 보겠다는 것이다. 그 이상은 도저히 힘 못쓰겠다는 항복점이다. 표를 한번 보시라. 전형적으로는 25mA이고 능력 껏 뽑아 봐야 40mA에 불과하다. 그러나 부품규격표를 볼 때 최대치까지 쓰면 아작 난다고 이미 말씀 드렸기 때문에 40mA 이하에서 사용해야 하는 것은 상식이다.

만약 V/I SOURCE를 설계할 때 ±200mA까지 인가(FORCE)하고, 받아 들일 수 있는(SINK) 출력단을 구현하려면 연산 증폭기만 하나 달랑 써서는 구현하기가 불가능하다.

정리를 하면

아래와 같이 연산 증폭기출력단 쪽에 회로가 잡다하게 구성 되어 있을 때 아~ 이때는 전류를 왕창 끌어 내거나 빨아들이기 위한 회로이구나 하고 감 잡아 주면 된다. 이것이 회로를 즉각적으로 감지하는 감각이 되는 것이다. 전력소자(POWER TRANSISTOR)가 들어 있으면 거개가 이 회로로 봐도 무방하다 .

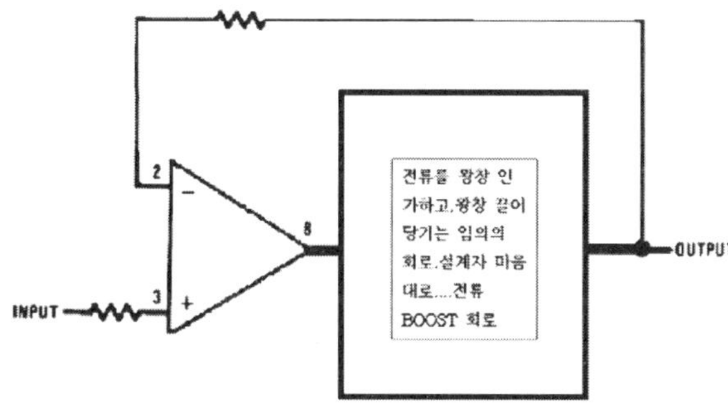

전류 BOOSTER 회로를 심벌로 그릴 때는 아래와 같이 표현하기도 한다.

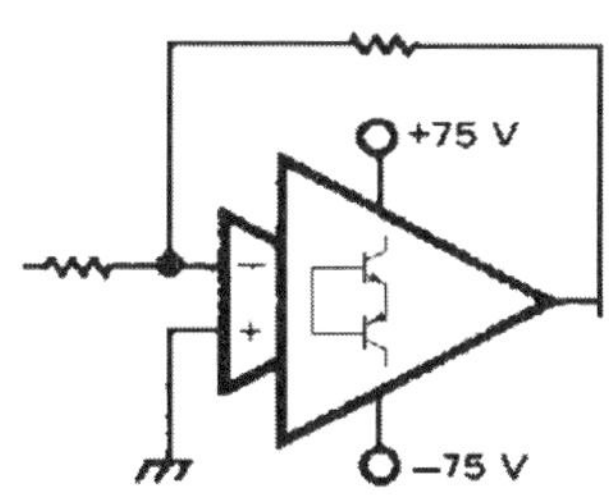

오징어 비슷하지만 한치 밖에 안 된다고 해서 회로 먹으면 쫄깃한 한치처럼 생겼다. 아마도 연산 증폭기 앞 단에 회로를 주렁주렁 달아서 삼각형을 하나 더 달아 놓은 형태로 심벌을 삼은 것 같다. 저런 형태로 회로 심볼을 그렸을 때 이렇든 저렇든 출신성분은 반전증폭기가 되겠다. 뛰어보았자 벼룩인 것이다.

다른 책의 블록선도(BLOCKDIGRAM)을 보면 위의 심벌과 같이 한치 대가리 안에 PUSH-PULL 모양의 트랜지스터를 그려 넣은 것도 있다. 이때는 무조건 전류 부스터라고 정리하면 된다.

BOOSTER라는 의미가 사전적으로는 1.(우주선,미사일의) 추진 로켓 2.(전기 장비의) 승압기 3.(약의 효능) 촉진제... 라는 의미가 있는 것에서 짐작 되듯이 전류를 크게 해주는 전류 승류기? 라고 볼 수 있다.

V/I SOURCE의 출력단 쪽에 보면 POWER BOOSTER가 붙어 있다. 대략 전압이득이 6.9 정도 되고, 전류를 ±200㎃까지 밀고 당겨 주어야 하기 때문에 BOOSTER 회로를 설계한 것이다.

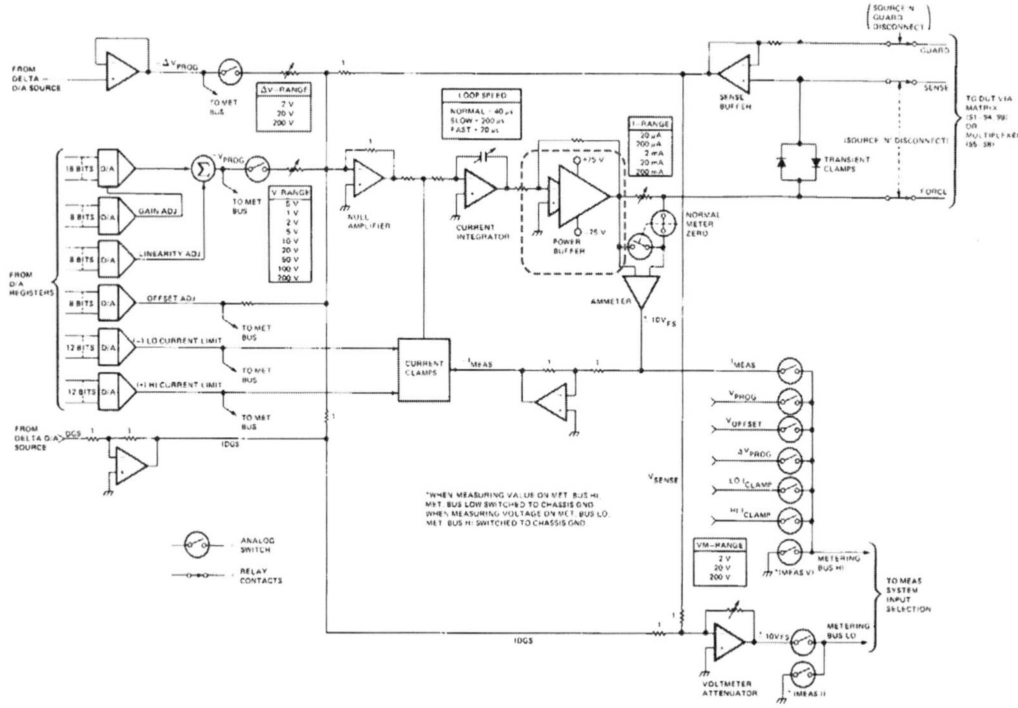

오랜만에 DC V/I SOURCE를 다시 보게 되었다.

블록선도에서 점선 안에 영역 표시된 부분이 파워 부스터 부분이다. 구성도에서는 POWER BUFFER로 기입되어 있는 부분이다. 역시 전류를 크게 뽑아 내야 하는 곳에 있어야 하기 때문에 DC V/I SOURCE의 최종 출력단에 자리를 잡았다.

간단한 회로부터 설명을 해 나가기로 해 보자. 아래는 PUSH-PULL 형태의 간단한 회로가 되겠다. 동작하는 것을 일목요연(一目瞭然)하게 표로 만들어 보기로 하자.

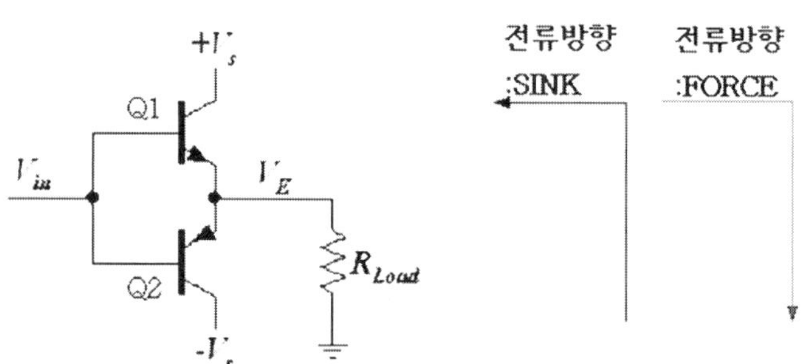

Vin	Q1상태	Q2상태	Ve전압	출력 전류	비고
0V	OFF	OFF	0V	0㎃	전류흐름無
0.4V	OFF	OFF	0V	0㎃	전류흐름無
1V	ON	OFF	0.3V	0.3V/R_L	PUSH:FORCE
2V	ON	OFF	1.3V	1.3V/R_L	PUSH:FORCE
3V	ON	OFF	2.3V	2.3V/R_L	PUSH:FORCE
-0.4V	OFF	OFF	0V	0㎃	전류흐름無
-1V	OFF	ON	-0.3V	-0.3V/R_L	PULL:SINK
-2V	OFF	ON	-1.3V	-1.3V/R_L	PULL:SINK
-3V	OFF	ON	-2.3V	-2.3V/R_L	PULL:SINK

동작은(+)방향전압이 입력 되면

Q1 트랜지스터의 베이스와(BASE)와 에미터(EMITTER)사이에 0.7V정도의 전위차가 생길 때 도통 되므로 전류는 부하저항에 나가는 방향(FORCE)이 된다. 이때 부하에서 끌어 당기는 전류는 출력전압(Ve)을 부하저항으로 나누어 준 값이 되는데, 이 전류는 트랜지스터에서 공급이 된다.

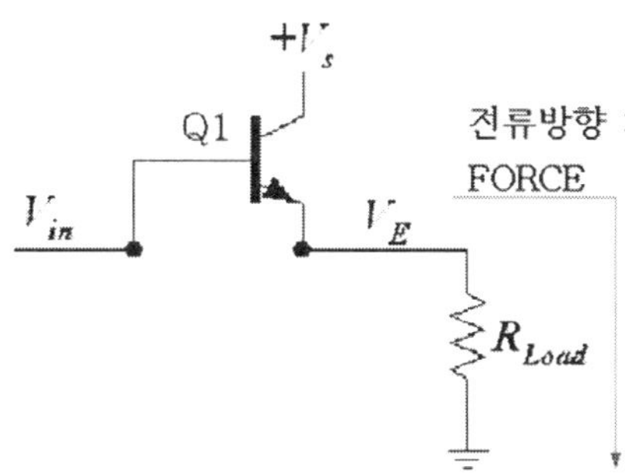

반대로(-)방향전압이 입력 되면

Q2 트랜지스터의 베이스와(BASE)와 에미터(EMITTER)사이에 0.7V정도의 전위차가 생겨 도통 되므로, 전류는 부하저항에서부터 들어오는 방향(SINK)이 된다. 이때 부하에서 밀어주는 전류는 마찬가지로 출력전압(Ve)을 부하저항으로 나누어 준 값이 되는데, 이 전류를 트랜지스터에서 끌어 당기게 된다.

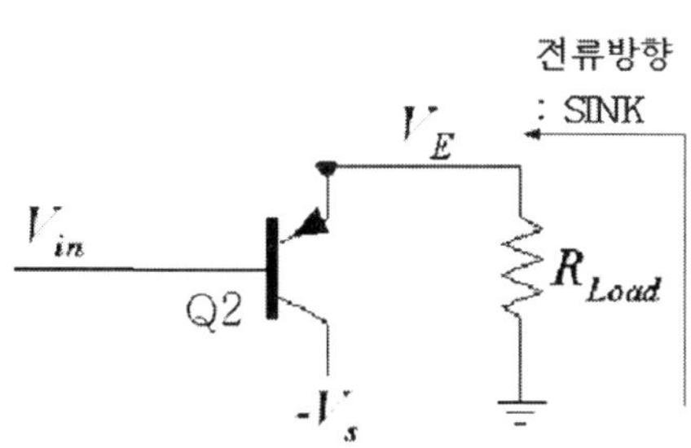

짜잔~ 이 형태를 그대로 연산 증폭기 전압팔로워에 갖다 붙인 것이 연산 증폭기 전류 부스터가 된다.

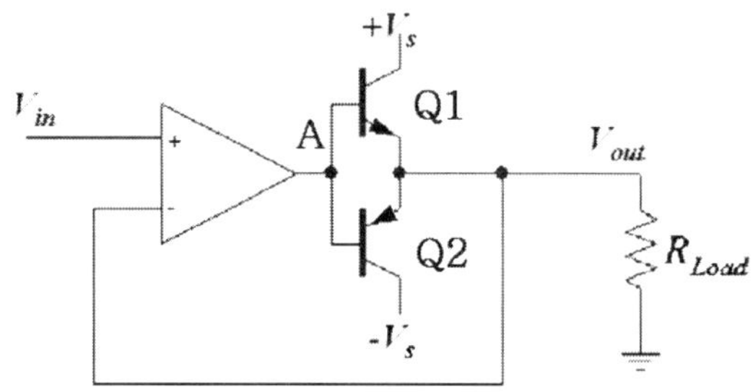

동작은 연산 증폭기없는 PUSH-PULL과는 약간 다르다. 연산 증폭기의 안정 상태 보다는 과도상태가 매우 중요하다고 말한 적이 있을 것이다. 중요하기 때문에 반복해도 전혀 짜증을 내지 말아야 한다. 그런 감은 매우 중요하기 때문이다.

보통 저런 회로가 나오면 동작이 다 되겠지 하고 넘어가는 것이 일반이다. 그러나 안정되기 전 상태를 알지 못하면 회로의 A점의 전압도 단지 출력전압 보다 0.7V 높다고 치부하고 그냥 넘어갈 수 있다. 그런 이해는 이미 안정 상태를 상정하고 사고 하는 경우가 된다.

Vin이 0V가 들어 온다고 하자.

전압 팔로워가 되기 때문에 아래와 같은 식에 의해

$$V_O = V_{in}$$

이라고 생각해서 0V라고 하면, 이 때부터 곤란해 진다. Vin=0V이면 Q1과 Q2 트랜지스터는 불통 되어 궤환이 형성 되지 못한다. 그런데 출력이 0V가 되는 이유는 부하저항이 그라운드에 접지 되어있기 때문에 0V가 되는 것이다. 입력이 0V가 들어와서 출력이 0V가 되는 것이 아님을 깨달아야 한다. 이런 사고 차이는 사소해 보이지만 작지 않은 차이가 되겠다. 이때까지 연산 증폭기는 개루프회로(OPEN LOOP CIRCUIT)가 된다. 여기까지 이렇게 정리하고...

그 다음 동작을 설명하기 위해서 우리가 갖고 있어야 하는 개념이 필요하다. 바로 연산 증폭기의 개루프이득(OPEN LOOP GAIN)이 무척 크다는 사실이다. 약 100,000이라고 가정하기로 하자. 이런 개념을 가지고 Vin을 아주 조금씩 높여 가기로 하자.

극단적인 예를 들어서 만약 Vin=0.1㎷가 되었다고 하자. 궤환이 형성되어 있지 않기 때문에 연산 증폭기 출력을 알기 위해서는 연산 증폭기의 기존동작식을 가져와야 한다.

$$V_O = A(V_P - V_N) = 100000(0.1mV - 0V) = 10V$$

놀라운 일이 벌어졌다. Vin=0.1㎷만 되도 연산 증폭기의 출력은 10V로 쭉 올라가게 된다.

물론 이렇게까지 폭주하도록 방치하지 않는다.

Vin이 0.1㎷ 보다 아주 작은 전압이 될 때, 연산 증폭기출력이 0.7V가 된다고 하자. 그렇게 되면 Q1은 도통이 될 것이다. NPN 트랜지스터는 아래와 같이 다이오드 두 개를 역은 것과 같다는 것은 모두 알고 있을 것이다.

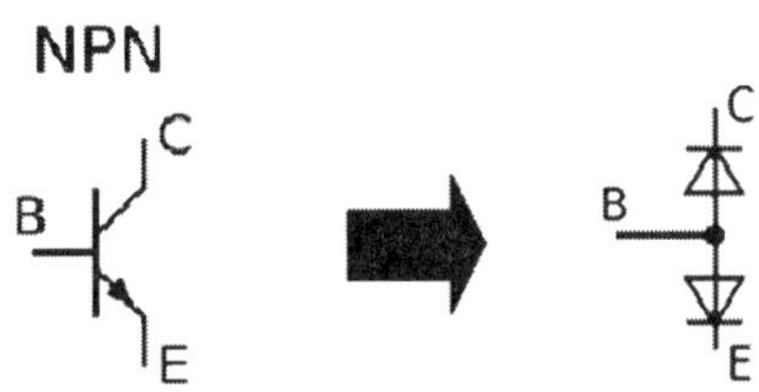

Q1 트랜지스터의 베이스와(BASE)와 에미터(EMITTER)사이에 순방향전압인 0.7V 전위차만 생기면 Q1은 도통 된다는 것을 알 수 있다. 따라서 입력의 아주 미세한(+)전압만으로도 연산 증폭기출력(TRANSISTOR BASE단)은 직바로 0.7V로 되고, 0.7V가 되자마자 Q1은 도통되어 전압 팔로워 형태가 비로써 형성 되는 것이다. 가상단락에 의해 입 · 출력전압이 동일하게 된다는 점은 누누이 강조 했다.

Q2의 동작은 반대로 생각하면 된다. 입력에(-)전압이 들어와야 도통될 것이다. 동작 메커니즘은 Q1에 Vin이(+)이 들어 올 때와 같다.그래서 연산 증폭기 앞에 트랜지스터의 PUSH-PULL회로를 달아도 연산 증폭기의 전압 팔로워라는 기본동작은 유지한 채 아주 큰 전류를 끌어 내고, 끌어 올 수 있는 형태로 완성된다.

따라서

연산 증폭기로 구성된 전류부스터 회로가 나오고 무조건?(+) 입력이 들어 오면 PUSH 상태(전류인가 상태)가 되서, 여하튼 보기에 위쪽에 달린 NPN 트랜지스터가 작동하며,(-) 전압이 들어오면 전류 PULL 상태(전류 끌어당김 상태)가 되어 하여튼 아랫 쪽에 PNP 트랜지스터가 도통 됨을 염두에 두어야 한다.

그런데 아래 회로를 쌩으로 먹으면 탈이 난다. 어떤 독성이 있을까?

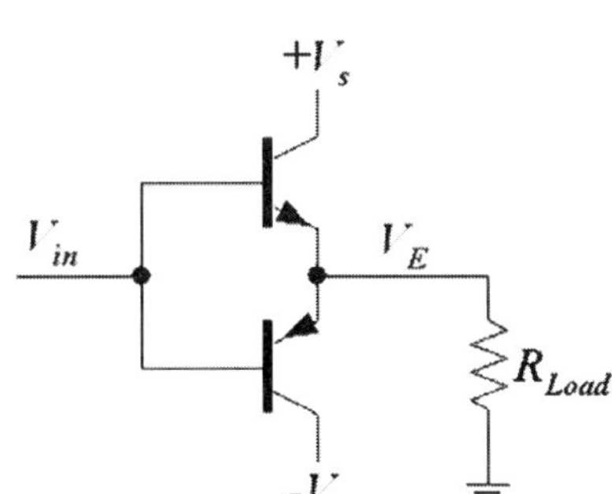

문제는 이미 이 회로의 동작을 표로 만들어 설명할 때 넉넉히 보여 주었다. 아직 눈치 채지 못하신 분들을 위해 슬로우 비디오로 하나하나 동작을 살펴 보면서 어떤 문제가 드러나는지 확인하시기로 하자.

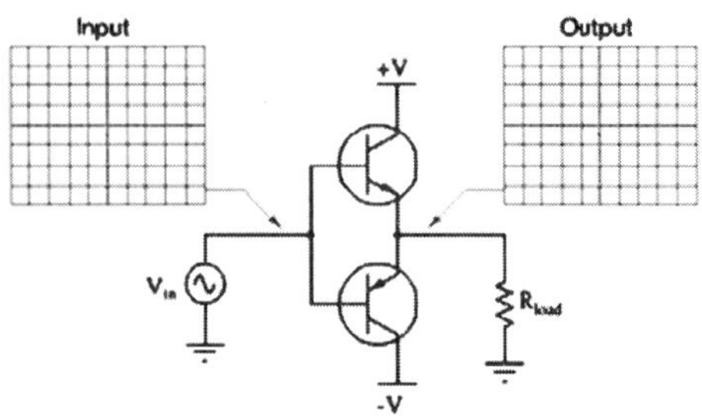

그림(1)

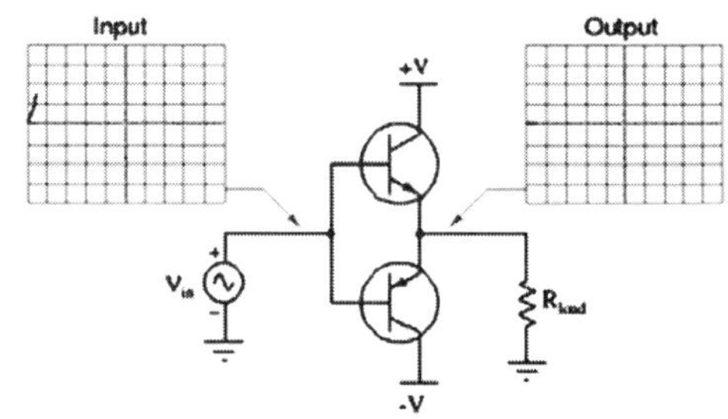

그림(2)

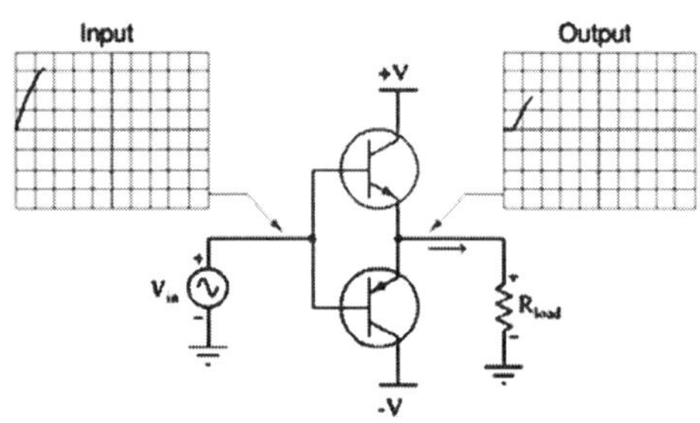

그림(3)

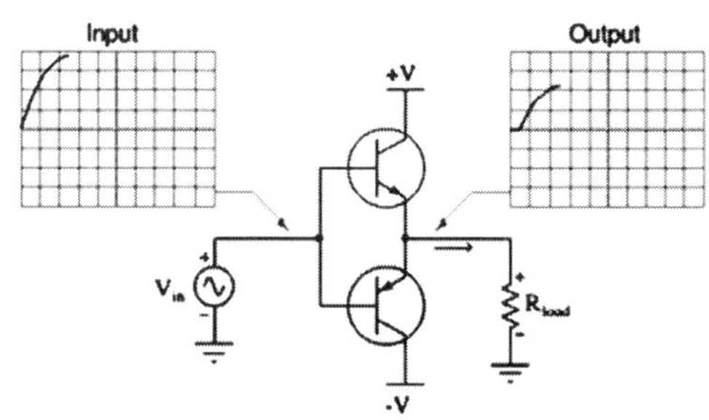

그림(4)

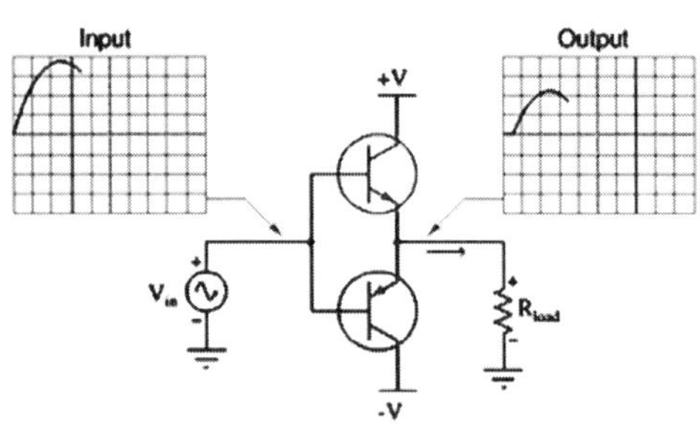

그림(5)

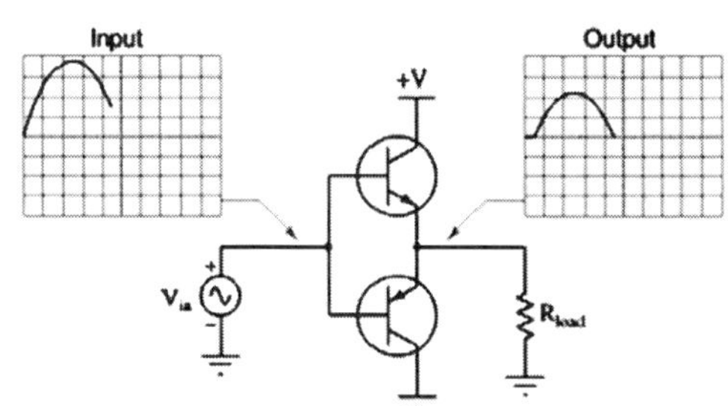

그림(6)

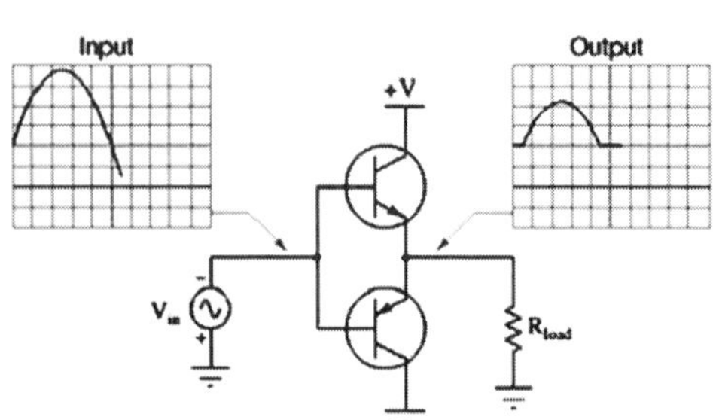

그림(7)

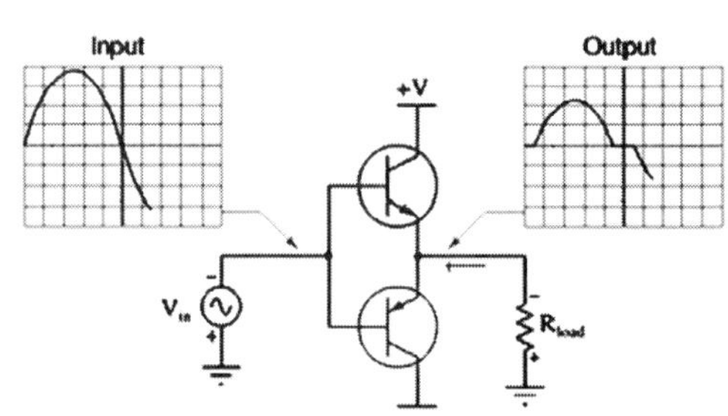

그림(8)

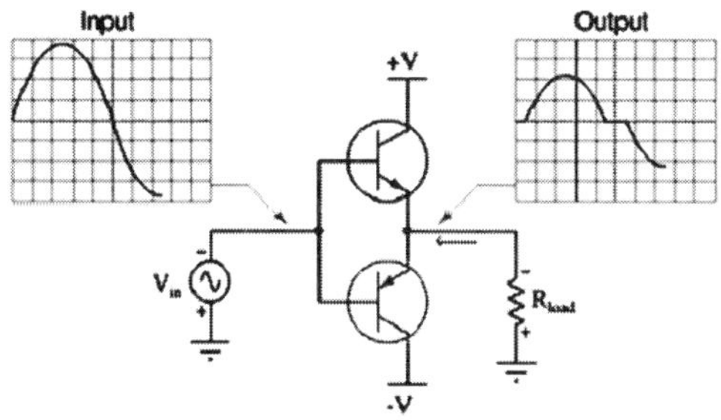

그림(9)

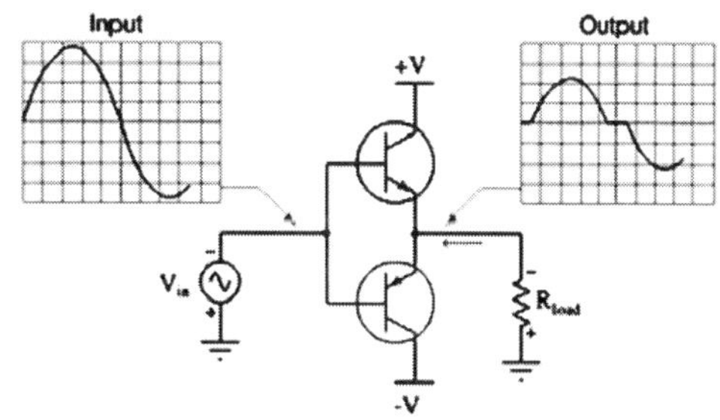

그림(10)

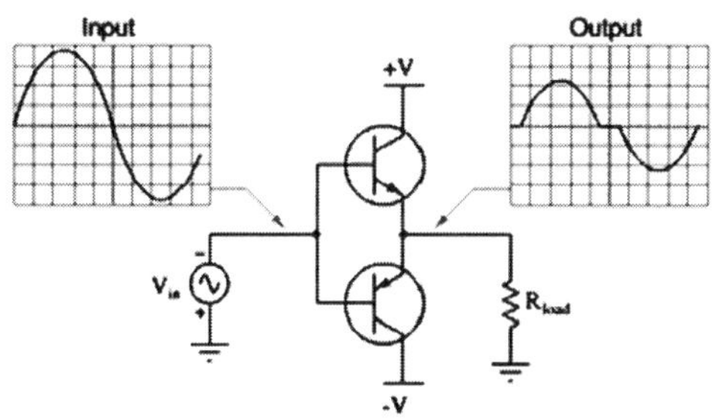

그림(11)

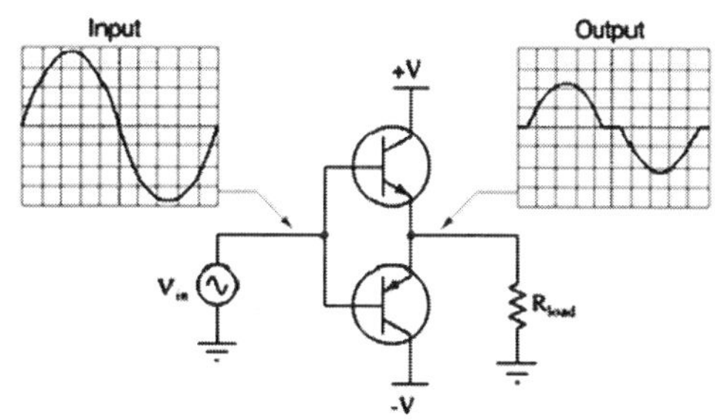

그림(12)

출력이 이상해 졌다. 입력신호가 찌그러져서 나타났다. 도대체 왜 저럴까?

Vin이 Q1, Q2의 Vbe간 ±0.7V 이상 전위차가 없으면 Q1이나 Q2의 트랜지스터는 동작 되지 않기 때문에 드러나는 문제다.

이런 왜곡을 이름 붙여 크로스오버 왜곡(CROSSOVER DISTORTION)이라고 한다.

크로스오버 찌그러짐이 생기면 ±방면의 전압이 각각 ±0.7 감소하면서 입력신호의 밑둥이 잘려 나간 모양이 된다. 입력신호가 만약 음성이라고 하고, PUSH PULL출력단의 부하저항을 스피커라고 하면 이런 스피커는 개를 줘도 안 가져갈 것 같다. 거의 유해조수퇴치기(有害鳥獸退治機) 정도의 잡음이랄까?

음악도 락에서 트로트로 장르를 건너 뛰어 왔다리 갔다리 하는 것을 CROSSOVER라고 하듯이 신호도(+)양방향에서(−)음방향으로,(−)음방향에서(+)양방향으로 건너갈 때마다 심각한 왜곡이 생긴다고 해서 크로스오버(CROSSOVER) 찌그러짐이라고 하는 것이다.

이런 독성을 해소해 주는 해독 회로가 있을까? 있으니까 묻지, 없으면 묻지도 않는다. 어떻게 하면 이 회로가 가진 치명적 결점을 극복해 줄 수 있을까? 위에서 말한 것을 상기하기로 하자.

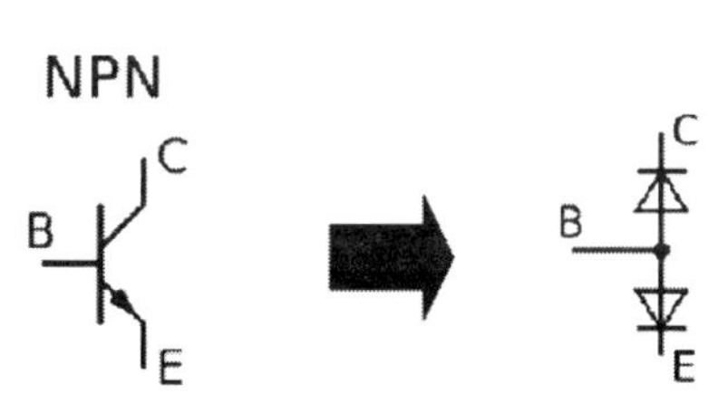

NPN 트랜지스터를 보면 다이오드 두 개를 애노드끼리 결합한 형태와 동일하다고 했다. 문제는 트랜지스터 베이스(BASE)와 에미터(EMITTER)사이에 순방향전압 0.7V차이 때문에 이런 문제가 발생하였다고 이미 원인을 규명 했다.원인을 깨달았으니 이 문제를 해결하는 열쇠를 손에 쥐게 될 것 같다. 해결책은 다이오드 순방향 전위차 만큼 보상해 주면 되지 않겠는가?

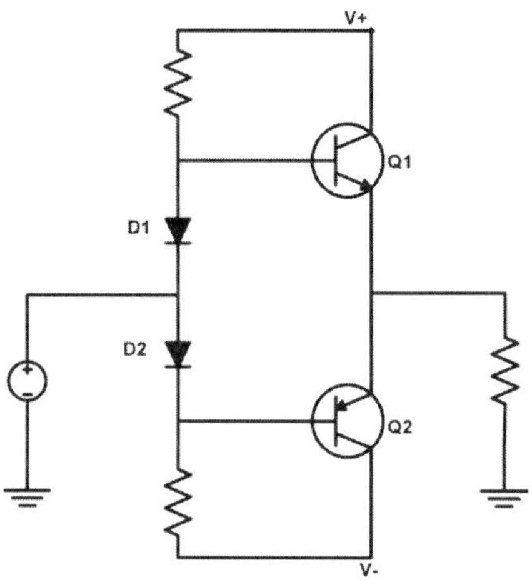

위와 같은 회로로 꾸며 주면 입력전압이 ±0.7V 작을 때에도 동작하는 데는 별지장이 없다. 그렇지 아니한가?

회로를 보시게 되면 Vin=0.3V가 되어도 D1에 의해 Q1 베이스(BASE)단은 1V가 되고, Q1 트랜지스터의 베이스와(BASE)와 에미터(EMITTER)사이에 순방향전압인 0.7V 전위차가 생기므로 부하저항에 0.3V가 그대로 나타난다. 출력단이 입력의 추이를 곧바로 따라간다.

에너지를 공급하는 것은 전원단 임을 꼭 명심해야 한다. 입력이 0.3V인데 베이스단에 1V가 걸리는 이유는 전원단에 걸린 저항이 다이오드와 연결 되었기 때문에 가능한 스토리다. 이것을 일러 바이어스 회로라고 불러 주기도 한다.

앗! 다이오드 두 개를 덧 붙이니 ±0.7V 이내의 불감대(dead zone, 不感帶) 영역이 사라져 버리고, 입력이 들어오는 대로 출력에 그대로 나타나게 되었다. 신호로 그리면 아래와 같이 된다. 훨씬 이해하기 쉽다.

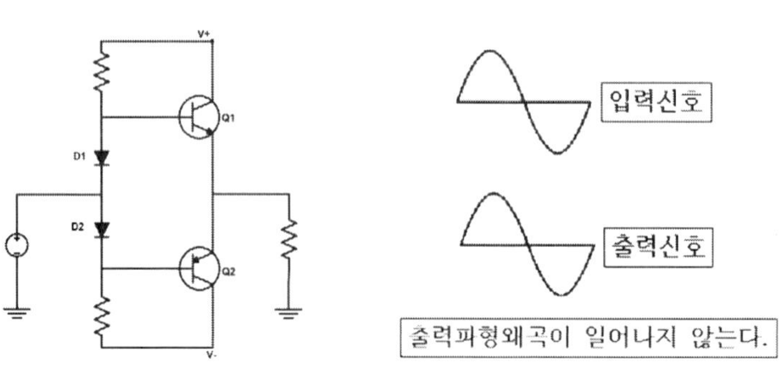

이것을 연산 증폭기를 이용한 전류 부스터에 그대로 응용해 보기로 하자.

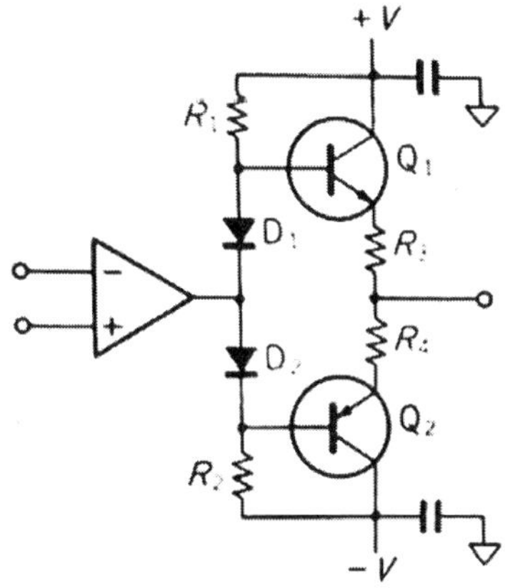

연산 증폭기에 적용해도 역시 크로스오버 찌그러짐을 방지할 수 있는 길이 열렸다. 저런 다이오드를 달아 크로스오버를 제거한 형태를 컴플리먼터리(COMPLMENTARY)형 전류 부스터라고 부른다. 컴플리먼터리가 '보완'의 의미가 있으므로 왜곡을 방지하기 위해서 회로를 보완했다는 의미인가? 그렇다 트랜지스터에서 컴플리먼터리(COMPLMENTARY)라는 말은 서로 특성이 같은 짝 NPN, PNP 트랜지스터가 대칭이므로 같이 사용할 경우 상보대칭(相補對稱) 한다는 의미에서 붙여진 이름이다.

위의 회로에서는 연산 증폭기 입력단 두 다리가 멀쩡하게 오픈 되어 있으나, 사용자에 따라 전압팔로워이든 반전이든 비반전증폭기이든 머릿속으로 디자인을 상상하시면 되겠다. 저런 연산 증폭기를 마치 주인님이 사용하는 대로 복종 하겠다는 의사 표시라고 받아들이시라. 저렇게 충직한 종놈이 있을까?

회로에 Q1, Q2의 에미터단에 저항 R3,R4가 달렸다고 또 갸우뚱 할 필요가 없다. 저 저항들은 에미터로 흘러 나가는 전류를 크게 하기 위해 매우 작은 저항을 쓰기 때문에 신경 거스릴 필요가 없다. 다음에 저 저항들의 동작을 살펴 볼 것이다.

여하튼 전류 부스터에는 약방의 감초처럼 해독성? 다이오드들이 눈에 보인다. 어려워 하지 말자.

교차왜곡(CROSSOVER DISTORTION)?을 잡는 데에는 다이오드만한 것이 없을 것 같다. 다이오드 성분 만큼 왜곡 되었으니 다이오드로 보상해 준다. 하~ 기발한 생각이 아닌가? '이에는 이, 눈에는 눈'이라는 탈리오의 법칙(lex talionis)이 여기에도 있다!!

저 놈의 다이오드를 왜 집어 넣어 주었는지 궁금할 때가 있었다. 저 다이오드 존재의 충족이유율을 알고 나니 비록 기호로 회로 표시가 되었지만 회로의 아름다움이 교교히 보인다. 그러고 보니 회로적 아름다움은 이념적 미(美)의 아름다움뿐만 아니라 존재 이유적 아름다움이랄 것 같다.

충족이유율 이라는 것은 영국의 뉴튼과 함께 미적분 발견을 다투다가 결국 뉴튼에게 미적분 발견의 영예를 빼앗긴 독일의 천재 철학자 라이프니쯔가 제창한 사고의 방식 중 하나이다.

충족이유율이란 '우리는 왜 이렇게 되고 다르게 되지 않았는가라는 충분한 이유가 없다면, 어떠한 사실도 참이라는 것 혹은 존재한다는 것이 있을 수 없고, 어떠한 명제도 진리라는 것이 가능하지 않다고 생각한다' 는 원리이다.

전기전자처럼 충족이유율에 충실한 학문이 있을까? 장비를 생각하다 보면 수 백장 꽂혀 있는 보드들이 저마다의 독특한 기능들을 가지고 있고, 그 기능들을 수행하기 위해서 저항 하나 조차 그냥 달려 있지 않고, 반드시 이유를 가지고 구성되어 있는 것을 볼 때 인간 사고의 총합체, 지식의 종합교과서를 보는 듯하기도 하다.

라이프니쯔는 순수하게 판단의 영역에서만 충족이유율을 말했지만 실재의 세계에서도 적용 가능할 것 같다. 그래서 우리는 회로를 보면서 계속 충족이유율을 수립해 가는 것이다. 회로의 지식을 쌓아 가는 해석 과정이 바로 그런 원인과 결과라는 연관의 거미줄을 파헤치려는 인간적인 추동이라 볼 수 있을 것 같다.

비록 작은 소자 두 개의 다이오드지만 다이오드에 숨어 있는 미, 충족이유율의 미라고 비약하고 싶어진다. 이 정도면 직업병인게 틀림없다.

사고를 좀 더 진전시켜 보자.

만약 달링톤(darlington) 결합으로 전류를 더 크게 가져가려 하면 크로스오버 일그러짐을 없애기 위한 다이오드는 어떻게 달아야 할까?

아래 회로를 보고 한번 대책을 세워 보시기 바란다. 트랜지스터 두 개를 나란히 아래처럼 연결한 것을 지칭하여 달링톤 결합 또는 쌍(PAIR, 雙)이라고 부른다.

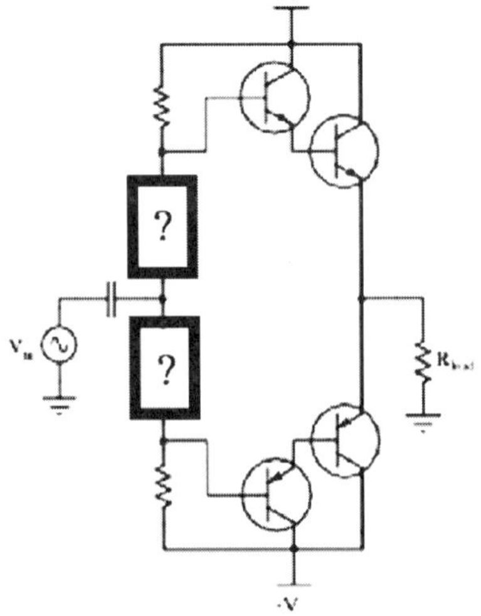

당연한 말이 되겠지만 달링턴 결합이란 트랜지스터를 두 개 결합한 것이기 때문에 아래 그림과 같은 형태로 대체해도 하등 상관이 없다.

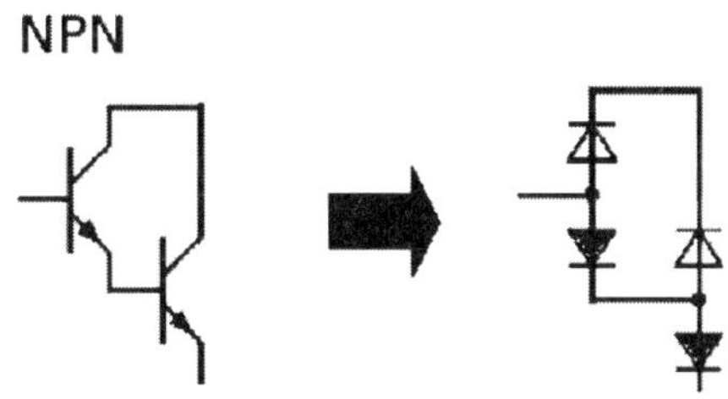

그런데 왜 달링턴 결합으로 하면 큰 전류를 얻을 수 있다는 말일까?

정전압하면 제너 다이오드가 바로 떠오르고, 큰 전류를 얻는 방법하면 달링톤 결합이 떠오른다. 얼마나 큰 전류를 얻을 수 있는지 이 참에 한번 정리해 보기로 하자. 보통 NPN트랜지스터는 아래와 같이 그려진다.

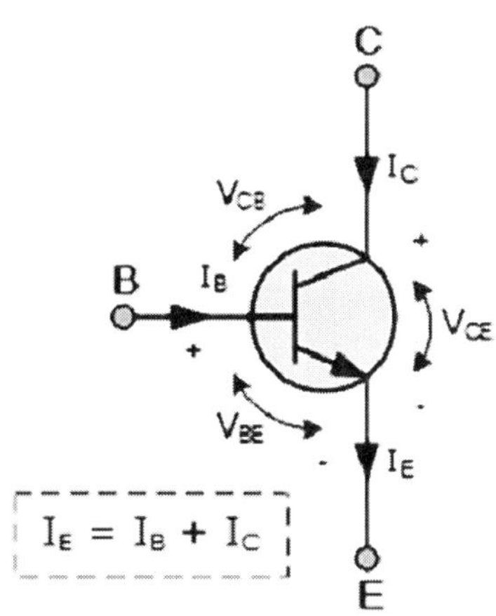

$I_E = I_B + I_C$ - - - (1)

의 관계는 잘 알 것이다. 그리고 컬렉터(COLLECTOR)전류와 베이스(BASE)전류사이는

$I_C = \beta I_B$ - - - (2)

의 관계가 있다.

β는 전류증폭률(current amplification factor, 電流增幅率)로서 보통 트랜지스터를 해석할 때 100 또는 50으로 잡고 계산을 하였을 것이다. 이는 컬렉터(COLLECTOR)전류가 베이스

(BASE) 전류의 50배 내지 100배가 된다는 말이 된다. 이하 전류증폭률을 100으로 잡고 계산하기로 하자. 달링턴 회로에 흐르는 전류를 다음과 같이 정한다 하자. 그리고 트랜지스터 Q1과 Q2가 특징이 아주 똑같아서 전류증폭률을 동일하게 β로 나타난다고 정하자.

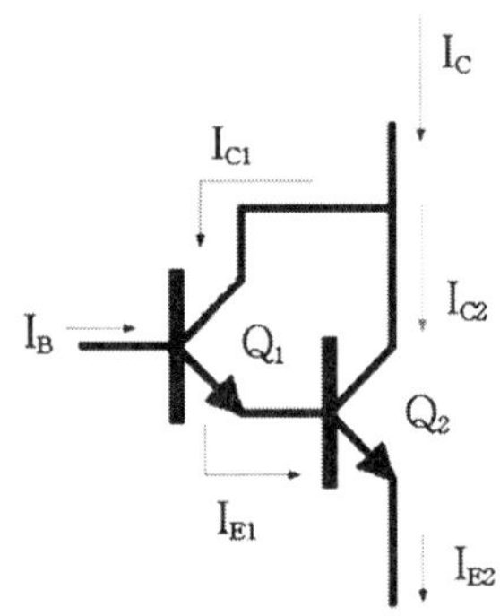

(1)식에 의해 첫 번째 트랜지스터 Q1의 에미터(EMITTER) 전류는

$$I_{E1} = I_B + I_{C1}$$

$$I_{C1} = \beta I_B$$

이므로

$$I_{E1} = (1+\beta) I_B \text{ - - - } (3)$$

가 된다.

이 식은 많이 접해 보았을 것이다.$(1+\beta)$을 수식을 쓸 때 계속 사용하면 멋은 있어 보이지만 복잡하다. 1을 지우고 계산해도 문제는 없다.이렇게 쓸데없는 겉치레를 지우고 계산하는 것이 실무형 또는 현장성의 무기이다. 하나에 비해 하나가 왕창 작으면 완전 무시! 너무 무식한 방법인가? 허나 일단은 지우지 않고 그대로 써 보겠다.

또한

$$I_{E2} = I_{E1} + I_{C2} \text{ - - - } (4)$$

이기 때문에

$$I_{C2} = \beta I_{E1} = \beta(1+\beta) I_B \text{ - - - } (5)$$

가 된다. (3)식과 (5)식을 식(4)에 대입하면 아래와 같이 된다.

$$I_{E2} = (1+\beta)\, I_B + \beta(1+\beta)\, I_B$$

이식은 아래와 같이 전개되어 정리 된다.

$$I_{E2} = I_B + \beta I_B + \beta I_B + \beta^2 I_B = \left(1+2\beta+\beta^2\right) I_B = \left(\beta+1\right)^2 I_B \cong \beta^2 I_B$$

장화 위의 개미 법칙을 적용해서 β 100에 비하여 1은 있으나 마나 한 너무 작은 값이기 때문에 지우면 된다. 식은 간단해 졌다.

$$I_{E2} = \beta^2 I_B = 100 \times 100\, I_B = 10000\, I_B$$

전류증폭률 β를 책에서는

$$h_{FE} = \beta$$

라 쓰기도 한다.

당연한 말을 공연히 하는지는 모르겠지만,

달링톤 결합이 큰 전류를 얻는 결합방식이긴 하지만 트랜지스터 자체로는 전류를 샘 솟듯이 뽑아 낼 수는 없다. 어떤 사람은 신호를 트랜지스터로 증폭할 때 예를 들어 증폭되는 전압이 트랜지스터에서 원천적으로 생기는 줄 알 곤 한다. 가끔 그런 분들이 있다. 그러나 트랜지스터는 증폭의 도구일 뿐이다. 에너지의 원천은 전원단에 있는 것이다.

가래떡을 뽑는데 직경을 크게 뽑을지 작게 뽑을지는 가래떡 틀에 달려 있지만, 가래떡의 원료인 쌀가루 더미는 위에서 부어 주어야 한다. 증폭하는 트랜지스터 자체는 가래떡 틀에 해당한다고 보면 되겠다. 전원단이 쌀가루 더미이고...

트랜지스터(TRANSISTOR) Q1의 베이스(BASE)전류가 전류증폭률이 거듭제곱되는 방법으로 트랜지스터 Q2의 전류가 엄청나게 증폭되게 된다. 이것이 달링톤 결합의 이점이 된다.

엄청난 전류를 끌어 낼 수 있다는 점. 위식에서 일부러 $(1+\beta)$에서 1을 지우지 않고 계산 했는데, 1을 지우고 계산해도 대세에 영향을 전혀 미치지 못한다. 여하튼 달링톤 결합하면 트랜지스터 두 개의 전류증폭률이 거듭제곱된다는 점을 상기하도록 하자. 보통 책에서는 $\beta \times \beta$ 로 되어 있는 것을 볼 수 있다.

따라서

두 개의 다이오드를 직렬로 보상 연결해 주면 크로스오버 일그러짐을 방지할 수 있게 되는 것이다. 혹시나 노파심에서 말씀드리는데 촌스럽게 달링톤 결합을 구성한다고 생 트랜지스터 두 개를 가져다 연결하지는 마시라. 시중에는 달링톤을 많이 쓸 것을 미리 알고 장사 속에 밝은 사람들이 소자 한 개로 만들어 놓은 것이 수두룩하다(TIP125, BDX54C,2N6058 등등). 필요가 있는 곳에는 공급이 항상 꽈리를 틀고 있음은 자본주의 사회에서는 상식에 속한다.

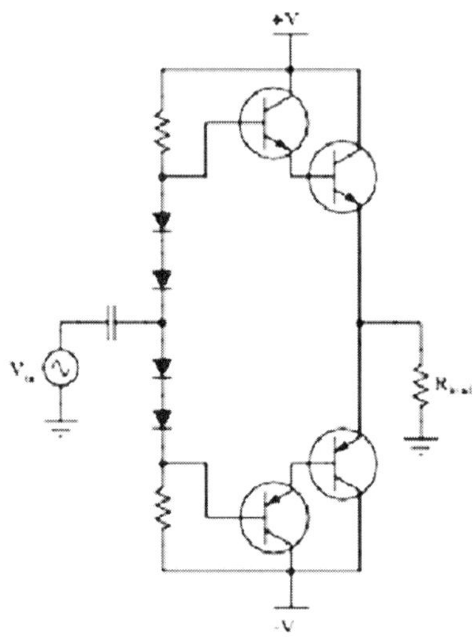

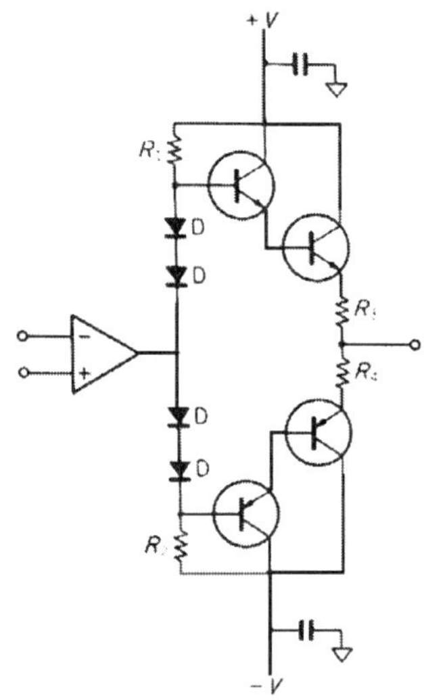

멋있다고 할 때 간지난다고 한다. 트랜지스터가 두 개 연결이 되는 달링톤 결합이 회로를 더 간지나게 만들어 보인다. 그럴싸 하지 않은가?

아래 회로는 달링톤 결합과 Sziklai 결합이라고 부르는 형태를 혼용해서 사용했다. 이 경우에는 어떻게 다이오드를 달아 주어야 크로스오버 찌그러짐이 방지 될 수 있는가?

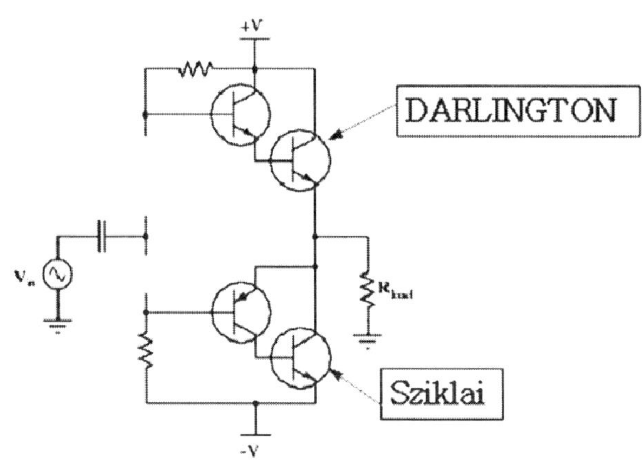

참고로 Sziklai 결합도 달링톤 결합과 마찬가지의 효과를 갖는다.

전류 증폭률이 두 개 트랜지스터의 $\beta \times \beta$의 전류증폭률을 가지고 있다(물론 트랜지스터 두 개가 전류증폭률이 각각 다르면 $\beta 1 \times \beta 2$ 로 전류증폭률을 곱해 주면 된다. 같다고 가정하니 거듭 제곱꼴로 나타난 것이다).

PNP 트랜지스터와 NPN 트랜지스터로 결합된 Sziklai 결합은 PNP 트랜지스터의 Vbe만 도통 되면 출력이 찌그러짐이 없어지기 때문에 다이오드 하나만 달아 주면 된다.

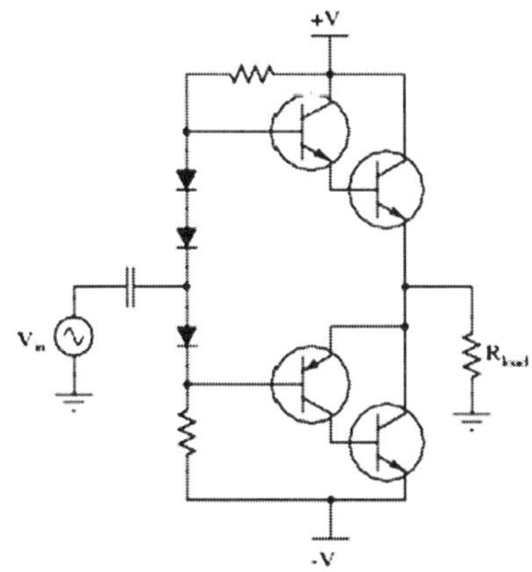

Sziklai 결합의 전체 전류증폭률을 따져 보기로 하자. 달링톤결합의 전류증폭률을 구할 때와 같이 마찬가지로 두개의 트랜지스터 Q1, Q2 전류증폭률은 똑 같이 β라고 정하기로 한다.

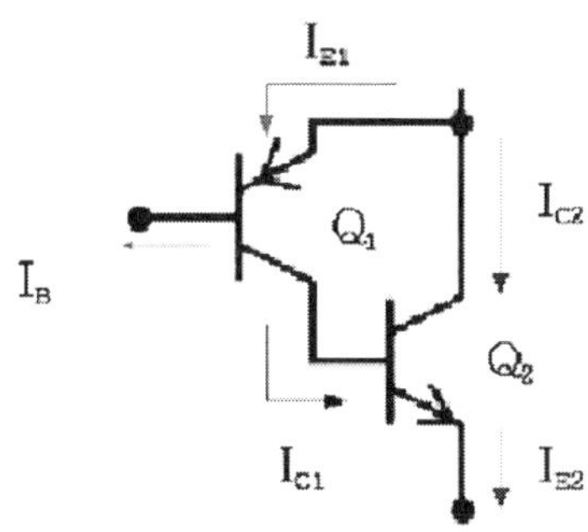

$$I_{E2} = I_{C1} + I_{C2}$$

$$I_{C1} = \beta\, I_B$$

$$I_{C2} = \beta\, I_{C1} = (\beta \times \beta)\, I_{B1}$$

따라서

$$I_{E2} = \beta\, I_B + \beta \times \beta\, I_B = \beta\left(1+\beta\right) I_B$$

1보다 β가 훨씬 크므로 1은 무시하면

$$I_{E2} = \beta^2 I_B$$

이 되어 결과론적으로 달링톤 결합과 결과는 같게 나온다.!!!!!

전류 부스터는 연산 증폭기 직접 출력에서는 엄두도 내지 못할 큰 전류를 끌어내기 위한 회로적 방편 이었다. 회로에서 전압이든 전류든 큰 것을 작동 시킬 때에는 회로에 무리가 갈 수 밖에 없다. 또는 무리한 일이 발생 할 수 있다. 그러한 일을 예방하는 것은 매우 중요한 일이다. 설계해서 제작을 한 회로가 어딘가 자꾸 죽어 나가면 매우 곤란해 진다. 상품으로 만들어 판매 했을 때 그런 일이 터진다면 클레임이 빗발칠 것 같다.

아래 회로를 보기로 하자. 전류부스터의 다른 형태인가?

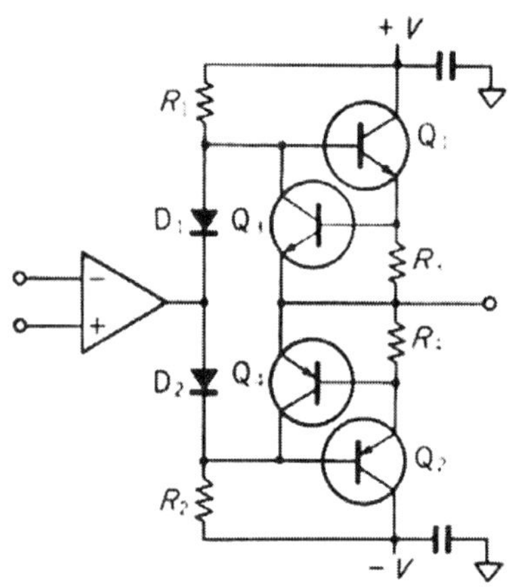

Q3, Q4가 전류가 쇄 빠지도록 크게 하는데 일조 한다~ 하기에는 좀 껄쩍지근한 회로이다.

그렇다고 뭐가 잡히는가 하면 그렇지도 않다. 도대체 무슨 회로 일까? 저런게 출현하면 왠지기 부터 죽는다.

트랜지스터 Q1과 Q2는 익히 보아온 전류 부스터 회로가 맞다. 그러나 트랜지스터 Q3와 Q4는 어딘지 어색하다. 전류를 더 끌어내기 위한 달링톤 결합과도 일치하지 않고, Sziklai 결합과도 무관해 보인다.

그럼 대체 니들은 뭐하는 녀석들이냔 말이다.

단언컨대 Q3, Q4의 정체감은 보호회로가 되겠다.

전류 부스터는 아주 큰 전류가 움직이기 때문에 뭔가 보호를 해주어야 할 것 만 같은 심정이 든다. 위의 회로는 책에 곧 잘 나오는 보호회로를 보여 주고 있다.

트랜지스터 Q1과 Q2가 전류부스터이면 나머지 트랜지스터 Q3, Q4는 트랜지스터 Q1과 Q2를 보호해 주는 보호회로가 된다. Q1과 Q2가 차로 비유하여 따지면 악셀레이터라고 보면 트랜지스터 Q3, Q4는 브레이크에 해당한다고 볼 수 있다. 과유불급(過猶不及)이라~. 크다고 다 좋은 것이 아니다. 적당히 커야 선한 것이다. 지가 조절 못하면 제어단을 만들어 줄 밖에...

일종의 회로안전망이다.

Q3, Q4가 보호회로라면 어떻게 작동을 해서 Q1과 Q2가 보호 되는지 보호 메카니즘을 살펴보기로 하자.

앞으로 저런 회로가 나오면 급 당황할 필요가 전혀 없다.특히 보호회로는 보호 할 때 외에는 동작 되지 않기 때문에 언제 보호회로가 작동 되는지만 알면 그 외는 무시하고 해석해도 지장이 없게 된다. 정상동작일 때는 지워도 된다는 말이 되겠다. 한번 지워 보시라 평범한 전류부스터에 지나지 않는 회로가 되겠다.

동작은 너무나도 간단하다.

부하저항에 전압이 걸리면 마땅한 전류가 흐르게 된다. (+) 직류 전압이 걸려 일정한 전류가 흘러 나가야 하는 경우를 상정해 보자. 트랜지스터 Q1에서 필요한 전류를 흘려 준다. 헌데 부하에 문제가 생겨(단락회로)전류가 무지막지하게 빠져나가려고 하면 트랜지스터 Q1은 그만 열받고 나자빠져 결국 세상 하직하고 만다.

비상사태 발생....

부하가 단락되어 전류가 무지막지하게 빠져나가게 되면 저항 R3양단에 전압이 점점 증가해서 트랜지스터 Q3의 베이스-에미터 사이에 0.7V가 걸릴 때가 있겠고, 전위차가 0.7V 되자마자 Q3는 기다렸다는 듯이 생기 발랄하게 꿈틀거리며 살아 움직이기 시작한다.

트랜지스터 Q3가 동작 된다는 것은 트랜지스터 Q1의 BASE전류를 빨아 먹게?된다는 것이며, Q1의 베이스전류가 감소하게 되면 트랜지스터 Q1의 에미터 전류, 즉 부하에 출력되는 전류가 감소하게 되어, 비로서 트랜지스터는 대책없이 죽어야 하는 운명에서 기사 회생하게 되는 것이다.

사실 그림에서는 잘 나타나지 않았지만 전력소자(POWER TRANSISTOR)는 일반적인 트랜지스터와는 생김새가 다르고 가격도 차이 난다. 그래서 죽은면 비용도 비용이려니와 방열판이 붙어 있는 경우에는 갈아대기는 거의 죽음이다. 그래서 죽지 않게 보호회로를 제대로 설계하는 것이 중요하다.

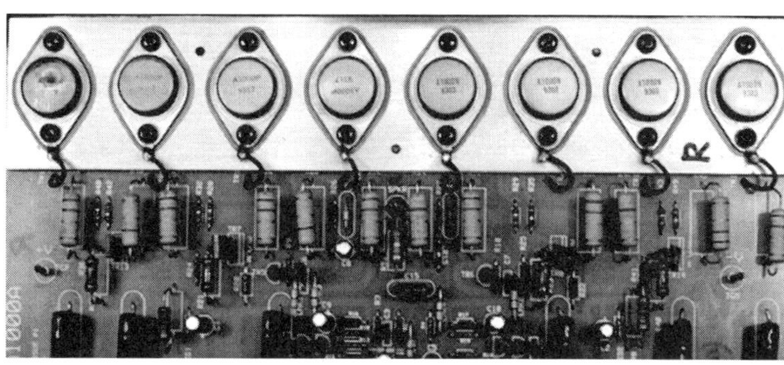

위의 사진에서 방열판이 붙어 있는 것이 전력소자(POWER TRANSISTOR)이다.

트랜지스터의 콜렉터 전류와 베이스전류사이에는 다음과 같은 관계가 있다는 것은 이미 말씀드렸다.

$$I_C = \beta I_B$$

위의 식을 가만 놓고 생각해 보기로 하자.

윗 식에서 β가 상수라면(=100) 변수인 베이스 전류가 작아 질라치면 컬렉터 전류도 작아지고, 컬렉터 전류는 거의 에미터 전류이기 때문에 에미터의 전류는 팍 기가 죽어 버리게 되는 것이다. 마치 핵폭탄의 연쇄 반응처럼, 베이스전류가 줄어들게 되는 것이 결국에는 에미터 전류에까지 영향을 미치게 되는 것이다.

이것이 트랜지스터의 특징이다.

어떤 영문 책에서는 트랜지스터 안에 트랜지스터 맨(TRANSISTOR MAN)을 상정하고 트랜지스터 맨이 베이스전류의 밸브를 조절하여 컬렉터 전류를 조정하는 것을 만화적으로 그린 그림을 본 적이 있다. 개념을 이해하는 데에는 아주 적절한 만화일 것 같다. 여러분도 다음부터 트랜지스터를 보시게 되면 트랜지스터 안에 베이스전류를 조작하는 트랜지스터맨을 상정 하시라. 유치하게 달에 토끼가 있다고 믿듯이, 트랜지스터 안에 밸브 조작하는 사람이 있다고 믿어서는 곤란하다.

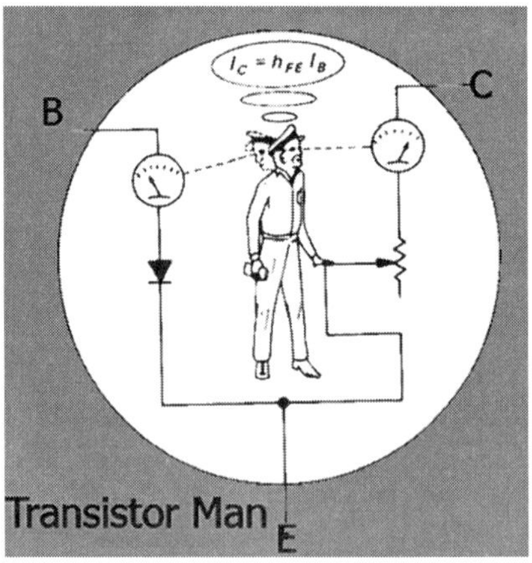

....인터넷에서 그림을 찾아 보았더니 있다!

아~ 이것이 기억의 불완전성인가 보다. 왜 트랜지스터 맨이 베이스전류 벨브를 조절한다고 생각하였지? 기억과는 좀 다르지만 여하튼 트랜지스터 맨이 컬렉터 전류를 베이스전류의 게이지를 보고 조정하고는 있다. 그 말은 베이스 전류에 따라 컬렉터 전류가 조정 된다는 만화적 상상이랄 수 있겠다.

이리하여,

에미터 전류가 강제로 작아 진다는 말은 부하저항에 빨려 나가는 전류가 적어진다는 말이 된다. 수식으로 컬렉터 전류가 에미터 전류와 거의 같다는 것을 보기로 하자.

$$I_E = I_B + I_C$$

다 알고 있는 식이다.

그런데 컬렉터 전류는 베이스 전류에 비해 100배 이상 크기 때문에 베이스 전류는 전혀 무시해도 된다.

$$I_B <<<<<<< I_C$$

이므로

$$I_E \cong I_C$$

가 되는 것은 기본중의 기본이 되겠다.

같은 말이지만 식을 좀더 변형해서 에미터전류와 컬렉터 전류가 같다는 것을 증명해 보기로 하자.

$$I_C = \beta I_B --- (2)$$

(2)식에서

$$I_B = \frac{I_C}{\beta} --- (6)$$

$$I_E = I_B + I_C --- (7)$$

(6)식을 (7)식에 넣어서 전개해 보기로 하자.

$$I_E = \frac{I_C}{\beta} + I_C = \left(\frac{1}{\beta} + 1\right) I_C = \left(\frac{\beta + 1}{\beta}\right) I_C --- (8)$$

β는 100정도이고 1에 비해 크기 때문에 식(8)는

$$I_E = \left(\frac{\beta}{\beta}\right) I_C \cong I_C$$

이 된다.

실제값을 넣어 설명해 보기로 하자.

R3 = 6Ω이라고 정하자. 저 회로를 설계할 때 최대 출력전류를 100mA로 제한 하는 것으로 했다고 하자. 지금 출력전압을 5V를 인가 할 때 전류가 부하 저항에 의해 100mA가 흐른다고 하면. R3 = 6Ω이기 때문에 100mA가 흐르면 전압강하가 0.6V 일어난다.

이때 트랜지스터 Q3의 Vbe간 0.7V가 되어야 도통 된다고 하면 아직까지는 Q3가 도통 되지는 않게 된다.

그러나 부하저항 쪽에 문제가 생겨 거의 단락되어 전류가 급격하게 빠져나간다고 하자. 전류는 순식간에 100mA 이상으로 흐르게 될 것이다. 전류가 110mA가 흘러 나간다고 했을 때 R3양단에 걸리는 전압은 6Ω × 110mA = 0.66V가 되고, 전류가 117mA가 흐르게 될 때 R3의 양단에 걸리는 전압은 6Ω × 117mA = 0.702V가 된다.

이때 트랜지스터 Q3의 Vbe간 전압이 0.7V를 넘어서게 됨으로 Q3는 도통되고, 트랜지스터 Q1의 베이스(BASE)전류를 갑자기 생긴 측로로 잡아 먹게 됨으로 더 이상 전류가 부하저항 쪽으로 쐐 빠지게 흘러 나가는 것을 제어 하게 된다.

트랜지스터 Q3 때문에 부하에 흐르는 전류는 대략 117mA 정도에서 멈춰 지게 된다. 자기능력이상으로 전류를 빼내어야 했던 트랜지스터 Q1은 한숨을 돌린다.

회로의 기본동작에 대한 설계도 중요하지만 보호회로는 지나치게 강조해도 모자람이 없을 것 같다. 꼭 전류부스터가 아니더라도 저런 회로를 접하게 될 것이다. 당황하시지 말고 트랜지스터가 서로 엉겨 붙어 있으면 보호회로라고 생각하시라. 항상 작동하는 것이 아니라 보호할 때만 기회를 포착해서 작동되는 회로.

1-27. 부트스트랩

우리가 접하는 용어 중에는 플로팅(FLOATING)전원 이라는 알듯 모를 듯한 말이 있다. 전원을 떠다니게 한다라고? 무슨 말이지? 전원은 그저 자나 깨나 어제나 오늘이나 +15V이면 +15V이고, −15V이면 −15V이지 아니 그런가?

전원이 RAIL−TO−RAIL 처럼 고정 되어 있지 않고 출력전압에 따라 전원 자체가 달라지므로 부유하는 전원이라는 의미에서 플로팅(FLOATING)전원이라고 부르는 것이 있다. 오늘은 플로팅(FLOATING) 전원을 쓰는 잇점에 대해서 생각해 보기로 하겠다.

이런 회로적 요령은 값싸고 단순한 연산증폭기로 고가의 연산증폭기나 가능한 큰 출력전압을 얻고자 할 때 주로 사용이 된다. 일종의 전압부스터라고도 볼 수 있겠다.

아래 회로는 보통 부트스트랩(bootstrap)이라고 불리는 회로이다.

부트스트랩이라는 말은 위키 백과사전에 보니 남의 '도움없이 자기 스스로의 힘으로' 라는 의미를 비유적으로 갖는다고 되어 있다. 회로에서 부트스트랩이란 아마도 전원전압을 아예 처음부터 빡세게 높게 주어 출력전압이 높아도 거뜬하게 감내하게 만든 것이 아니라, 출력전압에 따라 회로 스스로?가 자동적으로!!! 전원전압을 변하게 만든다는 의미에서 이름 붙여진 것 같다.

부트스트랩에서 파생된 부팅이라는 컴퓨터 용어도 알아서 자기가 응용프로그램을 실행하도록 준비작업을 꾸려 가는 것을 의미하므로, 최초의 부트스트랩 회로 설계자도 아마 '자동적' 이라는 개념을 부여하여 그런 용어를 사용한 것 같다. 이것 저것 종합해서 살펴보니 그렇게 유래된 것이 아닌가 하는 추측을 해 본 것이다. bootstrap의 원래 의미는 '손잡이 가죽' 이라는 말이라고 하는데 이 가죽끈으로 초창기 자동차의 엔진을 돌렸다나? 뭐라나...

이러구 저러구 일단 한번 회로를 보시기로 하겠다.

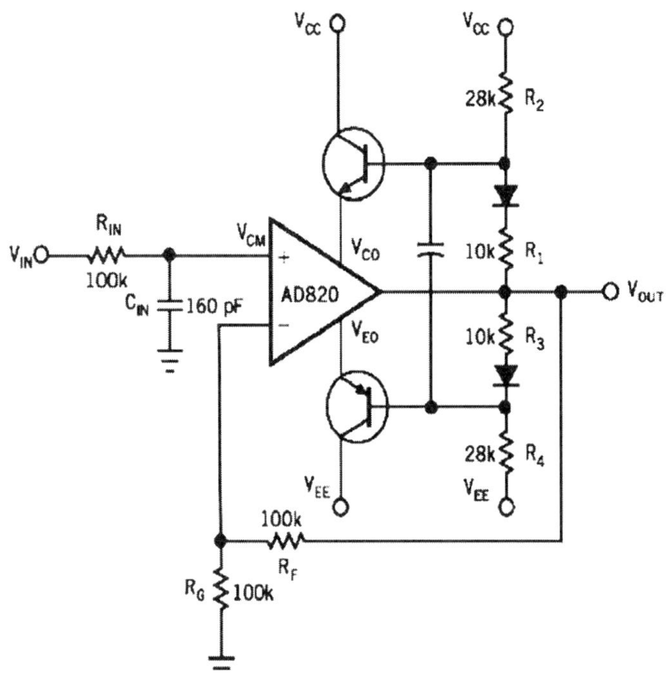

회로적 특징을 살펴보면 전류 부스터 회로는 전류를 끌어 내야할 트랜지스터가 출력쪽에 붙어 있었는데 이 회로는 오히려 반대로 연산 증폭기쪽 전원단에 트랜지스터가 달려 있다. 그리고 출신성분은 비반전증폭기임을 눈치 채 주자(증폭도 2배).

언듯 회로를 보면 간단한 전류부스터 회로와 비슷하지만 전류부스터와는 쥐와 박쥐만큼이나 다른 회로이다.

연산 증폭기는 출력이 RRIO(Rail-to- Rail INPUT OUTPUT : 연산 증폭기출력이 Vcc = ±15V로 전원공급원과 같은 것을 말한다)가 아니면 보통은 ±13V 정도 밖에 되지 않는다. 허나 어떤 때는 ±30V를 가져가고 싶을 때가 있다. 연산 증폭기는 전원단의 Vcc와 -VEE 사이의 전위차가 높으면 높을수록 값이 훨씬 비싸진다. 아래는 BB3581J와 LF156 사이의 전원을 비교한 표다.

- 3580J, 3581J, 3582J의 공급할 수 있는 전원

MODELS	3580J	3581J	3582J
POWER SUPPLY			
Voltage, ±VCC	±15VDC to ±35VDC	±32VDC to ±75VDC	±70VDC to ±150VDC
Quiescent Current, max	±10㎃	±8㎃	±6.5㎃

– LF156 의 공급할 수 있는 전원

Symbol	Parameter	Value	Units
$\pm V_{cc}$	Supply Voltage	±22	V

LF156 전원전압

3581J 같은 경우는 십만원대 가까운 비싼 소자이고, LF156같은 경우는 1만원 안팎 일 것이다.

그러면 범용의 값싼 연산 증폭기를 가지고 출력전압을 높이는 방법은 없을까? 방법은 있다.

첫 번째로 떠오르는 착상이 단전원을 사용하는 방법이 있을 수 있겠다. 예를들어 ±22V를 전원으로 사용하는 LF156에 +VCC를 44V, –VEE를 0V로 연결하면 출력전압을 거의 40V까지 높일 수 있을 것 같다. 그러나 단점이 하나 있다. 사용전압이 –40V 전압도 있을 수 있다면 이런 방법으로는 해결하지 못하게 된다. 반쪽이고, 반푼이다.

그럼 다른 방법은?

그렇다 전원단을 플로팅(FLOATING)으로 사용하는 방법이다. 전원전압을 얼마로 고정하지 않고 시류?에 따라 전원을 바꿔 주는 방법이다. 그것이 바로 부트스트랩(bootstrap) 회로가 되겠다. 어떤 요령을 피워서 출력전압이 부품규격표에서 권고하는 전원전압 보다 커도 연산 증폭기가 이를 극복하는지 알아 보도록 하자.

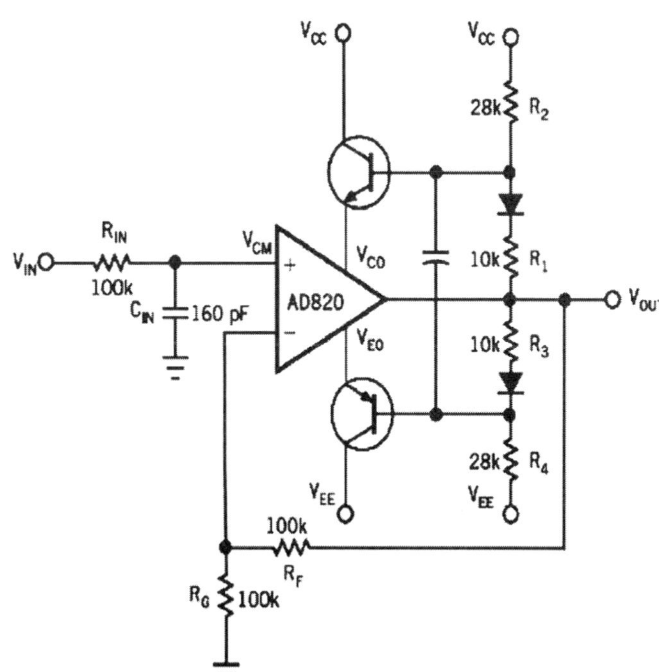

위의 회로에서 VCC를 50V 전원에 연결하고, –VEE를 –50V에 연결하기로 하자. 이 전원은

연산 증폭기의 직접 전원단이 아니다. 그것을 유념하기로 하자. 적어도 전원단 만큼은 원하는 출력전압 만큼 이상까지 커야 한다. 이것은 기본이며, 전기 전자적 상식이다. 위의 회로는 비반전증폭기이기 때문에 출력은 간단히 구할 수 있을 것이다.

$$V_O = \left(\frac{R_1}{R_2}+1\right)\times V_i = \left(\frac{100\text{K}\Omega}{100\text{K}\Omega}+1\right)\times V_i = 2\times V_i$$

비반전증폭기의 결과식 정도는 이제 누워서 떡 먹기다.

입력을 20V로 하면 출력은 40V가 될 것이다. 이때 저 회로의 동작은 어떻게 될까? 출력단만을 따로 떼어 놓아 계산해 보자.

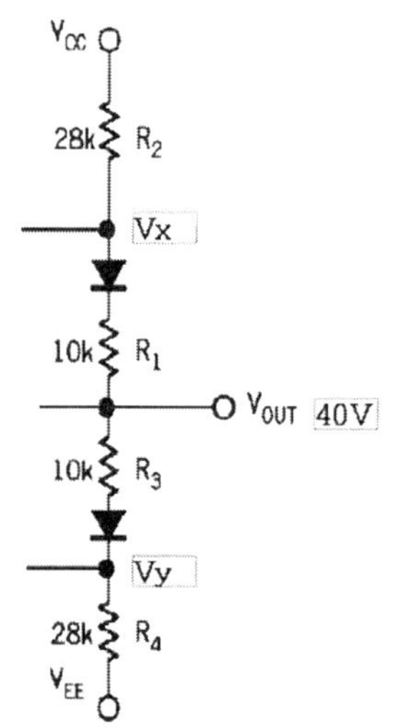

먼저 Vx부터 구하기로 한다. +Vcc는 50V라고 −VEE는 −50V라고 했다. 출력이 40V이기 때문에 Vcc와의 전위차는 10V가 된다(다이오드는 도통되어 순방향 전압이 0.7V이다).

10kΩ에 걸리는 전압

$$V_X = \frac{10\text{K}\Omega}{28\text{K}\Omega+10\text{K}\Omega}\times 10V + (0.7V) + (40V) = 43.33V$$

가 된다. 그리고 Vy를 구하면 아래와 같이 된다. 출력과 −VEE 사이의 전위차는 90V가 된다.

$$V_Y = -\left(\frac{10\text{K}\Omega}{28\text{K}\Omega+10\text{K}\Omega}\times 90V\right) - (0.7V) + (40V) = 15.62V$$

가 걸리게 된다. 다시 원래의 회로로 돌아가 보기로 하자.

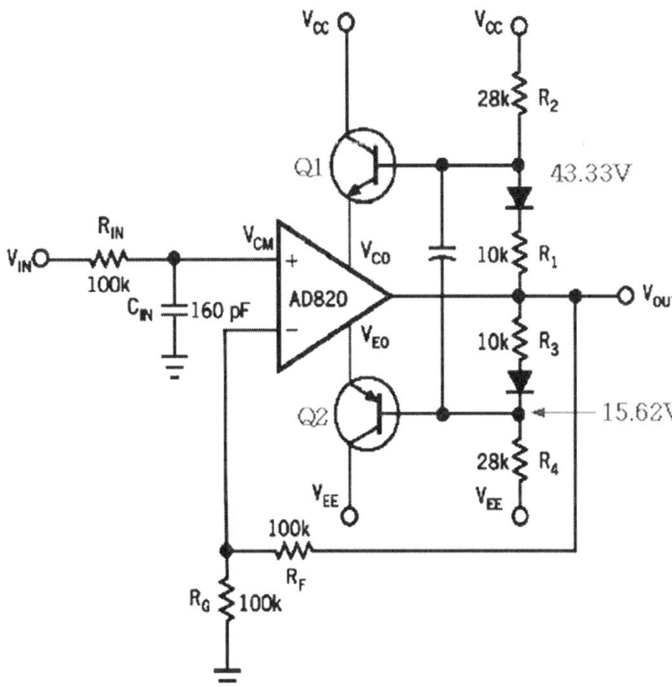

따라서 위의 회로에서 Q1이 NPN 트랜지스터이므로,

$$V_{CO} = 43.33V - V_{BE} = 43.33V - 0.7V = 42.53V$$

가 연산 증폭기 Vcc 단에 전원전압으로 걸리게 되고, −VEE 쪽은 PNP 트랜지스터이기 때문에

$$V_{EO} = 15.62V + V_{BE} = 15.62V + 0.7V = 16.32V$$

가 연산 증폭기 −VEE 단에 전원전압으로 걸리게 된다.

두전원의 전압 차이를 보기로 하자.

42.53 − 16.32 = 26.21V 로 범용의 연산 증폭기가 견딜 수 있는 약 30V의 전압차 이내로 되었다. 이런 회로를 바로 부트 스트랩회로라고 하며, 이런 전원을 일러 플로팅(FLOATING) 전원이라고 하는 것이다. 부유하는 전원, 고정 되어 있지 않은 전원, 출력에 따라 자동 반사적으로 춤을 추는 전원이라고 할 수 있겠다.

그런데 하나 걱정이 생긴다. 위의 회로에서 R4에 걸리는 저항이 엄청 높기 때문에 파워 소비가 만만치 않아 큰 왓테지 저항을 써야 할 것처럼 생각이 스친다. 얼만지 계산해 보자.

출력이 40V일 때 R4양단에 걸리는 전압은 절대값만을 취하면 | −50V − (15.62V) | = 65.62V가 양단에 걸린다. 이때 흐르는 전류는

$$\frac{65.62V}{28K\Omega} \cong 0.224mA$$

따라서 이때 전력은 0.224㎃×65.62V=0.146W 밖에 되지 않는다. 1/4W 짜리 저항을 쓰면 될 것 같다. 의외로 전력소비가 크지 않다. 저항이 높은 바람에 그런 것이다. 낮은 저항을 쓸 이유가 없기 때문에 아주 적절한 저항의 선택이 될 것이다.

이제 연산 증폭기는 조금만 더 하면 끝낼 수 있을 것 같다. 그런 다음에 DAC에 대하여 설명하면 DC V/I SOURCE가 대충 설명 될 것도 같다. 왜냐하면 구체적인 회로는 이미 분석과정을 거쳤으니까!

다음으로는 플로팅 전원의 적용 예를 들어 본다. 구체적으로 실용적인 예를 들어야 지식이 확고해 지는 법이다.

A360 SYSTEM의 DC V/I SOURCE의 사양(SPEC)에서 전류의 경우는 ±200㎃, 전압의 경우는 ±60V이다.

아래의 진한 점선 영역 안에 표시된 POWER BUFFER는 부하저항에 최종적으로 전압과 전류를 인가하기 때문에 전류 ±200㎃, 전압 ±60V를 출력시켜야 한다. 그래서 전압 전류가 높기 때문에 POWER BUFFER라고 이름 붙인 것이다.

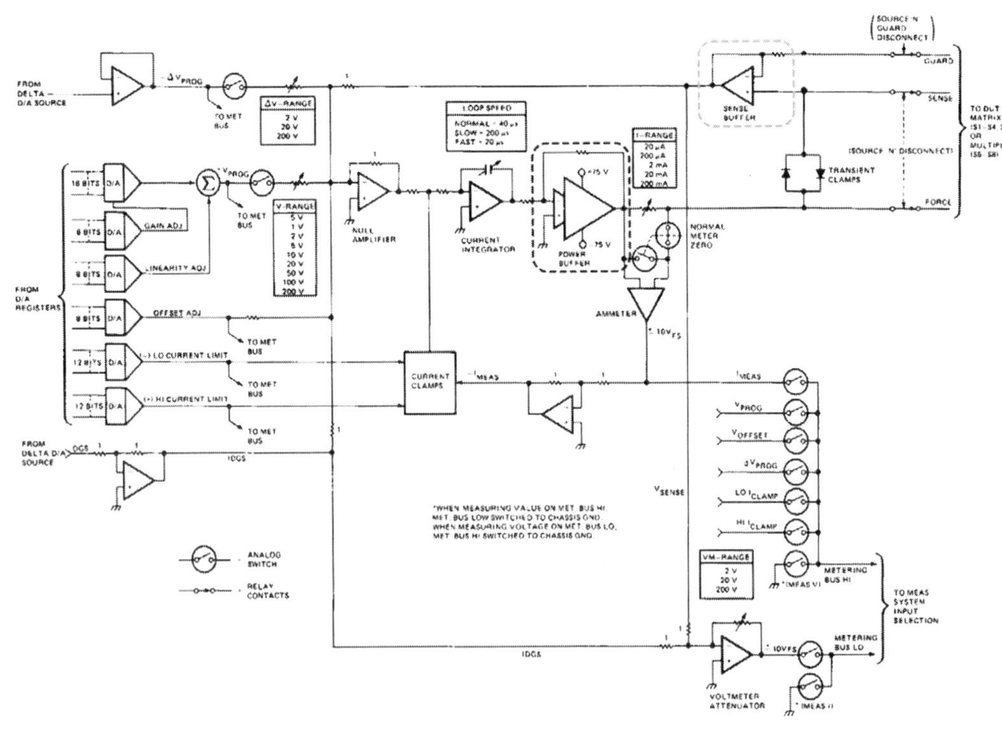

전압만을 주목해서 보기로 하자.

POWER BUFFER에 사용된 연산 증폭기는 3581J가 사용되었다. 3581J는 공급받을 수 있는 전원 전압이 아래와 같다고 이미 설명하였다.

MODELS	3580J	3581J	3582J
POWER SUPPLY			
Voltage, ±VCC Quiescent Current, max	±15VDC to ± 5VDC ±10mA	±32VDC to ±75VDC ±8mA	±70VDC to ±150VDC ±6.5mA

±75V까지 전원을 받을 수 있으니 출력으로 ±60V를 내보내는 것은 일도 아니게 된다. 위의 구성도에서 보면 POWER BUFFER에 전원으로 ±75V가 걸려 있으므로 문제가 되지 않는다.

그런데 문제가 되는 부분은 블록선도(BLOCKDIAGRAM)에서 옅은 점선 영역 안에 표시된 SENSE BUFFER부분이 문제가 될 것 같다. 여기에 사용된 연산 증폭기는 일반적인 연산증폭기 LF441이다. LF441의 전원으로 사용할 수 있는 범위는 아래와 같다.

Symbol	Parameter	Conditions	LF441A	LF441	Units
$\pm V_{CC}$	Supply Voltage		±22	±18	V

LF441 전원전압 Supply Voltage

기껏 최대로 잡아 봐야 해야 ±22V이다. 그런데 출력전압은 전원전압을 전부 사용할 수 있는 RRIO 방식이 아니기 때문에 더 적다. 아래는 LF441의 출력전압 범위이다.

Symbol	Parameter	Conditions	LF441A			LF441			Units
			Min	Typ	Max	Min	Typ	Max	
V_O	Output Voltage Swing	V_S=±15V, R_L=10K	±12	±13		±12	±13		V

LF441 전원전압 Output Voltage Swing

전형적으로는 ±13V 밖에 되지 않는다.

감지단(SENSE LINE)에 있는 BUFFER는 부하저항에 걸리는 전압을 그대로 가져와야 하기 때문에 LF441을 회로적 보강 없이 사용한다면 심각한 이상동작이 발생한다.

예를 들어 DC V/I SOURCE의 출력전압을 50V라고 하자, 감지단(SENSE LINE) 단으로 들어 오는 입력이 정확히 50V가 되기 때문에 전원을 ±15를 사용할 경우 출력을 ±13V 밖에 내놓지 못하는 LF441은 사용할 수가 없게 된다.

이때 필요한 것이 바로 플로팅(FLOATING)전원인 것이다. 어떻게 값싼 LF441로 50V를 입력으로 받아 출력으로 내 보낼 수 있는가? 그것이 DC V/I SOURCE에서 채용하는 회로적 요령이 되겠다.

블록선도의 빨강색 영역 안에 있는 POWER BUFFER단에서 플로팅(FLOATING) 전원을 만들어 낸다.

만약 DC V/I SOURCE의 출력이 50V가 되면

+Vcc는 이것 보다 12V 정도 높게 만들고,

−VEE는 50V보다 12V 낮게 만들어 내면 된다.

플로팅(FLOATING)전원 전압을 발생시키는 방식은 부트스트랩 회로에서 설명한 것과 유사하다.

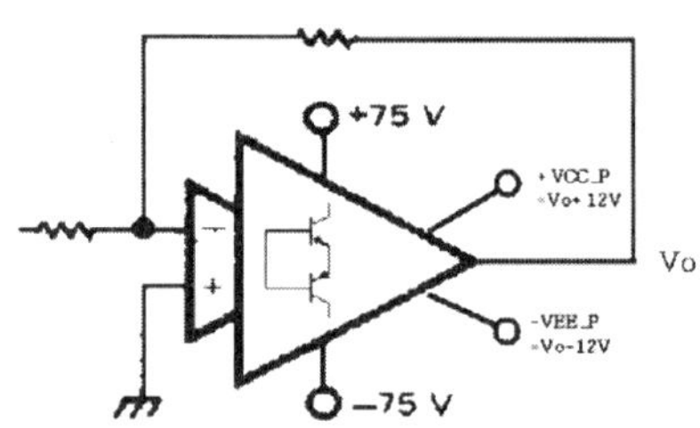

위의 블록선도에서 +플로팅(+FLOATING) 전원을 +VCC_P라고 가칭했고, −플로팅(FLOATING)전원을 −VEE_P로 정했다. 출력전압에 따라 전원이 변동한다고 했다.

출력이 50V라고 가정 했으니

+VCC_P는 50V보다 약 12V 가 큰 62V가 되겠고,

−VEE_P는 50V보다 약 12V가 작은 38V가 될 것이다.

이제 구성도에서 파랑색 영역으로 표시된 LF441를 사용한 실제 SENSE BUFFER 회로를 보기로 하자.

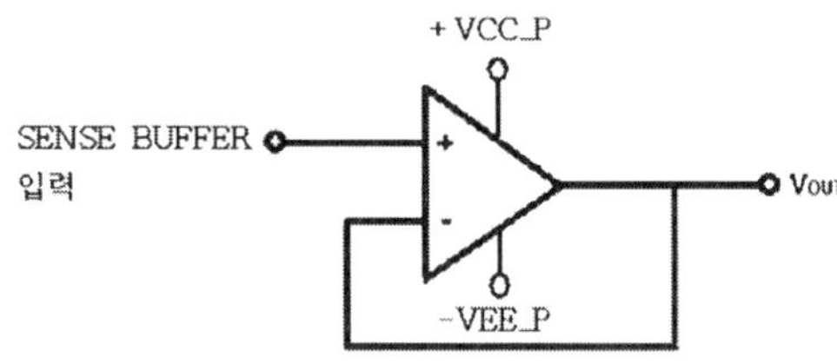

+VCC_P = 62V

−VEE_P = 38V

의 전원이 공급되어 50V SENSE BUFFER 입력이 들어 온다고 해도 문제없이 감지해 낼 수 있다. 또한 LF441이 전원으로 사용할 수 있는 +Vcc와 −VEE 사이의 차가 최대 44V인데 반하여 FLOATING 전원의 +Vcc와 −VEE 사이의 전위차는 24V[62V(+VCC_P)−38V(−VEE_P)]밖에 되지 않아 넉넉히 견딜 만한 내압이다.

1-28. 슈미트 트리거

슈미트 트리거(Schmitt trigger) 하면 히스테리시스 특성이라는 용어가 튀어 나온다. 프로이트의 정신분석도 아니고 히스테리가 어떻게 나타난다는 것인지...참 용어가 재미나다. 그러나 정신분석적 용어인 히스테리와 공학적 용어인 히스테리시스 특성은 언어 낱말도 다르지만 쓰임새가 확 다르다.

당연히 예상 했겠지만 슈미트 트리거라는 명칭이 붙은 것으로 보아 개발자 이름일 것 같다는 생각이 퍼뜩 들 것이다. 맞다. 1934년 대학원생이었던 Otto H. Schmitt에 의해서 기본적 아이디어가 개발 되었다고 보고 되고 있다.

한번 슈미트 트리거를 이용한 연산 증폭기비교기를 보기로 하자. 너무나 흔히 보는 연산 증폭기 비교기가 아래 그려져 있다.비교기는 모 아니면 도니까 궤환을 비반전입력단자로 돌렸다. 정방향궤환이 된다는 말은 포화동작을 일으키겠다는 노골적인 의도가 내포되어 있다. 그런데 포화동작이 될는지는 미지수다.

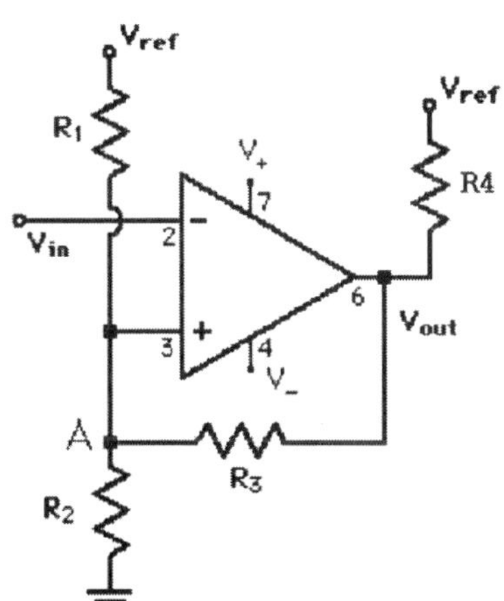

연산 증폭기 출력단에 PULL-UP저항이 붙어 있으면 무조건 비교기라고 했다. 따라서 이 회로는 증폭기가 아니라 비교기로 사용되었음에 틀림없다.

그냥 비교기로 사용하는 것이 아니고 슈미트 트리거 레벨을 갖는 비교기를 사용하는 이유는

잡음이 껴서 온전한 출력이 얻지 못할 때 사용하게 된다. 이런 것을 이름하여 노이즈 이뮤니티(Noise Immunity)가 있다고 말한다. 잡음 면역력이라고 번역할 수 있겠다. 홍삼에만 면역력

이 있는 것이 아니라 슈미트 트리거 비교기도 면역력이 있다. 백신을 맞았나?

먼저 일반 비교기를 사용했을 때 어떤 문제가 일어나는지 그림을 보고 판단하기로 하자.

비교의 기준 되는 전압을 쓰레쉬홀드 전압(Threshold Voltage)이라고 했다.우리말로 직역하면 문턱전압이다. 턱이란 마루보다 높게 가로로 댄 부분이기 때문에 문으로 들어 가려면 턱을 넘어야 한다.

비교기도 비교전압을 문턱전압으로 이름지어 이 전압보다 낮은 지 높은지를 비교하려 한 것이기 때문에 이런 이름이 붙은 것이리라 여겨진다. 아래 슈미트 트리거를 사용하지 않은 비교기의 지저분한 출력을 보라. 공학자들의 눈에 저런 출력은 소름이 끼치는 출력이다.

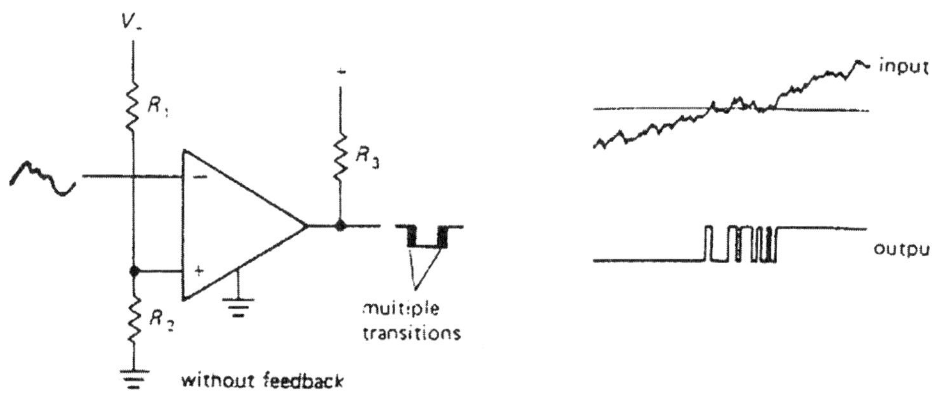

잡음이 끼면 출력은 대책 없이 요동 친다. 쌩얼 비교기는 잡음 면역력이 빵점이다. 잡음에 대해서 달팽이 촉수처럼 민감하면 쓸 만한 비교기가 되지 못한다. 이렇게 되서는 회로설계자의 체면이 말이 아니다.

예를 들어 장비간 신호를 주고 받는 인터페이스 입력신호가 들어 올 때, 소름끼치는 잡음이 껴서는 제대로 제어가 되지 못할 것이 뻔하다. 눈 돌아가는 상황이다. 대책이 필요하다. 이 때 필요한 것이 바로 슈미트 트리거 비교기가 되겠다. 달팽이 촉수를 거북이 등딱지처럼 덜 예민하게 만들겠다는 것이다.

슈미트 트리거 비교기를 아래와 같이 꾸밀 때의 장점을 살펴보기로 한다. 회로의 각 저항에 값을 임의로 적용하여 동작을 살펴보기로 하자.

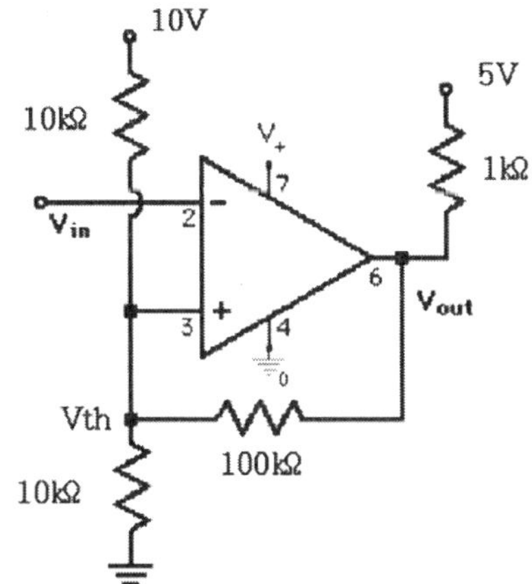

이 회로는 PULL-UP 저항이 달려 있기 때문에 출력은 0V 아니면 5V가 된다. 연산 증폭기 비교기 설명을 참조하시라.

먼저 우리가 해야 할 일은 출력은 두 가지 밖에 없기 때문에 각 출력전압에 대해서 문턱전압이 어떻게 정해지는지 추출해 내는 것이다. 이 작업을 먼저 수행해야 슈미트 트리거의 올바른 동작을 규명해 낼 수가 있게 된다. 낯 설은 히스테리곡선을 그려 내는 일이 될 것 같다.

- 출력이 0V 일 때 Vth 값

  먼저 위의 회로에서 전류의 방향을 잡아야 한다. 전압이 높은 쪽에서 낮은 쪽으로 전류가 흐르므로 전류방향은 그림과 같이 된다.

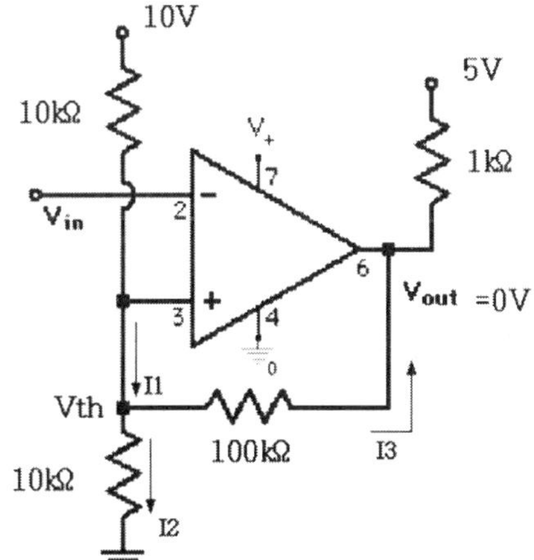

좀 복잡해 졌지만 기본은 같다. KCL에 의거해서 전류의 식은 아래와 같이 세워진다.

$I_1 = I_2 + I_3 - - - (1)$

역시 저항과 전압만의 식으로 바꾸려면 오옴의 법칙을 적용한다.

$$I_1 = \frac{10V - V_{th}}{10K\Omega} \text{---}(2)$$

$$I_2 = \frac{V_{th} - 0V}{10K\Omega} \text{---}(3)$$

$$I_3 = \frac{V_{th} - 0V}{100K\Omega} \text{---}(4)$$

(2), (3), (4)식을 식(1)에 대입하면

$$\frac{10V - V_{th}}{10K\Omega} = \frac{V_{th} - 0V}{10K\Omega} + \frac{V_{th} - 0V}{100K\Omega} = \frac{V_{th}}{10K\Omega} + \frac{V_{th}}{100K\Omega}$$

이를 정리하면

$$V_{th} = 4.76V$$

가 된다.
이는 출력이 0V일 때 THRESHOLD 전압이 4.76V 문턱전압이 된다는 것이다.

- 출력이 5V 일 때 Vth 값
  전류의 방향은 출력이 0V 일 때 와는 달라진다. 아래 그림을 보라.

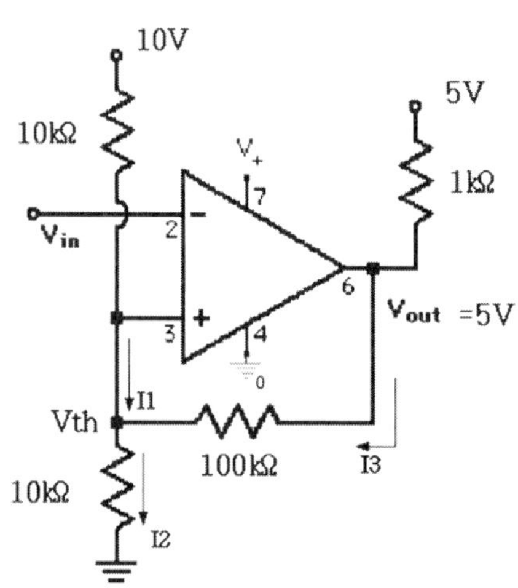

KCL에 의거해서 전류의 식은 아래와 같이 세워진다.

$$I_2 = I_1 + I_3 - - - (5)$$

역시 저항과 전압만의 식으로 바꾸려면 오옴의 법칙을 적용한다. 이젠 거의 반사적이다.

가장 훌륭한 지식은 몸으로 체득된 지식이다. 자동차를 운전할 때 우회전 해야지 꼼꼼히 사고하고 우회전 깜빡이를 키지는 않는다. 머리는 멍때리고 있어도 몸이 알아서 반응해 준다. 이것이야 말로 체득된 지식의 전형적 예라고 할 수 있다.

이제 키르히호프의 전류만의 법칙을 전압과 저항으로 변질 시키는 방법은 오옴의 법칙이 적용된다고 하는 것은 손이 알아서 반응해 준다. 그런거 보면 몸에도 뇌보다는 떨어지지만 기억세포가 있을 지 모른다는 강한 의구심 마저 든다. 프로이트는 전의식 단계에 있다가 튀어 나온 의식이라고 할지 모르겠지만...

$$I_1 = \frac{10V - V_{th}}{10K\Omega} - - - (6)$$

$$I_2 = \frac{V_{th} - 0V}{10K\Omega} - - - (7)$$

I3는 약간 달라진다. 주의 해야 한다.

$$I_3 = \frac{5V - V_{th}}{100K\Omega} - - - (8)$$

(6), (7), (8) 식을 식(5)에 대입하면

$$\frac{V_{th} - 0V}{10K\Omega} = \frac{10V - V_{th}}{10K\Omega} + \frac{5V - V_{th}}{100K\Omega}$$

윗 식을 정리하면

$$V_{th} = 5V$$

가 나온다. 직관적으로 회로를 봐도 출력이 5V이고, Vth는 10V가 10㏀ 두 개의 같은 저항으로 전압이 분압되므로 바로 Vth = 5V를 쉽게 이끌어 낼 수 있다.

본격적으로 위의 결과들을 적용하기 전에 비교기의 기본적 동작을 꼭 알아야만 한다. 연산증폭기의 기본식은 Vo = A(Vp − Vn) 라고 했다. 아래 회로를 보고 숙지를 하기로 한다. 풀업 저항이 달려 있으면 비교기의 내부 출력단은 오픈 컬렉터가 되어 있음을 짐작해야 한다.

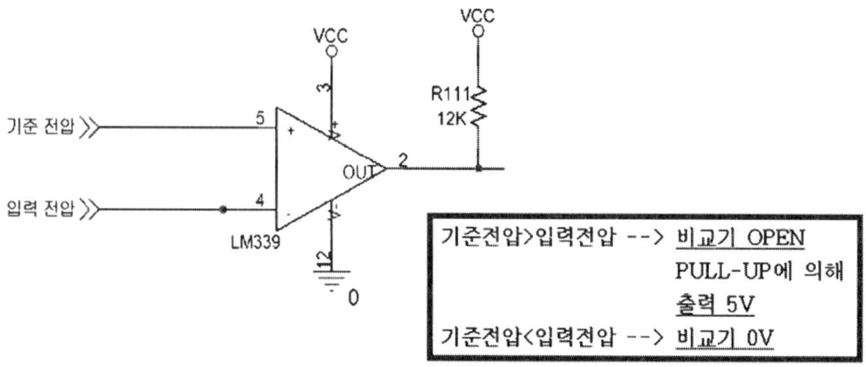

자 이제부터는 이 결과식을 가지고 슈미트 트리거의 히스테리시스 특성을 알아 볼 차례다. 특성을 잘근잘근 씹어 보면 정말 노이즈에 강력하다는 것을 실감하실 수 있으리라. 수퍼 울트라 막시무스 노이즈가 들어오지 않는 이상 노이즈 타는 일이 별로 없어 보인다. 한마디로 아이디어가 기똥 차다고나 할까?

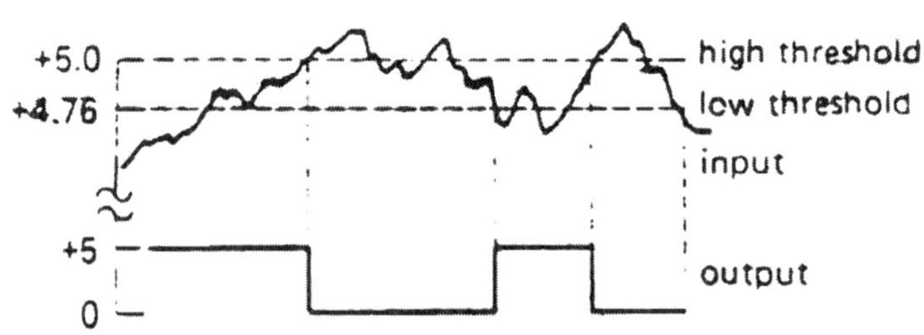

그림에서

① 처음에 입력이 Vth 보다 낮으므로 비교기 출력은 OPEN 되고, PULL-UP 저항에 의해 Vo=5V가 된다. 출력이 5V이면 위의 결과식에서 보았듯 이 Vth=5V가 유지 된다.

② 입력이 5V 보다 높게 되면 Vo=0V가 되고, 궤환에 의해 Vth=4.76V가 된다. 이때 입력이 잡음에 의해서든 어떤 원인에 의해 요동 친다고 하자. 즉 5V를 기준으로 커졌다 작아졌다 하는 발광?을 친다고 했을 때, 만약 Vth가 5V로 고정 되어 있었다면 출력은 개판? 이 될 것이 분명하다. 그러나 놀랍게도 슈미트 트리거 비교기에서는 Vth가 잽싸게 4.76V가 됨으로 인해 출력이 요동치는 것을 막을 수 있다.

③ 이제 입력이 4.76V 보다 아래로 떨어지면 비교기의 출력은 OPEN되고, Vo=5V가 되며, Vth=5V로 빠르게 모드를 바꾼다. 입력이 다시 요동 쳐서 4,76V 보다 커져 4.9V->4,3V ->4,8V로 또 요란 법석을 떤다고 해 보자. 역시 Vth=5V가 됨으로써 입력이 요동 치나 마나 꺼떡없게 된다.

왜 이런 유쾌한 결과를 얻을 수 있었을까?

그것은 일반 비교기에 비해 슈미트 트리거 비교기는 문턱전압이 홱 가닥, 홱가닥 자동으로 바뀜으로 잡음에 대한 면역력이 탁월해 졌기 때문이다. 그래서 히스테리 곡선이 아래와 같이 그려질 수 있게 된 것이다.

그러고 보니 히스테리컬 한 사람처럼 슈미트 트리거 비교기도 기준전압을 얍쌉하게 바꿈으로 잡음에 굳건한 기술을 확보하게 된 것이다. 결국 아래 히스테리시스 특성곡선은 노이즈 이뮤니티를 높게 하기 위해 문턱전압의 마진을 준 것과 마찬가지이다. 바뀌는 문턱전압을 히스테리시스 특성곡선으로 나타낸 것일 뿐이다. 히스테리시스 특성곡선의 구간 안쪽은 어찌 보면 태평양 바다의 무풍지대 처럼 생각 해도 될 것 같다.

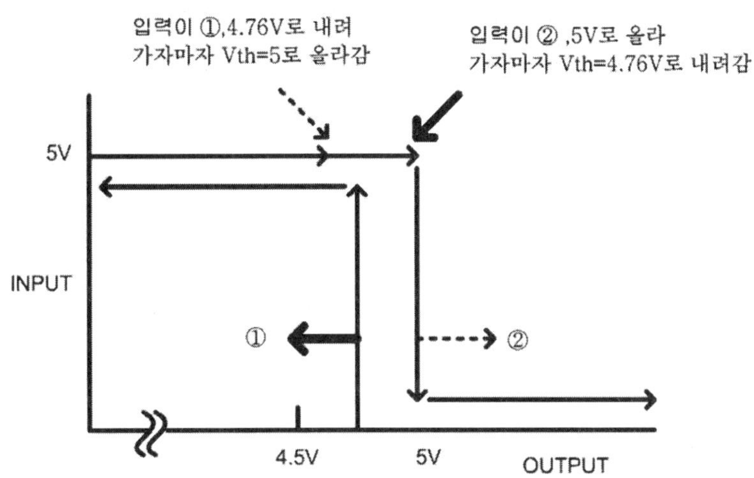

슈미트 트리거 회로를 잘 이용하면 정현파를 구형파로 잘 변환시킬 것도 같다.이것은 응용하여 이용하기 나름이다.여기까지 생각했다면 하나를 설명해 줘도 둘을 아는 천재형이라고 자신해도 되겠다.

디지털 소자에도 슈미트 트리거 백신을 맞은 것들이 있다.

디지털 소자 심벌에 아래와 같이 히스테리시스 특성 곡선 같은 것이 그려져 있으면 잡음에 강한 놈들로 구성된 특수부대라고 간주해도 된다. 아래는 74LS14 Hex Schmitt Trigger Inverters다.

디지탈 소자의 기호 앞에 동글뱅이가 하나 그려져 있으면 입력신호가 출력에서 반전 된다는 의미이다. 연산 증폭기와 같이 극이 반대로 된다는 것이 아니라, 논리적 상태가 반대로 된다는 것이다.

동글뱅이 표시는 논리적으로는 NOT(아니다)이 된다. 요(要)는 이렇게 된다는 것이다. 5V가 입력이다->출력에서는 5V가 아니다. 5V가 아니면 0V 일 수 밖에... 해서 5V->0V, 0V이면 5V

로 된다.

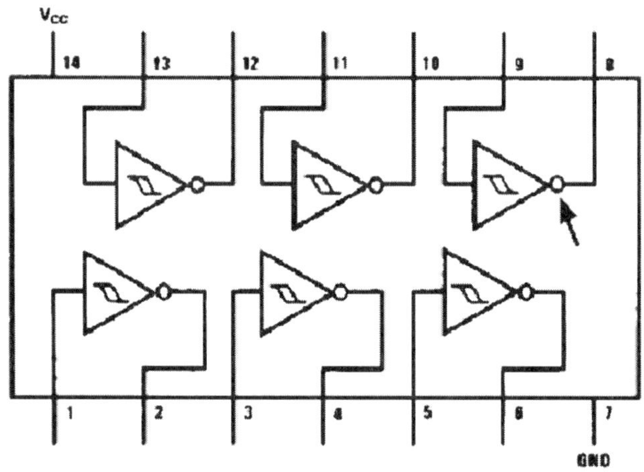

여하튼 아래와 같은 기호가 어디에든 그려져 있으면 슈미트 트리거 회로라고 읽고 위의 내용이 새록 생각나야 한다. 따라서 아래 기호는 입력이 반전 되며, 슈미트 트리거 소자라는 것을 재빨리 눈치 채주면 된다. 마찬가지로 노이즈가 침투하는 논리회로 부분에 적용하시면 되겠다.

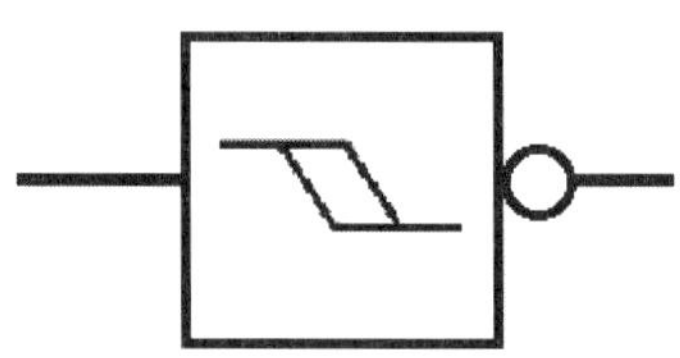

1-29. 적분기

초등학교 수학 이상을 하지 않으려 했으나 DC V/I SOURCE에 적분기가 나오기 때문에 적분기만 예외로 회로분석을 추가 하기로 하겠다. 회로는 콘덴서가 충전하는 것을 이용하여 아래와 같이 구성해 준다.

전류기호를 i(t)로 쓴 것은 시간에 따라 변하는 값이라는 의미를 갖는다. 유식한 말로 교류(AC, Alternating Current 交流)라고 하고, 함수로 표시한 것인데 독립변수는 t, 즉 시간이 되고 종속변수가 i(t)가 된다는 말이 된다.

시간이 변할수록 전류가 변한다는 말을 기호로 간단하게 쓴 것 뿐이다. i(t)를 써야 할 때마다 기호를 쓰지 않고 "시간이 변할수록 전류가 변한다"라고 써 보라 얼마나 너절한가? 기호의 간편, 편리함이란 이런 맛에 있는 것이다.

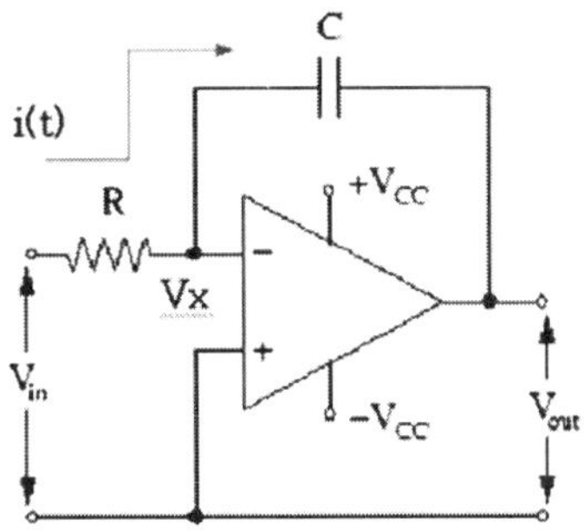

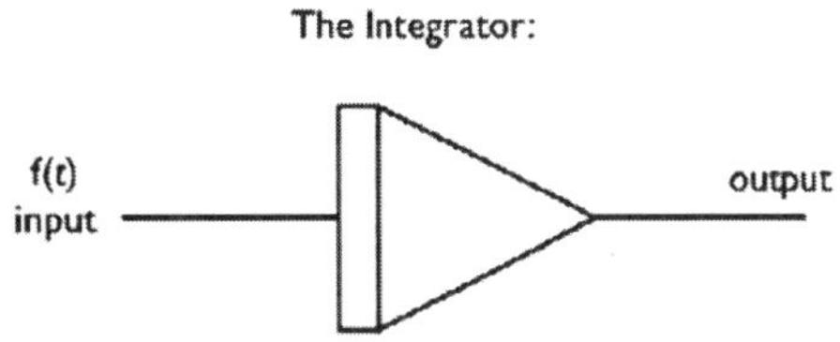

적분기 기호

전기전자에서 소문자(小文字)는 주로 교류로 정하기 때문에 전류의 흐름을 위와 같이 정했을 때, 그 때 흐르는 전류를 i(t)라고 규정 했다고 했다.

또한 콘덴서에 의해 궤환이 형성되고 가상접지가 나타나므로 Vx = 0V가 된다. 여기까지는 늘상 해 오던 규정이다. 색다른 것이 없다.

적분이란 계속 쌓아 가면 어떻게 되나 라는 문제에서 비롯 되었다.미분과는 대치되는 개념이다.

예를 들어 보자 지구에서 달을 볼 때 달은 둥그렇다. 멀리서 볼 때는 그렇게 보인다는 것이다. 그런데 달 표면을 미분하면 어떻게 될까? 달 둘레를 아주 작게 조각조각 내 보자는 말이다.그 말은 달 착륙선을 타고 달에 내리는 것과 같다. 암스트롱이 달에 착륙했을 때 평평한 달에 내려 앉은 것을 다큐멘터리에서 볼 수 있다. 그렇다 달을 미분 하니, 다른 말로 끝 없이 쪼개 보니(수학적 기호로 그리스어 델타를 쓴다. 원 없이 쪼갰다는 말이다 Δ, d) 거의 평평한 직선과 같이 되었다. 이것이 미분 개념이다.

곡선을 미분하면 접선이 나오는 이유가 이런 것이다. 적분은 미분의 상대 개념이다. 쪼개는 것이 아니라 쌓아 가면 어떻게 되는 것인가를 수학적 모델로 개념화 시킨 것이다.

마침 콘덴서를 이용하면 수학적 적분의 개념이 들어 맞는다. 콘덴서는 충전하는 소자다. 적분과 일맥상통하는 충전. 그래서 수학적 적분모델을 콘덴서에 도입한 것이다. 각설하고 간단한 예를 들어 보기로 하겠다. 우리가 잘아는 직류를 적분하면 어떻게 될까?

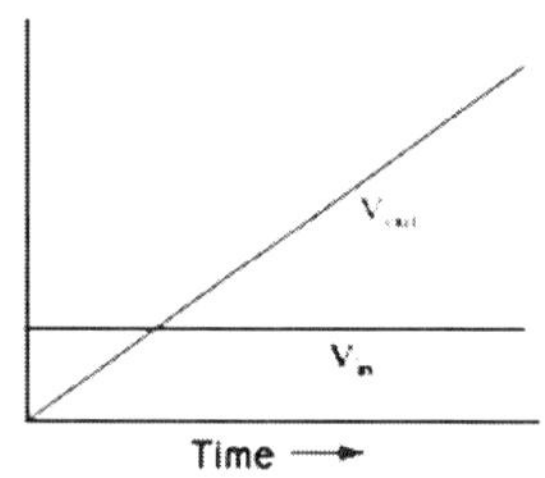

Typical integrator response

직류입력을 적분하면 당연히 위의 그래프의 기울어진 선과 같이 RAMP(경사가 있는 사선) 출력이 나온다. 상식적으로 생각해 보자. 직류가 들어 가자마자 그 입력 만큼 팍 나오는 기계는 세상에 없다. 충전기라면 조금씩 쌓여 갈 뿐이다. 시작은 0 부터다.

본론으로 돌아가서...

그러면 출력 Vo는 어떻게 수식으로 나타날까? CAP에 충전되는 전압은 다음과 같이 규정하기로 했다. 이것은 순전히 정의에 의한 규정이다. 그대로 따라 줘야 한다. 식을 보기로 하자.

$$v_O = -\frac{1}{C}\int_0^t i(t)dt --- (1)$$

그렇다면 i(t)는 어떻게 수식이 성립하는가?

$$i(t) = \frac{v_i - V_x}{R} = \frac{v_i - 0V}{R} = \frac{v_i}{R} --- (2)$$

(2)식을 (1)식에 대입하면 다음과 같이 수식이 정리된다. 상수는 적분기호의 울타리에서 벗어날 수 있다 따라서 저항 R은 앞으로 뺀다. 변하는 놈, 변수만 가두어 놓으면 된다.

$$v_O = -\frac{1}{C \times R}\int_0^t v_i dt --- (3)$$

이것이 결과식이다.

그런데 이 식으로 적분기를 이해하는 것은 머릿속으로 입력 전압이 일정한 시간 동안 쌓이는구나(적분) 하는 것 밖에는 우리에게 알려 주는 것이 없다. 감이 잘 잡히지 않는다. 구체적으로 사고해 보기로 하자. 그러면 윤곽이 손에 잡힐 것이다.

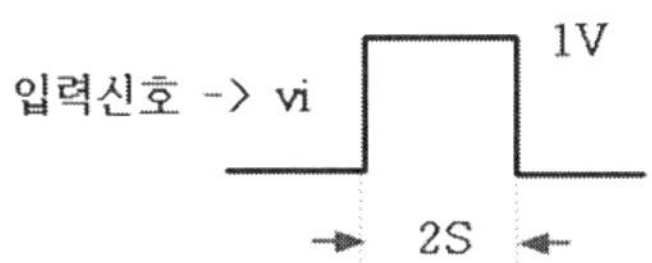

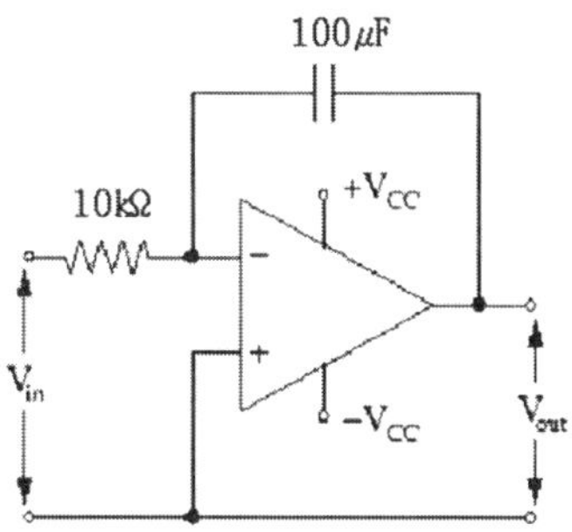

위와 같은 신호를 적분기에 입력으로 넣어 보기로 하자. 전류로 해석하는 것이 편하다고 일전에 말씀드린 바 있다. 이번에도 전류로 요리해 보기로 한다.

1V를 2초 동안 인가하게 되므로 2초 동안에 적분기안으로 입력되는 전류는

$$i = \frac{1V}{10K\Omega} = 0.1mA$$

가 된다.

따라서

출력전압은 전류를 변수로 놓으니까(3)식으로 출력이 구해지는 것이 아니라(1)식에 의해 다음과 같이 값이 정해 질 것 같다. 한번 풀어 보기로 하자. 1초 후에, 1.5초 후에, 2초 후에 어떻게 값이 변하는지 관찰해 보자. 전류가 흐를 동안만 지켜 보면 된다.

꼭 이럴 때 끼어드는 사람이 있다. 3초 후에는 왜 계산하지 않지요? 이쯤 되면 묻는게 아니라 대드는 것이다. 2초 후에는 전류가 흐르지 않는다!

$$v(1) = -\left[\frac{1}{100uF}\int_0^1 (0.1mA)\right]dt = -\left(\frac{0.1\times 10^{-3}}{100\times 10^{-6}}\right)[t]\,_0^{1} = -1V$$

$$v(1.5) = -\left[\frac{1}{100uF}\int_0^{1.5} (0.1mA)\right]dt = -\left(\frac{0.1\times 10^{-3}}{100\times 10^{-6}}\right)[t]\,_0^{1.5} = -1.5V$$

$$v(2) = -\left[\frac{1}{100uF}\int_0^2 (0.1mA)\right]dt = -\left(\frac{0.1\times 10^{-3}}{100\times 10^{-6}}\right)[t]\,_0^{2} = -2V$$

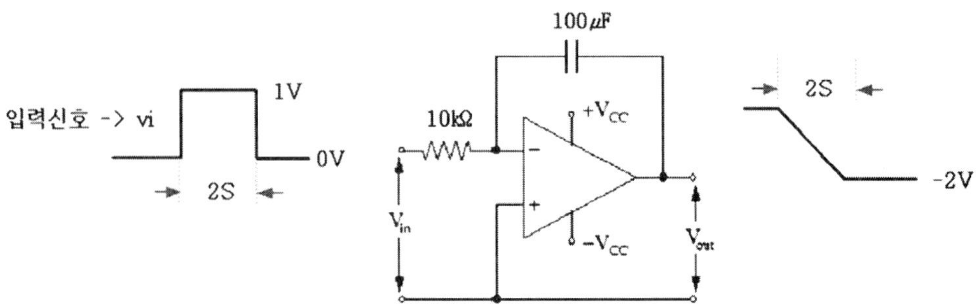

중요한 것은 입력신호가 1V가 되었다가 2초 후에 다시 0V가 되었을 때 출력의 반응을 보는 것이다. 출력은 그대로 −2V에 꽂혀 있게 된다. 여기서 적분기의 중요한 성질머리를 하나 추출해 낼 수 있다. 그것은 입력에 전류흐름이 없다면 바로! 전 전압값이 그대로 유지된다고 하는 사실이다.

적분하니 뭐하니 복잡한 것 다 때려 치우고 두 가지 뼈대만 추리기로 한다.

① 하나는 입력이(+) 극성이면 출력은 반대로(−) 극성이 나온다고 하는 것, 즉 입력 극성과는 반대의 극성이 출력에 나타난다는 점이 하나이고(반전입력단자로 입력이 들어가니 당연한 귀결일 것이다),

② 또 다른 하나는 입력이 어떤 값으로 변하다가 0V가 되면, 바로 그 전에 충전 되었던 전압이 유지된다고 하는 두 가지 점이 추려진다.

약간 부연하겠다.

입력전압이 0V가 되면 왜 적분기로 전류가 흐르지 않는가? 물어보면 당황 할 분들이 계실 것이다. 뭐지? 왜 그러지? 하고 의아해 하실 것 이 없다. 가상단락에 의해 Vx＝0V이기 때문에 vi＝0V이면, 적분기 입력저항 10㏀의 양단은 동전위가 되어 전류흐름이 없게 되는 것이다. 계속 해왔던 말이다. 단지 깜빡했을 뿐이다.

디지탈 회로에 D FLIP−FLOP 이란 것이 있다.

이런 것을 일러 LATCH(래치, 빗장걸린, 대문 뒤에 대문을 잠그려고 가로로 막대기가 있어 빗장을 지른다. 성문에도 적의 침입 때 성문의 빗장을 지르는 것을 영화에서 종종 볼 수 있다)회로라고 하는데 입력이 변하지 않는 한 출력이 그대로 빗장 걸려 변하지 않는 회로를 말하는데, 아~ 아날로그 회로에도 빗장 걸리는 회로가 존재한다. 바로 적분기이다. 입력에 전류흐름이 없다면 바로 전 값이 빗장? 걸려 버린다.

이것이 DC V/I SOURCE를 해석하는 데 있어 아주 중요한 점이고, 동작설명의 열쇠가 된다. 이것만 갖고 튀면 되겠다. 그리고 한가지 부연한다면 DC V/I SOURCE에서 적분기의 궤환 콘덴서를 이용해 전체 DC V/I SOURCE의 LOOP 속도를 조정한다는 점이다.

그것을 어떻게 풀었는지 관심있는 사람은 보게 될 것이다. 자연지수함수(natural exponential function)가 나와 고등학교 수학인 게 흠이지만... 그러나 염려할 것 없다. 유치 찬란하게 설명할 터이니 고급스럽게 읽어 볼 필요가 없게 된다.

1-30. AD565 부품 규격표 이해하기

DAC는 말 그대로 디지탈 값을 아날로그 값(AC 또는 DC)으로 변환시키는 소자이다. DAC이 있기 때문에 CPU에서 보내 온 디지탈 제어 값으로 DC 전압(또는 AC 전압)을 설계자가 원하는 대로 발생 시킬 수 있게 되는 것이다. 말하자면 디지탈계와 아날로그계를 연결시키는 인터페이스 소자라고 말할 수도 있겠다.

꼭 직류만을 출력으로 갖는 것은 아니다. 때에 따라서는 계단파 모양이지만 교류도 얻어 낼 수도 있다. 그래서 DIGITAL TO ANALOG(직류 교류 둘 다 포함) CONVERTER가 될 수 있는 것이다(비록 교류를 얻고자 할 때 계단파 모양이지만 LPF, 즉 LOW PASS FILTER 를 사용하면 계단파 모양은 얌전한 교류로 변하게 된다. 왜냐하면 계단파에 합성되어 있는 고주파성분을 깔끔하게 제거하기 때문에 주파수가 스무스하게 나오게 된다).

DAC를 해석하기 전에 많이 사용하는 용어 둘 에 대해서 알아 두고 가도록 한다. 이 용어들은 주변에서 흔히 사용하는 관계로 낯설지만은 않다.

먼저 ±F.S라는 말이 눈에 띈다. FULL SCALE의 약자로 DAC에서는 최대 또는 최소 크기를 말한다.

- F.S는 DAC의 최소 출력전압값을 의미하고, +F.S은 최대 출력전압값을 의미한다. 또한 H.S라고 해서 중간값을 의미 하기도 한다. 중간값, HALF SCALE의 약자이다.

예를 들어 임의 어떤 DAC가 ±10V가 출력할 수 있는 직류전압의 최대, 최소라면 −F.S은 −10V가 되는 것이고, +F.S은 +10V가 되는 것이다.

일단 DAC CONVERTER의 동작에서 꼭 염두에 두어야 할 점은

- 디지탈 제어코드가 모두 0이면 DAC의 안에 있는 전류 제어 스위치 모두를 개방(OFF)한다고 생각하고,
- 디지탈 제어코드가 모두 1이면 DAC의 안에 있는 전류 제어 스위치 모두를 단락(닫는다. ON) 시킨다고 생각하시라.

간단히 말해서 BIT=1이면, 또는 HIGH이면, 또는 5V이면 해당 스위치는 도통이 된다고 머리에 각인시키라.

☞ DAC AD7533을 분석할 때 내부의 스위치가 어떻게 전류를 프로그램하는 데로 제어가 되는지 속속들이 검토될 것이다. 하나만 해석하면 나머지 DAC들은 비슷하게 동작하리라는

것은 불문가지다 굳이 AD7533을 선택한 것은 비교적 내부 스위치 회로가 자세하게 설명되었기 때문이다.

처음에 ANALOG DEVICE 社의 AD565A의 부품규격표에 나와 있는 설명을 설명해 보기로 한다.

AD565A는 High Speed 12-Bit Monolithic D/A Converters로 먼저 생김새를 살펴보기로 하자. 대강의 생김새(BLOCKDIAGRAM)는 아래와 같이 복잡하다. 처음 보는 사람은 기부터 꺾이고 말겠지만 절대로 별거 아니다.

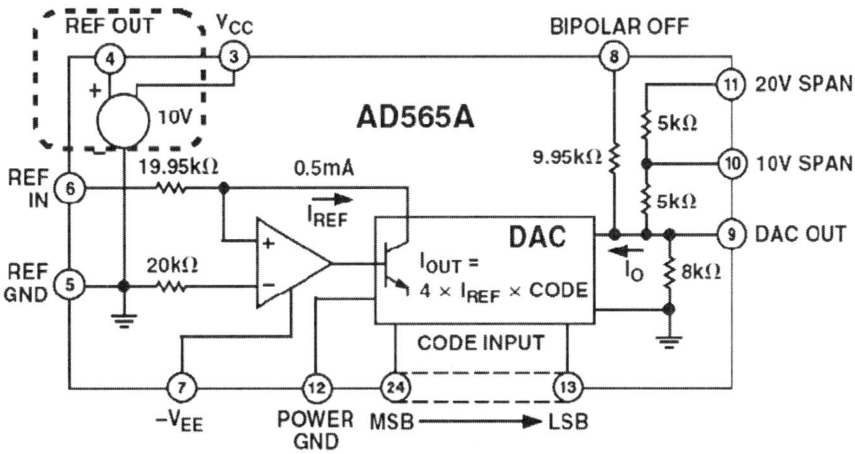

다리(PIN)가 24개 짜리로 다리마다 어떤 기능을 가졌는지 명칭으로 대충 때려 잡을 수 있다. +Vcc와 −VEE는 AD565A가 동작하는데 필요한 전원공급라인이다.

- REF IN은 무엇일까?

  위의 그림에서 점선 안에 영역 표시된 부분이 AD565A에서 제공하는 10V 기준전압이다. 이 10V 기준 전압선을 REF IN(REFERENCE IN)에 연결하면 DAC내부에 기준전류 가 흐르게 된다. 자세한 것은 회로가 갖추어 졌을 때 설명하기로 한다. 그림에서 보면 REF IN에 REF OUT을 연결한다면 내부의 기준전류 Iref는 0.5㎃가 흐른다는 것을 알 수 있다. 이 전류에 ×4배한 2㎃가 DAC 기능을 분석할 때 염두에 두어야 할 값이 된다. 2㎃라는 값은 대부분의 DAC이 다루는 전류의 최대값이 된다. 이런 점은 차차 이해하기로 하자.
- MSB~LSM 는 잘 아시다시피 디지탈 입력값이다.

  최상위비트(MSB : Most Significant Bit)와 최하위비트(LSB : Least Significant Bit)가 PIN

에 할당되어 있다. 이 디지탈 비트의 위치에 따라 값이 정해 진다. 아래 그림은 AD565A의 PIN MAP이다.

12 BIT를 예로 들어 MSB와 LSB가 뭔지를 알아 보자. 아래를 팔진수로 나타내면 Ox4072가 된다(O는 Octal의 약자로 8진수를 나타 낸다). 8진수는 디지탈 BIT 3개씩 끊어서 읽게 된다. 101이면 -> 5가 되고, 111이면 -> 7이다. 여기에 1 BIT를 더하면 1,000가 되어 10 단위로 넘어 간다. 7에서 1BIT를 더 했더니 단단위에서 10단위가 되었으므로 8진수가 되는 것이다.

1→2→3→4→5→6→7→10→11→12→13→14→15→16→17→20....으로 세어진다. 7다음에 10이 된다. 우리가 익히 잘 아는 10진수 와는 다르다.

OX (4) (0) (7) (2)

← 상위비트 하위비트 →

100, 000, 111, 010

↑ ↑

최상위 비트(MSB) 최하위 비트(LSB)

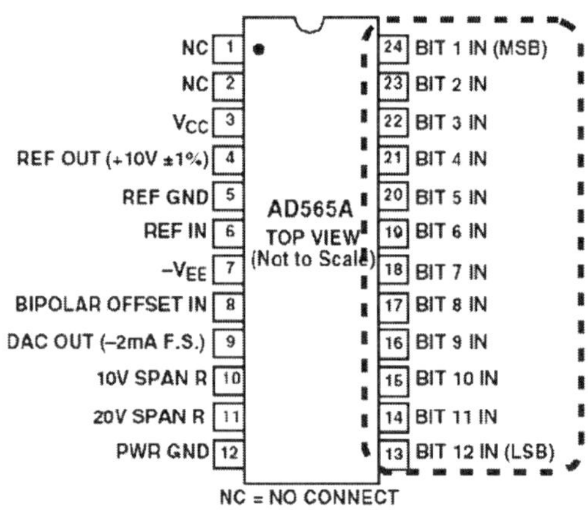

- BIPOLAR OFF PIN은 REF OUT과 연결하면 DAC의 출력전압이 양극(Bipolar : ± 전압)이 나오고, 연결하지 않으면 단극(Unipolar : + 또는 - 전압 하나)전압이 나오게 된다. 동작 설명 할 때 확실히 알게 된다.
- 20V SPAN, 10V SPAN 단자는 DAC의 출력전압을 10V로 가져갈 것이냐, 20V로 가져갈 것이냐에 따라 사용자가 마음대로 연결해 주면 된다. DAC은 대부분 전류로 구동하게끔 되어 있다. 이를 전압으로 변환시키려면 DAC 출력단에 연산 증폭기를 달아 주어야만 한다. 바로 20V SPAN, 10V SPAN 단자는 사용하는 연산 증폭기의 궤환단을 연결하는 단자가 된다. 안에 보면 저항이 보이는데 이 저항이 바로 궤환저항이 된다. 주로 연산 증폭기를 반전증폭기 형태로 구성해 준다.

- DAC OUT은 DAC에서 프로그램 된 전류를 전압으로 바꾸기 위해 구성해 주는 연산 증폭기의 입력단과 연결 해 준다.

이쯤이면 대충 PIN MAP은 설명이 되었다. 아리까리한 부분은 실제 AD565A 동작을 지켜보면 쉽게 이해 할 수 있을 것이다. 이제부터 AD565A의 부품규격표를 보시라!

아래는 규격표에 첫 번째로 등장하는 회로가 되겠다.

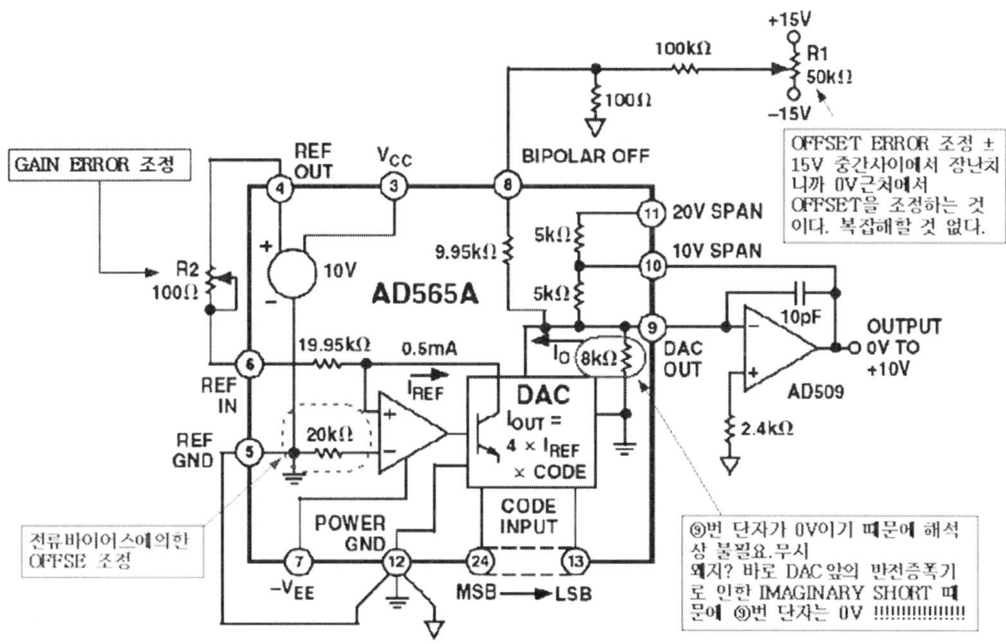

0 V to 10 V Unipolar Voltage Output

굉장히 복잡하게 보이지만 목 주변의 깃털에 후까시만 잔뜩 집어 넣은 수탉과 같이 두려워할 필요가 없다. 재삼 강조하는 말이다.

회로의 아래 제목이 단극성(Unipolar)으로 출력이 나온다고 설명해 준다. 그건 분석해 보면 된다. BIPOLAR OFF단자에 REF OUT 10V가 연결 되지 않았으니 양극성(Bipolar) 전압 출력이 출현하지 않을 것 같은 예감이 든다.

그런데 DAC 앞에 구성해 놓은 연산 증폭기의 입력단 쪽이 좀 복잡하다. 정리가 필요해 보인다.

BIPOLAR OFF 단자(회로에서 우측 상단 화살표 표시된 부분)를 보면 영점 조정하는 회로이기 때문에 동작에는 불필요하므로 없다고 생각해도 된다. 해석에는 불필요하나 실무에는 필요하다는 것쯤은 눈치로 때려 잡자.

DAC에는 아주 중요한 오차 3개가 존재한다.

오프셋 오차(OFFSET ERROR), 이득오차(GAIN ERROR), 선형 오차(LINEARITY ERROR)

가 그것이다. 위의 회로에서 보면 OFFSET ERROR, GAIN ERROR를 잡아 주는 방법이 나와 있다. GAIN ERROR는 주로 기준전압의 벗어남에 있다는 것을 알 수 있다.

실제회로에서는 모든 디지탈 비트를 0(12 BIT 짜리 DAC이므로 0000 0000 0000 을 입력한다)으로 하면 출력은 0V 나와야 하는데 오프셋(OFFSET)이 뜨게 마련이다(0V가 꼭 나와야 하는데 그렇지 못할 때 그것을 이름하여 오프셋이라고 한다 했다). 이 때 가변저항을 이용하여 적당한 전류를 입력하여 오프셋을 맞춘다. 전류를 이용한다? 무슨 소린지 귀에 들어 오지 않는다. 상관 없다. 그냥 넘어가기로 하자 나중에 양극(Bipolar) 동작할 때 이 단자의 역할이 규명되면 자연스럽게 이 단자에 전류를 인가하여 오프셋을 조정한다는 말이 이해가 될 것이다.

회로를 가만히 보면 왼쪽 REF OUT과 REF IN 사이에 100Ω 저항으로 또 뭔가를 조정하게 되어 있다. 이는 기준 전류를 조정함으로 전체 이득 오차(GAIN ERROR)를 보상해 주는 조정단이다.

DAC에서

오프셋하면 0V 전압이 출력 되게 만들어(디지탈 BIT로 제어 한다) 조정하는 것이고, 이득하면 +F.S로 만들어 원하는 전압이 나오지 않을 때 조정한다. 차후에 DAC의 중요 오차를 설명할 때 다시 나온다.

R2(회로에서 좌측 상단)는 이득오차 조정 시 가변해 주기 때문에 디지털 비트를 모두 1로 하여 DAC의 출력이 최대전압 값이 나오게 한 뒤 그 값을 조정해 주면 된다. 출력을 9.9976V가 되게 조정해 준다.

☞ 명목상으로 10V이지만 LSB 1BIT 작은 값으로 조정해 준다.그 이유는 차차 밝혀 드리겠다. DAC의 표를 보면 항상 +F.S−1LSB라는 말과 마주치게 된다. +F.S이면 +F.S로 쓰면 되지 왜 뚱딴지 같이 −1LSB는 뭐냔 말이다. 헌데 그 이유가 분명히 있다. 암만 부품규격표를 읽어 봐도 소용없다. 내부의 스위치 회로를 해석하지 않는 한 알 도리가 없다. 그래서 대부분 고개를 갸웃하고 그냥 그러니라 넘어가는 것이다. DAC08을 설명할 때 확실하게 파헤쳐 드리겠다.(Page 337 참조)

또 가만히 보면 내부에 있는 연산 증폭기의 반전 입력단에 20㏀(회로에서 좌측 하단 표시된 곳)이 붙어 있는데 우리가 너무나도 잘아는 입력바이어스에 의한 오프셋을 제거 하려고 비반전 입력단자에 붙은 저항 값과 같게 만들었다는 것을 알 수 있다.

꼭 이런 데서 질문 하는 사람이 한 명씩은 있다. 비반전단자에 붙은 저항은 19.95㏀인데 왜 반전단자에 19.95㏀를 달아 주지 않고 20㏀을 달아 주냐 고요~? ANALOG DEVICE社 DAC설계자들이 바보가 아니다. REF OUT과 REF IN 사이에 이득오차를 없애기 위해 외부에 R2 조정 단자를 달아 주도록 권유 했기 때문에 얼추 20㏀이 된다고 판정한 것이다. 그래서 반전단자에 바이어스전류를 맞추어 주기 위해 20kΩ을 달아 준 것이다.

PIN ⑨단자에 붙은 8kΩ(회로에서 우측 하단 표시된 부분)은 DAC 내부동작상 필요한 것이겠지만 우리가 회로동작을 살펴볼 때는 지워도 상관 없게 된다. 저항 8kΩ 양단의 전위가 둘 다 0V이다. DAC의 그라운드와 연산 증폭기의 그라운드를 분리?하려고 한 것이겠지만 동작상 구분은 불필요하다.

PIN ⑨번이 DAC을 해석하는데 있어 아주 중요한 다리가 된다.!!!!!!!!!!!!!!! DAC OUT 단자가 어디에 연결 되었는지를 보라!

연산 증폭기의 반전 입력단에 연결 되었다. 저렇게 연결하면 반전 입력단의 전위는 얼마가 될까? 이것이 DAC를 해석하는 열쇠 중 가장 중요한 마스터키가 된다.

그렇다!

바로 0V다. 이것이 DAC을 해석하는데 왜 핵심이 되는 것일까? 그 절점의 전위를 모르면 흘러 들어가고, 흘러나오는 전류를 계산할 수가 없어 회로분석은 꽝이 되기 때문이다. 이것은 뭔 궤변인가? 궤변이 아니다. 역시 가상단락(IMGINARY SHORT)이 DAC을 해석하는데 있어서도 굉장한 위력을 발휘한다.

DAC를 이해하기 쉽게 한마디로 정의하면 전류원이라고 볼 수 있다. 일반 전류원과 다른 점은 DAC은 끌어 당기고,인가하는 전류가 고정 되어 있는 것이 아니라 사용자가 원하는 대로 프로그램 할 수 있다는 것이 아주 큰 강점이다. DAC를 해석할 때는 아래와 같이 바꾸어도 전혀 상관이 없다. 대부분의 DAC은 SINK를 주로 많이 사용한다. 가끔 인가(FORCE) 하는 방향으로도 사용된다.

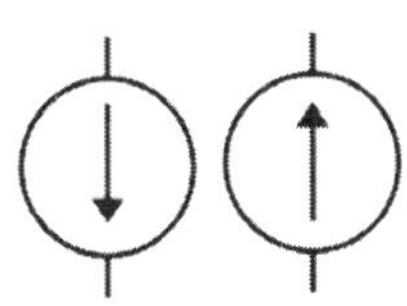

DAC이 이런 기호로 대치 된다고 하는 것을 DAC71-COB-I DAC의 예를 보면 확실히 알 수 있다. 아래회로를 보니 단극(Unipolar)출력이 나올 것 같다. +F.S은 +10V이고....그림만 봐도 대충 DAC의 동작을 알 수가 있는 것이다.

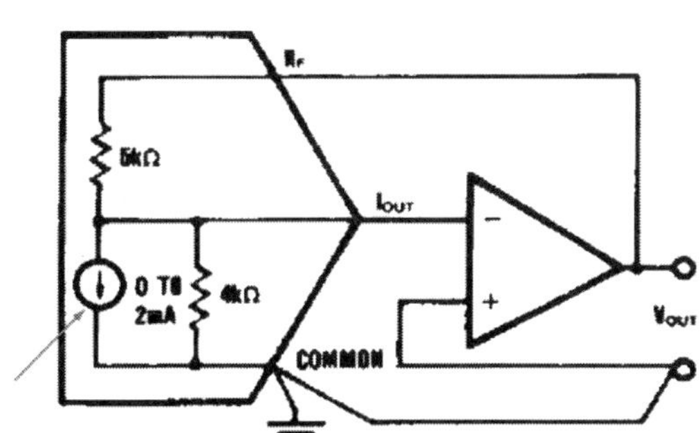

따라서 DAC를 해석할 때 필요한 도구는 키르히호프의 전류법칙(KCL)이 되겠다.

이제 차근차근 DAC의 동작을 설명해 보기로 하자. DAC AD565만 충분히 이해해도 눈에 뵈는 것이 없어진다. DAC이 전혀 두렵지 않게 된다. 우리 회로지식에 우황청심환 서너개를 꿀꺽 삼켜 주는 것이 된다. 이것만 알아도 책에 든 비용회수가 되고, 본전은 뽑는다.

AD565A의 DIGITAL INPUT CODE와 최종출력전압을 표로 보기로 하자.

DIGITAL INPUT MSB LSB	Straight Binary	ANALOG OUTPUT Offset Binary	Twos Complement
0 0 0 0 0 0 0 0 0 0 0 0	Zero	-FS	Zero
0 1 1 1 1 1 1 1 1 1 1 1	Mid Scale-1LSB	Zero-1LSB	+FS-LSB
1 0 0 0 0 0 0 0 0 0 0 0	+1/2 FS	Zero	FS
1 1 1 1 1 1 1 1 1 1 1 1	+FS-LSB	+FS-LSB	Zero-LSB

Digital Input Code

Straight Binary 값을 보기로 한다. 바로 단극(Unipolar)으로 동작하는 부호(CODE)입력 값이다. 표를 보면 어디에나 +F.S−1LSB가 나온다 궁금하기만 하다. 조금만 더 참고 진도 나가면 그 이유를 말할 때 즈음해서 설명될 것이니 조급해 할 것은 없다. 항상 +F.S 일 때만 나오는 것도 희한하다. 그렇지 않은가? 꿍꿍이가 있다는 말이다.

회로는 아래와 같이 간단하게 되고 우리가 살펴 보아야할 회로는 점선 영역으로 표시된 부분만 집중 해서 보면 된다.DAC 회로분석은 3가지 디지탈 값만 넣으면 된다. 뭐 일일이 디지탈 제어 값을 잡다하게 입력하여 살펴볼 필요가 없게 된다. 광어회 인지, 우럭회 인지 살점 3점 정도만 먹어 주면 뭐가 뭔 횐지 바로 알 수 있듯이 말이다.

0V, +F.S값 , −F.S값....세가지가 해석의 관건이다.

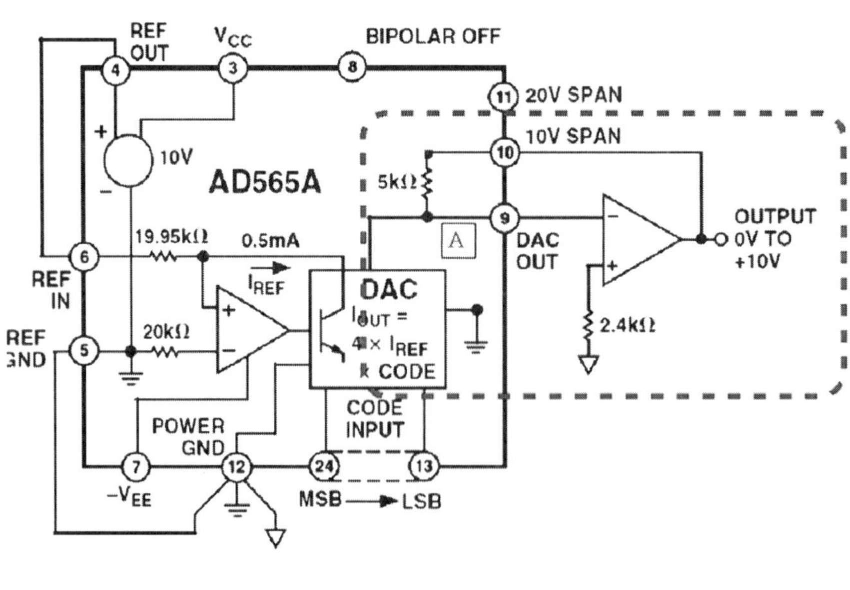

– 디지탈 입력에 모두 0000 0000 0000을 기입한다.

이때 DAC 내부의 SINK 전류원에서 끌어 당기는 전류는 0이다. 모든 스위치가 불통 되었기 때문이다. 이렇게 되면 DAC 외부의 연산 증폭기출력단에서는 0V가 나타나게 될 것이다. 이것을 간단한 그림으로 변환해서 보기로 한다. 그러면 감이 금새 올 것 같다. 혹시 책에 아래와 같은 회로가 나오면 DAC+연산 증폭기 회로라고 생각해도 전혀 무방하다. DAC는 전류 싱크원(SINK SOURCE)이라고 간주해 주면 된다.

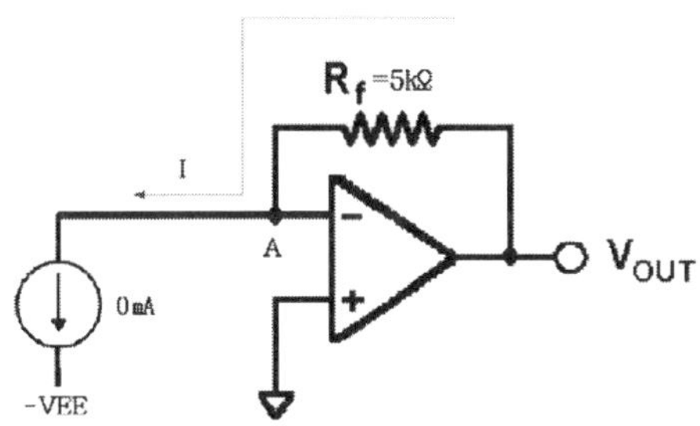

DAC에서 끌어 당기는 전류가 0mA이면 DAC 앞 단에 포진해 있는 반전증폭기의 전류 흐름이 없게 된다. I=0mA. 전류 흐름이 없다는 것은 A점과 연산 증폭기출력단 사이에도 전위차가 존재하지 않는다는 말이 된다. A점의 전위는 가상단락에 의해 0V임은 누차 설명 했다. 따라서 출력은 0V가 된다.

– Unipolar 동작이기 때문에 +F.S만 생각해 주면 된다. 디지탈 입력을 모두 1111 1111 1111을 기입한다.

이때 DAC 내부의 SINK 전류원에서 왕창 끌어 당기는 전류는 4× Iref=2mA 가 된다. 이 전류를 어디에서 가지고 와야 하나?

'A' 점을 보라 이 절점에서 연결된 가지는 3개다. 하나는 SINK 전류원(지금 2mA를 끌어 당기는 쪽)과 반전 입력단(여기는 입력 임피던스가 무쟈게 높기 때문에 흐르는 전류는 무시!!!!!!!) 그렇다면 나머지 하나의 가지에서 전류를 끌어 와야 한다.

어디인가?

그렇다 DAC의 외부에 구성된 연산 증폭기의 출력단 쪽에서 2mA를 강제로 끌어 와야 한다. 잘 보면 궤환단에 궤환저항 5kΩ이 달려 있다.

따라서 연산증폭기 출력에 끌어 오는 전류가 I=2mA이기 때문에 전압은 아래와 같이 된다(실제는 1LSB, 즉 1 BIT 만큼 전류가 적게 흐른다. 그래서 출력을 보면 +FS−1LSB로 쓴다. 이유는 때 되면 한다고 넌즈시 알려 드린다. 지금 설명하라고 아우성치고 떼 쓰지 마시라).

$$5K\Omega \times 2mA = 10V$$

가 된다. 간단한 그림으로 치환된 것을 보기로 하자.

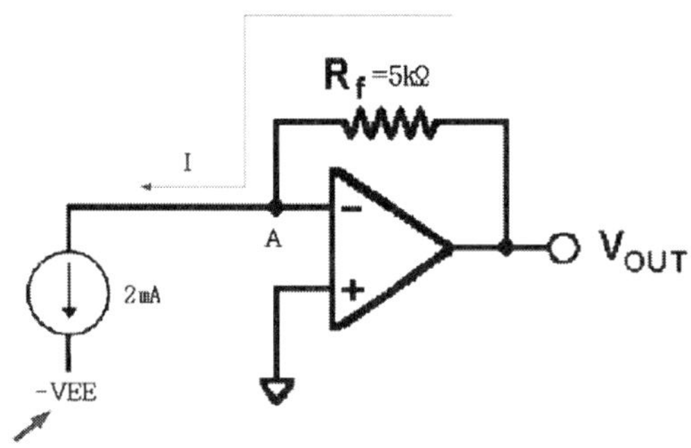

전압이 10V 임을 알았다. 그렇다면 이 전압의 극성은 어떻게 될까?
극성을 보는 관점은 매우 중요하다. 회로를 종합적으로 보아야 밝혀 낼 수 있는 사항이다.

DAC에서 2㎃를 끌어 당기게 되므로 위의 그림에서처럼 전류 방향은 연산 증폭기외부에서 DAC 안으로 들어가는 방향이 될 것이다. 따라서 DAC외부의 연산 증폭기 출력단은 (+)전압이 유기될 것이 분명하다. 그 이유는 전류는 전압이 높은 데서 낮은 데로 흐르기 때문이다.

더 구체적인 이유는 'A' 점이 가상단락 때문에 0V가 되는데, 이쪽으로 전류가 흘러 들어 온다는 의미는 연산 증폭기 출력단의 전압이 0V 보다 높지 않으면 일어날 수 없는 현상이기 때문이다. 노파심에서 다시 한번 강조하지만 가상단락으로 A점이 0V 전위가 되지만 그라운드가 절대 아니라는 점이다. 이곳을 0V라고 해서 그라운드로 생각하면 전류를 무한정 빨아 먹는 블랙홀이 되어 버려 회로해석은영영 물 건너 가게 된다.

☞(삿대질 하나)그리고 위의 회로에서 화살표 표시된 부분을 눈 여겨 보시라. AD565 블록선도(BLOCKDIAGRAM)을 보면 마치 전류 SINK 스위치들을 그라운드에 묶어 놓은 것처럼 보일 것이다. AD565 구성도의 ⑫번 다리를 보시라. 그러나 상식적으로 'A' 점 보다 전압이 낮아야 전류가 흘러 들어 올 것이 아닌가? 만약 화살표 표시된 부분이 그라운드라면 말이 되지 않는다. 어떤 수단을 쓴다고 해도 그라운드 대 그라운드의 전위차는 0V이기 때문에 전류는 흐를 수 없게 된다. 아마도 ANALOG DEVICE사의 구성도 그리는 사람이 깜빡 잊은 듯하다. 암만 생각해도 $-V_{EE}$가 맞을 듯하다. 중요한 것은 아니지만 그냥 지나치기에는 신경 거슬리는 구성도라 한마디 옆구리 질러 보았다.

DAC를 해석 할 때 두 가지를 기억하기로 하자.

대부분 외부에 연산 증폭기가 구성 되어야 동작한다(그러나 꼭 연산 증폭기일 필요는 없다. 외부에 저항만 있어도 전압은 유기 된다). 왜냐하면 DAC의 내부에 전류를 전압으로 바꾸어 주는 연산 증폭기가 들어 있는 것을 제외하고는 모두 전류흐름을 제어하는 소자이기 때문이다. 이때 발동 되는 것이 가상접지다. 이 점은 연산 증폭기해석에 있어서도 중요하고, DAC의 해석에 있어서도 아주 아주 중요하다.

또 하나 중요한 것은 'A' 점을 기준으로 전류의 방향이 어디 쪽으로 흘러가는가가 두 번째로 중요하다.

이 전류의 흐름으로 DAC의 동작을 분석하되 극성을 알 수 있게 되는 것이다. 시니컬하게 단정해서 결국 DAC이라는 소자는 전류를 가지고 장난?친 회로에 불과하다.

간단한 분석이었지만 분석한 내용이 모든 DAC을 해석할 수 있는 토대를 말한 셈이 된다. 양극(BIPOLAR) 동작이 AD565 DAC 해석의 백미(白眉)라 할 수 있을 것 같다.

아래 DAC 쪽 회로를 보면 꺅~ 복마전(伏魔殿)이다. 그러나 우리는 이제 저런 화장발이나 전신성형에 눈 하나 꿈쩍하지 않는다. 콧방귀 한번 껴주면 된다.지가 복잡하게 난리 부르스를 춘다 해도..지랄 맞은 회로에 이미 아타락시아(ataraxia, 평정심)를 가진 우리 눈에는 결국 전류원 밖에 값어치를 더 하겠느뇨?

이제 AD565A의 부품 규격표의 두 번째 회로가 나온다. 아래는 그 회로이다. ±5V Bipolar Voltage Output 회로는 건너 뛴다. ±10V Bipolar Voltage Output 동작과 유사하기 때문이다.

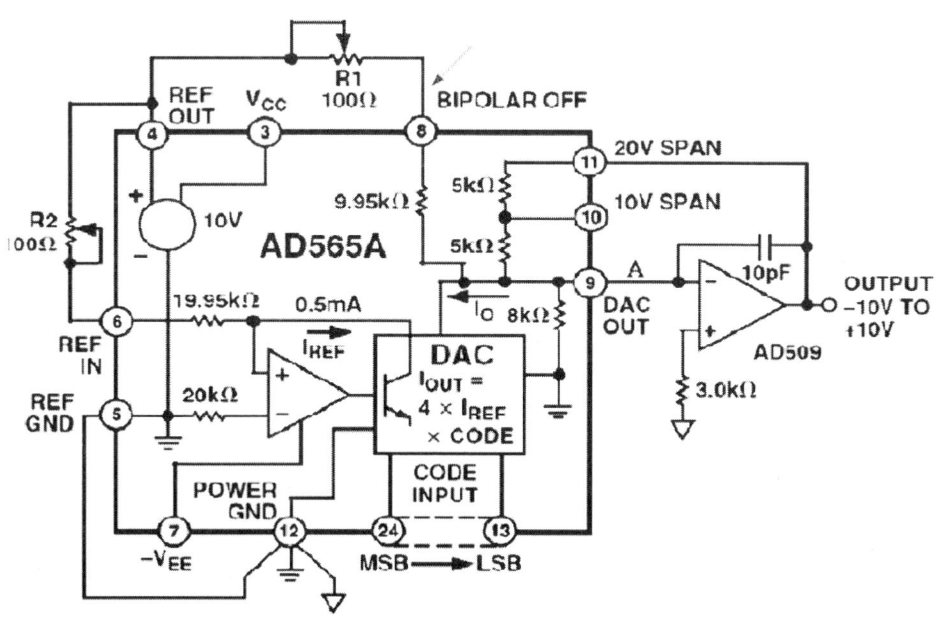

±10 V Voltage Output

AD565A 동작 분석의 진미(眞味)는 ±10V Bipolar 동작이라고 언질을 드렸다.

동작을 설명하기 전에 다른 것은 모두 설명 되었지만 색다른 것이 하나 나타났다. BIPOLAR OFF단에 REF OUT 10V가 PIN ⑧핀에 연결 되었다는 점이다. 이것이 무슨 의미를 갖는 것일까?

'A' 점은 외부에 달린 연산 증폭기 때문에 부궤환이 형성이 되어 있고, 따라서 가상단락에 의해 0V 전위를 갖는다.

그리되면 REF OUT이 10V이기 때문에 여기에는 DAC 안쪽으로 조건없이 무조건 강제 전류가 흘러야 들어 간다.

저항이 있고, 양단에 전압이 있으므로 오옴의 법칙에 의해 전류가 흐르지 않을 수 없다. 바로 이 전류가 AD565A가 Bipolar ±10V 동작 하는데 핵심중의 핵심이 된다. 일단 항상 흘러 들어 와야 하는 전류를 계산하기로 하자.

$$I_r = \frac{10V - 0V}{10K\Omega} = 1mA$$

REF OUT 전압은 10V로 일정하다(아마도 정전압 회로가 사용되었을 것이다). 이때 DAC의 ⑧단자 안에 붙은 저항이 9.95㏀으로 주어졌다. 이렇게 되어서는 1㎃가 흐르지 않게 된다. 그렇지 않은가?

$$I_r = \frac{10V - 0V}{9.95K\Omega} = 1.005mA$$

정확지가 않다. 어떻게 1mA를 맞출까? 외부에 가변 저항 R1을 달아 저항값을 조정해 1㎃로 맞추어 주게 되어 있다.

$$I_r = \frac{10V - 0V}{9.95K\Omega + X\Omega} = 1mA$$

DAC의 ±10V BIPOLAR 동작을 살펴보기로 하자. 위와 같이 회로를 구성하면 OFFSET BINARY동작이 된다.

DIGITAL INPUT MSB LSB	Straight Binary	ANALOG OUTPUT Offset Binary	Twos Complement
0 0 0 0 0 0 0 0 0 0 0 0	Zero	- FS	Zero
0 1 1 1 1 1 1 1 1 1 1 1	MidScale- 1LSB	Zero- 1LSB	+ FS- LSB
1 0 0 0 0 0 0 0 0 0 0 0	+ 1/2FS	Zero	- FS
1 1 1 1 1 1 1 1 1 1 1 1	+ FS- LSB	+ FS- LSB	Zero- LSB
DigitalInputCode *Inverts the MSB of the offset binary code with an external inverter to obtain twos complement.			

위의 입력 CODE에서 Straight Binary는 무슨 뜻이고, Offset Binary는 무슨 뜻이런가? 이런 것이 나오면 좀 짜증이 치민다.

우리는 이미 Straight Binary 입력을 넣었을 때 단극(Unipolar) 동작을 한다고 하는 것을 보았다.

정확히 입력 디지탈 코드에 따라 값이 정해진 것이 아니라 AD565 DAC의 주변회로 연결에 따라 동작이 결정 되었다. 그럼에도 불구하고 입력 코드를 저렇게 나눈 것은 어떤 심오한? 뜻이 있을 것 같다.

디지탈 신호처리에 대한 것 이겠지만 우리는 이해를 위해 편의적으로 설명을 하기로 하겠다.

Straight Binary는 권투로 치면 스트레이트와 비교하면 된다. 스트레이트란 훅과 잽과는 다르다 팔을 굽힘 없이 쭉 뻗어 주어 상대편 안면을 강타하는 방법이다. Straight Binary도 마찬가지의 개념을 가지고 있다. 그저 그대로 비트의 조작 없이 그대로 쭉 사용하라는 의미다. 부호고 나발이고가 없다. 0 비트가 많아 지면 값어치가 점점 작아지는 쪽이고, 1의 BIT가 많아지면 큰 값쪽으로 치우치는 것이다.

12 BIT DAC AD565를 가지고 분석하고 있으므로 12 BIT의 예를 들어 보기로 하자.

Straight Binary는 아주 작은 값부터 큰 값까지만 사용하면 된다. 그런데 여기에 부호 같은 훅이나 잽을 넣을 필요가 없다는 의미에서 직바로 사용하라는 의미를 담고 있다. 예를 들면

0000 0000 0000 이면 작은값

1111 1111 1111 이면 제일 큰값으로 사용하라는 말이다.이를 십진법으로 고치면

0000 0000 0000D은 0이 되고, 1111 1111 1111 은 4095까지의 값을 가진다. 바로 이 크기에 따라 DAC값의 크기도 정해준다는 의미를 갖는다. 우리가 Unipolar 동작에서 분석 했듯이 0000 0000 0000은 0V 출력을 나타냈고, 1111 1111 1111은 제일 큰 10V를 출력으로 내었다.

헌데 Offset Binary는 무슨 꿍꿍이를 가진 입력 코드가 될까? +, − 부호를 가진 가장 간단한 형태의 코드라고 볼 수 있겠다.

Offset이 무엇이었던가? 0 보다 어떤 레벨이든(+, 또는 −) 뜬 값을 오프셋이라고 규정한 바 있다. 따라서 Offset Binary도 뭔가 값이 한쪽으로 치우쳐 떠 있는 것을 상정하시면 되겠다. 오프셋이 떴다. 어떻게 뜬 놈이더냐?

쉽게 생각해서 Straight Binary에서 +F.S은 그대로 놔둔 것이 되, 0을 −F.S로 까지 끌어 내린 놈이라고 생각하면 이해하는 데 아주 쉽다. 그렇게 되면 0000 0000 0000은 −F.S까지 끌어 내리고, 1111 1111 1111 은 +F.S이 되어 버린다.

간단히 말해서 부호를 넣되 큰 놈은 그냥 놔 두고 작은 놈만 아랫 쪽으로 바짝 내려 놓은 것(OFFSET을 집어 넣은 것)이라고 생각하면 된다.

그렇다면 Offset Binary는 양극(BIPOLAR) 동작을 할 것이라는 짐작이 된다. 왜냐하면 극성

(+, −)부호를 집어 넣겠다는 의지가 뚜렷하기 때문이 아니겠는가? 위의 구성도를 이해하기 쉽게 간단히 그려 보기로 하겠다.

앗! 전류원 하나가 더 추가 되었다. 바로 추가된 저 놈이야 말로 DAC의 양극(BIPOLAR)동작을 일으키는 주범이 되겠다. 이 전류원이 부가되므로 인해서 DAC이 어떤 화학변화를 일으키는지 음미해 본다.

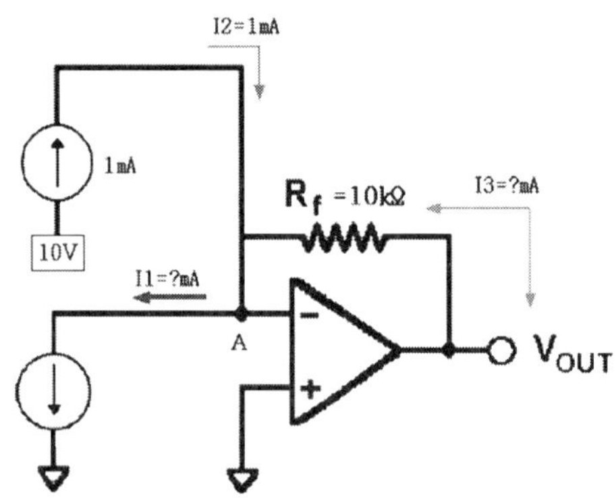

I2는 강제로 1mA가 A점을 향해 흐른다는 것을 명심하자. BIPOLAR 동작분석의 시작은 A라는 절점에서 KCL의 적용이다.

I2는 A 절점으로 강제로 흘러 들어오는 전류라고 했다. 이 전류 방향은 절대로 바뀌지 않는다. A점이 연산증폭기의 가상단락에 의해 0V 전위가 되고, 기준전압이 10V가 걸려 있게 되므로, 오옴의 법칙에 의해 무조건 무조건으로 A점으로 전류가 흐른다.

I1은 A 절점으로부터 흘러 나가는 전류가 된다. 이 전류의 방향도 바뀔 조짐은 없어 보인다. 다만 빅브라더가 프로그램하는 대로 값만 변화할 뿐이다. 그렇다면 방향에 지조없는 전류는 I3가 되겠다. 이 놈을 주시해서 보면 동작이 쉽게 풀린다.

디지탈 입력 값을 넣어 DAC의 스위치를 열고 닫아서 변화를 주시하자.

- 제어 BIT를 모두 0000 0000 0000으로 하면, DAC안의 전류 SINK 원은 모두 불통되어 개회로(OPEN 회로가 된다). 이때 강제로 흘러 들어 오는 전류 I2는 어디로 흘러가게 될까? 흘러 나갈 수 있는 부분은 딱 한 군데 밖에 없다. 외부의 연산 증폭기 출력단 쪽으로... 궤환 저항은 5kΩ + 5kΩ = 10kΩ 이다. 이때 유기 되는 전압은

  $$10\text{K}\Omega \times 1m\text{A} = 10V$$

  10V가 유발되는 것을 알았다. 그렇다면 극성은(+)가 될까? (−)가 될까?를 생각해 보아야 한다.

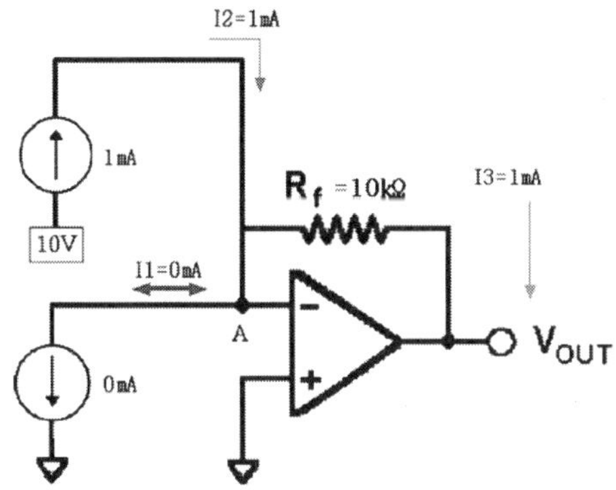

$$I_1 = 0mA$$
$$I_2 = I_3 = 1mA$$

아래 그림을 보면 명확하게 이해 하실 수 있을 것이리라.
전류 I2는 흘러 들어 와서 어디론가 흘러 나가야만 한다. 이때 'A' 점을 통해 연산 증폭기 출력쪽으로 흘러 나가기 때문에 연산 증폭기의 출력은 −10V가 된다. 표를 보시라. 0000 0000 0000 일 때 −F.S
.....−F.S, 즉 −10V가 된다고 하지 않았나?

- 제어 BIT를 모두 1111 1111 1111 로 입력 시킨다고 하자.
  DAC 안의 전류 SINK 원은 모두 도통되어 DAC은 마치 맨홀처럼 2mA를 먹어야 만족이 되게 된다. 'A' 점을 기준으로 현재 흘러 들어 오는 전류는 I2 = 1mA라는 것을 안다. 그러면 키르히호프의 전류의 법칙에 따라 1mA가 부족해진다. 어디에선가 반드시, 꼭 부족한 1mA를 끌고 와야만 한다. 어디서 끌고 와야 할까?

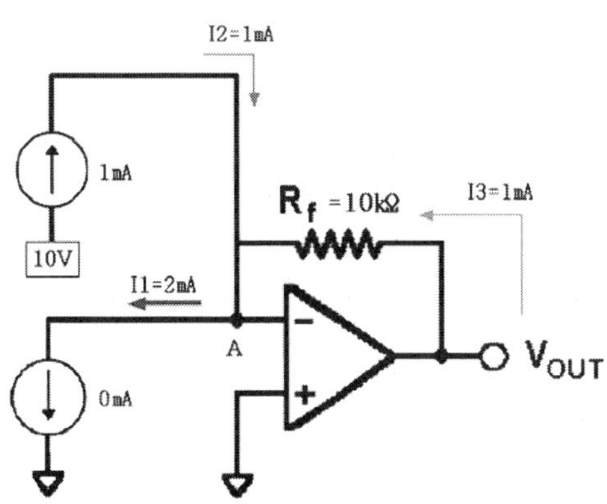

$$I_1=I_2+I_3=2mA$$
$$I_1=1mA\ ,\ I_2=1mA$$

그러췌! 바로 외부에 달린 연산 증폭기의 출력단쪽에서 1㎃를 잡아 당겨 와야 한다. 그래야 키르히 호프의 전류법칙(KCL)이 너끈히 만족되는 것이다.

KCL은 법칙이다. 회로 안에서는 반드시 지켜져야 하는 규칙이다. 그렇데 되면 역시 궤환저항 5kΩ + 5kΩ = 10kΩ 을 통해 전류 1㎃가 흐르게 되므로 10V가 유기된다. 'A' 점은 0V다. 그런데 전류 1㎃가 10kΩ을 통하면 10V가 유발 된다면, 그 10V는 연산 증폭기출력단에 나타날 것임에는 틀림없다. 이것을 잘 이해 해야만 한다.

사정이 그러하다면 극성은 어떻게 될까?

연산 증폭기출력단에서 0V인 'A' 점으로 전류가 밀려 들어 와서 DAC 안으로 들어가야 하므로, 여하튼 'A' 점 0V 보다는 높다는 것은 자명하다.

왜냐하면 전류는 전압이 높은 데서 낮은 데로 흐르는 것이어야만 하니까!! 그것이 법칙이니까!!!따라서

0V 보다 높은 극성은 +가 되며 +10V가 유발 될 것이 확실하다.

세번째로

- 제어 BIT를 모두 1000 000 000 로 입력 시킨다고 하자.
  DAC안의 전류 SINK 원은 MSB스위치만 도통되어 DAC 자신은 1㎃를 끌어 당기게 될 것이다. 1㎃만 끌어 당기고 있으므로 이를 만족시키는 전류는 I2이 1㎃이므로 KCL을 만족시킨다. 그렇다면 나머지 가지, 즉 연산 증폭기 전단에서 에서 전류를 가져오거나 흘려 보낼 필요가 없게 된다.

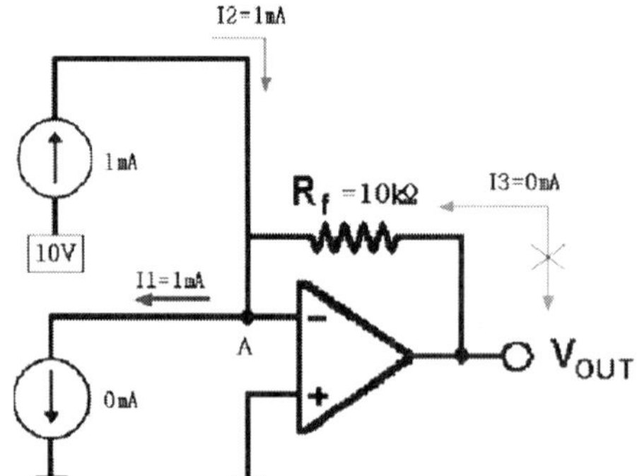

$$I_1=I_2=1mA$$

이때 연산 증폭기는 전류의 흐름이 없으므로 'A' 과 같은 전위가 되어야 전류 흐름이 없게 된다. 따라서 출력은 0V가 된다.

이때쯤 먼저 했던 말을 상기하셔야 한다. DAC은 0000 0000 0000을 잡으면 0mA를 잡아 당기고(또는 인가하고), 1111 1111 1111 이면 자기가 잡아 당길 수 있는(또는 인가할 수 있는) 전류의 최고 값을 잡아 당긴다. 이 명제는 변함이 없다..

DAC의 표에서 2의 보수(Twos Complement)말이 보인다. 뭐지?

AD565의 Twos Complement(2의 보수) 동작을 보기로 하자. 초간단하다. Offset Binary 입력 코드에서 최상위 비트(MSB)만 반전 시켜라!!!! 이것이 AD565의 Twos Complement 동작이다.

2의 보수라는 말을 들어 보았을 것이다. 흔히들 컴퓨터라는 물건이 내부에서 계산할 때 오로지 더하기 연산만 하기 때문에 빼기 연산을 위해 비트를 조작해준 것이라고 들었을 것이다. 맞다 2의 보수는 그런 계산을 위해 필요한 코드이다.

예를 들어 보자 4-3이라는 연산을 생각해 보자.

4는 2진수로 0100이고

3은 2진수로 0011이기 때문에 직 바로 빼기가 곤란하다. 아니면 업/다운카운터를 써서 한다고 치면 구성도 복잡하려니와 시간도 몇 배 걸릴 것이다. 비트대 비트로 일대일 대응시켜 계산하면 병렬로 바로 처리가 된다. 이를 위해 필요한 것이 2의 보수가 된다. 4는 그대로 놔두고 3에 대한 2의 보수를 만들어 보기로 하자.

4는 2진 코드로 0100이고, 3은 2진코드로 0011이다.

숫자 3에 대한

1의 보수 → 0은 1로, 1은 0으로----->1100

2의 보수 → 1의 보수 결과치에 LSB에 1을 더한다. 이놈의 의미가 -3이라는 것을 나타낸다. 따라서 최상위 비트는 부호를 결정한 것이 된다. ----- 1101

최상위 비트는 부호 비트가 된다.

그리고 디지탈 연산을 해보자 4+(-3)

```
  0100
 +1101
 ----
(1)0001(CARRY 발생은 무시)
```

1이 되었다.

하나만 더해 보기로 하자 3−4는 어떻게 될까? 먼저 4라는 놈의 2의 보수를 만들어 보기로 하자.

숫자 4에 대한

1의 보수 → 0은 1로, 1은 0으로 -----> 1011

2의 보수 -----> 1100

그리고 3+(−4)의 연산을 해보자.

```
  0011
 +1100
  ----
  1111
```

이 값은 −1이라는 값이 될까?

1(=0001)이라는 수의 2의 보수를 보자.

1의 보수 -----> 1110

2의 보수 -----> 1111

−1이 1111 이기 때문에 결과는 제대로 나왔다.

이제 정리를 하면 되겠다.

AD565가 12개 BIT를 입력 코드로 가지기 때문에 12개의 입력 BIT로 생각해 보자. 2의 보수에서 최상위 BIT는 부호가 되는 것을 확인하였다. 디지탈 공학에서는 최상위비트(MSB)를 다음과 같이 약속한다.

1이면 →(−)

0이면 →(+)

따라서 제일 큰 값은 0111 111 111이 될 것이고, 제일 작은 값은 1000 0000 0000이 될 것이다. AD565의 표를 보기로 하자 .

DIGITAL INPUT MSB LSB	Straight Binary	ANALOG OUTPUT Offset Binary	Twos Complement
0 0 0 0 0 0 0 0 0 0 0 0	Zero	- FS	Zero
0 1 1 1 1 1 1 1 1 1 1 1	MidScale- 1LSB	Zero- 1LSB	+ FS- LSB
1 0 0 0 0 0 0 0 0 0 0 0	+ 1/2FS	Zero	- FS
1 1 1 1 1 1 1 1 1 1 1 1	+ FS- LSB	+ FS- LSB	Zero- LSB
DigitalInputCode *Inverts the MSB of the offset binary code with an external inverter to obtain twos complement.			

위의 표에서 2의 보수(Twos Complement)를 입력코드와 관련해 주목해서 꼼꼼히 보시라. 결국 디지탈 세계에만 맴도는 사람들을 위해 그 코드체계의 개념에 맞게 아날로그 회로를 디자인해 준 것에 불과하다. 디지탈 공학에만 미친 사람들은 아날로그 세계를 잘 이해하지 못한다. 그들을 위한 배려인가? 아무튼 매트릭스처럼 짜여지고, 거미줄 같이 엮여진 세계에서 독자노선은 고립되기 십상이다. 서로의 인터페이싱은 아주 중요하다. 국가도 교류가 없으면 얼마나 비참해 지는지 현실로 보고 있지 않은가! 주체사상? 어쩌다 우리민족한테서 개에게 줘도 먹지 않을 수상쩍은 물건이 나왔는고? 백성을 거지 중의 상거지로 만드는 한심한 족속들 그게 정치라면 당장 때려 치워야 하지 않겠는가? 한편 그걸 동경한다고 주사파 간판을 당당히 내걸어 단체 조직하는 인간들은 도대체 패륜의 대갈통을 가졌단 말인가? 또 말이 삼천포로 빠지네....

예상대로

0111 111 111는 +F.S이 나왔고, 1000 0000 0000는 −F.S이 나왔다. 회로적으로는 어떻게 만들면 될까? 아주 간단하다. 위의 표에서 별(*)표 각주를 보면 Offset Binary에서 최상위 BIT(MSB)만을 반전시키면 된다고 나와 있다. 회로적으로 다음과 같이 처리해주면 Offset Binary가 Twos Complement로 변환이 된다.

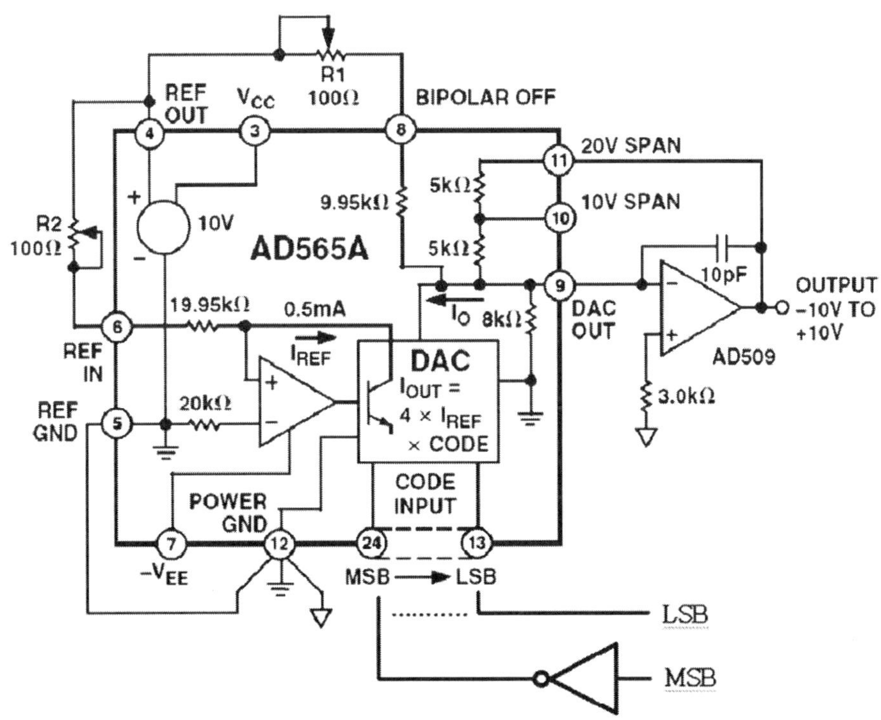

동작을 간단하게 설명하기로 한다. 뭐 동작 설명은 거의 사족이다.

- 입력 코드를 모두 0000 0000 0000으로 기입한다.
  Offset Binary에서는 −10V(−F.S)이 나왔다. 그러나 최상위 비트가 반전 되므로 실제 AD565에는 1000 0000 0000이 입력되어 0V가 출력 된다.
- 입력 코드를 모두 1111 1111 1111으로 기입한다.
  Offset Binary에서는 10V(−F.S)이 나왔다. 그러나 최상위 비트가 반전 되므로 실제 AD565에는 0111 1111 1111이 입력되어 0V−1LSB가 출력 된다.
- 입력 코드를 모두 1000 000 000으로 기입한다.
  Offset Binary에서는 0V(−F.S)이 나왔다. 그러나 최상위 비트가 반전 되므로 실제 AD565에는 0000 0000 0000이 입력되어 −10V가 출력 된다.

Offset Binary입력 코드에 대한 AD565의 결과는 회로에 MSB 코드에만 반전소자를 달아 주면 Twos Complement 동작을 하게 만든다. 아래는 위키백과사전에 실린 표이다. Offset Binary에서 Twos Complement 를 변환하는 방법이다. 위에서 연산한 코드들과 비교하시라 올려 놓는다.

Offset Binary code, K=8	Decimal code	Two's complement Binary
1111	7	0111
1110	6	0110
1101	5	0101
1100	4	0100
1011	3	0011
1010	2	0010
1001	1	0001
1000	0	0000
0111	-1	1111
0110	-2	1110
0101	-3	1101
0100	-4	1100
0011	-5	1011
0010	-6	1010
0001	-7	1001
0000	-8	1000

이런 방법을 가지고 AD565의 표를 다시 재작성해 보기로 하자.

DIGITAL INPUT MSB LSB	Offset Binary	Offset Binary 최상위비트 반전시킴	Twos Complement
0 0 0 0 0 0 0 0 0 0 0 0	-FS	1 0 0 0 0 0 0 0 0 0 0 0	-FS
0 1 1 1 1 1 1 1 1 1 1 1	Zero-1LSB	1 1 1 1 1 1 1 1 1 1 1 1	Zero-1LSB
1 0 0 0 0 0 0 0 0 0 0 0	Zero	0 0 0 0 0 0 0 0 0 0 0 0	Zero
1 1 1 1 1 1 1 1 1 1 1 1	+FS-LSB	0 1 1 1 1 1 1 1 1 1 1 1	+FS-LSB

Offset Binary 코드에서 최상위 비트만 바꾸면 Twos Complement 코드가 된다는 것을 알 수 있다. 반대로 Twos Complement 동작보다는 Offset Binary 동작이 훨씬 쉽게 이해가 되므로, Twos Complement 입력코드의 최상위 비트를 반전시켜 AD565의 BIPOLAR동작을 하는 Offset Binary 입력코드 동작으로 환산하면 동작이 간단히 정리가 될 것이다.

1-31. AD7533 부품 규격표 이해하기

AD7533 CMOS Low Cost, 10-Bit Multiplying DAC의 내부의 전류원을 만드는 회로를 뒤져 보기로 하겠다.그냥 보면 저항이 다닥다닥 붙어 있어 일단 엄두부터가 나지 않는다. 그러나 규칙을 찾아 내면 어려울 것이 없는 회로이다. 이 회로를 분석하면서 일반적인 DAC의 전류원이 요런식으로 조합되는 것이겠구나~ 감을 잡을 수 있다.

한번 내부회로를 보기로 하자.

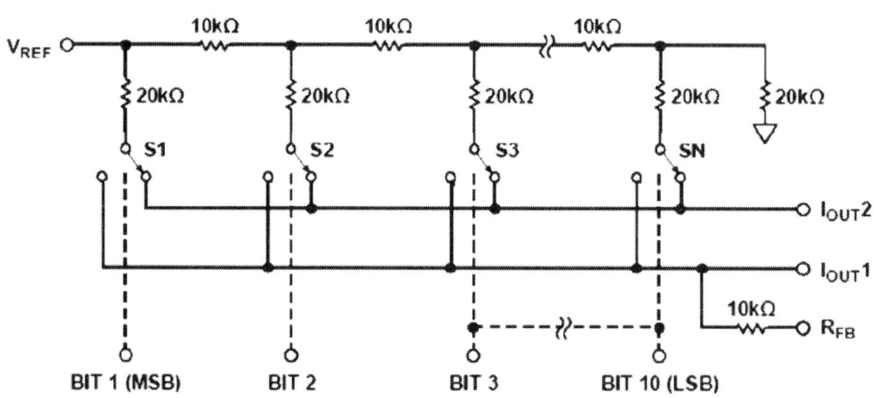

복잡해 보이는가? 저항이 3개 이상만 나와도 이상반응을 보이는 사람들이 있다. 근데 이건 3개 이상 정도가 아니라 아예 도배를 해 버렸다. 도배기술이 끝내 준다. 피라미만 요리하다 참치 만난 격이다.

가만히 주의를 집중하여 관찰해 보자. 복잡해 보이지만 무엇인가 규칙을 가진 것을 찾을 수 있다. 규칙을 찾는 것이 계산에 도움이 되는 것인가? 그렇다 거저 먹기로 도움이 된다.

저 회로는 보통 'R-2R LADDER' (R-2R 사다리) 구조라고 불리는 회로이다.

누누이 이야기 하지만 전기전자 종사자들은 작명철학과는 담을 싼 사람들이다. 보통 작명을 할 때 눈에 보이는 형태가 다른 사물과 비슷할 때는 무대뽀로 거기다 대고 이름을 붙인다. 이 회로에 사다리라는 이름을 붙인 것도 상상의 빈곤이긴 마찬가지다.

저항들을 세로로 세우면 사다리처럼 보인다. 보기에 가로로 누워 있는 비사용 중인 사다리가 되어 놔서 사다리처럼 보이지 않겠지만...

먼저

AD7533 DAC가 디지탈 제어 비트를 잡는 것에 따라 얼마 만큼의 전류가 두 출력단(Iout1과 Iout2)으로 흘러 나가는지를 계산해 보기로 하자.

알아야 할 것은 제어비트가 HIGH가 되면 스위치(S1~S10)들은 처음 스위치가 붙어 있는 상태(이걸 DEFAULT상태라고 한다) Iput2에서 Iout1으로 옮겨 진다. 즉 스위치가 Iout1쪽으로 붙는다.

스위치 S1이 Iput2에서 Iout1 으로 붙을 때 Iout1으로 흘러 나가는 전류를 계산해 보자.

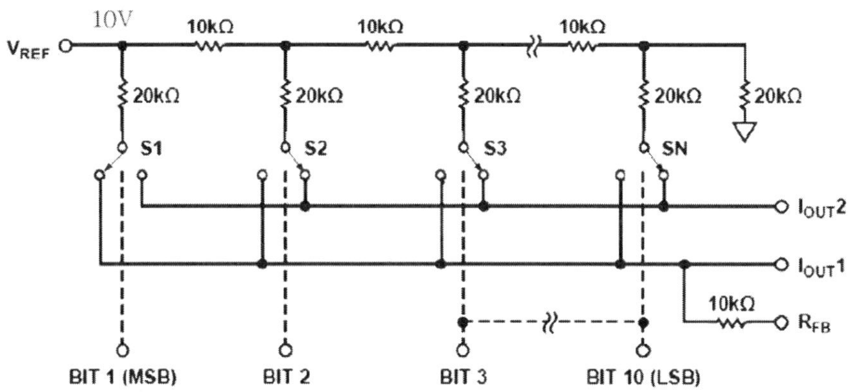

이 전류를 계산하기 위해서는 AD7533의 Iput1과 Iout2이 DAC 외부와 회로연결이 어떻게 되어 있는지 살펴보아야 한다. 보통은 아래 회로와 같이 연결이 된다.

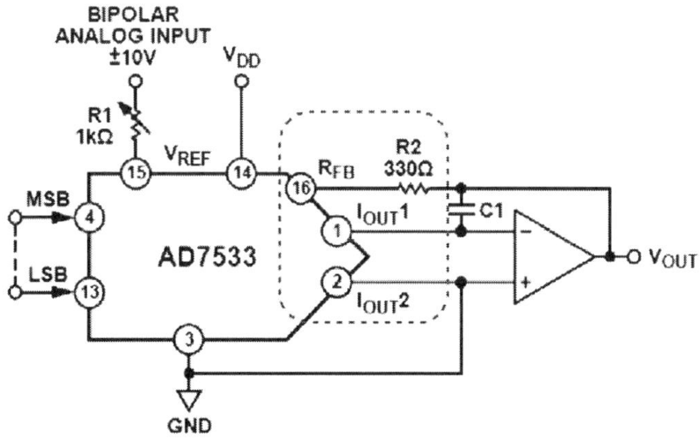

위의 연결은 단극성 동작(Unipolar Binary Operation)을 하는 연결이다.

지금 중요한 점은 Iput1과 Iout2이 어디에 연결 되어 있는지 확인하는 것이다. 앞의 연산 증폭기가 붙어 궤환이 형성 되어 있기 때문에 가상단락 현상이 일어날 것이고, 그렇게 되면 Iput1 = 0V, Iout2 = 0V(Iout2는 그라운드에 연결 되어서 0V, Iput1은 가상단락 때문에 0V 전위)가 될 것이다. 그러면 비로소 S1이 Iout1에 연결할 때 이때 흐르는 전류가 계산 할 수 있는 여건이 마련된다. 가상단락이 아니면 계산하는 것이 가능하기나 할까? 가상단락(IMAGINARY SHORT)은 두고 두고 써 먹을 감초 같은 현상이다.

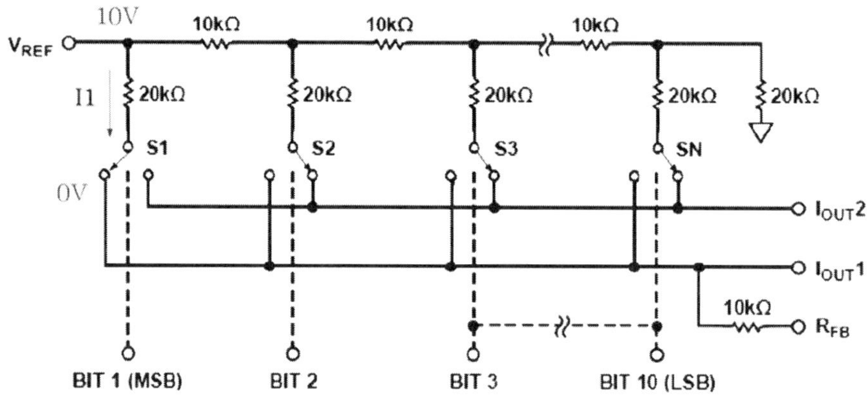

회로가 위와 같이 구성된다면 S1에 흐르는 전류 I1은

$$I_1 = \frac{10V - 0V}{20K\Omega} = 0.5mA$$

가 계산 되었다(DAC앞에 붙은 연산증폭기 가상단락 현상 때문에 Iout1은 전압으로 따져 0V임을 잊지 말아야 한다. 이를 놓치면 해석은 오리무중으로 된다).

문제는 두번째 S2가 Iput2에서 Iout1으로 연결 될 때 S2에 흐르는 전류를 구하는 것이 문제다.

그러나 걱정 하지 마시라 전류를 계산하는 내부 스위치들이 너무 기계적이라 계산이 쉽게 이루어 진다. 두번째 S2를 계산하면 나머지는 반복 되는 것이기 때문에 예측만 해주면 된다.

그럼 두번째 S2를 스위치 잡았을 때 전류를 계산해 보기로 하자.

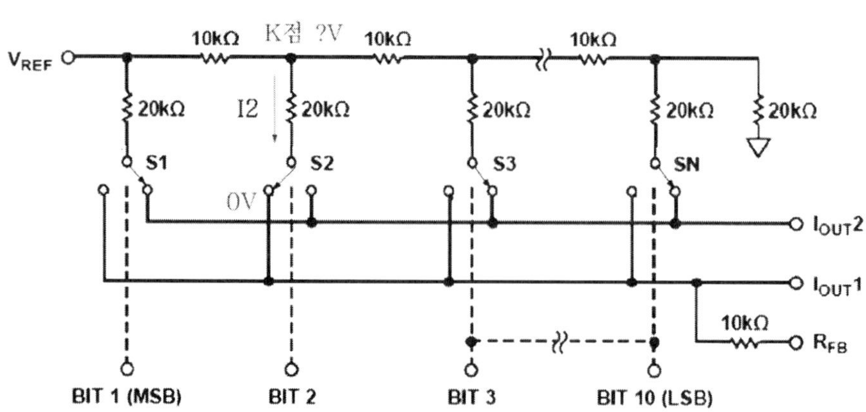

전류를 계산하기 위해서는 전압부터 알아 보아야 한다.

S2윗 단(임시로 K점 이라고 하자)에 걸리는 전압은 얼마가 되느냐가 계산의 관건이 되겠다.

AD7533은 10 BIT DAC이다. 위의 스위치 그림은 10개 전부 그려진 것이 아니고 S3~S10까지는 생략 되었다. 이쪽 회로를 생각하지 않으면 계산하기 어려워 진다. 보기에는 매우 복잡하게 보인다. 그러나 같은 저항들이 반복 해서 설계되어 있는 것에 주목하기로 하자.

번거롭겠지만 S10(회로에서는 SN)아래에서부터 저항 계산을 해야 전압이 계산 된다.

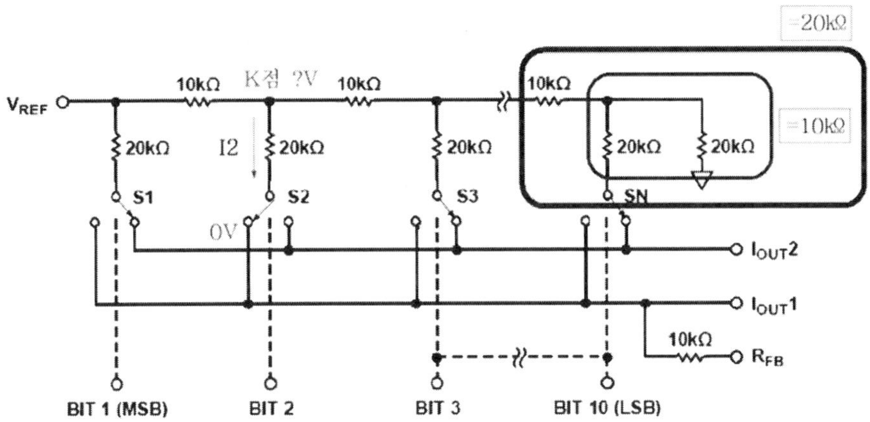

작은 원안으로 표시된 부분부터 저항을 계산해 보기로 하자. 얼마인가?

눈으로 척 봐서 바로 나오지만 혹시 잊어 버린 분을 위해 상세히? 계산해 보면 20kΩ 두 개가 병렬로 연결 되어 있으므로(= 20kΩ//20kΩ)

$$R_T = \frac{20K\Omega \times 20K\Omega}{20K\Omega + 20K\Omega} = 10K\Omega$$

이 저항이 10kΩ 과 직렬 연결 이 되어 버리므로, 회로의 큰 원 안에 있는 저항 값은 다시 20kΩ이 되어 버린다.

여기서부터는 반복이 된다. 이것이 이제 규칙이다.

따라서 S9에 있는 20kΩ 과 병렬저항이 되므로 계산하면 다시 10kΩ이 되고, 다시 S8에 있는 10kΩ과 직렬 연결 되어 20kΩ이 되고.......(똑 같은 방식으로 쭉쭉 계산)되다 보면 ....

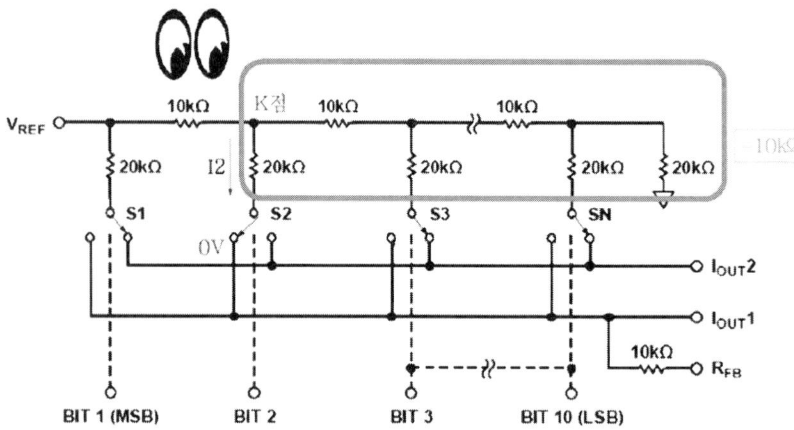

따라서 이 회로가 가지고 있는 규칙을 잘 보여 주는 그림이 있다. 한번 가져와 보기로 한다. 그러면 저항이 사다리꼴 형태로 되어 있는 회로가 얼마나 간단한 디자인으로 되어 있는지 확인하게 될 그림이다.

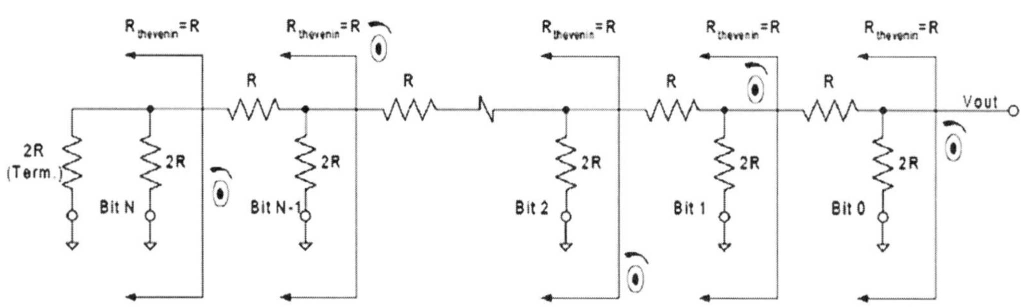

Thevenin Resistance

R−2R LADDER의 일반적 형식이라고 할까? 방향은 반대로 되어 있지만 이해하는 데는 걸림이 되지 않을 것이다.

$$2R//2R = R$$
$$\rightarrow R + R = 2R$$
$$2R//2R = R$$
$$\rightarrow R + R = 2R$$

.

.

.

$$2R//2R = R$$
$$\rightarrow R + R = 2R$$

테브닌이라는 말이 나왔을 때는 어려워 하지 말고 어디에서 바라다 보았을 때의 저항이라고 생각해 주면 된다. 눈들이 둘쭉날쭉 이지만 바라다 보는 지점은 동일하다. 저 관점에서 회로를 바라다 보았을 때의 저항을 각 비트별로 순차적으로 암산해 보라 막시무스 간단하다.

N개의 BIT라도 문제없다. 예전에 광고 카피중에 "개구장이라도 좋다 튼튼하게만 자라다오"라는 말이 있었다. 비트수가 많더라도 좋다. R-2R LADDER 로만 디자인해 다오...

테브닌 저항(Thevenin Resistor)이라고 써 있기 때문에 그냥 부하저항을 어디에서 바라다 본 저항이라고 생각하면 된다고 이미 언질을 드렸다.

기계적으로 배치되어 있는 저항이기에 K 점에서 나머지 비트를 구성하는 저항을 바라다본 전체저항, 간단하게 전체 합성저항이 20㏀이 되어 버렸다.

그렇다면 S2에 걸리는 전압이 계산이 될 것이다. S1에 걸렸던 전압이 10V였기 때문에 이 전압이 분압되어 K점에 걸리는 전압은? 반절로 뚝 떨어진다.

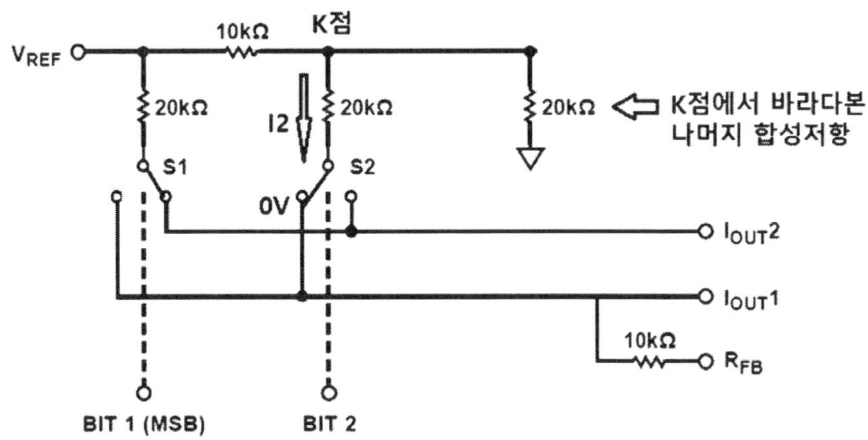

$$V_K = \left(\frac{10K\Omega}{10K\Omega + 10K\Omega}\right) \times 10V = 5V$$

전압이 구해졌으므로 S2에 흐르는 전류 I2가 구해질 것이다.

$$I_2 = \left(\frac{5V}{20K\Omega}\right) = 0.25mA$$

S2에 흐르는 전류 I2는 정확히 S1에 흐르는 전류의 반에 해당 되게 되었다.

이런 식으로 논리를 확장시키면 S3에 흐르는 전류는 0.125㎃가 되고 S4에 흐르는 전류는 0.0625㎃...가 되는 것을 강력하게 예감할 수 있게 되었다.

10개의 스위치를 다잡았다고 가정하고 이 전류를 전부 더하기 하면 대략적으로다가 1㎃가 된다. 이 전류가지고 놀아 보겠다는 것이다. 모르면 되지게 복잡하고, 알면 초간단한 것이다.

이제 디지탈 제어 비트에따른 전류의 양을 계산하였기 때문에 AD7533의 동작과 출력전압을 계산할 수 있게 되었다. 계산해 보기로 하자.

먼저 단극성(Unipolar)으로 동작하는 것을 분석하기로 한다. 아래는 단극성 동작에 대한 표이다. 참고하시라. 스위치를 다 잡았을 때 −1LSB가 되는 이유는 DAC08을 분석할 때 설명 드린다고 이미 언명 하였다. 조금만 더 기다리시라. 지금은 단지 DAC마다 스위치를 다 잡았을 때 표에는 항상 1LSB(1BIT) 작은 값이 모조리 들어 있다는 것을 이상하다 여기기만 하면 된다.

MSB				DIGITAL INPUT					LSB	Analog Output
1	1	1	1	1	1	1	1	1	1	$-V_{REF}\left(\frac{1023}{1024}\right)$
1	0	0	0	0	0	0	0	0	1	$-V_{REF}\left(\frac{513}{1024}\right)$
1	0	0	0	0	0	0	0	0	0	$-V_{REF}\left(\frac{512}{1024}\right) = -\left(\frac{V_{REF}}{2}\right)$
0	1	1	1	1	1	1	1	1	1	$-V_{REF}\left(\frac{511}{1024}\right)$
0	0	0	0	0	0	0	0	0	1	$-V_{REF}\left(\frac{1}{1024}\right)$
0	0	0	0	0	0	0	0	0	0	$-V_{REF}\left(\frac{0}{1024}\right) = 0$

Unipolar Binary Code

아래회로는 단극성으로 동작할 때의 AD7533 회로도이다.

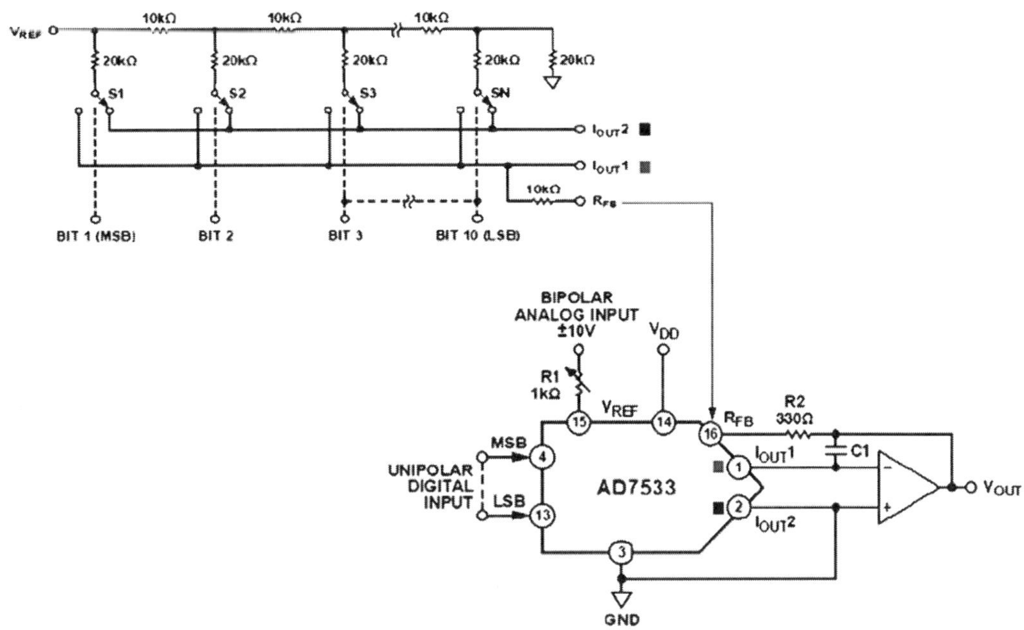

연결관계를 잘 확인해야 한다. 궤환저항 10㏀이 Iout1에 붙어 있다. 그리고 Iout2는 그라운드에 붙어 있기 때문에 Iout2에 흘러 나가는 전류는 별로 의미가 없게 된다. 확인하셨는가? 그렇다면 분석은 식은 죽 먹기다.

- 디지탈제어 비트를 모두 HIGH 로 잡는다(MSB-> 1 111 111 111<-LSB)
  AD7533의 내부 스위치 S1~S10까지 모두 Iout1으로 연결된다. Iout2는 AD7533 외부에서 그라운드와 연결되므로 이쪽으로 흐르는 전류는 신경 쓰지 않아도 된다.
  이 때 Iout1에 흐르는 1㎃ 전류가 흐르게 된다. 이 전류가 궤환저항 10㏀을 통해 연산 증폭기 출력쪽으로 흘러 나가게 되므로 전압은 10V가 된다(실제는 9.990V −1LSB만큼 적다). 그러나 계산의 편의를 위해 10V로 쓰기로 한다.
  극성은 어떻게 되는 것인가?
  그렇다 전류는 전압이 높은 데서 낮은 데로 흐르기 때문에 연산 증폭기출력단은 0V보다 적은 전압이라고 추정되고, 전압이 이미 10V강하가 되었으므로 최종적으로는 −10V가 출력된다. 아직도 왜 −10V가 되는지 모르시는 분들을 위해 다시 한번 설명 드리겠다. 아래 회로를 보시라.

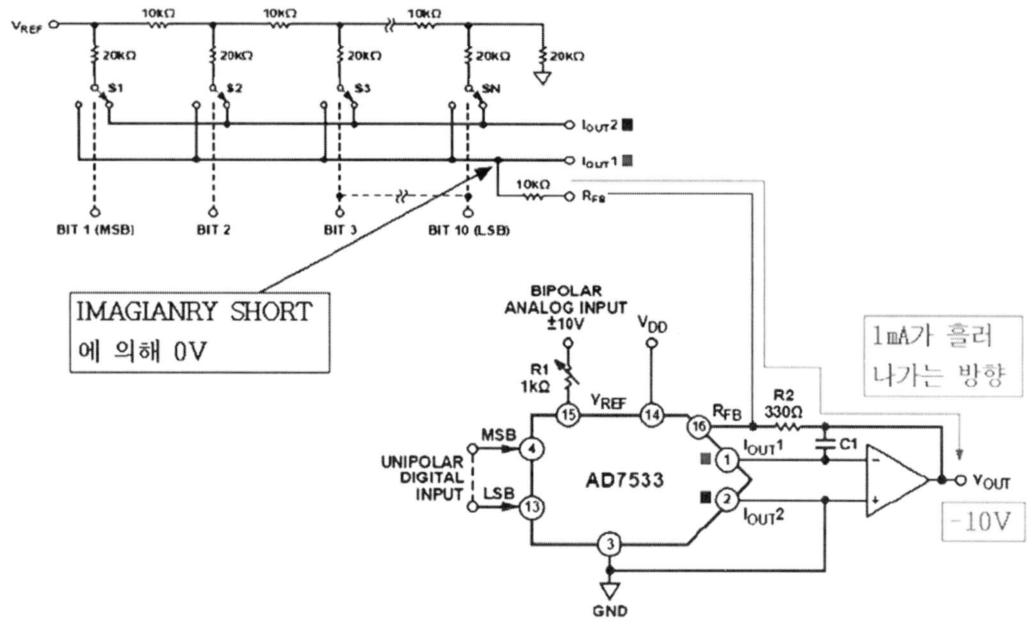

그라운드전위보다 연산 증폭기출력이 낮으니 전류가 흘러 나가게 되는 것이다. 0V보다 낮으니 (−)전압 일수 밖에 없지 않은가!

– 디지탈제어 비트를 모두 LOW로 잡는다(MSB-> 0 000 000 000<-LSB).
  AD7533의 내부 스위치 S1~S10까지 모두 Iout2로 연결된다. Iout2는 AD7533 외부에서 그라운드와 연결되므로 이쪽으로 흐르는 전류는 역시 신경 쓰지 않아도 된다.
  전류흐름이 없는 개회로가 되었다. 연산 증폭기출력전압은 얼마인가? Iout1이 가상단락에 의해 0V이기 때문에 그대로 0V가 된다.

다음은 양극성동작(BIPOLAR)을 살펴보기로 하자. 단극성 동작을 이해 하였으면 양극성 동작은 연산 증폭기회로 해석에 가깝다.

DIGITAL INPUT (MSB … LSB)										Analog Output
1	1	1	1	1	1	1	1	1	1	$+V_{REF}\left(\frac{511}{512}\right)$
1	0	0	0	0	0	0	0	0	1	$+V_{REF}\left(\frac{1}{512}\right)$
1	0	0	0	0	0	0	0	0	0	0
0	1	1	1	1	1	1	1	1	1	$-V_{REF}\left(\frac{1}{512}\right)$
0	0	0	0	0	0	0	0	0	1	$-V_{REF}\left(\frac{511}{512}\right)$
0	0	0	0	0	0	0	0	0	0	$-V_{REF}\left(\frac{512}{512}\right)=0$

Bipolar(Offset Binary) Code

양극성 출력을 얻기 위한 AD7533회로는 아래와 같다(AD7533의 내부를 생각하고 회로를 보시라).

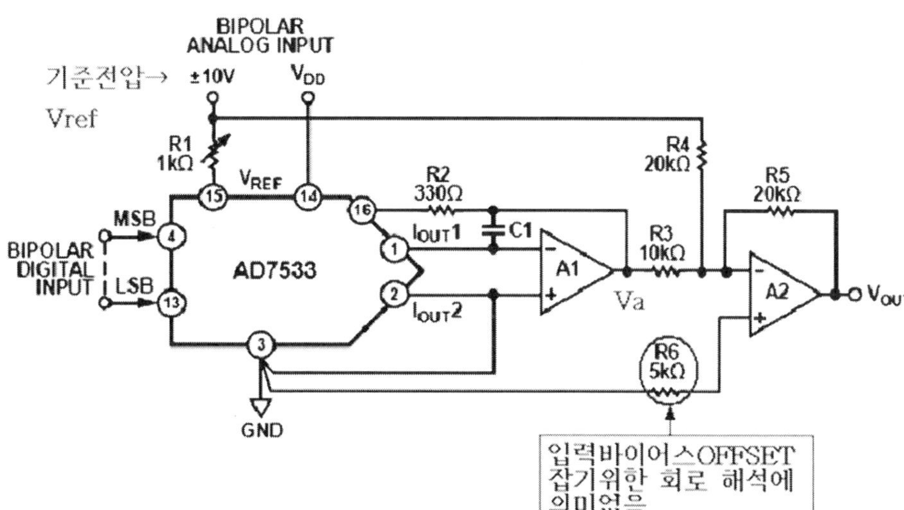

회로를 보니 역시 연산 증폭기를 알아야 DAC을 분석할 수 있구나 하는 것을 느낄 것이다.그러나 염려되시지는 않을 것이다. 너무나 잘 아는 가산기를 하나 떡 허니 추가로 붙여 놓았을 뿐이다. 가산기는 각각의 입력을 반전증폭기로 생각하시라 했다. 그렇다면 분석은 거진 다한 것이나 마찬가지다.분석이랄게 뭐 있나?

그래도 한번 보시기로 하겠다. 기준전압은 +10V로 상정하기로 한다.

- 디지탈제어 비트를 모두 HIGH 로 잡는다(MSB-> 1 111 111 111<-LSB)

  Va 출력은 이미 단극성 동작에서 살펴 본 바와 같이 −10V가 나오게 된다. 그런데 공교롭게도 출력단의 가산기 입력으로 기준전압이 또 하나 들어 온다 아무래도 가산기에 대한 식을 세워야 할 듯 싶다.

$$V_{OUT} = -\left(\frac{20K\Omega}{20K\Omega} \times V_{ref} + \frac{20K\Omega}{10K\Omega} \times V_A\right) = -\left(V_{ref} + 2V_A\right) --- (1)$$

  따라서 제어비트를 모두 잡았을 때는

$$V_{OUT} = -\left(V_{ref} + 2V_A\right) = -(10V + 2(-10V)) = +10V$$

  표를 보시라 맞는가? 맞았다. 가산기를 이용해 양극성 출력 중 하나를 얻어 내었다.

- 디지탈제어 비트를 모두 LOW로 잡는다(MSB-> 0 000 000 000<-LSB).

  Va 출력은 이미 단극성 동작에서 살펴 본 바와 같이 0가 나오게 된다. 이 값을 식(1)에 대입하기로 하자.

$$V_{OUT} = -\left(V_{ref} + 2V_A\right) = -(10V + 2 \times 0V) = -10V$$

  역시 틀림없이 맞았다.

- 디지탈제어 비트에서 최상위 비트만 HIGH로 잡는다(MSB-> 1 000 000 000<-LSB)

  Va 출력은 단극성 동작에서 미루어 알 수 있듯이 −5V가 나오게 될 것이다. 이 값을(1)식에 대입하기로 하자.

$$V_{OUT} = -\left(V_{ref} + 2V_A\right) = -(10V + 2 \times (-5V)) = 0V$$

역시 AD7533 출력값 표에서 보는 바와 같이 딩동댕! 이다.

DAC는 연산 증폭기의 가상접지를 꼭 알아야 풀어 낼 수 있다. 기타 나머지는 간단한 회로지식을 가지면 문제 될 것이 없다.

헌데 AD7533 CMOS Low Cost, 10-Bit Multiplying DAC이라고 하는데, 도대체 Multiplying DAC이란 무엇을 의미하는가? 직역해서 곱하기 하는 DAC인가? 줄여서 MDAC...이것이 문제로다. 기술자료들을 훑어보면 MDAC이란 말은 많이 사용하는데 정작 MDAC이 무엇인지 설명한 곳은 거의 없다. MDAC이 뭔지 모르고 사용했다는 혐의가 짙다.

1-32. Multiplying DAC이란 뭐지

이제 우리는 두 가지 DAC에 대하여 간단하게 분석을 마쳤다.두 가지 DAC이란 하나는 AD565A는 High Speed 12-Bit Monolithic D/A Converters 이였고, 다른 하나는 AD7533 CMOS Low Cost, 10-Bit Multiplying DAC 이였다.

사실 두 가지 DAC을 분석 했다면 두 가지 커다란 범주의 DAC을 분석한 것이었다.

혹시 눈치 채었는가? AD565와 AD7533 DAC의 명칭을 보시라. 다른 것이 하나 있다. AD565에는 HIGH SPEED라는 이름이 붙어 있어 빠르기가 다르다는 것이 특징적 차이일까? 빠른 것은 장점은 될 수 있을 지 몰라도 종류가 구별 될 만큼의 특별한 특징이 되지 못한다. AD7533에는 LOW COST라는 명칭이 붙어 비용이 적게 든다는 것이 AD565와 다른 차이가 될까? 그것도 아닌 것 같다

아주 크게 차이나는 것이 있다.

AD7533은 Multiplying이라는 딱지가 붙어 있다. 보통 이것을 줄여 MDAC 이라고 줄여 부르는데, 들어들 보셨을 것이다. DAC을 공부한 사람치고 MDAC을 모르는 사람은 없을 것이다. 그런데 문제는 MDAC을 제대로 이해하지 못하고, DAC이라고 하면 디지탈 제어 코드로 출력을 DC로 뽑아 내는 것만을 아는 것이 고작일 듯 싶다.

인터넷을 헤쳐봐도 제대로 설명된 곳이 없다. 이럴 때 제일 난감하다. 너무 쉬워서 설명하지 않은 것인지? 모르지만 슬쩍 안다는 제스춰를 취해 주는 것인지? 대체 뭐냔 말이냐?

일반 DAC와 MDAC의 차이는 무엇이란 말인가?

우리가 일반적으로 DAC이라고 말하는 것, 즉 디지탈 제어 코드로 직류 출력을 얻어 내는 방식에는 기준전압이 대략적으로 고정이 되어 있다고 해서 fixed-reference DAC이라고 한정해서 부르기도 한다.

그렇다면 MDAC란 뭐란 말인가?

우리는 이미 AD7533을 통해서 MDAC의 특징을 살펴보았다. 아직 정리가 되지 않았을 뿐이다. 말로 정리가 되면 일반 DAC와 MDAC의 차이를 모호한 개념에서 개념분화의 길로 뻗어 나가게 될 것이다.

MDAC은 한마디로 말하면 넓은 범위의 기준전압을 디지탈제어 코드로 이득을 제어하는 DAC이라고 할 수 있다. 넓은 범위의 기준전압이라 함은 다양한 직류 기준 전압에서부터 다양한 교류전압까지를 포괄하여 지칭하는 것이다. 이 전압들이 디지탈 제어 코드를 통해 이득을 조절

할 수 있기 때문에 수다하게 많은 조합을 이룰 수 있을 것이다. 이렇게 다양한 기준전압을 여러 디지탈 제어 코드로 이득을 조정하여 곱해준다고 해서 Multiplying DAC라고 하는 것 같다.

영어 사전을 보면 Multiplying 이라는 사전적 의미는

1. 중복하는, 복합하는

2. 곱셈하는 이라는 의미를 갖고 있다.

개인적인 생각에 MDAC 이라는 소자에는 사전적 의미 두 가지를 다 포괄하는 성격을 가지고 있기 때문에 특정해서 부른 것이 아닌가 한다. 딱히 MDAC의 정의를 찾을 수는 없다.

첫번째로 복합한다는 의미로는 다양한 입력과 이득을 조합할 수 있다는 의미에서 합치하고,

두번째로 곱셈한다는 의미는 원래가 DAC이라는 소자가 기준전압을 제어된 디지탈 코드의 값과 곱해주는 기능을 기본적으로 가지고 있기 때문에 두 가지 의미를 다 포괄해서 MDAC이라고 부른 것 같이 보인다.

거칠고, 손쉽게 구별하는 방법은 DAC의 출력이 IOUT1이니, IOUT2라는 것이 붙어 있으면 거의다 MDAC이라고 봐도 된다.

일반 DAC을 대표해서 우리는 AD565A를 분석해 보았다. 다시 한번 구조를 살펴 봄으로써 MDAC과의 구조적 차이를 생각해 보기로 하겠다.

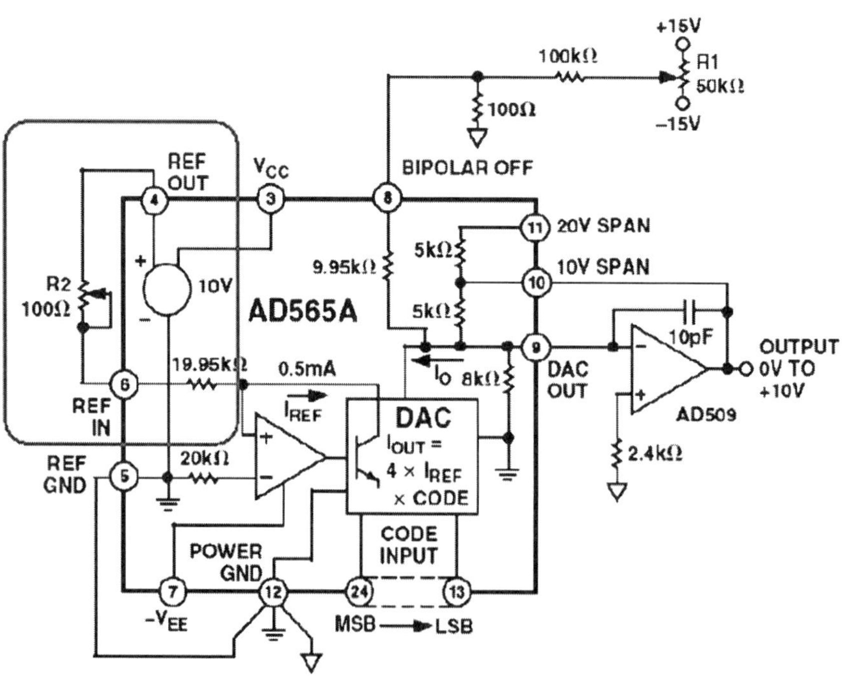

0 V to 10 V Unipolar Voltage Output

AD565A를 보면 기준전압(Reference Voltage)가 10V로 고정이 되어 있다. 그러면 출력을 얻는 식은 다음과 같이 될 것이다.

$$V_{OUT} = \frac{D}{2^N} \times V_{ref}$$

반면에 AD7533 MDAC을 보기로 하자.

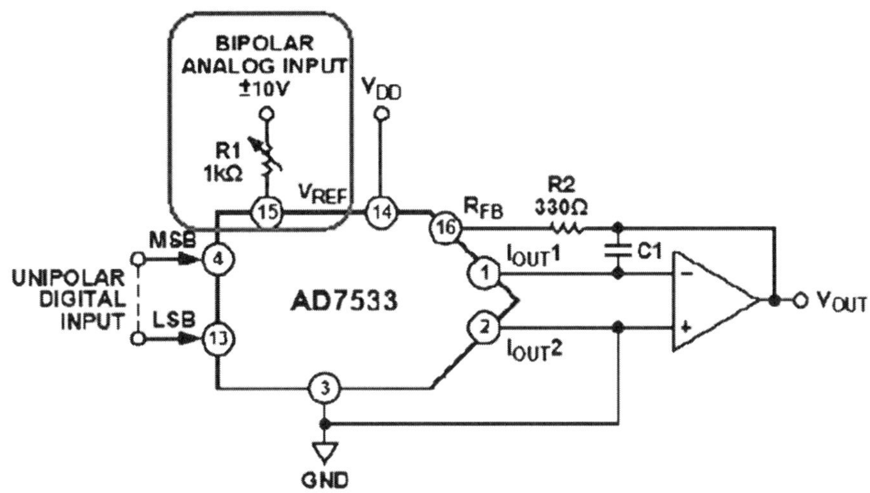

기준전압(Reference Voltage)이 일단 변한다. 위의 회로도에서는 +10V 또는 −10V를 사용할 수 있다고 기명 되어 있다.

기준전압이 +10V인 경우는 단극성 동작을 한다(0V~−10V).

$$V_{OUT} = -\left(\frac{D}{2^N} \times V_{ref}\right)$$

기준전압이 −10V인 경우도 단극성 동작을 한다(0V~10V).

$$V_{OUT} = \left(\frac{D}{2^N} \times V_{ref}\right)$$

여기서부터 개념을 확장 해야 한다. AD7533 MDAC의 경우 기준전압(Reference Voltage)을 ±10V 밖에 사용하지 못할까?

교류를 기준전압이라고 놓으면 안 될까? 교류를 기준 전압이라고 놓으면 AD7533의 회로는 아래와 같이 변경하여 이해 할 수 있을 것이다. 잘 보시라.

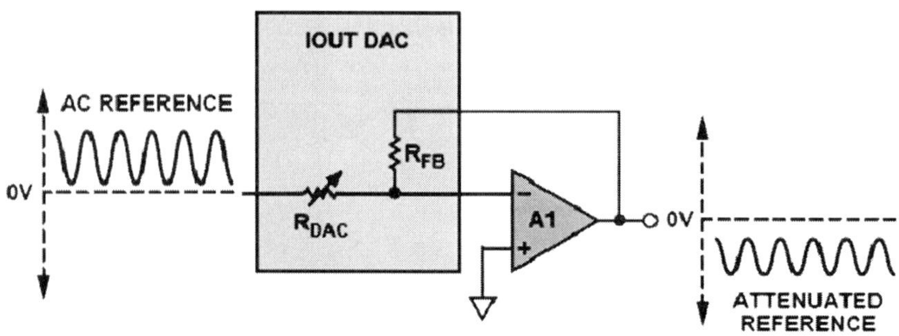

R_{DAC}은 R−2R LADDER이다.

입력조건이 어쨌든, 여하튼 교류라고 하자. 우리가 얻어 낼 수 있는 출력은 아주 풍부하게 되었다. 예를 들어 반전 증폭기를 사용하여 다양한 이득을 갖는 회로를 제작한다고 생각해 보라. 그렇다면 연산 증폭기 입력 저항을 여러개 가져가야 하고, 이를 아날로그 스위치로 일일이 제어해 주어야 한다. 그러나 MDAC을 쓰면 그렇게 회로를 방만하게 꾸밀 필요가 없다.

입력과 R_{DAC}을 다양하게 조합하여 가져갈 수 있기 때문에 DAC하나만 사용하면 여러 가지 이득을 갖는 회로를 만들 수 있다는 것이다. 벌써 MDAC의 장점이 나왔다.

위와 같이 회로가 꾸며져 있을 때 출력식은 아래와 같이 구할 수 있다.

$$V_{OUT} = -\left(\frac{D}{2^N} \times V_{ref}\right) = -\left(\frac{R_{FB}}{R_{DAC}} \times V_{ref}\right)$$

위식을 보면 연산 증폭기의 반전 증폭기 형태가 만들어 진다. 여기서 기준전압은 다양하게 변할 수 있다는 점을 염두에 두어야 한다.

실제 MDAC의 동작은 엄밀히 말해서 가산기의 동작을 한다. 한번 살펴보자. 진짜 그런지. 말로 가산기가 된다고 하면 감이 잘 오지 않는다. 일단 회로부터 생각해 보자. 회로는 아래와 같이 된다.

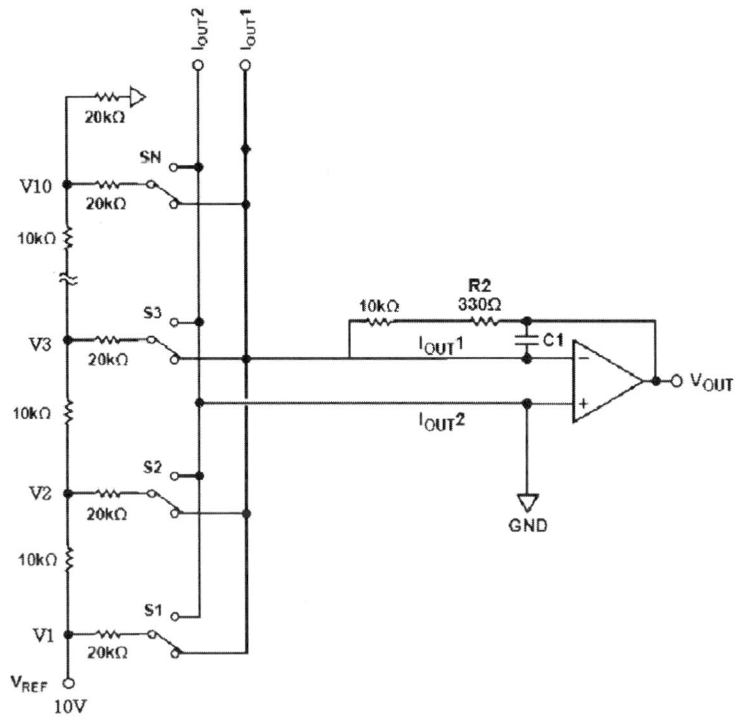

AD7533을 위와 같이 가산기로 생각하는 것도 색다른 발상이라 하겠다. 식은 가산기 식이 그대로 적용이 된다. 가산기로 생각하면 전류에 대한 식이 아니라, 전압으로 회로를 생각하는 것이 된다. 어쨌거나 동일한 결과가 나오는 것은 마땅한 것이다.

$$V_{OUT} = -\left[\left(\frac{10K\Omega}{20K\Omega}\times V1\right)+\left(\frac{10K\Omega}{20K\Omega}\times V2\right)+\left(\frac{10K\Omega}{20K\Omega}\times V3\right)+\ \cdots\ +\left(\frac{10K\Omega}{20K\Omega}\times V9\right)+\left(\frac{10K\Omega}{20K\Omega}\times V10\right)\right]$$

$$V_{OUT} = -\left[\left(\frac{1}{2}\times V1\right)+\left(\frac{1}{2}\times V2\right)+\left(\frac{1}{2}\times V3\right)+\ \cdots\ +\left(\frac{1}{2}\times V9\right)+\left(\frac{1}{2}\times V10\right)\right]---(1)$$

이 된다. V1=10V가 되고 나머지는 R−2R LADDER에 의해 V2 = 5V, V3 = 2.5V....로 점점 반으로 분압이 된다. 이미 AD7533 분석 시에 설명을 드렸다.

예를 들어 AD7533 단극동작일 때 100 000 000을 디지탈 입력 코드로 넣었다고 하자. −5V 나온다. 아래표를 보기로 하자.

DIGITAL INPUT MSB LSB										Analog Output
1	1	1	1	1	1	1	1	1	1	$-V_{REF}\left(\frac{1023}{1024}\right)$
1	0	0	0	0	0	0	0	0	1	$-V_{REF}\left(\frac{513}{1024}\right)$
1	0	0	0	0	0	0	0	0	0	$-V_{REF}\left(\frac{512}{1024}\right)=\left(\frac{V_{REF}}{2}\right)$
0	1	1	1	1	1	1	1	1	1	$-V_{REF}\left(\frac{511}{1024}\right)$
0	0	0	0	0	0	0	0	0	1	$-V_{REF}\left(\frac{1}{1024}\right)$
0	0	0	0	0	0	0	0	0	0	$-V_{REF}\left(\frac{0}{1024}\right)=0$

Unipolar Binary Code

가산기로 발상을 전환한 식(1)에서 생각 해보자.

$$V_{OUT}=-\left[\left(\frac{1}{2}\times 10\right)\right]=-5V$$

가 나와 동일하다. 당연한 것이다. 하나만 더해 보기로 하자. 1 100 000 000을 입력으로 넣었을 때

$$-V_{REF}\left(\frac{D}{2^N}\right)=-V_{REF}\left(\frac{768}{1024}\right)=-7.5V$$

가 된다 가산기로 생각해 보기로 하자 역시 식(1)을 가져온다.

$$V_{OUT}=-\left[\left(\frac{1}{2}\times 10\right)+\left(\frac{1}{2}\times 5\right)+\right]=-(5V+2.5V)=-7.5V$$

역시 같다. 공연한 짓을 왜 했느냐? AD7533을 가산기로 놓고 생각할 수 있다는 것을 보이고자 함이었고, 위에서 R_{DAC}으로 놓고 본 회로가 터무니 없는 것이 아니라는 것을 보이고자 함이었다.

이것이 바로 MDAC이 일반 fixed-reference DAC과 다른 점이며, 장점이라 할 수 있겠다. 그렇다면 일반 DAC은 교류를 만들 수 없다는 말인가? 그렇지는 않다 다만 제한 적이다. 기준전압이 변하지 않고, 디지탈제어코드를 주파수에 맞게 입력해야 계단파가 나올 수 있다. 아주 제한적이며 사용하기 불편할 수 밖에 없다.

잘 알려진 방식으로는 LOOK-UP TABLE 방식이 있다. 여기서 이를 자세히 설명할 수는 없으나 LOOK-UP TABLE 방식은 ROM에 한 주기나 반주기에 해당하는 디지탈 값을 미리 저장해 놓고, 이 정보를 일정한 CLOCK으로 때려 DAC에 입력시키면 DAC의 출력은 ROM의 정보에 의해 계단 정현파가 나오게 된다. 주파수를 빠르게 하려면 CLOCK을 늘려 주면 된다.

다음에는 DAC을 볼 때마다 궁금한 +FS-1LSB라는 놈이 왜 DAC에는 항상 따라 다니는 스토커인지 알아보기로 하자. 궁금하지 아니한가? DAC에서 제일 궁금한게 이거더라...이미 복선을 깔아 놓았었다. 예고가 아니라 복선을
+FS-1 LSB가 차이나는 이유를 보기로 하자. 먼저 DAC08의 기본적 단극성 동작을 고려해 본다.

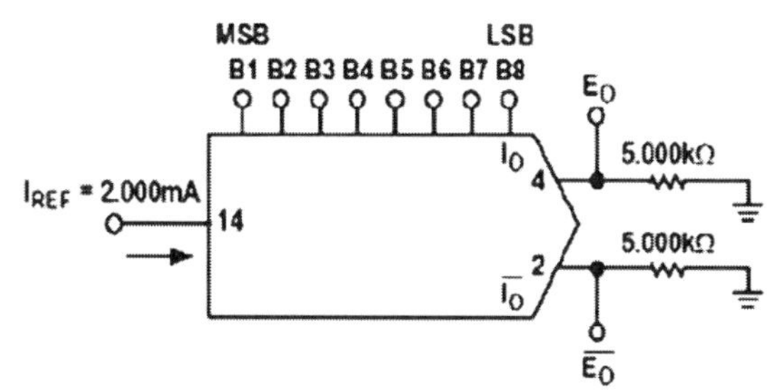

	B1	B2	B3	B4	B5	B6	B7	B8	IO	IO*	EO	EO*
FULL RANGE	1	1	1	1	1	1	1	1	1.992	0.000	-9.960	-0.000
HALF SCALE+LSB	1	0	0	0	0	0	0	1	1.008	0.984	-5.040	-4.920
HALF SCALE	1	0	0	0	1	0	0	0	1.000	0.992	-5.000	-4.960
HALF SCALE-LSB	0	1	1	1	0	1	1	1	0.992	1.000	-4.960	-5.000
ZERO SCALE+LSB	0	0	0	0	0	0	0	1	0.008	1.984	-0.040	-9.920
ZERO SCALE	0	0	0	0	0	0	0	0	0.000	1.992	0.000	-9.960

Basic Unipolar Negative Operation

(표를 보라)디지탈제어 비트를 모두 HIGH 로 잡으면(MSB-> 11 111 111 <-LSB).
계산값은 Iout = 2㎃, /Iout = 0㎃가 SINK되어 Eo = −10V, /Eo = −0V가 된다고 했다.
부연하면
계산값은 정확히 Eo = −10V이 나왔는데, 표에서는 Eo = −9.960이 되어 0.04V(40㎷)가 차이가 난다. 원인이 무엇일까? 하여튼 계산값이 올바르지 못한 것은 표에 의해 명확하다. 착오는 어디에서 생기는 것일까?
DAC08은 8BIT DAC이라고 했다. 각 스위치와 스위치로 인한 전류 SINK값을 한번 추적해 보기로 하자.

제어BIT	1(MSB)	1	1	1	1	1	1	1(LSB)
스위치 전류값 (mA)	1	0.5	0.25	0.125	0.0625	0.03125	0.015625	0.0078125

스위치를 전부 닫아 SINK되는 전류의 총합을 구해보면

0.0078125 + 0.015625 + 0.03125 + 0.0625 + 0.125 + 0.25 + 0.5 + 1 = 1.992㎃가 된다.!!!!!!!

우리가 명목적으로 구한 계산값은 분명 2㎃ 였는데 실제로 스위치 동작하여 DAC에 흘러드는 SINK 전류의 총량은 0.008㎃가 모자랐다.

이 전류에 의해 생기는 전압오차를 보자.

0.008㎃ × 5㏀ = 0.04V = 40mV로

표를 보면 제어 비트 모두를 HIGH로 해도 −10V가 되지 못하고 40㎷가 부족한 −9.96V가 되는 것이다.

명목값과 실제값 사이의 차이다.

DAC08의 1LSB의 전압값을 보기로 하자. +FS이 10V 이기 때문에 이를 기준전압이라고 놓는다. 디지탈 입력 코드는 총 8 BIT로 되어 있으니까 아래와 같이 1 BIT에 대한 명목적인 값이 나올 것이다.

$$1LSB = \frac{10V}{2^N} = \frac{10V}{256} = 0.039V \cong 40mV$$

역시 스위치를 다 잡게 되면 DAC은 1LSB 만큼 오차가 생기게 된다. 제조공정상 MSB만 잡히면 전류의 반이 흘러야 하게 만들고 나머지는 우리가 R−2R LADDER에서 분석한 것처럼 계속 반분해서 쪼개는 저항의 구성으로 만들어 지는데 위의 표처럼 전류가 흐를 수 밖에 없는 구성으로 갈 수 밖에 없다. 다른 방법이 있는가?

LOGIC 적으로는 어디서 삑사리가 나는 것인가?

제어BIT	1(MSB)	1	1	1	1	1	1	1(LSB)
10진 자릿수	128	64	32	16	8	4	2	1

다른 자릿수는 전부 짝수이지만 1의 자릿수는 홀수이다. 16BIT DAC이든 12 BIT DAC이든 첫 번째 자릿수가 1이기 때문에 비트를 전부 잡아도 항상

$$2^N - 1$$

의 값이 될 수 밖에 없다. 비트를 다 잡는다는 말은 DAC에서는 모든 스위치를 전부 도통 시킨다는 말인데, 바로 1LSB값은 공중으로 날아가 버리게 된다.

모든 DAC의 표를 보면 항상 +F.S−LSB 라는 표시가 되어 있는 것을 보는데 바로 이런 이유로 그런 표시를 하게 되는 것이다. 명목값과 실제 스위치가 붙어 흐르는 전류값 과의 차이. DAC의 표를 볼 때 왜 그런가 했던 사람들이 많았을 것이다.

그런데

−F.S 때는 왜 그런 문제가 없는가? 라고 질문 한다면 날카로운 질문이 되겠다.

DAC 몇가지 분석하지 않았지만 대부분의 DAC이 이 3가지 종류(AD565A, AD7533, DAC08)만 알면 거의 90%는 분석이 가능하다고 보여진다. 그 말은 이 3가지 DAC에 대하여 분석한 것은 다른 DAC에도 동일하게 적용된다고 충분히 예상이 된다.

생각해 보자.

DAC에서 −F.S은 항상 제어 비트를 전혀 잡지 않는 것을 의미한다고 했었다. 그러면 DAC안의 스위치 동작과는 아주 무관해 진다.그러므로 스위치에 의해 1 BIT ERROR은 −F.S 때는 나올 수가 없게 된다. AD565A, AD7533, DAC08 의 분석에서 입력 코드를 모두 '0' 로 했을 때 분석을 참조해 보시라.

이 문제는 오직 스위치를 전부 잡았을 때 나타나는 현상이라 하겠다(비트를 ON 시켰을 때만 나타난다).

해결하려고 애를 써도 극복하지 못하는 문제다. 왜냐하면 DAC의 태생적 한계이기 때문에 운명?으로 받아 들여야 한다. "운명이다~"

DAC08 ±5V 연결관계를 분석하기로 하자.

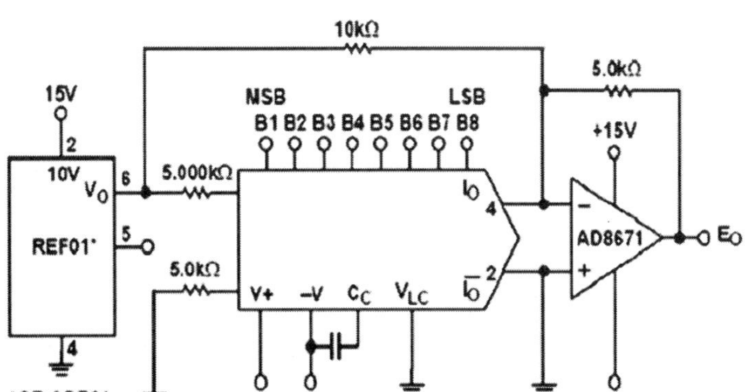

	B1	B2	B3	B4	B5	B6	B7	B8	EO
POS FULL RANGE	1	1	1	1	1	1	1	1	+4.960
ZERO SCALE	1	0	0	0	0	0	0	0	0·000
NEG FULL SCALE+LSB	0	0	0	0	0	0	0	1	-4·960
NEG FULL SCALE	0	0	0	0	0	0	0	0	-5.000

- 디지탈제어 비트를 모두 HIGH 로 잡는다(MSB-> 11 111 111 <-LSB)

  Iout = 2mA, /Iout = 0mA가 SINK 된다. 이렇게 되면 아래 회로와 같이 전류흐름이 정해 지게 된다.

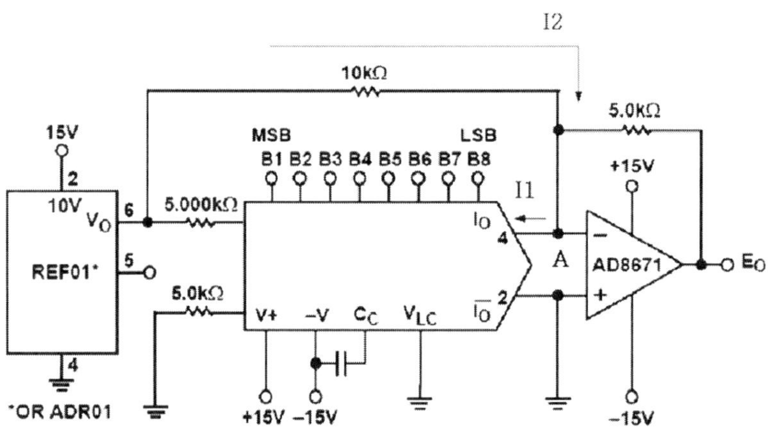

I1 = Iout = 2mA가 싱크(SINK)되는데, I2는 강제로 1mA가 흘러 들어 와서 Iout쪽으로 흘러 들어가고

나머지 전류 1mA는 연산 증폭기출력단에서 끌어 와야 한다. 이때 유기되는 전압은

$$E_o = 1mA \times 5K\Omega = 5V$$

가 된다. 전압은 0V전위인 A점으로 흘러 들어가는 방향이기 때문에 Eo는(+) 극성이 될 것이다.

따라서 +5V. 그러나 앞에서 지적 했듯이 1BIT 오차가 있기 때문에 실제 출력값은 +4.969V가 된다.

- 디지탈제어 비트를 모두 LOW로 잡는다(MSB-> 00 000 000 <-LSB)

  Iout = 0mA, /Iout = 2mA가 SINK되어 Iout단자는 개회로(OPEN CIRCUIT)가 된다. 그 때의 전류 흐름은 아래와 같이 변한다.

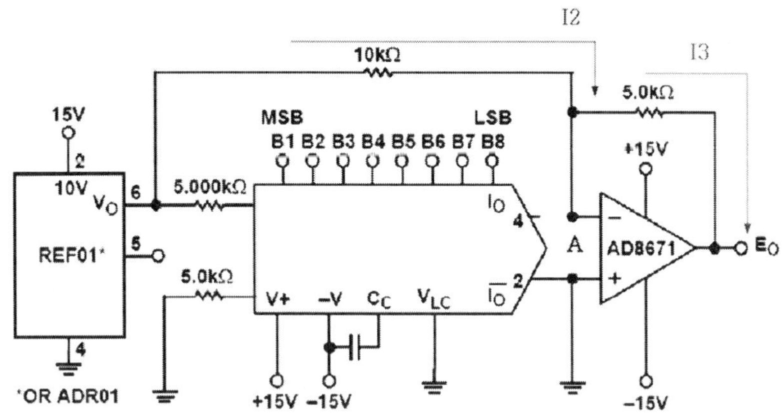

$$I_2 = I_3$$

가 된다. I2=1㎃이고, 이 전류가 연산 증폭기 출력쪽으로 흐르기 때문에

$$E_O = 1mA \times 5K\Omega = 5V$$

가 된다. 부호는 A점이 가상단락에 의해 0V 인데, 전류가 이곳을 거쳐 연산 증폭기로 빠져나가서 (−) 부호가 된다. 그러므로 Eo=−5V 이때는 DAC08내부의 스위치가 하나도 잡히지 않아 1 BIT 오차가 아예 존재하지 않게 된다(1 BIT 오차 이라고 하는 것 보다, 1LSB 오차라고 해야 정확한 말이다. 1BIT 오차는 자릿수에 따라 값이 달라지므로 구분하는 것이 필요해 보인다).

결국 표와 값이 일치한다.

이제는 마지막으로 DAC에 구조적으로 나타나는 오차들을 살펴보아야 겠다.

오프셋오차(OFFSET ERROR)와 이득오차(GAIN ERROR)은 그런 대로 이해가 가지만 선형오차(LINEARITY ERROE)는 계량화할 때 감이 잘 잡히지 않는다. 비직선성이란 직관적으로 피부에 와 닿는 오차이지만,어떻게 계량화 하는지에 대해서는 아리까리하다. 그래서 DNL(미분비선형성)과 INL(적분비션형성)은 명칭부터 역정이 치밀어 오르려 하고, 이해하려고 해도 자꾸 이해의 저편으로 사라져 버리곤 한다.

1-33. DAC 오차들

이상이 아닌 현실에서 완벽하다든가, 완전한 것은 존재하지 않는다. DAC도 마찬가지로 아무리 정교하게 제조했다 손 치더라도 몇 가지 단점을 갖지 않을 수 없다.

DAC에는 크게 3가지의 커다란 약점이 있다. 오프셋오차(OFFSET ERROR), 선형오차(LINEARITY ERROE), 이득오차(GAIN ERROR)가 그것이다. 먼저 DAC의 부품규격표(DATASHEET)에 나오는 그림부터 이해 하기로 하자.

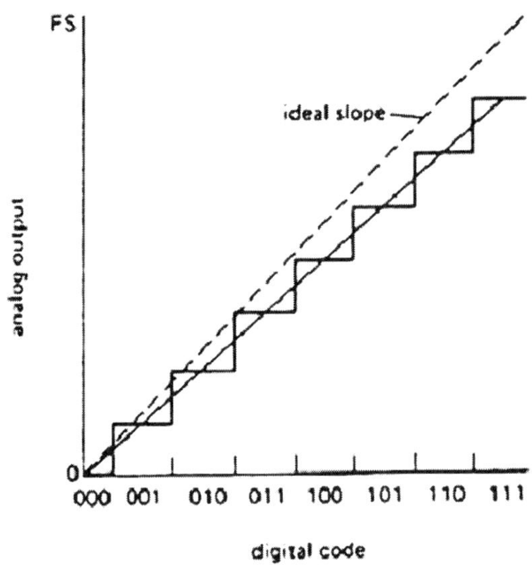

위와 같은 그림이 나올 때 동시에 출력된 DAC의 전압값이라고 보시면 안 된다. 각 디지탈 제어값을 하나 하나 빠르게 입력 시킬 때 DAC출력단에 DC 값이 얼마나 나왔는가를 일일이 그래프로 그려 놓은 것이다.

다시 말하면 계단파가 동시에 DAC의 출력으로 나타날 수는 없다는 것이다.시간 순서적으로 그려 놓은 것일 뿐이다. 이를 전달함수(transfer function)라고 표현하기도 한다. 입력과 출력이 어떤 관계를 가지고 출현했을 때 이를 전달함수라고 지칭한다. 예를 들면 디지털 입력 값들을 DAC에 넣었더니 출력이 전압으로 변환되어 X와 Y축으로 그려졌으면... 말하자면 DAC이 전달함수의 역할을 하게 되는 것이다.

그렇게 그려 놓고 그래프를 그려보니 이상적인 값이 나오지 않는 것은 아주 당연한 것이다.

위의 그래프에서 보면 이상적 기울기(IDEAL SLOPE)에 비해 현실의 DAC출력이 비껴 나 있는 것을 확인할 수 있다. 요모조모 따져보니 크게 3가지로 오차(ERROR)로 나눌 수 있다는 것이다.

1. 오프셋오차(OFFSET ERROR)

DAC의 전압 출력이 0이 나오게 하는 DIGITAL 값을 입력 했을 때, 기대하는 이상적 값과 실제 출력사이의 오차가 오프셋 오차(OFFSET ERROR)이다.

오프셋 이란 어느 회로 건 간에 0이라는 값이 나와야 하는데 그렇지 못할 경우에 0과 차이나는 값을 오프셋이라고 한다고 했다. 위의 그래프 실선 영역을 주목해서 보시라. Nominal Offset Point는 명목상 나와야 하는 값, 즉 이상적인 값을 의미하고, Actual Offset Point 는 실제 DAC의 출력 값을 의미한다. 따라서 +1¼ LSB 만큼 오차가 있는 것이다. 이 차이를 오프셋 오차(OFFSET ERROR)이라고 한다.

만약 그림과 똑 같이 오프셋이(−) 전압으로 떠 있었다면 −1¼ LSB 라고 쓴다.

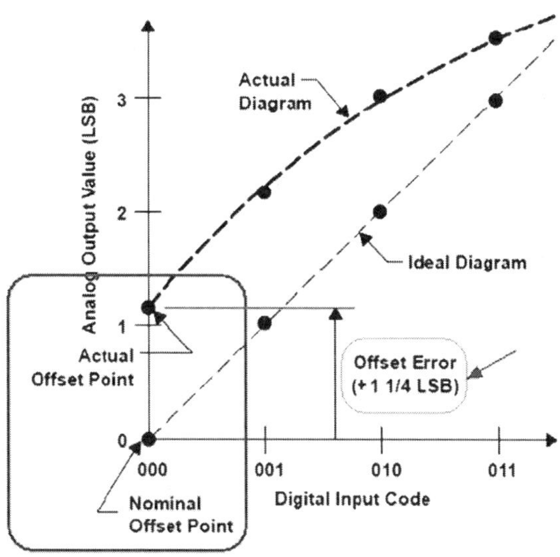

2. 이득오차(GAIN ERROR)

DAC의 출력이 ±F.S이 나오게 하는 DIGITAL 값을 입력 했을 때, 기대하는 이상적 값과 실제 출력사이의 오차가 GAIN ERROR이다.

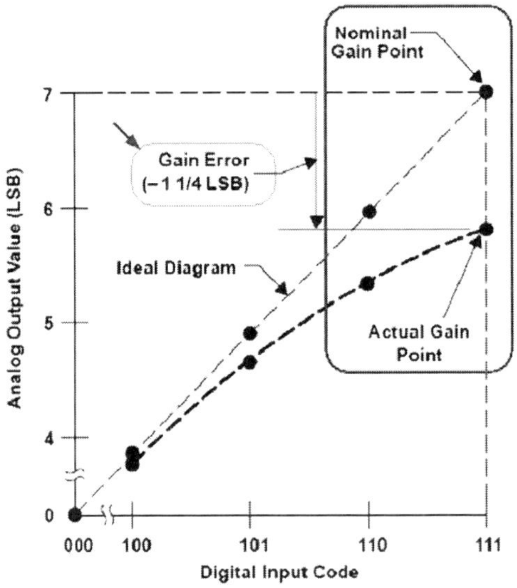

위의 그래프의 예를 보기로 하자.오프셋오차(OFFSET ERROR)가 없는 것에 주목하기로 한다. 왜냐 하면 이득오차(GAIN ERROR)는 오프셋을 교정한 다음에 ±F.S이 출력되게 하는 디지탈 코드값을 입력한 후에 나오는 풀 스케일 오차(±F.S ERROR)이기 때문이다.

위의 예에서 보면 이상적일 때의 1LSB 차보다 조금 더 오차가 있는 것을 볼 수 있다. 이 경우는 이득(GAIN) 오차가 −1¼ LSB 만큼 있는 것이 된다. 마이너스(−) 오차를 갖는 것은 이상적인 값보다 작게 나왔기 때문이다.

오프셋 오차(OFFSET ERROR)를 제거하지 않았을 경우에 이득오차(GAIN ERROR)를 별도로 일러 풀 스케일 오차(FULL SCALE ERROR)라고 부른다.

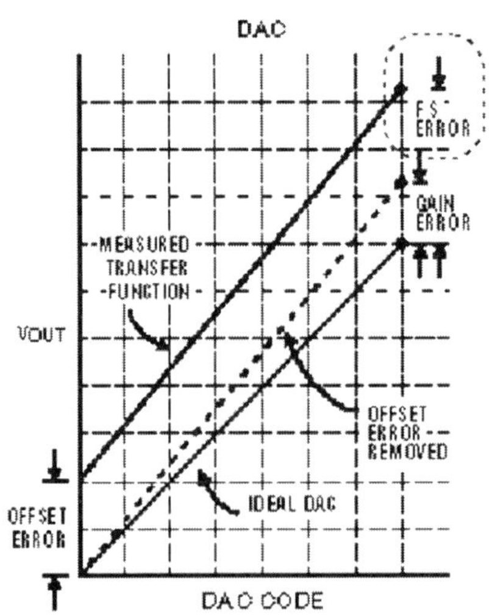

FULL-SCALE ERROR

위 그래프에서 점선 영역으로 표시된 부분을 보면 오프셋오차(OFFSET ERROR)가 있는 그대로 일 때 ±F.S 을 이상적인 값과 비교하여 이를 따로 풀 스케일 오차(FULL SCALE ERROR) 이라고 부른 다는 것을 알 수 있다. 이득오차(GAIN ERROR)는 DAC에서 기준전압(Reference Voltage)이 큰 영향을 미친다.

3. 선형오차(LINEARITY ERROE)

말 그대로 직성성이 좋으냐 나쁘냐의 정도이다. 그림으로 보면 확연이 오차를 알 수가 있다. 출력 0V가 나오게 하는 것에서부터 ±F.S까지 나오게 하는 디지탈 제어 값을 넣으면 계단파가 그려지고 계단파를 일직선으로 이으면 이상적일 경우 하나의 직선이 그려질 것이다.

그렇지만 현실적으로 그렇게 직선으로 나오지는 않을 것이라는 것이 예상되며, 이를 이으면 이상적인 직선과의 오차가 발생 될 것이다.

이렇게 이해 하면 쉬운데 직선 오차(ERROR)를 두 개로 나누어 DNL(Differential Nonlinearity 미분비선형성)와 INL(Integral Nonlinearity. 적분비선형성)로 명칭을 붙이면 개념이 오락가락 오리무중(五里霧中)이 되어 버린다. 개념은 간단하다. DNL은 각 BIT 값마다 틀어진 정도를 말하며, 이를 전부 더하면 INL이 되는 것이다. 미분의 역과정이 적분인 것처럼....좀더 상세하게 개괄하자.

- DNL(Differential Nonlinearity : 미분비선형성)

  이를 차동비선형성이라고 표기하는 것도 볼 수 있는데, 의미상으로는 미분비선형성이라는 말이 오차의 본질에 더 가깝다. 차동비선형성이라는 말도 아주 틀린 말은 아니다. 왜 그러냐 하면 DNL은 각 단계 마다의 차이(오차)를 의미 하기 때문이다. 미분이라는 의미는 잘게 자르는 것을 의미한다. 그런데 DAC에서의 미분비선형성은 각 단계마다 이상적인 값보다 얼마나 차이가 나는지를 보겠다는 것이다. 아래의 그림에서 두 개만 DNL이 표시 되었는데 이상적인 1LSB의 단계적 크기보다 작으면(-)로 표시가 되고, 1LSB의 단계적 크기보다 크면(+)로 표시가 된다.

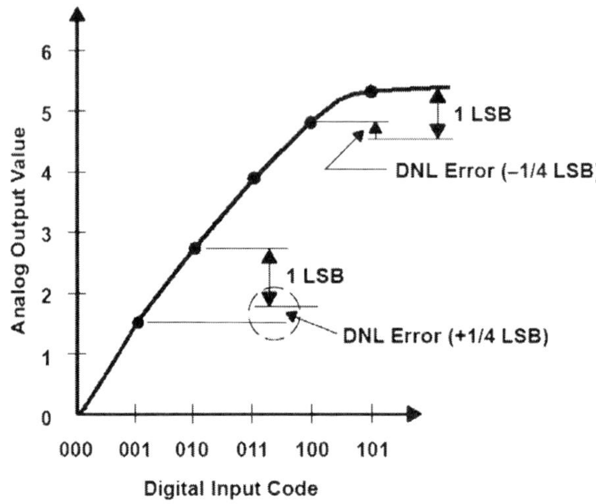

– INL(Integral Nonlinearity : 적분비선형성)

적분이라는 것은 합친다는 의미가 있다. DAC에서 일정 구간을 정해 그 사이의 DNL 값을 더한다. 적분비직선성을 구하기 위해서는 먼저 오프셋과 이득오차를 영점 조정하고 난 뒤에 적용한다.

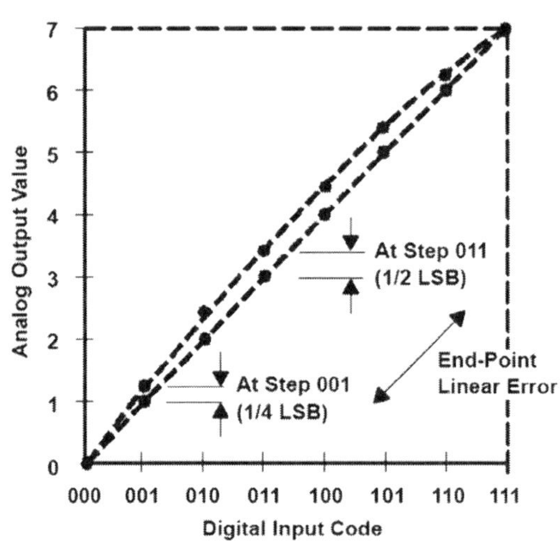

더 이해하기 쉽게 3비트짜리 DAC을 가정하고 DNL(Differential Nonlinearity.)과 INL(Integral Nonlinearity)이 무엇인지 살펴보자.

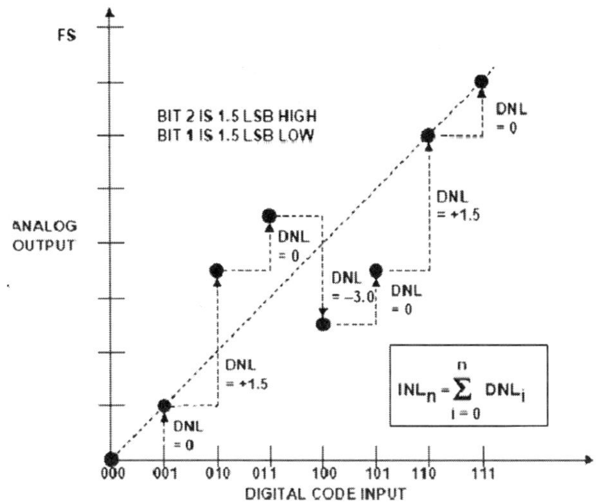

DNL은 각 디지탈 입력 코드에서의 오차라고 했다. DNL은 다음의 공식에 의해 구해진다.

$$DNL=\frac{V(i+1)-V(i)}{V_{LSB}}-1 \qquad i=0..(2^{2}-2)$$

V(i+1)는 특정 코드의 출력전압값

V(i)은 특정코드의 바로 전 코드의 출력전압값

V_{LSB}는 이상적으로 나와야 하는 1 LSB 전압값

누구든 식이 나오게 되면 중, 고등학교 때 수학에 질겁했던 경험이 있어 그리 유쾌하지 못하다. 더군다나 DNL을 구하는 식은 조금씩 편차가 있다. 인위적으로 계량화하기 위해 만든 요소이지만 DNL이 가지고 있는 본질적 의미를 파악하지 못하면 식에 휘둘리고 결국 머리만 감싸 쥐게 된다.

DNL 수식을 볼 때 다음에는 이렇게 이해 하시면 된다. 기준전압 10V 짜리 8BIT DAC의 경우를 보자 1 LSB출력 간격은

$$1LSB=\frac{10V}{2^{N}}=\frac{10V}{256}=0.039V\cong 40mV$$

가 되고, 아주 이상적인 값이다. DNL을 계량화하기 위한 식을 들여다 보면 아래와 같았다.

V_{LSB}는 이상적으로 나와야 하는 1 LSB 전압값이다. 그런데 한 코드에서 다른 코드로 넘어가는 실제의 1LSB(1BIT 사이)의 출력값은 이상적이지 않는 한 오차가 있게 마련이다. 이것의 비를 구하는 것이 된다. 만약 출력된 값이 이상적인 값과 우연히 맞아 떨어졌다면

$$DNL = \frac{V(i+1) - V(i)}{V_{LSB}} - 1 \qquad i = 0..(2^2 - 2)$$

V_{LSB}이 된다. 기준은 분모에 있는 이상적인 1LSB의 값이 된다. 공식에서 −1을 빼준 것은 계량화 하기 위한 조치에 불과하다. 이런 것에 마음을 빼앗겨 혼동할 필요가 없다.

$$DNL = \frac{V(i+1) - V(i)}{V_{LSB}} - 1 = \frac{4mV}{4mV} - 1 = 0LSB$$

그러면 이름 딱지를 왜 DNL(Differential Nonlinearity : 미분비선형성)이라고 했는지 심층적으로 더 파고들자. 우리가 아는 미분 정의와 어떤 면에서 일치해서 이런 이름이 붙은 것인지 파악하는 것이 DNL 이해를 위한 첫걸음이다. 여기서부터는 순전히 개인적인 추측이다.

아래그림은 일반적으로 미분을 설명할 때 등장하는 그래프이다.

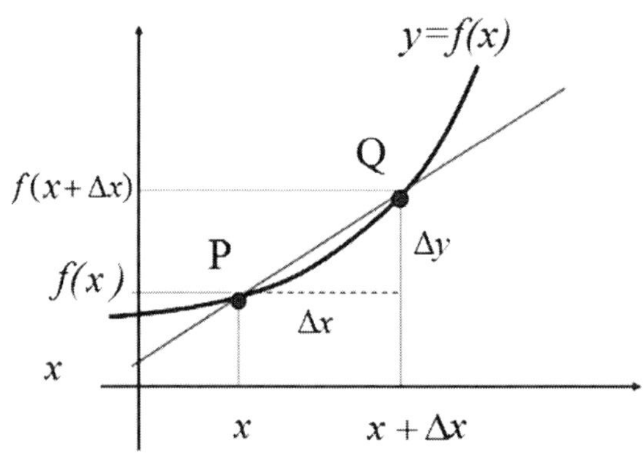

접선방정식은 다음과 같이 세워진다.

$$f'(x) = \lim_{\Delta x \to 0} \frac{f(x+\Delta x) - f(x)}{(x+\Delta x) - x} = \lim_{\Delta x \to 0} \frac{f(x+\Delta x) - f(x)}{\Delta x}$$

$\Delta x \to 0$으로 가면 x점에 한 없이 가까워 지지만 결코 x점이 결코 되지는 않는다. $\Delta x \to 0$으로 표시한 것은 그 만큼 무수히 잘게 잘랐다는 말이다.

그 전에 예를 든 적이 있다. 항아리를 볼 때 둘레가 둥굴지만 만약 아주 작은 미생물의 시야를 가지고 둥근 항아리에 안착하여 주위를 살펴 보면 끝없이 펼쳐진 대평원이 되는 것처럼, $\Delta x \to 0$이란 x로 부터의 거리가 거의 0에 가깝게 되면 끝끝내 곡선이 직선으로 성질머리 변화하는 놀라운 일이 벌어진다. 달을 지구에서 보면 둥근데 달 착륙선으로 내려 앉으면 평원이 되는 것과 같은 이치이다.

그런 상상으로 근접하면 함수 f(x)의 x점에서 미분이란, f(x) 함수의 x점에서의 접선 기울기가 되고 마는 것이 아니겠는가!.

그런데 DAC은 도대체 어떤 근거로 미분이라는 말을 차용하게 되었을까? 위에서 예를 든 3BIT 짜리 출력 그래프를 가지고 와서 다시 생각해 보자.

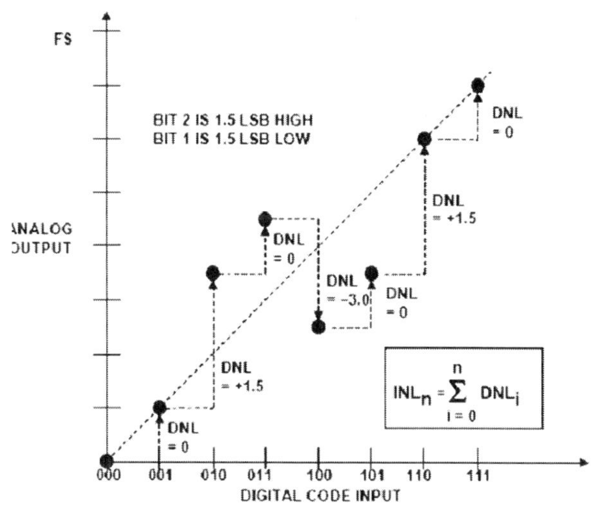

예를 들어 디지탈 입력의 한 코드(예 : 010)에서 그 다음 코드(예 : 011)로 넘어가는 것은 엄청나게 넓다(전압으로 환산 할 때). 우리가 생각하는 미분개념과는 완전히 동떨어져 있다. 그런데 버젓이 미분비선형성이라는 이름으로 미분을 참칭하고 있다. 도대체 왜 그런 망발을 하고 있는 것일까?

여기에서 개념적 접근이 필요하게 된다.

DAC의 한 코드와 그 다음 코드 사이를 x 점과 x+⊿x라는 미분개념과 등치시켜 비교하기로 해 보자. 미분과 비슷하게 ⊿x→0 로 생각할 만큼 비슷한 현상이 벌어진다. 어떻게 조작하면 그런 비스드리한 현상이 벌어질까?

기준전압이 10V인 것은 동일하다고 치고, BIT수를 늘려 보시라. 1 비트당 전압의 크기가 놀랍도록 작아진다.

3BIT → 8(10V/8 = 1.25V)

4BIT → 16(10V/16 = 0.625V)

5BIT → 32(10V/32 = 0.3125V)

6BIT → 64(10V/64 = 0.15625V)

7BIT → 128(10V/128 = 0.078125V)
8BIT → 256(10V/256 = 0.0390625V)
9BIT → 512(10V/256 = 0.01953125V)
10BIT → 1024(10V/1024 = 0.009765625V)
11BIT → 2048(10V/2048 =0.0048828125V)
12BIT → 4096(10V/4096 = 0.00244140625V)
13BIT → 8192(10V/8192 = 0.001220703125V)
14BIT → 16384(10V/16384 = 0.0006103515625V)
15BIT → 32768(10V/32768 = 0.00030517578125V)
16BIT → 65536(10V/65536 = 0.000152587890625V)
.....

16BIT 까지 주로 많이 사용하니까 여기까지만 사고해보자. 더 나아갈 수도 있다. 입력 코드 사이의 간격이 DAC의 BIT수가 늘어 날 수록 어떻게 되었나?

그렇다. DAC의 BIT 수가 늘어 날수록 마치 미분에서 x점과 x+⊿x 사이의 거리가 한 없이 작아지는 것처럼 1-BIT당 분해능(Resolution)이 아주 좁아지는 현상이 일어난다. 그래서 입력 코드에서 하나의 BIT가 옮겨 갈 때의 오차가 있으면 이를 미분비선형성이라고 이름 붙일 만한 이유가 있어 보인다. 유사 미분이라고 할까?

분해능(Resolution)이라는 용어가 나왔다. 나온 김에 분해능과 정밀성(Accuracy)이 어떻게 다른지 차이를 확인하자. 보통 생각하기에 분해능이 좋으면 정밀성이 농도 짙어진다고 보는데 사실 그런 사고도 꼭 틀린 것은 아니다. 만약 16bit DAC인 경우 12bit에 비해서는 16배 정도 분해능이 좋고, 그 만큼 정밀하다고 볼 수 있으니 말이다.

그러나 측정장비에서는 DAC의 분해능이 좋다고 해서 꼭 정밀하다고 보지는 않는다. 예를 들어 직류 V/I Source에서 공급되는 DAC의 분해능이 정밀하다고 해도, SOURCE 자체의 회로적 부족함으로 인해 최종 출력되는 값의 오차가 커질 수 있기 때문에 이를 따로 사양에 기재되어 사용자에게 제공된다. 분해능은 DAC 자체의 능력이라고 보면, 정밀성(Accuracy)은 SOURCE 자체의 능력이라고 생각하면 되겠다. 그 차이를 꼭 알아 두어야 한다.

여기까지는 왜 미분비선형성이라고 이름 붙였을까?에 대한 개인적 견해였다. 타당하면 받아들이고, 타당하지 않으면 버리면 된다. 저렇게 이해할 수도 있구나 하는 것을 보여 준 것이다. 명칭은 명칭이고, 계량화 하는 방법을 보자.

간단하게 계량화 식을 이용해 DNL을 계산해 본다.

- 위 그래프에서 001과 010의 단계

전압값은 1LSB에 해당하는 값이라고 하고, 단위를 LSB라고 하면,

$$DNL_X = \frac{3.5 - 1}{1} - 1 = +1.5$$

– 위에서 010과 011 단계

$$DNL_X = \frac{4.5 - 3.5}{1} - 1 = 0$$

– 위에서 011과 100단계

$$DNL_X = \frac{2.5 - 4.5}{1} - 1 = -3$$

DNL이 구해졌으니 INL을 구하면, 예를 들어 입력코드 101에서의 INL은 DNL을 모두 더하는 것이기 때문에 다음과 같이 구해진다.

DNL001 + DNL010 + DLN011 + DNL100 + DNL101 = 0 + 1.5 + 0 – 3 + 0 = –1.5 LSBs

2부 실전편

V/I SOURCE의 기초 이야기

2-1. 직류 V/I SOURCE 들어가기

실전편은 동작을 전체적으로 규명해야 하고 이곳저곳 건너 뛰면서 설명되야 하기 때문에 난해하게 느껴질 수 있다. 따라서 조금 읽어 보다가 신경이 날카로워 진다고 생각 되면 건너 뛰어도 되는 부분이다. 자기 것으로 만든다면 얻는 것이 적잖을 것임도 미리 언질 주어야 겠다.

직류 V/I SOURCE는 두 가지 동작 방식(MODE)을 갖는다. 어차피 전기전자는 기본적으로 전압과 전류를 다루어야 하는 영역이기 때문에 전류와 전압은 떼려야 뗄 수 없는 숙명 같은 것이다.

하나는 목표로 하는 (프로그램된) 전압을 부하에 인가하는 동작과

원하는 (프로그램된) 전류를 부하에 인가하는 동작으로 구분한다.

직류 V/I SOURCE에 부하가 달려 있다고 가정하자. 부하저항이 존재하기 때문에,

전압(V)인가방식 일 때는 인가된 전압에 따라 전류가 결정되고,

전류(I)인가방식 일 때는 인가된 전류에 따라 부하에 전압이 유발 된다.

따라서 사용방식에 따라 전압과 전류는 독립변수와 종속 변수의 위치가 뒤바뀔 수 있다. 이것으로 전압인가방식인지 또는 전류인가방식 인지를 구별한다(소자 측정시험 프로그램을 보면 알 수 있다).

두 가지 방식의 차이를 더 명확하게 하기 위해 예를 하나 들어 보기로 하자.

직류 V/I SOURCE와 부하저항을 아래와 같이 등가적으로 그려보기로 한다. 부하는 100kΩ으로 설정한다.

전압인가방식일 때를 먼저 사료해 준다.

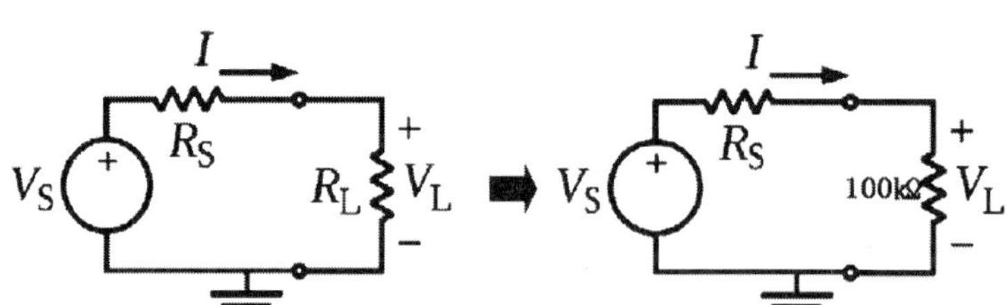

프로그램에 따라 전압을 1V로 인가하면 부하저항에 걸리는 전압은 무조건 1V가 걸린다. 부하저항에 1V가 출력 되라고 프로그램 했으니까 아주 당연한 것이다. 그렇다면 전류는 이 전압과 부하저항에 의해 종속적으로 정해지게 된다. 오옴의 법칙에 의해

$$I = \frac{1V}{100\text{K}\Omega} = 10\mu A$$

전류인가방식일 때를 보기로 한다.

프로그램으로 전압을 100㎂로 인가하면 부하저항에 흘러 나가는 전류은 무조건 100㎂가 된다. 부하저항에 100㎂가 흘러 나가라고 프로그램 했으니까 마땅한 일이다. 그렇다면 전압은 이 전류와 부하저항에 의해 종속적으로 정해지게 된다. 직류 V/I SOURCE의 정확한 정의는 이미 언급한 바 있다. 다시 상기하면 아래와 같이 정리 된다.

VFIM(Voltage Forcing Current Measurement)과 IFVM(Current Forcing Voltage Measurement)이라고 한 적이 있다.

$$V = 100\mu A \times 100\text{K}\Omega = 10V$$

VFIM(Voltage Forcing Current Measurement)이란 전압을 인가하면서 그 때 부하(LOAD)로 흘러가는 전류를 실 시간적으로 측정(測定)할 수 있고, IFVM(Current Forcing Voltage Measurement)은 전류를 인가 하면서 동시에 그때 걸리는 부하(LOAD) 전압을 실 시간적으로 계측(計測)할 수 있어야 한다고 했다.

우리는 부하저항은 100㏀으로 설정한다고 가정 했지만, 실제로 소자를 측정 시험하는 현장에서는 소자의 부하저항을 전혀 모른다. 소자에 따라 다르기 때문이다. 따라서 부하저항을 계산해 주는 것이 또 하나의 목표가 된다. 직류 V/I SOURCE에서 전압을 인가하고, 그 때 부하에 흐르는 전류를 측정하면 오옴의 법칙에 의해 부하 저항의 값을 너끈히 알아 낼 수 있다.

실제에서처럼 부하저항 100㏀을 모른다고 해 보자.

인가하는 전압은 프로그램으로 1V를 정했기 때문에 이미 알고 있는 값이다. 전류는 1V를 부하저항에 인가할 때 흘러 나가는 것을 V/I SOURCE가 계측하면 된다. 이때 측정 된 전류 값이 10㎂라고 하면 반도체 TEST 장비의 운영체계(O/S)는 이를 바탕으로 부하저항을 간단하게 계산하게 되는 것이다.

$$R_L = \frac{1V}{10\mu A} = 100\text{K}\Omega$$

결국은 직류 V/I SOURCE 이기 때문에 계산 가능하게 된다. 이런 방식으로 측정시험은 아주 순식간에 처리된다.

구체적인 예를 하나 더 들어서 직류 V/I SOURCE의 필요성을 피부에 와 닿게 생각해 보자.

측정시험(TEST)하는 소자의 다리(PIN)가 개방(OPEN) 되었는지, 단락(SHORT)지를 알아 보는 측정시험을 한다고 하자. 어떻게 할까? CMOS(CMOS가 뭔지 몰라도 된다. CMOS는 complementary metal-oxide semiconductor의 약자이다) 소자의 내부를 보면 어떤 다리(PIN)든 간에 모두 보호다이오드가 존재하고 있다.

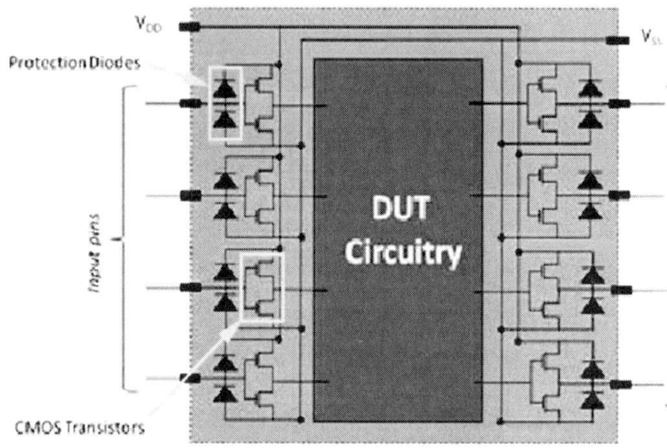

Internal Circuitry of a CMOS Chip

이 보호 다이오드를 이용하여 다리(PIN)의 개방과 단락을 판단하게 된다. 아주 편리하게 되어 있다. 그럼 실제 장비에서 측정시험 하는 방법을 보기로 하자. 당연히 VFIM, IFVM이 가능한 직류 V/I SOURCE가 꼭 사용 되어야만 한다.

다리(PIN)가 수십 개라도 아주 짧은 시간 안에 이 측정을 마칠 수 있다고 했다. 한번 보시기로 하자. 아래 그림에서 소자 안에 기명되어 있는 DUT는 DEVICE UNDER TEST의 약자로, 측정시험 되고 있는 소자가 있는 영역을 의미한다.

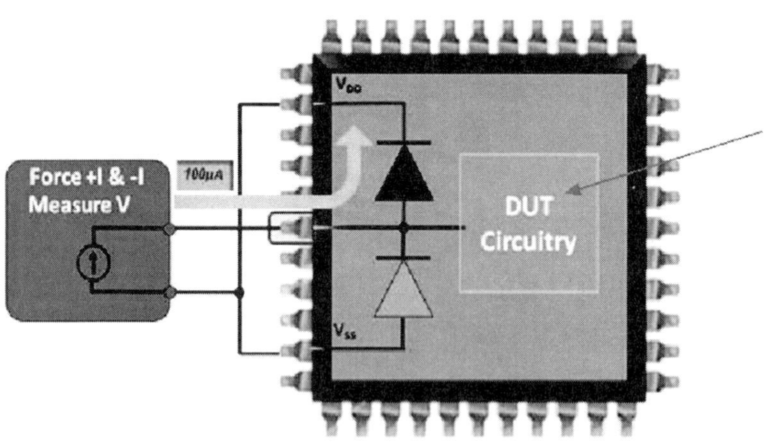

Testing the V_{DD} Diode

DUT를 넓은 의미로 소자를 시험측정하기 위해 꾸며 놓는 JIG 전체를 가리킬 때도 있다.

그림을 보는 것이 이해하기 쉽다.

측정 시험되는 소자는 장비와 직접 연결할 수가 없다. 그래서 어댑터(ADAPTOR)나 헤드(HEAD)가 필요하고, 여기에 소자의 특성을 섭승할 수 있는 전기 전자적 회로들이 들어가는 보드(BOARD)를 만들어야 한다. 아래 사진은 측정시험하기 위해 소자를 올려 놓는 소켓(SOCKET)과 DUT 보드이다.

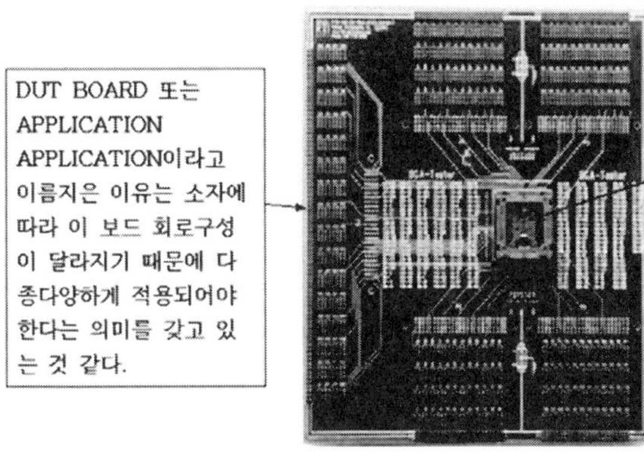

본론으로 돌아와서 개방, 단락에 대한 TEST 방법을 다시 논하자.

먼저 VDD에 연결되어 있는 보호다이오드를 이용한다.

직류 V/I SOURCE와 소자 다리(PIN)의 연결관계를 잘 보아야만 한다. 실제 소자를 사용할 때는 VDD 전압을 연결하지만 소자의 성능을 장비에서 측정시험할 때는 VDD를 그라운드에 묶어 버린다. 이것이 연결의 키가 된다.

V/I SOURCE에서 전류인가방식을 작동 시킨다. 전류를 위의 그림과 같이 100㎂를 부하 다이오드에 흘려 보내면 VDD에 연결된 다이오드가 정상작동 할 때는 도통이 될 것이다. 전류만 인가 할 때 다이오드가 도통이 된다는 것이 쉽게 이해가 안 될 수도 있다.

그런데 테브닌 등가회로로 다리(PIN)를 보면 높은 저항을 가지고 있으므로 전류를 흘려 주면 전압이 유발되게 된다. 측정시험 때는 다이오드의 연결 때문에 다이오드 쪽으로 전류가 흐르며, 이때 전압이 유발 된다. 만약 측정시험 때가 아니면 다이오드는 보호 회로이기 때문에 강력한 써지 쓰나미가 출현하지 않는 한 동작 되지는 않을 것이다.

이때 인가된 전류에 따라 유기된 전압, 즉 보호다이오드가 순방향으로 도통이 될 때의 전압값이 읽혀 정상 작동하는지를 판정하게 된다.

PASS/FAIL판정은 대략 다음과 같이 하게 된다.

만약 TEST하는 소자의 다리(PIN)에 문제가 있다고 하자. 어떤 일이 벌어질까? 만약 거짓

단락이 되었다면 다이오드의 순방향 도통전압이 읽혀지질 않을 것이다. 이때는 소자의 사양(spec)을 정해 그 기준을 마련해야 한다. 위의 경우는 0.2V 보다 전압이 적게 읽힐 경우 단락이라고 판정하게 된다는 것을 보여 주고 있다. 따라서 정상동작 한다고 생각되는 사양(spce)은 0.2V < 정상범위 <1.5V 가 된다.

V/I SOURCE에서 읽은 전압값	판정 결과
0.2V 작은 경우	FAIL : 단락
0.2V 보다 크고 1.5V작은 경우	PASS
1.5V 보다 큰 경우	FAIL : 개방

만약 TEST하는 소자의 다리(PIN)가 개방 되었다고 하면 어떤 전압이 읽힐까? 다이오드가 개방이 되어 있다면 아주 큰 전압이 읽힐 것이다. 위의 예에서는 1.5V이상을 개방이라는 판정기준을 적용한 것을 보여 주고 있다.

또 보호 다이오드가 VSS에도 걸려 있으므로 이를 이용하여 측정 할 수도 있을 것이다. 측정 방법은 VDD에 붙어 있는 보호다이오드를 이용한 방법과 동일하다.

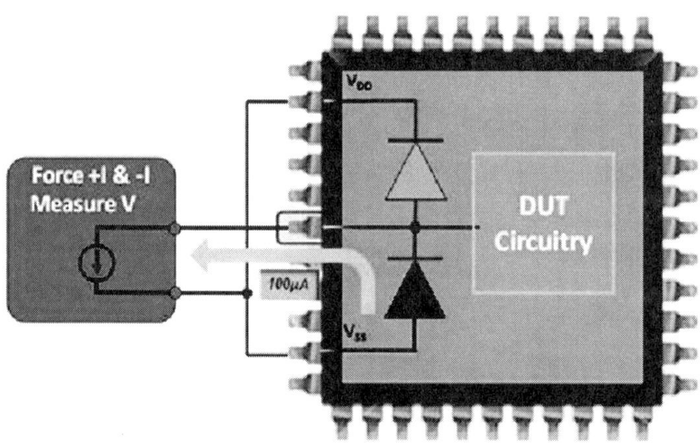

Testing the V_{SS} Diode

V/I SOURCE는 이때는 SINK 전류원으로 이용한다. 전류를 100㎂ 빨아 들이면 마찬가지로 VSS에 연결된 보호다이오드가 도통이 되어 –전압이 읽힐 것이다. PASS/FAIL 판정표는 아래와 같다.

V/I SOURCE에서 읽은 전압값	판정 결과
-0.2V 큰 경우	FAIL : 단락
-0.2V 보다 작고 -1.5V 큰 경우	PASS
-1.5V 보다 작은 경우	FAIL : 개방

이런 예를 통해서 V/I SOURCE가 왜 VFIM, IFVM이 되어야 하는지를 이해하게 되었을 것이다. 전압만 인가하고, 전류만 인가하는 것을 V/I SOURCE라고 하지 않는다는 것을 명심하도록 하자.

2-2. 직류 V/I SOURCE의 전압인가방식

먼저 복잡한 전류인가방식 보다는 좀 더 쉬운 전압인가방식부터 분석하기로 한다. 여러 경우를 살펴야 하기 때문에 주의력을 집중해야만 한다고 다시 한번 강조해 드린다.

직류 V/I SOURCE를 프로그램하고 그 프로그램대로 어떻게 동작하는지 회로를 따라가는 것이 이해하기 쉽다. 아래 프로그램이 있다.

SET S1	V=6V	VR=10V	ISO=100㎃	ISI=100㎃	IR=200㎃	FORCE=V
①	②	③	④	⑤	⑥	⑦

프로그램은 위와 같은 형식으로 짜여지는데 이를 하나 하나 주석을 달기로 한다. 장비마다 이런 형식을 크게 벗어나지 않기 때문에 이 정도쯤은 기억 해 주어야 한다. 위의 명령어를 이해하면 직류 V/I SOURCE의 프로그램을 전부 이해하게 되는 것이다. 내용은 대동소이(大同小異)하다 했다.

① 은 KEY WORD이다. 보통 장비에는 여러 개의 직류 V/I SOURCE가 있는데 이를 각각 지정하여 프로그램 할 수 있어야 한다. 위의 예에서는 직류 V/I SOURCE #1을 선택한 것이 되고 여기에 원하는 동작을 명령어로 넣은 것이 ②~⑦ 항목이 되겠다.

② 프로그램된 전압값이다. 부하저항에(시험측정 되는 칩 다리) 인가하고 싶은 전압이 프로그램되는 것이다. 여기까지 봐서는 전압을 인가 하고자 하는지, 전류를 인가하고자 하는지 알 수 없다.

③ 전압 레인지(RANGE)를 설정한다. 전에도 말했지만 레인지란 SOURCE에서는 인가할 수 있는 최대값을 의미한다고 했다. ②번에서 부하저항에 인가하고 싶은 전압이 6V이므로 레인지는 10V를 사용한 것이다. 직류 V/I SOURCE를 분석하면서 보게 되겠지만 레인지는 장비마다 값을 정해주게 되어 있다. TERADYNE A360장비에서는 0.5V, 1V, 2V, 5V, 10V, 20V, 50V, 100V, 200V의 9개의 전압 레인지를 제공한다. 보통은 AUTO로 쓰면 장비 운영체계(O/S)가 컴파일 할 때 ②번 프로그램된 전압을 보고 자동적으로 제일 가까운 레인지를 잡아 준다. 위의 예에서 만약 VR＝AUTO를 사용하면 장비는 자동적으로 10V 레인지를 잡아 주게 된다.

④ 인가전류를 설정해 주는 곳이다. 전압인가 방식일 때도 인가 전류값은 써주게 되어 있다. 보통 전압인가 방식일 때는 직류 V/I SOURCE가 최대로 인가할 수 있는 전류값을 써준다.

그 이유는 나중에 보게 된다.

⑤ 끌어 오는(SINK) 전류를 정해 주는 곳이다. 마찬가지로 전압인가 방식일 때도 싱크 전류값은 써주게 되어 있다. 보통 전압인가 방식일 때는 직류 V/I SOURCE가 최대로 싱크할 수 있는 전류값을 써준나.

⑥ 전류 레인지(RANGE)를 설정한다. 인가전류나 싱크전류를 프로그램 해 주었기 때문에 반드시 전류레인지를 설정해 준다. TERADYNE A360 장비에서는 20㎂, 200㎂, 2㎃, 20㎃, 200㎃의 5개 레인지가 제공된다. 위의 예에서 ISO=100㎃, ISI=100㎃이기 때문에 제일 가깝지만 큰 전류 레인지인 200㎃를 잡아 주어야 한다. 보통 AUTO로 쓰면 장비 O/S가 컴파일 할 때 ④, ⑤번 프로그램된 전류을 보고 자동적으로 제일 가까운 레이지를 잡아준다.

⑦ 전압원으로 쓸 것인지,전류원으로 사용할 것인지 정해주는 명령어이다. 위의 예에서는 전압인가 방식으로 정해 주었다. 따라서 프로그램된 전류값은 크게 영향을 미치지 않는다. 다만 프로그램된 전압값이 부하저항에 인가 될 때 부하저항으로 전류가 흘러 나가거나(FORCE), 끌어 들여야(SINK)하기 때문에 이보다 크게 해주면 된다. 전류를 인가하고자 할 때는 FORCE = I로 하면 된다.

이런 설명으로는 아직 감을 잡기는 무척이나 요원하다.

설정된 명령어와 실제 회로가 동작하는 것을 대응시키고 분석하면 자동적으로 이해가 될 터이니 너무 염려하지 않아도 된다. 이제 블록선도의 회로를 보기로 하자.

먼저 직류 V/I SOURCE의 극성이 회로 내에서 어떻게 변하는지 살펴보기로 한다.

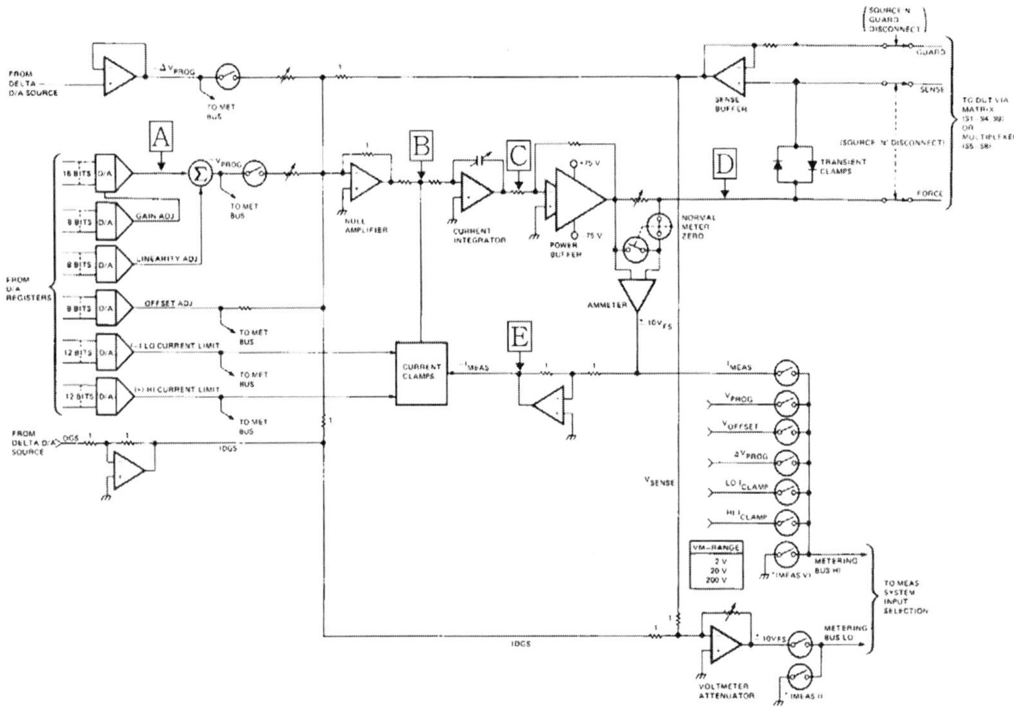

우리가 이미 해석 했다시피 입력이 반전단자로 들어가면 출력극성은 무조건 바뀐다는 것을 확인했다. 블록선도(BLOCKDIAGRAM)을 보면 가산기이든, 적분기이든,전류 부스터이든 연산 증폭기는 모두 반전입력을 가졌다. 그렇다면 극성은 연산 증폭기를 거치면서 모두 반전에 반전이 될 것은 뻔하다.

표로 한번 보기로 하자.

구 분	A점	B점	C점	D점	E점	비 고
	주(MAIN) DAC 출력	NULL AMP 출력	적분기 출력	POWER BOOSTER 출력 부하저항출력	CLAMP 비교기 입력	
LOAD 단 정(+)의 출력전압	−	+	−	+	의미없슴	전압 MODE 시 CLAMP는 동작하지 않기 때문에 의미 없슴
LOAD 단 부(−)의 출력전압	+	−	+	−	의미없슴	

블록선도(BLOCKDIAGRAM)에서 또 한가지 눈 여겨 보아야 할 점은

직류 V/I SOURCE 구성이 두 개의 커다란 궤환으로 쪼개 볼 수 있다는 것이다. 편의상 하나는 전압인가방식의 궤환이라고 하고, 두 번째를 전류인가방식 궤환이라고 가칭하자.

두 궤환의 작동을 꼭 알아야 전체 분석이 가능해 진다.그리고 부하저항도 무시할 수 없는 요소이므로 부하저항도 상정하기로 한다. 일정한 값을 넣고 계산을 할 것이다.

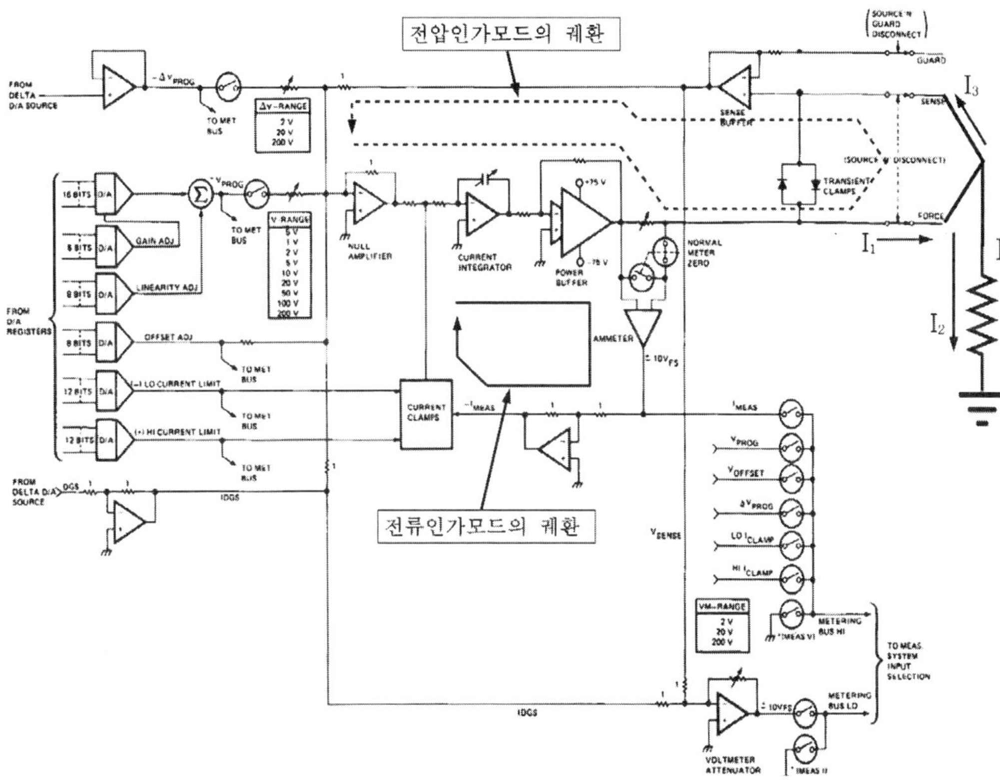

직류 V/I SOURCE 궤환과 관련하여 한마디를 부연하면

전압인가방식일 때는 전압인가방식 궤환이 주된 역할 수행하고, 전류인가방식일 때는 전압인가방식 궤환 과 전류인가방식 궤환 이 동시에 주된 역할을 수행하게 된다. 동작이 예사롭지 않을 것이란 예감이 든다. 그러나 하나하나 차근차근 따져 가면 어려운 회로가 절대 아니다. 여하튼...

이게 뭔 소린지?

전압이면 전압인가방식 궤환만 움직이고, 전류이면 전류인가방식 궤환만 동작하면 되게 만들지 참 힘들게 만들었다. 그렇지 않은가?

위의 블록선도에서 전류인가방식일 때 전류의 흐름을 한번쯤은 생각해 줘야 한다.

부하 저항단을 기준으로 볼 때

$$I_1 = I_2 + I_3$$

가 되어야 하는 것은 당연지사다.

그런데 정밀하게 동작해야 하는 측정장비는 부하 쪽에 흐르는 전류말고 줄줄 새어 나가는 곳에 따로 있다면 문제가 있게 된다. 부하에 1㎂를 흘려 보내려고 하는데 다른 데로 새는 것이 예를들어 수백nA가 되면 측정장비로서는 꽝이다.

그렇다면 직류 V/I SOURCE에서 프로그램된 전류인가 값이 그대로 부하저항에 흘러야 하는데, 감지단(직류 V/I SOURCE의 SENSE단)에 전류가 영향을 미칠 정도로 흐르게 되면 위에서 주의를 환기 시켰듯이 정밀장비가 되지 못한다. 한마디로 쓸모 있는 양산장비가 되지 못한다.

이 문제를 해결하기 위해서 어떻게 해야 할까?

새는 요소 I3를 죽여야? 한다. 방법은 뭘까?

우리가 이미 너무 너무 잘 아는 대로 전압 팔로워는 입력임피던스가 거의 ∞이기 때문에 전류흐름이 없다고 보아도 된다. 그러면 I3를 죽이는 길이 열린다.

직류 V/I SOURCE 구성상 감지선에 부하저항에 걸리는 전압을 반드시 가져와야 하는데 아무 회로나 사용할 수가 없다. 입력임피던스가 낮은 것을 쓰면 전류가 흘러 들어와 프로그램된 직류 V/I SOURCE의 전류가 부하에 그대로 흐르기 어렵게 된다.

전압은 그대로 가져 오고,전류는 전혀 흐르지 않게 하는 방법은 말한대로 전압 팔로워를 쓰면 된다. 그래서 블록선도의 감지단(SENSE 단)에 전압 팔로워를 쓰지 않을 수 없게 된 것이다(SENSE BUFFER라고 표시한 회로).

실제 장비에서는 알맞게 회로를 구성 했더라도 아주 적은 손실전류가 있다고 보고, 교정(Calibration)을 해주어 정확한 전류가 부하저항에 흐르게 하는 기법을 사용한다. 레인지별로 실제 인가 하는 전류가 작으면 작아진 것 만큼 보태 주고, 크면 커진 만큼 빼 준다. 따라서 정확도가 월등해 진다.

I3 성분이 무시되므로, 전류는 아래와 같이 된다.

$$I_1 = I_2$$

그래서 직류 V/I SOURCE에서 설정 되어 인가되는 전류가 곧이 곧 대로 부하저항에 흐르게 되는 것이다. 이런 회로구성에서 우리는 전압 팔로워가 얼마나 강력하고 유용한지 한번쯤 느껴 주어야 한다.

이제부터 전압인가 방식을 회로와 함께 설명할 차례다. 차근차근 잘 따라와 주시길 부탁 드린다. 숲을 보면서 나무도 보아야 하는 작업이기에 집중력이 흐트러지면 곤란하다.

우리가 예를 들었던 프로그램을 다시 상기시켜 드린다.

```
SET S1 V=6V  VR=10V  ISO=100mA  ISI=100mA  IR=200mA  FORCE=V
```

FORCE = V이기 때문에 전압인가 방식인 것을 알고, 부하저항에 6V 전압이 걸려야 하는 것이 위 프로그램이 의도하는 목표다.

부분 부분 설명하기 전에 전압인가 방식 시에는 직류 V/I SOURCE 전체를 반전증폭기라고 보시면 훨씬 이해하는데 도움이 된다. 실제의 반전 증폭기가 된다는 것이 아니라 전체 동작 특성이 반전증폭기와 비슷하다는 것이다.

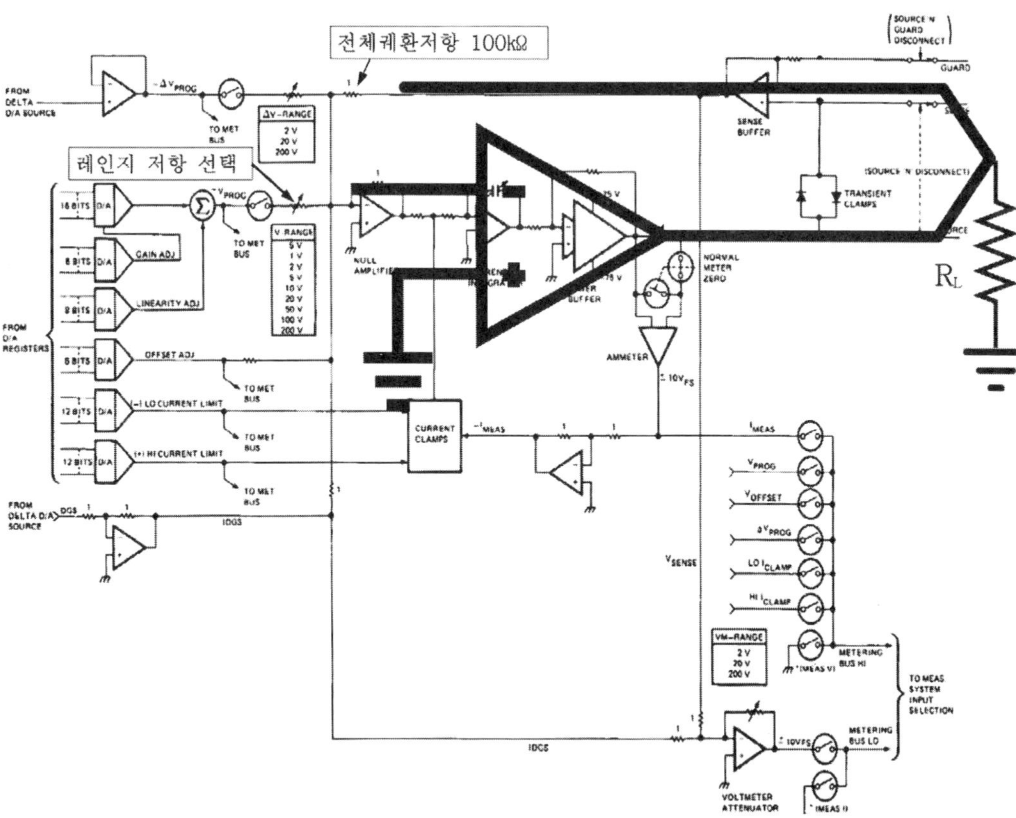

전체 직류 V/I SOURCE 회로를 반전증폭기로 생각하라고 했다. 그렇다면 궤환 저항과, 입력저항에 의해 이득이 정해질 것이며 출력을 알 수 있게 된다.

궤환 저항은 회로적으로 딱 정해져 있다. 변하지 않는 값 100kΩ으로 고정 되어 있다.

반면에

입력저항(레인지저항에 해당)은 레인지에 따라 다르게 선택하도록 되어 있다. 아래 표는 각 저항에 따른 레인지 값을 표로 나타낸 것이다.시작은 여기서부터 이다.

전압 RANGE	RANGE 저항	전체 LOOP 저항	전체 LOOP GAIN	비고
1V	1MΩ	100kΩ	100kΩ/1MΩ = 0.1	
2V	500kΩ		100kΩ/500kΩ = 0.2	
5V	200kΩ		100kΩ/200kΩ = 0.5	
10V	100kΩ		100kΩ/100kΩ = 1	
20V	50kΩ		100kΩ/50kΩ = 2	
50V	20kΩ		100kΩ/20kΩ = 5	
100V	10kΩ		100kΩ/10kΩ = 10	
200V	5kΩ		100kΩ/5kΩ = 20	

한 예를 들어 보면 쉽게 이해하실 수 있을 것이다. 지금 우리가 프로그램의 예를 보면 10V RANGE를 잡았다. 기억하시는가?

SET S1 V=6V VR=10V ISO=100mA ISI=100mA IR=200mA FORCE=V

그러면 레인지 저항은 얼마가 잡히는지 표를 보면 알 수 있다. 실제 회로도 저렇게 구성되어 있다. 레인지 저항 9개가 있고, FET 스위치로 해당 레인지에 따라 저항이 선택 되도록 회로가 구성이 되어 있는 것이다. 10V 레인지(RANGE)일 때는 레인지 저항 100kΩ이 잡힌다(표에 색으로 칠한 부분 참조).

이렇게 되었을 때 직류 V/I SOURCE를 등가적으로 다시 그리면 아래와 같이 반전증폭기처럼 간주할 수 있다고 했다.

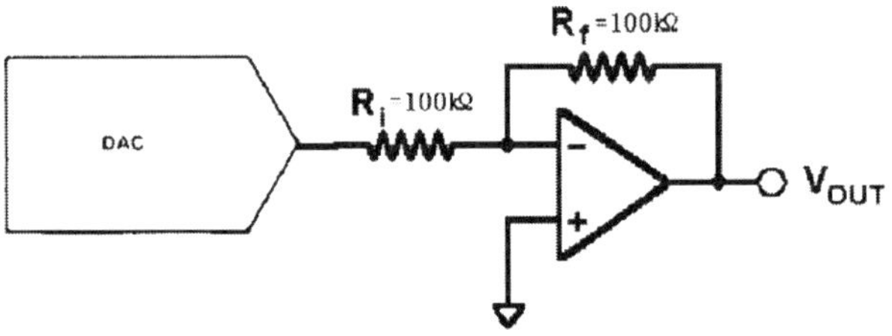

직류 V/I SOURCE를 위와 같이 볼 수 있다면,우리는 전체 이득(=GAIN)을 구할 수가 있게 된다. 이득은 얼마인가? 너무 간단하다. 많이 풀어 본 것이기 때문에 암산으로 계산해도 된다.

$$V_o = -\frac{R_f}{R_i}V_i = -\frac{100\text{K}\Omega}{100\text{K}\Omega}V_i$$

가 되어 이득(=GAIN)이 1인 것을 알게 되었다. 이 값은 직류 V/I SOURCE의 전체 이득과 같다.

그런데

이 값이 레인지(RANGE)와 어떤 연관을 갖고 있는가 하는 점이 궁금하다. 분명 표에서 보면 이렇게 회로가 구성이 될 때 레인지(RANGE)는 10V 레인지(RANGE)라고 했다. 어떻게 해서 10V RANGE인가?

이쯤해서 상기하셔야 할 점이 하나 있다.

- SOURCE에서의 RANGE 란 출력할 수 있는 최대값(최대범위)이고,
- METER에서의 RANGE 란 입력으로 받을 수 있는 최대값(최대범위)을 말한다.

꼭 기억하시라 했다.

다시 본론으로 돌아가 보자.

레인지(RANGE)라는 놈이 SOURCE에서 출력할 수 있는 최대값을 정말로 의미할까? 다시 아래 회로를 보기로 하겠다.너무 자세하게 하느라고 더 헷갈리게 하는지 모르겠지만 조금만 참기로 하자.

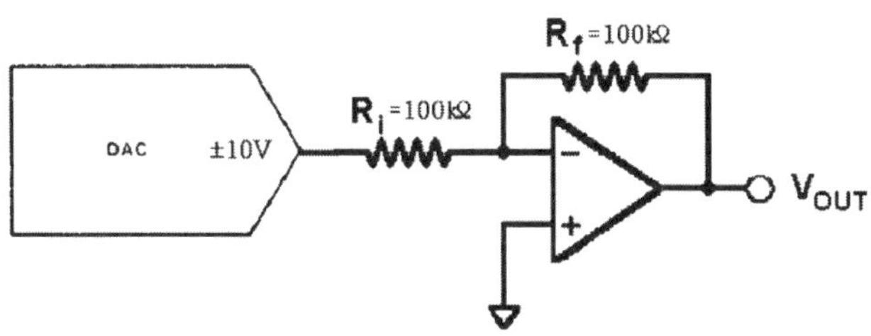

이제는 위의 회로에서 DAC에 주목해 보자. DAC은 ±F.S이 ±10V이다. 죽었다 깨도 ±10V 이상 나올 수가 없다[DAC이 곧바로 반전증폭기에 달라 붙은 형태가 아니다. 블록선도(BLOCKDIAGREN) 임을 감안하기로 하자]. 그런데 직류 V/I SOURCE를 전체적으로 조망해서 반전증폭기로 놓을 수 있다고 했다. 특별히 우리가 추적하는 예에서는 Ri＝100kΩ이고, Rf＝100kΩ 이었다. 이렇게 회로가 구성되면 레인지(RANGE)로 따지자면 10V라고 했다.

DAC을 최대값으로 높여 봐야 10V이다. 그런데 반전증폭기의 이득은 1이라고 했다. 그러면 최종출력으로 나올 수 있는 최대값은 얼마인가? 그렇다 10V이다. 그래서 10V 레인지(RANGE)가 되는 것이다.

이제 좀 감이 잡히시는가?

SOURCE 에서의 레인지(RANGE)란 출력할 수 있는 최대값(최대범위)이다 라고 하는 점은 명심할 만하다.

다시 우리가 처음에 프로그램 했던 것을 기억해 보기로 하자.

SET S1 V=6V VR=10V ISO=100mA ISI=100mA IR=200mA FORCE=V

장비 운용체계(O/S)는 이러한 사실들을 속속들이 알고 있다.

사용자가 10V 레인지(RANGE)를 잡으면 전체 회로가 어떻게 꾸며지는지 잘 알고 있다. 왜 그러냐 하면 장비 회로를 설계한 사람이 장비 운용체계(O/S)를 작성하는 사람에게 설계한 회로 내용을 전달해서 이 자료를 바탕으로 장비 운용체계(O/S)를 제작 했기 때문이다.

그렇다면 장비 운용체계(O/S)는 우리가 예를 든 프로그램을 컴파일 할 때 값을 계산하여 디지탈 신호를 DAC에 보내게 된다. 얼마가 되게 보낼까?

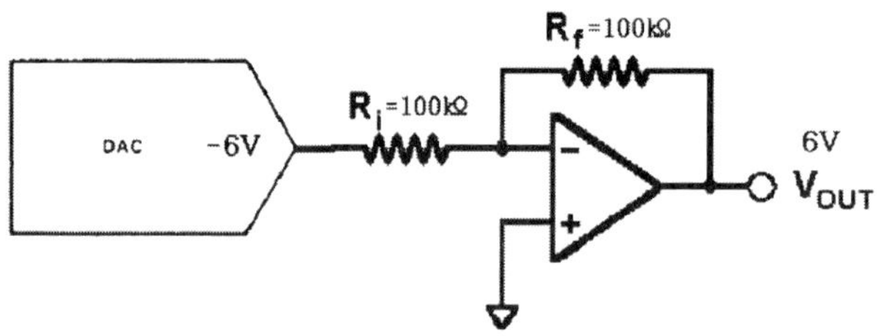

DAC의 출력이 −6V가 되도록 디지탈 신호를 보내게 된다. 디지탈 제어 신호들이 DAC을 통해 어떻게 직류전압값으로 환전?되는지는 이미 AD565를 분석 했을 때 충분히 설명했기 때문에 다시 설명하면 사족이 되어 버린다.

DC V/I SOURCE의 전체 이득이 1이기 때문에 DAC의 출력은 −6V가 출력되도록 하면, 회로가 프로그램대로 작동을 하여 최종적으로 직류 V/I SOURCE의 출력이 6V가 되게 된다.

프로그램 예를 하나 더 들어 보기로 하겠다. 문제를 내는 것이 도움이 될 것 같다. 각자 한번 생각해보기로 하자. 위의 표를 보고 답을 생각해 보시도록 하라.

1. 부하저항에 15V를 출력하고 싶을 때 전압 레인지는 얼마로 정해 주어야 할까?
2. 이때 레인지 저항은(표를 보고) 얼마가 되겠는가?
3. 장비 운용체계(O/S)는 DAC에 얼마가 출력 되도록 하겠는가? 그 전압값은?
4. 전류는 상관하지 말고 프로그램을 짜 보시라.

처음에는 낯설기 때문에 표를 보고 프로그램을 짜야하니 표를 가져오기로 한다.

전압 RANGE	RANGE 저항	전체 LOOP 저항	전체 LOOP GAIN	비고
1V	1MΩ	100kΩ	100kΩ/1MΩ = 0.1	
2V	500kΩ		100kΩ/500kΩ = 0.2	
5V	200kΩ		100kΩ/200kΩ = 0.5	
10V	100kΩ		100kΩ/100kΩ = 1	
20V	50kΩ		100kΩ/50kΩ = 2	
50V	20kΩ		100kΩ/20kΩ = 5	
100V	10kΩ		100kΩ/10kΩ = 10	
200V	5kΩ		100kΩ/5kΩ = 20	

1번 답은? 20V RANGE가 맞다.

2번 답은? 표에서 보고 찾으면 된다. 50kΩ 이다.

3번 답은? 여기서 아리까리 해지기 시작한다. 아래 회로를 보기로 하자.

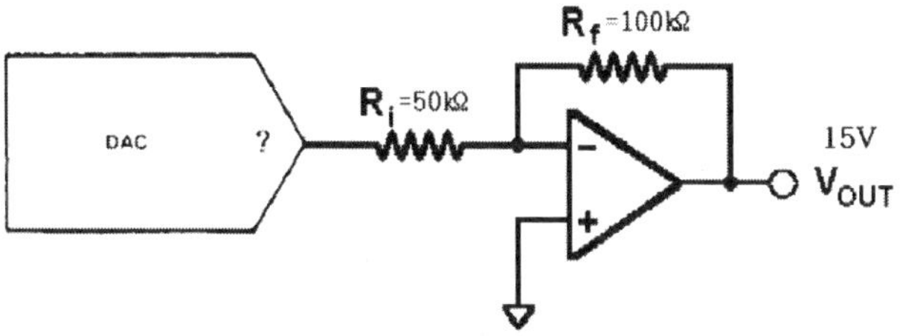

DAC 값은 얼마가 되어야 할까?

$$15V = -\frac{100K\Omega}{50K\Omega} \times V_{DAC}$$

$$\therefore V_{DAC} = \frac{15V}{2} = -7.5V$$

가 된다.

극성은 DAC에서(−)이면 최종출력이(+)이기 때문에 −7.5V가 될 것이다. 전체적인 극성은 이미 표를 통해 확인한 사항이다.

따라서 프로그램은 아래와 같이 초 간단하게 작성된다.

```
SET S1 V=15V  VR=20V  ISO=100mA  ISI=100mA  IR=200mA  FORCE=V
```

레인지를 다시 음미 하기로 하자. 왜냐하면 중요하니까!.

위의 문제에서 전압레인지(Voltage Range)는 20V라고 했다. 그렇다면 직류 V/I SOURCE의 출력을 암만 프로그램해도 20V 이상은 나가지 못한다는 것은 누누이 강조 했다. 직류 V/I SOURCE는 우리가 분석한대로 GAIN = 2가 되었다. 이런 이득값이 전압레인지를 20V로 하는데 결정적인 영향을 미쳤다. 왜냐하면 전압을 인가하기 위한 애초의 SOURCE인 DAC의 출력이 최대로 높아 봐야 ±10V이기 때문에, DAC 최대출력×직류 V/I SOURCE GAIN = 20V가 결국은 레인지가 되는 것이다.

그럼

이렇게 출력이 나오기까지 각 회로들이 어떻게 작동되는지 그 메커니즘을 분석하기로 하겠다. 동작은 안정상태가 되기 전에 과도상태까지도 생각해 줘야만 한다.실제는 연속적인 동작이 이루어지겠지만, 대표적인 3가지 경우만을 뽑아서 분석하면 나머지 동작은 자연스럽게 이해가 될 것으로 믿는다.

① 출력전압이 프로그램된 전압값에 미치지 못한 경우

② 출력전압이 프로그램값 보다 좀 높아진 경우

③ 출력전압과 프로그램된 전압값이 일치할 경우

자세히 분석하기 전에 주의를 환기시켜야 겠다.

여기까지 이해되지 않는 분들이 있다면 다시 한번 요청 드리는데 꼭 위에 설명을 재 음미하여 이해하고 넘어가도록 하자. 이해하지 않고 넘어가면 다음에 나오는 분석을 읽어도 무슨 말인지 종잡을 수 없을 수 있기 때문이다.

이제 원래의 예로 설정했던 프로그램을 가져와서 회로를 뒤 쫓아 가보기로 한다.

SET S1 V=6V VR=10V ISO=100㎃ ISI=100㎃ IR=200㎃ FORCE=V

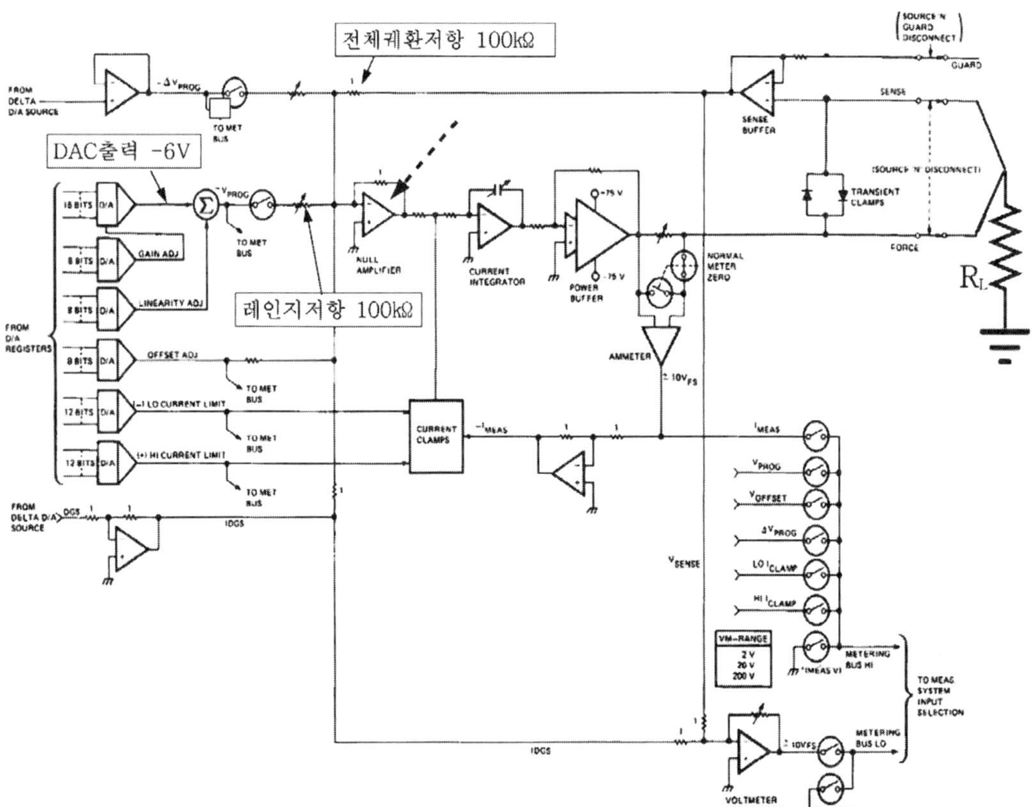

프로그램대로 FET스위치가 다 잡혔을 때 어떻게 동작하는지 본다.

- DAC에서는 -6V가 잡혀 있다. 이 전압이 NULL AMPLIFIER로 입력되게 된다(구성도의 굵은 점선으로 화살표시 된 연산 증폭기).

- NULL AMPLIFIER에 잡다한 입력이 들어 오는데 두 입력에만 신경쓰면 된다. 첫째는 DAC의 −6V 입력과 감지단(SENSE단, 직류 V/I SOURCE의 전체 궤환단)의 입력, 즉 최종출력단의 전압을 감지하여 되돌림한 입력을 신경 써 주기만 하면 된다.
- NULL AMPLIFIER 다음 단에는 적분기가 있다. 적분기의 출력은 입력극성과 반대로 된다는 점과 입력전류가 흐름이 없을 때, 바로 전 전압값을 유지한다고 하는 점을 상기하시면 좋겠다. 만약 NULL AMPLIFIER가 0V가 되면, 적분기 또한 콘덴서를 통해 부궤환이 형성되고, 가상단락현상이 생겨 입력단이 0V이므로 전류의 흐름이 없어지게 된다.
- 최종출력단에는 POWER BUFFER가 있다. 부하저항에 필요한 전류를 풍부하게 공급할 수 있다고 했다. 실제 회로에서는 이득이 6.9이다. 동작을 해석할 때에 증폭도는 사실 중요한 요소는 아니다. 여하튼 최종전압을 부하저항으로 나눈 전류값을 부족하지 않게 공급해 주는 역할을 한다.

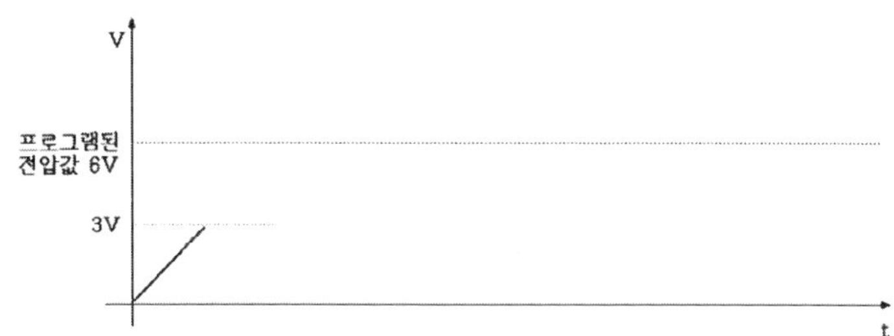

최종 출력이 아직 6V가 되지 않고 3V일 때 직류 V/I SOURCE의 동작을 보기로 하자. NULL AMPLIFIER만을 뜯어와서 세밀하게 살펴보자.

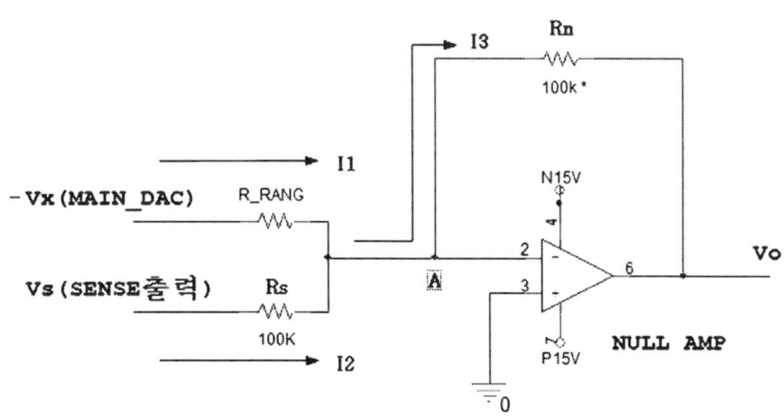

위의 회로는 NULL AMPLIFIER의 회로이다. 가산기 형태로 되어 있기 때문에 지금 입력되고 있는 값들을 대입하기 전에 먼저 출력식을 뽑아 보기로 하자. 가산기 생각 나시는가? 가산기

의 일반식은 아래와 같이 반전증폭기가 합성된 꼴이라고 부연한 적이 있다.

$$V_0 = -\left(\frac{R_f}{R_1}V_1 + \frac{R_f}{R_2}V_2 + \frac{R_f}{R_3}V_3 + \ldots\ldots + \frac{R_f}{R_N}V_N\right)$$

따라서

위의 회로 NULL AMP는 아래와 같이 식이 정리가 될 것이다.

$$Vo = -\left[\frac{Rn}{R\_RANGE}(-Vx) + \frac{Rn}{Rs}(Vs)\right] - - - (1)$$

구체적으로 값을 넣어 보기로 하자. 그러면 NULL AMPLIFIER의 출력을 얻을 수 있을 것이다.

$$R\_RANGE = 100\text{K}\Omega$$
$$R_S = 100\text{K}\Omega$$
$$R_n = 100\text{K}\Omega$$
$$V_x = -6V$$
$$V_S = 3V$$

이므로

$$Vo = -\left[\frac{100\text{K}\Omega}{100\text{K}\Omega} \times (-6V) + \frac{100\text{K}\Omega}{100\text{K}\Omega} \times (3V)\right] = -[(-6V) + 3V] = +3V$$

이 출력이 적분기로 가면 적분기의 출력은 대략 −0.43V에서 −전압으로 더 내려 갈 것이다. POWER BUFFER는 이득이 6.9배 이므로 적분기의 출력이 −0.43V 보다 더 내려 가면 반전 되어 +3V 이상으로 올라갈 것이다.

우리가 목표로 한 전압값이 6V이기 때문에 3V에서 더 올라가야만 한다. 이제 시간이 흘러 POWER BUFFER의 출력이 5V가 되었다고 가정하자. 이 전압은 감지되어 감지선(SENSE 단)으로 그대로 입력되어 다시 NULL AMPLIFIER 로 되돌림 될 것이다. 그 때의 동작을 보기로 하자. Vs = 5V

식(1)에 좀 전 처럼 값을 넣으면 아래와 같이 출력전압이 얻어진다.

$$Vo = -\left[\frac{100\text{K}\Omega}{100\text{K}\Omega} \times (-6V) + \frac{100\text{K}\Omega}{100\text{K}\Omega} \times (5V)\right] = -[(-6V) + 5V] = +1V$$

NULL AMPLIFIER이 계속 변하기 때문에 적분기도 줄어 들기는 하겠지만 계속 전류가 흘러 들어 그 전에 충전된 전압보다 더 내려갈 것이다.

그렇게 되면 POWER BUFFER의 출력전압은 더 올라가게 될 것이다.

여기서 중요한 사실을 하나 뽑아 내야 한다.

부하저항에 출력전압이 올라가는 이유는 프로그램된 전압값으로 될 때까지 올라간다는 점을 각별히 주의해서 기억해야 한다. 이 점은 아직은 확실하게 체감되지 않는 말일 것이나, 전류인가방식 체계를 규명할 때 구체적으로 와 닿게 될 것이다. 각설하고,

모든 사물의 이법(理法)이 동일하다. 관성의 법칙이 작용하는 것이다.자동차가 달리다가 설 때, 브레이크를 밟으면 바로 서지 않고 미끌린다. 6V가 목표이지만 회로도 현실의 사물이기 때문에 딱 6V에서 평정한 상태로 바로 찾아갈 수는 없다. 회로도 프로그램된 전압값에 도달 되면 바로 그 전압을 유지하는 것이 아니라 좀 튕겨진다. 오버슈트가 생긴다. 그래서 회로에 안정 시간(Settling Time)이 필요해 지는 것이다.

성질 뿌러진 사람도 옆에서 잠자코 기다려 주면 성질 죽듯이 시간이 약인 것이다.그래서 가요에도 있잖은가? 세월이 약이겠지요~ 세상에 이길 수 없는 것이 둘이 있으니 마눌님과 시간이다.혹시 결혼한 사람이 있어 간혹 마눌님과 싸우게 되걸 랑 이길 생각은 꿈엔들 하지 마시라. 논리? 통하지 않는다. 어설픈 위협? 권위만 실추될 뿐이다.설득? 당신이 설득하려는 만큼 그녀도 득달같이 당신을 설득하려 들 것이다. 부부싸움은 칼로 물베기라는 감언에 현혹되지 마시라.세상에 부부싸움 만큼 지리멸렬(支離滅裂)한 진지전은 드물다. 완빤치에 조용히 결구 맺는 마쵸들의 싸움과는 질이 다르다. 한 30분 찬바람 쐬고 들어오시라. 그게 부부생활의 선한 도(道)이다. 세상에 가장 미련한 것이 둘 있으니 마눌님 이기려고 목에 핏발 세우는 남자와 늙어 가는 시간을 멈추려고 화장으로 덕지덕지 안달하는 여자가 그 둘이다. 솔로몬의 잠언인가?

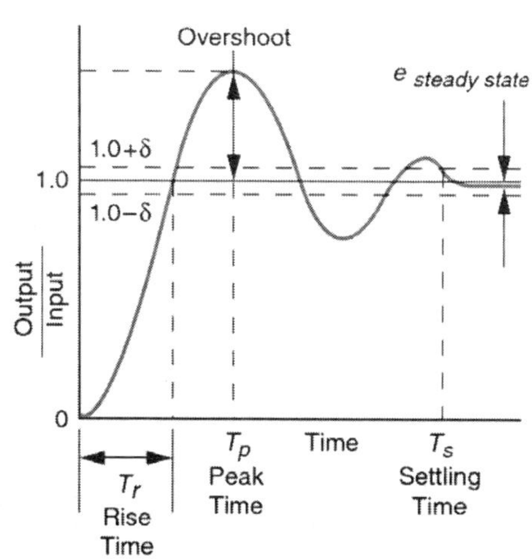

POWER BUFFER의 출력이 우리가 프로그램 한 값 보다 더 높게 되어 6.5V가 되었다고 가

정하기로 하자. 이때 회로는 어떤 동작을 보일까?

위 그림은 전기전자에서 흔하게 보는 신호 인가 후 안정까지의 과정을 그린 것이다. 직류 V/I SOURCE도 이와 비슷한 양상으로 전압이 인가 될 것이다. 용빼는 재주가 있을 수 없다.

그렇게 되면 회로동작은 어떻게 될까?

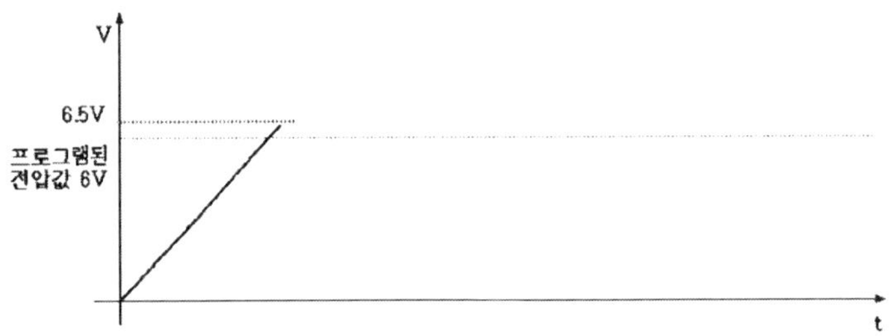

다시 NULL AMPLIFIER을 보기로 하자. 식(1)에 변한 값들을 대입하기로 한다.

$$Vo = -\left[\frac{100K\Omega}{100K\Omega}\times(-6V)+\frac{100K\Omega}{100K\Omega}\times(6.5V)\right] = -[(-6V)+6.5V] = -0.5V$$

NULL AMPLIFIER의 출력 값이 변했다. 프로그램한 6V 전압이 되기 전까지는(+)전압값으로 점점 감소하였지만, 이제는 −전압으로 바뀌었다.

이때 적분기는 어떻게 반응할까?

입력이 반전되니까 +값으로 확 올라갈까? 그렇지는 않다.지금 분석하고 있는 것은 정말 짧은 시간 동안에 일어나는 일들을 세세하게 살펴보는 것이기 때문에 적분기가 +전압으로 확 바뀔 만큼 충분한 시간이 아닌 것을 염두에 두어야 한다. 적분기의 콘덴서가 입력전압의 극성이 빠르게 바뀌는 추세 그대로 바뀌지 않는다. 마치 종놈은 뛰어가도 양반은 팔자 걸음 걸이로 천천히 가듯이 적분기가 촐삭대지 않고 양반 행세를 한다.

단지 적분기는 −전압으로 계속 내려가다가 방향을 바꾸어 +전압 쪽으로 올라가려고 하기만 할 뿐이다. 방향이 +전압이라고 해서 +전압이 아닌 것은 이미 설명했다. 추세만 바뀐 것이다.

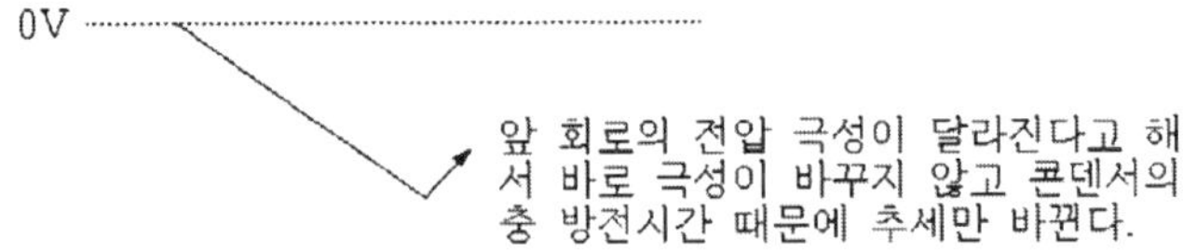

그렇다면 POWER BUFFER는 마찬가지로 +6.5V에서 −전압쪽으로 추세가 바뀔 것이다(위의 적분기 추세에서 알 수 있듯이 여전히 −전압쪽에서 놀고 있기 때문에 POWER BUFFER는 +극성에

서 위 아래로 춤을 추게 된다). 적분기 출력에 따라 이 놈은 조금 빨라서 5.8V까지 내려 갔다고 하자.

POWER BUFFER의 출력이 6.5V에서 다시 5.8V로 되면 당연히 NULL AMPLIFIER의 출력도 다시 바뀔 것으로 짐작이 된다. 어떻게 바뀔까? 식(1)에 값을 넣어 보면 된다.

$$Vo = -\left[\frac{100K\Omega}{100K\Omega}\times(-6V)+\frac{100K\Omega}{100K\Omega}\times(5.8V)\right] = -[(-6V)+5.8V] = 0.2V$$

다시 작은 값이지만 +0.2V가 되었다.

그렇다면 적분기는 +전압으로 향하다가 다시 − 전압쪽으로 방향을 바꿀 것이다. 바쁘다 바빠...적분기가 −전압쪽으로 방향 전환 되었다면, POWER BUFFER는 적분기의 결과에 따라야 하니, +전압쪽으로 추세를 바꿀 것이다.........이런 일들이 순간적으로 왔다리 갔다리 하면서 끊임없이 계속 일어나고 있는 것이다.

자 이제 안정 시간이 지나서 POWER BUFFER의 출력단, 즉 최종 출력단이 6V가 되었다고 하자. 회로들은 어떻게 움직일까?

NULL AMPLIFIER의 출력을 보자.

$$Vo = -\left[\frac{100K\Omega}{100K\Omega}\times(-6V)+\frac{100K\Omega}{100K\Omega}\times(6V)\right] = -[(-6V)+6V] = 0V$$

앗! 0V가 되었다.

이 전압은 매우 중요하다. 즉 우리가 목표로 설정한 것 만큼 전압이 출력되었을 때 NULL AMPLIFIER는 0V가 되었다는 것이다.!!!!!!!!!

이 전압이 적분기에는 어떤 영향을 미칠까?

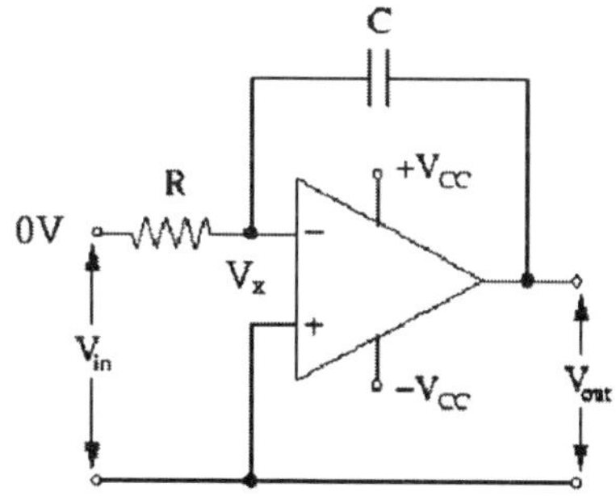

적분기의 입력이 0V가 되면 적분기의 Vx＝0V이기 때문에 전류의 흐름이 없게 된다. 적분기 입력의 전류흐름이 없다면 어떻게 되었는가? 바로 그 전 전압이 유지된다고 하지 않았는가? 그 직전전압이란 얼마인가?

POWER BUFFER가 6V로 되는 값(POWER BUFFER GAIN = 6.9이기 때문에 6/6.9 = 0.86V) 즉 −0.86V로 계속 유지할 것이며 POWER BUFFER는 6V로 고정될 것이다.

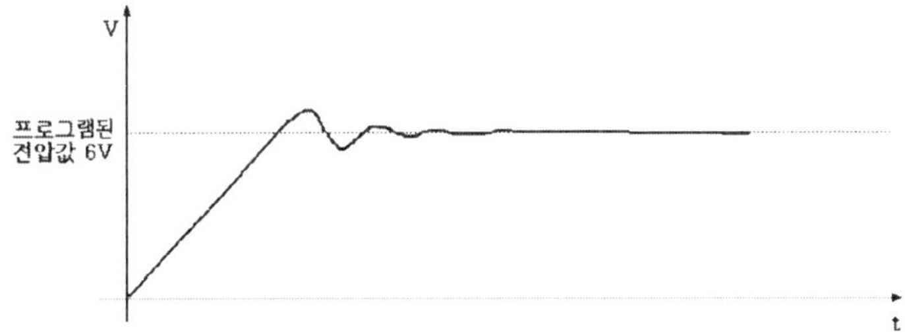

3가지 경우를 나누어 살펴본 것을 종합하여 출력 전압 추이를 보게 되면 왔따리 갔따리, 아래로 약간 덩실덩실 춤을 추면서 값이 안정 될 것이다. 우리가 프로그램 한 6V가 얻어 졌다.

물론 회로는 열에 약하고 여러 가지 요인에 의해 6V로 계속 유지하기는 어렵지만 6V를 벗어날 때 마다 위에서 분석한 것처럼 6V로 가려고 안간힘을 써서 계속 6V를 유지하려고 할 것이다.

실제로는 6V로 유지하기 위해 회로의 전체 궤환은 엄청 버둥대고 있다. 조금 내려가면 다시 올리려고 안간힘 쓰고, 조금 올라가면 다시 찍어 내리려고 발버둥 친다. 6V가 거저 얻어지는 것이 아님을 아셔야 한다. 그러나 설정한 값을 벗어나지 못할 만큼 회로적으로 다르게 동작할 수 있는 여지가 없다는 것이 설계의 묘미다.

이것이 직류 V/I SOURCE의 일반적인 전압인가 방식이 되겠다. 정신이 좀 빠진다. 얼도 빠지고. 그러나 차근차근 따져 주면 생각만큼 난해하지는 않다.

이 전압인가 방식 설명을 마치기 전에 한가지 부연하기로 하자.

이제 회로도에서 NULL AMPLIFIER이라고 이름 지은 이유를 알 것 같다. 그렇지 않은가? 우리가 설정한 전압값이 출력에 출현하게 될 때 NULL AMPLIFIER의 출력이 0V가 되었다. NULL이라는 영어는 뜻이 '0' (零) 이라는 의미를 갖는다. 원래 생겨 먹은 것은 가산기이지만 직류 V/I SOURCE에서는 값이 안정될 때 출력이 0V가 되었다!!!

정말 희한한 현상이다. 신기하지 않은가? 0V가 되었는데 회로가 안정하다니! 거기에는 적분기의 성질을 이용한 의도가 있는 것이다. 적분기가 없으면 이런 일은 발생하지도 않는다. 적분기의 출력 전압값을 그 직전의 값으로 고정시키는 기술이 여기에 있는 것이다. 적분기 입력전류를 빵으로 만드는 기술.

전압인가 방식일 때 전류인가방식 궤환은 설명하지 않았다. 왜냐하면 전압인가가 정상적일 때는 전류인가를 위한 궤환이 전혀 동작하지 않기 때문이다. 그러나 본격적으로 전류인가방식으로 넘어가기 전에 전류인가방식 궤환이 어떤 동작을 하는지 먼저 상고해 보는 것이 예방접종을 하는 것이 될 터이다.

전압인가 방식에서 전압을 부하저항에 인가할 때 전류인가방식 궤환 회로의 움직임은 어떻게 되는지 살펴보자.

우리는 전압인가 동작이 연속적인데 이를 3가지를 구분해서 분석 했다. 프로그램된 6V 를 인가하는데 안정되기 전의 상태를 분석 했다. 바로 그 때 동시에 일어나는 전류인가 궤환단의 또 다른 움직임을 추적한다.

웬만해서는 전압인가 방식일 때 궤환 작동을 잘하지 않지만 문제?가 발생하면 출동하는 119처럼 동작을 한다. 먼저 전류를 측정하는 회로 전류계(電流計, ammeter)로부터 시작하기로 한다.

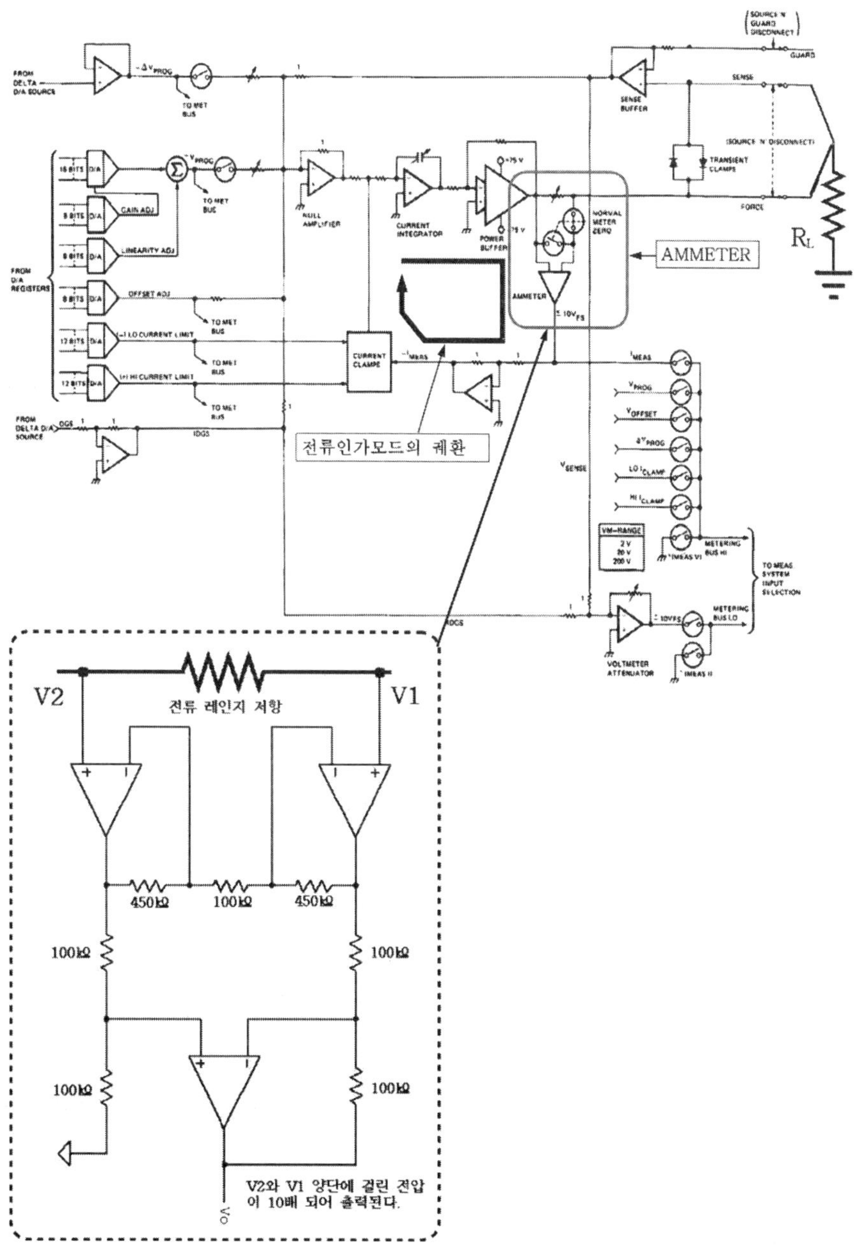

전류계, ammeter는 Ampere-meter의 준말로 전류를 측정하는 회로나 도구를 지칭하는 말이다. 위의 회로는 실제와는 다르나 동작 이해를 위해서는 상관 없다. 이미 우리가 이득조절이 가능한 고입력 차동 증폭기를 거론할 때 등장 했던 회로이다. 식은 아래와 같이 된다.

$$V_o = \left(1 + \frac{R_1 + R_3}{R_2}\right)(V_2 - V_1) = \left(1 + \frac{450K\Omega + 450K\Omega}{100K\Omega}\right)(V_2 - V_1) = 10(V_2 - V_1)$$

전류계에서는 입력 양단에 걸린 전압이 10배로 증폭된다.

여기서 우리가 전압인가방식에서 분석 했던 것을 기억하셔야 한다. 그래야 전류인가방식 궤환과 연관시켜 병렬적이고, 종합적으로다가 사고할 수 있기 때문이다. 동작을 간단하게 요약했던 그래프로 가져오기로 한다.

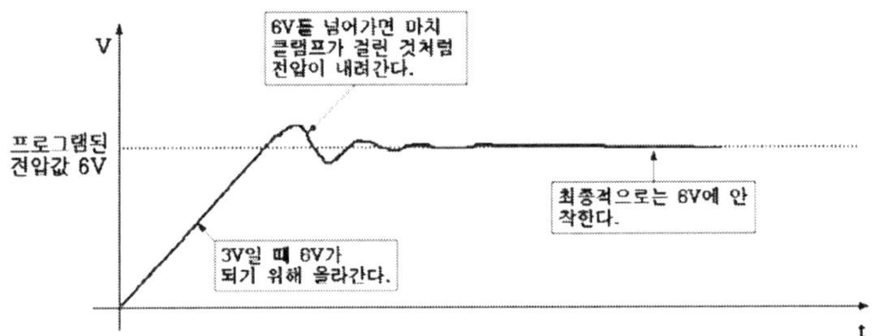

요약한 내용이지만 위에서 이미 동작 분석 했던 내용이다.

그렇다면 출력전압이 3V 일 때, 6.5V 일때 그리고 안정 될 때 전류인가방식 궤환을 같이 생각해 주어야 한다. 하나 더 기억하셔야 하는 내용은 우리가 분석을 위해 짠 프로그램이다.

SET S1 V=6V VR=10V ISO=100mA ISI=100mA IR=200mA FORCE=V

이 프로그램에서 확인해야 하는 내용은

전류 인가값과 전류 싱크값 그리고 레인지 값이다. 전압레인지와 마찬가지로 전류레인지에도 각각 저항이 이미 설계되어 있다. 레인지에 따라 저항이 FET 스위치로 잡히게 되어 있다. 아래 표를 확인하시기 바란다.

전류 RANGE	RANGE 저항	전류 RANGE 양단전압	최대 인가 / SINK 전류	비고
200mA	5Ω	1V	1V / 5Ω = 200mA	
20mA	50Ω		1V / 50Ω = 20mA	
2mA	500Ω		1V/ 500Ω = 2mA	
200μA	5kΩ		1V / 5kΩ = 200μA	
20μA	50kΩ		1V / 50kΩ = 20μA	

표를 보면 우리가 설정한 전류레인지 프로그램에 따라 레인지 저항이 5Ω이 잡히게끔 된다. 회로구성이 어떻게 되는지 확인 했으니 동작을 분석해야 겠다.

처음 부하저항에 3V가 인가되었을 경우를 보기로 한다.

계산하기 쉽게 부하저항을 낮은 값으로 설정해 보기로 한다. 이해를 위한 것이니 양해해 달라. 부하저항은 100Ω이라고 가정하기로 한다.

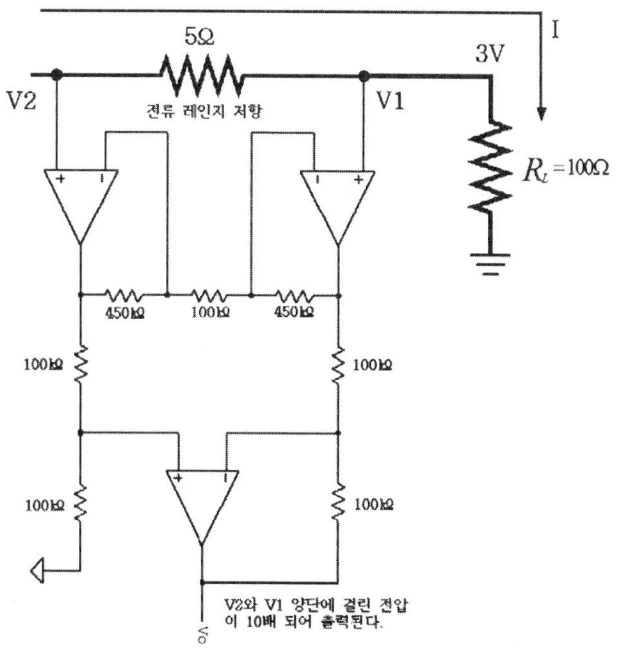

부하저항에 3V가 인가되므로 전류의 방향은 SOURCE에서 부하저항으로 흐르게 된다. 그 값은 부하저항에 따라 정해진다.

$$I = \frac{3V}{100\Omega} = 30mA$$

이 전류는 레인지 저항 5Ω에도 흐르게 되므로 전류계의 양단전압이 발생하게 된다.

V1은 부하저항단과 연결되어 있으므로 전압은 당연히 V1 = 3V 이다.

그렇다면 V2는 얼마가 될까?

계산 전에 V2는 V1보다 전압이 높다는 것을 알아 차릴 수 있다. 전류는 전압이 높은 곳에서 낮은 곳으로 흐르기 때문에 전류 I가 SOURCE 단에서 부하저항 쪽으로 흐른다는 사실이 V2가 높다는 것을 반증하고 있다.

따라서 V2 > V1 이 되는 것은 당연하다. 값을 계산해 보자. I = 30㎃이고, 레인지 저항 R = 5

Ω이기 때문에 V2와 V1 양단에 걸리는 전압은?

$$V = I \times R = 30mA \times 5\Omega = 150mV$$

따라서 V2는 V1보다 150mV 정도 높은 전압이 된다. 그렇다는 말은 부하 저항단 보다 0.15V가 높다는 것이기 때문에 결국 V2 = 3.15V가 될 것이다.

이제 양단전압이 주어졌으므로 비로써 전류계의 출력값을 계산할 수 있다.

$$V_O = \left(1 + \frac{R_1 + R_3}{R_2}\right)(V_2 - V_1) = \left(1 + \frac{450K\Omega + 450K\Omega}{100K\Omega}\right)(V_2 - V_1) = 10(3.15V - 3V) = 1.5V$$

이 값이 반전증폭기를 거쳐 블록선도(BLOCK DIAGRAM)의 CURRENT CLAMP 회로 쪽으로 입력되게 된다. CURRENT CLAMP는 비교기로 만들어 진다. 아래 회로는 요약 시킨 CURRENT CLAMP 회로이다. 단순한 비교기 두 개로 구성된 회로이다.

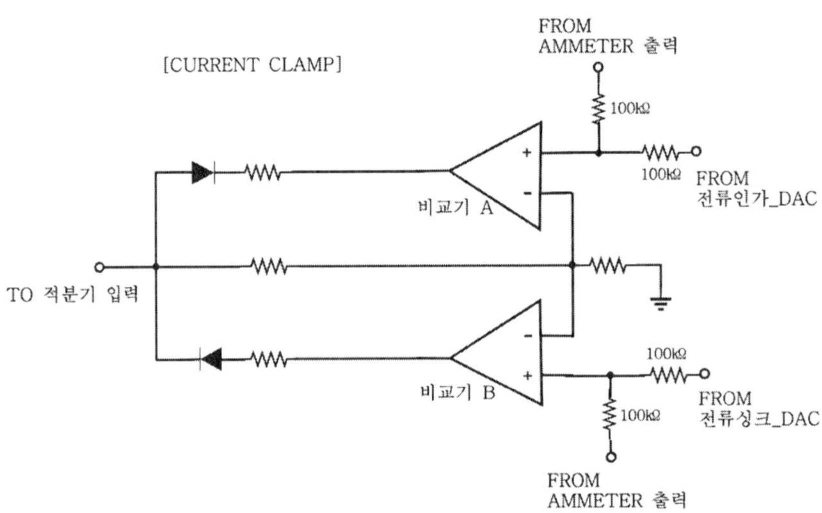

CURRENT CLAMP 회로는 전류인가방식 시에 결정적인 역할을 수행하기 때문에 지금 동작을 잘 알아 두어야 나중가서 헷갈리지 않는다.

회로에서 생각해야 하는 것은 잡다한 소자가 아니라 다이오드 2개와 연산 증폭기 비교기 2개에만 주의한다. 다이오드가 역방향이냐 순방향이냐가 비교기 출력에 따라 판가름된다.

비교기의 입력을 살펴보자.

① 전류계(ammeter)로부터 출력되는 전압값은 반전 증폭기에 의해 반전되어 −1.5V가 현재 입력된다. 'FROM AMMETER' 출력이라고 표시된 단자.

② 전류인가_DAC의 입력은 운용체계(O/S)가 이미 프로그램을 보고 설정해 주는 값이다. 값을 정하는 방법은 아주 간단하다. SET S1 V=6V VR=10V ISO=100㎃ ISI=100㎃ IR=200㎃ FORCE=V 이 프로그램을 운용체계(O/S)는 컴파일 할 때, 전류인가 값이 → 100㎃라는 것을 파악한다. 또한 전류레인지가 → 200㎃라는 것도 더불어 안다.

이것이 어떤 숨은 의미를 갖는지 살펴보자.

잠깐 우리스스로가 장비 운용체계(O/S)가 될 것을 권고? 하는 바이다. 내가 장비 운용체계(O/S)라면 프로그램을 보고 어떻게 전류인가_DAC(또는 전류싱크_DAC)의 값을 정해 줄까?

운용체계(O/S)짜는 사람은 장비 설계 엔지니어로부터 코딩자료를 받는데, 이때 전류레인지도 통지 받게 된다. 예를 들면 전류 레인지가 200㎃ 라면 아~ 레인지 저항은 5Ω이 잡히는 구나 하고 알게 된다. 그리고 전류계가 입력 양단 전압을 ×10 한다는 것도 알게 된다. 어떻게? 장비 설계 엔지니어가 알려 주니까!!!

전류가 최대로 걸릴 때 전류계출력을 생각해 보기로 한다.

$$AMMETER\_OUTPUT = 5\Omega \times 200mA \times 10 = 10V$$

전류계의 출력은 죽어다 깨도 10V를 넘지 않는다는 것을 운용체계(O/S)를 짜는 사람은 설계자로부터 들어서 안다.

자 다시 프로그램으로 돌아가 보자....헷 갈리시면 찬찬히 걸어와도 된다(이쯤 되면 정신 사납기 그지 없게 된다는 것을 안다. 그래도 참자). 급하게 같이 따라갈 필요가 없다. 여하튼

SET S1 V=6V VR=10V ISO=100㎃ ISI=100㎃ IR=200㎃ FORCE=V

전압인가를 전류 레인지의 반값, 100㎃로 프로그램 했으니까? 전류레인지는 전류가 나갈 수 있는 최대값이라고 했으니, 장비 운용체계(O/S)는 아래와 같이 계산하여 전류인가_DAC(또는 전류싱크_DAC)을 미리 설정해 주게 된다.

$$AMMETER\_OUTPUT = 5\Omega \times 100mA \times 10 = 5V$$

따라서 장비 운용체계(O/S)는 프로그램을 컴파일 하자마자 전류인가_DAC = 5V, 전류싱크_DAC = −5V 라는 것을 알아차리고 DAC에 입력코드를 넣어 그에 해당하는 전압을 CURRENT CLAMP에 입력 시키게 된다. 아래는 운용체계(O/S)가 전류인가_DAC(또는 전류싱크_DAC) 값을 계산하는 방법이다.

전류인가_DAC 값 = 전류 프로그램 값 × 전류 레인지 저항 × 10

그러면 이제 CURRENT CLAMP의 비교기에 값이 들어 왔기 때문에 분석은 어렵지 않게 할

수가 있게 된다.

CURRENT CLAMP의 비교기 동작을 알기 위해서 Vx와 Vy 값을 계산해 보자. 사실 계산할 필요는 없다. 직관적으로 0V 보다 크냐, 작으냐만 판별하면 되고, 즉각적으로 전압 분압이 반반씩 되므로 암산으로 전압값이 나올 수 있다. 그러나 정확한 동작을 위해 계산하는 것이다. 먼저 KCL을 적용해 Vx를 구해보자.

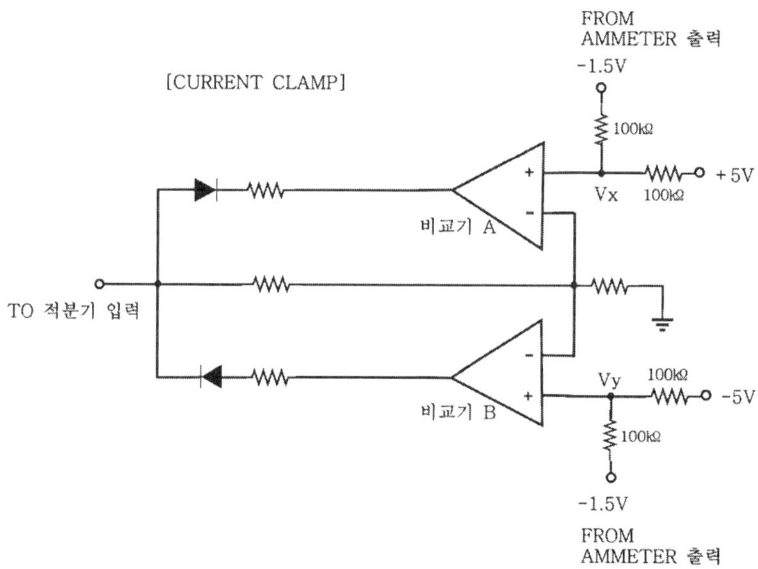

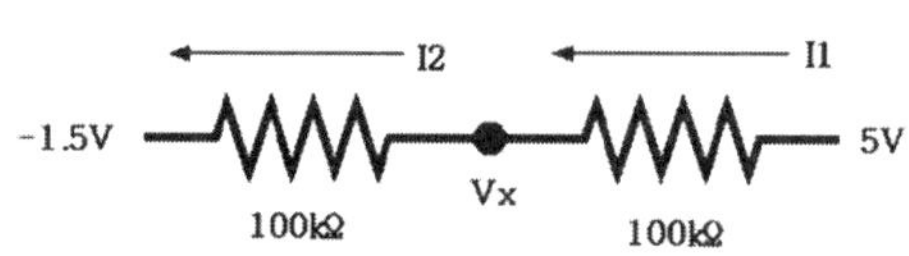

$$I_1 = I_2$$

오옴의 법칙을 적용하여 전압과 저항만의 식으로 바꾸어 보면

$$\frac{5V - Vx}{100K\Omega} = \frac{Vx - (-1.5V)}{100K\Omega}$$

$$2Vx = 3.5V$$

$$\therefore Vx = 1.75V$$

Vy도 같은 방법으로 풀면 Vy = −3.25V가 된다. 이 값을 비교기에 입력 시키면 출력이 어떻게 나오는지 알 수 있다. 먼저 비교기 'A'를 보기로 한다.

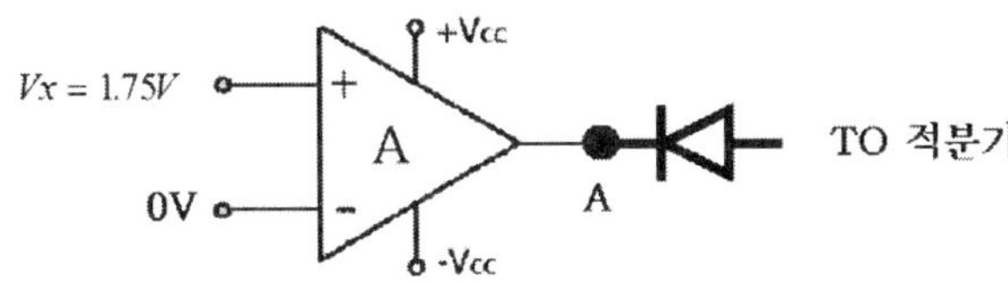

개루프이득 A를 100으로 잡고, 연산 증폭기기본식을 적용해서 보면

$$V_A = A(1.75V - 0V) = +V_{CC} = +15V$$

+15V로 포화가 되므로 앞의 다이오드는 도통 되지 않는다.
비교기 'B'를 보기로 한다.

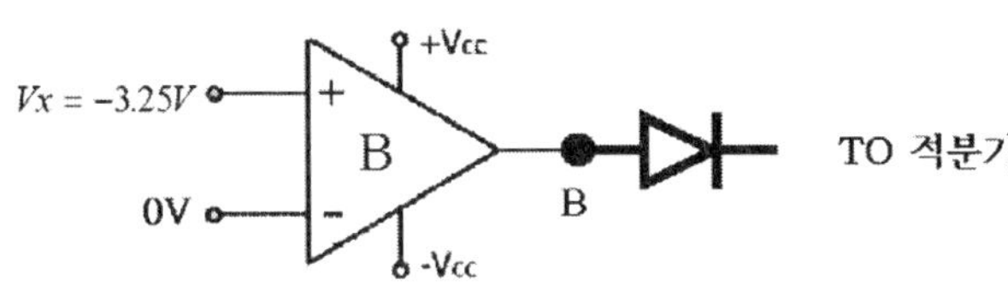

마찬가지로 개루프이득 A를 100으로 잡고, 연산 증폭기 기본식을 적용해서 보면

$$V_A = A(-3.25V - 0V) = -V_{CC} = -15V$$

−15V로 포화되므로 앞의 다이오드는 도통 되지 않는다. 이로써 적분기로 이어지는 다이오드는 모두 도통되지 않았다. 따라서 전류인가방식의 궤환은 형성 되지 못하게 되는 것을 확인 할 수 있다. 한마디로 개방회로이다.

다음에는

부하저항에 전압이 6.5V가 걸렸을 때 전류인가방식 궤환이 어떻게 동작하는지 아주 간단하게 둘러 보기로 하겠다.

주목해서 보아야 할 대목은 전압인가방식 시에 전류인가방식 궤환이 영향을 미치는지 확인하는 것이다.

전류인가 방식의 궤환을 빠삭하게 숙지해야 전류를 출력시키는 것이 어떤 방식으로 되는지를 쉽게 이해할 수 있기 때문에 충분히 반복하게 될 것이다. 직류 V/I SOURCE를 모두 분석하고 나면 작은 감탄이 입에서 흘러 나온다. 참 잘 설계된 회로라고...

우리는 전압인가방식에서 3가지를 분석 했었다. 6V를 부하저항에 출력시키는 것을 목표로 하고, 직류 V/I SOURCE의 과도동작을 3V일 때, 목적으로 하는 출력 6V 보다 높은 6.5V 일 때, 그리고 6V로 안정상태일 때를 나누어 사유했다.

부하저항에 6.5V가 인가 되었을 경우 전류인가방식의 궤환쪽 회로가 어떻게 동작되는지 생각해 보기로 한다.

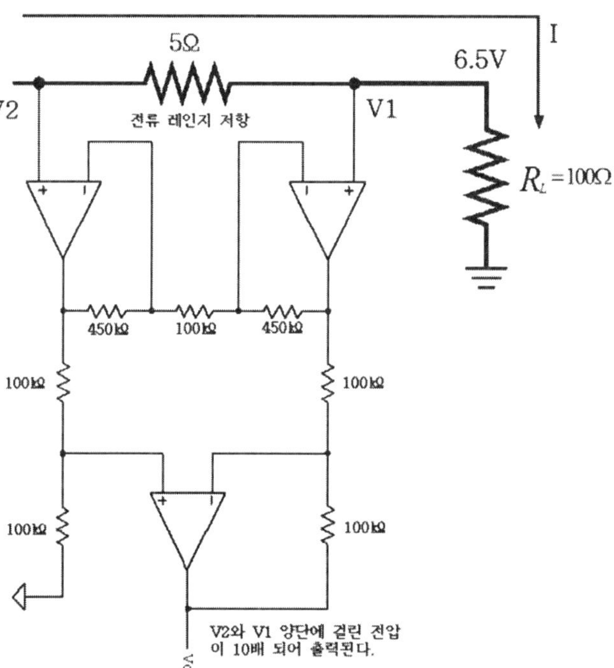

부하저항에 3V가 걸릴 때처럼 일일이 뒤벼주어야 한다. 먼저 부하저항에 흘러 나가는 전류를 계산해 보자. 부하저항에 그라운드 대비(+)전압이 걸렸으므로 반드시 전류가 흘러 나간다.

$$I = \frac{6.5V}{100\Omega} = 65mA$$

레인지 저항 5Ω에 걸리는 양단 전압을 산출하면

$$V = I \times R = 65mA \times 5\Omega = 325mV$$

V2는 V1 보다 325㎷ 정도 높은 전압이 된다. V2 = 6.5V + 325㎷ = 6.825V.

전류계의 출력값을 구할 수가 있게 되었다.

$$V_O = \left(1 + \frac{R_1 + R_3}{R_2}\right)(V_2 - V_1) = \left(1 + \frac{450K\Omega + 450K\Omega}{100K\Omega}\right)(V_2 - V_1) = 10(6.825V - 6.5V) = 3.25V$$

마찬가지로 이 전압이 반선증폭기(직류 V/I SOURCE 회로구성도 참조. CURRENT CLAMP 전단에 반전증폭기가 하나 있다) CURRENT CLAMP에 입력 된다.

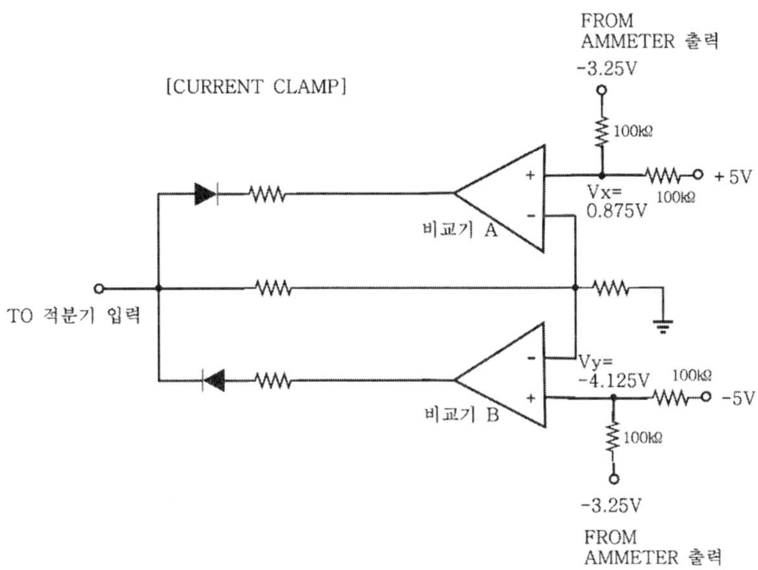

Vx = 0.875V, Vy = −4.125v가 각각 걸리게 된다. 이때 비교기의 동작을 보면

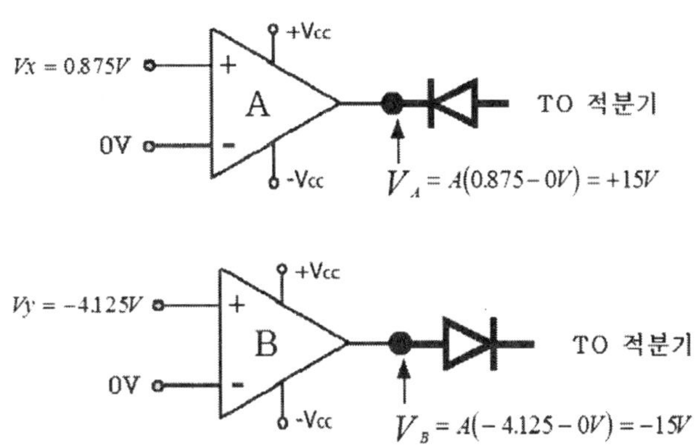

역시 다이오드 두 개 모두 다 도통 되지 않는다(역방향 바이어스가 걸리므로).
따라서 결론을 내리면 전압인가 방식일 때 전압인가동작이 아주 바르게 정상작동 한다면 전

류인가방식 궤환은 개(OPEN)회로가 되어 버린다.

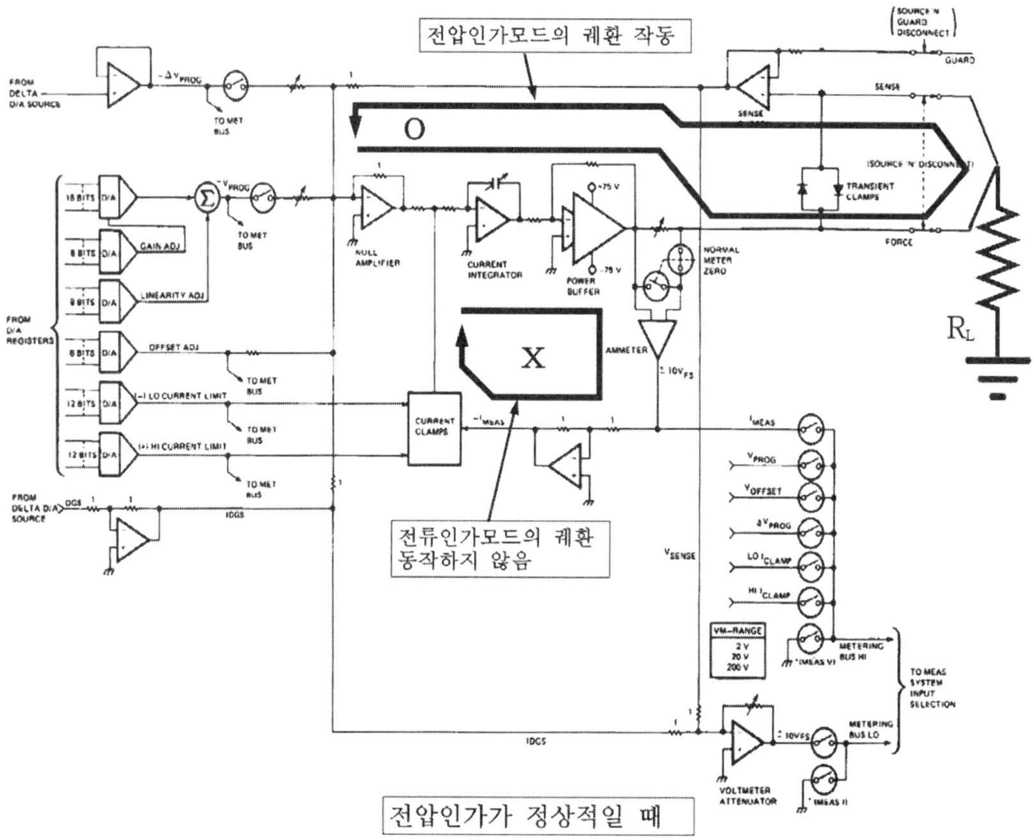

이제 소결론을 내려야 겠다.

전압인가방식이 정상적으로 동작할 때는 전류인가방식의 궤환쪽 회로는 자르기(CLAMP)동작을 하지 않는 것을 보았다. 그렇다고 해서 전압인가 방식일 때 전류인가 궤환의 CLAMP 동작이 아주 숨쉬고만 있다는 것은 아니다. 이상동작이 발생할 때 급한 불을 끄기 위한 전류인가 궤환은 출동을 하게 되는 것이다.

전압인가 방식 때 문제가 생겼다고 상정하자. !!!

여지껏 사용했던 동일한 프로그램(명령어 뭉치)을 적용하기로 한다.

(SET S1 V=6V VR=10V ISO=100㎃ ISI=100㎃ IR=200㎃ FORCE=V)

가정할 사항은 부하에 문제가 생겨 거의 단락회로가 되어 버리는 경우가 있을 수 있다. 부하저항(측정시험 되는 소자)이 100Ω에서 10Ω으로 거진 단락회로가 되었을 때는 어떤 동작이 일어나는가?

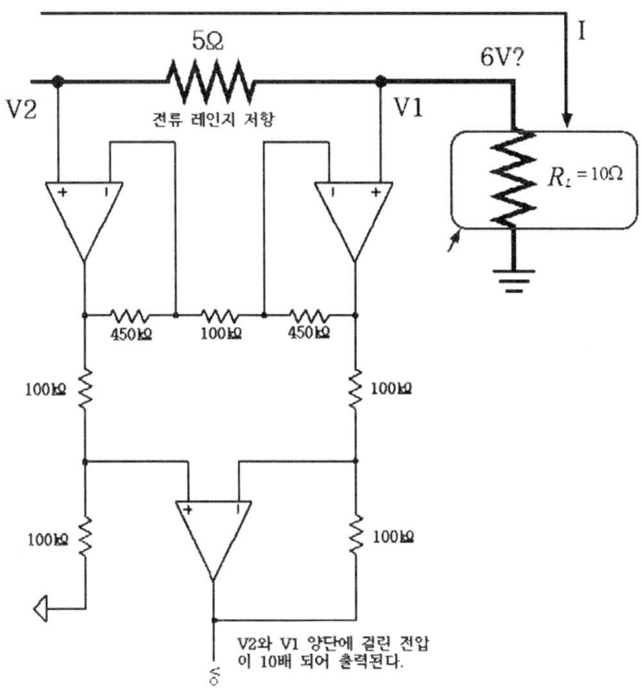

만약 위와 같이 되었을 때 부하저항에 흐르는 전류는

$$I = \frac{6V}{10\Omega} = 600mA$$

가 흐르게 된다. 엄청나게 큰 전류다.

실제로는 이렇게 까지 전류가 흐르게 놔두지 않는다. 직류 V/I SOURCE가 전류를 최대로 인가할 수 있는 능력은 ±200mA 라고 하였다. 이쯤 되면 자기 능력의 3배의 전류가 부하저항에 흐르게 되는데 결코 좌시할 수 있는 상황이 아니다. 600mA가 흐르기 전에 뭔가 회로가 잘라 주어야 할 것 같다.

이 때 등장하는 것이 전류인가 궤환회로의 CLAMP 동작, 즉 분수에 맞지 않게 도가 지나 쳤을 때 V/I SOURCE를 보호하기 위해 꽉 잡아 주는 역할을 하게 되는 것이다.

나라살림도 비슷하지 않는가. 가령 복지에 돈이 밑 빠진 독에 물 붓기 식으로 투입되어 재정적자로 국가경제가 휘청거리면, 복지를 줄이는 작동체계가 동작하듯이 회로가 하나의 시스템이라면 국가경제 시스템처럼 위험을 감지하고, 위험을 처리하는 회로를 갖게 되는 것이다. 사물의 이치는 같다.

여하튼 프로그램에서 설정한 대로 전압이 부하저항에 6V가 인가되기는 어려울 것 같다. 무슨 일이 일어 나는지 속속들이 파헤쳐 보자.

아래의 그래프처럼 되는 것이 전압인가의 정상동작이라고 했다(말하자면 정상적인 소자를 측정시험 할 때).

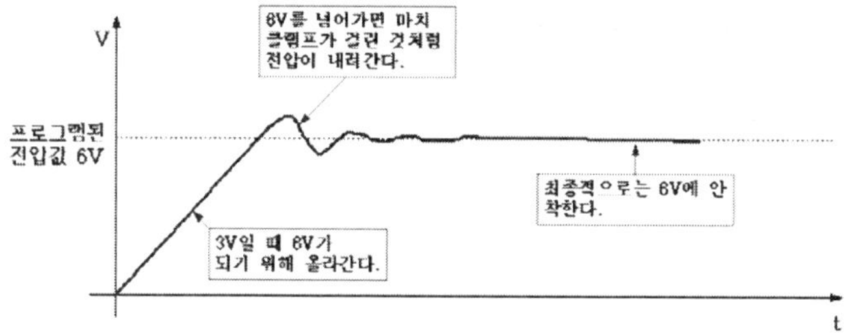

모든 것이 정상이면 위의 그래프와 같이 부하저항에 전압이 인가되는 것이 마땅한 일일 것이나, 이제는 부하저항이 거의 단락 상태로 변한 조건이기 때문에 다시 직류 V/I SOURCE의 동작이 어떻게 표변되는지 분석해 주어야 한다. 이런 긴급상황 들을 감안해서 회로를 설계해 주었다는 것이 또한 회로 보는 별미가 되겠다.

소자를 시험 측정하는 것이 계속 반복적인 과정임을 알아야 한다. 이런 사태는 마치 소자를 측정 시험하다가 정상적인 소자들은 위의 그래프에 보이는 바와 같이 직류 V/I SOURCE가 정상 작동하여 PASS되는 것에 비하여, 문제가 있는 소자, 즉 부하저항이 변해 있는 잘못된 소자(거의 단락상태)들에 직류 V/I SOURCE를 연결하여 전압을 6V 인가하는 시험측정에서 어떻게 되는지 살펴 보겠다는 것이다. 이런 시험측정 과정적인 배경 인식이 좀 필요하다.

과도상태로 다시 돌아가 보자. 지금 문제있는 소자(부하 저항)에 0.5V 전압이 인가 된다고 하자(혹시 측정시험 되는 소자면 소자이지, 왜 그걸 굳이 부하저항이라고 고집하느냐고 항의 할지 모르겠으나 모든 사물을 부하저항으로 놓고 보는 것이 전기 전자적으로 유용한 것임을 강조한 바 있다).

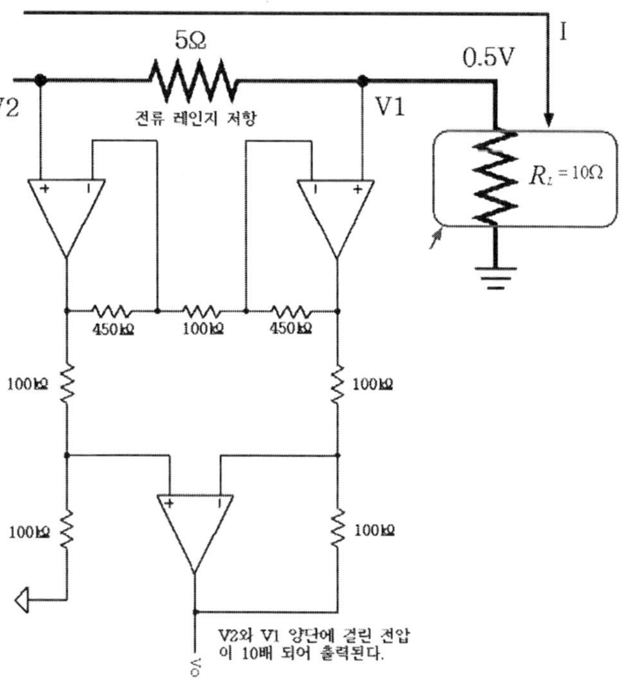

부하에 흐르는 전류를 계산해 보자.

$$I = \frac{0.5V}{10\Omega} = 50mA$$

가 흐른다.

레인지저항 양단에 걸린 전압을 계산한다(절차는 우리가 전류인가방식궤환을 분석했을 때와 동일하게 진행 된다. 이미 감을 잡았다고 생각하고 자세한 설명을 생략한다).

$$V = I \times R = 50mA \times 5\Omega = 250mV$$

V2는 V1 보다 250㎷ 정도 높은 전압이 된다. V2 = 750mV

V2와 V1 전압을 알았으므로 전류계의 출력값을 구할 수가 있게 되었다.

$$V_O = \left(1 + \frac{R_1 + R_3}{R_2}\right)(V_2 - V_1) = \left(1 + \frac{450K\Omega + 450K\Omega}{100K\Omega}\right)(V_2 - V_1) = 10(750mV - 500mV) = 2.5V$$

이 전압이 반전증폭기에 의해 극성이 반전되어 CURRENT CLAMP에 입력 된다.

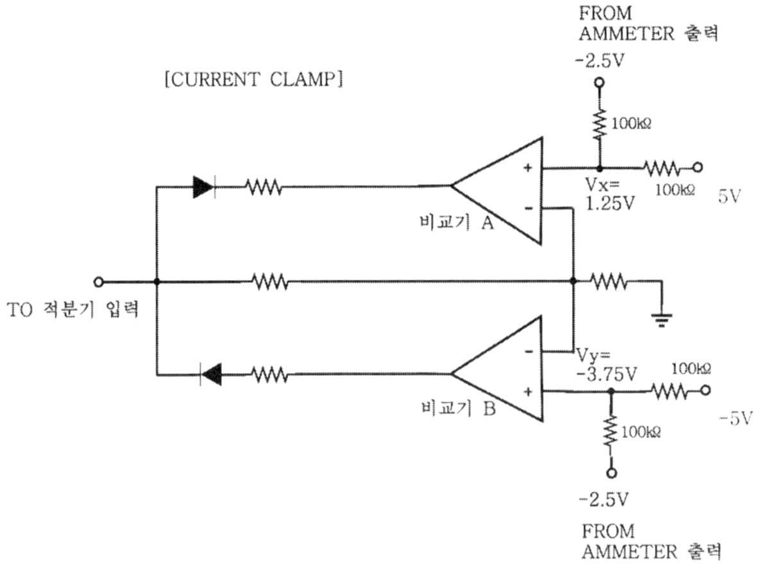

Vx = 1.25V, Vy = −3.75V가 각각 걸리게 된다. 이때 비교기의 동작을 보면

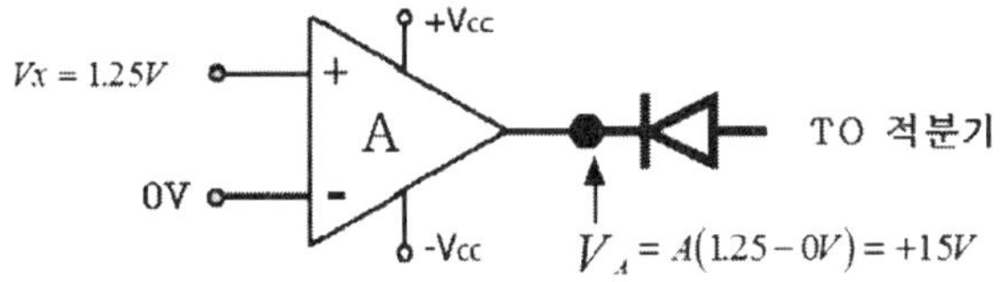

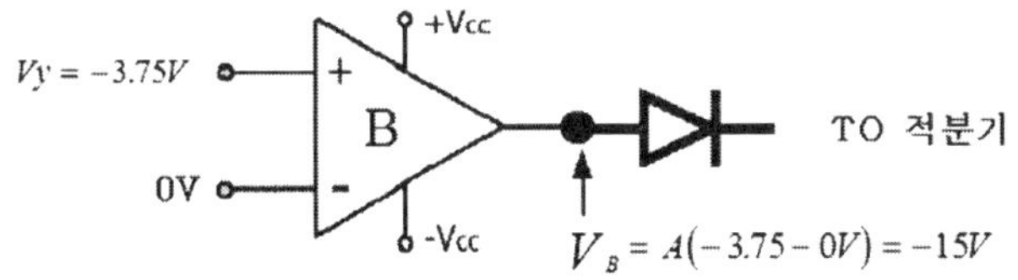

다이오드 두 개가 도통되지 않아 이때 까지는 전류인가방식의 궤환은 아직 개회로 상태다.

영향이 전혀 없는 없는 회로가 된다는 말이다. 어쨌든 프로그램상으로는 6V 까지 전압이 출력되야 하므로 직류 V/I SOURCE는 6V를 부하저항에 인가하려고 할 것이다.

반복되어 식상한 감이 없지 않아 있다. 반복하는 과정에서 전체를 통찰하는 힘이 생길 것이기 때문에 인내하고 설명을 따라 가기로 한다.

부하 저항에 전압이 우리가 목표로 하는 6V에 전혀 미치지 못하는 1.2V가 인가되는 상황이라고 하자. 짠~ 드디어 뭔가 꿈틀거리며 용트림 하고 움직이기 시작한다. 회로 보호 작동 체계가 출동하기 시작한다.

부하 저항에 전압이 1.2V인가 된다고 하자. 전류계와 CURRENT CLAMP 단의 전압은 여러 번 계산해 보았기 때문에 기계적으로 수행할 수 있게 되었다.

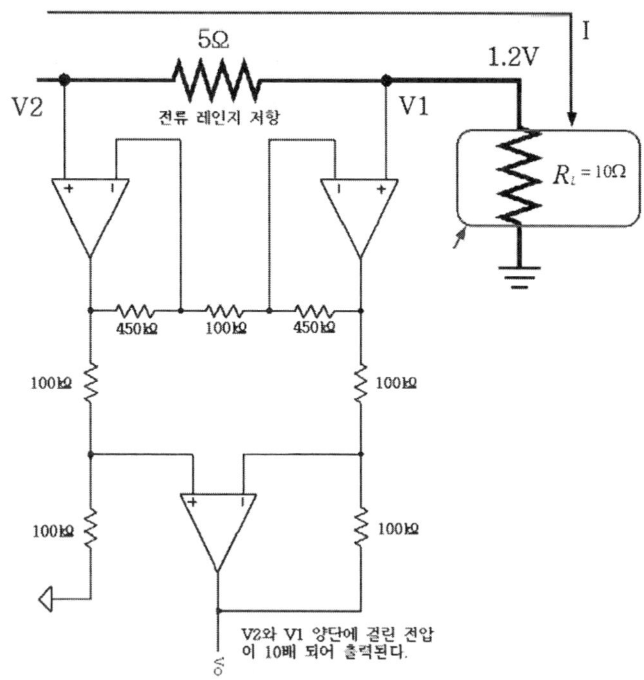

부하에 흐르는 전류를 계산해 보자.

$$I = \frac{1.2V}{10\Omega} = 120mA$$

이제 레인지저항 양단에 걸린 전압을 계산한다.

$$V = I \times R = 120mA \times 5\Omega = 600mV$$

V2는 V1 보다 600㎷ 정도 높은 전압이 된다. V2 = 1.8V

V2와 V1 전압을 알았으므로 전류계의 출력값을 구할 수가 있게 되었다.

$$V_o = \left(1 + \frac{R_1 + R_3}{R_2}\right)(V_2 - V_1) = \left(1 + \frac{450K\Omega + 450K\Omega}{100K\Omega}\right)(V_2 - V_1) = 10(1.8V - 1.2V) = 6V$$

이 전압이 반전증폭기에 의해 극성이 반전 되어 CURRENT CLAMP에 입력 된다.

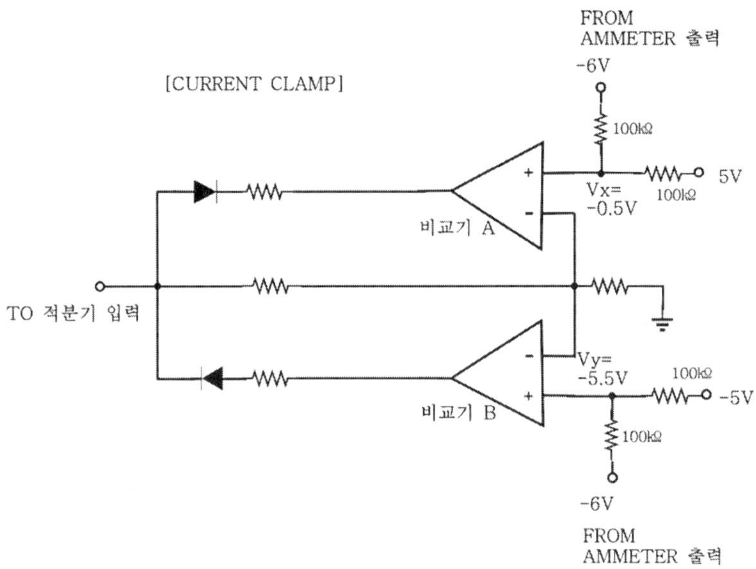

Vx = −0.5V, Vy = −5.5V가 각각 걸리게 된다. 이때 비교기의 동작을 보면

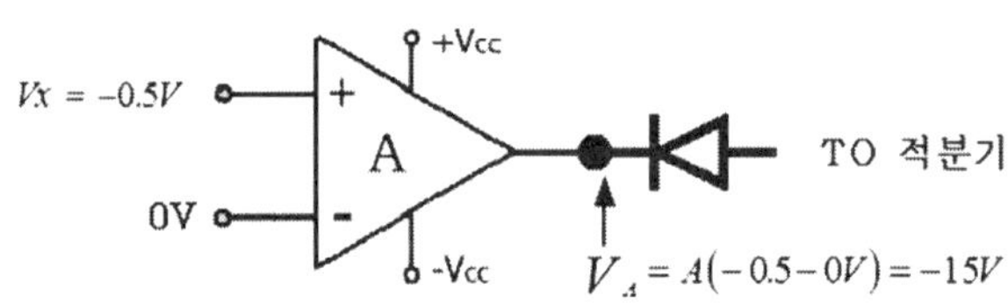

아주 짧은 순간에 −15V로 되었다. 이전과는 다른 동작이 나올 것 같다. 그렇다면 다이오드는 도통되게 된다. 비교기 'B'까지 살펴보고 이 증상에 대해 평가하기로 하자.

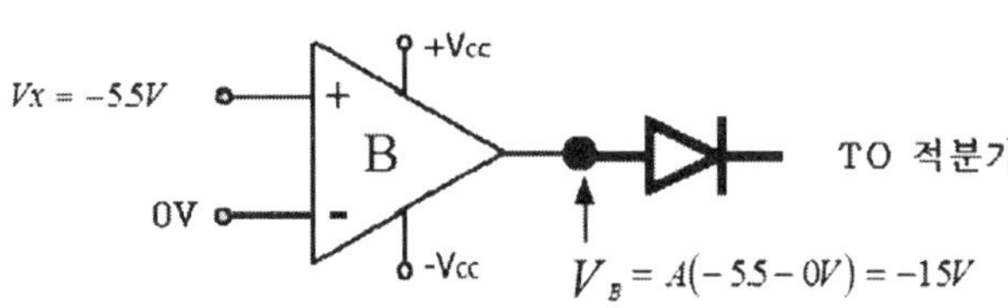

이 비교기 앞에 있는 다이오드는 여전히 도통되지 않는다.

여기서 한가지 또 정리해야 할 것은 전류를 인가할 때는 CURRENT CLAMP회로의 'B'의 비교기는 휴무상태가 된다. 그 말은 전류를 싱크하는 프로그램일 때 CURRENT CLAMP회로의 'B'의 비교기가 동작 되고, 반대로 CURRENT CLAMP회로의 'A'의 비교기가 개점 휴무 상태가 된다는 것이다.

CURRENT CLAMP의 비교기 'A'가 동작 하므로 직류 V/I SOURCE는 뭔가 다른 동작을 할 것 같다. 직류 V/I SOURCE 전체동작을 입체적으로 생각해 주어야 한다.

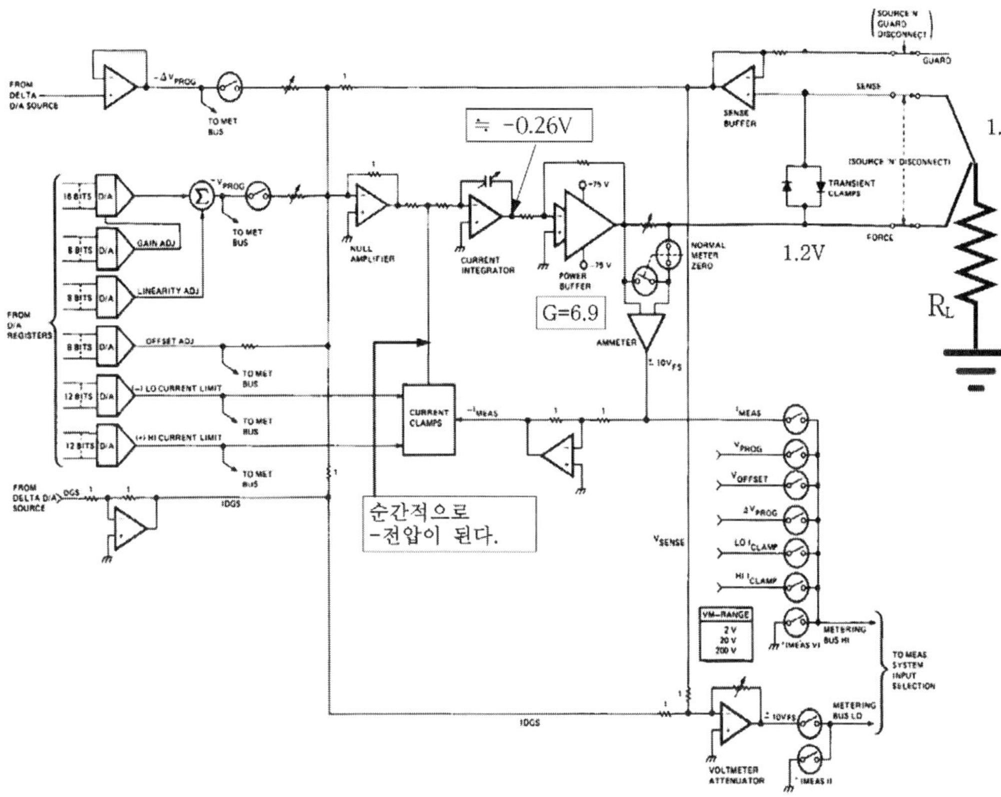

회로 각단에 쓰여 있는 전압값은 현재 직류 V/I SOURCE의 상태이고, 이때 CURRENT CLAMP가 동작하여 순간적으로 −15V까지 처박힌다면 어떤 일이 벌어 질까?

① 적분기는 (−)전압으로 스멀스멀 기어 가다가 입력이 −15V 쳐 박힐 때 방향을 바꾸어 충전하게 된다. 이때 주의해야 할 것은 적분기 입력이 (−)전압이 된다고 해서 적분기 출력이 촐싹 맞게 곧 바로 (+)전압으로 홱가닥 돌아 서지는 않는다. 왜냐하면 콘덴서의 충전시간이 있기 때문이다.

② POWER BUFFER는 적분기의 출력이 계속 (−)방향이 아니라 (+)방향쪽으로 전압의 방향이 바뀌므로, POWER BUFFER의 출력은 (−)방향쪽으로, 다시 말하면 전압이 감소하는 방향쪽으로 돌아서게 된다. 현재적으로 1.2V에서 1.19...1.17...1.10V 쪽으로 방향 전환된다는 것이다.

출력 전압이 1.2V에서 어디까지 내려가는가?

바로 CURRENT CLAMP가 동작하지 않는 데까지 내려간다. 그 전압이란 바로 출력전압이 1V가 될 때 까지 이런 일이 벌어진다. 한가지

오해를 방지하기 위해 부연 설명하자면

CURRENT CLAMP는 출력전압이 1V보다 약간이라도 높게 형성 된다면 바로 동작한다는 사실이다. 이건 무슨 숨은 의미를 가지고 있는 것일까?(이점은 매우 중요하다. 전류인가방식에서 CURRENT CLAMP가 이런 동작으로 전류가 일정하게 부하에 흐르게 되기 때문이다)

다시 원래의 프로그램을 상기하기로 하자.

SET S1 V=6V VR=10V (ISO=100㎃) ISI=100㎃ IR=200㎃ FORCE=V

기억나시는가?

우리는 이 프로그램의 예를 가지고 직류 V/I SOURCE의 동작을 해명하고 있는 참이었다. 전류인가는 얼마인가? ISO = 100㎃ 였다.!!

지금 프로그램은 FORCE = V이기 때문에 전압인가 방식임에 틀림이 없다. 그런데 한편 전류도 프로그램이 되어있다는 것을 명심해야 한다.

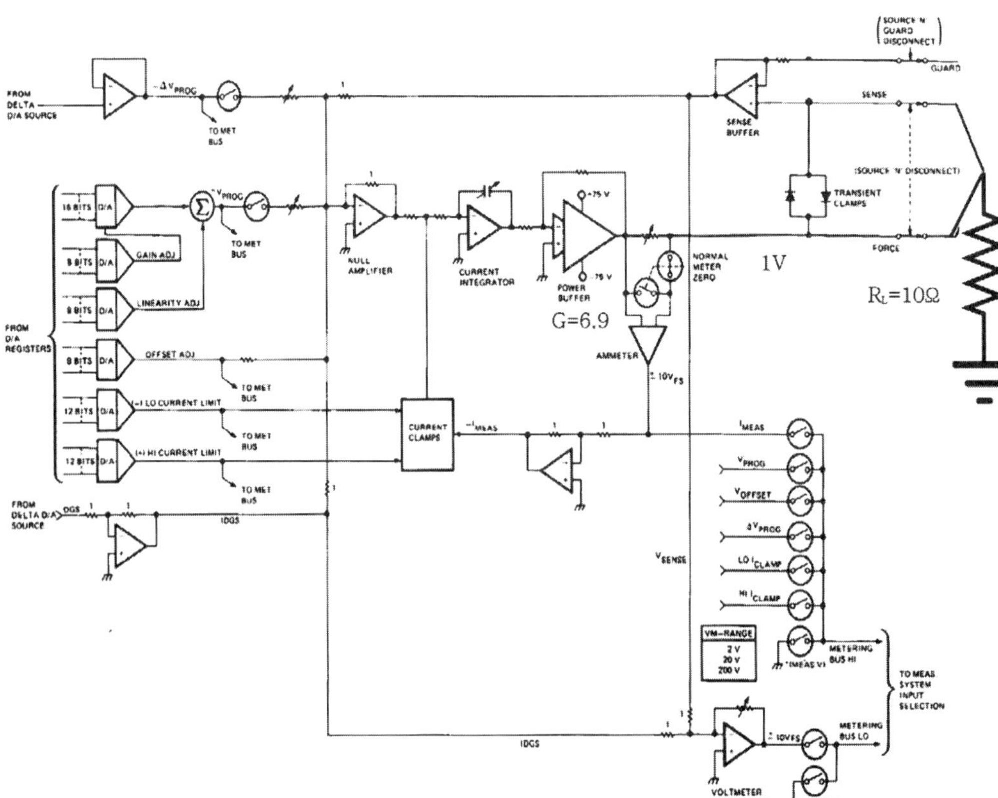

부하가 잘못되어 10Ω 되었다고 가정하고 직류 V/I SOURCE를 분석하고 있었다.

전압인가 프로그램이라고 해도 전류도 엄연히 프로그램이 되어 있었기 때문에 상황이 도래하면 전류인가방식의 궤환이 동작된다고 하는 것을 우리는 보았다. 언제 동작 되는가? 위의 회로와 같이...

$$I = \frac{1V}{10\Omega} = 100mA$$

이 되었을 때 동작이 되었다.

그 때 부하에 걸리는 전압은

$$V_L = 100mA \times 10\Omega = 1V$$

그럼 동작 그래프를 보기로 하자.

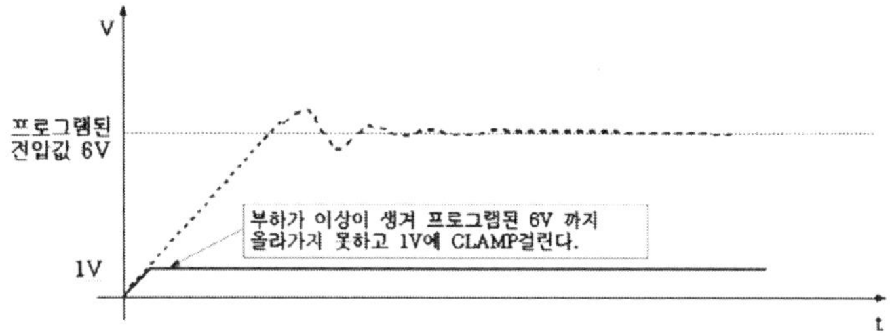

이제 이상 상태 일 때의 동작을 정리하자.

프로그램된 것은 전압이 6V가 부하에 인가 되는 것이 목적 이었다. 그러나 부하에 이상이 생겨 전압이 상승 하려고 해도 전류 프로그램 명령 때문에 전압은 1V에 CLAMP 걸리게 되어 버렸다(꽉 잡혀 있게 된다).

프로그래머는 전류는 100㎃ 이상을 허용하지 않는다는 생각으로 전류를 프로그램 한 것이기 때문에 의도에 맞게 직류 V/I SOURCE가 동작 된 것이다(보통은 최대 전류값을 쓴다. 평상시 동작에서는 별 의미없기 때문에).

이런 상황은 측정하는 소자(부하저항)에 문제가 생겼기 때문에 발생하였다. 따라서 이 소자는 FAIL 처리를 하게 된다.

반도체 라인에서는 BINNING을 한다고 한다.

BIN은 저장할 수 있는 통으로, 보통 튜브(TUBE) 형태이다. BIN1은 통상적으로 PASS를 의미하고, 나머지는 특성이 조금 달라지는 것에 따라 BIN을 분류하고, 아주 사용하지 못할 소자라고 판정되면 따로 BIN 숫자를 정하게 된다. 예를 들면 특성에 따라 BIN 2~9번까지 분류하고,

FAIL은 BIN 10으로 정하는 등, 프로그램을 작성하는 사람이 정해 주게 되어 있다. 보통 라인 전체적으로 통일된 기준을 정한다.

아래 그림은 HANDLER에서 BINNING을 위한 구조를 보여주고 있다.

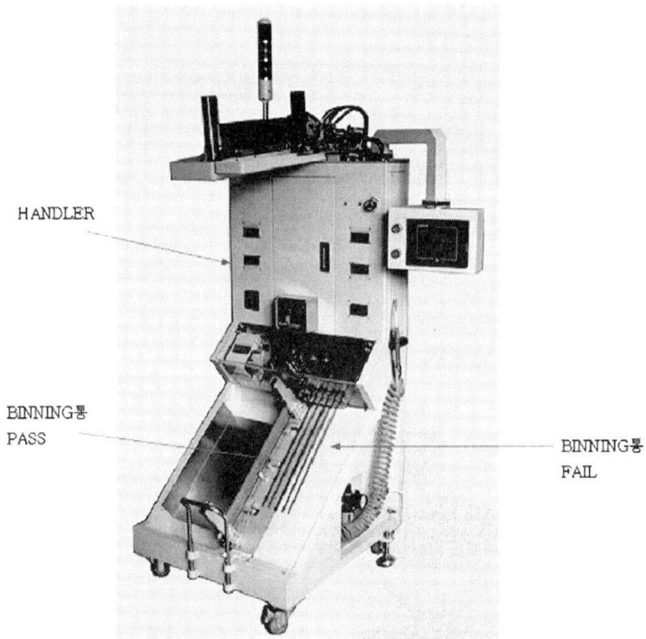

HANDLER에서 붉은색의 TUBE는 보통 FAIL된 소자를 담는 통이다. 투명한 TUBE는 PASS된 소자를 담는 통이다.

2-3. 직류 V/I SOURCE의 GUARD 체계

직류 V/I SOURCE 전압인가 동작을 마쳤으므로, 장비에서 사용되는 몇 가지 기술들을 알아두는 시간을 갖도록 한다.

가드(GUARD) 체계는 미세한 전류를 인가하고, 측정할 때 누설 전류에 의한 오차를 줄이기 위해서 도입되었다. 가드(GUARD)와 비슷한 개념으로는 전기전자에서 실드(SHIELD)라는 개념이 있다. 두 기술은 좀 구별할 필요가 있다. 어떻게 다른지 보기로 한다.

가드하면 대통령리무진 주위를 둘러싼 경호원이나, 1992년 케빈 코스트너와 휘트니 휴스턴 주연의 미국영화 보디가드가 떠오른다.

한편

실드 하면 요새 인터넷 상에서 누구를 두둔한다는 의미에서 쉴트 친다고 할 때 쉴드가 생각난다. 문양이 새겨진 유럽의 멋진 방패들도 빼놓을 수 없다. 아래 방패는 쌍머리 독수리가 있는 것으로 보아 비잔틴제국의 방패이거나, 이 문양을 계승해 갔던 러시아의 방패 또는 이를 모방한 중세기사의 방패일 수 있다.

가드와 실드(차폐, 遮蔽)의 차이는 일단 비유적으로 생각하면

가드는 건축의 방수기술과 비슷하고, 실드는 예전에 학교 다닐 때 싸 들고 다녔던 양은 도시락(일명 벤또)을 생각하면 구별이 용이 하다. 양은 도시락에 밥을 넣으면 날라 다니는 먼지나 이물질이 들어올 염려가 없다. 실드 기능이 이와 비슷하다.

먼저 전기전자에서의 가드부터 보기로 하자. 직류 V/I SOURCE에 가드가 차용이 되었다.

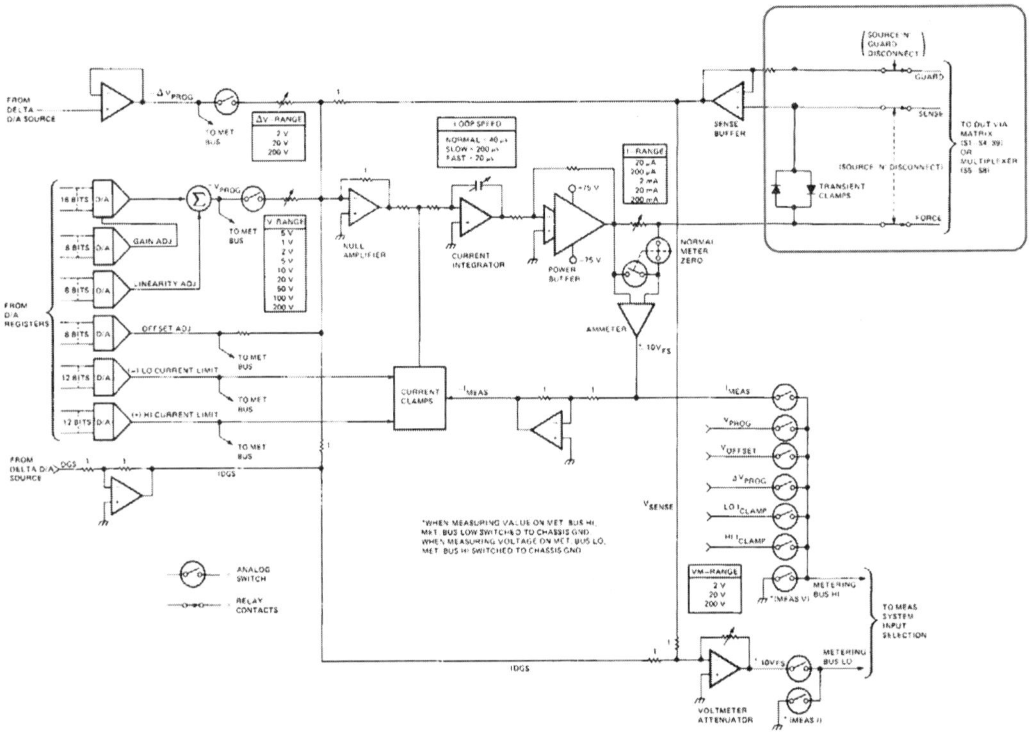

블록선도(BLOCK DIGRAM)에서는 SENSE LINE(감지선)에만 가드가 그려져 있으나 실제로는 FORCE LINE(인가선)에도 동일하게 가드가 감싸고 있다.

예를 들어

아주 작은 전류를 인가하고자 할 때 누설전류가 FORCE라인에 들어온다고 가정하자, 그러면 프로그램한 대로 전류인가가 되지 않고, 약간의 오차가 발생하는데 정밀계측기에서는 아주 좋지 않은 상황이 된다.

이럴 때 누설전류를 차단하는 방법중의 하나는 가드전극을 FORCE와 SENSE LINE에 등전위를 갖는 선을 더 추가 하여 누설전류를 방지하는 기술을 쓰게 된다.

기술적 원리는 너무 간단하다.

저항이 하나 있다고 하자. 그리고 양단에 걸린 전압이 동일하다고 하자. 그런 상태에서 이 임의의 저항에 전류가 흐를 수는? 절대 없다. 이런 간단한 사실이 가드의 원천기술이 된다.

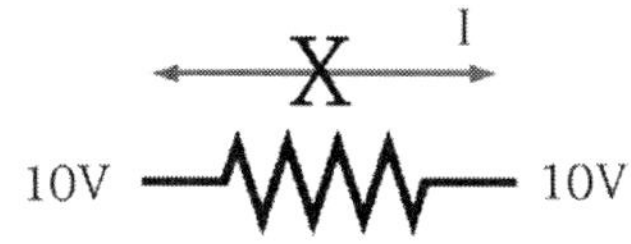

기판에는 수많은 신호선들이 있다. 그 중에는 전압과 전류가 쎈 전원선이 있을 수 있고 여하튼 복잡하게 신호선들이 거미줄처럼 엮어져 있는데, 만약 작은 전류를 인가하는 FORCE선 옆에 전원선이 있다고 하면, PCB재질이 암만 우수한 절연물질이라고 해도 누설전류가 끼어 들지 않을 수 없다(PCB가 완전 절연이 아니면 등가적으로 큰 저항으로 보아도 된다).

방법은 FORCE라인 주위에 FORCE 라인과 동(同)전위를 갖는 가드선을 감싸게 되면 FORCE라인과 가드사이에는 등전위이기 때문에 전류흐름이 없을 수 밖에 없고, 가드선 밖에 있는 전원선에서 흘러 들어 오는 누설 전류가 설사 있다 해도 가드 전극으로 흘러 들어가기 때문에 FORCE LINE은 보호 받게 되는 것이다.

때에 따라서는 가드는 그라운드에 묶어 주는 방법을 택하기도 한다. 예를 들어 적분기 같은 경우 누설전류가 있다면 오프셋이 증가하므로 입력선에 가드전극으로 감싸고 그라운드에 묶어 주기도 하는 것이다. 아래 그림은 그 한 예를 보여 주고 있다.

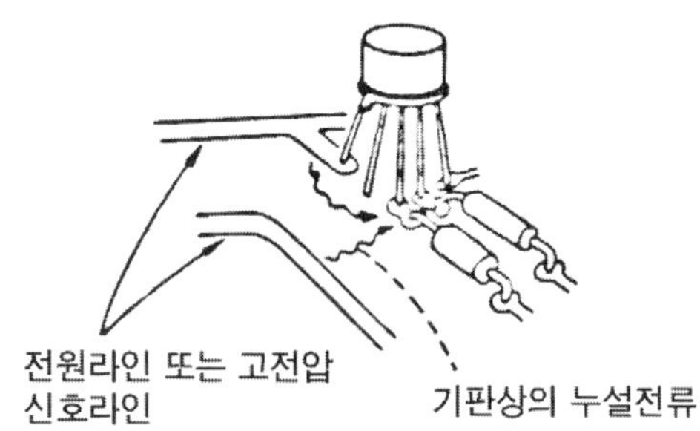

위 그림을 보면 누설전류가 연산 증폭기 입력단으로 흘러 들어 가는 것을 실감하게 되는 그림이다. 이런 문제가 발생 했을 때 가드전극을 배치하는 시술을 써 먹으면...

누설전류가 연산 증폭기에 영향을 미치지 못하게 된다. 마치 건축에 있어 방수 처리한 것과 같은 효과를 낼 수 있는 것이 가드 전극의 기술이 되겠다.

실드는 우리가 너무나도 많이 접했던 기술이다.

가드와 달리 실드는 주로 EMI(electro magnetic interference, 전자 방해 잡음 또는 전자기 잡음)에 대해 탁월한 효과를 가진다.실드하면 공간을 생각하고 날라 다니는 잡음요소를 잡아 주는 기술이라고 생각해도 상관없다. 날라 다니는 잡음요소인 EMI가 회로에 영향을 주는 것은 마치 선이나 소자들이 안테나 구실을 하여 이런 잡음들을 개미귀신처럼 잡아 먹어 신호에 영향 주는 것이므로 무조건 꽁꽁 둘러 막아 주는 것이 최고의 방법이 된다.

아래 사진은 EMI 차폐용선으로는 COAXIAL CABLE은 우리가 자주 접하는 선이 되겠다.

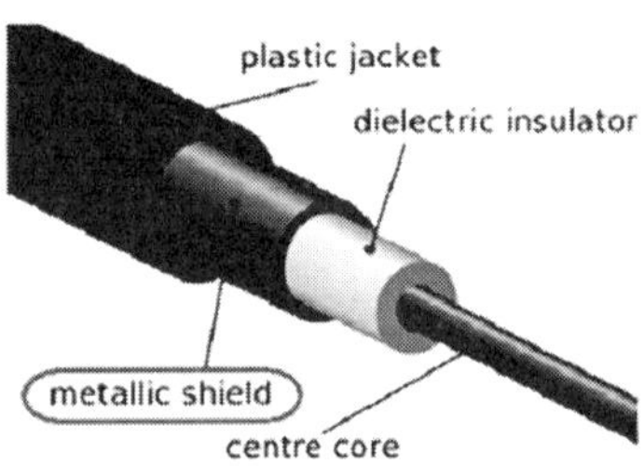

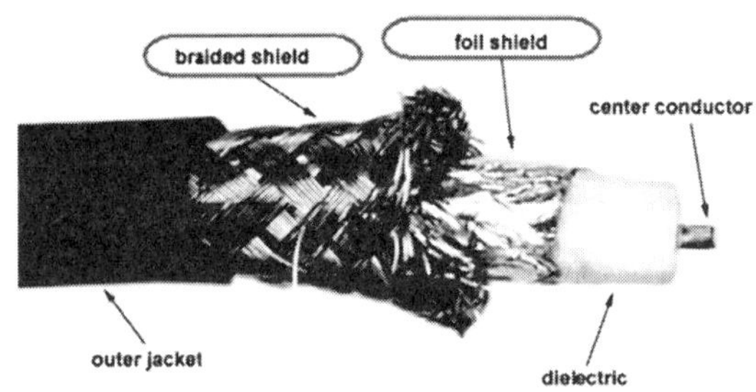

☞ BRAIDED : 실을 꼬아서 만든 장식용 술같은

FOIL : 은박지. 우리는 알루미늄 호일처럼 호일로 읽는다.

COAXIAL CABLE은 절연과 차폐 가 기본이다.

어떤 반도체 생산라인에서 소자를 측정 시험하는데 PASS되는 것이 없어 원인을 추적해 보았더니 라인에 거미줄처럼 얽혀 있는 EMI 때문이라는 것을 알고 JIG의 APPLICATION BOARD에 알루미늄 도시락?을 덮어 주었더니 제대로 측정 시험이 이루어 졌다는 전설도 있다.

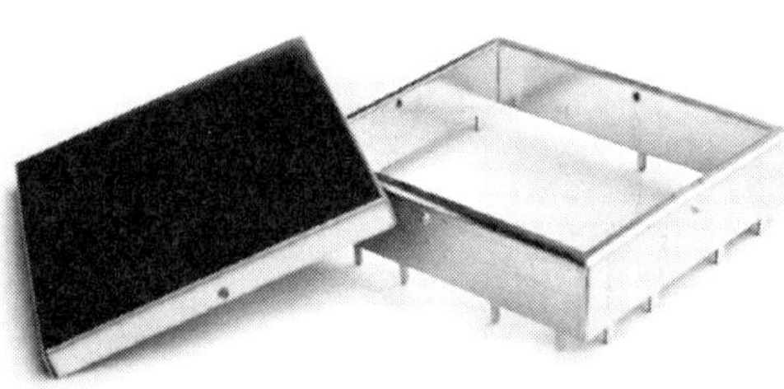

이런 도시락 깡통 같은 것으로 PCB를 덮어 주게 되면 EMI는 PCB소자에 영향을 미치지 못하고 도시락 깡통을 타고 그라운드에 빠져 죽어 버린다.

이것이 가드와 실드의 차이점이면 차이점이 되겠다.

2-4. 계측기에서의 KELVIN CONNECTION 적용

KELVIN CONNECTION을 이해 하기 위해서는 2 접점 측정과 4접점 측정간의 차이를 먼저 이해 해야 한다. 옆의 그림은 두 개의 리드선을 이용한 측정을 보여 주고 있다. 측정 대상 저항 1 Ω 을 측정하는데 있어 고려해 주어야 하는 것은 오차가 될 수 있는 요인을 살펴보는 것인데, 여기에서는 두 가지

첫째, 측정하기 위해 연결하는 LEAD 선의 저항 성분과

둘째, 측정 대상 저항의 LEAD 선과 측정선의 접촉저항이 ERROR를 유발할 수 있는 요인이 될 수 있다.

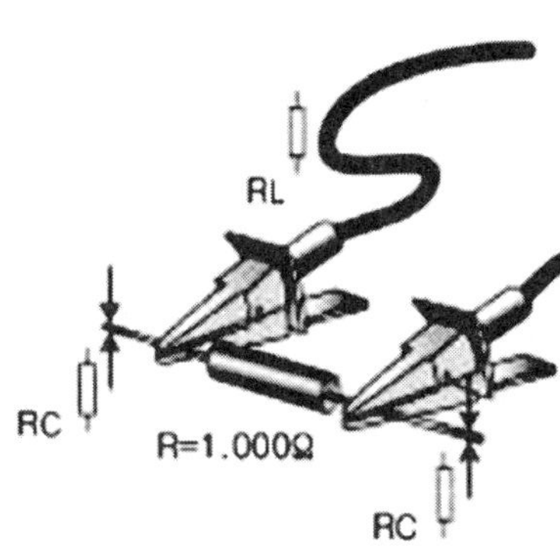

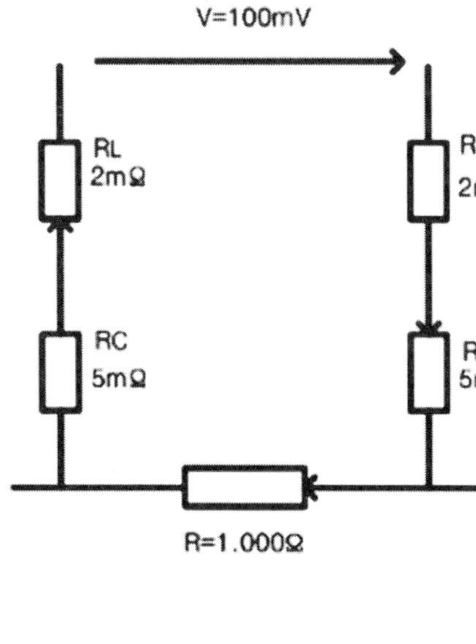

이를 회로적으로 살펴보면 앞장과 같다. 측정하기 위한 LEAD 선 저항을 2mΩ이라고 하고, 접촉저항 성분을 5mΩ이라고 가정 하자 측정 장비에서 저항 측정을 위해 100㎷를 두 선간에 인가 한다고 하면, 앞장의 그림과 같이 회로 구성이 되므로 전체 저항은 2 + 5 + 1000 + 5 + 2 = 1014mΩ이 되고, 이 전체 저항에 흐르는 전류는 I = 100㎷/1014mΩ = 98.62㎃ 따라서 두 선으로 측정하는 저항은 R = V/I = 100㎷/98.62㎃ = 1.014Ω으로 0.014Ω의 측정 오차가 발생이 된다.

위의 오차는 정밀 계측기에 있어서는 매우 치명적인 오차가 된다. 이런 에러를 제거 하기 위한 방식으로 KELVIN 또는 4접점 측정 방식 적용하는데 아래와 같다. 우리가 흔히 값싼 디지털 전압계는 두 선으로 되어 있는데, 정밀하게 측정할 수 있는 디지털 전압계은 4선으로 되어 있다. KELVIN의 개념이 없는 사람은 값비싼 디지털 전압계를 가지고도 보통 두 선만으로 측정을 한다.

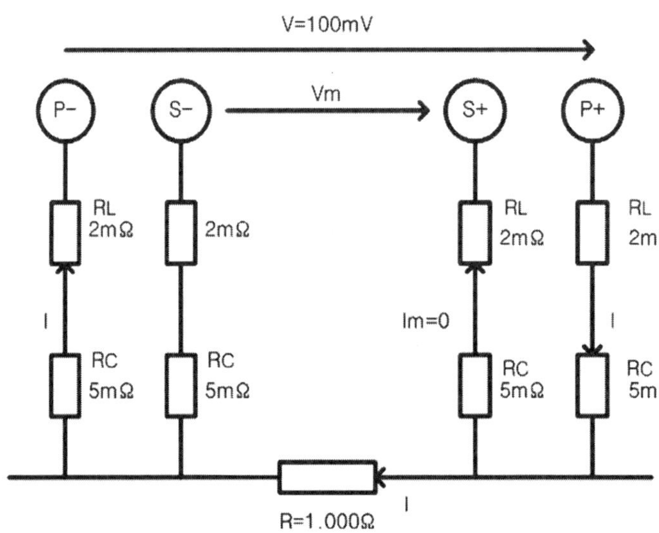

FOUR-WIRE MEASUREMENT CIRCUIT

측정 장비에서 인가하는 전압은 위의 두 접점 측정 방식과 동일 하나, 4 접점 측정 방식에서는 별도로 두 개의 감지(SENSE) 선을 을 사용해 전압을 측정 하게 된다.

이 두 개의 감지선은 매우 높은 입력 저항을 갖고, 그렇기 때문에 여기에 흐르는 전류는 무시할 수 있는 양 이어야 한다(물론 여기에 무시할 수 있는 전류가 흐르는 만큼의 아주 작은 오차는 있게 된다. 전자공학에서 입력저항이 무지막지 하게 크다는 말은 전압이 전부 입력저항에 걸려 버린다는 말로 바꾸어도 전혀 문제 되지 않는다).

위의 그림은 4선 측정 방법을 도식적으로 보여주고 있다. 마찬가지로 측정 장비에서 저항을 측정하기 위해 인가하는 전압은 100㎷이므로 흐르는 전류는 I = 100㎷/1014mΩ = 98.62㎃ 여기서 두 개의 SENSE LINE이 별도로 추가되었다고 하였는데, 이 선으로 측정되는 전압은 1Ω × 98.62㎃ = 98.62㎷가 되고, 따라서 측정되는 저항은 2선 측정과는 다르게 R = V/I 그러므로 R = 98.62㎷/98.62㎃ = 1Ω이 되어 정확하게 측정 대상 저항 1Ω을 측정했다.

마법같이 두 선을 추가함으로 정밀하게 값을 측정해 내었다!!

☞ 전류가 거의 흐르지 않는 감지선을 통해 측정 대상 저항 양단의 전압을 읽어 옴으로 정확한 저항 측정이 이루어지게 된다 라는 것이 핵심이다.

KELVIN방식은 4선을 사용한다고 했는데, 보통 HF(HIGH FORCE), LF(LOW FORCE), HS(HIGH SENSE), LS(LOW SENSE)라고 부른다. 꼭 KELVIN 방식이 MEASUREMENT에서만 사용되는 것이 아니다. 반도체장비 같이 정밀한 전압인가나 전류인가를 필요로 할 때 KELVIN 방식은 여지없이 사용된다.사용하는 장비에 따라 붙이는 이름이 다르지만 잘 찾아 보면 4선을 구별해 낼 수 있다. V/I SOURCE에서 찾아 보자면, 4V를 인가 한다고 가정할 때, HF는 FORCE라인이 되고, LF는 기준점, 즉 4V의 기준점인 CHASSISS GROUND가 된다. 그리고 HS는 SENSE 라인을 전압을 인가받는 쪽에서 인가전압을 감지해 오는 선이 SOURCE 쪽에 되먹임(FEEDBACK, 실제로 SOURCE에서 보상하게 만들어 준다. 높으면 낮게, 낮으면 높게)되고, LS는 전압을 인가받는 쪽의 GROUND(장비와 동떨어진 JIG 쪽의 GND)를 가져와 V/I SOURCE에 되 먹임한다.

어떤 반도체장비에서는 LF로 DGS로 이름 붙인다. Device Ground Sense의 약자이다. 반도체라인에서는 반드시 제기능을 잘하는지 못하는지를 선별하기 위해 TEST(EDS 또는 FINAL)를 하게 된다. 그 때 장비와는 별도로 HANDLER(FINAL)나 PROBER(EDS)가 필요하게 된다. HANDLER나 PROBER는 측정 시험되는 소자(TR, IC 등등)를 JIG쪽에 옮겨 주는 기계적 장치들이다.

이제 다음에는 직류 V/I SOURCE의 전류인가방식을 분석하기로 하자. 좀 번잡스러울 것이 염려되지만 차근차근 따라가면 오르고 올라 못 오를 산이 없다는 것이 실증 될 것이다.

2-5. 직류 V/I SOURCE의 전류인가방식

직류 V/I SOURCE에서 전압인가 방식을 여러 각도로 규명해 왔다. 이제는 전류인가방식을 규명하도록 하자. 전압인가 방식에서 요모조모 여러 경우를 따져 주었기 때문에 회로의 동작이 대충 어떻게 전개되는지는 감을 잡았을 것으로 판단 된다. 전압인가 방식에서 가졌던 감으로 전류인가방식을 섭렵(涉獵) 해가면 된다. 프로그램형식은 같다. 전압인가 방식에서 예로 들었던 프로그램을 약간 바꾸어 보기로 하자.

SET S1 V=10V VR=20V ISO=100㎂ ISI=100㎂ IR=200㎂ FORCE=I

만약 위의 프로그램을 보고 전류를 싱크시키는 것이 아니라 인가 하는 것이라고 판단할 수 있는 분이 있다면 직류 V/I SOURCE를 웬 만큼 파악한 사람이다. 전압인가방식인지 전류인가방식인지를 구별하는 것은 FORCE= I인지 FORCE=V인지로 구별한다.

위 프로그램의 목적은 전압출력에 있는 것이 아니라 설정된 전류출력이 목표이다.

그런데 전압은 왜 프로그램에 넣어 주었을까? 빼면 안 되는가? 전압인가 방식에서도 전류를 프로그램 한 것은 혹시 있을 수 있는 부하에 의한 이상동작에 대비하는 것이라고 규명하였다. 그렇다면 전류인가 방식에서 전압을 프로그램한 것은 이것도 이상동작을 대비하기 위한 프로그램일까?

일단 그런 의문부터 압박하기 시작한다. 일단 화두로 머리에 넣어 둔다.

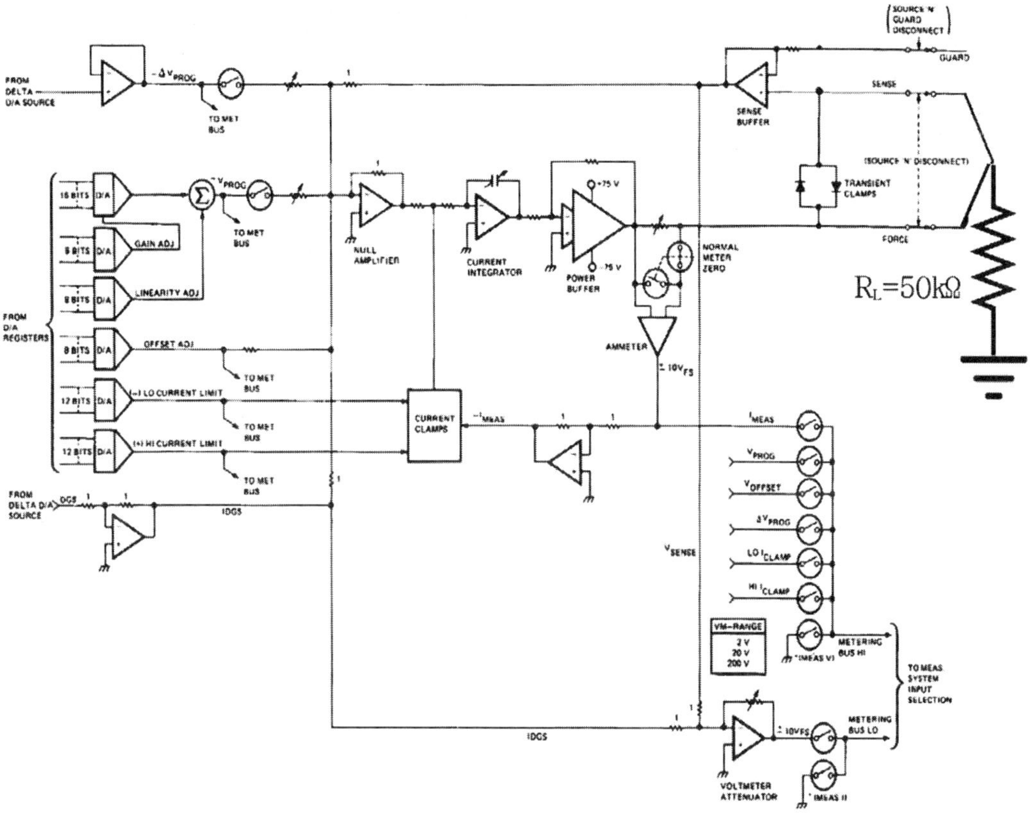

전압인가 방식과 마찬가지로 전류인가 방식도 안정상태보다 과도상태를 생각해 주어야 한다. 그래야 동작이 규명된다.

먼저 프로그램에서 설정한 대로 전류 100㎂가 부하저항에 정상적으로 공급되는 안정상태일 때 부하에 걸리는 전압을 제대로 계산해 보기로 하자.

$$V_L = 100uA \times 50\mathrm{K}\Omega = 5V$$

다시 한번 강조 드리지만 프로그램된 전압에 따라 부하저항에 5V가 걸린 것이 아니라, 프로그램된 전류 100㎂가 흘러 전압이 부하저항에 5V가 걸린 것이다. 동어반복인 것 같지만 내용은 판이하게 다르다.

전류레인지표를 가져와서 전류계 양단에 얼마의 저항이 잡히는지 조건을 따져 주어야 한다. 전류레인지는 프로그램에서 200㎂이므로 표에서는 레인지 저항이 5㏀이 잡힐 것이다.

전류 RANGE	RANGE 저항	전류 RANGE 양단전압	최대 인가 / SINK 전류	비고
200mA	5Ω	1V	1V / 5Ω = 200mA	
20mA	50Ω		1V / 50Ω = 20mA	
2mA	500Ω		1V/ 500Ω = 2mA	
200μA	5kΩ		1V / 5kΩ = 200μA	
20μA	50kΩ		1V / 50kΩ = 20μA	

그렇다면 전류계(ammeter) 회로는 다음과 같이 될 것이다.

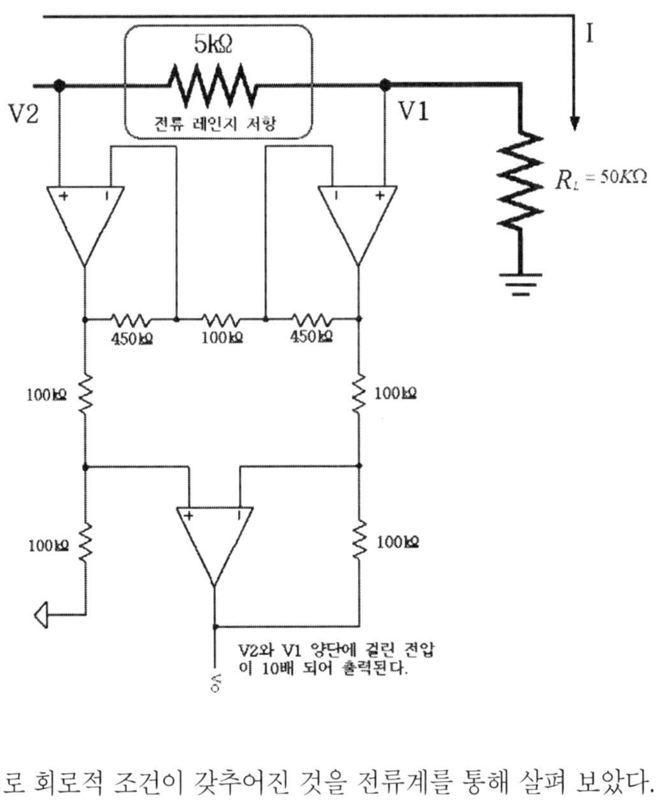

프로그램한 대로 회로적 조건이 갖추어진 것을 전류계를 통해 살펴 보았다. 전류인가방식을 규명하기 위해서 전압인가방식 규명 때와 마찬가지로 3가지로 나누어 동작을 살펴보기로 한다.

① 출력전류가 프로그램된 전류값에 미치지 못한 경우

② 출력전류가 프로그램된 전류값 보다 좀 높아진 경우

③ 출력전류와 프로그램된 전류값이 일치할 경우(안정 상태)

처음에 출력전류가 프로그램에서 설정된 전류값에 미치지 못한 경우의 회로 동작을 보기로 한다.

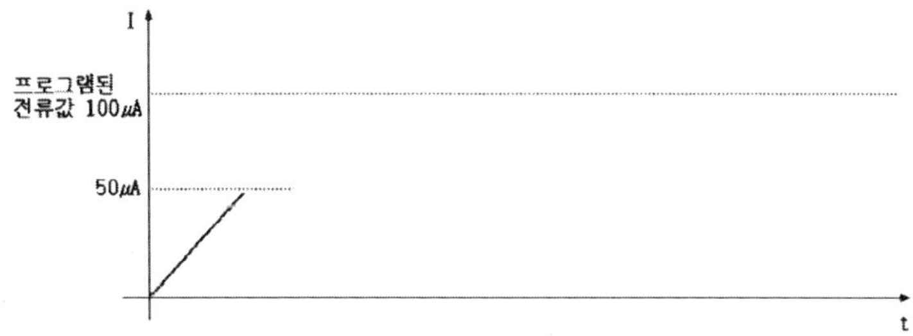

전류가 50㎂라고 하면 설정된 전류값의 반에 해당한다. 따라서 굳이 그래프로 표시하면 부하저항에 위와같이 흐를 것이다. 전류계부터 분석하기로 하자.

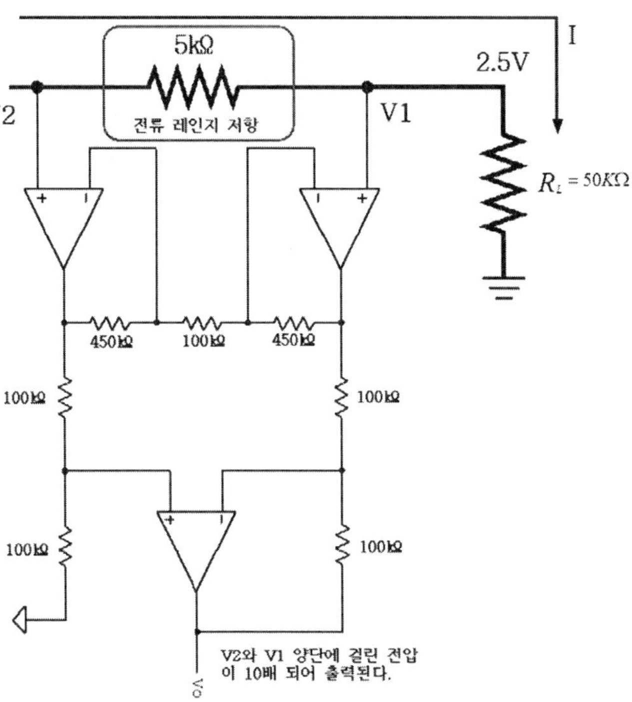

과도상태에서 전류가 부하 저항쪽으로 50㎂가 흘렀을 때, 부하저항에 걸리는 전압은 2.5V가 된다.

$$V_L = 50uA \times 50\text{K}\Omega = 2.5V$$

마찬가지로 레인지저항에 전류가 50㎂가 흐르기 때문에 양단에 걸리는 전압은 0.25V가 될 것이다. 따라서 V1 = 2.5V, V2 = 2.5V + 0.25V = 2.75V가 된다.이제 전류계의 출력값을 구할 수가 있게 되었다.

$$V_O = \left(1 + \frac{R_1 + R_3}{R_2}\right)(V_2 - V_1) = \left(1 + \frac{450K\Omega + 450K\Omega}{100K\Omega}\right)(V_2 - V_1) = 10(2.75V - 2.5V) = 2.5V$$

이 값이 반전증폭기를 거쳐 회로구성도(BLOCK DIAGRAM)의 CURRENT CLAMP 회로쪽으로 입력되게 된다는 것은 전압인가 방식 설명 시에 신물나도록 반복하였다. 다 이때를 위해 거듭 거듭 설명한 것이다. 따라서 다음부터는 꼬치꼬치 해명하지 않아도 이미 알고 있다는 전제 하에서 대략 압축 설명할 것이다.

이제는 CURRENT CLAMP단을 분석할 차례다.

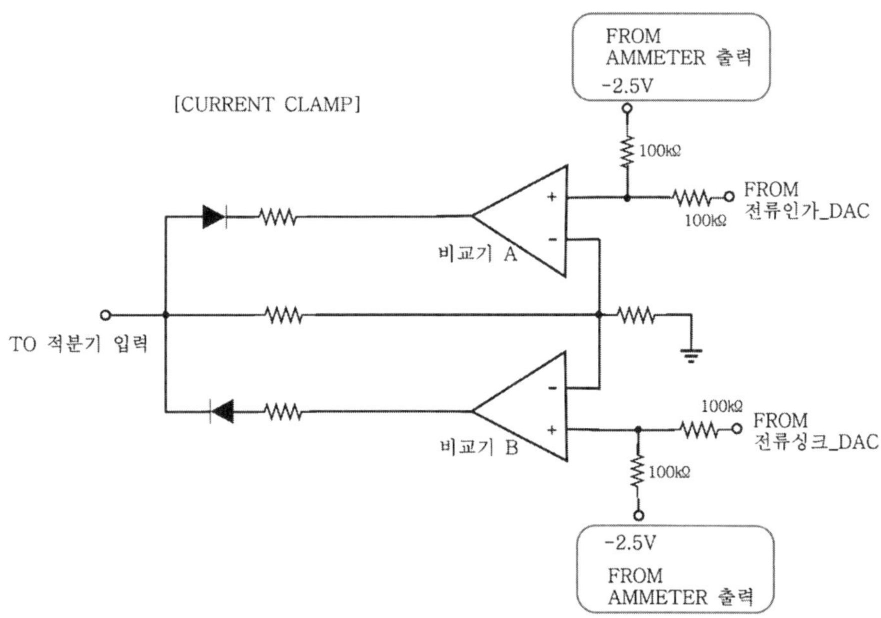

어라~ 전류계에서 오는 출력은 2.5V라고 했는데 왜 −2.5V가 돼지? 라고 의문을 가지는 분이 혹시 계시다면 도돌이표를 V/I SOURCE의 전압인가방식을 스캔하고 오시라.이득이 −1인 반전증폭기를 하나 지나온다고 했다.

그렇다면 '전류인가_DAC'과 '전류싱크_DAC' 값은 얼마가 기다리고 있게 되는 것인가? 이 값은 이미 프로그램 된다고 말씀 드렸다.

전류인가_DAC 값 = 전류 프로그램 값 × 전류 레인지 저항 × 10

으로 계산 된다고 했다.

누구 맘대로? 장비 운용체계(O/S)는 TEST PROGRAM을 컴파일 할 때 다 알고 있다고 했다. 장비운용체계는 꽤 빈틈없고, 능력있는 관리자이기 때문이다.

그렇다면

전류인가_DAC = 100㎂×5㏀×10 = 5V

전류싱크_DAC = −(100㎂×5㏀×10) = −5V

가 된다.

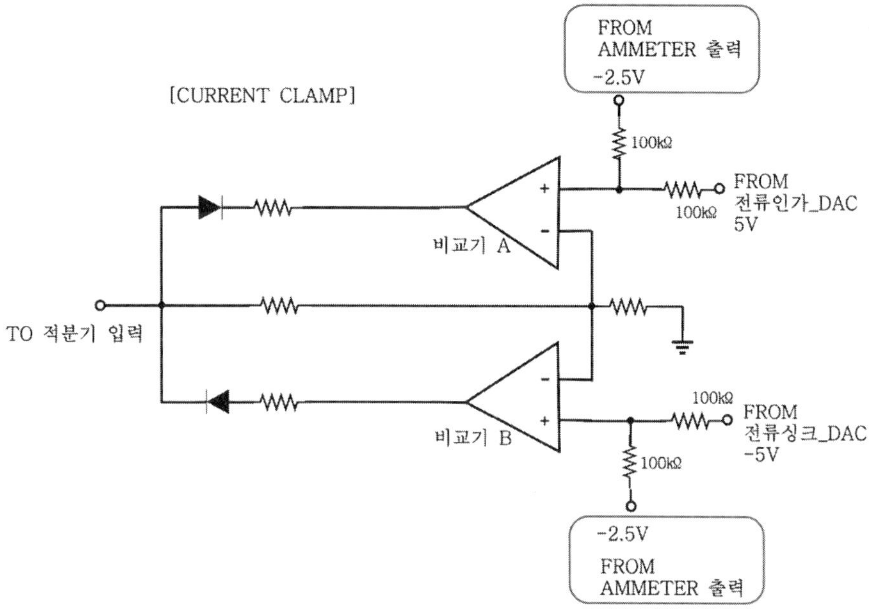

그런 다음에 이제는 Vx와 Vy를 계산해 주어야 한다. 자세히 하지 않고 대충 넘어가려 했으나 혹시 잊으신 분들을 위해 계산과정을 넣어 보겠다.

KCL을 적용해 Vx를 구해보자.

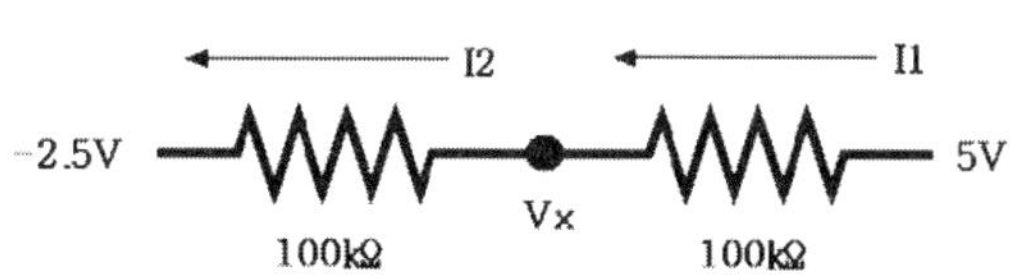

$$I_1 = I_2$$

오옴의 법칙을 적용하여 전압과 저항만의 식으로 바꾸어 보면

$$\frac{5V - Vx}{100\text{K}\Omega} = \frac{Vx - (-2.5V)}{100\text{K}\Omega}$$

$$2Vx = 2.5V$$

$$\therefore Vx = 1.25V$$

Vy도 같은 방법으로 풀면 Vy = −3.75V가 된다. 이 값을 비교기에 입력 시키면 출력이 어떻게 나오는지 알 수 있다. 먼저 비교기 'A'를 보기로 한다.

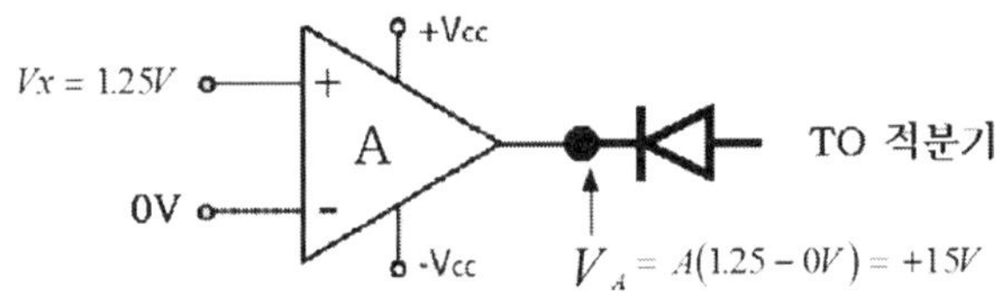

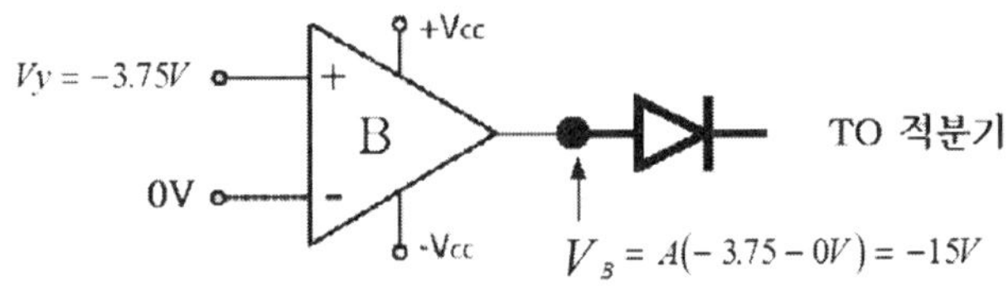

다이오드 두 개 모두다 역방향바이어스가 걸려 도통 되지 않는다. 아~ 원하는 전류가 부하저항에 흐르지 않으면 본질이 비교기인 CURRENT CLAMP는 절대 작동하지 않을 것이란 예측이 강하게 든다.

그렇다면 의문이 든다. 이 의문은 꽤 중요하다. 전류를 부하저항에 인가하는 프로그램에서 왜????????? 전압을 굳이 프로그램 했는지 정답을 주기 때문에 중요한 의문이다.

어떻게 전류가 부하저항에 흐를 수 있는가?

전류인가방식의 과도상태일 때, 그 힘을 주는 에너지는 전류인가방식의 궤환은 개회로가 되기 때문에 여기하고는 상관이 없게 된다. 그렇다면????

다시 한번 현재 상태의 그래프를 보기로 하자. 그리고 부하저항에 따른 전압을 환산해서 적용시켜 보기로 한다.

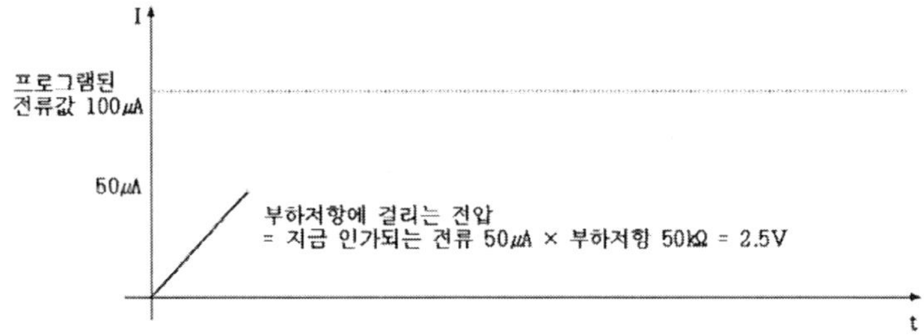

계산을 해주는 것이 뭔 상관이 있다냐?

상관이 있다.

예를 든 프로그램을 생각해 보기로 하자.

SET S1 V=10V VR=20V ISO=100㎂ ISI=100㎂ IR=200㎂ FORCE=I

전압이 어떻게 프로그램 되었는가? 10V !!!!

지금 부하저항에 걸린 전압이 얼마 인가? 계산해 보니 2.5V 였다.

프로그램된 전압이 되려면 아직 멀었다. 아항~ 프로그램된 전류값 대로 부하저항에 흐르지 않더라도 전류가 계속 증가하는 에너지의 원천은 전압인가 방식의 궤환 때문이었다. 기억 나시는가? 전압인가 방식?

전압을 프로그램해 주면 전류인가 궤환단이 동작하지 않는다고 할지라도 부하저항에는 낑낑대고 설정 전압값으로 올라가야만 했다.

만약 프로그램된 전압값대로 부하저항에 전압이 걸리면 전류는 얼마가 될 것인지 가늠해 보기로 하자.

$$I = \frac{10}{50\mathrm{K}\Omega} = 200uA$$

프로그램된 전압값대로 부하저항에 전압이 걸리면 200㎂가 흘러야 한다. 그러나 우리가 프로그램한 전류값은 100㎂였다. 그런데 과도상태일 때, 전류가 부하저항에 흐르는 이유는 어떤 회로가 작동되서 전류가 흐르게 되는지를 따져 보면, 프로그램된 전류값에 도달 되기 전에는 전압인가방식 궤환에 의해 강제로 전류가 흐르게 된다는 것을 알 수 있다(정확하게 말하면 프로그램된 전압값이 되려고 회로는 발버둥 치게 된다는 것이다). 자 일단 여기까지 회로 동작을 보자.

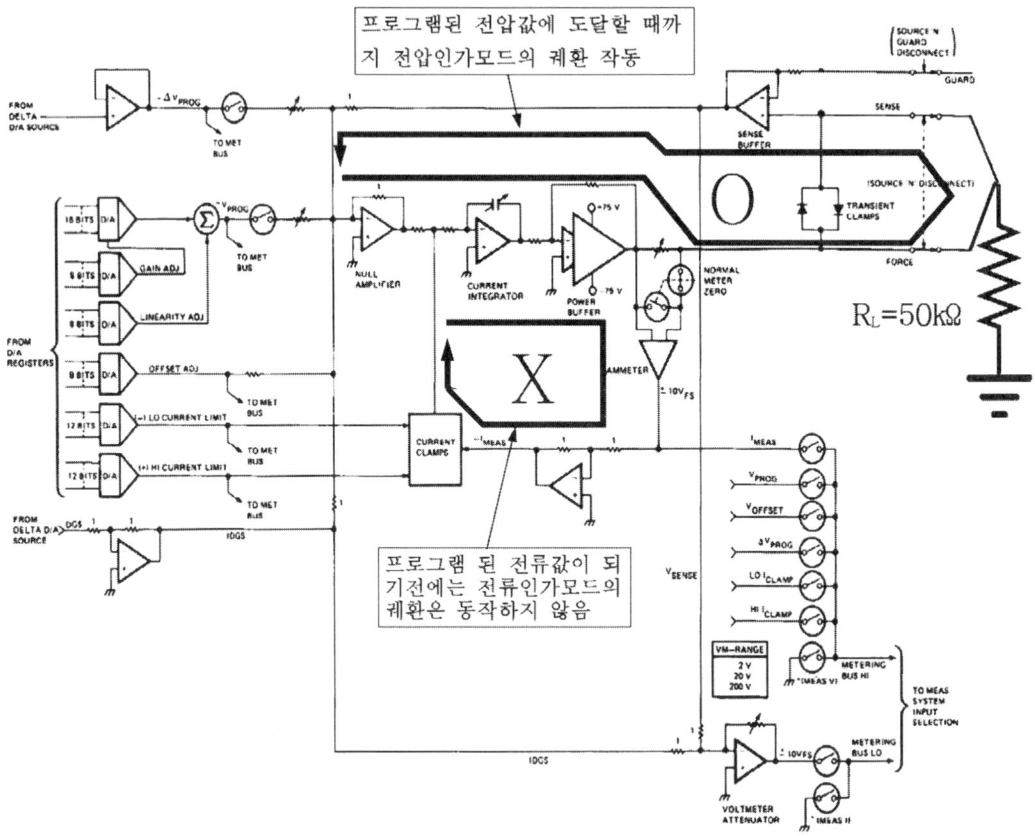

여기까지는 전압인가방식과 아주 똑같다.다시 복습한 것에 불과하다. 다음에 보게 되겠지만 전류인가방식 동작은 마치 전압인가 방식의 동작에서 이상동작을 설명할 때와 아주 비슷하게 동작한다. 요상한 말만 지껄이고 있는 듯 싶다.

② 출력전류가 프로그램된 전류값 보다 좀 높아진 경우와

③ 출력전류와 프로그램된 전류값이 일치할 경우(안정 상태) 를 보기로 하자.

두 번째로 출력전류가 프로그램된 전류값 보다 좀 높아진 경우를 분석해 보자. 프로그램된 전류값보다 전류가 많이 흐르는 극단적인 경우를 가정하기로 한다.

실제는 조금만 높아져도 바로바로 회로가 말미잘 촉수처럼 반응한다. 그러나 이해를 위해 늦게 반응하는 것으로 가정하고 분석을 한다. 이 과정 분석은 여러번 반복해서 귀찮은 점도 있지만 조금만 참기로 하자 9부 능선이다.

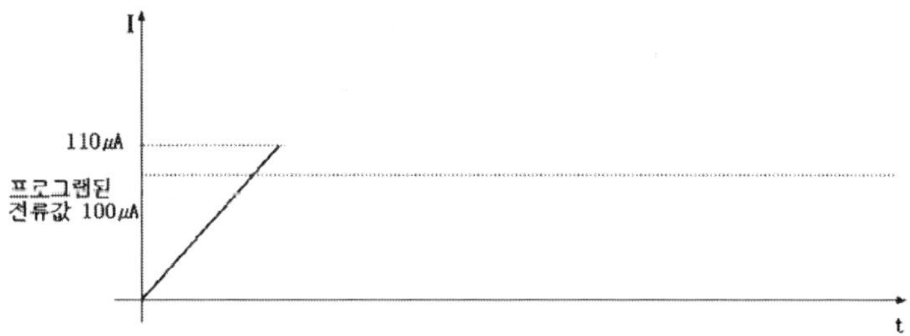

설정된 전류 100㎂보다 높은 110㎂의 전류가 부하저항에 흐를 때 부하저항에 걸리는 전압은

$$V_L = 110uA \times 50\mathrm{K}\Omega = 5.5V$$

가 된다.

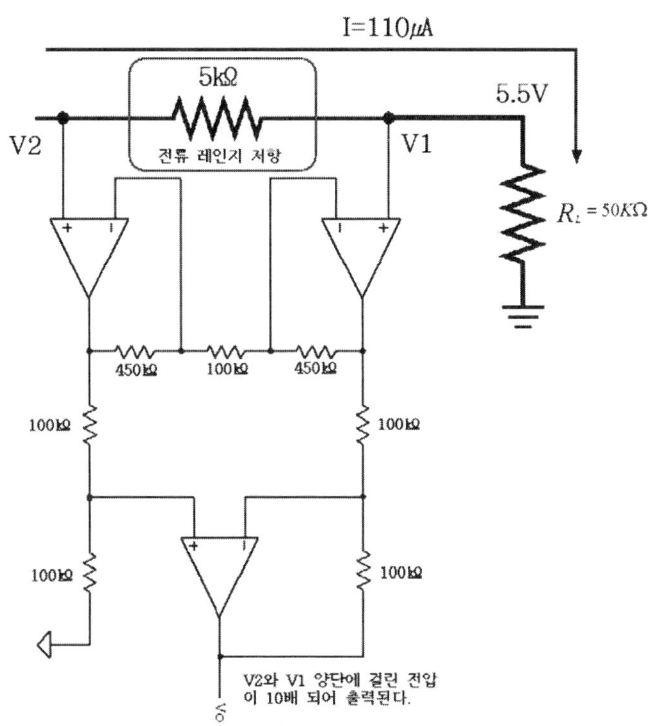

마찬가지로 레인지저항에 전류가 110㎂가 흐르기 때문에 0.55V가 전류계 양단에 걸리는 전압이 될 것이다. 부하저항과 연동 되서 전압을 생각하면, 따라서 V1 = 5.5V, V2 = 5.5V + 0.55V = 6.05V가 된다. 이제 전류계의 출력값을 구할 수가 있게 되었다.

$$V_o = \left(1 + \frac{R_1 + R_3}{R_2}\right)(V_2 - V_1) = \left(1 + \frac{450\text{K}\Omega + 450\text{K}\Omega}{100\text{K}\Omega}\right)(V_2 - V_1) = 10(6.05V - 5.5V) = 5.5V$$

이 전압이 반전증폭기에 의해 극성이 반전되어 CURRENT CLAMP에 입력 된다. Vx = −0.25V, Vy = −5.25V가 각각 걸리게 된다. 이때 비교기의 동작을 보면

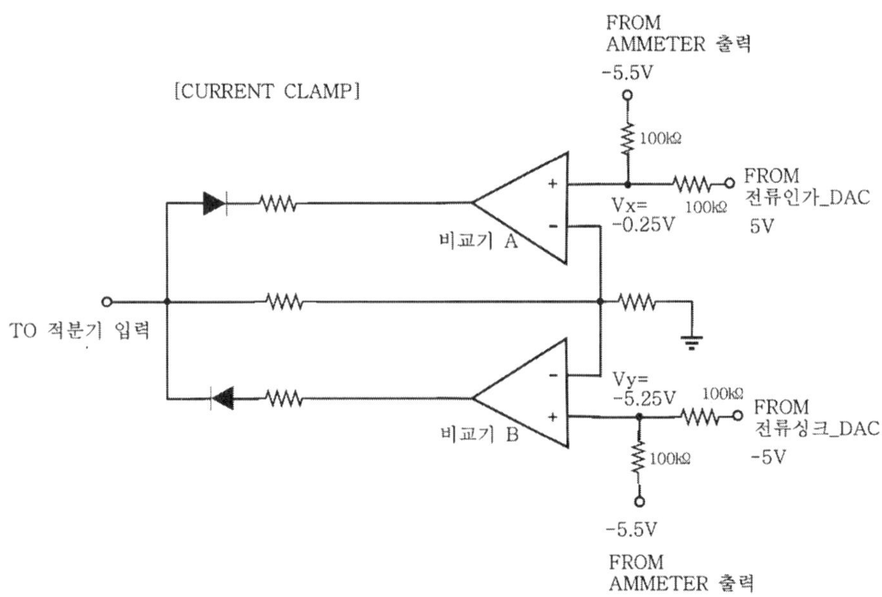

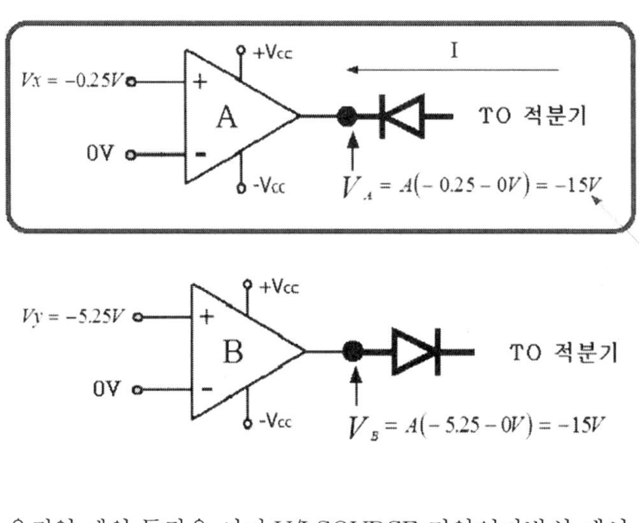

비교기 'A'가 움직일 때의 동작은 이미 V/I SOURCE 전압인가방식 에서 분석한 바 있다. 반복되는 감이 있지만 다시 재론하겠다.

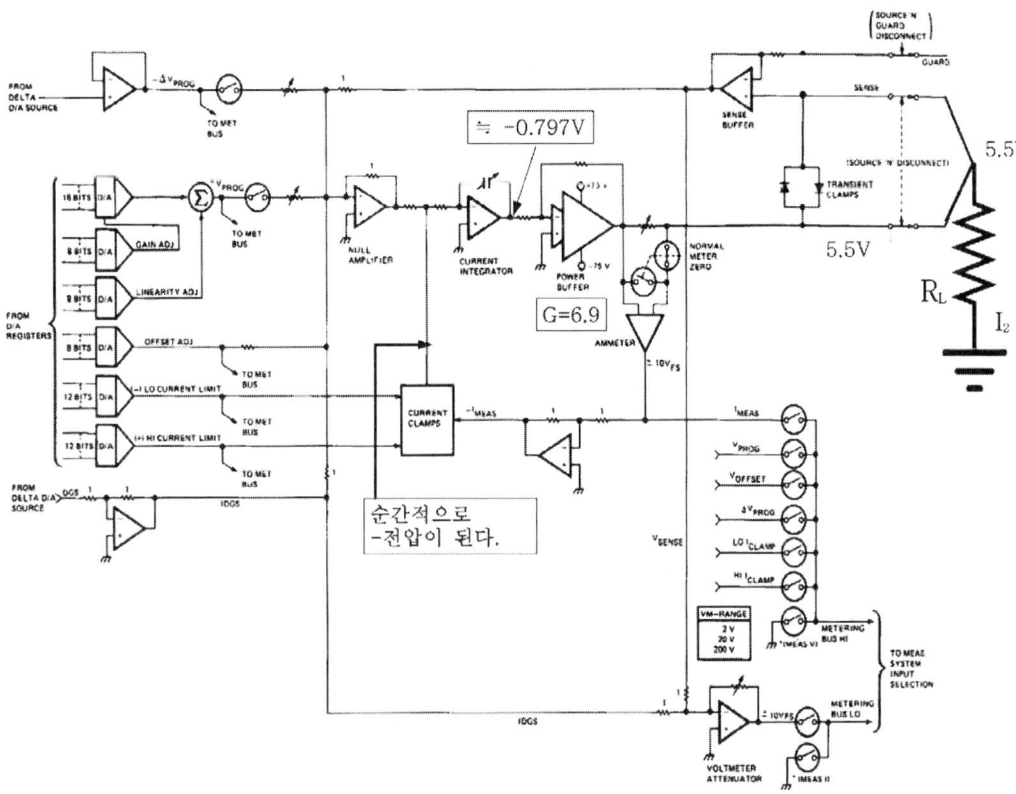

회로 각단에 쓰여 있는 전압값은 현재 DC V/I SOURCE의 상태이고, 이때 CURRENT CLAMP가 동작하여 순간적으로 −15V까지 처박힌다면 어떤 일이 벌어 질까?

① 적분기는 −전압으로 스멀스멀 기어 가다가 입력이 −15V 쳐 박힐 때 추세를 바꾸어 충전하게 된다. 이때 주의 해야 할 것은 적분기 입력이(−)전압이 된다고 해서 바로 +전압으로 홱 가닥 돌아서지는 않는다. 왜냐하면 CAPACITOR의 충전시간이 있기 때문이라고 강조했다. 이런 것이 회로의 별미가 된다고 했다.

② POWER BUFFER는 적분기의 출력이 계속(−)방향이 아니라 +방향쪽으로 전압의 추세가 바뀌므로 자기의 출력은 전압이 작아지는 쪽으로 방향을 튼다. 현재적으로 5.5V에서 5.4V...5.2...5.1V 쪽으로 방향 전환된다는 것이다. 출력 전류는 어디까지 제한 되는가? 바로 CURRENT CLAMP가 동작하지 않는 데까지 내려간다. 그 전류란 바로 출력전압이 5V가 될 때 까지 이런 일이 벌어진다.

프로그램된 전류가 100μA 였으니까 부하저항에 걸리는 전압이

$$V_L = 100uA \times 50\text{K}\Omega = 5V$$

로 부하저항에 흐르는 전류는 100μA가 넘었다 하면 바로 CURRENT CLAMP가 걸려 버리게 된다는 것을 위의 경우에서 확인사살 하였다.

결국 낮으면 프로그램된 전압에 의해 전류는 증가하고, 프로그램된 전류보다 부하저항에 많은 전류가 흐르면 CURRENT CLAMP가 걸리고........이 따위 동작이 아주 짧은 순간에 반복 적으로 일어 나서 결국에는 안정상태로 갈 수 밖에 없는 회로가 된다.

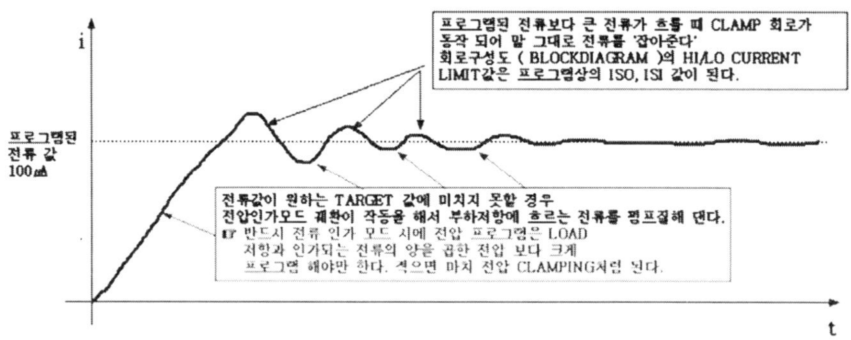

이 정도면 전압인가방식과 전류인가방식 모두의 작동체계를 다 알아 버린 것이다. 머리 속에 든 작동 체계를 가지고 사소한 문제 몇 가지를 더 생각해 주기로 하자.

전류인가 방식에는 두 가지가 있다고 했다. 전류를 부하저항에 흘려 내보내는 인가(FORCE)가 있고, 전류를 부하저항으로부터 끌어 당시는 싱킹(SINKING)이 있다. 우리는 그 중 한가지 인가(FORCE)방식만을 규명해 왔다.

그렇다면 전류를 끌어 당기는 싱킹(SINKING)을 이끌어 내고 싶을 때는 어떻게 하면 되겠는가?

아래 프로그램 같이 싱킹을 지시하는 명령어 ISI에 (−) 집어 넣어 주면 되겠는가?

SET S1 V=10V VR=20V ISO=100μA (ISI=−100μA) IR=200μA FORCE=V

취지는 그럴듯하게 보인다. 그런데 안타깝게도 저런 명령어는 없다. 저 명령어를 쓰면 컴파일 에러가 난다. 자 그러면 어떡하면 되겠는가?

전류인가 방식에서 초기에 추동하는 힘은 전압을 프로그램 한 것이라고 했다. 그렇다면 아래와 같이 명령어를 써주면 될 것 같다.

SET S1 (V=−10V) VR=20V ISO=100μA <u>ISI=100μA</u> IR=200μA FORCE=V

전압인가방식에서 (−)전압을 프로그램할 수 있으니 위와 같이 프로그램하면 부하저항에는

(−)전압이 출력되어 전류는 싱킹 방향이 될 것 같다. 얼마만큼 싱킹 될 것인가? 프로그램한 대로 100㎂가 싱킹 될 것이다.

전류인가의 핵심은 CURRNRT CLAMP의 동작이라고 했다. 싱킹 동작일 때 CURRNRT CLAMP의 동작을 잠깐 일견해 본다.

또 하나 고려해야 할 점은 위의 프로그램에서

SET S1 V=10V VR=20V ISO=100㎂ ISI=100㎂ IR=200㎂ FORCE=I

부하가 50㏀이라고 가정하고 분석해 왔다.이 프로그램이 정상적으로 작동하고 안정상태가 되면 부하에 흐르는 전류는 100㎂가 될 것이고, 이 전류에 의해 부하저항에 걸리는 전압은 5V가 될 것이다. 이미 우리는 분석 했기 때문에 잘 알고 있는 사항이다.

[CURRENT CLAMP]

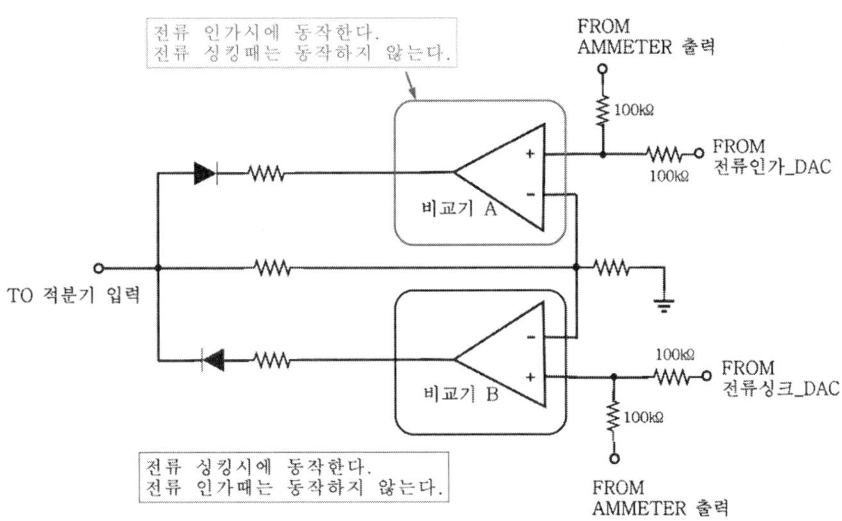

그런데 아래와 같이 프로그램 명령어를 쓰면 문제가 발생한다.

SET S1 V=3V VR=10V ISO=100㎂ ISI=100㎂ IR=200㎂ FORCE=I

어떤 문제가 발생하나?

전압을 3V로 프로그램하면 부하저항에는 죽었다 깨도 전압이 3V이상 걸리지 않게 된다. 부하저항 50㏀에 전압이 3V가 걸렸으므로 이 프로그램에 의해 부하저항에 흐르는 전류는

$$I_L = \frac{3V}{50k\Omega} = 60uA$$

밖에 흐르지 않는다. 전압 3V프로그램이 발목을 잡아(CLAMP)버리게 된다. 그래서 두가지 원칙적 정리가 또 나타난다.

① 전압인가 에서 프로그램된 전류가 작으면 전류프로그램에 의한 CLAMP가 나타날 수 있다. 따라서 전류는 크게 프로그램한다.

② 전류인가 에서 프로그램된 전압이 작으면 전압프로그램에 의한 CLAMP가 나타날 수 있다. 따라서 전압은 크게 프로그램한다.

프로그램적으로 생각하면 아래와 같이 정리 될 수 있을 것 같다.

구분	명령어 프로그램						
전압인가	SET S1	V=6V	VR=10V	ISO=200mA	ISI=200mA	IR=200mA	FORCE=V
전류인가	SET S1	V=10V	VR=20V	ISO=100mA	ISI=100mA	IR=200mA	FORCE=I
전류싱킹	SET S1	V=-10V	VR=20V	ISO=100mA	ISI=100mA	IR=200mA	FORCE=I

-전압인가 모드 : 부하저항에 인가될 전압을 설정하고, 전류프로그램을 가능한한 최대로 써준다.
전류프로그램 >>> 프로그램 된 전압 / 부하저항

-전류인가 모드 : 부하저항에 인가될 전류를 설정하고, 전압프로그램을 가능한한 높게 써준다.
전압프로그램 >>> 프로그램된 전류 × 부하저항

-전류싱킹 모드 : 부하저항에 싱킹될 전류를 설정하고, 전압프로그램을 가능한한 높게 써준다.
전압프로그램 <<< 프로그램된 전류 × 부하저항, 반드시 (-)전압으로 기입하여야 한다.

정신 사납게 반복하는 감이 있지만 이를 한번 더 요약하자.

전류인가 방식시에 프로그램된 전류값이 부하저항에 흐르기 전에는 프로그램된 전압값에 의해 전류가 계속 상승하는 방향으로 추동시키게 된다는 것이다. 그래서 전류인가방식시에 전압은 어떻게 프로그램 해야하는 가를 정리해 줘야 한다.

전류인가방식시에 전압>프로그램된 전류 × 부하저항 으로 프로그램해 주어야 한다. 만약 그렇지 않고 전압을 작게 프로그램하면 프로그램된 전류가 부하저항에 나타나기 전에 잘려(CLAMP) 버리는 수가 있다.

전압인가 방식시에도 프로그램된 전압>프로그램된 전류 × 부하저항 이었다면 CLAMP가 걸려 버려 프로그램된 전압값이 부하저항에 출력되지 않는다. "간장공장공장장은장공장공장장이고, 장공장공장장은 간장공장공장장이다" 같은 느낌의 설명 같아서 좀 헷깔리는 면이 있지만 조곤조곤 곱씹으면 맛은 좀 우러 나올 것 같다.

전압인가를 목적으로 프로그램 했을 때, 설정된 전압은 마찬가지로 설정된 전류값과 부하저항과의 곱(부하전압) 보다는 커야한다는 사실이다. 극단적으로 문제적 경우를 그림으로 보자.

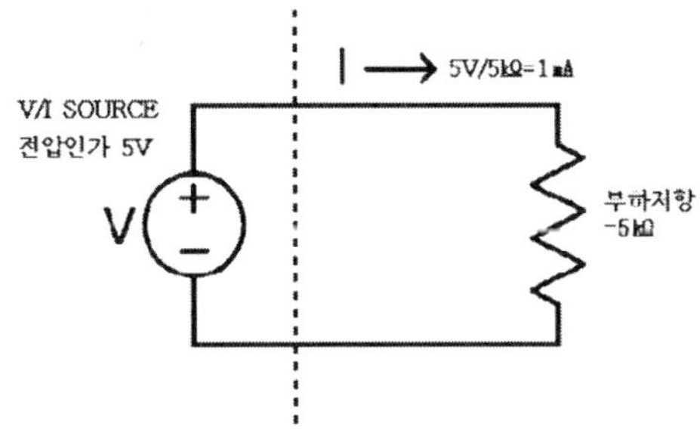

전압인가방식에서 전압을 5V로, 전류는 200μA로 프로그램 했을 때, 만약 부하 저항이 5kΩ이라면 출력 전류값은 난데없는 한 1mA가 흘러야 한다. 그런데 설정된 전류가 200μA이기 때문에, 결국 부하저항에 인가되는 전압은 1V(200μA × 5kΩ)밖에 되지 않는 어처구니 없는 일이 벌어진다. 이런 경우에는 원하는 전압 5V가 부하저항에 출현하지 못하고, 1V만 걸리게 된다. 즉 1V로 CLAMP 걸린다. 따라서 전류를 아주 크게 100mA로 설정하면 전압은 정상적으로 부하저항에 걸리게 될 것이다.

반대로 전류인가를 목적으로 프로그램 했을 때, 프로그램된 전압은 설정된 전류값과 부하저항과의 곱(부하전압) 보다는 설정된 전압값이 무척 커야 한다는 사실이다.

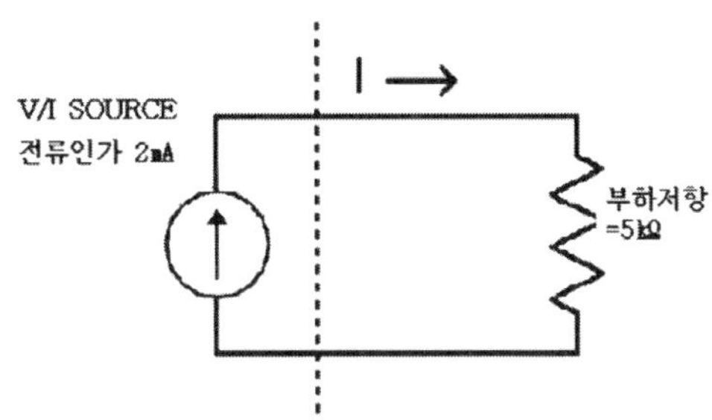

전류인가방식에서 전류는 2mA로, 전압을 5V로 프로그램 했을 때, 만약 부하 저항이 5kΩ이라면 별일 없는 한 출력 전압값은 10V(2mA × 5kΩ)가 발생 되어야 한다. 그런데 설정된 전압이 5V이기 때문에, 결국 부하저항에 나타나는 전압은 5V 밖에 되지 않는다. 이런 경우에는 원하는 전류 2mA가 부하저항에 흐르지 못하고, 1mA만 인가되게 된다. 즉 전류로 표현하면 1mA로 CLAMP 걸린다. 따라서 전압을 아주 크게 20V로 설정하면 전류은 정상적으로 부하저항에 걸리게 될 것이다.

따라서 전압인가 방식에서는 곁다리 전류를 넉넉하게 프로그램하고,

전류인가 방식에서는 곁가지 전압을 여유가 많게 프로그램하는 것이 바람직하다.

이제 마지막으로 루프스피드(loop speed)를 계산하는 것으로 DC V/I SOURCE의 설명을 모두 가름하기로 한다.

2-6. 직류 V/I SOURCE의 궤환 속도(loop speed)

과도응답(transient response)이라는 것이 있다. 사전적 정의는 "일반적으로 입력의 임의의 시간적 변화에 대하여 계(系)의 출력이 정상 상태에 이르기까지의 경과 상황"을 말한다. 결과적인 것이 아니고 결과를 확실히 내기까지의 과정적 상태라는 뜻이다.

어느 시스템이고 입력에 대해 출력이 직바로 안정이 되지 않기 때문에 과도응답에 대한 해석이 존재할 수 밖에 없다.

과도응답에 대한 해석은 다음식을 이해 해야 가능해 진다. 괄호() 안에 있는 항이 우리가 과도응답에서 자주 목격하는 항이다.이 항이 어떤 그래프를 그리는지 머리 속에 넣어 두는 것은 매우 중요하다. 현상을 해석할 수 있는 도구이기 때문이다. 해석을 하지 않으면 좀이 쑤시는 존재인 인간은 효율적 언어인 수학을 사용해서 현상을 해석하기 때문에 수학은 공학과는 떨어질 수 없는 악연?을 갖게 되는 것이다. 과도현상을 해석할 때 라플라스까지 모시고 올 필요는 없다.

차근차근 생각을 가다듬어 가기로 하자.

$$V_o = V\left(1 - e^{-\frac{t}{RC}}\right) --- (1)$$

여기에서

V : 최종출력값

Vo : 시간에 따라 변하는 V 값을 의미한다.

(1)식을 좀더 이해하기 위해서는 지수함수를 생각해 줘야 한다. 지수함수(exponential function)는 다음과 같은 형태로 쓰여진다.

$$f(X) = b^x$$

수학용어로서 b를 양의 상수, x 를 모든 실수값을 취하는 변수라 할 때, 이 함수를 b를 밑(base)으로 하는 지수함수라 부른다.

지수함수가 어떤 성격을 가졌는지 알아 보기 위해 2를 밑(base)으로 하는 지수함수의 그래프를 보기로 한다. X 를 아래 표와 같이 변화시키면 함수 값이 확정될 것이다.

x	$f(x)=2^x$
-2	1/4
-1	1/2
0	1
1	2
2	4
3	8

이를 그래프로 그리면 아래와 같이 그려진다.

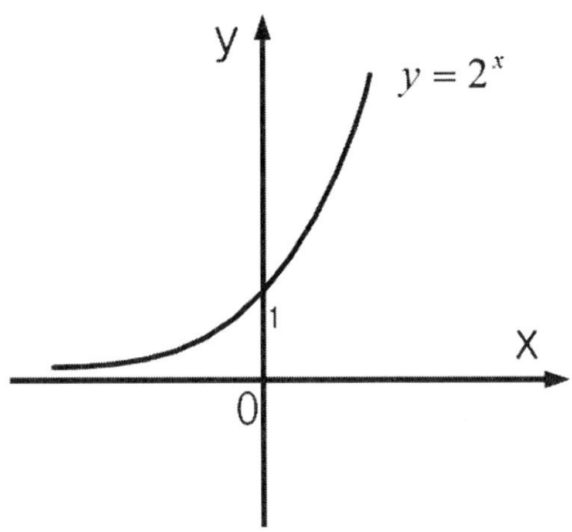

2를 밑(base)으로 하는 지수함수의 그래프를 보았으므로 지수함수의 움직임을 대충 포착할 수 있게 되었다.

그 다음에 우리가 한 발짝 더 내디뎌야 하는 수학적 개념은 자연지수함수(natural exponential function)이다. 자연지수함수는 e를 밑(base)으로 하는 지수함수이다. 자연 현상 중에 이 놈으로 해석할 수 있는 것이 많기 때문에 형태는 지수함수인데 앞에 자연이라는 거창한 이름이 붙은 것이리라. 또한 편리하기는 이를 데 없는 놈이다. 미분해도 그 자신, 적분해도 그 자신이니 써 먹을 수 있는 영역이 많다.

여기서부터 섞갈리기 시작한다. 이 놈의 e 란 도대체 무엇이란 말이냐?

너무 겁낼 것 없다. 우리에게는 지수적 관념이 필요한 것이지 잡다한 수학적 본질들을 규명하는 것은 아니기에 개념만 빌려 오면 그뿐이다. 이런 태도가 무척 실용적인 태도이다.

e는 오일러의 수, 네이피어 상수라고도 불린다. 붙은 이름들이 사람이름 같다. 맞다 유명한 수학자들이다. 그 이름을 따서 붙인 것이다. 그러나 이름이 중요한 것은 아니다. e는 어떤 상수라

는 것이 중요하다.

예를 들어 기하학에서는 상수 π=3.141592....가 특별한 위치를 점하듯이, 상수 e는 자연을 해석하는데 탁월한 위치를 점하는 수이기 때문에 대표적으로 그냥 e 라고 썼을 뿐이다. e도 π처럼 상수라고 했다. 그럼 값이 얼마런가?

e=2.71828183....

2보다 크고 3보다 작은 무리수이다.

효용성이 강한 수라고 일단 알아두기로 한다. 자연지수함수의 그래프는 2를 밑으로 하는 그래프를 이미 그려 보았기 때문에 얼추 비까비까 할 것이라고 예상이 든다면 그 예상은 한치도 틀림없는 예상이 되겠다. 자연지수함수의 그래프를 보기로 한다. 여느 지수함수 처럼 x=0 일 때 y=1을 지난다.

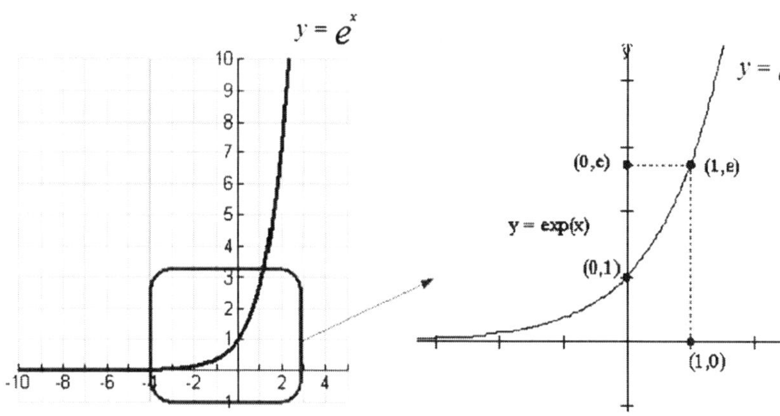

그런데 지금 우리에게 필요한 그래프는

$$y = e^{-x}$$

의 그래프이다. 계산하기 쉽게 2를 밑으로 하는 지수함수를 다시 생각해 보자.

X	2^{-X}
-3	8
-2	4
-1	2
0	1
1	1/2
2	1/4

위의 표를 보면 $f(x)=2^{-x}$의 값은 $f(x)=2^{x}$의 값과 y축을 대칭으로 하는 값이 되었다. 그래프는 어떻게 되는지 그려보기로 하자.

$$f(x)=2^{-x}=\left(\frac{1}{2}\right)^{x}=0.5^{x}$$

과 같으므로

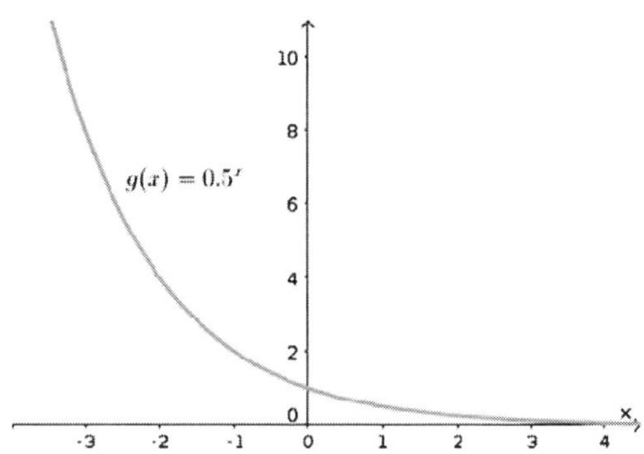

따라서 자연지수함수의 그래프는 다음과 같이 유추될 것 같다.

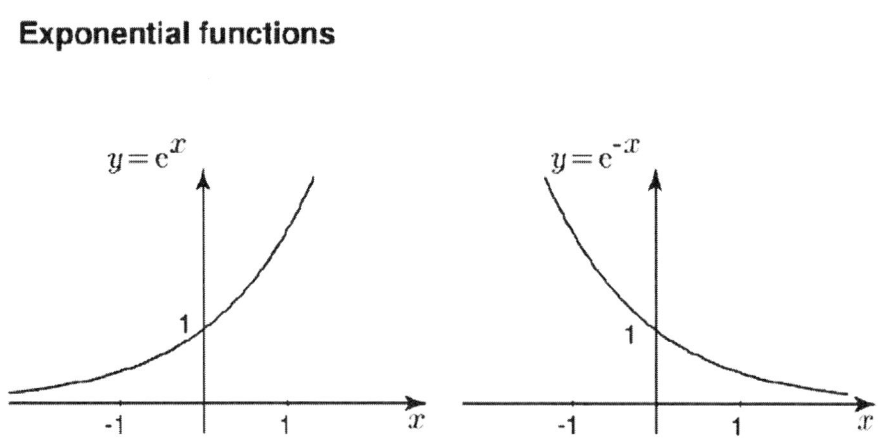

공학에서 관심을 가지는 식(1)을 다시 가져 오기로 한다.

$$V_o=V\left(1-e^{-\frac{t}{RC}}\right)$$

$$e^{-\frac{t}{RC}} ---> e^{-x}$$

위식에서 t는 스위치를 닫는 순간부터의 시간이므로 t=0에서부터 시간이 증가하는 방향 즉 +시간을 갖게 됨으로 X가(−) 값을 가지는 것은 깡그리 무시해도 상관없어 진다.

$$\left(1-e^{-\frac{t}{RC}}\right)$$

라고 놓으면 그래프는 머릿속으로 상상할 수 있을 것 같다. 그렇다면

의 그래프는 어떤 모양을 가지게 되는 것일까? 이것이 매우 중요하다. 1이 그래프를 만들어 가는 과정에서 아주 중요한 역할을 한다. 습관적으로 1이라면 무조건 빼고 보는 습관이 있는 사람도 여기서 1을 빼면 죽도 밥도 안 된다는 것을 명심해야 한다.

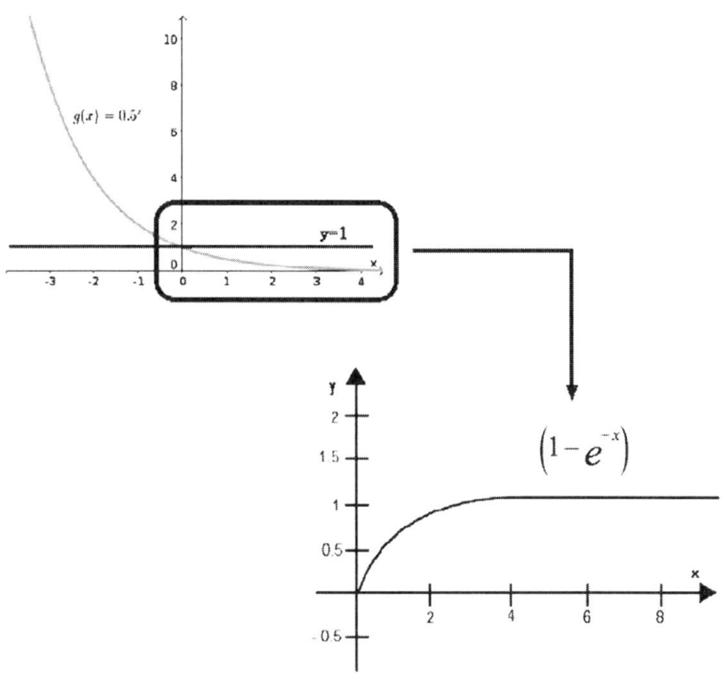

많이 보던 그래프가 되었다.

아래 수식의 그래프는 안정상태가 되기 전 과도응답을 나타내는 그래프임이 분명해 졌다.

$$\left(1-e^{-\frac{t}{RC}}\right)$$

위의 식에서 지수에 관심을 가져 보자 t는 시간이기 때문에 순차적으로 증가하는 값이다. 상수이다. 그리고 t는 0 보다 큰 값이기 때문에(−)시간은 의미가 없다. 그래서 그래프에서 빼 버린다. 그렇다면 RC는 바로 저항과 콘덴서의 값을 가리킨다. 이 값에 따라 지수의 값이 작은지 큰지가 결정이 된다. 그것은 무엇을 의미할까?

그렇다 아래 식 그래프의 안정상태 전 상승각도를 결정하게 된다. 값이 크면 상승각도가 작을 것이고, 작으면 상승각도가 클 것이다(지수의 분모에 있기 때문에).

$$\left(1-e^{-x}\right)$$

그래서 공학에서는 이것을 $\tau=$RC라고 정해 놓고서 안정시간을 빨리하느냐 늦게 하느냐를 결정해 주므로 τ를 이름하여 '시정수(time constant, 時定數)' 라고 딱지를 붙인 것이다.

이제는 $\tau=$RC의 숨겨진 의미를 감 잡으셨을 것이다.

다시 식(1)을 감상하기로 하겠다.

$$V_o = V\left(1-e^{-\frac{t}{RC}}\right)$$

V는 최종출력값이라고 했다. 1 대신 들어 갔다고 생각하면 그래프는 다음과 같이 될 것이다.

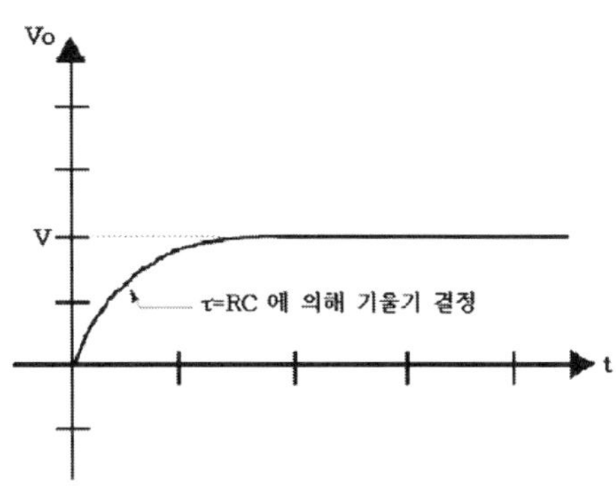

이런 배경지식을 가지고 DC V/I SOURCE의 LOOP SPEED를 계산해 보기로 한다. 계산하실 때 자연지수함수의 값은 계산기의 'Exp' 를 사용하면 되겠다.

과도응답에 대한 기본식을 추출 했으므로, 실제회로의 안정 될 때까지의 시간을 계산해 보기로 한다. 이를 제어 하는 것은 적분기의 콘덴서를 선택함으로 이루어진다.

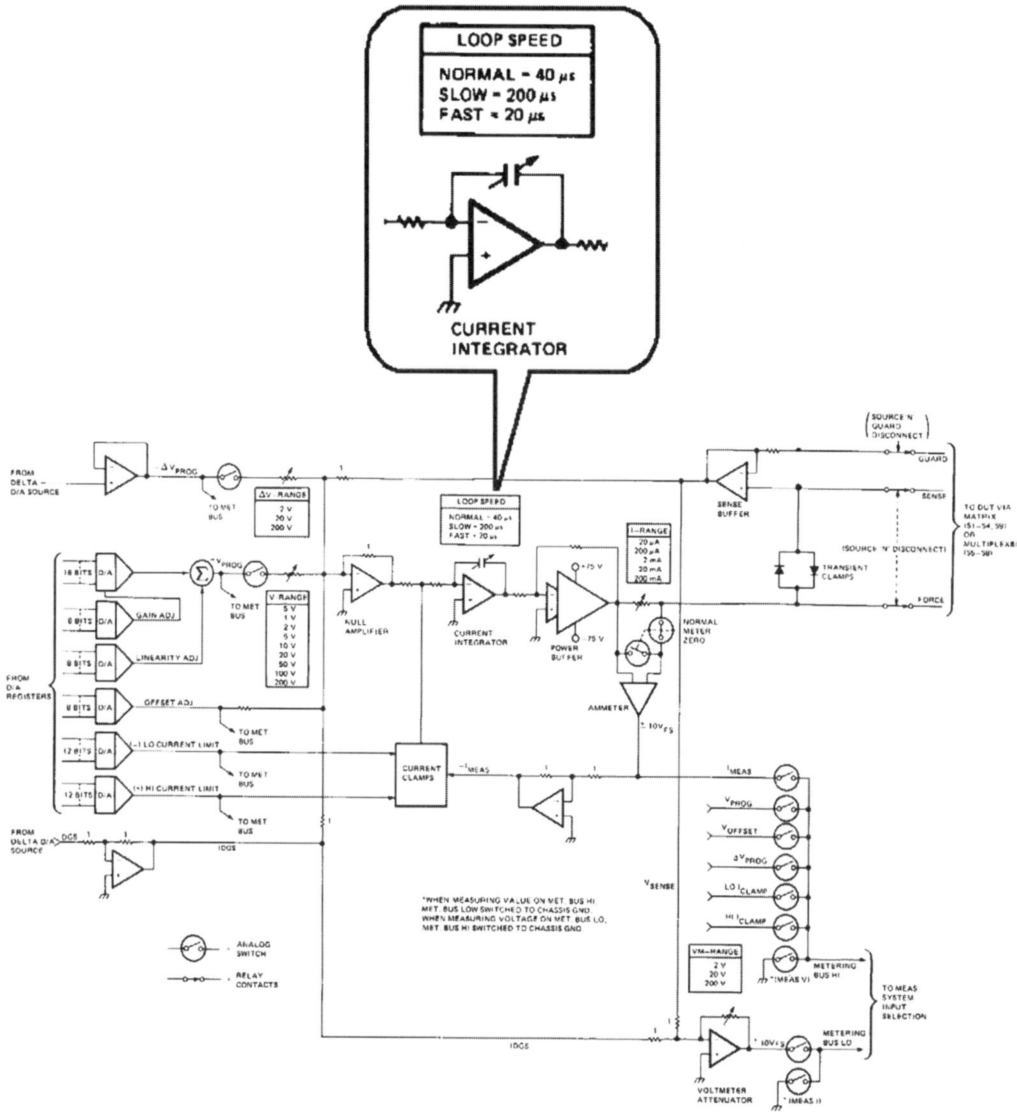

- 정상속도(NORMAL SPEED) : LOOP SPEED 40μs--> FET 스위치에 의해 회로는 아래와 같이 된다.

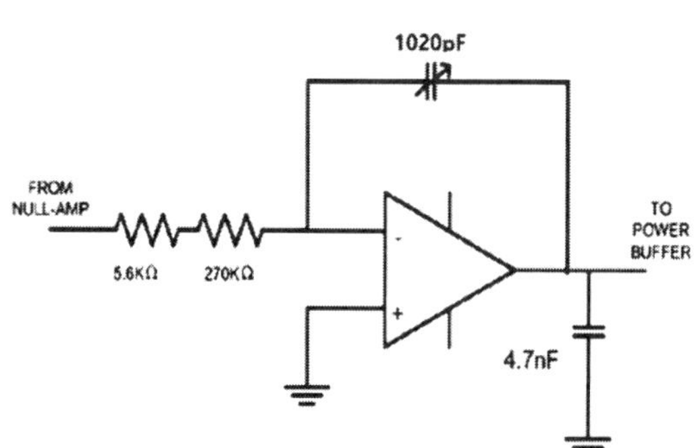

LOOP SPEED 를 계산할 때 먼저 고려해야 할 것은 적분기의 출력을 얼마로 산정해야 하는가이다(적분기만 의 출력이 아니라 SOURCE 전체의 LOOP SPEED임을 기억해야 한다).

각 전압 레인지 마다 계산 해 줄 필요는 없다. 하나의 레인지만을 생각해도 그 비율은 똑같기 때문에 아무거나 하나 선택 하면 된다.

10V 레인지를 생각해 보자. 레인지는 최대출력이라고 했으니 부하저항에 10V가 출력되고 있는 것을 상정하면 된다. 10V 레인지에 10V 출력을 원하는 프로그램이라면 10V는 안정상태의 최종전압이라고도 할 수 있다.

SOURCE의 최대출력전압은 ±10V이고, 최종 POWER BOOSTER의 GAIN은 6.9이기 때문에 적분기가 최대로 SWING 할 수 있는 전압은 ±10V/6.9 ≒ ±1.449275V가 된다.

LOOP SPEED를 계산하기 위한 식이 아래와 같이 주어진다고 했다.

$$Vo = V\left(1 - e^{-t/rc}\right)$$

루프스피드란 정상상태가 될 때까지의 시간이므로 여기서 V는 SOURCE 최종출력값, Vo는 시간에 따라 변하는 적분기출력이라고 생각하면 된다.

따라서 주어진 저항과 CAPACITOR 값을 윗 식에 대입하면

$$1.449275V = 10V\left(1 - e^{-t/rc}\right)$$

에서

$$1 - e^{-t/rc} = 0.1449275$$

이 식을 전개 하면, ln이란 e를 밑으로 하는 로그로 정의하기 때문에 ln을 자연로그 라고 한다(10을 밑으로 하는 로그는 상용로그라고 한다고 배웠다). 참고로 자연지수함수와 자연로그함수의 그래프를 비교해 보기로 한다.

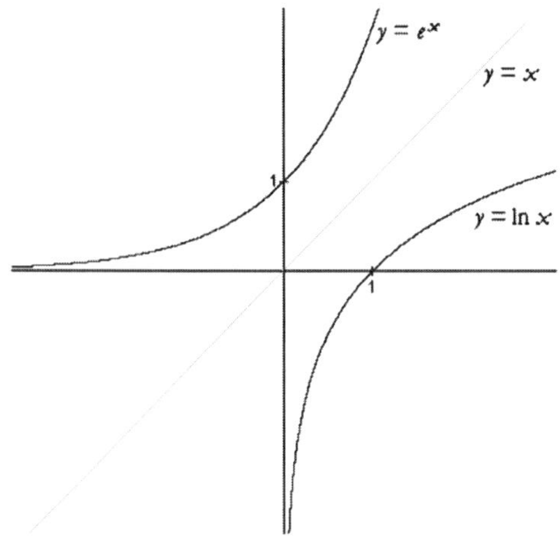

이리하야 위 그래프에서 대충 값의 추이를 보면 x가 1 보다 작은 0.85507 정도면 − 값(−y축)이 된다는 것을 한눈에 확인 할 수 있다. 물론 정확한 값은 계산기로 두드려 주어야 하겠지만.

그래서 두드려주면

$$-\frac{t}{rc} = \ln^{0.85507} = -0.15657$$

이 되고 시간 t 에 대하여 정리하면

$$t = r \times c \times 0.15657$$

여기에 r = 275.6kΩ과 c = 1020pF를 대입하면

$$t = 275.6 \times 10^{3} \times 1020 \times 10^{-12} \times 0.15657 \cong 0.0000440137 \cong 44uS$$

− 빠른속도(FAST SPEED) : LOOP SPEED 20μs

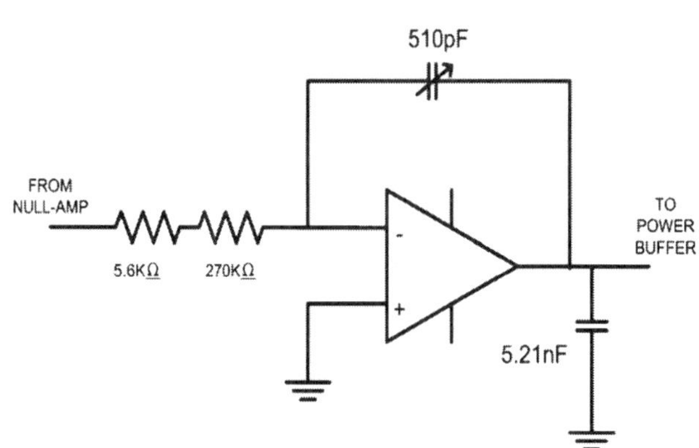

$$t = r \times c \times 0.15657$$

$$t = 275.6 \times 10^{3} \times 510 \times 10^{-12} \times 0.15657 \cong 0.0000220068 \cong 22uS$$

– 늦은속도(SLOW SPEED) : LOOP SPEED 200μs

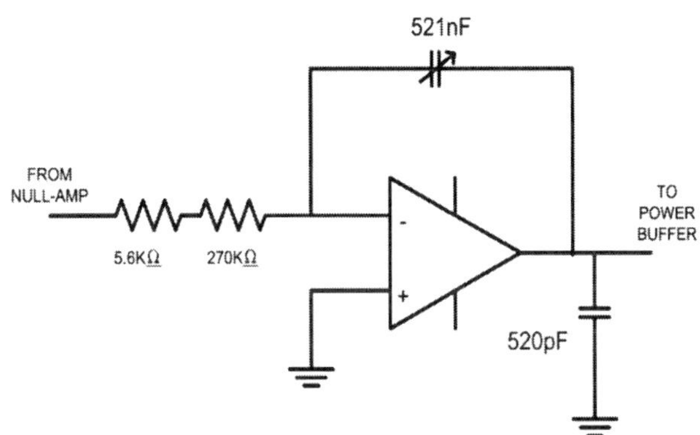

$$t = 275.6 \times 10^{3} \times 5.21 \times 10^{-9} \times 0.15657 \cong 0.00022481 \cong 224uS$$

약간의 오차는 있지만 아마도 계산한 값이 정확한 값이 될테고, 회로구성도에 나왔 있는 시간은 짜투리를 뺀 시간일 것 같다. 그리고 적분기 앞에 붙어 있는 콘덴서는 잔물결 제거용으로 사용이 되었다. 사물에는 명암이 함께 공존한다.빠르면 파형이 많이 찌그러지고, 늦으면 덜 찌그러지는 장단이 있는 것이다.그림들에서 알 수 있듯이 안정시간이 빠르면 빠를수록 OVERSHOOT가 커지고 리플이 생기므로 제법 큰 콘덴서를 사용했음을 알 수 있다.

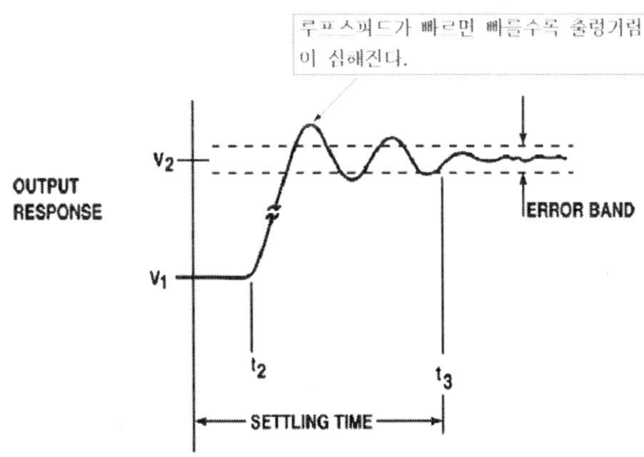

이것으로 직류 V/I SOURCE에 대한 분석을 마치기로 한다.

3부 심화 이론편

연산증폭기 활용
교류이론

3-1. 전기전자 교류신호의 실효값과 평균값 차이

평균값과(mean value, average, 平均值), 실효값(Root Mean Square, 實效值)이란 무엇인가 생각해 보기로 한다. 교류회로이론에서 한자락 배웠지만 잘하면 기억에 남는 것은 평균값과 실효값의 결과식 밖에는 남은 것이 없는 것이 우리들 실정이다. 그래서 다시 한번 평균값과 실효값이 갖는 의미와 식을 세운 과정, 푸는 과정을 생각해 보려고 한다.

교류의 평균값과 실효값을 구분하는 데에는 여간 어려움이 따르지 않는다. 왜냐하면 모두 직류분과 관련이 되어 있어서 이것이 저것 같고, 저것이 이것과 같아 도무지 혼동에서 헤어 나오질 못한다. 이번 주제를 통해서 식도 식이려니와 교류 평균값과 교류 실효값의 차이를 무 자르듯 명료하게 구별하시기를 바란다.

먼저 기본적인 전기신호에 대해서 정의하고 이를 토대로 논리를 전개시켜 보기로 한다.

전기전자를 전공하는 사람이 아니더라도 전기신호에는 직류와 교류로 크게 나누어 진다고 알고들 있다. 직류[Direct Current(DC), 直流]란 한마디로 전압 · 전류가 시간의 경과와 함께 변화하지 않는 신호이다. 그래프로 그리자면 y = 상수 인 그래프와 같다.

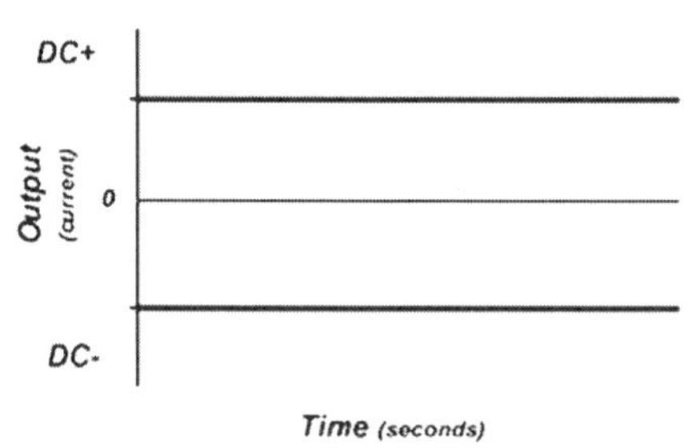

DC 는 수학적으로는 상수 취급하기 때문에 해석하기 어렵지 않다. 어떤 학문이든 변화하는 대상을 해석하는 것이 어렵다. 그런 대상이 전기전자 공학에서도 있다. 시간에 따라 신호가 변하는 교류가 그러하다.

교류[Alternating Current(AC), 交流]란 전압과 전류가 시간의 경과와 함께 크기와 방향을 바꾸는 신호를 말한다. 그래프로는 다양하게 나타날 수 있으나 우리가 사인파라고 알고 있는 정현파(sine wave, 正弦波)가 대표적이다. 흔히 알려진 교류파형에는 아래와 같은 파형들이 있다.

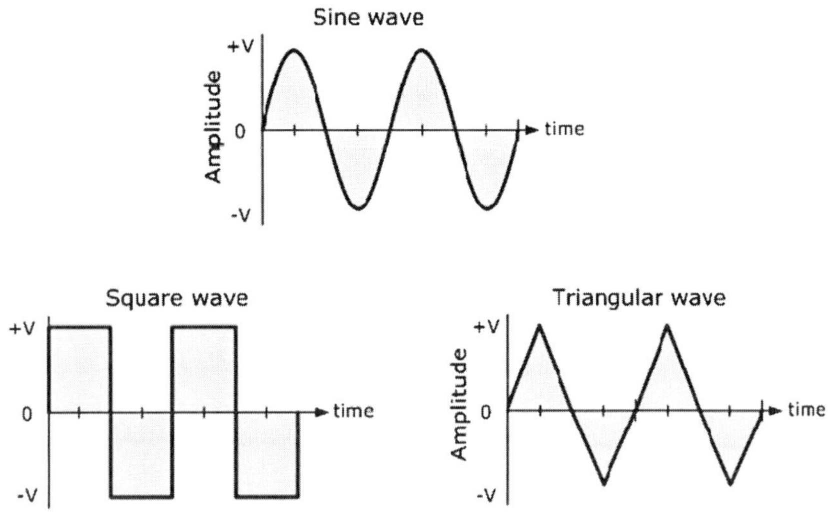

전기 전자적으로 변화하는 신호들을 해석하는 도구는 수학이다. 수학을 떠나서는 우리가 뇌에 관념을 때려 박을 수가 없고 분석할 수 있는 툴이 없다. 그러나 교류해석에 관련된 수학은 어려운 삼각함수, 미분, 적분 등이고 우리로 하여금 학을 띄게 만든다. 그러다 보면 흥미가 슬슬 가셔지는 것은 어쩔 수 없다. 거의 잊어 버리거나 남는 것은 파편화된 단편적 지식 외에 나머지는 모두 뇌에서 증발되고 만다.

대표적인 것이 교류의 실효값이다.

실효값을 배우긴 배웠는데 그것이 뭐를 의미하는지는 모른다. 그저 공식을 대입하여 값을 구할 뿐이다.

DC와 같은 파워를 내는 교류신호의 값이라고 실효값을 조금 안다고 하자. 그렇지만 복병이 하나 만만치 않게 튀어 나온다. 교류적 DC값인 평균값(mean value, average, 平均値)과 어떻게 다른지는 또 묘연해 진다. 뭐가 뭔지 뒤죽박죽이다. 머리가 어지러워진다.

이걸 자세히 알아 보고 뒤죽박죽된 머리를 질서 있게 정돈해 보자는 것이다.

우리는 도식적으로 아래와 같은 정현파 교류신호의 실효치와 평균치를 다음과 같이 구해 왔었다. 마치 공식에 수를 대입하듯이 말이다.

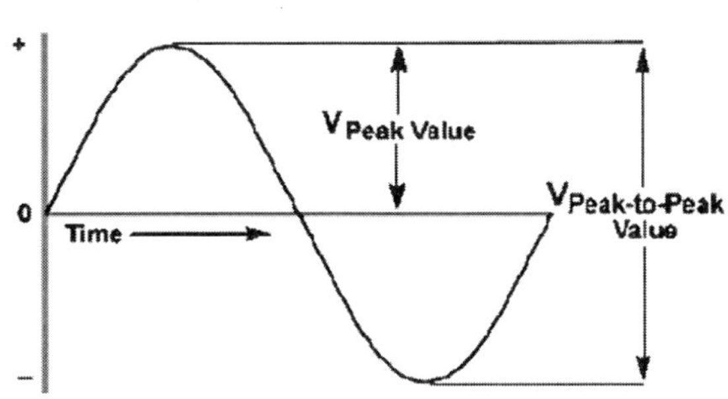

$$V_{rms} = \frac{V_{peak}}{\sqrt{2}}$$

$$V_{avg} = \frac{2}{\Pi} V_{peak}$$

문제는 이렇게 공식화된 수식이 나오게 된 정의를 보게 되면 고개를 절래 절래 흔들게 된다는 것이다. 거개의 많은 책들이 밑도 끝도 없이 실효값과 평균값을 구하는 식을 앞뒤 설명없이 내어 놓는다. 머리가 뽀개 지더라도 우리의 머리를 디밀어 보기로 하자. 보다 보다 안되면 원 상태 밖에 더 되겠는가? 알면 그것보다 좋을 수는 없겠고...

$$V_{rms} = \sqrt{\frac{1}{T}\int_0^T v^2(t)\,dt}$$

$$V_{avg} = \frac{1}{T}\int_0^T |v(t)|\,dt$$

위에 있는 관계식이 실효값을 구하는 식이고, 아래에 있는 식이 평균값을 구하는 식이 되겠다. 루트가 나오고 인테그랄이 나오면 초장부터 지랄 맞은 경우라고 쳐다도 안 보는 분이 계실 수 있다. 과부의 마음은 과부가 안다고 그 맘 충분히 이해 한다. 그러나 목구멍이 포도청이라 아니 볼 수는 없는 노릇 아닌가?

바로 그런 절망에 몸부림치는 분들을 위해 이 내용을 긁적거리는 것이다. 그러니 조금 참고 진도 나가면서 견딜 만한지 자기를 시험해 보시라. 분량도 머리에 마비가 오지 않는 정도로 되도록 잘게, 그리고 자세하게 해설해 보도록 할 것이다. 당부하건대 적분에 관계된 수학을 앞머리만 공부하시도록 하라. 사인과 코사인이 적분되면 어떻게 되는지~ 같은...적분의 첫머리에 나오는 정도로만...

실효값 구하는 것이나 평균값 구하는 것이나 형태는 엇비슷하다. 그런데 식이 저런 차이를 보이는 것은 어디에서 연유된 것일까? 교류의 평균값이야 한 주기 동안 함수의 적분을 취하여 구하는 것은 알겠지만 실효값은 저 식이 함의 하고 있는 의미를 도통 단박에 알아 차릴 수가 없다. 좀 더 복잡한 실효값에 접근하기 위해 먼저 평균값이 저런 적분식으로 되는 이유를 차근차근 따져 보기로 한다.

$$V_{avg} = \frac{1}{T}\int_0^T |v(t)|\,dt$$

적분식 안에 절대값이 터줏대감 앉아 있듯 떡허니 버티고 있다. 절대값을 취하는 이유를 알아야 한다. 절대값이란 (−)값이 있을 때 부호에 상관없이 오로지, 절대적으로 값만 취해 오는 것을 수학적으로 의미하기 때문에 기호는 모두(+) 값으로 된다. 이는 공학적으로는 아주 깊은? 의미를 포함하고 있다.

예를 들어 아래와 같은 구형파(square wave, 矩形波)같은 경우 절대값의 존재이유를 극명하게 인상지워 준다.

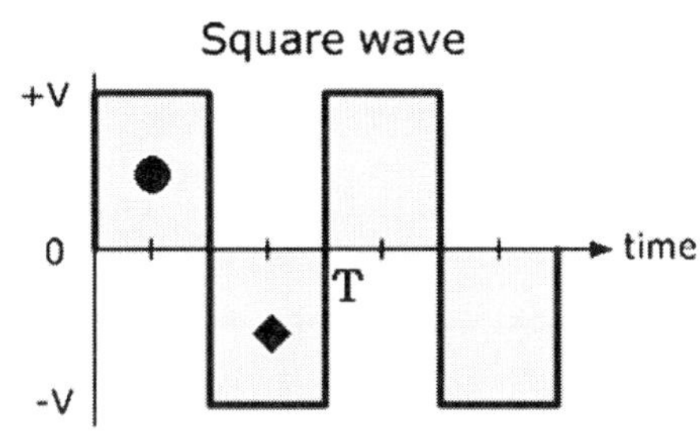

수학적으로 한 주기 T 까지 모두 더하면 ●－◆＝0이 되고 만다. 굳이 적분을 취하지 않아도 눈이 알아서 0인줄 안다.

구형파의 평균값이 0V 이라? 수학적으로는 분명 0V가 되지만 뭔가 이상하다. 저런 신호가 부하저항에 가면 어떻든지 간에 일을 하기 때문에 0V라고 볼 수는 도저히 없다. 수학적인 의미에서의 평균값이란 결국 직류성분을 말하는 것이므로, 위와 같은 교류파형으로는 수학적인 평균값을 산출해 내기는 불가능하다. 그렇다면 다른 방식으로 접근해서 평균값을 구하여야 하는 것이 명백해진다..어떻게 평균값을 구할까?

이런 말도 안 되는 이유 때문에 전기전자에서의 평균값이란 원칙적으로 절대평균값을 가리킨다. 절대평균값이란 함수(또는 교류신호) f(x)가 있을 때 절대값을 씌워 평균값을 구하는 적분을 활용하게 되는 것이다(물론 주기나 반주기로 나누어야 한다. 나중에 보기로 하자). 즉 함수(또는 교류신호) f(x)에 절대값을 씌워 준다. $f(x) \rightarrow |f(x)|$. 여기서 함수 f(x)는 공학적으로 0를 기준으로 위, 아래로 춤을 추는 모든 교류를 말한다. 유식한 말로 zero crossing 파형이라고 말해 주자.

함수 f(x)에 절대값을 씌우면(－)의 함수 값들이 전부(+)로 얼굴 빛 바뀌게 된다. 그림은 아래와 같이 표변한다.

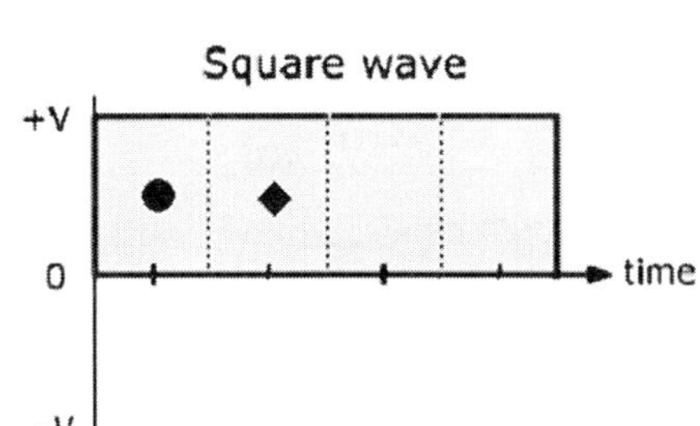

구형파 같은 경우는 절대값으로 세례를 주면 바로 직류가 되어 버린다. 구형파는 계산할 것 도 없이 실효치와 평균치가 +V(=Vpeak)로 단번에 알아 볼 수 있다. 구형파 같은 데에서 평균값과 실효값이 같게 나와 버리니 나중에는 중심을 못 잡고 평균값과 실효값이 혼동이 되는 것이다.

평균값을 구하는 공식에서 적분기호 안의 함수에 절대값을 씌우는 의미있는 이유를 이제사 알았다. 그러면 적분은 어떻게 이루어 지는가 보기로 하자. 여기서부터는 단순한 수학이다. 물론 적분에 관해서는 문외한 이라고 생각하고 쓰는 것이기 때문에 아시는 분은 그냥 건너 뛰어도 좋다.

평균값을 구하는 식이 가지는 의미를 좀더 살펴 보기로 한다.

$$V_{avg}=\frac{1}{T}\int_0^T\left|v(t)\right|dt$$

윗 식에서 v(t) · dt가 무슨 의미인지 쪼개 보도록 하자.

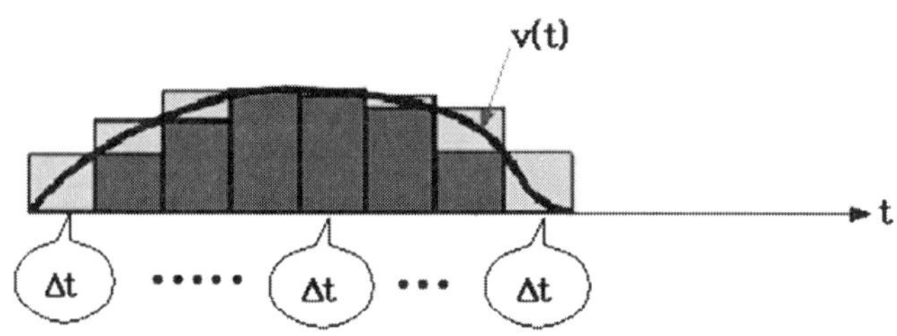

위의 함수 v(t)에서 x축의 값을 적당하게 자른 것을 ⊿t라고 정한다고 하자. 위의 그림에서 보는 것처럼 ⊿t가 적잖이 크기 때문에 각 막대그래프를 더한 값은 원래 함수가 가지고 있는 면적 과는 차이가 많이 나게 된다. 이렇게 해서는 정확한 면적이 나오지 않게 된다{밑변은 각각 0+⊿t, a+⊿t, b+⊿t....가 되고 높이는 각각 f(0+⊿t), f(a+⊿t), f (b+⊿t)...가 된다. 따라서 거칠지만 총 면적은 [f(0+⊿t)×(0+⊿t)]+[f(a+⊿t)×(a+⊿t)]+[f(b+⊿t)×(b+⊿t)...]가 된다. 물론 주기 T 까지만 계산해 주면 된다}.

정확한 면적을 구하는 방법은 ⊿t를 거의 0에 가깝게 잘라 주어야 한다. 그래서 ⊿t → 0으로 갈 때(절대 0이 아니다. 0에 가까운 것이다)를 기호로 dt라고 약속하기로 한다. 이런 방법을 적용하면 v(t) · dt의 면적이 오차가 아주 아주 없는 값이 나오게 될 것이다.

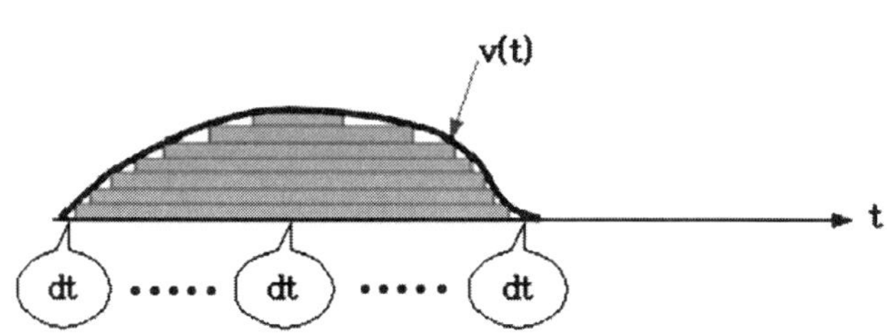

위의 그림이 만족스럽게 그려지지 않았지만 거의 함수의 면적에 가깝다고 상상하시기로 한다. 그림에서 보듯이 $\Delta t \to 0(dt)$으로 가까이 갈 수록 원래함수의 정확한 면적에 근사하게 된다. 이 v(t)의 함수의 주기가 T라고 하고, 0~T 까지 이 막대그래프를 더하면 함수 v(t)의 한 주기 면적이 정확하게 계산 될 것이다. 바로 ∫ (인테그랄)의 의미가 이렇게 잘게 쪼개진 기둥?들 각각의 항을 더하라는 의미이다.

$$V_{avg} = \frac{1}{T}\int_0^T |v(t)|\,dt$$

위의 평균값을 구하는 식에서 이런방식으로 더한 값을 주기 T로 나누어 주고 있다. 그렇다면 이 결과는 무엇을 의미하는 것이 될까? 그렇다 각 막대 그래프의 높이만 남게 되는데, 폭이 0에 가까운 막대그래프들의 높이, 즉 평균 높이가 되는 것이다.

그런데 한가지 의문이 든다. 왜 꼭 한 주기(T) 만을 보아야 하는가?

그 이유는 이렇다. 주기함수라는 것은 계속 패턴이 반복 되는 것이기 때문에 두 주기 동안을 본다고 해도 결과는 한 주기 동안을 본 것과 동일하게 나온다는 점이다. 예를 들어서 평균 높이를 구하는데 두 주기까지 생각해 줄 필요가 없게 된다는 것을 직관적으로 알 수 있게 된다. 전기전자 공학에서는 딱 보면 ~압니다가 참 중요하다. 나머지는 동어반복이므로 생략가능.

간단히 예를 하나 들어 보기로 하자.

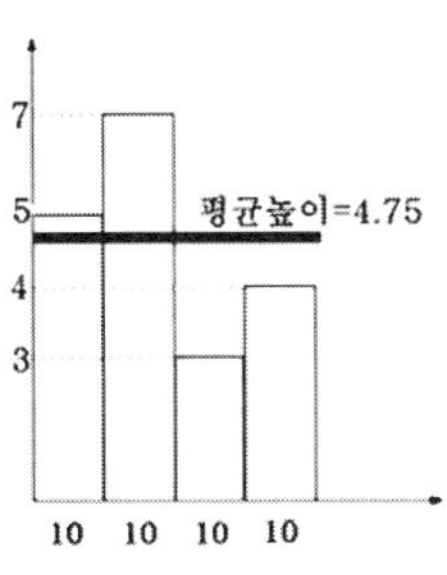

막대그래프의 면적을 구하려면 밑변×높이를 구해야 한다. 옆의 막대그래프의 면적은
(5×10)+(7×10)+(3×10)+(4×10)=190
☞ 단위생략

이 값을 총 밑변 40으로 나누면
190÷40=4.75 가 계산 되어 평균 높이가 된다.

예를 들어 그렸던 위의 막대 그래프를 보라 평균 높이만 나오니 수학에서 말하는 딱 상수항이 아니던가!

이것이 교류파형이 가지고 있는 직류에 해당하는 값이라고 볼 수 있다. 이렇게 평균값을 계산함으로 우리가 처리를 쉽게 할 수 있는 직류값으로 변태를 시키게 된 것이다. 교류의 평균값 = 직류값 이라고 대치할 수 있게 된다. 높낮이를 두둘겨서 평탄하게 때려 맞춘 값, 상수이다.

☞ 보통 교류전압에 V라고 쓰고 아무런 첨자도 붙이지 않으면 실효값을 의미하고 나머지 첨

두값과 평균값은 첨자를 붙여 주어 표시한다. 평균값 → Vavg , 첨두값(Voltage Peak) → Vp, 첨두 대 첨두값(Voltage Peak to Peak) → Vp−p

정현파의 평균값을 실제로 계산해 보기로 하자. 그러려면 먼저 공식에서 확인하였듯이 주기를 먼저 알아 보시는 것이 급선무다.

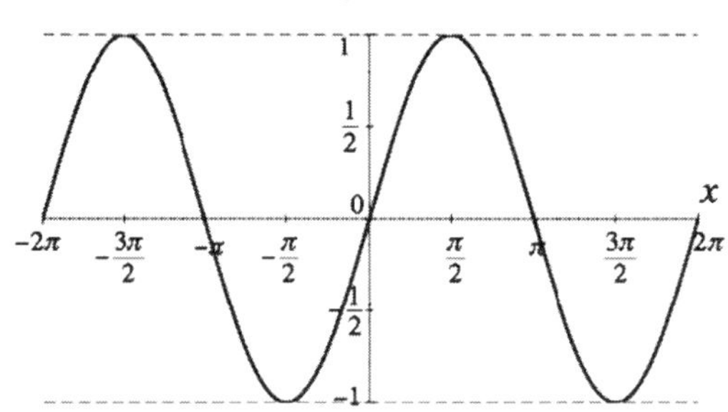

이 그래프에서 절대값이 취해지므로 그래프는 아래와 같이 변절된다.

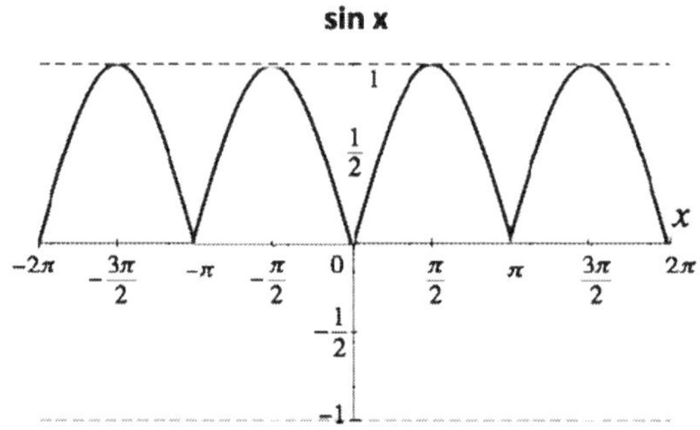

앗! 주기가 바뀌었다.

주기 T는 2Π에서 Π로 바뀌게 되므로 T/2 라고 볼 수 있다. 진폭은 1인 교류의 sin 식은 아래와 같으므로

$$v(t) = 1 \cdot \sin\omega t = \sin\omega t$$

$$V_{avg} = \frac{1}{T}\int_0^T |v(t)|\,dt$$

위식에 T = T/2, v(t) = sinωt 를 대입하면

$$V_{avg} = \frac{2}{T}\int_0^{\frac{T}{2}} \sin\omega t = \frac{2}{T}\left[\frac{1}{\omega}\cdot(-\cos\omega t)\right]_0^{\frac{T}{2}} = \frac{2}{T\cdot\omega}\left[(-\cos\omega t)\right]_0^{\frac{T}{2}} = \frac{2}{T\cdot\omega}\left[-\cos\Pi + \cos 0\right] - - - (1)$$

여기서 ω를 살펴보자.

$$\omega = 2\Pi \cdot f = \frac{2\Pi}{T} \qquad \left(\because f = \frac{1}{T} \right)$$

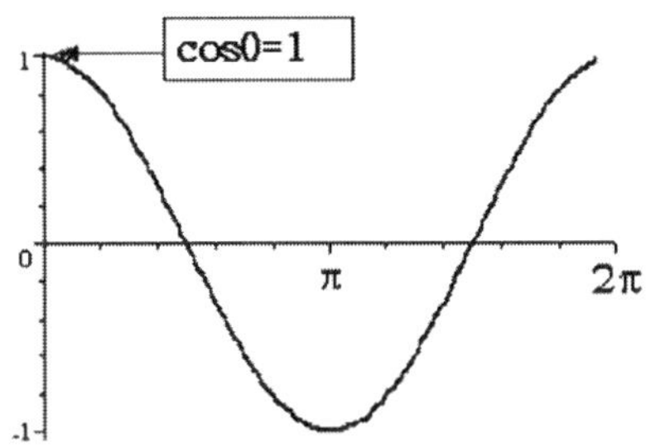

y=COSωt 그래프

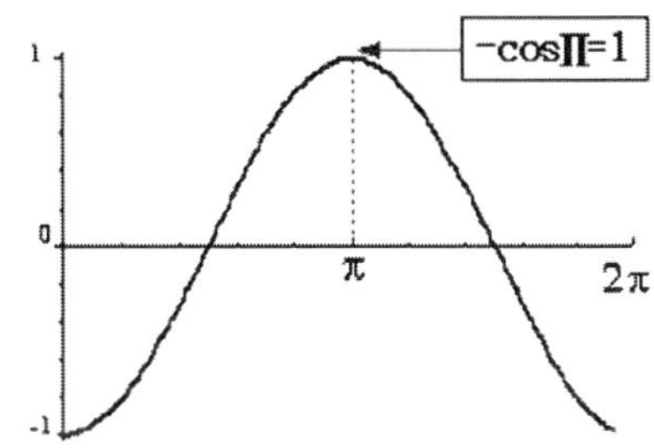

y=-COSωt 그래프

따라서 식(1)은 다음과 같이 정리 될 수 있다.

$$V_{avg} = \frac{2}{T \cdot \frac{2\Pi}{T}}[-\cos\Pi + \cos 0] = \frac{2}{T \cdot \frac{2\Pi}{T}}[1+1] = \frac{4}{2\Pi} = \frac{2}{\Pi} --- (2)$$

(2)식은 일반식이 아니다. 진폭을 1(또는 1V)이라고 규준화 했을 때의 결과식이다. 진폭을 Vp라고 하면 비로서 정현파의 평균값에 대한 일반식을 얻을 수 있게 된다.

$$V_{avg} = \frac{2V_p}{\Pi} --- (3)$$

이 얻어진다. 따라서 정현파는 이 식에 의거해 정현파의 평균값을 바로 구할 수 있게 되는 것이다. 위와 같은 방법은 조금 번거로워 보인다. 조금 간결한 방법으로 평균값을 구해보기로 하자. 같은 값이면 간단한 방법이 좋은 것이 아닌가?

주기 T = Π 이므로 f(x) = Vp · sinθ로 놓으면

$$V_{avg} = \frac{1}{\Pi}\int_0^{\Pi} V_p \sin\theta \cdot d\theta = \frac{V_p}{\Pi}[-\cos\theta]_0^{\Pi} = \frac{V_p}{\Pi}[(-\cos\theta)]_0^{\Pi} = \frac{V_p}{\Pi}[-\cos\Pi + \cos 0] = \frac{2V_p}{\Pi}$$

가 되어 더 간단히 평균값을 추출해 낼 수가 있다.

예를하나 들어 보기로 한다. 만약 Vpeak = 10V의 정현파의 평균값을 구하면

$$V_{avg} = 0.636 \times 10V = 6.36V$$

로 구할 수 있게 된다. 이 값의 의미는 서두에서 말했듯이 10Vpeak인 정현파의 평균값 즉, 교류 안에 포함된 직류성분이라고 간주하면 된다.

이제 남은 문제는 교류의 실효값이 함의하고 있는 정확한 의미와 평균값의 차이를 알아보는 것이다. 먼저 실효값을 구하는 식이 어떻게 나왔는지를 살펴보아야 한다. 그 식이 유도된 과정에서 실효치의 의미가 밝혀질지도 모르겠다.

어떤 사람들이 실험을 해 보았다.

직류 1V를 부하 1Ω에 걸어 주었더니 전력 P=1W가 되는 것을 알고, 교류를 얼마큼 가해야 저 만큼의 POWER를 얻을 수 있을지 실험해 본 것이다. 교류 1Vp를 부하 1Ω에 가했더니 직류 전압 1V를 걸었을 때 만큼 전력이 나오지 않았다. 그래서 실험자들은 교류 전압을 서서히 올려 주었다. 결국 1.414Vp를 걸었더니 직류 전압 1V를 부하 1Ω에 걸었을 때 한 일, 즉 전력을 비로서 얻을 수 있었다는 것이다. 이 교류전압을 일컬어서 실효값이라고 불렀다.

따라서 실효값이란 그저 평균을 구하기 위해서 적분을 사용한 값이 아니라, 직류와 같은 전력을 얻었을 때를 가리키는 것을 알았다. 따라서 실효값은 부하에 걸린 전력으로 생각해 주어야만 한다.

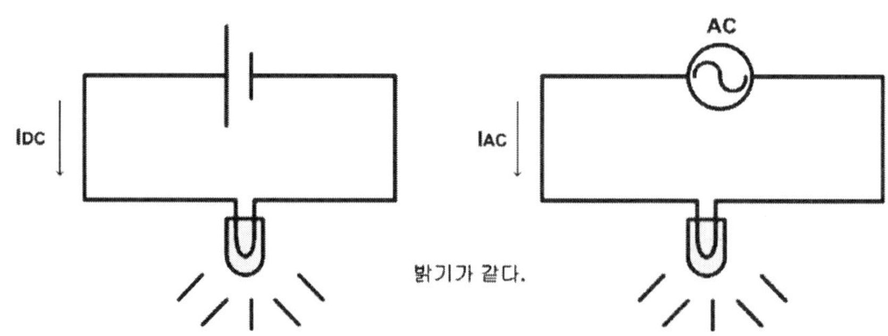

위의 두 회로에서 우리가 찾는 실효값은 다음과 같은 식에서 얻어 질 수가 있게 되는 것이다. 직류는 대문자, 교류는 소문자로 대치하고, 직류가 한 일과 교류가 한 일이 같은 것이므로, 다음과 같은 등식 관계가 성립할 것 같다.

$$P = V \times I = v \times i - - - (4)$$

윗식(4)에서 V=R×I 이기 때문에

$$P = R \times I^2 = R \times i^2$$

관계가 되고, 이를 오옴의 법칙에 의거해 저항과 전압만의 관계로 풀어 낼 수 있다.

$$P = \frac{V^2}{R} = \frac{v^2}{R} - - - (5)$$

실효값은 전류관계로 풀어도 되고, 전압관계식으로 풀어도 상관 없다.

우리는 식(5)를 이용하여 전압관계식으로 풀어내 보기로 한다. 부하저항에 무한대의 시간 동안 전압을 인가할 수 없기 때문에 교류 정현파를 기준으로 1 주기 동안만 부하에 인가된 전압에 의해 발생되는 전력을 기준으로 식을 풀기로 한다. 한 주기 동안의 평균값을 구해야 하기 때문에 (5)식은 아래와 같이 적분 형태로 바꿀 수 있게 된다(적분해서 한 주기로 나누어 주면 평균이 된다는 것은 이미 설명 하였다).

$$\int_0^T \frac{V^2}{R} \cdot dt = \int_0^T \frac{v^2}{R} \cdot dt$$

이 식을 적분하면 아래와 같이 된다. 좌변의 항 직류는 상수가 된다. 그래서 식은 아래와 같이 변경되게 된다.

$$\int_0^T \frac{V^2}{R} \cdot dt = \int_0^T \frac{v^2}{R} \cdot dt$$

$$\left[\frac{V^2}{R} \times t\right]_0^T = \int_0^T \frac{v^2}{R} \cdot dt$$

$$\left[\frac{V^2}{R} \times T\right] - \left[\frac{V^2}{R} \times 0\right] = \int_0^T \frac{v^2}{R} \cdot dt$$

$$\frac{V^2}{R} \times T = \int_0^T \frac{v^2}{R} \cdot dt = \frac{1}{R}\int_0^T v^2 \cdot dt$$

위의 식 전개에서 가만히 보면 직류항에는 굳이 적분을 취해 줄 필요가 없다는 사실을 확연히 알 수 있다. 직류는 상수분이기 때문에 한 주기 T를 곱해주면 한 주기 동안에 한 일을 그대로 표시할 수가 있기 때문이다. 그러나 교류는 반드시 적분을 취해 주어야 직류성분을 추출할 수가 있다. 교류는 변하는 양이기 때문이다. 변하는 양의 평균을 얻는 유일한 방법은 적분 밖에 없다. 아니면 일일이 손으로 그래프를 오려서 평균값을 취해 오던가...

자~ 그런데 적분기호 속 안의 1/R은 왜 밖으로 튀어 나왔을까? 적분기호 안에 변수와 상수의 곱으로 되어 있으면 변수만 적분하고 상수는 빼서 나중에 곱해주면 되기 때문에 상수는 적분으로부터 해방시켜준 것이다. 저항은 상수항이기 때문에 적분기호 앞으로 끄집어 낸다. 적분기호 안의 상수는 폐쇄공포증에 걸렸기 때문에 나와 있어야 자유롭다. 마침내 양변의 저항 R은 지워지고, 직류전압 V에 관하여 식을 전개하면 우리가 익히 보던 식이 비로소 출현하게 된다.

$$V^2 \times T = \int_0^T v^2 \cdot dt$$

$$V^2 = \frac{1}{T}\int_0^T v^2 \cdot dt$$

$$V = \sqrt{\frac{1}{T}\int_0^T v^2 \cdot dt} \quad ---(6)$$

(6)식을 보라 낯 익은 식이 아니던가?

그렇다 실효값을 구하는 식이 된 것이다. 다음과 비교해 보시라. 교류전압을 시간에 대한 함수로 바꾸어 써도 상관이 없다. 엄밀하게 말하면 같은 것이다. 시간에 따라 변하는 전압으로서의 V나, 시간함수로서의 v(t)나 셈셈이다.

$$V_{rms} = \sqrt{\frac{1}{T}\int_0^T v^2(t)dt}$$

이렇게 해서 실효값은 구하는 공식대로, 또는 구하는 회로대로 영어권에서는 명칭이 붙여져서 Root를 씌운 다음에, 평균을 취하고(Mean) 제곱한(Square) 값이 된다는 것이다. 이름하야 Root, Mean, Square

왜 저런 형태로 나오는지 전혀 눈치 채지 못한 상태로 우리는 실효값을 구하는 공식을 외우기만 했다.

이제 실효값을 구하는 공식에 근거를 마련 했으니, 실제로 실효값을 구해 보기만 하면 된다. 나머지는 좀 번잡한 수학이 동원 된다. 수학도 몇 가지 공식만 추려 오면 어려울 것이 없다.

그에 앞서서

실효값을 구하는 과정을 그림으로 그리면 우리가 책에서 익히 보던 그림과 맞닥뜨리게 된다. 아항 저런 과정을 거치게 만드는 이유를 이제는 알 것 같다. 그렇지 아니한가? 그러나 실효값 구하는 식의 생성 과정을 생판 모르는 상태에서 이 그림을 백 날 설명하면 무엇하는가? 이해에는 전혀 도움이 되지 못한다.

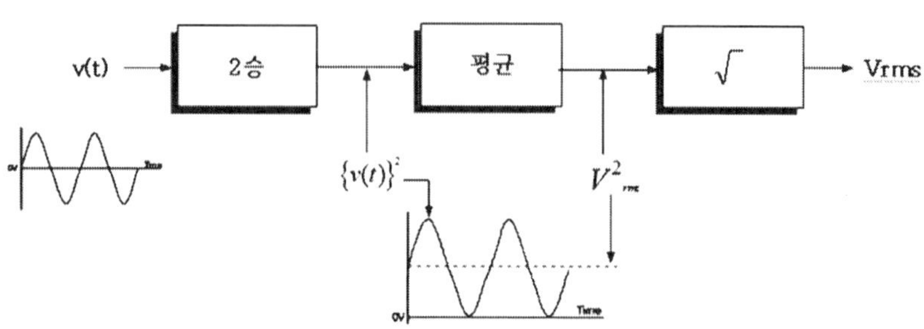

식에 대한 감을 잡았으니 식을 조금 더 감상하기로 한다.

교류의 평균값에서는 적분 안에 절대값을 취해 주었다. 그러나 실효값에서는 굳이 절대값을 취할 필요가 없어진다. 제곱한 값은(−)값이 나올 수 없기 때문에 한 주기 동안 적분해서 0값이 나오지는 않는다(허수를 제외하고, 허수는 제곱해서 음수가 나온다). 그래서 실효값에서는 절대값을 씌우는 수고를 할 필요가 없어진다.

반복하는 감이 없지 않지만 다시 한번 강조하면,

평균값은 수학적으로 절대적인 평균값을 말하는 직류분이다. 그야말로 교류에 적분을 취해 얻은 수학적인 직류 평균값이라고 할 수 있고,그에 반해 실효값이란 명칭에서 말하듯이 임의의 직류값과 똑같이 에너지를 내는 값이라고 할 수 있다. 직류값과 같은 일을 하는 물리적인 직류성분이라고 조심스럽게 구분할 수 있을 것 같다. 단순한 교류의 적분한 평균값하고는 차원이 좀 다르다.

- 교류 평균값 : 수학적인 평균값. 말 그대로 울퉁불퉁한 교류파형을 두두려 패서 일정하게 했을 때의 값이다.
- 교류 실효값 : 부하저항에 걸었을 때 직류와 같은 전력을 갖는 값. 그저 평균값하고는 질적으로 판이하다.

다음 과정은 이 식을 이용해서 정현파의 실제 실효값을 구하는 차례가 되겠다. 한번 보시기로 하자. 이전에 말했듯이 삼각함수의 공식들이 나와 좀 번거로울 것 같다. 그리고 회로적으로 평균값과 실효값을 구하는 회로가 존재한다. 회로는 이론적으로 평균값 실효값을 규명하고 난 다음에 보시도록 하겠다.

정현파의 실효값을 구해보기로 하자. 교류전압을 v(t) = Vp × sinωt라고 정하는 것은 바른 수순이다. 식은 다음과 같이 전개될 것이다.

$$V_{RMS} = \sqrt{\frac{1}{T}\int_0^T \left(V_p \cdot \sin\omega t\right)^2 \cdot dt}$$

$$V_{RMS} = \sqrt{\frac{1}{T}\int_0^T V_p^{\,2} \cdot \sin^2\omega t \; dt}$$

윗 식에서 $\sin^2 \omega t$를 직접 적분하기 어려우므로 식을 편하게 바꾸어 준다. 이것이 실효값을 구하는데 열쇠가 되는 수학이 된다. 삼각함수의 덧셈정리를 보기로 한다. 덧셈정리 4가지 중에 하나만 취하면 족하다.

$$\sin(\alpha+\beta)=\sin\alpha \quad \cos\beta+\cos\alpha \quad \sin\beta$$

$$\sin(\alpha-\beta)=\sin\alpha \quad \cos\beta-\cos\alpha \quad \sin\beta$$

$$\cos(\alpha+\beta)=\cos\alpha \quad \cos\beta-\sin\alpha \quad \sin\beta$$

$$\cos(\alpha-\beta)=\cos\alpha \quad \cos\beta+\sin\alpha \quad \sin\beta$$

특별히 점선 영역 안의 덧셈공식을 차용하기로 하자.

$$\cos 2\alpha=\cos(\alpha+\alpha)=\cos\alpha\cdot\cos\alpha-\sin\alpha\cdot\sin\alpha=\cos^2\alpha-\sin^2\alpha \quad ---(7)$$

삼각함수의 특성 공식 중에 다음과 같은 공식을 우리는 잘 알고 있다.

$$\sin^2\alpha+\cos^2\alpha=1 \quad ---(8)$$

함수에서 찻수가 늘어 나면 골치 아파지는 법이다. 차수를 줄이기 위해 이식을 요모조모 변형시켜 보기로 한다. 두둘기면 열린다는데 차수가 낮아질까?

$$\sin^2\alpha=1-\cos^2\alpha \qquad \text{OR} \qquad \cos^2\alpha=1-\sin^2\alpha$$

이식을(7)식에 대입하기로 한다.

$$\cos 2\alpha=\cos^2\alpha-\sin^2\alpha=\cos^2\alpha-(1-\cos^2\alpha)=2\cos^2\alpha-1$$

이 식에

$$\cos^2\alpha=1-\sin^2\alpha$$

를 대입하면

$$\cos 2\alpha=\cos^2\alpha-\sin^2\alpha=\cos^2\alpha-(1-\cos^2\alpha)=2\cos^2\alpha-1$$

이 식에

$$\cos^2\alpha=1-\sin^2\alpha$$

를 대입하면

$$\cos 2\alpha=2\cos^2\alpha-1=2(1-\sin^2\alpha)-1=1-2\sin^2\alpha$$

가 된다. 이제 $\sin^2\omega t$를 간단한 cos식으로 바꿀 수가 있게 되었다.

$$\sin^2\alpha = \frac{1-\cos 2\alpha}{2} \text{---} (9)$$

이 식을 교류실효치 구하는 식에 대입하기로 하자. 이제 준비 작업이 끝난 것이다. 과정은 번거로웠지만 한번 쯤은 삼각함수의 공식들에 적응은 되어 주어야 한다. 낯익게 하는 방법은 자주 보는 수 밖에 없다. 짜릿한 연애감정은 없어도 자꾸 보면 정이 생기듯이 삼각함수에 관련된 공식도 번번이 보아야 한다. 이유는 전기전자에 괴로울 정도로 많이 출현하니까!

$$V_{RMS} = \sqrt{\frac{1}{T}\int_0^T V_p^2 \cdot \left(\frac{1-\cos 2\omega t}{2}\right) dt}$$

$$V_{RMS} = \sqrt{\frac{V_p^2}{T}\int_0^T \left(\frac{1-\cos 2\omega t}{2}\right) dt}$$

cos을 적분하면 sin이 나오게 되므로

$$V_{RMS} = \sqrt{\frac{V_p^2}{T}\left[\frac{1}{2}t - \frac{\sin 2\omega t}{4\omega}\right]_0^T}$$

거의 목표지점에 다다랐다. 조금만 인내하기로 하자.

$$V_{RMS} = \sqrt{\frac{V_p^2}{T}\left[\frac{1}{2}t - \frac{\sin 2\omega t}{4\omega}\right]_0^T} = \sqrt{\frac{V_p^2}{T}\left[\frac{1}{2}t - \frac{\sin 2\omega t}{4\omega}\right] - \left[\frac{1}{2}\times 0 - \frac{\sin 0}{4\omega}\right]}$$

$$= \sqrt{\frac{V_p^2}{T}\left[\frac{1}{2}T - \frac{\sin 2\times 2\pi \times \frac{1}{T}\times T}{4\omega}\right]}$$

sin은 주기가 2Π이고 Π의 배수가 되면 값은 0이 된다. 또 0을 넣어도 값이 0이 된다. $\sin 4\Pi = 0$, $\sin 0 = 0$

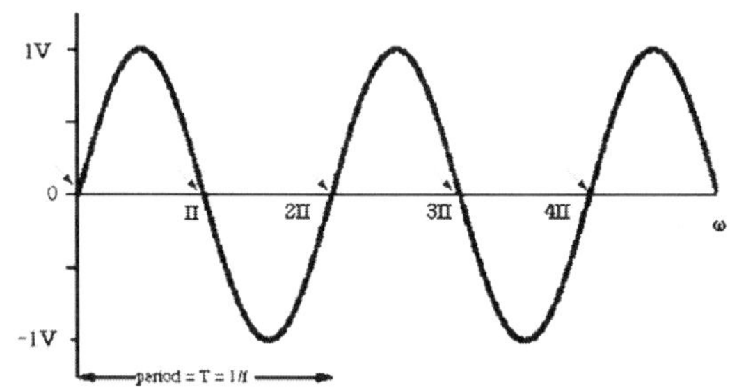

따라서

$$V_{RMS} = \sqrt{\frac{V_p^2}{T}\left(\frac{1}{2}T\right)}$$

이 되고, 따라서 식은

$$V_{RMS} = \sqrt{\frac{V_p^2}{2}} = \frac{V_p}{\sqrt{2}} = 0.707V_p$$

$$\left(\because \frac{1}{\sqrt{2}} = 0.707\right)$$

이 된다. 우리가 교류의 실효치를 계산할 때 교류의 첨두치에 0.707를 곱하여 실효치를 계산해 주게 된 것이다. 세월이 지나면 남는 것은 결과요 복잡한 과정은 덧없이 증발되고 만다. 과정이 저렇게 복잡해서야 원...

실제

우리가 교류 3V라고 하면 실효치를 말하는 것이 된다. 간단하게 실효치를 계산해 보기로 하겠다. 아래와 같은 크기를 갖는 교류신호가 있을 때 실효치는 얼마가 되는가 보자.

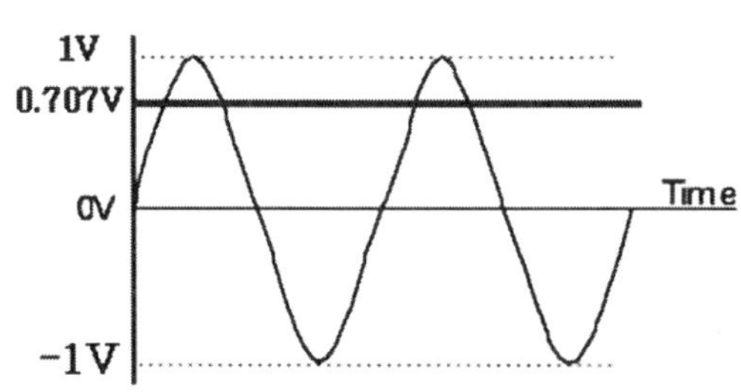

실효치는

$$V_{RMS} = \frac{1}{\sqrt{2}} = 0.707V$$

가 된다. 대부분 반도체 라인에서 주로 사용하는 파형이 정현파이므로 이 관계를 암기하여 빠르게 계산해 낼 수 있어야 한다. 아래그림은 여태껏 설명한 내용을 종합한 그림이다.

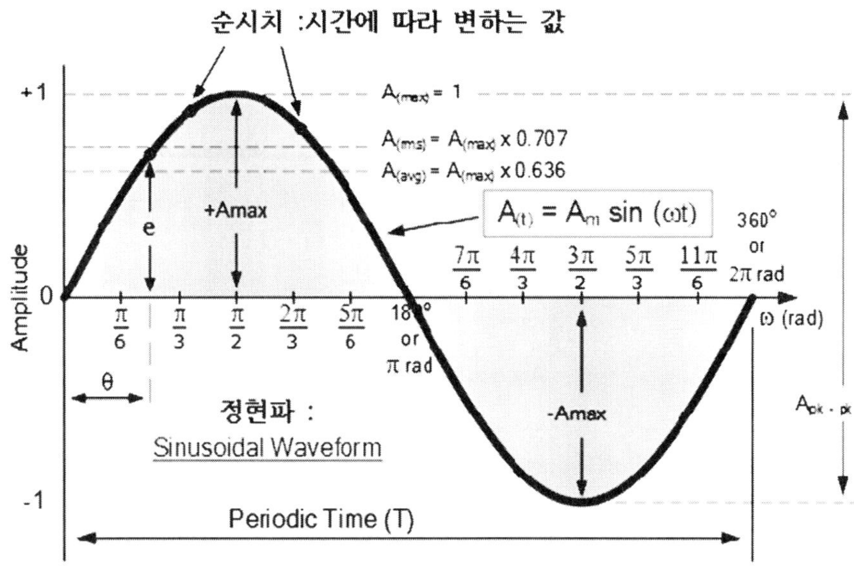

다음에는 정의 구형파의 실효값을 계산해 보기로 한다. 먼저 정의 구형파가 일반 구형파와 다른 점이 무엇인지 차이를 확인한다. 아래 그림은 똑 같은 구형파이지만 구별을 요하는 구형파를 그려보았다.

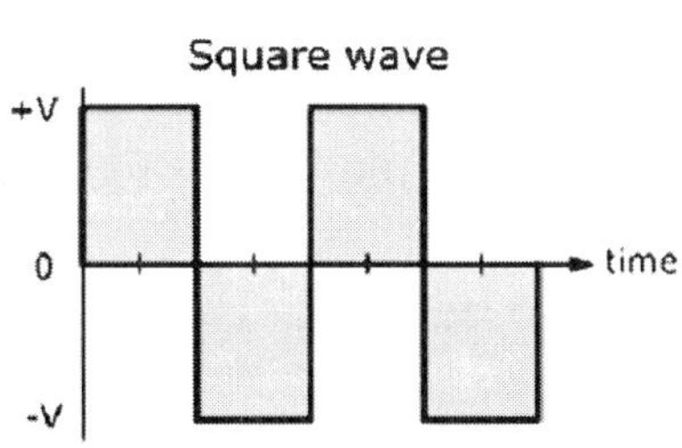

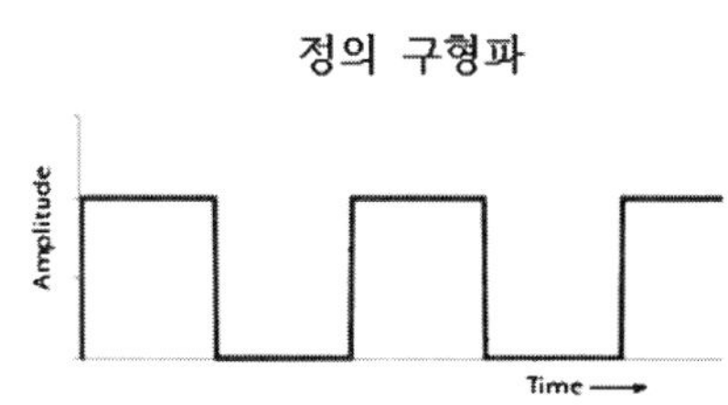

정의 구형파는 +쪽으로만 직류 오프셋(OFFSET)이 떠 있는 형태로 그려질 수 있다. 0 점을 기준으로 교차하는 일반 구형파와는 확연히 구별 된다. 정의 구형파라고 해서 정의(正義)로운 구형파라는 의미가 아니라는 것은 새삼스럽게 강조하지 않아도 아시리라. 여기서 '정의'라는 말은 오직 빼기(−) 성분은 없고, 더하기(+) 쪽으로만 있다는~ 의미이다.

일반적인 형태의 구형파 대한 실효값은 위의 왼편 그림을 기준으로 보면 +V라고 이미 계산을 해 주었다. 피크값이 실효값이 된다.

그러나 듀티비(Duty Ratio, Duty Factor, 우리말로는 충격계수라고 번역한다. 아마도 이렇게 번역한 것은 듀티비가 아주 작을 때, 너무 작아 폭이 없고 윗 쪽으로 길이만 무한대가 되는 임펄스 형태로 치고 나오니까 충격을 준다는 의미에서 붙인 것으로 추정 된다)를 가지는 구형파에 대해서는 좀 더 논의를 진행 해야 될 것 같다.

아래의 파형을 보기로 하자.

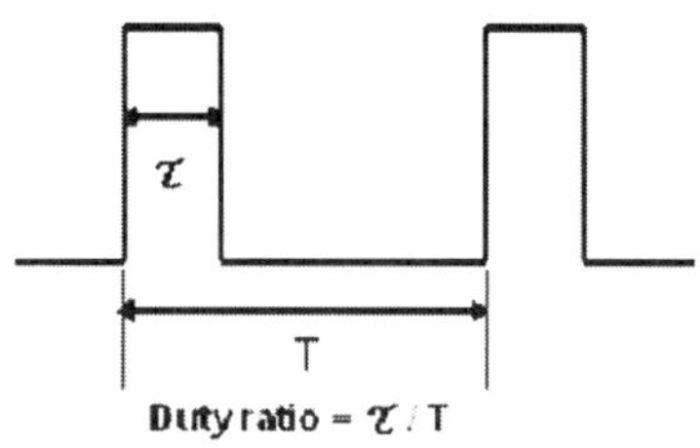

위와 같은 정의 구형파형의 에너지량을 표시하는 중요한 인자로서 듀티비가 정의가 된다. 듀티비의 정의식은 아래와 같이 된다.

$$Duty \quad Ratio = \frac{\tau}{T} \times 100(\%)$$

간단히 말하면 펄스폭을 주기로 나누어 백분율로 표시한 것을 의미한다. 예를 들어 보기로 하자.

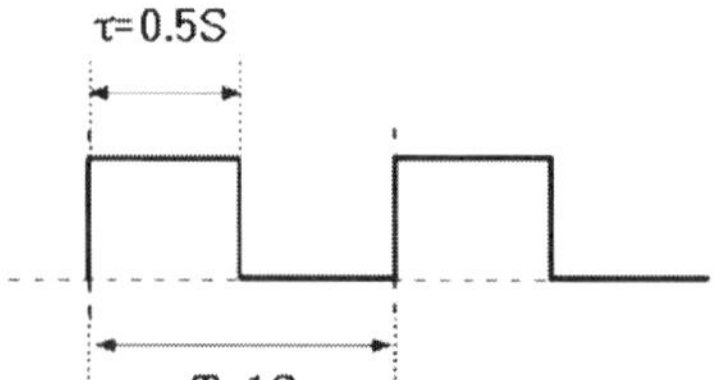

$$Duty \quad Ratio = \frac{\tau}{T} \times 100 = \frac{0.5S}{1S} \times 100 = 50\%$$

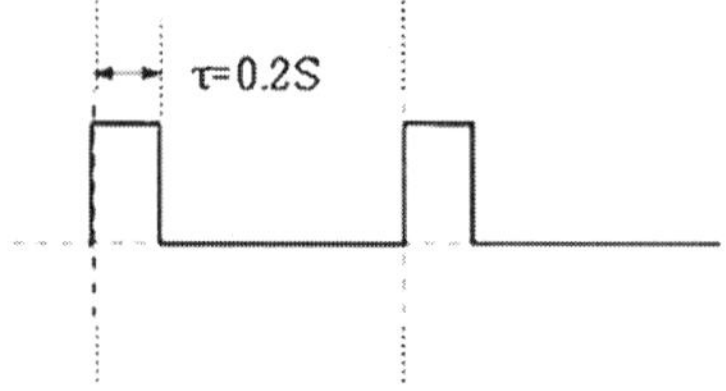

$$Duty \quad Ratio = \frac{\tau}{T} \times 100 = \frac{0.2S}{1S} \times 100 = 20\%$$

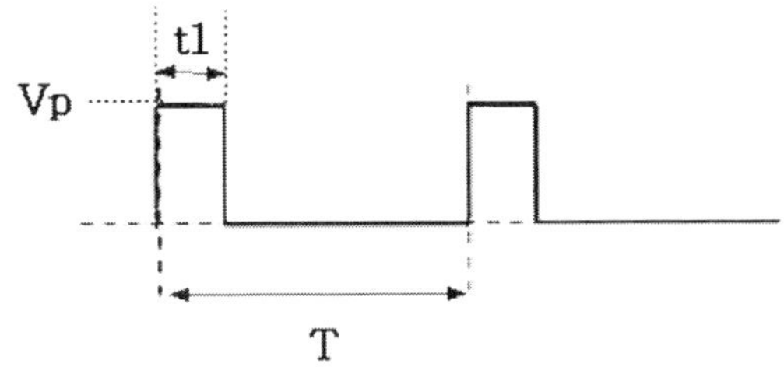

위 그림에서 확인할 수 있는 바와 같이 듀티비가 작을 수록 펄스의 폭은 작고 에너지는 당연히 작아질 수 밖에 없다. 그러면 일반적인 정의 구형파의 실효값을 구해 보도록 하자. 분명히 듀티비와 연관을 가질 수 밖에 없을 것 같다.

먼저 실효값의 일반식을 상기하도록 한다.

$$V_{rms}=\sqrt{\frac{1}{T}\int_0^T v^2(t)dt}$$

윗식의 기억이 가물가물 할지도 모르겠다. 위의 펄스파형은 첨두값이 t1 만큼만 지속한다. 따라서 적분을 에너지가 있는 부분만 생각해 주면 된다. 그래서 식은 아래와 같이 꾸밀 수 있게 된다.

$$V_{rms}=\sqrt{\frac{1}{T}\int_0^{t1} V_p^2 \cdot dt}$$

Vp는 첨두 전압으로서 상수항이니까 적분기호 밖으로 나온다.

$$V_{rms}=\sqrt{\frac{V_p^2}{T}\int_0^{t1} \cdot dt}$$

그러면 식은 아래와 같이 간단하게 적분을 전개할 수 있을 것 같다.

$$V_{rms}=\sqrt{\frac{V_p^2}{T}[t]_0^{t1}}$$

따라서 식은

$$V_{rms}=\sqrt{\frac{V_p^2}{T}\times t_1}$$

로 되고

$$V_{rms} = V_P\sqrt{\frac{t_1}{T}}$$

제곱근 안의 항은 듀티비가 된다. 따라서 듀티비를 D라고 놓으면 펄스형태의 실효값은 일반적으로 아래와 같이 쓸 수가 있다.

$$V_{RMS} = V_P\sqrt{D}$$

정의 구형파의 실효값은 일반식을 보았을 때 듀티비의 크기에 따라 대소가 갈라지는 것을 확인 할 수 있다. 뭐 정의 구형파가 이런 식으로 나와서 듀티비를 정한 것인지, 듀티비를 정하고 나서 실효값을 구해보니 듀티비가 공교롭게도 실효값에 떡허니 나왔는지 선후관계는 잘 모르겠지만 여하튼 듀티비가 중요한 요소인 것이 확실해 졌다.

실제로 값을 넣을 때는 백분율이 아니라, 듀티비 값만을 넣는다. 예를들어 보기로 하자.

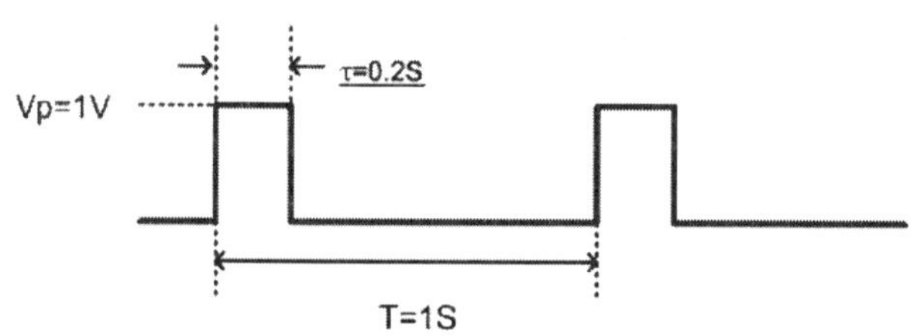

듀티 D = 0.2/1 = 0.2가 되고 실효값은

$$V_{RMS} = V_P\sqrt{D} = 1V \times \sqrt{0.2} = 1V \times 0.447 = 0.447V$$

가 된다.

듀티비율이 50%인 구형파를 정의 구형파 중에서 특히 대칭구형파라고 한다(그 나머지는 비대칭균형파). 대칭구형파의 실효값을 보기로 하자.

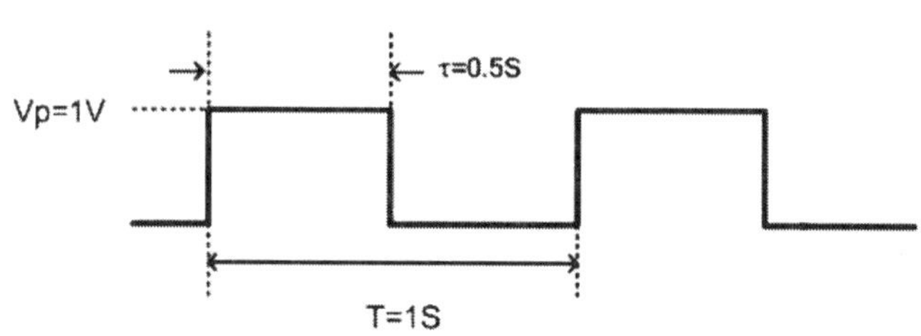

$$V_{RMS} = V_P\sqrt{D} = 1V_P \times \sqrt{0.5} = 1V_P \times \frac{1}{\sqrt{2}} = 1V_P \times 0.707 = 0.707V_P$$

따라서 이렇게 결론 내릴 수 있다. 구형파 하면 실효값이 무조건 전압 첨두값(Vp)이 아니라, 일반 구형파와 정의 구형파에 따라, 그리고 정의 구형파는 듀티비율에 따라 실효값이 정해진다고 하는 것을 헷갈려 하면 안 된다.

아래는 각 파형에 따른 실효치와 첨두치, 평균값 파고율등을 하나로 종합한 표이다. 한 눈에 각 파형에 대한 정보를 파악할 수 있는 장점이 있는 표이다. 규준화하기 위해 첨두치를 1로 정했다. 그래야 대소관계를 파악하기 쉽다.

그 림	파 형	첨두값	실효값	평균값	파고율
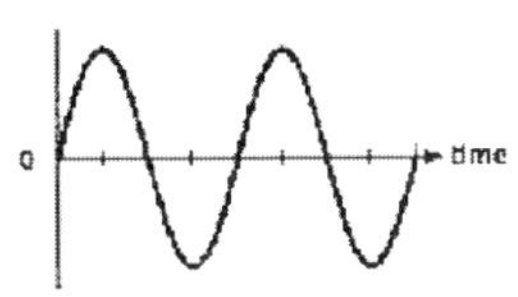	정현파	1	0.707	0.636	$\sqrt{2} \cong 1.414$
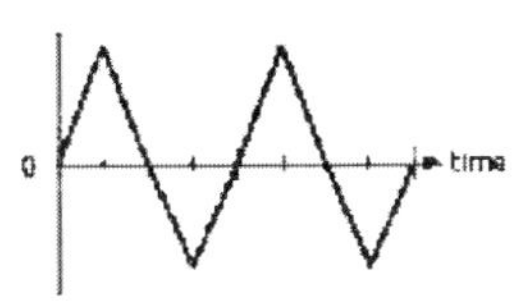	삼각파	1	0.577	0.512	$\sqrt{3} \cong 1.732$
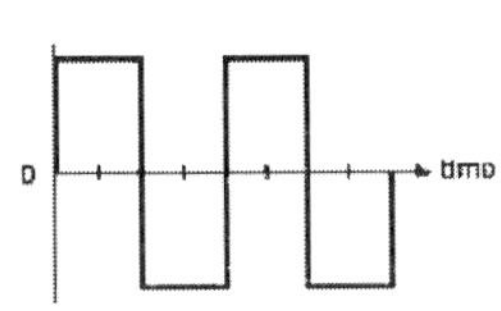	구형파	1	1	1	1

현장에서 자주 쓰지 않는 용어로 위 표에서 파고율(crest factor, peak factor, 波高率)이라고 하는 인자가 나온다. 자주 사용하지 않은 만큼 그리 중요한 것은 아니다. 이를 통해 파형이 얼마나 날카로운지를 보여 주는 지표가 된다.

$$\text{파고율} = \frac{\text{첨두값}}{\text{실효값}}$$

그림으로 보면 이 지표가 가리키는 것을 직감으로 알 수 있다. 영어권에서는 파고율을 C 라고 표기한다.

$$C = \frac{|x|_{peak}}{x_{rms}}$$

여기서 x는 전압 V라고 생각하면 된다. C는 물론 CREST FACTOR의 약자가 되겠다. 분자에 절대값을 씌운 이유는 파고율이란 것이 극성에 초점을 맞춘 것이 아니라 값 크기에 관련이 있기 때문에 극성을 무시하려고 절대값을 씌운 것이다. 따라서 파고율은 (−)값이 나오지 않는다. 파고율 식에 대해 자세히 설명한 이유는 가끔 저런 형태의 절대값 기호표시에 당황하는 분들이 계시기 때문이다. 그러고 보면 공학에서는 절대값을 아주 자주 사용하는 것을 볼 수 있다. 참으로 유용하지 않은가!

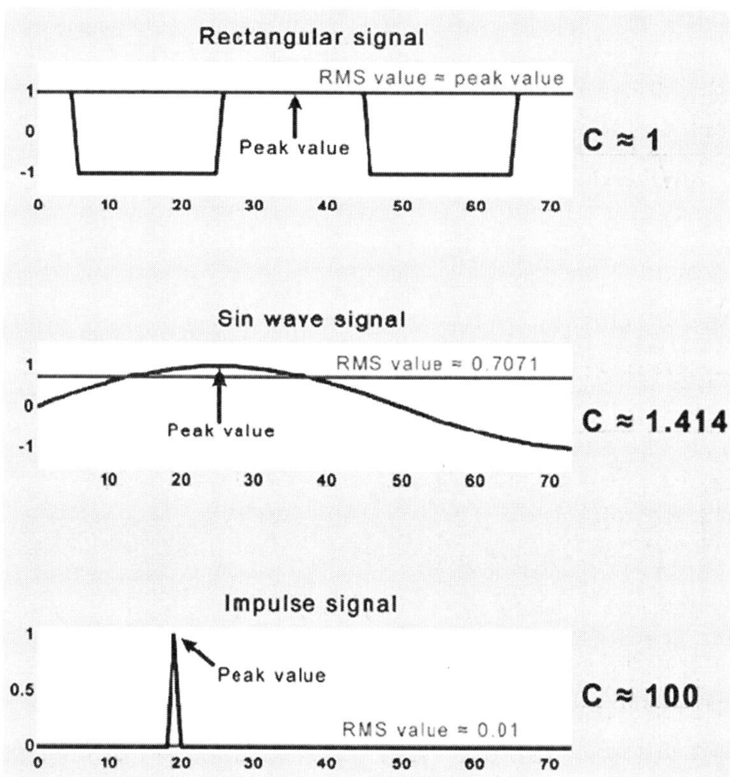

평균값과 실효값은 추후에 다이오드 방정식과 연산 증폭기를 이용한 승산기와 제산기를 연습한 다음에 실제회로로 구성된 것을 분석해 보기로 기약하자.

다음에는 데시벨(Decibell)에 대해서 생각해 보기로 하자. 기계적으로 많이 계산들 하지만 미꾸라지처럼 개념 잡기 어려운 부분이 데시벨이다. 암만 생각해도 원인은 수학의 로그(log)에 있는 것 같다. 그래서 시작을 로그 생기초 부터 파헤쳐 볼 작정이다. 개념을 주워 담을 때 빠진 이빨이 어느 부분인지 스스로 진단할 수 있을 것이다. 수학적 문제풀이는 기대하지 말라. 오로지 개념 주어 담기에 치중할 작정이다.

3-2. 데시벨(decibel/dB)과 -3dB

전기전자를 전공하는 사람치고 dB(DeciBel)에 대해서 모르면 현생인류?가 아닐 정도로 이 단위는 볼트(Volt)와 암페어(Ampere) 그리고 오옴(Ohm)과 더불어 자주, 많이 쓰이는 단위 중 하나이다.

특별히 연산 증폭기와 관련해서는 이득(GAIN)을 dB로 표시하기 때문에 이 단위와는 무척 친숙해 져야 한다. 뭐 친숙하게 되려고 노력하지 않아도 하도 많이 사용하기에 체득이 되었다고 볼 수도 있다. 그러나 한편 구석으로는 찜찜한 것이 뭐라고 딱 찝어서 말할 수는 없지만 개운찮게 자리잡고 있는 것도 사실이다. 또한 이득이라는 것이 상대적인 것임을 명심해야 한다. 예를들면 입력에 대해 출력이 어떤 값을 가지는지 따지는 것이기 때문에 입력에 대해 출력의 비, 즉 상대적인 값이라는 것을 먼저 알아야 한다.

벨(Bell)연구소에서 엔지니어들이 사용하다가 표준단위가 되었다는 둥, 큰 수를 아주 간단하게 처리할 수 있다는 둥, 인간의 감각 강도를 나타내는 수학적인 표현법이라는 둥..둥둥둥 하지만, 놀라웁게도 체득되어 자주 사용하지만, 여하튼 뭐라고 딱히 꼬집어 말할 수는 없지만 막연한 생각이 드는 단위가 dB이다.

이럴 때는 기초부터 돌아가는 것이 최상책이다. 기초란 수학적 기초를 말한다. 아마도 로그에 대해 마음으로 경끼를 일으키는 컴플렉스가 작용하여 우리로 하여금 개념 붙잡기 어렵게 하는 것은 아닌가 하고 원인을 추려보게 된다.

로그는 지수를 염두에 두어야 쉽게 풀린다. 우리는 과도신호해석을 할 때 자연지수라고 하는 것을 생각해 보았다. 거듭제곱 꼴을 살펴봄으로 밑을 10으로 하는 지수함수를 음미 해보기로 하자.

$$1 = 10^0$$

$$10 = 10^1$$

$$100 = 10^1 \times 10^1 = 10^{1+1} = 10^2$$

지수

밑

위에서 볼 수 있듯이 100을 거듭제곱식으로 쓰면 '밑닦을' 밑을 10으로 하고, 지수에 2를 쓰면 간단하게 표시가 된다. 천만이든 억이든 간단하게 지수를 사용함으로 수를 간편하게 표시할 수가 있는 편리함이 있다. 그럼 100억이면?

11 자릿수 보다 하나 적은 수

$$10{,}000{,}000{,}000 = 10^{10}$$

11 자릿수

단위수를 식별하기 위해 컴마(,)를 천단위로 찍어 줄 필요도 없게 된다.

또 위의 설명에서 알 수 있듯이 지수의 수는 숫자 값 자릿수 보다 1자리가 적다. 예를 든 100억의 자리수는 11개지만 지수는 이보다 하나가 적은 10이 된다. 따라서 대충 지수로 표시된 수가 몇 자리 수인지를 알기 위해서는 이 관계를 보면 된다. 수학 문제풀이를 위해서는 꼭 알아야 하지만 이공계에서는 뭐 이런 관계가 중요하지는 않다. 이제 이 수들의 관계를 바꿔 보기로 하자.

지수를 구하는 방법으로 관계를 바꾸어 보자는 것이다. 아래의 관계에서 더듬어 보기로 하자.

$$1 = 10^0$$

위의 관계식에서 10이 지수를 벗어 버리고 건너편식으로 건너가면 식이 성립 될까? 요컨대 이런식으로 말이다.

$$1 = 10^0$$

이렇게 밑 10이 예의 없이 바로 건너가게 되면 아래와 같은 납득할 수 없는 불상사가 일어 나게 된다.

$$10^1 = 0$$

앵? 10의 1승이 0이라???? 뭔가 잘못 되도 한참 잘못 되었다. 이런 방법으로는 식이 성립되지 않는다는 것은 삼척동자(三尺童子)도 알 수 있다. 말이 안 되 놔서 말이 되게 건너 갈 때 예의 있고, 멋지게 로그라는 선물을 들고 건너 가야 하는 것이다. 그러면 관계가 훨씬 부드럽고, 간명하면서 돈독히 지어지게 될 것이다.

$$\log_{10} 1 = 0$$

이라고 써보기로 하자. 말이 되는 것처럼 보이기 시작한다. 그러고 보면 로그는 지수를 구하기 위한 방편이 되어 버리는 것이다. 로그는 지수를 구하기 위한 방편이라는 말은 매우 중요하다(수학에서는 로그 결과값을 나누어 정수부분을 지표, 소숫점 아래수를 가수라고 구분하는데 여기서는 그런 관계를 고려해 줄 필요까진 없다. 그저 지수를 구하는 것이라고 생각해 주면 모든 것이 쉽게 쉽게 풀린다). 그럼 다음에 보는 것도 말이 될 것 같다. 먼저 지수로 써보면

$$10 = 10^1$$

에서 밑인 10을 지수를 구하는 로그형식으로 바꾸어 주면

$$\log_{10} {}^{10} = 1$$

이 된다. 밑인 10이 건너갈 때는 굳이 표시하지 않아도 밑을 10이라고 약속 하게 되면 위의 식은 더욱 간단하게 바뀌게 된다.

$$\log {}^{10} = 1$$

밑을 10으로 하고, 굳이 표시하지 않은 로그형식을 상용로그(common logarithm) 라고 부르기로 한 것이다. 밑이 10인 지수함수와 밑이 10인 로그함수를 비교해 보면 값의 추이를 대충 알 수가 있게 된다. 무엇이 달라지게 한 요인 이었는가를 찾는다면 로그를 이해하는 데 한 걸음 내딛은 것이 되겠다.

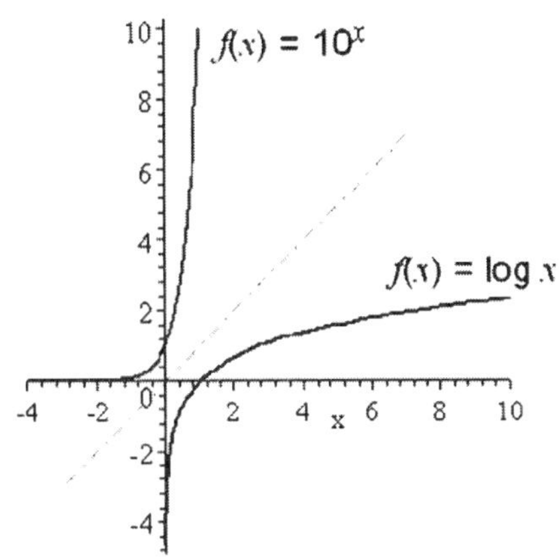

함수라는 것이 x 값에 따라 y [= f(x)] 값이 정해지게 되는 것이다.

과연 x를 무엇으로 놓을 것이냐가 관건이 된다. 두 함수의 x는 무엇인가를 생각해 보자. 뭔 뜬금없는 소리냐고 반문할지 모르겠으나 두 그래프의 차이는 x가 무엇이냐에 따라 차이가 나는 것이다.

먼저 밑이 10인 지수함수를 나열하기로 한다.

$$1 = 10^0 \leftarrow$$

$$10 = 10^1 \leftarrow$$

지수함수에서는 요놈이 미지수 X가 된다.그러니 작아도 엄청 큰 값이 나올 밖에

$$100 = 10^2 \leftarrow$$

지수함수에서는 x가 지수였고, x값이 조금만 증가 해도 y [=f(x)]가 엄청나게 큰 값이 된다. 그래서 크게 증가하는 대상을 보고 지수 함수적으로 증가하게 된다고 구라를 풀게 되는 것이다.

유명한 영국의 고전주의 경제학자로 불리는 맬서스의 인구론이 대표적인 경우이다. 인구는 기하급수적으로 늘어나는데 비해 먹을 거리는 산술 급수적으로 늘어난다고 하여 인구증가를 예방적 차원에서 줄여야 한다고 설파하게 되는 것이다. 여기서 말하는 기하급수적이라는 말이 바로 지수 함수적인 것을 의미한다. 아무래도 맬서스의 말이 설득력이 있을 지라도, 적어도 우리나라에서 만큼은 그의 주장이 빗나간 것 같다. 양육비가 두려워 잘 임신하지도 않을 뿐더러, 출산율이 저조해 장려금까지 손에 쥐어 줘야 쬐끔 인구가 증가하고, 정부미 비축창고가 모자랄 정도로 쌀은 남아 돌아 쥐새끼들이 밤낮없이 매일 생쌀 파티를 열고 하는 지경이니 맬서스가 오늘날의 대한민국을 분석했다면 서둘러서 자기 저서를 싹 다 분서(焚書) 했을지도 모를 일이다.

반면 로그함수에로 주의를 집중해 보자.

$$\log_{10} 1 = 0$$

$$\log_{10} 10 = 1$$

로그함수에서는 요놈이 미지수 X가 된다. 그러니 암만 커도 쪼그라진 수가 나올 수 밖에

$$\log_{10} 100 = 2$$

로그 함수에서는 x가 지수가 아니라 지수가 풀려진 값?이였고, y [=f(x)]는 지수!!!!가 되어 버린다.

이런 관계를 알게 되면 로그함수에서는 x 값이 무쟈게 커도 y 값은 지수를 나타내는 것이기 때문에 무쟈게 작다는 것을 알 수가 있다. 이 차이를 알겠는가? 이 말은 중요하다고 했다.로그는 지수를 구하는 방편이라고 하는 사실!!!!!

지금 설명하는 방식은 결코 수학시간에 들어보지 못한 비수학적 설명이다. 개념만을 훔쳐 오기 위한 발악?에 가깝다고 생각하시라. 혹시 수학이라면 징글맞게 생각하시는 분들을 위한 설명이니까 태클 걸지는 마시라. 다음으로 상용로그함수만 그려보기로 하자.

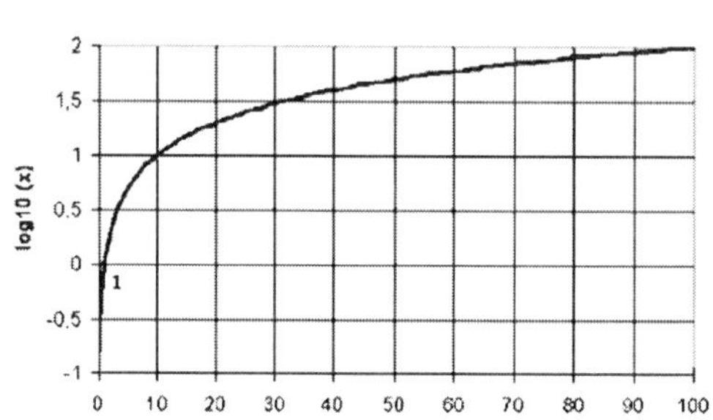

이제 상용로그함수 그래프를 보면 y 값, 즉 f(x)의 값이 낑낑대며 아주 조금씩 증가하는 것은 왜 저 모냥인지 전모가 파악되었을 것이다. 아~ 그래서 디릿다 큰 값을 우겨 넣더라도 로그함수라는 블랙박스 안으로 들어가기만 하면 작아지는 구나 하고 이해가 가실 것이다. 그 값이란 바로!!! 지수를 구하는 것이기 때문에 결과치가 쥐꼬리 만한 것은 아주 당연한 귀결이다!!

로그스케일이라는 말을 들어 보았을 것이다. 뱃보 큰 놈이라고 생각하셔도 된다. 이 로그스케일이라는 놈을 터널이라고 상정해 보시라. 100억(= 10,000,000,000)을 이 터널로 집어 넣어도?....출구쪽에 보이는 놈은 앵? 겨우 10 밖에는 안 된다. 웬만한 수로는 상용로그 값 10을 넘기기도 버겁다. 그렇지 않은가!!!! 100억을 넣어도 10밖에는 안 나오니 이런~세상에...관념상 로그 계산과정을 아래 그림과 비교할 수 있을 것 같다.

그래서 로그를 큰 값 대용으로 많이 애용한다는 말을 흔히 하는 것이다. 보통 스케일로는 째비도 안되는 우라질 만큼 큰 숫자가 쓰이는 우주 천문학 분야 정도에서 깔짝거려야 트림이 나올 정도가 된다나?

그런데 뭐 우주천문학에 비해서는 간에 기별도 가지 않을 것 같은 전기전자공학에 버젓이 사용되는 저의는 무엇인가?

...유치 찬란한 무식한 소리하지 말라고? 전자공학에서 1몰 속의 분자의 갯수 = $6.02*10^{23}$개도 있잖냐고~ 그런 면에서 로그를 전자영역에서 사용하는 것은 당연하다고 적의를 품고 대들수도 있다....거런데 쉰소리 하는 것이 아니다. 우리는 현장성을 강조해 왔고, 실무를 중시한다. 따라서 전자하나의 전하에는 관심을 두지 않으므로 이런 소리를 해 대는 것이다. 떫은가? 전자하나의 전하(電荷)에는 별로 관심이 안 간다. 현장에서 측정하기도 불가능하다. 전자 하나의 전하량은 물리학자에게는 중요하겠지만, 우리에겐 뭉테기로 움직이는 양으로서의 전류가 피부에 와 닿지 않는가? 여하튼 전기전자에 로그를 적용하는 것은 유용성 면에서 아직까지는 촉수에 생생히 감지되지 않는다.

그 유명한 벨연구소 연구원들이 큰 값 쓰기 귀찮아 애용되기 시작했다는 전설 아닌 전설이 있는 것을 보면 전기전자에서도 비교적 큰 값 대용으로 사용하려고 썼구나 하시겠지만, 그것 말고도 자연 현상 중에 로가리즘적인 증상을 보이는 놈이 꽤 있다는 이유로 전기전자에서 유용하게 써 먹고 있는 것이다. 그 이유라는 것을 음성에서 예를 들어 많이 설명하고 있는데 관련자료는 자판 몇 줄 치면 줄줄이 나온다. 그래서 생략...

우리는 상용로그의 성질머리와 개념을 누에고치 뽑듯이 살짝 가져 오기만 하면 된다. 남들이 쓰고 있으니까! 그것도 디비(dB), 디비(dB) 아주 자주 입에 발렸으니까!!! 뭔 말들을 하는지는 알아 먹어야 할 것 아니겠는가? 상용로그를 쉽고 편하게 쓰기 위하여 순전히 인간적? 조작을 가한 것이 바로 dB가 된다. 추후에 보시기로 하겠다.각설하고...

로그라는 것이 한마디로 어떤 수의 지수를 구하는 것!! 이라는 것으로 정리만 했어도 우리는 헤매이지 않아도 될 뻔 했다(거런데 항상 뽀대 내면서 말한다. 예컨대 로그는 지수의 역함수라는... 그렇게 말하면 역함수부터 또 걸리적 거린다. 헐~). 그러나 문제풀이에 열중한 나머지 번개 스치듯 깨달음을 한꺼번에 주고, 개념을 명료하게 새겨 주는 말은 어쩐지 흐지부지 넘겨 버리고 말았다. 우리에게도 책임은 있다. 설명은 진즉에 했으나 수학이라면 징글맞아 안 들으려고 했던 탓 말이다. 마치 수도승이 멘토가 주는 한마디 말로 화두를 삼아 면벽하여 죽을 때까지 주구장창 사유 하다가 하나의 단어 때문에, 또는 한 줄의 문장 때문에 그 화두의 답을 전율하면서 깨닫게 되듯이 적어도 로그의 값이 바로 지수라는 말은 우리에게 로그에 대한 두려움을 가셔 주는 강심제가 될 듯 싶다. 지표와 가수라는 말로 로그 값을 정해 버리면 개념 잡기가 결코 수월해 지지는 않는다...나는 이미 알았다고?..그럼 그런 사람 빼고...

자 그럼

전력이 아닌! 전압이득(Voltage Gain)을 계산할 때 바로 튀어 나오는 아래식을 꼼꼼히 만져 주어 보기로 한다.

$$\text{Gain(v)} = 20\log(v_{out}/v_{in})$$

좋다 상용로그를 쓴다고 하자 그런데 로그 앞에 붙은 저 20이란 수는 무엇이란 말인가?

저렇게 쓴 이유를 알고 나면 씁쓸해 진다. 왜 배우는 거지? 하고. 그런 생각을 하게 되는 이유는 유용성 면에서 자꾸 확신이 서지 않고 흔들리기 때문이다. 계산하기 쉽게 하기 위해 숫자를 붙였다는 것이다. 우습지 아니한가? 완전히 약속 체계인 것이다. 전기전자에서는 약속이라는 것이 무섭다. 앞뒤 가리지 않고 약속하는 것이 아니고, 숨은 의미를 알아내야 하기 때문에 어렵기도 하다. 정의라고 하는 것도 무섭다.

저 로그 앞에 붙은 20도 한번 더 속살을 파야 원래 숫자가 보인다? 원래 숫자? 원래 숫자가 뭐지? 그렇다 계산하기 쉽게 하려면 10이면 10이지 20이 뭐냔 말이다. 그렇게 내심 심기 불편해

했을 것이다. 원래 붙여야 할 수는 10이다. 그럼 저 놈이 어떤 출신성분이란 말 이렸다? 위에 나온 식도 아래 파워 관계식을 풀어서 유도되어 나온 관계식일 뿐이다. 중요한 지표는 일을 얼마큼 할 수 있느냐가 아니겠는가? 그래서 전력이 기준이 된다.

입출력의 전력이득에 관한 관계식을 보도록 하자(이하 식에서 P1 처럼 1이 붙으면 입력이라 가정하고, P2 처럼 2가 붙으면 출력이라고 가정한다).

$$G_P = 10\log \frac{P2}{P1}$$

더 가관인 것은 위의 식도 애초부터 써 먹으려던 원래의 관계식이 아니었다는 것이다. 책에 따라서는 이 식보다 원조의 식을 설명한 것을 찾아볼 수 있다. 벨 전화회사를 설립한 벨(Alexander Graham Bell)이 이와 연관된 식을 처음으로 썼다고 하는데, 원조식은 로그 앞에 10이란 숫자도 없었다는 것이다. 그 원조식은 이렇다.

$$G_P = \log \frac{P2}{P1}$$

헌데

이렇게 단지 로그만 디립다 들이 대면 값이 너무 쪼그라 든다. 규준화하기 힘들다. 그러다 보니 로그 앞에 10을 살짝 넣었다는 것이다. 로그로 팍 줄여 놓으니 너무 값이 작아 은근 슬쩍 10배수를 해준 역량에 감탄?하게 된다. 한번 생각해 보자. 인간은 숫자의 단위로 10진법에 익숙하다. 익숙하면 좌우당간 거기에 맞추려고 무진 애를 쓸 것이 분명하다. 입출력 전력 관계식을 그저 로그에 담그는 것으로는 좀 어색하다. 애라 모르겠다. 우리가 익히 아는 10진법으로 때려 맞추자 해서 로그 앞에 10을 짝 지워준 것이다. 게다가, 가만 보면 상용로그라는 것도 밑을 10으로 한 것이 아닌가!!! 여하튼 익숙한 것에 이끌리는 것이 못 말리는 인간 존재인가 보다.

끌린다는 말을 하다 보니 퍼뜩 생각나는 것이 있다.딴데로 새는 말이 되겠지만, 한 때는 살아가는 과정에서 부부가 서로 닮아 간다는 것이 사실인 줄 알았다. 먹는 것도 같고, 생각도 맞추어 가고, 괄약근 사이로 스타카토식 트럼펫 소리를 옴팡지게 껴 대는 행위도 스스럼 없이 트고, 허구 헌날 서로 거울 처럼 쳐다 보니 그래서 외모가 비슷해지는 줄 알았다. 뭐 그런 것도 일말의 진실일 수 있다. 그런데 EBS 프로그램을 보고서 깜짝 놀란 적이 있다. 편견을 뒤집는 심리실험을 시청하게 된 것이다.

실험을 하나 했는데 남자 5명과 여자 5명에게 각자에게서 호감을 느끼는 배우자의 생김새가 어떤지를 알아보는 실험이었다(5명씩 이었나? 기억이 가물하다). 여하튼 한 사람 한 사람씩 스튜디오에 마련한 방에 들어 가게 해서 자기가 좋아 하는 타입의 얼굴을 찾게 하였는데, 여기에 숨은 조작이 있었다. 남자에게는 여자 사진이 붙은 방으로 들어 가게 했다. 방에는 수 많은 여자의 얼굴 확대사진들이 붙여 있었다. 그 사진 중 하나는 피실험자인 남자 자신의 얼굴을 변조하여 여자 얼굴로 뽀샵처리를 한 사진을 하나 걸어 놓았더니, 놀라웁게도 피실험자인 남자들이 하나같이 자기와 비슷한 여자 얼굴(그 여자 사진이란 바로 피 실험자 남자인 자기 얼굴을 여자처럼 만든 사진!!)을 고르더라는 것이다. 아니 직접 시청 했으니까...그렇게 선택하는 것을 보았다.깔끔하게 한 사람도 어긋나지 않고 말이다.

여자 피실험자들도 같은 방식으로 실험을 했더니 자기 얼굴을 남자 얼굴처럼 조작한 사진을 호감이 가는 얼굴로 찍었다. 아~ 그러고 보면 진실은 부부가 닮아 가는 것이 아니라, 결혼 전에 자기와 비슷한 사람에게 호감을 갖고 만날려고 했던 것이다. 그런 배우자를 못 만나면 노처녀 노총각으로 늙어 갈 수 밖에 없다. 긴긴 밤을 휑한 방 홀로 지키고 넓적다리에 바늘을 찔러 가며 청승을 떨게 된다. 놀랍지 않은가? 인간이란 배우자를 찾을 때 눈치 채지는 못하지만 자기와 비슷한 외모를 가진 사람을 찾는다는 게....결혼적령기에 든 사람은 자기 주위를 유심히 보시라. 자기와 비슷한 이성이 있다면 그가, 또는 그녀가 바로 당신의 배우자일 가능성이 매우 농후하다. 그런데 착각하지 마시라. 당신이 찾는 바로 그 여자, 남자가 당신 말고 다른 사람을 자기와 비슷하다고 호감을 가지고 있다는 사실을 명심하고 헛물켜지 말도록!

사물을 대하는 인간의 방식이 꼭 이와 흡사하다. 그래서 고대 그리스의 대표적 궤변론자로 알려진 프로타고라스라는 인물이 이런 썰을 나발 불고 다녔다는 것이 아닌가! “인간은 만물의 척도다” 자연 안에 로가리즘적 메카니즘도 있는 것으로 봐서 꼭 그런 면만 있는 것은 아니지만, 데시벨도 우리가 척도를 세운 것은 아닌지...

(쫄래쫄래) 다시 본론으로 돌아와서... 인간이란 역시 익숙한 것에 손이 가게 마련이다. 로그도 밑이 10인 상용로그에다, 이득도 로그만으론 부족해서 10을 끼워 맞추었다는 사실! 10의 행진이다. 양손 손가락 도합 10인 것이 우리가 십진법에 익숙하게 된 원흉?이다.

여하튼 이러구 저러구 해서 벨연구소 엔지니어들에 의해 아래와 같이 전력이득식이 옹립되었다. 어쩌겠는가? 기술의 세계에서는 선점하는 자가 장땡 아니던가? 별수 없이 따라가는 수 밖에...

$$G_P = 10\log \frac{P2}{P1}$$

그런데 전압관계식에서는 어째서 20을 로그 앞에 붙이게 되는가? 엿장수 마음대로인가? 그런게 아니다. 오옴의 법칙에 의해 그렇게 도출이 된다. 입출력의 전력을 바꾸어 입력에 대한 출력의 전압이나 전류비로 나타내고자 하면 저 놈이 헐크처럼 두 배가 뻥튀기 되어 20이 되어 버리는 것이다. 한번 보기로 하자.

전력=전압×전류(P=V×I)이니 위의 전력 관계식은 아래와 같이 탈바꿈하게 된다.

$$G_P = 10\log\frac{P2}{P1} = 10\log\frac{I_2 \times V_2}{I_1 \times V_1} = 10\log\frac{\left(\frac{V_2}{R_2}\right)\times V_2}{\left(\frac{V_1}{R_1}\right)\times V_1} = 10\log\frac{\left(\frac{V_2^2}{R_2}\right)}{\left(\frac{V_1^2}{R_1}\right)}$$

동일한 회로에 입출력을 보자는 것이니까 R1 = R2가 되겠다. 그렇다면 식은 아래와 같이 정리 될 것 같다.

2가 앞으로 다이빙

$$G_P = 10\log\frac{P2}{P1} = 10\log\frac{\left(\frac{V_2^2}{R_2}\right)}{\left(\frac{V_1^2}{R_1}\right)} = 10\log\frac{\left(V_2^2\right)}{\left(V_1^2\right)} = 10\log\left(\frac{V2}{V1}\right)^2 = 2\times10\log\left(\frac{V2}{V1}\right) = 20\log\left(\frac{V2}{V1}\right)$$

이 되어 로그 앞의 숫자가 파워 이득계산일 때는 10이었는데, 입출력에 대한 전압, 전류비로 바뀌어 20으로 변경되는 것이다. 이것은 정의한 것에서 당연하게 귀결되는 연역이다.

이제 데시벨을 증폭기의 이득을 구하는 곳으로 적용시켜보기로 한다. 앞으로 이득이 얼마냐고 하면 머릿속에서는 번역을 하는데, 몇 배 증폭 되었느냐 또는 감쇄 되었느냐를 말하는 것이 된다.

V1 = 1V, V2 = 1V이면

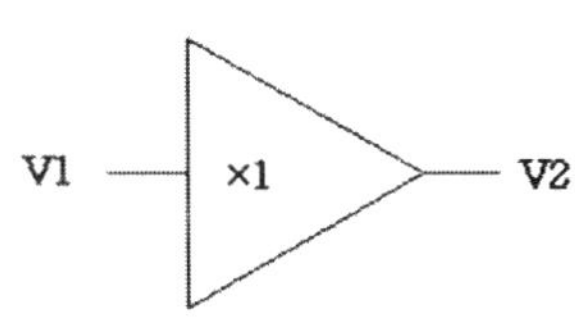

$$G_V = 20\log\left(\frac{1V}{1V}\right) = 20\log 1 = 0dB$$

입출력 전압이 같으면 0dB가 되었다. 이득이 빵이라는 것이며, 증폭이나 감쇄가 전혀 없다는 것이다. 우리가 예금 1000만원을 은행에 맡기고 일 년 후에 찾았는데, 이자도 붙지 않아 원금 그대로 1000만원만 찾았으면 이득이 없다고 말하는 것과 같다. 0dB라고 해서 입력은 전압이 있었는데 출력전압은 온데 간데 없어졌다는 말이 아니다. 입력 그대로 출력되어 증폭이 하나도 안 되었다는 말이 된다. 웬만한 수동소자에 신호가 입력되면 최대로 출력 되어봤자 0dB 밖에는 안 된다. 수동소자는 증폭이라는 것을 모르는 소자들을 말한다.

다음의 예를 보기로 하자.

V1 = 1V, V2 = 10V

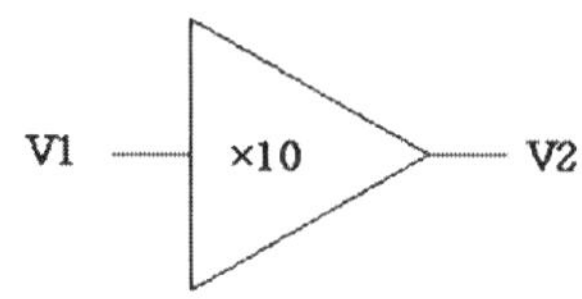

$$G_V = 20\log\left(\frac{10V}{1V}\right) = 20\log 10 = 20dB$$

입력에 비해 출력전압이 10배가 되었으면 20dB가 되었다. 여기까지는 데시벨의 유용성을 느끼기란 매우 어렵다.

그러나 증폭도가 100으로 올라가자 마자 유용성이 조금씩 나타나기 시작한다.

V1 = 1V, V2 = 100V

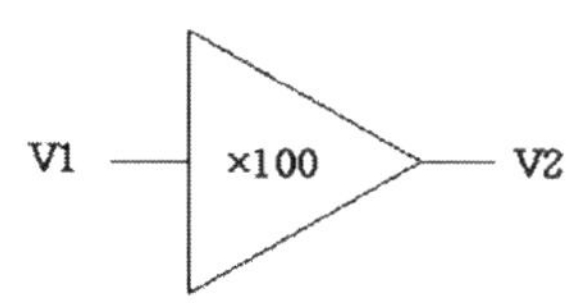

로그에서는 이렇게 높이 달린 놈들을 매우 싫어 한다.그래서 흔들어 대어 앞으로 다이빙 시킨다

$$G_V = 20\log\left(\frac{100V}{1V}\right) = 20\log 100 = 20\log 10^2 = 2\times20\times1 = 40dB \quad \left(\because \log^{10}=1\right)$$

입력에 비해 출력전압이 100배가 되었으면 40dB가 되었다. 뭔가 뽀대나게 보이면서 단순해 지기 시작하지 않는가?

증폭단이 여러개 붙어 있을 때는 어떻게 되는지 보기로 하자.

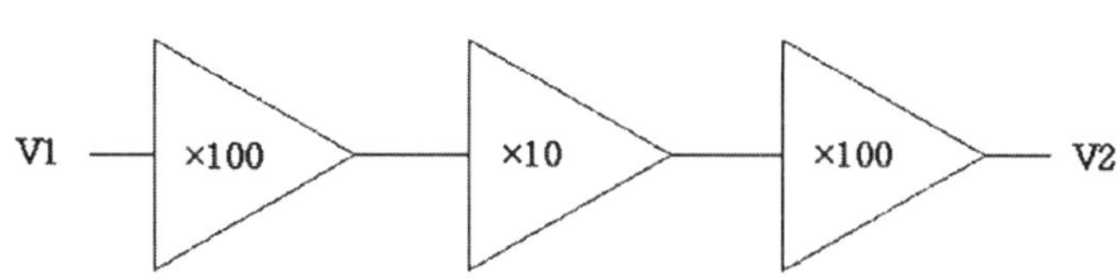

$$V_2 = 100\times10\times100\times V_1 = 100000V_1$$

이 된다. 숫자가 걸리적거리기 시작한다. 우리가 정의하였던 데시벨을 사용해 보자.

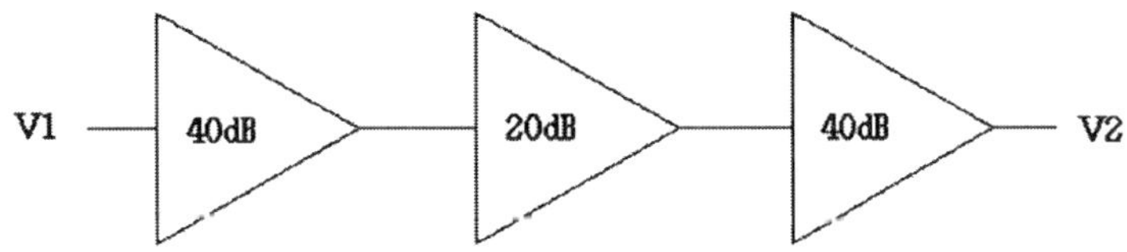

$$G_T = 40dB + 20dB + 40dB = 100dB$$

로 그런 대로 간략하게 표시가 된다. 게다가 이득이 곱의 형식이 아니라 합의 형식으로 손쉽게 계산이 된다. 유용성에 대해서 한마디 첨언 해야 겠다. 데시벨의 실효성이란 사실 로그의 유용성에 있는 것이다. 예전에는 곱셈을 할 때 지금으로 보면 기상천외하게 양수를 곱했다고 한다. 그런데 로그를 이용하여 곱의 형식을 합의 형식으로 바꾸는 발명?을 해서 상용로그를 발명한 네이피어에게 어떤 수학자는 경의를 표했다는 전설이 내려온다. 또 이런 썰도 전해 내려 온다. 어떤 천문학자가 우주 천문에 관련된 계산을 하는데 지금 보면 단순한 곱을 공을 들여 곱의 계산에 자기의 일생을 바쳤다는 구라도 전해 내려온다. 그만큼 로그의 발견으로 수학적 계산이 옛날에 비해 무척 간편해 졌다는 비유적 예를 말하는 것일 게다.

로그의 성질 중에 이런 것이 있다.

$$\log_b MN = \log_b M + \log_b N$$

따라서

$$G_V = 20\log^{(100\times10\times100)} = 20\log^{100} + 20\log^{10} + 20\log^{100}$$

가 되어 로그적으로는 덧셈형식으로 바뀌는 것이다. 로그의 저런 성질은 당연한 것이다. 거듭제곱된 값을 나누어 지수를 구하면, 합의 형식으로 되어야 하지 않겠는가? 로그는 지수를 구하는 방편이라고 하였다. 로그로 쪼개는데 다시 곱의 식으로 바뀌면 지수가 엄청 커져서 우리가 계산한 값이 나올 리가 없다. 따라서 단순하게 로그로 바뀌면 지수를 구하는 것이기 때문에 합의 형태로 바뀐다고 직관적으로 생각해도 된다. 데시벨의 장점들이 조금씩 보이기 시작한다. 또한 로그 앞에 20이라는 숫자가 붙었으니 전력을 계산하는 것이 아니라, 전압이나 전류의 증폭도를 구하는 것이란 것을 담박에 알아 차릴 수 있다.

이제는 데시벨과 연관된 −3dB에 관련해서 논의를 진전시켜 보기로 하자. 하필 왜 −3dB인가? 하는 문제...

그렇다면 데시벨이란 증폭만 표시할 수 있는 것인가? 하면 그렇지 않다. 감쇄(減殺)도 표시할 수가 있다. 우리는 0dB라고 하면 이득이 전혀 없는 경우라고 살펴 보았다. 은행에 예금을 1년 이상 예치 해 두었는데 이자가 쥐꼬리 만큼도 않 붙었을 경우에 이득을 0라고 하듯이, 이런 경우

입력대 출력으로 풀어 보면 입력이 들어 가서는 입력파형이 아무런 변화 없이 출력으로 쌩얼 그대로 나온 경우라고 했다. 그런 착상이라면 충분히 예상 되듯이 마이너스 데시벨값, 즉 −XdB가 나오면 입력 보다 출력이 작아지는 경우(감쇄)로 상상할 수가 있겠다. 다시 상용 로그함수 그래프를 보기로 하자.

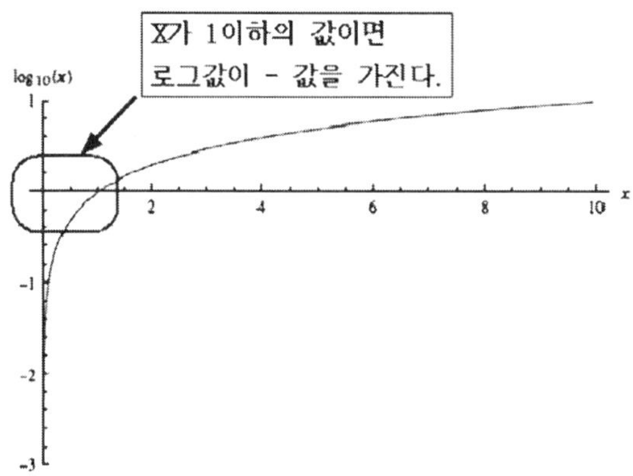

위의 그래프에서 영역으로 표시한 부분을 보면, X = 1이 될 때 로그값, 즉 Y 값은 0이 되고, 0 < X < 1 사이에서는 −값을 가진다. −dB 값이 의미하는 것은 바로 감쇄!!!!(입력에 비해서 출력이 아주 시원찮을 경우)를 표시한다.

만약 입력(V1)이 2V 인데 출력(V2)가 1V 밖에 나오지 않았다고 해 보자. 출력이 입력에 비해 반으로 짜그러 들었다. 데시벨로 표현 하자면 아래와 같이 될 수 있을 것 같다.

$$G_V = 20\log\left(\frac{V\,output}{V\,input}\right) = 20\log\left(\frac{1V}{2V}\right) = 20\log\ 0.5$$

$$\log\ ^{0.5} \cong -0.301....$$

$$G_V = 20\log\ 0.5 = 20\times(-0.301...) \cong -6dB$$

여하튼 −dB 값이 나오면 증폭의 반대되는 현상, 즉 감쇄(減殺)가 일어 난다는 것을 알 수가 있고, 또 한가지는 로그 앞에 10 또는 20이라는 숫자는 로그값이 너무 작아 좀 정량적으로 키워 주기 위해 약속해서 붙인 수라는 것을 눈치 챌 수가 있다. 우리가 너무 자주 접해 귀에 익어 버린 −3dB 값이란 데시벨 값 앞에 부호(−)가 붙어 있는 고로 증폭된 값이 아니라, 입력에 비해 출력이 감쇄 된 상태라는 것을 알 수가 있는 것이다. 증폭과 감쇄가 연달아 있는 임의 시스템의 이득을 구해 보기로 하자. 너무 간단하다.

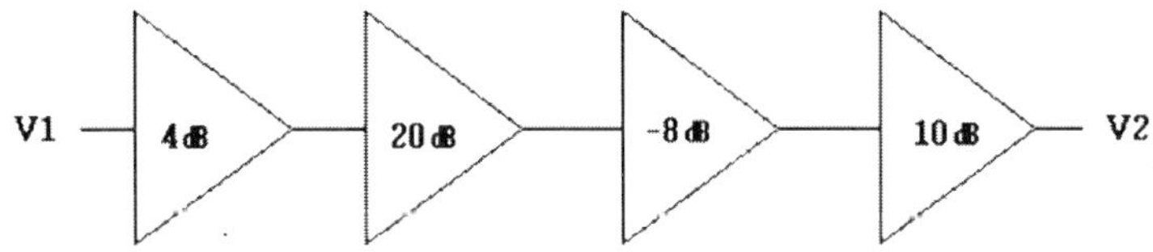

$$G_T = 4dB + 20dB - 8dB + 10dB = 26dB$$

초 간단하게 계산이 된다. 저 결과를 가지고 전압이 대충 몇 배가 증폭이 되었는지 암산으로 계산한다면 100점 만점에 100점이 되겠다. 전압으로 계산하는 데시벨에는 20을 곱해주는 것이 있으니 20으로 나누어 준 값을 상용로그 X 값에 넣어 보면 그까이꺼 대충 잡아 10배 조금 넘는 증폭을 하는 것을 때려 잡을 수가 있다.

이제는 로그값이 나와도 웬간해서는 학을 띄지 않게 되었다. 자신도 붙는 것 같다.우리는 로그의 실체 전모를 머리 속에 꽉 박아 놓았기 때문이다.

이제 데시벨을 익혔으니 전기전자에서 잘 나오는 −3dB가 어떤 의미를 가지는지 숨은 의미를 깨어 보기로 한다.

주로 전기 전자적 필터회로를 해석하는 데에서 자주 보이던 이 놈의 정체는 무엇일까?

왜 필터회로에서는 입력에 비해 출력이 −3dB 떨어지는 곳을 가리켜서 차단(CUT−OFF)이 되었다고(입력을 넣었는데 출력이 나오지 않는다는 의미) 하는 것일까?

저역통과필터(LOW PASS FILTER)를 예를 들어 보기로 하자. 로우패스필터.(LOW PASS FILTER)란 낮은 주파수는 통과시키고 높은 주파수는 차단 되는데, 통과되고, 차단되는 기준점으로 '차단 주파수'를 설정한다는 것이다.

아래 그림은 정형적으로 저역통과필터를 설명할 때 자주 나오는 그림이다. Y축의 명칭을 유심히 보시라. 출력전력이라고 쓰여 있다. 바로 전력관계식에 연관 되어 있다는 뜻이리라.

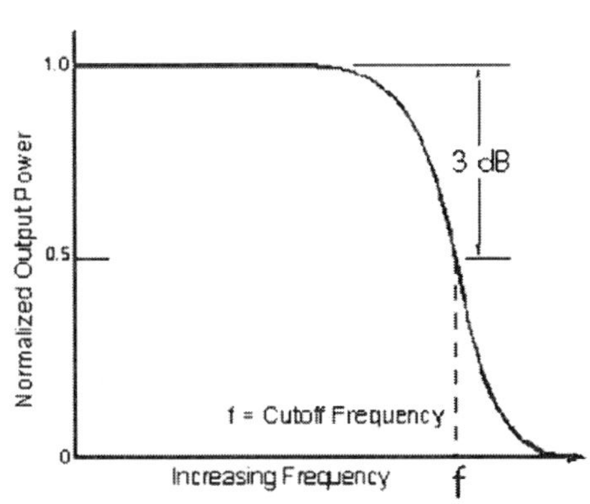

low pass filter

위의 그림에서 차단주파수를 100㎑라고 하자.

그렇다면 100㎑ 주파수 이하는 모두 다음 단으로 통과 되고(그래서 차단주파수의 아랫쪽은 통과 시킨다는 의미에서 LOW PASS가 되는 것이다. 기준은 차단 주파수다. 차단주파수 보다 큰 주파수를 통과시키고,낮은 주파수를 차단하면 HIGH PASS가 되는 것이다), 100㎑ 이상되는 주파수는 다음 단으로 통과 되지 못하고 차단 된다는 것이다. 이상적으로 차단주파수를 기준으로 통과와 차단이 분명하게 나누어 진다. 그러나 실제와 이상사이에는 차이가 좀있다. 아래는 간단한 저역통과필터다.

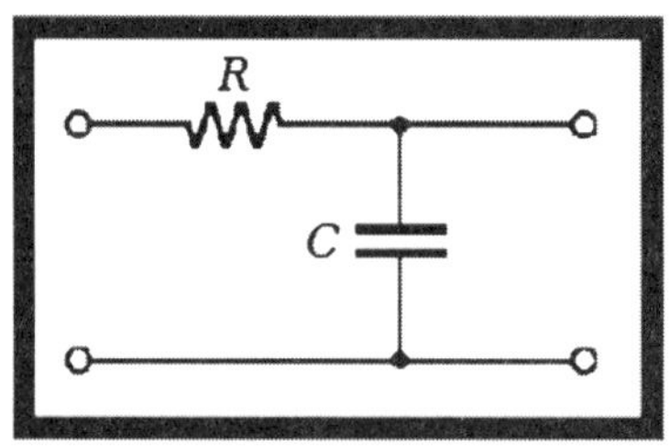

이런 회로를 볼 때 직관이 필요하다고 역설한 바 있다. 저것이 왜 저역통과필터가 되는가?

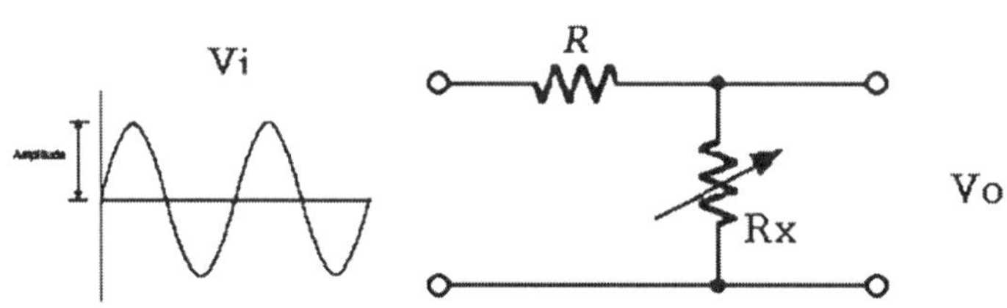

콘덴서도 하나의 저항으로 보시라 했다. 그런데 주파수에 따라 변하는 저항이라고 했다. 저 회로를 이렇게 변형 해서 생각해 보기로 하자.

훨씬 보기 편해진다. 콘덴서를 주파수에 따라 저항이 자동으로 변하는 자동가변저항이라고 간주하면 좋다. 이런 회로가 되었을 때 우리가 익히 아는 식을 또 써먹을 때가 되었다. 출력전압은 부하(Load)에 걸리는 전압이 되므로 출력전압은

$$V_O = \frac{R_X}{R_X + R} V_i$$

어떤가? 많이 보던 식 아닌가! 이 식은 자주 나오니까 아예 외워 두시라고 권고 한 바가 있다. 기억 나시는가?

Rx에 따라 출력전압이 어떻게 변하는지 식을 보면 바로 알 수 있겠지만 한번 세세하게 살펴 보기로 한다. 이해를 돕기 위해 R=1㏀이라고 정해 주기로 한다.

– Rx=∞Ω 일 때(Rx가 개회로가 될 때)

$$V_o = \frac{\infty}{\infty + R} V_i = V_i$$

이 되어 그대로 입력이 출력으로 나오게 된다. 번거로우니까 표를 한번 만들어 보자. Rx가 변할 때 출력값이 어떤 식으로 변하는지 단박에 알아 버릴 수 있다. 거듭 말하지만 주파수에 따라 저항이 변하는 것이다. 아래 표는 그렇게 변한다고 가정하는 것이다. 뭔 놈의 가정(假定)을 이다지도 많이 세운다나??

Rx	Vo
∞Ω	$V_o = \frac{\infty}{\infty + 1K\Omega} V_i = V_i$
100kΩ	$V_o = \frac{100K\Omega}{100K\Omega + 1K\Omega} V_i = 0.99V_i$
10kΩ	$V_o = \frac{10K\Omega}{10K\Omega + 1K\Omega} V_i = 0.9V_i$
1kΩ	$V_o = \frac{1K\Omega}{1K\Omega + 1K\Omega} V_i = 0.5V_i$
100Ω	$V_o = \frac{0.1K\Omega}{0.1K\Omega + 1K\Omega} V_i = 0.09V_i$
10Ω	$V_o = \frac{0.01K\Omega}{0.01K\Omega + 1K\Omega} V_i = 0.009V_i$
1Ω	$V_o = \frac{0.001K\Omega}{0.001K\Omega + 1K\Omega} V_i = 0.0009V_i$

부하저항이 점점 적어 질수록 출력전압도 점점 작아 지는 것을 표로부터 알 수가 있다. 추세만 보기로 한다. 그렇다면 콘덴서는 주파수에 따라 저항이 달라진다고 했다. 어떻게 달라지는지 다시 한번 복습하기로 한다. 주파수에 따라 변하는 저항을 임피던스라고 부른다고 하자. 그렇다면 콘덴서의 저항은 정의식에 의해 아래와 같이 된다고 설명하였다.

$$Z_C = \frac{1}{\omega C} = \frac{1}{2\Pi f C}$$

위의 식이 원래는

$$Z_C = \frac{1}{j\omega C} = \frac{1}{j2\Pi f C}$$

이라고 써야 하지만 지금은 j에 대해서 설명하지 않았으므로 나중에 계산할 때 전기전자에서의 j의 의미를 살펴 본 다음에 회전연산자 j를 사용하도록 하겠다.

수학에서는 허수단위로 i를 사용하지만,전기전자에서는 i가 교류전류를 의미하므로 빡치기 하는 사고를 미연에 방지하기 위하여 똑 같은 의미에서 j로 대용한다. 지금은 j에 대해 어떤 관념도 없다고 간주 되므로 j를 빼고 개념적으로 접근하도록 하는 것을 양해 하시기 바란다. 물론 임피던스도 여태껏 설명한 것과는 양상이 조금 복잡하게 개념확대 해줘야 한다. 그 때까지는 주파수에 따라 변하는 저항이라고 생각해도 전혀 하자 없다.

$$Z_C = \frac{1}{\omega C} = \frac{1}{2\Pi fC}$$

윗 식에서만 추이를 정리 하면

- 주파수가 크면 클수록 콘덴서의 임피던스는 작아진다.
- 주파수가 작으면 작을수록 콘덴서의 임피던스는 커진다.

이런 사실을 미루어 보아 우리는 저역통과필터의 동작을 직관적으로 알 수가 있다.

- 주파수가 낮을수록 출력이 썩 잘 나온다. 왜냐하면 콘덴서의 저항성질이 쎄지니까!!

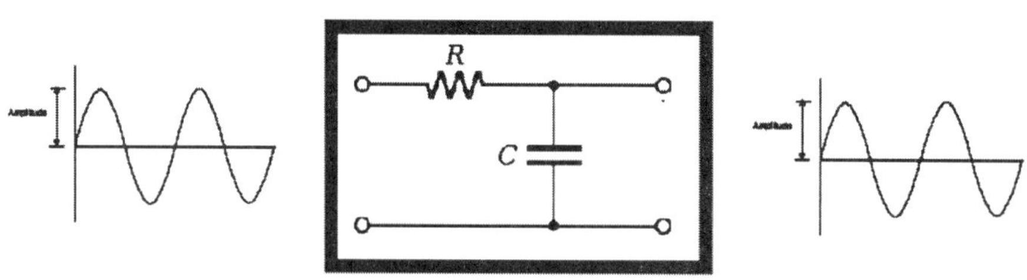

- 주파수가 높을수록 출력이 썩 잘 나오지 않는다. 어느 정도 주파수가 높으면 출력은 나타나지 않는다. 왜냐하면 콘덴서의 저항성질이 허약해지니까!! 그러면 전압이 크게 걸리지 않는다.

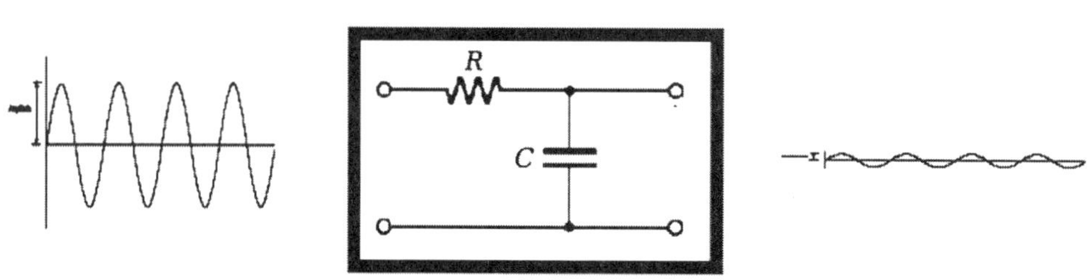

그래서 낮은 주파수부터 높은 주파수 까지 일일이 쭉 넣어 보니까(보통 현장에서는 swift 시킨다고 말한다) 저역통과필터 회로의 특성 그래프가 그려지는 것이다.

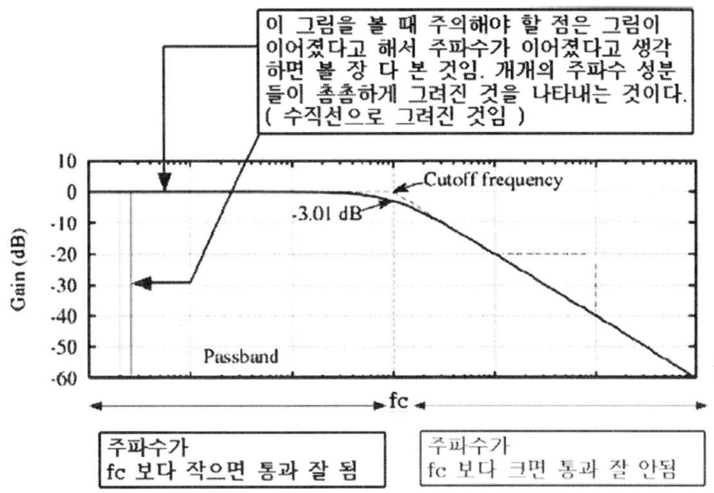

위의 그림을 볼 때 개개의 주파수를 넣어도 저런 특성이 나온 다는 것이고, 합성된 파형(여러 가지 주파수가 섞인 교류신호)을 넣어도 fc를 기준으로 낮은 주파수 성분은 잘 나오고, 높은 주파수 성분은 감쇄 되거나 나타나지 않게 된다. 한번에 보기 좋으라고 만든 그래프임을 알 수 있다. 또 하나 그래프에서 읽어 내야 하는 것은 −3dB점이란 근사 이상적인 경우 감쇄가 일어나는 포인트가 된다는 점을 기억해 두면 좋다. 이러구 저러구 해서 −3dB는 의미가 있게 되는 것이다. 이상적인 경우란 차단점이 된다.

예를 들어 하나의 주파수를 넣는다고 가정하자.

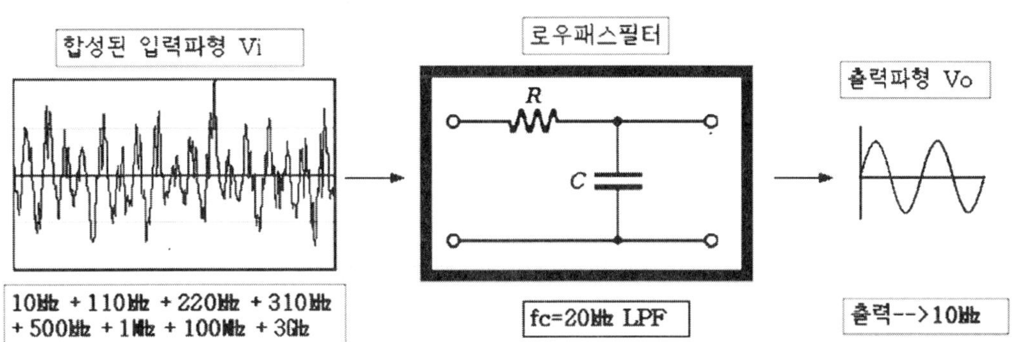

차단주파수 fc = 100㎑라고 하고, 입력이 1㎑라면 잘 통과가 되어 출력에 나타나고, 입력이 120㎑라면 잘 통과 되지 않아 출력에 나타나지 않는다는 것이다.

합성된 파형을 넣는다고 가정해 보자.

저런 합성된 입력 파형이 차단주파수(CUT-OFF FREQUENCY)가 fc=20㎑ 인 저역통과필터를 통과하면 출력파형으로 나오는 것은 합성된 주파수 성분 중에 나머지는 다 잘려 버리고 오직 차단주파수 fc = 20㎑ 보다 작은 영역에 있는 주파수 성분인 10㎑만 나타나게 된다.물론 이 경우는 10㎑만 필요하다고 가정 한 것이다.

마치 정수기 필터가 불순물을 걸러 내듯이 이 회로도 원하지 않는 주파수 성분을 걸러 내준다고 해서 필터(FILTER)라는 명칭을 부여 받은 것이다.

여기서 하나 더 고려해 주어야 하는 것은 과연 차단된 주파수성분 또는 에너지들은 어디로 사라졌는가? 하는 의문이다. 이때는 저항 R에서 차단된 주파수 성분들의 전압강하가 일어난다. 한마디로 R에 전압이 다 걸려 버려 부하저항에 해당하는 콘덴서에는 나타나지 않는다.

그러면 다시 본론으로 돌아와서

차단주파수 fc를 -3dB로 결정한 것은 왜 그런가의 문제로 넘어가기로 하자.

그 전에 단도리 해 둘 것이 있다. 차단주파수를 결정하는데 있어 한가지 오해가 있는데 전압의 이득이 반으로 줄어드는 곳이 차단주파수가 된다고 착각한다는 점이다. 일리있는 착각이다. 왜냐하면 우리는 전력보다는 전압에 익숙해져 있지 않았는가! 식으로 쓰면 이렇다.

$$f_C = 20\log\frac{V_{OUT}}{V_{IN}} = 20\log\frac{1}{2} = 20\log^{0.5} \cong -6dB$$

우리가 차단주파수로 알고 있는 -3dB와는 달라졌다. 왜 이런 오해가 생겼을까? 보통 차단주파수를 결정하는 것은 학자들의 약속에 의해 임의의 4 단자망에서 입력전력이 출력전력의 반으로 줄어드는 바로 그 때의 주파수를 차단주파수로 정하였는데 전력을 전압으로 착각한 데에 기인한다.

왜 출력전력이 입력전력에 비해 50%만 되면 가치를 인정해 주지 않는 것일까?

이렇게 생각해 보자. 대부분 핸드폰을 소유하고 있을 것이다. 핸드폰에는 밧데리 충전상태를 표시해 주는 그림이 있고, 잔량을 %로 표시해 우리에게 알려 준다. 만약 갖고 있는 핸드폰의 밧데리 잔량이 50%로 표시 되었을 때, 뭔가 액션을 취하지 않는 사람은 매우 굼뜬 사람이거나, 실생활에서 달관의 경지에 이른 도튼 사람일 것이다. 대부분은 심리적 마지노선?인 50% 이하로 내려가면 어떻게 해서든지 충전시키려고 아둥바둥 댈 것이 분명하다. 하여튼 전력도 마찬가지다. 50% 정도로 수치가 떨어지면 일의 효율면에서 볼짱 다 봤다고 간주 하겠다는데 불만이 있는 사람 나와 보시라.

-3dB점은 전력이 반으로 줄어들었을 때를 계산해 준 것이었다.

$$f_C = 10\log\frac{P_{OUT}}{P_{IN}} = 10\log\frac{1}{2} = 10\log^{0.5} \cong -3dB$$

그러면 이를 전압으로 환산하면 입력전압에 대해 출력전압이 얼마일 때 −3dB인지 보면 된다. 이미 전력으로 계산한 데시벨을 전압으로 환산한 것을 위에서 살펴보았다. 그러므로 여기에서는 생략하고 바로 식을 적용해서 구해 보기로 한다.

$$f_C = 20\log^{\frac{V_{OUT}}{V_{IN}}} = 20\log^{x} = -3dB \qquad \left(\frac{V_{OUT}}{V_{IN}} --> x\right)$$

x 는 입력전압에 대한 출력전압의 이득이 된다. 여기서부터 계산기로 두두려 주자. 산수에 자신 있는 사람은 암산으로 계산 해도 괜찮다.

$$\log^{x} = \frac{-3dB}{20} = -0.15$$

따라서

$$x = 10^{-0.15} = 0.707$$

결과가 출현 했다.전압으로 따지자면 입력전압에 비해 출력전압이 ×0.707배 떨어지는 지점이 바로 차단주파수가 된다. 전압으로 따져 주면 생각보다 전압값이 비교적 높은 곳에서 차단이 된다고 하는 것이 좀 의외이긴 하다. 그래서 그래프를 보면 어떤 때는 −3dB로 쓰거나, 0.707로 쓰게 되는 것이다. 그 의미하는 바는 같은 것이란 것을 알 수가 있다. 단 0.707로 쓰려면 그래프 Y 축에는 전압의 이득이라고 반드시 명기하여야 한다.

다음에는

전기전자에서 왜 j가 회전연산자가 되는지 살펴보고, 실제 저역통과필터와 고역통과필터의 차단주파수를 계산해 보기로 한다. 그렇게 되면 간단한 필터는 설계할 수 있을 것 같다. 아울러 용량성 리액턴스(Capacitive Reactance , Condensive Reactance)와 유도성 리액턴스(Inductive Reactance)....골치 또 빠개지는 소리다....도 기본식에서 유도하여 회전연산자 j가 어떻게 해서 리액턴스 성분에 따개비 처럼 딱 달라 붙게 되는지 근거를 마련해 볼 작정이다. 되도록 삼척동자도 알아먹기 쉽게 끔 쓸 예정이니까 겁먹지 마시라.

3-3. 리액턴스가 도대체 뭐지?

교류를 해석하기 위해서는 수학의 복소수 개념을 빌려 와야 한다. 그 중에서도 핵심이 되는 항은 소위 수학에서 허수단위라고 부르는 i 에 대해서 정리를 해주어야 한다. 고등학교 수학 문제풀이를 위한 것이 아니라 교류를 해석하기 위해 감을 잡는 것이니까 깊게 파고 들어갈 이유는 없다.

제곱해서 −1이 되는 수에 대해서 수학자들은 고민이 깊었다. 제곱하면 부호(−)는 +가 되기 때문에 난감해진 것이다. 그래서 할 수 없이 이 수에 대해 허수(Imaginary Number)라고 명칭을 붙인다. 유명한 프랑스 철학자 르네 데카르트가 이 용어를 사용했다고 전해진다. 써 먹을데 없고, 쓰잘떼기 없는 수라는 의미에서 허수라고 불렀다.

고맙게도 임의의 한 점을 표시할 때 x,y 좌표를 처음으로 데카르트가 제시하고, 창안했다. 철학사에 있어서 "나는 생각한다 고로 나는 존재한다(cogito ergo sum)."라는 말로 근대 철학에 이정표를 세웠던 데카르트가 수학에서도 좌표라는 선물을 주었다는 것을 미루어 봐서는 박식했으나 허수에 대해서는 무척 부정적이었나 보다. 예를 들어 연필 i 자루 하면 당최 헷 깔린다. 개념도 잡히지 않는다. 그러니 지까짓게 뭔 쓸모가 있으랴?

우리가 연산 증폭기를 해석할 때 가상단락(Imaginary Short)을 상정 했듯이 허수라는 것도 일종의 가상수라고 보았던 것이다. 제곱해서 −1이 되는 수는 아래의 경우 밖에는 없다.

$$\left(\sqrt{-1}\right)^2 = -1$$

로 정의했다.

$$i = \sqrt{-1}$$

허수단위를 i 라고 기호화 한 것은 Imaginary Number(허수)의 첫 번째 문자를 따 온 것이다. 이렇게 허수를 정의하니, 나머지 수들인 자연수, 정수, 무리수, 유리수 등은 당연히 실수(real number, 實數)로 정의되어 버린다. 허수를 도입함으로써 수의 체계가 더욱 확장되었다. 따라서 모든 수는 복소수 안에 옹기종기 울타리를 치고 사는 격이 되어 버렸다.

예전 부터 기존의 수들은 하나의 수평선 안에 모든 값을 대입시킬 수 있었다.

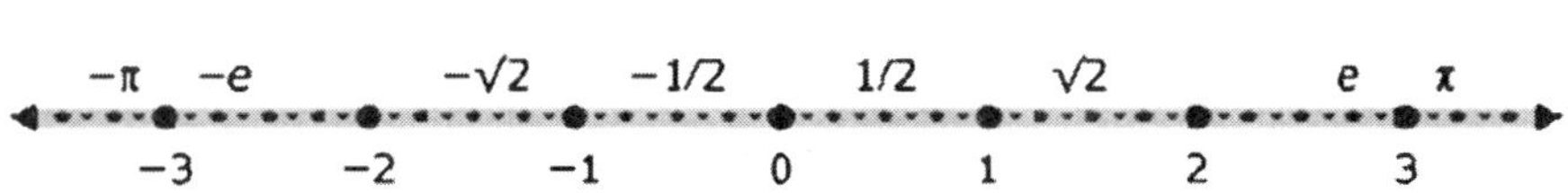

그런데 녹녹치 않은 것은 허수를 넣은 공간이 없다는 것이 문제였다. 실수로 꽉 찬 수평선상에 허수를 넣을 수 없다면 시각화가 필요한 우리에게 남는 공간은? 그렇다 수직축 밖에는 없다. 그래서 허수를 부득이 하게 위치 지워줘야 했기에 복소평면(complex number plane, 複素平面, 실수+허수 좌표)이 탄생하게 되는 것이다.

복소라는 말이 벌써 의미 하듯이 무쟈게 복잡한 수다. 실수와 허수가 얽혀 있으니 복잡할 밖에. 이 복소평면을 또한 유명한 수학자 이름을 따서 가우스 평면이라고도 한다. 가우스가 복소수를 제창했기 때문이다. 가우스 하면 "나는 말을 할 수 있기 전부터 이미 계산하는 법을 알고 있었다"고 방방 거렸던 수학천재였다.

독일 10 MARK 지폐 속에 그려진 Carl Friedrich Gauss(1777~1855)

이 평면을 설정함으로써 수학이 근대수학에서 현대수학으로 넘어가는 기념비적인 계기가 됐다는 평가를 받거니와, 전기전자의 해석에 획기적인 전기가 마련되게 된 것이다. 드디어 i라는 놈을 써 먹을 데가 생겨버린 것이다.!!! 가우스 이전 수학에서는 근거없는 자식이라고 천대 받았는데 물리학이나 전기전자공학에서는 귀공자가 되어 버렸다.

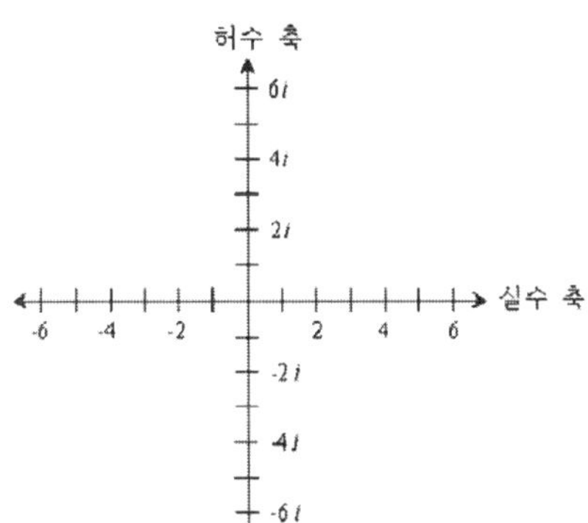

이렇게 복소평면을 설정하고 보니 아주 독특한 현상이 발생하게 된다. 허수 단위 i를 계속 곱해보면 뭔가 회전하는 현상이 일어난다는 것이 재미있다. 전기전자의 교류와 일맥이 상통하는 부분이 엿보이기 시작한다. 우리가 삼각함수를 분석할 때 단위 원을 도는 회전자를 상정하지 않았는가!

단위 원이니 반지름이 1인 원을 생각해보자. 그리고 계속 허수단위 i를 곱해 보기로 해 보자.

$$1 \times i = i$$
$$i \times i = \left(\sqrt{-1}\right)^2 = -1$$
$$-1 \times i = -i$$
$$-i \times i = 1$$

1에 허수단위 i 를 4번 곱하면 원래의 수 1로 돌아온다.주기성이 보인다.

$$1 \times i = i$$
$$i \times i = 1$$
$$-1 \times i = -i$$

허수단위 i를 네 번 곱하면 원래의 수 1로 돌아 온다. 주기가 있다!!!!. 이러한 식은 나중에 오일러(Euler)공식을 증명할 때 또 적용하게 될 것이다. 퓨리에(Fourier) 급수와 계수를 삼각함수로 표현하는것 보다는 오일러(Euler) 공식을 이용하여 자연지수로 표현을 많이 하니 오일러를 반드시 짚고 넘어갈 수 밖에 없다. 연산 증폭기와 더불어 우리를 소화불량에 시달리게 했던 퓨리에(Fourier)도 나중에 아작 내 보기로 하자. 너무나도 간단한 개념을 너무나도 어처구니 없게도 복잡하게 배워 왔던 것이다.

여담으로.....오일러(Euler)가 이런 말을 당당히 했다고 한다.

$$e^{i\pi} = -1$$

"진정한 수학자라면 계산용지가 필요없이, 이 식을 당연하게 계산하여야 한다"고 썰을 풀었다고 한다. 우리는 수학자는 아니지만 이식을 오일러 공식을 유도한 후에, 식은 죽 먹기로 그저 암산을 사용해 계산할 수 있게 될 것이다. 그 전에 한번 저 등식이 성립하는지 생각해 보시라. 그리고 지금은 허수단위를 4번 곱하면 원래의 위치로 돌아 오는 저 윗쪽의 관계식을 꼭 기억하도록 부탁 드린다. 매우 중요한 관계식이다.

그러면 이를 복소평면에 그림으로 시각화 해 보기로 하자.

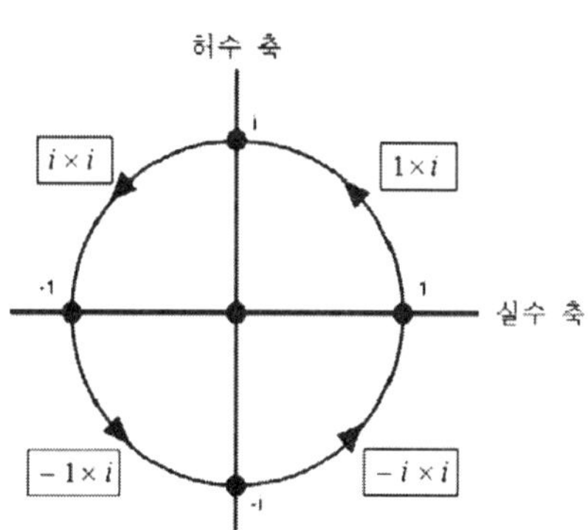

복소 평면이지만 i를 계속 곱하니 90도 각도로 회전하는 모양을 얻을 수가 있다. 실수축과 허수축을 넘나 든다. 그전에도 말했지만 수학에서는 허수단위를 i로 사용하지만 전기전자에서는 교류전류 i와 구별하기 위해 j로 사용한 다는 것은 이미 설명 하였다. 그래서 교류회로에서 j를 회전연산자라고 명칭을 부여하는 것이다. 왜냐하면 j를 곱하면 90도 회전 하니까! 이제 회전연산자의 명칭 유래가 밝혀진 것이다.

j를 곱하면 위상차가 90°(라디안으로는 $\Pi/2$)만큼 차이가 난다는 것을 알았다. 그러면 복소평면상의 한 점의 크기는 어떻게 표현이 될까?

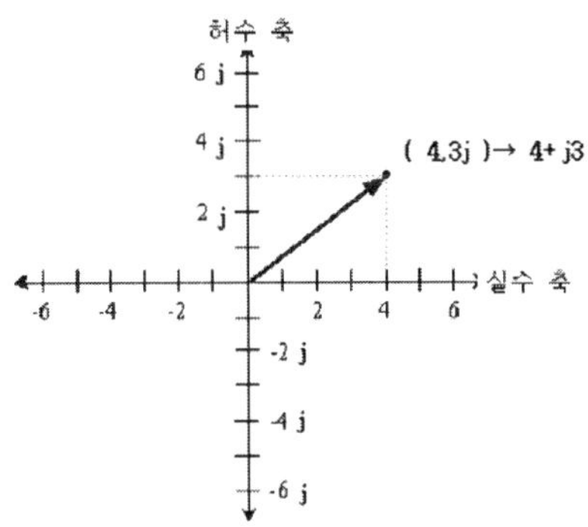

좌표점 으로도 표시가 되지만 벡터로도 표시가 된다. 이 벡터에 j를 곱해 보기로 하자. 여전히 90° 위상차가 있는지 보기 위해서다. j(4+j3) = −3+j4

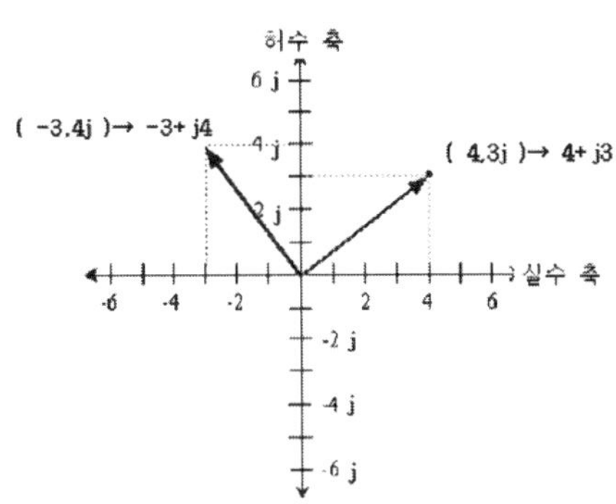

역시 복소평면에 벡터를 표시한 것에 j를 곱하면 90° 각도 차이가 생겨난다. 90° 각도 하면 어디서 줏어 들은 말이 희미하게 기억이 난다.코일에서는 전압이 전류보다 90° 앞서고, 콘덴서에서는 전류가 전압보다 90° 앞선다는 것을 교류시간에 들은 듯도 하다. 햐~ 뭔가 표현할 수 있는 방법이 복소수를 사유하면서 아이디어가 떠오르는 것 같다. j라는 것을 전기전자에 투입해도 될 듯도 하다. 연결고리가 생긴 것이다. 아니 그런가?

여기서 한가지만 더 개념을 확장시키고 교류분석을 위해 복소수가 적용되는지 보기로 한다.

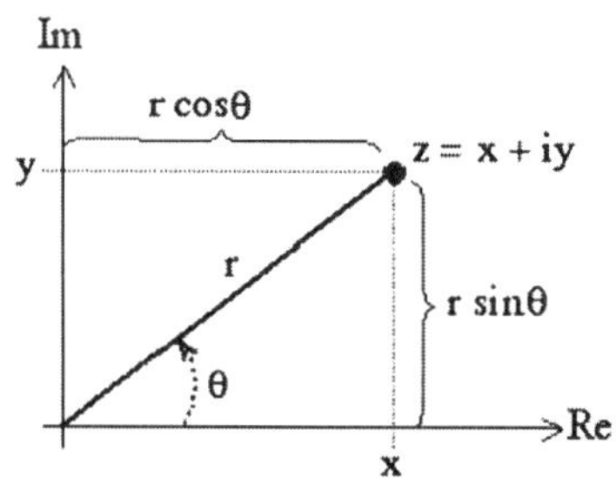

위와 같은 벡터가 있을 때 크기와 위상을 각각 알아 보도록 하자. 놀랍게도 복소평면상의 벡터는 기하학적인 산수로 크기를 계산할 수 있다는 매력이 있다. 크기는 기하에서 직각삼각형의 빗변의 길이를 구하는 피타고라스의 정리를 그대로 적용하여

$$r^2 = x^2 + y^2$$

이 되어 결국 r은

$$r = \sqrt{x^2 + y^2}$$

이 되고, 각도 θ(편각 또는 위상각 이라고도 한다)는

$$\tan\theta = \frac{y}{x} \qquad \therefore \theta = \tan^{-1}\frac{y}{x}$$

라는 관계가 성립한다.

여기까지 장황하게 설명한 이유는, 우리가 콘덴서의 임피던스식을 쓸 때에 아래와 같이 일단 사용하고 봤다. 꼭 틀린 식은 아니다. 그냥 써먹어도 전혀 상관이 없는 식이다. 그러나 위상관계가 복잡하게 엮여져 있기 때문에 이 식만으로는 만족할 수가 없게 되는 것이다.

$$Z_C = \frac{1}{\omega C} = \frac{1}{2\Pi fC}$$

그런데 이식도 엄밀하게 식을 세우자면 회전연산자 j가 들어 가야 한다고 했다. 그 이유는 이 식을 유도할 때 보겠다.

$$Z_C = \frac{1}{j\omega C} = \frac{1}{j2\Pi fC}$$

왜 이런 식으로 표현 되는지 이유를 알고자 복소수를 설명한 것이다. 한가지 짚고 넘어가야 할 것이 있다. 이제는 임피던스를 더 엄밀하게 개념규정 해야 될 때가 된 것 같다. 우리는 개념이 혼잡 했을 때 임피던스를 그저 주파수에 따라 변하는 저항이라고 해서 임피던스의 개념을 가져오는 데에 급급했었다. 저 명제가 사실 틀린 것은 아니다. 저항이 없는 회로에서의 임피던스는 리액턴스 성분 밖에 없기 때문에 임피던스를 주파수에 따라 변하는 저항이라고 한들 누가 시비 걸 일 없다.

그런데 임피던스는 좀더 복잡한 모양새를 가지고 있다. 복소수를 생각했으니 좀더 시야를 크게 가져야 할 때가 된 것이다.

임피던스는 저항부+리액턴스 부분으로 나누어 진다. 저항부는 일반 저항성분을 의미한다. 저항은 주파수가 변해도 값이 변하지 않는 성분이다. 전압과 전류사이에 위상차도 없다.그러나 리액턴스 성분은 주파수에 따라 값이 변하는 성분이다. 이 부분을 형성하는 것이 콘덴서와 코일이 대표적이다.

리액턴스(reactance)란 교류신호의 전류 흐름을 방해 하는 교류저항 성분을 말한다. 엄밀하게 말하면 리액턴스가 주파수에 따라 변하는 저항이라고 볼 수 있다. 따라서 리액턴스의 단위도 오옴(Ω)이다. 이 둘을 합해서 복합적으로다가 임피던스라고 통칭을 하는 것이다.

해서 처음에 우리는 임피던스를 주파수에 따라 변하는 저항이라고 임시 규정을 했었지만 꼭 틀린 내용은 아니다. 개념 잡기 위해서는 아주 필요한 사고방식이라고 까지 말할 수 있다. 리액턴스 부분을 회전연산자 j를 써서 표현할 수 있으므로 우리는 저항 R과 리액턴스를 갖는 코일(L) 또는 콘덴서(C)가 복합적으로 결합하면 복소수로 식을 세울 수 있다는 결론에 다다른다.

IMPEDANCE $Z = R + jX$

실수부 (→ R) 허수부 (→ jX)

결국 임피던스의 표현식은 실수부를 의미하는 저항부분과 허수부분을 의미하는 리액턴스 부분이 합쳐진 것이 되기 때문에 우리는 콘덴서와 코일을 분석해줘야 한다. 분석이라고 해 봤자 사인함수 미분정도만 해 주면 된다. 그것도 머릿속에서 미분할 수 있게 개념을 심어 줄 참이다.

다음은 코일과 콘덴서의 리액턴스 표현식을 유도해 보기로 하겠다.

3-4. 용량성, 유도성 리액턴스

유도성 리액턴스

먼저 코일을 보기로 하자. 여기서는 유도성 리액턴스(Inductive Reactance)가 유도된다(아래와 같은 회로를 2단자 라고 한다. 만약 출력쪽에 다른 회로가 있고, 출력단이 버젓이 있으면 4단자 라고 부르게 된다).

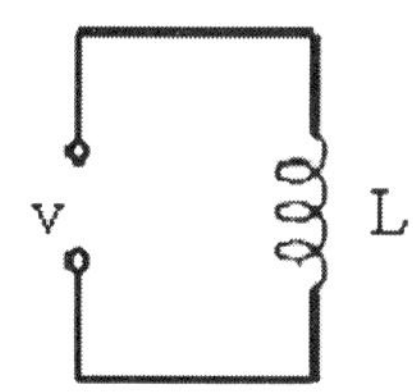

교류적으로 생각해야 하기 때문에 교류전압과 전류를 아래와 같이 규정한다.

$$v = V_{PEAK} \times \sin wt = V_P \times \sin wt$$
$$i = I_{PEAK} \times \sin wt = I_P \times \sin wt$$

여기서 우리는 코일의 기본식을 알고 있다. 이를 적용하여 보면,

$$v = L\frac{di}{dt} = L\frac{d(I_P \times \sin wt)}{dt} = L\, I_P \frac{d(\sin wt)}{dt} \quad (\because I_P -> CONSTANT)$$

이식을 풀어나가는데 있어 걸림돌은 사인의 미분이다. 사인함수 미분하는 것을 쉽게 시각화 해 보자.

미분이란 결국 한 점에서의 기울기를 의미하기 때문에 이를 적극 활용 한다. 아래 사인 함수에서 화살표는 각 점에서의 기울기를 나타낸다. 0, $\Pi/2$, Π,3 $\Pi/2$, 2Π의 다섯점을 확인 하면 대충의 그래프가 나온다.

진폭의 크기가 1인 사인함수라고 가정한다. 오르막(Positive slope)일 때 기울기가 제일 큰 점은 1이라고 하고, 내리막(Negative slope) 일 때 제일 작은 기울기를 −1, 기울기가 없는 평평한 점에서는 0이라고 정한다.

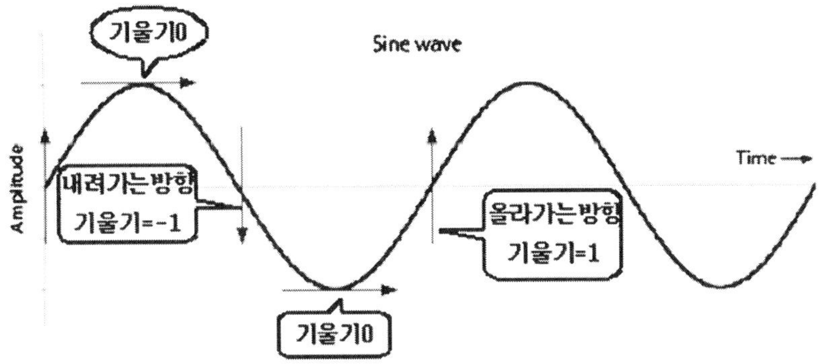

기울기가 위와 같다면 모든 점의 기울기를 잇는다고 상상하고 그림으로 그려보자. 짜잔~ 코사인그패프가 그려진다. 따라서 사인을 미분하면 코사인이 된다는 것을 알 수 있다. 코사인도 이와 같은 방법으로 쉽게 미분할 수 있다. 이것은 오일러 공식을 언급할 때 또 사유해 주기로 한다.

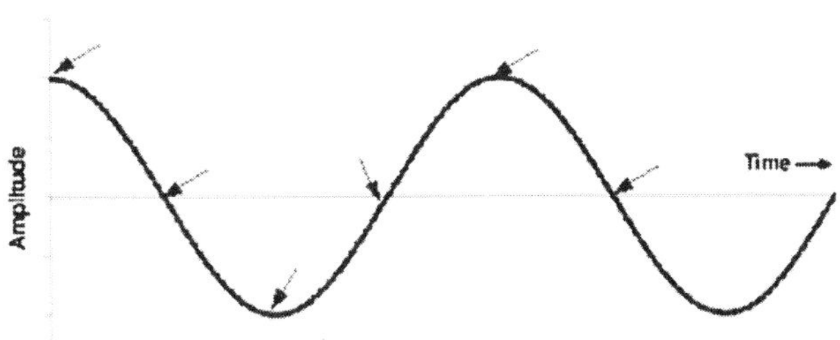

그러면 식을 미분할 수 있게 되기 때문에 간단히 아래와 같이 바뀐다. 시간 t에 대해서 미분하기 때문에 ω 성분은 앞으로 빼내어 준다.

$$v = wLI_P \cos wt \quad ---(1)$$

위의 (1)식을 보기 편하게 교류식으로 생각했던 처음의 사인식으로 바꾼다. 그러면 위상관계가 돋보일 것이다. 사인은 코사인보다 $\Pi/2$ 만큼 늦는 관계를 이용한다(빠르면 + 각도를, 늦으면 – 각도를 더해 준다.교류회로 시간에 들어 보셨을 것이다).

$$v = wLI_P \sin\left(wt + \frac{\Pi}{2}\right) \quad ---(2)$$

위의 (2)식을 보면 전압은 전류보다 90°가 빠르다.

아~ 뭔가 손에 잡히기 시작한다. 90°가 빠르고 늦고 하는 것은 회전연산자 j로 표현할 수가 있다고 위에서 말했다. 복소 관계식으로 바꿀 수 있는 여지가 마련 됐다. 일단 위의(2)식을 실효치로 바꾸기로 한다. 그렇게 하려면 먼저 첨두치로 바꾸어야 하는데 순시치를 계산할 수 있는 사인부분을 없애면 된다. 사인함수 앞에 붙은 것이 진폭이며, 결국은 이 값이 첨두치라는 것은 상식으로 때려 맞힐 수 있다.

$$V_P = wLI_P \quad ---(3)$$

어디서 많이 보던 형식으로 바뀌기 시작한다.

실효치는 첨두치에 비해 다음의 관계가 있다는 것을 밝힌 바 있다.

$$V_{RMS} = \sqrt{\frac{{V_p}^2}{2}} = \frac{V_p}{\sqrt{2}} = 0.707V_p$$

$$\left(\because \frac{1}{\sqrt{2}} = 0.707\right)$$

$$\therefore V_p = V_{RMS}\sqrt{2}$$

위의 식은 (3)식에 넣으면(전류도 마찬가지 형식으로 된다고 했다. 그리고 실효치는 첨자를 넣지 않는다)

$$V\sqrt{2} = wLI\sqrt{2}$$

$$\therefore V = wLI$$

관계가 성립이 된다. 따라서 전압이 전류 보다 90° 빠르기 때문에 위의 식은 회전연산자 j를 빌려 아래와 같이 쓸 수 있는 것이다. 회전연산자를 사용하면 각도를 라디안을 써서 표현 하지 않아도 되는 편리함이 있다. 단지 j를 붙여 주기만 하면 된다.!!! 실수의 나라에서 복소수의 나라로 건너가게 되었다. 전기전자의 영토에서는 이렇듯 복소수의 영역으로 침투해 들어 가는 것이 무척 쉽다.

$$V = jwLI$$

저항은 전압을 전류로 나누어 진다는 오옴의 법칙에 의거해서

$$\frac{V}{I} = jwL = X_L$$

드디어 나왔다.

이를 유도성 리액턴스(Inductive Reactance)라고 한다. 회로가 나오고 코일이 나오면 저항

대신 이 관계식을 넣어 주면 된다. 이 공식이 임피던스에서는 콘덴서와 함께 허수부를 형성 하게 된다.

콘덴서도 마찬가지이기 때문에 결과를 바로 쓰고 싶은 생각이 굴뚝 같으나, 위와 같은 방법으로 용량성 리액턴스(Capacitive Reactance, Condensive Reactance)를 유도해 보기로 하자.

용량성 리액턴스를 유도하기 전에 전자적 회로기판에 자주 쓰이지 않는 코일의 쓰임새를 잠깐만 살펴보기로 하자.

30A 이상을 출력시키는 회로기판의 전원 퓨즈단이 있었다. 헌데 어찌 된 일인지 교류전원만 넣으면 퓨즈 (FUSE)가 끊어지는 현상이 계속 발생이 되어 원인을 찾았으나 여의치 않았다. 전원이 죽었거나, 보드가 죽지도 않았는데 반복해서 이런 일이 발생 되어 사태는 해결의 기미가 보이지 않았다. 사용한 퓨즈는 아래와 같은 타입이었다. 용량은 문제가 없었는데 왜 계속 퓨즈가 죽어나간 것일까?

나중에 확인해 보니 전원에 서지 성분이 들어가 순간적으로 높은 전류성분이 발생되어 퓨즈가 끊어진 것을 짐작 할 수 있었다. 그래서 코일타입의 퓨즈(fuse)를 사용했더니 비로써 퓨즈가 죽지 않고 정상동작을 했다.

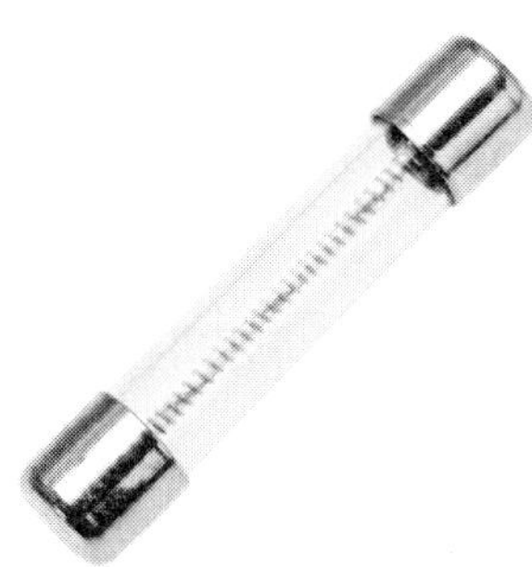

왜 위와 같은 코일 형태의 퓨즈를 사용해서 문제가 해결 되었을까?

이유는 코일의 작용에 있다. 만약 순간적으로 높은 주파수 성분을 포함하는 서지가 들어 온다면 일반적인 퓨즈는 높은 전류에 대책 없이 퓨즈가 끊어지게 될 것이다. 그러나 코일타입은 다르게 반응을 한다. 어떻게 반응할까? 코일이 가진 유도성 리액턴스를 생각해 보기로 하자.

$$V = jwLI$$

회전연산자는 고려하지 않아도 된다. 위의 식은 아래와 같이 변형할 수가 있게 될 것이다.

$$X_L = j2\pi fL$$

유도성 리액턴스란 주파수가 높으면 저항이 커지는 성질이 있다. 그렇다면 주파수가 높은 성분은 이 퓨즈의 코일에 전압이 다 걸려 버리기 때문에 이 성분의 전류는 퓨즈를 건너갈 수가 없게 된다. 따라서 퓨즈는 열이 순간적으로 쫌 나겠지만 죽지 않고 버티게 되는 것이다.

일본장비 같은 경우 전원단의 리플을 잡을 때 콘덴서를 쓰기 보다는 직렬 연결한 코일을 사용하는 장비가 더러 있다. 이때도 리플은 교류성분이기 때문에 코일에 전압이 다 걸려 버리고 직류만 온전하게 다음단 회로로 들어 가게 되다는 점은 콘덴서와 같다(콘덴서는 그라운드에 묶고, 코일은 신호선과 직렬로 달아 주는 것이 다르다). 위의 식에서 주파수를 0으로 해 보시라. 유도성 리액턴스는 0가 되어 저항성분이 없게 된다. 따라서 코일은 직류는 잘 통과시키고, 교류성분은 제한 하는 성질을 갖게 되는 것이다.

용량성 리액턴스

두 번째로 용량성 리액턴스의 식을 세워 보기로 하겠다. 일반 회로에서는 코일 보다 콘덴서를 더 자주 접하기 때문에 용량성 리액턴스가 더 중요하다고 판정할 수 있다. 저항은 직류든 교류든 상관하지 않고 저 홀로 독야청청(獨也靑靑)한 소자라 교류라고 해서 딱히 다른 동작을 보이지 않고, 심지가 굳어 설명할 건덕지가 별로 없다. 물론 파고들면 복잡하지 않은 물질계란 없듯이 저항도 쉬운 분야는 아니지만, 각론이 아니라 총론으로 접근하는 현장성의 무기는 이런 세세한 내용을 사상하기 때문에 편리한 점이 있다.

용량성 리액턴스의 식을 유도해 보기로 하자. 유도성 리액턴스와 마찬가지로 사인미분이 약간 어려움을 주겠지만 사인미분은 이미 설명 하였기 때문에 곤란할 이유는 없어 보인다. 아래와 같이 2단자 회로를 기본으로 한다.

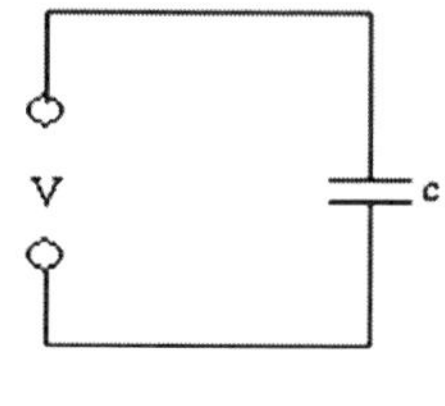

익히 아는 아래 관계식을 이용해 보자.

$$q = Cv \quad ---(4)$$

에서

$$v = V_{PEAK} \times \sin wt = V_P \times \sin wt$$

이므로 (4)식에 대입하면

$$q = CV_P \times \sin wt$$

이 된다. 그리고 교류전류 i는 아래식과 같이 정의된다.

$$i = \frac{dq}{dt} \quad ---(5)$$

따라서 교류전류 i는 아래와 같이 전개 될 수 있겠다.

$$i = \frac{d(CV_P \sin wt)}{dt} = wCV_P \cos wt = wCV_P \sin\left(wt + \frac{\Pi}{2}\right) \quad ---(6)$$

콘덴서에서는 위의 식에서 보다시피 코일과는 반대로 전류가 전압보다 90° 위상이 앞서 있게 된다. 식(6)을 최대치의 관계로 바꾸면 코일에서 유도성리액턴스를 구할 때와 유사하게 전개된다.

$$I_P = wCV_P$$

위의 식을 실효치로 바꾸면

$$I = wCV \quad ---(7)$$

따라서 교류저항식으로 바꾸면

$$\frac{V}{I} = \frac{1}{wC} = X_C$$

이것이 용량성 리액턴스(Capacitive Reactance)가 된다. 따라서 리액턴스란 직류에서의 저항처럼 교류에서 전류를 흐르기 어렵게 만드는 교류저항성분이라고 보시면 된다.

그리고 회전연산자를 넣으면 용량성에서는 전류가 전압보다 90° 앞서게 되므로(7)식은 다음과 같이 변질 되게 된다. 반복 되겠지만 수학적으로 i는 공학적으로 회전연산자 j로 쓰여지며, 위상관계를 표현한다고 했다.

$$I = jwCV$$

따라서

$$X_c = \frac{1}{jwC}$$

가 된다. 위의 식을 주로 많이 사용하나 책에 따라서는 약간의 변형을 가하기도 한다. 분모 분자에 j를 곱해주면 식은 변하지 않기 때문에

$$X_c = \frac{j}{j \times jwC} = \frac{j}{-1wC} = \frac{j \times (-1)}{(-1) \times (-1)wC} = \frac{-j}{wC} \quad (\because j \times j = -1)$$

라고 쓰기도 한다.

식으로만 쭉 써와서 좀 삭막한 느낌이 들지만, 교류회로의 기본인 리액턴스를 모르면 교류회로를 해석하는데 있어 곤란을 느끼게 되므로 기본에 충실하자는 우리의 취지에 맞게 리액턴스 식의 근거를 마련해 보았다.

책에서는 항상 저항과 리액턴스를 설명하고 하나의 표를 제시하는 경우가 있는데 우리는 리액턴스의 근거를 추궁했기 때문에 표를 이해 하는데 어려움은 없을 것이라 생각이 든다. 임피던스와 관련해서 조금 부연 설명 하자면

유도성 리액턴스 같은 경우는 수학으로 따지자면 일차함수(linear function, 一次函數)의 그래프를 갖게 된다. 유도성 리액턴스의 결과식을 다시 재음미 해보기로 하자.

$$X_L = j2\pi fL$$

결국 유도성 리액턴스의 관계식에서 변수는 주파수 뿐이다. 주파수만 고려해 주면 만사형통이다. 주파수가 높아지면 저항도 덩달아 높아지고, 주파수가 낮으면 저항도 따라서 낮아지게 된다. 유도성 리액턴스, 즉 주파수에 따라 변하는 저항의 모양이 일차함수로 그려지기 때문에 주파수와 저항과의 관계는 아래의 그림과 같이 그려질 수 있겠다.

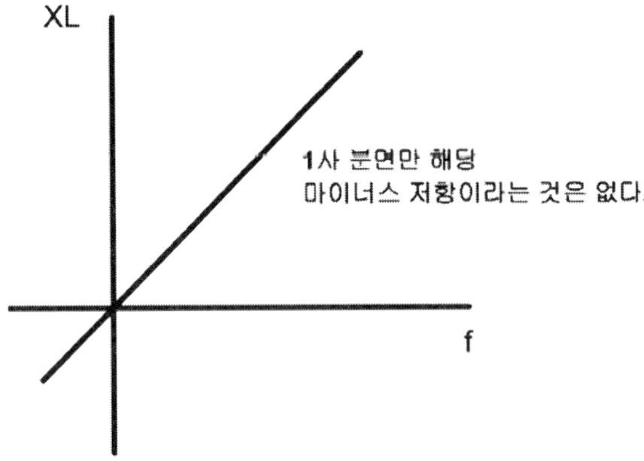

그렇다면 용량성 리액턴스는 수학으로 따지면 분수함수(fractional function, 分數函數)의 그래프를 갖게 되리라. 용량성 리액턴스의 결과식을 가져와 보자.

$$X_c = \frac{1}{j\omega C} = \frac{1}{j2\pi fC}$$

따라서 주파수가 높아지면 저항은 작아 지고, 반대로 주파수가 낮아지면 저항이 크게 되는 성질을 가지게 된다. 만약 주파수가 0Hz라면 저항은 무한대가 되어 버린다. 주파수와 저항과의 관계는 아래의 그림과 같이 그려질 수 있겠다.

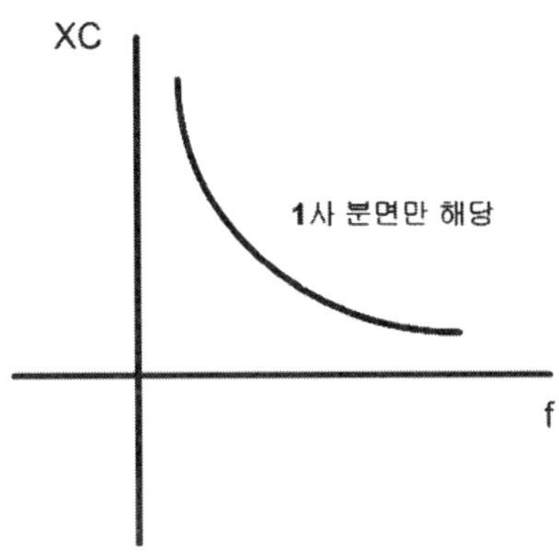

그러면 저항은 수학적으로 어떻게 표현이 될까? 저항은 그저 상수항이다. 주파수가 변하든 말든 상관 없이 일정하다.어떤 사람이 여기서 손을 들고 나는 RF를 한 사람으로 저항도 주파수가 엄청 높아지면 코일성분이나 콘덴서 성분도 가지게 된다고 말해 봤자 말장 헛발질이다. 우리는 거시관계를 보기 때문에 미시적으로 따지고 들지 말라. 자꾸 현장성을 강조 하게 되는데 현장성은 좀 더 거시적으로 보는 관점을 말한다고 할 수 있겠다.

비유적으로 말하면 뉴튼의 역학은 매우 거시적(巨視的)인 물리학인데 반해 양자 역학은 미시적(微視的) 물리학이랄 수 있겠다. 양자역학이 더 정밀하다고 해서 뉴튼이 쓰레기 통으로 갈 여지는 전혀 없다. 비유가 거창했나? 하지만 현실 세계의 이원화된 법칙적 상식이라 하겠다.

슈뢰딩거의 고양이로 유명한 물리학자 슈뢰딩거(Erwin Schrodinger)는 [생명이란 무엇인가 · 정신과 물질](출판사 궁리)에서 이를 확산에 비유한다. 어항에 담긴 물에 잉크를 풀어 놓으면 잉크가 확산 되는데 밀도가 높은 데서 낮은 곳으로 여지 없이 흘러 간다는 것이 거시적 관점이라고 한다면, 미시적 관점은 잉크 분자 하나 하나는 브라운 운동처럼 이리저리 여러 잡다한 방향으로 날뛰고 있다는 것이다.

이렇게 미시와 거시는 분명한 차이가 존재한다.거시는 마치 뭉치나 덩어리의 운동이랄 수 있을 것이다. 따라서 우리가 말하는 저항은 RF 관섭에 의해 자잘하게 쪼개지 듯 하는 미시적 대상이 아니라, 커다란 흐름의 전압과 전류에 움직이는 소자를 대상으로 한다 할 것이다. 거시적 관점은 결국 통계적 관점과 맥이 통한다. 거시적 세계에서는 개별자 하나 하나는 관심사항이 아니다. 그것들이 이루어 내는 군집(群集)행태의 거대한 흐름이 초점이 될 뿐이다.

☞ 리액턴스라는 말을 어려워 하지 말자. 교류에 대한 코일의 저항, 교류에 대한 콘덴서의 저항이라는 말을 간단하게 리액턴스라는 상위개념으로 규정한 것은 인간의 사고편리를 위한 발상이니 편하다고 생각하는 것이 좋겠다.

3-5. 저역통과필터(LPF : LOW PASS FILTER)

임피던스를 구성하는 저항과 리액턴스의 기본식을 다시 한번 써 보고 이를 적절히 응용하는 데로 나아가 보기로 하자. 첫 번째 응용은 필터의 구성이다. 먼저 로우패스필터를 사유해 주자.

유도성 리액턴스

$$X_L = j\omega L$$

용량성 리액턴스

$$X_C = \frac{1}{jwC}$$

이식들은 마치 일반 저항처럼 사용해도 되는 식들이다. 저항이기 때문에 저항처럼 쓴다? 말이 좀 꼬이긴 하지만 이 식들이 저항하고 연관관계를 획득하지 못한 지성은 헤메일 수 밖에 없기 때문에 강조하기 위해서 굳이 표현한 것이다.

응용으로 필터를 예시하기 위해 R-C 직렬회로를 보기로 한다.

그 전에 설명 했듯이 이 회로는 척 보면 저역통과필터라는 것을 알 수 있다고 했다. 그러나 감으로 회로를 보기 전에 회로를 먼저 해석 해 본 다음에 감을 갖는 게 올바른 순서다. 해석은 차단주파수를 구하는 것이 목표가 되겠다.

우리는 이미 리액턴스라고 하는 성분을 수학식으로 표시하는 수단을 분석했기 때문에 이를 적용하여 일반식을 이끌어 내어 보기로 한다. 일반식만 세우면 나머지는 그대로 값만 대입하여 결과를 얻을 수 있기 때문에 편리하다. 가우스라는 양반이 그랬다 던가? "수학은 과학의 여왕이다"라고....그러나 우리는 공학을 하면서 수학을 하인 부리듯 해 버리면 그만이다. 우리는 이렇게 말하자" 수학은 과학의 시종일 뿐이다"라고... 주인의식을 가지고 수학이라는 시종을 잘 써 먹기로 하자. 그러나 수학은 다루기 참 힘든 머슴인 것은 사실이다.

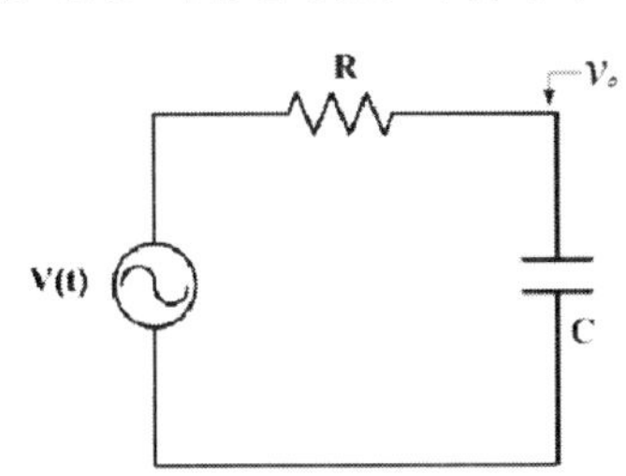

콘덴서를 일반 저항으로 보면 많이 보던 형태의 회로가 된다. 콘덴서가 나왔다고 해서 당황하지 말라는 의미에서 다시 한번 그림을 올려 보도록 하겠다.

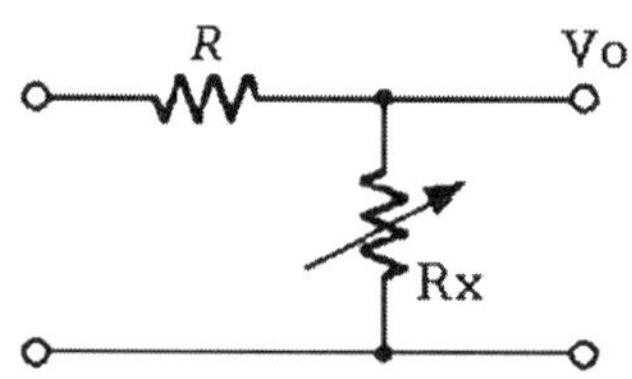

훨씬 보기가 수월해 진다. 물론 우리는 콘덴서와 코일의 리액턴스 성분을 이미 알고 있으므로 저 회로를 분석하는 수학 방정식은 복소수(실수+허수)로 표현되리라는 것을 직감할 수 있다. 우리에게 필요한 것은 입력전압에 대한 출력의 전압비율(이득)이기 때문에 귀에 못이 박힌 식을 적용해 보기로 하자.

$$v_o = \frac{\frac{1}{jwC}}{R + \frac{1}{jwC}} \times v_i = \frac{\frac{1}{jwC}}{\frac{jwRC+1}{jwC}} \times v_i = \frac{1}{1+jwRC} \times v_i \quad ---(1)$$

왜 전압 이득식으로 구하여야 하는지는 −3dB를 설명할 때 이야기 했다 다시 한번 상기하기로 하자.

$$f_c \quad POINT \Rightarrow 20\log\frac{V_{OUT}}{V_{IN}} = 20\log^{0.707} = -3dB$$

위의 식에서 전압이득관계가 0.707이 될 때 데시벨로 환산하여 −3dB가 되었기 때문에 우리가 위의 R−C 직렬회로에서 세운 전압이득식에서 차단주파수를 구하려면 이득을 0.707로 놓으면 된다는 사실을 확인할 수 있다.

따라서(1)식에서 전압이득은 아래와 같이 표현될 수 있다.

$$\frac{v_o}{v_i} = \frac{1}{1+jwRC}$$

이득이 0.707이 되어야 할 때 차단주파수를 얻을 수 있게 된다고 했다. 그러면 바로 위의 식은 아래와 같이 등식을 성립시킬 때의 주파수가 바로 차단주파수가 된다는 것은 불문가지(不問可知)다.

$$\frac{v_o}{v_i} = \frac{1}{1+jwRC} = 0.707$$

등식을 잘 세워 놓고 보니, 문제가 나왔다.

복소수가 포함된 식을 어떻게 전압이득으로 변경할 수 있겠는가? 대부분의 책들은 이쯤해서 식을 비약시켜 버린다. 거짓말 보태서 수십 권의 책을 들쳐 봐도 중간과정이 빠져 있는 것이 수두룩하다. 기초를 튼튼히 하려면 이런 중간과정들도 무시하면 곤란해 진다. 첫 번째는 분모를 유리화 하고, 두번째는 복소수의 크기를 구하는 방법으로 피타고라스의 정리를 생각해 주어야 한다.

복소수의 크기를 구하는 방법은 그것 밖에는 없기 때문이다. 크기를 구하는 것을 식으로 생각해 줄 때 주로 절대값을 씌워 주기도 한다. 그 의미는 다시 말해 복소수의 크기를 구하겠다는 말이다. 절대값 기호에 현혹 되지 말기 바란다.

복소수의 분모를 유리화 하기 위해서는 분모와 분자에 각각(1−jwRC)를 곱해 준다. 그리 되면 분모가 유리화 된다. 유리화 한다는 말은 식에서 허수 부분 j가 없도록 식을 변형시킨다는 말과 다름없다.

$$\frac{1}{1+jwRC}=\frac{1\times(1-jwRC)}{(1+jwRC)(1-jwRC)}$$

다소 식이 복잡하게 되었지만 발상은 아주 간단하므로 어려울 것은 없다. 이렇게 한번 식을 전개한 후에는 비슷한 식이 나올 때 바로 절대값으로 구해 주면 된다.

그러면 식은 동일하게 유지된다. 먼저 분모부터 살펴보자.

$$(1+jwRC)(1-jwRC)=1-\cancel{jwRC}+\cancel{jwRC}+w^2R^2C^2=1+w^2R^2C^2$$

가 되어 분모는 허수가 없어진다. 그런데 분자에는 허수가 남게 된다. 보기 좋게 배열해 보기로 한다.

$$\frac{1\times(1-jwRC)}{1+w^2R^2C^2}=\frac{1-jwRC}{1+w^2R^2C^2}=\frac{1}{1+w^2R^2C^2}\times(1-jwRC)$$

위의 식에서 복소수의 크기만을 보면 앞의 분모의 항은 허수가 포함 되어 있지 않으므로 나중에 그대로 곱해주면 되고, 괄호 안에 들어가 있는 복소수의 크기만을 생각해 주면 된다(괄호 앞으로 끄집어 낸 항은 실수와 허수에 공통되는 수이기 때문에 괄호 앞으로 끄집어 내도 상관 없다). 그 크기란 허수부분의 값과 실수부분의 값을 제곱하여 루트를 씌워주는 피타고라스의 정리를 사용하면

$$\left|\frac{1}{1+w^2R^2C^2}(1-jwRC)\right|=\frac{1}{1+w^2R^2C^2}\times\sqrt{1^2+w^2R^2C^2}=\frac{\sqrt{1+w^2R^2C^2}}{1+w^2R^2C^2}$$

따라서 결과는

$$\frac{\sqrt{1+w^2R^2C^2}}{1+w^2R^2C^2}=\frac{1}{\sqrt{1+w^2R^2C^2}}$$

이 된다. 복소수의 크기를 계산하는 방법은 다음부터 분모에 복소수가 나오고 크기(절대값)를 구하면 실수부분과 허수부분을 제곱하여 루트를 씌워 중간과정을 생략시킬 수 있다. 대부분의 책들이 이런 방식을 취한다.

크기가 전압이득 0.707과 같다고 해야 그 때의 주파수가 차단주파수가 된다는 것은 이미 설명하였기 때문에 다시 원래의 식으로 돌아가 보기로 한다.

$$\frac{1}{\sqrt{1+w^2R^2C^2}}=0.707=\frac{1}{\sqrt{2}}$$

위의 식을 정리해주기로 한다.

$$\sqrt{1+w^2R^2C^2}=\sqrt{2}$$

양변에 제곱하여 서로의 루트를 벗겨 준다.

$$1+w^2R^2C^2=2$$

따라서

$$w^2R^2C^2=1$$

이제 $\omega=2\pi f$ 이지만 이 안에 들어가 있는 주파수는 fc가 된다. 왜냐 하면 전압이득을 0.707, 즉 차단주파수를 구하는 것으로 우리는 애초에 식을 전개 했기 때문이다. 그래서 그냥 주파수가 아니라 차단주파수가 된다.

우변의 값이 1이기 때문에 좌변의 제곱은 별로 의미가 없다. 없애 버린다. 그러면 식은 아주 단순하게 탈바꿈 된다.

$$2\pi f_c R C=1$$

이 되고 결국 우리가 바라던 식이 등장하게 된다.

$$f_c=\frac{1}{2\pi RC}$$

드디어 나왔다.

R-C 직렬회로로 구성된 저역통과필터의 차단주파수를 구하는 일반식을 얻은 것이다.이식은 중간과정 없이 바로 사용함으로 기억해 주기로 한다.

위의 식에서 변수는 fc와 R 그리고 C 3가지다. 만약에 차단주파수를 150㎑로 설계 하고자 할 때 R=10㏀ 으로 선택해 주면 콘덴서의 용량을 구하는 계산식은 아래와 같이 될 것이다.

$$C = \frac{1}{2\Pi\ R\ f_c} = \frac{1}{2 \times 3.14 \times 10^4 \times 150000} = 0.106nF$$

따라서 다음과 같은 저역통과필터 회로와 회로의 특성곡선(주파수 도메인)을 얻을 수 있다. 가끔 우리는 그래프를 볼 때 주파수 도메인이라는 말을 듣는다. 변수인 X 축을 시간이 아니라, 주파수로 바꾼 것이라고 보시면 된다. 차단주파수를 구할 때 R과 C를 정해주면 주파수가 변하지 않는가! 그래서 X 축을 주파수로 놓은 것 뿐이다.

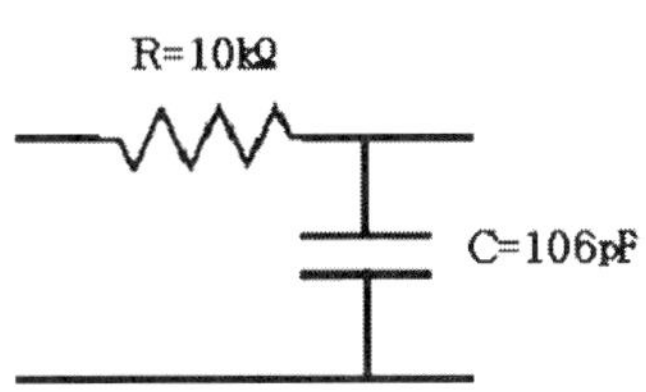

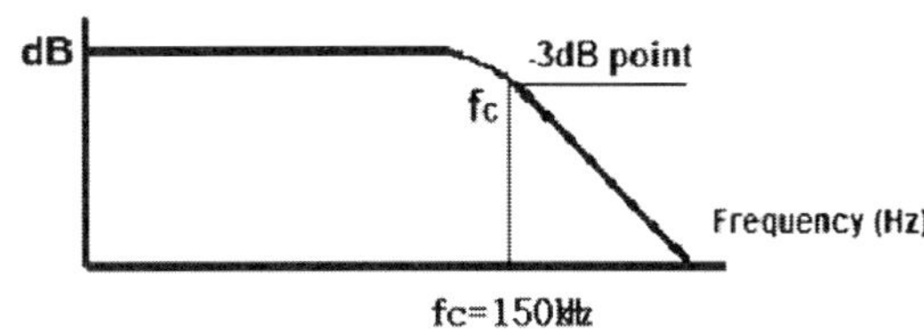

어떤가 무척 간편하지 않은가!

회로가 주어 졌을 때 저항과 리액턴스로 식을 세우고 복소수의 유리화만 이끌어 내면 다음부터는 일사천리로 모든 것을 해석할 수가 있게 되는 것이다. 다음에는 고역통과필터를 간단히 보기로 하겠다.

3-6. 고역통과필터(HPF : HIGH PASS FILTER)

저역통과필터를 분석했으니, 간단히 고역통과필터를 보기로 하자. 예상 대로 저역통과필터의 조합에서 저항과 콘덴서의 위치를 바꾸면 될 것 같다는 강한 예감이 스친다. 야로로 생각해 보면 주파수가 낮을 때는 콘덴서의 저항이 높게 되므로 전압은 콘덴서에 다 걸려 버리고, 주파수가 높을 수록 콘덴서의 저항이 낮아지므로 입력전압은 부하저항에 많이 걸리게 되므로 고주파수의 전압이 부하저항에 다 걸리는 고역통과필터가 분명하다.

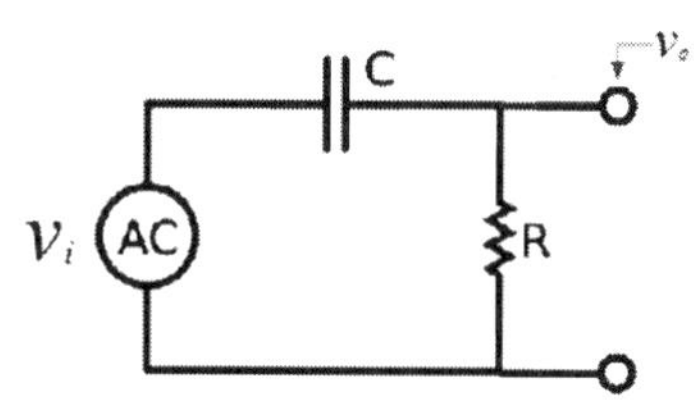

입력과 출력의 관계식은 저역통과필터와 동일하다. 식을 세워 보기로 한다.

$$v_o = \frac{R}{R+\frac{1}{jwC}} \times v_i = \frac{R}{\frac{jwRC+1}{jwC}} \times v_i = \frac{jwRC}{1+jwRC} \times v_i$$

분자로 올라가 곱해준다.

계산과정은 저역통과필터와 동일하다. 분모를 유리화 하고, 복소수의 크기를 피타고라스의 정리를 이용해 구하면 된다. 먼저 jωRC로 모든 항을 나누어 준다.

$$\frac{v_o}{v} = \frac{jwRC}{1+jwRC} = \frac{1}{1+\frac{1}{jwRC}} = \frac{\left(1-\frac{1}{jwRC}\right)}{\left(1+\frac{1}{jwRC}\right)\left(1-\frac{1}{jwRC}\right)} = \frac{\left(1-\frac{1}{jwRC}\right)}{\left(1+\frac{1}{w^2R^2C^2}\right)}$$

복소수의 크기를 구하고, 차단주파수를 구하기 위해 전압이득이 0.707이 되므로

$$\frac{v_o}{v}=\frac{\sqrt{1+\frac{1}{w^2R^2C^2}}}{\left(1+\frac{1}{w^2R^2C^2}\right)}=\frac{1}{\sqrt{1+\frac{1}{w^2R^2C^2}}}=\frac{1}{\sqrt{2}}$$

따라서 식은 아래와 같이 전개 된다.

$$\sqrt{1+\frac{1}{w^2R^2C^2}}=\sqrt{2}$$

$$1+\frac{1}{w^2R^2C^2}=2$$

$$\therefore w^2R^2C^2=1$$

놀랍게도 로우패스필터와 식이 비슷하게 전개되다가 똑 같이 바뀐다. 고로 차단주파수는 얼마가 되는가?

$$2\pi f_c R\ C\ =1$$

가 되고

$$f_c=\frac{1}{2\pi\ R\ C}$$

로 유도 되었다. 저역통과필터와 고역통과필터의 차단주파수 공식은 동일하다는 것을 알았다.

고역통과 필터의 차단주파수를 구하는 일반식을 얻은 것이다. 위의 식에서 변수는 저역통과 필터와 마찬가지로 fc와 R 그리고 C 3가지다. 만약에 차단주파수를 150㎑로 설계하고자 할 때 R = 10㏀으로 선택해 주면 콘덴서의 용량을 구하는 계산식은 아래와 같이 될 것이다.

$$f_c=\frac{1}{2\pi\ R\ C}=\frac{1}{2\times 3.14\ \times 10^4\times 150000}=0.106nF$$

콘덴서값과 저항 값을 구했으니 회로를 꾸밀수 있게 되었고, 로우패스필터와 다르게 콘덴서와 저항이 위치를 바꾸는 식이 되어 버렸다. 감각적으로 아래 회로를 보고 주파수가 높으면 콘덴서를 잘 통과 하게 되므로 신호는 저항에 잘 나타나게 된다는 것을 눈치 채 줄 수 있다. 주파수 도메인으로 그리고 차단주파수만 구해주면 고역통과필터의 특성 곡선이 된다.

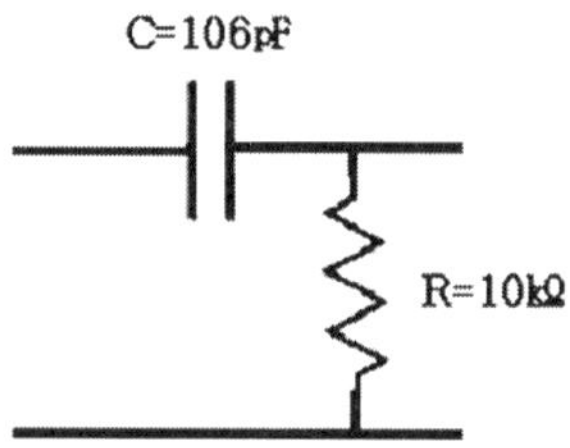

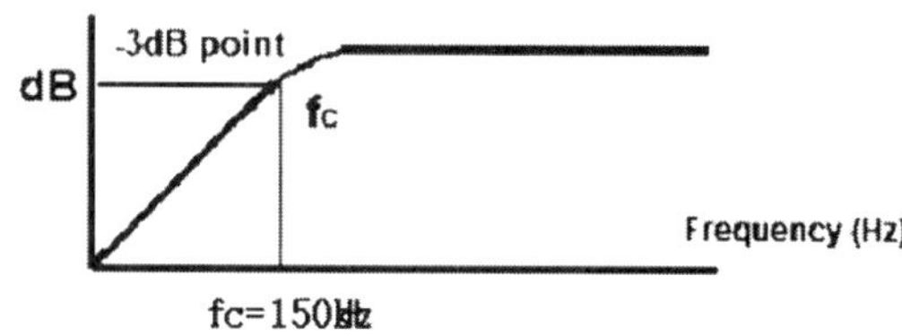

저역통과필터와 무엇이 달라졌는가? 그렇다 통과시키는 특성이 달라진 것이다.비록 차단주파수는 동일하나 이제는 차단주파수 보다 큰 주파수는 통과시키고, 낮은 주파수는 차단 된다는 것이 다르다.

일부러 값을 저역통과필터와 동일하게 적용해 보았다. 물론 설계자 마음대로 차단주파수를 설정할 수 있는 것은 당연지사다.

3-7. 전기전자에서의 공진(共振)이란?

세상이 남자 반,여자 반으로 성비가 이루어져 있고, 두성이 교차하는 모임들에서는 으례히 두 성간에 교감(交感)이 있게 마련이다. 창조주가 그렇게 짝 지워 주신 것을 어떻게 하랴! 사랑의 정서를 자연선택에 따라 오랜시간이 투입되어 일어나는 진화적 현상으로 설명하는 리처드 도킨스 같은 얼간이들이 의외로 많긴 하지만...

그러나 묘한 것은 아무 남자나 아무 여자에게서 흔히 호감(好感)이라는 것을 느끼는 것은 아니다. 인간에게는 5감 외에 영혼이 반응하는 제 6번째의 감각이 있는 듯 하다. 많은 여자가 있고, 많은 남자가 있어도 6개의 감각이 동시에 전율의 지경에까지 이르는 여자와 남자는 딱 한 명 정도가 보통이다. 카사노바처럼 본성적 욕망에 매달리는 인간 종들을 제외 하고서 말이다.

외모가 눈에 확 뜨이고, 자몽과 같은 상큼한 향기가 맡아지고, 그 목소리는 청아하게 들리는 현실의 데이터들이 영혼이 느끼는 인격적 반응과 합해져서 강한 사랑의 지진이 진도 9의 세기로 폭풍 몰아치듯 광란이 일어나면 마음이 한 여자와 한 남자에게로만 올 곧게 지향하게 된다. 이른바 눈에 콩깍지가 씌워지는 순간이 되겠다. 거의 정신줄이 놓아지고, 차가운 이성을 가진 인간도 거진 백치가 된다. 평생 갈 것이라 착각하지만 보통 결혼하고 6개월이면 벗겨진다. 다른 영혼들에게서 느낄 수 없고, 오직 그만이, 오직 그녀만이 영혼에 반향을 일으키는 것이 바로 인격적 공진, 사랑이라고 부를 수 있을 것 같다.

이 사람들 왜 이러는 걸까요?
인격적 공진의 유사사례.....

사랑이란, 정신분석에 지대한 공헌을 한 칼 구스타프 융(Carl Gustav Jung)의 용어로 풀어낸다면, 남성 속에 있는 아니마(Anima, 남성속에 있는 여성적 원형질)가, 그리고 여성 속에 있는 아니무스(Animus, 여성속에 있는 남성적 원형질)가 현실적 대상에 완벽히 투사된 형태라고 썰을 풀어 볼 수도 있겠다. 그래서 남자에게서 여자란 육체적으로 잃어 버린 갈비뼈 하나를 찾은 것이 되며, 영혼의 갈비뼈 한 조각을 찾아 완벽한 한 인간이 되는 과정이랄 수 있을 것 같다.마눌님을 구박하는 인간에게 화가 있을 진져...자기 갈비뼈를 망치로 치는 격이니 정형외과에 가지 않을 수 없을 거이다.

만물의 이치가 일맥으로 관통하는 것이 진실이고, 인격적 요소에서 공진을 발견 할 수 있다면 전기전자에서는 왜 찾아 볼 수 없겠는가? 전기전자에서도 이러한 현상이 발견되는데 이름하야 RLC 공진(共振, resonance)이 그것이다. 얘들은 사랑이야 할 수 없겠지만 주파수에게 큰 공감을 하는 모습은 있다.

공진하면 유명한 역사적 사건이 하나 떠 오른다.

공진이 지나쳐 다리가 무너진 이른바 타코마 다리붕괴사건. 때는 바야흐로 20세기 중반으로 치닫는 1940년, 워싱턴 주의 타코마(Tacoma) 해협을 관통하는 길이 853미터 현수교가 지어진 지 4개월 만에 아주 약한 바람에 흔들리다가 결국 붕괴된 사고를 말하는데, 공학자들의 분석에 의하면 바람의 진동수와 다리의 흔들리는 진동수가 맞아 떨어져 공진현상이 일어 났고, 애석하게도 바람과 다리가 눈이 맞아 서로 공진으로 요동 치다가 붕괴되었다는 것이다. 동영상을 캡쳐한 사진이 아래에 있다.

바람과 다리의 공진으로 요동치는 타코마 다리, 엿가락처럼 휘어지고 있다.

결국 와장창 무너지고 말았다.

비록 비현실적인 영화에서도 이런 공진 현상의 예를 찾아 볼 수있다. 영화 [양철북]에서 사고로 성장이 정지된 주인공 오스카가 기괴한 쇳소리를 내 지르자 겨눈 총탄에 깨어져 나가듯 찻 장에 정렬된 유리잔들이 공진으로 깨어져 나가는 장면들도 언듯 생각이 난다.

너무 서론이 길었다. 우리는 전기전자의 공진에만 신경을 써보자. 그런데 교류회로이론에서 공진을 배우긴 배우는데 문제는 어디에 써먹는지 지식이 연결되지 않아 공진이 단편으로 흘러가 버리는 데에 우리의 난점이 존재한다.

전기전자 교류회로이론에서 공진에 대한 적용을 먼저 설명하면 공진이 왜 필요한지를 깨닫게 되어 지식의 견고함이 더해 질 것 같다. 그러면 어디에 대표적으로 쓰이는가?

AM/FM 라디오라고 들어 들 보셨을 것이다. 라디오는 방송국에서 송출하는 음악이나 음성을 재현하여 귀로 들려 주는 수신기 종류이다. 그런데 방송국이 하나가 아니라 여러 개가 있고, 가끔 중국 쪽에서도 보내 오는 낯선 언어의 방송도 들을 수 있을 정도로 많은 방송국에서 신호를 내 보내고 있다.

만약 각 방송국이 하나의 반송파(음성을 실어 보내는 아주 센 주파수 일명 CARRIER)만을 사용한다면 수신기에서 잡다한 혼합음 만이 들리게 될 것이다. 그래서 이런 교통사고를 방지하기 위하여 각 방송국에 반송파 주파수를 할당해서 서로 간섭이 일어 나지 않게 교통정리를 해 준다.

방송을 듣다가 간혹 이런 말을 들어 보신 적이 있을 것이다.

"여기는 93.1㎒ OOO 제1 방송국입니다" 여기서 말하는 주파수가 바로 반송파를 말하는 것이다. 우리의 음성도 주파수가 있고, 보통은 20Hz~20000Hz가 가청주파수(audio frequency (AF), 可聽周波數)범위라고 한다. 그런데 암만 우리가 크게 소리 지른다고 해서 1km 밖에 있는 사람들이 꽥 내지르는 소리를 잘 알아 듣지 못한다. 방법은 높은 주파수에 이 음성 주파수를 태워서 높은 전력으로 전파를 쏴 주는 수 밖에 없다.

이때 우리의 음성을 싣는 주파수가 바로 반송파 라고 하는 것이다. 방송국마다 반송파(캐리어) 주파수가 각각 다르다. 그렇다면 수신기는 어떻게 해서 이 주파수들을 변별하여 선택하고, 낚아채어 우리 귀구멍으로 들어오게 하는 것일까?

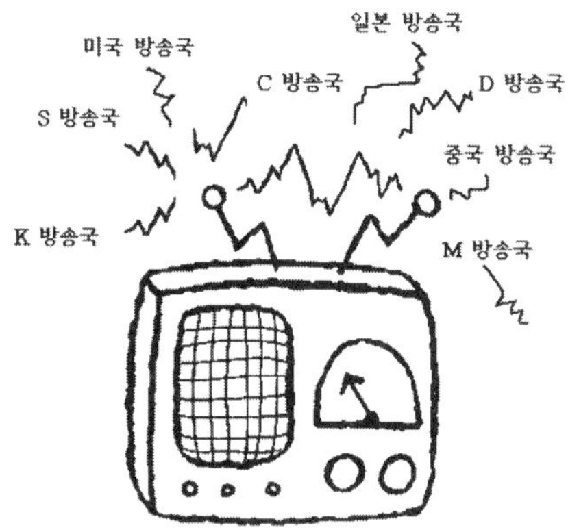

바로 수신기의 처음 안테나 단에 공진회로를 이용하여 원하는 방송의 주파수를 맞추면 동조가 일어나게 되어 그 주파수를 수신기의 증폭단으로 보내 신호를 키워서 스피커를 통해 우리가 듣게 되는 것이다.

정리하면 이런 것이다.

지금 우리 주위에는 별에 별 주파수 신호가 엄청 복잡하게 날라 다니고 있다. 그런데 OOO 방송국의 방송을 듣고 싶을 때 수신기에서 방송국에서 송출한 주파수에 전율 하는 동조회로를 맞추어 잡아 낚아 채는 것이다.

지금은 촌스러운 방식이지만 예전 아마도 여러분 중에는 라디오에 딸린 다이얼을 돌려 방송국 주파수를 맞추어 낸 경험들이 있는 사람들이 적잖게 계실 것이다. 무엇을 돌린 것일까? 바리캡이라고 해서 돌리면 콘덴서 C값을 바꾸어 어떤 주파수에 공진을 일으키는 회로적 조작을 한 것이고, 그런 아날로그적 방법으로 방송국 반송파 주파수를 잡았던 것이다. 지금은 디지털 스위치로 자동선곡하지만 주파수 선곡의 방법은 마찬가지로 공진을 일으키는 동조회로(tuning circuit, 同調回路) 덕이다.

따라서 동조회로는 특정 주파수에 공진을 일으키는 회로가 되어 다른 주파수 성분에 대해서는 무시하게 된다. 마치 사랑하는 사람 밖에는 눈에 들어 오지 않는 것처럼.

그러면 어떤 메카니즘을 통해 전기전자에서 공진이라는 현상을 일으키게 하는지 일반적으로 생각해 보자.

이미 개념을 익혀 버렸던 저항과 리액턴스를 약간 조작해 주면 신기하게도 공진현상을 유발할 수 있게 된다. 어쩔 수 없이 알아 버렸던 필터회로는 어떤 특정의 주파수 범위를 통과 시키느냐, 억제하느냐의 회로가 되겠지만, 공진회로는 어떤 주파수에 이 RLC 회로가 바르르르르 전율하는 가를 보는 것이다. 수식으로 정리하도록 해 보자.

3-8. 공진주파수 공식 유도하기

공진을 식으로 표현함으로 공진회로가 어떻게 라디오에서 선택적으로 주파수를 잡아 내는지 확인하자. RLC회로를 통째로 사유해 보기로 한다. 저항과 그리고 코일의 리액턴스, 콘덴서의 리액턴스는 마치 벽돌과 같아서 어떤 집을 짓던지 항상 기초적인 재료가 된다. 꼭 암기를 해줘야만 뒤탈이 없고, 공부하는데 편해진다.

전기전자 책의 뒷덜미를 장식하는 발진 또는 OSCILLATOR를 해석 하는 데에서도 이는 꼭 적용이 된다. 콜피츠나 하틀리 그리고 여타 발진기(OSCILLATOR)를 해석 하는 데에는 A4지 3~4장은 족히 필요할 만큼 식이 난삽하다. 그러나 기본 원리는 저항과 두 개의 리액턴스가 고작이므로 겁낼 것 없어진다. 그래서 알아야만 하는 것이다.

지금 설명하는 공진을 잘 알아두면 이 지식이 발진, 즉 발진기(OSCILLATOR)를 해석하는 데에도 유용하게 써먹을 수 있게 되어 있다. 발진기(OSCILLATOR)를 해석할 때 버크하우젠(BACKHAUSEN)판별조건이 해석의 필수요건이 되는데, 이는 식이 실수부와 허수부로 나누어 질 때, 발진이 일어나는 조건은, 실수부가 1이 되고, 허수부가 0이 될 때를 가리키는 조건이 된다.

저항과 리액턴스로 식을 세우면 실수부와 허수부로 식이 나타날 것이라는 것은 척 보면 누구든지 안다. 버크하우젠 조건을 만족시키는 식을 정리해 발진 주파수를 얻게 되는데 아~ 지식의 연속성이여!! 거기에서도 공진의 개념이 팍팍 버무려져 있다는 것을 발견하는 것은 아주 재미있는 일이라 하겠다.

허수부를 0로 하는 조건.....따라서 공진은 발진의 전초지식이 된다.공진주파수 뿐만 아니라 배울 때 책 뒷머리에 있어 손사래 쳤던 발진회로도 간단한 산수로 계산하고 싶어지지 않는가? 지금은 공진의 의미를 살살 파헤쳐 보는데 주력하기로 한다.

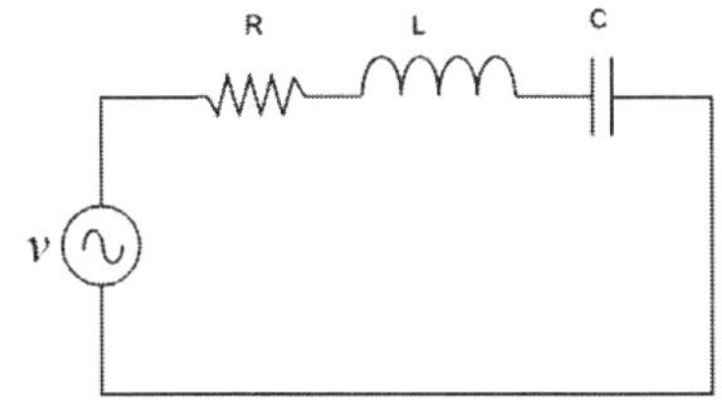

위의 회로에서 전압과 전류가 최대로 되는 조건은 어떻게 될지 궁구해 보자. 쉽게 말해 파워가 쎄게 되는 조건이 무엇인가로 대체하여 질문할 수 있다.

아쉽게도 코일은 전압이 전류보다 90° 빠르고, 반대로 콘덴서는 전압이 전류 보다 90° 느리다. 이렇게 중구난방 내부 분열 상태에서는 전압과 전류가 최대로 되는 조건을 찾기는 매우 어렵다.

아예 이런 성질머리들을 가진 리액턴스를 제거하는 것이 속 편할지 모른다.

여하튼 전압과 전류의 위상을 같게 하여야만 우리가 자문한 것에 답을 달 수가 있을 것 같다. 자 그럼 어떻게 할까? 교류의 흐름을 방해하는 저항 성분인 코일과 콘덴서를 제거하고 저항만 있으면 딱 일 듯 싶다. 저항만 있으면 전압과 전류가 위상차가 없게 된다는 것은 이미 살펴 보았다.

위의 회로에서 임피던스만 고려해 주기로 하자.게다가 직렬로 되어 있어 임피던스는 아주 쉽게 얻을 수 있다.모두 산술적으로 더해 주기만 하면 된다. 저항이 적을 수록 전류가 많이 흐르는 것이 전기전자의 기본 아니던가!

$$Z_T = R + j\omega L + \frac{1}{j\omega C} = R + j\omega L - \frac{j}{\omega C} = R + j\left(\omega L - \frac{1}{\omega C}\right) \text{ ---(1)}$$

로 정리할 수 있을 것 같다.

갑자기 콘덴서의 리액턴스 성분이(−)로 홱가닥 돌변한 것이 의아스러우신 분들은 저역통과 필터 부분을 참조하시라.

우리가 예견하기로는 리액턴스 성분만 저 회로에서 숙청된다면 파워가 아주 큰 신호를 얻을 수 있을 것 같다고 했다. 총 임피던스를 정리하고 보니 의외로 답을 쉽게 찾을 수 있을 예감이 확 고개를 쳐든다. 고로 허수 부분을 0으로 하면 다 된 밥이 된다. 허수항은 없는 자식 취급하면 된다.

위의 (1) 식에서 허수부분이 0이 되는 조건은 딱 한가지 이다. 어떤 조건인가? 그렇다 코일의 리액턴스와 콘덴서의 리액턴스가 같을 때 임피던스의 리액턴스 부분은 바람과 함께 사라지게 된다. 리액턴스란 저항의 일종으로 전류를 제한 하는 성분이라는 것은 일찍이 밝혔다. 고로 이런 착상은 아주 마땅한 것이다.

$$\omega L = \frac{1}{\omega C} \text{ ---(2)}$$

코일과 콘덴서의 리액턴스 부분이 같아 지는 방법은 내가 원한다고 해서 강제로 되는 것이 아니다. 식을 펼쳐 놓고 다시 한번 사유해 주기로 한다. 또 하나의 단서가 눈에 띄일지도 모르겠다.

$$2\pi f L = \frac{1}{2\pi f C} \text{ ---(2−1)}$$

(2)식을 풀어 놓고 머리를 굴려 보면 리액턴스 성분이 0가 되는 조건의 조건, 심층적으로 파고 들어간 조건이 눈에 띄인다. 식을 잘 보면 나머지는 모두 상수인데 주파수라는 놈만 변수 꼴

을 취하고 있다. 모든 사물이 그렇듯이 변수만 잘 처리하면 해결의 실마리가 보이기 마련이다. 그럼 저 주파수를 어떻게 해석해야 할까?

잘 보시라 저 주파수가 어떤 특정의 값을 가질 때 식이 성립한다. 어떤 값을 가질 때 식이 성립할까?

$$2\pi fL = \frac{1}{2\pi fC}$$

여기서 식을 한쪽으로 몰아주면

$$4\pi^2 f^2 LC = 1$$

이 되고, 여기서 f를 구하면

$$f^2 = \frac{1}{4\pi^2 LC}$$

에서 양변에 루트를 씌우면

$$f = \frac{1}{2\pi\sqrt{LC}} \text{---(3)}$$

라는 식이 최종적으로 나온다. 허수부가 0이 되는 유일한 조건이 되겠다. 주파수가 식(3)처럼 되면 식(2-1)이 같아 진다. 씨잘데 없는 짓 같지만 결과를 검산 해보기로 하자. 우리가 유도를 제대로 했는지 보기 위해서다. (2-1)식에 (3)식을 넣어 양변이 같으면 성공이다.

$$\cancel{2\Pi} \times \frac{1}{\cancel{2\Pi}\sqrt{LC}} L = \frac{1}{\cancel{2\Pi} \times \frac{1}{\cancel{2\Pi}\sqrt{LC}} C}$$

이 되고

$$\frac{L}{\sqrt{LC}} = \frac{1}{\frac{C}{\sqrt{LC}}} = \frac{\sqrt{LC}}{C}$$

되어

$$LC = \sqrt{LC} \times \sqrt{LC} = LC$$

틀림없이 양변이 같아 졌다. 여하튼 주파수가

$$f = \frac{1}{2\pi\sqrt{LC}}$$

가 될 때 저항의 일종인 리액턴스 성분은 없어진다는 것이다. 그래서 이 주파수를 이름하여 공진주파수(Resonance Frequency, 共振周波數)라고 이름을 붙였다.

공진주파수 구하는 공식은 나중에 발진주파수를 구하는 데에도 하여튼 비스드리하게 나온다.결국 발진 주파수라고 하는 것은 전기를 켤 때 잡다한 주파수 성분들이 잡음처럼 찌직하고 나타나면서, 바로 그 회로의 공진주파수 성분만이 일정하게 출력으로 나오게 하는 것이기 때문에 공진과정과 불가분의 관계를 가지고 있다. 따라서 발진은 공진의 적용부분일 수도 있겠다. 연결고리가 찾아진 셈이다.

이 주파수가 RLC회로로 들어 오면 RLC가 크게 전율한다는 의미가 되겠다. 전기 전자 공학적으로는 파워가 아주 쎄 진다는 의미를 함의하게 된다. 그래서 이 주파수를 필터의 차단 주파수 fc와는 구별하여 표기를 fo로 사용한다.

만약 공진주파수 외에 다른 주파수가 들어 오면 위의 RLC 회로는 공진을 일으키지 못하게 된다. 근데 공진 주파수 공식을 가만히 들여다 보자.무엇에 의해 공진 주파수가 결정 되는가? L과 C, 즉 코일과 콘덴서의 값에 따라 공진 주파수가 결정된다는 사실이 중요하다.

대충 눈치로 때려 잡아서 코일과 콘덴서의 값이 분모에 있으니 코일과 콘덴서의 값이 클수록 공진주파수는 작아지고,반대로 코일과 콘덴서의 값이 작을수록 공진주파수는 커지는 관계를 어림 잡으실 수 있을 것이다.

L이나 C 중 하나의 값을 고정해 놓은 상태에서 다른 하나의 값을 조정하면 공진주파수가 달라진다!!!!!!!!!!! 이것은 매우 중요한 점이다. 왜 중요할까? 간단한 회로적 조작을 통해 그 회로가 공진하는 주파수를 선택적으로 얻을 수 있기 때문에 중요한 것이다. 이는 라디오의 동조회로를 설명하면서 이미 언급한 내용이다.

라디오 수신기의 미덕은 어느 특정의 방송국 반송파 주파수를 잘 잡아 내는 것이었다. 코일을 고정해 놓고 콘덴서값이 변하는 바리 캡을 돌려 주기만 하면 원하는 주파수가 크게 공진하게 만들어 잘 수신 될 수 있도록 함과 아울러 공진주파수와는 다른 수 많은 타 주파수들은 억압 되어 버린다. 이는 마치 대역통과필터(BAND PASS FILTER)와 유사한 동작을 한다. 대역통과필터의 통과영역 센터주파수도 fo라는 기호를 사용한다. 왜 하필 공진주파수 엇비슷하게 기호를 삼았는지는 태생적으로 비슷한 이유도 있을 것이다.

3-9. 공진(共振)에서의 선택도

공진회로는 라디오의 동조회로에 적용할 수 있다고 했다.

"여기는 93.1㎒ OOO 제1 방송국입니다"를 기억해 보시라. 왜 방송국 아나운서는 자기네 방송을 들으라는 의미로 주파수를 굳이 이야기 해야만 했을까?

다이얼(바리캡이라고 다이얼을 돌려 콘덴서 값을 변화시킬 수 있는 소자가 있다)을 돌려 공진주파수를 93.1㎒로 맞추어 달라는 말인 것이다. 이렇게 공진 주파수를 93.1㎒ 로 맞추면 안테나로 잡다한 방송국의 신호들이 날라와 찰싹 붙는다 해도 라디오로 증폭이 되는 놈이란 다이얼로 맞추어진 공진주파수 신호만이 크게 되어 우리 귓구멍으로 들어 오게 되는 것이 수신기의 안테나 원리가 되겠다. 여기까지는 이전의 설명에서 언급했다.

공진회로는 그렇다 치고. 공진회로 하면 항상 빨판상어처럼 찰싹 달라 붙어 다니는 선택도(selectivity, 選擇度), 별명 S란 당최 필요한 이유가 뭔가? 그리고 날카로와야 좋다는 말은 또 뭐란 말인가?

이렇게 생각해 보자.

공진회로가 필요한 이유는 원하는 주파수 하나만 키워 주자는 것이 요지다. 딴 놈의 주파수가 기어 들어와 기생하면 방송국에서 송출한 소리가 다른 방송국 송출신호와 합해져서 개판 오분 전이 될 것이다. 이걸 알기 쉽게 그림으로 표현해 보자.

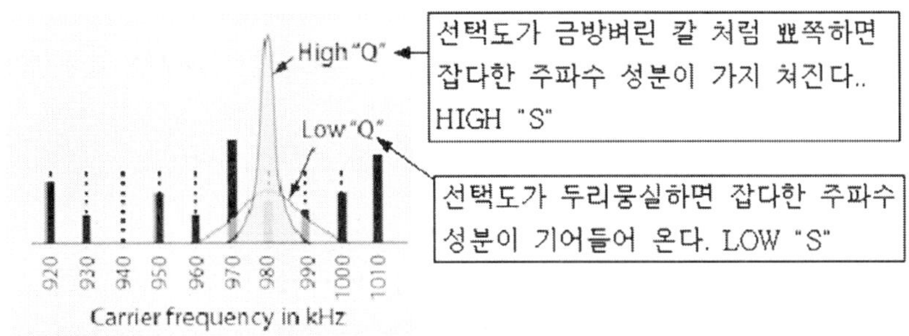

위의 그림에서 선택도가 두리뭉실해지면 잡다한 주파수 성분이 기어 들어와 썩 좋지 않은 상황이 된다. 내게 필요한 것은 뭐? 그렇다 "93.1㎒ OOO 제1 방송국입니다"의 93.1㎒ 주파수만 뽑아 내면 된다.

그렇다고 이상적으로 너무 뾰쪽해서 하나의 주파수만을 선택하면 곤란해 진다. 반송파 주파수에 음성주파수가 실린 것이 방송국 신호이기 때문에 약간의 밴드폭은 있어야 한다. 그래서 어떤 책에서는 선택도가 너무 기가막히게 좋으면 소리가 잘 안 들린다고 설명을 하는 것이다. RF 이론에서 취급하는 내용이다.

그래서 선택도가 날카로워야 하는 것이다. 날카롭다고 하는 것은 다른 주파수 성분을 배제하는데 탁월하다는 표현으로 바꿀 수가 있다.

사정이 그러하다면 선택도의 뾰쪽함을 결정해주는 것은 무엇이며, 어떻게 조정해 주어야 뾰쪽해 질까?

공진주파수와 전류 관계의 그래프로 보기로 해 보자. 공진주파수라고 하는 것은 결국 전류가 왕창흐르는 것을 의미하는 것이기 때문에 전류와 주파수 그래프로 보는 것이 상책이다.

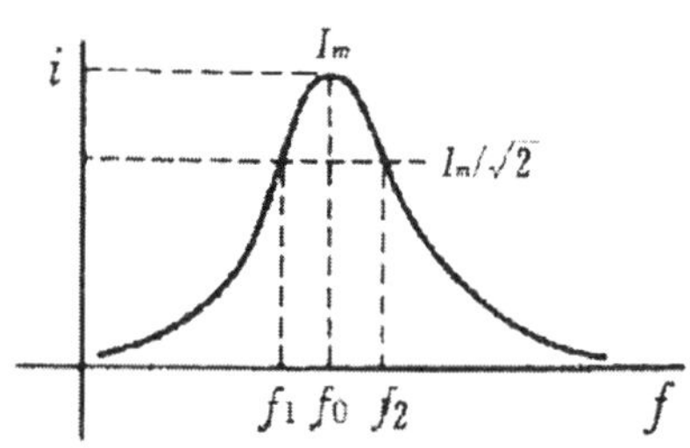

선택도(selectivity, 選擇度)의 정의는 위에서 보는 바와 같이 최대 전류가 흐르는 주파수에서 실효적값으로 간주되는 0.707Im 이 흐르게 되는 주파수 범위로 나누어 주는 것으로 정한다. 식으로 써 보면 아래와 같다.

$$\text{Selectivity} \quad S = \frac{f_o}{f_2 - f_1}$$

이식으로는 당장 선택도가 감이 오지 않는다 다음의 예를 보고 선택도의 감을 잡기로 하자.

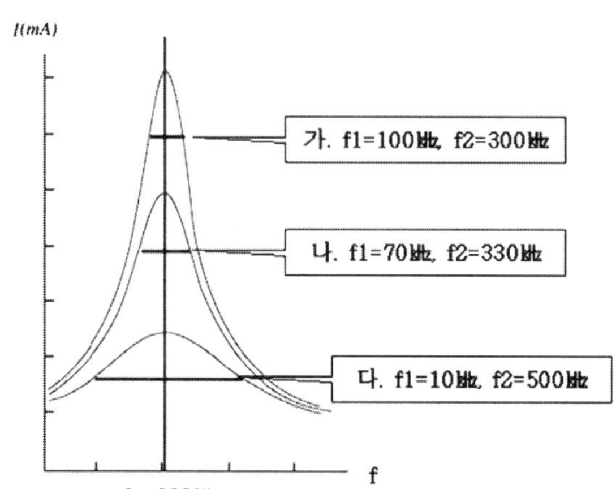

예를들어 계산해 보기로 하자. 각각의 그래프에서 선택도를 대충 계산해 보기로 하자. 이해를 위한 예제임을 알아주기 바란다.

– '가' 그래프의 선택도

$$S = \frac{200KHz}{300KHz-100KHz}=1$$

– '나' 그래프의 선택도

$$S = \frac{200KHz}{330KHz-70KHz}=0.8$$

– '다' 그래프의 선택도

$$S = \frac{200KHz}{500KHz-10KHz}=0.41$$

위의 3가지 경우를 계산하고 미루어 유추 해 보았을 때 뾰쪽하다는 것은 선택도가 크다는 것을 의미한다는 것을 눈치챌 수 있게 되었다. 선택도 계산방법도 알았고, 선택도의 값이 클 수록 뾰쪽하다는 것을 알았는데, 어떻게 해야 선택도가 뾰쪽해 지는지는 아직도 오리무중이다.

그러나 그 문제는 의외로 아주 간단하다.

공진회로에 있어서는 전류가 많이 흘러야 한다는 것을 이미 밝힌 바 있다. 그런 의미에서 리액턴스는 0Ω으로 만드는 것이 공진주파수를 알아 내는 첩경이었다.남은 소자는? 그렇다 저항밖에는 남지 않았다. 전류가 공진회로에 많이 흘러야 하는 경우는 저항이 작아지는 방법 밖에는 없다. 그래서 저항이 작을 수록 선택도는 높아진다고 하는 것이다.

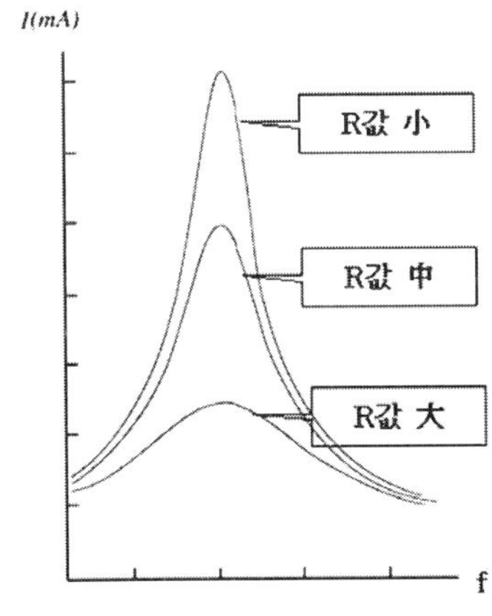

공진을 설명했으므로 곧바로 발진기를 분석하는 것이 순서상 맞는 것이나 발진을 알려면 복소수 임피던스라는 S를 알아야만 한다. S의 정체를 밝혀 내기 위해 퓨리에서부터 이야기를 전개해 나가기로 하자.

근거를 마련하는 길이 쉽지 만은 않을 것이다. 그러나 그 과정에서 얻는 것도 쏠쏠하기 때문에 건너 뛸 수는 없는 노릇이다.

3-10. 퓨리에(Fourier) 급수의 기초

많은 학문의 기저에는 수학이 든든히 받치고 있다. 수학의 언어는 번잡스럽게 설명해야 하는 내용을 몇가지 간단한 식으로 그 의미를 대표한다는 점에서 아주 매력적인 서술방식이 된다. 수학식이 아니라 말로 대상을 설명할 때는 받아 들이는 사람에 따라 오해와 착각이 스며들 여지가 많지만, 수학의 식은 논리적 증명이 올바르다면 다르게 생각할 여지를 주지 않는다는 점에서 엄밀하다는 탁월성을 미덕으로 갖는다.

그래서 많은 학문에서 수학적 모델이라는 수단을 채용하여 대상을 서술하게 되는 것이다. 전기전자도 예외는 아니어서 수학적인 수단을 빌려오게 되는데, 전기전자를 공부하는데 있어 어려움 중의 하나가 바로 수학이 되겠다.고로 수학과 담을 쌓은 사람이 전기전자를 공부 하는 데에는 여간 고역이 아닐 수 없게 되는데, 통신공학 쯤에 이르러 퓨리에 급수니, 변환이니, 계수니 하는 용어들과 식이 나오면 바로 뇌가 무풍지대(無風地帶)가 되어 버리고 만다.

통신공학이 아니더라도 교류(또는 광의의 개념인 파동)를 해석하는데 있어 퓨리에는 반드시 넘어야 할 산이 된다. 여기에 오일러 공식이 부가되어 공식들이 요동을 치면 배멀미로 생고생하는 경지에 이르고야 마는데, 거기서부터는 아이 앞에 읽으라고 놓인 산스크리트어와 다름이 없어 진다. 그렇다고 손을 놓을 수는 없고...난감하기 이를 데 없다.

넋 놓고 있을 수만은 없다. 지푸라기라도 잡고 싶은 심정으로 이해를 위해 뼈를 깎는 노력은 아니더라도 끼적끼적한 사유는 해줘 봐야 한다. 그래서 퓨리에 이해의 길잡이로서 기본적인 식에 대한 공학적 설명을 하려고 한다. 이를 바탕으로 퓨리에를 정복해 가면 까짓 것 인간의 머리에서 나온 관념적 개념들 밖에 더 하겠느냐는 오기도 생기게 되지 않을까?

전기전자에서 직류(DC)는 비교적 교류(AC)에 비해서 쉽다. 교류는 시간에 따라 신호가 변화하는 성질을 가지고 있기 때문에 분석하는 것이 용이하지 않다. 정작 정현적인 교류도 어려운데, 여기에 도무지 종잡을 수 없는 신호가 떡하니 출현하게 되면 보통사람의 머리로는 분석하기가 하늘의 별따기 정도가 되어 버린다. 예를들면 인간의 음성이 그런 경우가 되겠다.그런데 퓨리에가 나타나 이를 해결 했으니 우리는 그의 사유방향만 따라가면 손쉽게 무임승차(無賃乘車)할 수 있는 기회가 생기는 것이다. 이렇게 긍정적으로 사고를 유도해 보기로 하자.

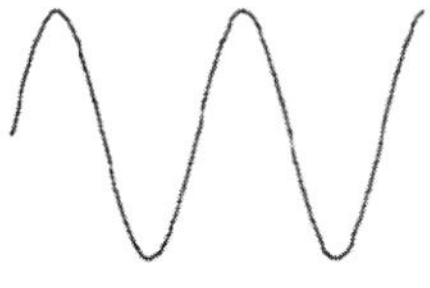

위의 신호중 어느 신호가 분석하기 평이 하겠는가? 당연히 왼쪽의 정현파가 분석하기 쉬울 것이다. 오른편의 방정맞은 파형은 어디서부터 손을 대어야 할지 막막하기만 하다.

그러나

하나의 착상이 어디서부터 손대야 할지 모를 저 신호의 분석을 위해 돌파구를 마련해 주게 된다. 만약 저 신호가 개차반 같더라도 주기적이라면 직류와 정현파(sine), 여현파(cosine)가 합성된 파형이라는 논리가 그것이다. 그러면 수학적인 메스를 들이댈 돌파구가 마련된다. 여기서부터 퓨리에가 활동하기 시작하는 점이다. 여하튼 어떤 파동이든지 모조리 표현할 수 있는 식을 만들자는 취지 아래 구현되어 나온 것이 퓨리에 급수(Fourier Series)가 된다. 먼저 급수식을 보기로 하자.

Jean Baptiste Joseph Fourier, Baron de, 1768~1830

급수(級數)라는 것은

무한급수에서 볼 수 있듯이, 수들의 계속적인 더하기가 무한대로 이어진 것을 의미하듯이,더하기로 계속 이어진 수를 말한다. 따라서 퓨리에 급수(Fourier Series)도 무언가 계속 더해진 형태를 갖는다는 것을 짐작할 수가 있는 것이다.

$$\begin{aligned} f(t) &= a_0 + a_1\cos\omega_0 t + a_2\cos 2\omega_0 t + \cdots + b_1\sin\omega_0 t + b_2\sin 2\omega_0 t + \cdots \\ &= a_0 + \sum_{n=1}^{\infty}\left(a_n\cos n\omega_0 t + b_n\sin n\omega_0 t\right) \end{aligned}$$

이 식이 퓨리에 급수(Fourier Series)라는 것이다. 먼저 이 식을 제일 먼저 납득하는 것이 출발점이 된다. 한번 찬찬히 뜯어 보기로 하겠다.

$$f(t) = a_0 + a_1\cos\omega_0 t + a_2\cos 2\omega_0 t + \cdots + b_1\sin\omega_0 t + b_2\sin 2\omega_0 t + \cdots$$
$$= a_0 + \sum_{n=1}^{\infty}\left(a_n\cos n\omega_0 t + b_n\sin n\omega_0 t\right)$$

퓨리에를 공부하는 사람치고 퓨리에 급수에 대한 식은 달달 외우고 있지만, 정작 왜 a_0는 있고, b_0는 없는지 의아해 하는 사람은 보질 못했다. a_0가 있으면 당연히 b_0도 있어야 하지 않는가? 헌데 b_0는 퓨리에 급수에서는 왜, 어떤 이유로, 무엇 때문에, 어쩌자고 흔적도 없는 것인가? 또는 그렇다면 홀로 남은 a_0는 무엇을 의미 할까?

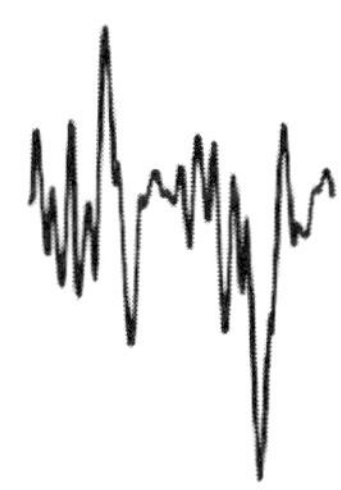

이 잡다한 신호가 0을 기준으로(+)든(−)이든 직류 offset 이 떠있을 수 있다.

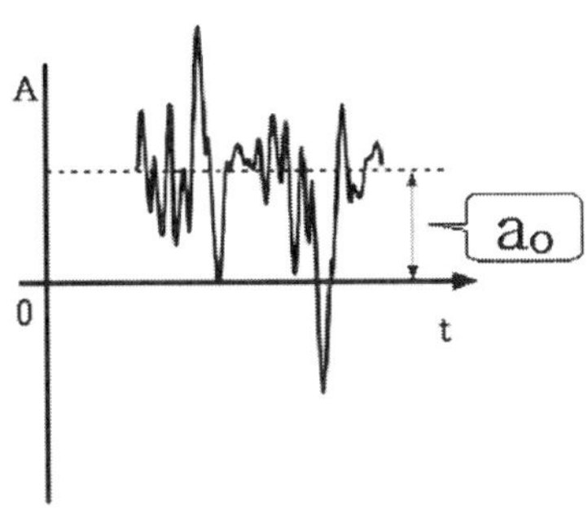

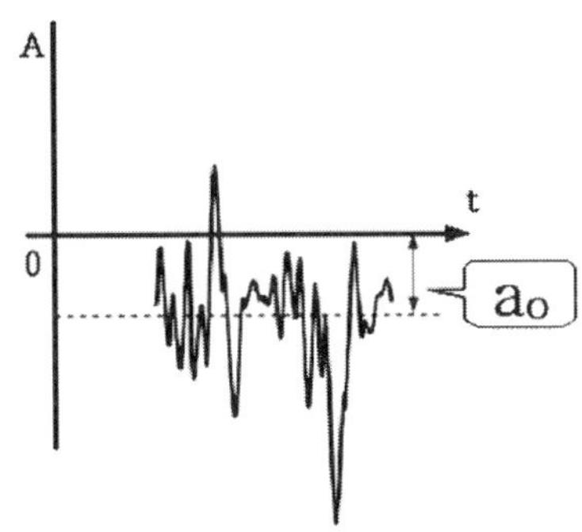

a_0의 전기 전자적인 해석은 바로 대상 신호의 직류 오프셋성분을 나타내고 있다는 것이다. 어쨌든 신호가 가질 수 있는 모든 성분을 표시해야 하기 때문에 불가피하게 a_0를 넣을 수 밖에 없다 그렇지 않은가?

$$f(t) = a_0 + a_1\cos\omega_0 t + a_2\cos 2\omega_0 t + \cdots + b_1\sin\omega_0 t + b_2\sin 2\omega_0 t + \cdots$$
$$= a_0 + \sum_{n=1}^{\infty}\left(a_n\cos n\omega_0 t + b_n\sin n\omega_0 t\right)$$

정현파(sine)파와 여현파(cosine)의 합성파들이 나열되어 있고, a1, a2...., b1, b2....의 계수들이 보인다. 정현파의 계수들은 b로 쓰여 있고, 여현파의 계수들은 a를 사용하고 있다. 뭔 기호를 사용하든 상관 없겠지만 구별은 필요하다. 그렇다면, a_0는 왜 여현파 계수를 나타내는 a의 문자를 사용 했을까? 정현파를 나타내는 기호 b_0는 왜 제거 되었을까? 잘 생각해 보면 직류성분은 주파수가 없는 값이라고 볼 수있다. 저 퓨리에 공식을 원형대로 나타내면 다음과 같이 될 것이다. 퓨리에의 원조식을 보도록 하자. 살짝 낑겨 있는 b_0도 보일 것이다.

$$f(t) = \boxed{a_0\cos 0\,\omega_0 t + b_0\sin 0\,\omega_0 t} + a_1\cos\omega_0 t + \cdots + b_1\sin\omega_0 t + \cdots$$

네모 울타리친 두 항만 따로 떼어내어 계산해 보면

$$a_0\cos 0\omega_0 t = a_0 \times 1 = a_0 \qquad (\because \cos 0\omega_0 t = \cos 0 = 1)$$

$$b_0\sin 0\omega_0 t = b_0 \times 0 = 0 \qquad (\because \sin 0\omega_0 t = \sin 0 = 0)$$

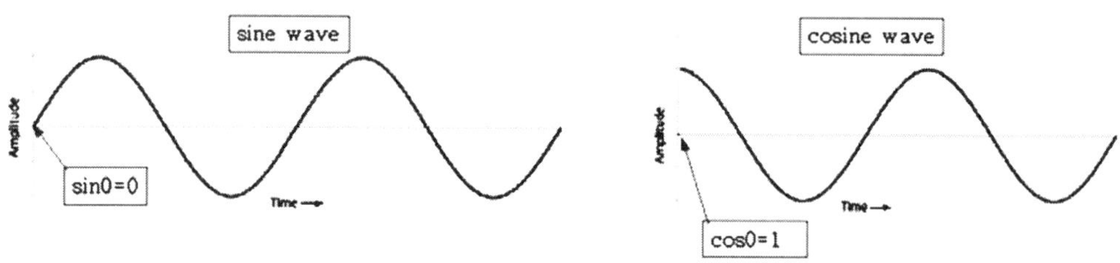

이기 때문에 정현파의 첫번째 계수인 b_0는 바람과 함께 사라져 버리고, 결국 a_0만 남게 되는 것이다. 그리고 이 성분은 직류 오프셋 분이라고 이미 설명하였다.

나머지 고구마 줄기에 고구마가 주렁주렁 달려 있듯이 줄줄이 달린 정현파와 여현파의 합은 무엇을 의미하는가?

복잡한 파형은 기본파의 정수배가 합해진 것으로 쪼갤 수 있다는 것이다.

만약 복잡한 파형의 기본 주파수가 1Hz라면 복잡한 파형은 이 기본 주파수에 ×1, ×2, ×3... 이라는 정수배의 주파수인 2Hz, 3Hz, 4Hz....가 더해졌다(합성 되었다)는 사실이 놀랍다. 그래서 퓨리에 급수를 보면 사인파든 코사인파든 기본주파수의 정수배가 곱해진 형태가 눈에 뜨일 것이다. 꼭 순서대로 더해진 것이라고 볼 필요는 없다. 보기 좋게 정렬한 것 뿐이다. 경우에 따라서는 중간에 없는 항도 있어 건너 띄게 될 수도 있다. 여하튼 임의의 조합이 가능하다는 것이다. 이념적인 식은 모든 있을 수 있는 형태를 자기 안에 포괄하는 것을 지향해야 하기 때문에 있을 것 다 있게 된다.

$$f(t) = a_0 + a_1\cos\underset{\text{기본주파수}}{\omega_0 t} + a_2\cos\underset{\text{정수배주파수}}{2\omega_0 t} + \cdots + b_1\sin\underset{\text{기본주파수}}{\omega_0 t} + b_2\sin\underset{\text{정수배주파수}}{2\omega_0 t} + \cdots$$

정수배란 ×1,×2,×3,×4,×5,×6... 로 기본주파수에 곱해진 주파수를 의미한다. 소숫점이 있는 배수가 아니라는 말이다. 가령 ×1.11345, ×2,3456, ×3.5673, ×4.11111, ×5.65789, ×6.55413 라는 혐오스러운 배수는 끼어 들 여지가 없다는 것이다.

사인파와 코사인파는 0부터 시작하면 사인파, 0이 아닌 곳에서 시작하면 코사인파가 되므로 파형성분으로 따지면 이 둘이 들어 가는 것은 당연하다. 또한 사인과 코사인의 합성파형이 들어 가거나 말이다.

만약 복잡한 파형에 사인파가 들어가지 않았으면 사인 항목들의 성분은 지우면 그뿐이다. 여하튼 퓨리에 급수는 복잡한 파형에 있을 수 있는 성분들을 짬뽕시킨 공식이라고 보면 된다. 주기를 갖는 복잡한 파형을 모두 식으로 나타낸 것이다. 물론 사인파와 코사인파들은 무한대의 성분들이 합성 되었다는 것을 상기해야 한다. 모든 것을 대표하는 식이기 때문이다. 무한대라는 말은 무서운 말이다. 불가능을 가능하게 하는 말이기 때문이다.

그리하여 퓨리에 급수라는 수학적인 옷을 입게 되는 것이고,간결성을 추구하는 수학은 더 간단한 형태의 모양으로 변태를 하게 되는 것이다(오일러의 옷을 입게 되면 더 복잡하게 얽히게 되지만 퓨리에 수식을 하나로 요약하는 마술쇼도 선보인다. 오일러가 우리를 삼각함수의 나라에서 자연지수의 나라로 여행시켜줄 것이다. 오일러 공식도 퓨리에 다음에 작살 내기로 하자).

$$\begin{aligned} f(t) &= a_0 + a_1\cos\omega_0 t + a_2\cos 2\omega_0 t + \cdots + b_1\sin\omega_0 t + b_2\sin 2\omega_0 t + \cdots \\ &= a_0 + \sum_{n=1}^{\infty}\left(a_n\cos n\omega_0 t + b_n\sin n\omega_0 t\right) \end{aligned}$$

기호 시그마 Σ는 어디에서부터 어디까지 모두 더하라는 약속된 의미이므로 퓨리에 급수를 더 간결한 형태로 만들어 준다. 윗 식에서 보면 n=1에서부터 ∞ 까지로 되어 있다. 얼마나 편리한가? 식을 무한대까지 나열할 필요도 없이 Σ기호를 이용해 합하는 기능을 대체하니 간결하게 표현할 수 있다는 것이!! 수학의 능력이다.

결론적으로

퓨리에 급수는 세상에 존재할 수 있는 모든 파동을 수식으로 나타낸 것에 불과 한데, 사인과 코사인의 조합으로 만들어 낸다는 것이 놀랍다. 세상에 어느 누가 복잡한 파형을 나누어 본 적이 있겠는가? 우리의 뇌는 논리적 사고 만으로 사람이 평생 결쳐서 작업 해도 못할 계산을 간단한 사유만으로 해결해 낸다는 것이 또한 경이롭다. 인간은 이성을 가진 동물이다고 했을 때 바로 이런 면면이 이성적이랄 수 있을 것이다.

그러면 다음으로 넘어가 보도록 하자.

그렇다면 사인과 코사인 앞에 붙은 a1, a2....b1, b2는 무엇을 의미하는지 보도록 하자. 이것을 일러 퓨리에 계수라고 한다. 주기를 알면 기본주파수를 알고 정수배 주파수가 어떻게 곱배기로 되었는지 퓨리에 급수를 통해서 알게는 되었는데, 이것만으로는 임의의 파형에 대한 합성된 파형을 모두 분석해 냈다고 볼 수가 없다.

개개 주파수의 계수를 알아야 제대로 분석 했다고 말할 수가 있을 것이므로, 계수를 어떻게 계산해 내는지가 아주 중요한 촛점이 된다. 퓨리에 계수는 이것을 어떻게 계산해 내느냐의 공식이 될 것이다. 또한 퓨리에 계수에서 계수는 전기 전자적으로 무엇을 의미 할까도 보기로 하자. 수학을 전기전자의 마당쇠로 부려 먹자!

퓨리에 급수는 세상에 있을 수 있는 모든 파동을 수식으로 표현한 것이라는 것을 계속 강조했다. 호수에 일렁이는 파랑도, 우리가 말할 때 공기를 울리는 진동도, 전기전자,또는 물리의 파동도 예외 없이 퓨리에 메스로 짜갤 수 있다고 했다.그래서 공학에서는 어느 분야를 불문하고 퓨리에를 공부할 수 밖에 없는 것이다. 세상을 해석하는 하나의 도구가 되기 때문이다.

인간이 만물의 영장이라고 부르는 이유는 바로 현상적 해석도구를 알면 도구를 적용하여 다시 세상을 변화시키는 기술문명을 개척하여 간다는 것에 있다. 세상은 인간을 만들고, 인간은 노동으로 다시 세상을 만들어 간다는 변증법적인 철학이 그래서 출현하는 것이다. 헤겔철학이 뭐 대단한 것이 아니다.

다시 한번 급수를 써 보기로 한다.

$$f(t) = a_0 + a_1\cos\omega_0 t + a_2\cos 2\omega_0 t + \cdots + b_1\sin\omega_0 t + b_2\sin 2\omega_0 t + \cdots$$

$$= a_0 + \sum_{n=1}^{\infty}\left(a_n\cos n\omega_0 t + b_n\sin n\omega_0 t\right)$$

퓨리에 급수에서 아직 설명하지 못한 성분 an과 bn이 무엇인지 규명해야 할 것 같다. 이 성분을 일반적으로 계수(coefficient)라 부른다. 계수라고 말하면 얼른 이해하지 못하게 된다. 수학에서 말하는 계수를 알아 보자.

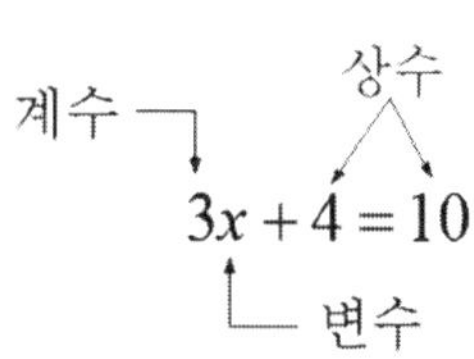

상수와 변수는 잘 알고 있다. 그럼 계수(係數)란? 係 자가 매다, 묶다의 의미가 있는 것에서 알 수 있듯이 어디에 묶여 있는 수를 말한다. 어디에 묶여 있는가? 그렇다 바로 변수 앞에 묶여 있다. 이를 일러 계수라고 칭한다.

그럼 이 수학적 계수가 전기전자에서 의미하는 것은 무엇일까? 바로 사인과 코사인의 진폭

(amplitude, 振幅)을 의미한다~고 하면 전율처럼 감이 금새 온다. 이는 교류회로시간 처음에 충분히 숙지했던 내용이다. 위에서 설명한 방식으로 썰을 풀면 사인과 코사인은 각속도에 따라 변하는 변수이니 그 앞에 붙은 숫자는 의당 계수가 될 것이다.

$a_n \cos n\omega_0 t$ ← 진폭 $\quad\quad$ $b_n \sin n\omega_0 t$ ← 진폭

따라서 퓨리에 계수를 구한다고 하는 것은 임의의 파동을 형성하는 합성주파수들 각각의 진폭을 구한다는 말이 된다. 주파수가 합성(合成) 됐다고 하는 것은 다수의 주파수들이 더해져서 뒤죽박죽 섞여 있다는 것을 의미한다. 주파수가 마치 밀가루 반죽이라도 되듯이 말이다. 주파수를 알고 그 주파수가 가지고 있는 진폭을 알면 파동을 형성한 주파수들을 주파수 도메인에서 간단하게 막대그래프처럼 그릴 수 있기 때문에 이 계수(진폭)의 계산은 아주 필수적이다.

사인파를 예로 들어 보자 .

단위원상의 sinωt는 아래와 같이 그려질 수 있다. 단위라는 말이 나오면 무조건 무엇인가 1이라고 생각해 주도록 한다. 여기서는 진폭의 크기가 1인 것, 즉 반지름이 1인 원을 단위원이라고 부른 것이다. 단위 원상을 돌아가는 추가 있다면, 이 궤적을 시간축상에서 옆으로 펼쳐 우리가 잘아는 사인파나 코사인파를 표현할 수가 있게 된다.

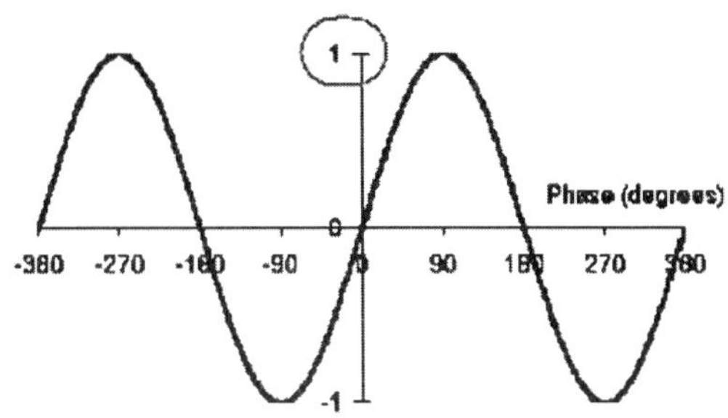

그런데 합성파형을 고려할 때 각 주파수 성분들의 진폭들은 일정하지는 않을 것이다. 왜냐하면 제각기 성질이 다른 주파수들이 섞여 있기 때문이다. 이것을 임의의 진폭이라고 하면

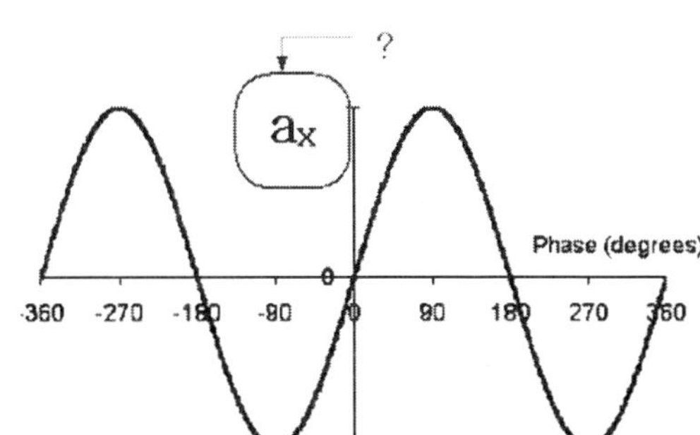

기본 단위가 1이 아닌 다른 진폭을 의미하게 된다.

그리고 또한 이 진폭을 구하는 것이 퓨리에 계수를 구하는 방법이 된다는 것은 여러 번 강조했다. 꼭 기억 하시길. 여기까지 설명한 것을 그림으로 간단하게 표현해 보자.

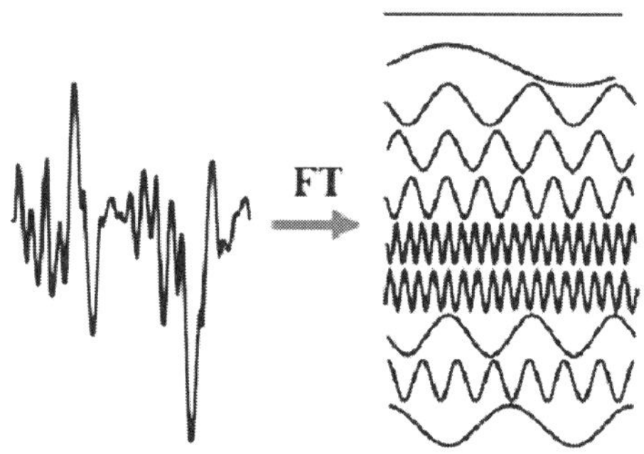

결국 퓨리에 계수를 구한다는 것은 시간축에 있는 아주 복잡한 파형을 개개의 주파수 성분들로 분리해, 주파수 축상 개별로 짜개는 것이 기본 개념이 되겠다. 위의 그림과 같이 쪼개면 병렬 연산처리가 안 되는 우리 뇌는 받아들이기 아주 곤란해 진다. 퓨리에 급수에서 계수(= 진폭)를 구하기만 하면 아래와 같이 심플하게 표현하게 끔 될 것이다.

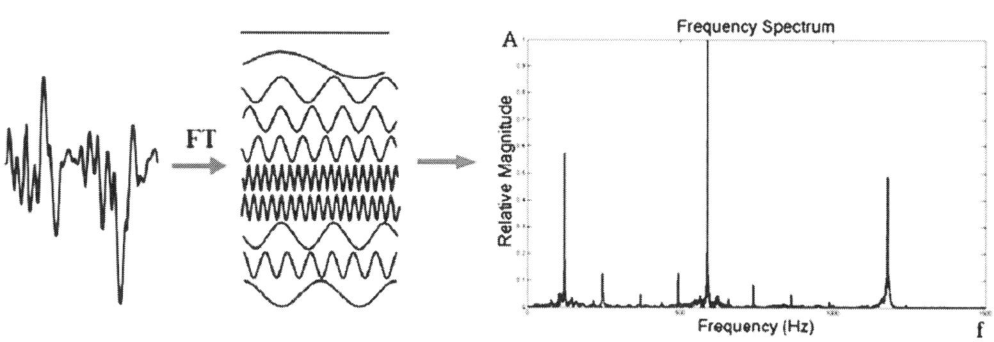

얼마나 간단하게 그려지게 되는가를 보시라! 합성된 파형을 주파수 도메인에서 개개의 주파수 성분으로 쪼개 나타내는 계측기로는 스펙트럼 아날라이저(spectrum analyzer)라는게 있다. 나중에 현업에서 사용하는 사람도 더러 있을 것이다. 빛을 삼각프리즘에 투과시키면 무지개 빛 일곱 색이 띠처럼 나타나듯이, 주파수도 띠처럼 줄로 나타난다고 해서 스펙트럼 아날라이저라고 부른다.

가끔 미디어에서 정치평론가들이 이념의 스펙트럼이라는 말을 사용할 때도 동일한 유비를 갖고 사용하는 것이다. 양끝에 극좌와 극우를 설정하고 그 사이에 이념적으로 다종다양한 보수, 진보, 중도, 중도우파, 중도좌파 등등을 스펙트럼처럼 띠로 그려낼 수 있기 때문에 관념적으로 차용하여 부르기도 한다.

퓨리에 급수와 계수의 의미를 알아 보았으니, 다음 단계는 우리로 하여금 징글맞게 몸살을 앓게 했던 계수 구하는 공식의 유도과정을 살펴볼 차례다. 계수식만 봐도 모골이 송연 해지는 분들이 계시리라. 허나 너무 염려 마시라. 그대들의 머리가 나빠서 이해를 못했던 것이 아니니 자꾸 자학하지 마시라. 몇가지 개념만 머리에 삭혀 놓으면 어려울 것이 없는 공식들이다.

$$a_0 = \frac{1}{T}\int_0^T f(t)\,dt$$

$$a_n = \frac{2}{T}\int_0^T f(t)\cos n\omega_0 t\,dt$$

$$b_n = \frac{2}{T}\int_0^T f(t)\sin n\omega_0 t\,dt$$

경우에 따라서는 자기 취향에 맞게 식을 아래와 같이 쓰기도 하는데 전혀 같은 뜻이다. 단지 주기를 알아먹기 쉽게 sin x와 cos x의 주기가 2π라서 그런 수준에서 써 준것 뿐이다. 전혀 헷갈려 할 필요 없다. 하다 못해 주기가 L이라고 하자 그러면 주기를 나타내는 일반기호 T를 L로 쓰면 되는 것이다. 아래에서는 주기 T 대신에 우리에게 익숙한 2π로 써 준것 뿐이다.

위에 나열된 공식들이 퓨리에 계수를 구하는 공식들이다.

$$a_0 = \frac{1}{2\pi}\int_0^{2\pi} f(t)\,dt$$

$$a_n = \frac{1}{\pi}\int_0^{2\pi} f(t)\cos n\omega_0 t\,dt$$

$$b_n = \frac{1}{\pi}\int_0^{2\pi} f(t)\sin n\omega_0 t\,dt$$

외울려면 쐬가 빠진다. 무슨 의미인지도 도통 모르겠고, 아주 죽여 주는 식들이다. 이제 이 식에 자연지수를 포함하는 오일러 공식을 대입하면 거의 멘탈 붕괴 상태가 된다. 우선 급선무는 저 식들의 근거를 서둘러 마련하는 길이다. 이 계수를 구하는 공식을 이해하는 것이 퓨리에 변환을 이해 하는데로 가기 위한 두 번째 고비가 된다.

다시 한번 강조하지만

a_0= 직류 오프셋

a_n= 코사인파 진폭

b_n= 사인파 진폭

임을 꼭 명심하시기 바란다. 반복되는 감이 있지만 노파심에서 다시 강조하는데 an은 코사인파 진폭이라고 했다.

a2 이면 기본주파수의 두배 정수배 되는 코사인 주파수의 계수가 되고, a3는 기본주파수의 세배 정수배 되는 코사인 주파수의 계수가 된다.기본주파수를 제외하고 2배 정수배 되는 놈을 일러 제2고조파(harmonics, 高調波?)라고 하고, 3배 정수배 되는 놈을 제3고조파라고 한다. 계속 파형이 이어지면 제4, 제5, 제6....고조파라고 하면 된다.

첫번째 계수 a_0를 구하는 공식을 보기로 하자.

함수 f(t)를 적분해서 한 주기로 나누어 주는 형태로 되어 있다. 먼저 함수 f(t)가 어떤 놈인지 살펴 보기로 하자. f(t)로 대표 했지만 실상은 만만치 않다. 여기서 함수 f(t)는 임의의 파형을 합성한 모든 주파수 성분, 즉 퓨리에 급수 전체를 말한다.

$$f(t) =$$

$$= a_0 + a_1 \cos w_0 t + a_2 \cos 2w_0 t + \cdots\cdots + b_1 \sin w_0 t + b_2 \sin 2w_0 t + \cdots$$

이 함수 f(t) 를 적분 하라 고라고라.....골로 가시겠다.

그러나 천만 다행인 것은 저 함수에 절대값이 씌워져 있지 않다는 것에 감사해야 한다. 만약 절대값이 씌어져 있다면 무한대로 이어지는 모든 주파수 성분을 적분해야 하니...생각만 해도 몸서리 쳐진다. 뭐가 그리 감사한지는 사인과 코사인 함수를 적분해 보면 안다. 먼저 단순한 사인 함수를 보기로 하자.

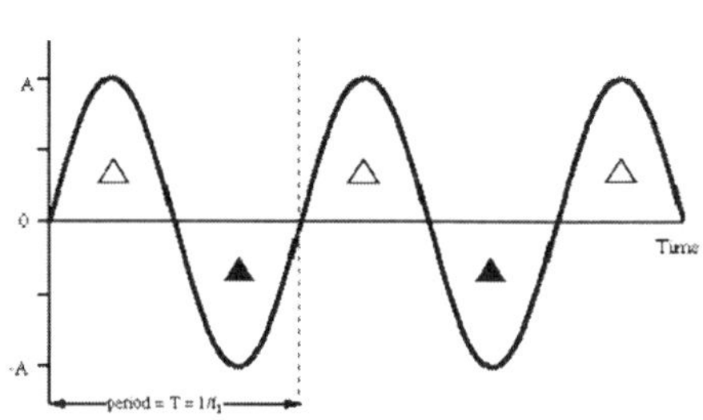

Sine Wave

사인함수를 적분하면 천만 다행이게도 △ = ▲ = 0이 나온다. 주파수가 크든 작든 여하튼 사인을 한 주기 동안 적분하면 0이 나온다. 주파수가 바뀐다고 해서 사정이 돌변하지는 않는다. 결코 0을 벗어나지는 않는다. 이때 손 바짝 들고, 여기 좀 보라는 듯 손목을 도리질 치면서 질문하는 사람들이 꼭 있다. 그럼 두 주기는 어떻게 되는 겁니까? ...주기의 적분이 0인데 두 주기면 바뀌는 것이 있을까나? 그런 의문을 가진 사람들을 위해 그림에서 두 주기까지도 0이 된다는 것을 그려 넣었다.

다음에 코사인 함수그래프를 보기로 하자.

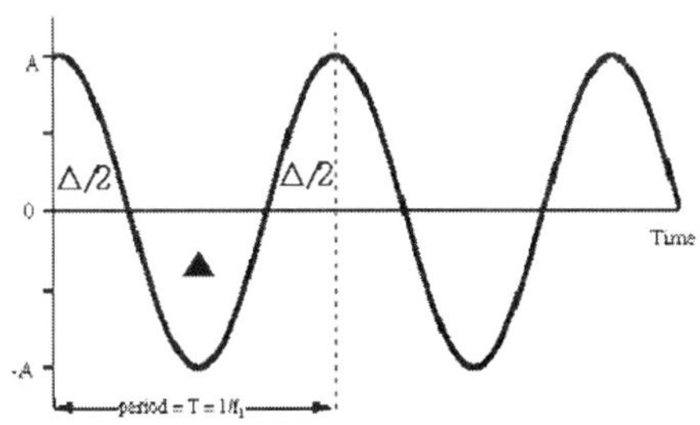

코사인함수를 적분하면(△/2+△/2)−▲ = 0이 나온다. 사인파형과 마찬가지로 주파수가 크든 작든 상관 없이 한 주기 동안 적분하면 0이 나온다. 사정이 그러하다면?? 퓨리에 급수인 함수 f(t)를 적분하면 놀랍게도 초 간단하게 정리할 수 있다.

$$f(t) = a_0 + \boxed{a_1\cos\omega_0 t + a_2\cos 2\omega_0 t + \cdots + b_1\sin\omega_0 t + b_2\sin 2\omega_0 t + \cdots}$$

$$\boxed{=0}$$

위의 함수를 적분하면 교류 항은 모두 0이 되어 버린다. 이제 슬슬 a_0의 계수를 구할 수 있는 토대가 마련 되어간다.

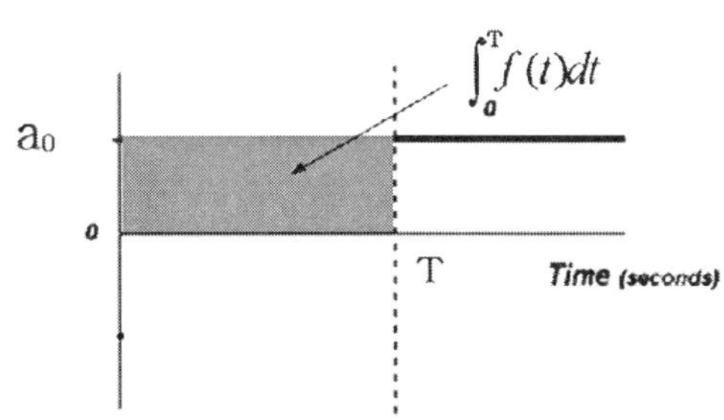

위의 그림에서 퓨리에 급수 함수를 적분하면 교류부분(사인, 코사인 성분)은 죄다 0이 되어 버리고, 단지 직류성분만 남아 주기 T동안의 면적이라는 것을 눈치챌 수 있다. 그렇다면 아래와 같이 식을 세울 수 있게 될 것 같다.

$$a_0 \times T = \int_0^T f(t)dt$$

에서 a_0를 구하려면 주기, T로 양변을 나누어 주기만 하면 된다.

$$a_0 \times \frac{\cancel{T}}{\cancel{T}} = \frac{\int_0^T f(t)dt}{T} = \frac{1}{T}\int_0^T f(t)dt$$

$$\therefore a_0 = = \frac{1}{T}\int_0^T f(t)dt$$

계수 a_0의 공식이 유도 되었다. 결국 a_0는 공식유도과정에서 살펴 볼 수 있듯이 주기 T까지의 면적에서 이 면적을 밑변 T로 나누어 주게 되니 높이분의 상수, 즉 직류분만 남게 되는 것이다. [f(t)=상수]. a_0를 구할 때 교류분은 절대 신경 쓰지 않아도 된다.

다음으로 계수 an을 구해 보기로 한다.

$$a_n = \frac{2}{T}\int f(t)\cos n\omega_0 t\ dt$$

윗식은 계수 an을 구하는 일반식으로 표현한 것이다. 예를들어 계수 a1을 구하고자 하면

$$a_1 = \frac{2}{T}\int f(t)\cos\omega_0 t\ dt$$

(1생략)

계수 a2를 구하고자 하면

$$a_2 = \frac{2}{T}\int f(t)\cos 2\omega_0 t\ dt$$

로 쓰겠다는 것이다. n이 ∞ 까지 갈 수 있으니, 무한대의 a계수를 구할 수 있게 되는 것이다. 불가능한 일이지만 수학적으로는 그런 의미를 내포하고 있다. 자 이 공식에서 눈 여겨 보아야할 부분이 있다. a2계수를 예로 들어 보기로 하자.

$$a_2 = \frac{2}{T}\int f(t)\boxed{\cos 2\omega_0 t}\ dt$$

계수 a2를 얻기 위하여 함수 f(x)에 a2 계수를 가지고 있는 주파수 성분과 같은 $\cos 2\omega t$를 곱해 주었다는 점이다. 바로 이것이 수학적인 하이라이트 기술?이다. 여기서 중요한 초점은 진폭이 1인 $\cos 2\omega t$를 함수 f(x)에 곱해 주었다는 것은 매우 중요하다. 이것은 어떤 결과를 초래하게 될

까? 식으로 전개하면 이렇다는 말이다.

$$\left(a_0 + a_1\cos\omega_0 t + a_2\cos 2\omega_0 t + \cdots + b_1\sin\omega_0 t + b_2\sin 2\omega_0 t + \cdots\right) \times \cos 2\omega_0 t$$

진폭이 1인 $\cos 2\omega t$를 함수 f(t)의 모든 항에 곱해 주어야 한다. 함수 f(t)가 무한대의 항이 있으니, 당연히 작업이 끝이 없어 보인다. 이래 가지고서는 늙어 죽도록 이 하나의 계산만으로 감당하기도 어렵다. 그래도 시작을 했으니 일단 해야 하지 않겠는가? 덤벼 들어 보자 아주 저돌적으로...

먼저 $a_0 \times \cos 2\omega t$는 어떻게 되는지 보기로 한다.

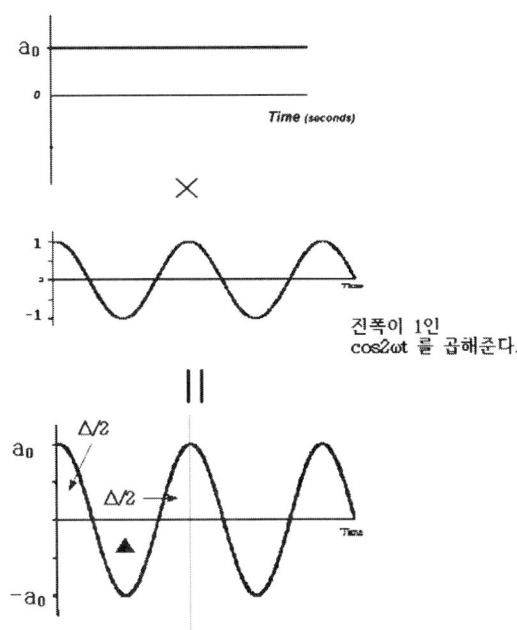

진폭이 a_0인 코사인함수가 되었다. 이를 적분하면?????(△/2+△/2)−▲=0위에서 살펴본 바와 같이 적분은 면적을 구하는 것이니까 바로 0이 된다.

그 다음 $a1\cos\omega t \times \cos 2\omega t$ 를 그려보기로 하자.

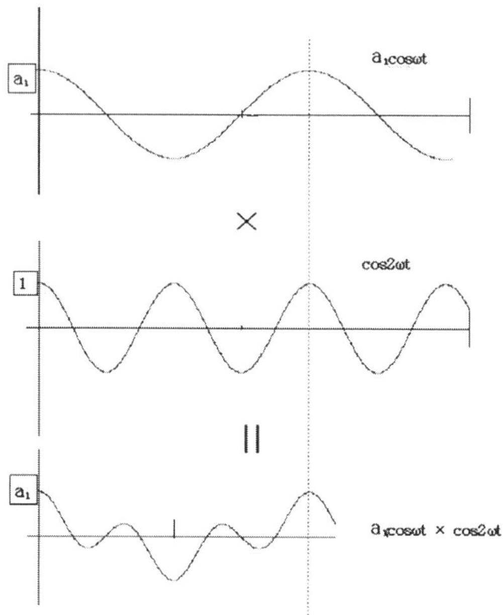

역시 결과값은 면적이 0가 나온다.

이제 진폭은 다르지만 주파수 크기가 같은 것끼리 곱해 보기로 하자. $a2\cos 2\omega t \times \cos 2\omega t$

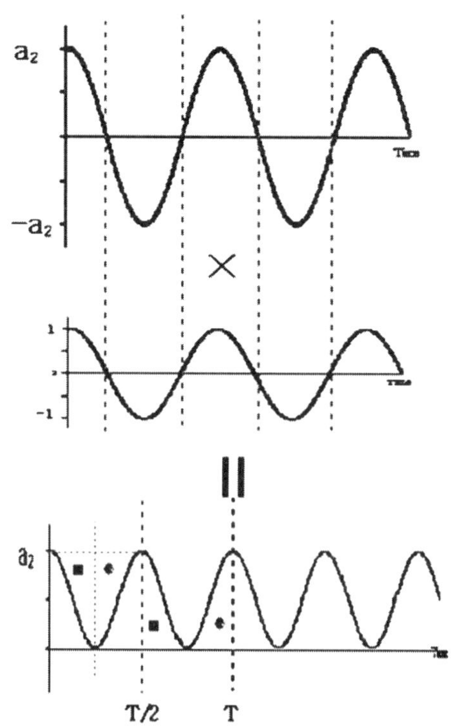

주파수가 같은 것끼리 곱하니 다른 것과는 확연하게 차이가 난다. 값이 마치 절대값 씌운 것처럼 모두 정방향(+)으로 표현되 적분값이 0이 나오지 않게 되었다. 그러나 절대값 씌운 그래프와 다른 것에 주의 해야 한다. 여기서 하나 고려해 주어야 할 것이 있다.

an을 구하는 식의 적분구간을 우리는 사상해 버리고 공식을 써 왔다. 그러나 원래 적분은 구간이 있다. 한 주기 동안이 적분구간이 된다. 주기함수를 분석하는 것이기 때문에, 주기를 늘려 분석할 필요가 전혀 없다.한 주기 안에서 그 파형의 모든 정보를 알 수가 있기 때문이다. 적분구간인 [0~T]. 아래를 보기로 하자.

$$a_n = \frac{2}{T}\int_0^T f(t)\cos n\omega_0 t\,dt$$

한 주기 동안 적분한 값을 그래프로 꼴라쥬 해 보기로 한다.

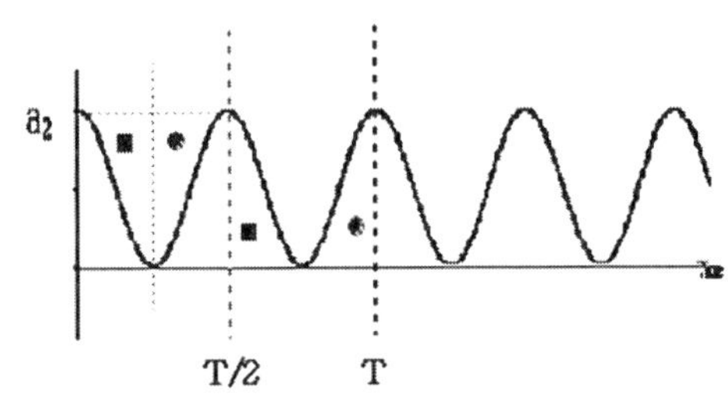

한 주기 동안 적분한 것은 위의 그림에서 보면 반주기 동안의 사각면적 a2 × T/2가 되어 결과적으로 2/T 로 곱해 주면 높이(진폭) a2가 나오게 되는 것이다.

그 다음에는 3배 정수배 되는 것, 4배 정수배 되는 것 과 곱해 주어야 하지만 그래프 그리기가 힘들어서 생략한다. 결과는 같은 주파수를 곱하지 않으면 적분값은 모두 0이 나온다고 생각하면 된다.물론 사인함수와도 곱해야 하지만 결과는 적분 값이 모두 0가 나온다. 시간이 나면 한번 해 보시라.

휴~ 평생에 걸쳐서 계산해야할 것 같은 암담한 분위기에서 일단은 해방됐다. 신기하지 않은가? 이를 적분하고 주기 T/2로 나누어 주면 결국 계수인 a2, 진폭을 얻을 수 있게 되는 것이다.

그렇다면 a3의 계수를 얻으려면 cos3ωt을 함수 f(t)에 곱해주고 적분하여 T/2로 나누어 주면 된다. a4를 구하려면? cos4ωt을 함수 f(t)에 곱해주고 적분하여 T/2로 나누어 주면 된다...a5, a6....an 은 이하 동문 임. 해서 코사인함수의 계수 a를 구하는 일반식이 탄생하게 되는 것이다.

이렇게 간단해지는 이유는 우리가 흔히 듣는 용어인 서로 곱해서 적분을 했을 때 0이 나오게 되면 그 신호들은 서로 orthogonal(직교)하기 때문이라고 배웠다.

흐리멍덩한 개념들의 교통정리가 대충 마무리 되었으니, 다음은 계수식을 깔끔하게 정리하고 넘어가자.

계수(진폭,높이)를 구하기 위해 한 주기가 아니라
반주기 동안만 고려해 주면 된다.
따라서 (1/T)/2=2/T 가 되어야 한다.

$$a_n = \frac{2}{T}\int f(t)\ \underline{\cos n\omega_0 t}\ dt$$

진폭이 1이고, 구하고자 하는 계수의 주파수와 똑
같은 주파수를 전체 함수에 곱해주는 이유는 구하고자 하는
계수의 주파수 성분 이외의 모든 항을 0으로 만들어 주기
위한 수학적 기술이다.

놀랍지 않은가!

그렇다면 사인함수 성분도 마찬가지 방식으로 계수를 구할 수 있다는 것을 해 보지 않아도 알 수 있게 된다. 인간이란 이렇게 하나를 알면 100가지를 유추할 수 있는 감성(感性), 오성(悟性), 이성(理性)을 가지고 있다는 점에서, 기막힌 영성(靈性)을 부여한 하나님에게 감사를 표해야 할 것이다.

사인함수의 계수 b를 구하는 것은 생략해도 이해하는 데 아무런 지장이 없게 된다. 방식은 코사인성분의 계수를 구하는 방법과 동일 하다고 했다. 적분구간은 T까지다.

$$b_n = \frac{2}{T}\int_0^T f(t)\ \sin n\omega_0 t\ dt$$

이제 저 위식을 척 보면 아항 그렇게 해서, 저렇게 되는 구나 하고 알아 차리실 수 있는 감을 잡게 되었다. 별것이 아니다. 이리하야 우리는 퓨리에 급수와 퓨리에 급수에서 각 계수를 구하는 방법을 알아봄으로 그 공식이 가지고 있는 숨은 의미를 밝힌 것이 된다. 생각 같아서는 몇 개의 그래프를 더 그려주고 싶은 생각이 굴뚝 같으나 그릴 수 있는 여건이 안되는 것을 양해 하시라. 하나 그리는데도 낑낑거리며 부대끼기도 하지만 시간도 많이 걸린다.

다시 한번 퓨리에 계수공식을 음미하기로 하자. 처음 대할 적에 낮 가렸을 때 보다는 눈으로 보기에 부드러울 것이다. 부담스러운 부호로 잡탕이 된 수식을 볼 때, 부드럽다는 인상을 받으면 이미 우리는 대상을 만만하게 보고 있다는 증거다.

이 수식을 처음 접하고 몇%나 완벽히 이해를 하고 넘어 갔겠는가? 생각 보다 그리 많지는 않을 듯하다. 그래서 우리는 희망을 가지게 되는 것이다.나만 몰랐던 것이 아니고, 다들 몰랐던 사실을 알게 될 때 자포자기의 심정이 희망으로 용출된다.

$$a_0 = \frac{1}{T}\int_0^T f(t)\,dt$$
$$a_n = \frac{2}{T}\int_0^T f(t)\cos n\omega_0 t\,dt$$
$$b_n = \frac{2}{T}\int_0^T f(t)\sin n\omega_0 t\,dt$$

다음은 퓨리에 공식을 매력 덩어리인 자연지수함수로 바꿀 수 있는 여지를 주는 오일러 공식을 작살 내 보기로 하자. 책들을 보면 대게 퓨리에 급수나 계수를 날 것으로 그냥 사용하지는 않는다. 자연지수가 포함된 복소형식을 매우 선호한다. 공부 쫌 했다는 사람은 어느 학문이고 간에 자연지수를 무척 애용한다는 것을 눈치 채었을지도 모르겠다. 왜 과학자들은 그리도 자연지수로 식을 바꾸려고 야단법석을 피우는 것일까? 이런 의문도 자연히 해소될 것이다. 그래서 오일러를 붙들고 밤새 씨름 해야 하는 이유가 충분히 있게 되는 것이다. 오일러의 바다에 빠져보시기로 하지요~

3-11. 오일러(Euler)공식 증명을 위한 배경지식

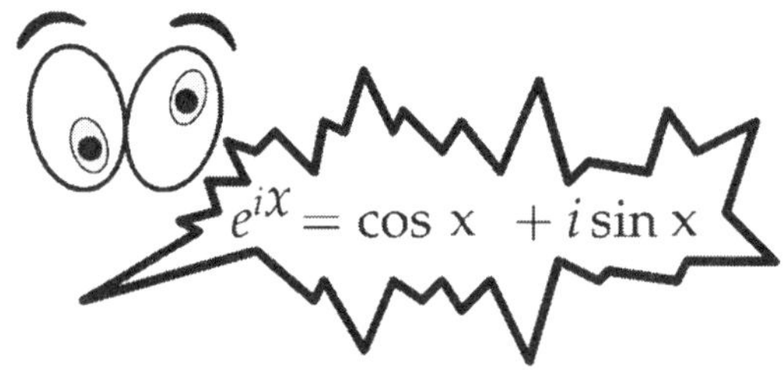

오일러의 공식(Euler's formula)이라고 불리는 위의 식을 증명하는 것이 이번 설명의 주제(主題)가 되겠다. 오일러의 공식은 수학에 문외한(門外漢)인 우리가 척 봐도 매우 범상치 않아 보인다. 눈 돌아 가시겠다!

저명한 이론 물리학자이면서, 대중적인 저서를 많이 출간한 미국의 리처드 파인만(Richard Phillips Feynman)은 저 식을 일러 "수학사상 가장 위대한 공식이며, 우리의 보물이다"라고 까지 격찬(激讚)했던 공식이다. 파인만에게는 보물일지 몰라도 우리에겐 단연 한숨이다.

우리는 여지껏 허수 i와 자연상수 e 그리고 사인과 코사인을 따로 따로 별개로 취급해 왔다. 그런데 놀랍게도 서로 연관이 될 것이라고는 생각지 못한 수학적 존재들이 오일러의 뇌구조 안에서 통일이 이루어져 21세기 오늘날의 우리에게까지 전해지고 우리를 괴롭?히고 있는 것이다. 유추해 보면 위대함이란 외견상 전혀 상관없어 보이는 개념들을 특정한 관계 속으로 맺어 주는 사람에게 돌아가는 영예인가 보다. 아무거나 연관을 지으면 흰 집에서 돌봐 주어야 하는 사람이 되니까 조심하시라.

스위스지폐 속의 오일러. 스위스바젤 출생. 오른쪽 눈이 좀 이상하지 않나?
30살 즈음에 오른쪽 눈을 실명 했고, 만년에는 양쪽 눈 모두 실명했다고 한다.

식만 봐도 어질어질 뒤로 자빠질 듯한데, 저 식이 의미하는 형상은 잘 떠오르지 않는다. 대체 어떤 그림일까? 그걸 보기 전에 먼저 저 식이 정말 성립하는지 증명하는 것이 순서다.

오일러의 공식을 증명하는 방법은 여러 가지가 있지만 적어도 만만하게 보이는 방법을 택해서 증명하기로 한다. 미분을 이용한 증명 방법.... 만만하다고? 이읔고 너무 살벌한 것은 아닌가?

공학이고 수학이고 간에 자연지수는 너무 많이 애용이 되고 있다.

왜 이처럼 자연지수는 매력적일까? 이 놈의 매력은 미분해도 그 자신, 적분 해도 그 자신이 된다는 기기묘묘(奇奇妙妙)한 특질에 있지 않을까 한다. 복잡 하기 짝이 없는 미분과 적분 계산에서 해괴한 변태 없이 도로 자기자신이 된다는 것은 복잡다단(複雜多端)한 것을 본능적으로 싫어하는 우리들에게 딱 안성맞춤일 수 밖에 없다. 그래서 수단과 방법을 가리고, 용을 쓰면서 자연지수를 도입하여 식을 표현하려고 하는 경향이 짙다. 이것이 우리가 오일러의 공식을 알아야 하는 이유이기도 하다. 아뿔사 급기야는 퓨리에 급수와 계수도 이 공식을 이용하여 자연지수로 표현 되고야 만다. 사정이 이렇듯 여차저차 하니 아니 알 수가 없는 노릇이다.

먼저 예비적 성격으로 몇 가지 미분에 대해 알아 보고 오일러의 공식 양변이 같음을 확인하기로 하겠다.

자연지수함수의 미분을 먼저 살펴보자. 자연지수 함수의 미분은 바로 그 자신이 된다는 것은 이미 밝혔다. 함수 형식으로 표현 하기로 한다.

$$f(x) = e^{x}$$

이 자연지수함수를 미분한다는 것은 기호로 아래와 같이 표시를 하고 결과는?

$$f'(x) = e^{x}$$

미분해도 눈 하나 까딱하지 않고 자기자신이 되어 버렸다. 참 묘하기까지 하다.

그래프를 이용해서 이해하면 쉽다. 아래 그림은 우리가 흔히 보던 자연지수함수의 그래프다. 그래프로 땜질하면 대충 감 잡는 데에는 아주 적당한 해석이 되겠다. 감 잡을 때에는 너무 꼼꼼히 따지지 말라. 그냥 그러니라 하시라. 번개같은 직관이 필요하다. 칸트가 말했던가? 지식중의 상 지식은 직관적 지식이라고. 우리가 꼼수로 말하는 직관과 대 철학자 칸트가 말하는 직관의 사정은 서로 하늘과 땅 차이가 있다손 치더라도 이것저것 따지지 않고 즉각적으로 파삭 감지 하는 이해력이라는 차원에서는 도낀개낀일 것 같다.

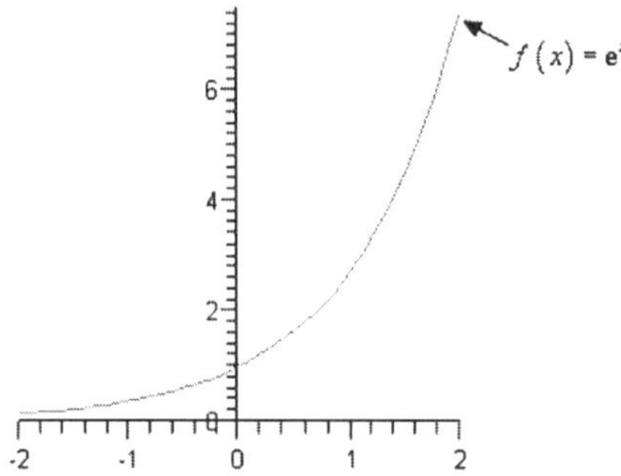

미분이란 한 점에서의 기울기 이니까 자연지수함수의 각 점에서 기울기를 생각하고 점 전체의 기울기를 이어보면 되고, 적분은 면적을 구하는 것이니 부분면적을 더해가면 되니 아래 그림을 보고 자연지수함수의 미분과 적분을 간단히 직관으로 때려 잡자.

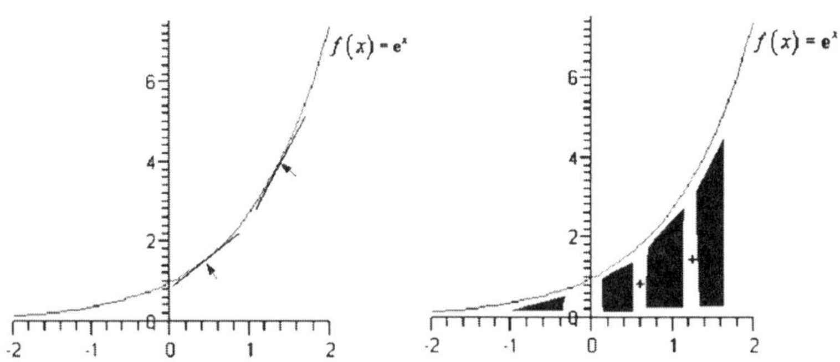

두 점만 생각해봐도 역시 같은 그래프가 그려질 것 같은 강한 추측이 생긴다. 다른 지수함수를 미분하면 자연지수함수와는 다르게 자기자신이 절대 나오지 않는다.

또 면적을 더해가는 적분을 생각해 보기로 하자. 역시 그래프는 자연지수함수 그대로 그려질 것 같다.

거런데..적분은 그 점까지 더하면 더 커질 것 같은디...라고 고민많은 사람은 생각할지 모르겠다. 대단히 상식적이고 정당하기까지 한 고민이다. 자연지수함수를 적분하면 자연지수함수가 전혀 나올 것 같아 보이지 않는다.

그러나 이렇게 생각해 보시라.

바로 그 점까지 면적을 더한 것은 그래프상 바로 그 점까지의 자연지수함수라고 생각하지 말고, 그 점까지의 적분은 그 앞쪽으로 기하급수적으로 뻗어나간 곳, 크기로 생각하면 된다.고로 직관적으로 얼버무려서 자연지수함수가 되어 버릴 것 같다. 재치있게 요술을 부리고 있는 것처럼 보이지만, 사실이 그렇다. 이 말이 이해 되었으면 고민 작살이다.

그래도 자연지수의 적분은 알쏭달쏭하다고 생각하는 분들은 까짓 것 손 쉽게 접근하시라.미분의 역계산이 적분이므로, 자연지수함수를 미분하면 그 자신, 자연지수함수가 나왔으므로, 적분하면 원래 성형 수술하기 전 모습인 자연지수함수가 다시 나온다고 생각하면 품질이 우수한 논리적 사고방식이 되겠다.

고로 결론은

$$e^{x} \underset{\text{적분}}{\overset{\text{미분}}{\rightleftarrows}} e^{x}$$

이라는 것을 확인할 수 있다.

역시 매력 덩어리라고 볼 수 있겠다. 좋아 하지 않을 사람이 누가 있겠는가? 그래서 자연지수에 자꾸 손이 가는 것이다. 공학자든, 수학자든, 물리학자든 간에 말이다.

그러면 자연지수함수의 미분에서 변수 x 입에 모래알이 씹히는 경우는 어찌하면 될까? 일테면 아래와 같은 경우의 함수일 때 미분 말이다.

$$f(x) = e^{ax}$$

모래알이 입에 씹히면 뱉어 내면 된다. 위의 함수를 미분해 보기로 하자.

미분 한번하면 한번 뱉어 준다.

$$f'(x) = a\, e^{ax}$$

두 번 미분하면?

씹힐 때 마다 모래알이 걸리적거리므로 뱉어 내면 된다. 그런데 변수 x 앞에 있는 모래 a는 그대로 인데 어찌 된 영문이요? 하고 대들면 이렇게 대답할 수 밖에...입안의 모래를 뱉는다고 다 뱉어 지시겠는가? 남는 모래알도 있잖소! 하다 못해 모래알을 다 뱉어 놨다고 해도 모래알 씹은 기분은 껄끄롭게 입에 맴 돌고 있지 않겠는가! 지수에 남아 있는 상수 a는 그 개운찮은 모래 씹은 맛으로 생각하시라.

미분 두번하면 두번 뱉어 준다.

$$f''(x) = a \times a\, e^{ax}$$

세 번 미분하면, 당연히 세 번 뱉어 내고....

$$f'''(x) = a \times a \times a\, e^{ax}$$

따라서

일반적으로 n번 미분하면 아래와 같은 식이 될 것 같다. 이때 미분한다는 의미로 함수 f(x) 사이에 몇차 미분이라는 것을 써 줄 수 있게 되어 있다.

몇차 미분인지 써준다. 7차 미분이면 7을 기입하면 된다.

$$f^{(n)}(x) = a^{n}e^{ax}$$

가 될 것이다. 나중에 임의의 상수 a 대신 허수 i를 넣고 미분하면 재미 있는 현상이 생길 것이다. 공학자들은 돌아가는 것을 무척 반긴다. 이 식은 그런 마음에 불을 지르는 식이 되겠다. 벌써부터 기대 되지 않는가? 뒤에 보기로 하고, 다음에는 삼각함수의 미분을 재론(再論)하기로 하자.

사인 그래프을 먼저 사유해 주자.

진폭의 크기가 1인 사인함수라고 생각한다. 항용 1이라는 수가 나오면 '단위'라는 말이 뒤쫓아 온다. 예를 들어 허수단위를 예로 들어 보기로 하자. 허수단위는 영문 소문자로 i를 차용한다. 그러면 '단위'라는 접미사가 붙였으니 1은 어딘가에 있어야 한다. 그러나 1은 투명인간처럼 보이지 않는다. 1×i를 그저 i라고 쓴 것이다. 그러면 진폭이 1인 사인함수는 어떤 식으로 불러야 할까? 사인함수와 코사인 함수는 원을 그리는 운동을 펼친 것에 불과한데, 크기(진폭)가 1인 원을 무한정 돌아가니 '단위원상'에 돌아가는 사인함수라고 할 수 있다.

오르막일 때 기울기가 제일 큰 점은 1이라고 하고, 내리막 일 때 제일 작은 기울기를 −1, 기울기가 없는 평편한 구간에서는 0이라고 정한다.

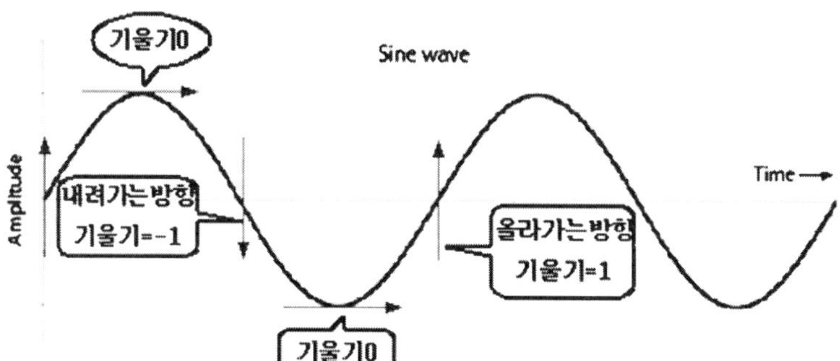

미분은 각 점에서의 기울기이므로 각점의 기울기가 나온 모든 점을 이어주기로 한다. 기울기만의 행진 시작!!!! 하면 아래와 같이 장관?이 펼쳐진다.

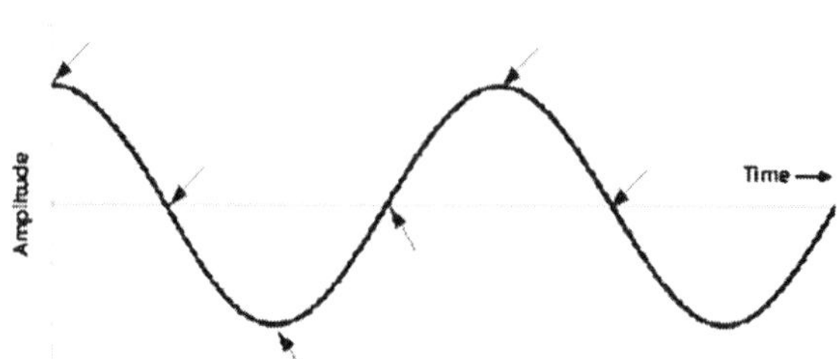

사인을 미분하니 코사인 그래프가 그려졌다. 수식으로 쓰면 아래와 같이 되겠다.

$$f(x) = \sin x$$

미분하면

$$f'(x) = \cos x$$

이제 다음에 코사인을 미분하면 어떤 존재가 튀어 나올지 사고해 주기로 하자. 방법은 사인 그래프를 미분할 때와 똑 같은 방법을 적용하면 된다.

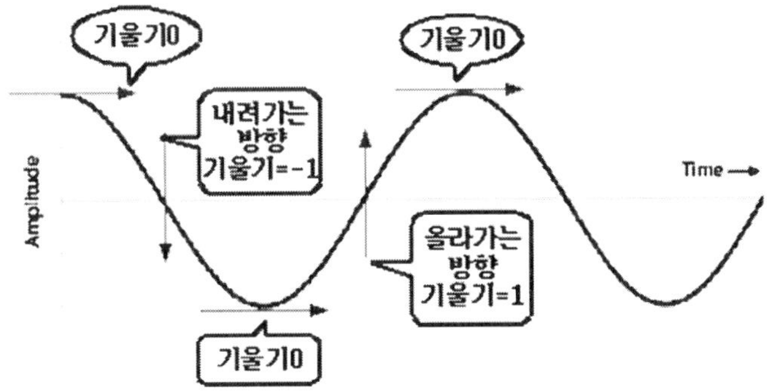

위의 기울기들을 모든 점에 걸쳐 다시 이어 그리면

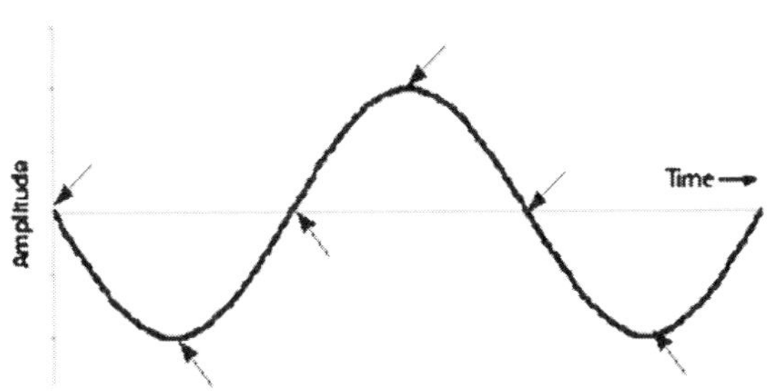

사인그래프가 뒤집힌 꼴이 되었다. 식으로 나타내 보자.

$$f(x) = \cos x$$

미분하면

$$f'(x) = -\sin x$$

이쯤해서

우리가 왜 자연지수함수와 삼각함수의 미분을 거들떠 보았는지 상기하도록 하자. 바로 오일러의 공식을 미분을 사용하여 증명하려고 하기 때문에 부득불 자연지수함수와 삼각함수의 미분을 연습해 본 것이다.

그럼 이 지식을 오일러의 공식을 증명하는데 어떻게 활용할지 계획을 말해야겠다.

두 개의 함수가 있다고 가정하기로 하자.

처음 원함수의 미지수 x에 0을 대입하였더니 두 함수가 같아 졌다고 하면, 이 사실 하나만 가지고는 두 함수가 같다는 등식이 성립하는지 증명되었다고 보기 어렵다. 그래서 작은 한 점에서의 기울기가 같은 가를 보기로 하고, 그래서 두 함수를 각각 미분해서 미지수 x에 0을 넣었더니 마찬가지로 같았다고 하면 두 함수가 같다고 하는 등식이 성립될 수 있는 기미는 약간 엿 보인다고 하지만, 두번째 사실 만으로 두식이 같다는 것을 증명 했다고 하기는 또한 무리다.

하여

2차 미분하고, 미지수 x에 0을 대입하고,

3차 미분해서 미지수 x에 0을 대입하고....

......

무한대로 미분해서 미지수 x에 0을 대입해도 두 함수가 값이 같게 나왔다면 머저리가 아닌 한 이쯤 되면 두 함수가 같다고 판정할 수 있을 것이다.

바로 이런 방식으로 오일러의 공식을 증명할 참이다.

참으로 명징(明澄)한 증명방법 아닌가! 그런데 방법은 그런대로 명징해 보이는데 세월아 네월아 무한대까지 미분을 한다고? 예끼~이보슈 우둔한 삽질 아닌가!...그러나 염려마시라 무한대까지야 계산 할라고? 요런 것에 수학의 묘미가 있는 것이다.

3-12. 오일러(Euler) 공식 간편하게 증명하기

지금부터는 오일러의 공식을, 미분을 수단으로 울트라 슈퍼 막시무스 초 간단하게 증명하도록 하겠다. 입에서 자탄이 흘러 나올 것이다. 애개~ 고작 그런 정도였어~.

반면....이보슈 그게 증명이라도 된답니까? 엄밀한 수학적 체계를 능멸(陵蔑)하지 마시오~ 하는 분들이 있을 수 있다. 허나 우리는 지금 찬밥, 더운밥 가리게 생기지 않았다. 증명이 되었든 증명에 턱없이 수준 미달이든 무에 그리 중요한가? 이해의 지평을 열어 젖히는 계기가 되었다면 다만 감사할 따름 아닌가? 수준 따지다가 이해도 못하면 손해 보는 것은 자신이다.

다시 오일러의 공식을 가져와서 식을 머리속으로 인 박게 해 보자. 이 공식은 자연지수함수에 허수가 있다면 삼각함수로 표현될 수 있다는 것을 확실히 한 공식이므로 그 의미를 되새겨야만 한다.

다음부터 혹시 자연지수함수에 허수가 존재 한다면 반드시 삼각함수로 변경할 수 있다는 사고를 머리속에 도장 찍어 놔야 한다. 그런 관념은 아주 중요한 직관들을 우리에게 제공할 것이기 때문이다. 형상이 되었든, 계산이 되었든간에...이 수식이 표현하는 그림은 조금 이따가 보자.

$$e^{ix} = \cos x + i \sin x$$

먼저 양변의 두 함수 중에 자연지수 함수쪽을 주물러 주기로 하자. 표로 만들어 쌈박하게 정리해 준다. 표 작성요령은 원래 식에, 또는 미분을 한 식에 미지수 x=0을 넣어 값을 보는 것이 되겠다.

상 태	결 과	x = 0 대입 값
원함수	$f(x) = e^{ix}$	1
1차 미분	$f'(x) = i\ e^{ix}$	i
2차 미분	$f''(x) = i^2 e^{ix}$	-1
3차미분	$f'''(x) = i^3 e^{ix}$	-i
4차 미분	$f''''(x) = i^4 e^{ix}$	1
5차 미분	$f^{(5)}(x) = i^5 e^{ix}$	i

계속 반복됨

무한대까지 미분해야 증명이 되겠으나, 억~ 3차 미분하고 그 다음에는 4차까지 미분한 값과 동일하게 무한대까지 반복이 되는 결과를 도출하게 되리라는 강한 추측성 확신이 든다...☜ 앞 문장 쓰고 나서 보니 말 참 엄청 꽜다.

자연지수함수의 지수값이 0이면 그 값은 1이 되는 것을 안다. 그리고 허수를 거듭 곱한 것의 결과를 잊으신 분들을 위해 일깨워 드리면 아래와 같다.

$$f(x)=e^{i0}\times e^{0}=1$$

$$1\times i=i$$
$$i^2=i\times i=\left(\sqrt{-1}\right)^2=-1$$
$$i^3=-1\times i=-i$$
$$i^4=-i\times i=1$$
$$i^5=1\times i=i$$
$$i^6=i\times i=1$$
$$i^7=-1\times i=-i$$

다음은 오일러 공식의 우변 삼각함수로 표시된 부분을 계속 미분하고 변수 x에 0를 넣어 보기로 하겠다.

상 태	결 과	x = 0 대입 값
원함수	$f(x)=\cos x+i\sin x$	1
1차 미분	$f'(x)=-\sin x+i\cos x$	i
2차 미분	$f''(x)=-\cos x-i\sin x$	-1
3차미분	$f'''(x)=\sin x-i\cos x$	-i
4차 미분	$f''''(x)=\cos x+i\sin x$	1
5차 미분	$f^{(5)}(x)=-\sin x+i\cos x$	i

계속 반복됨

sinx를 미분하면 cosx가 되고, cosx를 미분하면 −sinx가 된다고 했다. 그리고 sin0 = 0이고, cox0 = 1인 것을 우리는 알고 있다. 이 관계를 이용하여 표를 작성한 것이다. 한번 검산해 보시기 바란다. 8차, 9차 ,10차 미분도 한번 감행?하여 보시기 바란다. 여하튼 결과는 양변이 계속 같을 것이다.

두 개의 표를 하나로 묶어 보자. 3차 이상은 계속 반복 되므로 생략하고 4차 미분한 것까지만 표를 가져오기로 한다.

상 태	결 과	x = 0 대입 값
원함수	$f(x) = e^{ix}$	1
	$f(x) = \cos x + i \sin x$	
1차 미분	$f'(x) = i\ e^{ix}$	i
	$f'(x) = -\sin x + i \cos x$	
2차 미분	$f''(x) = i^2 e^{ix}$	-1
	$f''(x) = -\cos x - i \sin x$	
3차미분	$f'''(x) = i^3 e^{ix}$	-i
	$f'''(x) = \sin x - i \cos x$	
4차 미분	$f''''(x) = i^4 e^{ix}$	1
	$f^{(5)}(x) = -\sin x + i \cos x$	

일반적으로 생각해서 오일러의 공식 양변을 무한 미분한다고 해도 x 값에 0을 넣으면 두 함수의 값이 같아진다. 결국 두 식은 같다는 것이 너무나 간결하게 증명된 셈이다.

더 언급할 게 없습. 허탈.....

그 다음 단계로

이 공식이 그려내는 형상이 어떤지를 보시기로 하겠다. 오일러의 공식을 보고 머릿속으로 그림이 그려지는 사람이 있다면 그는 멘사회원 자격이 충분한 사람이다. 우리같이 평범한 사람들은 그저 남이 그려 놓은 것을 보고 감탄 하는 데에 족하다. 그러나 한번 낑낑대며 오일러 공식을 그림으로 상상해 보실 분은 아래 그림을 가리고 해 보기로 한다....조용히 눈을 감고,자연상수 e를 생각합니다.자연상수 지수에 허수 i와 미지수 x를 끼워 넣습니다. 그리고...ZZZZ....잠자는 최면에 걸리셨군요...

$$e^{ix} = \cos x + i \sin x$$

자연지수함수의 그림은 쉽게 상상하기 어렵지만 삼각함수라면 이야기가 달라진다. 실수부를 보시라 코사인함수이다. 허수부를 보시라 사인함수가 되시겠다. 그런 그림이라면 쉽게 상상이 가게 될 것이다. 실수부와 허수부를 따로따로 떼어 놓고 그림을 먼저 그려 보면 아래와 같게 될 것이다.

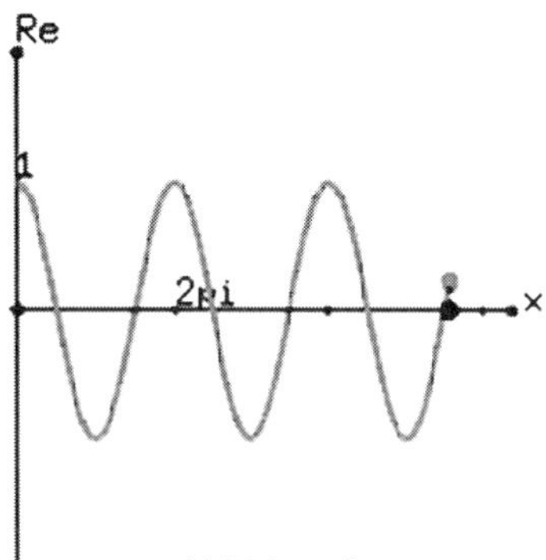

실수부 그림

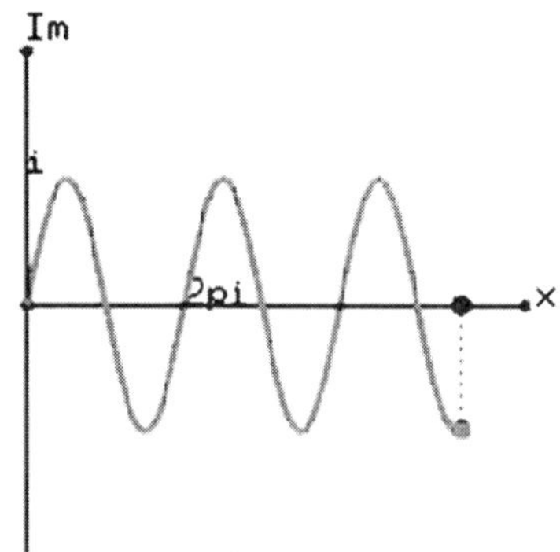

허수부 그림

이 그림 둘이 같이 그려지면 어떤 형태의 그림이 될까? 상상해서 그려보기로 한다. 짠~

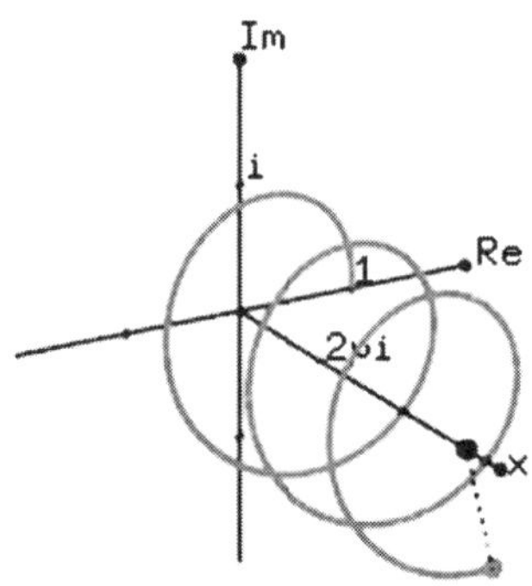

Graph of e^{ix}

X축을 빼 놓으면 가우스평면 상에 돌아가는 형상이 되시겠다. 아~ 자연지수함수에 허수 i 가 있을 때의 그림이 바로 저 품세로 나오는 것을 이제사 알았다.

X축을 가정하면 마치 오른나사의 나사산 결처럼 휘돌며 진행하는 그림이 그려져 나온다. 임의의 X 축은 동시선상의 그림이 되지 않으므로, 각도축라고 봐도 무방하지 않을까? 여하튼 오일러 공식의 그림이 그려졌다. 돌아가는 현상을 해석한다고 했을 때에는 오일러를 상기 하시라!!! 어쨌든 공학에서는 돌아가는 현상이 많기 때문에 오일러는 할머니, 할아버지들 다락에 두고두고 먹는 조청과 같이 요긴한 간?식이 된다.

이제 남은 과제는

사인과 코사인을 자연지수함수 형태로 변형시키는 것만 남았다. 그렇게 하는 이유는 자연지수함수가 미분이나 적분할 때 그 자신이 되는 성질머리를 가지고 있기 때문에 자연지수함수로 표현하는 것이 계산상 매우 편리하다는 것을 알기 때문에 수고를 한번 해 주는 것이다.

3-13. 박사가 사랑한 오일러(Euler) 공식과 삼각함수를 자연지수함수가 포함된 복소형식으로의 변환

제목이 제법 거나하다.

영화평론과 수학 논문을 짬뽕시킨 사이비 뉘앙스마저 물씬 풍긴다. 그러나 분명한 이번 주제는 퓨리에를, 자연지수함수를 포함한 복소형식으로 환골탈태(換骨奪胎)시키기 전에 먼저 삼각함수를 그런 형식으로 변질시킬 수 있는지 타진하는 것이다.

전기전자 이야기로 채워야 하는데 할머니 마실 가듯 노는 물가가 수학이라서 미안하기 짝이 없기도 하고, 수학엔 젬병인 주제에 주제파악도 하지 못하고 수학을 론~하고 있으니 어찌 가관이 아니 랄 수 있을까! 정말 한켠에서는 켕겨 죽겠다.

소크라테스가 주장 했다고 한 말 "너 자신을 알라"는 실제로는 델포이 신전 현판?에 있었다고 전해 지는데, 하여튼 자기관조가 심해 주제 파악을 잘해서 문제인지 모르겠지만, 수학 잘한다고 오해하진 마시라.

그만 투덜대기로 하고....본격적인 주제로 들어가기 전에,

오일러가 "진정한 수학자라면(계산용지가 필요없이), 이 식을 당연하게 이해할 수 있어야 한다"고 방방 거렸던 수식의 해답을 짚고 넘어가기로 하자.

$$e^{i\pi} = -1$$

이 수식은 오가와 요코의 소설 [박사가 사랑한 수식]에도 등장하는 식이다.

이 소설은 영화화 돼서 오일러 공식을 인터넷에서 치면 양념 중 으뜸인 소금처럼 꼭 곁들여 검색되는 영화 제목이다. 여기서 영화의 줄거리를 다 엮어 낼 수는 없다. 그닥 잘 된 영화라고 보기 어렵다. 단지 오일러의 공식이 나왔다는 이유만으로 오일러하면 만만하게 튀는 영화다.

영화에서 수학자에 의해 이름 붙여진 가정부의 아들 '루트'가 성장해서 수학교사로 등장하고, '루트'는 자기가 어렸을 때 경험한 수학자와의 아름다운 인연을 이야기하는 것으로 영화가 시작하는데, 영화 전개 과정 중에 그 유명한 오일러의 공식이 등장하게 된다.

http://www.hakase-movie.com/ 인용

(영화 보신분들은 눈치 채셨겠지만, 일본 시골의 깔끔한 고즈넉함과 맑은 새소리의 배경과는 사뭇 다르게 수학자와 형수와의 불륜이 모티부다. 수학자와 수학자의 형수 되는 여자가 같이 차를 타고 가다가 교통사고를 당해 수학자는 사고 나기 전의 기억에서 모든 것이 멈추어서고, 사고 이후로는 80분 밖에 기억하지 못하는 해괴한 기억상실 지체를 안게 된다. 같이 당한 사고에 다리를 다친 형수가 시동생 수학자를 옆집에서 계속 돌봐 주는데...

폐쇄된 삶을 사는 수학자를 위해 가정부들이 들어 오나 괴팍한 기억상실증으로 얼마 가지 못해 사직 하는 것이 반복 되고, 와중에 배운 것 없지만 가진 것이라고는 긍정의 바이러스를 무한대로 분출하는 '루트'의 엄마 되는 가정부가 들어 오면서 수학자의 삶은 활기를 띈다. 그 모습을 물끄러미 옆집에서 지켜보는 형수는 약간의 시기와 질투를 느끼면서 시동생이 자기에게 부쳤던 옛날의 러브레터를 꺼내 읽는다...여기서 편지의 내용에 오일러의 공식이 들어 있고, 형수는 옛날을 회상한다.

그런데 사랑의 편지 내용 중에 사람들이 눈치 채지 못하게 짧막한 암시가 나레이션 된다. 바로 그들 사이에 아이가 있었고, 결국 낙태가 되었다는 암시...혹시 이쯤에서 영화를 잘못 감상 했을 수도 있다.그 수학자 처럼 기억이 깜빡깜빡해서 원~...이 암시가 오일러의 공식과 어떻게 연관이 될까? 아이를 낙태 했을 때의 심정은

$$e^{i\pi} = -1$$

상실, 잃음을 의미하는 −1이 등장한다. 아마 절망의 식이리라. 그러나 수학자는 가정부와 가정부의 아들 '루트'를 통해 이러한 아픔의 기억, 상실이 가득한 멈추어 버린 기억을 긍정으로 회복했음을 알리는데 등장하는 식이 바로 오일러의 공식이 변형된 아래 식이다.

$$e^{i\pi} + 1 = 0$$

수학자의 아픔과 상실이 사라졌다는 수학적인 암시가 아닐까? 가정부와 그녀의 아들 '루트'를 통해 평생 시름이 대리충족 되었다고 보여진다 ..... 공상이었다. 영화를 보면서 영화속 인물들의 삶과 오일러의 공식이 연관되지 않아 돌아가지 않는 286 씨피유 두뇌를 회전해 찾아낸 작가의 의도였다. 이 영화에 대한 대개의 평에서 이런 면이 빠진 것 같아 너절하게 내용을 엎질러 보았던 점을 양해해 달라.)

영화의 종반쯤에 가서 수학교사 '루트'는 오일러의 공식을 아이들에게 설명하는데, 제대로 알고 설명하는지는 모르겠지만, 아주 시(詩)적으로 공식을 해석?해 낸다. "무한한 우주로 부터 π가 e 의 품으로 내려 앉았고, 그리고 부끄럼쟁이 i가 악수를 한다"고. 한국적 상황에서 수학시간에 이딴식으로 가르치는 교사는 학부모들의 거센 항의로 인해 당장 사표제출을 해야 할 것이다. 죽은 시인의 사회...

단면이 이러니...

그러니 중학교 교실에서 쉬는 시간에 어떤 아이는 이유없이 악을 버럭버럭 지르고,이를 교무실에서 듣는 교사들은 서로가 히죽이며 미친 새끼들이라고 꺼리낌 없이 욕을 해대는 한국적 교육전선은 암담하고 참담하다.

자유는 시퍼렇지만, 절제는 색바래진 교육현장. 무댓보,무경우는 펄펄 끓지만,신사는 쥐뿔만큼 찾아보기 힘든 교육현장.권위주의는 판치지만, 권위는 실추된 교육현장. 앞으로 이 사회에 괴물들이 속출한다고 해도 놀라지 마시라. 이런 현실을 아는 학부모가 몇이나 있을까? 과장이라고? 이를 겪은 어느 시간제교사의 생생한 증언을 이 귀로 똑똑히 들었다. 짧은 시간 동안 겪은 교육 현장은 바로 비정상적이라는 것이다.

온갖 악한 것들은 교실에 있었다!

아이들은 악해지지 않으면 살 수 없어 스스로 악해진다. 지혜를 배우기 보다는 악하게 살아남는 방법을 배운다. 입이 걸어진다. 태도는 점점 불량해 진다. 행동거지는 정상수준을 훨씬 일

탈한다. 힘에 대한 의지가 강해진다. 거칠고, 강한 것이 그들에게는 매력 지향이 된다.여자아이든 남자아이든 마초적 짝다리 짚기가 우상이다.

권력이 주먹에서 나온다는 것을 철저하게 인식한다. 패륜적인 조폭의 더러운 질서가 아이들에게 온전히 전염되었다. 센 놈은 약한 놈을 발라 먹는 법을 익힌다. 악이 누구의 규제도 받지 않고 활개친다. 그래서 악과 친해진다. 현장에서는 인권이니 나발이니 하며 손 놓은지 오래다. 선생들은 넋놓고 제 앞가림 하기에 종종걸음으로 뒷걸음 친다. 정말 이 사회가 요상한 것은 용서받지 못할 범죄인의 인권보호는 요란 떨면서 평범한 사람들의 인권에는 왜 그렇게 인색한지 정말로 의아하다. 누구의 인권이 중요한가? 이미 인권을 저버린 놈들에게 관용적인 인권을 인권이라고 호들갑 떨 필요가 있을까?

법가(法家)의 벼린칼로 악과 죄를 처벌해야 하지 않을까?

어리석음은 절구에 넣고 공이로 짓쳐도 벗겨지지 않는다. 어리석은 등을 위해 준비된 것은 채찍이다. 사랑의 매문제로 환원하려는 판에 박힌 말을 하려는 것은 절대 아니다. 좀 더 포괄적으로,아주 근본적인 환부를 도려내는 매스대기의 문제이다. 누군가는 매스를 들어야 한다. 그럴 때가 아닌가 생각한다. 썩어도 너무 썩었기에....

속에서 쓴 물이 올라온다. 그들이 부모가 되는 세대의 가정교육은 어떨까? 가정은 교육장소로써 기능을 상실한지 오랜 것은 아닐까? 남을 배려하는 교육은 실종 된지 오래다. 이제 교실 정화작업 부터 해야 되지 않을까? 이미 구정물이 흘러 넘치고,넘치며 넘쳐 콸콸 흐르고 있다.

......세상 시름 혼자 짊어진 척 웬갖 잡설은 각설하기로 하자.

$$e^{i\pi} = -1$$

$$e = 2.718281828459045235360287 4 \ldots\ldots\ldots\ldots\ldots\ldots$$
$$i = \sqrt{-1}$$
$$\pi = 3.14159265358979323846264338327 9 \ldots\ldots\ldots$$

π, e, i 이 세 개의 수가 관계를 맺어 −1이 되다니 참으로 신비스러울 따름이다. 수학적이기보다는 알 수 없는 현묘함이 깃든 시 같이도 보인다. 이것을 증명한 오일러가 거들먹거리면서 방방 거릴 만하지 않은가!

일본 소설에서 박사가 사랑한 수식이니 박사급 수식이다. 헌데 우리는 이미 오일러의 공식을 샅샅이 파헤쳐 보았기 때문에 이 등식을 쉽게 알아 챌 수가 있다. 오일러의 공식에서 x 대신 π가 대치 되었을 뿐이다. 변수가 없기 때문에 어떤 특정한 수가 나오리라는 것은 짐작이 간다.

$$e^{i\pi} = \cos\pi + i\sin\pi$$

수식을 보니 오일러를 주물러 주었던 우리는 해답이 금방 눈에 뜨인다.

$$e^{i\pi} = \underbrace{\cos\pi}_{=-1} + i\underbrace{\sin\pi}_{=0}$$

실수부는 −1이 되고, 허수부는 0가 되어......두둥

$$e^{i\pi} = -1$$

이 된다. 어떤가? 간단하지 않는가? 자연상수이며 무리수인 e와 허수 i 그리고 π라는 무리수의 조합이 −1이 되다니 참으로 기묘하기까지 하다. 한편으로는 −1이 저렇게 난삽(難澁)하다니 놀랄 노자 아닌가? 허걱~ 난삽(難澁)이라는 때깔 더러운 용어가 무의식적으로 튀어 나왔다.

아~ 저 식은 어떤이에게는 시(詩)이겠지만 아직 우리에게는 정복해야 할 원쑤이다. 하여튼 해답을 보고도 어리둥절한 것은 가시지 않는다.~라고 생각 드시는 분은 '3-12 오일러(Euler) 공식 간편하게 증명하기' 에서 나온 이미지를 기억하시라. 인간이란 본시 시각적인 대상일 때 이해가 잽싸게 빠른법이다.

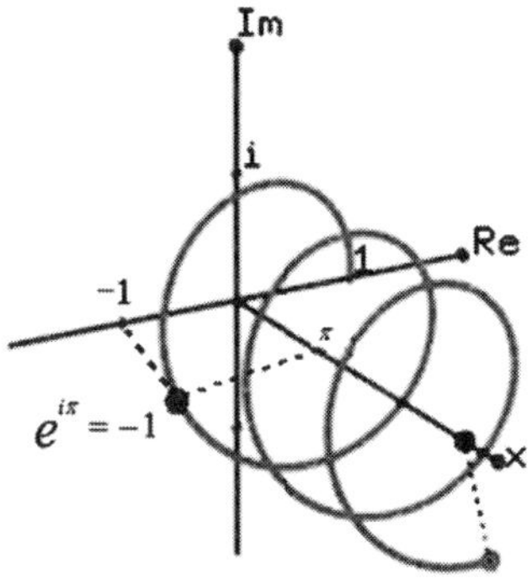

헌데 여기서 의문이 생긴다. $\pi = 3.141592$...라는 무리수인데 이 수를 오일러의 공식에 넣으면 −1이 될까? 이걸 과연 수로 넣어야 할지, 계산한대로 π radian으로 넣어야 할지 헷갈린다.분명하게 우리식으로 말하면 π는 3.14....라는 무리수라기 보다는 π radian 즉 180° 를 넣어야 할 것 같은데..한번 생각해 보시길.

여하튼 범인(凡人)들에게는 요리조리 봐도 알쏭달쏭한 공식이라서 박사가 사랑한 수식이 되었는지는 모르겠지만, 우리의 해법은 여기까지다. 이 공식을 천문(天文)으로 볶아 먹던, 물리(物理)로 지져 먹던 그런 영역은 그 쪽 전문가의 영역이다. 우리는 오일러의 공식에서 파생한 수식이라는 것만 알면 족하다.

이제 다시 우리의 길을 좀 더 걸어가기로 하자.

오일러의 공식으로 우리는 사인과 코사인을 자연지수함수로 표현하는 길을 발견했다. 그것이 사실이라면 복잡한 퓨리에도 자연지수함수로 표현할 수 있다는 것은 자명한 이치가 되겠다. 이스라엘 앞에서 홍해가 갈라 졌듯이 길이 활짝 열린 것이다. 오일러의 공식을 다시 한번 써보자. 이번에는 미지수 x 대신에 임의의 각을 표현하는 θ로 넣어 보기로 한다.

$$e^{i\theta} = \cos\theta + i\sin\theta --- (1)$$
$$e^{-i\theta} = \cos\theta - i\sin\theta --- (2)$$

(1)식은 바로 알겠는데 (2)식은 바로 유추되지 않는다. 이는 사인과 코사인 그래프를 상상해야 알 수 있는 식이다.

$$e^{-i\theta} = \cos(-\theta) + i\sin(-\theta)$$

(2)식을 오일러의 공식에 그대로 적용한 원래대로 쓰면 위와 같이 된다. 여기서 사인과 코사인 과 코사인 그래프를 보기로 하자.

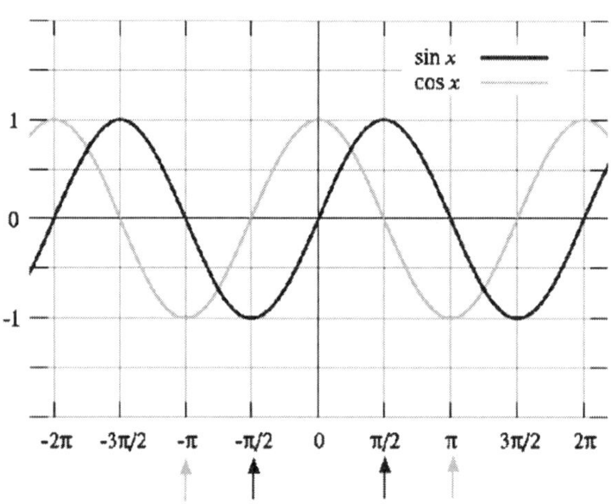

먼저 사인(sin) 그래프에서 $\pi/2$ 값을 보기로 하자. ☞ 그래프 아래의 짙은색 화살표

$$\sin\frac{\pi}{2} = 1, \quad \sin\left(-\frac{\pi}{2}\right) = -1$$

따라서 다음과 같은 관계가 성립할 수 있다.

$$\sin\left(-\frac{\pi}{2}\right) = -\sin\left(\frac{\pi}{2}\right)$$

일반적으로 생각하면 $\sin(-\theta) = -\sin\theta$가 된다.

다음은 코사인(cos) 그래프에서 π 때의 값을 보기로 한다(어느 각도나 상관은 없다). ☞ 그래프 아래의 옅은색 화살표

$$\cos\pi = -1, \quad \cos(-\pi) = -1$$

값이 같다. 이런 함수를 일러 우함수(even function, 偶函數)라고 하는데 일반적으로는 실함수(實函數) f(x)가 f(−x) = f(x)를 만족(같은)시키는 함수를 말한다. 미지수 x에 +값이던, −값이던 y값이 같다는 함수이다.

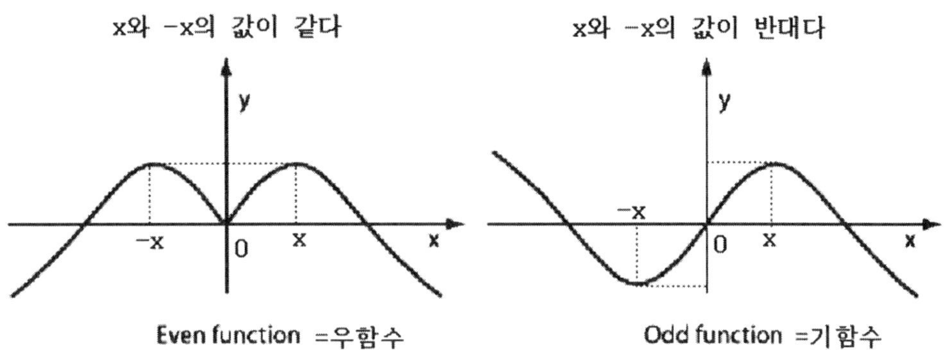

쉽게 말해 우함수는 y축을 기준으로 x값의 부호가 바뀌어도 값이 같고, 반대로 x값의 부호가 바뀌면 값이 기호가 반대인 것이 기함수(odd function, 奇函數)가 된다. 대표적으로 사인함수가 기함수이다. 고로 코사인함수는 아래와 같이 기호를 바꿔써도 전혀 상관이 없기 때문에

$$\cos(-\pi) = \cos\pi$$

일반적으로 생각하면 $\cos(-\theta) = \cos\theta$가 된다. 이런 관계를 알았으니 (2)의 공식은 당연해 진다.

$$e^{i\theta} = \cos\theta + i\sin\theta$$
$$e^{-i\theta} = \cos\theta - i\sin\theta$$

이 두 함수에서 사인과 코사인을 자연지수함수 형태로 만들어 내는 것은 거의 식은 죽 먹기다. 두 식을 빼고, 더해보면 된다.

$$
\begin{aligned}
&e^{i\theta} = \cos\theta + i\sin\theta \\
+)\ &e^{-i\theta} = \cos\theta - i\sin\theta \\
\hline
&e^{i\theta} + e^{-i\theta} = 2\cos\theta
\end{aligned}
$$

$$
\begin{aligned}
&e^{i\theta} = \cos\theta + i\sin\theta \\
-)\ &e^{-i\theta} = \cos\theta - i\sin\theta \\
\hline
&e^{i\theta} - e^{-i\theta} = 2i\sin\theta
\end{aligned}
$$

대뇌 피질에 도장 찍어 놓을 식

$$\therefore \quad \cos\theta = \frac{e^{i\theta} + e^{-i\theta}}{2}$$

$$\therefore \quad \sin\theta = \frac{e^{i\theta} - e^{-i\theta}}{2i}$$

나왔다 사인과 코사인을 자연지수로 표현되는 식을 찾았다. 이 식은 기억할만하다. 우리가 이미 설파했던 퓨리에 식도 사인과 코사인으로 이루어진 수식이기 때문에 자연스럽게 자연지수 함수로 표현되는 길이 열린 것이다. 네모 박스 안에 표시된 공식을 이용할 것이다. 당구 칠 때 초심자의 심상에 자나깨나 당구 다이에 삼각형이 난무되듯이, 저 삼각함수 공식은 꼭 당구 배울 때의 불 같은 열의를 갖고 외워 두어야 한다. 나중에 퓨리에 변환에서 계산할 때 주구장창 필요한 식이 된다.

다음에는 퓨리에 급수와 계수를 오일러 공식을 적용하여 고난의 행군을 거친 다음 간단한 수식 형태로 압축하는 것이 주제가 되겠다. 퓨리에 변환을 정복하기 위해서 진군(進軍)!!!

3-14. 퓨리에 변환 예비과정 – 퓨리에 급수, 계수의 복소형식으로의 변환

지금까지 설명한 퓨리에 급수와 계수는 주기가 있는 파동을 분석하고, 적용할 수 있는 수학적 공구였다. 그러나 주기가 없는 파동을 분석할 때는 무용지물(無用之物)이 되고 만다. 주기가 없는 파동을 위해서는 다른 도구가 필요하게 되는데, 우리가 흔히 듣던 퓨리에 변환(fourier transform)이 그 무기가 되겠다.

결국

퓨리에 변환은 퓨리에 급수와 계수의 좀 더 일반화된 공식이라고 할 수 있다. 주기가 있는 파동만을 해석하는 수단에서 주기가 있건 없건 상관없이 해석하는 틀로 진일보 된 것이 퓨리에 변환식이다. 여기서 용어 정리를 잘 해 두는 것이 나중에 가서 갈팡질팡하지 않는 지름길이 된다. 퓨리에 변환이란 주기가 없는 파동(주기가 존재하는 파동 포함)을 해석하는 수학공식이라는 것을 염두에 두기로 하자.

그러면

이번 주제로 택한 퓨리에 변환 준비란 무엇을 가리키는지 방향 설정을 확실히 하고 본론으로 진입하기로 한다. 퓨리에 변환을 위해서는 선행 되어야 할 숙제가 퓨리에 급수와 계수의 공식을 오일러 공식을 대입하여 자연지수함수가 포함된 복소형식(허수 j가 존재하는 식)으로 탈바꿈 시켜야 하는 것이다. 깍~ 뭔 소린지 써 놓고도 모르겠다....철학자들이 개념을 명료하게 짚어주기 위해 쇠처럼 딱딱하고, 차가운 용어들을 동원하는 이유를 쬐께 이해하게 된다. 칸트를 읽어 보시라. 추리고 추린 용어들이 책 한권 내내 동원된다....

...그래서 퓨리에 급수와 계수를 자연지수함수가 포함된 복소형식으로 바꾸는 수학적 과정이 퓨리에 변환식으로 발 돋음 하기 위한 예비과정으로서 이번 주제가 된다.

이제까지 설명한 삼각함수형 퓨리에 급수와 계수, 그리고 오일러 공식을 이용하여 유도한 삼각함수의 복소형을 재확인하고 본격적으로 퓨리에 급수와 계수를 복소형으로 변환하기로 한다.

1. 퓨리에 급수(Fourier series)

$$f(t) = a_0 + \sum_{n=1}^{\infty} a_n \cos(n\omega t) + \sum_{n=1}^{\infty} b_n \sin(n\omega t)$$

2. 퓨리에 계수(fourier coefficient)

$$a_0 = \frac{1}{T}\int_0^T f(t)\,dt$$

$$a_n = \frac{2}{T}\int_0^T f(t)\cos n\omega_0 t\,dt$$

$$b_n = \frac{2}{T}\int_0^T f(t)\sin n\omega_0 t\,dt$$

3. 삼각함수의 복소형식

$$\therefore \quad \cos n\omega t = \frac{e^{in\omega t} + e^{-in\omega t}}{2}$$

$$\therefore \quad \sin n\omega t = \frac{e^{in\omega t} - e^{-in\omega t}}{2i}$$

여기까지는 우리가 증명하고 확인했던 사항들이다.

공식들이 전혀 낯설지 않다. 가슴에서 뭔가 막 해보고 싶은 욕구가 꿈틀거리지 않는가! 그런 욕구는 아주 바람직하기 때문에 마구마구 발산 시켜야 한다. 그래야 공부할 맛대가리가 나지 않겠는가!

이러한 공식들을 토대로 퓨리에 급수와 계수를 복소형식으로 전개하는데 목표는 식을 압축하여 확 줄여 버리는 것을 지향한다. 복소형식은 우리에게 너저분한 공식을 간단한 한, 두개의 식으로 조작하는데 도움이 꽤 된다. 그 과정을 기술하려고 한다.

헌데 안타깝게도 그 과정을 세밀하게 유도한 책이나 사이트는 찾기 꽤 어렵다. 어떤 사이트는 교안을 올려 놓은 곳이 있기는 하지만 중간과정도 생략 되었을 뿐만 아니라 식도 틀리는데 비약을 감행하여 결과식만 옳은 웃지 못할 내용도 더러 찾아 볼 수 있다. 한마디로 헤맨다는 말이다. 5세 아이가 글을 읽을 줄 알아서 읽어 내려가지만 헌법조문을 읽어도 모르듯이....

이하의 서술에서는 식으로만 도배될 것이므로 사막을 걷는 어려움이 좀 따르더라도,사막 뒤에 오아시스가 있다는 것을 희망으로 삼고 찬찬히 분석해 가다 보면 기쁨 두 배가 되지 않겠는가! 땡볕에 숨이 턱까지 북받치는 90분간의 격투축구를 하다가 종료 후 섭씨 2도의 시야시한 생맥주 한잔 들이키는 상쾌함이란~

먼저 퓨리에 급수와 계수에 삼각함수의 복소형태를 넣어 보기로 한다. 식은 굉장히 복잡해 지지만 우왕좌왕할 만큼 어렵지는 않게 된다. 이제 건드려 보기로 한다.

$$f(t) = a_o + \sum_{n=1}^{\infty}\left[\frac{a_n}{2}\left(e^{in\omega t} + e^{-in\omega t}\right) + \frac{b_n}{2i}\left(e^{in\omega t} - e^{-in\omega t}\right)\right] \quad ---(1)$$

퓨리에 급수는 위와 같이 되고, 계수는 아래와 같이 표현된다. 단지 삼각함수를 오일러의 공식에 의해 변환된 식을 퓨리에 급수와 계수에 적용했을 뿐이다.

$$a_o = \frac{1}{T}\int_0^T f(t)dt \quad -- \quad (2)$$

$$a_n = \frac{2}{T}\int_0^T f(t)\frac{1}{2}\left(e^{in\omega t} + e^{-in\omega t}\right)dt \quad --- (3)$$

$$b_n = \frac{2}{T}\int_0^T f(t)\frac{1}{2i}\left(e^{in\omega t} - e^{-in\omega t}\right)dt \quad --- (4)$$

위의 변경식에서부터 출발이 된다.
어떤 수학적 기법을 동원해서 식이 간단 명료해 지는지 따라가 보자.
먼저 퓨리에 급수 공식인 식(1)을 정리 정돈해 주기로 하자.

$$f(t) = a_o + \sum_{n=1}^{\infty}\left(\frac{a_n}{2}e^{in\omega t} + \frac{a_n}{2}e^{-in\omega t} + \frac{b_n}{2i}e^{in\omega t} - \frac{b_n}{2i}e^{-in\omega t}\right)$$

허수단위를 분모에서 없애 주기로 하자.분모와 분자에 허수단위를 서로 곱해 주면 분모의 허수 단위는 없어지게 된다.

$$f(t) = a_o + \sum_{n=1}^{\infty}\left(\frac{a_n}{2}e^{in\omega t} + \frac{a_n}{2}e^{-in\omega t} + \frac{b_n \times i}{2i \times i}e^{in\omega t} - \frac{b_n \times i}{2i \times i}e^{-in\omega t}\right)$$

$i \times i = -1$이 되므로 아래와 같이 식이 바뀐다.

$$f(t) = a_o + \sum_{n=1}^{\infty}\left(\frac{a_n}{2}e^{in\omega t} + \frac{a_n}{2}e^{-in\omega t} - \frac{ib_n}{2}e^{in\omega t} + \frac{ib_n}{2}e^{-in\omega t}\right)$$

보기 좋게 자연지수쪽 부호가 같은 것 끼리 몰아 주고,

$$f(t) = a_o + \sum_{n=1}^{\infty}\left(\frac{a_n}{2}e^{in\omega t} - \frac{ib_n}{2}e^{in\omega t} + \frac{a_n}{2}e^{-in\omega t} + \frac{ib_n}{2}e^{-in\omega t}\right)$$

꽁꽁 결박하여, 묶어 준다.

$$f(t) = a_o + \sum_{n=1}^{\infty}\left(\frac{a_n - ib_n}{2}e^{in\omega t} + \frac{a_n + ib_n}{2}e^{-in\omega t}\right) \quad --- (5)$$

계수가 묶여 졌으니 이제 퓨리에 복소형식 계수식(2), (3), (4)를 변태시켜 보기로 하자. 뭔가 간단히 식을 전개시키는데 있어 돌파구가 보일 것 같아 보인다. ao는 복소형식이 아니니 생각에서 일단 젖혀 놓기로 한다. an을 먼저 거들떠 보기로 하자.

$$a_n = \frac{2}{T}\int_0^T f(t)\frac{1}{2}\left(e^{in\omega t} + e^{-in\omega t}\right)dt \quad ---(3)$$

an의 계수인 (3)식에서 적분기호 안에 든 상수는 적분기호 앞으로 걷어 차 낼 수 있다고 했다.

$$a_n = \frac{2}{T} \times \frac{1}{2}\int_0^T f(t)\left(e^{in\omega t} + e^{-in\omega t}\right)dt$$

그러면 계수 an 식은 아래와 같이 전개될 수 있다.

$$a_n = \frac{1}{T}\int_0^T f(t)\,e^{in\omega t}\,dt + \frac{1}{T}\int_0^T f(t)\,e^{-in\omega t}\,dt$$

퓨리에 복소형식 bn 계수도 an과 마찬가지로 전개시켜준다. 그래야 계수끼리 더하고 빼서 퓨리에 복소형식으로 정리한 급수에 나온 식과 맞추어 줄 수 있게 된다.

$$b_n = \frac{2}{T}\int_0^T f(t)\frac{1}{2i}\left(e^{in\omega t} - e^{-in\omega t}\right)dt \quad ---(4)$$

허수부분을 적분기호 밖으로 퇴출시킨다. 하여간에 dt가 나오면 적분 기호안에 t에 관련된 식만 남겨 놓으면 된다. df가 될 때는 f에 관련된 식을 적분기호 안에 놔두면 되고...

$$b_n = \frac{2}{T} \times \frac{1}{2i}\int_0^T f(t)\left(e^{in\omega t} - e^{-in\omega t}\right)dt = \frac{1}{T} \times \frac{1}{i}\int_0^T f(t)\left(e^{in\omega t} - e^{-in\omega t}\right)dt$$

양변에 허수 단위 i를 곱해 적분식에서 허수단위를 제거해 준다.

$$ib_n = \frac{1}{T}\int_0^T f(t)\,e^{in\omega t}\,dt - \frac{1}{T}\int_0^T f(t)\,e^{-in\omega t}\,dt$$

왜 복소형식의 계수를 이렇게 변형시켰는지는 복소형식의 급수를 보면 바로 눈치 챌 수 있게 된다. 식(5)를 가져와 보기로 하자.

$$f(t) = a_o + \sum_{n=1}^{\infty}\left(\frac{a_n - ib_n}{2}e^{in\omega t} + \frac{a_n + ib_n}{2}e^{-in\omega t}\right) \quad ---(5)$$

위의 복소형식 퓨리에의 정리된 급수에서 계수가 어떻게 묶여 졌는지 유심히 보시라. 계수 an과 bn을 적분식으로 정리 하였으므로, 위 식(5)의 급수가 적분식으로 홱가닥 변할 수 있는 소지가 마련 된 것이다. 뭔소린지는 또 식을 변형하면서 차차 밝혀 지게 된다. 퓨리에 복소형식 급수(이하 급수로 표현하겠음)의 화살표시 된 부분을 뇌에 스탬프 찍어 놓으시라.

급수의 화살표시 된 부분을 내용전개하기 위하여, 여지껏 쐐 빠지게 정리했던 an와 bn의 복소형식 계수(이라 계수라 하겠음)를 데리고 온다. 그리고 더하고, 빼고 본다. 그러면 급수의 화살표된 식이 분명히 전개 되어 나올 것이다.

$$a_n = \frac{1}{T}\int_0^T f(t)\,e^{in\omega t}\,dt + \cancel{\frac{1}{T}\int_0^T f(t)\,e^{-in\omega t}}\,dt$$

$$i\,b_n = \frac{1}{T}\int_0^T f(t)\,e^{in\omega t}\,dt - \cancel{\frac{1}{T}\int_0^T f(t)\,e^{-in\omega t}}\,dt$$

$+$

$$a_n + i\,b_n = \frac{2}{T}\int_0^T f(t)\,e^{in\omega t}\,dt$$

2를 양변에 나눠 주게 되면 급수의 화살표식과 같은 식이 출현한다.

$$\frac{a_n + i\,b_n}{2} = \frac{1}{T}\int_0^T f(t)\,e^{in\omega t}\,dt$$

$$a_n = \cancel{\frac{1}{T}\int_0^T f(t)\,e^{in\omega t}}\,dt + \frac{1}{T}\int_0^T f(t)\,e^{-in\omega t}\,dt$$

$$i\,b_n = \cancel{\frac{1}{T}\int_0^T f(t)\,e^{in\omega t}}\,dt - \frac{1}{T}\int_0^T f(t)\,e^{-in\omega t}\,dt$$

$-$

$$a_n - i\,b_n = \frac{2}{T}\int_0^T f(t)\,e^{-in\omega t}\,dt$$

2를 양변에 나눠 주게 되면 급수의 화살표식과 같은 식이 출현한다.

$$\frac{a_n - i\,b_n}{2} = \frac{1}{T}\int_0^T f(t)\,e^{-in\omega t}\,dt$$

여기까지 땀 삘삘 흘리며 분산해서 정리한 것을 통합하여 퓨리에 급수와 계수를 다시 써 보기로 하자. 계산하는 전투을 치루었는데 약탈물이 변변한지 점검하는 시간이기도 하다.

$$\frac{a_n + i b_n}{2} = K_n$$

$$\frac{a_n - i b_n}{2} = R_n$$

으로 대체하고서 퓨리에 급수와 계수를 다시 써 본다. 좀 번거롭겠지만 식의 기호를 다른 것으로 매겨 주자. ao는 변한 것이 없으니 원래 기호 그대로 쓴다.

변형된 급수

$$f(t) = a_o + \sum_{n=1}^{\infty}\left(R_n e^{in\omega t} + K_n e^{-in\omega t}\right) = a_o + \sum_{n=1}^{\infty} R_n e^{in\omega t} + \sum_{n=1}^{\infty} K_n e^{-in\omega t} \quad ---(6)$$

변화된 계수

$$a_o = \frac{1}{T}\int_0^T f(t)dt \quad ---(2)$$

$$R_n = \frac{1}{T}\int_0^T f(t) e^{-in\omega t} dt \quad ---(7)$$

$$K_n = \frac{1}{T}\int_0^T f(t) e^{in\omega t} dt \quad ---(8)$$

앵????? 별로 나아진 것이 없어 보인다. 여지껏 전투하듯 계산 하였는데 성과는 얄팍하기만 한 것 같다. 당최 뭘 한거지?? 좀 힘이 빠진다. 주변을 뱅뱅돌아 출발점에 되돌아 온 기분이다.

그러나 낙심하기는 아직 이르다. 매미가 나무에 달라 붙어 15일간 울어 제낄 때에는 땅에서 13년간을 애벌레로 푹 곰 삭아야 한다는데, 조금 기둘려 보시라. 지금은 인내가 필요한 시점이다.

올 여름 말매미가 쩌렁맞게 힘줄 깊은 목청(실은 배쪽에 울음판이 있다. 잘 관찰해 보시라. 그리고 소리내서 우는 것은 숫놈이다. 암컷은 그 주변 어딘가에서 어기적거리며 숫놈이 걍팍하게 울어제키고 있는 곳을 향해 나무를 기어 오르거나, 인기척에 벌벌 기어 내려오기도 한다. 또한 이 놈들을 관찰할 때 주의해야 할 점이 있는데, 떼거지로 우는 곳을 나무 아래에서 기웃거리면 말매미들은 정확하게 관찰하는 이방인들을 향해 꼬리 물총을 쏘아 대어 참변을 당하게 된다. 그 액체가 매미들의 오줌인지, 배설물인지는 가름하기 어렵다. 매미들의 주식이 나무 진액이기 때문이다)을 돋울 때, 그들의 감옥 같은 땅속 생활 13년을 헤아려서 부디 짝을 찾는 애절절하고도, 고아아한? 세레나데(serenade) 메들리로 듣기를. 소음이 극성맞다고 콧김 팍팍 내뿜으면서 에프킬러로 죽자사자 뿌려 대지 마시고.....

지금까지는 전쟁을 치루기 위해 군수물자를 준비한 것에 불과하다. 가만히 식을 뒤져 보면 사실 당연한 이야기들을 정리했을 뿐이다. 다음부터 식을 팍 초 간단하게 축약시키는 전쟁이 벌어질 것이다.

우리가 가야 하는 최종 목적지는 퓨리에 급수와 계수를 자연지수가 포함된 복소형식을 갖는 것 뿐만 아니라, 식을 압축하여 식을 쌈박하게 줄이는 것까지를 지향했다. 지금까지 계산했던 중간 식들을 다시 가져와서 출발점을 삼기로 한다.

급수

$$f(t)=a_o+\sum_{n=1}^{\infty}\left(R_n e^{in\omega t}+K_n e^{-in\omega t}\right)=a_o+\sum_{n=1}^{\infty}R_n e^{in\omega t}+\sum_{n=1}^{\infty}K_n e^{-in\omega t}\quad ---(6)$$

계수

$$a_o=\frac{1}{T}\int_0^T f(t)dt\quad ---(2)$$

$$R_n=\frac{1}{T}\int_0^T f(t)e^{-in\omega t}dt\quad ---(7)$$

$$K_n=\frac{1}{T}\int_0^T f(t)e^{in\omega t}dt\quad ---(8)$$

복소형식으로만 바꾸는 것이 목적이었다면 위의 식으로도 충분하다. 그러나 식을 압축해야 하는 것이 목적이라면 저 식만으로는 성이 차지 않는다.

만만해 보이는 a_0부터 가지쳐 보기로 하자. 가지치기 대상은 a_0이지만 외곽부터 때려서 Rn으로 치고 들어가면 a_0가 맞물려 가지 쳐지게 된다. 먼저 Rn이 있는 항(項)을 보시라[아래식에 네모로 영역표시 되어있고, 게다가 화살표까지 동원한 항(項)].

$$f(t)=a_o+\boxed{\sum_{n=1}^{\infty}R_n e^{in\omega t}}+\sum_{n=1}^{\infty}K_n e^{-in\omega t}\quad ---(6)$$
$$\uparrow$$

급수정리식의 Rn 항을 들여다 보면 각 항을 더하라는 표시 Σ의 범위가 n = 1에서 n = ∞ 되어 있다. 그러면 n = 0 일 때 어떻게 춤을 추는지 장단을 두둘겨 주어 보자.

$$R_n e^{in\omega t} \;-->\; R_0 e^{i0\omega t} = R_0 e^{0} = R_0 \qquad (\because n=0)$$

n=0 일 때 Ro가 나왔다. 정리된 계수 Rn 식(7)에 n=0을 넣어 보기로 한다.

$$R_0 = \frac{1}{T}\int_0^T f(t)\, e^{-i0\omega t}\, dt = \frac{1}{T}\int_0^T f(t)\, e^{0}\, dt = \frac{1}{T}\int_0^T f(t) \times 1 dt = \boxed{\frac{1}{T}\int_0^T f(t)dt} \quad \left(\because e^{0} = 1\right)$$

n대신 0대입

결과가 어떻게 되었나??????? 캬~ 계수 ao가 나와 버렸다. Rn의 n=0을 넣었더니 ao가 나왔다는 것은, ao가 본질적으로 Rn과 같다는 것을 내포하고 있었다는 것이다. 확인 사실 들어 간다. 식(2)의 ao 식을 보시라.

$$a_o = \frac{1}{T}\int_0^T f(t)dt \qquad ---(2)$$

Rn 계수에 0를 넣었더니 ao가 되었다. 그렇다면 급수의 식은 바뀌어야 한다. 어떻게 바뀌게 될까??? Σ의 아래쪽 범위가 돌변한다. 1→0 으로...

a0가 이식에 빨려
들어가 버렸다.

$$f(t) = \sum_{n=0}^{\infty} R_n e^{in\omega t} + \sum_{n=1}^{\infty} K_n e^{-in\omega t} \qquad ---(6-1)$$

이제는 별도로 ao 항을 급수에 너절하게 끼워 넣을 필요가 없어 졌다. 간단하게 Σ의 범위의 초기 값을 n=1에서 n=0로 바꾸기만 하면 만사 OK다. 드디어 하나 해치웠다. 복소형식의 퓨리에 급수가 위력을 발휘하기 시작한 것이다. 어짜피 인간은 복잡한 것 싫어한다. 될 수 있으면 본질을 훼손하지 않는 범위 내에서 간단하게 압축되면 환영하지 않을 리 없다. 하자없는 논리이다. 이의(異議) 있을리가 없다.

초기 전쟁에서 승리의 월계관이 씌워졌다. 여기서 만족하면 여지껏 작은 전투 치룬 것이 머슥해 진다. 머리 회전을 펜티움급으로 돌려 보기로 하자.

그전에 작은 전투 후에 남는 장사였는지 전리품을 잠깐 또 챙겨 보기로 하자. 식이 줄어 든 것은 줄어 들었다. 자꾸 식을 반복해서 갈겨 대는 이유는 식과 친숙하라는 의미이다. 남녀간에도 자주 봐야 호감이 생기는 법이다. 생판 모르는 사이에 찰나적인 호감은 질 나쁜 욕구가 끼어들 공산이 크다. 반복하는 행태에 짜증이 치미는 분들은 건너 뛰면 된다.

퓨리에 복소형식

$$f(t)=\sum_{n=0}^{\infty} R_n e^{in\omega t}+\sum_{n=1}^{\infty} K_n e^{-in\omega t} \quad ---(6-1)$$

퓨리에 복소형식 계수

$$R_n=\frac{1}{T}\int_0^T f(t)\,e^{-in\omega t}\,dt \quad ---(7)$$

$$K_n=\frac{1}{T}\int_0^T f(t)\,e^{in\omega t}\,dt \quad ---(8)$$

음~ 급수와 계수에서 성가신 ao 항을 숙청 했다. 오합지졸이 없어졌으니 전쟁은 정예병만 출진하게 되겠다.

다음 전략으로 또한 퓨리에 급수와 계수를 더 줄여 보자.어떻게 줄일 수 있을까?

여기서부터 매직쑈가 펼쳐지게 된다. 요 부분에서는 약간의 주의를 기울여야 할 것 같다. 또 한번 정리된 퓨리에 복소형식 계수(6-1)을 끌고 와 보자.

$$f(t)=\sum_{n=0}^{\infty} R_n \underset{\uparrow}{e}^{in\omega t}+\sum_{n=1}^{\infty} K_n \underset{\uparrow}{e}^{-in\omega t} \quad ---(6-1)$$

위에서 화살표시 된 지수항목을 같게 하면 뭔가 식이 줄어 들것 같다. 어떤 하이테크 수학적 기법을 동원하여 저(6-1)식을 합치게 만든단 말인가?? 뭔가 통해야 통합하던가 하지 정치적으로 이념이 삑사리 나는 두 정당이 합칠 수 있겠는가? 그런 통합은 국민이 외면 하듯이(6-1)식의 내부 통합도 조심조심 접근 해얄 것 같다. 통합을 위한 수순이 만만치 않다. 어느 항이 팍 죽어야 할까? 이 부분이 죽여 주는 부분이다.

항을 더한다는 수학적 기호인 Σ를 해부해 본다. 가령 아래와 같은 급수가 있을 때

$$\sum_{n=1}^{2} 2^n = 2^1 + 2^2 = 6$$

이 된다는 것은 고등학교 수학 풍월을 들은 사람은 아주 쉽게 알 수 있다. 그럼 이를 약간 변형해서 같은 값이 나오도록 해 보자.

$$\sum_{n=-1}^{-2} 2^{-n} = 2^{-(-1)} + 2^{-(-2)} = 6$$

어떤가 매직 아닌가? 급수항의 일반식과 Σ의 범위를 조금만 바꾸니 값은 똑같아졌다. 이제 이러한 무기를 들고 아직 정신이 덜 차려진 급수에 적용해 보기로 한다.

$$f(t) = \sum_{n=0}^{\infty} R_n e^{in\omega t} + \sum_{n=1}^{\infty} K_n e^{-in\omega t} \quad ---(6-1)$$

Kn 항에 위에서 실험 했던 급수변형을 가해 보기로 한다.

$$f(t) = \sum_{n=0}^{\infty} R_n e^{in\omega t} + \sum_{n=-1}^{-\infty} K_{-n} e^{-(-in\omega t)} = \sum_{n=0}^{\infty} R_n e^{in\omega t} + \sum_{n=-1}^{-\infty} K_{-n} e^{in\omega t} \quad ---(6-2)$$

비록 Σ의 범위는 달라 졌지만 지수항은 같아 졌다. 대통합을 위한 한 고비를 넘었다. 두번째 고비는 Rn과 Kn이 비스드리 해야 합치던지 말던지 해야 할 것 아닌가? 또 다시 Kn 항에게 양보를 요구해 보자.

이쯤해서 Kn의 계수 식(8)를 조작해 보기로 한다. 계수식에 −n을 넣어 보면 어떻게 되는지 가만 보자.

$$K_{-n} = \frac{1}{T}\int_0^T f(t) e^{i(-n)\omega t} dt = \boxed{\frac{1}{T}\int_0^T f(t) e^{-in\omega t} dt}$$

Kn 계수 n에 −n을 대입하고 보니 뭐하고 같아 졌는가??????????????????? 그렇다 Rn 계수와 같아졌다. 못 믿으시겠다면 양자 대면 할 수 있게 Rn 계수를 취조실에 데리고 오기로 해보자.

$$R_n = \frac{1}{T}\int_0^T f(t) e^{-in\omega t} dt \quad ---(7)$$

어떤가 같지 않은가!! 따라서

$$R_n = \frac{1}{T}\int_0^T f(t)e^{-in\omega t}dt = K_{-n}$$

이 되었다. 드디어 대통합이 이루어 지는 시점이 되었다. 본질적으로 Kn과 Rn은 비스드리 했던 것이다.

이제 마지막으로 대통합된 퓨리에 복소형식 급수와 계수를 보기로 하자.

$$f(t) = \sum_{n=0}^{\infty} R_n e^{in\omega t} + \sum_{n=-1}^{-\infty} K_{-n} e^{in\omega t} = \sum_{n=0}^{\infty} R_n e^{in\omega t} + \sum_{n=-1}^{-\infty} R_n e^{in\omega t} \quad ---(6-3)$$

$\uparrow \qquad \uparrow$

Σ의 범위를 주시해 달라! 하나는 0~∞ 까지이고, 또 하나는 −1~−∞ 까지이다. 범위의 문제니까 이를 간단히 Σ 하나로 합치면 Σ의 범위를 −∞ ~ +∞ 까지로 해주면 된다.

어떤 사람은 같은 식 두개가 합쳐지니까 2배가 된다고 생각할지 모르겠으나, 급수의 범위가 다름을 염두에 두어야 한다.

$$f(t) = 2\sum_{n=-\infty}^{\infty} R_n e^{in\omega t}$$

위의 식은 땡이다. 짜잔~ 그리하야~ 올바른 식은

$$f(t) = \sum_{n=-\infty}^{\infty} R_n e^{in\omega t} \rightarrow \sum_{n=-\infty}^{\infty} C_n e^{in\omega t} \quad ---(9)$$

왜 Rn으로 쓰지 않고 Cn을 도입했냐 하면 모두가 그렇게 약속 하니까 쓴 것이니 타박하시지 말라. 결국 Cn 계수는 ao와 Rn, Kn 계수를 내포하는 놈이 되시겠다. 그렇다면 Cn 계수는 Rn 계수와 같으므로 식은 다음과 같이 된다.

$$C_n = \frac{1}{T}\int_0^T f(t)e^{-in\omega t}dt \quad ---(10)$$

이로써 전쟁을 무사히 마치고 우리는 굉장한 전리품을 얻게 되었다. 전리품을 또 한번 나열해 보기로 하겠다.

퓨리에 급수의 완전한 복소 표현, 다른말로 복소 퓨리에 급수(complex fourier series)라고 한다.

$$f(t) = \sum_{n=-\infty}^{\infty} C_n e^{in\omega t} \quad ---(9)$$

퓨리에 계수의 완전한 복소표현

$$C_n = \frac{1}{T}\int_0^T f(t) e^{-in\omega t} dt \quad ---(10)$$

정말 저 두 공식이 퓨리에 급수와 계수의 복소표현이 맞는가? 하고 생각 될 정도로 외양이 전신성형한 수준이 되어 버렸다. 마치 애벌레가 화려한 날개를 가진 나비로 변태되는 우화(羽化) 과정을 보는 듯하다.

이 식들은 공과대학에서 중간과정을 개(犬 개가 아니라 작다라는 의미를 가진 개나리할 때 개)무시하고 기계적으로 가져다 보여 주는 식이 되겠다. 듣는 학생들은 벙 쪄서 눈만 껌뻑이게 만드는 식....이 식을 완성함으로써 이제는 퓨리에 변환으로 통하는 관문으로 입장하게 되었다. 퓨리에 변환을 완성시키면, 라플라스 변환 이라고 하는 덤을 거져 얻을 수 있는 길도 열린다. 라플라스 변환이라는 컴컴한 동굴로 통하는 열려라 참깨!!! 주문이 바로 퓨리에 변환이 될 것이다.

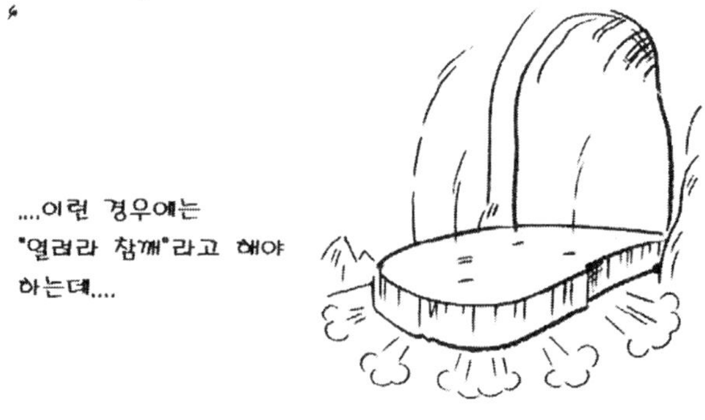

3-15. 복소 퓨리에 급수(complex fourier series)와 계수, 계산에 적용, 부분적분법이란?

우리는 복소 퓨리에 급수(complex fourier series)와 계수를 공식으로 유도 했다. 퓨리에 변환(fourier transform)으로 건너 가기 전에 예를 하나 들어 복소 퓨리에 급수와 계수 계산을 어떤 방식으로 풀어 가는지 살펴 보도록 하겠다. 계산과정에서 나오는 수학적 풀이 방법은 퓨리에 변환이나, 라플라스변환의 식을 계산할 때도 유용하게 적용하기 때문에 숙지하는 것이 좋을 것 같아 예를 드는 것이다. 한마디로 적용 부분이 되겠다.

계산 전에 복소퓨리에 급수와 계수를 다시 한번 다 잡아 보기로 한다.

복소퓨리에 급수(complex fourier series)

$$f(x) = \sum_{n=-\infty}^{\infty} C_n e^{in\omega t}$$

복소퓨리에 계수(complex fourier coefficient)

$$C_n = \frac{1}{T}\int_0^T f(t)\, e^{-jn\omega t}\, dt$$

이제부터는

전기전자공학에서 허수를 표시할 때 i 대신 교류전류와 헷 깔리지 말라고 j로 사용하는데, j로 사용한다고 해서 헤매일 필요가 전혀 없다. 뜻은 정확하게 동일하다. 계산할 대상은 아래그림에서 보는 바와 같이 주기가 있는 정(positive)의 톱니파가 되겠다.

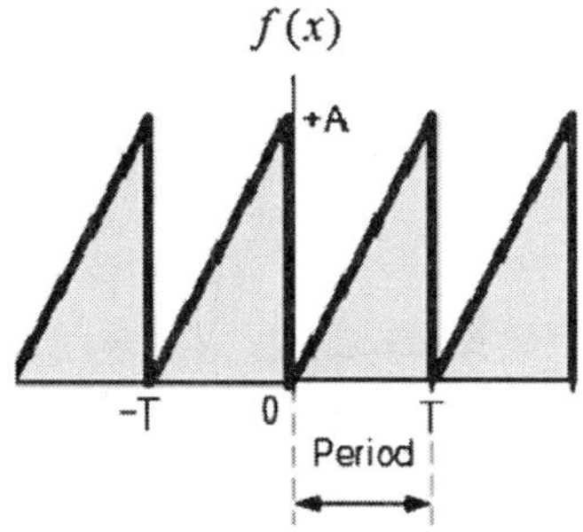

정의 톱니파 함수

주기함수라는 의미

$$f(x) = \frac{A}{T}t, \quad 0 < t < T, \quad f(t+T) = f(t)$$

먼저 계수 Cn부터 구해 보기로 한다.

$$C_n = \frac{1}{T}\int_0^T f(t)\,e^{-jn\omega t}\,dt$$

정(positive)의 톱니파 f(x)를 위의 공식, 복소 퓨리에 계수식에 넣는다.

$$C_n = \frac{1}{T}\int_0^T \frac{A}{T}t\,e^{-jn\omega t}\,dt \qquad \left(\because \quad f(t) = \frac{A}{T}t\right)$$

$$= \frac{A}{T^2}\int_0^T t\,e^{-jn\omega t}\,dt$$

적분구간 안(內)을 보니 변수 t가 있는 함수가 두 개가 보인다. 적분이 만만치 않아 보인다. 이럴 때는 '부분적분법(部分積分法)'이라는 신묘막측(神妙莫測)한 신공(神功)으로 다루어 준다.

부분적분법을 처음 배우고자 할 때 일반적인 설명식을 보게 되는데, 머리에 김 나게 하면서 뇌를 더 꽈리 틀게 만든다. 너절하게 이어지는 설명을 들어도 뭐가 뭔 소린지 아리까리 하기만 하다. 부분적분법하면 튀어 나오는 설명식을 등장시켜 보기로 하자.

$$\int v\frac{du}{dx}dx = uv - \int u\frac{dv}{dx}dx$$ 이런 식 아니면...

$$\int f(x)g'(x)dx \quad = f(x)g(x) - \int g(x)f'(x)dx$$ 이런 식 ...당최 뭐지???

눈을 부릅떠도 도무지 알쏭달쏭하기만 하다.

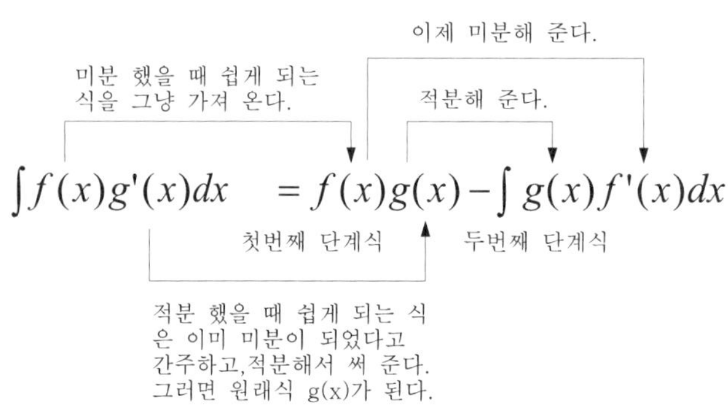

부분적분을 수행하기 전에 부분적분법의 일반적 계산 방법식을 먼저 알아야 될 것 같다. 제일 먼저 해야 할 일은 원래식에서 미분했을 때 쉽게 되는 함수와 적분했을 때 쉽게 되는 함수를

병아리 감별사처럼 선별해 주어야 한다. 보통 '다항식 + 지수함수' 형식은 다항식 쪽을 미분,지수함수 쪽을 적분 대상으로 결정하는 것이 계산에 수월하다(꼭 정해져 있는 것은 아니나 많은 사람들의 계산 경험상 최적이 그렇다는 말이다. 꼭 그런 법은 없다. 색 다르게 해 볼 사람은 누가 말리지 않는다). 설명으로는 이해하기 어려우니 식을 보면서 설명한다.

부분적분 일반식은 위와 같이 생각하면 된다.

하나 여기서 짚고 넘어가야 하는 것은 두번째 단계가 끝이 아니라는 점이다. 만약 미분대상을 미분했는데 계속해서 변수가 계속 나오면 세번째 단계로 가고, 또 미분 가능하면 네번째 단계로 가야 한다. 그래서 미분하면 0이 되는 상수가 나올 때까지 계속 식을 미분, 적분으로 밀고 나가야 한다는 것이 부분적분 일반식에서는 생략 되어 있다. 상수는 미분해서 0이 나오기 때문에 그 항을 0로 만들기 때문에 의미가 없다. 그리고 단계 마다 극성부호를 넣어 주어야 하는데 순서는 다음과 같다. + → − → + → − ‥‥ 손쉬운? 예를 들어 보기로 하자.

$\int x^2 e^x$

- e^x ← 적분하기 딱 좋은 함수, 지수함수
- x^2 ← 미분하기 만만한 함수, 다항함수

부분적분법을 적용해서 위의 적분을 완성해 보기로 하자. 부정적분이니까 끄트머리에는 적분 상수 C를 넣어 주어야 한다. 물론 정적분이면 적분상수를 생략해야 한다. 우리의 예에서는 적분상수를 그냥 생략하기로 한다.

일 단계 → $\int x^2 e^x = x^2 \left(e^x\right) = x^2 e^x$

이 단계 → $x^2 e^x = 2x^1 \left(e^x\right) = -2x\, e^x$

삼 단계 → $2x\, e^x = 2 \times 1 \left(e^x\right) = 2\, e^x$ (2 ← 더 이상 미분이 안되므로 끝)

따라서 원래식을 부분적분법에 따라 전개하여 식을 정리해서 쓰면 아래와 같다.

$$\int x^2 e^x = x^2 e^x - \left(2xe^x\right) + \left(2e^x\right) \rightarrow x^2 e^x - 2xe^x + 2e^x + C$$

이제 부분적분방법을 알았으니 계속해서 정의 톱니파의 적분을 수행하기로 해 보자.

$$C_n = \frac{A}{T^2}\int_0^T t\, e^{-jn\omega t}\, dt$$

① 부분적분법 적용 ②

$$= \frac{A}{T^2}\left(\left[\frac{t e^{-jn\omega t}}{-jn\omega}\right]_0^T - \frac{1}{-jn\omega}\left[\frac{e^{-jn\omega t}}{-jn\omega}\right]_0^T\right) = \frac{A}{T^2}\left(\left[\frac{t e^{-jn\omega t}}{-jn\omega}\right]_0^T + \frac{1}{jn\omega}\left[\frac{e^{-jn\omega t}}{-jn\omega}\right]_0^T\right)$$

$$= \frac{A}{T^2}\left\{\left(\left[\frac{T e^{-jn\omega T}}{-jn\omega} - \frac{0\times e^{-jn\omega T}}{-jn\omega}\right] - \frac{1}{(jn\omega)^2}\left[e^{-jn\omega T} - 1\right]\right)\right\}$$

$$= \frac{A}{T^2}\left\{\left(\left[\frac{T e^{-jn\omega T}}{-jn\omega}\right] - \frac{1}{(jn\omega)^2}\left[e^{-jn\omega T} - 1\right]\right)\right\}$$

헉~수식이 장난 아니다. 부분적분법을 시술한 부분이 보이는가?

①항 : +부호를 붙이고, 원래의 식에서 t는 그냥 가져다 쓰고, 자연지수함수쪽은 원래함수가 미분 되었다고 보고, 적분해서 기입한다.

② 항 : – 부호를 붙이고, ①항의 식에서 t를 미분하여 가져다 쓰고, 자연 지수함수쪽은 또다시 적분하여 기입한다. 이 때 다항식 t가 미분하면 0이 되는 상수로 되기 때문에 부분적분법은 이 단계에 서 종료한다.

그런데 또 하나 자연지수함수의 적분이 고롭다. 어떻하면 될까? 아래는 자연지수함수의 미분과 적분 방법을 도식적으로 보여주고 있다.

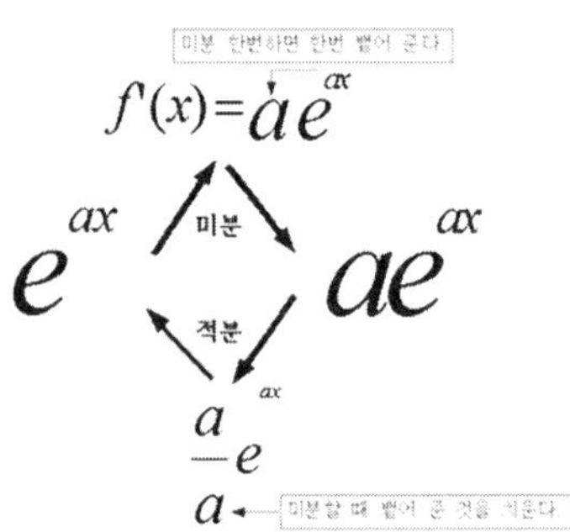

따라서 위의 복소퓨리에계수의 전개식에서 자연지수함수의 적분은 아래와 같이 진행 된다는 것을 알 수 있다. 변수 t에 관한 함수일 때....

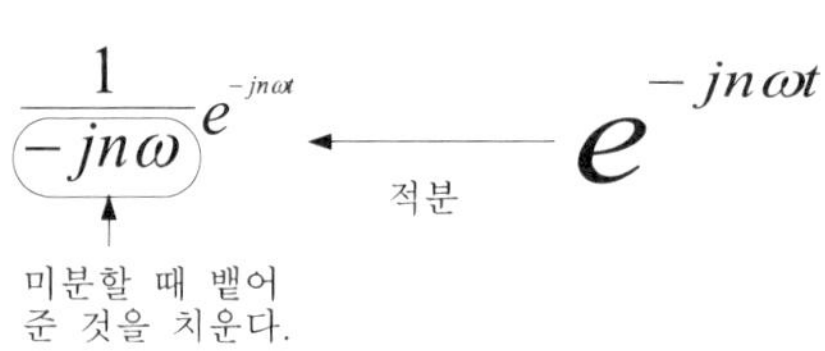

여하튼 부분 적분법과 자연지수함수의 적분은 반드시, 꼭, 확실히 암기하고 있어야 한다. 퓨리에와 라플라스가 나오면 항상 따라 붙는 빨판상어와 같은 계산법이기 때문이다. 어떤 책들은 퓨리에 해석을 타이틀로 내세우지만 책 전체 400페이지에서 정작 설명은 50여 페이지 정도에 그치고, 나머지는 전부 계산문제로 도배한 것도 볼 수 있다. 그 정도로 퓨리에나 라플라스는 계산으로 접근하는 책이 많다. 따라서 두 가지 적분 계산 무기 정도는 지니고 있어야 획득되는 '아이템' 도 적지 않게 될 것이다.

복소퓨리에계수 계산식이 조금 지나치게 복잡해 지는 듯이 보인다. 걱정 할 것 없다 나중에는 식이 팍 쪼그라 들 것이기 때문이다. 식을 줄이기 위해 각속도 ω를

$$\omega = 2\pi f = \frac{2\pi}{T}$$

로 일단 전체의 ω에 전부 적용하지 말고, 지수함수 쪽에만 일단 대입하기로 한다.

$$C_n = \frac{A}{T^2}\left\{\left(\left[\frac{Te^{-jn2\pi}}{-jn\omega}\right] - \frac{1}{(jn\omega)^2}\left[e^{-jn2\pi} - 1\right]\right)\right\} \quad --(1)$$

아직도 식이 산만하다. 식을 정리하기 위해 우리가 이미 숙지 했던 오일러의 공식을 대입해 보기로 한다.

$$e^{-jn2\pi} = \overset{\boxed{=1}}{\cos n2\pi} - j\overset{\boxed{=0}}{\sin n2\pi}$$

가물가물 했던 무의식에서 의식의 지평선에 떠오르는가? 또한 $\sin\pi=0$이고, 사인은 π의 정수배 되는 각도를 가질 때 항상 0이므로 $\sin 2\pi=0$이다(π, 2π, 3π, 4π.....). 그리고 $\cos 2\pi=1$이 된다. 따라서 위의 식은 아래와 같이 간단 명료하게 탈바꿈 되시겠다.

$$e^{-jn2\pi}=\cos n2\pi-j\sin n2\pi=1-0=1$$

이 식을(1)식에 대입해 보기로 하자. 식이 팍 줄어 버리게 될 것 같다.

$$C_n=\frac{A}{T^2}\left\{\left(\left[\frac{Te^{-jn2\pi}}{-jn\omega}\right]-\frac{1}{(jn\omega)^2}\left[e^{-jn2\pi}-1\right]\right)\right\}$$

$$=\frac{A}{T^2}\left\{\left(\left[\frac{T}{-jn\omega}\right]-\frac{1}{(jn\omega)^2}[1-1]\right)\right\}=\frac{A}{T^2}\times\frac{T}{-jn\omega}=j\frac{A}{n\omega T}=j\frac{A}{2\pi n}$$

=1 (the first $e^{-jn2\pi}$), =1 (the second $e^{-jn2\pi}$)

분모 분자에 j를 곱해 준다.

결과식이 복소 형식이 아니다.!!!!!!! 저 결과식을 어떻게 복소형식으로 바꿀 수 있을까????? 이것이 계산하는데 관건이 되겠다. 한번 사유해 보시기 바란다.

정(positive)의 톱니파를 아직까지는 복소 퓨리에 급수로 완전히 탈바꿈 시키지는 못했다.

$$C_n=j\frac{A}{2\pi n}$$

완전하게 복소 퓨리에 급수를 만들려면 위에 나온 결과식을 복소형식으로 바꿀 필요가 있다고 했다. 어떻게 바꾸면 될까를 물어 보았다. 답이 나오셨는가? 복소형식으로 바꾸는 방법은? 역시 오일러 공식이 최고다. 식을 멋스럽게 바꾸어 보자. 일단 j를 바꾼다. 어떻게????

$$e^{j\frac{\pi}{2}}=\cos\frac{\pi}{2}+j\sin\frac{\pi}{2}=0+j\times1=j$$

=0 (under $\cos\frac{\pi}{2}$), =-1 (under $\sin\frac{\pi}{2}$)

따라서 j는

$$j=e^{j\frac{\pi}{2}}$$

이제 복소 퓨리에 계수 식은 아래와 같이 복소형식으로 틀을 갖추게 된다.

$$C_n = \frac{A}{2\pi n} e^{j\frac{\pi}{2}} \qquad --(2)$$

복소 퓨리에 계수가 도출 되었으니, 이 식을 복소 퓨리에 급수식에 넣으면 다 된 밥이다. 그런데 문제가 하나 발생 했다. 이 정도 했으면 됐지 뭘 또? 하고 머리를 쥐어 짜는 사람이 눈에 보일 듯 하다. 조금만 참기로 하자. Co가 문제다. 위 식(2)에 n→0를 대입하면 값이 ∞가 나온다. 이래서는 식이 성립하지 않는다. 복소 퓨리에 계수식에서 직접 값을 구해 보기로 하자.

$$C_n = \frac{1}{T}\int_0^T f(t)\, e^{-jn\omega t}\, dt$$

이 식에 n→0을 대입

$$C_0 = \frac{1}{T}\int_0^T f(t)\, e^{-j0\omega t}\, dt = \frac{1}{T}\int_0^T f(t)dt = \frac{1}{T}\int_0^T \frac{At}{T}dt \quad \left(\because f(x) = \frac{A}{T}t\right)$$

$$= \frac{A}{T^2}\int_0^T t dt = \frac{A}{T^2}\left[\frac{t^2}{2}\right]_0^T = \frac{A}{T^2}\left(\frac{T^2}{2}\right) = \frac{1}{2}A$$

이제 최종적으로 복소퓨리에 급수를 정리해 주기로 하자.

$$f(x) = \sum_{n=-\infty}^{\infty} C_n e^{in\omega t} = \frac{A}{2} + \frac{A}{2\pi} e^{j\frac{\pi}{2}} \sum_{n=-\infty}^{\infty} * \frac{1}{n} e^{jn\omega t} = \frac{A}{2} + \frac{A}{2\pi}\sum_{n=-\infty}^{\infty} * \frac{1}{n} e^{jn\omega t} e^{j\frac{\pi}{2}}$$

$$= \frac{A}{2} + \frac{A}{2\pi}\sum_{n=-\infty}^{\infty} * \frac{1}{n} e^{j\left(n\omega t + \frac{\pi}{2}\right)} \qquad \left(\sum_{n=-\infty}^{\infty} * --> n = 0 \quad is\ excluded\right)$$

여기서 멈추면 섭섭하다.

계산을 시작 했으니 아예 뽕을 뽑아 버릴려고 한다. 복소 퓨리에 급수를 삼각함수 형식의 퓨리에 급수로 거슬러 계산해 하면 어떻게 될까? 이렇게 역으로 계산해 주면 정의 톱니파안에 어떤 삼각함수들이 합성 되어 있는지 일목요연(一目瞭然)하게 알 수 있게 된다. 복잡하지 않으니 지레 겁먹지는 마시라.

지금까지 계산한 정의 톱니파의 복소퓨리에 계수를 다시 한번 나열한다.

복소퓨리에 계수 계산

$$C_n = \frac{A}{2\pi n} e^{j\frac{\pi}{2}}$$

Co의 계산값

$$C_0 = \frac{1}{2} A$$

Cn이라고 하는 것은 결국 본질이 Rn이라고 하는 것을 밝혔었다. Rn과 Kn은 아래식에서 연유(緣由) 했었다.

$$\frac{a_n + i b_n}{2} = K_n$$

$$\frac{a_n - i b_n}{2} = R_n$$

잘 보면 Rn과 Kn은 공액복소수(共액複素數, conjugate complex number..또는 켤레복소수) 관계에 있다. 공액복소수란 실수와 허수로 이루어진 복소수에서 두 수가 같은데, 허수 부분의 극성기호가 다른 것을 말한다. 예를들면

$z = a + bi$ 의 공액복소수는 $z^* = a - bi$ 가 된다(a, b는 실수).

복소수에 공액관계에 있는 복소수를 곱하면 허수부분은 없어진다. 따라서 Rn이 Cn이었다면 Kn은 Cn*이라고 할 수 있다. Rn과 Kn을 Cn으로 기호를 바꾸어 다시 써 보자.

$$\frac{a_n + i b_n}{2} = C_n^*$$

$$\frac{a_n - i b_n}{2} = C_n$$

위의 두 식에서 an과 bn을 역산해서 각각 추출해 보자.

$$a_n = C_n + C_n^* \rightarrow \frac{a_n - jb_n}{2} + \frac{a_n + jb_n}{2} = \frac{2a_n}{2} = a_n$$

$$b_n = j(C_n - C_n^*) \rightarrow j\left[\frac{a_n - jb_n}{2} - \left(\frac{a_n + jb_n}{2}\right)\right] = j\left(\frac{-2jb_n}{2}\right) = b_n$$

따라서

$$a_n = C_n + C_n^* = \frac{A}{2\pi n}e^{j\frac{\pi}{2}} + \frac{A}{2\pi(-n)}e^{j\frac{\pi}{2}} = \frac{A}{2\pi n}e^{j\frac{\pi}{2}} - \frac{A}{2\pi n}e^{j\frac{\pi}{2}} = 0$$

$$b_n = j(C_n - C_n^*) = j\left(\frac{A}{2\pi n}e^{j\frac{\pi}{2}} - \frac{A}{2\pi(-n)}e^{j\frac{\pi}{2}}\right) = j\left(\frac{A}{2\pi n}e^{j\frac{\pi}{2}} + \frac{A}{2\pi n}e^{j\frac{\pi}{2}}\right)$$

$$= j\frac{\cancel{2}A}{\cancel{2}\pi n}e^{j\frac{\pi}{2}} = -\frac{A}{\pi n} \qquad \left(\because e^{j\frac{\pi}{2}} = j, \quad j \times j = -1\right)$$

이제 거의 다 되었다. an 항은 0이기 때문에 무시해도 된다.삼각함수로 표시된 퓨리에 급수를 가져와 보기로 하자.

$$f(x) = a_0 + \underbrace{\cancel{\sum_{n=1}^{\infty} a_n \cos(n\omega t)}}_{=0} + \sum_{n=1}^{\infty} b_n \sin(n\omega t)$$

$$= \frac{A}{2} - \frac{A}{\pi}\sum_{n=1}^{\infty}\frac{1}{n}\sin(n\omega t) \quad \leftarrow \text{n 에 1,2,3,4,5,6 ···· 를 넣어서 식을 전개해 본다.}$$

$$\boxed{= \frac{A}{2} - \frac{A}{\pi}\left(\sin(\omega t) + \frac{1}{2}\sin(2\omega t) + \frac{1}{3}\sin(3\omega t) + \frac{1}{4}\sin(4\omega t) + \cdots\right)}$$

위의 급수가 정의 톱니파를 삼각 퓨리에 급수로 표현한 식이다. 복소퓨리에 급수와 계수를, 역산해서 삼각 퓨리에 급수와 계수를 구해 보았다. 다음은 최종적인 종착점인 퓨리에 변환을 복소 퓨리에 급수와 계수를 가지고 유도해 보기로 한다. 역시 촛점은 Cn이 될 것이다. 참으로 다종 다양하게 Cn이 변화하는 것을 목도 하는 것이다.

3-16. 퓨리에 변환(fourier transform)

이번 퓨리에와 오일러에 관련된 설명을 풀어 나가면서 드는 생각이 있다. 분석의 내용이 마치 아라비아 사막의 베드윈족 삶과 비슷하다는 느낌이 그것이다. 때로는 사막 가운데 오아시스에서 진한 베드윈식 커피를 마시며 신화와 전설로 도란도란 알뜰하게 담소도 하지만, 때로는 거칠고, 황량한 사막을 낙타등에 올라타 하염없이 걸어 가야만 하는 삭막함도 온몸으로 받아 내야 하는 그들의 삶과 비교한다면 지나친 감성이랄 수도 있다. 퓨리에와 관련해서는 계속 수식이라는 사막을 정처 없이 걷는 것처럼 느껴지는 기분은 어쩔 수 없다. 수학이란 본시 정서 빠진 차가운 이성의 철 구조물이라서 그런가?.....

전번에는 퓨리에 급수와 계수를 오일러의 공식을 차용하여 자연지수함수의 복소형식으로 식을 간결하게 압축했다. 식 자체로도 쓸모 있지만, 이도 하나의 과정이라면 과정일 수 있다.그러면 무엇을 위한 과정인지를 이야기 해야만 한다.

여지껏 우리가 퓨리에의 급수와 계수를 수학적으로 조작한 것은 파동이 주기적일 때만을 상정해 온 것이다. 그럼 그 식이 좀 더 일반적이라는 구색을 갖추려면 비주기 파동에도 쓸모 있어야 모양새가 갖추어 진다. 그 지점까지 가는 것이 당초의 목표가 되겠다.

주기와 비주기 파동을 다 아우르는 방법을 보통은 퓨리에 변환(fourier transform)이라고 지칭한다. 하지만 퓨리에 변환식이 어찌 어찌해서 유도 되었는지를 설명하는 책들은 눈 씻고 찾아봐도 거의 없다. 다들 출처가 어딘지 모를 공식의 사용에만 혈안이 되어 과정 자체가 아예 갱유(坑儒) 되었다. 과정자체가 묻혀 버렸기 때문에 퓨리에 변환식이 내포하고 있는 의미도 덩달아 날아가 버렸다. 그래서 함몰(陷沒)된 과정과 의미를 도굴(盜掘)? 하는 것이 이번 주제가 되겠다.

먼저 자연지수함수의 복소형식으로 둔갑한 퓨리에 급수와 계수로부터 출발점을 잡기로 한다.

퓨리에 급수의 완전한 복소 표현

$$f(x) = \sum_{n=-\infty}^{\infty} C_n e^{in\omega t}$$

퓨리에 계수의 완전한 복소 표현

$$C_n = \frac{1}{T}\int_0^T f(t) e^{-in\omega t} dt$$

위의 식에서 주파수와 진폭을 알아 냈다고 가정하고 그림으로 표현한다고 해 보자. 그림은 아주 듬성듬성 이산적(離散的)으로 그려질 것이다. 우리는 여지껏 시간영역에서의 임의의 파동을 주파수 영역의 이산적인 스펙트럼으로 합성주파수들의 분포로 나타내었다. 이것이 골자이다.

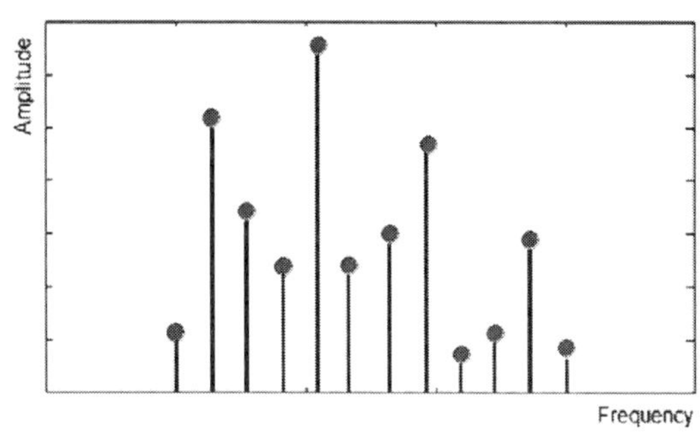

지금까지 궁구(窮究)한 퓨리에 공식은 주기가 분명히 존재하는 파동을 전제 했었다. 이제 주기가 없는 파동을 해석한다고 할 때 지금까지의 식은 무용지물이 되고만다. 한번 계수 구하는 복소형식의 식을 보기로 하자.

$$C_n = \frac{1}{T}\int_0^T f(t) e^{-in\omega t} dt$$

겉으로 공식을 판단해 보면 화살 표시된 것 처럼 주기가 펄펄 살아 있다.

사정이 그러하다면

지금까지와는 차원이 다른 비주기 파동을 해석하는 수학적 툴이 필요하게 된다. 그래서 등장하게 된 것이 퓨리에 변환(fourier transform, 책에 따라서는 '퓨리에 적분'이라고도 한다)식과 역변환식이다. 퓨리에 변환은 시간영역에서 주파수 영역으로 파동을 해석하는 것이고, 역퓨리에 변환은 말 그대로 주파수영역에 있는 함수를 시간영역으로 되돌리는 툴을 의미한다.

비주기,주기가 없다 라는 말은 무슨 의미일까?

수학적으로는 주기가 없다는 것을 재 해석해서 주기가 무한대를 뜻한다고 봐도 의미는 퇴색하지 않고 생생하게 살아 있게 된다. 비주기나 주기가 무한대나 공학적 가치가 셈셈이다.그러면 생각을 더 진전시켜서 주기가 무한대가 된다면 우리가 포착해야 되는 객체는 주파수로 향해져야 한다. 왜냐하면 주파수라는 놈은 주기와 연관이 깊은 정의(定義)였기 때문이다. 따라서 주기가 흔들리면 주파수도 덩달아 춤을 추게 되는 것은 당연한 이치이니, 주파수가 관심권 안에 있어야 하는 것이다. 아래 주파수와 주기의 관계를 다들 아실 것이다.

$$f = \frac{1}{T}$$

이 관계식에서 주기를 크게하다 못해 무한대로 가져 간다고 해 보자.

$$f = \frac{1}{\infty} = 0$$

그래서 어쨌다는 거지?

여기서 발상을 전환해야 한다.관점을 달리 해 보자는 것이다. 퓨리에라는 것은 괴상망측한 파형이 떡 허니 있을 때 그것을 각기 진폭이 다른 사인과 코사인함수로 쪼갤 수 있다는 것이 주된 개념이었다. 바로 여기서 한가지 놓쳐서는 안되는 점이 있는데, 합성된 주파수가....기본주파수, 제2고조파, 제3고조파, 제4고조파......제 n고조파....로 이루어진다고 했었다. 만약 n도 무한대로 간다면 주파수가 위의 식대로 0으로 확 사라질 수는 없게 된다. 그렇다면 관점을 바꾸어 적어도 퓨리에에 있어서는 다음과 같이 추론해야만 한다. 아래 주파수 f를 기본주파수라고 생각해도 좋고, n번째 주파수라고 생각해도 상관없다. 주파수 f가 0이 되지 않는다는 이유만 알면 된다.

$$f = \frac{1}{\infty} \neq 0 \qquad f = \frac{1}{\infty} = df$$

수학에서 0은 곱하기만 하면 아무거나 잡아먹는 불가사리 또는 블랙홀이라서, 아무것도 없는 0이라면 생각의 여지조차 주어지지 않겠지만, 사유가 이 정도에 이르르면 뭔가 해 볼 수 있는 여지가 생긴다. 원래 df라는 것은 미분에서 0에 가깝게 짜갠다는 의미이므로, 0은 아니지만 0에 무척 가까운 혈족(血族)이라는 것 쯤으로 여겨 주어야 한다. 이 관념을 퓨리에에 들이대면 어떻게 될까? 일단 계수부터 보기로 하자(아래의 그림은 이해를 돕기 위한 개념적 그림이지 실제 계산해서 나온 그림이 아님을 유념해 주시라).

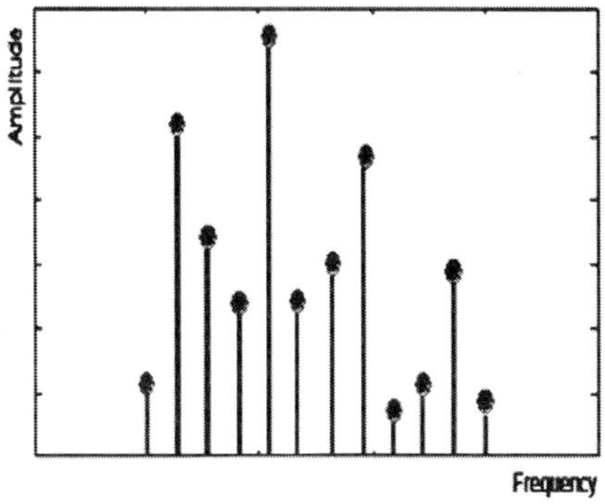

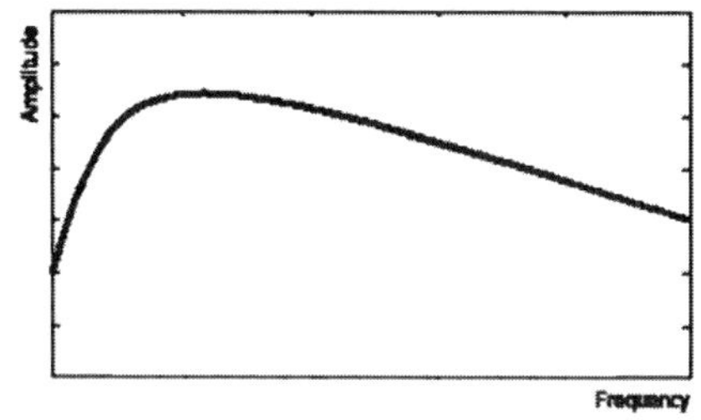

무슨 일이 벌어진 걸까?

이산적(離散的)인 것이 연속적(連續的)인 것으로 변했다!!. 듬성듬성 있었던 확률 분포를 확률밀도 함수 처럼 아주 조밀하게 압축하니 연속적으로 되는 것 처럼, 퓨리에 변환은 이산적인 계수들을 연속적으로, 밀도 있게 표현하게 하는 방식이다.

어째서 그렇게 변질되며, 그 의미가 무엇이뇨? ...차근차근 짚어 보기로 하자.

기본주파수를 생각해 보자. 얘도 주기가 무한대 이기 때문에 주파수의 값은 0 에 가깝게 처리 된다는 것을 미루어 알 수 있다. 그렇다면 제2고조파, 제3고조파, 제4고조파......제 n고조파..는 기본주파수의 정수배 되는 딸린 자식들이니까 어버이를 닮아 갈 수 밖에 없다. 기본주파수가 0에 가까우니 다들 0에 정수배를 한들 거기서 거기일 것이다. 간격이 극히 좁은(알기 쉽게 다듬어서..주파수들의 간격이 거의 0에 가까운) 주파수들을 무한대로 쫙 펼쳐 놓으면..바로 그렇다!!!

연속적인 계수가 나타날 수 밖에 없지 않는가? 몇번째 고조파라는 n의 의미가 사라질 수 밖에 없다. We are the world 이기 때문에.

바로 이 논리가 퓨리에 급수와 계수를 주기가 없는 파동에 적용하는 욧점 중의 촛점이 되겠다. 우리들이 퓨리에 변환을 기계적으로 계산해서 얻는 그래프가 매우 아름답게 연속적으로 나오게 되는 이유가 여기에 있다..결국 계수를 연속적인 것으로 거듭나게 만드는 것이라는 것을 밝히게 된 것이다. 이제는 지랄 맞은 수식으로 정리하는 것 밖에는 남지 않았다.

먼저 복소형식으로 된 퓨리에 계수에 주파수가 ∞ 일때 어떻게 되는지 알아 보자. 주파수로 생각해야 되니까 각주파수 ω를 $\omega=2\pi fn$로 변경 시키고 본다. 그리고 연속적인 구간이 되므로 주파수는 하나로 뭉뚱 그려 f로 놓으면 $\omega=2\pi f$으로 대치 해도 전혀 상관이 없다. 정적분의 구간도 덤을 얹어 $-\infty\sim\infty$로 놓고 보기로 하자. 주기가 무한대 이기 때문에....야 이사람아 덤은 덤인데 −무한대를 덤으로 주는 사람도 있냐고 질타할 수도 있다. 그런 질타는 충분히 얻어 맞아도 싼 논리적 비약이었다.

그러나 이렇게 확장판 사고를 가져보자.

적분구간이 한 주기라면 0~T 까지나, 또는 −T/2~+T/2라는 구간도 비까비까 도낀개낀이다. 그런데 우리가 앞에서 고찰해 보았듯이 T를 무한대(∞)로 펼쳐 보았으니, 결국 − ∞/2~+∞/2 라는 구간은 엄밀하게 −∞~∞로 적분구간이 홱가닥 변해도 상관이 없게 된다. 분모 2로 무한대를 나누어도 무한대는 무한대 이기 때문에....무한대라는 것은 정말 매력 뭉치라고 말하고 싶기까지 하다. 무한대의 매력을 알게 해준 칸토르에게 박수를...

$$C_n = \frac{1}{T}\int_0^T f(t)e^{-i2\pi f_n t}dt \quad -> \quad \frac{1}{\infty}\int_{-\infty}^{\infty} f(t)e^{-i2\pi ft}dt \quad -> \quad df\int_{-\infty}^{\infty} f(t)e^{-i2\pi ft}dt$$

얼추 퓨리에 변환식과 엇비슷하게 나왔기는 한데 이 식에서는 뭔가 우리가 원하는 식이 나올 것 같지 는 않다. df가 우두망찰 나홀로 있다. 복소형식의 퓨리에 급수로 생각해 보자. 더 이상 사고의 여지가 막힌다. 급수로 생각해 보자.

$$f(x) = \sum_{n=-\infty}^{\infty} C_n e^{in\omega t}$$

급수식에서 Cn 대신 위의 급수식을 넣어 보기로 한다. 형태를 갖추기 위해서 주기를 무한대로 하는 기호를 삽입하기로 하자. 원래 그렇게 하기로 하고 식을 전개시켰으니 넣어도 된다.

$$f(t) = \lim_{T\to\infty}\sum_{n=-\infty}^{\infty}\left\{df\int_{-\infty}^{\infty} f(t)e^{-i2\pi ft}\right\}e^{i2\pi ft}$$

뭔가 조작의 냄새가 물씬 풍기는가? 절대 그렇지 않다. 원래의 논리대로 진행하고 있으니 시비걸지 마시라. 미소 주파수 구간 df를 식의 뒤로 빼보자 어떤 마술이 일어 나는지 보시라.

$$f(t) = \boxed{\lim_{T\to\infty}\sum_{n=-\infty}^{\infty}}\left\{\int_{-\infty}^{\infty} f(t)e^{-i2\pi ft}\right\}e^{i2\pi ft}\boxed{df}$$

형태를 가만히 보아하니 적분의 원래 형태가 살짝 드러난다. 네모로 영역표시를 한 곳이 정적분의 원조생 날 것의 정의 기호표시이다.

$$f(t) = \lim_{T\to\infty}\sum_{n=-\infty}^{\infty} \square \; df = \int_{-\infty}^{\infty} \square \; df$$

그렇다면 식은 아래와 같이 간결하게 조작 될 것이다. 드디어 식이 나오게 된다.

$$f(t)=\int_{-\infty}^{\infty}\underbrace{\left\{\int_{-\infty}^{\infty}f(t)e^{-i2\pi ft}\right\}}_{G(f)}e^{i2\pi ft}df$$

식을 정리해 보자. 퓨리에 변환에 대한 정의식이 나왔다.

$$G(f)=\int_{-\infty}^{\infty}f(t)e^{-i2\pi ft}dt \leftarrow \text{퓨리에 변환식}$$

$$f(t)=\int_{-\infty}^{\infty}G(f)e^{i2\pi ft}df \leftarrow \text{퓨리에 역변환식}$$

공학적인 식에서 적분구간이 무한대 ~라고 나오면 함수 그래프가 빽빽한 밀도를 갖는 것이라고 봐도 무방하다. 여하튼 이렇게 해서 우리가 자주 써먹는 퓨리에 변환식과 퓨리에 역변환식이 탄생하게 된 배경을 설명한 것이 된다.결국 퓨리에 변환식이란 계수 Cn이 변질된 것이다. 조금 극단적으로 말하면 아래 그림 같이 Cn 계수 변태의 역사가 그려질 것 같다.

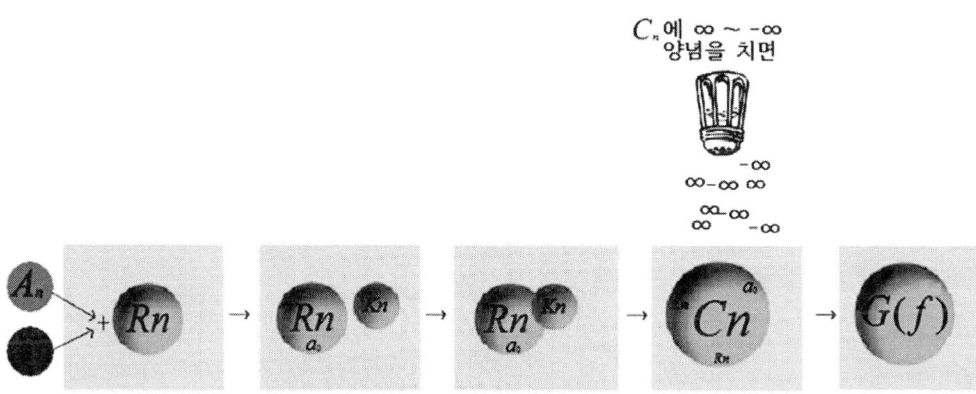

그런데 여기서 한가지 고개가 갸웃해지는 점이 있다. 시중에 나와 있는 책들을 보고, 인터넷의 퓨리에 역변환식들을 보면 아래와 같이 표현하고 있는데 우리가 유도한 식과는 거리가 있어 보인다.

$$f(t)=\frac{1}{2\pi}\int_{-\infty}^{\infty}G(\omega)e^{j\omega t}d\omega$$

이 식이 퓨리에 역변환식이라는데..도대체 왜 이렇게 차이가 나는 것일까? 누구의 식이 맞는 것일까? 일반적으로다가 위의 역변환식을 사용한다면, 우리가 유도한 역변환식은 종량제 쓰레기봉투에 구겨서 넣어야 할까? 버려야 하나 말아야 하나? 이것이 문제로다. 다음은 이 두식이 차이가 왜 나느냐~에 대한 해명을 해야 할 것 같다.

역퓨리에 변환식이 두 가지가 있다고 했다. 그리고 문제는 두 가지 식이 같은가? 다른가를 질문 했었다.

유도과정에서 주파수(f) 기준으로 식을 나열하지 않고, 각속도(ω) 기준으로 식을 다시 써보기로 한다.

$$f=\frac{1}{T}=\frac{\omega}{2\pi}$$

이므로, 이를 복소 퓨리에계수 Cn에 넣어 보기로 하자.

$$C_n=\frac{1}{T}\int_0^T f(t)e^{-i2\pi f_n t}dt \quad -> \quad \frac{\omega}{2\pi}\int_{-\infty}^{\infty} f(t)e^{-j\omega t}dt$$

우리가 퓨리에 변환할 때 주기를 무한대 놓는다고 가정 했다. 각 속도를 기준으로 식을 전개할 때도 마찬가지로 주기를 무한대로 넣어 보기로 한다.

$$f=\frac{1}{T}=\frac{\omega}{2\pi} \quad \therefore \omega=\frac{2\pi}{T}$$

마찬가지로 주기를 무한대로 놓으면 $\omega \rightarrow d\omega$가 된다. 이렇게 유도된 Cn을 복소퓨리에 급수에 넣어 보기로 한다.

$$f(t)=\lim_{T\to\infty}\sum_{n=-\infty}^{\infty}\left\{\frac{d\omega}{2\pi}\int_{-\infty}^{\infty}f(t)e^{-j\omega t}dt\right\}e^{j\omega t}$$

이하 과정은 퓨리에변환을 할 때와 동일하다. 상수항 $1/2\pi$를 앞으로 빼고, $d\omega$를 뒤로 빼면...

$$f(t)=\lim_{T\to\infty}\sum_{n=-\infty}^{\infty}\left\{\frac{1}{2\pi}\int_{-\infty}^{\infty}f(t)e^{-j\omega t}dt\right\}e^{j\omega t}d\omega=\frac{1}{2\pi}\lim_{T\to\infty}\sum_{n=-\infty}^{\infty}\left\{\int_{-\infty}^{\infty}f(t)e^{-j\omega t}dt\right\}e^{j\omega t}d\omega$$

위의 그림에서

$$f(t)=\lim_{T\to\infty}\sum_{n=-\infty}^{\infty}\square\, df=\int_{-\infty}^{\infty}\square\, df$$

라고 수학적으로 정의하였으므로 최종적으로 식은 아래와 같이 전개 될 것이다.

$$f(t)=\frac{1}{2\pi}\int_{-\infty}^{\infty}\underbrace{\left\{\int_{-\infty}^{\infty}f(t)e^{-j\omega t}dt\right\}}_{G(f)}e^{j\omega t}d\omega$$

따라서 각속도를 기준으로 식을 전개하면 퓨리에변환과 역변환식은 아래와 같이 구성된다.

$$G(f)=\int_{-\infty}^{\infty}f(t)e^{-j\omega t}dt$$ ← 퓨리에 변환식

$$f(t)=\frac{1}{2\pi}\int_{-\infty}^{\infty}G(f)e^{j\omega t}d\omega$$ ← 퓨리에 역변환식

계속 해서 강조하지만 주파수와 각속도는 혼용해서 사용할 수가 있다.

$$\omega=2\pi f$$

고로 아래 역퓨리에 변환식 두 식은 같다는 것이 설명되었다.

$$f(t)=\int_{-\infty}^{\infty}G(f)e^{j2\pi ft}df \quad\Rightarrow\quad f(t)=\frac{1}{2\pi}\int_{-\infty}^{\infty}G(\omega)e^{j\omega t}d\omega$$

따라서 우리가 시간영역에서의 함수 그래프를 퓨리에 변환을 이용하여 주파수 영역으로 옮길 때, x축의 주파수 영역은 주로 f나 각속도 ω로 기입하게 되는데 가리키는 의미는 동일한 것이다. ω가 영 낯가리게 하면 그저 주파수로 생각해 줘도 전혀 무방하다. 책에 따라서 역퓨리에 변환식이 다르게 차용되므로 헷갈려 하지 않아야 한다.

3-17. 퓨리에 변환(fourier transform) 예제와 sinc 함수

아라비아 사막을 걷는 기분은 앞으로 당분간 지속 될 것 같다.건조한 수식의 모래 둔덕들을 오르고 내려야 할 것 같기 때문이다. 라플라스가 그렇고, 발진기(oscillator) 분석도 그렇다.....퓨리에 변환의 간단한 예를 하나만 들어 풀어 보기로 한다. 사실 퓨리에 변환 문제를 어떻게 해결하느냐 보다는 sinc 함수를 무장해제 시키려고 예제를 드는 것이다. 따라서 통신이론 교과서에 자주 출몰하는 sinc 함수가 촛점이 되겠다.

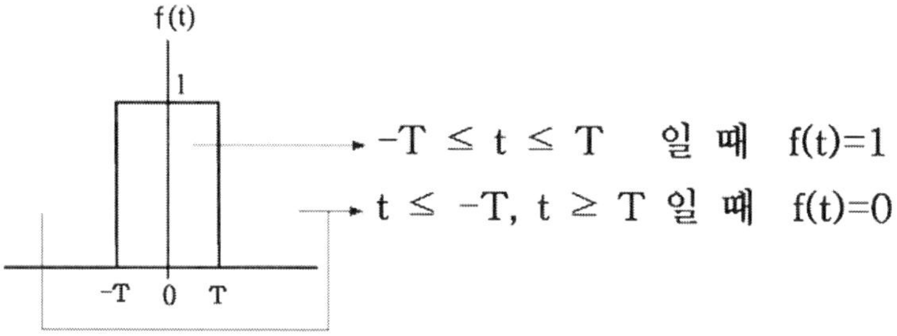

위와 같은 파형을 주파수 영역으로 변환하는 퓨리에 변환을 가동해 보기로 한다. 결과는 어떻게 나오게 될까? 일단 정적분의 영역은 −T~T까지가 된다. 회전연산자는 수학적 기호 i는 전자공학에서 교류전류와 헷갈리므로 j로 바꾸어 쓰기로 한다.

-T~T 사이에서 f(x)=1 이다

$$G(f)=\int_{-\infty}^{\infty} f(t)e^{-j\omega t}dt=\int_{-T}^{T} f(t)e^{-j\omega t}dt=-\frac{1}{j\omega}\left[e^{-j\omega t}\right]_{-T}^{T}$$

$$=-\frac{1}{j\omega}\left(e^{-j\omega T}-e^{-j\omega(-T)}\right)=-\frac{1}{j\omega}\left(e^{-j\omega T}-e^{j\omega T}\right)$$

자연지수함수를 사인함수로 만들기 위해 분모와 분자에 2를 곱해 주기로 한다.

$$G(f)=-\frac{1}{j\omega}\left(e^{-j\omega T}-e^{j\omega T}\right)=-\frac{2\left(e^{-j\omega T}-e^{j\omega T}\right)}{j\omega\times 2}=-\frac{2}{\omega}\times\frac{\left(e^{-j\omega T}-e^{j\omega T}\right)}{2j}=\frac{2}{\omega}\times\boxed{\frac{\left(e^{j\omega T}-e^{-j\omega T}\right)}{2j}}$$

네모 친 영역을 잘 보시라. 기억나는 것이 있는가? 오일러를 증명하면서 나온 식 말이다. 기억이 나면 설명을 제대로 따라온 것이다.

$$\therefore \quad \sin\theta = \frac{e^{j\theta} - e^{-j\theta}}{2j}$$

사인함수가 자연지수함수 꼴로 바뀔 수 있는 것을 증명했으므로 퓨리에 변환식은 아래와 같이 기술할 수 있겠다.

$$G(f) = \frac{2}{\omega} \times \sin(\omega T) \quad ---(1)$$

위의 식에서 사인함수와 ω가 변수를 포함하고 있기 때문에 그래프로 그리는데 애로가 있을 것 같다. 해서 이제 남은 것은 sinc 함수를 개념 도입하는 것만 남았다.

sinc 함수는 cardinal sine의 약자로 아래와 같이 정의된다.

$$\sin c(x) = \frac{\sin(\pi x)}{\pi x}$$

이 함수를 그림으로 이해해 보자.

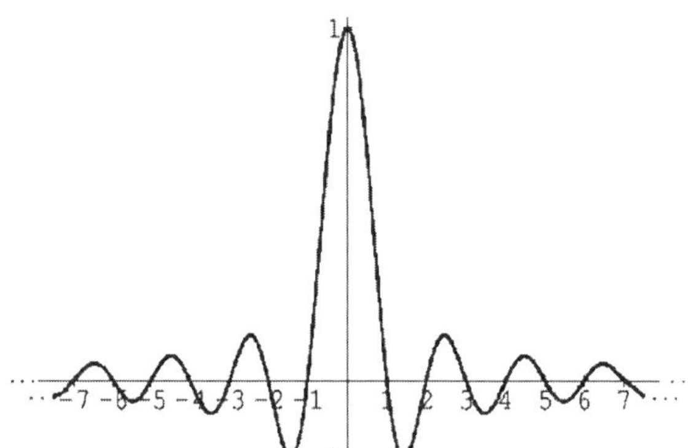

거의 낙지 처럼 생겨 먹었다. 낙지의 추상적 형태가 바로 sinc 함수라는 것을 아시는가? 이것은 칸딘스키, 몬드리안 같은 미술가들 만이 캣취할 수 있는 선의 원형적 영감(靈感)이다. 그럼 낙지를 퓨리에 역변환시키면 무엇이 될까?

아마도 낙지의 퓨리에 역변환은?...네모난 가시복(balloonfish)이 아닐까? 계산에 착오가 있었나?....얘는 좀 둥굴둥굴한데....

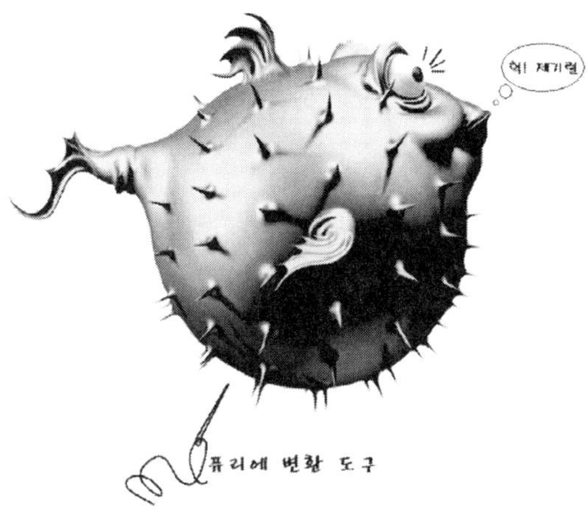

그래프를 보니 $\pi x = 0$이 될 때 sinc 함수값이 1이 되었다. 어떻게 해서 1이 될까? 이 부분이 재미있다. 우리가 익히 들어왔던 radian(호도, 孤度)의 개념을 빌려와야 한다.

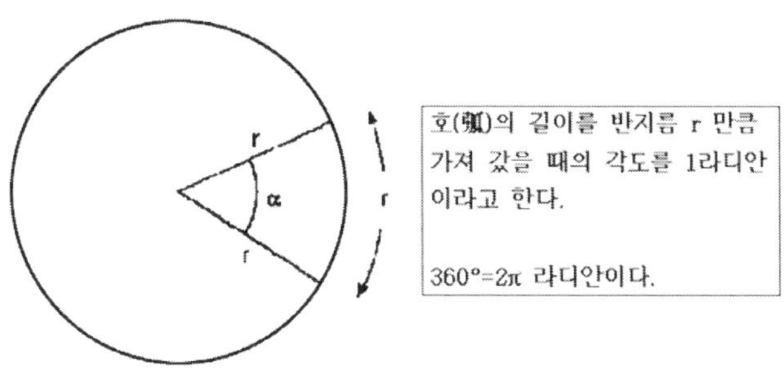

α = 1 radian

이제 반지름이 1인 원을 생각해 보기로 하자. 호가 1일 때 1라디안이 된다.

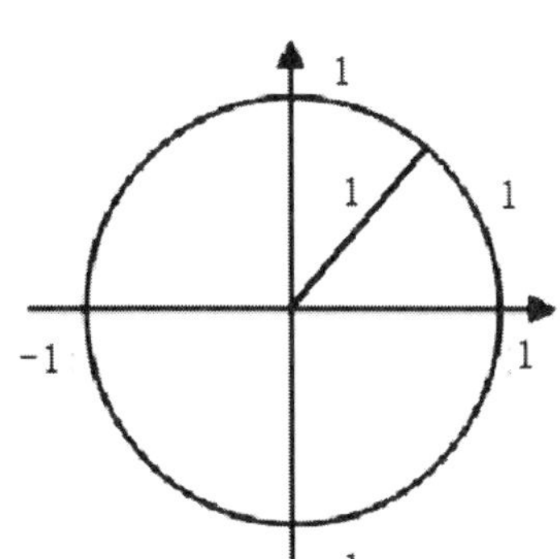

반지름이 1이기 때문에 만약 호가 2가 된다면 2라디안 되고, 반지름이 1인데 호가 0.5라면 0.5라디안이 된다. 재미있게도 반지름이 1인 단위원을 생각하면 라디안의 각도가 호의 길이 만큼 되는 현상이 출현한다. 이때 단위원에서 sinθ를 사유해 주기로 하자.

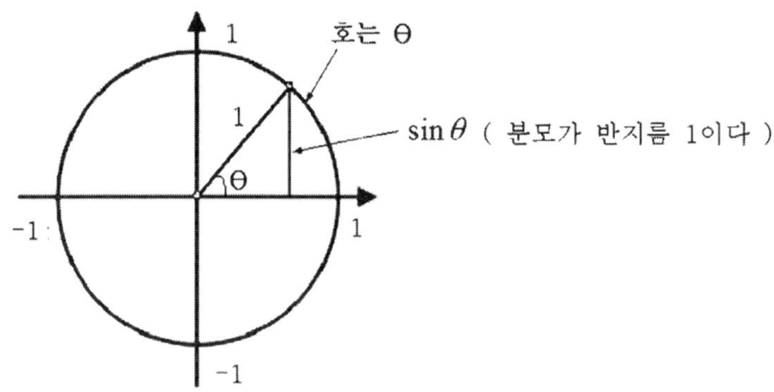

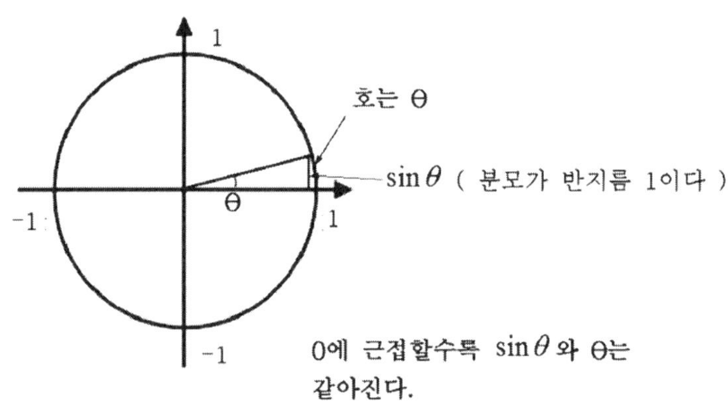

각도를 거의 0에 가깝게 해보기로 하자. 그렇게 되면 sinθ와 θ는 길이가 같게 되는 결과를 얻게 될 것이다. 따라서

$$\lim_{\theta \to 0} \frac{\sin\theta}{\theta} = 1$$

이라는 관계를 얻을 수 있다.

만약 각도가 π가 되면 어떻게 될까? 아래 sinc 함수식에서는 x = 1일 때가 되겠다.

$$\operatorname{sin}c(1) = \frac{\sin(\pi \times 1)}{\pi \times 1} = \frac{\sin(\pi)}{\pi} = \frac{0}{\pi} = 0$$

0이 되었다. sinc 함수의 그래프를 보시라 x = 1일 때 함수 값이 0이 되었다. 그 다음에는 사인값을 생각하면 된다. 사인함수는 각도가 π가 되거나 π의 정수배일 때 항상 0이 되므로 sinc 그래프에서 보면 x = 1, 2, 3, 4, 5, 6, 7...일때 함수 값이 0이 된다.

☞ 그리고 sinc 함수 그래프가 어떻게 그려지는지에 대해서 아주 중요한 포인트가 있는데... 바로 분모인 각도 θ는 계속적으로 커지기만 하는데, 분자인 $\sin\theta$는 단위원을 도는 주기적인 정현파이므로 각도가 점점 증가할 수록 sinc 함수값은 감쇄하는 모양이 되게 되는 것이다. 마치 감쇄 진동처럼 말이다. 이것을 그림으로 그리려고 하니 어렵기도 해서 그만 두었는데, 말로 설명하려니 좀 난삽하기도 하다. 그러나 sinc 함수 그리는 욧점을 잘 생각해서 머리에 그려보면 어렵지 않게 그래프가 그려질 것이다. 이런 의문이 던져질 수 있다.' 분자인 $\sin\theta$가 0° 일 때 0가 아닌가? 그런데 어떻게 최고점으로 그려지는가~?' 는 위의 라디안 설명을 잘 참고하시면 되겠다.

이 개념을 삭히고 이제 우리가 원래 계산 했던 퓨리에 변환 계산식(1)로 다시 되 돌아가 보자.

$$G(f) = \frac{2}{\omega} \times \sin(\omega T)$$

위의 함수를 sinc 함수로 만들어 주기 위해서는 문모 분자에 T를 곱해주면 된다.

$$G(f) = \frac{2}{\omega} \times \sin(\omega T) \quad = 2T \times \frac{\sin(\omega T)}{\omega T} = 2T \times \sin c(\omega T)$$

다 되었다.

이 함수의 진폭에 해당하는 2T는 sinc = 1이 될 때 임을 알 수 있다. 그 점이 어느 점에 해당되는가? 한번 사고해 보시라. 우리가 계산한 함수식은 주파수 f에 관한 함수식임을 되새겨야 한다. 우리는 지금 시간영역에 있던 어떤 함수를 주파수 영역으로 변환해 주는 퓨리에 변환을 시도하고 있다는 것을 염두에 두어야 한다. 따라서 x 축에 해당되는 존재는 주파수 f(또는 ω)이다(보통 이를 주파수 영역, frequency domain이라고도 한다). 따라서 변수는 주파수 f 뿐임을 유추할 수 있어야 한다($\omega = 2\pi f$이기 때문에 변수는 f 뿐이다).

따라서 sinc=1일 때는 f = 0 일 때로 간주 된다. 그렇다면 f 축에 어느 점에서 함수값이 0가 되는지 그 다음 살펴 볼 차례다. sin 함수가 π가 될 때 함수값이 0이 되므로,

$$G(f) = 2T \times \frac{\sin(\omega T)}{\omega T} = 2T \times \frac{\sin(\pi)}{\pi} = 2T \times 0 = 0$$

즉,

$$\omega T = \pi$$

가 될 때 이므로,

$$\omega = \frac{\pi}{T}$$

가 된다. 따라서 그래프를 그리면 아래와 같이 익히 보던 그래프를 그려 낼 수가 있게 된다. 그림을 볼 때 X축이 주파수 영역이니까, 시간함수를 엄청난 주파수 성분들로 짜개되 아주 연속적으로 그려졌다는 것을 눈치 채 주어야 한다.

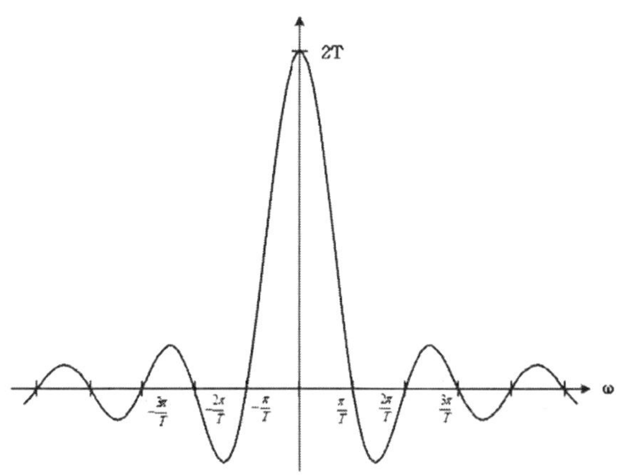

이것이 우리가 계산한 퓨리에 변환의 그래프다.

그렇다면 주기가 늘어날 때는 어떻게 변환되는지 좀더 지켜보자. 주기가 처음 예제 보다 4배로 큰 함수를 생각하기로 한다.

$-4T \le t \le 4T$ 일 때 $f(t)=1$

$t \le -4T,\ t \ge 4T$ 일 때 $f(t)=0$

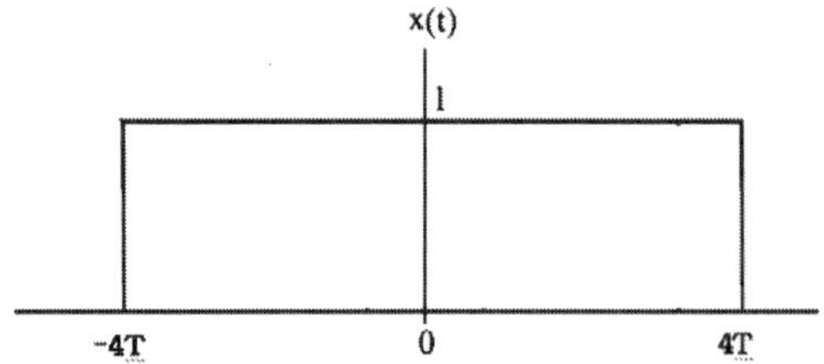

$$G(f)=\int_{-\infty}^{\infty} f(t)e^{-j\omega t}dt = \int_{-4T}^{4T} f(t)e^{-j\omega t}dt = -\frac{1}{j\omega}\left[e^{-j\omega t}\right]_{-4T}^{4T}$$
$$= -\frac{1}{j\omega}\left(e^{-j\omega 4T}-e^{-j\omega(-4T)}\right) = -\frac{1}{j\omega}\left(e^{-j\omega 4T}-e^{j\omega 4T}\right)$$

자연지수함수를 사인함수로 만들기 위해 분모와 분자에 2×4T를 곱해 주기로 한다.

$$G(f)=-\frac{1}{j\omega}\left(e^{-j\omega 4T}-e^{j\omega 4T}\right) = -\frac{2\times 4T\left(e^{-j\omega 4T}-e^{j\omega 4T}\right)}{j\omega 4T\times 2} = -\frac{2\times 4T}{\omega 4T}\times\frac{\left(e^{-j\omega 4T}-e^{j\omega 4T}\right)}{2j}$$
$$=\frac{2\times 4T}{\omega 4T}\times\frac{\left(e^{j\omega 4T}-e^{-j\omega 4T}\right)}{2j} = \frac{2\times 4T}{\omega 4T}\times\sin(\omega 4t) = 8T\times\frac{\sin\omega 4T}{\omega 4T} = 8T\sin c(\omega 4T)$$

따라서 그래프는 아래와 같이 그려진다.

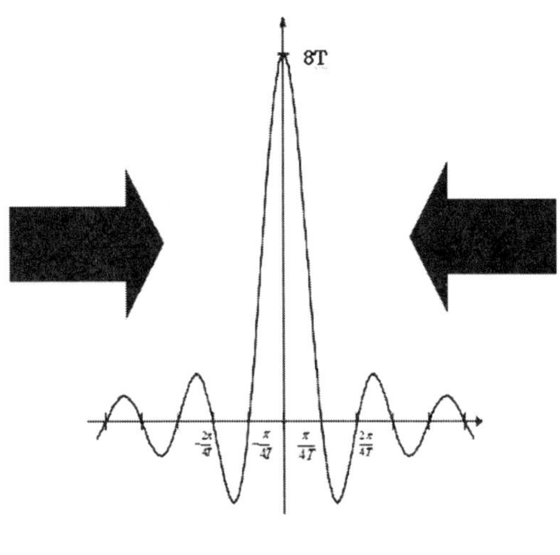

그래프가 짜부러 들었다. 마치 빨래걸이에 널어진 마른 낙지 비스드리하다.

결국 우리가 직관적으로 생각하는 것과 아주 유사한 형태가 된다. 그 직관이란 바로 이런 것이다.

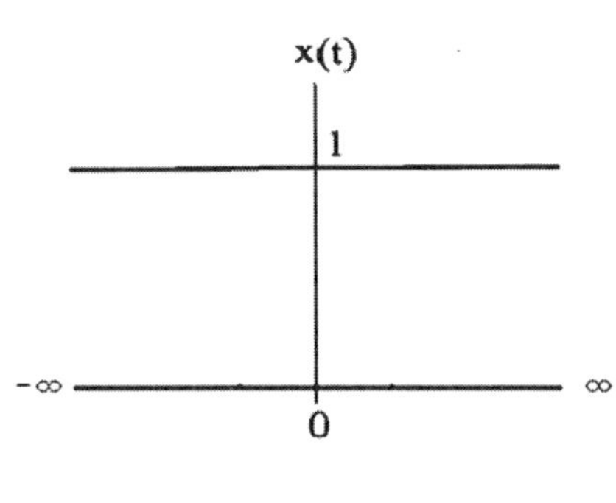

만약 주기가 없는 상수만의 그래프를 주파수 영역에 옮겨다 놓으면 어떻게 될까?

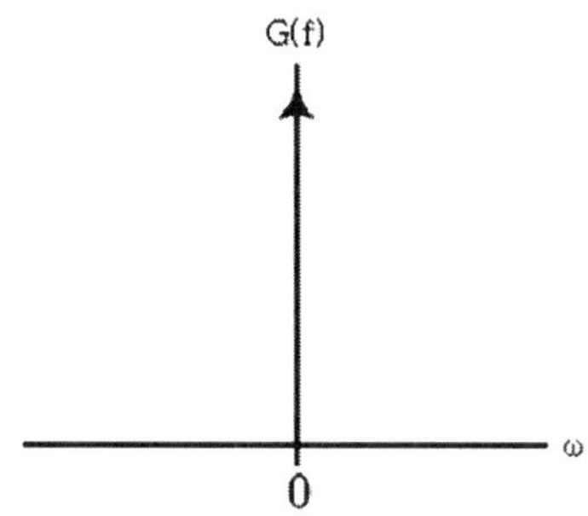

주파수는 없고, 크기는 무한대인 impulse 형태로 나올 것이란 예상들은 하고 계셨을 것이다. 우리가 예를 든 함수의 퓨리에 변환에서 살펴 보았듯이 주기가 늘어나서 무한대에 근접할수록 바로 이 그림과 가까워 지는 것을 확인할 수가 있다.

첫번째 난적인 퓨리에를 마쳤으니, 전기전자 공학에서 두번째 난적이라고 볼 수 있는 라플라스 변환(Laplace transform)에 대해서 잽을 날려 보기로 하겠다.

라플라스에서는 복소변수 S가 등장한다. 결국 라플라스 변환이란 시간영역에 있는 함수를 S-영역으로 함수를 변환시키는 것을 목표로 하는 것인데, 기계적으로, 간단하게 라플라스변환과 역변환을 풀어 제키지만, S-영역이 제대로 개념 잡히지는 않는다. 이걸 짚어 보기로 하겠다.

라플라스 변환을 기계적으로만 잘 계산한다고 해서 전모를 파악하는 개념 형성에 별로 도움이 되지 않는다. 시험 보고 조금만 시간이 지나면 거의 쓸모없는 장이 되어 버리고 만다. 비록 라플라스 변환 계산에는 어눌 할지라도, 그것이 함의하고 있는 개념을 확실하게 포착하고 있으면, 계산 풀이는 차순위 문제가 되어 버린다. 아~ 그래서 이렇게 되는구나 하고 이해의 지평이 넓어진다는 말이다.

또한,

라플라스 변환을 고전적인 미분방정식(differential equation, 微分方程式)풀이와 대비(對比)시킴으로써 라플라스 변환의 유용성, 편리성, 간편성을 인상깊게 부각(浮刻)시킬 작정(作定)이다. 그래서 책을 보면 회로에 대응되는 미분, 적분 계산을 대수적으로 간편하게 대체하는 수단으로서의 라플라스 변환에 대해 한결 같이 칭송하는 대목을 비로서 이해할 수 있게 된다.

더불어서 S-영역에서 임피던스의 개념확대?를 감행하게 될 것이다. 이른바 S-영역에서의 임피던스!! 우리가 무의식적으로 코일과 콘덴서를 sL과 1/sC로 놓고 회로를 분석했던 이유와 근거가 마련이 될 것 같다.

3-18. 라플라스 변환(Laplace transform)

라플라스 변환은

퓨리에 변환식의 성립과정에 대한 발자취를 바짝 뒤쫓아 온 사람들에게는 사실 별 문제도 안 된다. 수식이 너무나 엇비슷하다. 수식이 엇비슷하다는 말은 같은 파일철에 껴 넣어도 무방하다는 것은 아닐까?

퓨리에 개념을 잘 파악한 사람들에게 라플라스 변환식은 공짜로 얻게 되는 추가 보너스와 같은 짭짤한 수입이 될 것 같다. 자기가 수고로운 농사를 짓지 않아도 낟알들을 걷을 수 있는, 거의, 거저인 이삭줍기다.

곧장 라플라스 변환식에 들어가기 전에 라플라스가 어떤 사람인지 잠깐 언급하고 지나가기로 하자. 왜냐하면 아주 재미있는 구석이 있는 인물이기 때문이다.

피에르시몽 라플라스(Pierre-Simon, Marquis de Laplace1749~1827)

라플라스와 나폴레옹은 파리 군관학교 시절 스승과 제자 사이였고, 이러한 연고로 가깝게 지냈으며, 라플라스는 제자 만큼이나 정치적 야망이 매우 컸다고 전해진다. 역시 빽은 동양이고, 서양이고를 막론하고 인간 사회 어디에서나 강력한 친화력을 발휘한다. 반면에 아주 빈번하게 심각한 부작용이 뒤 따른다는 것은 상식에 속한다. 안면트고 지낸다고 가까웠던 나폴레옹과 라플라스 사이에서도 부작용은 결국 용출되고야 만다. 칼 잡이 무관(武官) 쓰는데는 일가견이 있는 나폴레옹이라도 상황정리에 재빨라야 하는 정치적 식견에 정통한 사람을 골라 뽑는 인사(人事)에는 틈이 있었나 보다.

라플라스는 나폴레옹에 의해 1799년 11월 내무부 장관으로 임명되었지만, 빌어먹게도 6주 만에 해고가 된다.

워털루(Waterloo) 전투에서 영국의 웰링턴 장군이 이끄는 연합군에게 박살나고 나서 대서양의 고도(孤島) 세인트 헬레나로 유배를 떠나야 했던 나폴레옹은, 유배기에서 라플라스를 해고한 일에 대해 다음과 같이 씁쓸하게 회고했다고 한다. "기하학자로서는 일류이지만, 라플라스는 얼마 안돼서 자신이 평균이하의 관리자라는 것을 보였다. 그가 사무를 본 첫날, 우리는 실수를 했다는 것을 깨달았다."

나폴레옹 같은 역사적 인간, 헤겔의 언어로는 '시대의 절대정신'에게서 모욕적인 평가를 받았으니 개인적 망신이 인구에 회자(膾炙)되는 것이다. 천문학에 두드러진 업적을 세우고,수학적으로도 명망이 높지만 정치적으로는 전혀 무능해 학문적 명성에 흠집이 간 인물이 라플라스다. 스크래치 난 가구 같은 인물이다.

우리가 취해야 할 점은 그의 정치적 식견이 아니라, 유산으로 남겨진 그의 학문이다. 정치적으로는 체면이 왕창 구겨지긴 했지만 그의 수학을 거들떠 보기로 하자.

우리가 잘 아는 라플라스의 변환식, 역변환식을 보면 퓨리에 변환, 역변환식과 아주 유사함을 알 수가 있다. 한번 이들을 대응시켜서 표로 만들어 보기로 하자.

구 분	변환식	역 변환식
퓨리에	$G(f)=\int_{-\infty}^{\infty}f(t)e^{-j2\pi ft}dt$ or $G(\omega)=\int_{-\infty}^{\infty}f(t)e^{-j\omega t}dt$	$f(t)=\int_{-\infty}^{\infty}G(f)e^{j2\pi ft}df$ or $f(t)=\frac{1}{2\pi}\int_{-\infty}^{\infty}G(\omega)e^{j\omega t}d\omega$
라플라스	$L[f(t)]=\int_{0}^{\infty}f(t)e^{-st}dt$	$L^{-1}[f(t)]=\frac{1}{2\pi j}\int_{\sigma-j\infty}^{\sigma+j\infty}F(S)e^{st}dS$

일단 위의 식에서 우리가 파악해야 하는 것은 변환이라는 것이 어느 영역에서 어떤 영역으로 관점을 바꾸어 주느냐를 파악하는 것이다.

퓨리에 변환식을 유도하면서 우리는 퓨리에 변환이 시간 영역에서 주파수 영역으로 신호를 바꾸어 주는 것이라고 하는 것을 보여 왔다. 변환의 영역은 식만 봐도 간단히 알아 차릴 수 있다. 바로 함수값 [=f(▲) 또는 F(●), 적분기호 안에 있는 것 말고]이 변환된 영역을 나타내고, 함수의 미소구간 d■(어쩌구)가 붙은 데가 변환 전에 함수가 거주하고 있는 영역이 되겠다. 먼저 퓨리에 변환식과 역변환식을 주의해서 본다.

변환

$$G(f)=\int_{-\infty}^{\infty} f(t)e^{-j2\pi ft}dt$$

주파수영역　　　　시간영역

퓨리에 변환식을 보면 함수를 적분하는 부분은 시간영역에서다. 그 결과 함수 값이 주파수 영역이 되므로 퓨리에 변환은 시간 영역의 함수를 주파수 영역으로 변질시켜서 보겠다는 것을 분명히 표방하고 있다.

변환

$$f(t)=\frac{1}{2\pi}\int_{-\infty}^{\infty} G(\omega)e^{j\omega t}d\omega$$

시간영역　　　　주파수영역

그렇다면 퓨리에 역변환은 말 그대로 퓨리에 변환의 역방향이라는 뜻이므로 주파수 영역에 있는 함수를 시간영역의 함수로 바꾸는 것을 의미한다.

그런 논리로 라플라스 변환식을 보도록 하겠다.

변환

$$L[f(t)]=\int_{0}^{\infty} f(t)e^{-st}dt$$

주파수영역?　　　　시간영역

라플라스는 시간영역의 함수를 어떤 영역으로 바꾸는 것을 의미할까? 우리의 논리에 따르면

S-영역(S-domain)으로 바꾸는 것을 말하는 것인데 느닷없이 출현한 귀신 씨나락 까먹는 변수, S는 대체 무엇을 의미하는 걸까?

결국

라플라스 변환에서 자연지수함수에 따개비 처럼 붙어 있는 S는 무엇을 의미하는지 파악해야만 개념이 잡힐 것 같다. S는 복소변수, 또는 라플라스 연산자(Laplace operator)라고 불리는 것으로 다음과 같이 정의 한다.

$$S = \sigma + j\omega \text{ (단, σ ,ω는 실수)}$$

라플라스 연산자는 위에서 보는 바와 같이 복소수 형태를 갖는다. 저 놈의 성격은 σ나 ω에 의해서 정해질 것 같다. 그러나 다행스럽게도 $\omega = 2\pi f$라는 것을 우리는 잘 알고 있다. 따라서 σ가 무엇인지 알지는 못하지만 ω만 봐서는 직관적으로 아~ 주파수에 관계된 성질머리를 가진 놈이구나~하고 사고해 줘야 한다.

그래서 S는 복소수주파수라 부르기도 하는데, 마치 작곡가가 기본 악상에 음악의 맛을 더하기 위해 변주를 곁들이듯이 주파수의 개념을 약간 확장, 또는 변주 시킨 것이라고 보면 틀림없다. 본질은 주파수이다. 이 점이 기억할 만 하다.

어떻게 주파수의 개념을 확장 시켰는지 검토해 보기로 하자. 라플라스 변환식에서 주목해서 보아야 할 것은 자연지수함수 부분이다.

$$L[f(t)] = \int_0^{\infty} f(t)\boxed{e^{-st}}dt$$

자연지수함수에 복소수주파수 S가 어깨에 걸터 앉아 있기 때문에 이 곳만 집중적으로 패주면 답이 뭔가 나올 것 같다.

$$e^{st} = e^{(\sigma + j\omega)t} = e^{\sigma t} \times e^{j\omega t}$$

지수함수의 성깔을 이용해서 위와 같이 분리할 수 있겠다. 두 항을 잘 보면 시간의 함수로 주어졌다. 두 항을 별개로 취급해 두 식이 함유하고 있는 의미를 파악해 보자.

첫번째 $e^{j\omega t}$ 항

이 함수는 우리가 너무도 많이 보아 왔던 형태이다. 즉 단위 원상을 각 주파수 ω로 회전하는 주기함수라는 사실을 오일러 공식을 증명하면서부터 죽 살펴본 바다. 문제는 이 $j\omega$항이 아니라 바로 σ가 있는 항이 되겠다.

두번째 $e^{\sigma t}$ 항

뭐 특별히 어려울 것이 없다. 그저 자연지수함수의 그래프를 생각해 주면 된다. σ의 상태에 따라 뭔가 성질이 바뀐다.

1) 만약 σ가 시간 t와 함께 증가 하는 수라면? 자연지수함수의 값은 아래 그래프에서 보는 바와 같이 당연히 커질 것이다.

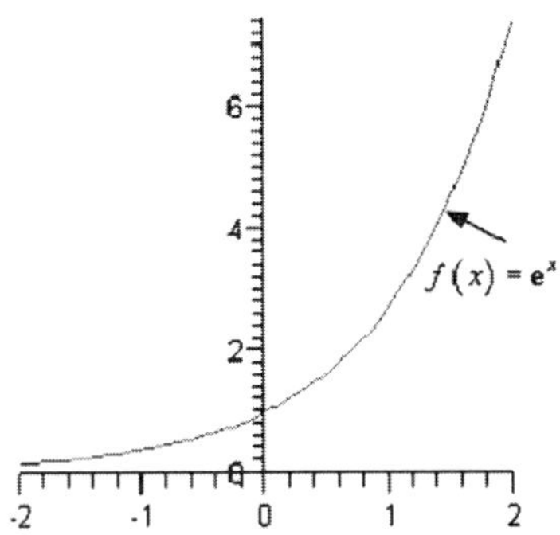

값이 점점 증가한다.

$$e^{\sigma t} \times e^{j\omega t} =$$

단위원상을 각주파수ω로 회전→주파수

이 경우의 그래프를 보면????......................!!!!

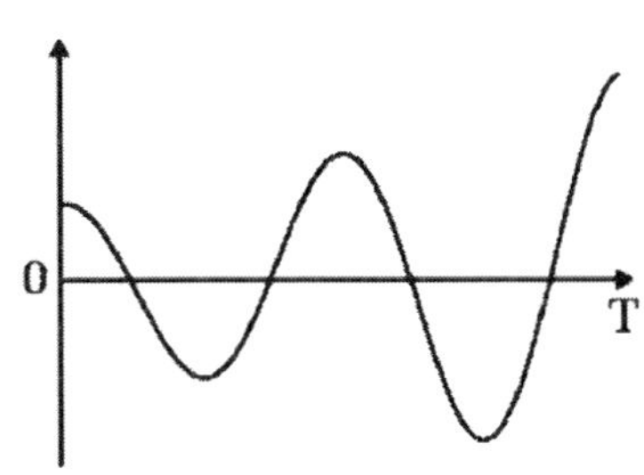

발산진동 하는 함수가 된다.

2) 만약 σ가 시간 t와 함께 감소하는 수라면? 자연지수함수의 값은 아래 그래프에서 보는 바와 같이 당연히 작아질 것이다.

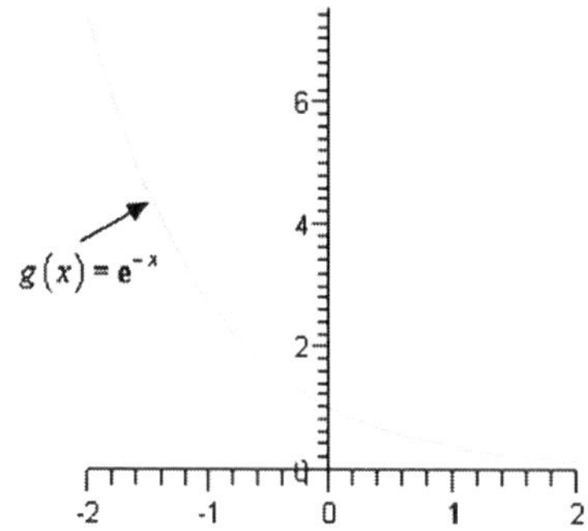

값이 점점 감소한다.

$$e^{\sigma t} \times e^{j\omega t} =$$

단위원상을 각주파수ω로 회전→주파수

이 경우의 그래프를 보면

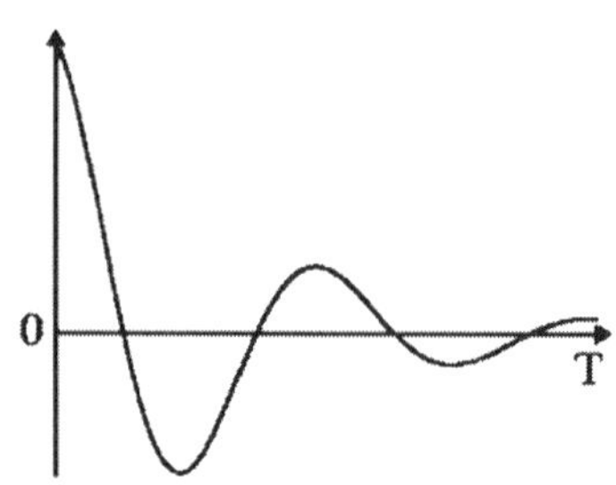

감쇄진동하는 함수가 된다.

3) 만약 σ가 시간에 관계없이 일정하게 0이라면, 자연지수함수 값도 자연히 일정한 값을 유지하게 될 것이다.

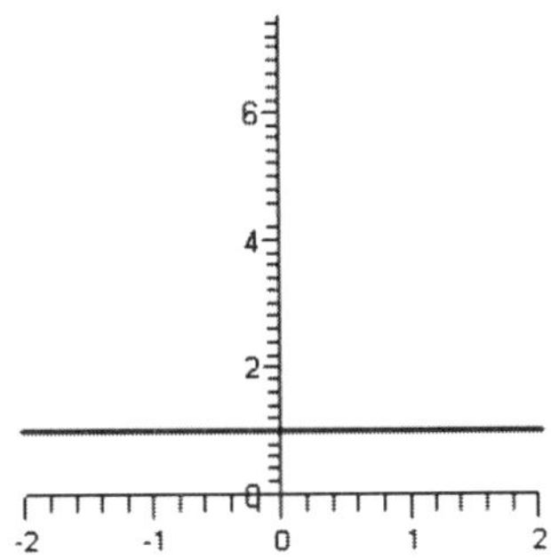

값이 일정하다.

$$e^{\sigma t} \times e^{j\omega t} =$$

단위원상을 각주파수ω로 회전→주파수

이 경우의 그래프를 보면

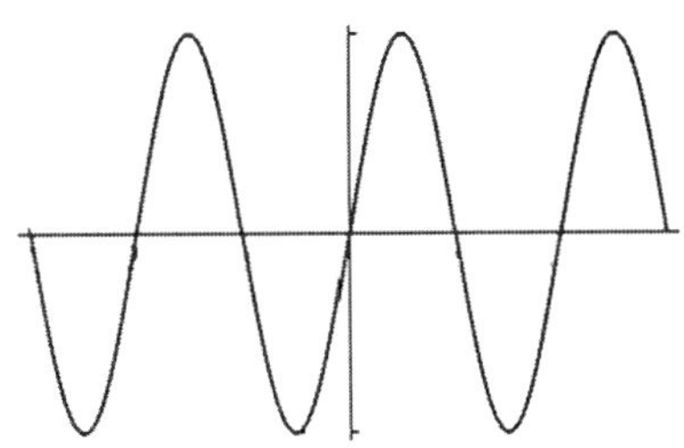

진폭은 일정한 정상진동을 한다.

우리는 라플라스 변환식에서 갑자기 등장한 정체모를 S에 대해서 검토해 왔다. S의 성격을 다음과 같이 규정할 수 있을 것 같다.

복소변수이자, 라플라스 연산자이자, 복소수 주파수인(헉 길다)...S의

실수부 σ는 SYSTEM의 안정성에 관한 변수이며,

허수부 ω는 진동의 주파수에 관한 변수라고 확인해도 될 것 같다. 이런 해설이 바로 공학적인 접근방법이다.

결국 복소변수 S는

감쇄하나, 발산하나, 정상적으로 진동하나,

결국 주파수임에는 틀림없다는 것을 확인 했다. 단지 σ에 따라 어떠한 진동을 할 것인가가 정해진 주파수라는 것을 명심해 두자. 그래서 라플라스 변환식에서는 시간영역에서 좀 더 확장된

주파수영역으로 함수가 변환 된다는 것을 직관적으로다가 알 수가 있다(발산 or 감쇄 or 정상진동+주파수).

성질머리를 알기 쉽게 그림으로 표현 하자면....

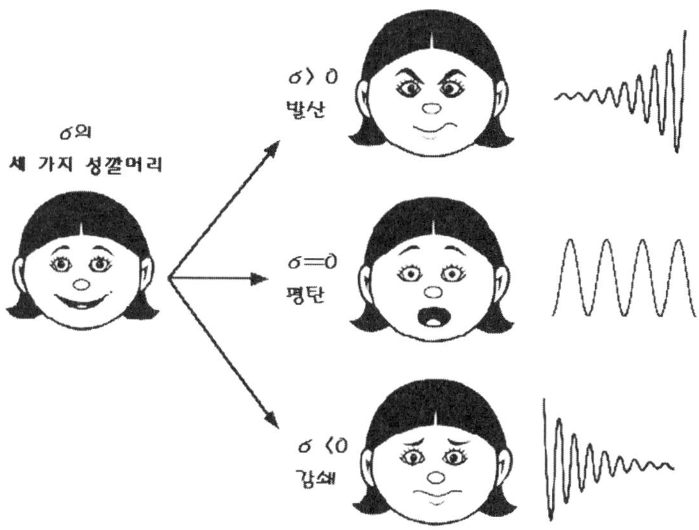

다음에는 라플라스 변환식을 직접 설명하기로 하자. 퓨리에 변환식과 색 다른점과 엇비슷한 점을 살펴보고, 전기전자 공학적으로 식을 어떻게 해석할 것인가를 보기로한다.

3-19. 라플라스 변환(Laplace transform), S-영역의 임피던스

저번에는 라플라스변환식에서 복소변수 S에 대하여 개략적인 개념적 설명을 했었다. 복소변수 S를 파악하게 되면 그렇다면 퓨리에 변환식에서 라플라스 변환식을 이해하는 것은 누워서 떡 먹기가 된다. 일반적인 수학에서 좀 더 공학적으로, 좁게는 회로적으로 라플라스 변환에 접근하도록 해 보자.

$$G(f)=\int_{-\infty}^{\infty} f(t)e^{-j\omega t}dt \qquad L[f(t)]=\int_{0}^{\infty} f(t)e^{-st}dt$$

퓨리에 변환식 라플라스 변환식

퓨리에 변환식과 라플라스 변환식은 언듯 보면 흡사한 쌍둥이 식 같다.자세히 관찰하면 두 가지 차이가 눈에 띈다. 먼저 보이는 것은 라플라스 변환식에서는 자연지수함수의 지수부분이 S로 되어 있는데, 퓨리에 변환식에서는 $j\omega$라고 되어 있는 점이다. 우리는 여지껏 복소변수 S에 대해 계속 규명해 왔기 때문에 이를 토대로 두 변환식을 검토해 볼 수 있다. 결국 라플라스 변환식에서 S는

$$S=\sigma+j\omega$$

이므로

만약 신호가 감쇄나 발산이 아닌 정상 진동하는 것을 대상으로 하면 $\sigma=0$이 되므로, S는 당연히 아래와 같이 삭제될 항은 사라진다.

$$S=\sigma+j\omega=0+j\omega=j\omega$$

이것이 무슨 의미인지를 파고들어 가보면,

결국 퓨리에 변환식이라는 것은 정상 진동할 때만, 즉 파동이 점점 감쇄 되거나, 점점 증가하는 형태는 분석 대상에서 제외가 되고, 정상진동, 즉 파동이 계속 일정하게 나타날 때에만 적용 가능하다는 결론에 이르른다. 따라서 퓨리에 변환식은 라플라스 변환식의 특수한 형태에 해당한다고 생각해도 무방하다.

그래서!!!!

회로를 해석할 때 코일을 sL로 사용하다가 갑자기 sL→jωL로 바꾸는데, 이유가 없는 것이 아니라 입력 신호가 평탄하고, 일정하게 들어 올 때를 상정해서 적용하는 것이다. 굳이 복소변수를 쓰지 않아도 해석이 되기 때문이다. 책에서 S를 사용하다 갑자기 jω로 식을 바꾸면 여태까지 말한 이러구 저러구의 사정이 배경에 깔려 있다고 콧방귀 한번 껴주면 된다.

또 다른 점을 살펴 보기로 하자.

퓨리에 변환식 라플라스 변환식

$$G(f)=\int_{-\infty}^{\infty}f(t)e^{-j\omega t}dt \qquad L[f(t)]=\int_{0}^{\infty}f(t)e^{-st}dt$$

적분구간이 다르다!! 이것은 무엇을 의미할까?

이런 표현이 적절한지는 모르겠으나, 라플라스는 매우 현실적이고, 퓨리에는 매우 이상적인 형태라고 볼 수 있다. 회로적으로 접근한다고 했다. 회로는 신호가 인가 될 때부터 어떤 반응을 보인다. 그렇다는 의미는 파워를 ON 시킬 때가 있다는 말이다. 영원토록 파워를 켜(ON) 두는 시스템은 없다. 바로 이점 중요하다. 라플라스 변환식은 무한전의 시간을 기각한다. 파워를 ON 시키기 전의 상태는 무시해도 상관 없다는 의미를 갖는다. 그래서 파워를 켜는 순간의 0+시간부터 해석 하겠다는 발상이 라플라스주의다. 따라서 회로적으로 유용한 것은 라플라스가 될 것이라는 예감이 팍 오지 않는가?

시간적으로는 파워가 ON되어 있을 때부터 고려하겠다, 입력 신호적으로는 어떤 형태든지 분석 가능하겠다....

이런 점을 미루어 볼 때, 라플라스는 신호가 안정할 때의 상태 뿐만이 아니고, 신호가 정상상태(steady state, stationary state, 定常狀態)로 되기 전, 과도상태(transient state, 過渡狀態)도 해석의 툴로 아주 적절하게 사용될 수 있는 것이다. 라플라스의 변환과 역변환은 너무도 중요해서 아예 표로 만들어 놓고 달달 외우라고 닥달을 한다. 외울 사람은 외우시기 바란다. 위에서 설명한 것을 배경지식으로 가지고 외우면 이유를 알지 못하고 외울 때보다는 좀 덜 답답할 수 있다.

여기서는 라플라스의 모든 변환을 계산하지 않을 것이다. 그것은 각자의 몫이다. 외우지 말라는 말이 절대 아니니 오해하지 말기 바란다. 단지 여기서는 회로적으로 중요한 것만 추려서 계산할 예정이다. 회로적으로 중요한 것? 그것이 뭐지? 라플라스 변환 계산은 전부 회로에 관계된 것이 아닌가? 하고 물을 사람이 있을 것이다. 바로 그 점부터 차차 설명해 보기로 하자.

같은 점도 눈에 뜨인다.

퓨리에 변환식 라플라스 변환식

$$G(\omega)=\int_{-\infty}^{\infty}f(t)e^{-j\omega t}dt \qquad L[f(t)]=\int_{0}^{\infty}f(t)e^{-st}dt$$

이것 저것 다 모르겠다고 해도 저 식들의 결과 값이 절대로 무한대로 가서 산화(散花) 된다고는 볼 수 없다. 다른 말로 하면 절대적으로 적분가능해서 그 결과 값이 무한대 값으로 나오지 않아야 한다는 것이 요점이 되겠다. 그래서 퓨리에 변환식과 라플라스 변환식이 성립할 수 있는 소선들을 걸어 놓는데 실상은 거의 같은 의미이다.

퓨리에 변환식의 G(ω)가 존재하기 위한 조건

$$G(\omega) = \int_{-\infty}^{\infty} |f(t)| e^{-j\omega t} dt < \infty$$

가 되며, 라플라스 변환식 L[f(t)]이 존재하기 위한 조건은 정의 실수인 σ에 대해서

$$L[f(t)] = \int_{0}^{\infty} |f(t)| e^{-\sigma t} dt < \infty$$

다른 말로 환언하면 수렴 값이 있어야 한다는 것이다.

다음으로 진도 나가야 하는 것은 S-영역의 임피던스가 어찌해서 출현했는지 근거를 마련하는 일이 될 것이다. 먼저 회로의 소자인 R, L, C 회로적 값들을 대충 살펴보기로 한다.

이제 우리의 임피던스 개념도 확장해 보기로 하자.

구 분	기호 / 사진	복소벡터 형식 임피던스	연산자법 형식 S-영역의 임피던스
저항(R)	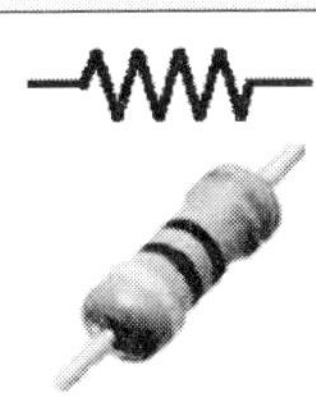	$Z_R = R$	R
코일(L)	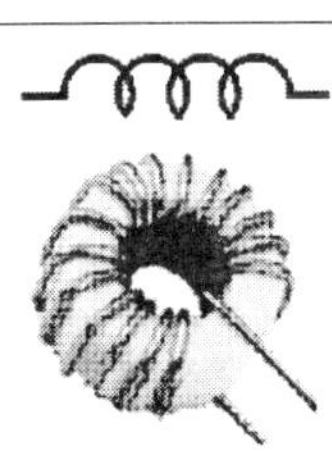	$Z_L = j\omega L$	sL
콘덴서(C)	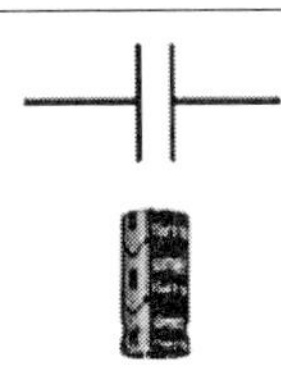	$Z_C = \dfrac{1}{j\omega C}$	$\dfrac{1}{sC}$

보통 우리는 무념무상(無念無想) 하게 S영역의 임피던스를 그냥 임피던스로 대치 해서 사용하곤 했다. 예를들면 sL = jω로 대치 했다. 그러나 엄밀하게 말해서 그냥 대치하면 틀리다. S라는 복소변수는 라플라스 변환 된 임피던스, 즉 S영역의 임피던스이기 때문에 바로 적용하면 옳지 않은 것이다. 어떤 조건 하에서만 적용 가능한 것인데 우리는 조건이 만족되었다고 보고 그냥 사용한 것이다. 그 이유는 위에서 강조하면서 이미 역설했다.

어떻게 해서 S-영역의 임피던스가 나왔는지 살펴보기로 하자.

회로의 소자가 주어졌을 때 어째서 S-영역의 임피던스를 적용했는지 이유나 알고 사용하자는 의미이다. 또는 S-영역의 임피던스를 사용할 때의 이점이 무엇인지도 덤으로 확인하기로 한다. 물론 회로해석에 연관이 있음은 물론이다. 저항 R은 어떤 영역에서도 같은 R이기 때문에 고려하지 않고, 코일이나 콘덴서가 우리의 관심 초점이 되겠다.

1. 도함수의 라플라스 변환을 살펴 보기로 하자. 이 계산이 어떻게 S-영역의 임피던스와 연관되는지는 나중에 밝혀진다.

$L[f(t)] = F(S)$ 라고 할 때 $\frac{df(t)}{dt}[= f'(t)]$ 의 라플라스 변환을 생각해 보기로 하자.

라플라스 변환식 정의로부터 식은 아래와 같이 전개될 것이다.

$$L\left[\frac{df(t)}{dt}\right] = \int_0^\infty f'(t)\, e^{-st} dt$$

(e^{-st}: 미분하기 쉬운 항, $f'(t)$: 적분하기 쉬운 항)

부분적분법을 이용하면

$$L\left[\frac{df(t)}{dt}\right] = \left[f(t)e^{-st}\right]_0^\infty - \left\{-s\left[\int_0^\infty f(t)e^{-st} dt\right]\right\}$$
$$= \left[0 - f(0)\times 1\right] + s\left[\int_0^\infty f(t)e^{-st} dt\right]$$

($\int_0^\infty f(t)e^{-st} dt$: F(S))

따라서 도함수의 라플라스 변환식은 아래와 같이 계산이 된다.

$$L\left[\frac{df(t)}{dt}\right] = sF(S) - f(0)$$

이를 회로적으로 따지면 f(0)라는 것은 초기의 값이 되므로, 파워를 바로 ON 시켰을 때에는 회로에 인가 되는 파워가 0가 되기 때문에 f(0) 항은 없어도 상관 없다. 그러나 초기값이 분명히 존재 할 때는 무시하면 해석하기 곤란해 진다. 일단 초기값은 없다고 가정한 최종적인 도함수의 라플라스의 변환은 아래와 같이 간단하게 유도된다.

$$L\left[\frac{df(t)}{dt}\right] = sF(S)$$

2. 두번째로 라플라스 변환식을 계산해야 할 것은 적분식의 라플라스 변환이다.

$L[f(t)] = F(S)$ 라고 할 때 $\int f(t)dt$ 의 라플라스 변환을 생각해 보기로 하자.

라플라스 변환식 정의로부터 식은 아래와 같이 전개될 것이다. 도함수의 라플라스 변환을 유도 했으니 이를 이용하기 위해 치환법을 이용하기로 한다.

$$\int f(t)dt = g(t)$$

로 치환한다. 그리고

$$\frac{dg(t)}{dt} = f(t)$$

(↑ $f(t)$: 라플라스 변환하면 F(S))

라고 놓는다. 여기서 도함수의 라플라스 계산을 적용한다. 따라서 좌변은

$$L\left[\frac{dg(t)}{dt}\right] = sG(S) - g(0) = F(S)$$

이를 G(S)에 관하여 전개 하여 보기로 한다.

$$sG(S) - g(0) = F(S)$$
$$sG(S) = F(S) + g(0)$$
$$\therefore G(S) = \frac{1}{S}F(S) + \frac{1}{S}g(0)$$

g(t)의 식에 0를 넣으면

$$G(S) = \frac{1}{S}F(S) + \frac{1}{S}g(0) = \frac{1}{S}F(S) + \frac{1}{S}\left[\int f(0)dt\right]$$

이 항도 초기값이므로 0
왜냐하면 t=0는 초기

결국 적분식의 라플라스 변환 계산식은 아래와 같이 된다.

$$L\left[\int f(t)dt\right] = \frac{1}{S}F(S)$$

가 된다.

이제 도함수와 적분의 라플라스 변환식을 계산 하였으므로, 너무도 간단하게 S-영역의 임피던스를 유도할 수 있을 것 같다. 다음에는 미분식과 적분식의 라플라스 계산법을 이용하여 직접 코일과 콘덴서의 S-영역에서의 임피던스를 구해보기로 한다. 또한 회로를 미분방정식으로 해석하는 것 보다 라플라스 변환, 역변환 을 이용하면 미분이나 적분을 사용하지 않고, 대수적으로 계산해주기만 해도 회로를 간단하게 해석할 수 있는 것을 대비해서 보도록 한다. 수학을 전혀 싫어했던 우리는 '대수' 어쩌구 저쩌구 나오면 기부터 팍 꺾인다. 이는 아주 당연한 반응이 되겠다.

大數學이 아니고
代數學

허나, 대수학(algebra, 代數學) 운운한다고 해서 심신이 심란(心亂)에 빠질 필요는 없다. 우리가 초등학교나 중학교에서 배운 산수는 거개가 대수학이라고 보면 틀림없다. 따라서 라플라스 변환을 이용하면 초, 중등 산수로 회로를 계산하고, 해석할 수 있다는 의미로 받아들이면 만사형통이다.

3-20. 플라스 변환(Laplace transform), 코일과 콘덴서의 S-영역의 임피던스 구하기

저번에는 코일과 콘덴서의 S-영역에서의 임피던스를 구하기 위해서 도함수와 적분의 라플라스 변환을 계산해 보았기 때문에 별 어려움 없이 진도를 나갈 수 있을 것 같다. 그저 계산 결과에 대입하기만 하면 끝나기 때문이다.

S-영역에서의 임피던스라고 해서 어렵게 생각하지 말라고 권면했다. 단지 주파수 영역일 뿐인데, 상태를 더 정밀하게 분석하기 위해 감쇄진동 되는 주파수인지, 발산 진동하는 주파수인지, 평탄하게 계속적으로 안정된 주파수인지를 판가름 할 수 있는 더 분화된 주파수 영역이라고 했다.

이런 단순한 사실이 우리에게 자신감을 주고, 개념 형성에 막대한 영향을 미친다. 그 사실을 모르면 S영역이 무엇인지도 모르고 디립다 갖다 쓰는데 혈안이 되어, 나중에는 무엇을 하고 있는지 모르는 지경에 다다르고야 마는 것이다.

수학을 잘하는 어떤 사람이 있어 라플라스 변환에서 S의 의미를 다음과 같이 정의했다고 하자.

$$S = -\ln x$$

좋다, 되물어 보겠다. 그것이 무엇이냐? 무슨 의미를 품고 있는 것인가 ? 이해할 수 있는 지평을 열어 달라. 그렇게 정의 되는 것을 아는 것이 중요한 것이 아니라, 그 수학적 존재가 무슨 가치와 의미를 가지는지 뇌가 몰이해의 장막을 찢고, 그 너머 이해의 영역으로 가야 비로써 납득이 되는 것이 아닌가? 이것이 아는 것과 이해하는 것의 근본적인 차이점이랄 수 있다. 빽빽한 쉰소리 그만 하고 행진 앞으로!!

먼저 코일의 S-영역에서의 임피던스를 구해 보기로 하자.

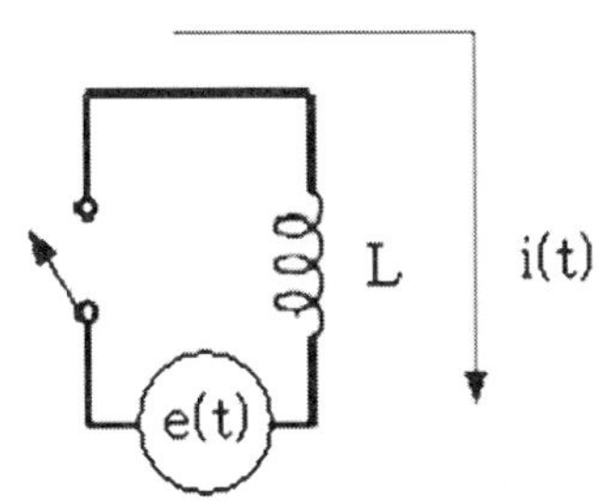

전압원 e(t)와, 전류 i(t)의 라플라스(L)변환을 각각 V(S)와 I(S)라고 놓는다. 코일의 정의식은

$$L\frac{di}{dt}$$

이므로 이를 라플라스 변환시키면, 도함수의 라플라스 결과에 바로 대입하기로 한다.

$$L\left[L\frac{di}{dt}\right] = sLI(S)$$

가 되고 결국

$$V(S) = sLI(S)$$

이므로, S- 영역에서의 코일의 임피던스는

$$\boxed{\frac{V(S)}{I(S)} = sL}$$

이 된다. 이렇게 간단해도 되는 건가? 아니면 간단한 것을 여지껏 어렵게 이해했었나? 도시 아리까리해 진다.

그 다음엔 콘덴서의 S-영역에서의 임피던스를 구해 보기로 하자. 적분의 라플라스 변환을 적용하면 쉽게 계산된다.

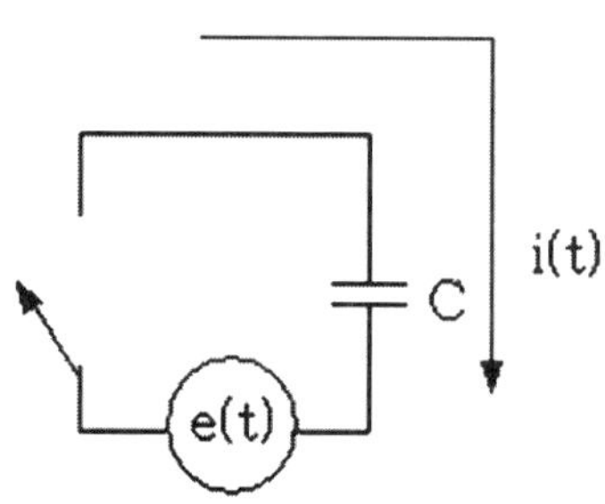

마찬가지로 전압원 e(t)와, 전류 i(t)의 라플라스(L)변환을 각각 V(S)와 I(S)라고 놓는다. 콘덴서의 정의식은

$$\frac{1}{C}\int idt$$

이므로 이를 라플라스 변환시키면, 부정적분의 라플라스 결과에 바로 대입하기로 한다.

$$L\left[\frac{1}{c}\int idt\right]=\frac{1}{sC}I(S)$$

가 되고, 결국 회로의 오옴의 법칙을 적용하면

$$V(S)=\frac{1}{sC}I(S)$$

이므로, S-영역에서의 콘덴서의 임피던스는

$$\boxed{\frac{V(S)}{I(S)}=\frac{1}{sC}}$$

이 된다.

다시 강조하지만 회로가 만약 정상상태라고 가정하고 회로를 해석하면, S-영역의 임피던스에서 $S=\sigma+j\omega$에서 $\sigma=0$이 되므로 $s=j\omega$라고 사유해 주면된다. 그것이 일반적으로 우리가 회로해석할 때 적용했던 방식이다.

이렇게 하여

우리가 코일과 콘덴서를 sL, 1/sC로 단정해서 전달함수를 구한 근거를 마련한 셈이다. 알고 사용하는 것과 모르고 사용하는 것과는 천지 차이가 있음으로 이제는 그런 배경 하에서 S-영역의 임피던스를 적용하였구나 하고 알아차리셨을 것 같다.

전달함수라는 용어가 튀어 나왔으니 잠깐 터치하고 지나가기로 하자.

전달함수(transfer function, 傳達函數)라는 용어를 자주 듣는다. 보통 전달함수는 입력전압과 출력전압의 비로 정의된다. 라플라스 변환을 알았고, S- 영역의 임피던스를 파악했기 때문에, 결국 전달함수는 S에 관한 함수식으로 표현된다는 것을 확인할 수 있다. 예를 들어 보자.

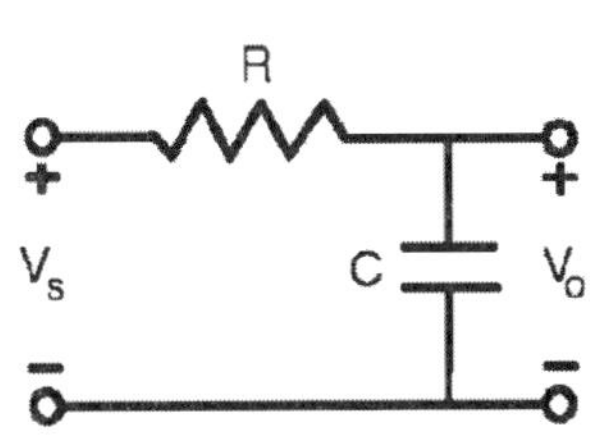

위와 같은 회로에 키르히 호프 전류의 법칙과 오옴의 법칙을 이용하면 출력 전압을 쉽게 구할 수 있다는 것은 누누이 강조 했다. 식을 세워 보자. C도 저항 R로 보고 계산해 주면된다. 대신 1/sC로 대입....

$$V_O = \frac{\frac{1}{sC}}{R + \frac{1}{sC}} \times V_S = \frac{\frac{1}{\cancel{sC}}}{\frac{sCR+1}{\cancel{sC}}} \times V_S = \frac{1}{sCR+1} \times V_S$$

따라서

$$\frac{V_0}{V_S} = \boxed{\frac{1}{sCR+1}}$$

S에 관한 함수로 표시된 전달함수

외관으로 보면 입력전압 Vs가 출력전압 Vo로 나오는데 마치 S-영역의 임피던스가 달리기의 릴레이에서 한 선수가 다른 선수에게 바통(baton)을 넘겨주듯이, 전압을 전달해 준 것 처럼 보인다. 그래서 전달함수라고 이름이 붙여진 것이다. 전달함수에서 S→jω로 대치하면 전달함수는 교류이론의 의미에서 복소수 표시로 된다. 전달함수를 비행기의 BLACK BOX라고 생각해도 잘 비교한 사고가 된다.

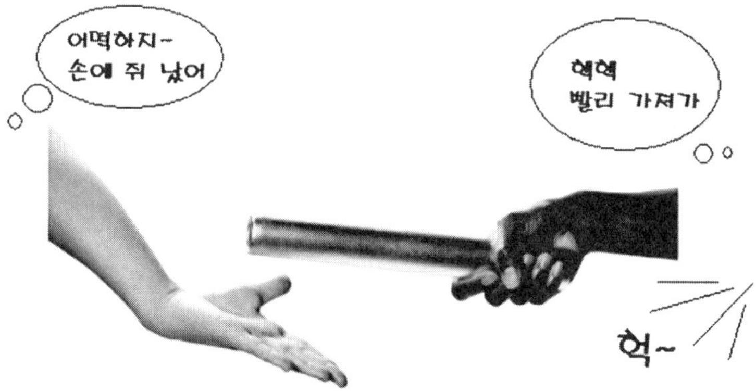

S-영역의 임피던스를 구했으니 이제는 이를 회로에 적용해서 기존에 회로해석에 사용하던 미분방정식을 풀어 보는 것과 비교해서 우리에게 간결함을 줄 것인가 판단해 보는 것이다. 그 전에 간단한 라플라스 변환식을 두 개만 만 더 풀어 보고 이야기를 진전시켜 보기로 하자.

이어지는 계산은 라플라스변환을 공부한 사람이라면 달달 외우고 있을 계산이지만 그 다음 단계의 해설을 위한 사전 정지 작업이라고 생각하고 음미해 보시면 좋겠다.

$f(t) = e^{at}$ 의 라플라스 변환식을 풀어 보도록 하자. 라플라스변환식의 정의에 의해 아래와 같이 식이 전개될 것이다.

변환

$$L\left(e^{at}\right)=\int_0^\infty e^{at}\cdot e^{-st}\,dt=\int_0^\infty e^{(a-s)t}dt=\int_0^\infty e^{-(s-a)t}=\left[\frac{e^{-(s-a)t}}{a-s}\right]_0^\infty=\frac{1}{a-s}[0-1]=\frac{1}{s-a}$$

역변환

자연지수함수에 음의 부호가 있으면 t가 ∞로 갈 때 0에 수렴하는 것은 불문가지다. 또한 라플라스 역변환 공식은 그리 쓸모가 많지 않다. 왜냐하면 변환식의 원함수가 역변환 계산 결과와 같으므로 아예 도표를 만들어 역변환 계산을 할 필요없게 만들어 버리기 때문이다.

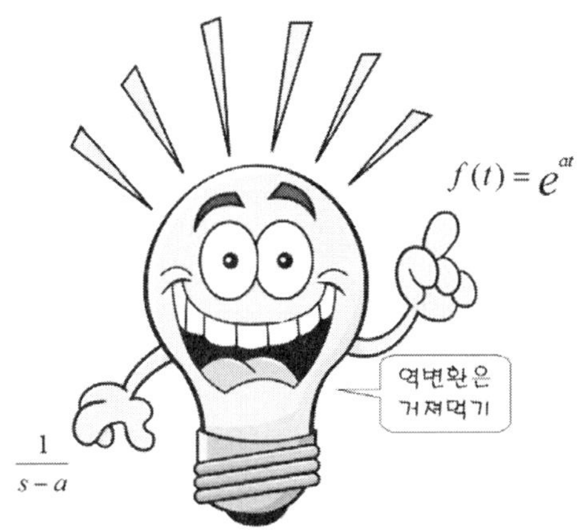

간단한 변환식 한가지를 더 계산해 보기로 한다.

$f(t)=A$ 의 라플라스 변환식을 풀어 보도록 하자. 라플라스 변환식의 정의에 의해 아래와 같이 식이 전개 될 것이다.

다음에는

변환

$$L(A)=\int_0^\infty A\cdot e^{-st}\,dt=A\int_0^\infty e^{-st}dt=A\left[\frac{e^{-st}}{-S}\right]_0^\infty=A\left[0-\frac{1}{-S}\right]=\frac{A}{S}$$

역변환

간단한 회로를 해석하게 될 터인데, 고전적인 방법으로 미분방정식을 사용하여 회로를 해석해 보고, 라플라스 변환을 앞세워 회로를 해석해 봐서 결과가 동일한지 검토한 연후에, 어떤 방식이 손쉬운 회로해석 방법인지 대뇌피질에 자연스럽게 문신 새겨 보기로 하자.

3-21. 라플라스 변환(Laplace transform)의 장점

라플라스 변환을 이용한 회로해석의 장점을 미분방정식을 이용해서 회로를 해석하는 방법과 비교하여 인상깊게 기억에 남도록 해 보기로 한다. 회로를 미분방정식으로 해석할 터인데, 미분방정식으로 회로를 해석 하는 방법을 숙지하라는 의미에서 설명하는 것이 아니라, 순전히 라플라스 변환관계가 회로 해석에 얼마나 간단명료함을 가져다 주었느냐를 감상하기 위한 방편으로 미분방정식 풀이를 가져 온 것 뿐이라는 점을 이해하자.

회로는 간단한 RC 회로가 되겠다.

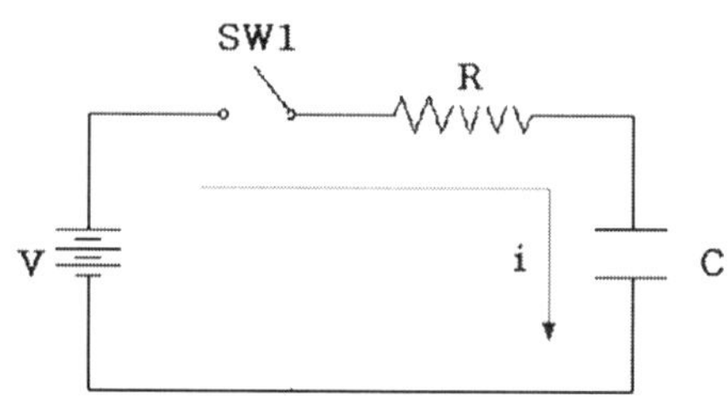

위와 같은 회로에서 SW1 스위치를 닫고, 직류전압 V를 인가했을 때, 바로 이 때 흐르는 전류를 구해 보기로 한다. 식은 키르히호프 법칙에 의해 아래와 같이 세워질 것이다.

$$V = Ri + \frac{1}{c}\int idt \quad ---(1)$$

전류는 전하의 순간 변화량으로 정해지니까

$i = \frac{dq}{dt}$ 가 되고 양변에 적분을 해주면 $q = \int idt$ 가 된다.

이를 식(1)에 대입해 보기로 한다.

$$V = R\frac{dq}{dt} + \frac{1}{c} \times q = R\frac{dq}{dt} + \frac{q}{c}$$

식은 위와 같이 미분방정식이 되고, 변수분리를 해서 풀 수가 있다. 미분방정식을 푼다고 하는 것은 미분하기 전의 원함수를 구한다는 것과 같은 말이다. 미분이 포함된 식이 있을 때, 미분되기 전의 함수 구하기가 미분 방정식을 푸는 것이라는 의미이다. 변수를 분리한다는 것은 미분으로 쪼개는 변수가 위와 같이 dt와 dq가 있을 때, 그 쪼갠 변수들에 맞게 식을 정리해 주는 것이다. 그래야 적분으로 원함수를 구하는 것이 쉽게 되기 때문이다.

$$V = R\frac{dq}{dt} + \frac{q}{c}$$
$$V - \frac{q}{C} = R\frac{dq}{dt}$$
$$\frac{V}{R} - \frac{q}{RC} = \frac{dq}{dt}$$
$$\therefore \frac{dq}{dt} = \frac{1}{RC}(VC - q)$$

여기서 변수분리해 주면 식은 아래와 같이 적분할 수 있는 차비를 갖춘다. 되풀이해서 거듭 말하지만, 미분방정식을 푼다고 하는 것은 결국 미분하기 전의 함수가 무엇인가를 찾아내는 것이다. 그 과정에서 필요한 것은 적분계산이 된다.

$$\frac{1}{(VC - q)}dq = \frac{1}{RC}dt$$

양변에 적분을 취해 준다. 그런데 분수의 적분이 고롭다. 분수의 적분식은 아래와 같이 자연로그함수(이를 수학기호로 ln으로 사용한다)로 변하는 것만 알면 된다.

$$\int \frac{1}{ax+b}dx = \frac{1}{a}\ln|ax+b| + c \quad (a \neq 0)$$

q에 대해서 미분하는 것이니까 q 앞에 붙은 (−)가 빠져 나온다. 따라서 위의 식은

$$-\ln(VC - q) = \frac{1}{RC}t + K$$
$$\ln(VC - q) = -\frac{1}{RC}t - K$$

공식을 보고 양변이 부정적분인데 왜 왼편 항에서는 적분 상수(C)가 없냐고 물어 볼지도 모르겠다.

위의 적분상수(대부분은 C로 사용하나 여기서는 콘덴서의 용량을 나타내는 C와 헷갈리므로 K로 놓는다) K가 왼편, 오른편의 적분상수를 합친 적분상수라고 보시면 된다.

이제 양편을 우리가 만만하게 알고 있는 자연지수함수 꼴로 만들기 위해 자연지수를 도입해 보자.

$$e^{\ln(VC-q)} = e^{-\frac{1}{RC}t-K} = e^{-\frac{1}{RC}t} \times e^{-K}$$

따라서 식은 아래와 같이 변형이 될 것이다.

$$VC-q = e^{-\frac{1}{RC}t} \times e^{-K}$$

$$\therefore q = VC - e^{-\frac{1}{RC}t} \times e^{-K} \qquad \left(e^{-K} \rightarrow \mathrm{M}\right)$$

$$q = VC - \mathrm{M}\, e^{-\frac{1}{RC}t} \quad ---(2)$$

M을 구하기 위해 초기 조건을 넣어 보기로 한다. t = 0 이였을 때, q = 0이었으므로

$$0 = VC - \mathrm{M} \times 1 \qquad \therefore \mathrm{M} = VC$$

M이 도출 되었으므로 이를 다시 식(2)에 대입한다.

$$q = VC - VC\, e^{-\frac{1}{RC}t} = VC\left(1 - e^{-\frac{1}{RC}t}\right) ---(3)$$

이제 거의 다 구해 졌다. 스위치를 넣고 난 후의 전류를 구하는 것이 우리가 목표했던 값이었으니까 좌변을 시간에 대해 변하는 식으로 바꾸는 미분을 수행하면 순간적으로 흐르는 전류가 되므로,

$$i = \frac{dq}{dt}$$

따라서 식(3)의 양변을 미분해 주면

$$\frac{dq}{dt} = i(t) = VC - VC\, e^{-\frac{1}{RC}t}$$

자연지수함수는 t에 관하여 미분하니까 t 앞의 수를 뺀어 내면 된다.

미분하면 상수니까 0

$$\frac{dq}{dt} = i(t) = 0 - \left(V\not{C} \times \frac{-1}{R\not{C}} e^{-\frac{1}{RC}t} \right)$$

결국 우리가 구하고자 하는 식은

$$i(t) = \frac{V}{R} e^{-\frac{1}{RC}t} ----(4)$$

이게 소위 고전적인 방법,

즉 미분방정식을 동원해서 회로를 해석한 것이 되겠다. 어떤가 할만한가? 이 정도면 자기가 쓰고 나서도 바로 잊어버린다. 벌써 휘발되었다.

그러나 헤비사이드(Oliver Heaviside 1850~1925)에 의해 공학적으로 발전시킨 라플라스 식을 사용하면 어떻게 변할까 보자. S-영역의 임피던스를 적용해 본다. 딱 네 줄이면 끝난다. 먼저 위의 (1)식을 가져온다.

$$V = Ri + \frac{1}{c}\int idt$$

에서 라플라스변환과 S-영역의 임피던스를 적용하면

$$\frac{V}{s} = RI(S) + \frac{1}{sC}I(S)$$

이 되고, 이를 전류에 대하여 정리해 주기로 한다.

$$I(S) = \frac{V}{s} \times \left(\frac{1}{R + \frac{1}{sC}} \right) = \frac{V}{sR + \frac{1}{C}} = \frac{V}{R} \times \left(\frac{1}{s + \frac{1}{RC}} \right)$$

이렇게 산수식으로 계산하는 것을 대수적으로 푼다고 한다.

따라서 양변을 라플라스 역변환시키면

역변환

$$L(e^{at}) = \frac{1}{s-a}$$

형태가 같으므로 역변환을 쉽게 한다

우리가 이미 풀었던 자연지수함수의 라플라스 역변환을 적용하여,

$$i(t) = \frac{V}{R} e^{-\frac{1}{RC}t}$$

고전적인 미분방정식을 이용해 해석한 것과 동일하게 전류값이 도출 되었다.

어느 것이 편리한가? 대부분 라플라스 변환과 역변환 관계를 거의 외우다시피 하기 때문에 공식에 적용하는 것처럼 아주 간단하게 회로 해석이 쉽게 되었다. 또한 고전적인 미분방정식을 적용하면 미분이고, 적분이고를 한바탕 난장치고 회로를 해석할 수 있었는데, 라플라스 변환을 이용하면 대수적으로 계산해서 바로 역변환하면 회로가 손쉽게 해석이 된다. 결국 라플라스 변환과 역변환 관계만 알면 회로를 해석할 수 있는 강력한 무기를 손에 쥐게 되는 것과 같다.

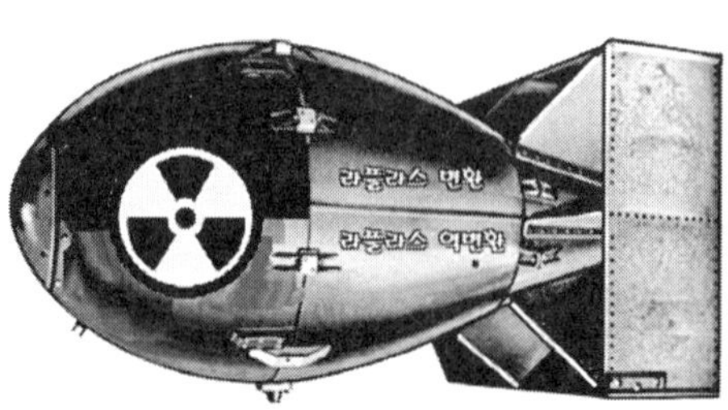

회로를 해석할 때 미분방정식이 맨발맨손으로 산절벽에 오르기라면 라플라스 변환을 이용하면 산을 오를 때 케이블 카(cable car)를 탄 것과 비교할 수 있을 것이다.

간단한 회로해석

어느 것을 선택할 것인가는 개인적인 기호이다. 아주 엉뚱한 사람이 아니고서는 고전적인 방법을 선택할 사람은 없을 것이다. 이를 명확하게 밝혀 준 헤비사이드에게 박수를 보낸다. 아래 사진에서 5:5 가름마가 눈에 띈다.

헤비사이드(Oliver Heaviside 1850~1925)

다시 한번 강조하지만

jω를 사용한 벡터해석으로는 간단한 과도현상을 설명할 길이 없다. jω를 사용하는 조건은 정현파 신호가 계속적으로 들어온다고 가정 했을 때를 상정 한 것이다. 따라서 과도현상을 비롯한 모든 현상에 대해서는 S를 사용해야만 한다.

S를 때론 '미분연산자' 라고 하기도 한다. 또한 S를 사용한 것이 회로해석에 이루 말할 수 없이 간편하다고 하는 것은 RC 회로를 해석할 때 이미 충분히 다루었으므로 이제는 직관적으로 알 수 있게 되었다. 그래서 기를 쓰고 라플라스 변환과 역변환 표를 가지고 난리법석을 피우며 외우게 했던 것이다. 외우기가 녹록치 않다.

그러므로 임피던스의 주파수 특성을 구하려면 S→jω로 치환하기만 하면 된다. 이것이 여지껏 라플라스설명 하기 전에 우리가 취해 왔던 자세였다.

3-22. 발진기(oscillator)의 원리

우리는 지금까지 교류신호에 대해서 해석해 왔다. 그렇다면 교류신호를 발생시키는 장치는 무엇이고, 어떻게 교류신호를 만들어 내는지 살펴볼 필요가 있을 것 같다. 전기전자 책의 맨 뒷장을 장식하는 발진기 장은 보통 학기가 끝나도 진입?하지 못하는 장이 되어 버린다. 보려고 해도 식이 어려운 것이 아니라 복잡해서 맘먹기가 싫어지는 장(章)이기도 하다. 책 내용도 워낙 딱딱해서 이빨이 약해서는 여간 씹어 먹기가 고롭다.

교류신호를 발생하는 장치 중 하나는 발진기(oscillator, 發振器)가 있다. 콜피츠 발진기(Colpitts oscillator)와 하틀리 발진기(Hartley oscillator)는 우리 귀에 낯이 익다. 일반적인 방법으로 콜피츠와 하틀리 발진기에 접근해 보도록 하자.

먼저 발진기의 발진 원리에 대해서 규명하고 본격적으로 발진기를 수식으로 해석하는 것이 순서일 터이다.

발진기는 공진의 개념이 잘 스며든 회로가 되겠다. 공진의 개념적 장치들을 알면 반은 먹고 들어가는 것이 발진이다. 그런고 보면 돈이 돈을 낳듯이, 지식이 지식을 끌어 들이는 강력한 토네이도 와도 같다.

예를 들어

파워 스위치가 켜지고 난 후의 짧은 시간 동안 회로에는 잡다한 잡음성분들이 순간적으로 궐기(蹶起)하여 총동원 되어 나타난다. 그러나 발진기는 특정한 주파수에 공진하도록 만들어진 공진회로와 사촌간이므로 잡다하게 봉기(蜂起)한 잡음신호들은 무참히 진압(鎭壓)되고, 발진기의 공진주파수에 해당하는 주파수 성분만이 오롯이 살아 남아 유지되게 하는 것이 발진의 발생원리가 되겠다.

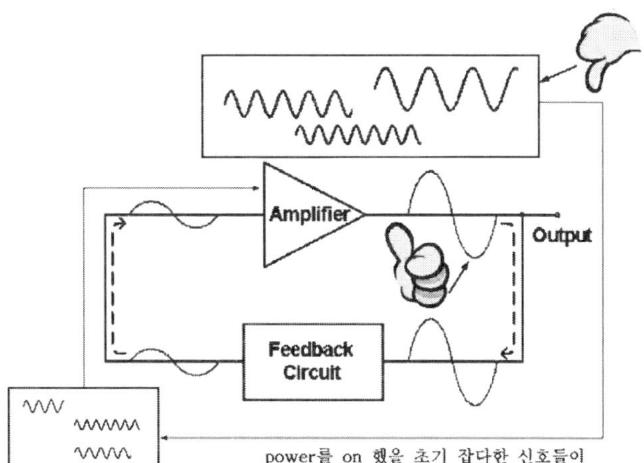

power를 on 했을 초기 잡다한 신호들이 나타나지만 공진주파수에 해당하는 신호만 살아 남는다.

발진기의 일반적인 형태는 아래와 같이 그려질 수 있겠다.

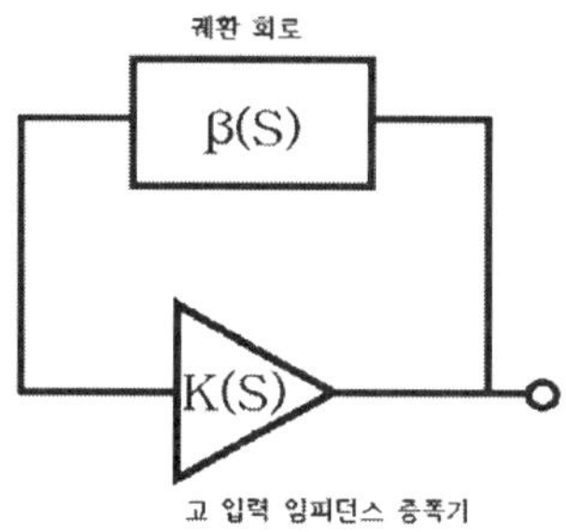

증폭기의 이득을 K(S)라고 하고, 궤환회로의 전달 함수를 β(S)라고 했을 때, 이 회로가 발진한다고 하면 발진의 지속조건은 K(S) · β(S) = 1이라는 조건을 만족 시켜야 한다.

발진이라는 것이 신호의 정상상태만을 유지하는 것으로 하기 때문에 복소변수 S는 S→jω 로 치환하여 K(jω) · β(jω) = 1이라고 놓을 수 있다. 따라서 K(jω) · β(jω) = 1이 되려면 허수부는 0가 되어야 하고, 실수부는 1이 되어야 하는데 이를 버크하우젠 판별기준(Barkhausen criterion)이라고 한다. 위의 기호에서 증폭기의 입력임피던스는 굉장히 커서 K(S)와 β(S)가 연결 되어 있어도 서로 간섭하지 않는다. 이런데서 입력임피던스가 무한대라고 하는 이상적 조건은 참으로 쓸모가 많은 명제가 된다.

이 말을 쉽게 표현하면 이렇다.

허수부가 0이 된다고 하는 것은 전압과 전류의 위상이 동위상일 때 공진이 최대가 되므로 공진조건이 되는 것이고, 실수부가 1이 된다고 하는 것은 발산이나, 감쇄 진동을 하는 것이 아니고, 정상진동이 되어야 하는 것을 의미하는 것이다.

일반적인 형태로 발진회로를 해석하기로 해 보자.

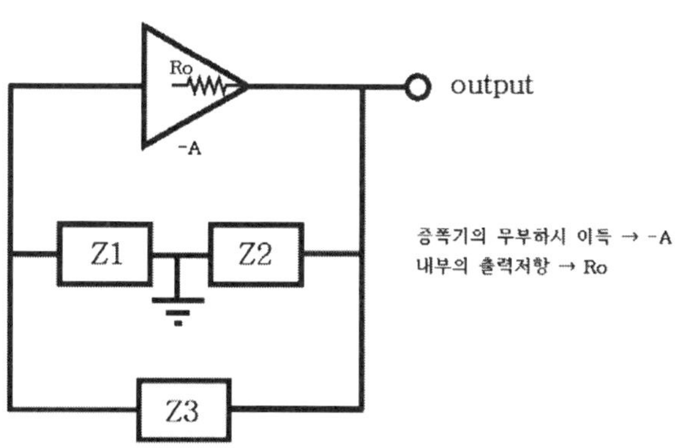

위의 회로를 알기 쉽게 다시 그리면 아래와 같이 낯이 익은 회로가 된다.

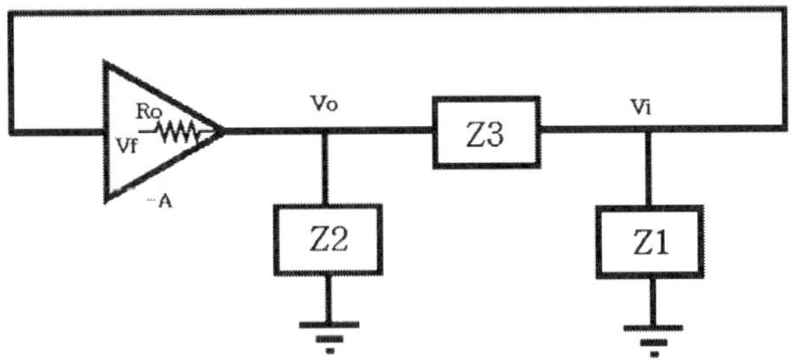

반전증폭기를 사용한다고 하면 증폭기의 이득 K = −A가 되고, 증폭기외의 회로에서의 전달함수 β는 아래와 같이 구해진다. 식은 복잡해지겠지만, 절대 어려운 것이 아니니 눈으로 잘 감상하시기만 하면 된다.

먼저 Vi를 구해 보기로 한다.

$$V_i = \frac{Z_1}{Z_1+Z_3}V_o --- (1)$$

다음에는 Vo를 구해 본다.

$$V_o = \frac{Z_2 // (Z_1+Z_3)}{R_o+[Z_2 // (Z_1+Z_3)]}V_f = \frac{\frac{(Z_1+Z_3)Z_2}{Z_1+Z_2+Z_3}}{R_o+\frac{(Z_1+Z_3)Z_2}{Z_1+Z_2+Z_3}}V_f = \frac{\frac{(Z_1+Z_3)Z_2}{\cancel{Z_1+Z_2+Z_3}}}{\frac{(Z_1+Z_2+Z_3)R_o+(Z_1+Z_3)Z_2}{\cancel{Z_1+Z_2+Z_3}}}V_f$$

$$= \frac{(Z_1+Z_3)Z_2}{(Z_1+Z_2+Z_3)R_o+(Z_1+Z_3)Z_2}V_f --- (2)$$

전달함수 β를 구해 보자.

$$\beta = \frac{V_i}{V_f}$$

이고, 식(1)에서

$$V_i = \frac{Z_1}{Z_1+Z_3}V_o \rightarrow \beta = \frac{V_i(=V_f)}{V_o} = \frac{Z_1}{Z_1+Z_3}$$

전달함수 β의 식을(2)식에

$$V_i = \frac{Z_1}{Z_1+Z_3}V_0 = \frac{Z_1}{Z_1+Z_3} \times \frac{(Z_1+Z_3)Z_2}{(Z_1+Z_2+Z_3)R_o+(Z_1+Z_3)Z_2}V_f$$
$$= \frac{Z_1Z_2V_f}{(Z_1+Z_2+Z_3)R_o+(Z_1+Z_3)Z_2}$$

$$\beta = \frac{V_i}{V_f} = \frac{Z_1Z_2}{(Z_1+Z_2+Z_3)R_o+(Z_1+Z_3)Z_2}$$

따라서

$$K\beta = \frac{-AZ_1Z_2}{(Z_1+Z_2+Z_3)R_o+(Z_1+Z_3)Z_2} \quad ---(3)$$

Z1, Z2, Z3를 리액턴스 성분으로 바꾸면 Z1 = jX1, Z2 = jX2, Z3 = jX3로 나타낼 수 있고 위의 식(3)은 아래와 같이 변형시킬 수 있다.

$$K\beta = \frac{-A \times jX_1 jX_2}{j(X_1+X_2+X_3)R_o+(-1)(X_1+X_3)X_2}$$
$$= \frac{-A(-1)X_1X_2}{j(X_1+X_2+X_3)R_o+(-1)(X_1+X_3)X_2}$$
$$= \frac{-AX_1X_2}{(X_1+X_3)X_2 - j\underbrace{\boxed{(X_1+X_2+X_3)}}_{\text{허수부}}R_o}$$

허수부가 0이 되기 위하여 X1 + X2 + X3 = 0
따라서

$$K\beta = \frac{-AX_1X_2}{(X_1+X_3)X_2} = \frac{-AX_1}{X_1+X_3} \qquad (X_1+X_3=-X_2)$$

$$\therefore K\beta = \frac{-AX_1}{-X_2} = \frac{AX_1}{X_2}$$

그리하여 발진조건은

$$K\beta = \frac{AX_1}{X_2} \geq 1$$

이면 발진이 된다.

여태껏 일반적 형태로 해석한 모델에 코일과 콘덴서의 조합에 따라 콜피츠 발진기와 하틀리 발진기로 구성해 줄 수 있다.

구 분	Z1	Z2	Z3
콜피츠 발진기	C	C	L
하틀리 발진기	L	L	C

발진 조건을 계산해 보았으니 다음에는 발진 주파수를 계산해 보기로 한다. 먼저 콜피츠 회로의 발진 주파수를 계산해 본다.

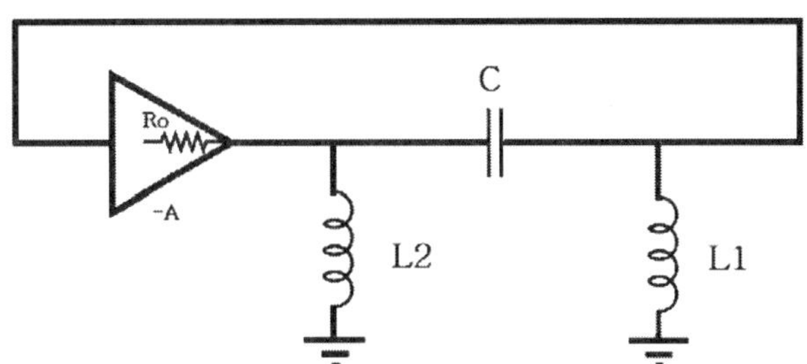

$$K\beta = \frac{-AX_1X_2}{(X_1+X_3)X_2 - j\underbrace{(X_1+X_2+X_3)}_{\text{허수부}}R_o}$$

윗 식에서 버크하우젠 판별기준에 의해

$$X_1+X_2+X_3=0$$

이 식에 S-영역의 임피던스를 각각 대입하면

$$\frac{1}{sC_1}+\frac{1}{sC_2}+sL=0$$

이 식의 왼편 항을 통분한다.

$$\frac{sC_2+sC_1+s^3C_1C_2L}{s^2C_1C_2}=0$$

$$s^3C_1C_2L=-s(C_1+C_2)$$

$$\therefore s^2C_1C_2L=-(C_1+C_2)$$

발진기는 정상 동작할 때 일정한 주파수가 출력되기 때문에 S→jω로 치환해도 상관이 없다.

$$(j\omega)^2C_1C_2L=-(C_1+C_2)$$

$$\therefore \cancel{-}\omega^2C_1C_2L=\cancel{-}(C_1+C_2)$$

각속도에 관한 식으로 변환시키면

$$\omega^2=\frac{C_1+C_2}{C_1C_2L}$$

$$\therefore \omega=\sqrt{\frac{C_1+C_2}{C_1C_2L}}=\sqrt{\frac{1}{L}}\times\sqrt{\frac{C_1+C_2}{C_1C_2}}=\frac{1}{\sqrt{L}}\times\sqrt{\frac{C_1+C_2}{C_1C_2}}=\frac{\sqrt{\frac{C_1+C_2}{C_1C_2}}}{\sqrt{L}}$$

식을 보기 좋게 하기 위해 분자의 역수를 분모, 분자에 각각 곱해준다.

$$\therefore \omega=\frac{\sqrt{\frac{C_1+C_2}{C_1C_2}}\times\sqrt{\frac{C_1C_2}{C_1+C_2}}}{\sqrt{L}\times\sqrt{\frac{C_1C_2}{C_1+C_2}}}=\frac{1}{\sqrt{L}\times\sqrt{\frac{C_1C_2}{C_1+C_2}}}=\frac{1}{\sqrt{L\times\frac{C_1C_2}{C_1+C_2}}}$$

여기서 C 성분들을 하나로 묶어 버린다.

$$C=\frac{C_1C_2}{C_1+C_2}$$

로 놓으면

$$\omega=\frac{1}{\sqrt{LC}}$$

이제 발진주파수가 다 나 왔다. $\omega = 2\pi f$로 하면

$$f = \frac{1}{2\pi\sqrt{LC}} \qquad \left(C = \frac{C_1 C_2}{C_1 + C_2} \right)$$

가 된다. 결과식을 잘 보시라 무엇과 비슷한가? 공진주파수와 아주 흡사하다. 발진기의 본질은 공진회로이기 때문에 비슷한 식이 도출 된 것이다.

따라서 발진기는 공진을 다루듯이 하면 되겠다. 본질이 공진과 유사하기 때문이다. 처음에 밝혔듯이 여러 잡음 성분 중에서 회로의 공진 주파수에 해당하는 주파수만을 선택하여 계속적인 신호를 만들어 내는 것이 발진기의 원리라고 했다. 다시 새길 만한 말이다. 다음에는 하틀리 발진기의 주파수를 구해 보기로 한다.

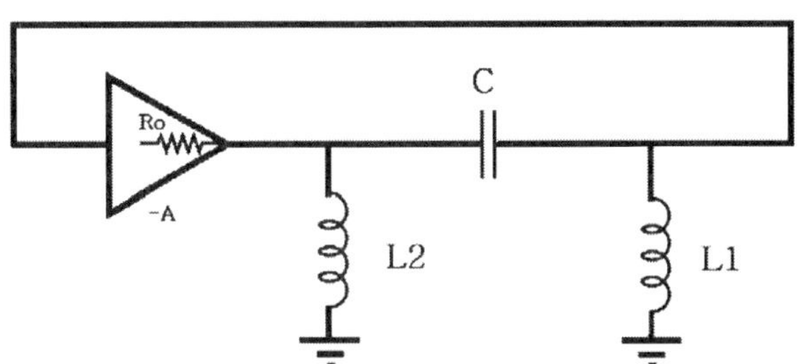

콜피츠 발진기와 계산 요령은 같다.

$$X_1 + X_2 + X_3 = 0$$

이 식에 S-영역의 임피던스를 각 대입하면

$$sL_1 + sL_2 + \frac{1}{sC} = 0$$

왼쪽 항을 통분한다.

$$\frac{s^2 C L_1 + s^2 C L_2 + 1}{s C} = 0$$

$$s^2 C (L_1 + L_2) = -1$$

마찬가지로 발진기는 정상 동작할 때 일정한 주파수가 출력되기 때문에 S→jω로 치환해도 상관이 없다.

$$(j\omega)^2 C(L_1+L_2) = -1$$

따라서 주파수는

$$f = \frac{1}{2\pi\sqrt{(L_1+L_2)C}}$$

가 되고 L = L1 + L2 라고 하면

$$f = \frac{1}{2\pi\sqrt{LC}} \qquad (L = L_1+L_2)$$

역시 마찬가지로 공진주파수와 동일한 형식으로 결과식이 나왔다. 공진과 발진은 혈족관계임이 분명해졌다. 거리가 먼 회로들이 아니라 돌아가는 삼각지 로타리처럼 뺑뺑뺑뺑 부근에서 서로 어울리는 회로쯤 될 것 같다. 가만 생각하면 참 신기한 마음도 금할 수 없다. 물리적 현상을 수식으로 풀어 낼 수 있다는 사실....

다음에는 이러한 기본 개념을 바탕으로 다른 형태의 발진기 발진 조건을 알아보도록 하자. 비교적 잘 알려진 Wien bridge oscillator를 예제로 들기로 한다.

3-23. Wien bridge 발진기 해석

아래는 빈 브릿지 발진기(Wien bridge oscillator)라고 하는 회로이다.

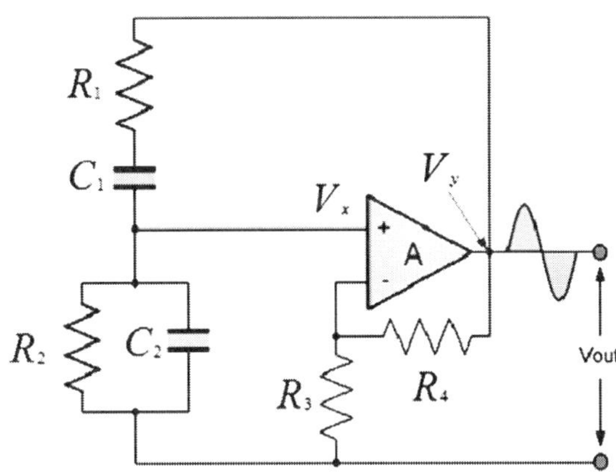

이 회로가 발진하기 위한 조건을 구하기 위해 두 부분으로 나누어 준다.

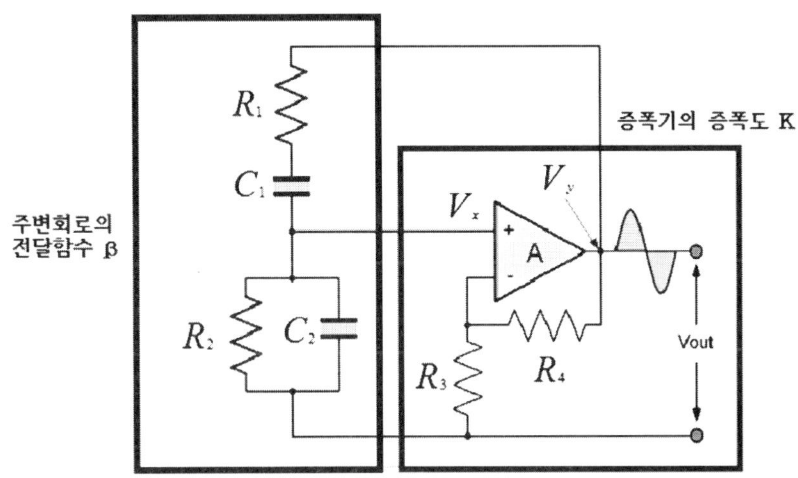

증폭기의 증폭도를 구하는 것은 너무나 쉽다. 증폭기의 형태가 비반전증폭기이기 때문에 쉽게 출력식을 계산해 낼 수 있다. 처음 보시는 분이 난감해 할까봐 다시 한번 증폭도를 계산해 주기로 한다.

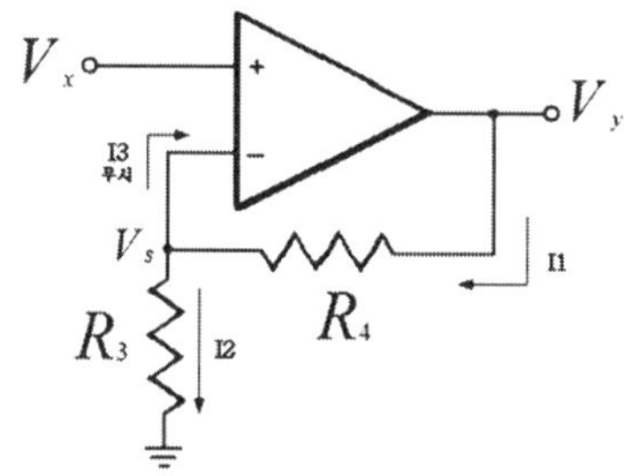

비반전증폭기 각 단에 흐르는 전류를 위와 같이 흐른다고 가정하고 키르히 호프의 전류의 법칙을 적용한다. I3는 연산 증폭기의 입력 임피던스가 엄청나게 크므로 전혀 흐르지 않는다고 봐도 전혀 무방하다.

$$I_1 = I_2 \; --- (1)$$

전류를 저항과 전압의 식으로 바꾸는 오옴의 법칙을 적용하면 각단에 흐르는 전류를 아래와 같이 기술 할 수 있을 것이다.

$$I_1 = \frac{V_y - V_s}{R_4} \; --- (2)$$

$$I_2 = \frac{V_s - 0V}{R_3} = \frac{V_s}{R_3} \; --- (3)$$

(2), (3)식을 식(1)에 대입하면,

$$\frac{V_y - V_s}{R_4} = \frac{V_s}{R_3} \; --- (4)$$

위의 회로는 반전증폭단에 되먹임 회로로 구성되어 있으므로 가상단락 현상이 일어날 것이다. 그렇다면 Vs = Vx가 되어 식은 아래와 같이 재기술 될 수 있다.

$$\frac{V_y - V_x}{R_4} = \frac{V_x}{R_3}$$

양편을 R3*R4로 곱해 주자.

$$R_3 \times (V_y - V_x) = R_4 \times V_x$$

이를 정리해 주면

$$V_y = \left(1 + \frac{R_4}{R_3}\right) V_x = K$$

이 결과식이 비반전 증폭기의 증폭도가 되겠다.

다음으로 계산해 주어야 하는 것은 주변회로의 전달함수를 구하는 것이 되겠다. 저항과 콘덴서가 직, 병렬로 합성 되어 있어 식은 매우 복잡할 것이나, 계산은 산수에 불과하다. 계산해 주는 방법은 너무 너무 쉽다.

비반전 증폭기의 입력 임피던스가 엄청 크고, 출력임피던스가 매우 낮기 때문에 회로적으로는 서로 영향을 주지 않는다. 그래서 전달함수를 구할 때 아래와 같이 회로를 따로 떼어서 사유해 준다.

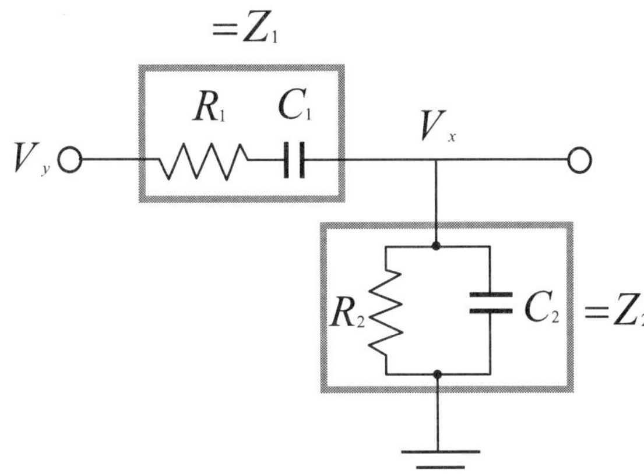

저항과 콘덴서를 하나로 묶어서 Z1과 Z2라고 하면 전달 함수는 아래와 같이 하면 구해질 것이다.

$$V_X = \frac{Z_2}{Z_1 + Z_2} V_y$$

$$\therefore \beta = \frac{V_x}{V_y} = \frac{Z_2}{Z_1 + Z_2} \quad ---(5)$$

이제는 Z1과 Z2를 각각 구해서 (5)식에 넣어 주기로 한다.

$$Z_1 = R_1 + \frac{1}{sC_1} = \frac{1+sC_1R_1}{sC_1}$$

$$Z_2 = R_2 // \frac{1}{sC_2} = \frac{R_2 \times \frac{1}{sC_2}}{R_2 + \frac{1}{sC_2}} = \frac{\frac{R_2}{sC_2}}{\frac{1+sC_2R_2}{sC_2}} = \frac{R_2}{1+sC_2R_2}$$

따라서 전달함수 β는

$$\therefore \beta = \frac{V_x}{V_y} = \frac{Z_2}{Z_1+Z_2} = \frac{\frac{R_2}{sC_2R_2+1}}{\frac{sC_1R_1+1}{sC_1} + \frac{R_2}{sC_2R_2+1}} = \frac{\frac{R_2}{\cancel{sC_2R_2+1}}}{\frac{(sC_1R_1+1)(sC_2R_2+1)+sC_1R_2}{sC_1\cancel{(sC_2R_2+1)}}}$$

올라간다

$$= \frac{sC_1R_2}{(sC_1R_1+1)(sC_2R_2+1)+sC_1R_2}$$

그러므로 K(S)β(S)를 구하면 아래의 식이 된다.

$$\therefore K(S)\beta(S) = \left(1+\frac{R_4}{R_3}\right) \times \frac{sC_1R_2}{(sC_1R_1+1)(sC_2R_2+1)+sC_1R_2}$$

발진기는 신호가 정현적으로 정상작동하는 것을 기본으로 하기 때문에 S-영역에서 사유해 줄 필요가 없다 따라서 S=jω라고 놓고 식을 전개해 보기로 한다.

$$\therefore K(j\omega)\beta(j\omega) = \left(1+\frac{R_4}{R_3}\right) \times \frac{j\omega C_1R_2}{(j\omega C_1R_1+1)(j\omega C_2R_2+1)+j\omega C_1R_2}$$

$$= \left(1+\frac{R_4}{R_3}\right) \times \frac{j\omega C_1R_2}{j\omega(C_1R_1+C_1R_2+C_2R_2)-\omega^2C_1C_2R_1R_2+1}$$

분모, 분자의 각 항에 회전연산자 −j를 곱해준다.

$$= \left(1+\frac{R_4}{R_3}\right) \times \frac{\omega C_1 R_2}{\omega\left(C_1R_1+C_1R_2+C_2R_2\right)+j\,\omega^2 C_1C_2R_1R_2 - j}$$

$$\left(1+\frac{R_4}{R_3}\right) \times \frac{\omega C_1 R_2}{\omega\left(C_1R_1+C_1R_2+C_2R_2\right)+j\boxed{\left(\omega^2 C_1C_2R_1R_2 - 1\right)}}$$

허수 항

결과식이 나왔기 주파수는 바로 구할 수 있게 되었다. 허수항을 0로 하면 된다(완벽한 공진 조건).

$$\omega^2 C_1C_2R_1R_2 - 1 = 0$$

$$\omega^2 = \frac{1}{C_1C_2R_1R_2} \quad (\because \omega = 2\pi f)$$

$$\therefore f = \frac{1}{2\pi\sqrt{C_1C_2R_1R_2}} \quad ---(6)$$

다음으로 발진조건을 알아보기로 하자. 허수부분이 0이 되고, 실수부분이 1이 되어야 하기 때문에

$$K(j\omega)\beta(j\omega) = \left(1+\frac{R_4}{R_3}\right) \times \frac{\omega C_1 R_2}{\omega\left(C_1R_1+C_1R_2+C_2R_2\right)+j0} = 1$$

$$\left(1+\frac{R_4}{R_3}\right) = \frac{C_1R_1+C_1R_2+C_2R_2}{C_1R_2} = 1+\frac{R_1}{R_2}+\frac{C_2}{C_1}$$

위의 회로만 가지고는 실제 발진기로서 동작시키기 어렵다. 그래서 자동적으로 다음과 같은 동작을 하게끔 회로를 꾸며주게 된다.

① 처음 발진시에는 OP AMP의 이득(GAIN)을 충분히 크게 가지고 간다.

$$\left(1+\frac{R_4}{R_3}\right) \overset{\downarrow}{>>} \frac{C_1R_1+C_1R_2+C_2R_2}{C_1R_2} = 1+\frac{R_1}{R_2}+\frac{C_2}{C_1}$$

② 발진 이후에는

$$\left(1+\frac{R_4}{R_3}\right)\overset{\downarrow}{=}\frac{C_1R_1+C_1R_2+C_2R_2}{C_1R_2}=1+\frac{R_1}{R_2}+\frac{C_2}{C_1}$$

으로 값을 맞추어 준다. 어떻게 하면 이런 조건을 만족하는 발진기를 구성할 수 있을까? 아래 발진기와 같이 다이오드를 이용한다. 이를 리미터를 이용한 wien bridge 刑 oscillator이라고 한다.

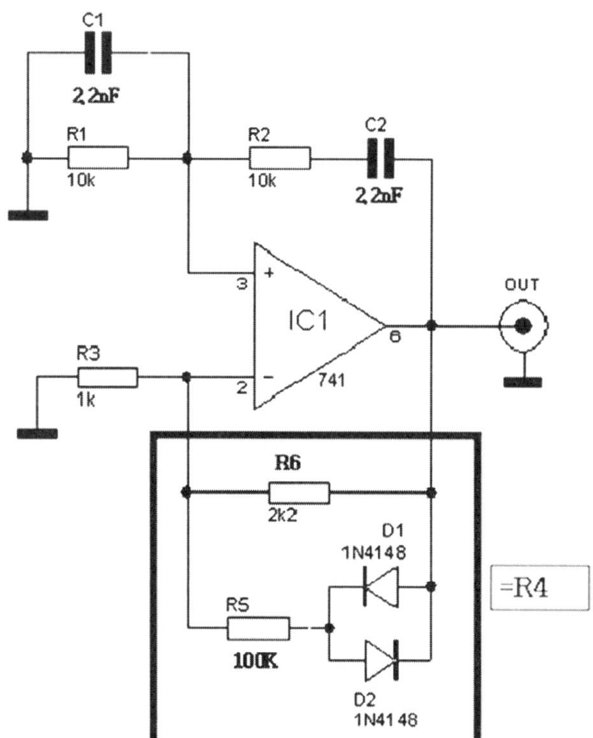

우리가 해석 했던 wien bridge와는 약간 다르게 구성 되어 있다. R4 대신 다이오드로 구성 되어 있는 것이 강화변경된 회로가 되겠다. 사실 동작은 간단하다.

- 출력진폭이 작을 때 : 다이오드의 저항이 커지고(R4가 커진다.) → 반전증폭기의 이득이 커져 발진
- 출력진폭이 클 때 : 다이오드의 저항이 작아지고(R4가 작다) → 반전증폭기의 이득이 작아져 발진 안정

발진이 안정될 때의 조건이

$$\left(1+\frac{R_4}{R_3}\right)=\frac{C_1R_1+C_1R_2+C_2R_2}{C_1R_2}=1+\frac{R_1}{R_2}+\frac{C_2}{C_1}$$

라고 하였다. 위의 리미터가 있는 발진기를 보기로 하자(다이오드는 ON 되었다고 가정하면).

$$\left(1+\frac{2.2K\Omega//100K\Omega}{1K\Omega}\right)=1+\frac{10K\Omega}{10K\Omega}+\frac{2.2nF}{2.2nF}$$

$$3.1526\cong 3$$

얼추 값이 맞아 돌아간다.

이제 저 회로의 발진 주파수를 구해 보기로 하자. 이미 식은 나왔다. 식(6)에 회로소자의 값을 넣으면 된다.

$$f=\frac{1}{2\pi\sqrt{C_1C_2R_1R_2}}=\frac{1}{2\pi CR}\quad(\because R_1=R_2=10\mathrm{K}\Omega,\quad C_1=C_2=2.2nF)$$

$$=\frac{1}{2\times 3.14\times 2.2\times 10^{-9}\times 10\times 10^{3}}=7.237KHz$$

이로써 리미터를 이용한 wien bridge 刑 oscillator의 발진 주파수와 발진조건을 구해 보았다. 굉장히 복잡한 과정이었지만, 사실 개념은 쉬운 편에 속한다. 발진기까지 맛을 보았으니 회로해석에 대한 설명쯤은 한 것으로 여겨주기로 하자.

3-24. 연산 증폭기 평균값 회로

우리는 교류의 평균값 구하는 방법과 내용을 이론적으로 곰곰히 생각 해 보았다. 그렇다면 교류의 평균값을 실제로 구하는 회로는 어떻게 구성할까 궁금하지 않을 수 없다. 구성은 의외로 간단하다. 식대로 회로를 갖다 붙이면 되니까. 그러면 식이 어떻게 생겨 먹었는지 알아야 한다. 왜냐하면 회로가 식대로 구성되었다고 하니 당연한 수순이 되겠다.

교류의 평균값 공식은 아래와 같다고 이미 설파했다.

$$V_{avg} = \frac{1}{T}\int_0^T \left| \mathrm{v(t)} \right| dt$$

식을 보게 되면

교류 입력신호 v(t)에 절대값을 취하고 한 주기 동안 적분을 해주면 된다. 다행히 절대값 회로와 적분기는 연산 증폭기의 기본을 다지는 이론편에서 이미 다져 놓았기 때문에 그대로 가져다가 레고 블럭을 조립하듯이 연결해 주면 된다. 아래 회로는 절대값 회로와 적분기를 순서적으로 연결한 평균값 회로이다. 절대값 취한 다음에 적분.

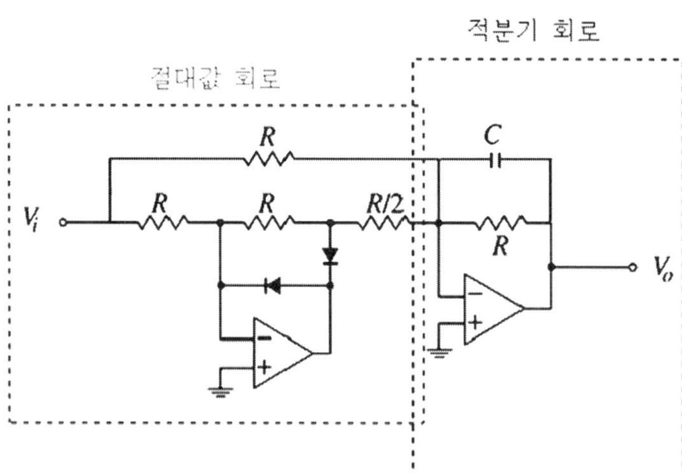

위의 회로에서 먼저 절대값회로를 보기로 하자.

절대값이란 (+)값이던 (−)값이던 부호에 상관없이 값만 취하면(절대값을 취하면) 무조건

(+)가 되는 회로이므로, 교류로 따지자면 ZERO CROSSING 입력 교류신호에 대해서 출력값이 모두 ZERO 보다 큰 값이 되는 것이다. 신호로만 보자면 아래와 같이 되는 회로를 의미한다.

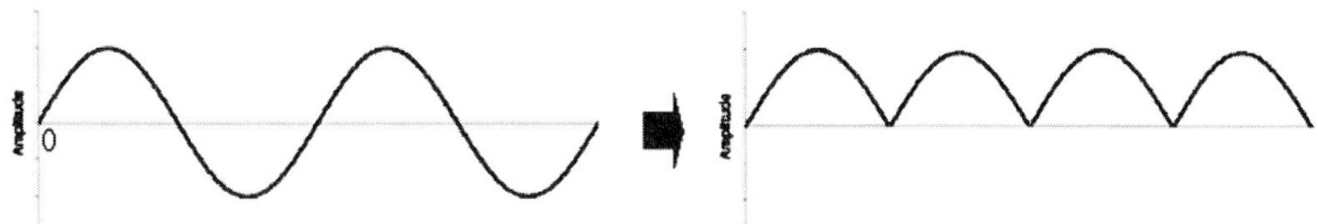

입력신호 절대값

그런데

위의 평균값 회로에 적용된 절대값 회로 동작에 재미 있는 구석이 있다. 직바로 보면 절대값 회로 동작이 될 것 같아 보이지만 그렇게 호락호락 하게 절대값이 출현한다고 보여 주지는 않는다. 잘못 생각하면 오리무중(五里霧中)이 되어 버릴 수 있다. 절대값이 나오는지 일단 해석 해 보기로 하자.

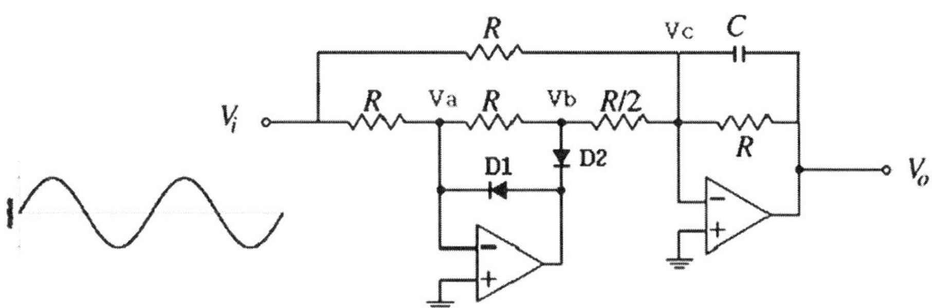

앞에 적분기? or LPF(Low Pass Filter ; 저역통과필터)?가 있으면 앞의 절대값만을 해석하는데 애로가 있기 때문에 적분기 또는 LPF를 생략하고, 반전증폭기로 달아 회로를 변형해서 해석하기로 한다.

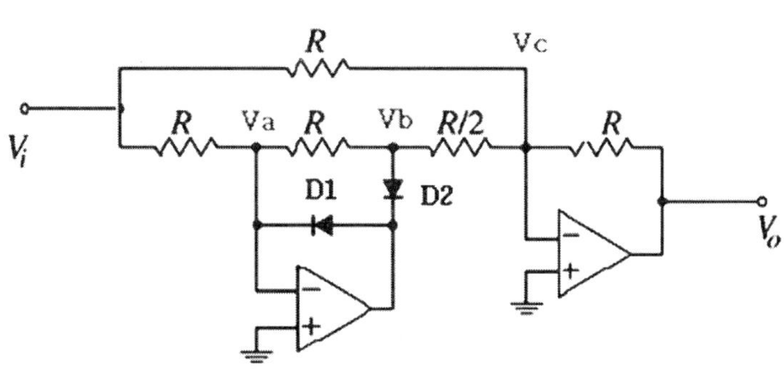

입력이 교류이니까 (+)입력과 (−)입력을 따로 따로 구분해서 사유해 주어야 한다.

먼저 교류입력 값이 (+) 일 경우를 입체적으로 사고해 주자. (+)입력이 들어오면

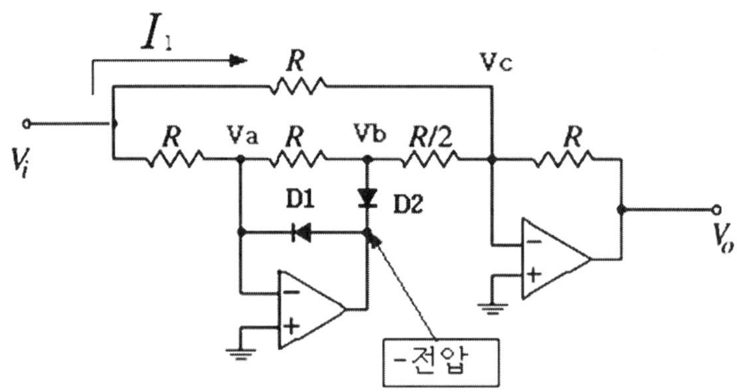

I1은 당연히 흐른다는 것을 단박에 알아차릴 수 있다. Vc는 가상단락에 의해 0V가 되므로 전류의 방향은 위의 그림처럼 들어가는 방향이 되고 그 값은

$$I_1 = \frac{V_i}{R}$$

가 된다.

그럼 아래쪽 다이오드가 달려 있는 연산 증폭기동작은 어떻게 될까? 입력이 반전되어 연산 증폭기출력이 (−)전압이 되므로 다이오드 D1은 불통되고 D2는 도통이 된다!!! 여기까지는 부드럽게 해석이 아주 잘 된 것이다.

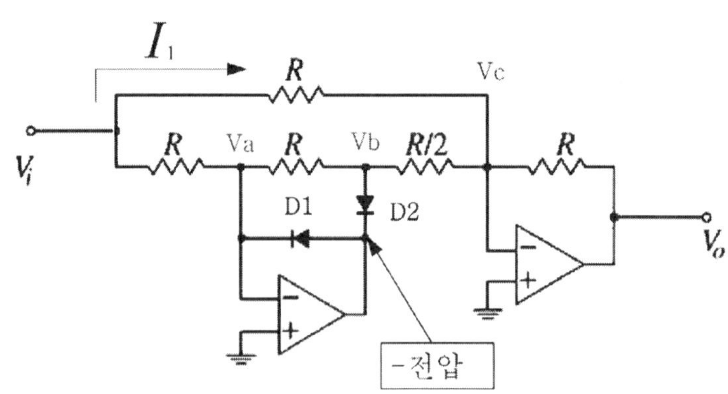

다이오드는 입력에 따라 도통되고, 불통되는 것에 따라 스위치의 역할을 한다고 생각하고,

임무를 종료시킨다. 따라서 불통되는 다이오드는 등가적으로 오픈회로로 그려주고, 도통되는 다이오드는 단락 회로로 그려 주면 된다. 따라서 위의 그림은 아래와 같이 보기 좋게 다시 그려줄 수가 있다.

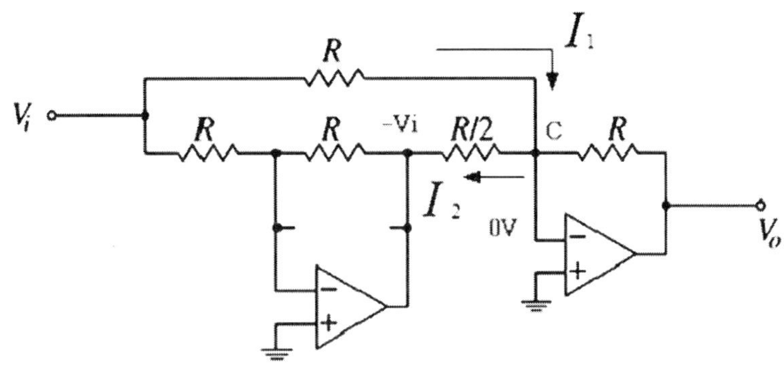

위의 회로에서 두 가지 전류를 알 수가 있다.

C점을 기준으로 보면 키르히호프의 전류 법칙에 의해 I1은 흘러들어 오는 전류가 되고, I2는 흘러 나가는 전류가 되고, 둘의 전류는 같아야 한다. C점으로부터 출력으로는 흘러 나가는 전류인지, 흘러 들어오는 전류인지 현재는 모른다. 다만 알려진 두 전류의 관계식만을 보도록 하자.

$$I_1 = I_2$$

가 되어야 한다.

$$I_1 = \frac{V_i}{R}$$

$$I_2 = \frac{0-(-V_i)}{\frac{R}{2}} = \frac{2V_i}{R}$$

앗!!! 결과가 이상하다.

$$I_1 \neq I_2$$

양변이 같아지려면 흘러들어오는 전류가 Vi/R 만큼 절점에 흘러들어와야 양변의 등식이 성립하게 된다. 무엇을 놓친 것일까? 그렇다 출력에서 움직이는 전류를 고려해 주지 않았기 때문에 오차가 생긴 것이다.

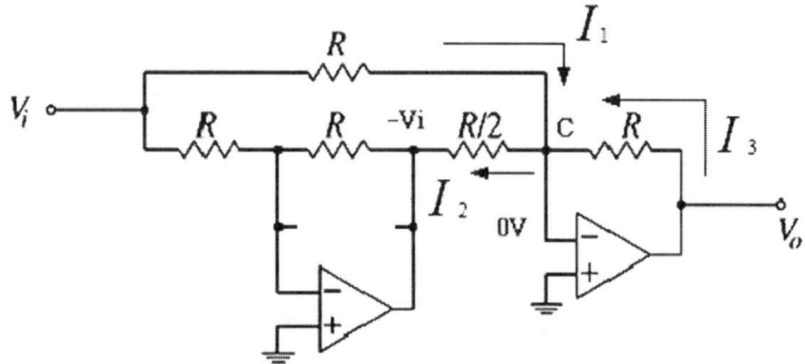

$I_1 + I_3 = I_2$

$I_3 = \frac{V_0}{R} = \frac{V_i}{R}$

$\therefore V_0 = V_i$

결국 교류 입력신호가 (+)값이 될 때에는 입력이 그대로 출력에 나타나게 된다.

한 가지 덧붙일 것은 출력극성이 어떻게 해서 (+)극성인지 알게 되었느냐?이다. 그것은 전류의 흐름을 보고 파악해 주어야 한다. 전류는 전압이 높은 데서 낮은 데로 흘러 가야만 하니까, 위의 회로에서 C점은 가상단락에 의해 0V가 되고, 출력에서 C점으로 전류가 흘러들어 오려면 당연히 C점 보다 전압이 높아야 하므로 전압 극성은 (+)가 될 수 밖에 없다. 이점은 DAC을 해석할 때도 아주 유용한 지식이 되었었다.

다음으로 교류입력 값이 (−)일 경우를 사고해 주자. (−)입력이 들어오면

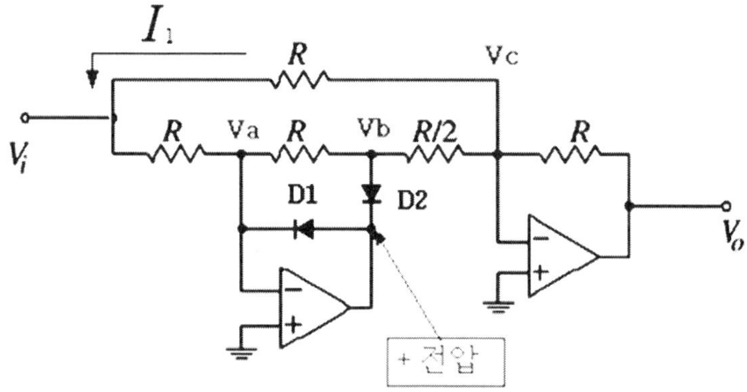

I1은 그림에서 보는 바와 같이 (+)전압 입력으로 들어 올 때와는 반대로 흐른다. C점의 전압 Vc는 어떻게 흐르게 될까?

입력이 아까와는 반전되어 다이오드가 붙어 있는 연산 증폭기출력이(+)전압이 되므로, 다이

오드 D1은 도통되고 D2는 불통이 된다. 따라서 회로는 아래와 같이 다시 그릴 수 있게 된다.

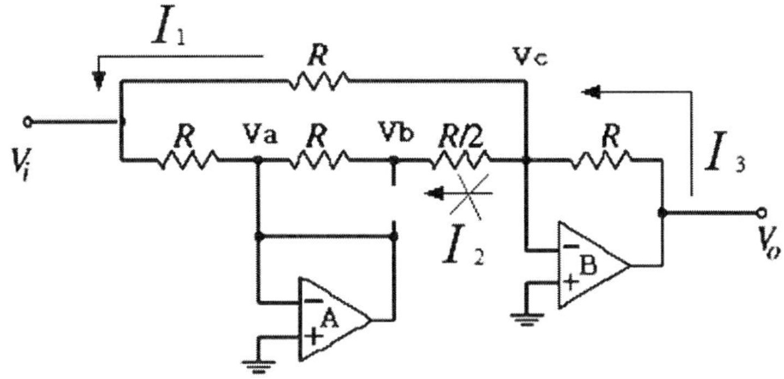

위에서 눈여겨 보아야 할 전류는 I2이다. I2는 얼마나 어떤 방향으로 흐르게 될까?

연산 증폭기 'A'는 궤환이 형성되므로, 가상단락에 의해 Va=0V가 된다. C점의 Vc도 연산 증폭기 'B'에 의해 Vc=0이 되므로 저항 R과 R/2에 흘러야 하는 전류 I2는 전위차가 양단에 없기 때문에 전류는 결국 흐르지 않게 된다.

따라서 출력은

$$V_0 = -\left[\left(\frac{R}{R}\right)(-V_i)\right] = V_i$$

따라서 (+)극성의 입력이든, (−)극성의 입력이든 상관없이 절대값 회로가 되는 것이다.

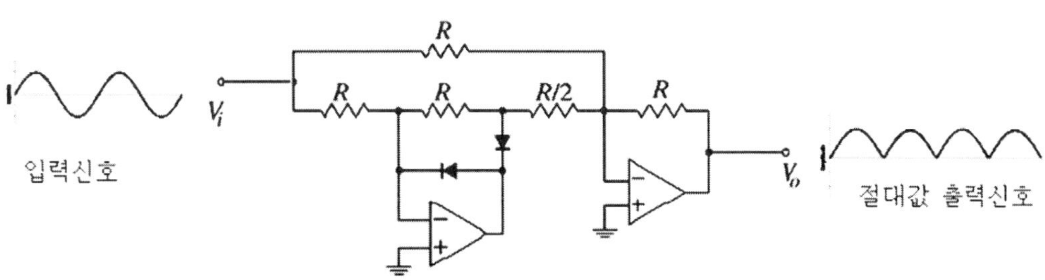

다음에는 절대값회로와 연동 되어 있는 적분기인지 저역차단필터(LPF)인지 정체가 모호한 회로를 해석해 주어야 한다. 회로가 적분기라는 것이 판명된다면 이미 수식으로 적분기의 동작을 설명했으므로 간단한 설명만으로 평균값 회로는 분석이 되는 것이다.

평균값 회로의 나머지 부분을 분석 해 보자. 아래 회로는 우리가 분석하고 있는 평균값 회로로 앞의 절대값 회로부분은 이미 분석을 끝마쳤다. 절대값 회로 다음에 있는 회로가 어떤 기능을 하는지 알아보자.

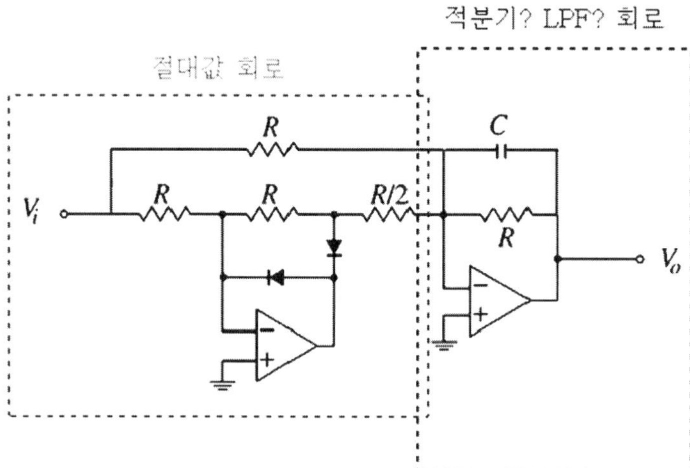

절대값 회로 다음 단에 위치해 있는 회로는 적분기? 일까 아니면 저역차단필터(LPF : LOW PASS FILTER)일까? 회로를 따로 떼어 심사숙고해 본다.

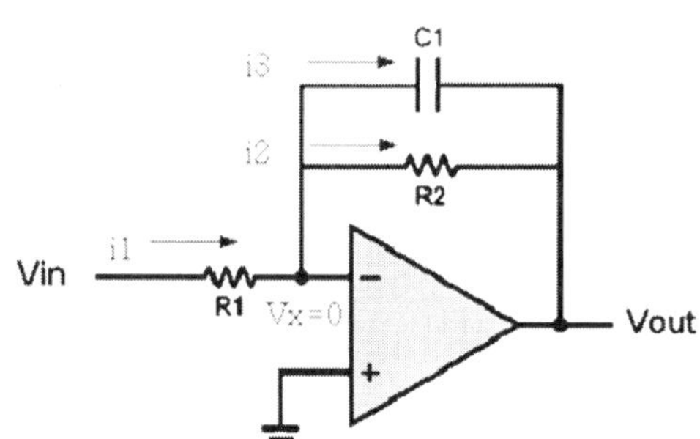

먼저 이 회로는 저역차단 필터 처럼 보인다. 그렇다면 차단주파수(fc)를 수식으로 계산 해 낼 수 있어야 함은 물론 이다.

가상접지에 의해 Vx = 0V가 되고, 전류는 키르히호프의 전류법칙에 의해 식이 아래와 같이 성립된다.

$$i_1 = i_2 + i_3$$

오옴의 법칙으로 각 전류를 전압과 저항의 식으로 변경시켜준다.

$$\frac{V_{in} - 0V}{R_1} = \frac{0V - V_o}{R_2} + \frac{0V - V_o}{\frac{1}{SC_1}}$$

$$\frac{V_{in}}{R_1} = -V_0\left(SC_1 + \frac{1}{R_2}\right) = -\frac{V_O}{R_2}\left(SC_1R_2 + 1\right)$$

$$\therefore \frac{V_0}{V_{in}} = -\frac{R_2}{R_1}\left(\frac{1}{SC_1R_2 + 1}\right)$$

복소수주파수 S는 일정한 입력이 들어오므로 과도상태를 생각해 줄 필요가 없게 된다. 따라서 S→j2πf로 치환한다.

$$\frac{V_0}{V_{in}} = -\frac{R_2}{R_1}\left(\frac{1}{1 + j2\pi fC_1R_2}\right)$$

복소수가 있으니 크기만을 생각해 주기로 하자.

$$\left|\frac{V_0}{V_{in}}\right| = \left|-\frac{R_2}{R_1}\frac{1}{1 + j2\pi fC_1R_2}\right| = \frac{R_2}{R_1} \times \frac{1}{\sqrt{1^2 + (2\pi fC_1R_2)^2}}$$

위의 식에서 차단 주파수를 구하기 위해 데시벨 값을 취해 주어 보기로 하자.

$$20\log\left(\left|\frac{V_0}{V_{in}}\right|\right) = 20\log\left(\frac{R_2}{R_1} \times \frac{1}{\sqrt{1^2 + (2\pi fC_1R_2)^2}}\right)$$

$$= 20\log\left(\frac{R_2}{R_1}\right) + 20\log\left[1 + (2\pi fC_1R_2)^2\right]^{-\frac{1}{2}}$$

곱해준다

아래 로그의 성질을 이용한다
$\log a^m = (m)(\log a)$

$$= 20\log\left(\frac{R_2}{R_1}\right) - 10\log\left[1 + (2\pi fC_1R_2)^2\right]$$

여기서 차단 주파수를 계산하기 쉽게 하기 위해 증폭도를 1로 만들어 보기로 한다. R1 = R2가 되면, R2/R1 = 1이 되고, 로그의 성질머리에서

$\log^1 = 0$

이기 때문에

$$20\log\left(\left|\frac{V_0}{V_{in}}\right|\right) = \underbrace{\boxed{20\log\left(\frac{R_2}{R_1}\right)}}_{=0} + 20\log\left[1+\left(2\pi f C_1 R_2\right)^2\right]^{-\frac{1}{2}}$$

$$= 20\log(1) - 10\log\left[1+\left(2\pi f C_1 R_2\right)^2\right]$$

따라서

$$-10\log\left[1+\left(2\pi f C_1 R_2\right)^2\right] = -3dB$$

가 되는 주파수를 찾으면 결과는

$$f_c = \frac{1}{2\pi C_1 R_2}$$

가 되어 차단 주파수를 간단하게 구할 수 있게 된다. 따라서 저역차단필터라는 것이 분명해졌다. 차분하게 검산을 착수하기로 한다.

$$-10\log\left[1+\left(2\pi f C_1 R_2\right)^2\right]$$

위식에 차단주파수의 값을 넣어 보아 −3dB가 되는가? 보자.

$$-10\log\left[1+\left(2\pi C_1 R_2 \times \frac{1}{2\pi C_1 R_2}\right)^2\right] = -10\log\left[1+1^2\right] = -10\log\ [2\ ] = -3dB$$

이렇게 하여 검산까지 마친 것이 된다. 결과는 저역통과필터, 즉 LPF가 되는 것을 확인하였다. 그렇다면 필터는 어떤 신호는 통과시키고, 어떤 신호는 차단하는 것으로 알고 있었는데, 이러한 저역 차단필터를 가지고 어떻게 평균값 회로가 될 수 있는가가 문제가 된다. 평균값 회로를 다시 그려본다.

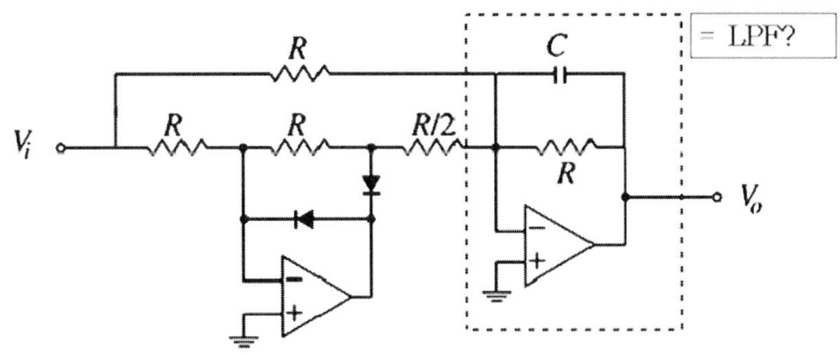

보통은 이 회로를 LPF라고 설명하면서 평균값 회로에 사용하려면 차단 주파수를 입력 교류 신호의 주파수에 비해 1/100 만큼 차단 주파수를 설정 하면 평균값 회로가 된다고 설명하고 있다. 특정한 규칙이 있는 것이 아니라 실험적으로 때려잡은 낌새가 풀풀 풍긴다. 간단히 말하면 C와 R의 수치를 바꾸는데 식에서 보는 바와 같이 값을 크게 가져간다. 그래야 차단주파수가 낮아진다.

이래 가지고서는 평균값이 어떻게 되는지 도통 알 길이 없어진다. 필터라고 생각이 굳어지면 차단주파수를 중심으로 통과와 차단을 강박하는 우리의 뇌의 구조상 직류분이 만들어 진다는 것을 상상하기가 여간 힘들지 않다.

그러면 평균값 회로를 이해하려면 분명히 이곳에 저역차단필터 대신 적분기를 적용해야만 할 것이다. 저역차단필터와 적분기의 차이는 아주 간단하다. 저역차단필터를 적분기로 사용하려면 CR 시정수를 입력신호의 주기보다 크게 만들어 주는 수법이 있다. 그러면 신호가 교류로 요동치기 전에 평탄해 지게 되는 것이다. 실제로 우리가 분석한 LPF는 lossy integrator(로지적분기)라고도 불리는 회로이다. 저역통과필터도 되고, 적분기도 되는데 이는 콘덴서의 마술에 의한 것이다.

좀더 쉬운 이해를 위해 전원회로에 출력단에 설계해 주는 평활회로를 생각해 보자. 단지 콘덴서 하나만을 사용해도 정류된 신호를 평활하게 해주는 것을 우리는 알고 있다.

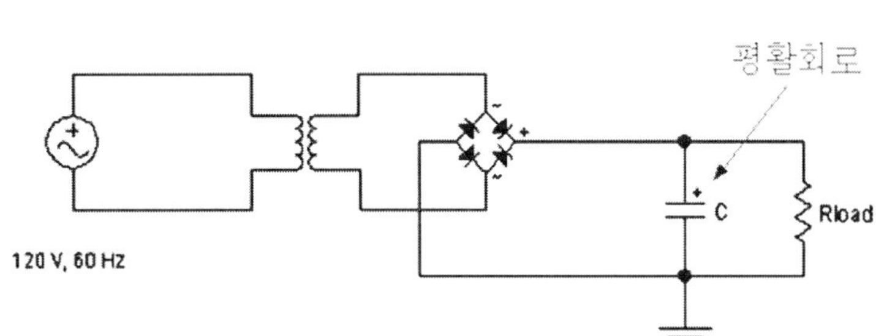

위의 회로는 적분기는 아니지만 LPF가 어떻게 적분기가 될 수 있는지를 이해하는 착상을 우

리에게 주기에 충분한 회로라고 생각해서 가져온 것이다.

그렇게 회로를 구성해 주면 입력 신호의 교류적 출력이 나타나는 것이 아니라 출력에 적분이 된 값, 직류분 즉 평균값이 비로써 출현하게 되는 것이다.

그런 것을 보면 LPF는 RC 시정수가 입력에 비해 매우 크면 적분기가 되고, 상대적으로 아주 적으면 LPF가 되는 것을 알 수 있다. 두 얼굴을 가진 '아수라 백작 회로'라고 볼 수 있다.

평균값회로는 반도체 TEST 장비에서 교류의 측정단 중 하나로 선택적으로 제어할 수 있게 되어 있다. 물론 회로는 반도체 상용장비이기 때문에 위에 소개한 회로 보다는 다소 복잡하고 정교하다. 특히 저역통과 필터 부분에 신경 많이 쓴다. 결국 평균값 회로는 저역통과 필터를 어떻게 설계해서 적분기로 동작하게 만드느냐가 관건이 되겠다.

두 번째 형태의 평균값 회로를 보기로 하자. 먼저 분석 했던 평균값 회로와 어떻게 다른지 먼저 생긴 모양부터 요모조모 차별점을 찾기로 한다.

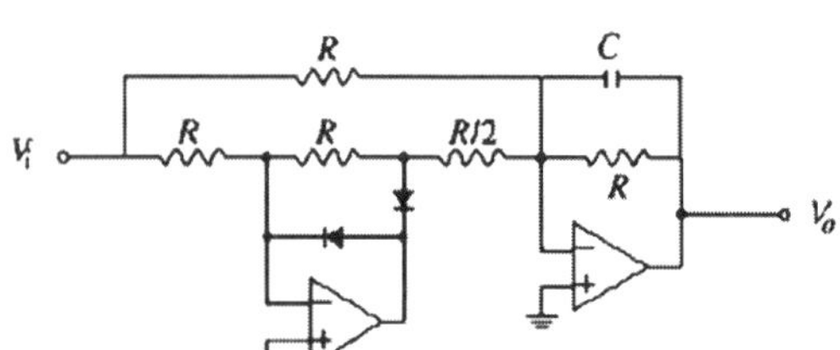

먼저 분석했던 평균값 회로

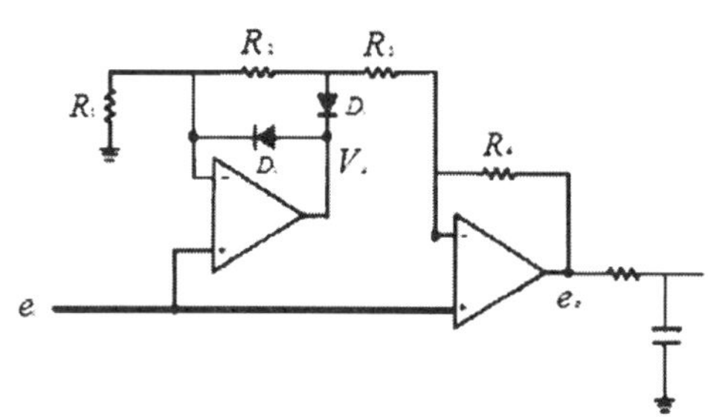

분석할 평균값 회로

분석할 두 번째 평균값 회로는 아예 노골적으로 절대값 +적분기로 블록화 되어 있다. 마찬가지로 해석의 관건은 절대값 회로를 분석하는 것이 되겠다.

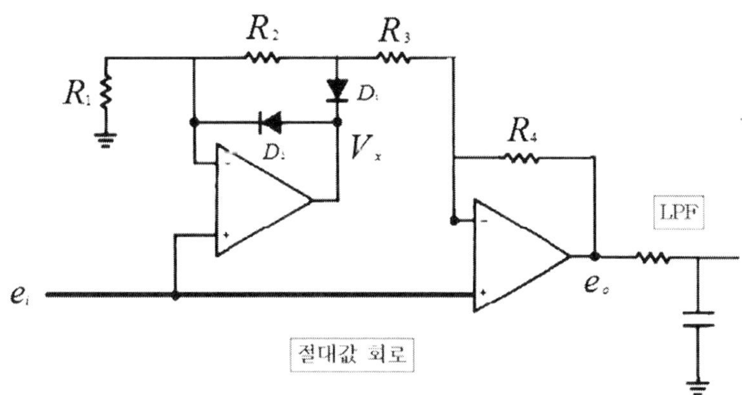

먼저 절대값 회로부터 분석해 보자.

좀 만만치 않게 보이지만, 결국 절대값회로 밖에 더 되겠는가? 입력이 0보다 클 때와 작을 때를 구분한다.

$e_i > 0$ 일 때

비반전증폭기와 같으므로 출력은(+)극성이 나올 것이다. 따라서 다이오드 D1은 불통되고, D2는 도통이 되어 회로는 아래와 같이 생각해도 별 탈이 없게 된다.

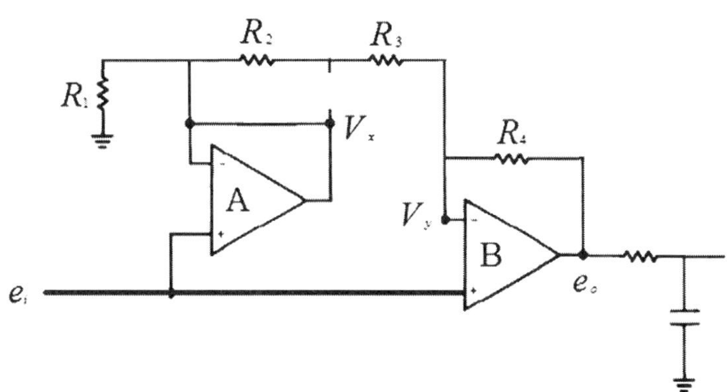

회로에서 보는 바와 같이 연신 증폭기 'A'는 전압팔로워가 되어 출력 Vx=ei가 되어 입력 전압이 출력에 그대로 나타나게 된다. 또한 Vy도 가상단락에 의해 Vy=ei가 되는 것은 물론이다. 따라서 Vx와 Vy 사이에 전류흐름이 없기 때문에 R2와 R3에 흐르는 전류가 없게 되고, 연산 증폭기 'A'는 고려해 줄 필요가 없게 된다. 그러므로 연산 증폭기 'B'도 전압팔로워가 되기 때문에 출력 eo=ei가 되어 (+)극성의 입력에 대해 (+)극성의 입력이 그대로 출력에 나오게 된다.

$e_i < 0$ 일 때

연산 증폭기 'A'가 비반전증폭기와 같으므로 출력은 (−)극성이 나올 것이다. 따라서 다이오드 D1은 도통되고, D2는 불통이 되어 회로는 아래와 같이 일변한다.

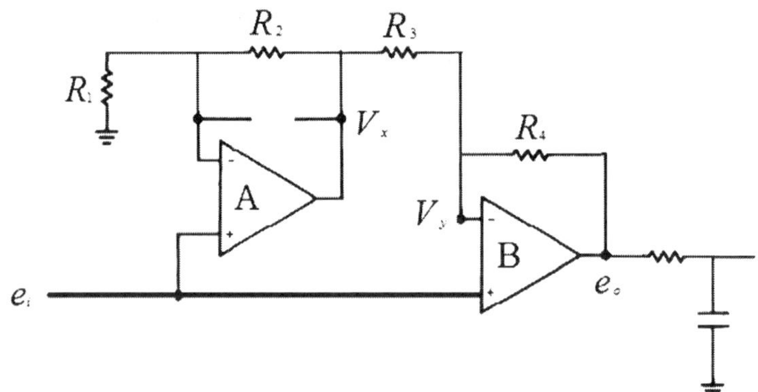

연산 증폭기 'A'가 증폭도를 갖는 비반전증폭기가 되고 출력 Vx는 아래와 같이 얻어진다.

$$V_x = \left(\frac{R_2}{R_1}+1\right)(-e_i)$$

연산 증폭기 'B'는 전압팔로워가 되기 때문에 출력 Vy = −ei가 된다. 따라서 출력에는 (+)의 출력이 나올 것이 예상되므로 전류를 아래와 같은 방향으로 잡아준다.

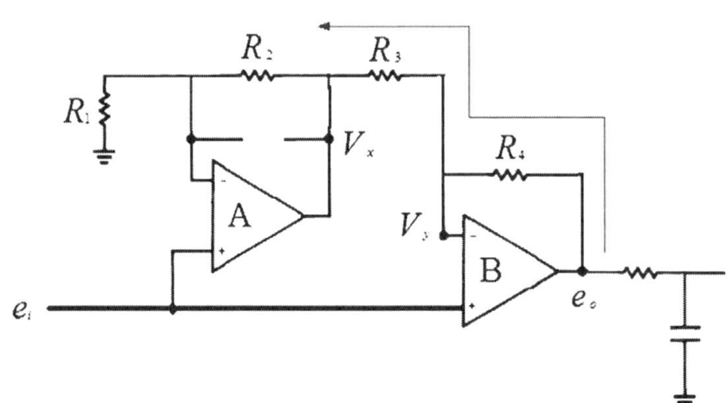

Vy 전압점을 기준으로 키르히호프의 법칙에 의해 다음과 같이 전류방정식이 세워질 것이다.

$$\frac{e_0-(-e_i)}{R_4}=\frac{-e_I-(V_x)}{R_3}$$

$$\frac{e_0-(-e_i)}{R_4}=\frac{-e_i-\left[\left(1+\frac{R_2}{R_1}\right)(-e_i)\right]}{R_3} \qquad \left(\because V_x=\left(1+\frac{R_2}{R_1}\right)(-e_i)\right)$$

$$\frac{e_0+e_i}{R_4}=\frac{\left[\left(1+\frac{R_2}{R_1}\right)e_i\right]-e_i}{R_3}$$

$$=\frac{\left(\frac{R_2}{R_1}\right)e_i+e_i-e_i}{R_3}$$

$$=\frac{\left(\frac{R_2}{R_1}\right)e_i}{R_3}$$

$$=\frac{R_2e_i}{R_1R_3}$$

$$e_0+e_i=\frac{R_2R_4}{R_1R_3}e_i$$

$$\therefore e_0=\frac{R_2R_4}{R_1R_3}e_i-e_i=\left(\frac{R_2R_4}{R_1R_3}-1\right)e_i$$

여기서

$$R_1=R\ ,\ R_2=R\ ,\ R_3=R\ ,\ R_4=2R$$

이라고 저항값을 고정시킨다. 책에 보면 저항값을 변수처리하지 않고 값을 직접 기입한 회로도 보이는데 저항의 비율은 항상 위에서 정한 비율로 쓰여져 있다. 확인해 보시라.

$$e_o=\left(\frac{2R^2}{R^2}-1\right)e_i=e_i$$

가 된다. 즉 (−)극성입력이 (+)극성입력으로 바뀌어 출력으로 나오는 것이다. 따라서 절대값회로가 되고 뒤의 저역통과필터는 CR 시정수를 입력주파수 보다 크게 하여 적분기로 둔갑시키면 결국 평균값회로가 완성이 되는 것이다.

3-25. 연산 증폭기 실효값 회로 : MULTI-EMITTER TRANSISTOR, CURRENT MIRROR

실효값(root-mean-square value)에 대해서는 평균값과 마찬가지로 이론적으로 다루어 보았던 주제였다. 이론적인 것은 실전의 옷을 입어야 한다. 실전의 옷을 입는다는 것은 회로적으로 실효값을 구현하는 회로가 존재해야 한다는 의미이며, 구성할 수 있다는 의미이다.

이 회로는 일견 보기에 실로 만만치 않다.

절대값회로와 트랜지스터를 이용한 대수증폭기를 알아야 비로서 이 회로의 분석에 접근할 수가 있다. 상업용 IC로 분석대상을 삼는다. AD536A 'True RMS-to-DC Converter' 라고 이름 붙여진 ANALOG DEVICE 社 제품이다. 이를 분석하면 유사한 형태의 실효값 회로들의 구조는 매우 흡사하므로 적용하는데 어려움은 없을 것이다.

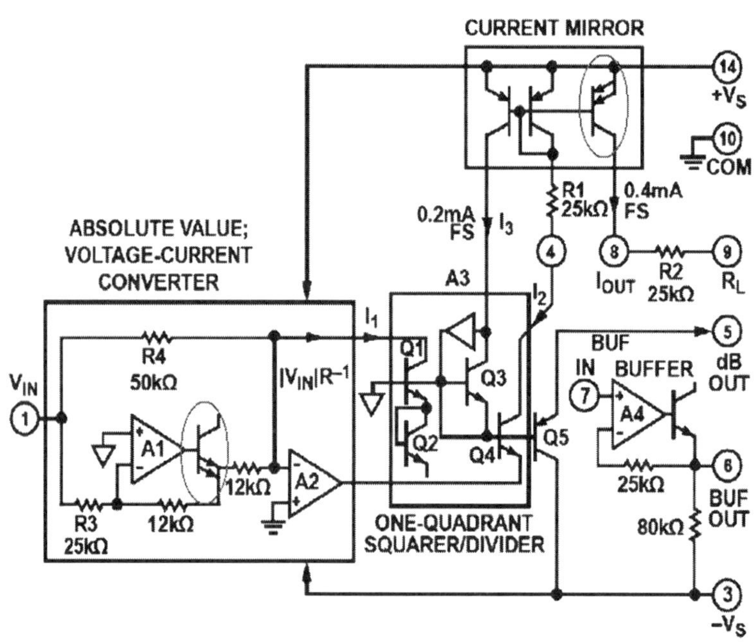

실효값 회로를 전체적으로 해석하기 전에 회로 중에 못 보던 이상한 기호 두 가지를 짚고, 개

념을 머리속에 배치한 다음에 진행하기로 하겠다.

하나는 MULTI-EMITTER TRANSISTOR(다중 에미터 트랜지스터)라는 회로와 한번쯤은 들어 보았음직한 CURRENT MIRROR(전류 반복기) 직역해서 전류 거울, 회로가 그것이다.

MULTI-EMITTER TRANSISTOR는 TTL GATE의 입력단에서 종종 볼 수 있는 회로로 에미터 쪽으로 나오는 단자가 여러 개가 있다는 의미를 갖는다. 기호는 형태 그대로 그려 준다.

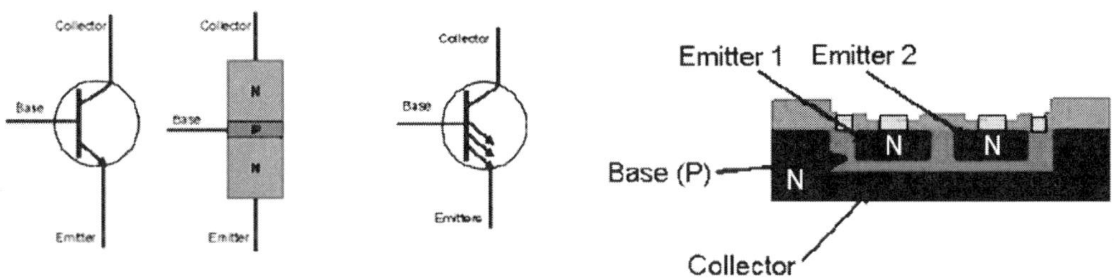

일반 NPN Transistor　　Multi-Emitter Transistor

위의 그림에서 보는 바와 같이 베이스, 콜렉터 단자는 하나이지만, 에미터 단자는 여러개로 만든 것이 MULTI-EMITTER TRANSISTOR다. 등가적으로 보는 편이 이해하는 데 쉽다.

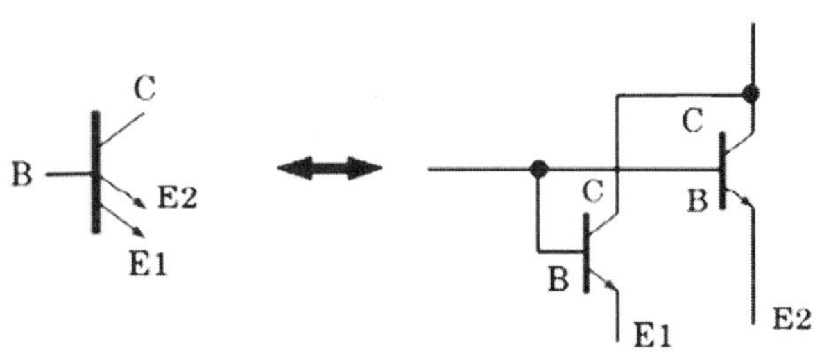

등가적으로는 베이스와 베이스, 컬렉터와 컬렉터 단이 서로(베이스, 컬렉터단을 굳이 두 개로 본다면 베이스와 베이스, 컬렉터와 컬렉터)단락되어 있고, 에미터단은 계속 이야기해 온 대로 여러 개로 가지친 것과 같다. 그런데 형태적으로는 달링턴(Darlington과 비슷하지만 동작은 전혀 다르다. 내친 김에 무엇이 다른가 보기로 한다.

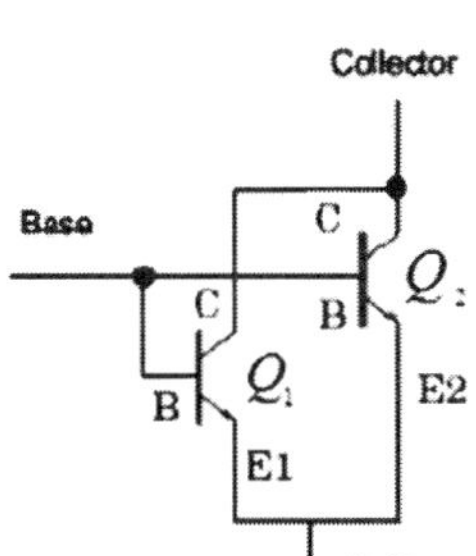

Multi-Emitter Transistor 회로

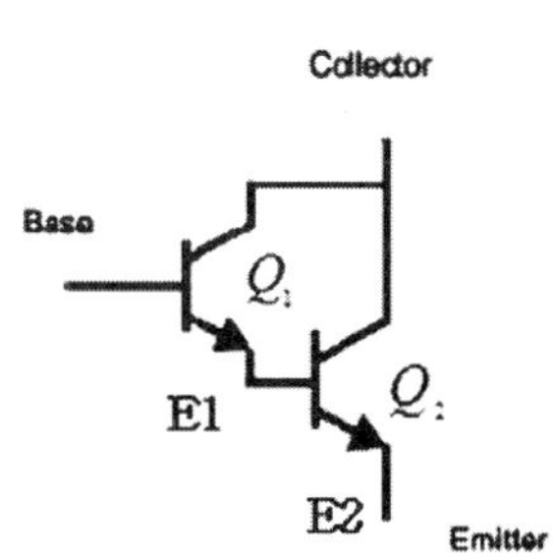

Darlington 회로

MULTI-EMITTER TRANSISTOR의 동작은, 에미터에 흐르는 전류는

$$I_E \cong \beta I_B$$

인 관계가 있으므로

$$I_{E1} \cong \beta I_B$$

$$I_{E2} \cong \beta I_B$$

$$\therefore I_{E1} + I_{E2} = \beta I_B + \beta I_B = 2\beta I_B$$

인 관계가 성립한다. 만약 에미터의 다리가 3개, 4개로 늘어난다면 $3\beta I_B$, $4\beta I_B$가 될 것이다. 이에 대하여 달링턴(Darlington)회로는 다르게 동작한다. 전류 증폭률이 MULTI-EMITTER TRANSISTOR은 달링턴에 비하면 깹이 안 된다.

$$I_{E1} \cong \beta I_B$$

$$I_{E2} \cong \beta(\beta I_B) = \beta^2 I_B$$

위의 달링턴(Darlington)회로에서

전류증폭하는 격?이 다르다. 달링턴 회로는 몇 승의 관계인데 반해, 다중에미터 트랜지스터는 몇 배의 관계다. 다음부터 MULTI-EMITTER TRANSISTOR를 보시면 에미터에 붙은 다리수를 보고 전류증폭률(β)이 몇 배가 되는지 알아 차려야 한다.

ANALOG DEVICE 社의 AD536A 'True RMS-to-DC Converter'은 에미터의 다리가 2개 붙은 DOUBLE-EMITTER TRANSISTOR이기 때문에 전류증폭률(β)은 두 배이구나 하고 알아 차려 주어야 한다.

또 하나 헷갈리는 회로 CURRENT MIRROR(전류 반복기)를 설명해 보기로 하자.

이 회로는 무척 중요한 회로이다. 연산 증폭기 내부에는 CURRENT MIRROR로 무쟈하게 구성되어 있기 때문에 연산 증폭기내부를 해부해 보려고 하는 분들은 꼭 알아 두어야 할 회로가 바로 이 CURRENT MIRROR(전류 반복기) 회로이다. 같은 전류를 복사해 주는 회로라고 이해하면 개념 잡는데 빠르다.

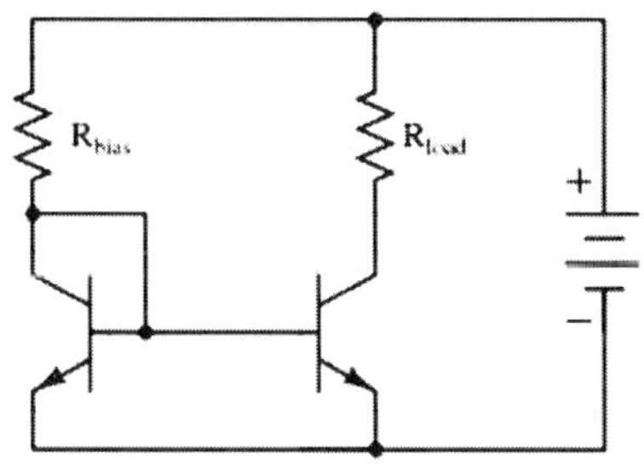

current sinking

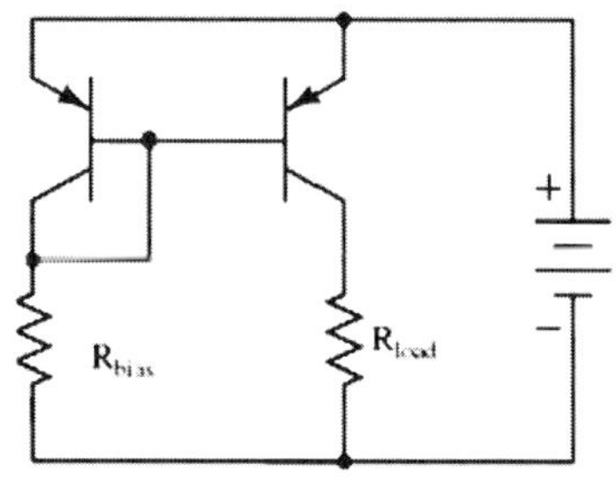

current sourcing

CURRENT MIRROR(전류 반복기)는 NPN 트랜지스터를 사용하느냐, PNP 트랜지스터를 사용하느냐, DP 따라, 부하저항의 위치에 따라 전류 싱크형과 전류 소스형으로 나누어진다. 동작은 전류를 복사한다는 것에는 다르지 않다. 전류 싱크형은 로드에서 전류를 그라운드로 빨아들이는 모양이고, 전류 소스형은 부하저항에 전류를 공급하는 형태를 갖는다. 전류 싱크형태를 설명하기로 한다.

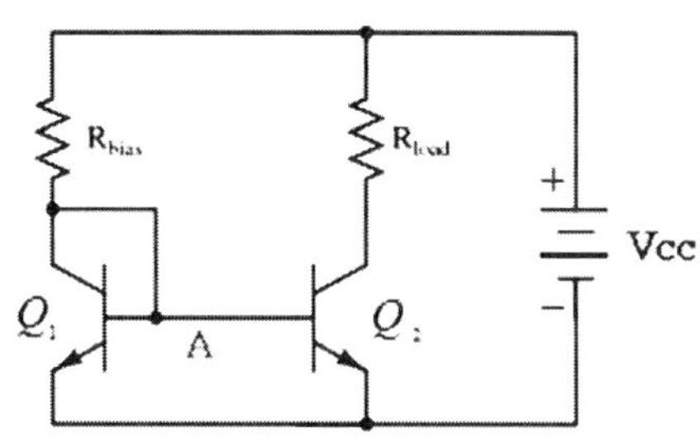

current sinking

위의 CURRENT MIRROR(전류 반복기)에서 두개의 트랜지스터 Q1과 Q2는 특성이 같다고 가정한다. 실제로 제조 공정상에서 같은 특성을 갖도록 해 준다.

A점은 트랜지스터가 도통되었을 때는 보통 0.6~0.7V로 동작하므로 여기에서는 0.7V라고 가정하기로 한다. 그렇게 되면 트랜지스터 Q1과 Q2는 특성이 동일하고, 베이스 전압이 같으므로 에미터 전류는 같게 될 것이다. 또힌 에미터 진류는 콜렉터 선류와 같으므로 Q1에 에미터, 또는 컬렉터 전류를 구해주면 같은 전류가 Q2에 흐르므로 쉽게 동작 분석이 가능하다.

Q1 콜렉터에 흐르는 전류를 보기로 하자.

$$I_{C1} = \frac{V_{CC} - 0.7V}{R_{bias}} \cong I_{E1} \qquad \left(I_E = I_C + I_B ---> I_C >>>>> I_B \qquad \therefore I_E = I_C \right)$$

만약 Vcc = 5V라고 하고, 콜렉터 저항을 4.3kΩ이라고 하면

$$I_{C1} = \frac{5V - 0.7V}{4.3K\Omega} = 1mA \cong I_{E1}$$

가 된다. BASE에 걸린 전압이 같다는 것에 주목하라. Q1, Q2 특성이 같으므로 BASE 단에 흘러 들어가는 전류가 Q1, Q2 공히 같으므로 컬렉터 전류와 에미터 전류가 같게 되어 결국 전류가 복사되는 것처럼 된다.

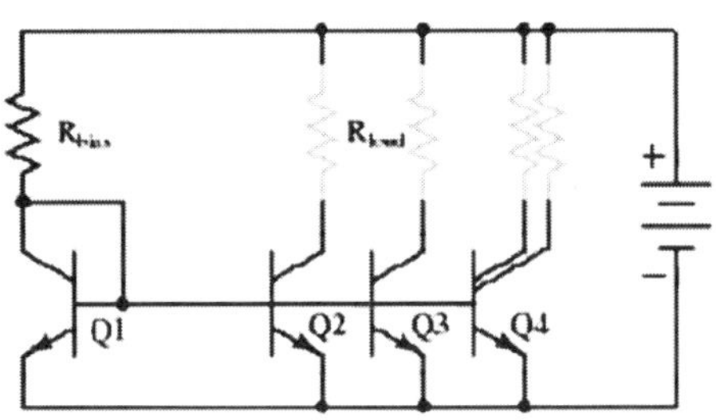

회로가 이지경이 되어도 Q1, Q2, Q3, Q4가 같으므로 Q1의 에미터, 컬렉터 전류가 Q2, Q3, Q4에 동일하게 흐르게 된다. 개념적으로 무척 간단하다. 물론 Q4에 흐르는 전류는 두개의 에미터 가지에서 전류가 흘러 들어오므로 Q1의 두 배이다.

CURRENT MIRROR(전류 반복기)가 또 어디에 쓰였는지 μa741 연산 증폭기의 내부 회로도를 잠깐 살펴보기로 한다.

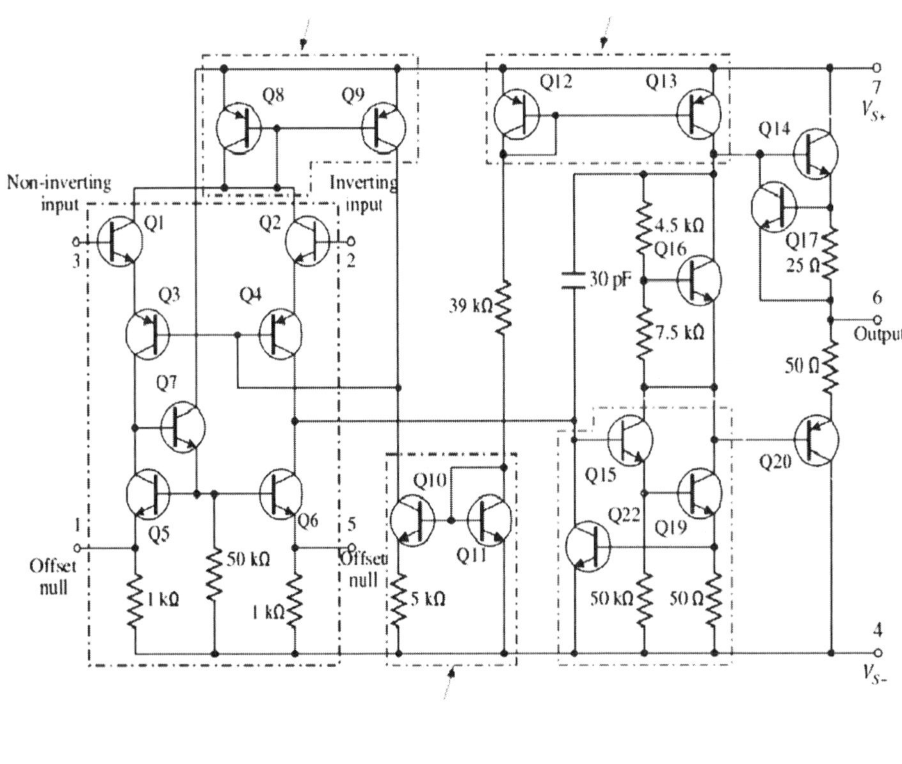

화살표로 영역 표시된 부분이 설명한 CURRENT MIRROR(전류 반복기)를 표시하고 있다. μa741 연산 증폭기 내부 회로를 보니, 몇개의 회로 뭉치로 나눌 수 있음을 알 수 있다. 위의 뭉치에 대한 개략적인 회로개념만 있어도 μa741 연산 증폭기 내부동작을 이해하는데에는 어려움이 없을 것이다. 한두 개 빼고는 연산 증폭기 기본의 이론편에서 이미 설명을 거친 다 한 회로들이다.

다음에는 AD536A 'True RMS-to-DC Converter'의 첫번째 구성 회로인 절대값회로에 관해서 해석하도록 해 본다. 절대값 회로는 여러번 다루어 보아서 쉽게 할 수 있을 것 같지만, MULTI-EMITTER TRANSISTOR(다중 에미터 트랜지스터)가 붙어 있는 형태라서 자칫 회로도를 주의 깊게 구성하지 않으면 수틀릴 수 있는 여지가 있는 회로이다. 그 점을 짚어 가면서 보기로 한다.

이제 본격적으로 ANALOG DEVICE 社의 AD536A 'True RMS-to-DC Converter'에 메스를 대어 보기로 하자.

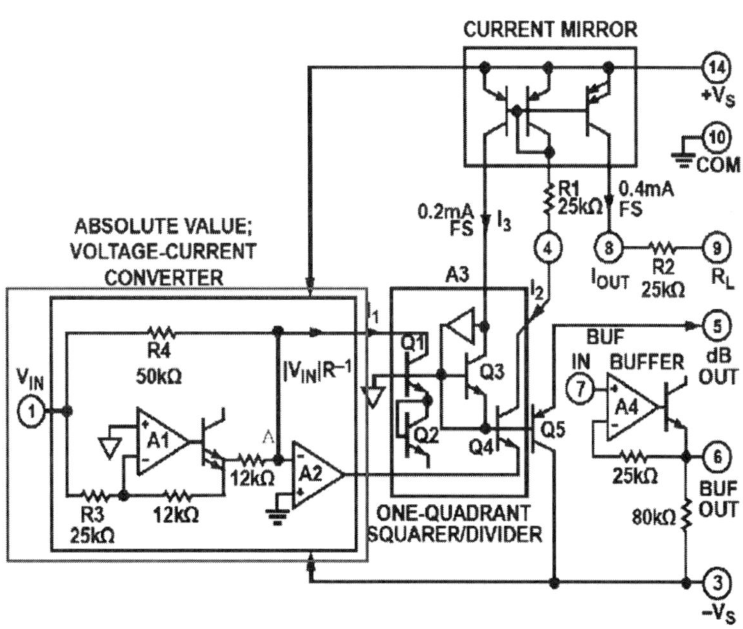

먼저 해석해 주어야 할 부분은 AD536A의 입력단쪽에 있는 절대값회로가 되겠다.

회로를 해석해 보면 알게 되겠지만 입력전압이 전류로 바뀌는 묘기도 튀어나오게 된다(이런 회로를 일컬어 이름하야 V-I CONVERTER 라고 한다). 그렇다면 이 회로는 절대값 회로도 되지만 전압을 전류로 바꾸어 주는 전압-전류 변환기도 된다. 따라서 별도로 전압을 전류로 바꿔주는 변환기를 공부할 필요가 없어진다. 여기서 끝내주면 된다.

위의 AD536A의 회로도 앞부분에서 전압-전류 변환기의 출력이 간지나게 써 있는데 저런데 현혹 되면 안된다. 아주 간단한 식인데 지수형식으로 써서 저 모양이 된 것이니 개의치 마시라. 그저 전압을 저항으로 나누어 준 전류라는 의미에 불과하다. 절대값을 씌운 것은 입력의 극성에 상관없이 극성이 불철주야(不撤晝夜)(+)로 된다는 것이다.

$$|V_{in}| \times R^{-1} = \frac{|V_{in}|}{R} (= I_1)$$

AD536A ' True RMS-to-DC Converter' 의 입력단 쪽의 절대값 부분을 다시 그려서 수식으로 해석을 해보기로 하자. 아래 그림과 같이 그렸을 때 외견상 그리 문제가 있어 보이지 않는다. 비교적 제대로 그린 것처럼 보인다. 그러나 이 회로는 문제를 가지고 있는 회로가 되겠다. 무슨 문제일까? 바로 찝어 내시는 분이 있다면 회로적 감각이 뛰어난 분이라고 볼 수 있다.

문제는 나중에 찾기로 하고 일단 수식으로 절대값 동작을 하는지부터 보기로 한다.

절대값 회로분석은 아주 많이 경험해 왔기 때문에 어려움이 없을 것으로 생각 된다. 마찬가지 방법으로 입력을 (+)극성과 (-)극성으로 나누어서 분석하면 된다. 한번 지대로 살펴보자. 회로를 해석할 때 아주 주의해 주어야할 점이 있다. 절대값 회로 다음단에 연산 증폭기가 하나 더 있는 것을 확인해 보시라. 뒷단의 연산 증폭기가 정상 동작을 한다고 하면 궤환이 형성이 될 것이고, 회로의 A점에서는 가상단락에 의해 0V가 된다는 것을 꼭!!!!!!!!!!! 명심해야만 한다. 가상단락에 의해 A점이 0V가 되는 현상을 모른다면 절대값 회로의 해석은 애초부터 꽝이 된다. 그래야 회로 해석이 제대로 될 것이기 때문이다. 확인 하셨는가? 그럼 슬슬 풀어 보기로 하겠다.

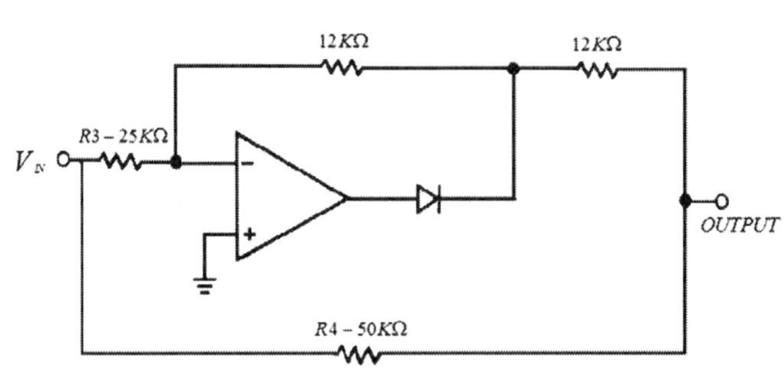

먼저 입력이 (+)로 들어 올 때를 보기로 하자.

이때는 절대값 회로의 연산 증폭기 앞 단에 있는 다이오드는 불통이 될 것이다. 그러면 회로는 다시 다음과 같이 그려질 것으로 예상?된다.

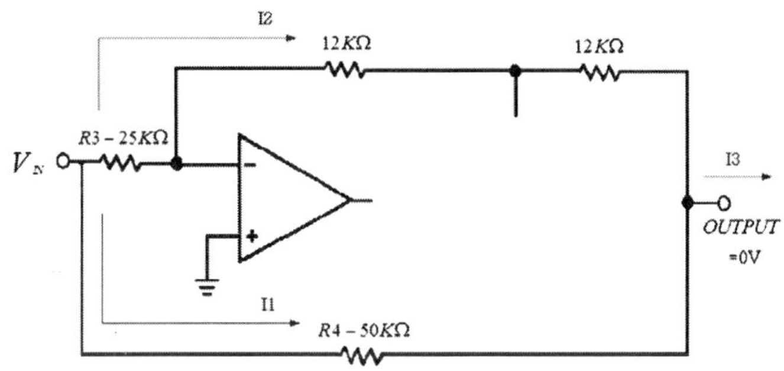

연산 증폭기 반전입력을 들여다 볼 때 입력 임피던스가 무자게 크므로 사실 연산 증폭기는 없는 것과 진배없는 회로가 된다.

출력(OUTPUT) 점을 기준으로 키르히호프의 전류법칙을 적용해 보기로 한다.

$$I_3 = I_1 + I_2$$

$$I_1 = \frac{V_{IN}}{R_4} = \frac{V_{IN}}{50K\Omega}$$

$$I_2 = \frac{V_{IN}}{R_3 + 24K\Omega} = \frac{V_{IN}}{49K\Omega}$$

$$\therefore I_3 = \frac{V_{IN}}{50K\Omega} + \frac{V_{IN}}{49K\Omega} \cong \boxed{\frac{V_{IN}}{25K\Omega}}$$

두 번째로 먼저 입력이 (−)로 들어 올 때를 보기로 하자

절대값 회로의 연산 증폭기 앞 단에 있는 다이오드는 도통이 될 것이다. 그러면 회로는 다시 다음과 같이 그려질 것으로 예상된다.

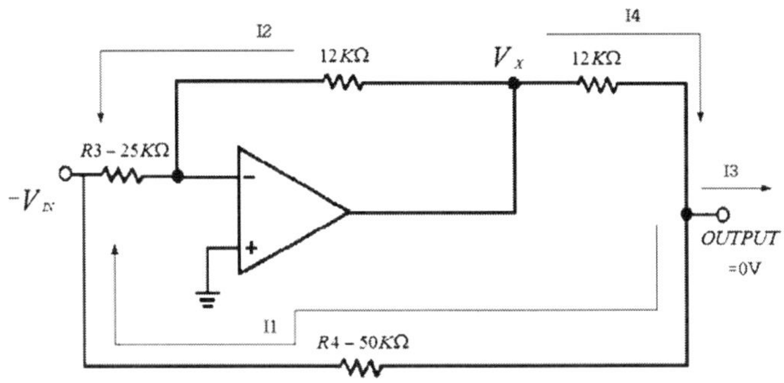

입력이 (−)이기 때문에 절대값 회로의 연산 증폭기는 반전증폭기가 되고, Vx는 (+)값이 될 것이다. 각 단의 극성이 대충 정해지면 전류의 흐름이 눈에 띌 것이다. Vx는 반전증폭기의 동작에 의해 아래와 같이 구해질 것이다.

$$V_x = \frac{12K}{25K} \times V_{IN}$$

역시 출력(OUTPUT) 점을 기준으로 키르히호프의 전류법칙을 적용해 보기로 한다.

$$I_4 = I_1 + I_3 \qquad I_3 = I_4 - I_1$$

$$I_1 = \frac{0-(-V_{IN})}{R_4} = \frac{V_{IN}}{50K\Omega}$$

$$I_4 = \frac{\frac{12K\Omega}{25K\Omega} V_{IN}}{12K\Omega} = \frac{V_{IN}}{25K\Omega}$$

$$\therefore I_3 = \frac{V_{IN}}{25K\Omega} - \frac{V_{IN}}{50K\Omega} = \boxed{\frac{V_{IN}}{50K\Omega}}$$

결과를 표로 만들어 살펴보기로 하자.

입 력	출 력 전 류
+	$\cong \frac{V_{IN}}{25K\Omega}$
−	$\frac{V_{IN}}{50K\Omega}$

앗!

절대값 회로라면 (+)극성으로 같은 값이 나와야 하는데 입력의 극성에 따라 값이 다르게 나왔다. 무슨 일이 벌어진 걸까? 이러고도 절대값 회로라고 명함이라도 내밀 수 있을까? 계산이 잘못 되었나? 계산은 정확하다. 우리가 착오를 일으킨 점은 어디에 있는가? 를 찾아 보아야 한다.

어디에서부터 어긋났는지 확인해 보시라.

눈이 벌겋게 충혈이 되어 머리를 쥐어뜯고 싶을 때까지 사고하고, 사고하는 것은 어떨까? 단언컨대 아래 그림같이 추레하게 되지 않을까? 그럼에도 불구하고 쟁취하는 자에게 희열이 있을지어다.

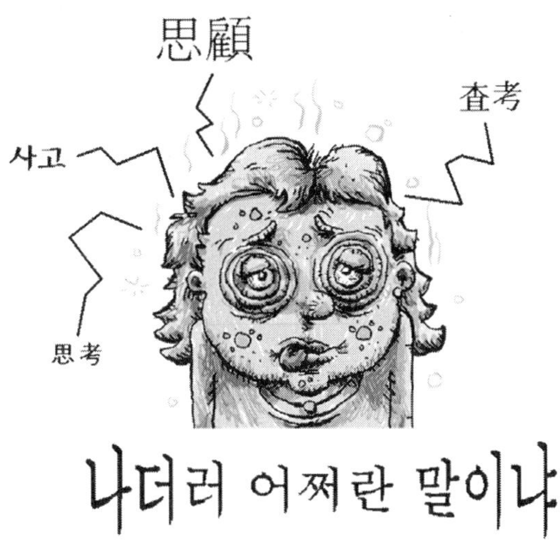

짜증내면서 한 성질부리는 사람들을 위해 힌트를 드리도록 하겠다. 전류값이 딱 맞춰 나오지 않고 하 수상하게 도출 되면 문제가 있는 것이다. 실효값을 얻으려고 하는데 입력단에서부터 뭔가 을씨년스럽게 근사(近似)한 값이 나온다는 것이 언감생심(焉敢生心) 가능한 이야기 인가? 바로 이 점이 삑사리가 난 부분이다. 보이시는가? 그리고 그림을 설명하는 부분에서 좀 의아해 하는 문구를 살짝 넣어 주었다. 숨은 글자 찾기다.

실효값 회로의 절대값 회로 부분(= V-I CONVERTER)을 분석할 때 난항을 겪었다. 우리가 원하는 절대값의 기능을 분석하지 못했다.

아무래도 문제는 MULTI-EMITTER TRANSISTOR(다중 에미터 트랜지스터)를 그리는데 착오가 있었던 것 같다. 한번 보시기로 하자.

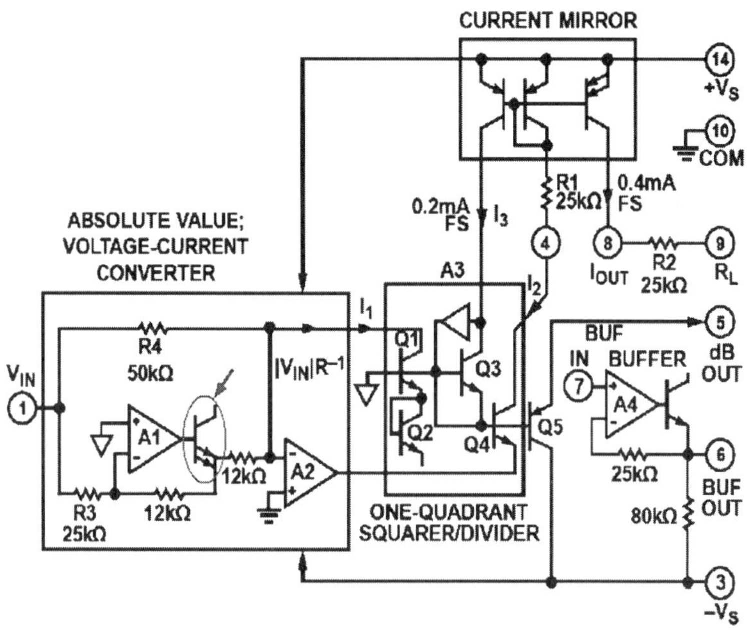

위에 화살표로 표시한 MULTI-EMITTER TRANSISTOR(다중 에미터 트랜지스터)를 우리는 다이오드 한 개로 처리했었다. 기억 나시는가? 회로를 어떻게 고쳐 그려서 분석 했는지 처음에 옮겨 그린 회로를 보기로 하자.

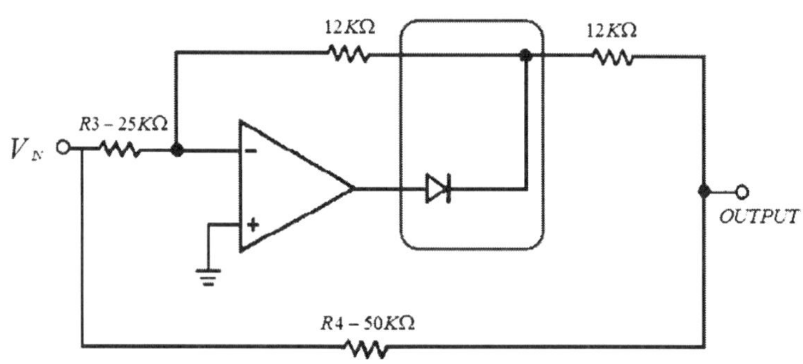

에미터 출력쪽을 두 개가 그려져 있었는데, ANALOG DEVICE 社의 AD536A 'True RMS-to-DC Converter' 의 DATASHEET를 보고 에미터 출력쪽이 하나로 연결된 것으로 보고 그림을 그렸었다. 딱히 우리 잘못도 아니다.

DATASHEET 그림과 우리가 다시 그린 그림과는 판이하게 다르지 않다. 사실 엄밀하게 이야기 하면 ANALOG DEVICE 社의 AD536A 'True RMS-to-DC Converter' 의 DATA

SHEET의 그림이 잘못된 것이다. Simplified Schematic인데 우리가 주의를 기울이지 않은 점도 문제가 있었다.

ANALOG DEVICE 社의 AD536A 'True RMS-to-DC Converter' 회로의 절대값 회로를 다시 그리려고 할 때 주의해야 할 점은 MULTI-EMITTER TRANSISTOR(다중 에미터 트랜지스터)의 처리다. 원래대로 에미터 단자를 두 개로 그려 주어야 정확한 회로가 된다. 회로도를 제대로 다시 그리면 아래 회로도와 같아야 한다. 처음 우리가 그렸던 그림과는 엄청? 다르다.

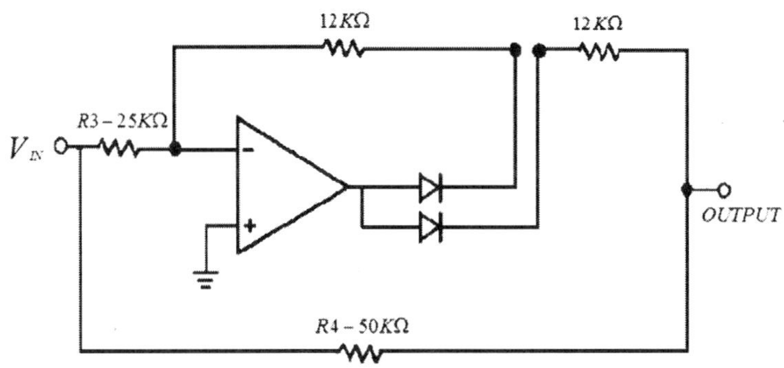

기분상으로는 처음 그린 것과 조금 다르지만 회로해석상 큰 차이가 나지 않을 것 같다.

입력이 (-)가 들어 올 때는 다이오드 두 개가 다 도통이 된다. 도통이 될 때는 이미 분석을 했기때문에 생략한다. 그러나 입력이 (+)전압으로 들어올 때는 어떻게 되는지 자세히 들여다 보자. 이 때는 다이오드가 불통이 된다고 했다.

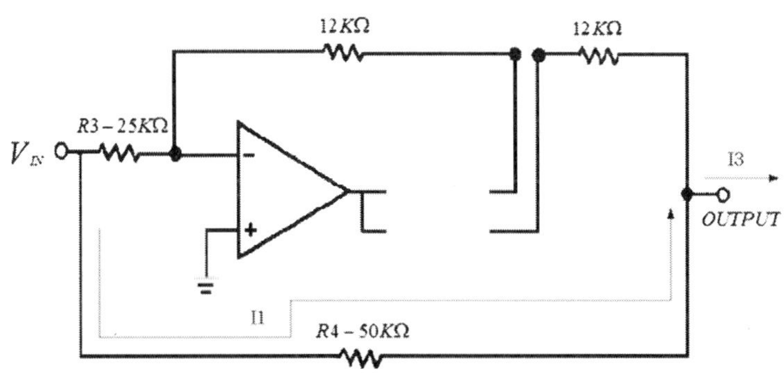

(+)입력이 들어 올 때 회로가 처음 우리가 잘못 그린 그림과는 판이하게 다르다. 처음 그림에서는 궤환단과 OUTPUT단이 연결 되어 있었는데, 제대로 그린 그린에서는 개방되어 있다. 잘못 그림 그림과 제대로 된 그림을 서로 비교해 보자.

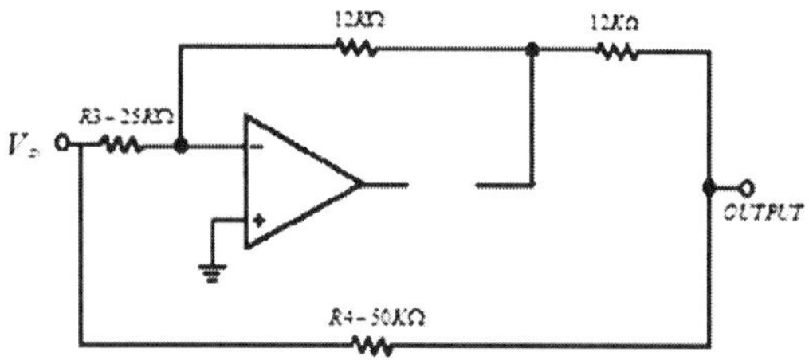

오류가 있는 그림, 입력이 (+) 일 때

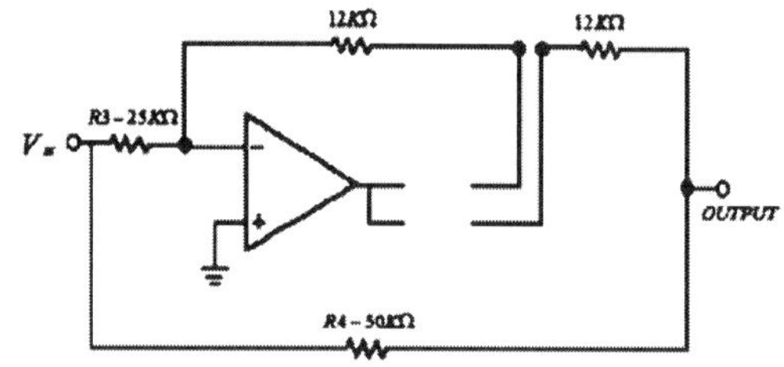

제대로 그린 그림, 입력이 (+) 일 때

이제 무엇이 다른지를 확인 하셨는가? 그러면 제대로 그린 그림에서 입력이 (+)가 들어 올 때 OUTPUT으로 나가는 전류가 어떻게 되는지 구해 보기로 한다. 연산 증폭기쪽은 전혀 고려하지 않아도 되기 때문에

$$I_3 = I_1$$

$$I_1 = \frac{(V_{IN}) - 0}{R_4} = \frac{V_{IN}}{50K\Omega}$$

결과를 표로 만들어 본다.

입 력	출 력 전 류
+	$\frac{V_{IN}}{50K\Omega}$
−	$\frac{V_{IN}}{50K\Omega}$

전류가 같아 졌다. 따라서 오류의 원인은 제조사의 DATASHEE도 문제가 있었지만, MULTI-EMITTER TRANSISTOR(다중 에미터 트랜지스터)를 제대로 읽어 내지 못한 데에 기한 점도 있었다.

이제사 실효값 회로의 첫 고비를 넘겼다. 두 번째 회로는 실효값(RMS)회로에서 자동차로 말하면 엔진이고, 찐빵으로 말하면 팥앙금에 해당하는 회로를 분석하는 단계가 되겠다. 'ONE-QUADRANT SQUARER/DIVIDER' 라고 이름 붙여진 회로가 그것이다. 겉으로 보면 깜깜하게 복잡한데 풀어 보면, 애개~하는 안심 반, 자기가 미리 겁낸 것 반의 복합적 심정으로 가소로워 해 할 것 같다.

실효값 회로의 핵심으로 진입해 들어가자. 굴착기로 굴을 파듯이....

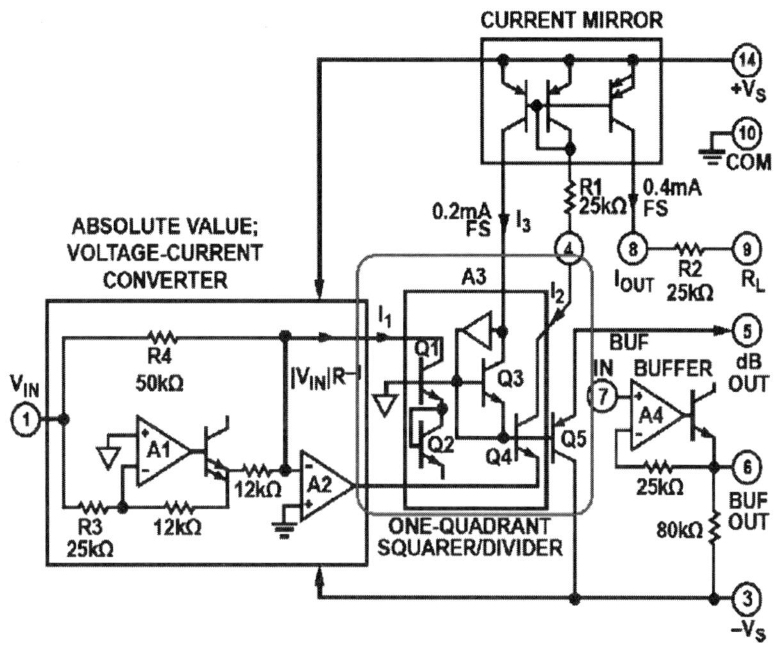

보기에는 복잡하지만 해석을 아예 포기할 정도는 아니다. 제조사의 DATASHEET가 역시 불분명하다. 제대로 그려 있지도 않다. RMS에 연계된 IC가 나올 때 저 회로는 주구장창 똑 같이 반복 된다. 따라서 저 회로가 어떻게 구동 되는지 알면 RMS의 모든 회로를 다 아는 격이 된다. 제대로 된 회로는 어떻게 생겨 먹었는지 부터 보기로 한다. 바로 아래 회로가 RMS의 핵심 회로가 되겠다.

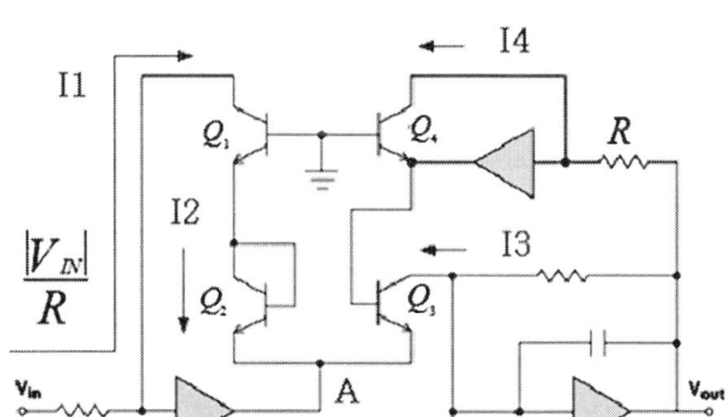

윗 그림에서 FILTER라고 쓰여 있는 회로는 적분기라고 간주하면 된다. 우리가 평균값 회로에서 본 바로 그 적분기가 된다. 따라서 여기서 기웃기웃 흘러들어 오는 전류는 평균된 전류라고 하는 것을 꼭 명심해야 한다.

뒤의 대수증폭기에서 적용할 수식을 여기에서 미리 적용해 보기로 한다. A점의 전위는 얼마가 될까. 베이스-에미터간 전압 두 개를 포갠 것과 같다. 따라서 다음의 수식이 성립할 것 같다.

$$V_{BE1}+V_{BE2}=V_{BE3}+V_{BE4}---(1)$$

BE1→Q1 베이스-에미터간전압, BE2→Q2 베이스-에미터간전압, BE3→Q3 베이스-에미터간전압, BE4→Q4 베이스-에미터간전압이다. 뒤에 나오는 '3-29 연산 증폭기 트랜지스터 대수증폭기'를 반드시 참조하셔야 한다. 여기서 베이스-에미터간 전압을 콜렉터 전류와 연관시키는 식을 유도하는 것을 되풀이 하지는 않겠다. 우리가 유도 했던 식은 다음과 같았다.

$$V_{be}=\frac{nkT}{q}\ln\left(\frac{I_C}{\alpha I_S}\right)$$

책에 따라서는 여기서부터 바로 원하는 식으로 비약하여 얼렁뚱땅 넘어가는 것들이 있다. 그러나 우리는 찬찬히 따져 주어야 한다. (1)식은 컬렉터 전류로 표현되는 위의 식에 따라 다음과 같이 복잡하게 전개될 것 같다. 언뜻 살피면 겉만 복잡하지 실제로는 아주 간단한 식이다.

$$\frac{nkT}{q}\ln\left(\frac{I_{C1}}{\alpha_1 I_{S1}}\right)+\frac{nkT}{q}\ln\left(\frac{I_{C2}}{\alpha_2 I_{S2}}\right)=\frac{nkT}{q}\ln\left(\frac{I_{C3}}{\alpha_3 I_{S3}}\right)+\frac{nkT}{q}\ln\left(\frac{I_{C4}}{\alpha_4 I_{S4}}\right)$$

눈이 돌아가는가? 허나 간단하다고 했다. 식언(食言)이 아니다. 아래 로그의 성질머리를 파악하고 식을 정리해 보기로 하자.

로그의 계산공식

$$\log ab=\log a+\log b$$

자연로그와 상용로그의 대응식

$$\ln x = 2.3\log_{10} x$$

따라서 전개된 식은 다음과 같이 축약할 수 있겠다. 트랜지스터의 특성은 같다고 가정한다. 그러면 $\alpha1=\alpha2=\alpha3=\alpha4$, Is1 = Is2 = Is3 = Is4가 된다는 것을 먼저 번에 설명 드렸다.

$$\frac{2.3nkT}{q}\log\left(\frac{I_{C1}\times I_{C2}}{\alpha^2\times I_S^2}\right)=\frac{2.3nkT}{q}\log\left(\frac{I_{C3}\times I_{C4}}{\alpha^2\times I_S^2}\right)$$

곧바로 결과식을 쓰고 싶지만 중간과정을 하나 더 고려해 주기로 하자.

$$\frac{2.3nkT}{q}\left\{\log\left(I_{C1}\times I_{C2}\right)+\log\left(\alpha^2\times I_S^2\right)^{-1}\right\}=\frac{2.3nkT}{q}\left\{\log\left(I_{C3}\times I_{C4}\right)+\log\left(\alpha^2\times I_S^2\right)^{-1}\right\}$$

양변에 같은 것을 다 지워 보기로 한다. 그러면 무엇이 남을 것인가? 그렇다. 콜렉터 전류의 곱들만 남게 된다.

$$I_{C1}\times I_{C2}=I_{C3}\times I_{C4}---(2)$$

이렇게 되면 자승(square)도 나올 것 같고, 루트(root)도 나올 것 같다. 서서히 RMS 엔진이 작동하는 것을 보게 될 것 같다. 이 식은 바로 RMS 엔진식의 동일한 패턴식이다. 여하튼 RMS 회로라고 불리는 회로는 이 식과 꼭 연관을 맺는다.

위의 RMS 엔진 회로에서 Q1과 Q2의 컬렉터 전류는 동일한 것이다. 따라서 그 값을 파헤쳐 보면

$$I_{C1}=I_{C2}=\frac{|V_{IN}|}{R}$$

이 되고, 최종출력 Vout은

$$V_{OUT}=R\times I_4=R\times I_3$$

$$\therefore I_4=I_3=\frac{V_{OUT}}{R}$$

이 결과들을 식(2)에 넣어 보기로 한다.

$$I_{C1}\times I_{C2}=I_{C3}\times I_{C4}$$

$$\frac{|V_{IN}|^2}{R^2}=\frac{V_{OUT}^2}{R^2}$$

되어 결국

$$V_{OUT} = \sqrt{(V_{IN})^2}$$

이 되어 실효값을 얻게 된다. 실효값의 공식과 비교해 보기로 하자. 형태상으로는 약간 다르게 나왔지만 의미상으로는 정확하게 실효값이 되는 것을 확인해야 한다.

$$V_{rms} = \sqrt{\frac{1}{T}\int_0^T v^2(t)\,dt}$$

실효값 공식을 보면 주기동안 적분하여 주기로 나누어 평균값을 구하는 표시가 되어 있는데 우리가 구한 식에서는 적분값, 즉 평균한 값이 보이지 않는다. 비밀은 어디에 있을까? 그렇다 I3가 평균화된 전류값이다. 전류가 평균값이 되어 있었기 때문에 눈으로 적분된 평균값이 보이지 않더라도,회로적으로는 평균화가 이미 진행이 되었던 것이다.

일반적인? RMS 핵심을 관통했기 때문에 그렇다면 AD536A 'True RMS-to-DC Converter' 는 이 일반론에 적용할 수 있는 형태인지 비교해 보아야 할 것이다. 위의 핵심 회로에서 처럼 I3에 해당하는 전류는 어디에 있을까를 찾아보아야 한다. 암만 AD536 내부회로를 들여다 봐도 평균된 전류는 찾을 길이 보이지 않는다. 그러나 내부에 적분하는 회로가 없으면 외부에서 회로를 제공해 주면 되지 않겠는가?

아래 회로에서 I2를 눈 여겨 보시기 바란다.

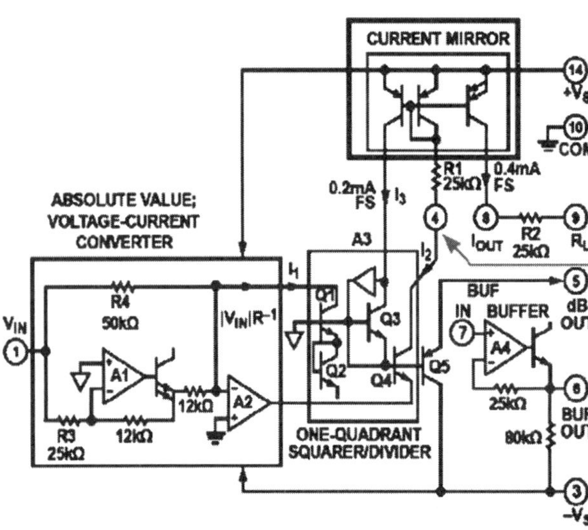

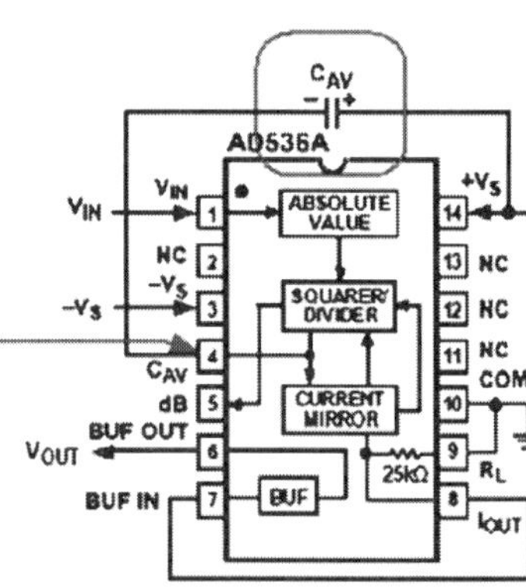

14-Lead Standard RMS Connection

전류 I2는 분명히 적분된(평균화된) 전류가 흐른다. 오른쪽 그림은 일반적으로 AD536A을 사용할 때 적용 되는 연결이 되겠다. PIN ④번을 보면 콘덴서 Cav와 연결이 되어있다.

물론 RC 회로이기 때문에 시정수가 있을 것이고, 이 값은 입력되는 교류신호, 즉 실효값으로 변경해야 할 신호의 주기 보다 엄청 커야 할 것임은 명백하다.

따라서 우리가 실효값의 핵심 부분에 해당하는 회로에서 분석 했듯이, 여기서는 아래와 같이 전류관계가 이루어질 것이다.

$$I_1 \times I_1 = I_3 \times I_2$$

$$I_1^2 = I_3 \times I_2$$

이 관계에서 우리가 확실히 염두에 두어야 하는 부분이 있다. I2는 평균화 된 값이 라고 했다. 이 전류는 CURRENT MIRROR(전류 반복기)의 기준전류이기 때문에 I3도 같은 값을 갖는 전류가 된다. AD536A의 CURRENT MIRROR(전류 반복기)에 의해서 그렇게 되지 않을 수 없다(AD536A 회로도의 위쪽, 짙은 네모 박스 영역).

사정이 이러하다면 위의 전류의 식이 함유하고 있는 의미는 명백해 진다.

$$I_1^2 = I_3 \times I_2$$

$$I_1^2 = averageI_2^2 \qquad (\because I_2 = I_3)$$

무슨 의미가 명백해 졌는가?

입력신호의 평균적인 전류의 자승이 된다는 의미가 된다. 이 값으로 인해 V-I CONVERTER에 의해 입력되는 전류는 평균화된 값의 자승 값이 된다는 논리로 환원이 된다. 따라서 I2는

$$I_2^2 = avergeI_1^2$$

$$\therefore I_2 = \sqrt{averageI_1^2}$$

실효값을 구하는 공식과 비교해 보기로 하자.

$$V_{rms} = \sqrt{\frac{1}{T}\int_0^T v^2(t)\,dt}$$ ← average : av

실효값 공식은 전압으로 되어 있고, 우리가 AD536A에서 구한 실효값은 전류 형식으로 되어 있다. 그런데 전류를 전압으로 환산해 주는 것은 아주 손쉽다. AD536A 회로도의 네모 안의 CURRENT MIRROR 영역을 다시한번 주목해 주시라. 최종적인 출력은 PIN ⑧이다. PIN ⑧으로 출력되는 전류는 I2 기준전류에 대해서 DOUBLE-EMITTER TRANSISTOR(이중 에미터

트랜지스터) 구조와 CURRENT MIRROR(전류 반복기) 구조로 인해서 2×I2의 전류가 될 것이다. 출력단 PIN ⑨번에는 저항 25kΩ이 AD536A 내부에 구성되어 있다. 왜 이렇게 전류를 두 배로 해주었는지는 바로 출력 부하저항 값에 기인하게 된다.

처음 입력 전압이 전류로 환산 될 때를 기억으로 더듬어 보기로 하자.

$$\frac{|V_{in}|}{50K\Omega} = I_1$$

이었다. 애초에...아예 50kΩ으로 전압을 나누어 주었다. 그런데 AD536A 내부 PIN ⑨번에는 부하저항 25kΩ이 고정되어 있기 때문에 전류를 두 배로 해준 것 뿐이다. 그러면 입력 전압의 실효값 전압으로 정합 되도록 맞추어 준 것이다.

$$V_{in-RMS} = 2I_{1-RMS} \times 25K\Omega = 50K\Omega \times I_{1-RMS}$$

3-26. 연산 증폭기 승산기, 제산기의 기초 다이오드방정식

연산 증폭기로 구성된 승산기(multiplier, 乘算器 ; 두 입력 곱셈기)와 제산기(divider, 除算器 ; 두 입력 나눗셈기)를 수식으로 정리하기 전에 먼저 알아야 할 회로가 있다. 이 회로를 알아야 승산기와 제산기가 해석이 되는데, 그 회로란 바로 대수증폭기(logarithmic amplifier, 對數增幅器)와 역대수증폭기(exponential amplifier, 逆對數增幅器)가 그것이다.

대수증폭기는 로그증폭기라고 하고, 역대수증폭기는 로그의 역함수인 지수를 가리키는 지수증폭기?를 의미하는데 역대수증폭기를 지수증폭기라고 부르는 것을 찾아 볼 수는 없다. 여하튼 의미상으로는 역대수증폭기란 지수출력을 내는 증폭기라고 생각하면 된다. 아직 확정된 용어가 없으면 먼저 찜!!! 지수증폭기로....

좀더 들어가서 대수증폭기와 역대수 증폭기를 해석하기 위해서는 다이오드 방정식이 기본바탕이 되어야 한다. 그럼 왜 다이오드 방정식이 필요하게 되는 것일까? 그 간단한 다이오드한테도 방정식이라고 이름 붙일 만한 건덕지가 있었던가? 햐~ 고거 새롭지 아니한가?

연산 증폭기를 이용하여 로그 증폭기를 구성한다면,

연산 증폭기 자체만으로는 어림없는 일일것 같은 생각이 퍼뜩 스친다. 그렇다면 로그 증폭기를 만드는 방법은?

일단 전자소자들을 머리에 떠 올려 보자.

로그적인 특성을 갖는 소자는 찾기 힘들다. 그러나 좀더 생각해 보면 로그는 지수의 역함수이므로 지수함수의 특성을 갖는 소자를 찾아내면 로그증폭기를 구성할 수 있는 토대가 마련될 것 같다. 지수함수와 비슷한 특성 그래프를 뒤지면 다이오드의 특성 그래프와 만나게 된다. 그래서 시작은 다이오드가 되겠다.

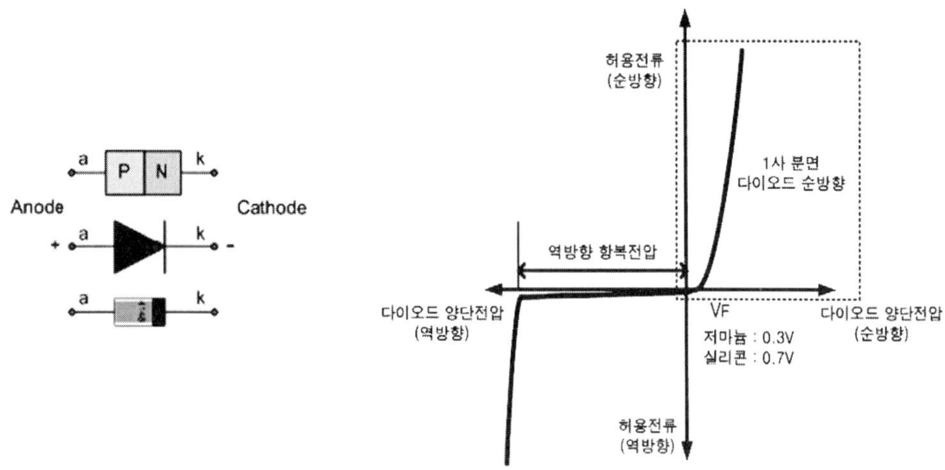

위의 그래프에서 일사분면에 있는 점선 영역만을 따로 떼어 내어 생각해 보자. 우리에게 낯익은 그래프다.

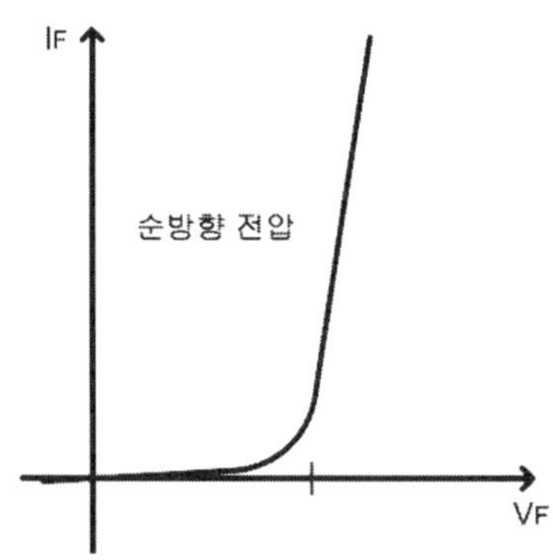

이 그래프 특성을 갖는 수학적 수식을 먼저 만들어 주어야 한다. 그래야 대수와 역대수증폭기의 수식적 해석이 가능해 지기 때문이다. 그러나 천만다행이게도 수식은 연구자들에 의해 오래 전에 만들어 졌다. 우리는 그 수식과 그래프가 어떻게 일치하는가만 따져 주면 왜 수식을 그런 식으로 정리해 주었는지 직감적으로 알아 버릴 수 밖에 없게 된다.

저 그래프의 수식은 어떻게 생겨 먹었을까?

아래를 보시라 결코 만만치 않게 생겨 먹었다. 뒷골이 좀 땡긴다. 우리를 괴롭게 만들었던 수식중의 하나가 바로 저 놈이다. 그래서 그 부분의 설명을 이해하기 거절하고 포기했던 아픈 기억을 안고 있는 식이다.

$$I = I_o\left(e^{\frac{qv}{nkT}} - 1\right)$$

여기서

I : 특성그래프에서 보는 바와 같이 순방향전압이 걸렸을 때 흐르는 전류이다.

Io : 아리까리한 놈으로써 어떤 책에 보면 빛이 없는 상태에서 다이오드 흐르는 누설전류라고 설명한 곳도 있다. 다이오드의 역방향전압에 의한 전류.

q : 전자 하나의 전하량.

k : 볼쯔만 상수

n : 책에 따라서는 전류 ic에 의존하는 상수라고 하는데, 이런 설명은 별로 도움이 안 된다. 다이오드 특성그래프를 이상화 하기 위해 도입 한 상수인가? 하여튼 1≤n ≤2 사이 값을 갖는데, 보통은 1이라고 해준다. 그래서 깊이 생각할 것이 없음.

V : 다이오드 순방향 전압. 이 전압을 다이오드가 도통 되는 순방향전압 0.7V라고 이해 하면 안 된다.

볼쯔만 상수로 잘 알려진 오스트리아 빈 태생의 Ludwig Eduard Boltzmann(1844~1906)

다이오드의 특성 그래프는 기본적으로 자연지수함수를 원형으로 해서 고려해 주어야 한다고 했다. 두 그래프를 비교 해 보기로 한다.

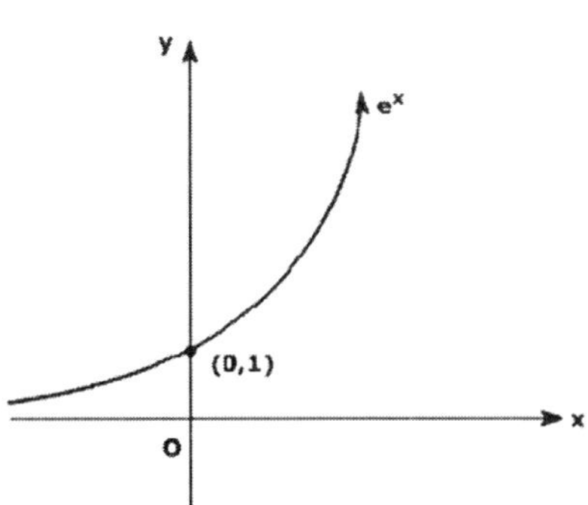

자연지수함수 그래프

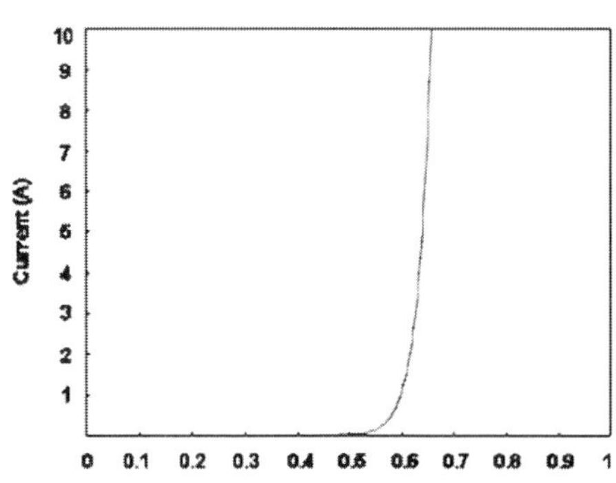

다이오드 특성 그래프

보시다 시피

자연지수함수의 그래프로는 다이오드의 특성 그래프를 제대로 만족 시키지 못한다. 학자들이 하는 일 중에 하나가 다이오드처럼 현상으로서의 특성그래프를 일반화된 수식으로 표현하는 것이다. 무엇을 해야 할까? 그래프가 서로 무엇이 다른가를 보고,다른 것을 수식으로 맞추어 주어야 한다. 다른 점들을 관찰해 보기로 하자.

① 지수함수그래프는 지수가 0 일 때, 값(y축)이 1이 되는 반면에, 다이오드 특성 그래프는 그렇지 않다. y축의 0점을 지난다.
② 지수함수 그래프는 곧바로 값이 치솟는 모습이지만, 다이오드 특성그래프는 전압이 대략 0.6V 정도 부근에서 치솟기 시작한다.
③ 그래프의 모양이 약간 다르다.

①번이 다른 것은 어떻게 맞추어 줄까? 그렇다. 자연지수함수의 지수가 0 일 때, 함수값(y축)을 0으로 만들어 주면 된다. 그 작업은 수식으로 간단하게 조작할 수 있다.

$$y=e^{x}$$

에서 함수자체에 −1!!!!을 해줘 버리면 된다.

$$y=\left(e^{x}-1\right)$$

−1 을 덧붙인 것이 대단해 보이지 않는다.

그러나 물리학사를 들쳐보면 −1이 얼마나 위대하게 물리학적으로 거대한 진일보을 일으켰는지 아는 사람은 안다. 19세기 물리학의 난제 중에 흑체 복사의 문제가 매우 까다로웠다. 흑체복사란 쇠로 만든 네모상자 안을 진공상태로 만들어 놓고 이상자를 가열 했을 때 상자 안에 어떤 빛이 충만한지를 알아보는 실험이었다. 실험에 의해 진동수와 진동수에 의한 세기를 스펙트럼으로 나타낼 수 있게 되었는데, 이를 이론적인 수식으로 표현하는 것이 도전 문제가 되었다. 레일리−진스가 식을 만들어 내었지만 실험적인 그래프와는 많이 달랐다. 그 후 독일의 물리학자 빈이 이를 더욱 발전시켜 수식을 발표했다. 허나 아쉽게도 그래프와 간발의 차이를 보여 이론적으로는 근사(近似)하게 접근을 했지만 그것으로 물리학적 현상을 정확하게 기술할 수가 없었다. 이런 와중에 등장한 사람이 플랑크 상수로 유명한 플랑크였다. 앞선 사람들의 실패를 거울삼아 4년 동안 연구하던 플랑크가 마침내 흑체복사의 문제를 이론적으로 완결하게 되는데, 놀랍게도 빈의 공식에 단지 −1을 추가함으로 이론적으로 완성을 보았다는 이야기가 전해진다. 외견상으로는 거저 먹은 것으로 보인다. 일설에는 플랑크의 제자가 −1을 빈의 공식에 집어넣으면 흑체복사의 진동수 스펙트럼과 완전히 일치 하지 않겠냐는 제안에 의해 이론이 완성되었다는 구라도 있다. 흑체복사 문제를 해결했던 이 플랑크에 의해 양자역학이 비로서 시작 되었다.그렇다고 플랑크가 단지 빈의 공식에 −1을 첨가만 함으로만 물리학상 유명인이 되었다고 생각하면 곤란하다. 에너지가 불연속적인 값을 갖는다는 그 때 당시로는 해괴한 해석을 내놓아 세상을 뒤집어 놓았다. 빛을 파동으로만 알았던 19세기 모든 학자들에게 아인슈타인이 나타나 플랑크의 이론을 바탕으로 빛이 입자임을 증명 했기 때문에 현대 양자역학의 선구자를 바로 플랑크로 꼽는다. 따라서 −1을 너무 우습게 생각하지 말도록....

..........(윗식에서 이어짐) −1을 부가함으로 ...이렇게 되면 일단 자연지수함수 그래프가 아래와 같이 바뀐다.

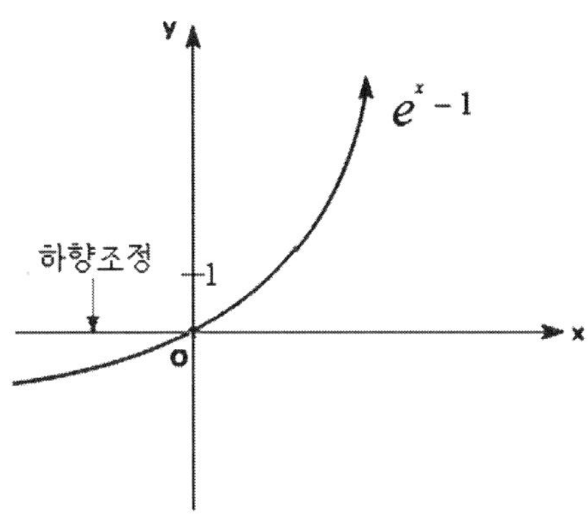

다이오드 특성 그래프가 자연지수함수와 다른 ②번째는 곧바로 함수값이 치솟는 형태가 아니라는 것이다. x축이 전압을 나타내는 축이라면 0.6V까지 거의 전류가 흐르지 않는 상태여야만 한다.어떻게 해주면 될까? 마치 값을 지연시켰다가 폭발시키는 형태로 만들어 주어야 한다.

$$y=\left(e^x-1\right)$$

이 함수에서 어떤 일정한 값이 될 때까지 지연시키는 방법은 자연지수값이 크므로 그 앞에 아주 작은 값을 곱해주어 버리면 될 것 같다. 실제 다이오드방정식에 사용된 Io는 편차가 있는 것이 사실이지만 대략 1×10^{-12} 정도로 아주 작은 값이다. 그래서 자연지수함수 값이 왠 만큼 크지 않으면 자연지수함수의 치솟는 그래프가 쉽게 그려지지 않는다.

$$y=\Delta\times\left(e^x-1\right)$$

되풀이 해서 만약 ⊿가 1×10^(−12) 이라면, 자연지수의 값, 즉 X 의 값이 1×10^(12) 전에는 치솟을 생각을 말아야 한다. 따라서 ⊿값이 그래프가 치솟게 하는데 방해하는 요소가 된다.

다이오드의 특성 그패프가 0.6V 이상에서는 곧바로 값이 커지기 때문에 자연지수의 지수 값이 1×10^(12)보다 조금 커지자 마자 기하급수적으로 커지게 된다. 따라서 X값을 그 특성에 맞추면 되는 것이다

마지막 다른점 ③은

전체 함수의 모양인데 이는 자연지수함수의 x값을 조정함으로 그림의 형태를 조정할 수 있다. 완만하게 치솟는가, 아니면 직바로 치솟는가?

x 값을 어떤 형태로 할 것인지에 따라 다이오드특성 형태가 틀 잡혀질 것 같다.

$$y = \Delta \times \left(e^{x} - 1\right)$$

해서,

물리의 열역학과 통계역학에 관련된 식을 빌려와 표현한 것 같은데... 자세한 내막은 우리의 관심사항이 아닐뿐 만 아니고,설명하기가 쉽지 않다. 묻지도 따지지도 말고 감사하게 그냥 써주기로 하자. 그래서 탄생 된 것이 다이오드방정식이 되겠다.

$$I = I_O\left(e^{\frac{qv}{nkT}} - 1\right)$$

특별히 위의 식에 자연지수 함수 쪽의 지수 항을 잘 보면

$\frac{q}{kT}$ 의 역수 $\frac{kT}{q}(=V_T)$ 를

다이오드 P-N 접합에서 온도의 영향으로 유발되는 열전압(thermal voltage, 熱電壓)으로 정의한다. 보통 T=300K(27°) 일 때 열 전압은 26㎷ 정도가 된다. 따라서 이 값은 상수항이 된다. n=1이므로 위의 식은 간단하게 아래와 같이 고쳐 쓸 수 있다. 또한 큰 역활을 수행했던 괄호 안의 −1은 자연지수함수가 커지면, 충분히 전류가 왕창 흐르게 되면 무시할 수 있는 여력이 생긴다. 그러면 식은 더 간단하게 변할 수 있다.

$$I = I_0\left(e^{\frac{V}{V_T}} - 1\right)$$

이렇게 해서 시쳇말로 '야매'로 다이오드 방정식을 직방으로 알아차리기를 시도 해 보았다. 성이 차지 않는 분들은 전문서적을 도서관에서 입수하여 왜 다이오드 방정식이 저런 식으로 쓰여졌는지를 한번 따져 보기를 권한다. 사실 우리의 관심권은 다이오드 방정식에 있지 않다. 이를 활용하여 전기 전자적으로 얼마나 유용하게 써 먹느냐에 방점이 있는 것이다. 그리고 다이오드 방정식은 외우기가 여간 까다롭지 않은데 대수, 역대수, 승산, 제산기를 해석하면서 자연적으로

손에 지식이 암기 될 것이다. 몸으로 체득하는 지식이 최고의 지식 아닌가?.

다이오드방정식이 어떻게 자연지수함수라는 자궁에서 생겨났는지 유래를 따져 보았다. 다이오드 방정식을 근간으로 해서 간단한 로그함수 및 지수함수 회로를 해석해 보기로 한다. 로그증폭기와 지수증폭기가 승산기와 제산기 회로를 구성하는 기본 벽돌쯤 되므로 해석의 순서상 먼저 짚어 주어야만 하겠다.

3-27. 연산 증폭기 승산기, 제산기의 기초.. 대수, 역대수증폭기

이전에는 대수, 역대수, 승산기, 제산기라는 건축물의 시멘트 정도가 되는 다이오드의 방정식을 간단하게 알아 보았다. 이제는 그 다음 단계로 승산기와 제산기의 벽돌쯤에 해당하는 대수증폭기와 역대수증폭기(지수증폭기)를 해석하기로 한다.

회로의 구성은

다이오드를 이용한 회로가 있고, 트랜지스터를 이용한 회로가 있다. 이 두 가지 방식이 엇비슷하고, 물론 둘 다 선보이겠지만, 먼저 간단하게 다이오드를 이용한 대수, 역대수 증폭기를 해석하기로 한다. 다이오드 방정식을 알면 다음 단계는 의외로 아주 쉽다.

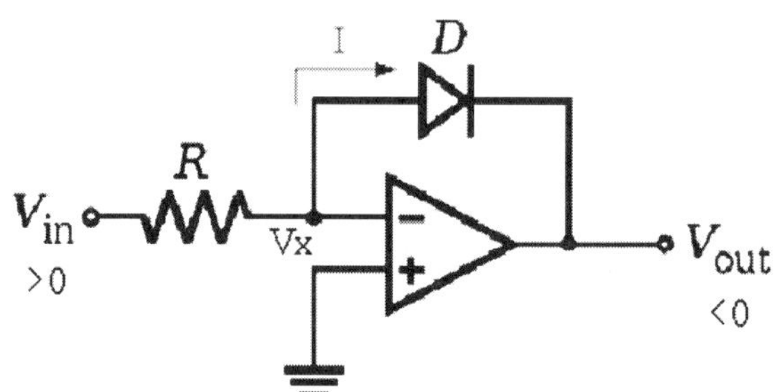

위의 회로를 보면 입력의 조건이 보인다. 다이오드가 도통되기 위해서는 입력조건 항상 0보다 커야 한다는 점이 눈에 뜨인다. 이런 것은 사소하지만 실험을 할 때 간과 할 수 있는 부분이다. (−)전압을 인가하고서는 어라~ 왜 대수증폭기 기능이 안되지~ 갸우뚱 하게 만드는 사소한 조건 말이다.

한 가지 노파심에서 말해 두어야 할 것은,

외견상 위의 회로는 반파정류회로 비스드리하게 생겨 먹었다는 것이다. 그러나 저 회로는 정류된 입력전압이 출력에 그대로 나와야 하는데 로그적으로 출력이 나온다는 것을 눈치 채 주어야 한다. 그러므로 반파정류회로가 될 수가 없다. 참고로 아주 간단한 아래 두 종류의 반파 정류 회로들과 비교해 보시라.

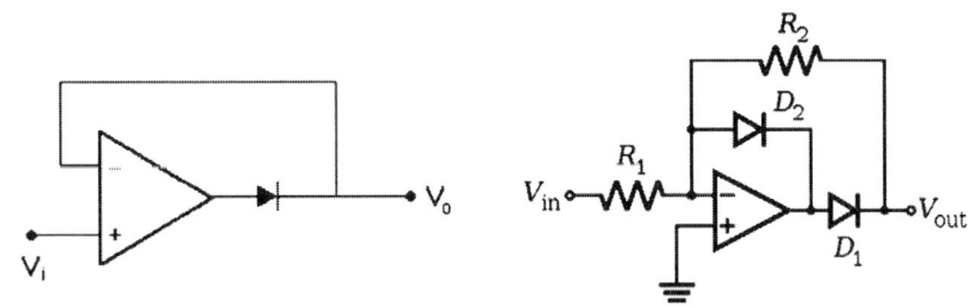

반파정류회로들

이제 다이오드 한 개를 궤환단에 적용한 대수증폭기를 수식으로 나타내 보기로 하자.

$$I = \frac{V_{in} - 0V}{R} = \frac{V_{in}}{R} \text{ - - - (1)}$$

다이오드에 흐르는 전류는 다이오드방정식에 의해 아래와 같은 식이 된다. 그리고 다이오드가 도통되고 난 다음에는 −1이 의미가 없어지기 때문에 무시해도 전혀 지장이 없게 된다.

$$I = I_0\left(e^{\frac{V}{V_T}} - 1\right) \cong I_0\left(e^{\frac{V}{V_T}}\right)$$

이 식을 전개하면 Io 항은, 이항하여 보면 I 보다 작으므로 생략가능하다.
따라서 -1하은 미리 생략해도 무방하다. 나중에 자세한 식이 나온다.

위의 식에서 다이오드 도통 전압 V는 Vx=0V 보다 낮은 출력전압이 되므로 식은 아래와 같이 전개 된다.

$$I = I_0\left(e^{\frac{-V_{OUT}}{V_T}}\right) \text{ - - - (2)}$$

따라서 (1)식과 (2)식이 같으므로

$$\frac{V_{in}}{R} = I_0\left(e^{\frac{-V_{OUT}}{V_T}}\right)$$

$$\frac{V_{in}}{R\,I_O} = e^{\left(\frac{-V_{OUT}}{V_T}\right)}$$

양쪽에 자연로그를 취해준다.

$$\frac{-V_{OUT}}{V_T} = \ln\left(\frac{V_{in}}{R\,I_o}\right)$$

$$\therefore V_{OUT} = -V_T \ln\left(\frac{V_{in}}{R\,I_o}\right) \text{---(3)}$$

이 되어 입력의 자연로그를 취한 값이 출력으로 나오게 된다. 위의 최종식(3)에서 R × Io 항이 보기가 싫다. 아래 회로와 같이 R × Io = 1을 만들어 주기로 한다.

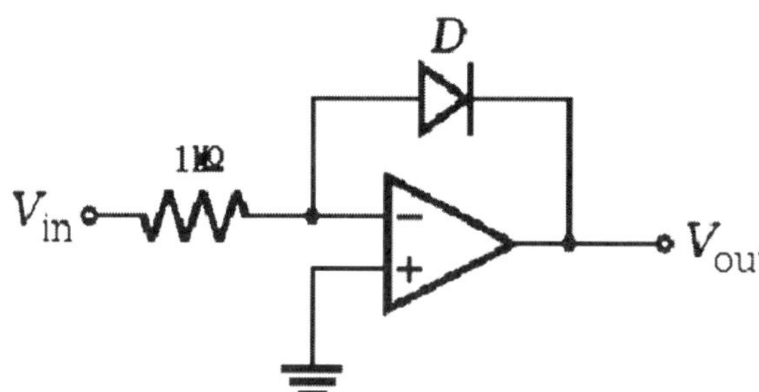

$I_0 = 1\mu A$ 라고 가정한다.

$$R \times I_0 = 1 \times 10^6 \times 1 \times 10^{-6} = 1$$

이 되어 식(3)은 알기 쉽게 대수증폭기(로그 증폭기)가 된다.

$$\boxed{\therefore V_{OUT} = -V_T \ln(V_{in})}$$

대수증폭기의 반대동작을 하는 역 대수증폭기(지수증폭기)를 해석해 보기로 하자.

대수증폭기가 입력에 로그를 취한 값을 출력으로 내는 것이니까, 역 대수증폭기는 반대로 입력에 지수를 취한 값을 출력으로 내게 될 것이다. 회로는 아래와 같이 그려진다. 대수증폭기일 때 궤환단에 붙은 다이오드가 입력 저항단에 붙는 형태로 되어 있다.

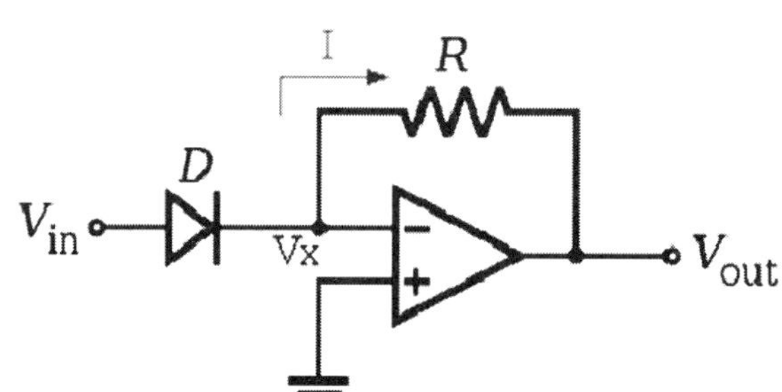

Vx가 가상단락에 의해 0V이므로 다이오드에 걸리는 전압은 입력전압이 된다.

$$I = I_0\left(e^{\frac{V_{in}}{V_T}} - 1\right) \cong I_0\left(e^{\frac{V_{in}}{V_T}}\right)$$

이 전류가 키르히호프의 전류의 법칙에 의해 궤환단에 흐르는 전류와 같으므로

$$\frac{-V_{OUT}}{R} = I_0\left(e^{\frac{V_{in}}{V_T}}\right)$$

$$\therefore V_{OUT} = -R\ I_0\left(e^{\frac{V_{in}}{V_T}}\right) - - - (4)$$

이 된다. 대수증폭기와 마찬가지로 R × Io = 1을 만들어 주자.

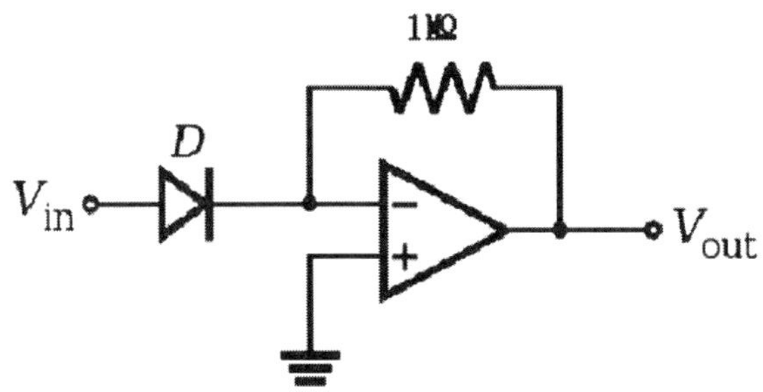

$I_0 = 1\mu A$ 라고 가정한다. 따라서 (4)식은 아래와 같이 깔끔하게 정리가 된다.

$$\therefore V_{OUT} = -e^{\left(\frac{V_{in}}{V_T}\right)}$$

다음에는 위에서 해석한 대수증폭기와 역대수증폭기를 조합하여 승산기와 제산기를 구성하고 수식으로 해석해 보도록 한다. 그리고 한가지 첨언할 것은 만약 출력을 자연로그가 아니라 상용로그(로그 밑이 10인)출력으로 얻고자 하면 아래의 관계를 이용하면 된다.

$$\ln x = 2.3\log_{10} x$$

위의 대수증폭기의 결과를 자연로그가 아닌 상용로그로 나타내고자 하면 아래와 같이 써 주면 된다. 이 변환 관계를 잘 알아 두기로 하자. 상용 IC들은 출력을 상용로그를 취하기 때문에 자연로그에서 상용로그 변환은 아주 중요하다.

3-28. 연산 증폭기 승산기, 제산기

이제까지 우리는 연산 증폭기와 다이오드를 이용하여 대수증폭기와 역 대수증폭기(지수증폭기)를 구성하고 해석해 보았다. 이 회로들은 자체만으로는 사용처가 그리 많지가 않아 보인다.

또한

우리는 연산 증폭기가 연산증폭기라고 누누(累累)이 들었고, 특히 가산기(adder, 加算器)와 감산기(subtracter, 減算器)에 대해서는 비교적 잘 알고 있지만, 연산 증폭기로 구성한 승산기(multiplier, 乘算器) 와 제산기(divider, 除算器)에 대해서는 사실 매우 낯이 설다.

그리고 잘 알지도 못한다. 연산 증폭기에 관련된 책에는 빠짐없이 나오지만 수식이 방정맞아 쳐다 보지도 않은 까닭이다.다이오드방정식에 대해 좀 친절하게 설명하면 보는 눈이 부드러워질 법도 하나, 친절은 고사하고 어디서 인용한 다이오드 방정식을 한마디 내 뱉고는 난삽한 다음 단계로 넘어가니 우리 눈에 백안시(白眼視)되어 버리고 만다. 그리고는 공부할 기약 없이 영영 빠이빠이가 수순이다. 이는 순전히 경험담이었다....너만 그래~ 하면 할 말 없다.

여기서는

우리가 지금까지 설명해온 대수증폭기와 역 대수증폭기를 이용하여 입력 끼리 곱해주는 승산기와 입력끼리 나누어 주는 제산기를 구성하여 어떤 메카니즘에 의해 곱셈과 나눗셈이 이루어지는지 살펴보기로 한다. 대수증폭기와 역대수 증폭기를 이해 하신 분이라면 토대가 굳건해서 승산기 제산기는 머리속으로 시뮬레시옹이 된다. 이들의 조합에 따라 회로가 결정되기 때문이다.

먼저 승산기의 블럭선도(block diagram)를 보기로 한다.

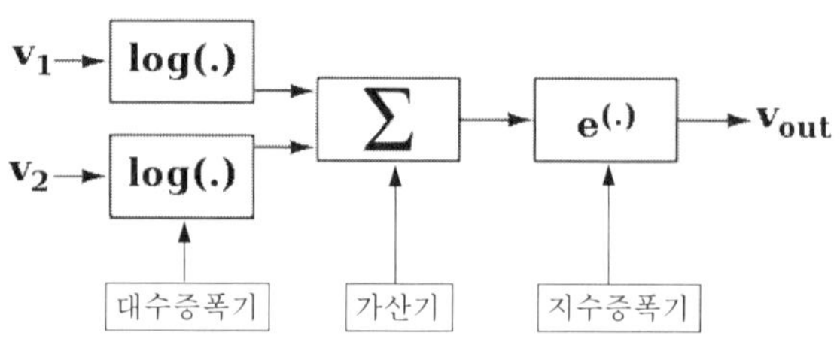

블럭선도 그림을 잘 살펴 보는 것도 의미 있는 일이다.

대수증폭기로 더해진 두 입력은 로그로 합치자면 곱하기가 되어 버린다(아래 로그 계산법을 보시라). 여기에다 다시 지수를 대입하면 로그, 지수는 훌러덩 벗겨지고 두 입력이 곱해진 값만이 출력으로 나올 것이라는 강한 예감이 든다. 따라서 회로를 이해 할 때 건축학적으로 접근하는 것은 아주 바람직스럽다. 물론 블럭에 해당하는 개별회로 동작의 메카니즘은 알아야 하는 기본기 터득이 바탕이 되겠지만 말이다. 로그의 공식을 들쳐 보면 블럭선도를 이해하기 쉽다.

눈에 확 띄지 않는가!!!

$$\log a+\log b=\log ab$$

어떻게 해서든 식에서 로그를 뻥 하고 날려 주면 두 입력의 곱이 쌩쌩하게 살아난다. 로그를 단방에 날려 주는 놈은? 바로 지수다!!! 지수라면 '역대수증폭기'가 아닌가?

승산기의 구성은 대수증폭기 두 개와 가산기 그리고 지수 증폭기를 사용하면 끝!!!!이다. 회로는 블럭다이아 그램과 같이 실제 회로들을 구상에 끼워 맞춰 주면 구성 완료된다.

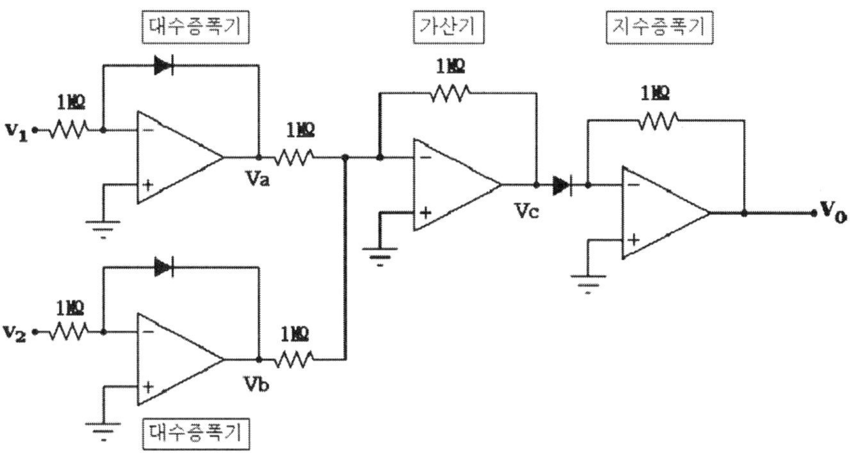

이미 대수, 지수증폭기를 해석해 보았기 때문에 그대로 식을 가져다 쓰면 된다.

$$V_a=-V_T\ln(V_1)$$

$$V_b=-V_T\ln(V_2)$$

대수증폭기의 두 출력을 가산기에 입력시킨다. 단지 반전증폭기 두 개를 각각의 입력으로 넣었다고 생각하면 된다. 입력저항과 궤환저항이 같으니 이득은 1이 되고, 출력의 상은 입력과 반대로 된다.

$$V_c=-\left\{-V_T\ln(V_1)\ -V_T\ln(V_2)\right\}=V_T\left[\ln(V_1)+\ln(V_2)\right]$$

따라서 최종단에 붙어 있는 역대수증폭기에서 Vo와 Vc와의 관계는 아래와 같으므로

$$V_o = -e^{\left(\frac{V_C}{V_T}\right)}$$

최종적인 출력 Vo는

$$V_0 = -e^{\left(\frac{V_T\left[\ln(V_1) \ + \ \ln(V_2)\right]}{V_T}\right)} = -e^{\left[\ln(V_1) \ + \ \ln(V_2)\right]} = -e^{\ln(V_1V_2)} = \boxed{-V_1V_2}$$

가 되어 두 입력이 곱해지는 형태가 된다. 아 근데~ 왜 출력에(−)가 붙는 겨? 하는 사람들이 꼭 한 명씩은 있다. 간단하게 이득이 1인 반전증폭기 하나 구성해 주면 저런 신호 처리는 일도 아니게 된다.

승산기를 해석해 보았기 때문에 제산기는 동일한 체계 동작하되, 약간의 회로를 변경해 주기만 하면 될 것 같다. 어떻게 하면 제산기 회로를 얻을 수 있을까? 먼저 제산기의 블럭선도로 접근해 보기로 한다.

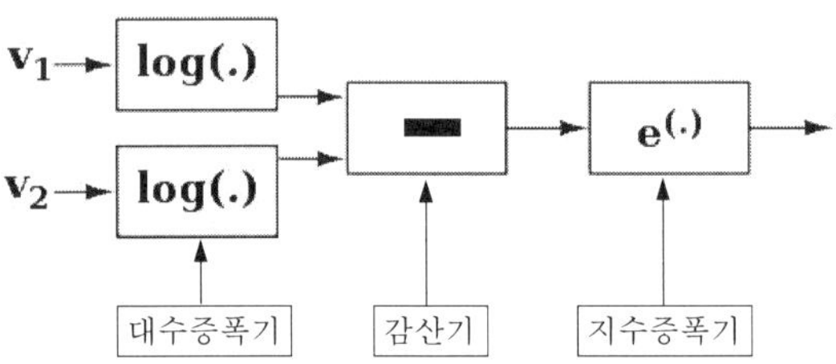

제산기의 구성은 대수증폭기 두 개와 차동증폭기 그리고 지수 증폭기를 사용하면 끝!!!!이다. 승산기와 다른 점이라고는 블럭선도 중간에 가산기 대신에 가감기를 대체하는 것 뿐 다른 것이 없다.

로그의 계산 공식 하나를 가져 오면 또 눈이 깨달음의 법열(法悅)로 가득 찰 것이다. 이쯤 되면 원래 로그 계산식에 전자회로 구성이 내포 되었었는지, 로그 계산법에 의해 회로를 구성 했는지 선후 관계가 섞갈리기 시작한다. 분명 후자가 분명함에도....

$$\log b - \log a = \log \frac{b}{a}$$

대수증폭기로 빠진 두 입력은 로그로 합치자면 나누기가 되어 버린다. 여기에다 다시 지수를 대입하면 로그, 지수는 스스럼없이 벗겨지고 두 입력이 나누어진 값이 출력으로 출현할 것이라는 강한 예감이 또한 퍼뜩 스친다. 회로는 아래와 같이 블럭다이아그램과 같이 구성된다.

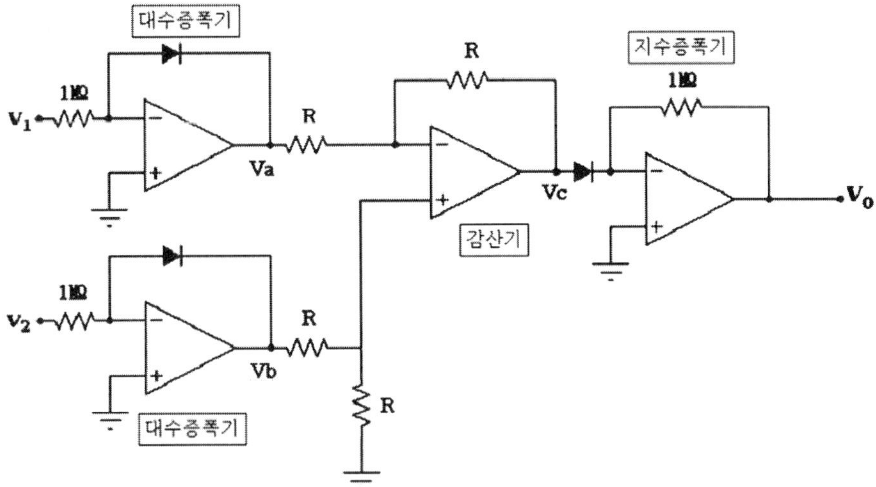

Va와 Vb 출력은 승산기와 같다.

$$V_a = -V_T \ln(V_1)$$

$$V_b = -V_T \ln(V_2)$$

차동증폭기는 저항이 모두 같으므로 두 입력의 차가 증폭되는 것 없이 출력으로 나온다.

$$V_C = V_b - V_a$$

이므로

$$V_C = -V_T \ln(V_2) - \left\{ -V_T \ln(V_1) \right\} = V_T \ln(V_1) - V_T \ln(V_2)$$

따라서 Vo와 Vc와의 관계는 아래와 같다.

$$V_O = -e^{\left(\frac{V_C}{V_T}\right)}$$

최종적인 출력 Vo는

$$V_0 = -e^{\left(\frac{\cancel{VT}\left[\ln(V_1) - \ln(V_2)\right]}{\cancel{VT}}\right)} = -e^{\left[\ln(V_1) - \ln(V_2)\right]} = -\cancel{e}^{\ln\left(\frac{V_1}{V_2}\right)} = \boxed{-\frac{V_1}{V_2}}$$

이렇게 해서 연산 증폭기의 가감승제(加減乘除) 회로와 대수, 지수증폭기를 해석한 것이 되겠다. 연산 증폭기는 명칭 그대로 연산(+, −, ×, ÷)증폭기가 맞다. 그래서 OPERATIONAL AMPLIFIER!

하나 더 알아 보아야 할 것은

시중에 나와 있는 책들 중에는 대수증폭기와 지수증폭기를 다이오드대신 주로 트랜지스터(Transistor)를 사용한 것을 선 보이고 있다. 물론 수식도 꼼꼼하게 다 적는 바람에 상당히 복마전 같다는 인상을 준다. 그런 연유로 연산 증폭기의 신호 처리회로에는 눈이 잘 가지 않게 된다.

정녕 건들기는 싫지만 시중에 나와 있는 책에 기록 되어 있는 대로 식을 빠짐없이 바리바리 챙겨 전개해 보고, 어떻게 압축, 축약, 약식으로 할 수 있는지를 보기로 하겠으며, 반면 식을 곧이곧대로 사용할 때 장점이 하나 튀쳐나오는데 현실적으로 적용 가능한 회로와 적용 가능하지 못한 회로가 구별이 된다는 것을 확인할 것이다. 이 주제에 대해서는 다음에 설명해야 할 것 같다.

3-29. 연산 증폭기 트랜지스터 대수증폭기

다이오드를 이용한 대수증폭기(로그증폭기)를 설명 했었다. 이번 해석은 트랜지스터를 이용한 대수증폭기를 식의 가감 없이 있는 대로 다 써 보고 어떤 연유로 실용적인 대수증폭기가 필요한지 살펴보기로 한다.

트랜지스터를 이용한 대수증폭기의 구조는 다이오드를 이용한 대수증폭기의 모양에 다이오드 대신 트랜지스터를 대체한 형상을 가지고 있다. 아래가 그 회로이다.

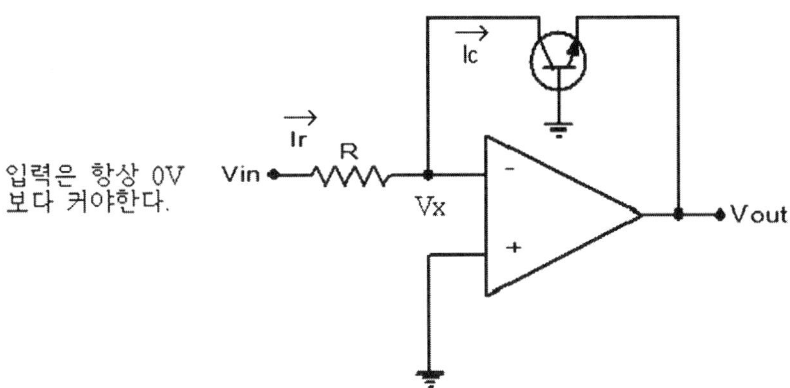

$$I_c = \alpha I_s \left\{ e^{\left(\frac{qv_{be}}{nkT}\right)} - 1 \right\} \text{ ---(5)}$$

다이오드를 적용한 대수증폭기와 다른 것은 α→ 베이스접지 전류증폭률로서 $\alpha \fallingdotseq 1 (\beta/\beta+1)$이다. 그렇지만 처음에 약속한 대로 생략하지 말고 그대로 써 보기로 한다. 또한가지 색다른 것은 Is인데 이는 역방향 에미터 포화전류(역방향 누설전류) 로서 다이오드의 Io와 같다고 생각하면 된다. 나머지 인자는 다이오드와 같다.

위의 회로에서 가상단락에 의거해 Vx = 0V가 되고,

$$I_r = \frac{V_{in}}{R}$$

키르히호프의 전류법칙에 따라 Ic = Ir이 된다. 그러면 식은 아래와 같이 등식이 성립될 것이

다. Vbe는 에미터에 −전압이 걸리게 되므로 Vbe=−Vo. 따라서

$$\frac{V_{in}}{R} = \alpha I_s\left\{e\left(\frac{-qV_O}{nkT}\right)-1\right\} = \alpha I_s\left\{e\left(\frac{-qV_O}{nkT}\right)\right\}-\alpha I_S$$

$$\frac{V_{in}}{R} + \alpha I_S = \alpha I_S\left\{e\left(\frac{-qV_O}{nkT}\right)\right\}$$

애초에 $\frac{Vin}{R} = Ic$ 이였다. 여기서 Ic >>>> Is 이므로 αIs는 상대적으로 Ic 보다 훨씬 작으므로 생략

양변에 자연로그를 취해준다.

$$\ln\left(\frac{V_{in}}{\alpha I_S R}\right) = \ln e^{\left(\frac{-qV_o}{nkT}\right)}$$

$$\ln\left(\frac{V_{in}}{\alpha I_S R}\right) = \frac{-qV_o}{nkT}$$

$$V_o = -\frac{nkT}{q}\left\{\ln\left(\frac{V_{in}}{\alpha I_S R}\right)\right\}$$

← $\log ab = \log a + \log b$

$\log\frac{b}{a} = \log b - \log a$

$$V_o = -\frac{nkT}{q}\left\{\ln\left(\frac{V_{in}}{R}\right)\right\} + \frac{nkT}{q}\left\{\ln(\alpha I_S)\right\} \quad ---(6)$$

시중에 나와 있는 책 중에는 트랜지스터를 이용한 대수증폭기 결과식을 (6)와 같이 정밀하게 기술하기도 한다. 그러면 결과식(6)와 다이오드를 이용한 대수증폭기 식(3)과 비교해 보기로 하자.

$$V_o = -V_T \ln\left(\frac{V_{in}}{R I_o}\right) - - - (3)$$ ← 다이오드를 이용한 대수증폭기 식

$$V_o = -\frac{nkT}{q}\left\{\ln\left(\frac{V_{in}}{R}\right)\right\} + \frac{nkT}{q}\left\{\ln(\alpha I_S)\right\} - - - (6)$$ ← 트랜지스터를 이용한 대수증폭기 식

식(6)를 한번 관찰해 보기로 하자. 줄일 수 있는 것이 무엇이 있을까? 그리고 대체할 수 있는 인자는 있는 것인가 보자.

$$V_o = -\frac{nkT}{q}\left\{\ln\left(\frac{V_{in}}{\alpha I_S R}\right)\right\}$$

$$V_o = -\frac{nkT}{q}\left\{\ln\left(\frac{V_{in}}{I_S R}\right)\right\} + \underbrace{\boxed{\frac{nkT}{q}\left\{\ln(\alpha)\right\}}}_{=0}$$

$\alpha \fallingdotseq 1$이라고 했다. 그렇게 되면 $\ln(1) = 0$이고, $\frac{q}{kT}$의 역수 $\frac{kT}{q}(=V_T)$를 다이오드 P-N 접합에서 온도의 영향으로 유발되는 열전압(thermal voltage, 熱電壓)이라고 했다. n은 보통 1이라고 했으므로 위의 식은

$$V_o = -\frac{n\ kT}{q}\left\{\ln\left(\frac{V_{in}}{I_S R}\right)\right\} = -V_T \ln\left(\frac{V_{in}}{I_S R}\right)$$

위의 식에서 Is와 R의 곱이 1이 되는 값을 취하면 식은 간단하게 더 축약할 수 있다.

$$V_o = -V_T\left\{\ln\left(\frac{V_{in}}{I_S R}\right)\right\} = -V_T \ln(V_{in})$$

따라서 다이오드를 이용한 대수증폭기의 출력식과 같게 나왔음을 알 수 있다. 이제 다음번으로 생각해 주어야 하는 것은 실전용으로 대수증폭기를 아래와 같이 트랜지스터를 달랑 하나만 사용한 연산 증폭기로 구성하면 제대로 설계된 회로인가 하는 문제이다.

그래서 이 문제를 부각시키기 위해 책에서는 수식을 있는 그대로 다 써준 것이다. 곧이곧대

로 수식을 써준 이유가 다 있는 것이다. (6)식을 보기로 하자. 아래 식에서 출력에 결정적으로 영향을 주는 인자들을 거론해 보면...

$$V_o = -\frac{nkT}{q}\left\{\ln\left(\frac{V_{in}}{R}\right)\right\} + \frac{nkT}{q}\left\{\ln(\alpha I_S)\right\}$$

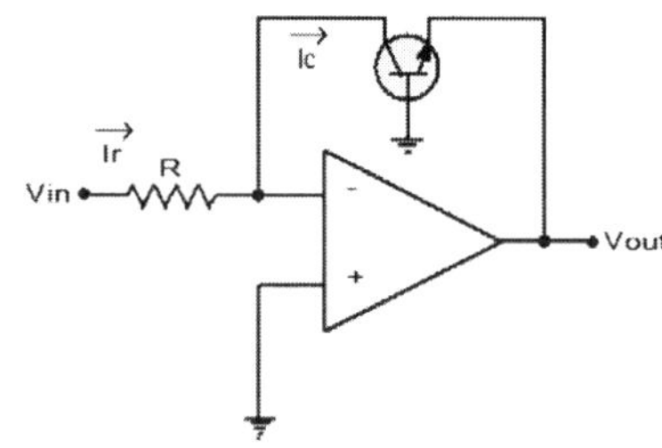

언뜻 보아서 4개의 인자가 출력에 영향을 미친다. n, T, α, Is이 중에서 크게 영향을 미치는 것은 T, Is로서, 온도는 우리가 귀에 못이 박히도록 반도체 소자에 영향을 미치는 거라고 들어 왔다. 좋다 영향을 미친다고 하자. 이때 필요한 것은 무엇? 그렇다 실전에서 써 먹을 수 있는 변경회로가 되겠다. 결점을 보완하는 회로가 되어야 하기 때문에 실전용은 무척 복잡한 회로가 된다. 회로를 보고 바로 대수증폭기라고 정체를 알아차리기 어렵다.

3-30. 연산 증폭기 실전용 트랜지스터 대수증폭기

아래 그려 놓은 것이 실용적인 대수증폭기라고 해서 대표적으로 많이 애용되는 회로가 되겠다.

또 한 성질 나오기 시작한다. 때려 치우고 싶은 생각이 북받쳐 올라온다. 이건 뭔 회로가 이리 복잡하냐! 그러나 성질 죽이고 찬찬히 정복해 보기로 하자. 크리스마스 선물을 흥분에 겨워 조심스럽게 펼쳐 보는 아이의 심정으로 호기심을 앞세워 대략난감을 탈피하기로 한다. 이런 회로가 자꾸 뇌에 노출 되다 보면 익숙해 져서 회로 포비아가 점점 사라지게 될 것이다.

소스라치게 놀라 지속적으로 상처 받은 심정을 컴플렉스(Complex)라고 하고, 이게 강화 되면 이상한 행동으로 표출되는 히스테리(Hysterie)증상이 서서히 나타나게 된다. 예를 들어 어릴 때 천장에서 난리 부르스를 치는 쥐에 놀란 아이는 쥐에 대해서 아주 예민해 진다. 그러나 심리 치료 방법 중에 '체계적 둔감화' 라는 방법이 있다.

증상이 심한 아이에게 그 아이가 좋아하는 음악과 함께 쥐에 조심스럽게 노출 시키면 쥐에 대해 과민한 심상을 둔화시키게 되는 것이다. 쥐 비스드리 하지만 쥐는 아닌 귀여운 햄스터에 조금씩 노출 시키는 방법도 있다. 꼭 음악이 아니라도 그 아이가 좋아하는 대상과 쥐를 자꾸 결합 시키다 보면 쥐를 무서워

하지 않게 되는 치료의 목표에 도달하게 된다는 방법이다. 나중에는 보통사람도 하기 어려운 쥐꼬리 잡고 뺑뺑이 돌리기의 극한 무신경에 다다르게 될지도 모른다.

회로 포비아도 고등학교, 대학교 때부터 이미 짜부러진 뇌를 자꾸 회로에 노출 시키고,즉시 이해는 더딜지라도 남이 설명한 것을 주의 깊게 보고, 종종 자기 자신이 직접 풀다 보면 연산 증폭기 다리 잡고 돌리기에 진입하는 득도?의 경지에 이를 것이라고 확언한다. 따라서 결론은 이제 회로를 눈에 익혀 보자는 것이다.

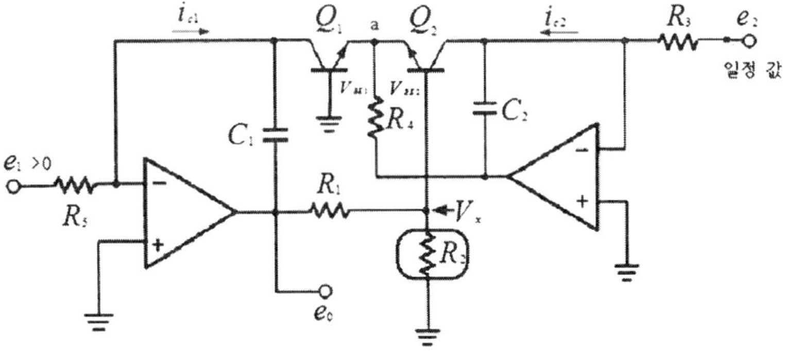

출력에 영향을 미쳤던 인자들이 어떻게 영향력을 줄여졌는지 보기 위하여 복잡한 수식으로 뒤벼 주어야 한다. 또한 주파수가 높지 않거나 직류가 대상이기 때문에 직류적으로 해석해 주어도 된다. 더불어서 Q1, Q2는 특성이 동일하다고 가정하기로 한다. 먼저 Vx점의 전압을 구해 보기로 하자.

$$V_x = \frac{R_2}{R_1 + R_2} \times e_o$$

Q1과 Q2의 베이스-에미터간의 전압을 Vbe라고 하면 a 점에서의 전압은 BASE단이 그라운드이기 때문에 −Vbe1이 되고, Vx점의 전압은 a점의 전압보다 +Vbe2 만큼 크므로, 결국 Vx는 그라운드에서부터 −Vbe1 + Vbe2 만큼 전위가 높게 된다. Vbe는 대략 0.6V에서 ~ 0.7V라고 생각하면 된다.

따라서 식은 아래와 같이 전개될 것이다(수식번호는 그 전 챕터들과 연속됨).

$$V_x = \frac{R_2}{R_1 + R_2} \times e_o = -V_{be1} + V_{be2} \quad ---(7)$$

Vbe1과 Vbe2의 값을 먼저 구해준다.연산 증폭기와 트랜지스터 하나로 구성된 대수증폭기를 상정한다. 위에서 정의한 식(5)를 상기해 보기로 하자. 중괄호({ }) 안의 수 1은 위에서 보았듯이 Ic 보다 Is 값이 엄청나게 작으므르 무시 당해도 싸다.

$$I_c = \alpha I_s \left\{ e\left(\frac{qv_{be}}{nkT}\right) - 1 \right\} = \alpha I_s \left\{ e\left(\frac{qv_{be}}{nkT}\right) \right\}$$

Q1의 베이스-에미터간 전압을 구하면

$$I_{C1} = \alpha_1 I_{S1} \left\{ e\left(\frac{qV_{be1}}{nkT}\right) \right\}$$

$$\frac{I_{C1}}{\alpha_1 I_{S1}} = e^{\left(\frac{qV_{be1}}{nkT}\right)}$$

양변에 자연로그함수를 적용하면

$$\ln\left(\frac{I_{C1}}{\alpha_1 I_{S1}}\right) = \ln e^{\left(\frac{qV_{be1}}{nkT}\right)}$$

$$V_{be1} = \frac{nkT}{q}\ln\left(\frac{I_{C1}}{\alpha_1 I_{S1}}\right)$$

같은 방법으로 Q2의 베이스-에미터간 전압을 구하면

$$V_{be2} = \frac{nkT}{q}\ln\left(\frac{I_{C2}}{\alpha_2 I_{S2}}\right)$$

Q1, Q2의 콜렉터에 흐르는 전류를 구해 보기로 하자. 간단하게 구해진다.

$$I_{C1} = \frac{e_1}{R_5}$$

$$I_{C2} = \frac{e_r}{R_3}$$

이 모든 값을 식(7)에 넣어 보기로 한다.

$$\frac{R_2}{R_1+R_2}\times e_o = -V_{be1} + V_{be2} = -\frac{nkT}{q}\ln\left(\frac{\frac{e_1}{R_5}}{\alpha_1 I_{S1}}\right) + \frac{nkT}{q}\ln\left(\frac{\frac{e_r}{R_3}}{\alpha_2 I_{S2}}\right)$$

$$e_o = -\left(1+\frac{R_1}{R_2}\right)\frac{nkT}{q}\left\{\ln\left(\frac{e_1}{R_5\alpha_1 I_{S1}}\right) - \ln\left(\frac{e_r}{R_3\alpha_2 I_{S2}}\right)\right\}$$

Q1, Q2의 특성이 같다고 했으므로 $\alpha_1 = \alpha_2$, $I_{S1} = I_{S2}$ 이므로

$$e_o = -\left(1+\frac{R_1}{R_2}\right)\frac{nkT}{q}\left\{\ln\left(\frac{e_1}{R_5\alpha I_S}\right) - \ln\left(\frac{e_r}{R_3\alpha I_S}\right)\right\}$$

$$e_o = -\left(1 + \frac{R_1}{R_2}\right)\frac{nkT}{q}\left\{\ln\left(\frac{e_1 R_3 \alpha\ I_s}{e_r R_5 \alpha\ I_s}\right)\right\}$$

$$e_o = -\left(1 + \frac{R_1}{R_2}\right)\frac{nkT}{q}\left\{\ln\left(\frac{e_1 R_3}{e_r R_5}\right)\right\} = \boxed{-\left(1 + \frac{R_1}{R_2}\right)\frac{nkT}{q}\left\{\ln\left(\frac{R_3}{R_5} \times \frac{e_1}{e_r}\right)\right\}}$$

위식에서 보면 α와 Is의 영향이 상쇄 되어 버렸다. 그렇다면 T에 의해 영향 받는 것은 어떻게 해결이 될까? 저항 R2를 온도에 따라 저항값이 바뀌는 것(위의 경우는 온도가 올라갈 수록 값이 커지는 저항) 감온 저항으로 써서 T의 영향을 상쇄시켜 버리면 된다.

식이 복잡한가? 간단하게 하는 방법은 값을 조작하면 된다. R3 = R5, er = 1V, (kT/q = VT)로 하면 식은 입력에 로그값을 취하게 되는 대수 증폭기가 된다. 증폭도는 R1과 R2에 의해 정해진다.

$$e_o = -\left(1 + \frac{R_1}{R_2}\right)V_T\left\{\ln\left(\frac{R}{R} \times \frac{e_1}{1}\right)\right\} = \left(1 + \frac{R_1}{R_2}\right)V_T \ln(e_1)$$

대수

증폭기

명칭 그대로 대수+증폭기?가 되었다.

다음은 역대수증폭기를 대수증폭기와 마찬가지로 이론용과 실전용을 구분해서 분석해 보기로 하자. 그리고 나서 상업용 IC인 BURR-BROWN 社의 LOG112 'Precision LOGARITHMIC AND LOG RATIO AMPLIFIERS'와 LOG114 'Single-Supply, High-Speed, Precision LOGARITHMIC AMPLIFIER'를 분석해 주기로 한다.

만약 대수, 역대수, 승산, 제산 해석을 읽지 않고 상업용 IC들을 분석하려고 하면 거의 멘탈 붕괴의 절망이 쓰나미처럼 밀려들 것이다. 그러나 염려 붙들어 매시라. 이미 상업용 IC들을 분석할 개념적 틀을 합성 했기 때문에 눈에 거북살스럽지는 않을 것이며, 되려 친근감?을 느끼게 될 것으로 확신?한다.

3-31. 연산 증폭기 트랜지스터 역대수증폭기

트랜지스터를 이용한 대수증폭기의 이론형?과 실전형을 분석해 보았다. 그렇다면 트랜지스터를 이용한 역대수증폭기의 이론형?과 실전형을 함께 분석해 주어야 하는 것이 짝으로도 맞고, 섭섭하지 않게 된다. 트랜지스터를 이용한 역대수증폭기는 트랜지스터를 이용한 대수증폭기와 형태가 비슷하고, 분석하는 방법도 엇비슷하다. 형태가 유사하다는 것은 분석할 때 비슷한 과정을 거치므로 유리한 점이 있으나 눈으로 대수인지 역대수인지를 판별할 때는 좀 아리까리하다는 불편한 점은 있다. 그런 점을 유의 깊게 살펴 관찰하는 것도 나쁘지 않다.

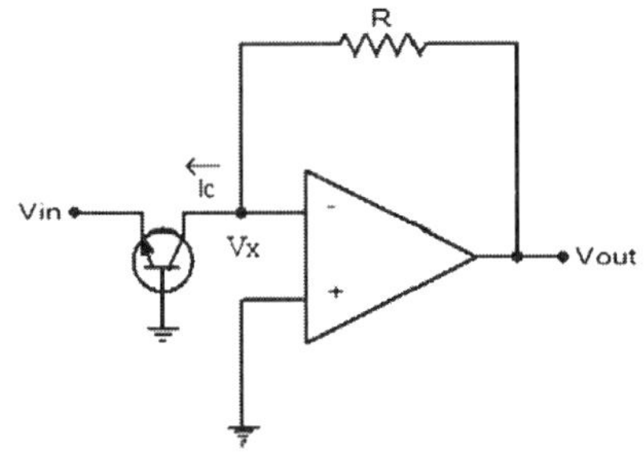

역대수 증폭기

$$I_c = \alpha I_s\left\{e^{\left(\frac{qv_{be}}{nkT}\right)} - 1\right\} = \alpha I_s e^{\left(\frac{-qV_{in}}{nkT}\right)} \qquad \left(\because \frac{qv_{be}}{nkT} >>> 1\right)$$

입력으로 (−)극성의 전압이 들어와야 한다. 따라서 식에서 볼 수 있는 바와 같이 입력전압에 (−)극성을 붙여준다. 따라서 가상단락에 의해 Vx＝0V가 되어,

$$I_c = \frac{V_o}{R}$$

따라서

$$\frac{V_o}{R} = \alpha I_s e^{\left(\frac{-qV_{in}}{nkT}\right)}$$

$$\therefore V_o = \alpha R I_s e^{\left(\frac{-qV_{in}}{nkT}\right)} = \alpha R I_s e^{\left(\frac{q}{nkT}(-V_{in})\right)}$$

$\alpha = 1$. $n = 1$, $q/kT = VT$이므로 식을 줄이면 아래와 같이 간단하게 표현된다.

$$V_o = R I_s e^{\left(\frac{-V_{in}}{V_T}\right)}$$

위의 회로는 트랜지스터를 이용한 대수증폭기의 이론형처럼 실용적이지 못하기 때문에 실전용 회로를 다시 그려봐야 한다. 형태는 트랜지스터를 이용한 대수증폭기의 실전형과 아주 엇비슷하다.

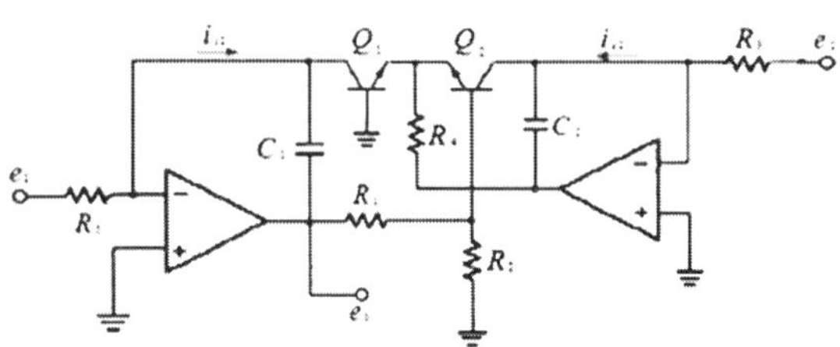

실전형 대수증폭기

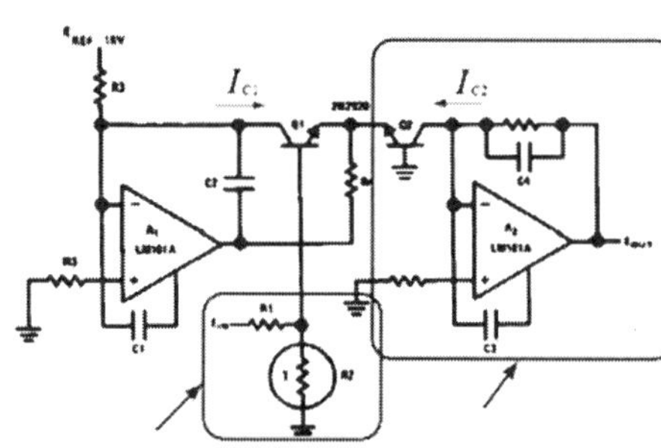

실전형 역 대수증폭기

언뜻 보면 아주 흡사하다. 그러나 찬찬히 뜯어 보면 트랜지스터를 이용한 역대수증폭기는 대수증폭기에 비해 감온 저항이 붙어 있는 회로가 Q2에서 Q1으로 바뀌어 있고, 결정적으로 지수증폭기가 출력쪽에 붙어 있다는 점이다.

눈치밥에 이골이 나신 분은 더 핵심적이고, 결정적인 구분법을 터득하셨을지 모르겠다. 허나 결정적인 구분법에 대해서는 일단 설명하지 않고 넘어가기로 하겠다. 다음 설명에서 혼란스러움을 가중시키기 위해서다. 그 혼란스러움은 확실한 대수, 역대수 구분법의 잃어버리지 않을 기억을 위한 필요성을 감안한 장치임을 이해하시라.

다음 주제로 올릴 BURR-BROWN 社의 LOG112 'Precision LOGARITHMIC AND LOG RATIO AMPLIFIERS'의 회로를 보면 그림 외견상 역대수증폭기(지수증폭기)로 보이는 착시현상이 분명 생길 것이다.

LOG112는 분명 대수증폭기인데 회로가 마치 역대수증폭기(지수증폭기)처럼 생겨 먹었다~ 어찌된 영문이지 ?~ 하고 고개를 갸웃하는 분들이 10이면 9.875할이 혼란에 빠지실 것이 분명하다. 이 주제에 대해서는 LG112 대수증폭기를 분석할 때 먼저 생겨 먹은 외모에 대해 왈가왈부 해보기로 한다.

그럼 실전형 역대수 증폭기를 분석해 보기로 하자.

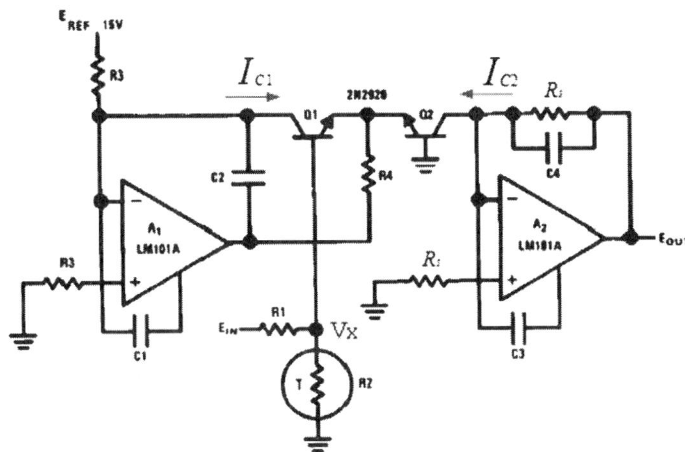

해석하는 방법은 위에서 여지껏 되풀이 해서 수식으로 풀어온 과정과 동일하게 해 주면 된다. 먼저 Vx를 구해 등식을 만들면 나머지는 산수풀이처럼 간단하게 된다.

$$V_x = \frac{R_2}{R_1 + R_2} \times e_{in} \text{ ---(8)}$$

$$V_x = V_{BE1} - V_{BE2} = V_{T1} \ln\left(\frac{I_{C1}}{I_{S1}}\right) - V_{T2} \ln\left(\frac{I_{C2}}{I_{S2}}\right) \text{ ---(9)}$$

여기서 Q1, Q2의 각각의 콜렉터 전류를 구해 보기로 한다.

$$I_{C1} = \frac{e_{REF}}{R_3}$$

$$I_{C1} = \frac{e_{OUT}}{R_5}$$

이 콜렉터 전류값을 식(9)에 넣어 보자. Q1, Q2는 특성이 같으므로

$$I_{S1} = I_{S2} \qquad , V_{T1} = V_{T2}$$

$$V_x = V_T \ln\left(\frac{\dfrac{e_{REF}}{R_3}}{I_S}\right) - V_T \ln\left(\frac{\dfrac{e_{OUT}}{R_5}}{I_S}\right) = -V_T \ln\left(\frac{R_3 e_{OUT}}{R_5 e_{REF}}\right)$$

위의 식과 (8)식이 등식이 성립하므로 식을 전개하면 아래와 같아진다.

$$-V_T \ln\left(\frac{R_3 e_{OUT}}{R_5 e_{REF}}\right) = \frac{R_1}{R_1 + R_2} e_{in}$$

$$\ln\left(\frac{R_3 e_{OUT}}{R_5 e_{REF}}\right) = -\frac{1}{V_T} \times \frac{R_1}{R_1 + R_2} e_{in}$$

양변에 자연로그를 취해 준다.

$$\frac{R_3 e_{OUT}}{R_5 e_{REF}} = e^{\left(-\frac{1}{V_T} \times \frac{R_1}{R_1 + R_2} e_{in}\right)}$$

$$\therefore e_{OUT} = \frac{R_3}{R_5} e_{REF} e^{\left(-\frac{1}{V_T} \times \frac{R_1}{R_1 + R_2} e_{in}\right)}$$

지수함수의 e와 입력, 출력의 e가 좀 헷갈리게 되어 있는데 구분은 될 것이다.,

실전형 대수, 역대수 증폭기를 어렵게 식을 나열하여 풀어 본 이유는 여타의 책에서는 결과식 밖에 나오지 않아서~라는 단순한 이유에서 이다. 아마도 책의 저자는 일본 책을 그대로 베껴 쓴 것 같은 혐의가 짙다. 일본 책들을 베껴 쓴 책을 보면 중간풀이 과정이 생략 된 채 결과식만 서둘러 쓴 것이 수다하기 때문이다. 읽어 보다가 그림에서 편집실수로 일본어가 지워지지 않고 나왔을 때, 그때서야 베낀 흔적을 보고서 실망감이 드는 것이다. 일본과 중국쪽 공학도들이 한국책을 베껴 출판하는 날은 언제쯤 도래할까?

3-32. 연산 증폭기 상용 IC 대수증폭기 해석

실전적인 예로는 BURR-BROWN 社의 LOG112 'Precision LOGARITHMIC AND LOG RATIO AMPLIFIERS'를 들겠다. 회로를 분석하기 전에 생긴 외모부터 왈가왈부하기로 했다. 그림을 비교해 보면 왜 외모부터 챙겨야 하는지 이해하게 될 것이다.

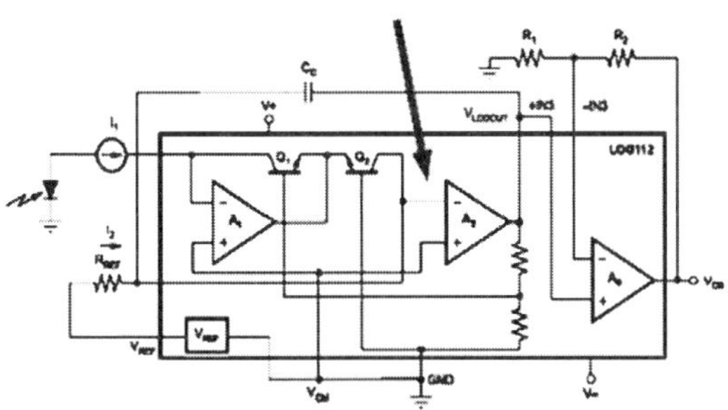

LOG112 대수증폭기

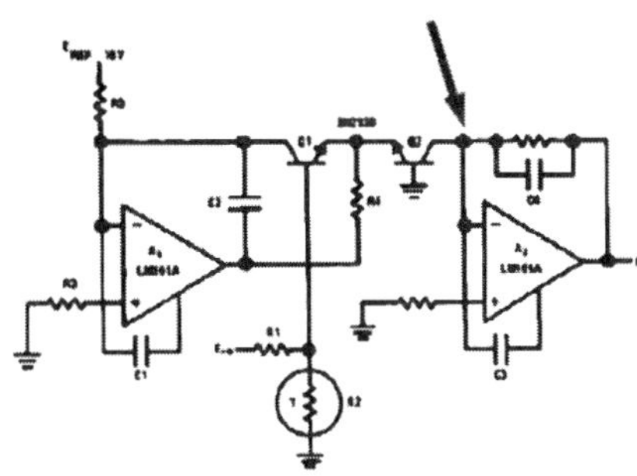

역 대수증폭기

무심결에 두 회로를 보면 이질적인 것을 전혀 가늠하기가 어렵다. 두 회로 모두 역대수증폭기라고 오해할 수 있게 외양을 갖추고 있기 때문이다. 그러나 매의 눈으로 예리하게 관찰해 보면 차이점이 확 들여다 보인다. 결정적으로 틀린 점을 우리가 이미 아는 트랜지스터로 구성한 이론적? 대수, 역대수 증폭기를 보고 핵심으로 앗쌀하게 파고 들어가기로 한다.

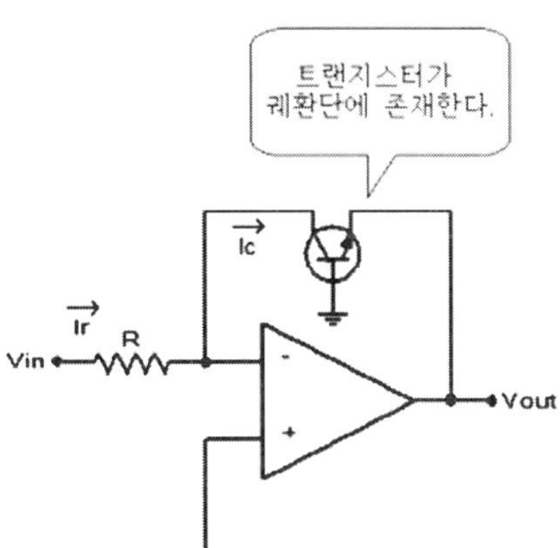

대수증폭기

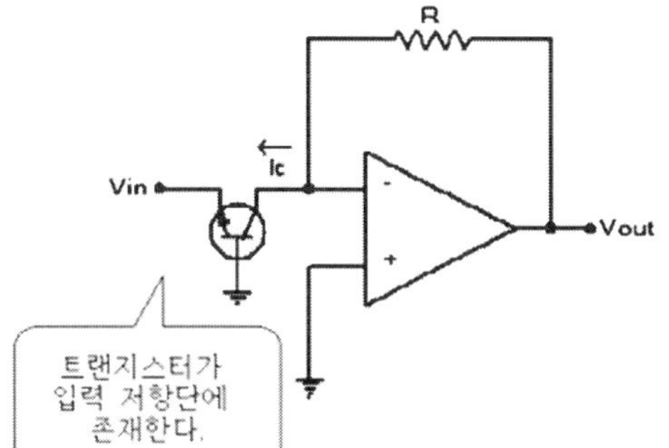

역 대수증폭기

결정적인 차이점을 위의 두 회로에서 추출하고 이를 바탕으로 판가름 할 수 있다. 대수 증폭기에서는 트랜지스터가 궤환단에 존재하고, 역대수증폭기에서는 입력 저항단에 존재한다는 것이 방점중의 방점이다. 그러면 헷갈렸던 두 실용적 회로를 재 비교해 보기로 한다.

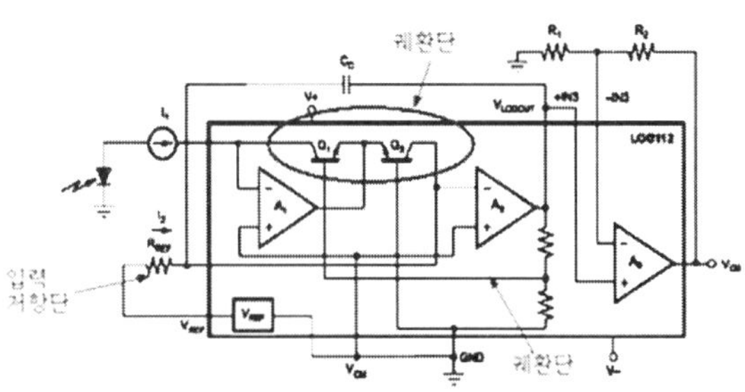

LOG112 대수증폭기

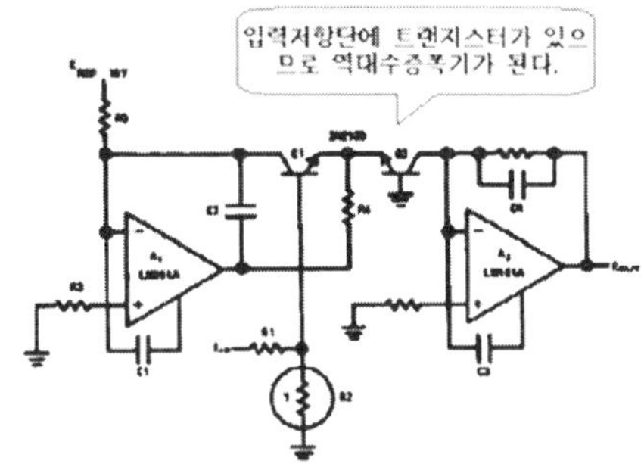

역 대수증폭기

이렇게 해서 대수, 역대수 증폭기 구별법 확실히 해 두었다. 복잡한 회로가 있을 때는 충분히 눈에 익히고, 그래서 쉽게 무의식의 심연에 가라앉았던 기억을 상기시켜 주어야 한다. 하드디스크(무의식)에서 곧 바로 메모리(의식)로 적재되는 DATA 들처럼.

김춘수의 시(詩)대로

"내가 그의 이름을 불러 주기 전에는
그는 다만
하나의 몸짓에 지나지 않았다.

내가 그의 이름을 불러 주었을 때,
그는 나에게로 와서
꽃이 되었다"

이름을 불러주기 전에는 구별이 되지 않는다. 그냥 물자체(物自體)일 뿐이다. 이것과 저것으로 종(種)이 다름을 감지할 때 고유의 이름이 생겨나는 것이고, 그 때서야, 그 회로가 나에게 와서 감이 잡히는 회로가 되는 것이다. 이제 대수, 역대수 구별법을 알았으니 회로를 수식으로 분석해 주어야겠다. 아래 회로는 제조사 DATASHEET에서 제공하는 LOG114 'Single-Supply, High-Speed, Precision LOGARITHMIC AMPLIFIER' 의 회로도이다.

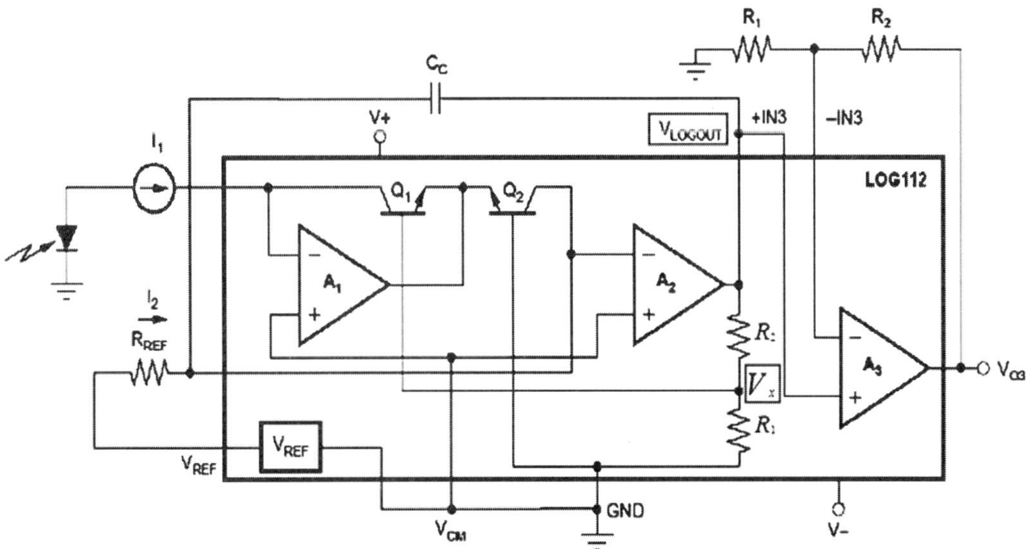

$V_{BE} = V_T \ln \frac{I_C}{I_S}$ where : $V_T = \frac{kT}{q}$

k = Boltzmann's constant = 1.381 • 10^{-23}

T = Absolute temperature in degrees Kelvin

q = Electron charge = 1.602 • 10^{-19} Coulombs

I_C = Collector current

I_S = Reverse saturation current

입력 I1의 로그출력을 구하는 회로가 되겠다. 따라서 I2는 일정하게 고정된 전류값을 가진다. I2는 APPLICATION 회로를 보면 보통 100㎂(=2.5V/25㏀)를 사용하여 기준을 삼는다. 그리고 Q1과 Q2 트랜지스터의 특성을 아주 유사하게 제조한다. 그렇기 때문에 해석할 때는 특성이 같다고 가정한다.

먼저 Vx를 구해 식을 성립시켜 보기로 한다.

$$V_x = \frac{R_1}{R_1 + R_2} \times V_{LOGOUT} \quad ---(1)$$

$$V_x = V_{BE1} - V_{BE2} = V_{T1} \ln\left(\frac{I_1}{I_{S1}}\right) - V_{T2} \ln\left(\frac{I_2}{I_{S2}}\right) \quad ---(2)$$

에미터-베이스간 전압이 콜렉터 전류(Ic)로 성립된다는 것은 트랜지스터를 이용한 대수증폭기를 해석할 때 이미 전개한 바 있다. 따라서 (2)식은 q1과 q2가 특성이 같다고 가정 했으므로

$$V_{T1} = V_{T2} \quad , \quad I_{S1} = I_{S2}$$

가 되리라고 판단되며,

$$V_x = V_{T1} \ln\left(\frac{I_1}{I_{S1}}\right) - V_{T2} \ln\left(\frac{I_2}{I_{S2}}\right) = V_T \ln\left(\frac{I_1}{I_2}\right)$$

여기서 고려 해주어야 할 것은 자연로그와 상용로그와의 관계를 알아야 한다. 그 관계는 아래식이 보여 주고 있다.

$$\ln x = 2.3 \log_{10} x$$

따라서 식을 상용로그로 바꾸면

$$V_x = 2.3\, V_T \log\left(\frac{I_1}{I_2}\right)$$

가 되고 (1)식을 위에 식에 넣으면

$$\frac{R_1}{R_1 + R_2} \times V_{LOGOUT} = 2.3\, V_T \log\left(\frac{I_1}{I_2}\right)$$

$$V_{LOGOUT} = \frac{R_1 + R_2}{R_1} 2.3\, V_T \log\left(\frac{I_1}{I_2}\right)$$

BURR-BROWN 社의 DATASHEET에는 R1과 R2의 값이 나오지 않으나, 추측은 할 수 있다. R1은 대략 200㏀이고, R2는 1.5㏁ 정도일 것이다. 따라서 최종적인 출력은

$$V_{LOGOUT} = \frac{R_1 + R_2}{R_1} 2.3\, V_T \log\left(\frac{I_1}{I_2}\right) = (8.5 \times 2.3 \times 0.02585) \log\left(\frac{I_1}{I_2}\right) = 0.5 \log\left(\frac{I_1}{I_2}\right)$$

전류 I2는 기준전류가 되므로 신경 써줄 필요가 없다. 얼마인지 알고 있으니 알면 문제가 안된다. 데이터시트에는 값이 딱 정해져서 나온다고 했고, 위에서 이미 값을 적시 했다. 참고 하시면 되겠다. 그리고 인터넷에서 LOG112의 PDF파일을 찾아서 위의 내용을 한번 점검해 보시기 권면해 드린다.

다음은 조금 더 복잡한 대수증폭기에 도전해 보기로 하자.

BURR-BROWN 社의 LOG114 'Single-Supply, High-Speed, Precision LOGARITHMIC AMPLIFIER'이다. 먼저 IC의 내부 오장육부(五臟六腑)를 해부해 보시기로 한다. 처음 보는 사람은 혼비백산(魂飛魄散)할 수 있지만, 대수, 역대수, 승산, 제산기 분석의 산전수전, 어물전을 다 경험한 사람은 잉~ 뭐 다 그 놈이 그 놈이고, 그 나물에 그 밥이며, 삐까삐까하네~라고 콧방귀 한 번 뀔 것도 같다.

이런 시건방진 태도가 연산 증폭기를 분석하는 우리를 한 단계 업그레이드 시켜 줄 것임에 틀림없다. 여름 한창 때 옥수수대 키가 언제 쑥쑥 자라는지 모르게 튼실하게 커 가듯 우리의 회로 보는 눈도 그 만큼 알게 모르는 사이에 성숙되어 갈 것은 뻔?한 일이다.다음부터는 연산 증폭기에 트렌지스터가 달리고, 다이오드가 걸려 있으며, 수식은 마술적인 냄새를 폭폭 풍길 때 아예 데면데면 외면하기 보다는 좀 더 익숙하게 대할 수가 있을 것 같다. 그렇지 않은가?

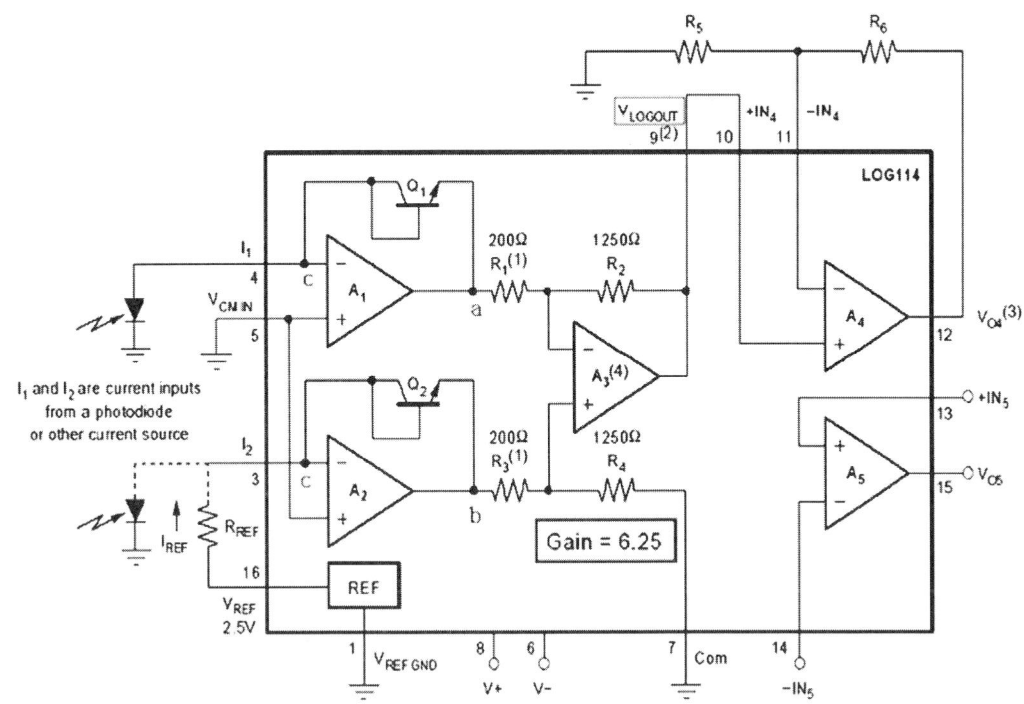

위의 회로는 다소 복잡하게 보이나 의외로 간단하게 출력을 뽑을 수가 있다. 또한 제산기와 비슷한 풍모를 갖고 있다. 이쯤 되면 이 회로가 저 회로 같고, 저 회로가 이 회로 같은 아노미(anomie) 상태로 끌려 들어갈 법도 하다. 눈이 핑핑 돈다.

위의 대수증폭기와 제산기가 다른 점은 제산기에는 출력단 바로 앞에 지수증폭기를 달아 로그의 싹수를 아예 지워버려 입력의 나누기 형식만을 남겨 놓는다는 것이 위의 대수증폭기와의 현저한 차이점이다.

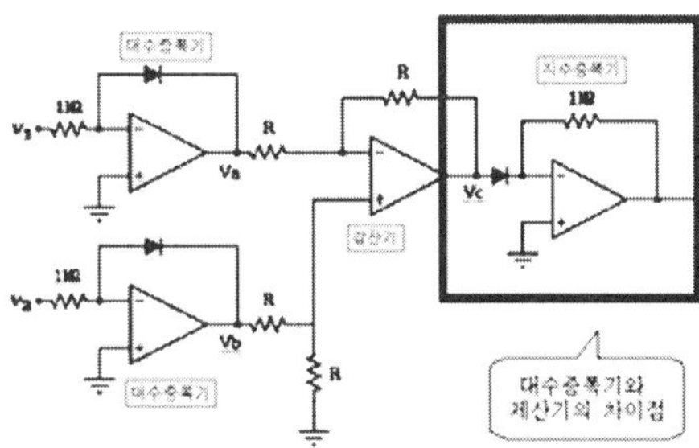

제산기

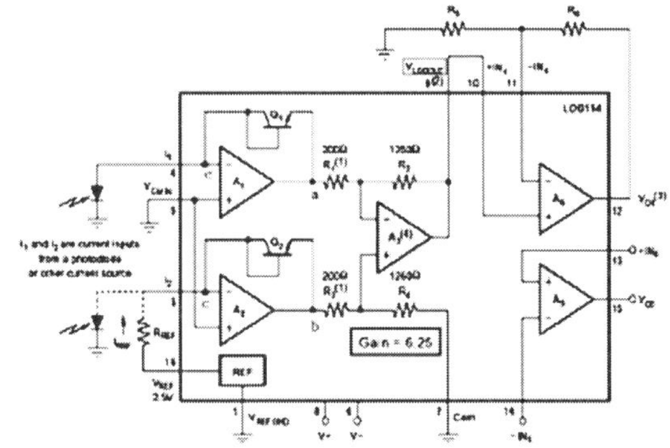

대수증폭기

중간에 있는 차동증폭기의 이득은 6.25라는 것을 알아두자. 여기서는 이미 차동증폭기의 이득을 구하는 설명을 수행했기 때문에 생략하기로 하고 곧바로 위의 대수증폭기를 해석해 보기로 한다. 차동증폭기의 이득구하는 공식만 써 두기로 한다.

$$V_0 = \frac{R_1R_2 + R_2R_4}{R_1R_2 + R_1R_4} \times V_2 - \frac{R_2}{R_1} \times V_1$$

먼저 구해야 할 것은 a, b점의 전압이다.

이 전압은 가상단락에 의해 c점이 0V이기 때문에 아주 쉽게 구할 수가 있다. 문제는 Q1과 Q2가 이상한 형태를 보여 주고 있는데 그냥 다이오드로 구성 되었다고 보면 된다.

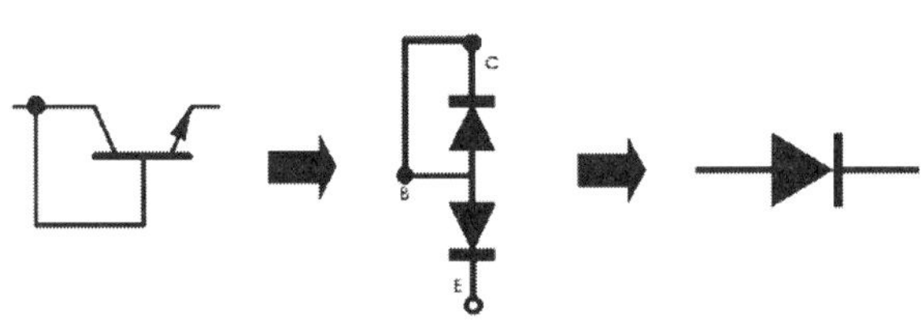

그렇다면 우리가 이미 다이오드로 구성된 대수증폭기를 해석했기 때문에 LOG114 를 쉽게 해석할 수가 있게 된 것이다.

다이오드가 도통 되었으므로, 에미터는 콜렉터-베이스 묶인 단보다 0.7V가 낮아야 하는데, 위에서 말한 것처럼 가상단락에 의해 C점이 0V 이므로 (-)극성을 가질 것은 확실하다.

따라서...

$$V_a = -V_{BE1} = V_{T1}\ln\left(\frac{I_1}{I_{S1}}\right)$$

$$V_b = -V_{BE2} = V_{T2}\ln\left(\frac{I_2}{I_{S2}}\right)$$

이 되고 차동증폭기는

$$V_{LOGOUT} = 6.25\left(V_b - V_a\right) = 6.25 \times V_T \ln\left(\frac{I_1}{I_2}\right)$$

자연로그를 상용로그로 바꾸면

$$\ln x = 2.3\log_{10} x$$

의 관계가 성립되므로 위의 식은 최종적으로 아래와 같이 전개 될 것이다.

$$V_{LOGOUT} = 6.25 \times V_T \times 2.3 \log\left(\frac{I_1}{I_2}\right) = 0.375 \log\left(\frac{I_1}{I_2}\right)$$

위의 회로 처럼 로그 출력단 앞에 비반전 증폭기가 달려 있다면 결과식은

$$V_{04} = 0.375 \log\left(\frac{I_1}{I_2}\right) = \left(1 + \frac{R_6}{R_5}\right) \times 0.375 \log\left(\frac{I_1}{I_2}\right)$$

가 될 것이다. 이것은 사용자가 LOG114 칩 밖에 임의로 취할 수가 있다. 이런 지식을 바탕으로 하면 변형된 대수증폭기라 할지라도 능히 수식으로 해석할 수 있으리라 여겨진다. 그리고 데이터시트에 있는 다양한 APPLICATION 회로를 직감으로 알고 실전에 응용할 수 있으리라 생각 된다.

4부 제어편

실용 디지털

4-1. TTL이 뭐지? TTL 내부구조

아날로그 세계에만 맴 돌았더니 두뇌가 좀 쑤신다. 0과 1의 세계인 디지털의 세계도 좀 건드려 보기로 한다. 그렇다고 기초 ABC서부터 시작하는 것이 아니라 장비에 많이 쓰이는 TTL을 중심으로 DATABOOK 보는 방법을 몇 가지 예로만 들어 보기로 한다. 우리의 지향점이 애초에 현장성 아니었던가!

개념이 없으면 비록 남들이 쉽다고 괄시?하는 TTL(Transistor Transistor Logic)이라도 DATABOOK 들여다보는데 어려움을 겪는 것은 어쩔 수 없다. 알면 아무것도 아니지만 모르면 태산이다. 간단한 것도 기초가 없어 모르는 사람의 심정은 겪어 본 사람만이 그 번뇌의 무게를 안다. 보통의 실무에서 꼭 필요한 욧점만 파악하도록 가이드를 해 보겠다는 것이다. 디지털 이론의 ABC를 기대하지는 마시라. 애게 고작 그런 거였어~ 하는 부분이 바로 여기에서 설명하는 지향점이다.

예전 전자기판들을 보면 TTL 소자들이 무더기로, 도떼기시장처럼 들어가 있는 것을 쉽게 찾아 볼 수 있었다. 보통은 CPU에서 신호를 받아 아날로그 회로를 제어하는데 중간 역할쯤을 수행했다. 유식한 말로 CPU와 장비 사이를 인터페이스(interface) 시킨다고나 할까? 뭐 그런 역활을 수행한다.

인터페이스란 두 이질적 시스템 간에 오가는 신호의 전압을 정합시키거나, 기계 언어적 소통 등을 일컫는다고 보면 된다. 우리가 많이들은 RS-232 케이블을 사용하여 서로 인터페이스 시키는 것이 대표적으로 알려진 소통 방법이다. 예를 들면 한쪽에서 준비 됐냐고 계속 물음 신호를 내 보내면 다른 쪽에서는 준비가 아직 덜 되었다고 신호를 보내다가, 준비 됐으면 준비 완료 신호를 보내고, 그러면 그 신호를 기다렸다는 듯이 알아먹고 기능 수행 신호를 전송한다고 하는 것 등을 말한다.

한마디로 기계들의 소통 방법이라고 보시면 된다. 얘들은 인간이 습득하는 약간의 뉘앙스 차이를 식별하지 못한다. 이거 아니면 저거다. 0 아니면 1이듯이 애매한 것은 끼어들 여지가 없는 세계가 디지털 세계다.

CPU에서 오는 신호(어드레스와 데이터)를 받아
제어 신호를 해독, 저장, 되읽기 등을 수행한다.

그러나 요즘은 TTL 소자를 사용하는 것 보다는 FPGA(field-programmable gate array)를 사용하여 IC 하나에 거대한 TTL 소자로 설계한 회로를 집어넣어 공간도 줄이고, 전력소모도 줄이는 등 간편한 추세를 따르고 있다. FPGA는 심벌로 회로를 설계하거나 언어로 프로그램 해서 넣을 수 있을 뿐만 아니라, 잘못 설계된 회로를 수정할 수도 있다. 이 기술 하나만으로도 밥 벌어 먹는 데는 지장이 없다.

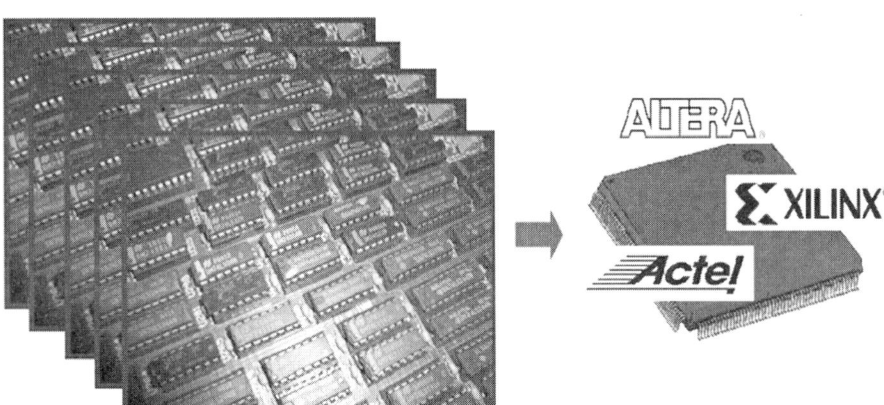

수 많은 TTL 소자를 하나의 칩에 때려 넣을 수 있다.

FPGA는 간단하게 말하면 집적된 gate array이기 때문에 수많은 각종의 디지털 소자를 수많이 사용하여 설계한 거대 회로를 한 CHIP에 집어넣을 수 있는 소자라고 생각 하면 된다. 최근에는 CHIP에 500만개까지 GATE 수를 넣을 수 있다고 하니 집적도가 무지막지 하다고 할 것이다.

이런 집적도는 CHIP을 평면상으로만 넣으면 이루어 질 수 없는 집적도다. 한 평면상에서 집적도를 높이는 방법은 회로선폭을 작게 하거나(20 나노공정 →20nm 나노는 10의 −9승 ; 30 나노공정이라 하면, 반도체 소자에 들어가는 회로의 선폭이 사람의 머리카락 굵기의 4000분의 1 수준인 30nm 급임을 의미한다), 소자 외관크기를 늘려야 하는데 여기에는 여러 제한이 따른다. 따라서 요즘은 한 패키지 안에 CHIP을 위로 적층하여 3 차원으로 올려 집적도를 올리는 기술이 개발되었다고 전해진다. chip 위의 chip....마치 샌드위치처럼 구조를 가져가는 것이다.

FPGA기술이 발달 되었다 해도 TTL 소자 하나하나에 대한 기능을 몰라도 되는 것은 아니다. 알아야 면장을 해 먹던, 동장을 해 먹을 것이 아닌가? 그래서 21세기에도 TTL 소자 하나 하나에 대한 지식은 필수적으로 습득해야 하는 것은 아주 당연하다. 이런 지식을 위해 준비된 것이 디지털 이론이라는 것이다.

하나 더 부연한다면

이렇게 FPGA를 사용하여 회로를 집적하고, 동작에 이상이 없으면 ASIC(application specific integrated circuit)으로 구워 사용하게 되는 것이다. ASIC란 범용 IC가 아니라 사용자가 요구한 데로 고유한 회로를 칩 안에 때려 박은 것으로 주문형 IC로 불린다.

생각해보라 오류가 있는지도 모를 회로를 먼저 덜컥 ASIC으로 만들고 나서 오류가 발견 되어 수정하려면 다시 반도체 공정을 돌려야 하는데, 이에 소요되는 비용이 만만치가 않게 된다. 따라서 FPGA로 먼저 충분히 검증하고 ASIC으로 가는 방향을 가진다. FPGA는 오류수정이 한없이 가능한 소자이다.참 편리한 세상이 아닌가!

그럼 TTL(Transistor Transistor Logic)이 뭔지를 알아야 한다.

TTL은 말 그대로 내부 회로가 트랜지스터로 이루어진 GATE 소자를 말한다. 내부회로를 트랜지스터 조금, 다이오드 조금으로 연결해서 제조했다면 DTL(Diode Transistor Logic)이라고 한다. TTL이 뭔지를 더 이해하기 위해서 TTL의 오장육부를 해부해서 간단히 설명해 보기로 한다. 역시 의학이든 공학이든 해부학은 기초로써 엄청 중요하다.

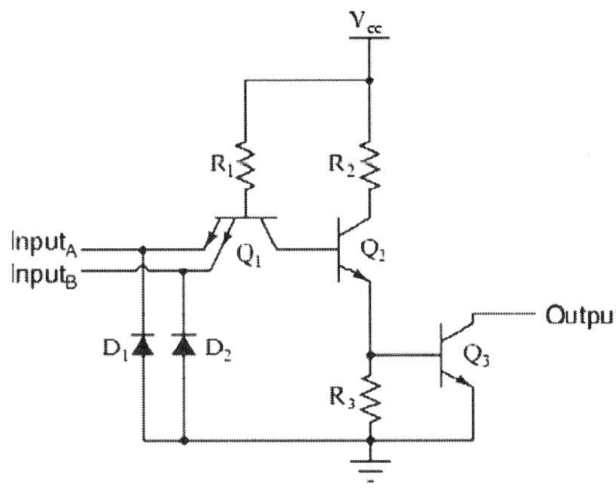

위에 보는 회로는 NAND GATE(NOT AND)이다. 다이오드도 두 개 들어 갔기 때문에 DTL (Diode Transistor Logic)이라고 우기지 말라 저건 TTL회로이다.

다이오드는 그럼 왜 버젓이 들어가 있는 것일까?

그것은 입력을 제한하는 보호회로이기 때문에 동작과는 무관하며 별일 없으면 다이오드는 동작을 하지 않는다. 그래서 저 회로는 TTL 회로가 되는 것이다.

디지털의 세계는 0아니면 1이고, 특별히 TTL에서 0(=LOW)은 0V를, 1(=HIGH)은 5V를 가리킨다. 그런데 만약 (−)전압으로 쳐 박혀 입력이 들어온다면 회로가 파괴될 수도 있다. 이때 다이오드를 입력단에 묶어 주면 입력이 −0.7V 아래로 내려가는 순간, 보호 다이오드는 도통 되어 그 이하의 전압으로 떨어지지 않게 잡아주어 과도한 전압차에 의한 회로 파괴를 막아 낼 수 있는 것이다. 따라서 긴급한 사태?가 아닌 한 저 다이오드는 제외하고 해석해도 된다. 보호회로가 해석에서는 별 쓸모없는 회로가 되겠지만, 설계자의 입장에서는 너무나 중요한 요소가 된다는 것을 잊지 않아야 한다.

그럼 (+)극쪽으로 전압이 높게 들어온다면 이때도 다이오드를 보호회로로 써야 하지 않겠냐고 근심걱정 할 수 있다. 그러나 생각해 보시라. (+)방향으로 높은 전압이 입력되면 트랜지스터는 도통이 안 되기 때문에 별로 영향을 주지 못한다. 트랜지스터가 파괴될 염려가 거의 없다. 그래서 (−)극성의 낮은 전압에 대한 대비로 다이오드만을 준비해 둔 것이다.

다음으로 TTL회로를 간단하게 동작만 살펴보자.

Q1은 MULTI−EMITTER TRANSISTOR(다중 에미터 트랜지스터)로 입력을 받게 되어 있다. 입력 A, B 중에서 하나만 LOW(0V)가 되면 Q1은 베이스−에미터간에 0.7V 정도로 도통되게 된다.

그렇게 되면 Q2의 베이스는 0V(낮은 전압인데 0V라고 하자)가 되어 Q2는 베이스−에미터간에 0.7V가 되지 않기 때문에 불통 된다.

그리하야 Q3의 베이스에는 저항 R을 통해 0V가 걸리기 때문에 불통 된다. Q3가 불통 되면 Vcc가 그대로 걸려 출력은 그대로 5V(HIGH, 또는 1)이 되는 것이다.

위의 Q1 트랜지스터를 다이오드로 등가적으로 그려서 보면 더 확실하게 이해할 수 있게 된다.

아래 그림이 등가적인 NAND TTL회로가 되겠다.

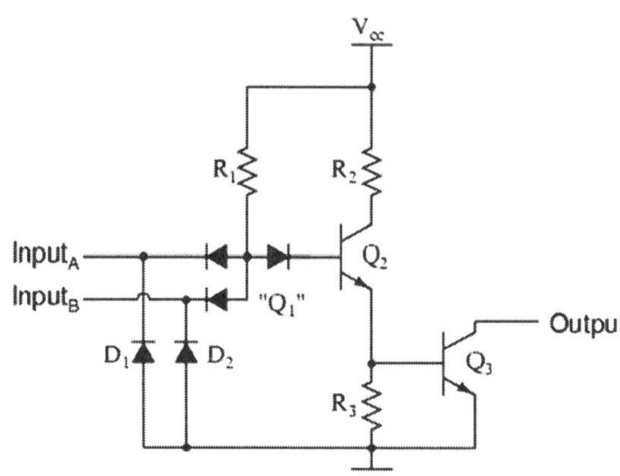

두 입력에 따라 트랜지스터들의 동작을 살펴보자.

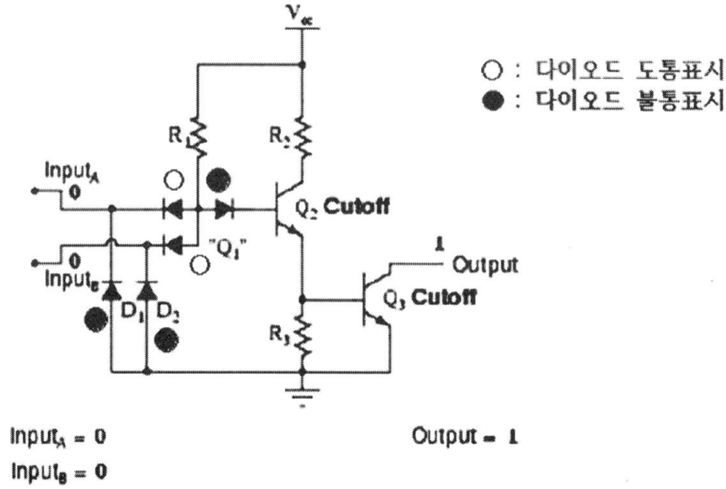

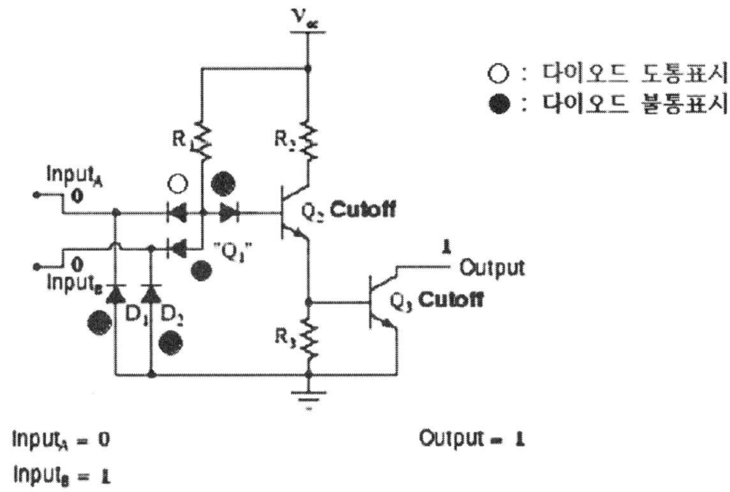

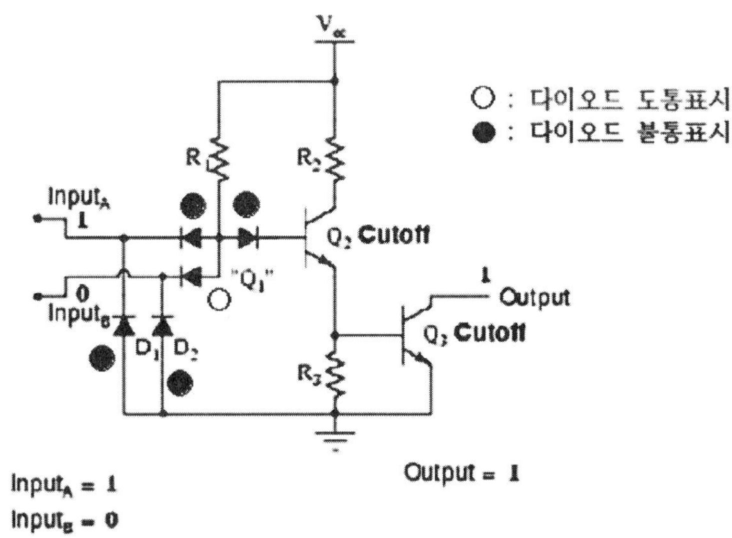

위에서 분석한 것과 같이 입력이 하나라도 0V(LOW)가 들어 온다면 Q1 다이오드 등가회로에서 두개의 다이오드 또는 한개의 다이오드라도 도통되어 Q2의 베이스 입력에는 결국 0V가 걸려 불통이 된다.

Q2가 불통되면 Q3의 베이스에도 저항을 통한 0V가 걸려 Q3도 불통되고 Vcc 5V가 출력단에 걸려 HIGH가 된다. 이런 내용은 위에서 분석한 것과 같은 동어반복이다.

이제 입력을 바꾸어서 두 입력이 동시에 5V(HIGH)가 들어온다고 하자. 이때는 회로가 좀 복잡하게 요동친다. DOUBLE-EMITTER 입력에 있는 다이오드는 동작하지 않는다. 왜냐하면 다이오드가 도통 되려면 0.7V의 전위차가 있어야 하는데 마치 아래 그림처럼 동전위를 갖기 때문에 불통이 되어 버린다.

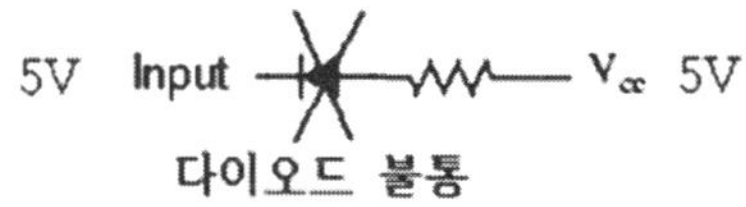

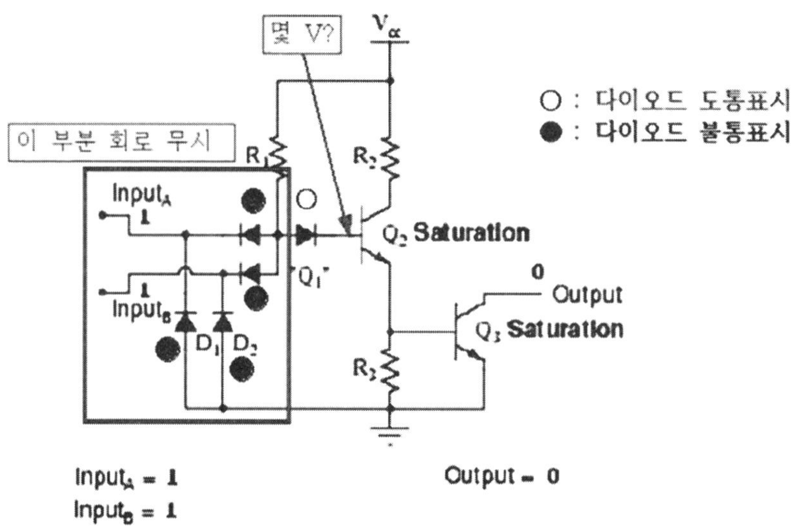

두 입력이 모두 5V(= HIGH) 일 때 회로동작을 해석할 때 주의해야 할 점이 있다.
트랜지스터를 베이스-에미터만 추려 다이오드형태로 등가회로를 다시 그린다.

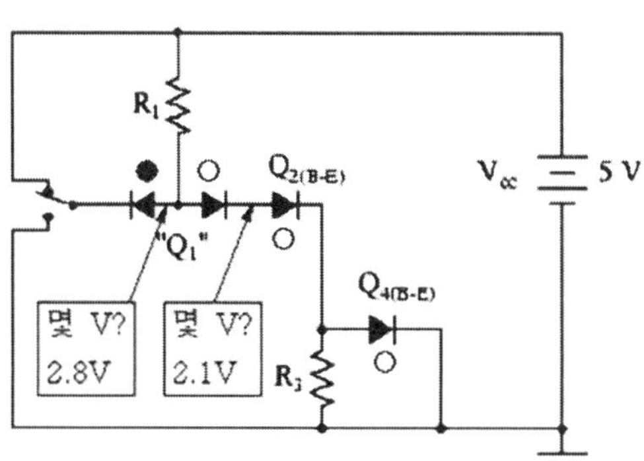

Q2와 Q3의 베이스-에미터 단에는 각각 0.7V가 걸려 도통되기 때문에 Q2의 베이스에 걸리는 전압은 결국 0.7V+0.7V = 1.4V가 걸리게 된다.

나머지 전압은 R1이라고 표기한 저항 양단에 5V-2.1V = 2.9V가 걸리게 된다. 결론적으로 입력이 둘 다 HIGH가 들어 올 때는 출력은 0V(LOW)가 되어 NAND GATE 동작이 이루어지는 것이다.

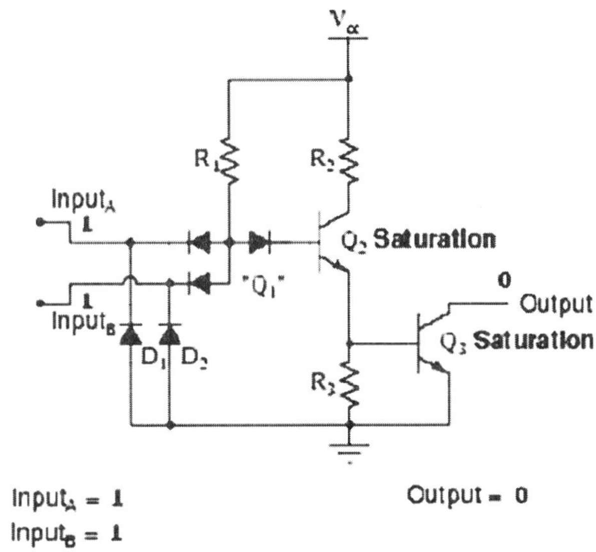

NAND GATE를 기호화하고 진리치표를 작성하면 아래와 같이 전 세계 공통적으로 사용하는 회로심벌이 되는 것이다.

NAND gate

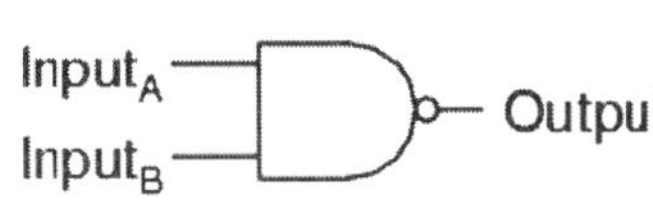

A	B	Output
0	0	1
0	1	1
1	0	1
1	1	0

NAND GATE를 분석 한 김에 AND 회로도 추가로 대충 보기로 한다.

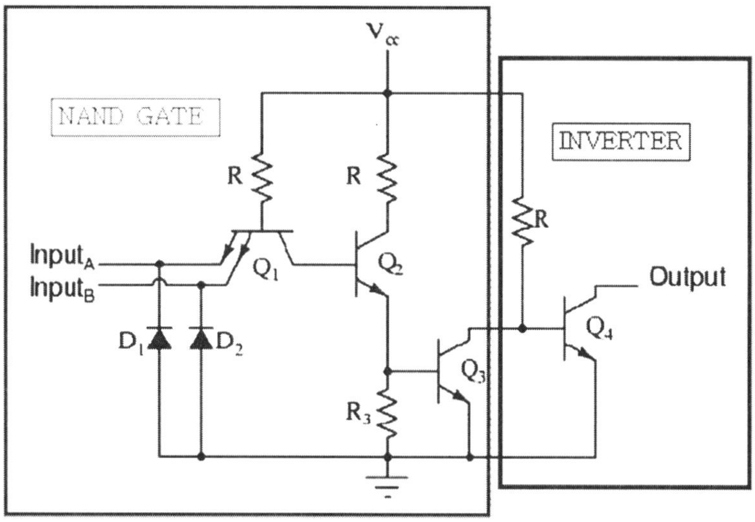

AND GATE는 우리가 분석한 AND GATE에 인버터(또는 반전기)만 하나 달아 주면 땡이다. 위의 그림에서 확인하다시피 트랜지스터 하나만 더 달면 회로는 끝이다. 일반적으로 TTL 기호들에서 단자에 동글뱅이가 하나 붙으면 반전 내지는 LOW로 동작한다는 것을 의미한다.

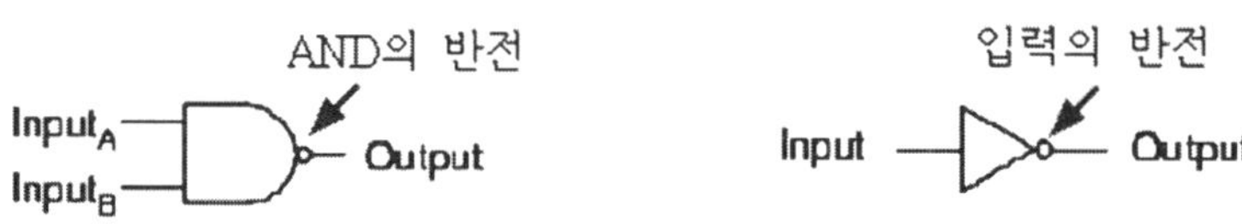

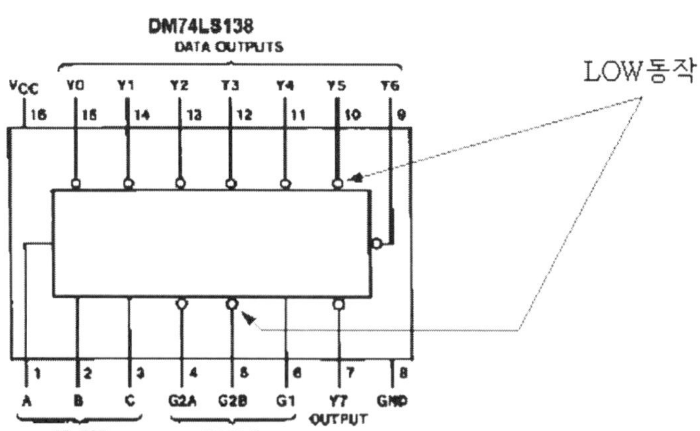

NAND GATE에서는 두 입력이 하나라도 0V(LOW)가 들어 오면 출력은 1이 되고, 두 입력 모두 5V(HIGH)가 되면 출력은 0가 된다고 했다.

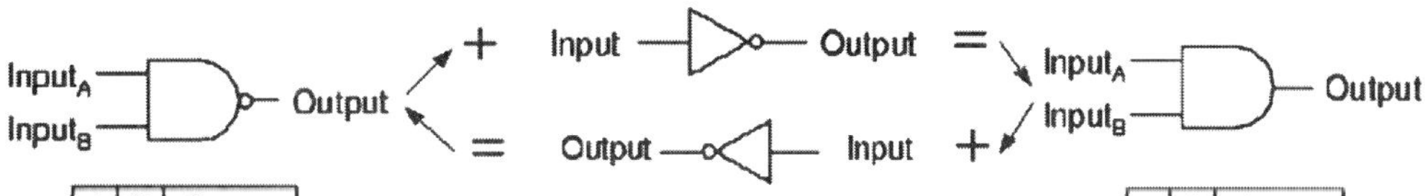

A	B	Output
0	0	1
0	1	1
1	0	1
1	1	0

A	B	Output
0	0	0
0	1	0
1	0	0
1	1	1

회로적으로는 NAND GATE에 트랜지스터가 하나 더 달려 있으므로 만약 Q3출력이 HIGH가 되면 Q4는 도통되어 출력으로 그라운드레벨인 LOW가 나타나고, Q3출력이 LOW가 되면 Q4는 불통 되어 출력으로 Vcc 레벨인 HIGH가 나타난다.(일단 출력이 그렇게 된다고 간주하기로 한다. 왜냐하면 출력단쪽 Q4의 컬렉터단에 VCC 와 저항으로 외부에 연결 되어 있다고 봐 주시기 바란다.))

Q4의 출력단을 보면 Vcc가 걸려 있지 않는다. 형태가 저 모양이면 open-collector라고 불러, 사용자가 회로에 적용할 때는 다음 GATE 입력단에 저항하나에 Vcc를 걸어 주어야 한다.

역으로 AND GATE에 인버터를 하나 달아 주면 NAND GATE가 된다. 이것은 익히 잘아는 내용이다.NAND GATE의 예를 하나 들어 보고 TTL이란 어떤 정체성을 가진 소자인지 알아 보았다.

이쯤해서 하나 더 고려해 주어야 하는 것이 있다. 아래 우리가 분석 했던 NAND GATE를 유심히 보시기 바란다.

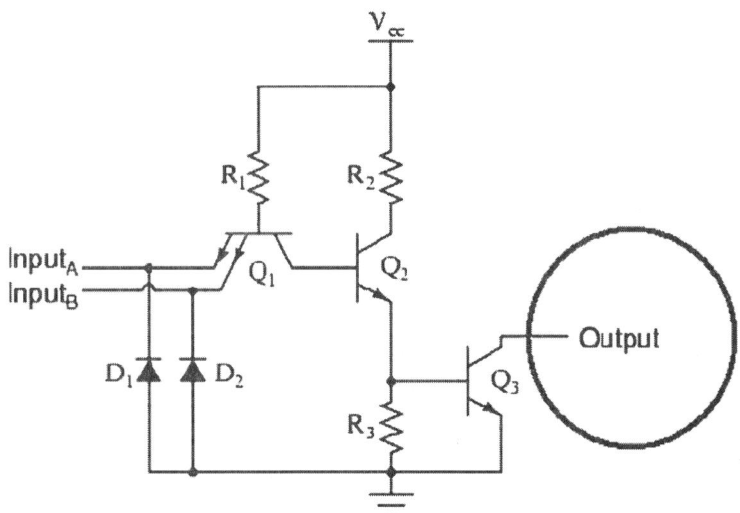

여기까지 우리는 NAND GATE 내부 회로를 분석하면서 출력에는 의례 0V(=LOW) 아니면 5V(=HIGH)가 나타난다고 짐짓 결론을 내렸었다. 그런데 Q3의 콜렉터 출력쪽에 아무 회로도 붙어 있지 않다.

만약 Q3가 불통 된다면 출력은 갑자기 OPEN회로가 되고 만다(회로적으로 어쨌튼 그라운드나, Vcc에 연결이 안 되어 있으면 이를 FLOATING 된 상태, 다른 말로 부동상태 라고 말해 준다. 또는 경우에 따라 전류가 흐르지 않기 때문에 고 임피던스 상태라고도 해 준다).

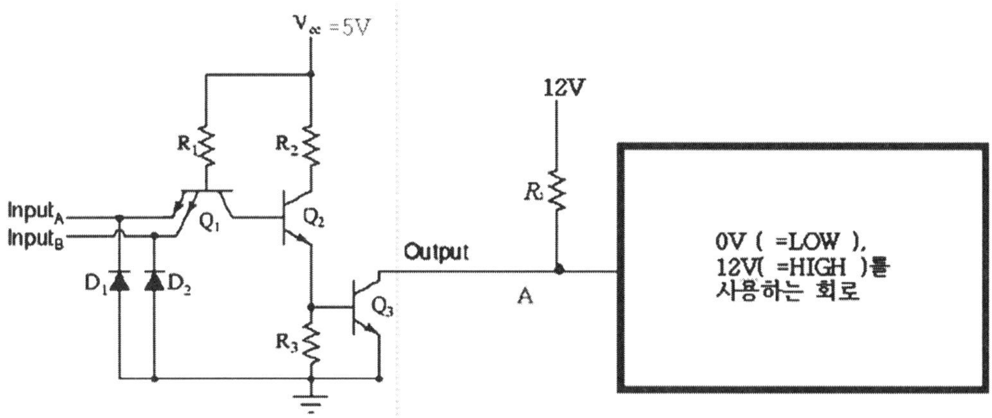

위의 회로만이라면 0V(=LOW)나 5V(=HIGH)로 전압이 나타나지 않게 되고 출처 모를 놈이 나타날 것이다. 디지털의 세계에서 0V 아니면 5V 두가지 상태만 존재해야 하는데 저런 형상이라면 디지털의 세계에서는 용납할 수 없는 상태가 되어 버린다.

그럼 왜 출력단을 저런 식으로 만들었을까?

몇 가지 장점이 있기 때문에 출력을 저런 형태로 만들어 준다. 첫째는 신호의 수준이 다른 것과 정합을 시켜 주기 위해 용도로 사용할 수 있다. TTL은 0V(=LOW)나 5V(=HIGH)만 사용 가능한데 느닷없이 12V나 15V(또는 기타등등)를 사용하는 회로와 연결을 주고 받고 싶을 때는 이런 형태가 아주 안성마춤이다. 어떻게 하면 소위 인터페이싱이 될까?

위의 회로와 같이 PULL-UP 저항에 12V를 연결하면 비로서 인터페이싱이 된다. Q3가 도통되었을 때는 0V가 출력이 되고, 불통이 되었을 때는 TTL 회로는 없는 것과 마찬가지가 되고(개방), 12V가 출력으로 나가게 되는 것이다.

그런데 왜 Q3가 불통일 때 12V가 걸리는지? 의아해 하시는 분들이 있을 것이다.

개방되어 있다는 말은 저항이 무한대와 같다는 말과 동일하다. 따라서 12V에 연결된 저항 R3가 있다 손 치더라도 전압 12V는 무한대의 저항에 다 걸려 버리기 때문에 결국 출력단에는 12V가 나타나게 되는 것이다.

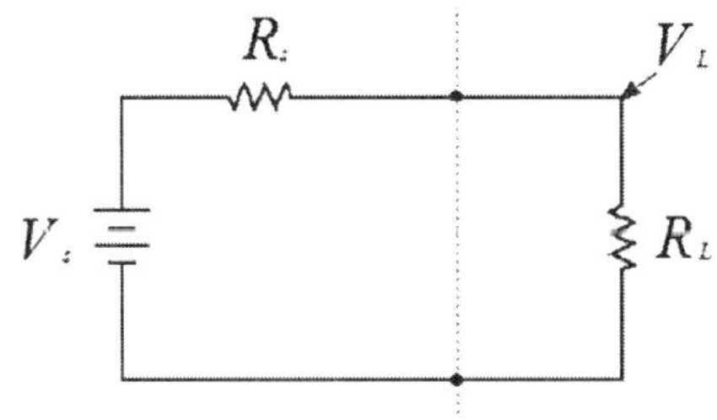

$$V_L = \frac{R_L}{R_S + R_L} \times V_S$$

에서 로드저항 R_L >>>>>>>>이면 $V_L = V_S$가 된다. 값을 한번 넣어 보기로 하자. $R_S(= R3) = 10k\Omega$, $R_L = 100M\Omega$ 이면

$$V_L = \frac{100M\Omega}{10K\Omega + 100M\Omega} \times V_S = 0.9999V_S \cong V_S$$

왜 PULL-UP 저항이 달려 있을 때 A점에 전압이 다 걸리는지 이유를 아시겠는가?

4-2. TTL 쇼트키, 팬 아웃

TTL 출력 구조에서 COLLECTOR가 개방 된 형태의 두 번째 장점을 추가해야 하겠다.

이런 방식은 디지털 신호를 비교적 멀리 보낼 때 잡음에 강하다는 특성을 가지고 있다. 잡음을 제거하는데 도움이 된다는 내용을 요약해 보자.

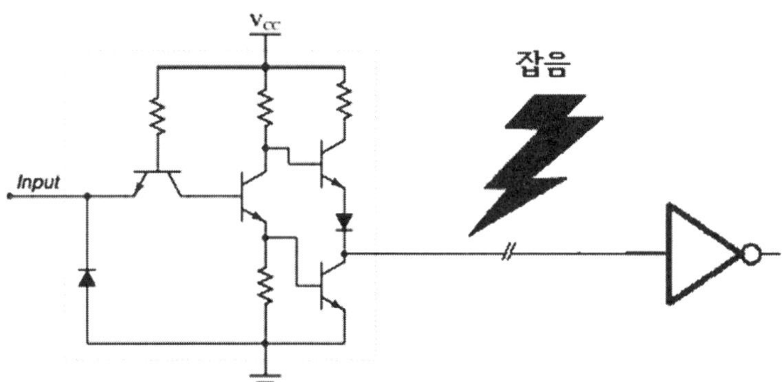

일반적인 TTL 구조로 멀리까지 디지털 신호를 보낼 때
중간에 잡음이 끼어 들 공산이 크다.

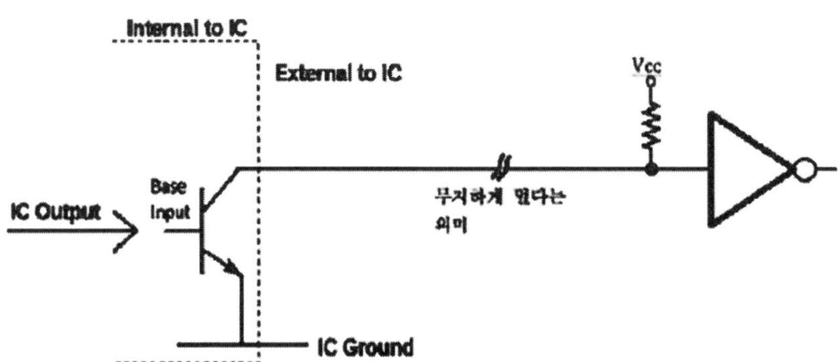

콜렉터가 개방된 구조라면 멀리까지 디지털 신호를 보낼 때
중간에 잡음이 설사 좀 끼어 들어도 신호왜곡이 적다.

컬렉터가 개방된 형태가 왜 잡음에 강한가는 직감으로 바로 알 수 있다.

일반적인 구조의 TTL 소자로는 멀리까지 신호를 보내는데 있어 중간에 선 저항이나, 잡음 등에 의해 신호가 왜곡될 공산이 무척 커진다. 그러나 컬렉터를 개방한 구조는 멀리 있는 다음단의 소자에 신호를 줄 때 바로 PULL-UP 저항에 의해 다음 단 바로 곁에서 신호의 LOW, HIGH가 결정 되므로 신호의 왜곡을 걱정할 필요가 없게 되는 것이다.

그렇다면 이런 구조에 알맞은 이름이 붙여져야 한다.

명칭은 생김새 그대로를 반영했다. 콜렉터단이 개방되어 있기 때문에 개방 콜렉터(Open Collector)라고 부른다. 그러나 가장 많이 사용되는 TTL소자의 대부분은 토템 폴(Totem Pole) 형태를 가진다. 이 명칭도 TTL 소자의 출력구조에 따른 명칭이지만 유비적으로 같은 형태를 갖는 비슷한 구조의 사물을 빗대어 이름을 붙인 것이다. Totem Pole이란 인디언들의 장승으로 생긴 모습은 아래와 같다.

우리나라 장승은 천하대장군이면 천하대장군 한 명이지 다른 모습들과 섞여 있지는 않다. 그러나 아메리카 인디언의 장승은 비슷한 모습을 수직으로 몇 개 더 얹은 형상으로 되어 있다. 아래는 Totem Pole 형식의 TTL소자의 출력 구조를 보여 주고 있다.

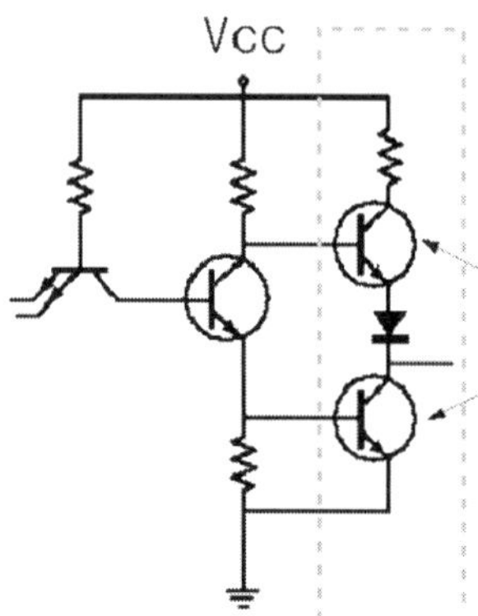

이리하여 TTL 소자에는 출력 구조에 따라 개방 콜렉터(Open Collector)와 토템 폴(Totem Pole)의 두 가지 형태가 있다는 것을 알았다.

사용빈도로 보면 2:8 가르마 처럼 토템 폴(Totem Pole) 형식을 많이 사용한다. 개방 콜렉터(Open Collector)가 외부에 저항을 달아야 하는 번거로움도 있지만 전력소비도 상대적으로 많기 때문이다. 경우에 따라서는 PULL-UP 저항의 크기에 따라 신호의 상승속도도 느려지게 됨으로 특정용도가 아니면 손이 가지 않는다.

대충 TTL의 속 사정을 알아 보았으니 겉 사정도 무엇이 있나 짚고 넘어가자.

문제는 이렇다.

TTL소자가 있을 때 그 출력을 받는 TTL소자를 얼마까지 연결할 수 있는가 하는 고민이 있을 수 있다. 하나의 소자에 무한개를 달수 있을까? 그렇지는 않다.

지출능력은 10인데 100을 써보라 파산을 면치 못한다. 마찬가지로 TTL소자도 자기능력이상으로 다음단을 무자게 연결하면 퍼질러 버리고 만다. 이런 능력을 정의하여 FAN-OUT 이라고 한다. 한마디로 한개의 출력으로 몇개의 입력을 달 수 있는지의 정도를 말한다. TTL소자를 많이 다루어 본 사람들은 지겹도록 들었을 것이다. FAN-OUT이 산개(散開)하다의 의미를 가진다. 산개라는 뜻은 '여럿으로 흩어져 벌림' 을 지시하기 때문에 FAN-OUT은 분기능력을 지칭할 것 같다.

그럼 어떤 기준을 가지고 FAN-OUT 확인할 수 있을까? 이를 확인하기 위해서는 DATASHEET를 보아야만 한다. 그리고 4가지의 전류관련 요소를 파악할 수 있어야 한다. TI社의 SN74LS00을 예로 보기로 하자.

Symbol	Parameter	Conditions	SN54LS00			SN74LS00			Units
			Min	Typ	Max	Min	Typ	Max	
I_{OH}	High-Level output current				-0.4			-0.4	mA
I_{OL}	Low-Level output curren				4			8	mA
I_{IH}		VCC=MAX, V_I=2.7V			20			20	μA
I_{IL}		VCC=MAX, V_I=0.4V			-0.4			-0.4	mA

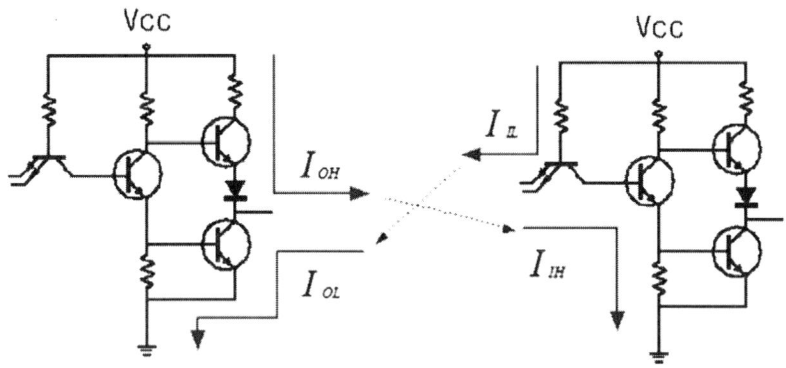

주는 소자 입장 받는 소자 입장

DATASHEET에서(−) 부호는 생각하지 않아도 된다. 절대값만 취하면 된다.

먼저 출력을 내는 소자의 입장에서 HIGH가 나타날 경우의 FAN−OUT을 계산하기로 한다. 계산법은 아래 식과 같다.

$$\text{TTL Fan-out} = \frac{\text{H output current } (I_{OH})}{\text{H input current } (I_{IH})}$$

$$FAN-OUT = \frac{0.4mA}{20uA} = \frac{400uA}{20uA} = 20$$

출력이 HIGH 일 때 SN74LS00의 FAN−OUT은 20이므로 출력에 20개의 입력을 더덕더덕 붙일 수 있게 된다. 그런데 출력이 LOW일 때도 계산해 주어야 한다.

$$\text{TTL Fan-out} = \frac{\text{L output current } (I_{OL})}{\text{L input current } (I_{IL})}$$

$$FAN-OUT = \frac{8mA}{0.4mA} = 20$$

출력이 LOW일 때도 마찬가지로 FAN−OUT은 20이 되었다. 결국 SN74LS00의 출력단에 붙일 수 있는 입력소자의 수는 20개로 확인 되었다. 만약 HIGH와 LOW 일 때 FAN−OUT이 각각 다르다면 낮은 것을 기준으로 FAN−OUT을 잡아 주면 된다. 계산이 20개가 나왔다고 빈틈없이 20개를 사용하는 사람은 없으리라 생각한다. 여유분을 두어야 만사형통이다.

수입과 지출을 딱 맞히는 가계와 정부는 없다. 가계와 정부는 빚을 좀 지더라도 채권이나 대출로 연명 가능하지만 소자의 세계에서는 넘치면 모자람만 못하게 된다. 오래지 않아, 조만간에 소자가 골로 가기 때문이다. 그러면 남는 것은 기판에 14개짜리 다리를 전부 끊어 내고 납빨이로 소자를 들어 내서 다시 삽입해야 하는 지난한 고생 바가지를 덮어쓰게 된다.

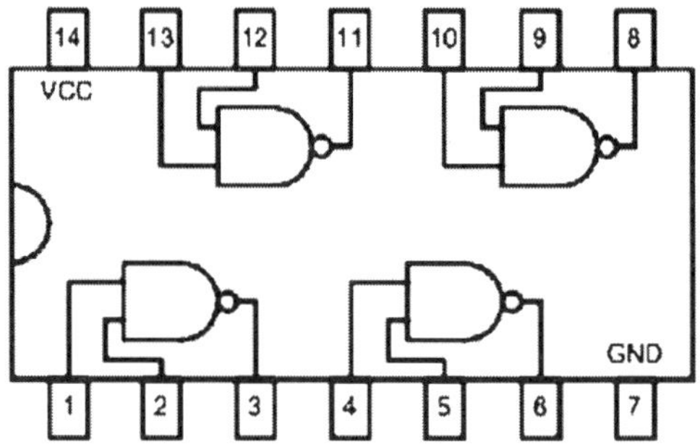

7400 Quad 2 Input NAND

보통 TTL GATE는 아예 74시리즈라고 못박아 생각하고들 있다. 예를 들어 '7400' 은 그림에서 보는 바와 같이 2개의 입력을 갖는 NAND GATE가 4개(QUAD)가 들어 있는 소자이다.

60년대 중반 쯤에 그 이름도 유명한 Texas Instrument(TI)社에서 74라고 이름 붙인 소자를 발표 했는데 이 소자들이 시장을 지배하게 되고, 선점하게 되어 이 계통의 소자를 74시리즈라는 이름을 붙이게 된 계기가 되었다(54 시리즈는 군수용). 딱히 표준적으로 합의 된 명칭이 아니었다. 옥타곤 싸움이나 자본주의 시장이나 선점, 선빵의 중요성을 일깨우는 일화가 되겠다.

처음 발표된 소자들은 이후에 기술의 발전에 따라 전력을 적게 소비하거나, 소자의 스위칭속도가 빠르냐에 따라 변주된 주자들이 출현하게 된다. 그래서 7400은 확정된 이름대로 QUAD 2 INPUT NAND GATE 소자로 굳어지고, 기능이 강화된 특징들을 74와 00(또는 XXX) 사이에 몇 가지 부제목를 붙임으로써 소자의 특징을 확연하게 알 수 있는 명칭으로 발전하게 된다.

74L00, 74LS00, 74S00, 74ALS00 또한 내부 내장을 BIPOLAR나 CMOS냐에 따라 다양하게 변종을 낳게 되는데, 염려 많은 세상 사는데 BIPOLAR 만 생각해 주기로 하자. 표로 쌈빡하게 정리해 본다.

속 도	GATE 이름	POWER 소비	GATE 이름
빠름	AS	낮음	L
	S		ALS
↓	ALS	↓	LS
	LS		AS
느림	L	높음	S

74와 00 사이에 들어가는 문자의 의미를 살펴보자.

L → LOW POWER : 74L

LS → LOW POWER SCHOTTKY : 74LS
ALS → ADVANCED LOW POWER SCHOTTKY : 74ALS
S → SCHOTTKY : 74S
AS → ADVANCED SCHOTTKY : 74AS

표를 보면 크게 두 가지 특징이 눈에 확 뛴다. 속도와 전력이다.

두 능력은 서로 양립하기 쉽지 않은가 보다. 속도가 빠르면 전력 크게 소모하는 것을 감수해야 하고, 전력 소비를 줄이려고 하면 속도가 저하되는 현상이 TTL GATE에 내재된 문제인 것처럼 보인다. 해서 중용의 덕을 충분히 쌓은 우리의 실험실에서는 여간 특별한 경우가 아닌 한 표에서도 중요의 미덕을 갖춘 'LS' 형태에 쉽게 손이 가게 되는 듯 싶다.

그런데 표를 가만 보면 전력소비가 작고(LOW POWER), 쫌 진보된(ADVANCED) 단어는 대충 개념이 오는데 쇼트키(SCHOTTKY)가 가슴깊이 팍 와닿지 않는다. 대충 눈치밥으로 어림짐작하면 속도와 관계가 깊은 것이 확실하다. 쇼트키(SCHOTTKY)라는 명칭은 일단 사람이름이라는 것을 밝혀둔다.

왈터 쇼트키(1883~1976 Walter Schottky) 스웨덴 출생의 독일의 물리학자.

쇼트키가 반도체와 금속의 접촉을 연구하여 쇼트키 배리어 이론을 내놓았다고 하는데, 약식으로 설명하고, 국한(局限)해서 설명하면 다이오드의 기능을 획기적으로 발전시켰다는 말이 된다. 그의 이론이 반도체 전반에 영향을 주었지만 우리는 다이오드에만 초점을 맞추어 보자. 트랜지스터도 다이오드 두 개를 쌍으로 붙인 것이기 때문에 그의 이론은 반도체 전반에 크게 영향을 줄 수 밖에 없다.

너절하게 설명하느니 일반다이오드와 쇼트키 다이오드의 특성 그래프를 보고 쇼트키의 장단점을 보시기로 하겠다.

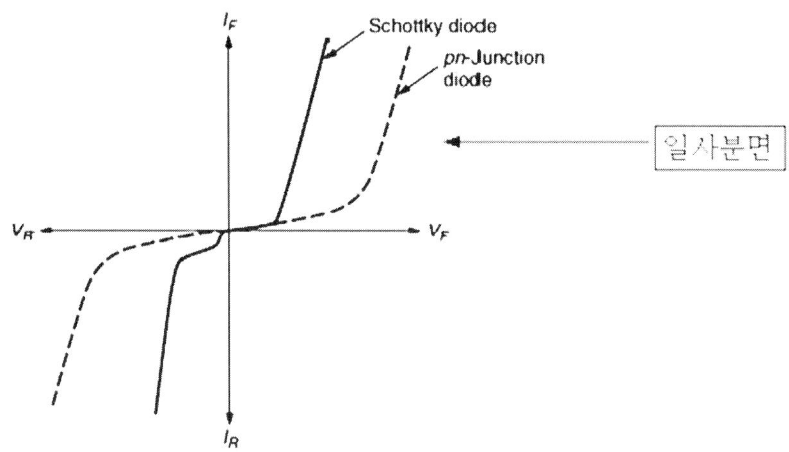

1사분면을 보시라.

보통의 다이오드는 도통이 되려면 0.7V 정도의 양단전압차가 필요하다(순방향전압). 그러나 쇼트키다이오드는 전위장벽이 낮아서 순방향전압 0.15V~0.45V 정도가 되면 도통이 되는 소자가 되겠다. 이런 말들을 들어 보았을 것이다. 반도체메모리소자의 속도를 높이려면 동작전원을 작게 가져가면 된다고 하는 말.

예를 들어 동작전압이 5V가 되는 것과 2.5V 되는 것은 동작 속도에서 벌써 2배 빠르다는 것을 알 수 있다. 어쨌든 신호도 위로 기어 올라가야 하니까! 따라서 일반 다이오드와 쇼트키 다이오드의 차이점은 동작 속도가 다르다는 것이며, 쇼트키 다이오드가 몇 배는 빠르다는 것을 순방향전압을 통해 알 수가 있다. 물론 부수적으로 스위칭하는 속도가 빠르다는 것을 눈치 채 줄 수 있다(역방향에서 순방향으로 전환할 때의 복원력이 쇼트키가 빠르다).

이제 3사 분면을 보시라.

단점이 보일 것이다. 역방향전압이 걸렸을 때 줄줄 새는 전류가 일반 다이오드 보다 크다는 것이 하나요, 항복하는 전압이 일반다이오드에 비해 매우 작다는 것을 볼수 있다. 항복전압이 작다는 말은 작은 역전압이 걸려도 역방향으로 전류가 확 흘러 버린다는 것이며, 이것이 둘째 단점이다. 단점에 대해서는 적용할 때 주의하기로 하고, 장점만 살펴 보면 빠르다는 것이다.

속도와 열은 반도체의 화두다.

그 속도를 어느 정도 잡아 준 것이 바로 쇼트키이니 그의 이름이 반도체 역사에 길이 남을 밖에 없는 것이 아니겠는가? 이제 부연해서 여지껏 설명해 온 다이오드의 종류를 좌판에 벌려 놓고 사용 기호의 모양새가 어떻게 다른지 확인하고 넘어가기로 한다.

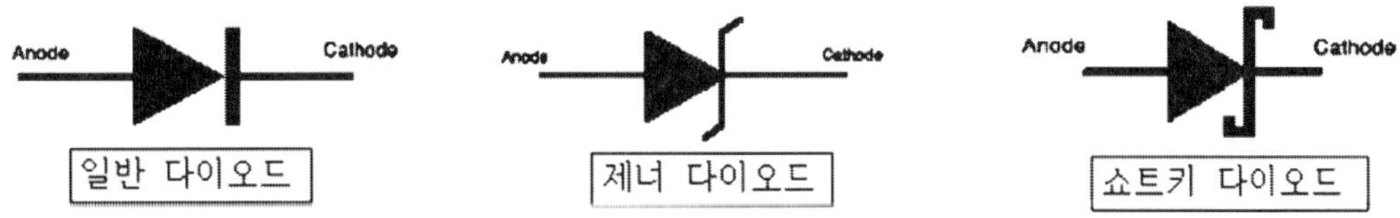

회로도를 볼 때 다이오드에서 끝이 꼬부라졌다고 해서 모두 제너 다이오드라고 판단하지 말고,게 중에는 앗쌀하게 직각으로 꺽인 다이오드가 있다면 아~항 스위칭 속도를 엄청 높이기 위해 쇼트키 다이오드를 사용했구나 하고 고개를 한번 꺼떡거려 주면 된다.

4-3. 사이리스터 종류 중 SCR 그리고 D FLIP-FLOP

다이오드 형태를 말한 김에 또 다이오드 기호와 비슷한 소자를 하나 더 소개하고 진도를 나가기로 하자. 사이리스터(thyristor)라고 해서 오로지 도통/불통만을 목적으로 하는 것 중에 SCR이라는 것도 있다. 기호를 한번 보시기로 하자.

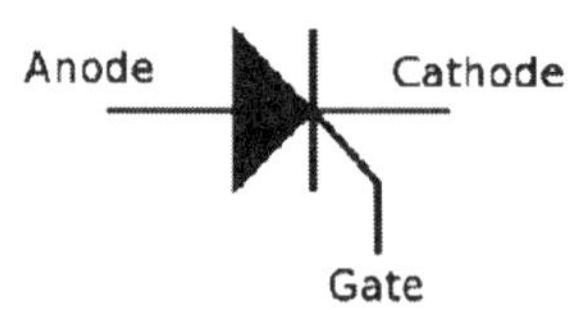

다이오드 처럼 생긴 것에 문짝(Gate)이 하나 달려 있으니 문짝이 열려(HIGH) 있으면 도통되고, 문짝이 닫혀(OFF) 있으면 불통 되는 것을 담박에 짐작할 수 있으리라. 허나 기특한 것은 이 SCR이라는 소자는 펄스 하나(한번)만을 문짝단(Gate)에 튕겨 주면 계속 도통 상태를 유지한다는 특징이 있다. 우리도 미닫이문을 한번 열어젖히면 계속 열려져 있는 것을 실생활에서 목격할 수 있지 않은가! SCR의 문짝도 똑 같이 기능한다.

그래서 한번 튕겨 준다고 해서 Ig(Gate trigger current)라고 부른다. 마치 총의 방아쇠를 한번 당기기만 하면 되듯이 말이다.

그럼 도통되고 난 다음에 불통(OFF) 시키려면 어떻게 해야 하나? GATE 단에 LOW를 입력시키면 SCR이 불통 될까? 안타깝게도 이때는 문짝(Gate)단이 아무 쓸 짝도 없어진다. anode에서 kathode단을 관통하는 신호가 0V 보다 작아야 불통이 되게 된다. 니가 알아서 꺼라 하는 식이다. 주인이 문을 열어 주었으니 손님(입력신호)이 들어올 때 닫으라는 식이다.

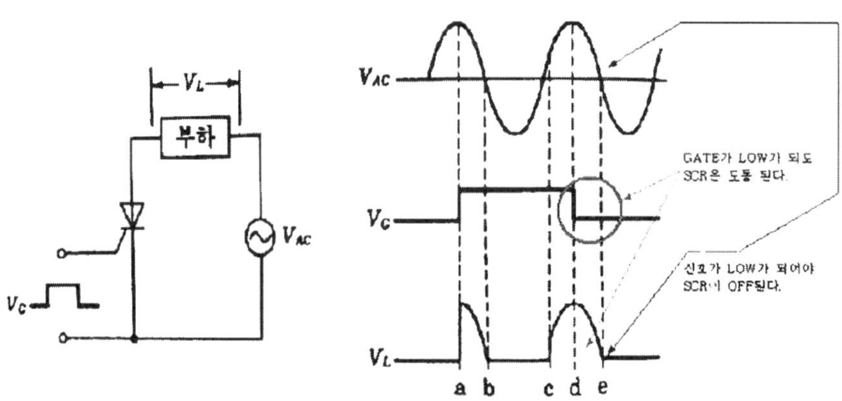

다시 디지털 게이트 설명으로 돌아가기로 하자.

먼저 등장해야할 캐릭터는 74LS175 Quad D-Type Flip-Flops 다. 디지털 소자의 중요도는 각자의 취향에 따라 다르지만 HIGH상태를 유지하는 고난도의 기술?이 중요하다고 봐서 먼저 무대에 올린다. 일썰에 의하면 나사(NASA : National Aeronautics and Space Administration)의 우주 선진 기술이 상용되어 나온 소자라고 말해지기도 한다. 그 말이 사실이라면 이처럼 중요한 소자가 어디 있을까?

74LS175는 4개의 D-Type Flip-Flop이 한 패케지 안에 들어 있는 소자이다. 디지털 소자는 기능을 나타내는 표만 잘 읽어 내면 분석은 상황종료 된다.

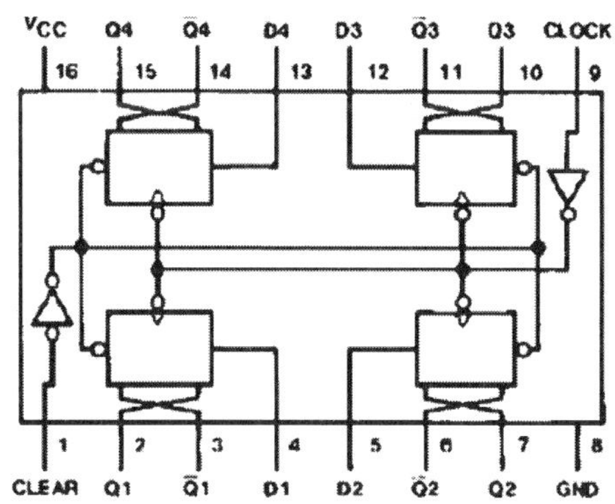

74LS175

Function Table				
Inputs			Outputs	
Clear	Clock	D	Q	Q*
L	X	X	L	H
H	↑	H	H	L
H	↑	L	L	H
H	L	X	Qo	Qo*

H= HIGH Level (steady state)
L= LOW Level (steady state)
X= Don't Care
↑= Transition LOW-to-HIGH level
Qo= The level of Q before the indicated steady-state input condition were established

먼저 동작표(Function Table)를 보기로 한다. 입력으로는 3개의 신호가 들어온다. 이 3개의 신호 상태에 따라 출력이 바꾸어지는 것은 불문가지다. 기능표의 첫 번째 줄을 보시기 바란다.

Clear : 출력의 원래 초기 상태로 되돌리는 기능을 한다. 표에서 확인 할 수 있듯이 출력 Q=LOW(0V), Q*=HIGH(5V)로 상태를 강제로 만들어 준다. 만약 Clear 단자에 LOW가 들어오면

Clear를 뺀 나머지 두 입력 Clock과 D 입력에 무엇이 들어오든 상관없이 출력이 바뀐다. 따라서 Clear 단자의 입력은 나머지 두 입력인 Clock과 D 입력보다 우선 순위에 관해서는 0순위가 되며, 우월적 지위?에 있다고 할 수 있다.

이런 배경을 설명하기 위해 Clear = LOW 일 때, Clock = X와 D = X로 표기하는데 표를 설명하는 곳을 보면 X는 Don't Care라고 눈 길하나 주지 않을 만큼 관심 밖이라는 의미이다. 두 입력이 어떤 상태로 들어오건 소자의 출력에 아무런 영향도 미치지 않는다는 것이다. X라고 해서 입력이 들어 오지 않는다고 생각하면 절대 안 된다.

Clear 단자를 또한 Master Clear라고 부르기도 하는데 호텔에서 Master Key가 모든 방문을 열 수 있듯이 Master Clear 또한 74LS175의 4개 D-Type Flip-Flop을 모두 초기상태로 만들 수 있기 때문에 Master 라는 명칭을 붙여주기도 한다.

그런 다음에 74LS175의 동작을 위해서는 Clear단자의 입력은 반드시 HIGH(= 5V)로 되어야만 한다.이 상태가 74LS175의 동작조건이 된다. 다음의 설명은 Clear = HIGH 라는 가정 하에 설명을 이어가기로 한다.

동작 표에서 Clock = ↑라는 표시가 될 때 D 입력에 따라 출력이 변화 된다. 위로 향하는 화살표 표시 ↑는 무엇을 의미할까? 아래의 Clock 입력을 보기로 하자.

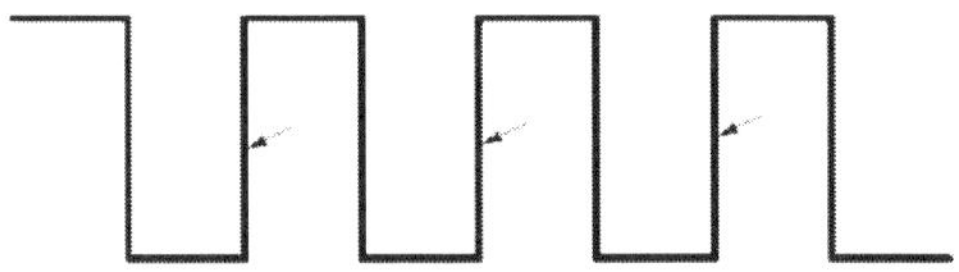

위의 그림에서 Clock이 LOW(= 0V)에서 HIGH(= 5V)로 상승하는 바로 그 때에 입력의 상태에 따라 출력이 정해진다는 것을 의미한다. 기능 표를 설명한 곳을 보면 'Transition from LOW-to-HIGH level' 라고 써있고, 이 설명이 바로 위에서 지적한 내용이 되겠다.

하여튼 대부분의 디지털 소자에서 Clock이 들어간다고 했을 때 웬만한 것을 제외하고는 소자의 동작은 Clock이 상승하는 때에 이루어지게 된다는 것을 명심하기로 하자.

D입력은 D-Type Flip-Flop이니 입력을 'D'로 적은 것 뿐이다. 내용은 LOW 아니면 HIGH 둘 중의 하나가 들어오게 된다는 것은 누구나 알고 있는 사실이다.

문제는 기능표의 맨 마지막 줄에 있는 Qo와 Qo*가 무엇을 의미하는지 하는 것이 제일 난점이 되겠다. 처음 이 표를 보시는 분들은 다른 기능은 대충이라도 알겠는데 이 상태는 무엇을 의미하는지 도통 감이 잘 잡히지 않으리라 예상이 된다.

우리는 Clear=HIGH 인 상태라고 가정을 했다. 그런 때에 Clock을 보면 high-low-high-low.....로 계속 들어 오게 되어 있다. Clock은 시스템이 중지 되는 때가 아니면 계속적으로 밀고 들어 오게 되어 있다.

그 말은 Clock라는 입력은 중지 되지 않는다는 말이다. Clock 만을 살펴보면 4가지 상태가 존재 한다. HIGH, LOW, 상승부분(↑), 하강부분(↓). 그런데 우리는 이미 74LS175 D-Type Flip-Flop 은 상승부분(↑)에서 입력에 따라 출력이 변화 된다고 하는 것을 알았다. 그렇다면 Clock의 나머지 상태일 때는 입력에 따라 출력이 변화되지 않아야 한다는 것은 자연스럽게 유추할 수 있을 것이다. 바로 이것을 의미한다.

부연(敷衍)하면,

Clock의 상승부분(↑)에서 입력에 따라 출력이 변화 했다면 HIGH, LOW, 하강부분(↓) 부분에서는 입력이 어떤 상태이던지 상관없이 출력은 그대로 보존 된다는 것을 알려 준다. 그래서 Qo와 Qo*로 표시한 것은 그 전의 상태를 그대로 유지한다는 것을 의미하는 것이다.

그렇다면 74LS175 D-Type Flip-Flop에서 HIGH 상태를 유지하는 것이 왜 중요할까? 어디에 쓰일까? 물론 용도는 매우 다양하고, 설계자에 따라 천차만별로 사용 되지만 여기서는 한가지 예를 들어 보기로 하겠다.

OP-AMP를 이용하여 1배의 증폭도를 갖는 회로에서 10배의 증폭도를 갖는 회로로 제어하는 것을 간단하게 예로 들 수 있을 것 같다. 먼저 회로도를 간략하게 그려 보기로 하고 감상하기로 한다.

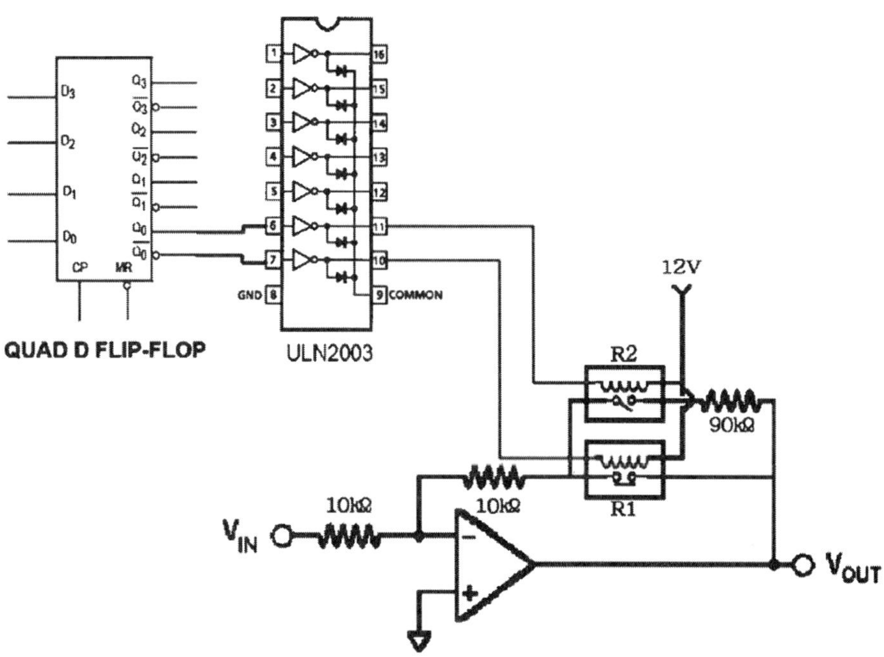

다음은 위에 간단하게 그려진 회로도를 분석하는데 D FLIP-FLOP의 중요한 기능뿐만이 아니고, 일반적으로 시스템 안에서 설계된 RELAY(계전기, 繼電器)가 어떤 방식으로 동작하는지

에 대한 작동 메카니즘을 알아보는 시간도 되겠다.

일반적이라는 말은 거개가 그렇다라는 의미가 있으므로, 한가지만 알면 적용된 모든 곳에서 같은 동작이 된다는 의미를 가지므로 다음부터는 RELAY가 나오면 주변 DRIVER 회로를 따져 보는 수고를 할 필요가 없게 된다.

Flip-Flop에서 출력을 보게 되면 한쪽(Qo)이 HIGH 로 고정될 때, 다른 출력쪽(Qo*)은 반드시 LOW가 된다. 서로 쫑나는 경우는 절대 없다. 이런 경우를 가리켜서 Toggle로 동작한다고 한다.

덧붙여 본론에는 상관 없는 이야기 이지만, Toggle이 이런 의미 일찐대 토글스위치라고 하면 도통/불통 밖에 없는 일반 스위치를 지적한다고 하는 것을 의미 파악하도록 하자. 인터넷 용어 사전을 보니 재미있게도 Toggle을 '똑딱'이라고 번역해 놓았다. 감히? 의성어가 버젓이 전문용어로 한자리 꿰찬 경우라 할 수 있다. 토글 스위치 = 똑딱스위치. 예전에 웃옷에 똑딱단추라고 붙어 있었는데...연결할 때 '똑' 소리가 나고, 분리할 때 '딱' 소리가 나던... 추억이 흠씬 물결치는 용어를 접하다 보니 감상에 젖는다...

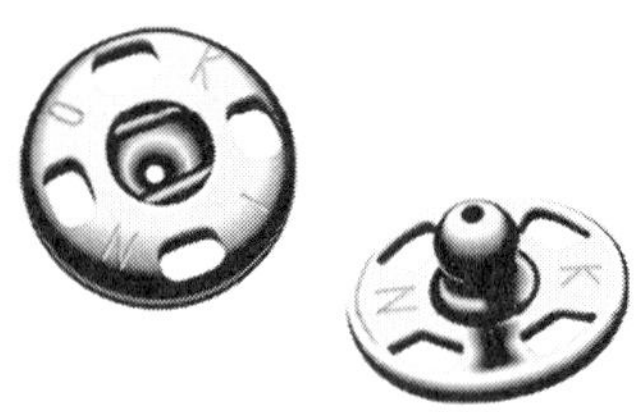

추억의 똑딱단추

이런~ 정신차리고

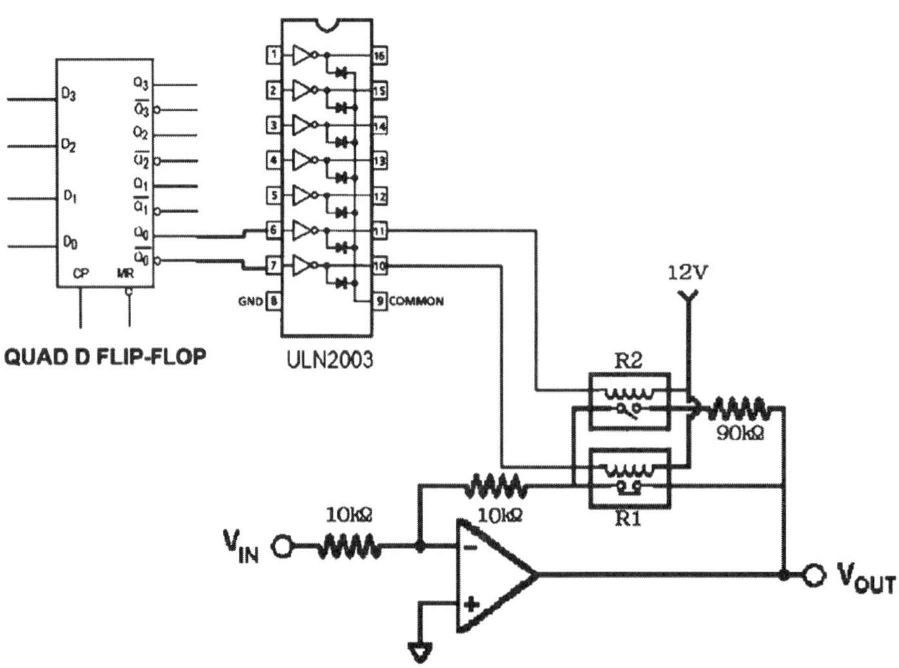

74LS175를 Clear 시키면 기능 표에서 확인할 수 있듯이 Qo = LOW, Qo* = HIGH가 된다. 이 두 디지털 신호가 ULN2003 소자의 입력으로 각각 들어 가게 되는데, 여기서 ULN2003 소자의 동작을 짚고 넘어가기로 하자.

ULN2003 소자는 보통 relay driver 회로로 많이 사용된다. 내부구조는 아래와 같이 달링턴 회로로 되어 있어 전류를 왕창 끌어당기게끔 되어 있다.

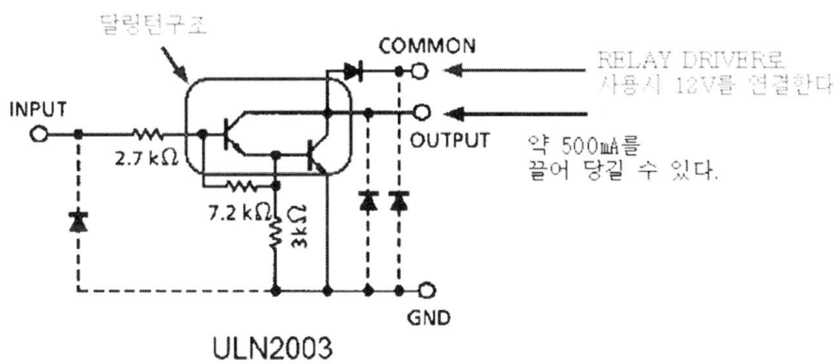

ULN2003(RELAY)DRIVER의 동작은 간단하다.

기본 동작은 인버터(신호 뒤집개. 디지털 입력신호가 HIGH이면 LOW로, 디지털 입력신호가 LOW이면 HIGH로 뒤집는다)라고 생각해도 된다. 그러나 TTL의 인버터와는 특성이 좀 다르다. 명색이 드라이버 아니던가!(전기 전자에서 드라이버라고 하면 스크류 드라이버가 아니라 전류를 왕창 끌어당기거나, 밀어 주는 소자를 의미한다)

입력에 HIGH(5V)가 들어오면 내부의 달링턴 트랜지스터가 도통되어 500㎃의 전류를 끌어 당길 수 있고, 이때 대략의 출력 전압은 0V라고 해 두자.

만약 입력에 LOW(0V)가 들어 오면 내부의 달링턴 트랜지스터가 불통되어 출력에는 12V 전압이 나타난다. 다시 위의 회로도를 유심히 봐 달라.

Qo = LOW, Qo* = HIGH 라는 초기 상태라고 했다. Qo = LOW이면 ULN2003의 입력 ⑥번으로 들어가서 출력 ⑪번은 12V가 된다. 이렇게 되면 RELAY의 연결은 아래와 같이 된다.

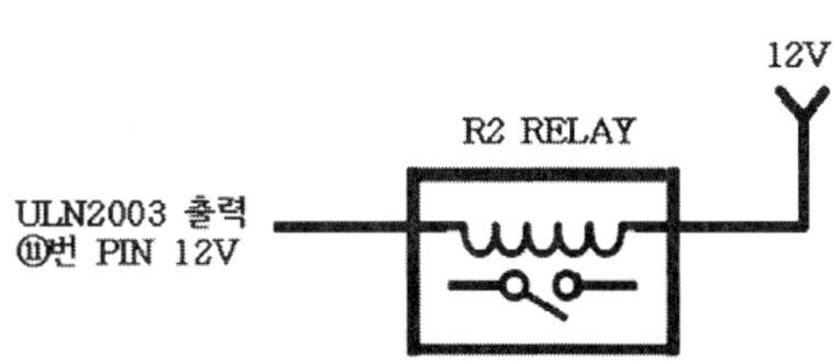

RELAY COIL 양단에 전압이 각각 12V로 되어 전류흐름이 없게 되고, RELAY는 자장이 형

성 되지 못해 그대로 개방 상태가 된다.

반면에 Qo*=HIGH가 되어 있어 ULN2003의 입력 ⑦번으로 들어가서 출력 ⑩번은 0V가 된다. 이때 출력 쪽에서는 강력하게 전류를 끌어당기게 되는데 그 이유는 RELAY의 연결을 보면 분명해 진다.

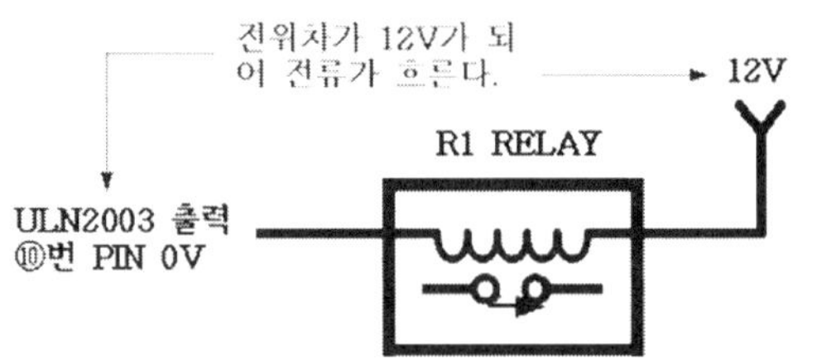

12V 전위차에 의해 COIL에 전류가 흐르게 되고, RELAY의 코일 주위에 자장이 형성 되어 기계적으로 어쩌고 저쩌고 되어 RELAY는 단락이 된다.

번거롭게 설명 했지만 결국 이 상태에서 증폭기의 연결은 간단하게 아래와 같이 된다는 것이다.

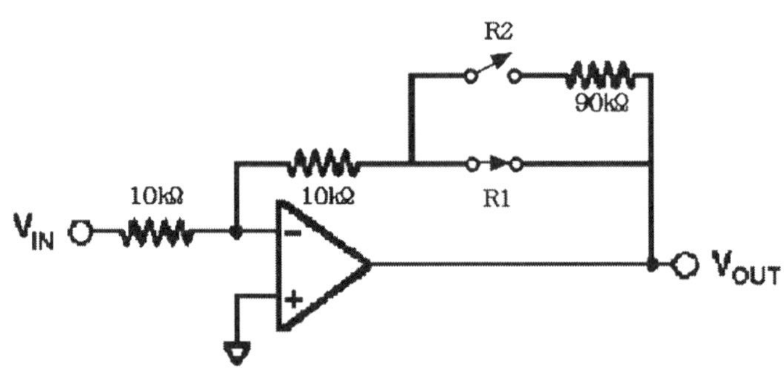

이쯤 되면 눈에 확 들어 오는 반전증폭기가 ×1배 짜리 증폭도를 갖는다는 것을 손쉽게 확인할 수 있다.

여기까지는 DEFAULT상태(또는 처음의 설정상태. 이런 용어들을 잘 정리 해두면 속이 편해진다)라고 볼 수 있다. 문제는 이제 저 반전증폭기의 증폭도를 ×10배로 만들어 주는 것이 당장에 우리에게 주어진 제어 숙제가 되겠다. 회로도에서 파악할 수 있듯이 RELAY R1이 개방되고, R2가 단락 되면 증폭도는 10배가 된다는 것을 단박에 알 수 있다. 어떻게 해주면 우리가 원하는 증폭도를 얻는 제어가 가능하게 될까? 단언컨대 너무 쉽다. 그렇지 아니한가.

74LS175의 Do 입력에 HIGH(=5V)를 넣어 주면 74LS175의 출력 Qo = HIGH, Qo* = LOW로 바뀌게 된다. 바뀔 뿐만 아니고 계속 이 값이 지속이 된다. 이 점이 무척 중요하다. 우리가 원하는 시간 만큼 출력 상태가 지속이 된다는 것이 으뜸되는 장점이다.

Qo = HIGH이면 ULN2003의 입력 ⑥번으로 들어가서 출력 ⑪번은 0V가 된다. 이렇게 되면 RELAY의 연결은 아래와 같이 된다. 이때 출력 쪽에서는 강력하게 전류를 끌어당기게 된다.

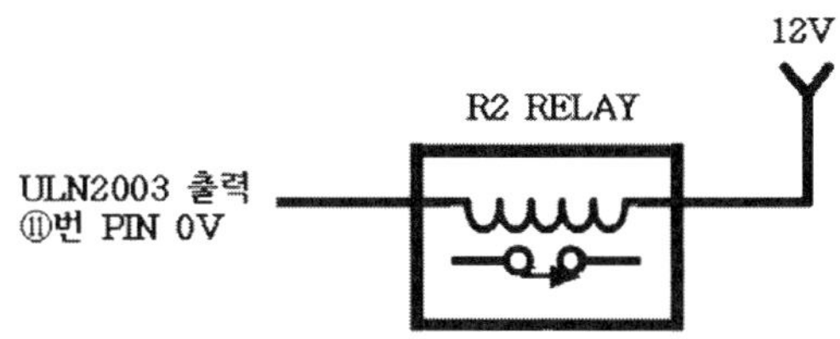

R2 RELAY가 단락되었다. 반면에 Qo* = LOW로 바뀌어 ULN2003의 출력 ⑩번은 12V가 된다. 그러면 RELAY R1은 개방이 된다.

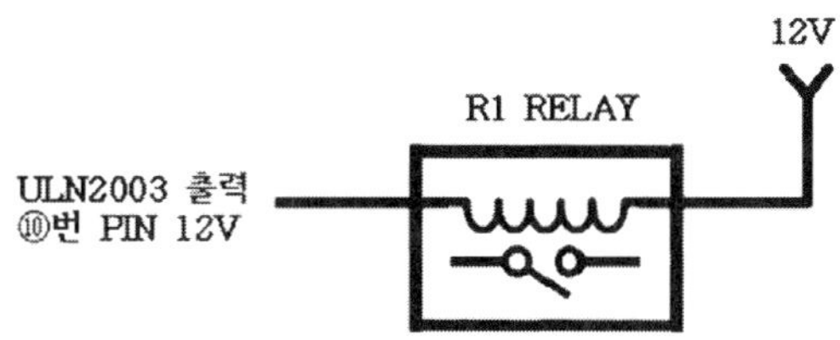

이 때 OP-AMP 반전 증폭기의 회로를 보기로 하자.

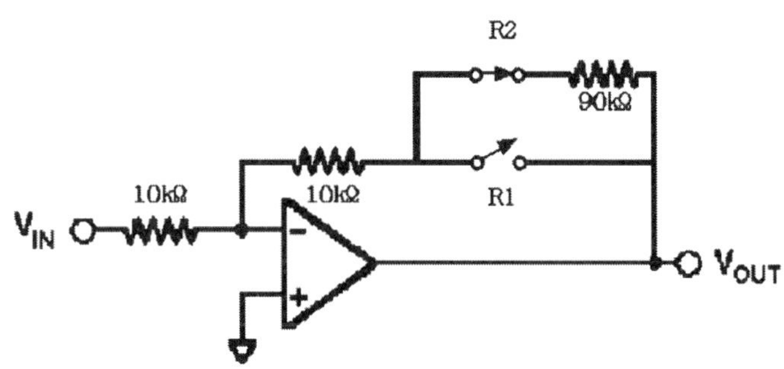

궤환저항이 100kΩ으로 설정되어 ×10배의 증폭기로 탈바꿈 된다. 이런 메카니즘이 바로 회로를 제어 하는 기본 방식이 되겠다. 이런 간단한 제어 회로들이 수 천개, 수 만개로 이루어지면 시스템이 되는 것이다. 허나 제어의 방식은 다양하다. 꼭 이런 식만은 아니라고 하는 것을 부연해 둔다.

릴레이가 나왔으니 한가지만 첨언하고 넘어가기로 한다.

전자에서 사용하는 릴레이(RELAY)를 크게 나누어 보면 리드 릴레이(REED RELAY)와 수은 릴레이(MERCURY RELAY)로 구분 할 수 있는데, 수은 릴레이 같은 경우는 접점을 붙이는데 액체금속인 수은을 사용하고, 리드릴레이는 리드를 기계식으로 붙이는 것으로 건식이라고 할 수 있다.

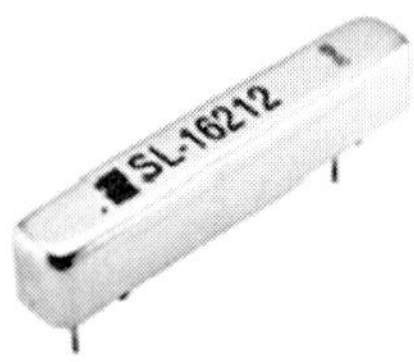

REED RELAY

MERCURY RELAY

릴레이는 내부의 개방된 두 선을 연결 할 때 시간이 걸린다. 기계식인 경우는 두 선이 붙으면서 채터링(chattering. 두 선이 바로 붙지 않고 기계적 진동이 일어나 접속하는데 시간이 걸린다. 이런 용어는 매우 중요해서 알아 두는 편이 인생 편할 것 같다)이 생기고, 수은 릴레이 같은 경우는 묵직한 액체금속인 수은이 움직여 접점을 붙이기 때문에 마찬가지로 접속하는데 시간이 소요 된다.

보통 안정되는데 필요한 시간은 3㎳ 정도 걸리지만 설계할 때는 반드시 제조업체에서 제공하는 사양서(SPEC)을 참고 하여야 한다. 그리고 인체에 유해한 이유로 규제를 받아 수은 릴레이는 점점 생산이 중단 되는 과정에 있다는 점을 알려드린다. 수은은 1912년 일본 토야마(富山)현에서 이름도 무시무시한 '이따이 이따이' (아파 아퍼 죽겠어!!!)병을 일으키는 중금속으로 알려져 있다.

물론 수은 릴레이는 유리관에 밀봉 되어 있어 유출 될 염려는 없으나 제조업체에 따라서는 유리관이 깨지면 새는 것도 있다. 그리고 수은 릴레이는 액체금속의 비중이 있기 때문에 윗쪽 표시(UP)가 있어 방향을 잘 감안하여 설계해야 한다는 것에 주의해야 한다.

시스템을 설계할 때는 위와 같은 릴레이들이 많이 사용되는데 안정시간을 주지 않으면 시스템이 오동작이 일어 날 수 있기 때문에, 어떤 시스템에서는 릴레이가 붙을 때에 항상 강제적으로 3㎳ 정도 정지시키기도 한다. 그러나 빠르기가 생명인 시스템에서 3㎳는 너무나도 긴 시간이다.

이럴 때는 동작속도가 몇 ㎱에 불과한 SOLID STATE SWITCH 를 사용한다. 물론 도통상태일 때 접촉저항이 없는 RELAY 같을 수는 없고 온저항이 걸림돌이 된다. 그리고 시스템 메뉴얼을 읽을 때 혹시 SOLID STATE SWITCH 라는 어려운 용어가 나오면 아~ 반도체 스위치(FET 스위치가 주로 사용 됨)구나 하고 이해해 주면 된다. SOLID STATE 가 딱딱하다는 의미를 가지니까 돌처럼 딱딱하다고 해서 돌로 만든 반도체를 저따구로 지칭할 때도 있다.

ADG411 Precision Quad SPST [Single Pole, Single Throw ; 아래그림에서 알 수 있듯이 하나로 들어와서 하나로 나가는 방식이며, 단극 단투 스위치라고 부른다] Switches를 본보기로 본다.

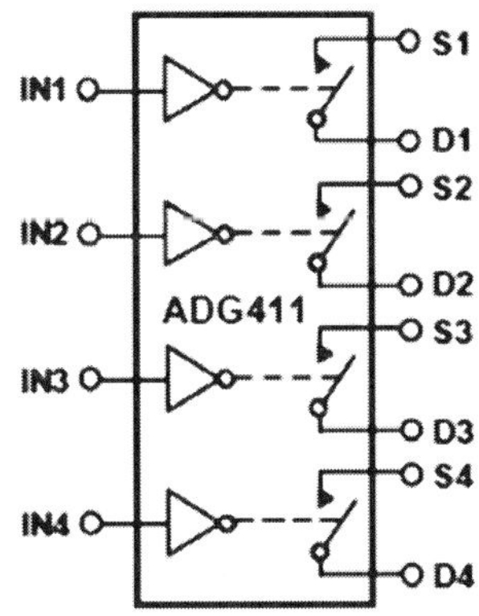

ADG411

ON TIME이 110ns, 도통되었을 때 저항 Ron은 25Ω이니 relay에 비해 장단이 있는 것이다. relay는 느리지만 Ron이 거의 0Ω에 가깝다

이왕에 스위치가 나왔었으니 생긴 모양새별로 구분하는 법을 정리하고 다음으로 넘어가자.

- SPST(Single Pole, Single Throw)는 하나로 들어 와서 하나로 나가는 스위치로 단극단투 스위치라고 설명 했다.
- SPDT(Single Pole, Double Throw)는 하나로 들어 와서 두 개 중 하나를 선택하는 스위치로 단극쌍투 스위치라고도 한다. 전기상에 가면 3로 스위치라고 하기도 한다.
- DPST(Double Pole, Single Throw)는 한 개의 스위치 안에 SPST가 두개 있는 형태로 쌍극단투 스위치라고도 한다.
- DPDT(Double Pole, Double Throw)는 한 개의 스위치 안에 SPDT가 두개 있는 형태로 쌍극쌍투 스위치라고도 한다.

아래 그림을 보면 훨씬 이해하기가 수월하다.

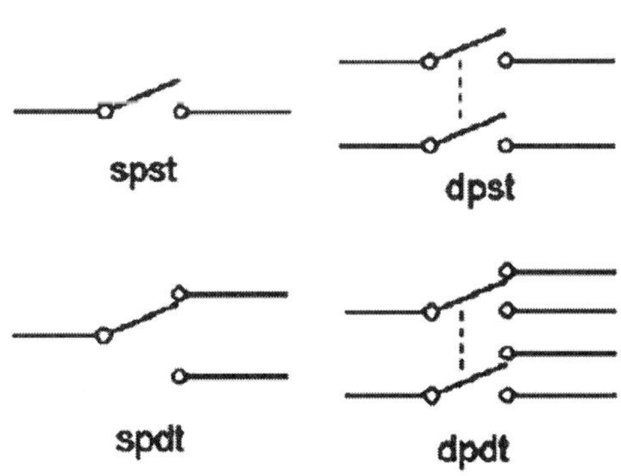

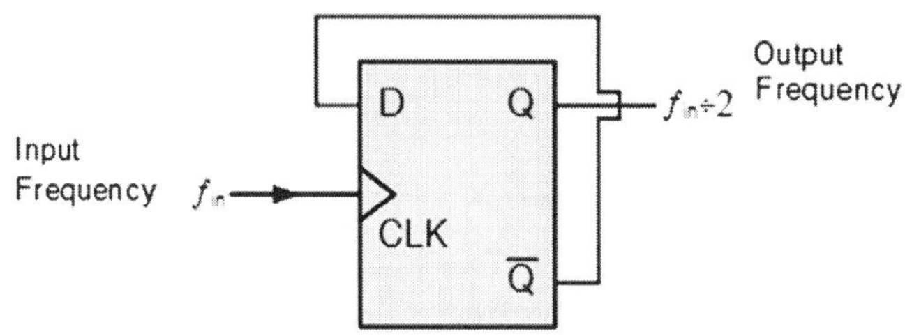

D FLIP−FLOP을 적용하는 회로에는 또 어떤 종류가 있을까? D FLIP−FLOP이 많이 적용되는 회로는 아마도 Clock 주파수 분주기(Divider)가 아닐까 생각한다. 분주기는 주파수 나누기 회로이다. 아래 회로는 간단한 ½ 분주기가 되겠다.

D FLIP−FLOP을 초기화하면 Qo = LOW, Qo* = HIGH된다. 분주기의 구조는 Qo*의 출력을 입력 D로 되돌리는 형태를 가지고 있다. Clock이 입력 될 때 동작을 분석해 보자.

보통 D FLIP−FLOP의 동작은 Clock이 LOW에서 HIGH로 변하는 상승구간(↑)에서 동작한다는 것을 유념하고 본다(대부분 Clock의 동작이 거의 같다).

첫 번째 Clock이 입력되었을 때, Qo* = HIGH가 D입력으로 이미 들어가 있으므로, 출력 Qo = HIGH가 된다. 그와 동시에 약간의 소자 지연시간(Delay Time)을 거쳐서~ 토글(Toggle)로 동작되는 D FLIP−FLOP의 Qo* = LOW로 책가닥 돌변한다. 그리고 Clock이 LOW로 유지하고 있는 동안은 Qo = HIGH, Qo* = LOW 상태가 변하지 않는다. 이미 기능표에서 숙지하였던 내용이다.

두번째 Clock이 입력 되었을 때, Qo* = LOW가 D입력으로 이미 들어가 있으므로, cLOCK이 다시 한번 때려주면 출력 Qo = LOW가 된다. 마찬가지로 토글(Toggle)로 동작되는 D FLIP−FLOP의 Qo* = HIGH 로 돌연 변한다. 그리고 Clock이 LOW로 유지하고 있는 동안은 Qo = LOW, Qo* = HIGH 상태가 변하지 않는다는 것은 불문곡직(不問曲直)하고 두 말 하면 잔소리다.

이런 두 가지 상태가 Clock이 입력 되는 한 계속 반복 되면 파형은 결국 아래와 같이 정리된다.

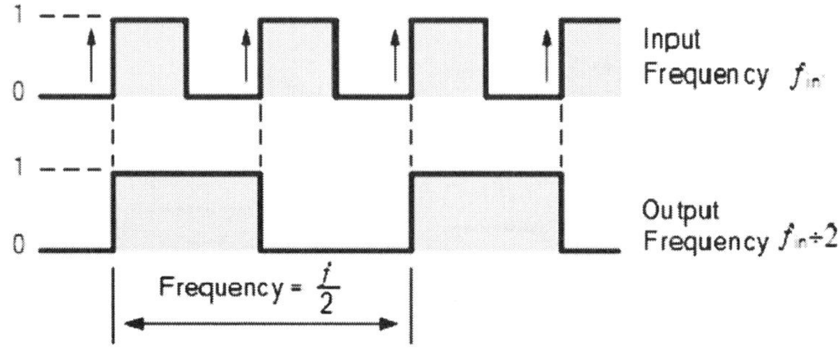

D FLIP−FLOP 하나로 형성한 Couner 분주기는 Clock주파수의 ½ 로 된다. 예를들어 Clock

주파수가 100㎑라면 1/2 분주기를 통과하면 50㎑ 로 된다.

D FLIP-FLOP을 여러개 직렬연결해 더 큰 분주기를 만들 수도 있다(회로선의 연결을 주의깊게 파고 들어야 한다).

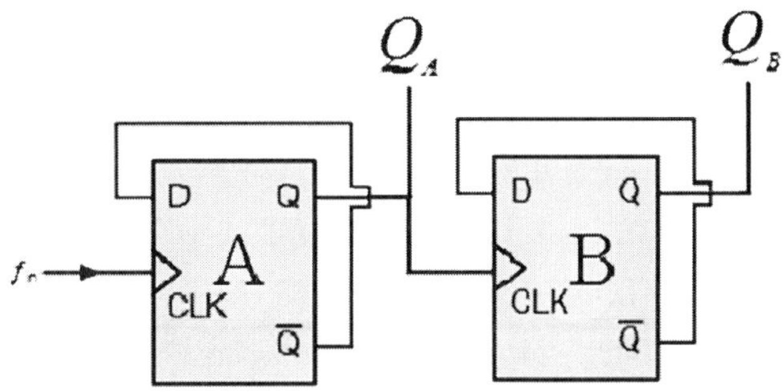

이렇게 두 개 연결할 때, 드디어 우리의 뇌가 울렁증에 걸리기 시작한다. D FLIP-FLOP 하나일 때는 이미 분석해 보았기 때문에 직렬 연결한 두 번째 FLIP-FLOP(B)의 Clock이 언제 들어오는 지에만 관심있게 지켜보면 된다.

두 번째 B FLIP-FLOP으로 입력 되는 Clock은 첫 번째 A FLIP-FLOP의 Q(f÷2)출력이다. 그러므로 FLIP-FLOP 하나만 있을 때의 동작을 상기하면 B FLIP-FLOP의 출력 Qo의 주파수는 어림잡아도 f÷4가 될 수 밖에 없다.

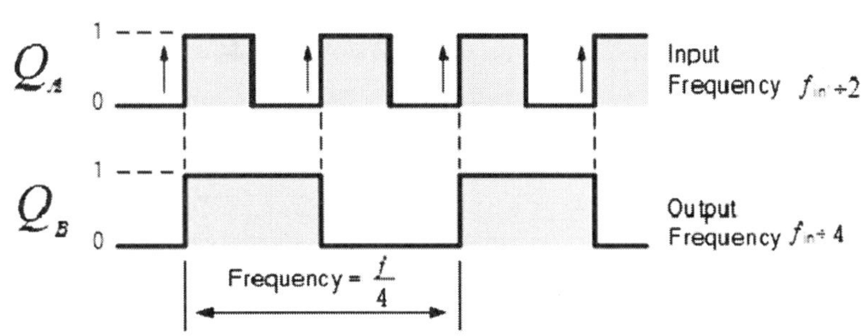

따라서 다음과 같이 머릿속으로 상상할 수 있겠다.

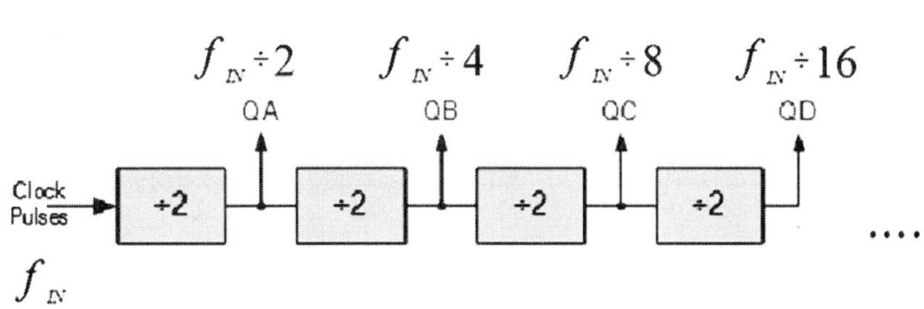

하나 주의 해야 할 점은 이런 방식으로 FLIP-FLOP을 여러 개 연결하면 Counter가 되지 않는다는 것이다. 다른 방식으로 회로를 연결해 주어야 한다. 만약 위와 같이 연결 했을 때 Clock이 하나 들어 오자마자 모든 Qo 출력이 HIGH가 되어 원하는 계수기로 동작 되지 않을 것이다.

또한 FLIP-FLOP으로 만들 수 있는 회로중에는 Counter가 대표적일 것 같다. Counter에 대한 내용은 따로 챕터를 구분하여 설명하도록 기약하기로 한다.

우리는 위에서 74LS175 D-Type Flip-Flop의 실제 사용 예를 살펴 보았다. 74LS175의 D Flip-Flop 들은 한가지 아쉬운 구성이 엿보인다.

Clear 만 시키면 Qo = LOW, Qo* = HIGH로 초기화 되기만 하는데, 어떤 때에는 회로 설계상 초기값을 Qo = HIGH, Qo* = LOW로 설정해야 할 필요가 있을 수 있다. 이때는 74LS74 Dual Positive-Edge-Triggered D Flip-Flops with Preset, Clear가 사용이 된다.

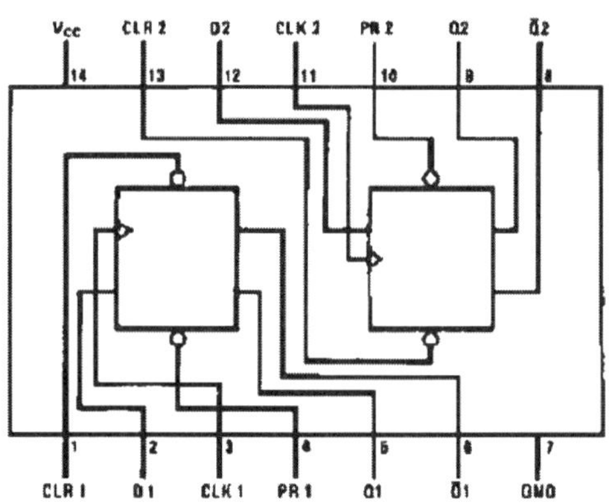

Function Table					
Inputs				Outputs	
PR	CLR	CLK	D	Q	Q*
L	H	X	X	H	L
H	L	X	X	L	H
L	L	X	X	H(Note1)	H(Note1)
H	H	↑	H	H	L
H	H	↑	L	L	H
H	H	L	X	Qo	Qo*

H= HIGH Logic Level
X= Either LOW or HIGH Logic Level
L= LOW Logic Level
↑= Positive-going Transition
Qo= The output logic level of Q before the indicated input condition condition were established
Note1 : This configuration is nonstable; that is, will not persist when either the preset and/or clear inputs return to their inactive (HIGH)level

명칭 안에 Dual이란 표현이 들어갔으니 D Flip-Flop이 두 개 들어갔을 터이고, 기능표는

74LS175와 비슷하다. 다른 점은 제어신호 중에 Preset 단이 더 추가 된 것을 확인할 수 있다.

Clear 신호가 D Flip-Flop 신호를 초기화 시키는 반면에 Preset는 값을 설정하는 기능을 갖는다.

디지털 세계가 1과 0으로 만들어진 메트릭스의 체계이기 때문에 경우의 수는 두 가지 밖에 없다. 따라서 Clear단이 Qo = LOW, Qo* = HIGH 로 강제 집행 한다면, Preset는 그 반대로 Qo = HIGH, Qo* = LOW로 윽박지르게 된다. 초 간단하게 정리해서 Clear의 반대는 Preset라고 간주해 주어도 상관없다.

그러나

74LS74 Dual Positive-Edge-Triggered D Flip-Flops with Preset, Clear 를 사용하는데 주의해야 할 점이 따른다. Clear = LOW, Preset = LOW 상태로 절대 입력조건을 형성 시켜주면 안된다는 점이다. 두 신호가 상호 반대로 동작시키는 단자라고 했다. 우선순위로 따지자면 우열을 가리기가 어렵고, 비슷하기 때문에 74LS74가 갑자기 석연치 않은 동작을 수행할 가능성이 농후해 진다.디지털의 세계에서는 모호한 상태란 척결해야 하고, 처리해야할 적일 뿐이다.

지금까지는 1개의 DATA(이를 1 BIT라고 한다)를 상태 유지시키는 소자로 D F-F(Flip-Flop)을 이용하여 설명해 보았다. D F-F을 확장시켜 우리가 흔히 듣는 Register는 무엇을 말하는지 참고로 알아보고 넘어가기로 한다. 레지스터는 간단히 말하면 BIT 상태유지 뭉테기다.

74LS174 'HEX(6) D FLIP-FLOP'을 74LS175 Quad(4) D-Type Flip-Flops와 비교해 보기로 하자. 비교 하나마나 같은 D F-F 이지만 74LS175는 D-F-F이 한 개의 소자 안에 4개(Quad)가 들어 있는 경우이고, 74LS174는 D F-F이 한 개의 소자 안에 6개(Hexa) 담겨 있는 것이 다른 점이다. 어떤 것을 사용할지 결정하는 존재는 빅브라더인 설계자 마음이다.

어떤 임의의 시스템이 있다고 하자.

시스템에는 반드시 어드레스(Address)와 데이터(Data)를 운용하는 BUS 시스템이 고유하게 있다. 주소와 자료와 버스??? 버스 탈 일이 디지털 세계에서는 있나???

왜 시스템에서는 BUS 운용을 언급할 때마다 반드시 어드레스(Address)와 데이터(Data)가 필요한지를 먼저 설명하는 것이 순서일 것 같다. 학교수업 과목중에 마이컴 제어를 졸면서 들었어도 뇌에 남는 찌끄레기는 오직 어드레스와 데이터가 아니던가!!! 다 아는 상식이지만 어쩌면 만에 하나 모르는 사람도 있을 수 있기 때문에 같잖은 예를 들어 비유적으로 설명해 본다.

가상의 아파트를 상상하자.

동수는 308동...이 동에는 같은 평수의 아파트가 40채 있다고 한다. 이 아파트에는 시키기만 하면 모든 집안 일을 하는 잔심부름꾼 아르바이트 학생이 있다고 하자. 어떤 집주인이 아르바이트 하는 학생에게 자기 집의 거실을 청소해 달라고 요구 했다고 하면 이 집주인이 반드시 명기해야만 하는 요구사항 중에는 자기집의 주소가 포함 되어야만 한다. 주소를 명시하지 않으면 같은 아파트 40채 중 어느 집에 청소를 하라는 것인지는 오리무중(五里霧中)이 된다. 308동 202호(Address) 와 잡일(Data), 즉 여기서는 거실 청소가, 요구사항에 빠짐없이 들어 있을 때 이 학생은 비로소 308동 202호의 거실에서 청소 일을 할 수 있는 것이다.

시스템도 마찬가지다.

하나의 시스템 안에는 수 많은 보드가 있고, 그 보드 안에는 기능별로 몇 개의 블럭으로 나눌 수 있는 회로들이 배치되어 있다고 할 때, 어드레스 없이 어떤 일을 수행하는 Data 만을 시스템으로 보내면 그 짓은 말짱 헛 짓이 되는 것이다. 따라서 제어 하는 입장에서는 제어 대상 보드의 어느 부분을 반드시 지정해야 하는 Address 를 선빵으로 보내고, 그 다음에 일을 수행하는 Data를 보내야 제어의 메카니즘이 제대로 일어나게 되는 것이다.

그런데 시스템마다 어드레스(Address)와 데이터(Data)의 BUS 숫자가 같은 것은 아니다. 어떤 경우에는 어드레스(Address)를 3 bit만 사용하고, 데이터(Data)는 8 bit를 사용할 수도 있을 것이고, 어떤 시스템에서는 어드레스(Address)를 8 bit를 사용하고, 데이터(Data)는 12 bit를 사용할 수도 있을 것이다. 여러 가지가지 천차만별(千差萬別)이다.

시스템 설계의 방향설정에 따라서 어드레스(Address)와 데이터(Data)의 bit수는 결정 되는 것이다. 만약 번지수가 8개 밖에 없다고 하면 어드레스(Address)는 3 bit만 사용하면 될 것이다. 3 bit가 구별할 수 있는 경우는 2의 3승,즉 8개로 decode(복호, 신호의 해석)될 수 있기 때문이다. 너무너무 간단한 것이지만 표로 만들어 보기로 한다.

	첫 번째 bit (LSB)	두 번째 bit	세 번째 bit (MSB)	해석(Decode)된 값 → 번지수
	0	0	0	0
①→	1	0	0	1
	0	1	0	2
	1	1	0	3
②→	0	0	1	4
	1	0	1	5
	0	1	1	6
	1	1	1	7

3개의 BIT로 서로 구별되는 경우의 수를 나타내 보자면 8개라는 것이 확실해 졌다. 그렇다면 3개의 BIT로는 8개의 어드레스(Address)를 지정할 수 있다는 것이 된다. 4개의 BIT로는 16개, 5개의 BIT로는 32개, 6개의 BIT로는 64개.....번지수 만큼 시스템의 어드레스(Address) BIT를 정해 주면 된다.

그렇다고 항상 저런 단순 무식한 방법으로만 번지수를 정해 준다고 생각하지는 마시라. 이런 방식은 어드레스(Address)가 뭔지를 개념 잡기 위한 방편임을 알아주었으면 족하다. 실전에는 별 해괴하고, 기상천외(奇想天外)한 어드레싱 방법이 사용된다.

헌데

표를 보니 느닷 없이 LSB니 MSB가 스리슬쩍 개입한 것을 눈치 챌 수 있다. LSB는 Least Significant Bit의 첫 번째 문자를 따와서 정의한 용어이고, MSB는 Most Significant Bit의 첫 번째 문자를 따와서 정의한 용어이다. LSB는 '최하위비트'라고 하고, MSB '최상위비트'라고 불러 준다. 왜 이런 명칭을 구분하는 수고로움이 필요할까?

어느 쪽이 하위(낮은 쪽)이고, 어느 쪽이 상위(높은 쪽)인가를 정해주지 않고, 케세라쎄라 보내는 대로 니가 알아 먹으라고 하면 기계치인 시스템은 어떤 반응을 보일까? 예를 들어 001을 보내 보기로 하자. 어느 쪽이 하위냐,상위냐에 따라 두 가지로 해석하는 불상사가 일어나게 된다. 디지털의 세계에서는 모호함이란 척결해야할 적이라고 했다. 앗쌀하기 짝이 없는 세계라는 것을 명심하자. 어떤 불찰이 일어나는지 리얼하게 보자.

보기에 왼쪽을 상위 BIT(MSB)라고 인식할 경우

첫 번째 bit (MSB)	두 번째 bit	세 번째 bit (LSB)	해석(Decode)된 값 → 번지수
0	0	1	1

보기에 오른쪽을 상위 BIT(MSB)라고 인식할 경우

첫 번째 bit (LSB)	두 번째 bit	세 번째 bit (MSB)	해석(Decode)된 값 → 번지수
0	0	1	4

앵?? 번지 잃은 주막이 되고 말았다.1번지냐? 4번지냐?

더운 날에 막걸리 한 사발 벌컥벌컥 들이키려면 주막의 번지수를 잘 찾아야 한다. 무더운데 주소를 잃어 버려 포스코 용광로 옆으로 가면 골로 가는 것이다.

따라서

우리가 항상 명심해 주어야 하는 것은 시스템은 바보라는 점이다. 뉘앙스도 모르고, 의미도 캐어 물을 줄 모른다. 인공지능은 가능하다고? 시스템 번지 정해 주는데 인공지능까지 개발해야 할 비용이라면 개발부서 단체로 유럽여행 한번 더 가는 것이 낫다.

여하튼, 어쨌든

기계들은 인간이 정확한 명령을 내리길 기대하고 대기한다. 따라서 시스템의 BUS를 정할 때, 어디가 MSB이고, 어디가 LSB인지를 정해 주어야 하는 것은 매우 중요한 일이 될 것이다.

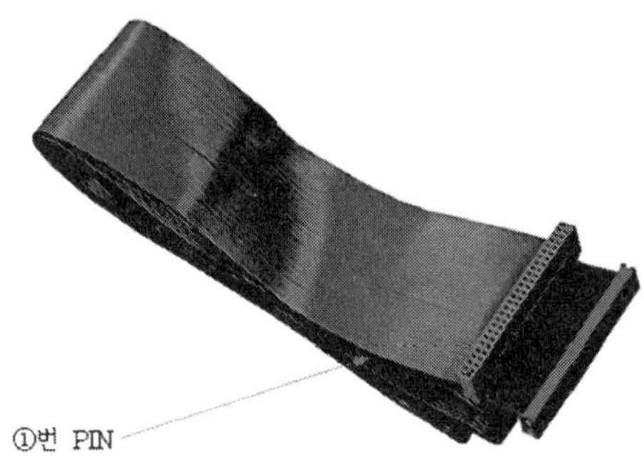

위의 사진은 BUS로 사용되는 저렴한 Flat Ribbon Cable 종류이다. 붉은 줄이 pin ①번이다. ①번이 LSB인지, MSB인지를 결정하는 것은 설계자인 엿장수 마음이다. 그러나 시스템 Manual에는 반드시 명기해 주어야 한다. 어느 시스템이고 간에 사용자 Manual에는 여지없이 BUS의 구조가 밝혀져 있다. 현장에서는 아주 종종 BUS 를 연결할 때, 서로 뒤집어 끼는 경우(1번과 50번 PIN을 연결)가 있어 모래시계만 뎅그라니 떠 있어 원인이 뭔지 헤매이는 요란을 떨 때가 있다.

Register를 이야기 하다가 삼천포로 빠졌다. 본론으로 들어가자.

컴퓨터가 시스템에 어드레스(Address)를 선빵 날렸으니 그 다음으로는 구체적인 기능을 실제로 수행하는 BIT를 날려야 한다. 이를 데이터(Data)라고 했다. DATA도 시스템에 따라 8 BIT로 할 것인지 12BIT로 할 것인지, 몇 BIT를 사용할 것인지는 설계자의 의도에 달렸다. 디지털 이론에서는 8BIT를 구분하여 바이트(BYTE)라고 지칭하기도 한다. 많이 선용하니 특별히 명칭을 부여한 것이다.

그런데 이런 데이터(Data)들은 일을 수행하고, 그 다음 일을 수행하는 다른 DATA가 따로 들어 오기 전까지는 제어 상태를 유지해야 한다. 이때 필요한 소자는 뭐? 그렇다 우리가 앞서 살펴본 바와 같이 D F-F(Flip-Flop)같은 소자들이 동원이 되어야 한다. 상태유지 소자들...

데이터(Data)가 8BIT 짜리면 74LS175 Quad D-Type Flip-Flops을 두 개 사용하면 되고, 데이터(Data)가 12BIT 짜리면 74LS174 'HEX D FLIP-FLOP' 를 두 개 사용하면 된다.

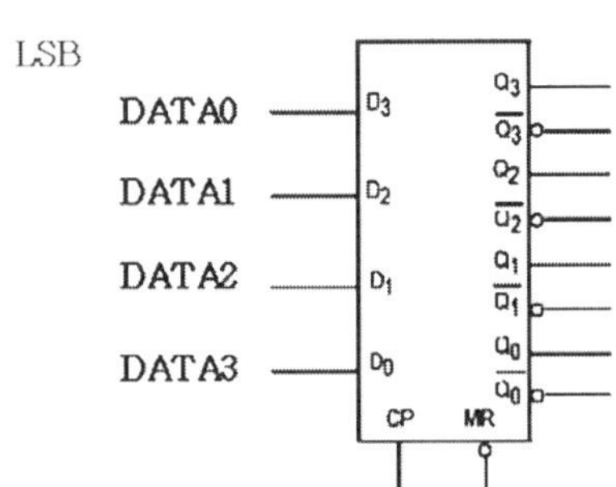

QUAD D FLIP-FLOP

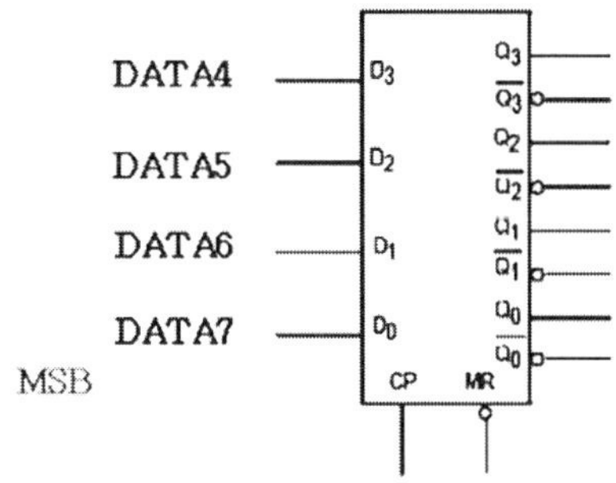

QUAD D FLIP-FLOP

위와 같은 경우라면

DATA는 8BIT를 사용하는 것이 되는데 바로 이 DATA의 상태를 유지시켜주는 소자, D F−F 8개(F−F 몇 개를 써도 상관없다)를 묶은 것을 이름 하여 Register이라고 부른다. 인터넷의 전기전자용어 사전을 보면 레지스터에 대해 “비트, 바이트, 기계어와 같은 지정된 기억 용량을 가지며, 통상 특정한 목적에 쓰이는 기억 장치”라고 되어 있다. 그 의미는 이미 해명 했다고 보여진다.

그리고 한가지 첨언 해야 할 것은

시스템 버스가 어드레스(Address)와 데이터(Data)만으로 구성 되어 있다고 볼 수는 없다. 예를 들어 시스템에 굉장한 타격을 입힐 만한 상태가 지속될 경우 방치하면 값비싼 시스템을 못쓰게 되기 때문에 강제 Interrupt 신호가 시스템에서 발생시 시스템 O/S는 즉시 처리할 수 있도록 PIN을 할당해 주기도 하는데 이러구 저러구 신호선을 다 합해서 시스템 버스(BUS)가 구성이 되는 것이다.

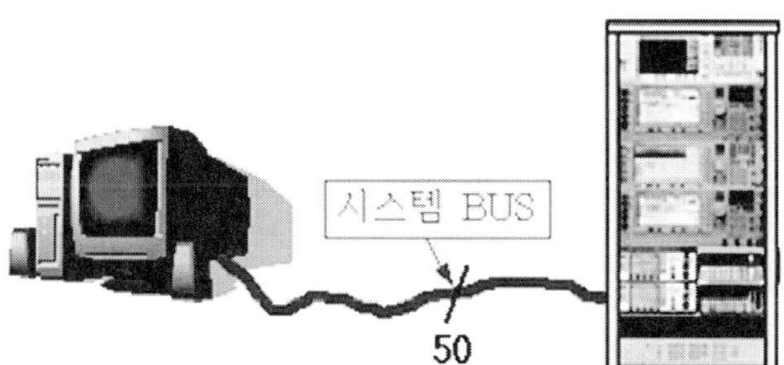

시스템 BUS는 위와 같이 간단하게 50 PIN으로 구성 되어 있음을 기호로 표시할 수 있게 되어 있다. 다음부터 저렇게 그려진 회로도가 있으면 아~ 시스템 BUS에 사용된 PIN의 갯수가 몇 개 이구나 확 알아 차릴 수 있어야 한다.

4-4. DECODER(복호기), 74LS138

다음에 등장할 TTL 소자는 DECODER가 되겠다. 우리는 전 챕터에서 간단한 어드레스(Address)를 생각할 때 3개의 어드레스 BIT가 8개의 서로 다른 번지수를 결정할 수 있다고 설명했다. 다시 표를 가져와 보기로 한다.

첫 번째 bit (LSB)	두 번째 bit	세 번째 bit (MSB)	해석(Decode)된 값 → 번지수
0	0	0	0
1	0	0	1
0	1	0	2
1	1	0	3
0	0	1	4
1	0	1	5
0	1	1	6
1	1	1	7

디지털 공학적 이론에서는 표와 같은 부호의 해독은 아주 당연하다고 할 수 있다. 그러나 기계인 시스템은 인간이 설계해 주지 않는한 표와 같은 해독은 불가능하게 된다. 어떤 소자를 사용하면 인간이 해독하는 수준처럼 만들어 줄 수 있을까? 기계는 인간처럼 인식하기는 어렵지만 해독할 수는 있다.

그래서 필요한 소자가 74LS138 3-to-8 line decoder이다.

3가지 입력으로 8가지의 경우로 해독할 수 있으니 3-to-8 decoder(복호기)라고 하는 것이고, 하여 이 소자의 명칭 번호에 38(74LS138)이 들어가는 것으로 이해하면 암기하기 쉽다.

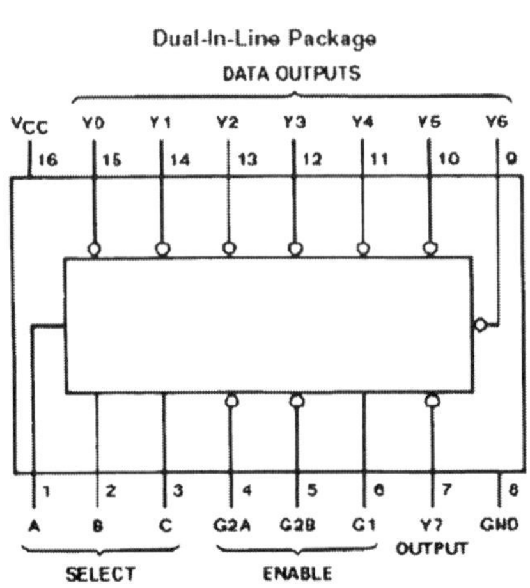

Function Table												
Inputs					Outputs							
Enable		Select										
G1	G2(note B)	C	B	A	Y0	Y1	Y2	Y3	Y4	Y5	Y6	Y7
X	H	X	X	X	H	H	H	H	H	H	H	H
L	X	X	X	X	H	H	H	H	H	H	H	H
H	L	L	L	L	L	H	H	H	H	H	H	H
H	L	L	L	H	H	L	H	H	H	H	H	H
H	L	L	H	L	H	H	L	H	H	H	H	H
H	L	L	H	H	H	H	H	L	H	H	H	H
H	L	H	L	L	H	H	H	H	L	H	H	H
H	L	H	L	H	H	H	H	H	H	L	H	H
H	L	H	H	L	H	H	H	H	H	H	L	H
H	L	H	H	H	H	H	H	H	H	H	H	L
H= HIGH Level L= LOW Level X= Don't Care Note B : G2=G2A+G2B												

74LS138 복호기는 동작특성을 이해하는데 어려움이 따르지 않는다. 뭔가 소자를 동작시키는 ENABLE단자가 3개씩이나 구비 되어 있어서

지랄 맞게 생겼지만, 이도 조건식을 가져가는 경우에 한정 되어 있어 그리 유념할 필요는 없어 보인다. 개(작다는 의미의 개나리 개, 이 의미는 녹색 잎 위에 곤두서서 고개를 감상자의 수준으로 살포시 맞추고 있는 참나리의 고고한 자태를 볼 때 의미심장해 진다. 작아서 난립하는 개나리와는 미적자태가 다르다. 그렇다고 봄날의 개나리를 얕잡아 보는 것은 아니다. 도시 아름답지 않은 자연이 어디 있겠냐마는 상대적으로 그렇다는 말이다) 무시해도 된다.

G2 = G2A + G2B = LOW로 묶고, G1을 PULSE 형태로 HIGH 일 때만 동작시키거나, G1 = VCC(= HIGH)에 묶고, G2를 단락시켜 LOW로 동작 시키던가 하면 된다.

A,B,C 3개의 입력이 보인다. 찬물에도 위아래가 있듯이 비록 BIT가 3개이지만 상위가 있고, 하위가 엄연히 존재한다. 최하위비트(LSB)는 A가 되고, 최상위비트(MSB)는 C가 된다.

G1이든, G2이든 ENABLE 단자가 조건에 합치할 때 드디어 입력에 따른 복호기능을 수행하기 시작한다.

Function Table													
Inputs					Outputs								
Enable		Select											
G1	G2(note B)	C	B	A	Y0	Y1	Y2	Y3	Y4	Y5	Y6	Y7	
X	H	X	X	X	H	H	H	H	H	H	H	H	
L	X	X	X	X	H	H	H	H	H	H	H	H	
H	L	L	L	L	L	H	H	H	H	H	H	H	← 0
H	L	L	L	H	H	L	H	H	H	H	H	H	← 1
H	L	L	H	L	H	H	L	H	H	H	H	H	← 2
H	L	L	H	H	H	H	H	L	H	H	H	H	← 3
H	L	H	L	L	H	H	H	H	L	H	H	H	← 4
H	L	H	L	H	H	H	H	H	H	L	H	H	← 5
H	L	H	H	L	H	H	H	H	H	H	L	H	← 6
H	L	H	H	H	H	H	H	H	H	H	H	L	← 7

74LS138 복호기에서 주의해야할 점이 하나 있다.

과연 출력이 유지되는 것이냐 PULSE 형태로 확 지나가 버리는 것이냐의 문제이다. 결론적으로는 74LS138 자체가 FLIP-FLOP처럼 출력상태를 유지할 수 있는 기능을 갖고 있지 않다. 내부회로를 잠시 들여다 보면 확연히 알 수 있다.

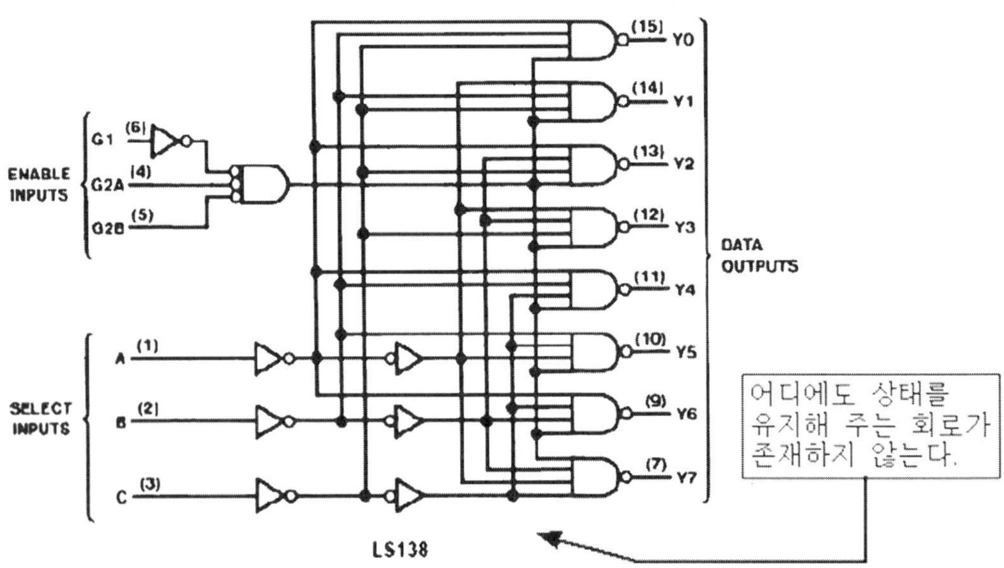

단

출력을 그대로 유지해 주려고 한다면 조건이 있다. G1 = HIGH, G2 = LOW(= G2A + G2B) 그리고 입력 A, B, C의 상태를 그대로 유지시켜주면 74LS138 복호기의 출력(해당 출력 →

LOW)이 그대로 유지가 된다. 출력이 PULSE 형태로 되는지, FLIP-FLOP처럼 유지되는지는 하는 점은 매우 중요하다. 기능표(Function Tables)만 보고 출력이 유지될 거라 믿고 설계했다간 큰 낭패를 보는 경우가 있기 때문이다.

74LS138의 간단한 쓰임새를 보기로 하자.

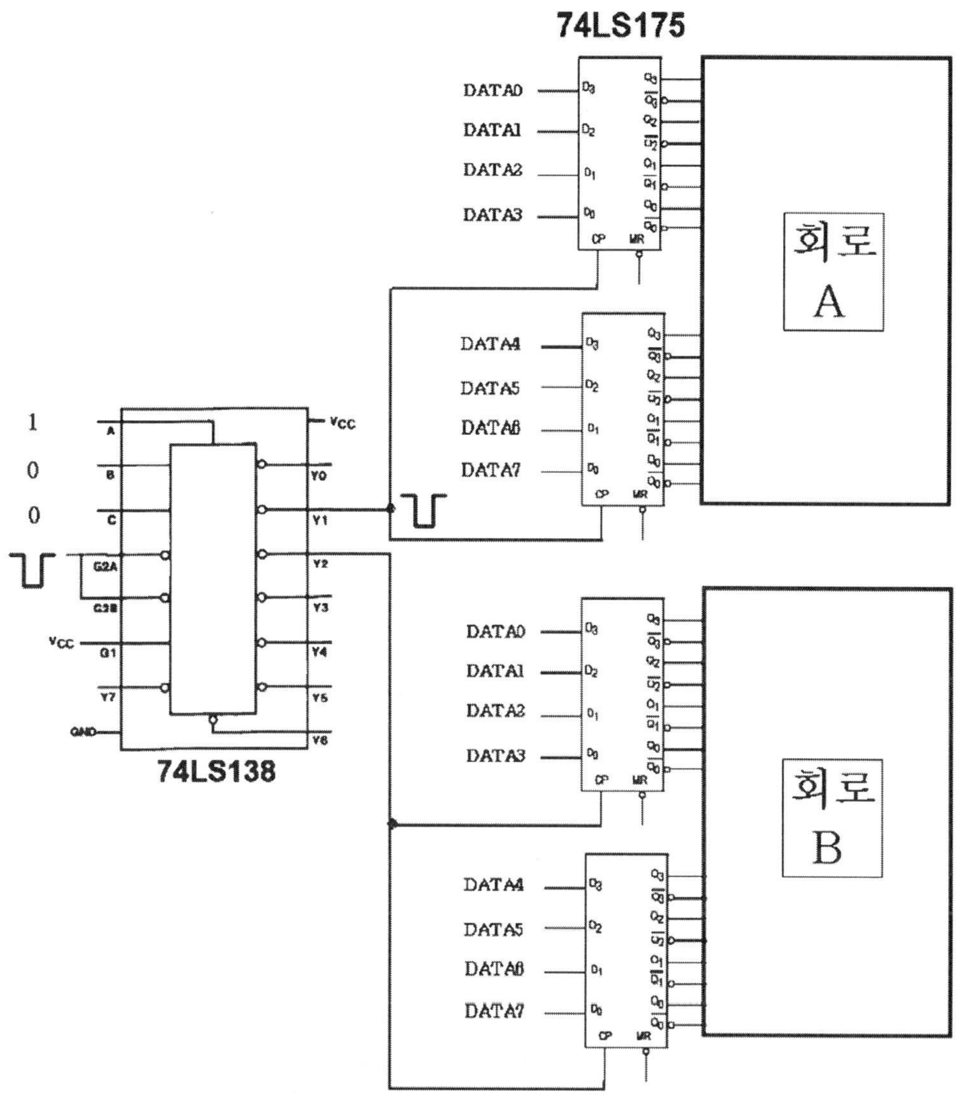

점점 회로가 뭔가 간지나 보이기 시작한다. 허나 간지 나는 만큼 그렇게 복잡한 회로는 절대 아니다. 회로동작을 잠깐 살펴본다.

74LS138 DECODER는 G1=HIGH로 묶여 있고, G2는 회로에서 표시한 것과 같이 PULSE 형태의 LOW가 들어올 때 3개의 입력 A=HIGH, B=LOW, C=LOW가 되면 출력 Y1이 선택이

되면서 출력으로 PULSE 형태의 LOW 가 나오게 된다.

Y1출력이 LOW에서 HIGH로 천이 되는 순간에 74LS175의 Clock이 한 발 들어가게 되어 이 쯤의 시각에 도착하는 DATA0~DATA7의 입력을 D F-F에 빗장을 걸어 놓게 된다(이를 LATCH라고 하여 상태가 변하지 않게 꼭꼭 잡아두는 것을 의미한다). 물론 DATA0~DATA7까지의 DATA들은 회로 A를 제어 하는 임의의 BIT들 일 것이다(현재로서는 DATA 어떤 상태이던지 상관이 없다. 레지스터에 적재 되는 것이 중요한 것이다).

그러나 회로 B를 제어하는 레지스터에는 DATA0~DATA7의 DATA들이 병렬 입력으로 들어오기는 해도 출력으로는 빗장이 걸리지 않게 된다. 왜냐하면 레지스터의 Clock으로 사용하려는 74LS138의 출력이 Y1에만 나오고, Y2는 출현하지 않기 때문이다.

결국 이 설명은 74LS138에 의해 번지수가 정해져서 결정된 번지 외에는 DATA들을 보내지 않게 된다는 것을 여실히 보여 주고 있는 것이다.

위와 같이 동작하면 회로가 제대로 기능을 발휘한다고 볼 수 있다. 헌데 문제가 발생 했다. 홍길동이 위와 같은 회로를 설계하고, 제작하여 동작 시켜 보았더니 레지스터에 DATA들이 적재되지 않고 여전히 초기 상태를 유지하고 있었다. 어디엔가 이상이 있음이 분명하다. 그러나 외견상 틀린 곳은 찾아내기 어렵다. 어떤 문제가 도사리고 있었는지, 홍길동이 설계를 할 때 무엇을 고려하지 않았는지 조사해 보기로 하자.

홍길동이 설계한 회로가 제대로 작동하지 않는다는 문제만을 제기 하였다. 회로도는 제대로 설계했는데 레지스터에 DATA가 적재 되지 않은 문제였다.

홍길동은 계측기를 이용하여 신호를 하나하나 추적해 들어가기 시작 했다. 하나의 신호가 출력되는지를 보기 위해 처음에 OSCILLOSCOPE를 사용했다.

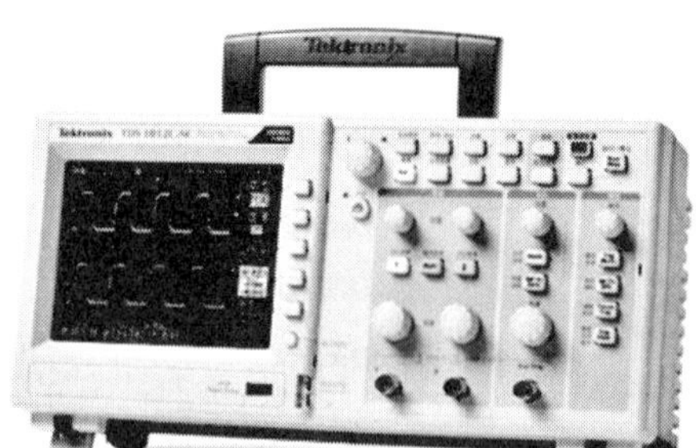

TEKTRONIX 社 TDS-1000C OSCILLOSCOPE는 많아야 3개 채널 이상을 동시에 볼 수 없다.

74LS175의 입력인 DATA0~DATA7번까지 하나하나 계측기로 보았더니 입력은 들어오지만 출력으로 값이 빗장 걸리지 않았다.

그래서 74LS138의 출력 Y1을 측정해 보았더니 역시 Y1이 PULSE 형태로 출력 되지 않고 계속 HIGH로 있었다.

그 다음 단계로 74LS138의 입력 ENABLE단 G2를 측정 했더니 PULSE 형태로 입력이 들어오는 것을 확인 했다. 그렇다면 문제는 74LS138의 입력 A, B, C에 있는지 확인하기 위해 일일이 측정해 보았더니 이상하게 입력은 A = HIGH, B = LOW, C = LOW 제대로 입력되는 것이 아닌가? 74LS138의 입력이 이상 없이 들어오면 출력은 Y1에서 나와야 하는데 어째 나오지 않는다. 오히려 Y0가 출력된다. 웬 조화인가???

성질 급한 홍길동은 판단하기 시작한다.

74LS138의 입력은 정상인데 출력이 나오지 않는다. 그렇다면 74LS138이 죽은 것이다 하고 납땜기와 납빨이를 이용해 죽었다고 판단되는 74LS138을 갈아 주었다. 역시 보드 상태는 한 번 손을 탔기 때문에 지저분해 진다.

이제는 되겠지 하는데 웬걸 역시나 Y1의 출력이 나오지 않는다.

그렇다면? 경험은 있어서 Y1과 연결된 74LS175의 Clock 단이 죽어 영향을 미치는 것이다. 확정하고 74LS175 두 개를 마저 갈아 해치운다. 이제야 말로 되겠지 했는데 역시 안 된다. 악~~~~~~~~ 뭐지? 뭐가 잘못 된 거지 애꿎은 담배를 뻑뻑 피워 대지만 오리무중이다. 홍길동의 경험을 공유하시는 분들이 많으리라.

좀 단수가 높은 선배 임꺽정이 이때 나타난다. 홍길동의 말을 들어 보고는 LOGIC ANALYZER라고 하는 계측기를 가지고 온다. 뭘 하려는 것일까? LOGIC ANALYZER를 보유하고 있다는 것은 왠간해서는 어려운 일이다. 이런걸 덥썩 사다 주는 사업주는 거의 없다. 정말 매일 매일 사용해야 하면서, 비용대 효과가 큰 부서 빼고는 거의 없을 듯싶다. 가격이 옵션 죄다 낀 대형 세단 한대값 정도 하기 때문에 구매하기가 용이하지 않다.

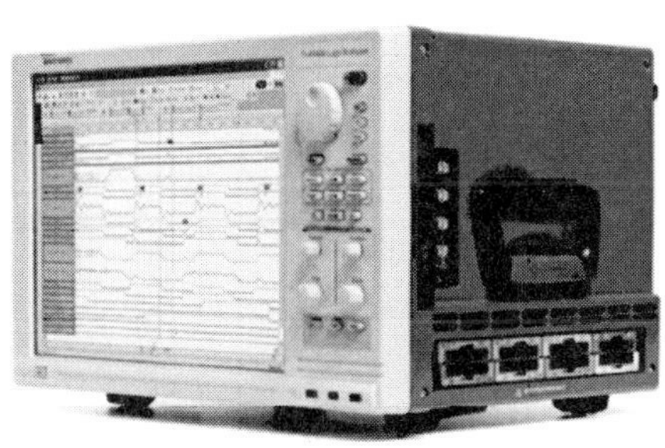

TEKTRONIX 社 TLA-6400시리즈 LOGIC ANALYZER는 모델에 따라 채널을 136개까지 사용할 수 있다.

임꺽정은 여러 개의 디지털 신호를 동시에 비교해 볼 수 있는 LOGIC ANALYZER의 채널을 74LS138의 G2 ENABLE단과 입력 A, B, C에 연결하고 신호들을 비교해 본다. 짜잔 LOGIC ANALYZER 화면에는 아래와 같은 신호가 보기 좋게 검출이 된다. 한번 엿보기로 하자.

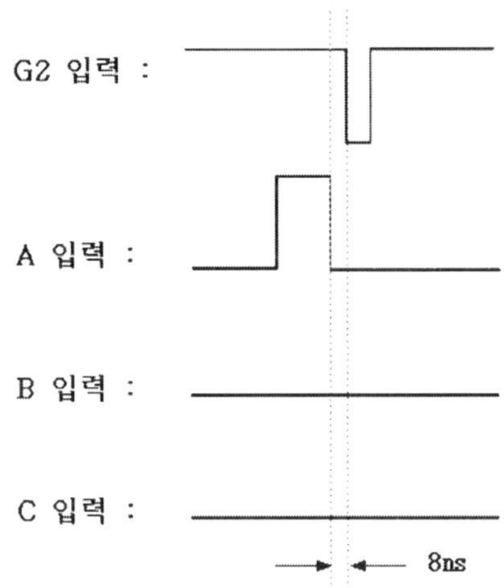

LOGIC ANALYZER로 74LS138의 입력신호들 상호간에 비교해 보니 A, B, C 입력이 들어오는 시점에 G2 ENABLE단자의 신호가 문을 열어 주지 않고 있다는 것을 확인했다. 이유는 앞단 설계를 잘못해 D입력 A, B, C와 ENABLE 신호 G2사이에 시간을 맞게 설계해 주지 못했다는 것을 알아 차렸다.

홍길동이 OSCILLOSCOPE로 측정 했을 때, 74LS138의 Y0 신호만 발생한 이유가 바로 거기에 있었다. 타이밍이 맞지 않아 ENABLE 신호 G2가 문을 열어 줄 때, 복호 된 것은 A=LOW, B=LOW, C=LOW 상태였을 때 뿐이었던 것이다.

경험 많은 임꺽정은 홍길동에게 G2단에 74LS04 Hex Inverting Gates의 INVERTER 두 개를 직렬 연결해 보라고 해결방법을 알려 준다. 왜 두 개를 연결 하라고 했을까? 74LS04의 INVERTER는 지연시간이 1개에 보통 4ns 이상이므로 두 개를 연결하면 G2의 신호가 8ns이상 지체(Delay)되어 강제로 타이밍을 맞추어 주기 위한 조치였던 것이다.

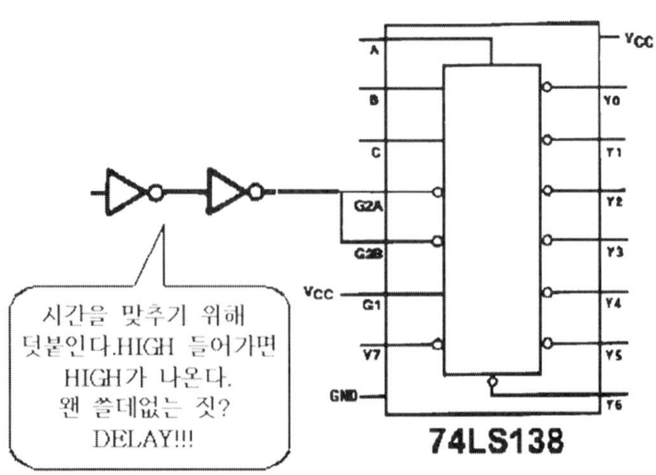

이렇게 해서 회로는 정상적으로 동작을 하게 되었다. 홍길동은 적당한 계측기를 적시에 사용해야 한다는 귀한 교훈을 얻었다. 성질난다고 소자를 갈아엎어 PCB기판을 걸레로 만들지 말아야 겠다는 다짐도 하게 된다.

회로도를 보실 때 INVERTER 두 개나 그 이상 쓰잘데 없이 직렬로 연결 되어 있는 모양을 보시거든 아~ LOGIC 동작에는 아무런 영향도 미치지 못하는 것이지만 타이밍을 맞추기 위해 강제로 늘어지게 만든 것이라는 것을 눈치채셔야 한다.

경우에 따라서는 허벌나게 많은 소자를 동원한 회로도도 있다. 가관이 아닌 것도 있다. 시간을 맞추기 위해 처절한 노력이라고 너그럽게 보아 주어야 한다. 여하튼 디지털 소자를 설계하는데 애를 먹는 부분이 다른 경로에서 입력되는 신호 상호간의 시간을 제대로, 제때에 맞추는 것이다. PIPELINE DELAY도 그런 맥락에서 나온 말이다.

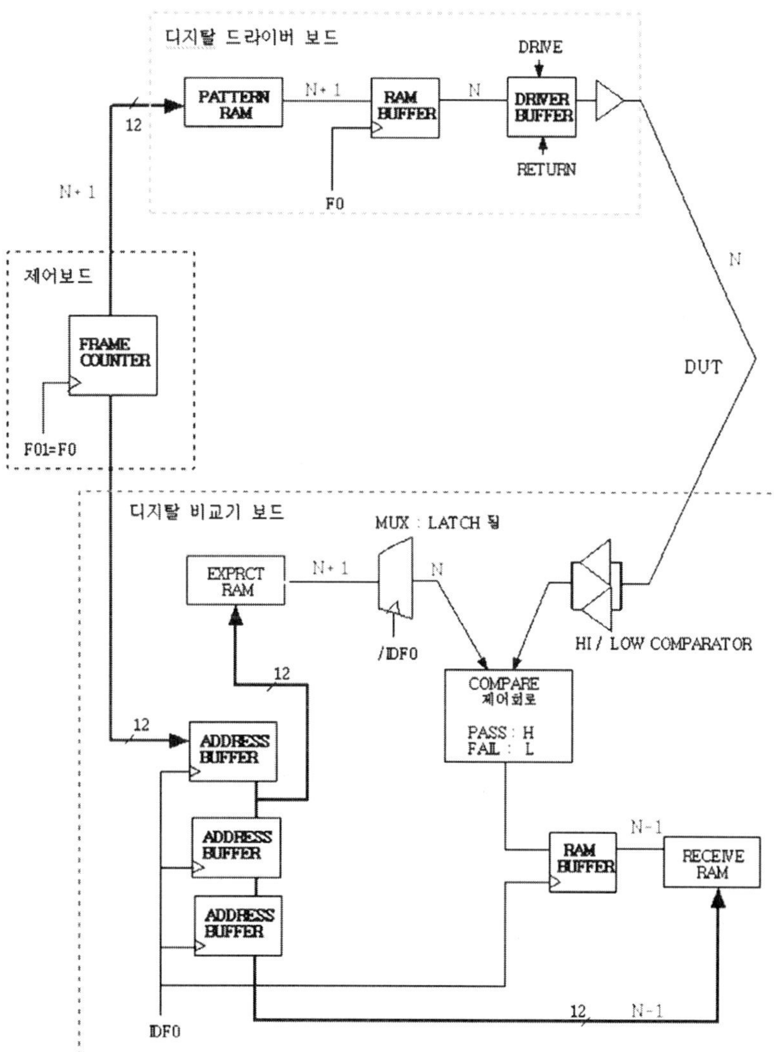

위압감을 주려고 위의 BLOCK-DIAGRAM을 가져온 것은 아니다. 단지 PIPELINE DELAY를 저런 규모가 큰 시스템에서 맞추어 주기 위해 노력하고 있구나 하는 것을 보여 주고 싶어서 맛만 보여 주려고 가져온 것이니, 보기에 이물감을 느끼는 사람들은 보지 않아도 된다. 간단하게 도식적으로 PIPELINE DELAY를 그리면 모호한 개념만이 자리잡을까봐 실제의 시스템을 예로 가져온 것이다. 위의 BLOCK-DIAGRAM은 DIGITAL 소자들을 TEST하는 SYSTEM의 일부를 가져 온 것이다.

위의 시스템에서는 FLIP-FLOP으로 시간을 맞추고 있다는 것을 말해 둔다. 'ADDRESS BUFFER'가 바로 FLIP-FLOP에 해당된다. 물론 번지를 지정하는 12개의 BIT를 지연시켜야 하니 병렬로 사용된 BUFFER는 12개가 되겠다.

PIPELINE DELAY를 도식적으로 설명하면 아래 그림이 도움이 될 것 같다.

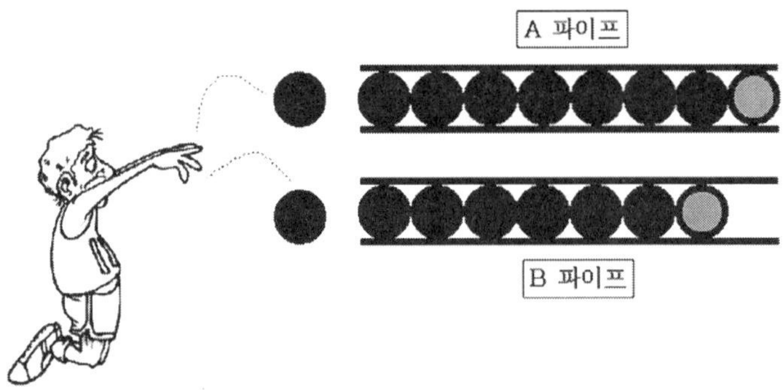

회색공을 동시에 반대쪽 파이프로 나오게 해야 한다면 어떻게 하면 될까? 너무 손쉬운 문제이다. 간단하게 B 파이프에 공을 하나 더 넣어 주면 된다. 그래서 파이프라인 딜레이라고 부르게 된 것이다.

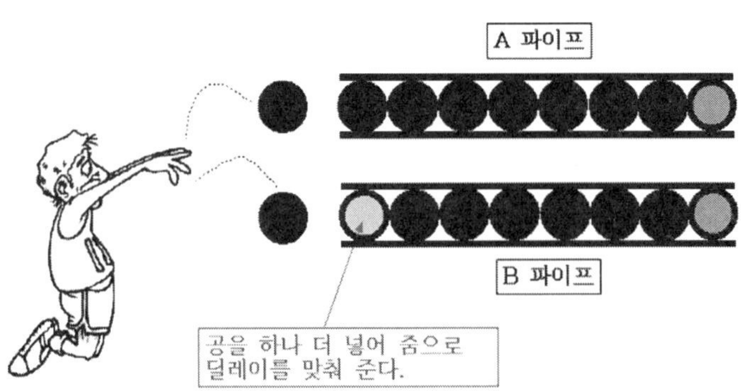

물론 따로 DELAY 소자가 있기는 하지만 비싸고 크기도 커서 어긋나는 시간이 아주 적다면

74LS04 INVERTER 같은 것으로 줄줄이 연결해 주어 대체하면 딱이다. 1Sec 늘어지면? 그 때는 하는 수 없이 1Sec 늘어지게 하는 DELAY LINE을 써야지 어떡하겠나? DELAY LINE의 시간지연 종류는 다양하다.

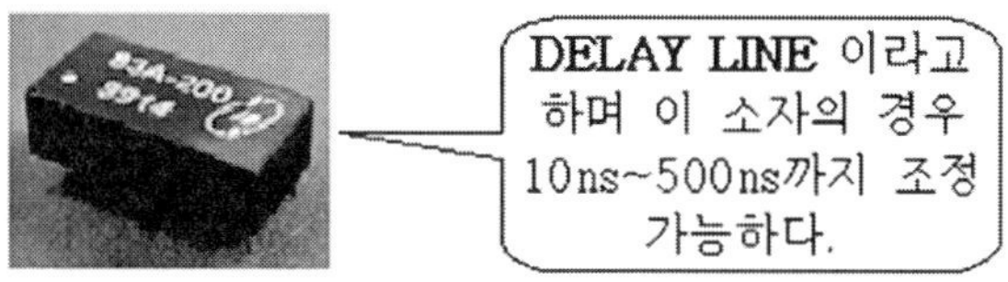

4-5. COUNTER(계수기), 74LS161/163

많은 사람이 즐겨 애용 하면서도 처음 접할 때에는 곤란을 심하게 겪는 소자가 바로 COUNTER(계수기, 計數器)소자들이다. COUNTER에도 종류가 여럿 있지만 많이 사용되고, 중요하다는 것을 중점적으로 조명해 보기로 한다. 그 중에서 74LS161과 74LS163 4-BIT BINARY COUNTERS를 먼저 설명한다.

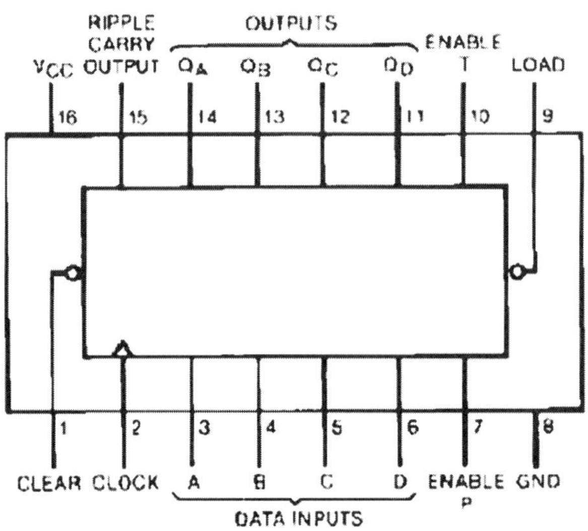

74LS161과 74LS163 4-BIT BINARY COUNTERS를 굳이 우리말로 번역하면 4비트로 구성된 이진카운터가 된다. 4비트로 구성 되어 있으니 각 비트자리에 값을 주어 얼마큼 계수할 수 있나 보면 16까지 계수할 수 있다는 것을 알 수 있다(PULSE가 얼마큼 입력 되는지 알고 싶을 때 많이 사용한다).

74LS161 74LS163 출력	Q_A LSB	Q_B	Q_C	Q_D MSB
자리 값	1	2	4	8
최대계수	1+ 2+ 4+ 8=16			

PIN 배치나 생김새는 74LS161와 74LS163는 동일하다. 한가지 결정적으로 다른 점이 있는

데 74LS161은 ASYNCHRONOUS(보통은 줄여서 ASYNC라고 한다. 언씽크) 4-BIT BINARY COUNTER이고, 74LS163은 SYNCHRONOUS(보통은 줄여서 SYNC라고 한다. 씽크) 4-BIT BINARY COUNTER 라고 한다.

보통 디지털 소자에서 씽크, 언씽크 하다는 말을 자주하고,듣곤 한다. 이 말이 의미하는 바는 Clear 하는 동작이 Clock 신호에 동기(시간이)가 맞추어져 있느냐, 또는 의존하느냐, Clock에 상관없이 동작하느냐, 또는 독립적으로 따로 국밥이냐의 차이라고 보시면 된다.

씽크(sync)이면 동기가 맞는 것이고, 언씽크(async)이면 Clock과는 상관없이 Clear 동작이 독립적으로 기능한다는 것을 염두에 두어야 한다. 이 사실은 자주 사용하는 용어이기 때문에 오른 손목에 문신 새겨 넣어야 할 만큼 매우 중요하다.

물론 계수(COUNTING)하는 동작은 당연히 씽크던, 언씽크이던 간에 Clock에 따르는 것은 아주 당연하다. 나중에 Timing Diagram에서 확인하시기로 하겠다.

다음으로 74LS161와 74LS163의 PIN을 구체적으로 살펴보자. 단자의 이름에 기능을 대충 맞추어서 붙였기 때문에 단자의 이름만으로도 기능을 유추할 수 있다. 업체 마다 약간씩 다르지만 같이 비교해서 표로 만들어 보기로 한다.

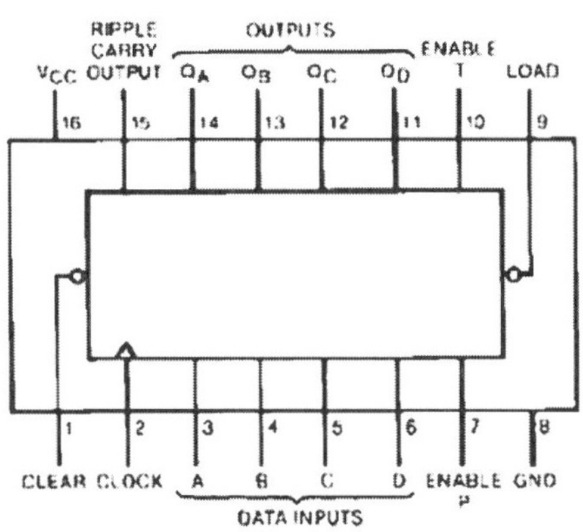

일본 내셔널반도체

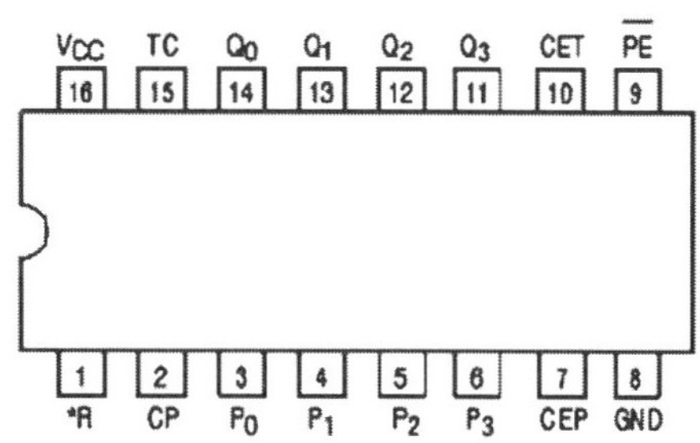

미국 모토롤라

일본 내셔널반도체	미국 모토롤라	PIN 설명
RIPPLE CARRY OUT	TC	계수가 차면 자리수가 올라가야 하므로 HIGH PULSE발생시켜 상위 BIT로 넘겨주는 단자 Terminal Count Output.
Q_A, Q_B, Q_C, Q_D	Q_1, Q_2, Q_3, Q_4	계수 출력값 단자. Parallel Outputs
ENABLE T	CET	HIGH 일 때 계수기 (Counter) 계수가능 Count Enable Trickle input
LOAD	$\overline{PE}$	A,B,C,D 입력자료를 적재하게 해준다. Preset로 미리 값을 설정할 수 있도록 해 준다. Parallel Enable Inputs : (pulse)LOW로 동작
CLEAR	R	계수기 출력값을 0000로 초기화시킴 Master Reset : (pulse) LOW로 동작
CLOCK	CP	Clock. LOW에서 HIGH로 변할 때 동작시킴 ↑
A,B,C,D	P_0, P_1, P_2, P_3	계수기(Counter)값을 미리 설정할 수 있는 단자. Parallel Inputs
ENABLE P	CEP	HIGH 일 때 계수기 (Counter) 계수가능 Count Enable Parallel input

다음으로는 계수기의 동작을 살펴보기 위해 기능표를 보기로 한다.

*SR	PE	CET	CEP	Action on the Rising Clock edge (↑)
L	X	X	X	RESET (Clear)
H	L	X	X	LOAD (P_N Q_N)
H	H	H	H	COUNT (Increment)
H	H	L	X	NO CHANGE (HOLD)
H	H	X	L	NO CHANGE (HOLD)

어느 소자이건 간에 Reset 신호는 제일 우선 순위를 갖는다. 물론 지금 설명하고 있는 74LS161은 언씽크로 동작하고, 74LS163는 씽크로 동작한다는 것은 이미 설명하였다. 씽크는 Clock의 눈치를 심하게 보는 놈이라고 생각하면 된다. LOW 일 때 RESET 되기 때문에 계수기가 동작 하려면 RESET 단자에 입력되는 신호는 HIGH가 되어야 하는 것은 마땅하다.

만약 초기 값을 넣고자 한다면(예를들어 10을 넣어 5만 계수하고 싶다고 한다면, A(LSB) = 0, B = 1 C=0, D(MSB) = 1로 설정해 주면 된다.) A, B, C, D 단자에 각각의 값을 넣어주고, LOAD(PE) 단자에 PULSE로 LOW를 때려 주면 설정된 값만큼 출력이 나타날 것이다.

74LS161와 74LS163 계수기는 오로지 수를 증가시키는(UP) COUNTER이다.

카운트 해 보자니깐요!

물론 74시리즈 중에는 양수겸장(兩手兼將)으로 UP/DOWN COUNETER도 있음은 물론이다. 74LS161와 74LS163가 계수할 수 있는 상태는 CET(T)와 CEP(P)가 둘 다 HIGH 상태를 지속해야만 그 동안에 계수를 할 수 있는 조건이 구비가 된다. 만약 CET(T)와 CEP(P) 중에 하나라도 LOW 상태이면 계수기는 그 때까지 계수한 값을 가진 상태에서 기능을 멈춘다.

다음으로 고려해 주어야 할 것은 74LS161와 74LS163의 Timing Diagram인데 약간 보기 까다롭다. 그러나 차근차근히 짚어 보면 전혀 어려울 것이 없다. 처음 볼 때는 섞갈리고, 기가 질리기도 한다. 당연한 현상이라 하겠다.

확신컨대 모니터가 뚫어져라 계속 보고,비록 녹슬었지만 CPU를 굴리다 보면 이해가 느닷없이 번뜩 된다. 그러다 잊어 버리고...또 닥치면 하나하나 따져 가며 다시보고, 그러다가 지식이 새로울 것이고, 이런 우라질 과정을 거쳐 뇌에 거져 박히게 되는 결과가 자연스럽게 일어나는 것이다. 머리 나쁘다고 쥐어박지 마시라. 인류 전체의 0.000016%? 정도의 멘사회원 빼고 이런 과정은 남들과 똑 같다고 간주하시라. 그러면 위안이 좀 될 것도 같다.

이미 위에서 74LS161은 ASYNCHRONOUS(보통은 줄여서 ASYNC라고 한다. 언씽크) 4-BIT BINARY COUNTER이고, 74LS163은 SYNCHRONOUS(보통은 줄여서 SYNC 라고 한다. 씽크) 4-BIT BINARY COUNTER라고 했다. 그리고 SYNC, ASYNC 는 Clack과 연관해서 사고해 주어야 한다고 강조한 바 있다. 이를 염두에 두면 Timing Diagram 보는데 지장이 없을 것이다.

LS161A, LS163A — Timing Diagram

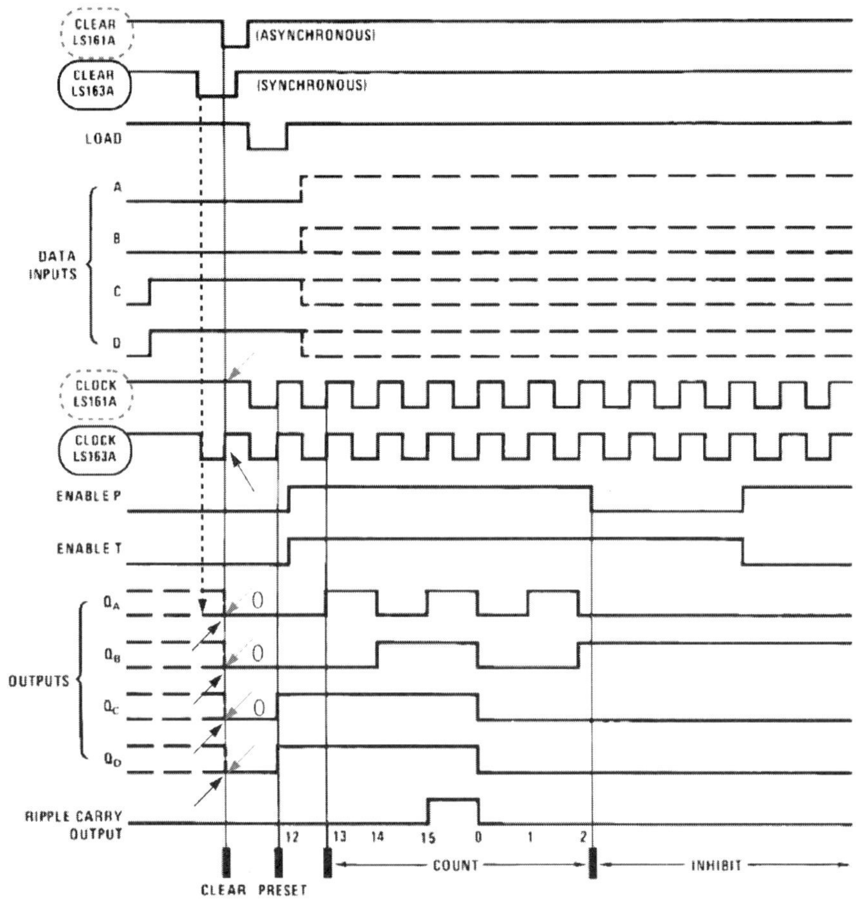

위의 Timing Diagram는 74LS161와 74LS163을 병행해서 동시에 그려 놔서 당최 어지럽다.

먼저 74LS161의 Clear 동작을 점선 화살표만을 보시라.

74LS161의 Clear신호 상태가 LOW가 들어와 계수기를 초기화 시킬 때 74LS161의 ClOCK의 상승부분(LOW로 떨어졌다가 HIGH로 올라가려는 부분 ↑)과 동기가 맞지 않아도 그대로 계수기의 출력이 0000으로 초기화 된다.

다음은 74LS163의 초기화 방식을 뜯어보기로 한다. 74LS163의 Clear 동작을 수직으로 내려그은 실선 화살표를 보시라.

Clear 신호 상태가 LOW로 떨어져도 그 싯점에서는 74LS163의 출력이 곧바로 0000으로 초기화 되지 않는다(하방으로 점선화살표로 내리 그은 부분 참고).

그런데 74LS163의 Clock이 LOW로 되었다가 상승하는 부분(↑)에서 비로서 초기화되어 출력이 0000으로 된다. 알기 쉽게 실선 화살표로 표시하였다. 확인해 보시라. 정녕 헷갈리시면

74LS163 DATABOOK을 찾으셔서 74LS161의 Timing Diagram을 지우고 74LS163만 보시기 권면 드린다.

LS161A, LS163A — Timing Diagram

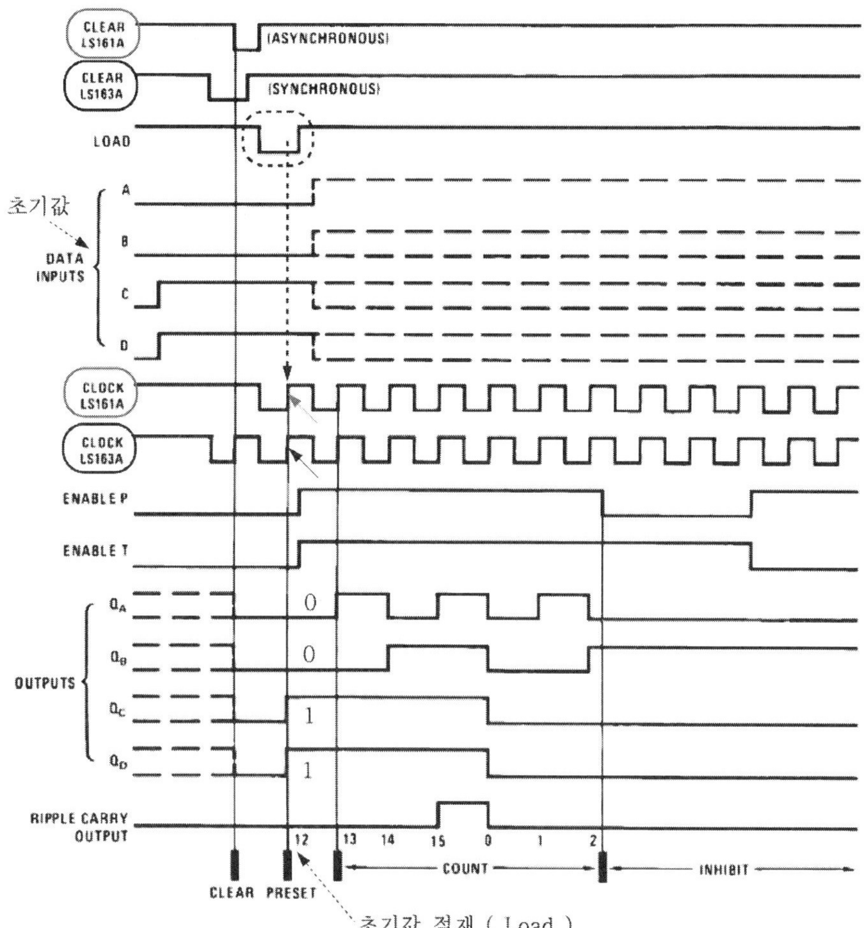

초기화가 아니라 초기값을 계수기에 넣어 그 값부터 계수를 하고자 하면 강제로 값을 넣어 줄 수 있다고 하였다. 점선으로 표시한 부분이 계수기에 값을 강제로 넣게 길을 터주는 신호인데 LOW가 들어오는 즉시 초기값이 출력에 나타나는 것이 아니라. LOAD＝LOW 일 때 Clock이 상승하는 부분(↑)에서 초기값이 출력에 나타나게 된다.

따라서 초기값을 설정하는 동작은 반드시 LOAD = LOW, CLOCK = ↑라는 조건이 맞아 떨어져야만 된다.

이때 CET(T), CEP(P)의 상태는 0이든, 1이든 전혀 상관이 없다. 신경쓸 것이 없다. 위의 Timing Diagram 의 예에서는 입력A(LSB) = 0, B = 0, C = 1, D(MSB) = 1이기 때문에 12가 초기값이 된다. 보통 디지털 이론에서 이렇게 초기값을 넣는 행위를 일러 Preset라고 불러 준다.

그 다음에 Timing Diagram에 나타난 74LS161과 74LS163 계수기로서의 기본적인 동작을 보기로 하자.

LS161A, LS163A — **Timing Diagram**

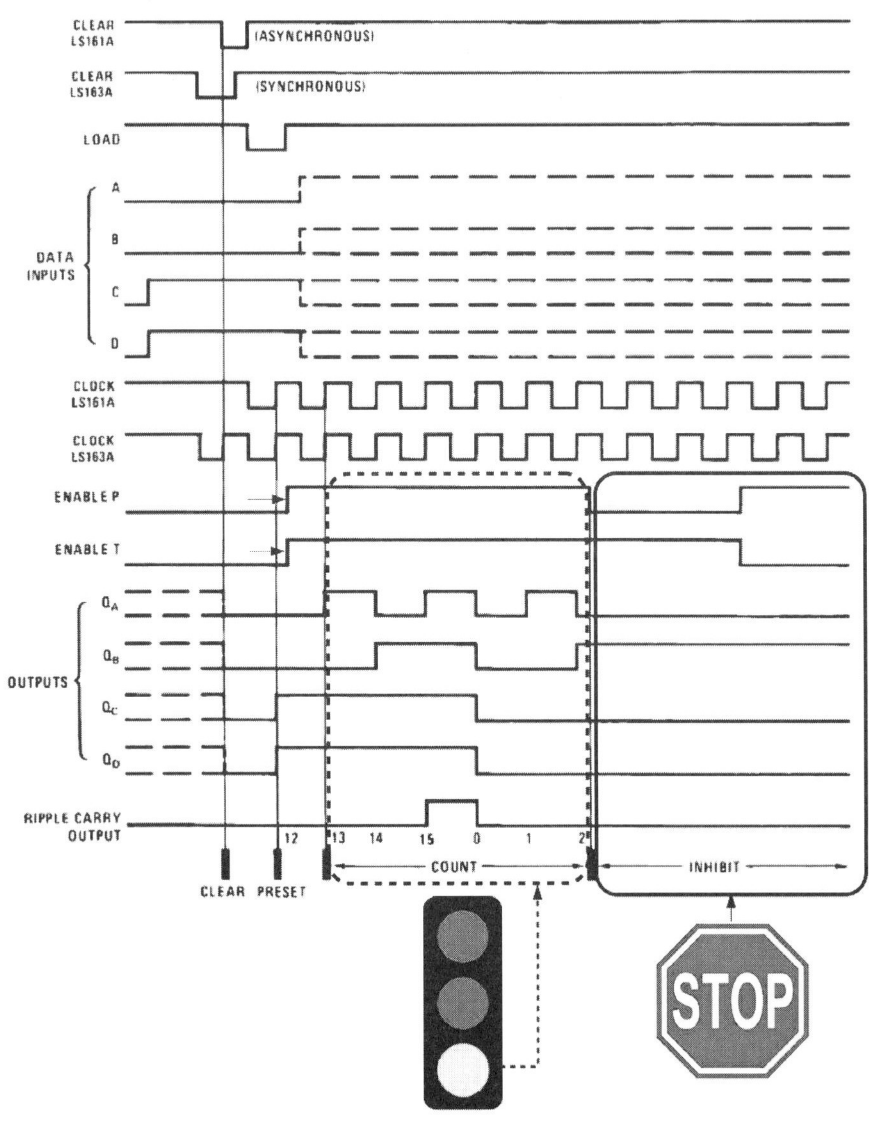

74LS161과 74LS163의 동작은 똑같다. 화살표로 표시된 'ENABLE T' (CET)와 'ENABLE P' (CEP)가 모두 HIGH라는 조건이 구비가 될 때, Clock에 의해 계수하기 시작한다. 점선 영역이 74LS161과 74LS163의 계수동작인데 15까지 수를 세게 되면 리플캐리(ripple carry)가 출현하여 자리 올림이 일어난다. 아래 그림을 보자.

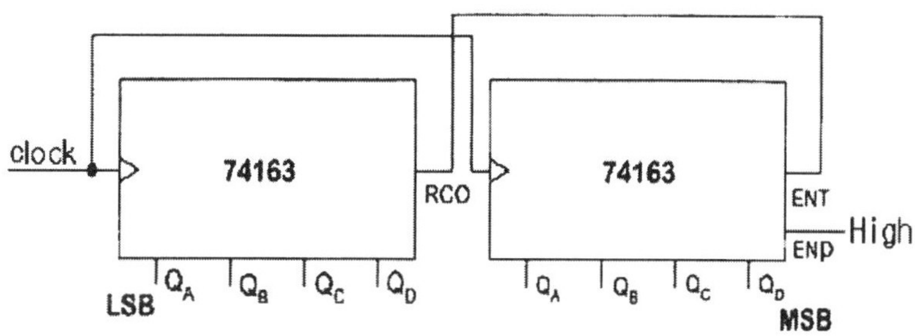

위와 같이 연결해 주면 첫 번째 카운터의 리플캐리가 두 번째 카운터의 ' ENABLE T' (CET)로 들어가면서 계수준비가 되자마자 Clock이 하나 들어 오면 1이 계수가 된다. 첫번째 카운터에서 리플캐리가 생기기 전, 그 전 까지는 두번째 카운터는 ' ENABLE T' (CET) = LOW, 'ENABLE P' (CEP) = HIGH 가 되어 계수하는 조건이 성립하지 않아 동작 되지 않는다.

바로 이런 상태를 나타내는 것이 위의 Timing Diagram의 실선 부분의 동작이 되겠다.

결국 위와 같이 연결하면 16×16 = 256 계수기가 되고, 카운터를 연속적으로 3개 연결하면 16×16×16 = 4096 계수기가 된다. 이런 카운터를 이용하여 주파수를 측정하거나, 생산되는 물품의 개수가 몇 개인지를 확인할 수 있는 회로를 만들 수 있게 된다.

4-6. MULTIPLEXER(다중화기), 74LS298

MULTIPLEXER(다중화기)의 개념은 무척 간단하지만 시스템에서는 아주 중요한 역할을 수행한다. 디지털 영역에서도 그렇지만, 아날로그 영역에서도 마찬가지이다. 다중화기의 동작은 마치 철로의 선로전환기와 아주 유사하게 동작한다. 두 개의 입력중에서 한 쪽의 입력을 받아들이는 구조이다. 아래 철로가 그 예이다.

MULTIPLEXER(다중화기)는 여러개의 입력 중에서 특정의 입력을 선택하여 출력으로 내 보내는 기능을 수행한다. 먼저 디지털적으로 다중화기를 설명해 보기로 하자.

아래 회로는 4개의 입력 중에서 하나를 출력으로 내 보내는 MULTIPLEXER(다중화기)를 그린 것이다. 동작은 실로 초간단 하다. a, b는 선택 단자이다. 두 개의 선택 단자의 상태에 따라 입력이 선택 되는 것이다. 하나만 실례를 들어 설명해 보기로 한다. a = HIGH, b = LOW 일 때...

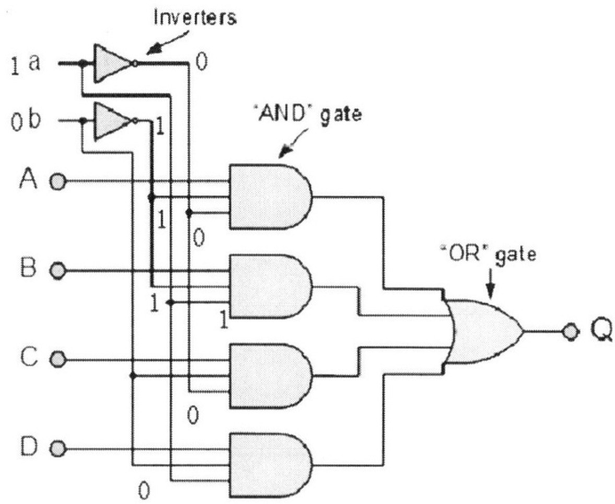

위의 회로에서 'AND' GATE를 보시라. 입력 3개 중 하나라도 0이 되면 출력은 0으로 고정 되기 때문에 입력(A, C, D)이 어떤 상태(0이건 1이건 상관없이)이던간에 독야청청(獨也靑靑) 0이 된다. 그러나 선택단자가 모두 1로 들어가는 B 입력은 입력의 상태에 따라 출력이 1이거나 0이 된다.

최종 출력단에는 'OR' GATE가 있기 때문에 B 입력의 상태에 따라 출력이 그대로 정해지게 된다. 여기서 ENABLE에 대해서 생각해 주어 보기로 한다.

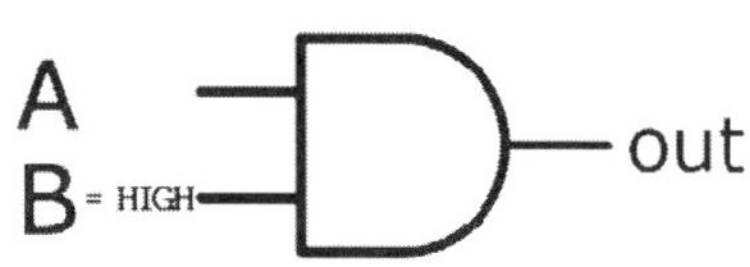

위의 AND GATE(논리합)의 입력 중 'B' 입력이 HIGH가 되면, A입력의 상태에 따라 출력이 정해지게 된다.

입력 A	입력 B	출력 OUTPUT
0	1	0
1	1	1

따라서

입력 B의 HIGH 상태는 다른 입력을 출력으로 나가게 해 주는 문 같은 역할을 수행하게 된다. 이를 ENABLE(뭔가 해주는 놈)단자라고 봐도 아주 무방하다.

그럼 OR GATE는 어떻게 다른가 보자.

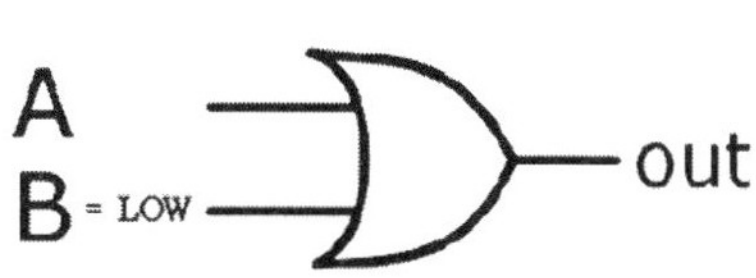

위의 AND GATE(논리합)와는 다르게 입력 중 'B' 입력이 LOW가 되면, 'A' 입력의 상태에 따라 출력이 정해지게 된다.

따라서 이때는 입력 B의 LOW상태는 다른 입력을 상태 그대로 출력으로 나가게 해 주는 문 같은 역할을 수행하게 된다.

3개의 입력단이 달려 있는 MULTIPLEXER(다중화기)의 선택입력단자가 a = HIGH, b = LOW인 상태를 설명한 것을 다시 검토해 보기로 하자.

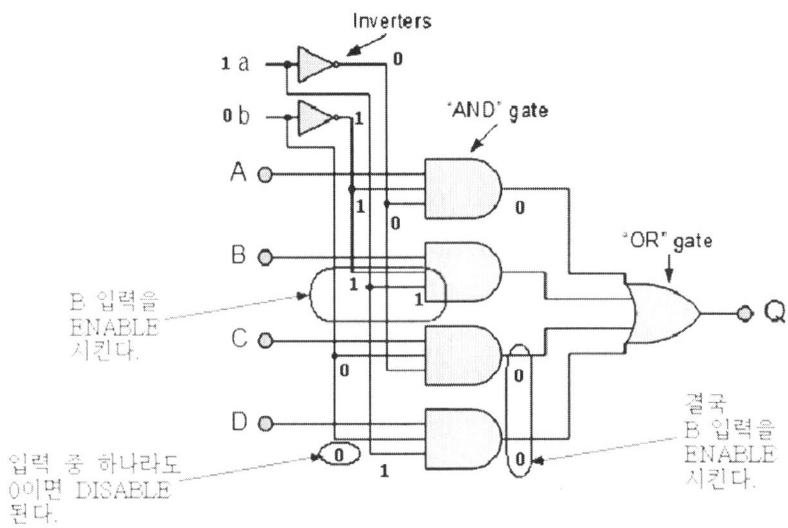

따라서 4개의 입력 중에서 하나를 출력으로 내 보내는 MULTIPLEXER(다중화기)의 기능표는 아래와 같이 간단하게 표로 만들어 질 수 있겠다.

Addresing		Input Selected
b	a	
0	0	A
0	1	B
1	0	C
1	1	D

그러면 이러한 MULTIPLEXER(다중화기)를 기호로 표시해 보기로 하자. 회로도에는 간단하게 표현하는 것이 능률적일 수 있다.

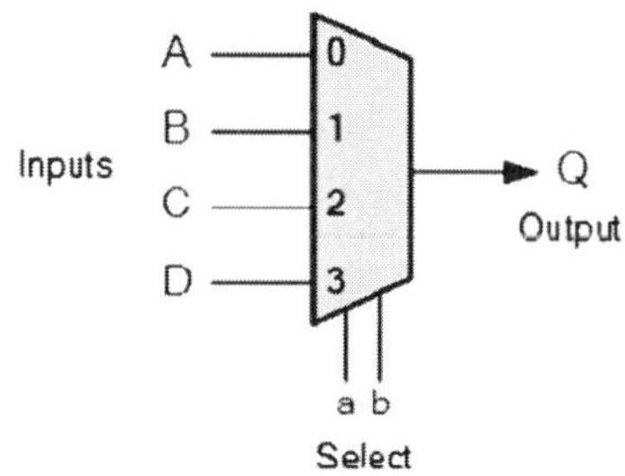

그렇다면 논리적인 추론을 상식적으로 하면 8 to 1 MULTIPLEXER(다중화기)는 아래와 같이 선택단자가 3개가 되고, 입력은 8개가 될 것이다.

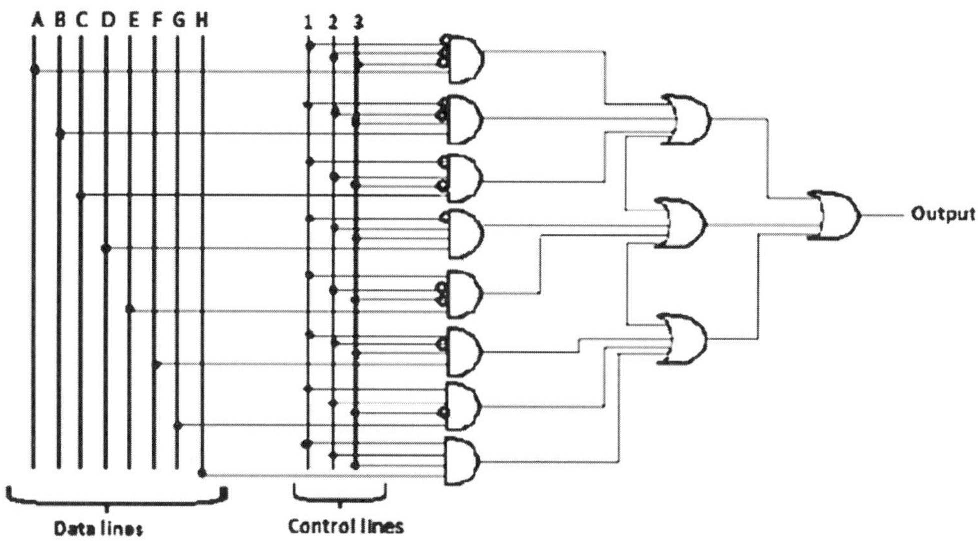

이런 식이라면 얼마든지 입력에 따른 MULTIPLEXER(다중화기)는 설계하기 어렵지 않게 될 것 같다.

2 to 1은 선택단자 1개, 입력 2개

4 to 1은 선택단자 2개, 입력 4개

8 to 1은 선택단자 3개, 입력 8개

16 to 1은 선택단자 4개, 입력 16개...등등등

74LS298 MULTIPLEXER를 한번 보시기로 하자.

74LS298은 QUAD 2-INPUT MULTIPLEXER WITH STORAGE라는 명칭을 가진 디지털 소자로, QUAD로 구성 되어 있으니 한 소자 안에 4개의 MULTIPLEXER가 있는 것을 알 수

있겠고, 개개의 MULTIPLEXER에 2개의 입력이 있으니 선택단자는 1개가 될 것이며, 게다가 저장 능력까지 있다는 참으로 유용한 소자가 되겠다. 출력값이 유지된다고 하는 점이 기억할 만하다. 이런 것을 놓치면 절대 안 된다.

그리고 MULTIPLEXER는 조촐하게 말해 MUX(먹스, 제대로 발음하면 먹스?)라고도 한다.

1개의 DATA가 저장될 것이므로 FLIP-FLOP가 쓰였을 것으로 강한 추측이 되며, FLIP-FLOP가 쓰였으므로 Clock 단자가 당연지사 존재할 것으로 예상이 된다. 내부 내장을 보기만 해도 바로 이름 그대로 구성 되어 있음을 직감적으로 팍 느낄 수 있다.

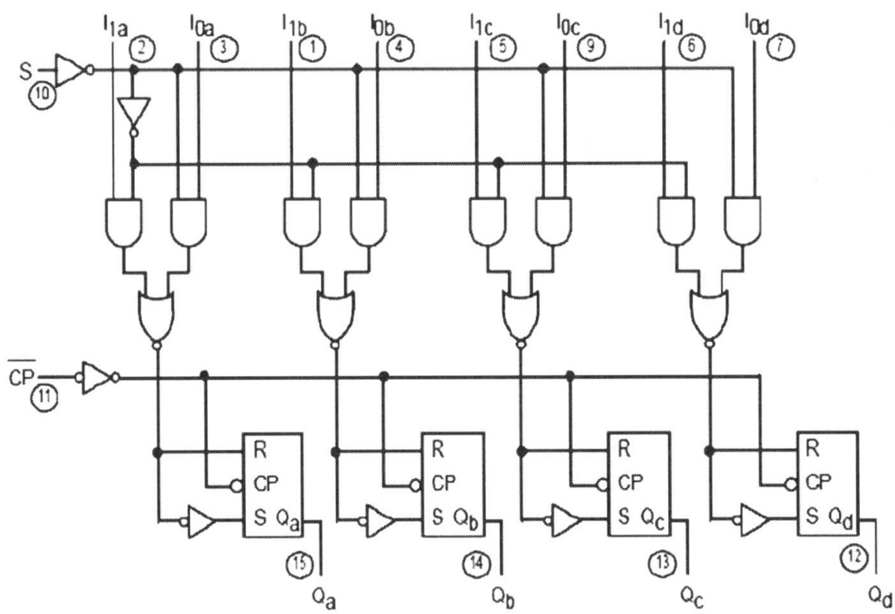

MULTIPLEXER가 4개 들었으니 개별로 따져 보면 기능을 이해하는 것은 식은 죽 먹기다.

INPUTS			OUTPUTS
S	I0	I1	Q
l	l	X	L
l	h	X	H
h	X	l	L
h	X	h	H

L= LOW Voltage Level
H= HIGH Voltage Level
X= Don't Care
l= LOW Voltage Level one setup time prior to the HIGH to LOW clock transtion
h= HIGH Voltage Level one setup time prior to the HIGH to LOW clock transtion

동작은 간단하다. 어느 쪽의 입력을 선택하느냐에 따라 입력이 그대로 출력에 출현한다. 보통 FLIP-FLOP의 Clock동작은 LOW에서 HIGH로 천이 되는 구간에서 소자가 동작 되는데 반해 74LS298 MULTIPLEXER의 Clock동작은 HIGH에서 LOW로 천이 되는 구간에서 소자의 동작을 일으킨다(74LS298 MULTIPLEXER의 Clock 단자인 CP를 따라가 보라. FLIP-FLOP에 입력되기 전 반전이 되기 때문에 이러한 동작이 발생한다. 디지털 소자에서 반전 된다는 의미로 기호로는 ○ 동글뱅이 표시를 해준다).

MULTIPLEXER가 무엇인지 개념을 붙잡아 매었으니, DEMULTIPLEXER(역 다중화기)에 대해서 말하지 않을 수 없다. '역' 자가 들어갔으니 뭔가 반대의 동작을 하게 될 것 같은 예감이 든다. 여기서 '역' 자는 MULTIPLEXER(다중화기)의 입력과 출력이 반대로 구성되어 있다고 해서 명칭을 붙인 것이다. 물론 개념적인 이해를 위해 그림을 보기로 하자.

우리가 지금까지 설명했었던 MULTIPLEXER(다중화기)

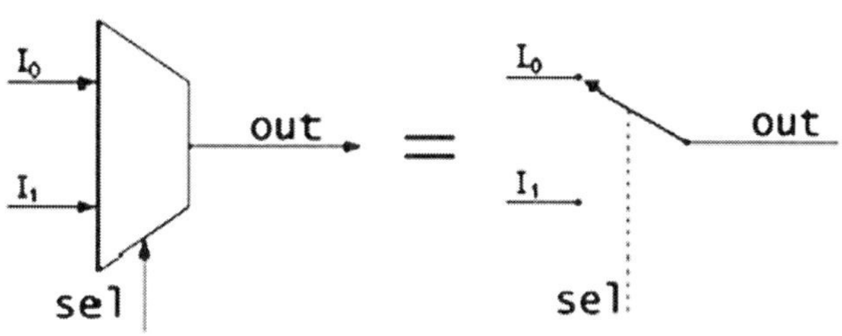

MULTIPLEXER(다중화기)와 비교해 입력과 출력이 뒤바뀐 형태의 DEMULTIPLEXER(역 다중화기)

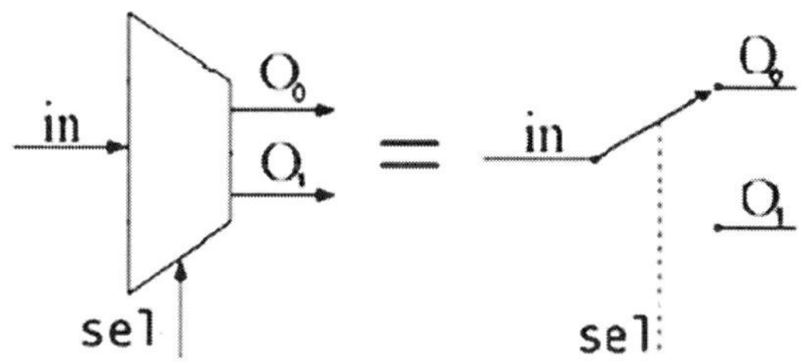

74LS139 1-of-4 Decoder/Demultiplexer는 DEMULTIPLEXER(역 다중화기) TTL이다. 보통 DEMULTIPLEXER는 동작이 DECODER와 같으므로 병칭하기도 한다. 74LS138도 DEMULTIPLEXER이면서 DECODER가 된다.

74LS138이 3개의 입력을 가지므로 8개의 출력중 하나가 선택 되는데 반해, 74LS139는 2개의 입력을 가지므로 4개의 출력 중에 하나가 선택 되는 것이 좀 다르다.

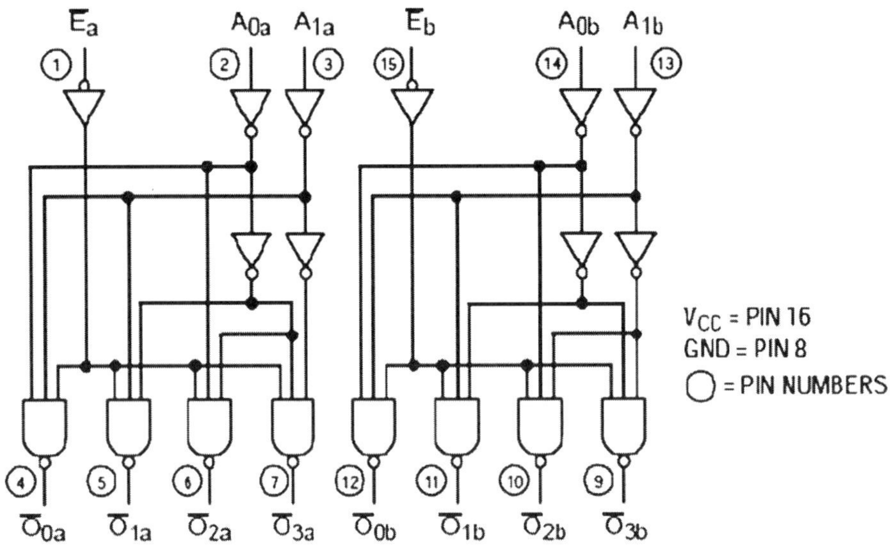

INPUTS			OUTPUTS			
E*	A0	A1	QO*	Q1*	Q2*	Q3*
H	X	X	H	H	H	H
L	L	L	L	H	H	H
L	H	L	H	L	H	H
L	L	H	H	H	L	H
L	H	H	H	H	H	L

74LS139 TRUTH TABLE
L= LOW Voltage Level
H= HIGH Voltage Level
X= Don't Care

74LS139의 동작은 이미 설명했던 74LS138의 축소판이므로 74LS138를 해석했던 부분을 참고 하시면 되겠다.

반도체 장비에도 MULTIPLEXER라는 보드(PCB)가 있다. 소자가 절대 아니다.

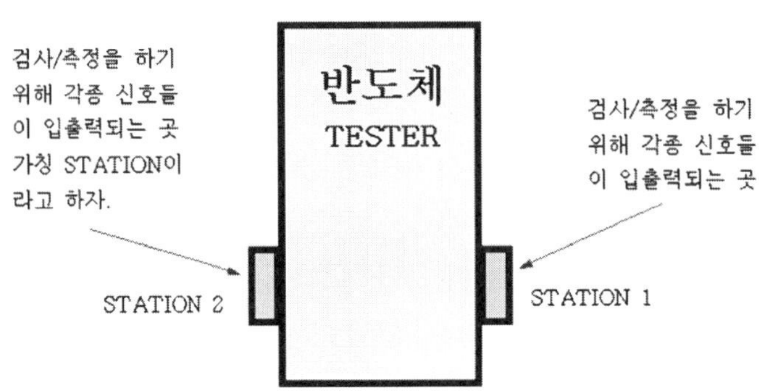

반도체 TESTER는 반도체 소자를 측정하기 위해 각종 신호를 인가하고, 소자로부터 들어 오는 입력 신호를 측정하는 장비인데, 신호선이 들락달락 하는 곳이 하나뿐이면 효율이 떨어진다. 따라서 이런 입출입 커넥터들을 2개에서 많게는 4개까지 설치하게 되는데, 바로 이런 국면에 MULTIPLEXER라는 보드가 필요하게 된다. 만약 STATION이 두 개라고 하면 MULTIPLEXER는 두 곳 중 하나를 선택해서 TEST 한 다음에 다른 STATION으로 신호들을 옮겨 준다.

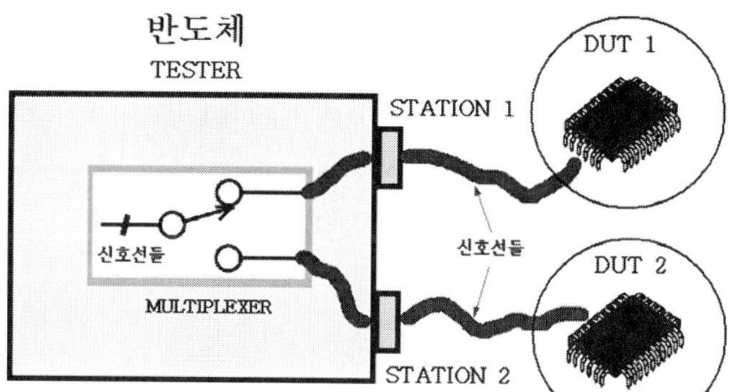

위에는 단순히 SPDT 스위치 하나만 그렸지만 장비 설계 신호선의 개수에 따라 케이블의 가닥수가 정해진다. 실제 아날로그 TESTER의 MULTIPLEXER를 보면 RELAY만 다닥다닥 붙어 있는 경우가 많다. 단지 길을 틀어 주기만 하면 되는 간단한 기능만 소화하면 되는 보드이기 때문이다.

그런데 우리가 살펴본 바에 따르면 위와 같은 구조를 가질 때 DEMULTIPLEXER의 구조인데 왜 MULTIPLEXER라고 명칭을 정했는지 의아하다. 아마도 확인없이 그저 막연한 생각으로 명칭을 붙이지 않았나 추측해 본다. 아날로그이던, 디지털이던 저런 형태는 분명히 DEMULTIPLEXER라고 불러야 하지 않을까?

전기전자의 개념 주워담기

1판 7쇄	2016년 3월 01일
초판발행	2014년 4월 10일

저 자	이용훈 저
	E-mail : paval777@naver.com
	Blog : http://blog.naver.com/paval777

발 행 인	곽 종 학
발 행 처	도서출판 Ohm사
주 소	140-150 서울 용산구 갈월동 17.세기B/D
전 화	02-776-4868~9
팩 스	02-779-6757
등록번호	1975년 9월 12일 제3-3호

http://www.ohm.co.kr E-mail : ohm@ohm.co.kr

ISBN 978-89-7101-790-6 정가 35,000원